Patricia S. Churchland
Terrence J. Sejnowski

Grundlagen zur Neuroinformatik und Neurobiologie

Computational Intelligence

herausgegeben von
Wolfgang Bibel, Walther von Hahn und Rudolf Kruse

Die Bücher dieser Reihe behandeln Themen, die sich dem weitgesteckten Ziel des Verständnisses und der technischen Realisierung intelligenten Verhaltens in einer Umwelt zuordnen lassen. Sie sollen damit Wissen aus der Künstlichen Intelligenz und der Kognitionswissenschaft (beide zusammen auch Intellektik genannt) sowie aus interdisziplinär mit diesen verbundenen Disziplinen vermitteln. Computational Intelligence umfaßt die Grundlagen ebenso wie die Anwendungen.

Grundlagen zur Neuroinformatik und Neurobiologie
von Patricia S. Churchland und Terrence J. Sejnowski

Neuronale Netze und Fuzzy-Systeme
von Detlef Nauck, Frank Klawonn und Rudolf Kruse

Fuzzy-Clusteranalyse
von Frank Höppner, Frank Klawonn und Rudolf Kruse

Einführung in Evolutionäre Algorithmen
von Volker Nissen

Neuronale Netze
Grundlagen und Anwendungen
von Andreas Scherer

Titel aus dem weiteren Umfeld,
erschienen in der Reihe Künstliche Intelligenz des Verlages Vieweg:

Automatische Spracherkennung
von Ernst Günter Schukat-Talamazzini

Deduktive Datenbanken
von Armin B. Cremers, Ulrike Griefahn und Ralf Hinze

Wissensrepräsentation und Inferenz
von Wolfgang Bibel, Steffen Hölldobler und Torsten Schaub

Patricia S. Churchland
Terrence J. Sejnowski

Grundlagen zur Neuroinformatik und Neurobiologie

The Computational Brain in deutscher Sprache

ISBN-13: 978-3-322-86822-0   e-ISBN-13: 978-3-322-86821-3
DOI: 10.1007/978-3-322-86821-3

Vorwort zur Buchreihe des amerikanischen Originals

Die Neuroinformatik versucht durch die Modellierung des Nervensystems auf vielen verschiedenen strukturellen Ebenen, einschließlich der biophysikalischen Ebene, der Schaltkreis- und der Systemebenen, den Informationsgehalt von Nervensignalen zu entschlüsseln. Computersimulationen von Nervenzellen und neuronalen Netzen ergänzen dabei die traditionellen Techniken der Neurowissenschaften. Die Bücher dieser Reihe sollen eine Verbindung zwischen solchen theoretischen Studien und experimentellen Methoden herstellen, die dem Verständnis der Informationsverarbeitung im Nervensystem dienen. Daher gilt unser besonderes Interesse den biophysikalischen Mechanismen bei der Berechnung in Neuronen, den Computersimulationen von neuronalen Schaltkreisen, den Lernmodellen, der Repräsentation sensorischer Information in neuronalen Netzen, den Systemmodellen der sensomotorischen Integration und der berechnenden Analyse von Problemen bei der biologischen Empfindung, der motorischen Kontrolle und der Wahrnehmung.

Terrence J. Sejnowski
Tomaso Poggio

Über das Buch

Wollen wir verstehen, auf welche Art und Weise die Neuronen ein intellektuelles Leben entstehen lassen, dann müssen wir wissen, wie die einzelnen individuellen Neuronen und wie Zellverbände von Neuronen arbeiten. Die Vorstellung, daß Gehirne von Natur aus berechnend sind, hat in der theoretischen Neurobiologie eine Reihe von Erklärungshypothesen hervorgebracht. In diesem Buch wird die — für die Neurobiologie relevante — Forschungsrichtung der Neuroinformatik vorgestellt; ein Forschungszweig, der sowohl in Richtung der konzeptionellen Grundlagen als auch der Benchmark–Studien ausgerichtet ist. Unsere Pläne für dieses Buch richteten wir im Hinblick auf verschiedene frühere Projekte aus, nämlich auf die Bücher *Parallel Distributed Processing* und *Neurophilosophy* [117]. Seit Drucklegung dieser Bücher hat sich viel verändert. Zur Modellierung von Neuronen und neuronalen Schaltkreisen stehen uns nun mächtige neue Werkzeuge zur Verfügung, und der konzeptuelle Rahmen für neuroinformatische Projekte wächst ständig. Es gibt jedoch überall zur Genüge verwirrende Fragen, wie z.B. hinsichtlich der Bedeutung von Algorithmen zur Bestimmung der Gewichte in neuronalen Netzen oder in bezug auf das Ausmaß, in dem diese für die Modellierung von Nervensystemen wertvoll sind, hinsichtlich des biologischen Realismus in Modellen von neuronalen Netzen und des Grades an Realismus, der nötig ist, um ein Modell nützlich zu machen, und hinsichtlich solch ganz spezieller Fragen wie z.B. der nach der genauen Bedeutung des "Hebb'schen Lernens" und der "Großmutterzellen".
Solche Fragen, die uns mehr oder weniger ununterbrochen verfolgt haben, rückten in den Mittelpunkt dieses Buches. So wurde das Buch nach dem gestaltet, was uns — individuell bzw. als Gruppe — gestört oder fasziniert hat. Eine ganze Menge erfuhren wir durch Unterhaltungen im Labor, wobei sich einige dieser Unterhaltungen über viele Monate erstreckten. Francis Crick rief die Einrichtung eines Nachmittagstees im Computational Neurobiology Laboratory at the Salk ins Leben, und schnell wurde die Teezeit zur täglichen Gelegenheit, Ideen und Daten sowie bisher unversuchte gedankliche Experimente eingehend zu diskutieren und breit gestreuten Fragen Gehör zu schenken. In dieser Zeit verließen wir unseren bequemen — auf sicheren Details beruhenden — Unterschlupf und wagten uns in ungesichertes Gebiet vor. Es war charakteristisch für Crick, die Fragen nach dem Funktionieren des Gehirns weiter und schonungsloser voranzutreiben. Durch seinen Weitblick, seine Aufgeschlossenheit und seine messerscharfe Skeptik wurde ein gewisses Gleichgewicht hergestellt, und zwar sowohl dann, wenn wir zu wissen glaubten, was wir taten, als auch dann, wenn wir ziemlich sicher waren, es nicht zu wissen. Praktisch jeder, der das Computational Neurobiology Lab besuchte, wurde mehr oder weniger freiwillig dazu gebracht, sich ausführlich über die philosophischen (weitreichenden, im Hintergrund mitspielenden oder unscharf definierten) Fragestellungen bezüglich der Neuroinformatik auszulassen. Diesen "Bekenntnissen" verdanken wir Ideen und Inspirationen sowie den Mut, uns weiter vor zu wagen.

Nun erscheint es uns an dieser Stelle angebracht, einige Erklärungen — verbunden mit Entschuldigungen — aufzuführen. Zuerst wollen wir uns für unseren Entschluß entschuldigen, der besseren Lesbarkeit willen im Text selbst nur ein unvermeidbares Minimum an Referenzen anzugeben. Wir fanden, daß lange Listen mit Namen von Autoren im eigentlichen Text den Leser zu lange aufhalten, und deshalb entschieden wir uns, anders als sonst bei technischen Texten üblich, für viele Referenzen nur einen Vermerk anzugeben. Obwohl wir nach bestem Wissen bemüht waren, die Anmerkungen so vollständig wie möglich zu machen, werden wir zweifellos einige wichtige Referenzen nicht aufgeführt haben; und für diese unabsichtlichen Versäumnisse entschuldigen wir uns schon im voraus. Die nächste Entschuldigung wird fällig, denn, als es darum ging, Forschungsbeispiele zur Veranschaulichung auszuwählen, bezogen wir uns meist unvermeidbar auf Forschung, die uns am vertrautesten war, und das war oft gleichbedeutend mit Forschung aus Kalifornien, besonders aus San Diego. Wichtige und interessante Arbeiten auf dem Gebiet der Neuroinformatik werden jedoch rund um die Erde durchgeführt. Wollte man sich aber vor Schreibbeginn darüber bis ins letzte Detail einen Überblick verschaffen, so müßte man bei Beendigung des Buches der Forschung voraus sein. Sollten wir in der von uns bevorzugten Auswahl etwas kleinkariert wirken, wollen wir uns hiermit dafür entschuldigen. Eine dritte Entschuldigung betrifft die Länge. Wir begannen das Projekt in der Absicht, uns an die strikte Vereinbarung zu halten, daß kurze Lehrbücher die besten sind. Im Verlauf der Durchführung war es uns jedoch nicht möglich, innerhalb der Grenzen zu bleiben. So wie es nun aussieht, hätten wir noch eine gute Anzahl weiterer Themen hinzufügen können, müßten dem Buch dann aber einen unangebrachten Umfang zugestehen. Aus diesem Grund entschuldigen wir uns sowohl dafür, daß das Buch zu lang, als auch dafür, daß es zu kurz ist. Viertens haben wir uns im Interesse eines ungestörten Leseablaufs dazu entschlossen, weiterhin "er" als Pronomen in der dritten Person zu verwenden, gleichgültig ob das Geschlecht männlich oder weiblich ist. Das hat nichts mit ideologischen Anschauungen zu tun. Allenfalls ist es ein Zugeständnis an Mrs. Lundy, deren eiserner Grundsatz in der Schule war, daß ein Festhalten an Regeln aus ideologischen Motiven zu Lasten der Lesbarkeit geht.

Beim Schreiben des Buches haben uns viele Leute ganz erheblich geholfen; wir beide hätten das sonst nicht schaffen können. Vor allem Paul Churchland teilte uns großzügig seine Vorstellungen und Ideen mit; es wurde ihm zur täglichen Gewohnheit, bei einer Tasse Cappuccino im Il Fornaio alles zu überdenken, Seite für Seite, Modell für Modell. Antonio und Hanna Damasio redeten mit uns über alle wichtigen Punkte; sie erweiterten und vertieften unsere Kenntnisse in jeder Hinsicht, insbesondere aber bezüglich der Fragestellung, was uns neurophysiologische Ergebnisse über die Mikroorganisation sagen könnten. Beatrice Golomb, V. S. Ramachandran, Diane Rogers–Ramachandran, Alexandre Pouget, Karen Dobkins und Tom Albright halfen uns bei der Repräsentation im allgemeinen, insbesonders aber bei der visuellen Repräsentation; Rudolfo Llinás half uns in vielen Punkten, vor allem aber dabei, den Zeitfaktor nicht zu vergessen; Gyori Buzsáki,

Larry Squire, David Amaral, Wendy Suzuki und Chuck Stevens halfen uns bei der Plastizität; Carver Mead half, indem er sich Gedanken über die Natur der Berechnung, die Zeit und die Repräsentation machte. Shawn Lockery, Steve Lisberger, Tom Anastasio, Al Selverston, Thelma Williams, Larry Jordan, Susan Shefchyk und James Buchanan gaben uns viele nützliche Ratschläge bezüglich der sensomotorischen Koordination. Die Kritik und die Ratschläge von Mark Konishi und Roderick Corriveau zu vielen Kapiteln waren von unschätzbarem Wert, da uns dadurch manch peinliche Situation erspart blieb. Außerdem schulden wir Paul Bush Dank dafür, daß er das Glossar vorbereitet hat; Shona Chatterji danken wir für ihre Zeichnungen und dafür, daß sie viele Figuren bereitwillig noch einmal zeichnete; Mark Churchland danken wir für die Erstellung des Bucheinbands und für seine nützliche Kritik; Georg Schwarz für die Vorbereitung des Manuskriptes und David Lawrence dafür, daß er uns vor "macfrazzles" gerettet hat. Ganz besonderen Dank schulden wir Rosemary Miller, deren Witz und Klugheit das Boot über Wasser hielten. Es gab noch andere, die uns auf unentbehrliche Weise halfen, wie Richard Adams, Dana Ballard, Tony Bell, Anne Churchland, Hillary Chase Benedetti, Richard Gregory, Geoff Hinton, Harvey Karten, Christof Koch, Bill Lytton, Steve Nowlan, Leslie Orgel, Hal Pashler, Steve Quartz, Paul Rhodes, Paul Viola, Ning Qian und Jack Wathey.

P.S.C. wurde unterstützt durch ein Forschungsstipendium (University of California President's Humanities Fellowship), einen Zuschuß der National Science Foundation (87-06757) und von der James S. McDonnell Foundation. T.J.S. wurde von dem Howard Hughes Medical Institute unterstützt und erhielt Stipendien von der Drown Foundation, der Mathers Foundation, der National Science Foundation und vom Office of Naval Research.

Inhaltsverzeichnis

1 Einleitung

Große Fortschritte in der Wissenschaft bestehen oft aus der Entdeckung, wie sich makroskopische Phänomene auf ihre mikroskopischen Bestandteile zurückführen lassen. Die letzteren sind oft entgegengesetzt zu dem intuitiven Konzept, entziehen sich der Beobachtung und bereiten experimentell Schwierigkeiten. So stellte sich beispielsweise heraus, daß es sich bei der Temperatur in einem Gas bloß um die kinetische Energie der Moleküle handelt, aus denen es besteht; die mannigfaltigen Eigenschaften von Materie entpuppten sich als Funktion der Atome, aus denen sie sich zusammensetzt, und die geheimnisvollen Eigenschaften ließen sich auf die Elektronenhüllen zurückführen; man fand heraus, daß Pocken und Beulenpest unmittelbar durch Bakterien — und nicht durch die Rache Gottes — verursacht werden, und wir wissen heute, daß die Reproduktion von Organismen durch die Anordnung von vier Basen auf dem DNA–Molekül bedingt ist.

Auch unser psychologisches Leben ist ein Naturphänomen, das es zu verstehen gilt. Und auch hierbei wird man zur Erklärung auf Eigenschaften der Infrastruktur zurückgreifen, die sicherlich nicht offenliegen und wahrscheinlich nicht leicht durchschaubar sind; einer Infrastruktur, deren *modus operandi* unserem gewohnten Selbstverständnis fremdartig erscheinen mag. Vielleicht ist dies unvermeidbar, da es sich bei dem Gehirn, das wir verstehen wollen, um genau jenes Gehirn handelt, dessen bloßes Beobachtungsvermögen auf die Makroebene fokussiert ist, und das dazu bestimmt scheint, zur Erklärung seines eigenen Verhaltens weit gefaßten Begriffen den Vorzug zu geben. Solche Oberbegriffe sind z.B. "ist hungrig", "will Nahrung", "glaubt, daß sich in dem Loch oben am Eichenbaum Honig befindet", "sieht den Grizzly-Bären näherkommen".

Neuronen sind die Grundbausteine des Gehirns. Bei einem Neuron handelt es sich um eine einzelne Zelle, die aufgrund baulicher Besonderheiten darauf spezialisiert ist, schnelle Spannungsänderungen sowohl entlang seiner eigenen Membran als auch in den benachbarten Neuronen zu ermöglichen. Bei Gehirnen handelt es sich um Ansammlungen genau solcher Zellen, und im Gegensatz zu einem einzelnen Neuron können Gehirne normalerweise sehen, logisch denken und sich erinnern. Wie gelangt man über Ionenbewegungen entlang von Zellmembranen zum Erinnerungs- und Wahrnehmungsvermögen von Gehirnen? Wie hat man sich die Konnektivität und die Interaktivität zwischen den Neuronen vorzustellen? Wodurch entsteht aus einem Haufen von Neuronen ein Nerven*system*?

Auf dieser Stufe in der Entwicklung der Wissenschaft erscheint es als sehr wahrscheinlich, daß psychologische Prozesse tatsächlich Prozesse des physischen Gehirns und nicht, wie Decartes folgerte, Prozesse nicht-körperlicher Natur sind. Da dieser Punkt an anderer Stelle ausführlich diskutiert wurde (wie z.B. bei [121])

und da man den Kartesianischen Dualismus üblicherweise weder in der Philosophie noch in den Neurowissenschaften so richtig ernst nimmt, ist es nicht notwendig, die Argumente hier in allen Einzelheiten zu wiederholen. Es reicht aus, wenn
man erwähnt, daß die Kartesianische Hypothese mit dem aktuellen Wissensstand
in der Physik, der Chemie, der Evolutionslehre, der Molekularbiologie, der Em-
bryologie, der Immunologie und in den Neurowissenschaften nicht vereinbar ist.
Allerdings handelt es sich beim Materialismus nicht um eine bewiesene Tatsache,
wie es beispielsweise bei der DNA–Helixstruktur mit ihren vier Basen der Fall
ist. Deshalb ist es möglich, daß der Dualismus — ungeachtet der gegenwärtigen
Beweislage — tatsächlich wahr sein könnte. Trotz der ziemlich weit hergeholten
Möglichkeit, daß neue Entdeckungen Descartes bestätigen könnten, stellt der Materialismus — wie z.B. die Darwinsche Evolutionstheorie — die wahrscheinlichere
Arbeitshypothese dar. Aus diesem Grund erscheint es nicht lohnenswert, wenn
man das Grundprogramm in der neurowissenschaftlichen Forschung und die phy-
sikalistischen Voraussetzungen, auf die es sich stützt, derart abändert, daß sie zu
der Kartesianischen Hypothese passen — wenngleich man sich aus Gründen der
wissenschaftlichen Toleranz immer eine Tür offen halten sollte, solange es keine
absolut sicheren Tatsachen gibt. Ebenso ist es denkbar [566], daß es im Rahmen
der Weiterentwicklung der Neuropsychologie notwendig sein wird, in der Quan-
tenphysik Modifikationen im Mikro–, Nano– und Pikobereich vorzunehmen. Bis
jetzt gibt es jedoch keinen einigermaßen überzeugenden Grund, der annehmen
läßt, daß dies passieren wird.

In diesem Zusammenhang sollte man sich besonders vor Argumenten hüten,
die aus Unkenntnis entstanden sind. Deren kanonische Form lautet wie folgt: Die
Neurowissenschaft weiß nicht, wie sie $\mathcal{X}$ (z.B. das Bewußtsein) ausgehend vom
Nervensystem erklären soll; deshalb kann es so nicht erklärt werden. Vielmehr ist
es möglich, daß es schließlich in Form von $\mathcal{Y}$ erklärbar ist (Dabei kann es sich
wahlweise um z.B. Quantenwellenpakete, Psychonen, ektoplasmatische Retrovi-
brationen u.s.w. handeln). Die kanonische Form eignet sich für endlose, verführe-
rische Variationen, besonders für solche, in denen ein Mangel an Vorstellungs-
vermögen die Intuition beeinträchtigt.: "Wir können uns nicht *vorstellen*, wie man
Bewußtsein im Sinne von neuronaler Aktivität erklärt ...; wie könnte man denn
die Schrecklichkeit von Schmerzen anhand physikalischer Prozesse beispielsweise
durch Ionen, die Membranen passieren, erklären?" In seiner entblößten Form ist
das Argument aus Unkenntnis wenig verlockend, aber, voll ausgeschmückt, kann
es betörend wirken und als genau das erscheinen, was man braucht, um solche
"Intuitionsunstimmigkeiten" wieder in Einklang zu bringen, die durch Gedanken
über die physikalische Grundlage des Geistigen hervorgerufen wurden. Eine Version des Arguments überzeugte den deutschen Mathematiker und Philosophen
Leibniz [433], und in den vergangenen zwei Jahrzehnten erschienen Variationen
der Leibnizschen Grundthese, die als einzige, äußerst beliebte und ansprechende Rechtfertigung für folgende Schlußfolgerung dient, nämlich, daß die Erklärung
von psychologischen Phänomenen auf neurowissenschaftlichem Wege unmöglich

ist. (Beispiele für dieses Argument findet man in vielen verschiedenen und verlockenden Aufmachungen in [533, 193, 647, 648, 566].) Die revolutionären Werke von Kopernikus, Galileo, Darwin und Einstein zeigen nur allzu deutlich, daß die "Intuitionsunstimmigkeit" ein schwacher Indikator für Wahrheit ist; allenfalls kann man daraus ersehen, wie gut eine Idee zu anderen gut klingenden Ideen paßt. Es gehört einiges mehr dazu, will man Wahrheit oder Wahrscheinlichkeit fest begründen.

Die diesem Buch zugrundeliegende Arbeitshypothese besagt, daß es sich bei auftretenden Eigenschaften um Effekte auf hoher Ebene handelt, die auf eine systematische Weise von Phänomenen auf niedrigerer Ebene abhängen. Dreht man diese Hypothese um, so bedeutet sie in der negativen Version, daß es höchst unwahrscheinlich ist, daß es auftretende Eigenschaften gibt, die nicht durch Eigenschaften auf niedriger Ebene erklärt werden können [586], oder die nicht weiter vereinfacht werden könnten kausal *sui generis*, oder daß diese Eigenschaften — wie die Philosophen zu sagen pflegen — "nomologisch autonom" sind, was grob gesprochen so viel bedeutet, wie daß sie "kein Teil der restlichen Wissenschaft sind" [233, 594]. Der Haken dabei ist, daß bei einer Charakterisierung bestimmter Eigenschaften als nicht weiter reduzierbar vorausgesetzt wird, daß man im vornherein schon sagen kann, ob etwas erklärt — *jemals* erklärt — werden kann. Offensichtlich stellt solch eine Behauptung eine Voraussage dar, und die Geschichte der Wissenschaft zeigt nur allzu deutlich, daß Prophezeiungen, die auf Unkenntnis anstelle von Wissen beruhen, oft daneben gehen. Es ist viel zu verfrüht, um mit Sicherheit zu behaupten, daß man ein psychologisches Phänomen nicht in Form von neurobiologischen Phänomenen erklären kann, solange uns noch keine wesentlich weiter entwickelten neurobiologischen Methoden zur Verfügung stehen, als es augenblicklich der Fall ist. Obwohl gegebene Phänomene, wie beispielsweise die Proteinfaltung oder das Bewußtwerden visuell wahrgenommener Bewegung, *im Augenblick* noch nicht erklärbar sind, könnte es dennoch sein, daß im Laufe der Zeit Fortschritte in der Wissenschaft zu einer Erklärung führen. Ob dies geschieht oder nicht, ist eine empirische Tatsache und hat nichts mit Vorahnung zu tun. Die Suche nach Erklärungen für auftretende Eigenschaften im Rahmen eines Reduktionsansatzes hat nicht zur Folge, daß wir einfache oder schnell zusammengeschusterte Erklärungen erwarten sollten, die direkt aus den Daten ablesbar sind; vielmehr bedeutet es, daß weiterhin Wetten abgeschlossen werden können.

Zwei bahnbrechende Entdeckungen bildeten im 19. Jahrhundert die Grundlage für eine Wissenschaft, die sich mit Nervensystemen beschäftigt: (1) Nervensysteme zeigen Makroeffekte, die von einzelnen Zellen abhängig sind, deren anatomische Struktur im typischen Fall sowohl über lange Fortsätze (Axone) zum Senden von Signalen als auch über baumartige Verzweigungen (Dendriten) verfügt, die dem Empfang von Signalen dienen (Abbildung 1.1); (2) diese Zellen stellen im wesentlichen eine elektrische Vorrichtung dar; ihre Hauptaufgabe besteht im Empfangen und Weiterleiten von Signalen, was dadurch geschieht, daß sie elektrischen Strom erzeugen und auch darauf reagieren. Innerhalb dieses auf elegante Weise einfachen

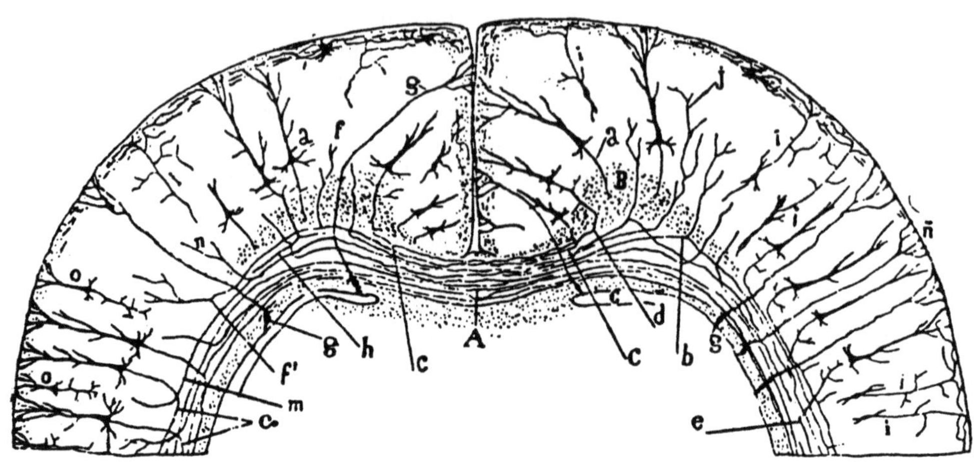

Abbildung 1.1   Eine Zeichnung von Cajal nach Golgi–gefärbten Schnitten des oberen
Teils der Großhirnhemisphären und des Corpus callosum (Balken) einer 20 Tage alten
Maus mit gefärbten Golgi–Zellen. A, Corpus callosum; B, anteroposteriorale Fasern; C,
Ventriculus lateralis; a, große Pyramidenzelle; b, Gabelung einer Faser des Corpus callosum, wobei sich der eine Zweig in der grauen Substanz verästelt, während sich ein
anderer Zweig im Corpus callosum fortsetzt; c, Faser des Corpus callosum, die einem
Axon mit Ursprung in der weißen Substanz entspringt; d, Faser des Corpus callosum,
die ihren Ursprung in einer Pyramidenzelle hat; e, Axone von lateralen Pyramidenzellen,
die einen absteigenden Verlauf im Corpus callosum haben und nicht Teil der Kommissur sind; f, f', die beiden Endverzweigungen einer Faser, die aus dem Corpus callosum
kommt und sich in der grauen Substanz verästelt; g, Epithelzellen; h, Faser von einer
großen Pyramidenzelle, die seitlich neben dem Corpus callosum verläuft; i, Spindelzellen,
deren Axone zur Molekularschicht aufsteigen; i, Endverzweigung einer Faser des Corpus callosum, die ihren Ursprung auf der gegenüberliegenden Seite hat. (Mit Erlaubnis.
Santiago Ramón y Cajal, 1890 [165])

Rahmens wurden wahrhaft spektakuläre Fortschritte erzielt, was die Enträtselung
der komplizierten Frage nach der genauen Arbeitsweise von Neuronen angeht. In
diesem Jahrhundert, und ganz besonders während der letzten drei Jahrzehnte, haben wir enorm viel über Neuronen erfahren: über ihre elektrophysiologischen Eigenschaften, ihre Mikroanatomie, ihre Konnektivität und ihre Entwicklung; über
die große Auswahl an neurochemischen Stoffen, die die Signale von einem Neuron
auf das nächste übermitteln; über die Zellmembran im Innern einer Nervenzelle,
über verschiedene Kanaltypen und deren spezifische Rolle beim Empfang, bei der
Integration und beim Senden von Signalen; über die Freisetzung von Transmitter-
substanzen und über den Aktionsradius, die Struktur und die Mechanismen von
Rezeptoren. Sogar über die Genetik der Proteine, aus denen die verschiedenen
Rezeptoren gebildet werden, erfahren wir ständig mehr [534, 535, 256, 320].
      Die jüngsten Fortschritte in den Neurowissenschaften sind wahrhaftig atem-

beraubend und verdientermaßen fesselnd. Aber der naive Betrachter könnte sich fragen, warum wir immer noch nicht verstehen, wie das Gehirn arbeitet — oder zumindest, sagen wir, wie das Seh- oder Bewegungssystem funktioniert, — obwohl wir schon soviel über Neuronen wissen? Sollten wir nicht — zumindest in Umrissen — verstehen, wie Tiere sehen, lernen und handeln, wenn wir unsere detaillierten Einzelkenntnisse zum Großteil auch automatisch auf das Ganze übertragen? Tatsächlich jedoch können wir das nicht. Der Haken ist vielleicht, daß wir, trotz der Fortschritte auf der Mikroebene, bei weitem noch nicht genug über die feinkörnige neuronale Struktur wissen. Das Argument lautet also, daß wir noch viel mehr wissen müssen — in der Tat sehr, sehr viel mehr. Diese Strategie bezeichnet man gelegentlich als den reinen "Bottom–up"–Ansatz. Wenn es sich bei Gehirnen im Grunde nur um Ansammlungen von Zellen handelt, dann, so schlägt diese Strategie vor, werden die Prinzipien der Hirnfunktion im roßen und anzen klar erkennbar sein, sobald man erst einmal jeden Aspekt der Zellfunktion genau versteht. Vielleicht. Vielleicht aber auch nicht.

Dem gesamten Buch liegt die Behauptung zugrunde, daß die Kenntnis der molekularen und zellulären Ebenen zwar unentbehrlich ist, aber für sich allein genommen nicht ausreicht, so reichhaltig und gründlich sie auch sein mag. Komplexe Wirkungen, wie z.B. bei der visuellen Repräsentation von Bewegung, resultieren aus der Dynamik neuronaler Netze. Das bedeutet, daß die Eigenschaften von Netzwerken, obwohl sie von den Eigenschaften der Nervenzellen in dem Netzwerk abhängen, trotz allem weder mit den Zelleigenschaften identisch, noch daß sie durch *einfache* Kombination der Zelleigenschaften entstanden sind. Komplexe Wirkungen erfordern, daß die Nervenzellen eines Netzes miteinander in Wechselwirkung treten; das jedoch ist ein dynamischer Vorgang, der nicht so einfach wie eine Aufziehpuppe funktioniert. Eindrucksvoll veranschaulicht wird das Ganze durch Allen Selverston [655], der das Mund- und Magenganglion der Languste erforscht (Abbildung 1.2)[1]. Das fragliche Netzwerk enthält ungefähr 28 Nervenzellen und ist verantwortlich für die Muskelbewegungen, die die Zähne des Verdauungsapparates kontrollieren und so eine Zerkleinerung der Nahrung für die Verdauung ermöglichen. Die Ausgabe des Netzes ist rhythmisch, und dementsprechend sind auch die Muskeltätigkeit und die Mahlbewegungen rhythmisch.

Die elektrophysiologischen und anatomischen Grundeigenschaften der Neuronen wurden katalogisiert, wodurch auf Mikroebene der Lebenslauf jeder Zelle des Netzes beeindruckend detailliert bekannt ist. Wie die Zellen jedoch miteinander in Wechselwirkung treten und wie dadurch ein Schaltkreis entsteht, der das rhythmische Muster erzeugt, ist noch ungeklärt. Für die rhythmische Ausgabe des Netzes ist keine einzelne Zelle verantwortlich; die Eigenschaften, die das Netzwerk als Ganzes aufweist, rühren nicht von einer einzelnen Zelle her. Woher kommt die rhythmische Tätigkeit? Sie entsteht, sehr grob gesprochen, durch das Muster der Wechselwirkungen zwischen den Zellen *und* durch die inneren Eigenschaften der Einzelzellen. Was *bedeutet* dies nun aber genau? Wie wird der Rhythmus durch

---

[1] Vollständiger Überblick siehe [656].

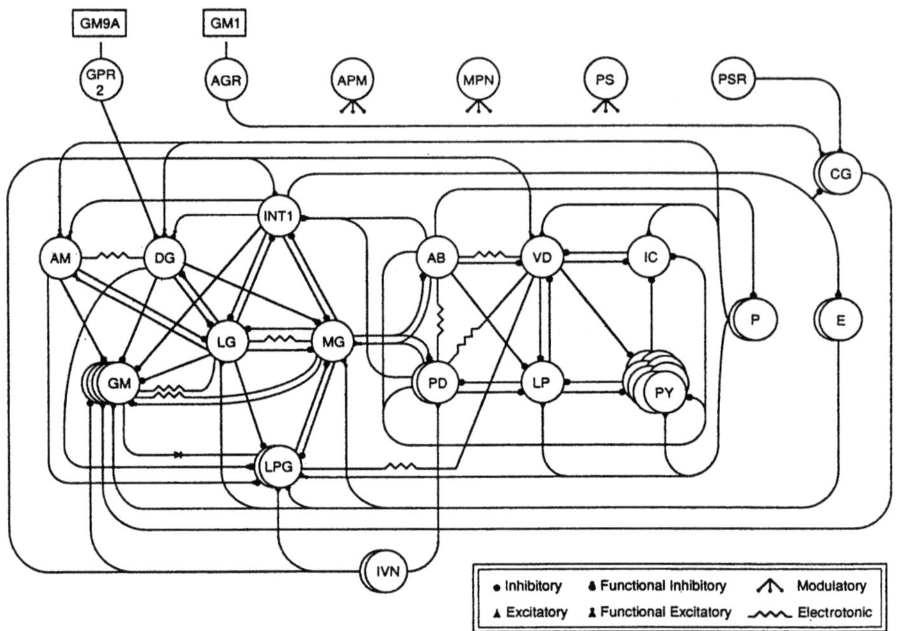

Abbildung 1.2   Diagramm des Schaltkreises im Mund- und Magenganglion der Languste. Der Schaltkreis besteht normalerweise aus 28 Neuronen, wobei man bei jeder einzelnen Zelle das Verknüpfungsmuster (wie die Zellen miteinander verschaltet sind) die Art der Konnektivität (erregend oder hemmend) und die Reizmodalität (chemisch oder elektrisch) kennt. Die Beschriftung auf den Zellkörpern steht für deren individuelle Bezeichnung. (Mit freundlicher Genehmigung von Allan Selverston.)

das Netz erzeugt? Wie ist es möglich, daß das Netz unter verschiedenen biochemischen Bedingungen, verschiedene Rhythmen produzieren kann?

Die Erforschung des Mund- und Magenganglions hat in der Neurobiologie Tradition, und zwar zum Teil deshalb, weil man hier ein Musterbeispiel für die "Bottom–up"–Strategie vor Augen hat: Falls der reine "Bottom–up"–Ansatz überhaupt funktioniert, dann beim Mund- und Magenganglion. Gesetzt den Fall, die Antworten auf Makroebene würden nicht mit den Daten auf Mikroebene übereinstimmen, dann sollte das hier zutreffen. Trotzdem sind wir enttäuscht. Denn Selverston weist wehmütig darauf hin, daß es sich bei der reinen "Bottom–up"–Strategie allen Anzeichen nach um eine nur teilweise erfolgreiche Strategie handelt. Außerdem stößt der Vorwand "wenn man nur mehr Einzelheiten über Neuronen auf Mikroebene wüßte, dann wäre die Erklärung einleuchtend" nun vermehrt auf Mißtrauen. Durch das Mund- und Magenganglion scheint uns klar zu werden, daß wir die Prinzipien ausknobeln müssen, die über Interaktionen das System steuern, und daß die Interaktionshypothesen dazu dienen, Eigenschaften auf höherer

Ebene zu charakterisieren, auch wenn sie durch Daten auf Mikroebene gewisse Beschränkungen erfahren sollten. Die Lektion in Kurzfassung bedeutet, daß Daten auf Mikroebene zum Verständnis des Systems *notwendig*, aber nicht *hinreichend* sind. Wir zitieren Maxwell Cowan, , der gesagt hat, daß selbst dann, wenn wir alle Synapsen, alle Transmitter, alle Kanäle, alle Antwortmuster und so fort von allen Zellen kennen würden, wir immer noch nicht wüßten, wie ein Tier sieht, riecht und geht.[2]

Es gibt einen umfassenderen Grund für das Erstellen von Modellen, der insbesondere über Neurowissenschaften hinausgeht und allgemein für Wissenschaften zutrifft. Man könnte fragen, warum man sich überhaupt mit Modellen abgeben sollte? Warum führt man nicht einfach Experimente durch und zeichnet die Beobachtungen auf? Auch wenn die Antworten vielleicht auf der Hand liegen, könnte sich eine Aufzählung lohnen. Erstens helfen Modelle dabei, die Daten in ein System zu bringen und liefern Anregungen für Experimente; mit ihrer Hilfe kann man vielleicht erkennen, welche Daten zur Erklärung eines Phänomens herangezogen werden müssen. Aus diesem Grund ist es besser, irgendein Modell zu haben, als überhaupt keines. Tatsächlich haben Wissenschaftler natürlich immer die eine oder andere Hypothese im Hinterkopf, die den Motivations- und Interpretationsrahmen für ihre Forschungsarbeiten liefert, auch wenn sie diese Hypothesen weder deutlich formuliert, noch detailliert ausgefeilt haben. Ein quantitatives Modell zu haben, ist gleichbedeutend mit einem Schritt nach vorne, denn es bringt vage Vermutungen ans Tageslicht und erlaubt eine genauere Analyse des Wahrheitsgehaltes dieser Vermutungen. Ein weiterer philosophischer Gesichtspunkt ist, daß Modelle glaubhafter werden, wenn sie harten experimentellen Tests standhalten [586, 121]. Besonders in den Pioniertagen einer Disziplin, wenn man noch über relativ wenige Daten verfügt, ist der Fortschritt eng an die Ausschließung einer Gruppe von Modellen und Hypothesen gebunden. Unbegrenzt viele Modelle können mit einem Satz von Daten gleichermaßen im Einklang stehen; will man einen wirklichen Schritt vorwärts machen, muß man versuchen, ein scheinbar glaubwürdiges Modell zu widerlegen. Folglich sind Modelle dann kritisch, wenn sie Experimente nahelegen, die potentiell dazu dienen, die Richtigkeit zu widerlegen.[3] Sollte ein Modell einem anspruchsvollen experimentellen Test standhalten, so ist es bis zu einem bestimmten Grad wahrscheinlicher; hat man es erst einmal davor bewahrt, mit anderern falschen Hypothesen auf einen Haufen geworfen zu werden, so lebt es weiter und wird noch bezüglich weiterer experimenteller Daten getestet. Sollte es sich als falsch erweisen, wird es zum Ausgangspunkt für das nächste Modell.

Die Neuroinformatik ist ein sich weiter entwickelnder Ansatz, der es sich zum Ziel gesetzt hat, etwas über die charakteristischen Eigenschaften von Neuronen

---

[2] Howard Hughes Konferenz über Neurowissenschaften und Philosophie, Frühjahr 1989, Coral Gables, Florida.

[3] Tatsächlich ist die Sache etwas komplizierter. Eine ausführlichere Diskussion dieses Problems findet man bei [116]

und neuronalen Netzen sowie über die Prinzipien herauszufinden, nach denen diese gesteuert werden. Bei der Untersuchung der Frage, auf welche Weise es neuronalen Netzen möglich ist, komplexe Effekte zu erzeugen, wie z.B. das Stereosehen, das Lernen und die Lokalisation von Schallquellen mit Hilfe des Gehörs, stützt man sich sowohl auf neurobiologische Daten als auch auf theoretische Berechnungen. Einfach ausgedrückt heißt das, man hat ein Standbein in der Neurowissenschaft und ein Standbein in der Informatik. Ein drittes Bein steht fest auf dem Gebiet der Experimentalpsychologie und zumindest eine Zehe ragt in den Bereich der Philosophie. Das Unternehmen hat also offensichtlich viele Standbeine. Darüber bald mehr.

Akademisch am nächsten verwandt mit der Neuroinformatik ist wahrscheinlich die Systemneurobiologie, ein Zweig der Neurowissenschaften, der sich traditionsgemäß ziemlich genau mit der gleichen Art von Problemen befaßt, wobei das Erstellen von Computermodellen hier aber nicht ausdrücklich eine Rolle spielt und die Theorien eingestandenermaßen nicht in einem informationsverarbeitenden Rahmen erstellt werden. Ein frühzeitiger Vorläufer davon war bekannt unter dem Namen "Kybernetik", wobei man sich hier — im Gegensatz zu der Systemneurobiologie — im allgemeinen mehr auf die Technik und die Psychologie und weniger auf die Neurobiologie stützte. Obwohl die "Modellierung von neuronalen Netzen" einen breitgefächerten Bereich von Projekten abdecken kann, bezieht sich der erst vor kürzerer Zeit geprägte Begriff "Konnektionismus" für gewöhnlich auf das Erstellen von Netzwerken, die nur oberflächliche Ähnlichkeiten mit wirklichen neuronalen Netzen haben. In der Regel, vielleicht ironischerweise, wird die "Modellierung von neuronalen Netzen" gleichgesetzt mit der Computernachbildung von völlig künstlichen nicht–neuronalen Netzen, oft mit hauptsächlich technologischer Bedeutung, wie im Falle der ärztlichen Diagnose auf der Unfallstation.[4] Die Bezeichnung "PDP" ("parallel distributed processing" wird im allgemeinen vor allem von Erkennungspsychologen und einigen Informatikern verwendet, die vorzugsweise ein Modell erstellen für Tätigkeiten auf hoher Ebene, wie z.B. das Erkennen von Gesichtern und das Erlernen einer Sprache, statt für Tätigkeiten auf niedrigerer Ebene, wie beispielsweise die Aufdeckung visuell wahrgenommener Bewegung oder den defensiven Krümmungsreflex des Blutegels.

Die Neuroinformatik strebt — in dem Sinne, wie der Begriff von uns verwendet wird — nach biologisch realistischen Computermodellen neuronaler Netze, obwohl bis dahin auch ziemlich vereinfachte künstliche Modelle als Hilfsmittel zum Testen und Erforschen von Berechnungsprinzipien verwendet werden können. Ein genaues Abgrenzen der verschiedenen Wissenschaften ist ein sonderbar ungenaues Unterfangen, da es viele Überschneidungen gibt. Wir beide (P.S.C. und T.J.S.) geben gerne zu, daß wir über unsere Mutterwissenschaften zur Neurowissenschaft gelangt sind. Deshalb haben wir ganz bestimmt nichts dagegen, wenn sich die wissenschaftlichen Gebiete überschneiden. Ganz im Gegenteil, wenn sich die Grenzen

---

[4]William Baxt hat ein Netz entwickelt zur Diagnostik von Koronarverschluß bei Patienten mit akuten Schmerzen im vorderen Brustbereich [61].

zwischen den Disziplinen Neurowissenschaft, Informatik und Psychologie immer mehr verwischen, betrachten wir das als eine gesunde Entwicklung, die klugerweise gefördert werden sollte. Auf jeden Fall wird ein grober Überblick dem Neuling — oder vielleicht sogar dem alten Hasen — helfen, sich bei all den Zielen, Taktiken und Vorurteilen, die im Spiel mit Netzwerken auftauchen, zu orientieren.

In der Neuroinformatik weist der Ausdruck "Informatik" darauf hin, daß der "Rechner" beim Nachbau komplexer Systeme, wie das beipielsweise Netze, Ganglien und Gehirne sind, als Forschungswerkzeug eine Rolle spielt. Verwendet man das Wort in diesem Sinne, dann könnte es ebensogut eine Computer–Astronomie und eine Computer–Geologie geben. In dem hier vorliegenden Zusammenhang jedoch liegt die ursprüngliche Macht des Wortes außerdem in seiner beschreibenden Bedeutung. In diesem Fall wird die tiefsitzende Überzeugung deutlich, daß etwas, was durch einen Computer nachgebaut wird, selbst so eine Art Computer ist; auch wenn dieser keine Ähnlichkeit mit den seriellen und digitalen Computern hat, aus denen die Informatik sonst ihre Kenntnisse bezieht. Das heißt, Nervensysteme — und wahrscheinlich auch Teile davon — sind selbst Computer, die durch natürliche Evolution entstanden sind — sie sind organischer Natur, analog in der Repräsentation und parallel in der verarbeitenden Architektur. Sie stellen durch ihre Eigenschaften einen Bezug zur Außenwelt her und ermöglichen es einem Tier, sich den jeweiligen Lebensumständen anzupassen. Sie gehören zu der Art von Computern, deren *modus operandi* sich von uns immer noch nicht erfassen läßt, die aber sozusagen die Hauptader der Neuroinformatik sind.

Bezüglich der Berechnungen in Nervensystemen gibt es eine ganze Reihe von umfassenden Anhaltspunkten. Erstens: Im Gegensatz zu einem Digitalrechner, der vielseitig verwendbar ist und so programmiert werden kann, daß jeder Algorithmus abläuft, scheint es sich bei dem Gehirn um eine Ansammlung von ganz spezialisierten Systemen zu handeln, die miteinander in Verbindung stehen und bei der Ausführung ihrer Aufgaben sehr effizient, aber in ihrer Flexibilität eingeschränkt sind. Die Sehrinde, um ein Beispiel zu nennen, scheint nicht dazu in der Lage zu sein, die Funktionen des Kleinhirns oder des Hippocampus zu übernehmen. Der Grund dafür liegt vermutlich nicht darin, daß die Sehrinde Zellen enthält, die im wesentlichen wirklich nur mit dem Sehen zu tun haben (oder daß sie "Visonen" anstelle von "Auditonen" enth?"alt), vielmehr scheint es hauptsächlich eher an deren morphologischer Spezialisierung und an ihrer Lage innerhalb des Zellsystems der Sehrinde zu liegen, d.h. ihrer Lage relativ zu ihren Eingangszellen, ihren intracorticalen und subcorticalen Verbindungen, ihren Ausgangszellen und so weiter. Anders ausgedrückt: Die Spezialisierung eines Neurons ist davon abhängig, welche Rollen das Neuron bei der Berechnung im System spielt, und die Evolution hat die Zellen dahingehend weiterentwickelt, daß sie diesen Rollen besser gerecht werden.

Zweitens: Das Nervensystem ist durch die Evolution, und nicht nach einem technischen Entwurf, entstanden. Wollen wir also herausfinden, wie das Gehirn organisiert sein muß, damit es die Berechnungen ausführen kann, so ist es unbedingt notwendig, daß wir durch das Studieren seiner Mikrostruktur und seines Aufbaus Anhaltspunkte zusammentragen, die uns Aufschluß über die Berechnungsprinzipien im Gehirn geben. Durch die Evolution bedingte Modifikationen finden immer im Zusammenhang mit einer sich bereits an Ort und Stelle befindlichen Organisation und Struktur statt. Ganz einfach, die Natur ist kein intelligenter Ingenieur. Es ist ihr nicht möglich, die bestehenden Strukturen unbrauchbar zu machen und nach einem bevorzugten Entwurf und mit bevorzugten Materialien ganz von vorne anzufangen. Sie kann die Umweltbedingungen nicht abändern und kann keinen optimalen Plan entwerfen. Folglich können die von der Natur entwickelten rechnerischen Lösungen ganz anders aussehen als solche, die sich ein intelligenter Menschen ausdenken würde. Genausogut ist es möglich, daß sie nach orthodoxen, technisch-begründeten Vermutungen weder optimal noch vorhersagbar sind.

Drittens: Menschliche Nervensysteme dienen auf keinen Fall ausschließlich der Wahrnehmung, wenngleich die Fähigkeit zur Wahrnehmung eine derart starke Anziehungskraft hat, daß man sich stillschweigend dazu hingezogen fühlt, dies zu vermuten. Von Nervensystemen wird außerdem verlangt, daß sie z.B. folgende Dinge meistern: Thermoregulation — bei Säugetieren eine sehr komplexe Aufgabe —, Wachstum, Fortpflanzung, Atmung, Regulierung von Hunger und Durst, Bewegungskontrolle und Aufrechterhaltung von Verhaltenszuständen wie Schlafen, Träumen, Wachsein usw. So könnte man eine evolutionsbedingte Modifikation, die zu verbesserten Berechnungen zugunsten — sagen wir — des Sehvermögens führt, mit dem Gewinner eines technischen Wettbewerbs vergleichen. Wenn es aber nicht gelingt, sie mit der restlichen Organisation des Gehirns in Einklang zu bringen, oder wenn kritische Funktionen wie die Thermoregulation an den Rand gedrängt werden, wird das Tier mitsamt seinen "preisgekrönten" Sehgenen sterben. Aus diesen Gründen erscheint im Falle des Gehirns als Strategie die *umgekehrte* Technik erfolgversprechend, wobei durch Zerlegung in seine Bestandteile Rückschlüsse auf die Arbeitsweise gezogen werden. Im Vergleich dazu kann ein reiner *a priori*-Ansatz, der sich beim Aufbau völlig auf vernünftige, technische Prinzipien stützt, in eine Sackgasse führen.

Viertens: Klugerweise sollte man sich bewußtmachen, daß uns unsere bevorzugten Eingebungen diesbezüglich, auch wenn sie noch so selbstverständlich und verlockend sind, genausogut in die Irre führen können. Konkreter ausgedrückt: Man kann durch bloße Selbstbeobachtung weder beurteilen, welcher Art die berechnenden Probleme sind, die von dem Nervensystem gelöst werden, noch kann man den Schwierigkeitsgrad der Probleme einschätzen, mit denen das Nervensystem konfrontiert wird. Halten wir uns beispielsweise eine natürliche menschliche Tätigkeit wie das Gehen vor Augen — eine Fertigkeit, die man typischerweise um das erste Lebensjahr herum beherrscht. Es könnten einem Zweifel kommen, ob es sich hier überhaupt um ein Problem handelt, das berechnet werden muß. Falls doch, ist das Problem komplex genug, daß sich eine Überlegung lohnt? Da Gehen im Gegensatz zum — sagen wir — algebraischen Rechnen, das von vielen Leuten als anstrengend empfunden wird, im Grunde mühelos abläuft, könnte der flüchtige Betrachter folgern, daß das Gehen berechnungsmäßig eine einfachere Aufgabe sei — zumindest einfacher als das algebraische Rechnen. Das Vorurteil, Gehen erfordere nur ziemlich triviale Berechnungen, ist jedoch reine Illusion. Spielzeugherstellern fällt es nicht schwer, eine Puppe zu fertigen, die einen Fuß vor den anderen setzt, vorausgesetzt, sie wird von dem Kind gehalten. Die Sache sieht jedoch völlig anders aus, wenn die Puppe nach menschlichem Vorbild gehen und dabei das Gleichgewicht halten soll. Die Fortbewegung erweist sich als komplizierte Angelegenheit, obwohl wir diese Aufgabe mühelos bewältigen können.

Werden in der Neuroinformatik Hypothesen aufgestellt, so stellt die Zeit, die für die Ausführung der Berechnungen zur Verfügung steht, einen weiteren entscheidenden Faktor dar. Vom Standpunkt des Nervensystems aus ist es nicht damit getan, daß die Lösungen auf eine bestimmte Eingabe mit einer korrekten Ausgabe antworten. Die Lösungen müssen außerdem innerhalb von Millisekunden nach Präsentation des Problems verfügbar sein, und deren Anwendung muß in ein paar hundert Millisekunden bereitstehen. Es ist wichtig, daß Nervensysteme innerhalb einer Sekunde routinemäßig Signale wahrnehmen, Vorlagen erkennen und Antworten zusammenstellen können. In der Evolution wurden die Nervensysteme schon immer selektiv danach ausgewählt, ob sie den sie umgebenden Körper schnell und auf angemessene Art und Weise in Bewegung setzen können, denn im großen und ganzen wird die natürliche Selektion denjenigen Organismen den Vorzug geben, die vor ihren Feinden fliehen oder sich zur Wehr setzen und denjenigen, die Beute fangen und verstecken können. *Ceteris paribus*, werden langsame Nervensysteme von schnelleren Nervensystemen gefressen. Selbst wenn sich herausstellen sollte, daß die vom Gehirn verwendeten Berechnungstechniken weder elegant noch schön sind, aber durch die Evolution über eine gewisse Art von Do-it-yourself-Fähigkeiten verfügen, so arbeiten sie doch nachweislich sehr schnell. Diese äußerst geringe Reaktionszeit führt dazu, daß viele vorgeblich elegante Berechnungsstrukturen und geschickte Berechnungsprinzipien ausgeschlossen werden müssen, da sie einfach zu lange brauchen. Diesem Punkt kommt umso größere Bedeutung zu, wenn man bedenkt, daß elementare Berechnungen in einem elektronischen Computer im Bereich von Nanosekunden (10^{-9}) ablaufen, während in Neuronen dafür Millisekunden (10^{-3}-Bereich) benötigt werden.

Eine damit in Verbindung stehende Überlegung ist, daß organischen Computern, wie Gehirne es sind, nur eine begrenzte Menge an Platz für die wesentlichen Dinge — Zellkörper, Dendriten, Axone, Gliazellen und Gefäßbildung — zur Verfügung steht und daß die Schädelkapazität wiederum durch die Mechanismen der Fortpflanzung eingeschränkt wird. Bei Säugetieren z.B. wird der Kopfumfang und damit die Gehirngröße der Nachkommen durch die Größe des mütterlichen Beckens begrenzt. Dies alles bedeutet, daß in Gehirnen auch die Länge der Leitungsbahnen eingeschränkt werden muß — die Evolution kann sich bei der Verschaltung nicht aus einem endlosen Vorrat an Leitungsbahnen bedienen, sondern muß mit jedem Zentimeter geizen. Im menschlichen Gehirn, beispielsweise, muß die Gesamtlänge der Leitungsbahnen, die ungefähr 10^8 Meter beträgt, in einem

Volumen von ca. $1, 5$ Litern verstaut werden. Von Bedeutung für die Art und Weise, wie die Berechnungen ausgeführt werden, und für die Evolution, die ja Nervensysteme selektiv auswählen muß (Abbildung 1.3), ist auch die räumliche Anordnung der Sinnesorgane und Muskeln im Körper und die relative Lage der afferenten und efferenten Systeme. Eine Strategie, die das Gehirn anwendet, um an Leitungsbahnen zu sparen, ist die kartographische Erfassung der für die Verarbeitung zuständigen Einheiten, sodaß benachbarte Einheiten ähnliche Sachverhalte bearbeiten. Eine andere Strategie ist das gemeinsame Benützen von Leitungsbahnen, was bedeutet, daß ein und dieselbe Leitungsbahn (Axon) zur Codierung vieler Sachverhalte verwendet werden kann [500]. Folglich spielt bei der Entscheidung, welche Berechnungsart von einem Nervensystem übernommen wird, neben dem Zeitfaktor auch der Raumfaktor eine begrenzende Rolle.

Darüber hinaus werden der Berechnung durch den Energieverbrauch Grenzen gesetzt, wobei das Gehirn auch in dieser Beziehung beeindruckend leistungsstark ist. Ein Neuron beispielsweise verbraucht pro Operation (z.B. dann, wenn an einer Synapse ein Neuron ein anderes aktiviert) annähernd 10^{-15} Joules an Energie. Im Gegensatz dazu benötigt die neueste Silikontechnik mit dem höchsten Wirkungsgrad ungefähr 10^{-7} Joules pro Operation (Multiplikation, Addition u.s.w.) [500]. Benützt man den Joulesverbrauch pro Operation als Kriterium, dann ist das Gehirn ungefähr um eine *Größenordnung von* 7 *oder* 8 effizienter hinsichtlich des Energieverbrauchs als der beste Silikonchip. Eine direkte Folge davon ist, daß das Gehirn sogar viel mehr Operationen in der Sekunde ausführen kann als der neueste Supercomputer. Die schnellsten Digitalrechner sind in der Lage, circa 10^9 Operationen pro Sekunde abzuwickeln; das Gehirn der gewöhnlichen Stubenfliege beispielsweise schafft beim bloßen Ausruhen ungefähr 10^{11} Operationen pro Sekunde.

Schließlich gibt es auch noch Beschränkungen, die aufgrund des Baumaterials entstehen. Gemeint ist damit folgendes: Die Zellen bestehen aus Proteinen und Lipiden, ihren Energiebedarf decken sie über die Mitochondrien; Nervensysteme müssen über die Bestandteile und die Veranlagung verfügen, die zum Wachstum und zur Entwicklung nötig sind, und damit sie wie ein organischer Computer funktionieren können, müssen sie sich Eigenschaften wie die der Zellmembranen und die verfügbaren chemischen Stoffe zunutze machen. Zusätzlich benötigt das Nervensystem eine konstante Versorgung mit Sauerstoff und eine zuverlässige Versorgung mit Nährstoffen. Die Evolution muß das bestmögliche aus Proteinen, Lipiden, Membranen, Aminosäuren etc. machen. Alles in allem ist dies vergleichbar mit einem "technischen Baukastenspiel", bei dem man mit bestimmten zur Verfügung stehenden Materialien (aus einer begrenzten Anzahl an Eisstielen, Gummibändern und Büroklammern) eine Aufgabe, wie z.B. das Bauen einer lastentragenden Brücke, meistern soll. In der Tat soll, laut John Allman [13], bei homöothermen Tieren der Bedarf an Brennmaterial, das zur Erhaltung der Körpertemperatur benötigt wird und durch intensiven Beutefang beschafft werden muß, zu einer Vergrößerung des Gehirns geführt haben. Im Wettstreit

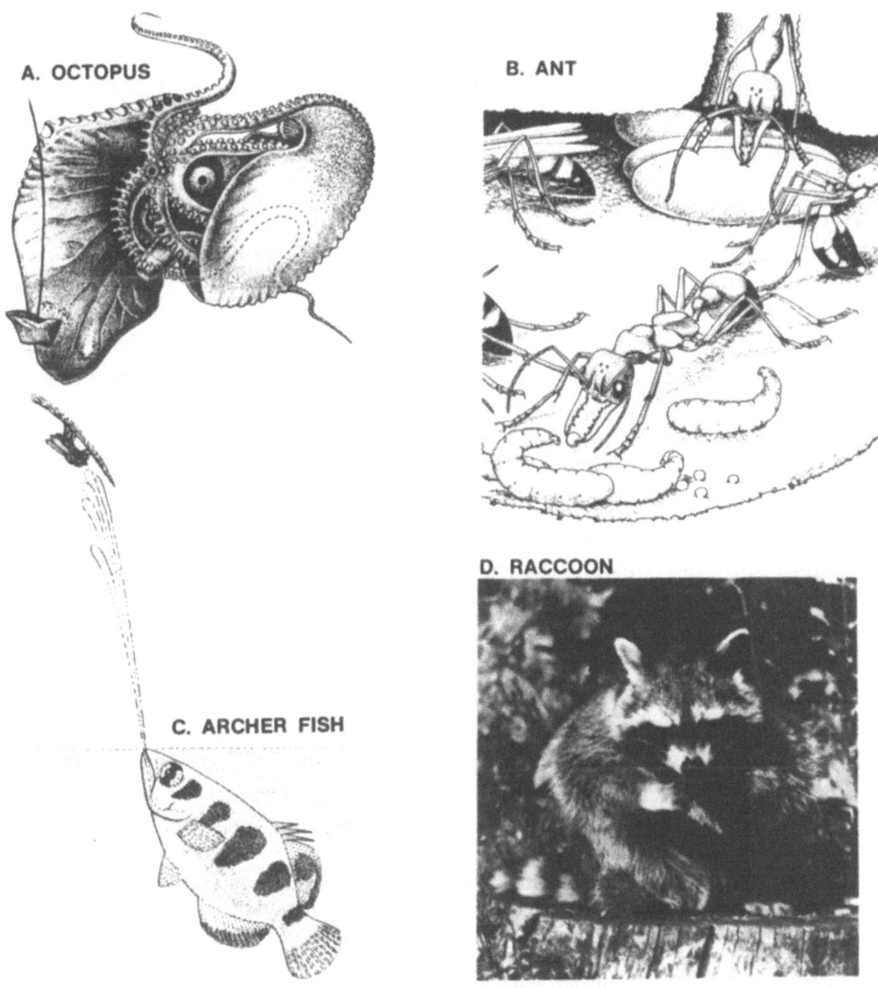

Abbildung 1.3   Beispiele für evolutionsbedingte Spezialisierungen bei der Manipulation. Der Krake (A) benutzt zum Anpacken von Objekten seine Tentakeln, bei denen es sich um modifizierte Gliedmaßen handelt; die Ameise (B) bewegt Dinge mit Hilfe ihrer Greifzangen, die durch Modifikation aus den Kiefern (Mandibeln) entstanden sind. Der Schützenfisch (C) kann mit Wassertropfen aus seinem Mund und Rachen auf Fluginsekten schießen, eine elementare Form des Werkzeuggebrauchs. Mit seinen handartigen Pfoten kann der Waschbär (D) geschickt mit Futtermaterial umgehen.

um große Mengen an Brennstoff wären homöotherme Organismen dann im Vorteil, wenn sie über eine hochentwickelte neuronale Maschinerie verfügen, die den Beutefang und auch die Flucht vor Freßfeinden verbessert.

Die Richtung, in die sich unsere Vorstellungen hinsichtlich der Probleme auf dem Gebiet der Neuroinformatik bewegen, wurde in hohem Maße von zwei begrifflichen Ideen bestimmt. Erstens von dem Begriff der *Ebenen* und zweitens von der *Co-Evolution* der Forschung auf verschiedenen Ebenen. Im Gehirn gibt es sowohl Organisation in großem als auch in kleinem Umfang, wobei verschiedene Funktionen auf höheren und niedrigeren Ebenen stattfinden (Abbildung 1.4). Die eine Darstellung will erklären, wie die Signale in Dendriten integriert werden; eine andere Darstellung will die Wechselwirkung zwischen Neuronen in einem Netz oder die Wechselwirkung zwischen Netzen in einem System erklären.[5] Ein Modell für die hervorragenden Eigenschaften des Lernens in Netzen wird anders aussehen als ein Modell, das den NMDA-Kanal beschreibt. Nichtsdestoweniger müssen sich die Theorien einer Ebene sowohl mit den Theorien auf höheren als auch auf tieferen Ebenen in Einklang bringen lassen. Entstehen nämlich irgendwo in der Geschichte Ungereimtheiten und Lücken, so bedeutet das, daß irgendein Phänomen falsch verstanden wurde. Bei alledem sind Gehirne doch nur Ansammlungen von Zellen, und einiges würde wirklich falsch laufen, wenn sich herausstellte, daß ein Neuron nach der einen Darstellung Eigenschaften hätte, die mit denen einer anderen Darstellung des gleichen Neurons nicht vereinbar wären.

Daß es Organisationsebenen gibt, ist eine Tatsache; bei der Co-Evolution verschiedener Forschungsrichtungen andererseits handelt es sich um eine Forschungsstrategie, die auf einer vermuteten Tatsache aufbaut. Das Kennzeichen der Co-Evolution von Theorien ist, daß Forschung auf einer Ebene zu Korrekturen, Beschränkungen und Anregungen für Forschung auf höherem oder niedrigerem Niveau führt (Abbildung 1.5). Der Raum für Berechnungen ist zweifellos weitläufig, und es gibt wahrscheinlich eine Unzahl von Möglichkeiten, auf die eine Aufgabe durchgeführt werden kann. Theoretische Überlegungen auf einer hohen Ebene, die

---

[5]Man hat postuliert, daß es diese Ebenen in ein und demselben Gehirn gibt. Horace Barlow hat jedoch angeregt (persönliche Mitteilung), daß man der Genauigkeit halber in dem Diagramm die Wechselwirkung *zwischen* Gehirnen berücksichtigen und der obersten Ebene noch eine weitere Stufe hinzufügen sollte. Das Argument, das für diese Erweiterung spricht, ist, daß die Interaktion zwischen den Gehirnen entscheidend beeinflußt, was ein individuelles Gehirn tun kann und was es tatsächlich tut. Die natürliche Selektion ist eine Form der Interaktion zwischen den Gehirnen. Sie ist bei bestimmten Tierarten für die allgemeine Leistungsfähigkeit und Prädispositionen des Gehirns verantwortlich. Zu den Prädispositionen, die ein Individuum von Geburt an besitzt kommt noch hinzu, daß die Wechselwirkungen zwischen verschiedenen Gehirnen (sowohl innerhalb einer Spezies als auch zwischen verschiedenen Spezies) einen Einfluß haben auf die von einem individuellen Gehirn erworbenen besonderen Fähigkeiten, Fertigkeiten, Kenntnisse und Darbietungen. So kann z.B. die jeweilige Sprache, die ein Mensch erlernt, ihm Macht verleihen oder ihn einschränken, je nachdem, wie er mit anderen Menschen umgeht, wie er eine bestimmte Art von Problemen löst und wie er über Dinge denkt, selbst dann, wenn er sich nicht explizit mitteilt. Die Interaktion eines Hundes mit seinem menschlichen Besitzer kann eine tiefgründige Auswirkung auf das Temperament des Tieres haben, und vielleicht auch umgekehrt; es ist wahrscheinlich, daß bei Seehunden, die in Gegenwart von Killerwalen aufwachsen, das Gehirnareal, das zuständig für das "Feindverhalten" ist, anders gestaltet ist, als bei solchen, die in einer Umgebung ohne Killerwale heranwachsen. Obwohl wir mit Barlow einer Meinung sind, daß der sozialen Ebene große Bedeutung zukommt, so haben wir sie in diesem Buch trotzdem nicht in den Mittelpunkt gestellt.

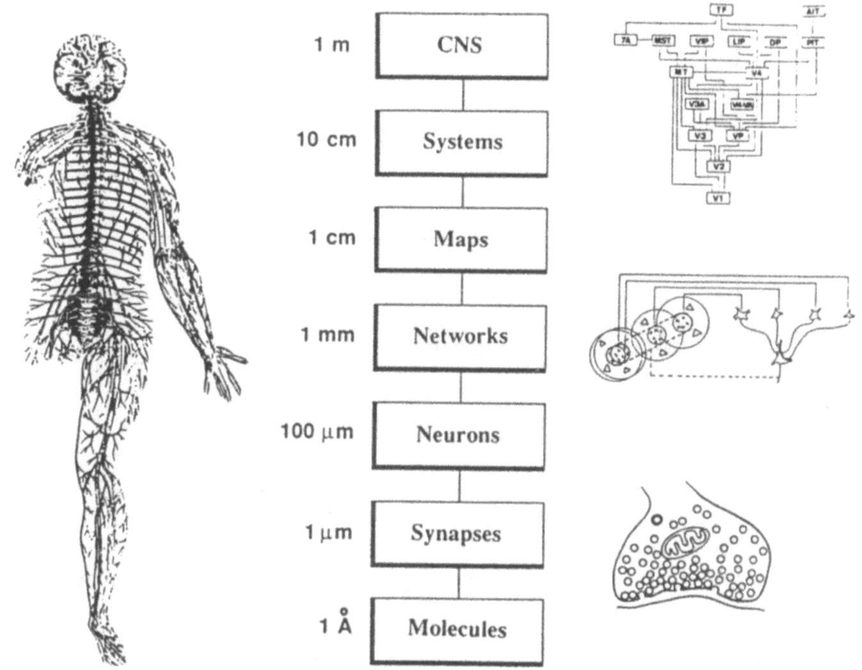

Abbildung 1.4   Schematische Darstellung der Organisationsebenen in Nervensystemen. Die räumliche Einteilung in Stufen, auf denen eine anatomische Organisation nachweisbar ist, kann über mehrere Größenordnungen variieren. Die Ikonen auf der rechten Seite stellen Strukturen bestimmter Ebenen dar: (oben) Unterteilung der Sehrinde in Sehfelder [219]; (Mitte) Modell eines Netzwerks, das zeigt, wie Ganglionzellen mit einfachen Zellen in der Sehrinde verbunden sein könnten [344]; (unten) Chemische Synapse [387]. (Aus [123])

für Beschränkungen auf niedrigerer Ebene nicht von Nutzen sind, laufen Gefahr, daß sie einen Teil des Gebiets erforschen, der zwar für sich interessant sein kann, aber weit entfernt von der Lösung des Gehirns liegt. So sind Beschränkungen auf Mikroebene und die Prüfung von Hypothesen im Hinblick auf Tatsachen im Bereich der Mikroebene von zentraler Bedeutung.

Auf der anderen Seite liefert uns die Forschung auf den Gebieten der Neuropsychologie, der Neuroethologie und der Psychophysik, ebenso wie die Experimentalpsychologie ganz allgemein, eine detaillierte Charakterisierung dessen, was auf niedrigeren Ebenen erklärt werden muß. Ohne eine wissenschaftliche Darstellung kognitiver und anderer psychologischer Kapazitäten hat die Forschung auf niedrigerer Ebene nur eine unvollständige und konfuse Vorstellung von eben dieser Kapazität, deren Mechanismen im Brennpunkt der Forschung stehen. So vergeudet man beispielweise nur seine Zeit, wenn man die neuronalen Mechanismen der Bewegungswahrnehmung in den Sehbereichen MT und MST studiert,

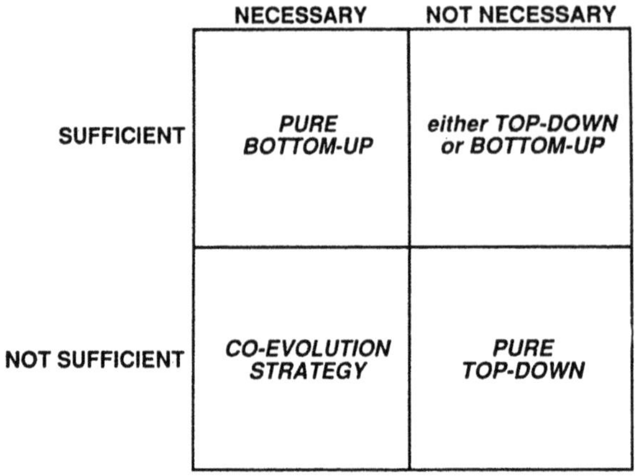

	NECESSARY	NOT NECESSARY
SUFFICIENT	*PURE BOTTOM-UP*	*either TOP-DOWN or BOTTOM-UP*
NOT SUFFICIENT	*CO-EVOLUTION STRATEGY*	*PURE TOP-DOWN*

Abbildung 1.5   Mögliche Forschungsstrategien, mit deren Hilfe die Arbeitsweise des Gehirns und die unterschiedliche Vorgehensweise der Forschungsstrategien bezüglich der Frage nach der Bedeutung der zellulären und molekularen Ebenen für Theorien über die Gehirnfunktion verstanden werden soll. Einige Neurowissenschaftler mögen die reine "Bottom–up"-Strategie bevorzugen; einige Psychologen und Philosophen geben der reinen "Top–down"-Strategie den Vorzug; der obere rechte Quadrant kommt wahrscheinlich für niemanden in Frage, aber wir fügen ihn hinzu, um die Palette der Möglichkeiten abzurunden; dieses Buch baut auf der Co–Evolutionsstrategie auf (unten links).

ohne aber die neuesten, psychophysischen Erklärungen für das visuelle Aufspüren von Bewegungen zu kennen. Die Erforschung der Berechnungsprinzipien kann aus einer Forschungsgemeinschaft mit den Neurowissenschaften und der Psychologie profitieren, denn das Gehirn liefert neue Erkenntnisse über mächtige, berechnende Methoden, und dafür kann sich die Neurowissenschaft abstrakte, theoretische Entdeckungen im Zusammenhang mit Berechnungen und praktische Erkenntnisse auf dem Gebiet der Computerherstellung zunutze machen.

Wir haben beschlossen, hauptsächlich über die *Netzebene* zu diskutieren. Diesen Entschluß begründen wir damit, daß Netzmodelle in höherem Maße als psychologische Modelle auf hoher Ebene in die Grenzen der Neurobiologie fallen, und damit, daß man Netzmodelle im Test direkter mit den aktuellen, vorhandenen Netzmodellen vergleichen kann. Gleichzeitig bevorzugen wir aber Modelle, deren Kapazität in der Psychologie und Neuropsychologie eingehend untersucht wurde, damit wir so — aus Einsparungsgründen — von der "Top–down"-Forschung profitieren können. Das bedeutet für gewöhnlich, daß es sich hier um Kapazitäten auf ziemlich niedrigerer Ebene handelt; es geht also eher um das visuelle Aufspüren von Bewegung, als um das Durchführen von Planungen, eher um den Krümmungsreflex des Blutegels, als um einen Menschen, der Schach spielt. Für uns ist das ein Vorteil, denn es ist entmutigend, wenn man Mühe und Arbeit in ein Modell irgendeiner Gehirnfunktion steckt und das Modell nur nach abstrakten oder ästhetischen Gesichtspunkten beurteilt werden kann. Folglich wird es sich bei den Modellen, die wir zur eingehenderen Diskussion im Rahmen dieses Buches ausgewählt haben, um Modelle handeln, die allgemein leicht zugängliche Eigenschaften haben: den Krümmungsreflex des Blutegels, ein Modell des Vestibulo–Okular–Reflexes (VOR) und Modelle für visuelle Leistungen wie z.B. das stereoskopische Sehen. Unsere besondere Wahl fiel auf Modelle mit unabhängigen Eigenschaften. Natürlich griffen wir manchmal auf Modelle zurück, die nur aus wenigen Neuronen bestehen. Mit einem Wort: Wie realistisch sollte ein Modell sein, ohne daß nützliche Ergebnisse in zuvielen Details untergehen? Wie viele der reichlich vorhandenen Details sind für ein in vernünftigem Umfang genaues Modell nötig? Diesen Fragen widmen wir uns hauptsächlich in den Kapiteln 3 und 4.

Obwohl wir den "neuronal–knappen" Modellen, deren Kapazität "psychophysisch analysierbar" ist, den Vorzug geben, wollen wir gleich hinzufügen, daß wir auch gelten lassen, wenn andere Wissenschaftler ganz verschiedene Präferenzen haben, und daß Ideen, die für die Wissenschaft auf dem Gebiet des "denkenden" Gehirns nützlich sind, von allen Seiten des Forschungsspektrums kommen können. Nicht genug, daß wir den Wert einer Modellforschung erkennen, die sich außerhalb des Bereichs um unsere individuellen Vorurteile abspielt, vielmehr würde es uns bestürzen, wenn jeder unsere Vorurteile mit uns teilen würde. Nach der Co-Evolutionstheorie nämlich ist es im Hinblick auf den Nutzeffekt der Methoden ratsam, möglichst "viele Eisen im Feuer" zu haben. Und zu diesem Zeitpunkt in der Geschichte der Neurowissenschaften klingt dieser Ratschlag vollkommen vernünftig. Erstens, weil es noch viel zu verfrüht ist, als daß wir wissen könnten, wo der eine oder andere große Durchbruch gelingen und wie er aussehen wird. Zweitens, weil letzten Endes nach etwas gesucht wird, das von oben bis unten eine Einheit bildet — vom Verhalten, über Systeme zu Netzwerken, zu Neuronen und Molekülen: eine vereinigte Wissenschaft im Hinblick auf das "denkende" Gehirn.

Mathematische Modelle und Computersimulationen von einzelnen Neuronen haben eine rühmliche Tradition. Angefangen hat alles 1952 mit Hodgkin und Huxley, und weitergeführt wurde es in Form stark detaillierter und aufschlußreicher Modelle von motorischen Neuronen [606], von Purkinje–Zellen [93], von Pyramidenzellen des Hippocampus [600] und von der Reizbearbeitung in Dendriten [353, 103]. In diesem Buch geht es uns jedoch in der Hauptsache nicht um das einzelne Neuron, da es zu diesem Gebiet schon eine ganze Reihe leicht zugänglicher Artikel gibt (siehe z.B. [361, 607, 608, 569, 352, 739]). Stellt man die Modellierung eines einzelnen Neurons in den Mittelpunkt, so bedeutet das nicht nur, daß man etwas, das schon bekannt ist, noch einmal beschreibt. Es bedeutet außerdem, daß einige Modelle auf der Netzebene, die wenig bekannt sind, die man aber kennen sollte, umgangen werden. Jedoch schließen wir Modelle von einzelnen Neuronen in unserer Diskussion keineswegs aus. Im Zusammenhang mit Netzmodellen (in den Kapiteln 5 und 6) werden mehrere detaillierte Zellmodelle vorgestellt. Überdies verweisen wir ausdrücklich auf die Bedeutung der Modelle einzelner Neuronen als Grundlage und Fundament, in die sich das Netzmodell allmählich einfügen muß. So werden Netzwerkmodelle nicht isoliert von Modellen einzelner Neuronen betrachtet, sondern so, als würden die beiden in Zukunft miteinander verstrickt sein.

Es gibt drei Gründe, die für ein Lehrbuch sprechen. Erstens glaubten wir, es wäre nützlich, ein Rahmenkonzept der Neuroinformatik — einem Wissensgebiet, das stark im Kommen ist — zusammen mit einer Auswahl an bewährten oder sonstigen, auf andere Weise zukunftsträchtigen Beispielen, die den Gedanken Gestalt verleihen sollen, vorzustellen und zu diskutieren. Manchmal kann es sich lohnen, und zwar sowohl für den Neuling, als auch für den Alteingesessenen, etwas Abstand zu gewinnen, denn aus der Entfernung hat man einen besseren Überblick.

Zweitens gibt es vier große Forschungsrichtungen — die Neurowissenschaften, die Psychologie, die Informatik und die Philosophie — die alle bestimmte und völlig berechtigte Anforderungen an ein Neuronenmodell stellen und jeweils an den anderen Forschungsrichtungen bestimmte Dinge zu beanstanden haben. Wir sind dieser Mischung aus Forderungen und Beschwerden bei zahllosen Gelegenheiten begegnet und sind davon überzeugt, daß ein Verwischen der Grenzen irgendwann einmal Früchte tragen wird. Aus diesem Grunde wollen wir versuchen, den Forderungen Rechnung zu tragen und auf die Beschwerden einzugehen. Nachfolgend haben wir — in der Absicht, Parallelen hervorzuheben — die jeweiligen Forderungs- und Beschwerdepaare in Kurzform dargestellt und gegliedert.

Der Neurowissenschaftler:
1. Zeigt mir Ergebnisse, die man aus Neuronenmodellen gewonnen hat und mit deren Hilfe man experimentelle Ergebnisse erklären oder vorhersagen kann.

2. Sie (die Nicht–Neurowissenschaftler) verstehen nicht viel von Neurowissenschaften, obwohl sie Modelle von Neuronen aufstellen.

Der Psychologe:
1. Zeigt mir Ergebnisse, die man aus Neuronenmodellen gewonnen hat und mit deren Hilfe man psychologische Funktionen und Verhaltensweisen erklären oder vorhersagen kann.

2. Sie (die Nicht–Psychologen) wissen nicht sehr viel über die Ergebnisse der Psychophysik und der Psychologie, obwohl sie psychologische Kapazitäten und Leistungen in Modellen erstellen.

Der Informatiker:
1. Zeigt mir Ergebnisse, die man aus Neuronenmodellen gewonnen hat und mit deren Hilfe man die Art der Berechnungen und Darstellungen verstehen bzw. neue Ideen diesbezüglich gewinnen kann.

2. Sie (die Nicht–Informatiker) verstehen nicht viel von elektrischen Schaltkreisen, mathematischen Analysen oder von bereits existierenden Rechentheorien.

Der Philosoph:
1. Zeigt mir Ergebnisse, die man aus Neuronenmodellen gewonnen hat und die für solche philosophischen Fragen relevant sind, die sich mit der Natur des Wissens, des "Ichs" und des Geistes befassen.

2. Sie (die Nicht–Philosophen) könnten sich Zeit und Mühen ersparen, würden sie einige der nützlichen philosophischen Beiträge kennen, die den Fragen nach der Arbeitsweise des Geistes Grenzen setzen.

Da die Forderungs- und Beschwerdepaare der verschiedenen Forschungsrichtungen miteinander verwandt sind, erschien uns der Versuch vernünftig, alle unsere Antworten — und zwar in Form einer Art Unterhaltung zwischen diversen Leuten — in einem Text zusammenzufassen. Darüberhinaus wollten wir wegen der Verschiedenartigkeit der Forschungsrichtungen das Buch einer breiten Leserschaft zugänglich machen. Neue technische Bücher und eine große Anzahl technischer Artikel erscheinen in schwindelerregendem Maße, und so dachten wir, daß ein weniger technischer und dafür eher einführender Text bei der Orientierung inmitten all der technischen Literatur hilfreich sein könnte. Wo mathematische Gleichungen vorkommen, haben wir sie mit deutschen Interpretationen versehen. Diese können jedoch in jedem Fall übergangen werden, ohne daß dadurch ein beträchtlicher Verlust entstehen würde. Die Literaturangaben am Ende der Kapitel ermöglichen es dem Leser, der Sache weiter nachzugehen. Zur Abrundung des Buches erachteten wir es als nötig, einen kurzen Einblick in die neurowissenschaftlichen Grundlagen und die fundamentalen Berechnungstheorien hinzuzufügen. So liefern uns die Kapitel 2 und 3 einige Hintergrundinformationen zu Themen der Neurowissenschaften und der Informatik. Ebenso enthalten sind ein Anhang über neurowissenschaftliche Techniken und ein Spezialwörterbuch.

Der dritte Grund war eigennütziger. Das Projekt zwang uns gelegentlich dazu, von den verhältnismäßig sicheren technischen Einzelheiten abzusehen, damit wir den größeren Zusammenhang erkennen konnten. So diente das Projekt gewissermaßen als Entschuldigung dafür, daß wir nicht zu sehr ins Detail gegangen sind. Ebenso wurde uns dadurch aber auch erst möglich, unsere unausgesprochenen Überzeugungen und unsere heimliche Begeisterung zu überprüfen. Wir haben uns dabei ertappt, daß wir uns ständig gegenseitig mit Fragen nach vielen Werten von $\mathcal{X}$ und $\mathcal{Y}$ gequält haben. Die Fragen sahen ungefähr so aus: Worauf will $\mathcal{X}$ hinaus? Was bedeutet $\mathcal{Y}$ wirklich? Nützt $\mathcal{X}$ überhaupt irgendjemandem etwas? Wir haben uns gegenseitig gezwungen, die Antworten deutlich zu formulieren, und dabei mußten wir oft erkennen, daß es eine Illusion ist zu glauben, die eigenen Vermutungen seien allgemein fein ausgefeilt, wohlbegründet und stünden mit den restlichen Vermutungen völlig in logischem Zusammenhang.

In den Kapiteln 4 und 7 setzen wir eine Basis an Hintergrundwissen voraus und fahren mit der Einführung von Berechnungsmodellen fort. Als erstes diskutieren wir ziemlich abstrakte Modelle visueller Funktionen, die einige Einzelheiten in Hinblick auf Nervenzellen enthalten, die aber noch nicht über neuronale Daten verfügen. Sie machen notgedrungen den Mangel an Daten deutlich. In späteren Kapiteln werden die vorgestellten Modelle, neurobiologisch gesehen, zunehmend realistischer. In Kapitel 5 erfolgt eine Einführung in Plastizitätsmodelle auf verschiedenen Ebenen; angefangen mit sehr kärglichen Modellen, in denen praktisch überhaupt nicht auf die Physiologie eingegangen wird, bis hin zu den viel genaueren Modellen vom Verhalten der dendritischen Dornen. Diese Modelle sind dann so detailliert, daß sie sogar Parameter wie Ionenkonzentration und Diffusionszeiten einschließen. Kapitel 6 beschäftigt sich mit der sensomotorischen Integration. Hier skizzieren wir die Entwicklung des von Lockery aufgestellten Modells vom Krümmungsreflex des Blutegels. Wir stellen zunächst ein einfaches statisches Modell vor und gelangen dann über die nächsthöhere Komplexitätsstufe (d.h. einem Modell mit dynamischen Eigenschaften) zu Plänen von einem — wenngleich noch nicht fertiggestellten — Modell mit Kanaleigenschaften. In ähnlicher Weise beinhaltet das zwar noch unvollständige Adaptationsmodell des Vestibulo–Okular–Reflexes dynamische und physiologische Eigenschaften der Schaltkreise, soweit diese bekannt sind. Grillners Modell vom Schwimmen der Neunaugen geht mehr auf Einzelheiten ein und enthält viele physiologische Eigenschaften, wie z.B. Zeitkonstanten der zellulären Antworten und Kanaleigenschaften.

Offensichtlich beabsichtigt man, dem Modell die wichtigsten in der Realität auftretenden Eigenschaften mitzugeben. Jedoch sollte in diesem Desideratum gleichzeitig ein hohes Maß an Realismus nicht mit einem besonders großen wissenschaftlichen Wert gleichgesetzt werden. Verschiedene Modelle dienen verschiedenen Zwecken. Für bestimmte Fragen und auf bestimmten Ebenen sind abstrakte und vereinfachende Modelle genau das Richtige. Solch ein Modell ist dann nützlicher als ein Modell, das sich peinlich genau den realistischen Fakten auf jeder Ebene, also auch der biochemischen Ebene, unterwirft. Übertriebener Realismus kann zur Folge haben, daß das Modell zu sehr ausgeschmückt und überladen ist, als daß man es analysieren, verstehen oder auf den zur Verfügung stehenden Computern realisieren könnte. Bei anderen Probleme, wie z.B. bei der Dynamik dendritischer Dornen, gilt, daß ein Modell umso besser wird, je realistischer es beispielsweise auf der biochemischen Ebene ist. Aber sogar hier wird das Modell wahrscheinlich nicht dadurch verbessert, daß man Quanteneigenschaften der darunter liegenden Ebene oder die Kohorten der zellulären Schaltkreise auf der darüberliegenden Ebene berücksichtigt. Natürlich gibt es zur Entscheidung des Problems keine allgemeingültige Verfahrensweise: Wie realistisch sollte mein Modell $\mathcal{X}$ im Hinblick auf viele Werte von $\mathcal{X}$ sein? Jeder Fall muß einzeln durchdacht und mit Einfallsreichtum und gesundem Menschenverstand gelöst werden.

"Eine Fülle von Daten, aber wenig Theorie", so lautet die Beschreibung, die oft im Zusammenhang mit den Neurowissenschaften verwendet wird. Dies stimmt offensichtlich insofern, als wir noch nicht erklären können, wie Gehirne sehen, lernen und handeln. Nichtsdestoweniger ist die Theorie in Form von Computermodellen dabei, die neurobiologischen Daten mit großen Schritten einzuholen. Allerdings gibt es noch immer eine große Anzahl experimenteller Daten, die noch nicht im

Modellbau verwendet werden. Obwohl der Vorrat noch keineswegs erschöpft ist, wird das Unternehmen Modellbau durch unsere experimentellen Wissenslücken behindert, und diese Lücken gilt es zu beseitigen, ehe man mit einer eingehenden Modellierung fortfahren kann. Die Experimente, deren Ergebnisse benötigt werden, können nicht per Computer durchgeführt werden — sie können nur von Anatomen, Physiologen, Biochemikern und Genetikern, die mit echtem Nervengewebe arbeiten, von Neurophysiologen, die hirngeschädigte Patienten untersuchen, und von Psychologen, die gesunde Menschen und Tiere studieren, durchgeführt werden. Aus den Modellierungsversuchen haben wir folgendes gelernt: Es kommt oft vor, daß die Daten unzureichend sind; viele Fragen können einfach nicht in einem Computermodell angesprochen werden, weil die relevanten Daten, auf die sich das Modell stützen muß, noch nicht verfügbar sind. Die Einschätzung von Datenreichtum ist natürlich im wesentlichen relativ, je nachdem, ob man das Ganze auf den Wissensstand bezieht, den man *hatte* — in diesem Fall sind die Neurowissenschaften reich an Daten und reich an Theorie — oder ob man das Ganze mit dem vergleicht, was man *gerne haben möchte* — in diesem Fall sind die Neurowissenschaften sowohl arm an Daten als auch arm an Theorie.

Die nächsten Jahrzehnte werden für die Neuroinformatik von entscheidender Bedeutung sein. Wir brauchen nicht extra zu erwähnen, daß Vorhersagen bezüglich dessen, was wir im Jahr 2020 von dem Gehirn verstehen werden, ein Lotteriespiel sind. Nichtsdestoweniger ist die Vermutung, daß aufregende Dinge vor uns liegen, nur schwer von der Hand zu weisen, und der Nervenkitzel herauszufinden, wer wir sind und wie wir funktionieren, lockt immer mehr Studenten in dieses Fachgebiet. Diese bringen häufig aus ihren ursprünglichen Gebieten neuartige Perspektiven gepaart mit kühnem Erfindungsgeist mit, eine Gabe, die von einem sich entwickelnden Gebiet, das neue — unorthodoxe oder sonstige — Ideen braucht, gewürdigt wird. Alles in allem ist dies eine bemerkenswerte Zeit in der Geschichte der Wissenschaft.

2 Neurowissenschaftliche Grundlagen

2.1 Einführung

Wollen wir verstehen, wie das Gehirn sieht, lernt und Bewußtsein entwickelt, so müssen wir den Aufbau des Gehirns selbst verstehen. Bei flüchtiger Überprüfung ist nicht klar erkennbar, auf welche Art und Weise das Gehirn Berechnungen durchführt und nach welchen Prinzipien seine Funktion gesteuert wird. Ebensowenig kann man diesbezüglich Rückschlüsse aus dem Verhalten herleiten. Das gelingt selbst bei noch so detaillierter Beschreibung des Verhaltens nicht, da das Verhalten mit einer großen Anzahl sehr unterschiedlicher Berechnungshypothesen vereinbar ist, von denen das Gehirn aber nur eine anwendet. Auch der Versuch durch bereits existierende technische Vorstellungen zu Mutmaßungen über die Prinzipien der Steuerung zu gelangen, hat erstaunlicherweise wenig zum Verständnis des Gehirns beigetragen. Man kommt unweigerlich zu dem Schluß, daß es keinen Ersatz für die Beobachtung wirklicher Nervensysteme gibt. Mit anderen Worten, man muß die neuronalen Eigenschaften und die Art und Weise, auf welche Neuronen miteinander in Verbindung stehen, entschlüsseln.

Dieses Kapitel behandelt vor allem die "neurowissenschaftliche" Komponente des Gesamtkomplexes "Neuroinformatik". Idealerweise sollte jemand, der Computermodelle erstellt, ebensoviel von Neurowissenschaften verstehen wie ein praktizierender Neurowissenschaftler. Tatsächlich ist das Gebiet der Neurowissenschaften jedoch viel zu umfangreich, als daß ein einzelner Neurowissenschaftler es durch und durch beherrschen könnte. Ein Anatom mag eine Menge über einen speziellen Bereich der Sehrinde wissen, etwas weniger über andere corticale Bereiche und subcorticale Hirnstrukturen, noch weniger über die Erzeugung zentraler Strukturen im Rückenmark und sogar noch einmal weniger über die Plastizität des Vestibulo-Okular-Reflexes. Wir haben uns zum Ziel gesetzt, den Leser — ganz gleich, welche Vorkenntnisse dieser hat — auf das von uns erstellte Rahmenkonzept und auf die speziellen neurobiologischen Beispiele, die wir innerhalb dieses Rahmens diskutieren, vorzubereiten. Folglich haben wir dieses Kapitel inhaltlich so gestaltet, daß es zu einem Berechnungsmodell paßt, der Erforschung bestimmter Aspekte im Hinblick auf die Funktion von Nervensystemen dient. Es hat sich

---

Wesentliche Teile dieses Kapitels wurden aus [652] entnommen.

herausgestellt, daß Ebenen in unserem großen Schema der Dinge eine zentrale Bedeutung haben. Aus diesem Grunde ist es in der Neurobiologie äußerst wichtig, die Ebenen zu charakterisieren. Dieses Kapitel ist darauf abgestimmt, anatomische und physiologische Eigenschaften vom Standpunkt verschiedener Ebenen aus betrachtet zu veranschaulichen. Es ist ebenfalls wichtig, die Verfahrensweisen zu verstehen, durch die man die neurobiologischen Daten erhält. Wir haben uns jedoch entschieden, dies im Rahmen eines Anhangs am Ende des Buches zu behandeln. Obwohl dieses Kapitel neurowissenschaftliches Grundwissen vermitteln soll, werden im Zusammenhang mit neuronalen Computermodellen relevante neurowissenschaftliche Erkenntnisse angeschnitten.

2.2   Nervensystemebenen

Bei Diskussionen über den Charakter psychologischer Phänomene und deren neurobiologischer Grundlage wird stets der Begriff der "Ebenen" erwähnt. Wir haben versucht, das, was man unter "Ebene" versteht, etwas genauer zu beschreiben und sind dabei in der Literatur auf drei verschiedene Arten von Ebenen gestoßen: *Analytische Ebenen, Organisationsebenen* und *Verarbeitungsebenen*. Grob gesprochen werden die Unterscheidungen nach folgenden Richtwerten getroffen: Organisationsebenen sind im wesentlichen anatomischer Art und gehen auf hierarchisch angeordnete Komponenten und Strukturen, die in den Komponenten enthalten sind, zurück. Verarbeitungsebenen sind physiologischer Natur und beziehen sich auf die Lokalisierung eines Prozesses hinsichtlich der Transduktoren und Muskeln. Analytische Ebenen sind begrifflicher Natur und weisen auf verschiedene Fragen hin, die man sich bezüglich der Art und Weise stellt, auf die das Gehirn eine Aufgabe durchführt: In welche Teilaufgaben zerlegt das Gehirn die Aufgaben, welche Schritte sind bei der Verrichtung einer Teilaufgabe nötig und durch welche körperlichen Strukturen werden diese Schritte durchgeführt? Im folgenden legen wir diese Unterschiede genauer dar.

Analytische Ebenen

Ein Rahmenwerk für eine Theorie über Ebenen, wie von Marr [480] artikuliert, bildete den wichtigen und maßgeblichen Hintergrund, wenn man sich im Zusammenhang mit Berechnungen, wie sie von Nervenstrukturen durchgeführt werden, über Ebenen Gedanken machte.[1] Dieses Rahmenwerk griff auf die in der Infor-

---

[1]Die ursprüngliche Vorstellung über analytische Ebenen kann man bei [481, 482] finden. Während Marr [480] die Bedeutung der Spezifikationsebene betonte, stammt der Begriff einer Hierarchie der Ebenen aus früheren von Reichardt und Poggio [615] ausgeführten Arbeiten über die visuelle Orientierungskontrolle der Fliege. In gewissem Sinne bedeutet die momentan aktuelle Vorstellung, die man sich von der Interaktion zwischen den Ebenen macht, nicht un-

matik gebräuchliche Vorstellung von Ebenen zurück. Dieser Vorstellung zufolge charakterisierte Marr drei Ebenen: (1) die Spezifikationsebene zur abstrakten Problemanalyse, auf der die Aufgabe (die z.B. in der Bestimmung der dreidimensionalen Tiefe von Objekten aus dem zweidimensionalen Muster auf der Retina besteht) in ihre Hauptbestandteile zerlegt wird; (2) die algorithmische Ebene, auf der zur Durchführung einer Aufgabe eine formale Prozedur angegeben wird, so daß man auf eine gegebene Eingabe eine korrekte Ausgabe erhält und (3) die Ebene der physikalischen Implementierung: Hier wird eine Arbeitsvorrichtung konstruiert, die eine spezielle Technologie verwendet. Diese Gliederung entspricht tatsächlich drei verschiedenartigen Fragen, die man hinsichtlich eines Phänomens stellen kann: (1) Wie wird das Problem in Teile zerlegt? (2) Nach welchen Grundregeln werden die Wechselwirkungen zwischen den Teilen gesteuert, damit das Problem gelöst werden kann? (3) Was ist dafür verantwortlich, daß durch kausale Interaktionen die Grundregeln in Kraft gesetzt werden?

Für Marr war die Eigenschaft, daß eine Frage auf höherer Ebene weitgehend unabhängig von den darunter liegenden Ebenen ist, ein wichtiges Element seines Ansatzes. Folglich könnten Berechnungsprobleme auf der höchsten Ebene unabhängig davon analysiert werden, ob man den Algorithmus versteht, der die Berechnung durchführt. Entsprechend dachte man, das algorithmische Problem der zweiten Ebene könnte unabhängig davon gelöst werden, ob man seine physikalische Implementierung versteht. So kam es, daß Marr eher der Top–down–Strategie und nicht der Bottom–up–Strategie den Vorzug gab. Zumindest war dies die offizielle Doktrin, wenngleich in der Praxis flüchtige Blicke nach unten dann eine bedeutende Rolle spielten, wenn Marr versuchte, Problemanalysen und algorithmische Lösungen zu finden. Obwohl Marr die Top–down–Strategie befürwortete, wurde seine Arbeit ironischerweise in hohem Maße durch neurobiologische Betrachtungen beeinflußt. Fakten, die durch die physikalische Ebene vorgegeben waren, wirkten sich auf seine Auswahl an Problemen aus und lieferten die Grundlagen für seine Erkenntnisse auf der Spezifikations- und der algorithmischen Ebene. Für die Allgemeinheit war eine Befürwortung der Top–down–Strategie — zum Schrecken einiger und zur Erleichterung anderer — mit der Schlußfolgerung verbunden, daß man neurobiologische Fakten mehr oder weniger ignorieren könnte, da sie letztendlich doch nur ein Teil der Implementierungsebene sind.

Leider hat man in der Unabhängigkeitsdoktrin zwei ganz verschiedene Sachverhalte durcheinandergebracht. Bei dem einen handelt es sich um einen *Entdeckungsprozeß*, wobei der relevante Algorithmus und die Problemanalyse unabhängig von den Implementierungsfakten ausfindig gemacht werden können. Bei

---

bedingt eine Abkehr von früheren Auffassungen; vielmehr kehrt man nun zu einem früheren Verfahren zurück, das von Reichardt, Poggio und sogar von Marr selbst begründet wurde. Marr veröffentlichte eine Anzahl von Arbeiten über Modelle neuronaler Netze in der Kleinhirn- und der Großhirnrinde (siehe z.B. [477, 478]. Die Betonung der Spezifikationsebene hatte nichtsdestoweniger bedeutenden Einfluß auf die Probleme und Fragen, mit denen es die augenblickliche Generation neuronaler und konnektionistischen Modelle zu tun hat ([705]).

dem anderen geht es um eine *Anwendung der formalen Theorie*, wobei ein gegebener Algorithmus, von dem man bereits weiß, daß er auf einer gegebenen Maschine (z.B. dem Gehirn) funktioniert, auf einer anderen Maschine, die eine andere Architektur hat, durchgeführt werden kann. Was das Letztere angeht, so sagt uns die Theorie der Berechenbarkeit, daß ein Algorithmus auf verschiedenen Maschinen ablaufen kann, und in diesem Sinne, und zwar nur in diesem Sinne, ist der Algorithmus von der Implementierung unabhängig. Die formale Argumentation ist offensichtlich: Da ein Algorithmus formal ist, gibt es keine spezifischen physikalischen Parameter (z.B. Vakuumröhren oder Ca^{2+}), die Teil des Algorithmus sind.

Anhand dieser Feststellung wird deutlich, daß man mit dem rein formalen Argument weder das Problem lösen kann, wie der von einer gegebenen Maschine verwendete Algorithmus am besten gefunden wird, noch das Problem, wie man am besten zu der neurobiologisch adäquaten Aufgabenanalyse gelangt. Sicherlich kann man daraus nicht ableiten, daß die Entdeckung des für kognitive Funktionen relevanten Algorithmus' unabhängig davon sein wird, ob man detaillierte Kenntnisse des Nervensystems hat. Außerdem bedeutet es nicht, daß alle Implementierungen gleich gut sind. Und das sollte es auch nicht, da es zwischen den verschiedenen Implementierungen enorme Unterschiede hinsichtlich Geschwindigkeit, Platzbedarf, Effizienz, Eleganz usw. gibt. Die formale Unabhängigkeit der Algorithmen von der Architektur ist etwas, das wir beim Bau von Maschinen mit äquivalenter Berechnungspotenz verwerten können, sobald wir erst einmal wissen, wie das Gehirn funktioniert. Sie beschert uns aber keine neuen Entdeckungen, wenn wir die Arbeitsweise des Gehirns nicht kennen.

Die Frage nach der Unabhängigkeit der Ebenen bringt einen wichtigen konzeptionellen Unterschied zwischen Marr [480] und der jetzigen Generation von Forschern, die sich mit neuronalen und konnektionistischen Modellen befassen, zum Ausdruck. Im Gegensatz zu der Unabhängigkeitsdoktrin, weisen die Forscher heutzutage darauf hin, daß die Berücksichtigung der Implementierung beim Entwurf von Algorithmen und in Anbetracht der Kenntnisse, die einem Forscher auf der Spezifikationsebene zur Verfügung stehen, eine entscheidende Rolle spielt. Die Kenntnis der Gehirnstruktur ist also für das Projekt alles andere als irrelevant und kann beim Entwurf von adäquaten und wirksamen Algorithmen — das sind Algorithmen, mit denen man auf vernünftige Weise versuchen kann, die Arbeitsweise von Neuronen zu erklären — als wesentliche Grundlage und als Katalysator von unschätzbarem Wert dienen.

Organisationsebenen

Durch die Unterteilung in drei Ebenen behandelt Marr die Spezifikation monolithisch als eine einzige analytische Ebene. In ähnlicher Weise werden die algorithmische Ebene und die Implementierung jeweils als eine einzige analytische Ebene

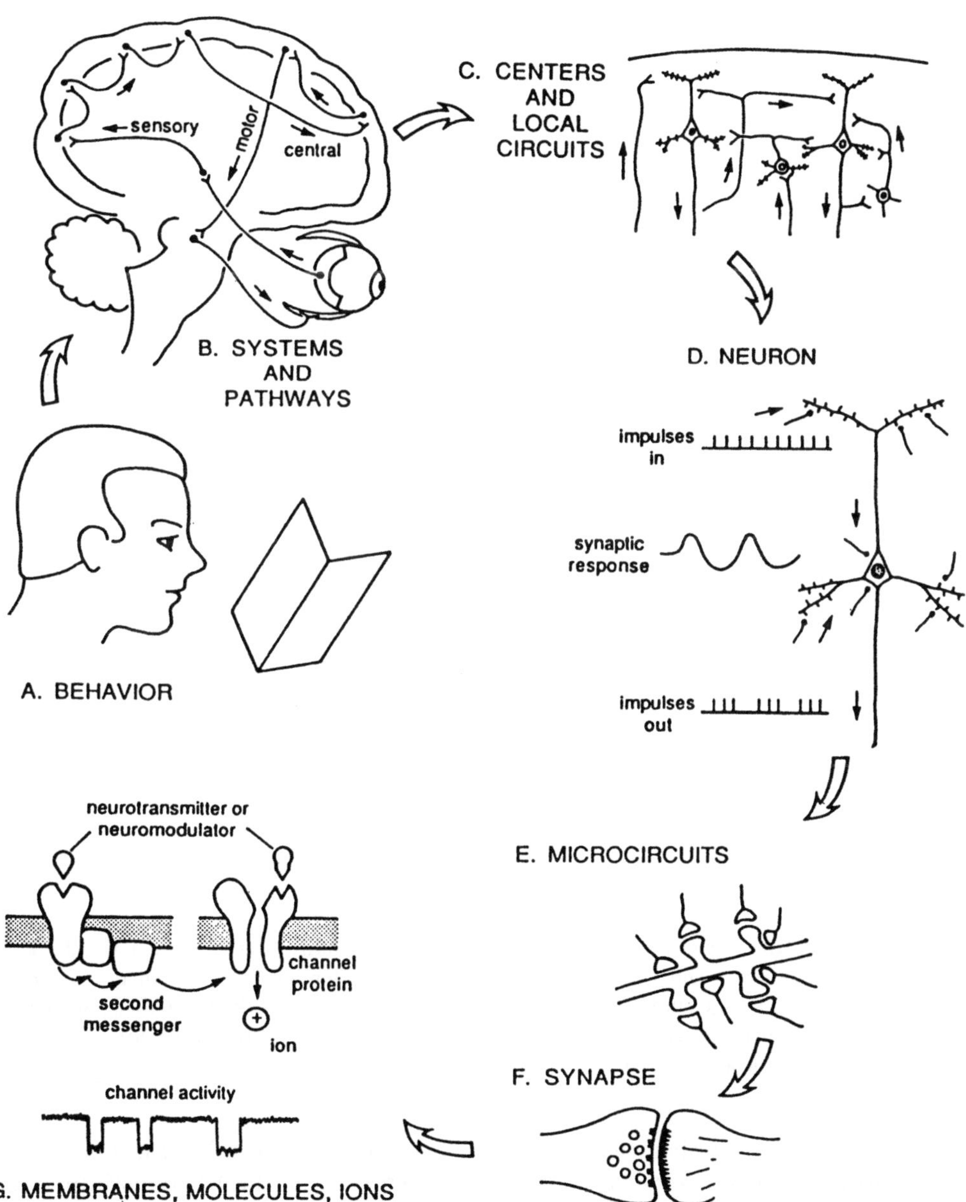

Abbildung 2.1 Organisationsebenen im Nervensystem, wie sie von Gordon Shepherd [667] charakterisiert wurden. A. Verhalten; B. Systeme und Bahnen; C. Zentren und lokale Schaltkreise; D. Neuron; E. Mikroschaltkreise; F. Synapse; G. Membranen, Moleküle, Ionen.

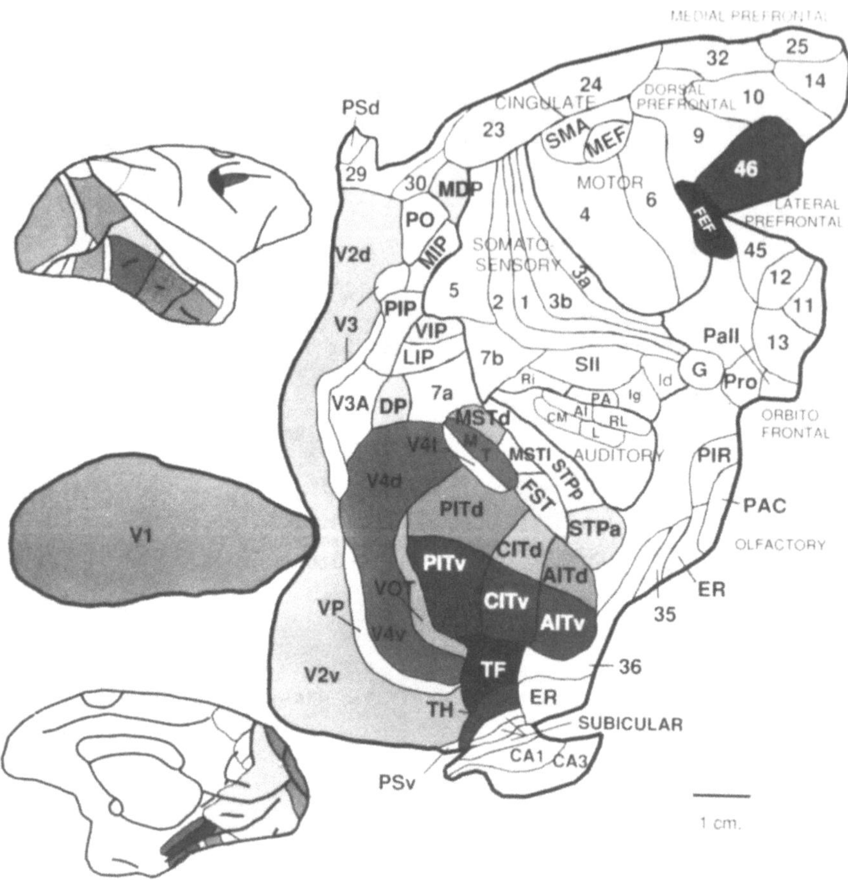

Abbildung 2.2   Die Großhirnrinde der rechten Hirnhälfte des Makaken wurde in eine Ebene projeziert. Die Punktierung zeigt corticale Bereiche an, die an der visuellen Verarbeitung beteiligt sind. (Oben links) Lateralansicht des Makakengehirns, wobei die Sehbereiche deutlich werden. (Unten links) Medialansicht des Makakengehirns. (Genehmigter Nachdruck aus [218].)

betrachtet. Wenn wir jedoch die drei analytischen Ebenen von Marr mit den Organisationsebenen des Nervensystems vergleichen, so sind die Übereinstimmungen bestenfalls dürftig und verwirrend [138, 123, 667]. Zunächst einmal gibt es organisierte Strukturen auf verschiedenen Stufen: Moleküle, Synapsen, Neuronen, Netzwerke, Schichten, Karten und Systeme (Abbildung 2.1). Für jede strukturell spezifizierte Schicht können wir die Frage nach ihrem Beitrag zur Gesamtfunktion stellen: Was bewirkt die Organisierung der Elemente? Welcher Nutzen entsteht dadurch für die umfassendere Organisierung des Gehirns? Zusätzlich dazu gibt es physiologische Ebenen: Ionenbewegungen, Kanalkonfigurationen, EPSPe (exzitatorische postsynaptische Potentiale), IPSPe (inhibitorische postsynaptische Potentiale) und evozierte Potentiale . Wahrscheinlich existieren noch weitere dazwischenliegende Ebenen, deren Auswirkungen auf höhere anatomische Ebenen (z.B. auf die Netzwerk- oder die Systemebene) wir erst noch entdecken müssen.

Der strukturell organisierte Bereich bedeutet folglich, daß es mehrere Implementierungsebenen gibt, wobei jede von einer Aufgabenbeschreibung begleitet wird. Gäbe es aber ebensoviele verschiedene Aufgabenbeschreibungen, wie es strukturell organisierte Ebenen gibt, so könnte sich diese Mannigfaltigkeit in einer Vielzahl von Algorithmen, die die Ausführung der Aufgaben charakterisieren, widerspiegeln. Dies wiederum bedeutet, daß man nicht von *dem* Algorithmus bzw. von *der* Implementierungsebene sprechen kann, ohne das Ganze dadurch zu stark zu vereinfachen.

Anzumerken ist, daß man eben diese Organisationsebene auch vom Standpunkt der Berechenbarkeit aus (in Form einer Funktion) oder vom Standpunkt der Implementierbarkeit aus (als Berechnung der Funktion) betrachten kann, je nachdem, welche Frage man stellt. So könnte man beispielsweise Einzelheiten über die Ausbreitung des Aktionspotentials vom Standpunkt der Kommunikation zwischen voneinander entfernten Regionen als Implementierung betrachten, da hier die Alles–oder–Nichts–Regel gilt und der Informationsgehalt nur in der zeitlichen Abfolge liegt. Von einer strukturell niedrigeren Ebene aus jedoch — aus Sicht der Ionenverteilung — ist die Fortpflanzung des Aktionspotentials Bestandteil der Spezifikation und die Tatsache, daß der Vorgang regenerativ und repetitiv ist, wird als Folge verschiedenartiger Ionenkanäle betrachtet, die in nicht–linearer Weise von der Spannung abhängen und räumlich entlang des Axons verteilt sind.

Verarbeitungsebenen

Diese Ebenen denkt man sich hauptsächlich als Bindeglied zwischen der Anatomie und dem, was in der Anatomie repräsentiert wird. Dazu kann man erst einmal annehmen, daß das erforderliche Maß an Informationsverarbeitung umso höher wird, je größer die Entfernung zwischen den reagierenden Zellen und der sensorischen Eingabe ist. So entscheidet die Entfernung der Synapsen von der Peripherie darüber, welcher Stellenwert den Ebenen zugeteilt wird. Nach diesem Maßstab befinden sich Zellen der primären Sehrinde des Neocortex, die auf gerichtete Lichtstrahlen ansprechen, auf einer höheren Ebene als Zellen des LGN (lateral geniculate nucleus) und diese wiederum auf einer höheren Ebene als die Ganglionzellen der Retina. Da man über die Art der Repräsentation und darüber, wie die Repräsentation transformiert wird, noch sehr wenig weiß, bezieht man sich lieber auf die relative Ebene — § ist höher oder niedriger als † — und nicht auf die Ordnung der Ebene — erste, zweite usw.

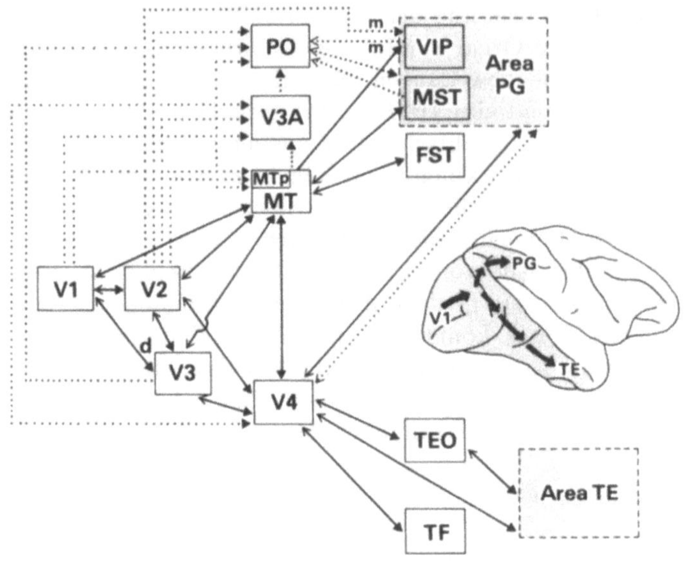
PO
m
m
VIP
MST
Area PG
V3A
FST
MTp
MT
V1
V2
V3
d
V4
TEO
TF
Area TE
PG
V1
TE

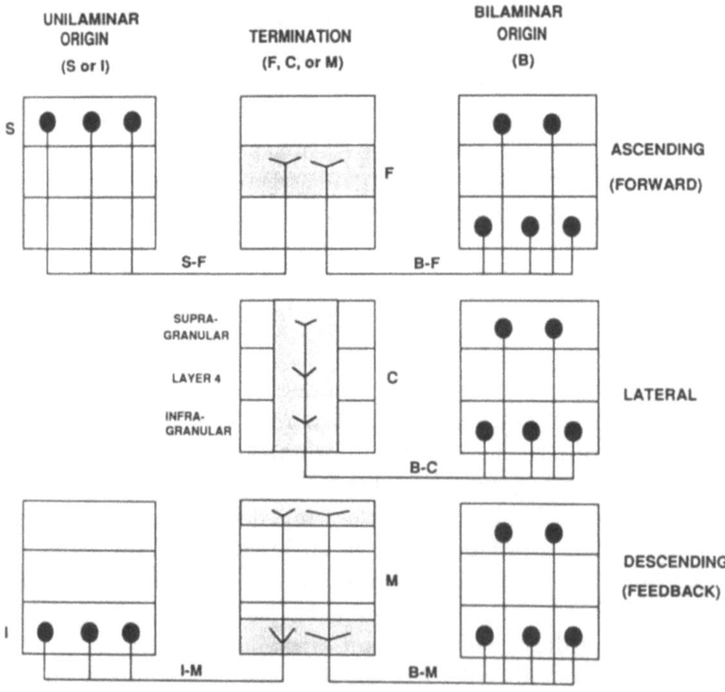
UNILAMINAR ORIGIN
(S or I)
TERMINATION
(F, C, or M)
BILAMINAR ORIGIN
(B)
S
S-F
F
B-F
ASCENDING
(FORWARD)
SUPRA-GRANULAR
LAYER 4
INFRA-GRANULAR
C
B-C
LATERAL
I
I-M
M
B-M
DESCENDING
(FEEDBACK)

Hat die sensorische Information erst einmal die Großhirnrinde erreicht, fächert sie durch cortico–corticale Projektionen in eine Vielzahl parallel verarbeiteter Ströme auf. Im visuellen System der Primaten wurden 25 Bereiche identifiziert, die vorwiegend oder ausschließlich mit dem Sehen zu tun haben ([152], Abbildung 2.2). Zu vielen — vielleicht zu allen — vorwärts gerichteten Projektionen gibt es die entsprechenden rückwärts gerichteten Projektionen; von der primären Sehrinde zum LGN gibt es sogar ausgesprochen viele rückgekoppelte Projektionen. Durch diese wechselseitigen Projektionen ist die Verarbeitungshierarchie im strengen Sinne gar keine Hierarchie. Sogar wenn man die corticale Schicht untersucht, in welche die Fasern projezieren, kann man eine Ordnung des Informationsflusses vorfinden. Im allgemeinen enden vorwärts gerichtete Projektionen in den mittleren Schichten des Cortex, und rückwärts gerichtete Projektionen enden für gewöhnlich in den oberen und unteren Schichten [621, 486]. Bis jetzt konnte jedoch die Funktion dieser rückgekoppelten Wege nicht nachgewiesen werden, wenngleich der Gedanke, daß sie eine Rolle beim Lernen, bei der Aufmerksamkeit und beim Auffassungsvermögen spielen, nicht aus der Luft gegriffen ist. Falls es den ranghöheren Bereichen möglich ist, den Informationsfluß durch die niedrigeren Bereiche zu kontrollieren, kann eine streng sequentielle Verarbeitung nicht als

Abbildung 2.3   (Oben) Schematisches Diagramm einiger corticaler Sehbereiche und deren Verbindungen untereinander am Beispiel des Makaken. Durchgezogene Linien verweisen auf Projektionen, die alle Teile des Sehfeldes eines Gebietes betreffen; gestrichelte Linien zeigen Projektionen an, die auf die Repräsentation des peripheren Sehfeldes beschränkt sind. Dicke Pfeilspitzen stehen für vorwärts gerichtete Projektionen; dünne Pfeilspitzen stehen für rückwärts gerichtete Projektionen. (Aus [169].) (Unten) Laminares Muster der corticalen Konnektivität zur Bestimmung der Hierarchie. Die mittlere Spalte zeigt drei charakteristische Terminationsmuster, nämlich: die bevorzugte Termination in Schicht 4 (Muster F), ein spaltenartiges Muster (C), bei dem in allen Schichten annähernd die gleiche Terminationsdichte vorherrscht, und ein multilaminares Muster (M), bei dem vorzugsweise die Schicht 4 gemieden wird. Auch für die Ursprungszellen der verschiedenen Bahnen gibt es drei charakteristische Muster. Bei den rechts dargestellten bilaminaren (B) Mustern sind annähernd gleich viele Zellen aus den oberflächlichen und tiefer gelegenen Schichten beteiligt (die Aufspaltung liegt zwischen 70% − 30%), wobei alle drei Terminationsmustern vorkommen können. Bei unilaminaren Mustern, auf der linken Seite dargestellt, erfolgt die Eingabe (input) vorwiegend von oberflächlichen Schichten aus (Muster S), die mit dem Terminationsmuster vom F-Typus in Wechselbeziehung stehen, und von infragranulären Schichten aus (Muster I), die mit Terminationen vom M-Typus korrelieren. Innerhalb dieses allgemeinen Rahmens kann man auf einige thematische Variationen stoßen. Einige Bahnen enden in erster Linie in oberflächlichen Schichten, werden aber dem Muster M zugeordnet, da sie die Schicht 4 meiden. Andere Bahnen sind sozusagen quasi–spaltenartig, terminieren aber nicht in allen Schichten; man ordnet sie dem Muster C zu, wenn die Termination in Schicht 4 weder häufiger noch seltener als in den angrenzenden Schichten erfolgt. Dabei werden Zellkörper durch ausgefüllte Ovale und Axonendungen durch Winkel dargestellt. (Aus [229].)

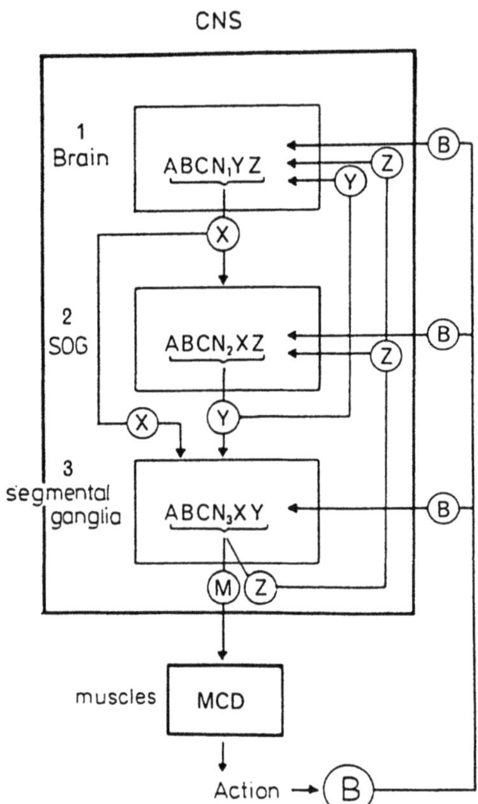

Abbildung 2.4   Modell, das aufzeigt, wie im Nervensystem von Insekten Entscheidungen getroffen werden. Die Stationen 1, 2 und 3 des zentralen Nervensystems enthalten die lokalen Netzwerke 1, 2 und 3. Diese Stationen entsprechen annäherungsweise dem Gehirn, dem subösophagealen Ganglion (SOG) und dem segmentären Ganglion bei der Heuschrecke. Die Ausgabe (Output) einer Station ergibt sich durch Wechselwirkung zwischen der Eingabenaktivität und den lokalen Netzwerken dieser Station; auf diese Weise hat jede Station eine andere Ausgabe. Die Stationen sind so durch verschiedene parallele Schleifen miteinander verbunden und die Ausgabe des gesamten Systems ist das Ergebnis der Aktivitäten aus allen Schleifen. (Aus [18]).

selbstverständlich vorausgesetzt werden (Abbildung 2.3).

Die für frühere sensorische Bereiche typische Organisation ist nur annähernd und unvollständig hierarchisch strukturiert.[2] Hinzu kommt, daß es offenbar au-

---

[2]Daten, die die Vorstellung von einer sauber geordneten Verarbeitungshierarchie unterminieren, findet man vor allem in [473, 474, 504].

ßerhalb der sensorischen Bereiche noch weniger hierarchische Ordnung gibt. Die Anatomie des frontalen Cortex und der anderen Bereiche, die über die primären sensorischen Bereiche hinaus gehen, legt eine Organisierung der Information nahe, die eher nach demokratischen Prinzipien wie im alten Athen und nicht streng der Reihe nach, wie bei Ford am Fließband, erfolgt. Bei Hierarchien gibt es im typischen Fall einen Knotenpunkt, und verfolgt man die Analogie weiter, so könnte man erwartungsgemäß eine Gehirnregion vorfinden, in der die gesamte sensorische Information zusammenläuft und aus der alle Bewegungskommandos hervorgehen. Es ist eine verblüffende Tatsache, daß dies im Falle des Gehirns nicht zutrifft. Es gibt zwar zusammenlaufende Wege, aber die Konvergenz ist nur partiell und tritt an vielen Stellen mehrfach auf. Die motorische Kontrolle scheint eher verteilt zu sein, als daß sie von einem Kommandozentrum ausgehend erfolgt.([31, 18]; Abbildung 2.4).

Die Annahme, daß es bei der sensorischen Verarbeitung eine Hierarchie gibt, sei es auch nur im Sinne einer ersten Annäherung, bietet die Möglichkeit, die Verarbeitungsstufen zu erforschen. Dies geschieht, indem man eine Verbindung herstellt zwischen verschiedenen Verhaltensmaßen, wie beispielsweise der von der jeweiligen Aufgabe abhängigen Reaktionszeit (RT), und Vorgängen, die in der Verarbeitungshierarchie zu verschiedenen Zeitpunkten stattfinden und in Form der zellulären Antworten gemessen werden. Einfacher ausgedrückt: Mittels der zeitlichen Reihenfolge können Ursache und Wirkung bestimmt werden. Sowohl beim Menschen als auch bei Tieren kann die Genauigkeit der Antwort bei sich ändernden Bedingungen gemessen werden. Dies ist eine wichtige Methode, die angewendet wird, wenn es darum geht, die an der Verrichtung einer bestimmten Aufgabe beteiligten Gehirnbereiche genauer zu untersuchen, und wenn man etwas über die für eine Aufgabe benötigten Verarbeitungsstufen herausfinden will. Seitens der Physiologie kann man beispielsweise messen, mit welcher Verzögerung die auf Bewegung ansprechenden Zellen im Sehbereich MT eine erste Reaktion zeigen, nachdem ein sich bewegendes Zielobjekt präsentiert wurde. Was das Verhalten angeht, kann man die Latenzzeit bis zur Reaktion in Abhängigkeit vom Verrauschungsgrad des Reizes messen. Es ist überraschend, daß die Latenzzeiten, die benötigt werden, bis Signale die Sehbereiche im Cortex erreichen, im Verhältnis zu den Reaktionszeiten (RT) des Verhaltens so lang sind. Die bei MT benötigte Latenzzeit beträgt circa 50-60 Millisekunden und für den inferotemporalen Cortex beträgt sie ungefähr 100 Millisekunden. Da beim Menschen die RT auf ein komplexes Objekt in der Größenordnung von 150-200 Millisekunden liegt, wobei in dieser Zeit die motorische Antwort zusammengesetzt wird, die Signale entlang des Rückenmarks geleitet und die Muskeln aktiviert werden, liegt die Vermutung nahe, daß erstaunlich wenige Verarbeitungsschritte zwischen der Reizermittlung im MT und der Vorbereitung der Antwort im motorischen Rindenzentrum (Motocortex), Striatum, Kleinhirn und Rückenmark liegen. Aufgrund solcher Erkenntnisse können Theorien über die Art und Weise der Verarbeitung eingegrenzt werden.

Zur Veranschaulichung betrachten wir eine von William Newsome und seinen

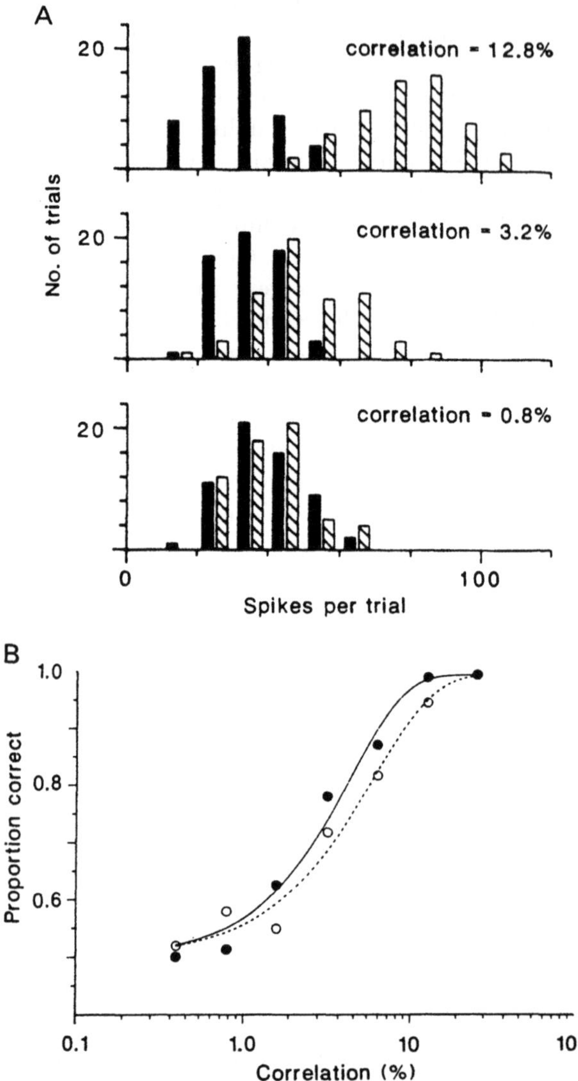

Abbildung 2.5 (a) Antworten eines bezüglich der Richtung selektiven Neurons (im Sehbereich MT) angegeben für drei verschiedene Korrelationen bei Überschreitung des physiologischen Schwellenwertes. Schraffierte Balken geben Antworten auf Bewegungen in der bevorzugten Richtung des Neurons wieder; dicke Balken zeigen Antworten auf Bewegungen an, die in die um 180 Grad entgegengesetzte Richtung verlaufen. Es wurden in jede Richtung für jede der drei Korrelationsebenen 60 Versuche durchgeführt. Die Verteilung der Antworten in einem Bereich der Korrelationsebenen wurde für die Berech-

Mitarbeitern [741] durchgeführte Versuchsreihe, in der gezeigt wird, daß es beim Erkennen von Bewegung eine Korrelation zwischen der Genauigkeit der Verhaltensantwort und der Frequenz der Aktionspotentiale in einzelnen Nervenzellen als Antwort auf den Bewegungsreiz in MT gibt. In dem Versuch bewegen sich winzige Punkte in zufälliger Verteilung über einen Bildschirm. Der Affe ist so abgerichtet, daß er reagiert, sobald er eine zusammenhängende Bewegung entweder zur linken oder zur rechten Seite erkennt. Bei den Versuchen verändert sich die Anzahl der Punkte, die sich in eine Richtung bewegen, sowie deren Bewegungsrichtung. Der Affe erkennt die Bewegungsrichtung, wenn sich nur vier Punkte zusammhängend bewegen, wobei sich seine Trefferquote verbessert, je mehr Punkte sich in einer Richtung bewegen. Was geschieht mit den Zellen in MT? Gesetzt den Fall, man geht von einer Zelle aus, die nach rechts gerichteten Bewegungen den Vorzug gibt. Die Sichtanzeige ist so eingestellt, daß sie den rezeptiven Feldern der Zelle angepaßt ist, wodurch der Experimentator den Mindestreiz, der zum Auslösen der maximalen Antwort nötig ist, kontrollieren kann. Die Zelle reagiert nicht, so lange sich weniger als vier Punkte in einer Richtung bewegen. Mit zunehmender Anzahl an Punkten, die sich hintereinander in die von der Zelle bevorzugte Richtung bewegen, reagiert die Zelle stärker. In der Tat sind die Genauigkeitskurve (Trefferquote), die das Verhalten des Affen widerspiegelt, und die Frequenzkurve der Aktionspotentiale, gemessen an einer einzelnen Zelle, annähernd kongruent (Abbildung 2.5). Grob gesprochen bedeutet dies, daß der Informationsgehalt der zellulären Antwort einzelner Sinneszellen und der Informationsgehalt der Verhaltensantwort einander annähernd entsprechen. Man sollte sich jedoch daran erinnern, daß die Affen diese Aufgabe intensiv eingeübt haben und daß der Sinnesreiz im Hinblick auf eine optimale Antwort für jedes Neuron gewählt worden war. Bei einem naiven Affen kann es durchaus vorkommen, daß die Antwort der Einzelzelle nicht so genau mit dem offenkundigen Verhalten übereinstimmt.

In der nächsten Phase des Experiments wird getestet, ob die Information, die durch die in MT befindlichen richtungsselektiven Zellen eingebracht wird, wirk-

nung einer "neurometrischen" Funktion zur Charakterisierung der Sensitivität eines Neurons gegenüber des Bewegungssignals herangezogen und mit der "psychometrischen" Funktion, die sich aus den Verhaltensantworten des Affen errechnen läßt, verglichen. (b) Vergleich von gleichzeitig aufgezeichneten psychometrischen und neurometrischen Funktionen. Unausgefüllte Kreise repräsentieren die psychophysische Leistung des Affen; ausgefüllte Kreise repräsentieren die Leistung des Neurons. Die psychophysische Leistung für jede Korrelation wird in dem Verhältnis der Versuche angegeben, in denen der Affe die Bewegungsrichtung korrekt identifiziert hat. Die neuronale Leistung wird daraus berechnet, wie die Antworten des richtungssensitiven Neuron in MT verteilt sind. Die physiologischen und psychophysischen Daten ergeben ähnliche Kurven, wobei die Daten des Neurons jedoch links von den Daten des Affen liegen. Das bedeutet, daß das Neuron irgendwie empfindlicher als der Affe reagiert. (Aus [741]. Mit Erlaubnis von *Nature* 341: 52-54 nachgedruckt. Copyright ©1989 Macmillan Magazines Ltd.)

lich bei der Erzeugung der Antwort verwendet wird. Um dies herauszufinden, präsentierten Newsome und seine Kollegen *links*-gerichtete visuelle Reize. Unter Einhaltung der geeigneten Latenzzeit wurden dann die Bereiche elektrisch stimuliert, die Zellen enthalten, welche vorzugsweise auf *rechts*-gerichtete visuelle Reize reagieren. Wie verhielt sich das Tier? Würde sich die Effektivität des elektrischen Reizes darin zeigen, daß dieser zumindest manchmal den visuellen Reiz überlagern würde? Der Affe verhielt sich so, als würde er einen rechts–gerichteten Reiz sehen; genauer gesagt, der elektrische Reiz verminderte die Wahrscheinlichkeit, daß das Tier auf den visuellen Reiz antwortete und erhöhte die Wahrscheinlichkeit, daß es so reagierte, als würde der Reiz in die Gegenrichtung gehen. Das bedeutet, daß die Antwort der Zelle — und von daher auch der Informationsgehalt solcher Antworten — von signifikanter Bedeutung für das Verhalten ist. (Abbildung 2.6).

Während der vergangenen hundert Jahre haben Experimentalpsychologen beeindruckend viele Informationen über die RT gesammelt, und auf diese wertvolle Datenbasis können Neurowissenschaftler nun zurückgreifen. Man sollte auch eine Studienreihe, die von Requin und seinen Mitarbeitern durchgeführt wurde ([365, 618]), nicht außer acht lassen. In der ersten Phase wurde die RT des Affen gemessen, wobei die Aufgabe darin bestand, das Handgelenk in eine bestimmte Richtung abzuknicken und zwar so oft, wie es durch ein Signal angezeigt wurde. Grundsätzlich gab es drei verschiedene Voraussetzungen: Die Affen hatten vorher einen Hinweis bekommen oder nicht, und falls sie vorher einen Tip bekommen hatten, wußten sie entweder die Richtung oder das Ausmaß der Bewegung. Es zeigte sich, daß das vorherige Einsagen großen Einfluß auf die RT hatte, wogegen der Einfluß auf die Dauer der Bewegung nur geringfügig war. Dadurch wurde deutlich, daß ein vorheriges Einsagen sich hauptsächlich auf die Programmierung und Vorbereitung der Bewegung auswirkt und weniger auf die Geschwindigkeit, mit der die Bewegung ausgeführt wird. Hinzu kommt, daß sich die RT dann stärker verkürzte, wenn durch den vorherigen Hinweis die Richtung und nicht die Anzahl der erforderten Bewegungen spezifiziert war, als für den umgekehrten Fall, wenn die Anzahl der Bewegungen, aber nicht die Richtung bekannt war. Daraus folgt, daß Information über das Ausmaß einer Bewegung nicht effizient aufgenommen werden kann, solange das System die Bewegungsrichtung nicht kennt.

In der zweiten Phase untersuchten Riehle und Requin die elektrophysiologischen Eigenschaften der Zellen des primären motorischen Rindenzentrums (MI) und des prämotorischen Rindenzentrums (PM). Sie fanden Neuronen, die mit der Durchführung der Aufgabe in Verbindung gebracht werden konnten und die häufiger in MI vorkamen. Außerdem fanden sie richtungsselektive Neuronen, die mit der Vorbereitung in Zusammenhang standen und häufiger in PM anzutreffen waren. Dies stimmt mit anderen physiologischen Daten überein und besagt, daß PM wahrscheinlich eine frühere Verarbeitungsstufe als MI umfaßt, da PM mehr mit der Vorbereitung der Bewegung zu tun hat als mit ihrer Ausführung. Ferner fanden sie in PM innerhalb der Klasse der mit der Vorbereitung in Zusammenhang stehenden Zellen zwei Unterklassen, und zwar solche Zellen, die mit der Programmierung der Muskelbewegungen zu tun hatten und solche, die an den Vorarbeiten zum Bewegungsprogramm beteiligt waren. Dies ist ein weiteres Beispiel dafür, wie die Forschung Hypothesen über die relative Reihenfolge von Verarbeitungsprozessen und Strukturen, die an einem bestimmten Aspekt der Verarbeitung beteiligt sind, eingrenzt, indem sie für ein Verhalten Reaktionszeiten festlegt und diese Daten mit den spezifischen Antworten der Zellen in Korrelation setzt.[3]

2.3 Strukturen auf verschiedenen Organisationsebenen

Die Identifikation funktionell signifikanter Strukturen auf verschiedenen räumlichen Ebenen des Nervensystems geht Hand in Hand mit Hypothesen, die sich mit dem Einfluß einer gegebenen Struktur auf das Leistungsvermögen des Nervensystems befassen und mit der Art und Weise, wie die Untereinheiten der Struktur organisiert sein müssen, damit die bestehenden Mechanismen in Kraft gesetzt werden. Natürlich handelt es sich bei der funktionellen Stuktur um einen Teil einer integrierten, einheitlichen biologischen Maschinerie. Das heißt: die Funktion eines Neurons hängt von den Synapsen ab, die die Information übermitteln; das Neuron verarbeitet dann wiederum die Information aufgrund von Wechselwirkungen mit anderen Neuronen des lokalen Netzes, welche selbst dank ihrer Stellung in der Gesamtgeometrie des Gehirns eine besondere Rolle spielen.

Welche Strukturen nun tatsächlich eine Organisationsebene im Nervensystem bilden, zeigt sich demzufolge durch die Erfahrung und kann nicht *a priori* entschieden werden. Ohne das Nervensystem vorher genau studiert zu haben, können wir nichts darüber aussagen, wieviele Ebenen es gibt oder wie die strukturellen und funktionellen Eigenschaften irgendeiner gegebenen Ebene beschaffen sind. Der Anhang dieses Buches gibt einen Überblick über einige Techniken, die zur Untersuchung verschiedener Ebenen verwendet werden. In diesem Abschnitt werden sieben allgemeine Kategorien der strukturellen Organisation diskutiert. Tatsächlich jedoch ist die Zählweise aus mehreren Gründen ungenau. Aufgrund weiterer Forschung könnte es bei einigen Kategorien zu einer nochmaligen Unterteilung kommen. So ist es beispielsweise denkbar, daß die Systeme in feinkörnigere Kategorien zerlegt werden können. Bei einigen Kategorien könnte es nötig werden, daß man sie komplett neu strukturiert, da man sie vollkommen falsch dargestellt hat. Mit zunehmendem Wissen über das Gehirn und dessen Funktionsweise werden vielleicht neue Organisationsebenen postuliert. Das ist besonders auf höheren Ebenen wahrscheinlich, da hier viel weniger als auf niedrigeren Ebenen bekannt ist.

---

[3] Eine kleine Auswahl anderer Experimente, die sich mit Reaktionszeiten auseinandersetzen findet man auch bei in [133, 588, 217, 148, 721].

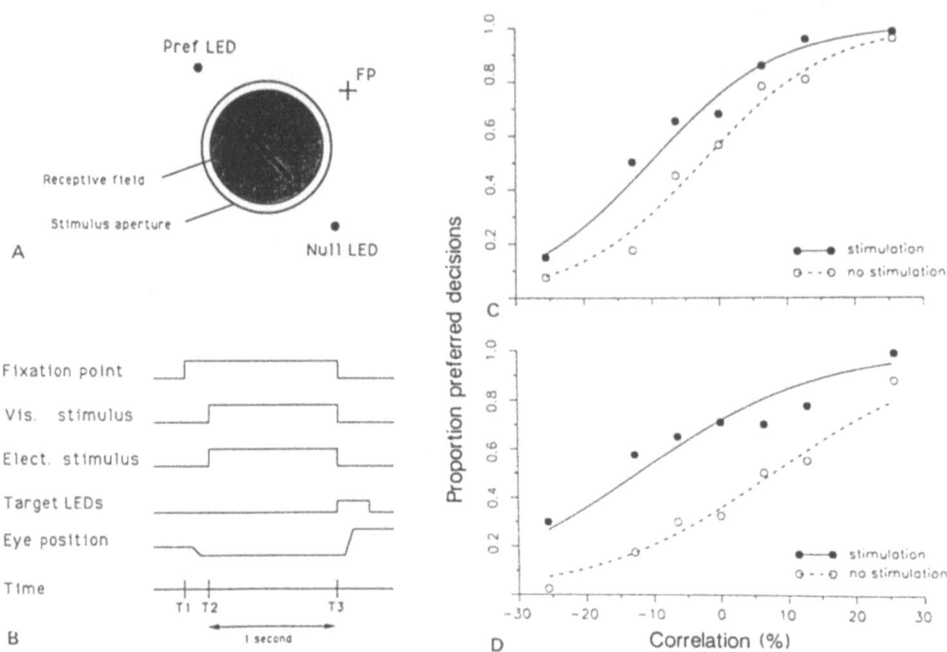

Abbildung 2.6   Durch Mikrostimulation des corticalen Bereiches MT wird das Urteilsvermögen hinsichtlich der Bewegungswahrnehmung beeinträchtigt. (A) Schematisches Diagramm des Versuchaufbaus, das die räumliche Anordnung von Fixationspunkt (FP), rezeptivem Bereich (schraffiert), Reizblende (dicker Kreis) und licht-emittierenden Dioden (LEDn) zeigt. (B) Schematische Veranschaulichung des zeitlichen Ablaufs bei einem Mikrostimulationsversuch. Der Fixationspunkt erschien zu der Zeit T_1 und der Affe starrte auf den Fixationspunkt, was sich in einer Abweichung der Augenstellung zeigte. Zu der Zeit T_2 erfolgte die visuelle Reizung, und eine Folge elektrischer Impulse wurde ausgelöst. Der Affe sollte für 1 Sekunde bis zur Zeit T_3 fixieren. Zum Zeitpunkt T_3 wurden der Fixationspunkt, der visuelle Reiz und die Mikrostimulationsimpulse abgestellt. Dafür wurde die Ziel–LED angedreht. Der Affe machte deutlich, wie er die Bewegungsrichtung beurteilte, indem er seine Augen auf eine der beiden Antwort–LEDn richtete. (rechts) Die Wirkung der Mikrostimulation auf die Leistung zweier Stellen im Bereich MT (C und D). Das Verhältnis der Entscheidungen zugunsten der bevorzugten Richtung wird graphisch als Funktion der Korrelation (in %) der sich bewegenden Punkte während der Reizeinwirkung dargestellt. Positive Korrelationswerte zeigen dabei die Bewegung in der vom Neuron bevorzugten Richtung an. Bei der Hälfte der Versuche (ausgefüllte Kreise) erfolgte die Mikrostimulation gleichzeitig mit dem visuellen Reiz; die anderen Versuche (unausgefüllte Kreise) wurden ohne Mikrostimulation durchgeführt. Die aufgrund der Mikrostimulation bedingte Verschiebung der Kurven entspricht einer Erhöhung der Korrelation um $7,7\%$ (bei C) und $20,1\%$ (bei D). (Aus [102]. Nachgedruckt mit Erlaubnis von *Nature* 346:174-177. Copyright ©1989 Macmillan Magazines Ltd.)

Systeme

Will man sich auf bestimmte Stellen im Gehirn beziehen, ist es sinnvoll, einen einheitlichen Standard zu haben. Aus diesem Grund hat man markante Orientierungspunkte, einschließlich der wichtigsten Gehirnwindungen (Gyri), Gehirnfurchen (Fissuren) und der Hauptlappen, mit Namen versehen (Abbildungen 2.7 und 2.8). Neuroanatomen haben mit Hilfe von Tract–Tracing–Techniken viele Systeme des Gehirns identifiziert. Einige davon entsprechen den Modalitäten der Sinneswahrnehmung, wie beispielsweise das visuelle System; andere wie z.B. das vegetative (autonome) Nervensytem haben allgemein funktionelle Eigenschaften. Wieder andere, wie das limbische System, sind schwierig zu definieren, und es könnte sich herausstellen, daß es sich hier gar nicht um ein System mit einer integrierten oder kohäsiven Funktion handelt. Die Bestandteile dieser Systeme befinden sind nicht fein–säuberlich in bestimmten Regionen, sondern sind über weite Teile des Gehirns verstreut und durch lange Faserbahnen miteinander verbunden. So können z.B. an einem einzelnen Gehirnsystem, das für das Langzeitgedächtnis zuständig ist, solch verschiedenartige Strukturen wie der Hippocampus, der Thalamus, die Vorderhirnrinde und die basalen Vorderhirnzellkerne [515] beteiligt sein. In dieser Hinsicht stehen die Gehirnsysteme in deutlichem und vielleicht entmutigendem Kontrast zu den von Ingenieuren entworfenen Systemen, wo die Bestandteile getrennt voneinander und die Funktionen aufgeteilt sind. Zu den ersten Konzepten, die es über Systeme gab, gehörte das eines Reflexbogens; ein Beispiel dafür ist der monosynaptische Kniesehnenreflexbogen ([670]; Abbildung 2.9). Einige Reflexe kann man inzwischen bis ins Detail zurückverfolgen. Das gilt beispielsweise für den Vestibulo–Okular–Reflex, durch den die Bilder auf der Retina bei Bewegung des Kopfes konstant bleiben ([619]) und für den Kiemenschlußreflex bei *Aplysia*, der vor allem für die Forschung auf dem Gebiet der molekularen Plastizitätsmechanismen interessant ist ([388]). Der Reflexbogen ist als Prototyp für Gehirnsysteme im allgemeinen nicht sehr tauglich — und das scheint sogar für die meisten Reflexe, wie beispielsweise den Schreitreflex bei der Katze oder den nozizeptiven Reflex (das Zurückziehen der Gliedmaßen bei Schmerzempfindung) zu gelten. Nehmen wir z.B. das "Smooth Pursuit System", das es ermöglicht, ein sich bewegendes Zielobjekt mit den Augen gleichmäßig zu verfolgen. Hier hat eine Bahn ihren Ursprung in der Retina, führt zum LGN (lateral geniculate nucleus = Corpus geniculatum laterale), zum Cortex und über bestimmte visuelle topographische Gebiete hinunter zur Brücke (Pons) und schließlich hin zu den Okulomotoriuskernen ([630]; siehe Kapitel 6). Trotz des fließbandartigen Ablaufs unterliegt die gleichmäßige Verfolgung mit den Augen bis zu einem gewissen Grade der bewußten Kontrolle und hängt sowohl von der Erwartung als auch vom visuellen Reiz ab. Bei Verhaltensweisen, die über einfache Reflexe hinausgehen, werden wahrscheinlich komplexere Berechnungsprinzipien verwendet.

An dieser Stelle sollten zwei wichtige Eigenschaften der Gehirnsysteme erwähnt werden. Erstens: Zwischen den Gehirnregionen gibt es nahezu immer reziproke

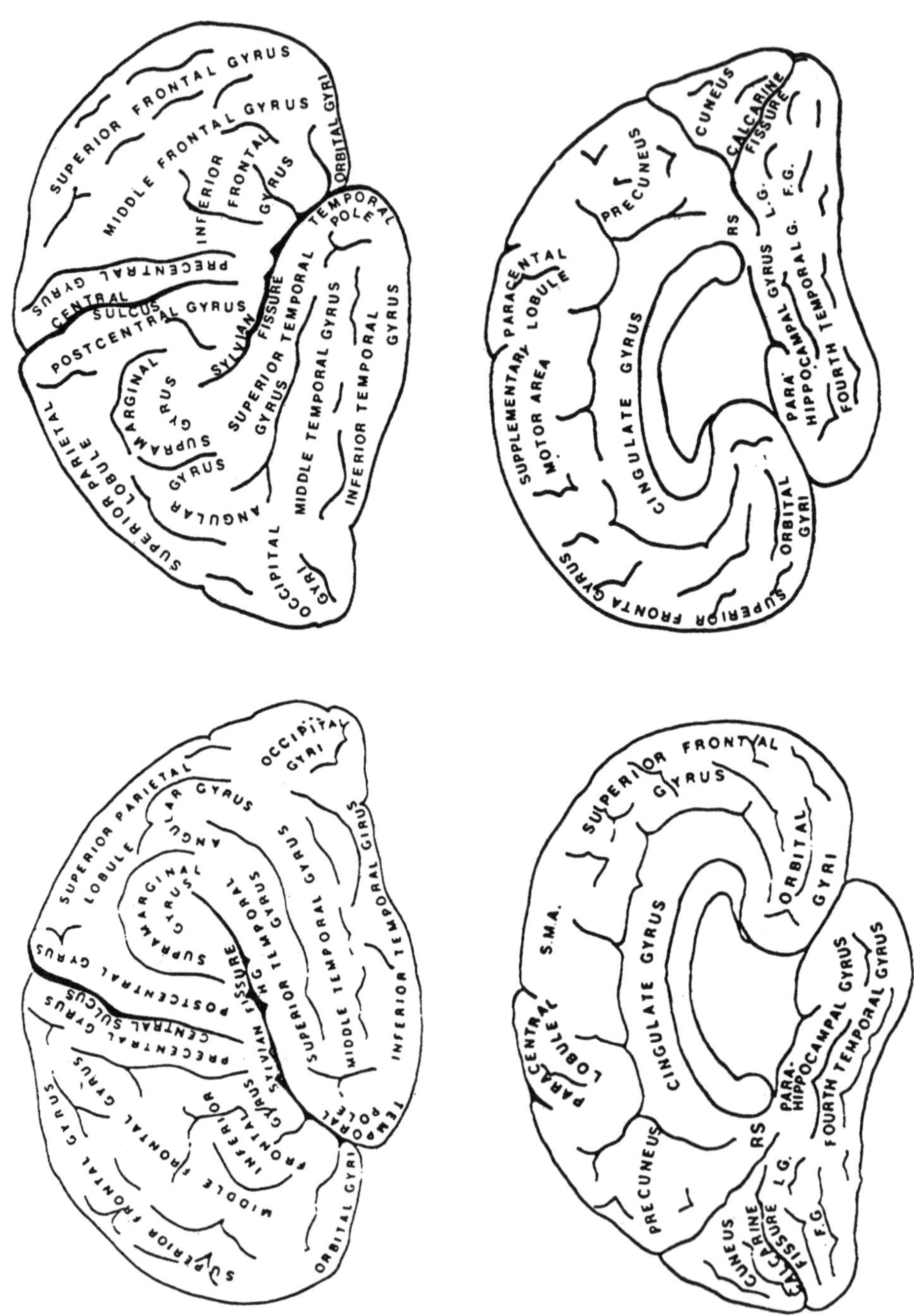
SUPERIOR FRONTAL GYRUS
MIDDLE FRONTAL GYRUS
INFERIOR FRONTAL GYRUS
ORBITAL GYRI
PRECENTRAL GYRUS
CENTRAL SULCUS
POSTCENTRAL GYRUS
SUPERIOR PARIETAL LOBULE
SUPRAMARGINAL GYRUS
ANGULAR GYRUS
TEMPORAL POLE
SYLVIAN FISSURE
SUPERIOR TEMPORAL GYRUS
MIDDLE TEMPORAL GYRUS
INFERIOR TEMPORAL GYRUS
OCCIPITAL GYRI
PRECUNEUS
CUNEUS
CALCARINE FISSURE
L.G.
F.G.
RS
PARACENTRAL LOBULE
SUPPLEMENTARY MOTOR AREA
CINGULATE GYRUS
PARAHIPPOCAMPAL GYRUS
FOURTH TEMPORAL G.
ORBITAL GYRI
SUPERIOR FRONTAL GYRUS
SUPERIOR PARIETAL LOBULE
OCCIPITAL GYRI
ANGULAR GYRUS
SUPRAMARGINAL GYRUS
POSTCENTRAL SULCUS
PRECENTRAL GYRUS
CENTRAL SULCUS
SYLVIAN FISSURE
SUPERIOR TEMPORAL GYRUS
MIDDLE TEMPORAL GYRUS
INFERIOR TEMPORAL GYRUS
TEMPORAL POLE
INFERIOR FRONTAL GYRUS
MIDDLE FRONTAL GYRUS
SUPERIOR FRONTAL GYRUS
ORBITAL GYRI
SUPERIOR FRONTAL GYRUS
S.M.A.
PARACENTRAL LOBULE
CINGULATE GYRUS
ORBITAL GYRI
PARA.HIPPOCAMPAL GYRUS
FOURTH TEMPORAL GYRUS
PRECUNEUS
RS
CUNEUS
CALCARINE FISSURE
L.G.
F.G.

(feedback) Verbindungen und zwar mindestens so zahlreich, wie einfache (feedforward) Verbindungen vorhanden sind. So sind beispielsweise die rückläufigen (rekurrenten) Projektionen vom corticalen Sehbereich V1 zurück zum LGN ungefähr zehnmal so häufig vertreten als vom LGN zu V1. Zweitens: Einfache Modelle von Reflexbögen verleiten zu dem Glauben, ein einzelnes Neuron würde ausreichen, um das Neuron, mit dem es über eine Synapse in Verbindung steht, zu aktivieren. In Wirklichkeit ist jedoch fast immer eine große Anzahl von Neuronen beteiligt, und die Wirkung, die ein einzelnes Neuron auf des Nachbarneuron hat, ist im typischen Fall recht gering. So ist es z.B. ein wichtiges Merkmal des visuellen Systems, daß sich die Eingabe eines speziellen Neurons im LGN nicht stark auf ein einzelnes Neuron bzw. auf einige wenige Neuronen auswirkt, sondern daß im allgemeinen über die Synapsen eher relativ schwache Kontakte zu einer großen Anzahl corticaler Zellen hergestellt werden [483]. Daraus folgt, daß corticale Neuronen auf ein Zusammenkommen vieler Afferenzen bauen und daß die Korrelationen zwischen Neuronenpaaren dazu tendieren, relativ schwach ausgebildet zu sein [232, 153]. Hierzu gibt es jedoch einige interessante Ausnahmen. So wirken z.B. die Armleuchterzellen (chandelier cells) im Cortex inhibitorisch auf die Axonhügel ihrer Zielzellen. Eine andere Ausnahme sind einzelne Kletterfasern, die eine starke Wirkung auf einzelne Purkinje–Zellen im Kleinhirn haben.

Topographische Karten

Viele sensorische und motorische Systeme sind hauptsächlich nach dem Prinzip topographischer Karten organisiert. So sind beispielsweise die Neuronen des corticalen Sehbereichs V1 topographisch so angeordnet, daß auch die Rezeptorfelder benachbarter Neuronen nebeneinanderliegen und daß die Karte von der Retina gemeinsam gebildet wird. Da benachbarte Verarbeitungseinheiten (Zellkörper und Dendriten) für ähnliche Repräsentationen zuständig sind, ist das Erstellen topographischer Karten ein wichtiges Hilfsmittel, das es dem Gehirn ermöglicht, mit Leitungsbahnen sparsam umzugehen, ebenso wie dadurch ein gemeinsames Benützen von Leitungsbahnen möglich wird [500]. Dabei ist signifikant, daß die Karten verzerrt dargestellt werden, d.h. einige Bereiche der Körperoberfläche beanspruchen mehr Platz im Cortex als andere. Die Fovea beispielsweise nimmt

Abbildung 2.7 Die wichtigsten Gehirnwindungen (Gyri) und Furchen (Fissuren) der menschlichen Großhirnrinde. (Oben) Außen- oder Seitenansicht, wobei linke und rechte Hemisphäre gezeigt werden. (Unten) Innen- oder Medialansicht der rechten und der linken Hemisphäre. Anzumerken ist, daß die Hemisphären nicht genau spiegelsymmetrisch zueinander sind. Sowohl die genaue Lage der Gyri und Fissuren, als auch der Symmetriegrad variieren von Gehirn zu Gehirn. (Die Abbildung wurde uns freundlicherweise von Hanna Damasio zur Verfügung gestellt.)

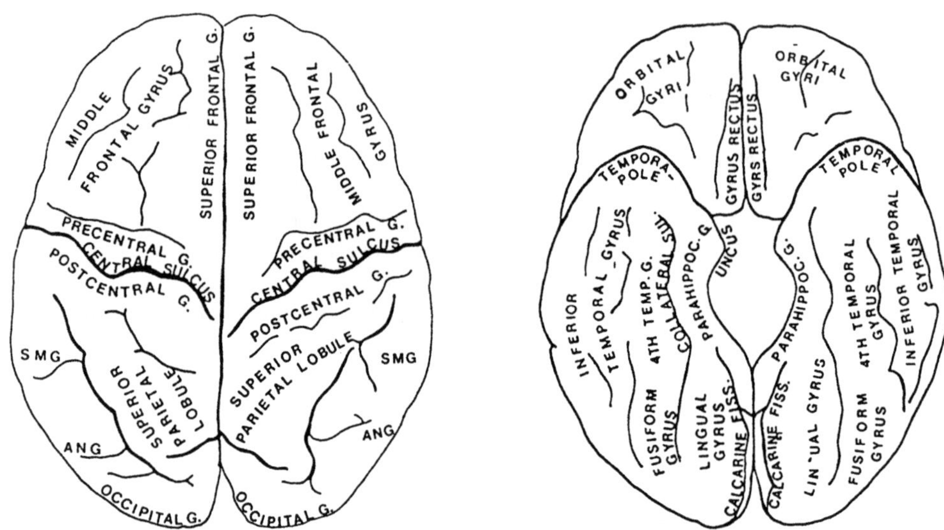

Abbildung 2.8 Die wichtigsten Gehirnwindungen (Gyri) und Furchen (Fissuren) der menschlichen Großhirnrinde. (Links) Blick von oben (Dorsalansicht). (Rechts) Blick von unten (Ventral- oder Unteransicht.) (Die Abbildung wurde uns freundlicherweise von Hanna Damasio zur Verfügung gestellt.)

einen relativ großen Teil von V1 in Beschlag und für die Hände ist ein verhältnismäßig großer Bereich im somatosensorischen Cortex zuständig. Der Sehbereich MT des Makaken enthält viele Neuronen, die selektiv auf die Bewegungsrichtung reagieren. Dabei ist die untere Hälfte des Sehfeldes häufiger vertreten als die obere Hälfte. Das ist auch sinnvoll, da im unteren Teil des Sehfeldes diejenigen Handfertigkeiten angesiedelt sind, die die höchste Sehschärfe erfordern — die Suche nach Termiten, das Auflesen von Läusen usw. [487].[4]

Im visuellen System der Affen haben die Physiologen ungefähr 25 verschiedene Bereiche ausfindig gemacht, wobei von den meisten topographische Karten existieren [12, 343, 449, 229]. Eine ähnliche Hierarchie der vielfältigen topographischen Karten gibt es für Körperstellen des somatosensorischen Systems [383] (Abbildung 2.10), für die Frequenz des Hörsystems [502] und für Muskelgruppen des motorischen Systems [230, 35]. Eine mögliche Ausnahme bildet das Geruchssystem, aber auf der Ebene des Riechkolbens können sogar Gerüche räumlich organisiert sein [740]. Bis zu einem gewissen Grade können die verschiedenen sensorischen Karten aufgrund der feinen Unterschiede in der neuralen Schichtung

---

[4] Welche Bedeutung und Auswirkungen die erweiterte Repräsentation der Fovea im visuellen Cortex auf die Berechnungen haben, wird in [645] diskutiert.

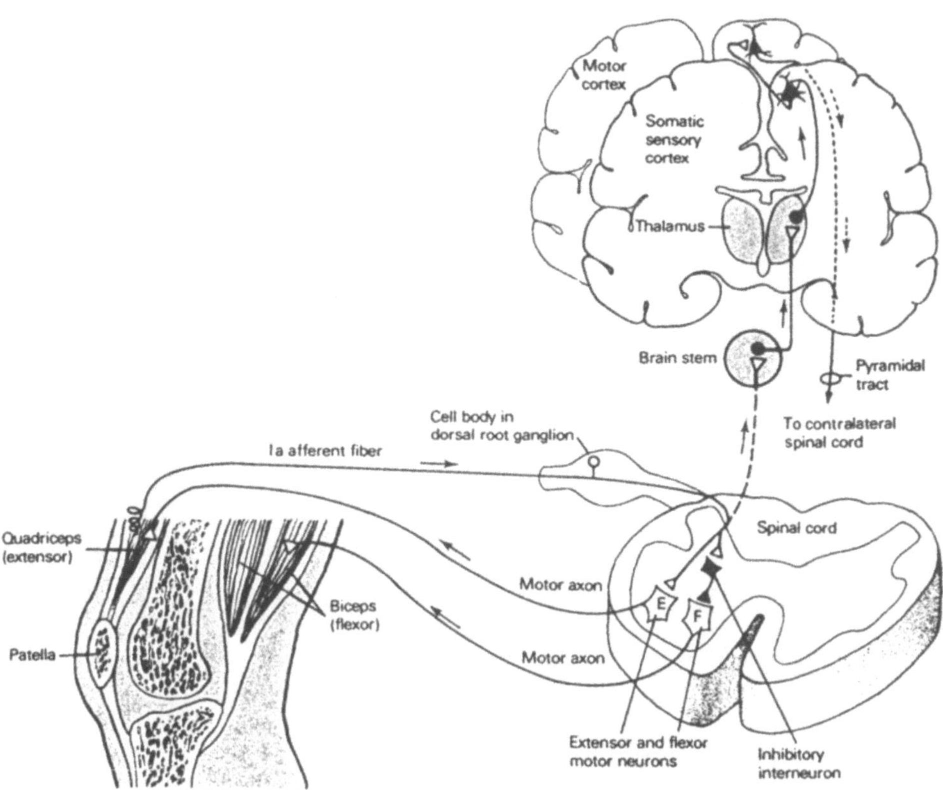

Abbildung 2.9   Schematisches Diagramm der Bahnen beim Streckreflex. Streckrezeptoren in den Muskelspindeln reagieren auf Längenänderungen des Muskels und afferente Fasern leiten diese Information entlang der hinteren Wurzeln bis hin zum Rückenmark, wo sie mit Hilfe von Synapsen auf Motoneurone des Streckers (Extensor) übertragen wird. Das führt zu einer Streckung des Knies. Gleichzeitig wird die Information auf inhibitorische Interneuronen übertragen, wodurch die Aktivität in motorischen Neuronen, welche für Kontraktionen der antagonistischen Beugemuskeln verantwortlich sind, reduziert wird. Beides zusammen ergibt den koordinierten Kniesehnenreflex. Diese Information wird auch an höhere Gehirnzentren weitergeleitet, welche wiederum das Reflexverhalten über zum Rückenmark absteigende Bahnen modifizieren können. (Aus [386].)

(siehe nächster Abschnitt) und anhand der zellulären Eigenschaften auseinandergehalten werden. Oft aber sind die Unterscheidungsmerkmale so subtil, daß die Grenzen zwischen den verschiedenen corticalen Gebieten nur mit Hilfe physiologischer Techniken ausfindig gemacht werden können.

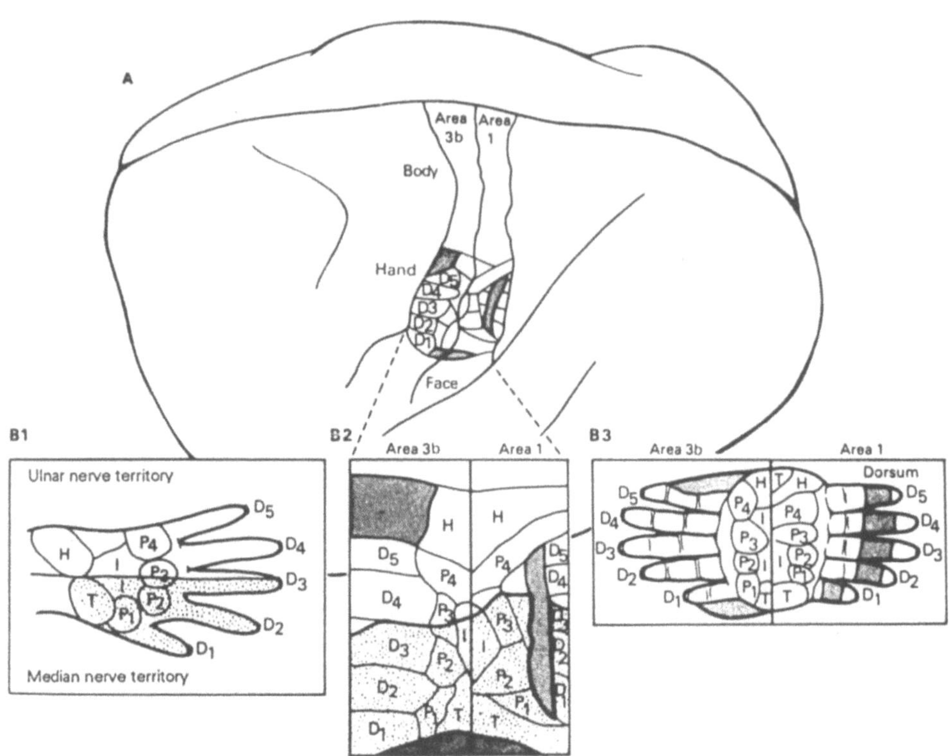

Abbildung 2.10 Schematische Zeichnung der vielfältigen Repräsentationen der Körperoberfläche im primären somatosensorischen Cortex bei der Eulenkopfmeerkatze (owl monkey). Da der Cortex bei der Eulenkopfmeerkatze relativ flach ist, wird der größte Teil des Körpers an der Oberfläche repräsentiert. Im Gegensatz dazu findet man bei den meisten anderen Primatenarten die Repräsentationen in den Gehirnwindungen vor. (A) Zwei Repräsentationen der Hand werden in den Gebieten 3b und 1 gezeigt. (B) Die Hand der Eulenkopfmeerkatze wird durch Medianus und Ulnaris (Ellbogennerv) innerviert, welche verschiedene Gebiete auf der ventralen Oberfläche versorgen (B1) und in beiden Karten in benachbarten Cortexbereichen repräsentiert werden (B2). Die Karte vom Cortex der ventralen Oberfläche der Hand ist in beiden Bereichen topographisch streng geordnet organisiert (B3). Der für die ventrale Oberfläche zuständige Teil des Cortex ist weiß dargestellt; der für die dorsale Oberfläche zuständige Teil ist dunkel schattiert. D_1 bis D_5, Finger; P_1 bis P_4, Handflächenpolster; I, Inselpolster; H, Hypothenarpolster; T, Thenarpolster; (Aus [387]).

Auch bei einigen Strukturen des Hirnstamms, wie z.B. dem Colliculus Superior, zeigt sich diese Art von Organisation. Das Kleinhirn (Cerebellum) scheint stellenweise über partielle Karten zu verfügen, wenngleich die Prinzipien nicht klar ersichtlich sind und es sich bei diesen Karten möglicherweise gar nicht um Karten im eigentlichen Sinne handelt. In einigen Gebieten scheint eine strenge topographische Organisation zu fehlen, während für andere Gebiete die topographische Organisation ziemlich komplex ist, wie im Falle der Basilarganglien [654]. Für corticale Bereiche, die vor der Zentralfurche liegen, scheint es nicht soviele topographische Karten zu geben. Möglicherweise zeigen zukünftige Forschungsarbeiten jedoch, daß hier abstrakte, nicht−sensorische Repräsentationen kartiert werden, und solche Karten können mit Hilfe der Methoden, die man verwendet, um Antwortmuster auf periphere Reize zu erstellen, nicht entdeckt werden. In der Hörrinde (= auditiver Cortex) der Fledermaus werden solch abstrakte Eigenschaften wie Frequenzunterschiede und Totzeiten zwischen emittierten und empfangenen Tönen kartiert; mit Hilfe dieser Fähigkeit ist es der Fledermaus möglich, ihre Beute über Echolot ausfindig zu machen [531]. Bei der Schleiereule werden über beide Ohren wahrgenommene Hörimpulse zu einer inneren räumlichen Karte zusammengesetzt [411, 189]. Es gibt einige Bereiche im Cortex, beispielsweise die Assoziationsbereiche, der Parietalcortex und einige Teile des Frontalcortex, für die man bisher noch keine Eigenschaften finden konnte, welche planmäßig topographisch abgebildet werden. Nichtsdestoweniger bleiben die Projektionen zwischen diesen Bereichen topographisch. So hat beispielsweise Goldman−Rakic [271] gezeigt, daß beim Affen Projektionen von der Scheitelrinde (Parietalcortex) zu Zielgebieten im präfrontalen Cortex (beispielsweise zur Hauptfurche) die topographische Ordnung der Ausgangsneuronen beibehalten.

Karten von der Körperoberfläche bilden sich im Gehirn während der Entwicklung. Dies geschieht aufgrund von Projektionen, die zum Teil durch miteinander konkurrierende Interaktionen zwischen benachbarten Fasern der Zielkarten geordnet werden (siehe Kapitel 5). Während dieser Periode sterben einige Neuronen ab und, mit Ausnahme von Geruchsrezeptoren, werden bei vollentwickelten Säugetieren auch keine neuen Nervenzellen mehr gebildet [137]. Die konkurrierenden Interaktionen zwischen den Neuronen bleiben jedoch bis zu einem gewissen Grade sogar bis ins Erwachsenenalter bestehen, da der für einen bestimmten Teil der Körperoberfläche zuständige Bereich im Cortex sich Wochen nachdem sensorische Nerven verletzt wurden oder nachdem eine übermäßige Sinnesreizung erfolgt ist, um 1-2 cm (aber nicht weiter) verlagern kann [584]. So werden Regionen im somatosensorischen Cortex, die infolge einer Unterbrechung der sensorischen Nervenleitung stillgelegt waren, schließlich auf nahegelegene Körperregionen ansprechen. Bisher ist noch nicht bekannt, in welchem Ausmaß diese Verlagerungen auf die Plastizität der Großhirnrinde oder vielleicht auf die Plastizität der subcorticalen Strukturen, welche auf corticale Karten projizieren, zurückzuführen sind. Auditive Karten (Gehörkarten), vor allem diejenigen im oberen Colliculus, können sowohl in der Entwicklung als auch im Erwachsenenalter modifiziert werden, wenn eine partielle Taubheit vorliegt [398]. Diese und auch die weiter unten erwähnten Beispiele, die die Plastizität von Synapsen belegen, führen dazu, daß man sich die Maschinerie des Gehirns eines erwachsenen Menschen schwerlich als "festverdrahtet" und statisch vorstellen kann. Vielmehr hat das Gehirn eine bemerkenswerte Fähigkeit, sich veränderten Umweltbedingungen auf vielen verschiedenen Strukturebenen und über einen weiten, zeitlich gestaffelten Bereich hinweg anzupassen.

Schichten und Spalten

Viele Bereiche des Gehirns sind nicht nur topographisch, sondern auch laminar organisiert (Abbildungen 2.11 und 2.12). Unter Laminae versteht man Schichten (Lagen) von Neuronen, die zu anderen Schichten passen, wobei sich eine gegebene Lamina hinsichtlich der Projektionen, die sie weiterleitet bzw. empfängt, in ein sehr regelmäßiges Muster einfügt. So empfängt beispielsweise der obere Colliculus (Colliculus superior) in den Schichten an der Oberfläche visuelle Eingaben, während die taktilen und auditiven Eingaben in den tiefer gelegenen Schichten aufgenommen werden. Die Neuronen, die in den Intermediärschichten des oberen Colliculus liegen, repräsentieren die Information bezüglich der Augenbewegungen. In der Großhirnrinde werden spezifische sensorische Eingaben aus dem Thalamus im typischen Falle in die Schicht 4, d.h. in die mittlere Schicht, projeziert. Die Ausgabe an subcorticale motorische Strukturen erfolgt von Schicht 5 aus und intracorticale Projektionen haben ihren Ursprung hauptsächlich in den (oberflächlich gelegenen) Schichten 2 und 3. Die Schicht 6 ist vor allem für Projektionen zurück zum Thalamus zuständig (siehe Abbildung 2.3). Die Basilarganglien sind nicht laminar organisiert; vielmehr handelt es sich hier um ein zusammengestückeltes Gebilde von einzelnen Bereichen, die man mit Hilfe von Entwicklungs- oder chemischen Merkmalen voneinander unterscheiden kann [282].

Neben der horizontalen Organisation, wie man sie in den Laminae findet, zeigen corticale Strukturen auch eine vertikale Organisation. Kennzeichnend für diese Art der Organisation ist ein hoher Grad an Gemeinsamkeiten, die die Zellen in den die Laminae kreuzenden, vertikalen Spalten haben. Dies zeigt sich hinsichtlich der Anatomie in Form lokaler Verbindungen zwischen den Neuronen [483, 461] und physiologisch in Form von ähnlichgearteten Antworten [344]. Führt man beispielsweise eine Elektrode senkrecht in den visuellen Cortex ein, so stößt man auf Zellen, die alle bevorzugt auf Reize gleicher Orientierung reagieren, (z.B. auf einen Lichtstrahl, dessen Ausrichtung um 20 Grad von der Horizontalen abweicht). Wird die Elektrode an einer danebenliegenden Stelle vertikal eingeführt, so wird man Zellen vorfinden, die auf eine andere Orientierung bevorzugt reagieren. Auch die Ein- und Ausgaben werden in Spalten organisiert. Dies sieht man z.B. an den Augendominanzspalten in V1 und bei Eingaben in die Hauptfurche, wo zwischen Parietalprojektionen der gleichen Seite und Projektionen der Hauptfurche der gegenüberliegenden Hemisphäre abgewechselt wird [271].

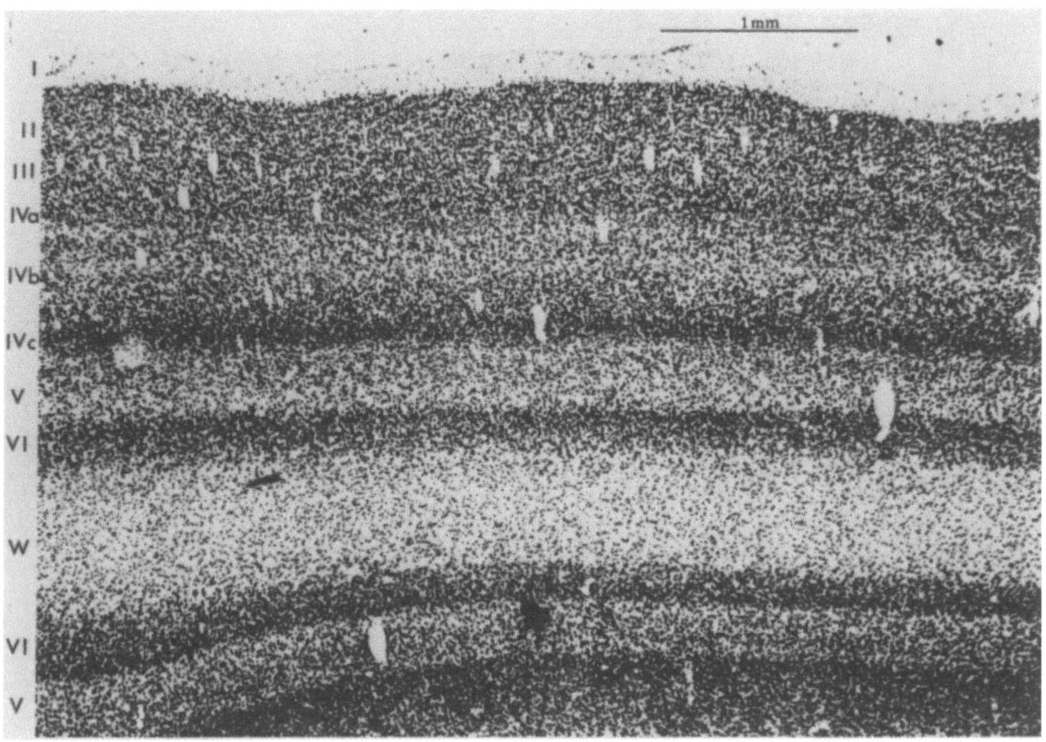

Abbildung 2.11   Querschnitt durch den striaten Cortex des Affen, wobei die Zellkörper mir Kresylviolett angefärbt wurden. Die Bildung der Schichten ist deutlich sichtbar; die Nummerierung der Schichten wird links angezeigt, wobei W die weiße Substanz bezeichnet. Der untere Teil der Abbildung zeigt die tieferen Schichten der verborgenen Rindenfalten. (Aus [346].)

Im typischen Fall ergeben die vertikal organisierten Konnektivitätsmuster keine scharf abgegrenzten Spalten und die Merkmale der Antworten tendieren dazu, sich kontinuierlich im Bereich des gesamten Cortex zu verändern. Von daher ist der Ausdruck "vertikale Spalte" leicht irreführend. Abgesehen von einigen Besonderheiten [70] wird so bei den Zellen des Sehbereichs V1 die Orientierung innerhalb des Cortex ständig variiert. Eine ähnliche Organisation kann man im Bereich V2 finden [532], wo topographisch abgebildete Projektionen von V1 in Empfang genommen werden. Es gibt aber auch Stellen, an denen die vertikalen, Lamina–kreuzenden Spalten ganz scharf begrenzt sind, wie beispielsweise bei den Spalten für okulare Dominanz (Augendominanzspalten) im Bereich V1 und bei den sogenannten "Barrels" im somatosensorischen Cortex der Nagetiere. Dort sind in jedem "Barrel" Zellen enthalten, die bevorzugt auf Reizung eines einzel-

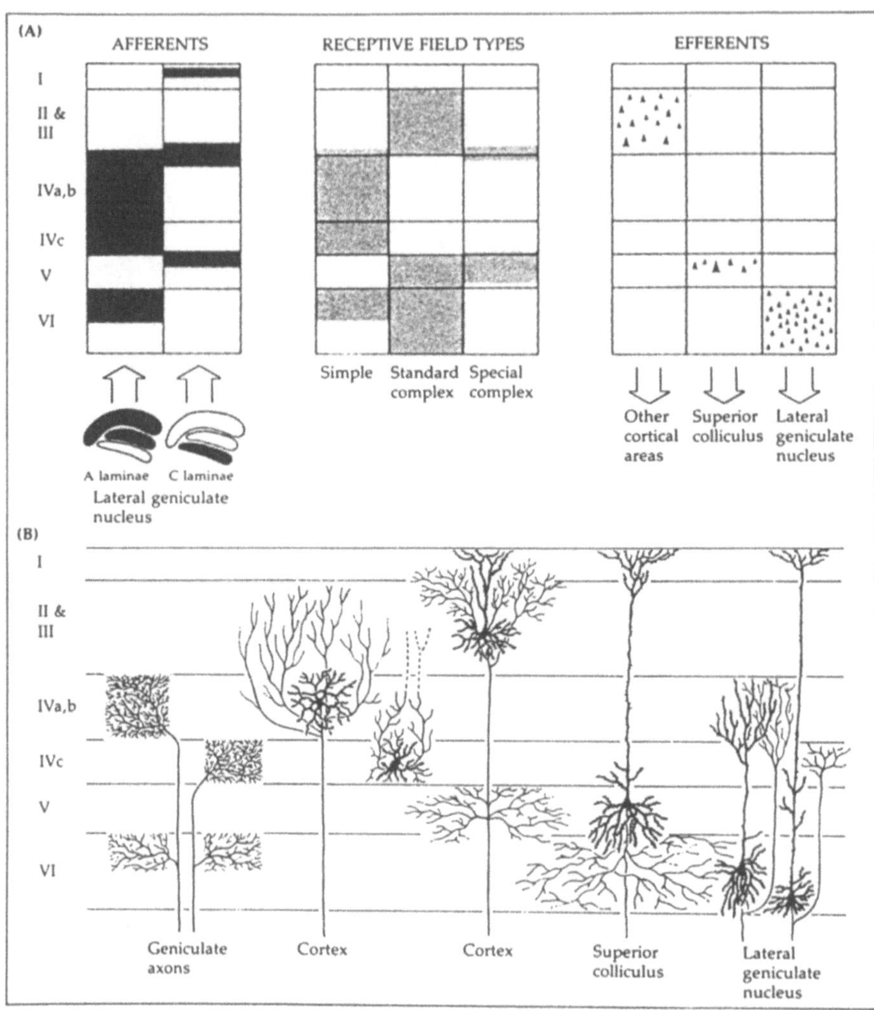

Abbildung 2.12 Schematisches Diagramm der corticalen Verbindungen bei der Katze. (A) Verteilung der Eingaben aus den Schichten des Corpus geniculatum laterale (seitlicher Kniehöcker), wobei gezeigt wird, wie die gebogenen Axone auf verschiedene corticale Laminae projizieren, je nachdem, in welcher Schicht des Geniculums der Ausgangspunkt liegt. Corticale Neuronen, deren rezeptive Felder ähnliche Eigenschaften haben, häufen sich in einer speziellen Schicht. Der Ursprung einer Faser, die einen Bereich des Cortex verläßt, ist abhängig von der Zielrichtung. (B) Schematische Darstellung der verschiedenen Verzweigungsarten bei den häufigsten Zelltypen der Laminae I-IV (Nach [266].)

nen Barthaares ansprechen [781] (Abbildung 2.13). Solche scharfen anatomischen Begrenzungen sind jedoch eher die Ausnahme als die Regel. Ferner kann die vertikale Organisation innerhalb einer räumlichen Größenordnung von 0,3mm (bei Spalten für die okulare Dominanz) bis zu $25\mu m$ (bei Orientierungsspalten in der Sehrinde des Affen) variieren.

Die topographischen Karten, , die Organisation in Spalten und die Laminae sind Spezialfälle eines Prinzips, das eher allgemein zu verstehen ist: der Ausnutzung geometrischer Eigenschaften bei der Verarbeitung von Informationen. Für biologische Systeme kann die räumliche Nähe ein effizienter Weg sein, die zur Lösung eines Problems benötigte Information an einer Stelle zusammenzubringen. Betrachten wir einmal ein einfaches Beispiel: Angenommen, die unterschiedlichen Reize, die auf benachbarte Regionen einwirken, sollen miteinander verglichen werden. Dazu müssen die entsprechenden Signale zusammengebracht werden. In diesem Falle kann das auf effiziente Weise durch eine topographische Organisation geschehen, wodurch die Gesamtlänge der Verbindungen minimiert wird. Dies ist deshalb wünschenswert, weil der größte Teil des Gehirnvolumens von Axonfortsätzen eingenommen wird und da es sowohl hinsichtlich der Größe des Gehirns als auch bezüglich der tolerierbaren Zeit Grenzen gibt, die es einzuhalten gilt. Innerhalb der räumlichen Karten werden durch lateral inhibitorische Interaktionen Vergleiche angestellt, Kontraste an den Abgrenzungen hervorgehoben und eine automatische Erfolgskontrolle durchgeführt. Die gegenseitige Hemmung innerhalb einer Neuronenpopulation kann helfen, das Neuron mit der größten Aktivität nach dem Motto "Alles oder Nichts" zu identifizieren [227]. (Siehe auch Kapitel 5, letzter Abschnitt.)

Lokale Netze

Im Cortex kommen auf einen Kubikmillimeter Gewebe annähernd 10^5 Neuronen und ungefähr 10^9 Synapsen, wobei die Mehrzahl der Synapsen aus Zellen innerhalb des Cortex stammt [180] (Abbildung 2.14). Aufgrund des Gewirrs aus Axonen, Synapsen und Dendriten, auch Neuropilem genannt, war es sehr schwierig, diese lokalen Netze genauer zu untersuchen. Nichtsdestoweniger ist man dabei, einige der allgemeinen Merkmale lokaler Netze aufzudecken. So beginnen wir beispielsweise gerade zu verstehen, wie in lokalen Netzen nicht–gerichtete Eingaben und Aktivität zu einer Orientierungsanpassung der Zellen in V1 führen [231].

Die meisten Daten, die uns über lokale Netze zur Verfügung stehen, beruhen auf Erkenntnissen, die man aus Aufzeichnungen einzelner Einheiten ("single–unit recordings") gewonnen hat. Wollen wir die Prinzipien, nach welchen die Netze gesteuert werden, genauer verstehen, so muß notwendigerweise eine große Population von Neuronen überprüft werden. (Die Aufzeichnungstechniken werden im Anhang behandelt). Sogar an lokalen Netzen sind viele Zellen beteiligt, wobei jedoch mit Hilfe ausführlicher sequentieller Aufzeichnungen von Einzelzellen nur eine kleine Population untersucht werden kann. Folglich laufen wir Gefahr,

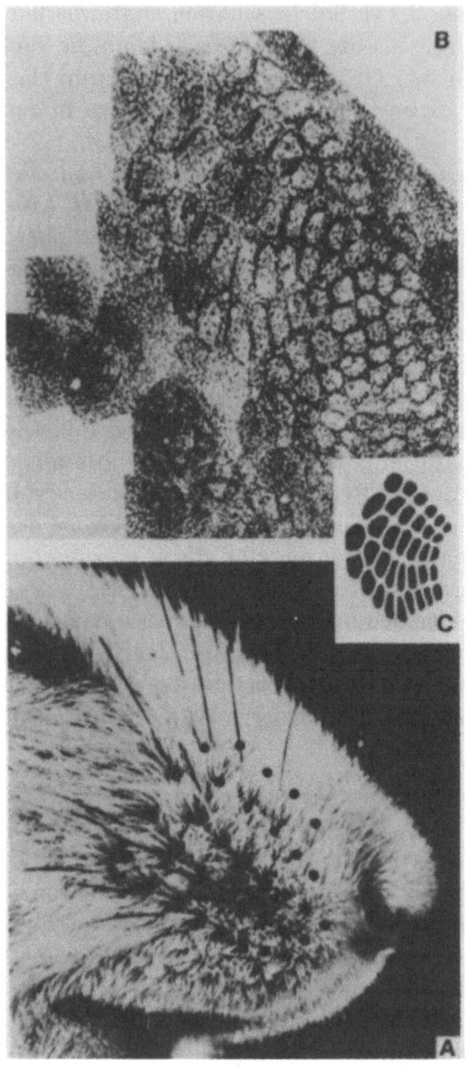

Abbildung 2.13   (A) Schnauze einer Maus; die Vibrissae (Barthaare) sind durch Punkte gekennzeichnet. (B) Schnitte durch den somatosensorischen Cortex, wo die Signale von der Schnauze in Empfang genommen werden. Jeder der Ringe oder "Barrels" entspricht einem individuellen Barthaar und ist räumlich so organisiert, daß die Verbindung zu den Nachbarvibrissae erhalten bleibt (C). (Übernommen mit Erlaubnis von [781].)

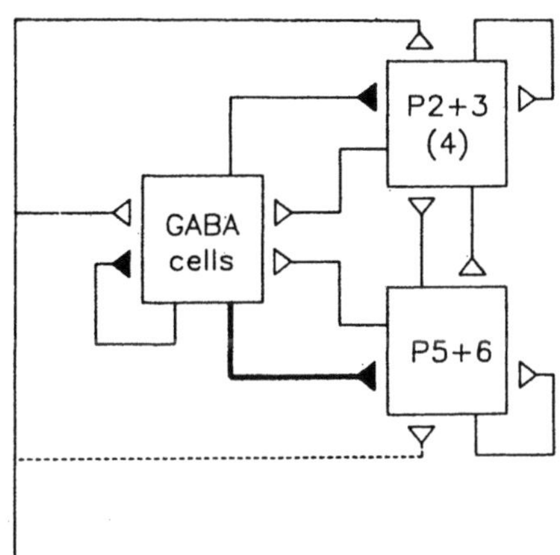

Abbildung 2.14 Schematisches Diagramm eines Mikroschaltkreises in der Großhirnrinde, der immer wieder durchlaufen werden kann. Drei Populationen von Neuronen
stehen miteinander in Wechselwirkung: inhibitorische Zellen (GABA) mit dick gezeichneten Synapsen und exzitatorische Zellen mit dünn gezeichnete Synapsen. Letztere repräsentieren die Pyramidenzellen in Schichten an der Oberfläche (P2 + 3) und in tieferen
Schichten (P5 + 6). Jede Population empfängt exzitatorische Eingaben aus dem Thalamus, die jedoch im Falle der tiefer gelegenen Pyramidenzellen schwächer ausgebildet
sind (gestrichelte Linie). (Nach [181].)

daß wir Daten aus einer atypischen Probe verallgemeinern und Eigenschaften von
Schaltkreisen übersehen, die nur mit Hilfe eines umfassenderen Profils abgeleitet
werden können. Will man also die Prinzipien lokaler Netze verstehen, muß sehr
viel mehr gearbeitet werden, damit man die dynamischen Verbindungen innerhalb einer größeren Zellpopulation über einen längeren Zeitraum hinweg genauer
bestimmen kann (Abbildung 2.15).

Computersimulationen können bei der Interpretation von Daten über einzelne Einheiten hilfreich sein, indem sie zeigen, wie die Eigenschaften der Objekte
in Zellpopulationen repräsentiert und wie koordinierte Transformationen durchgeführt werden könnten. So hat man z.B. Netzwerkmodelle von den räumlichen
Repräsentationen konstruiert, mit deren Hilfe man die Antworteigenschaften von
Einzelzellen im Parietalcortex erklären kann ([27, 787]; Abbildung 2.16). Ein weiteres Netzwerkmodell hat man herangezogen, um zu erklären, wie sich Farbkonstanz aus den Reizantworten einzelner Neuronen im corticalen Sehbereich V4
ergeben könnte [784, 349]. Netzwerksimulationen können außerdem dazu führen,
daß bekannte Antworteigenschaften anders interpretiert werden. So gibt es beispielsweise in V1 auf bestimmte Weise orientierte Zellen, deren Reizantworten sich
solange entsprechend der Schlitzlänge des Lichtes aufsummieren, bis die Grenzen

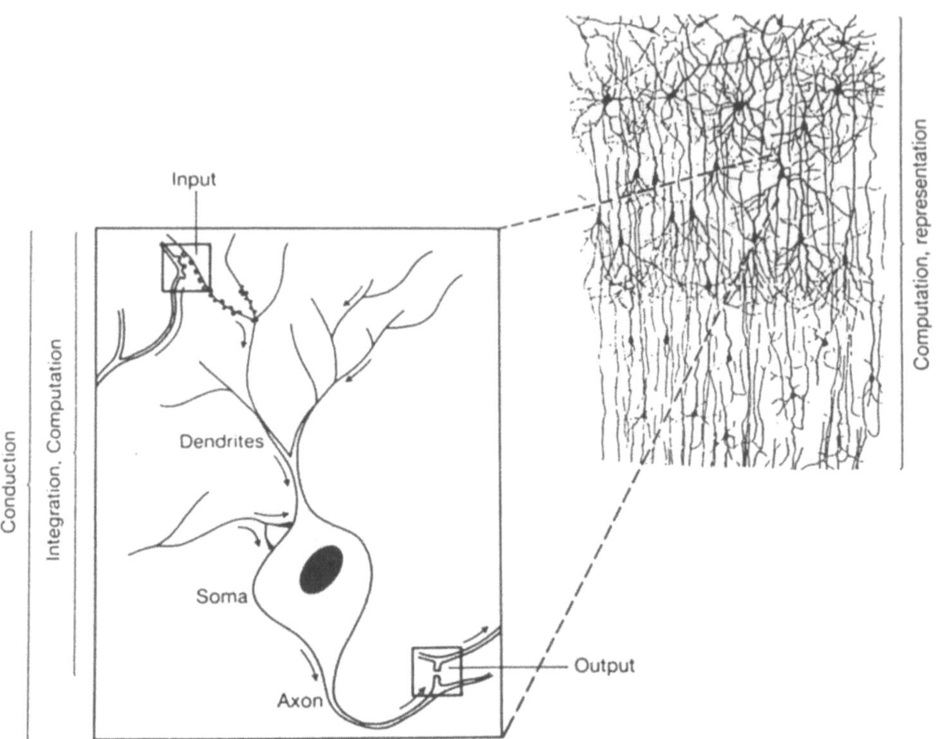

Abbildung 2.15   (Oben rechts) Netzwerk aus Pyramidenzellen im Cortex einer Maus, die nach der Golgi-Methode angefärbt wurden. Bei dieser Methode werden nur ungefähr 10% der Population gefärbt. (Unten links) Schematische Darstellung eines Neuron, die eine Reizübertragung (Eingabe) auf den Dendriten, eine auf den Zellkörper und eine an den Axonkontaktstellen zeigt. (Aus [184]. Copyright © Oxford University Press.)

des Rezeptorfeldes erreicht sind. Von da ab jedoch, nimmt die Antwort mit zunehmender Schlitzlänge ab. Diese Eigenschaft, das sogenannte "End–Stopping", wurde vor kurzem mit der Bestimmung der eindimensionalen Krümmung einer Kontur [174] und mit der zweidimensionalen Krümmung von Formen in schattierten Bildern [430] in Zusammenhang gebracht. In Kapitel 4 wird im Abschnitt über visuelle Verarbeitung ein Beispiel für diesen Ansatz aufgeführt.

Neuronen

Seit den Arbeiten von Cajal am Ende des 19. Jahrhunderts galt das Neuron als elementare Verarbeitungseinheit des Nervensystems (Abbildung 2.17). Im Gegensatz zu Golgi, der die Meinung vertrat, Neuronen würden ein zusammenhängendes "Retikulum" oder Geflecht bilden, behauptete Cajal, daß es sich bei Neuronen um einzelne, individuelle Zellen handelte, die voneinander durch einen Spalt räumlich getrennt seien, und daß man zusätzlich zu den intrazellulären Mechanismen noch Mechanismen entdecken müßte, durch die man sich die Signalübertragung von einem Neuron auf das andere erklären könnte. Physiologische Studien gaben Cajal recht, wenngleich in einigen Bereichen der Retina elektrisch gekoppelte Zellsynzytien gefunden wurden [183]. Da diese Zellen auf physikalischem Wege über eine leitfähige "Spaltverbindungsstelle" in Kontakt stehen, gleichen sie eher den von Golgi prophezeiten Strukturen. Diese elektrischen Synapsen sind schneller und zuverlässiger als eine chemische Übertragung, jedoch weniger flexibel.

Es gibt viele verschiedene Arten von Neuronen, und bestimmte Teile des Nervensystems haben Neuronen mit spezifischen Eigenschaften entwickelt. Beispielsweise existieren in der Retina insgesamt fünf Neuronentypen, die sich jeweils hinsichtlich ihrer Morphologie, ihrer Konnektivitätsmuster und ihrer physiologischen Eigenschaften stark unterscheiden und verschiedenen embryologischen Ursprungs sind. Außerdem wurden in den letzten Jahren physiologische und chemische Unterschiede innerhalb der Klassen gefunden. So wurden z.B. 23 verschiedene Typen von Ganglionzellen (deren Axone durch den Sehnerv auf das Gehirn projizieren) und 22 verschiedene Typen amakriner Zellen (die für laterale Interaktionen und für die temporale Differenzierung zuständig sind) identifiziert [691]. Im Kleinhirn (Cerebellum) gibt es sieben und im Neocortex ungefähr zwölf allgemeine Neuronentypen, die man aufgrund ihrer chemischen Eigenschaften, z.B. anhand der in ihnen enthaltenen Neurotransmitter, in weitere Untertypen unterteilen kann. Die Bestimmung von Neuronentypen erfolgt willkürlich, da man die Beurteilung oft anhand von feinen morphologischen Unterschieden vornimmt, deren Übergänge eher fließend sind und keine Kategorien definieren. Je mehr chemische Markierungen jedoch gefunden werden, desto deutlicher wird, daß man die Neuronenvielfalt in der Großhirnrinde bei weitem unterschätzt hat. So würde sich aufgrund anatomischer und immunozytochemischer Kriterien bei corticalen Neuronen wahrscheinlich eine Anzahl von Untertypen ergeben, die zwischen 50 und 500 liegen müßte [658].

Je nach ihrer Wirkung kann man die Neuronen allgemein in zwei Klassen unterteilen: exzitatorische und inhibitorische Nervenzellen (Abbildungen 2.18 und 2.19). Durch ein exzitatorisches Signal erhöht sich die Wahrscheinlichkeit, daß postsynaptische Zellen feuern, während diese bei einem inhibitorischen Signal abnimmt (Abbildung 2.19). Einige Neuronen wirken modulierend auf andere Neuronen, indem sie hauptsächlich Peptide oder Monoamine freisetzen (siehe Abschnitt 4).

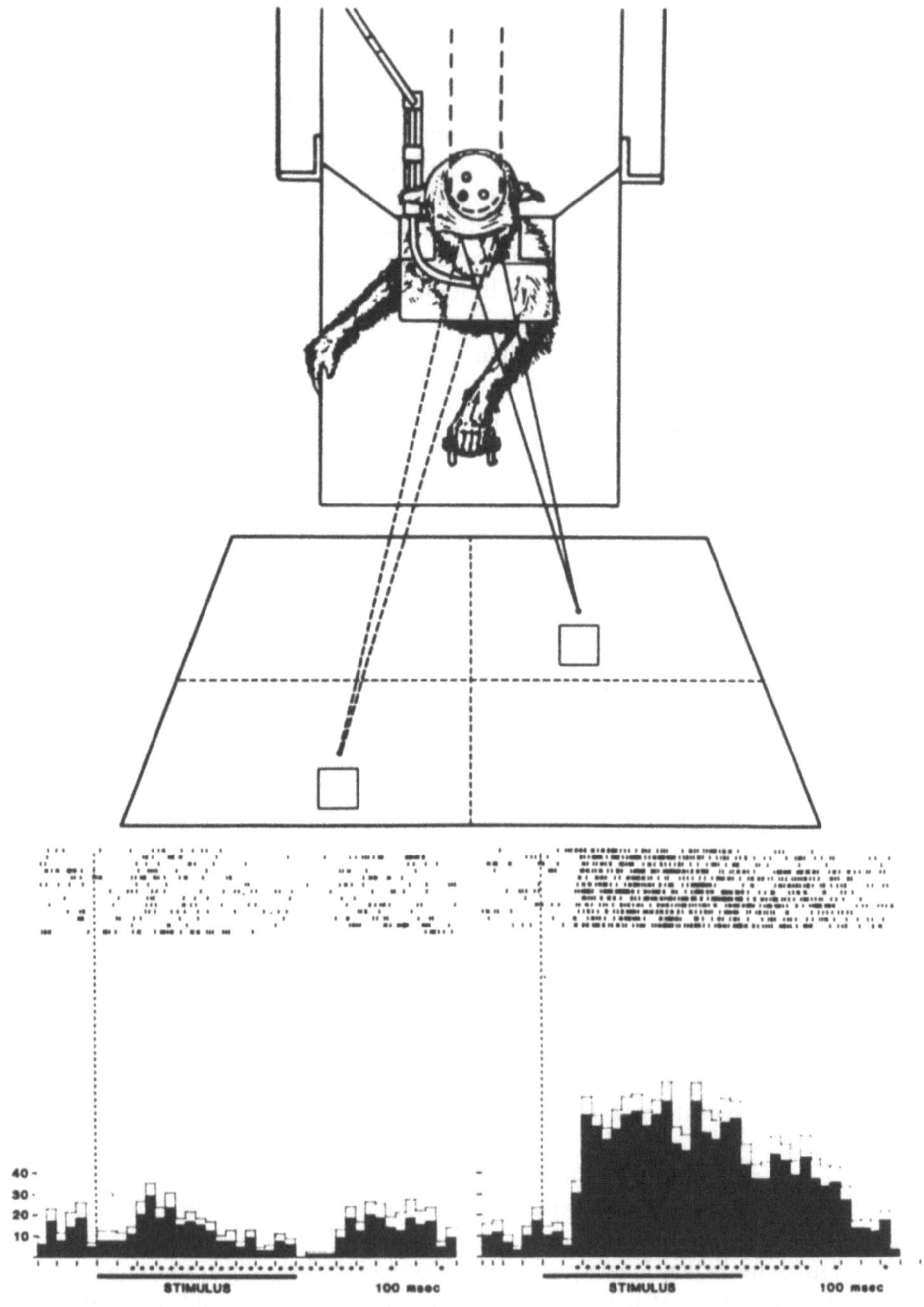

Abbildung 2.16 Veranschaulichung der "Single–Unit"–Technik, mit deren Hilfe hier die Reizantworten von Neuronen im Parietalcortex eines bewußt reagierenden Affen

Bei einer anderen nützlichen Klassifizierungsweise erfolgt die Einteilung nach Art der Projektion: Einige Zellen verzweigen sich nur innerhalb eines begrenzten Bereiches, wie im Falle der Spalten. Ein Beispiel dafür sind die Sternzellen im Cortex. Bei anderen Neuronen, wie beispielsweise bei den Pyramidenzellen, sind die Projektionen weitreichend und gehen über ein bestimmtes Gebiet hinaus, wobei der Weg eher über weiße Substanz als direkt durch den Cortex selbst führt. Die Erforschung der Eigenschaften von Neuronen zeigt, daß es sich hier um viel komplexere Verarbeitungsvorrichtungen handelt, als man sich bisher vorgestellt hat (Tabelle 2.1). So sind beispielsweise die Dendriten eines Neurons selbst hochspezialisiert, und einige Teile davon können wahrscheinlich als unabhängige Verarbeitungseinheit in Erscheinung treten [669, 406].

Synapsen

Auf jeder Stufe der Entwicklungsgeschichte kann man in Nervensystemen chemische Synapsen finden. Sie stellen eine strukturelle Grundeinheit dar, die im Verlauf der Evolution weitgehend erhalten geblieben ist. Ein synaptisches Endknöpfchen hat eine Oberfläche von wenigen Quadratmikrometern und lagert sich in ganz stereotypischer Weise an die postsynaptische Membran an, welche wiederum selbst hochspezialisiert ist (Abbildung 2.20). Synapsen bilden die erste Station, mit deren Hilfe es den Neuronen möglich ist, miteinander zu kommunizieren. Zur Freisetzung von neurochemischen Stoffen verfügen sie über spezialisierte präsynaptische Strukturen, während die postsynaptischen Strukturen dazu dienen, solche neurochemischen Stoffe zu empfangen und darauf zu reagieren. Es spricht immer mehr dafür, daß die Verständigung zwischen den Neuronen an den Synapsen durch Erfahrung selektiv geändert werden kann [11]. Im übrigen könnten auch strukturelle Bestandteile der Neuronen durch Erfahrung modifiziert werden, und zwar können

untersucht werden. Das Tier fixierte ein kleines Ziellicht, das in verschiedenen Positionen auf dem Bildschirm erschien, wobei der Kopf des Tieres ruhig gestellt war. Die erzielten Resultate werden hier am Beispiel zweier Positionen gezeigt. In jeder Fixierungsposition leuchtete ein Quadrat in einem Winkel von 10 Grad oberhalb des Fixationspunktes für 1 Sekunde auf. Die Reaktionen eines einzelnen Neuron sind unter dem Bildschirm aufgezeichnet. Jede Linie steht für einen einzigen Versuch und jeder kleine Strich auf der Linie entspricht der Impulsentladung des Neurons. Das Histogramm unter den Linien ergab sich durch Aufsummieren der Impulse. Die rechte Seite der Abbildung zeigt die Reizantworten bei Fixierung links–unten und die linke Seite gibt die Antworten bei Fixierung rechts–oben wieder. Aus diesem und anderen Experimenten folgt, daß die rezeptiven Felder dieser Klasse von Neuronen im Parietalcortex spezifisch auf eine Stelle der Retina reagieren. Das Ausmaß der neuronalen Aktivierung infolge eines visuellen Reizes innerhalb des rezeptiven Feldes wird jedoch durch die Stellung der Augen moduliert. (Siehe auch Kapitel 4, Abschnitt 10; aus [27].)

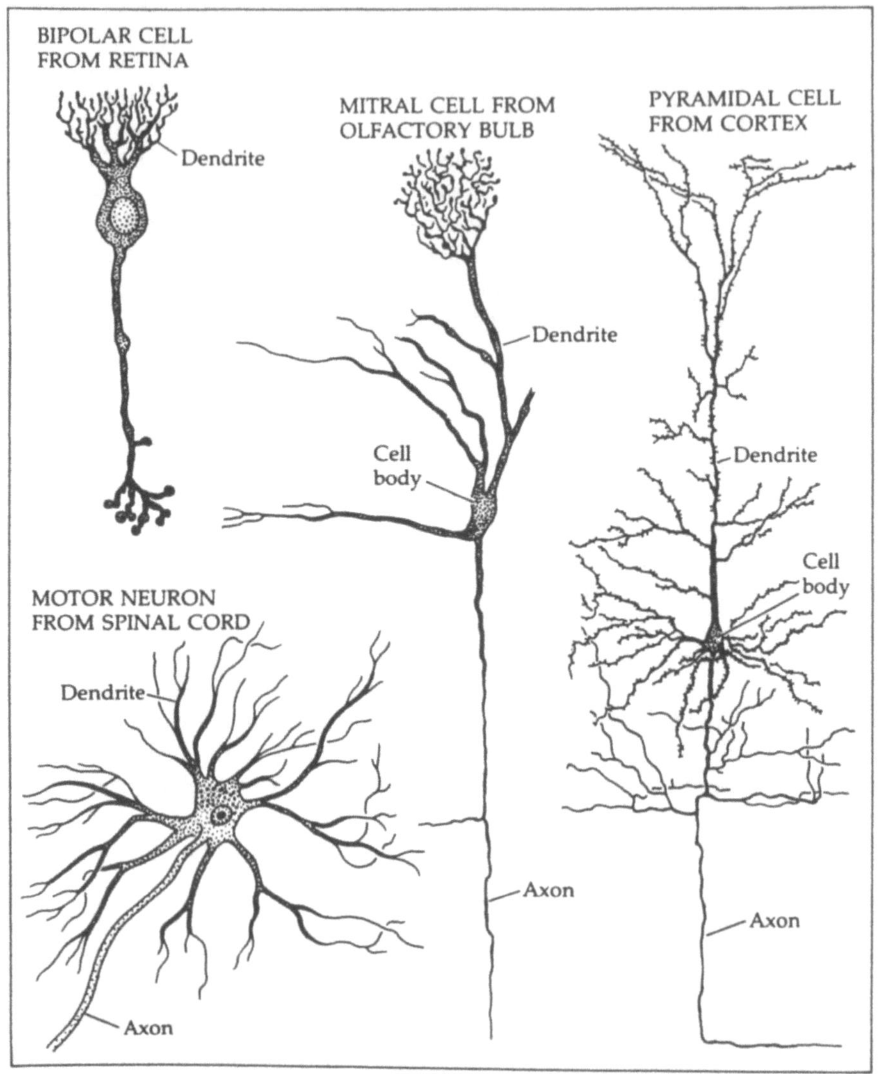

Abbildung 2.17   Beispiele von Neuronentypen zur Veranschaulichung der Formen-
vielfalt in verschiedenen Gehirnregionen. (Mit Erlaubnis aus [634].)

diese Modifikationen sowohl die Form und Topologie von Dendriten als auch die
räumliche Verteilung der Membrankanäle verändern [593].

Unser Verständnis des Nervensystems auf der subzellulären Ebene ändert sich
rapide. Offensichtlich handelt es sich bei Neuronen um dynamische und komplexe
Gebilde, deren Fähigkeiten, Berechnungen durchzuführen, nicht näherungsweise

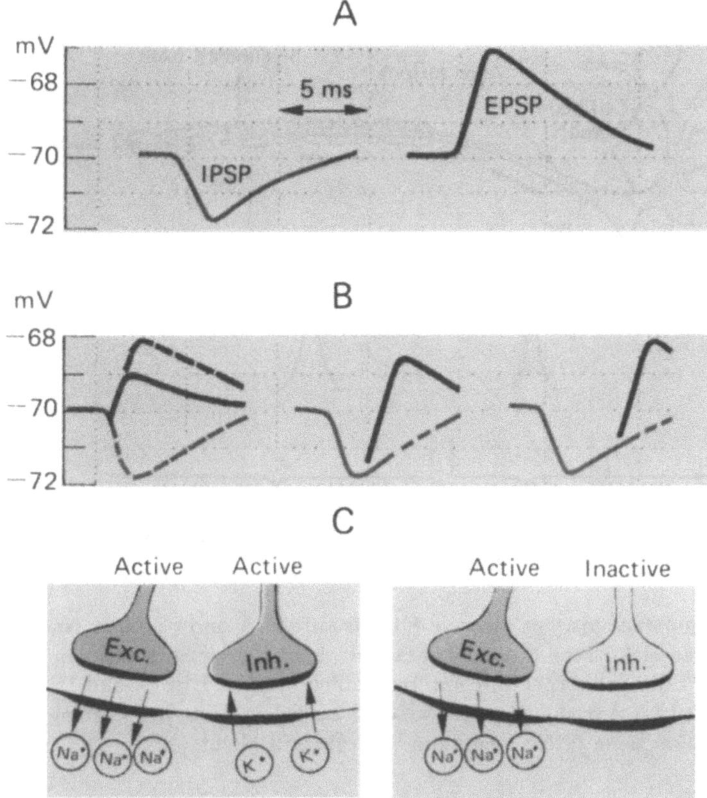

Abbildung 2.18   Inhibitorische und exzitatorische Synapsen eines Neurons. (A) Von einem inhibitorischen postsynaptischen Potential (IPSP) spricht man, wenn die postsynaptischen Zelle hyperpolarisiert (d.h. die Spannung fällt von -70 mV auf -72 mV), während bei einem exzitatorischen postsynaptischen Potential (EPSP) die postsynaptische Zelle depolarisiert (von -70 MV auf -67 mV). (B) Das EPSP wurde 1, 3 und 5 Millisekunden nach Einsetzen des IPSPs ausgelöst. (C) Bei gleichzeitiger Aktivierung (links) von exzitatorischen und inhibitorischen Synapsen erfolgt eine Änderung der subsynaptischen Leitfähigkeit. Das Gleiche passiert, wenn nur die exzitatorischen Synapsen (rechts) aktiviert werden. (Aus [208].)

durch Antwortfunktionen ohne Erinnerungsvermögen beschrieben werden können, obwohl dies eine häufig gebrauchte Idealisierung ist. Vorläufige Berichte lassen erkennen, daß das Nervensubstrat veränderbar ist und daß Neuronennetzwerke die Information sowohl verarbeiten als auch speichern. Die wissenschaftliche Frage, wie unter diesen Umständen die Lückenlosigkeit des Gedächtnisses über Jahrzehnte erhalten bleibt, ist noch immer offen.

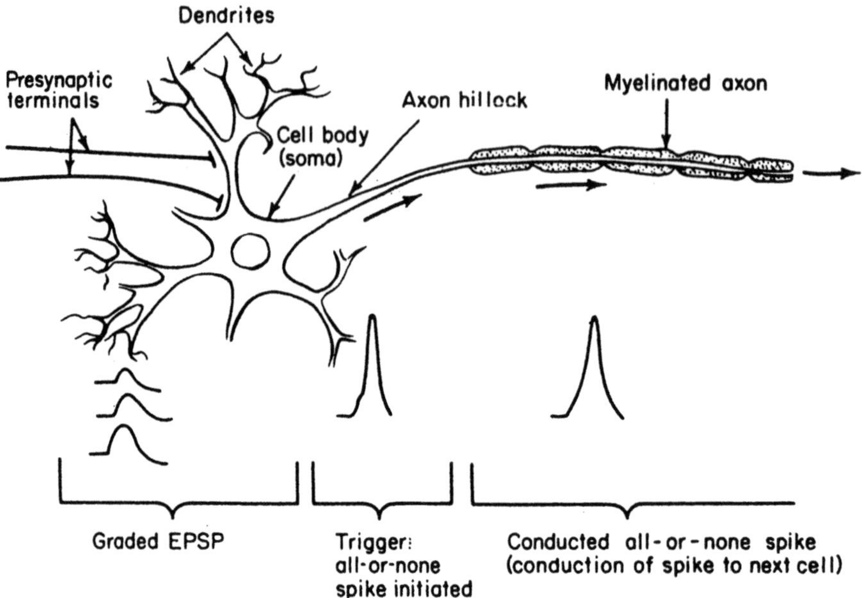

Abbildung 2.19   Summendiagramm, das die Stellen auf einem motorischen Neuron zeigt, die auf verschiedene elektrische Situationen ansprechen. Bei vielen Neuronen reagieren die Dendriten und die Zellkörper mit unterschiedlich starken EPSPs und IPSPs; das Aktionspotential wird im Axonhügel (axon hillock) ausgelöst und wird entlang des Axons weitergeleitet, wobei seine Größe unvermindert erhalten bleibt.

Moleküle

Die Integrität von Neuronen und Synapsen hängt von Membraneigenschaften und vom inneren Zytoskelett des Neurons ab. Die Membran hat eine Dicke von wenigen Nanometern (10^{-9}) und dient als Barriere, die die intrazellulären und extrazellulären wasserhaltigen Räume voneinander trennt. Bei der Membran selbst handelt es sich um ein zweidimensionales flüssiges Medium, in dem integrale Membranproteine und andere Moleküle miteinander verbunden sind. Einige der integralen Membranproteine spielen bei der Aufrechterhaltung der Ionenzusammensetzung innerhalb und außerhalb der Zelle eine wichtige Rolle. So können z.B. Membranproteine, die als Ionenkanäle dienen, sowohl durch Spannung (nachzulesen bei [297]), als auch auf chemischem Wege oder durch beides aktiviert werden. Sie können so entweder erlauben oder verhindern, daß Ionen die Membran passieren, was wiederum die Weiterleitung von Signalen entlang des Axons bzw. die Freisetzung von Neurotransmittern an der präsynaptischen Endigung beeinflußt (Abbildung 2.21). Die Membran macht es in gewissem Sinne möglich, daß das Zellinnere eines Neurons selektiv auf extrazelluläre Signale anspricht. Genau dieser Selektivität haben verschiedene Neuronen ihre Fähigkeit zur Verarbeitung ganz

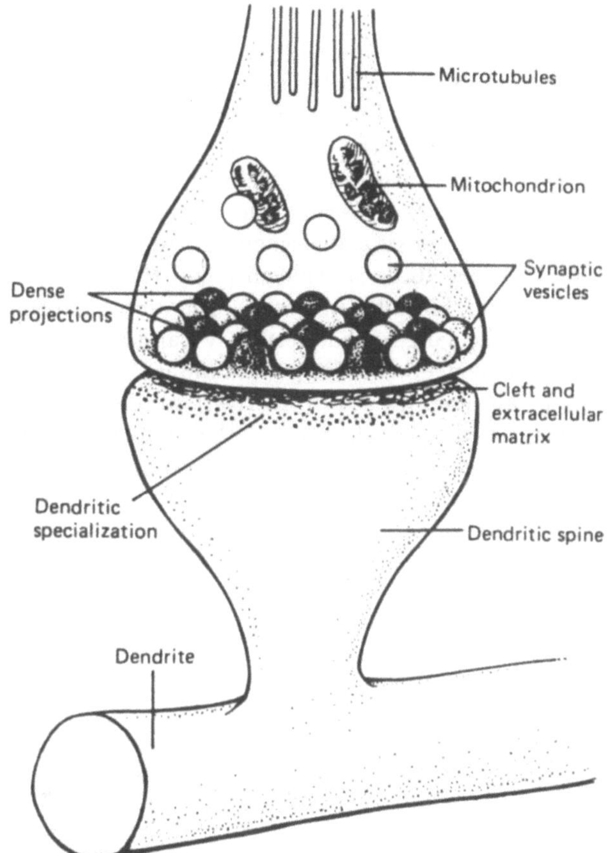

Abbildung 2.20 Schematische Darstellung einer Synapse auf dem dendritischen Dorn. Dichte Projektionen in der präsynaptischen Membran sind von Vesikeln umgeben, in denen vermutlich die Neurotransmittermoleküle enthalten sind. Diese Morphologie ist charakteristisch für die exzitatorischen Synapsen vom Typ I. Synapsen vom Typ II (hier nicht gezeigt) haben abgeflachte Vesikel, was man nach Fixierung mit Glutaraldehyd unter dem Elektronenmikroskop sehen kann, und sind oft inhibitorisch. (Aus [262].)

spezieller Informationen zu verdanken. Im typischen Falle verfügen Axonmembranen über Kanäle und die Fähigkeit zur Reizleitung. Dadurch ist es ihnen möglich, mit einem Spitzenpotential zu reagieren, sobald die Depolarisaton einen bestimmten Schwellenwert überschritten hat. Viel weniger ist darüber bekannt, wie die Membranen von Dendriten genau funktionieren. Spitzenpoteniale an Dendriten wurden im Kleinhirn beobachtet [450]. Herkömmlicherweise ging man davon aus, daß die Axonmembran "aktiv" und die Dendritenmembran "passiv" ist. Das ist zweifellos eine Vereinfachung, die die feinen, komplexen und für die Berechnung kritischen Aspekte, denen zufolge die Dendritenmembran aktiv ist, nicht berücksichtigt.

Die elektrische Signalleitung erfolgt bei Neuronen durch Ionenströme, die mit Hilfe von Ionenkanälen und Ionenpumpen in der Zellmembran reguliert werden. Die Signalleitung zwischen den Neuronen läuft über Rezeptoren für Neurotransmitter, die sich in der postsynaptischen Membran befinden und auf besondere Neurotransmittermoleküle ansprechen, indem sie vorübergehend und selektiv die Ionenleitfähigkeit der Membran ändern. Auch außerhalb der Synapsen befinden sich entlang der Membran noch Rezeptormoleküle, die scheinbar funktionell sind, wobei man jedoch noch nicht weiß, welche Rolle sie spielen [680]. Hinzu kommt, daß manche Rezeptoren in der Lage sind, ein oder mehrere sogenannte "Second-Messenger"–Moleküle zu aktivieren, die länger andauernde Veränderungen bewirken (Abbildung 2.22). Second–Messenger–Moleküle (Sekundäre Botenstoff-Moleküle) können auch durch mehr als einen Rezeptor aktiviert werden. Folglich gibt es in einem Neuron, das selbst als eine Art chemischer Parallelprozessor bezeichnet werden könnte, ein ganzes Netzwerk aus chemischen Systemen, die sich gegenseitig beeinflussen.

Biophysikalischer Mechanismus	Neurale Operation	Berechnungsbeispiel
Auslösung des Aktionspotentials	Analoger ODER/UND 1–Bit A/D–Wandler	
Repetitive Spitzenpotentiale	Frequenzstromwandler	
Leitung des Aktionspotentials	Impulsübertragung	Kommunikation in Axonen über lange Strecken
Fehlleitung an Verzweigungspunkten des Axons	Zeitlich/räumliches Filtern von Impulsen	Öffnungsmuskel des Flußkrebses
Synaptische Transduktion auf chemischem Wege	Nicht-reziproker Zweitor–Widerstand, sigmoider "Schwellenwert"	

Synaptische Transduktion auf elektrischem Wege	Reziproker Eintor–Widerstand	Kopplung von Stäbchen (Photorezeptoren) zur Steigerung der Signalwahrnehmung
Verteilte exzitatorische Synapsen im Dendritenbaum	Lineare Addition	α, β Ganglionzellen in der Retina der Katze; bipolare Zellen
Interaktion zwischen exzitatorischen und (stillen) inhibitorischen Konduktanzeingaben	Analoge UND–NICHT, Veto-Funktion	Richtungs-selektive Ganglionzellen in der Retina; corticale Zellen, die auf Disparation reagieren
Exzitatorische Synapsen am dendritischen Dorn mit Kalziumkanälen	Postsynaptische Modifikation der funktionellen Konnektivität	Langzeit- und Kurzzeitspeicherung von Information
Exzitatorische und inhibitorische Synapsen am Dendritenfortsatz	Lokale UND-NICHT "präsynaptische Hemmung"	Erregende/hemmende Eingaben von der Retina an X–Zellen des Geniculums
Quasi–aktive Membranen	Elektrischer Resonanzfilter analog Differenzierungsaufschub	Haarzellen bei niederen Wirbeltieren
Regulation der Transmitterausschüttung bei spannungsabhängigen Kanälen (M–Strom–Hemmung)	Verstärkungsregelung	Stellen im Mittelhirn, die die retinogeniculare Transmission steuern
Kalzium–Empfindlichkeit der cAMP–abhängigen Phosphorylierung der Kaliumkanalproteine	Funktionelle Konnektivität	Adaptation und assoziative Informationsspeicherung bei *Aplysia*
Tätigkeit von Neurotransmittern über lange Strecken	Modulierende und weiterleitende Informationsübertragung	

Tabelle 2.1 Ausgewählte biophysikalische Mechanismen, die durch sie möglicherweise implementierten neuralen Operationen, und die Berechnungen, die sie u.U. unterstützen. Aus [406].

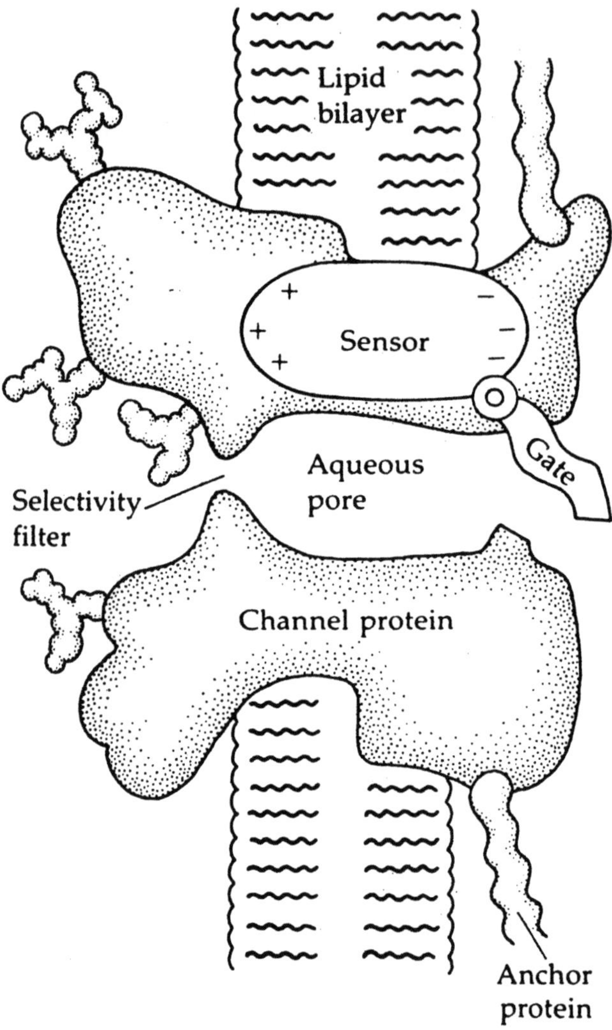

Abbildung 2.21   Arbeitshypothese für einen Kanal mit spannungsabhängigem Ventil (gate). Das Protein auf der anderen Seite der Membran wird mit einer Pore dargestellt, die bei geöffnetem Ventil das Ein- und Ausströmen von Natriumionen zwischen den extra- und intrazellulären Seiten der Membran ermöglicht. (Mit Erlaubnis aus [323].)

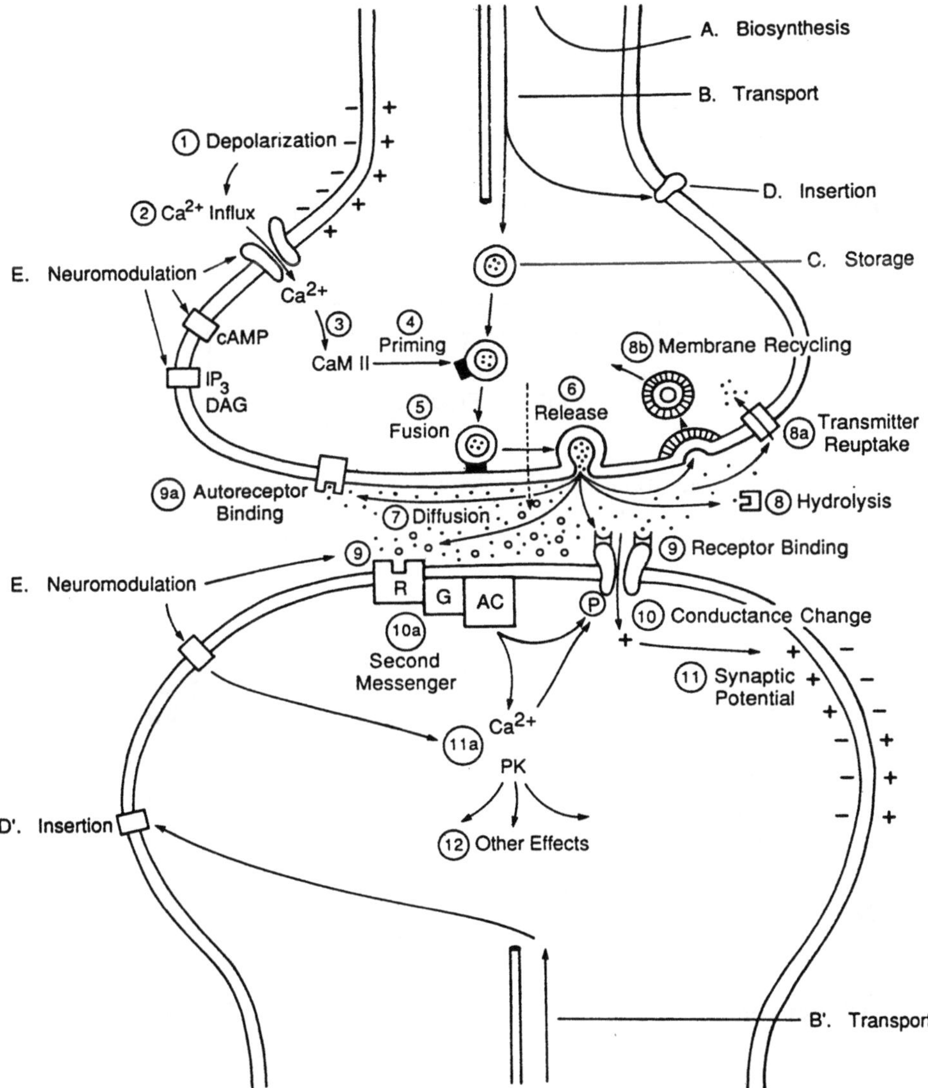

Abbildung 2.22 Zusammenfassung von einigen wichtigen biochemischen Mechanismen, die man an chemischen Synapsen identifiziert hat. A–E, lang andauernde Schritte bei der Synthese, beim Transport und bei der Speicherung von Neurotransmittern und Neuromodulatoren; Insertion von Membrankanalproteinen und Rezeptoren und neuromodulatorische Wirkungen. 1–12, hier werden die schnelleren Schritte, die an der unmittelbaren Signalleitung an den Synapsen beteiligt sind, zusammengefaßt. IP₃, Inosittriphosphat; CaM II, Ca^{2+}/Calmodulin–abhängige Proteinkinase II; DAG, Diazylglyzerin; PK, Proteinkinase; R, Rezeptor; G, G-Protein; AC, Adenylcyclase. (Nachgedruckt mit Erlaubnis aus [667].)

2.4   Die wichigsten Fakten über das Gehirn

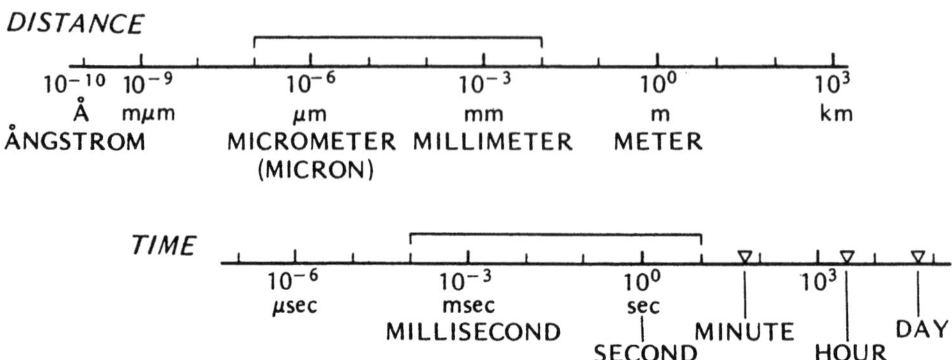

Abbildung 2.23   Logarithmische Einteilung der räumlichen und zeitlichen Größenordnungen. Die Klammern zeigen den Bereich an, der für die Informationsverarbeitung in Synapsen besonders relevant ist. (Nachgedruckt mit Erlaubnis aus [666].)

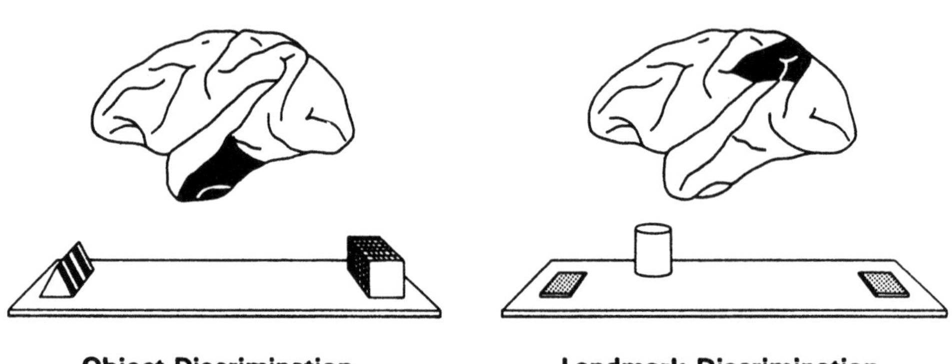

Abbildung 2.24   Zwei Verhaltensaufgaben, die zwischen den Funktionen der unteren Temporalrinde (IT, inferior temporal cortex) und der hinteren Parietalrinde (PP, posterior parietal cortex) unterscheiden. (Links) IT–Läsionen, schwarz dargestellt, verursachen eine starke Beeinträchtigung des Lernvermögens, wenn es darum geht, zwei Objekte aufgrund ihrer Merkmale zu unterscheiden. Die Läsionen wirken sich jedoch nicht auf das räumliche Urteilsvermögen aus. (Rechts) PP-Läsionen behindern das Verrichten räumlicher Aufgaben, wenn z.B. beurteilt werden soll, welcher von zwei identischen Plaques näher an einem optischen Orientierungspunkt (Zylinder) liegt. Die Fähigkeit, zwischen zwei Objekten zu unterscheiden wird jedoch nicht beeinflußt. (Aus [467].)

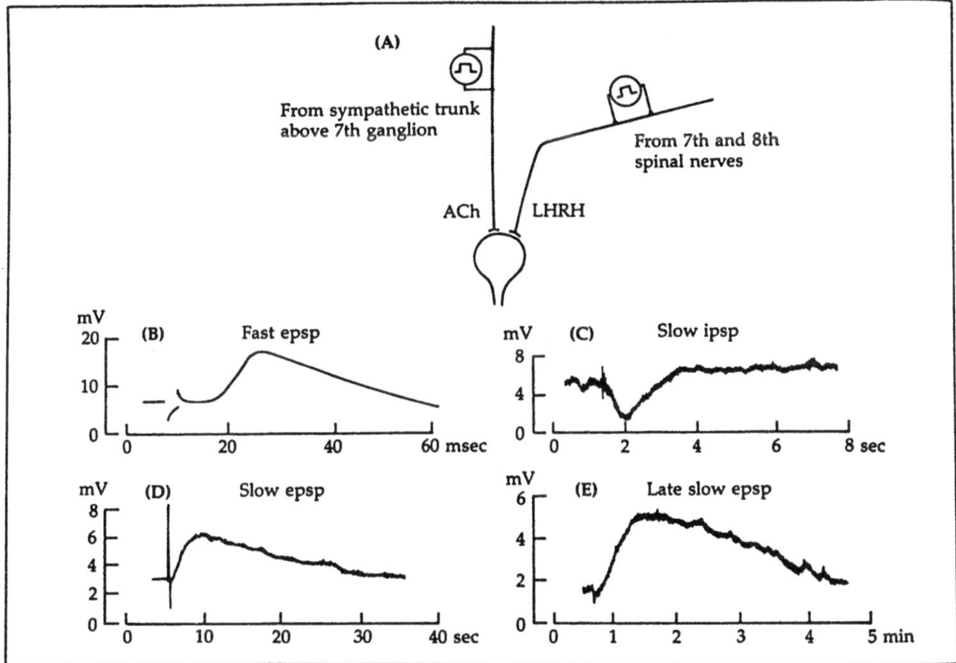

Abbildung 2.25 Vier Synapsentypen des sympathischen Ganglions beim Frosch. (A) Innervation eines sympathischen Neurons im neunten Ganglion des Paravertebralstranges beim Ochsenfrosch; das Diagramm zeigt die Trennung der cholinergen (ACh) und der nicht–cholinergen (LHRH) Innervation. (B) Ein einzelner präganglionärer Reiz erzeugt ein schnelles EPSP. (C) Wiederholte Reizung erzeugt ein langsames IPSP, das ungefähr 2 Sekunden anhält; das schnelle EPSP wird durch einen Nikotinsäureblocker gehemmt. (D) Auch eine wiederholte Reizung führt zu einem langsamen EPSP, das nach den ersten beiden Antworten erscheint und für zirka 30 Sekunden anhält. (E) Das spät erscheinende langsame EPSP, das durch Reizung der präganglionären Fasern erzeugt wurde, dauert noch länger als 5 Minuten nach der repetitiven Reizung an. (Mit Erlaubnis aus [634].)

Will man etwas über die Arbeitsweise eines neuartigen Geräts herausfinden, so bedient man sich als Grundstrategie u.a. der Umkehrtechnik. Das heißt: Erscheint eine neue Kamera oder ein neuer Chip auf dem Markt, machen sich die Konkurrenten daran, diese in die Bestandteile zu zerlegen, um so etwas über die Funktionsweise zu erfahren. Im typischen Fall wissen sie natürlich schon eine ganze Menge

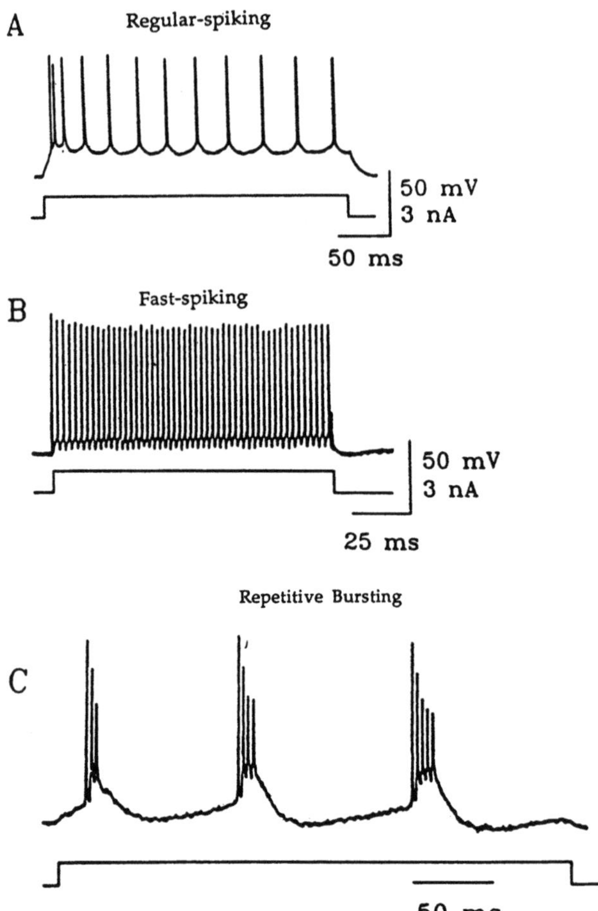

Abbildung 2.26   Verschiedene spezifische Impulsmuster corticaler Neuronen. (A)
Überschreitet ein depolarisierender Strom die Reizschwelle, antworten Neuronen mit
einem gleichmäßigem Aktionspotential (regular–spiking neurons), indem die Ausgabe
zuerst aus einer hochfrequenten Impulsserie besteht, die sich jedoch schnell auf eine viel
niedrigere Dauerfrequenz einspielt. Die obere Linie zeigt die intrazellulären Spannungen;
die Stromeinwirkung wird durch die untere Linie wiedergegeben. (B) Unter ähnlichen Bedingungen werden bei Zellen mit schnell aufeinanderfolgenden Aktionspotentialen (fast-
spiking cells) hohe Frequenzen erzeugt, die für die gesamte Dauer des Reizes beibehalten
werden. (C) Repetitives plötzliches Auftreten von Aktionspotentialen bei Einwirkung eines länger andauernden Reizes. Die mittlere Frequenz der Ausbrüche betrug etwa 9 Hz.
[131].)

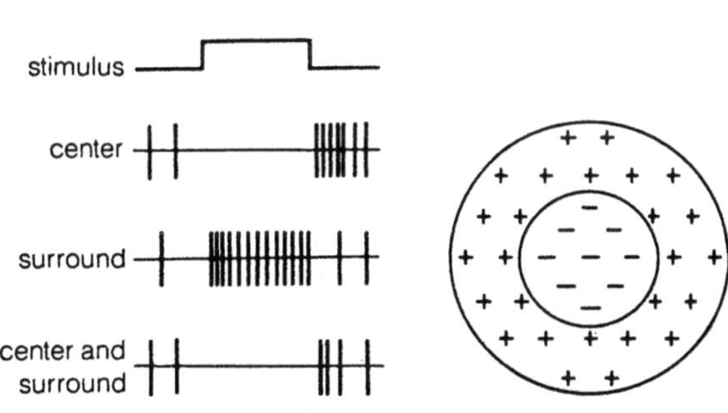

Abbildung 2.27   Zwei Typen kreisförmiger Center–Surround Organisation, wie sie bei den Rezeptorfeldern der Retina vorkommt. Scheint Licht auf das Zentrum des Rezeptorfeldes, antwortet die EIN–Zentrum–Zelle (on–center cell) lebhaft, während die AUS–Zentrum–Zelle (off–center cell) nicht reagiert. Der umgekehrte Effekt wird erzielt, wenn das Licht auf das ringförmige Umfeld scheint. Werden sowohl das Zentrum als auch das Umfeld mit diffusem Licht beleuchtet, reagieren beide Zellen schwach. (Mit Erlaubnis aus [746].)

darüber, so daß das Problem zu bewältigen ist. Obwohl wir zur Erforschung des Gehirns von der Umkehrtechnik Gebrauch machen, liegt unser Ausgangspunkt noch viel weiter zurück, da wir so wenig über Gehirne im allgemeinen wissen. Von unserem Ausgangspunkt aus betrachtet handelt es sich bei dem Gehirn im wesentlichen um eine etwas fremdartige Technologie, und von daher ist es besonders schwierig, aus den uns zur Verfügung stehenden Fakten diejenigen, die theoretisch von Bedeutung sind, von denjenigen zu unterscheiden, die theoretisch uninteressant sind. In der Tat könnten wir einige Aspekte der Organisation des Gehirns falsch verstehen, und als Folge davon kann es passieren, daß uns wichtige Einblicke in Mechanismen verwehrt bleiben. So kann es sich beispielsweise herausstellen, daß einige Unterscheidungen, die man hinsichtlich der makroskopischen Anatomie getroffen hat, die enge Verwandtschaft zwischen voneinander entfernten Gehirnregionen verdecken oder daß sich die funktionellen Eigenschaften einiger Synapsen des Zentralnervensystems sehr von den peripheren Synapsen vegetativer Ganglien und von den neuromuskulären Synapsen unterscheiden, die man schon sehr genau studiert hat.

Da in diesem Kapitel die Neurowissenschaft im Hinblick auf die Berechenbarkeit betrachtet wird, erscheint die folgende Frage angebracht: Welches sind die elementarsten Strukturmerkmale, die für die Berechnung in Neuronen relevant sind? Man muß nicht extra erwähnen, daß im Zusammenhang mit einem spezifischen Problem viele weitere Bedingungen von Bedeutung sind, aber wir führen hier nur 13 davon als eine Art Vorbemerkung zu allgemeinen Problemen auf. Nachdem wir uns einen gewissen Überblick verschafft haben, behaupten wir, daß man die nachfolgend aufgelisteten 13 Punkte unbedingt kennen muß. Natürlich sind wir uns jedoch völlig darüber im Klaren, daß es diesbezüglich auch andere Meinungen gibt. Ebenso wissen wir, daß eine augenblicklich aktuelle Liste zweifellos schon bald veraltet sein wird (vergleichbare Listen finden sich auch in [139, 667]; siehe Abbildung 2.23 bezüglich Einteilung der Größenordnungen).

1. *Spezialisierung der Funktion*: Eine Spezialisierung der Funktion findet man in verschiedenen Regionen des Nervensystems. Dies ist eine kritische Eigenart von Nervensystemen, die man überall antrifft, angefangen vom Blutegel bis hin zum Menschen. Es ist schwierig, die Spezialisierung von Regionen zu bestimmen, die weiter von der Peripherie entfernt liegen, wie dies z.B. beim orbitofrontalen Cortex des Menschen der Fall ist. Trotzdem kann man durch Verwendung konvergenter Techniken, beispielsweise durch Läsion, Färbung, Potentialmessungen an einzelnen Zellen, Auslösen von Potentialen und mit Hilfe von Entwicklungsdaten den Bereich der Möglichkeiten eingrenzen (Abbildung 2.24). So charakterisiert ist die Spezialisierung eines Bereichs in der Tat ein grobes Merkmal, das auf der statistischen Verteilung der Antworteigenschaften der Zellen sowie der wichtigsten Ein- und Ausgabebahnen basiert. So wird z.B. V1 dem Sehbereich und S1 dem somatosensorischen Bereich zugeordnet. Bezieht man sich jedoch auf feinere Merkmale, dann ist die Spezialisierung von Bereichen mit der Existenz von atypischen Zellarten und atypischer Konnektivitat vereinbar. So ist zwar die überwiegende Zahl der getesteten Zellen in V1 tatsächlich auf visuelle Reize abgestimmt, aber es gibt trotzdem einige Zellen, die nicht–visuelle Signale, wie z.B. die Augenbewegung, kodieren.

2. *Zahlen: Neuronen und Synapsen*: Im menschlichen Nervensystem gibt es schätzungsweise 10^{12} Neuronen; die Anzahl der Synapsen liegt bei etwa 10^{15}. Im Gehirn der Ratte befinden sich ungefähr 10^{10} Neuronen und 10^{13} Synapsen. Ein Kubikmillimeter corticalen Gewebes enthält zirka 10^5 Neuronen und 10^9 Synapsen. Als Faustregel kann man sich 1 Synapse/μm^3 merken. Ein einzelnes Neuron kann tausende oder zehntausende von Synapsen haben. Stevens [692] hat für ein 1 mm dickes Stück vom Cortex einer Katze oder eines Affen eine Zahl von $4,12 \times 10^3$

Synapsen pro Neuron berechnet. Die große Ausnahme ist die primäre Sehrinde der Primaten. Die Zelldichte ist hier höher, und so befinden sich in einem 1 mm dicken Stück vom Cortex ungefähr $1,17 \times 10^3$ Synapsen.

3. *Zahlen: Konnektivität oder Wer steht mit wem in Verbindung* : Nicht alles ist miteinander verbunden. Im Cortex ist jedes Neuron, ungeachtet der Größe des Gehirns, mit einer annähernd konstanten Zahl von anderen Neuronen verbunden. Dies sind ungefähr 3% der Neuronen, die in dem das Neuron umgebenden, ein Quadratmillimeter großen Bereich des Cortex liegen [692]. Folglich ist es möglich, daß trotz einer ziemlich hohen absoluten Zahl an Verbindungen, die ein Neuron im Cortex mit Eingaben versorgen, die corticalen Neuronen relativ zu der Neuronenpopulation in der Nachbarschaft einer Zelle tatsächlich eher spärlich verbunden sind. Die meisten Verbindungen gibt es zwischen und nicht innerhalb von Zellklassen [658]. Zu den vorwärts gerichteten Projektionen in ein Gebiet existieren im allgemeinen die entsprechenden rekurrenten Projektionen, die zurück zum Ausgangsgebiet gehen.

4. *Analoge Eingaben und diskrete Ausgaben*: Die Eingabe an ein Neuron ist analog (sie hat kontinuierliche Werte zwischen 0 und 1), wohingegen die Ausgabe des Neurons diskret ist (entweder erfolgt die Reaktion in Form eines Spitzenpotentials oder sie erfolgt gar nicht). Bei einigen Neuronen kann jedoch auch die Ausgabe analog sein. Ob ein Neuron mit einer Ausgabe antwortet, wird durch einen Schwellenwert geregelt. Das heißt: Die Zelle antwortet nur mit einem Spitzenpotential, wenn die Gesamtheit aller Eingaben einen bestimmten Schwellenwert überschreitet. Die Fülle von Verbindungen, die ein einzelnes Neuron mit Eingaben versorgen, verkörpert wahrscheinlich einen vernünftigen technischen Entwurf, nach welchem Berechnungen in einem Netzwerk aus Neuronen durchgeführt werden können [6]. [5]

5. *Timing: Allgemeine Betrachtungen*: Die Wahl des richtigen Zeitpunktes ist ein wesentliches Merkmal von Nervensystemen oder, etwas spezieller gesagt, von analogen Berechnungen [500]. Ob und in welcher Weise sich die Signale, die entlang der Dendriten in Richtung Soma wandern, gegenseitig beeinflussen, hängt davon ab, wann sie an dem gemeinsamen Knotenpunkt ankommen. Von diesen Wechselwirkungen ist die Größenordnung der Signale abhängig, die schließlich den Axonhügel erreichen. Für das Wahrnehmungsvermögen bedeutet das, daß die

---

[5] Grob gesprochen dreht es sich um folgendes: Durch die Schwellenwert–Regelung geht bei der Umwandlung eines analogen in einen diskreten Wert Information, verloren. In einem Netzwerk aus Neuronen, die unzureichend mit Eingaben versorgt werden, wird durch die dazwischenliegenden diskreten Entscheidungen eine gehörige Portion an Information verschwendet, die in den analogen Zwischensignalen enthalten ist. Man benötigt also ein umfangreicheres Netzwerk, damit dieser Verlust von analoger Information wieder wettgemacht wird. Dazu wird die Zahl der dazwischengeschalteten diskreten Entscheidungen erhöht. Um die äquivalente Menge an Verarbeitungsarbeit zu verrichten, wie es eine bescheidene Anzahl von Neuronen schafft, die verschwenderisch mit Eingaben versehen werden, ist also eine gewaltige Anzahl von Neuronen erforderlich, die nur spärliche Eingaben erhalten. Je nach Art der zu verrichtenden Verarbeitungsarbeit könnten die Einsparungen an Verbindungen und Komponenten ganz enorm sein; je ausdrucksstärker die Logik der Verarbeitung, desto größer sind die Einsparungen [6].

zeitliche Einteilung der Berechnung an die zeitliche Skala der Außenwelt angepaßt werden muß, und bei der Bewegungskontrolle muß auch die Zeit in Betracht
gezogen werden, die die Körperteile brauchen, um sich zu bewegen [500]. Sollen die Ausgaben der verschiedenen rechnenden Komponenten zu einem Ganzen
zusammengefaßt werden, so müßen auch die Werte mehrerer Prozessoren zeitlich aufeinander abgestimmt werden. Kurz gesagt: Das System operiert in einer
Realzeit. Folglich müssen Nervensysteme architektonisch so ausgerüstet sein, daß
Prozesse in genau der richtigen Zeit ablaufen.

6. *Timing: Besondere Werte*: Ein Aktionspotential (spike) dauert ungefähr
1 Millisekunde. Für die Transmission (Erregungsübertragung) an den Synapsen,
einschließlich der elektronischen Leitung in den Dendriten, werden zirka 5 Millisekunden benötigt. Ein synaptisches Potential kann von einer Millisekunde bis zu
mehreren Minuten lang anhalten ([418]; Abbildung 2.25). Die Geschwindigkeit der
Erregungsübertragung beträgt in myelinhaltigen Axonen ungefähr 10–100 Meter
pro Sekunde, während sie in nicht–myelinhaltigen Axonen unter 1 Meter pro Sekunde liegt. Dies sind alles nur Richtwerte für die allgemeine Größenordnung, aber
keine genauen Werte.

7. *Auswirkungen von einer Zelle auf eine andere*: Eine individuelle synaptische
Eingabe hat nur einen schwachen Einfluß auf eine postsynaptische Zelle (es werden
1% − 10% des Schwellenwertes für ein Aktionspotential erreicht). Es gibt einige
wichtige Ausnahmen, wie z.B. die Armleuchterzellen oder die Korbzellen in der
Großhirnrinde. Hier hat eine einzelne Synapse gewaltigen Einfluß [483].

8. *Impulsmuster*: Verschiedene Typen von Neuronen haben verschiedene Impulsmuster (Abbildung 2.26). Einige Nervenzellen im Thalamus verfügen über
mehrere spezifische Impulsmuster. Welches spezielle Muster bei einem gegebenen
Anlaß zum Einsatz kommt, hängt davon ab, ob die Zelle kurze Zeit vorher deoder hyperpolarisiert wurde [455]. Ihre Schwingungseigenschaften haben manche
Zellen, beispielsweise die Hirnstammzellen, ihrer Ionenleitfähigkeit zu verdanken.
Eine solche Zelle kann als Schrittmacher oder als Resonator (der vorzugsweise auf
bestimmte Impulsfrequenzen reagiert) dienen [452]. Die meisten Neuronen zeigen
spontane Aktivität, geben also auf gut Glück — auch ohne daß eine Eingabe
erfolgt wäre — Aktionspotentiale ab. Die verschiedenen Neuronentypen haben
charakteristische Spontanraten, die zwischen wenigen und ungefähr 50 Aktionspotentialen in der Sekunde schwanken können.

9. *Rezeptive Felder: Größe und "Center–Surround Organisation"*: Nach der
klassischen Definition versteht man unter Rezeptorfeld denjenigen Bereich des
sensorischen Feldes, in dem ein adäquater Sinnesreiz eine Reaktion hervorruft.
Die Größe der rezeptiven Felder im somatosensorischen System variiert je nach
Bereich der Körperoberfläche: Die Rezeptorfelder für die Fingerspitzen sind kleiner als diejenigen der Handflächen und noch viel kleiner als die der Arme. Die
Rezeptorfelder von Zellen aus höheren Bereichen der Sehrinde tendieren dazu,
viel größer zu sein als diejenigen früherer Stufen (im Fovea–Bereich von V1 betragen sie ein Sechstel Grad verglichen mit Werten des inferotemporalen Cortex,

wo sie zwischen 10 Grad und dem gesamten Sehfeld liegen). Bei Ganglionzellen der Retina (diese Zellen leiten die Signale der Retina) findet man eine sogenannte *"Center-Surround Organisation"* (Abbildungen 2.27 und 2.28). Diese Organisation gibt es in zwei Variationen: (1) Ein Reiz wirkt im Zentrum des Rezeptorfeldes erregend, aber in der Umgebung des Rezeptorfeldes wirkt er hemmend. In diesem Fall spricht man von "on–center/off–surround" (2) Der umgekehrte Fall: Ein zentraler Reiz hemmt, während eine Reizung des Umfeldes erregend auf die Zelle wirkt. Man spricht hier von "off–center/on–surround". Die AUS–Zentrum–Zellen (off–center cells) zeigen eine maximale Reaktion auf dunkle Punkte, wohingegen die EIN–Zentrum–Zellen (on–center cells) auf helle Punkte mit einer Maximalantwort reagieren. Welche Information in die Ganglionzellen eingeht, wird durch einen Vergleich zwischen der Lichtmenge, die auf das Zentrum des Feldes fällt und der durchschnittlichen Lichtmenge, die in das Umfeld trifft, entschieden und nicht durch die absoluten Werte der Lichtintensität auf den Transduktor. Auch die Rezeptorfelder der somatosensorischen Neuronen im Thalamus und im Cortex verfügen ganz klar über eine Center–Surround Organisation ([524]; Abbildungen 2.27 und 2.28).

10. *Rezeptive Felder nicht–klassischer Art*: Man hat herausgefunden, daß Ereignisse außerhalb der klassischen Rezeptorfelder einer Zelle die Zellantworten selektiv modulieren ([537, 14]; Abbildung 2.29). Die Effekte sind selektiv, da sie je nach Art des Umfeldreizes variieren. Nelson und Frost [538] berichteten von einem nicht–klassischen Feldeffekt durch den die Antworten von Zellen, welche auf eine bestimmte Orientierung abgestimmt sind, in der Sehrinde von Katzen sowohl gehemmt als auch in ganz spezifischer Weise begünstigt werden. Einige Zellen aus dem Bereich 17, die normalerweise auf vertikale Strahlen in ihrem Rezeptorfeld ansprechen, zeigten eine verstärkte Reaktion, wenn entfernt[6] von ihnen liegende Zellen des Bereichs 17, die sich jedoch bezüglich Orientierung und Achse nicht unterscheiden, experimentell gereizt wurden. Zeki [784] hat gezeigt, daß bestimmte von der Wellenlänge abhängige Zellen in V4 durch den Farbton des Umfeldes beeinflußt werden. Der Umfeldeffekt kann bei Zellen des mittleren Temporalbereichs (MT) dazu führen, daß sich die Rezeptorfelder von den typischen $5°–10°$ auf $40°–80°$ vergrößern [14]. Man kann fast mit Sicherheit sagen, daß rezeptive Felder dynamischer sind, als man bisher vermutet hat. So hat beispielsweise eine wiederholte Reizung der Fingerspitzen zur Folge, daß sich die Bereiche im somatosensorischen Cortex, dessen Neuronen in den Fingerspitzen rezeptive Felder haben, ausdehnen (Abbildung 2.30). Aus Experimenten, die kürzlich im Bereich V1 der Sehrinde durchgeführt wurden, kann man schließen, daß Rezeptorfelder nicht für immer festgelegt sind, insofern, als sich die rezeptiven Felder einer Zelle ausdehnen können, sobald der bevorzugte Bereich in der Retina verletzt wurde [267].

11. *Spezifische und Unspezifische Systeme*: Zusätzlich zu den spezifischen Sy-

---

[6]Gemeint sind Zellen, die deutlich außerhalb der Rezeptorfelder der ersten Zellen liegen.

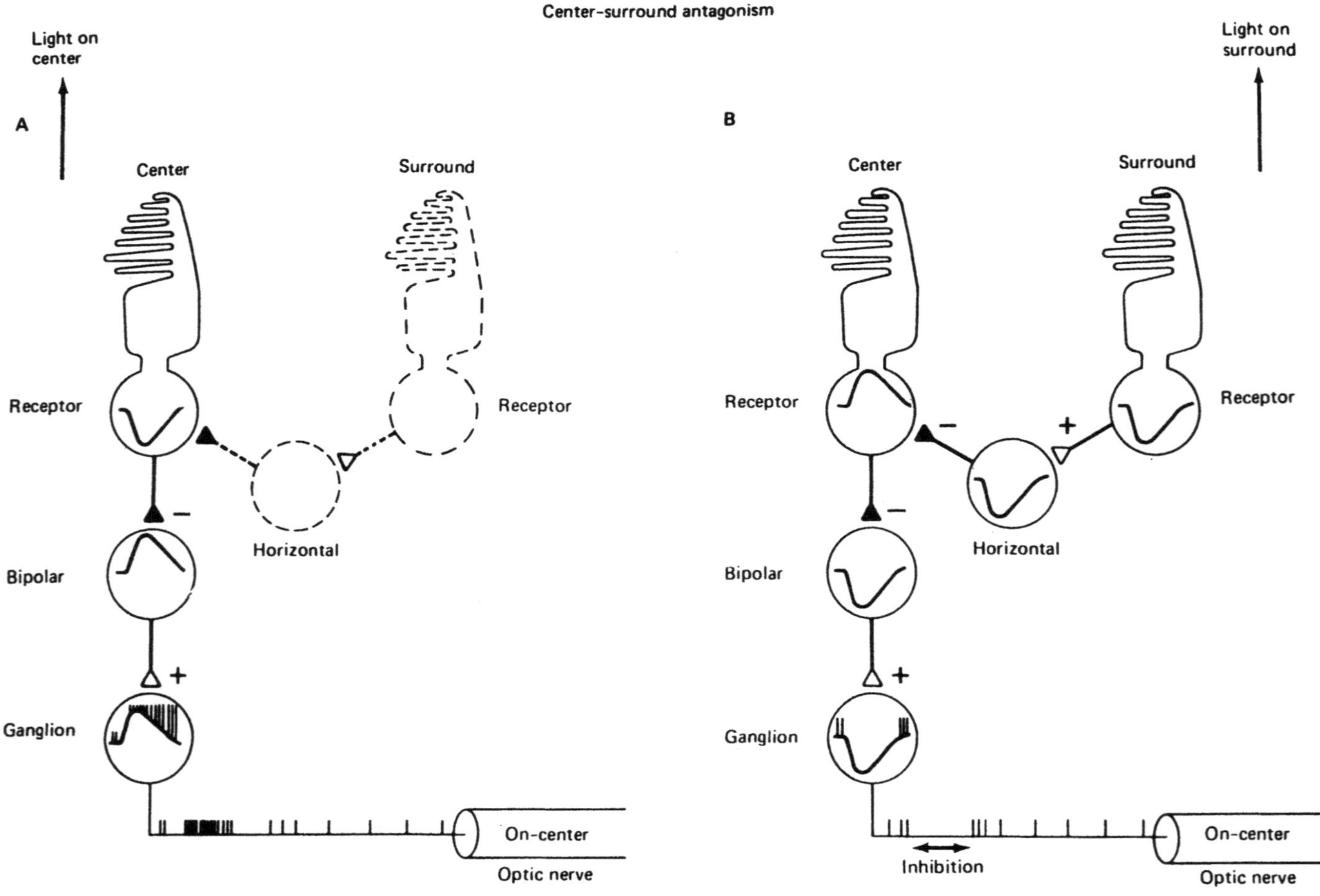
Center-surround antagonism
Light on center
A
Center
Surround
Receptor
Receptor
Horizontal
Bipolar
Ganglion
On-center
Optic nerve
B
Light on surround
Center
Surround
Receptor
Receptor
Horizontal
Bipolar
Ganglion
Inhibition
On-center
Optic nerve

stemen, die über den Thalamus in den Neocortex projizieren, wie beispielsweise das Seh-, Hör- und somatosensorische System, gibt es fünf Regionen, aus denen über weite Bereiche projizierende Neuronen entstammen. Dabei gehört zu jedem Neuron ein spezifischer Neurotransmitter, der beispielsweise im Zusammenhang mit dem Schlafzyklus (Schlafen–Träumen–Aufwachen), dem Gedächtnis, dem Bewußtsein und der Aufmerksamkeit eine Rolle spielen kann. Die fünf Regionen heißen wie folgt: Locus coeruleus im Hirnstamm (Norepinephrin), Raphe–Kern im Mittelhirn (Serotonin), Substantia nigra im Mittelhirn (Dopamin), Nucleus basalis im basalen Vorderhirn (Acetylcholin) und spezielle Zellgruppen in der Mamillarregion des Hypothalamus (GABA); (Abbildung 2.31).

12. *Wirkung in einiger Entfernung*: Einige Neurotransmitter werden nicht nur an den Synapsen freigesetzt, sondern können auch in den extrazellulären Raum abgegeben werden, um dann an einer Stelle, die über keine Synapsen verfügt und in einiger Entfernung von dem Ort der Abgabe liegt, ihre Wirkung zu entfalten ([782]; Abbildung 2.32). Hormone wie Östradiol, die dem endokrinen System entstammen, können auch nach Durchwanderung des Blutkreislaufs Nervenzellen erreichen und deren Aktivität verändern.

13. *Parallele Architektur*: Das Gehirn scheint in hohem Maße parallel zu sein, insofern als es für eine gegebene Funktion viele parallele Eingabeströme gibt. Beispielsweise projizieren beim Affen zwei parallele Ströme, die verschiedenartigen Ganglionzellen entspringen, ausgehend von der Retina auf zwei Gruppen von Schichten im Corpus geniculatum laterale, nämlich auf die parvo- bzw. magnozellulären Schichten, welche wiederum auf bestimmte Sublaminae in der Schicht 4 des corticalen Sehbereichs V1 der Sehrinde projizieren [343, 449]. Die Ströme sind jedoch nicht sauber getrennt und wahrscheinlich beeinflussen sie sich auf jeder Stufe gegenseitig [555, 530].

Abbildung 2.28 Bei der Center–Surround Organisation wird der Antwort einer Ganglionzelle auf direkte Beleuchtung des Zentrums ihres Rezeptorfeldes (A) entgegengewirkt, wenn die Umgebung des Feldes (B) direkt beleuchtet wird. Diese antagonistische Interaktion zwischen zwei benachbarten Bereichen in der Retina geschieht durch die inhibitorische Wirkung einer Horizontalzelle. (Nachgedruckt mit Erlaubnis aus [387].)

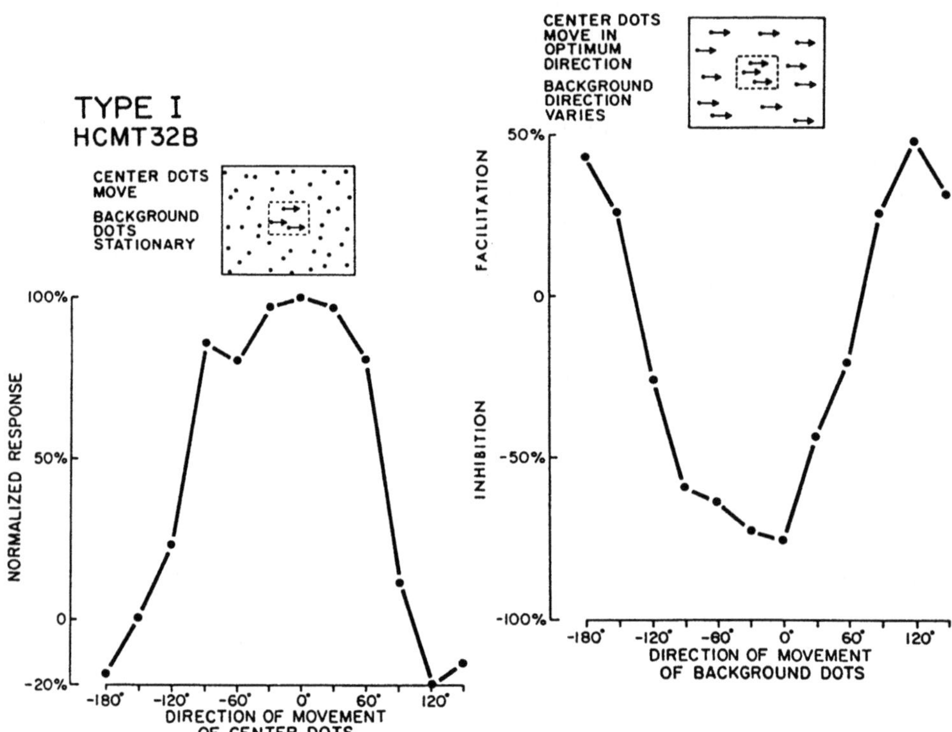

Abbildung 2.29　　Antwort eines Neurons mit antagonistisch wirkendem Umfeld, das richtungs–selektiv reagiert. (Links) Die Zelle antwortet lebhaft, sobald sich die Punkte im Zentrum des Reizes (siehe oben) in die bevorzugte Richtung bewegen und die Punkte des Umfeldes unverändert bleiben. In der Kurve wird die Hemmung in Relation zur spontanen Aktivität durch negative Prozentwerte angezeigt. (Rechts) Die gleiche Zelle reagiert ganz anders auf ihre bevorzugte Bewegungsrichtung im Zentrum, wenn sich die Punkte des Umfeldes auch in die Vorzugsrichtung der Zelle bewegen. (Aus [14].)

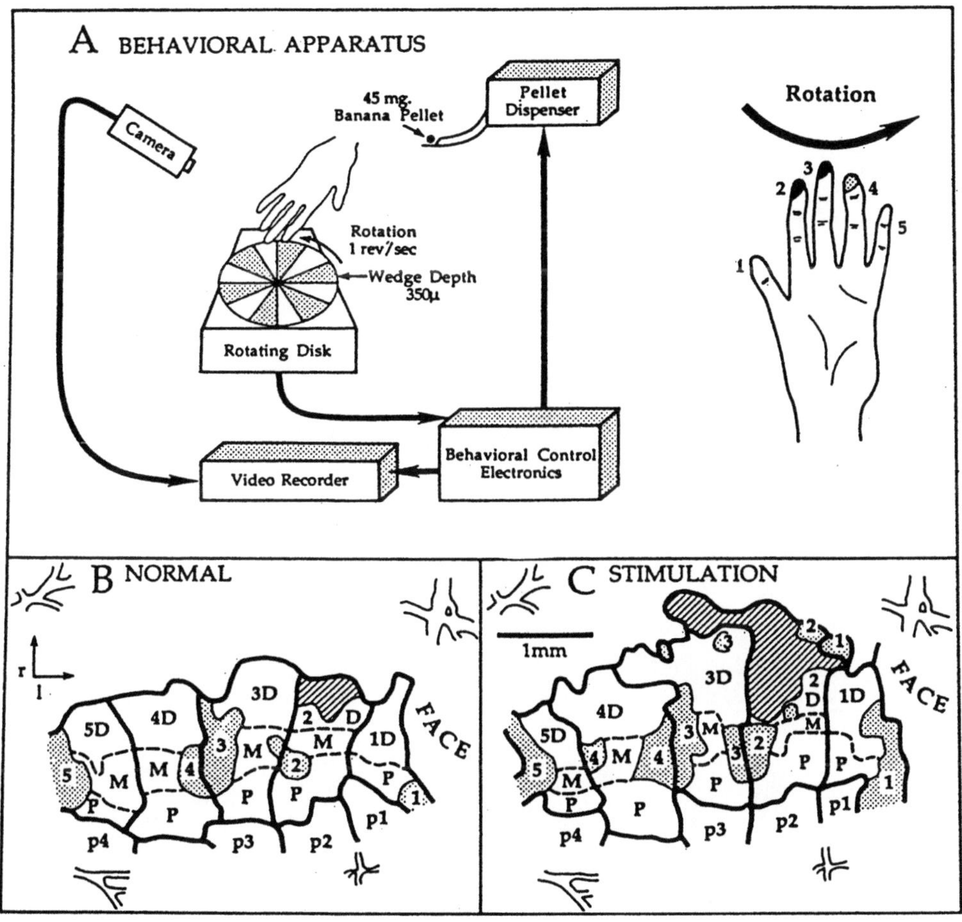

Abbildung 2.30   Veränderung corticaler Karten nach Einwirkung eines Gewohnheitsreizes. (A) Das Versuchsprotokoll zeigt, wie die Fingerspitzen durch eine rotierende Scheibe gereizt wurden. (B) Karte von der linken Hand des Affen im somatosensorischen Cortex vor dem Stimulationsexperiment. Die punktierten Bereiche entsprechen den Fingerspitzen 2, 3 und 4. (C) Karte derselben Region nach dem Stimulationsexperiment. (Aus [466].)

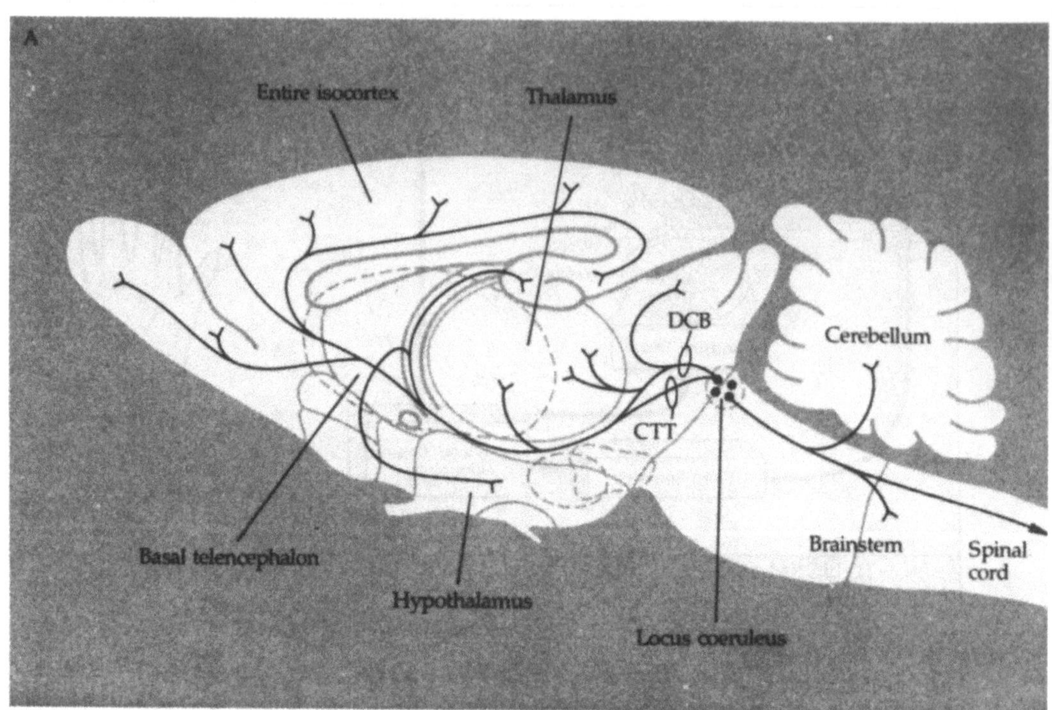
A
Entire isocortex
Thalamus
DCB
Cerebellum
CTT
Basal telencephalon
Hypothalamus
Brainstem
Spinal cord
Locus coeruleus

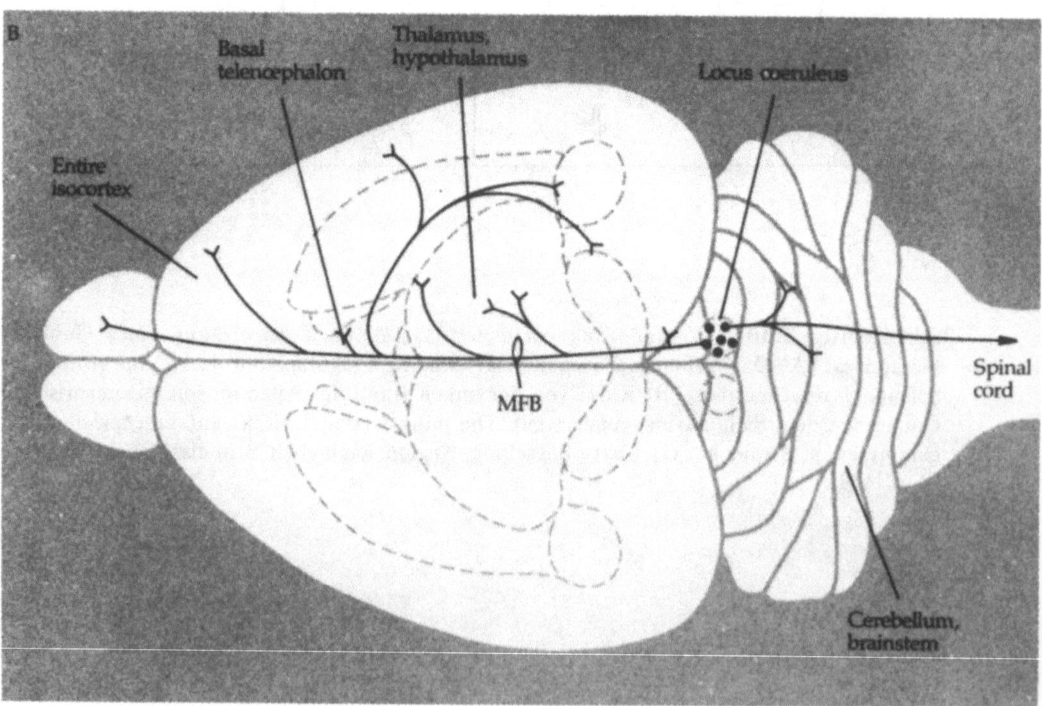
B
Basal telencephalon
Thalamus, hypothalamus
Locus coeruleus
Entire isocortex
Spinal cord
MFB
Cerebellum, brainstem

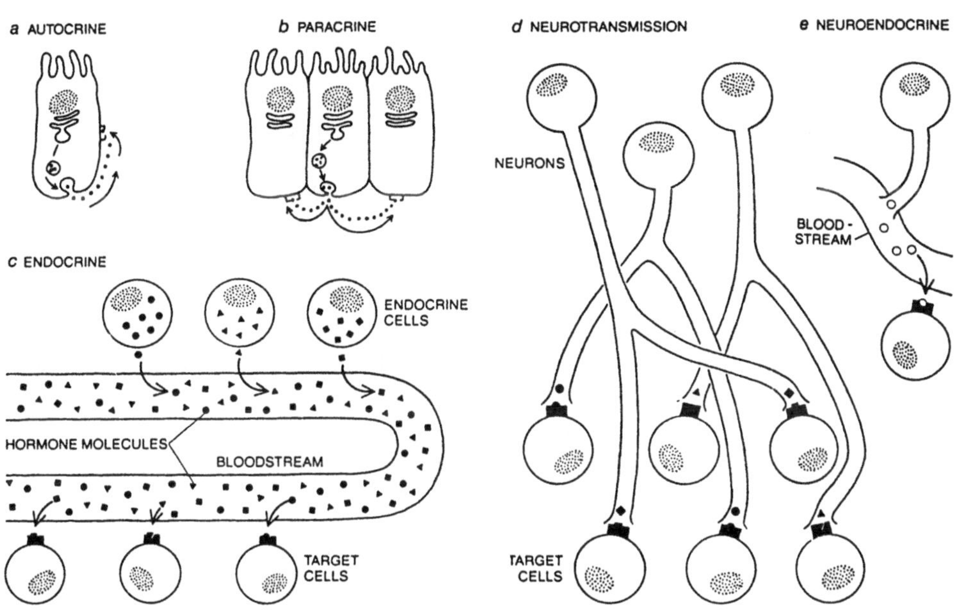

Abbildung 2.32   Kommunikationsmethoden von Hormon- und Nervensystemen. Obwohl autokrine Hormone (a) auf die Zelle, von der sie freigesetzt werden, und parakrine Hormone (b) auf benachbarte Zellen wirken, sind die meisten Hormone doch Teil des endokrinen Systems und beeinflussen Zellen oder Organe, die irgendwo im Körper liegen. Endokrine Drüsen (c) geben Hormonmoleküle an den Blutstrom ab. Dort kommen sie in Kontakt mit den Rezeptoren auf den Zielzellen (target cells). Diese erkennen dann die für die jeweilige Zelle bestimmten Hormone und entziehen sie dem Blutstrom. Die Nervenzellen (d) stehen miteinander in Verbindung, in dem sie Neurotransmitter in Nähe der Zielzellen freisetzen. Bei der neuroendokrinen Methode (e) gibt ein Neuron Substanzen, die wie Hormone wirken, direkt ins Blut ab. (Nachgedruckt mit Erlaubnis aus [678].)

Abbildung 2.31   Neuronen, die dem Locus coeruleus entstammen, projizieren auf viele Bereiche des Gehirns, einschließlich Kleinhirn, Hirnstamm, Thalamus und die gesamte Großhirnrinde. Sie setzen den Neurotransmitter Norepinephrin frei. (Nachgedruckt mit Erlaubnis aus [378].)

Ausgewählte Literatur

[4] [113] [117] [183] [293] [298] [342] [369] [389] [395] [634] [435] [439] [667] [668] [760]

Ausgewählte Zeitschriften und Zusammenfassungen

Current Opinioon in Neurobiology. (Aktuelle Biologie) Zusammenfassungen zu Teilgebieten der Neurowissenschaften.

Journal of Cognitive Neuroscience. Vierteljährlich erscheinende Zeitschrift (MIT Press). Artikel zur Systemneurowissenschaft mit Schwerpunkt auf Kognitive Verarbeitung.

Seminars in Neurosciences. Vierteljährlich erscheinende Zeitschrift (Saunders). Jede Ausgabe behandelt ein spezielles Thema der Neurowissenschaften.

Trends in Neuroscience. Monatlich erscheinende Zeitschrift (Elsevier). Enthält kurze, aber sehr nützliche Zusammenfassungen spezieller Themen und ist eine gute Quelle aktueller Literaturhinweise.

Concepts in Neurosciences. (World Scientific). Enthält Diskussionen konzeptueller Aspekte.

Annual Review of Neuroscience. Palo Alto, CA: (Jährliche Zusammenfassungen). Umfassende Zusammenfassungen der Literatur.

3 Berechnungsgrundlagen

3.1 Einführung

Was versteht man unter Berechnungen? Durch welche Eigenschaften wird etwas zum Computer oder zur Rechenmaschine? Warum hat unserer Meinung nach ein Rechenschieber etwas mit Berechnungen zu tun und ein Hubschrauber nicht? In gewisser Weise sind das die philosophischen Fragen der Informatik, insofern als sie die grundlegenden Sachverhalte in Frage stellen, die von Wissenschaftlern typischerweise übergangen werden, sobald sie ein Projekt ins Auge fassen.[1] Wie auch bei den philosophischen Fragen anderer Fachgebiete (Was ist Leben? [Biologie] Was ist Materie und wodurch verändert sie sich? [Physik und Chemie]), werden die Antworten überzeugender, gewinnen an Bedeutung und können besser miteinander in Zusammenhang gebracht werden, sobald das empirische Wissen wächst und so der Theorie mehr Gewicht verleiht. Solange man nicht weiß, daß es Atome gibt, wie sie miteinander in Verbindung stehen und welche Eigenschaften sie haben, kann man einfach nicht viel über die Natur von Materie und über stoffliche Veränderungen aussagen. Das heiß aber nicht, daß man *gar nichts* sagen darf — sonst hätte die Wissenschaft ja keinen Ausgangspunkt. Vielmehr geht es darum, daß eine Theorie, die in groben Zügen die Grundgedanken einer Disziplin umreißt, nach und nach mit Hilfe von neuen empirischen Daten verbessert wird, wobei man die alten und falschen Vorstellungen schlagartig über Bord wirft.

Die Definition von Berechenbarkeit wird uns ebensowenig geschenkt, wie uns die Definitionen von Licht, Temperatur und Kräftefeld geschenkt wurden. Da wir zum gegenwärtigen Zeitpunkt nur einen groben Entwurf vorweisen können, sollte man nicht erwarten, daß alles völlig richtig und vollständig ist. Es gibt vieles, was wir über Berechenbarkeit noch nicht wissen. Insbesondere sollten wir zur Kenntnis nehmen, daß, wenn wir erst einmal mehr darüber wissen, um welche Art von Computern es sich bei *Nervensystemen* handelt und wie sie arbeiten, wir auch viel umfassender und besser verstehen werden, was überhaupt berechnet und dargestellt wird. Es sollte auch bedacht werden, daß wir nicht am Punkt Null anfangen. Frühere Arbeiten, besonders die von Turing [725, 726], von Neumann [736, 737], Rosenblatt [625] und McCulloch und Pitts [493], führten zu großen Fortschritten in der theoretischen und wissenschaftlichen Erforschung der Berechenbarkeit. Die technische Entwicklung von seriellen digitalen Computern und der dazu passenden

---

[1]Denjenigen, die die philosophische Diskussion überspringen möchten, empfehlen wir, sich gleich Abschnitt 3.2 zuzuwenden.

raffinierten Software, ging Hand in Hand mit der ausführlichen theoretischen Untersuchung der Frage, worum es sich bei der Berechenbarkeit überhaupt handelt.[2]

Wir sind uns darin einig, daß exakte Definitionen demnächst noch nicht zur Verfügung stehen werden. Werden wir trotzdem die offenen Fragen grob beantworten können? Erstens: Obwohl wir uns an das Beispiel eines seriellen digitalen Computers halten, beinhaltet der Begriff "Computer" mehr als nur dieses Beispiel. Setzt man Computer gleich mit *seriellen, digitalen* Computern, so ist das weder gerechtfertigt, noch erwünscht. Eine viel bessere Strategie wäre es, den herkömmlichen digitalen Computer nur als einen Sonderfall und nicht als den grundsätzlichen Archetypus zu betrachten. Zweitens: Ganz allgemein bezeichnen wir ein physikalisches System dann als Rechensystem, wenn man dessen physikalische Zustände als Repräsentationen der Zustände anderer Systeme betrachten kann, wobei die Übergänge zwischen den Zuständen dieser Systeme als Operationen auf den Repräsentationen erklärt werden können. Die denkbar einfachste Weise, wie dies geschehen könnte, ist in Form einer Abbildung von den Zuständen des Rechensystems auf die Zustände des Systems, das repräsentiert werden soll. Das bedeutet, daß ein physikalisches System nur dann ein Rechensystem ist, wenn es eine geeignete (aufschlußreiche) Abbildung von den physikalischen Zuständen des Systems auf die Elemente der zu berechnenden Funktion gibt. Diese "einfache" Behauptung muß natürlich noch weiter erläutert werden.

---

[2]Unsere Absicht ist es, die Behauptung zu entschärfen, daß sich die Neuroinformatik ohne eine exakt formulierte Definition der Begriffe Berechnung und Computer nur etwas vormachen und so irgendwann in einer Sackgasse landen würde. Man könnte argumentieren, daß solange die notwendigen und hinreichenden Bedingungen nicht genau spezifiziert sind, wir auch nicht wissen, was wir überhaupt beabsichtigen. Folglich wissen wir dann auch nicht, wovon wir reden. Aber diese Art von Argumentation ist irreführend. Wie jede andere Wissenschaft geht auch die Neuroinformatik von einfachen Gedanken und unfertigen Ergebnissen aus. Auch hier können Entdeckungen dazu führen, daß die Grundbegriffe überarbeitet und neu definiert werden, wobei die revidierten Begriffe dann als Ausgangspunkt für weitere Forschung dienen. Die Erkenntnis, daß sich Theorie und Experimente auf gewisse Weise gemeinsam entwickeln, geht nicht auf Kosten der Genauigkeit. Vielmehr sollte man es besonders würdigen, wenn die Genauigkeit wohlbegründet ist und mit der Theorie in Einklang steht. Hüten sollte man sich jedoch vor einer falschen Art von Genauigkeit, der zuliebe man sich irgendeine Definition ausdenkt, und zwar noch bevor die Wissenschaft so weit fortgeschritten ist, daß man sich zwischen dieser Definition und Dutzenden anderer Alternativen entscheiden könnte. Man sollte sich die Erkenntnis, die in Philosophen und Wissenschaftshistorikern langsam gereift ist, zu eigen machen, nämlich, daß man im wesentlichen über die Wissenschaft zu Definitionen gelangt und nicht umgekehrt. (Daniel Dennett hat die Ungeduld, die zu voreiligen Definitionen führt, noch bevor adäquate Daten zur Verfügung stehen, als das "Herzeleid der übereilten Definitionen" bezeichnet.) Außerdem sollte man sich das zu Gemüte führen, was viele kognitive Psychologen und Linguisten vermuten und zwar, daß wir typischerweise auf Begriffe, auch auf ziemlich abstrakte Begriffe, erst durch gute Beispiele kommen. Durch zunehmende Erfahrung und praktische Beispiele sehen wir uns dann dazu in der Lage, den Anwendungsbereich zu erweitern. (Siehe [422, 119].)

Berechenbare oder nicht–berechenbare, lineare oder nicht–lineare Funktionen

Die soeben genannte Hypothese legt fest, wann es sich bei einem physikalischen System um ein Rechensystem handelt. Da sie nicht selbstverständlich ist, werden wir uns langsam an die Sache herantasten, indem wir zuerst mehrere sehr wichtige, aber einfache mathematische Begriffe, wie beispielswiese den Begriff einer "Funktion", einführen und den Unterschied zwischen einer *berechenbaren* und einer *nicht–berechenbaren* Funktion erläutern. Beginnen wir mit der Frage: Was ist eine Funktion? In mathematischem Sinne handelt es sich bei einer Funktion im wesentlichen nur um eine Abbildung (entweder im Verhältnis $1:1$ oder $n:1$) von den Elementen einer Menge, dem sogenannten "Wertebereich" (domain), auf die Elemente einer anderen Menge, die man im allgemeinen als "Bildbereich" (range) bezeichnet[3] (Abbildung 3.1). Folglich handelt es sich bei einer Funktion um eine Menge geordneter Paare, wobei das erste Element aus dem Wertebereich und das zweite Element aus dem Bildbereich stammt. Von einer berechenbaren Funktion spricht man dann, wenn die Abbildung durch eine *Regel* oder etwas Vergleichbares spezifiziert werden kann. Im allgemeinen wird charakterisiert, was mit dem ersten Element geschehen muß, damit man zu dem zweiten Element gelangt. Zum Beispiel: Multipliziere das erste Element mit 2, $\{(1,2),(2;4),(3,6)\}$, was algebraisch mit $y = 2x$ beschrieben werden kann; multipliziere das Element des Wertebereichs mit sich selbst, $\{6.2, 38.44), (9.6, 92.16)\}$, was algebraisch mit $y = x^2$ ausgedrückt werden kann usw.

Wann spricht man dann von einer nicht–berechenbaren Funktion? Eine nicht–berechenbare Funktion ist eine unendliche Menge geordneter Paare, für die man keine Regel kennt, und zwar gilt dies prinzipiell und nicht nur momentan. Daher besteht hier die Spezifikation einfach nur aus einer Aufzählung der geordneten Paare. Sind die Elemente beispielsweise einander nur zufällig zugeordnet, dann gibt es keine Regel, durch die die Abbildung der Elemente des Wertebereichs auf die Elemente des Bildbereichs spezifiziert werden könnte. Nicht–Mathematiker tendieren vernünftigerweise dazu, "Funktion" mit "berechenbarer Funktion" gleichzusetzen, und folglich betrachten sie eine nicht–berechenbare Funktion überhaupt nicht als Funktion. Das deckt sich aber nicht mit der Art und Weise, wie Mathematiker den Ausdruck verwenden — und das aus gutem Grunde, da es zur Beschreibung bestimmter Abbildungen nützlich ist, den Begriff einer nicht–berechenbaren Funktion zu haben. Auch im Falle des hier behandelten Problems ist es nützlich, denn nur die Erfahrung kann uns zeigen, ob die Gehirnaktivität wirklich völlig, oder nur in Form einer ersten Annäherung, durch eine berechenbare Funktion charakterisiert werden kann oder ob vielleicht die Beschreibung einiger seiner Aktivitäten überhaupt nicht durch eine berechenbare Funktion möglich ist [566].

Was ist eine *lineare* Funktion? Ganz intuitiv würde man sagen, es ist eine

---

[3]Für gewöhnlich wird eine Abbildung im Verhältnis $1:n$ nicht als Funktion bezeichnet.

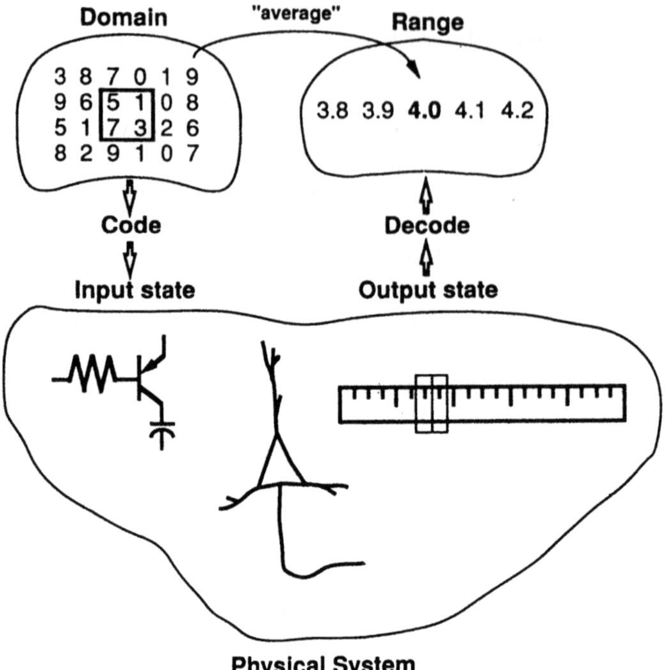

Abbildung 3.1   Die Abbildung zwischen einem Wertebereich (domain) und einem Bildbereich (range) kann von einer Vielfalt physikalischer Systeme erfüllt werden. Es gibt drei Schritte: (1) Die Eingabedaten sind in einer dem physikalischen System entsprechenden Weise codiert (sie werden als elektrische Signale für elektrische Schaltkreise, als chemische Konzentration bei Neuronen oder durch die Position des Schiebers beim Rechenschieber angegeben). (2) Das physikalische System verändert seinen Zustand. (3) Der Ausgabezustand des physikalischen Systems wird entschlüsselt und führt so zum Ergebnis der Abbildung. Bei dem hier gezeigten Beispiel handelt es sich um eine Abbildung, die den Durchschnitt von vier Werten ermitteln wird. Diese Art der Abbildung könnte beispielsweise als Teil des Sehsystems nützlich sein.

Funktion, deren graphische Abbildung der geordneten Paare eine gerade Linie ergibt. Ist das nicht der Fall, spricht man von einer *nicht–linearen* Funktion (Abbildung 3.2). Ist also die Funktion des Gehirns "nicht–linear", so bedeutet das, daß (a) die Aktivität durch eine berechenbare Funktion charakterisiert wird und (b) die Funktion nicht–linear ist. Dabei kann es sich bei dem Raum, in dem die Funktionen gezeichnet werden, sowohl um einen zweidimensionalen Raum (mit x- und y–Achsen), als auch um einen Raum mit mehr als zwei Dimensionen (z.B. mit einer x–Achse, y–Achse und ebenso mit w-, v-, z–Achsen usw.) handeln.

An dieser Stelle führen wir den Begriff eines *Vektors* ein und vereinfachen damit die Diskussion ganz erheblich. Bei einem Vektor handelt es sich nur um eine geordnete Menge von Zahlen. So kann beispielsweise die Menge der Gehälter von

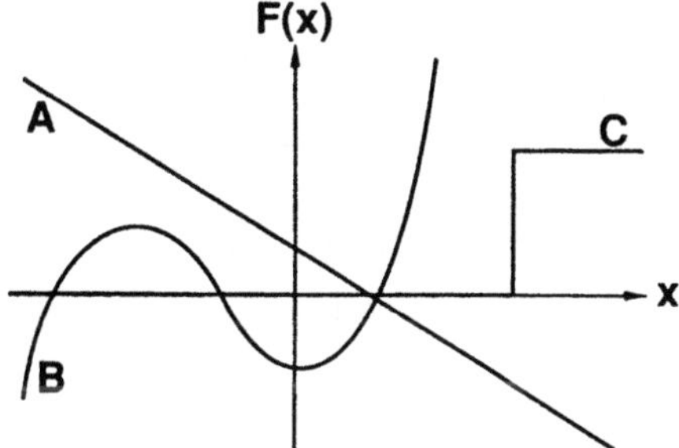

Abbildung 3.2   Beispiele der Funktionen $F(x)$, aufgetragen entlang der vertikalen Achse, mit der Variablen x, aufgetragen entlang der horizontalen Achse. Funktion A ist eine lineare Funktion. Funktion B ist eine nicht–lineare Funktion. Funktion C ist eine nicht–stetige Funktion.

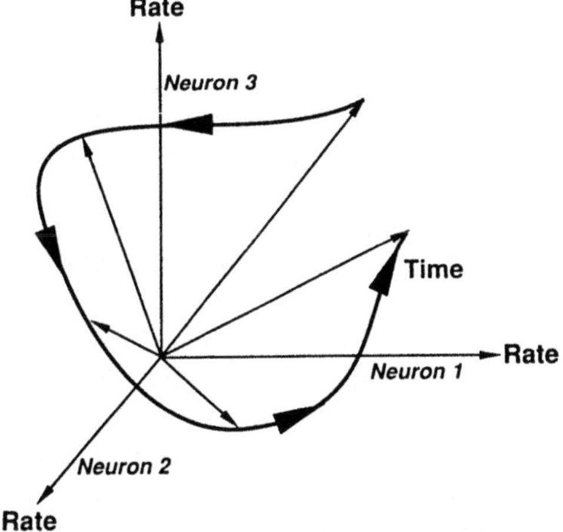

Abbildung 3.3   Schematisches Diagramm der Trajektorie eines aus drei Neuronen bestehenden Systems im Zustandsraum. Bei dem Zustand des Systems handelt es sich um einen 3–D Vektor, der durch das Ausmaß der ausgesendeten Potentiale (Impulsrate) der drei Neuronen bestimmt wird. Da sich die Impulsrate mit der Zeit ändert, umschreibt die Vektorspitze eine Trajektorie (dicke Linie). Sind weitere Neuronen beteiligt, führt das zu einem höherdimensionalem Zustandsraum.

drei Vize–Präsidenten einer Aktiengesellschaft für das Jahr 1990 durch den Vektor $\langle \$30, \$10, \$10 \rangle$; die Menge der Eier, die fünf Hennen in der Woche legen, durch den Vektor $\langle 4, 6, 1, 0, 7 \rangle$ und die Frequenz der Aktionspotentiale von vier Neuronen in der Sekunde mit $\langle 10, 55, 44, 6 \rangle$ angegeben werden. Im Gegensatz dazu ist ein Skalar ein einzelner Wert und keine Menge aus mehreren Werten. Wollen wir die Werte einer Menge mittels einer ordnungsabhängigen Regel bearbeiten, kommt es auf die Ordnung innerhalb der Menge an. Systeme, einschließlich des Nervensystems, führen Funktionen aus, die Vektoren auf Vektoren abbilden. Beispiele dafür sind die Abbildung von Werten des Streckrezeptors auf Werte der Muskelkontraktion und von Geschwindigkeitswerten der Kopfbewegung auf Geschwindigkeitswerte der Augenbewegung.

Eine geometrische Artikulation dieser Begriffe zeigt deren Wert. Jedes Koordinatensystem definiert einen Zustandsraum, und die Anzahl der Achsen hängt von der Anzahl der Dimensionen ab. Ein Zustandsraum ist die Menge aller möglichen Vektoren. So können beispielsweise bei einem Patienten die Körpertemperatur und der diastolische Wert des Blutdrucks durch deren Lage in einem 2–D Zustandsraum dargestellt werden. Falls ein Netzwerk aus drei Einheiten besteht, kann man davon ausgehen, daß jede Einheit eine Achse in einem 3–D Raum definiert. Ein Punkt auf den Achsen gibt die Aktivität einer Einheit zu einem bestimmten Zeitpunkt an, so daß die Gesamtaktivierung aller Einheiten des Netzes durch einen Punkt in diesem 3–D Raum spezifiziert wird (Abbildung 3.3). Allgemeiner ausgedrückt: Ein Netzwerk, bestehend aus n Einheiten, definiert einen n–dimensionalen Aktivierungsraum, und ein Aktivierungsvektor kann als Punkt in diesem Zustandsraum dargestellt werden.[4] Werden also die Körpertemperatur und der Blutdruck eines Patienten eine gewisse Zeit lang verfolgt, ergibt sich daraus eine 2–D Trajektorie. Eine Funktion bildet einen Punkt eines Zustandsraumes auf einen Punkt in einem anderen Zustandsraum ab — so wird beispielsweise ein Punkt im Aktivierungsraum des Streckrezeptors auf einen Punkt im Aktivierungsraum der Muskelspindel abgebildet.

Die Begriffe "Vektor" und "Zustandsraum" sind Teil der linearen Algebra. Sie bilden wirklich den Kern der Mathematik, die für das Verständnis von Netzwerkmodellen unentbehrlich ist. Glücklicherweise sind sie leicht verständlich. Sie können durch Intuition von 2–D Beispielen, die man sich gut vorstellen kann, auch auf sehr komplexe n–dimensionale Fälle ausgedehnt werden, wobei n in die Tausende oder in die Millionen gehen kann. Wenngleich man zum Thema Lineare Algebra noch viel schreiben könnte, reichen die bisherigen Ausführungen wahrscheinlich schon aus, um den Einstieg in die Diskussion über Modelle neuronaler Netze zu erleichtern. (Siehe auch [374].)

Computer, Pseudocomputer und Kryptocomputer

Die mathematische Einlage hatte den Zweck, das gebräuchliche Vokabular zu erläutern. Nun können wir uns wieder, wenn auch nur in groben Zügen, der Cha-

---

[4] Als Alternative kann man die Zeit als eine der Achsen mit berücksichtigen, wodurch sich eine Zustand–Zeit–Trajektorie ergibt, die analog zu den Raum–Zeit–Trajektorien in der Physik ist.

rakterisierung der Merkmale zuwenden, die ein physikalisches System zu einem Computer machen. Wir machen dort weiter, wo wir aufgehört haben, und stellen die Hypothese auf, daß ein physikalisches System irgendeine Funktion **f** berechnet, wenn (1) eine systematische Abbildung der Zustände des Systems auf die Argumente und Werte von **f** existiert und (2) die Folge der dazwischenliegenden Zustände der Ausführung eines Algorithmus für die Funktion entspricht.[5] Informell ausgedrückt versteht man unter einem Algorithmus eine endliche, deterministische Prozedur. Beispiele dafür sind ein Rezept zur Herstellung von Pfefferkuchen oder eine Regel, nach der man die Quadratwurzel ziehen kann.

Wir halten etwas nur dann für einen Computer, wenn seine Ein- und Ausgaben in nützlicher und systematischer Weise als Darstellung der geordneten Paare irgendeiner für uns interessanten Funktion interpretiert werden können. Dieses Kriterium setzt sich aus zwei Teilen zusammen: (1) Dem objektiven Teil, der sich damit befaßt, durch welche Funktion (oder Funktionen) das Verhalten des Systems beschrieben werden kann und (2) dem subjektiven und praktischen Teil, wo entschieden wird, ob uns die Funktion überhaupt interessiert. Das bedeutet, daß es sich bei der Abgrenzung dessen, was man unter der "Klasse der Computer" versteht, nicht nur um eine rein empirische Angelegenheit handelt, und daß unter dem Begriff "Computer" keine natürlichen Gattungen zusammengefaßt werden, wie das bei den Begriffen "Elektron", "Protein" oder "Säugetier" der Fall ist. Zur Bestimmung der Kategorien, die diese natürlichen Gattungen umfassen, sind Experimente wichtig. Sie entscheiden darüber, ob etwas wirklich zu dieser Kategorie gehört. Außerdem gibt es Verallgemeinerungen und Gesetze (Naturgesetze) hinsichtlich dessen, was zu einer Kategorie zu zählen ist, und es existieren Theorien, die diese Gesetze miteinander verschachteln. Das alles trifft für künstlich geschaffene Gegenstände, deren Dimension typischerweise von den Interessen abhängt, nicht zu.

Der Begriff "Biene" ist ein Beispiel für eine natürliche Gattung, im Gegensatz zu den Begriffen "Schmuckstück" und "Unkraut". Ob etwas als ein "Schmuckstück" betrachtet wird, hängt davon ab, ob es für irgendeine soziale Gruppe einen besonderen Wert, meist als Statussymbol, hat. Pflanzen werden als Unkraut bezeichnet oder nicht, je nachdem, ob die Gärtner der Gegend sie zufällig in ihrem Garten haben wollen. (Sind solche Gärtner wirklich ernst zu nehmen?) Es gibt Gärtner, die Butterblumen extra aussäen, wogegen andere Gärtner sie als Unkraut bekämpfen. Kein Experiment kann sagen, ob es sich in Wirklichkeit um ein Unkraut handelt oder nicht, da in diesem Fall nicht objektive Tatsachen, sondern soziale oder idiosynkratische Konventionen entscheiden.[6] Entsprechend gibt

---

[5] Eine Weiterführung der Diskussion findet man in [143].

[6] Sogar der Begriff "Krankheit", der scheinbar eine natürliche Gattung definiert, hat eine von den jeweiligen Ansichten abhängige Komponente. Eine in der Geschichte der Medizin bemerkenswerte Abhandlung mit dem Titel "The disease of masturbation: values and the concept of disease" wurde von Tristram Engelhardt [377] verfaßt.

es unserer Meinung nach auch keine intrinsischen Eigenschaften, die für alle Computer notwendig und hinreichend sind. Die Eigenschaften sind vielmehr von den jeweiligen Interessen abhängig und werden dadurch bestimmt, daß irgendjemand einen Wert darin sieht, die Zustände eines Systems als repräsentierende Zustände eines anderen Systems zu interpretieren. Von–Neumann–Arbeitsplatzrechner gibt es gerade deshalb, weil wir sehr daran interessiert sind, die von uns entworfenen Funktionen auch auf einem Computer laufen zu lassen, wodurch die interessenabhängige Komponente ganz deutlich erkennbar wird. Aus diesem Grunde und weil diese Maschinen so häufig verwendet werden, bezeichnet man sie als Ausgangsmodell eines Computers, ebenso wie der Löwenzahn der Prototyp eines Unkrauts ist. Es handelt sich hier jedoch nur um Prototypen, die man nicht mit der Klasse an sich verwechseln sollte.

Man könnte kritisch anmerken, daß diese sehr allgemeine Charakterisierung des Begriffes "Berechnung" *zu stark* verallgemeinert wurde. Denn nach dieser weit gefaßten Beschreibung könnte man sogar ein Sieb oder eine Dreschmaschine als Computer bezeichnen, da auch hier die Eingaben nach Typen getrennt werden. Würde jemand Zeit darauf verwenden, so könnte er bestimmt eine Funktion entdecken, die das Eingabe–Ausgabe–Verhalten beschreibt. Diese Beobachtung ist zwar richtig, soll aber weniger eine Kritik, als vielmehr eine treffende Einschätzung der breiten Verwendung des Begriffs sein. Jemand, der Wert auf einen perfekten Rasen legt, könnte ungläubig darauf aufmerksam machen, daß es, so wie wir "Unkraut" definieren, in einigen Gegenden bestimmte Leute geben müßte, die sogar Löwenzahn zu den Nutzpflanzen zählen. In der Tat könnte es Bauern geben, die mit Löwenzahn Geld verdienen. Dies ist keine bloße Phantasievorstellung, da in Spezialabteilungen von Obst– und Gemüsehandlungen Löwenzahnblätter aus besonderen Züchtungen schon als Delikatesse angeboten werden.

Es ist denkbar, daß eines Tages Siebe und Dreschmaschinen als Computer gedeutet werden. Es müßte nur jemand einen Grund haben, nach der spezifischen Funktion zu suchen, die sich in deren Eingabe–Ausgabe–Verhalten widerspiegelt; wenngleich es nicht leicht sein dürfte, solche Gründe zu finden (Abbildung 3.4). Im Gegensatz zu Arbeitsplatzrechnern, die für bestimmte Rechenleistungen entworfen werden, baut man Siebe und Dreschmaschinen aus anderen Gründen. Hier ist nämlich nur deren Fähigkeit gefragt, verschiedene Objekte je nach Form und Größe auf rein mechanischem Wege zu sortieren. Man sollte jedoch den Zusammenhang zwischen einem zweckgebundenen Entwurf und dessen Verwendung als Computer nicht überbetonen, da auch ein zufällig richtig geformter Stein als Sonnenuhr benutzt werden kann. Hierbei handelt es sich dann um einen wirklich einfachen Computer, aber es gibt Gründe, die dafür sprechen, daß wir uns Gedanken über die zeitlichen Zustände machen, die wir als Interpretation der Zustände des Schattenwurfes erhalten können.

Nichtsdestoweniger ist die Kritik vielleicht berechtigt. Ist eine Vorrichtung interessant genug, daß sie die Bezeichnung "Computer" verdient, so hat das wahrscheinlich zur Folge, daß ihre Eingabe–Ausgabe–Funktion ziemlich komplex und

Abbildung 3.4 Eine im Jahr 1851 von Garrett verbesserte Ausführung einer Dreschmaschine. Der Weizen wurde oben eingegeben und das Korn durch Reibung von Schlagstöcken an einer Walze, die in einer fixierten Ausbuchtung rotierte, entfernt. Das Korn fiel auf ein darunterliegendes Sieb, und die Spreu wurde durch ein Ventilatorsystem (rechts) weggeblasen. (Aus [696].)

nicht klar ersichtlich ist. Durch die Entdeckung der Funktion kommen wichtige und vielleicht unerwartete Einzelheiten ans Tageslicht, die zeigen, wie die Vorrichtung wirklich funktioniert. So ist es wahrscheinlich nicht sehr interessant, herauszufinden, was durch ein Sieb berechnet wird, und wir werden dadurch auch nicht viel erfahren, was wir nicht sowieso schon wissen. Die Arbeitsweise eines Siebes ist schrecklich einfach. Im Gegensatz dazu, werden wir eine Menge über die Natur und die Funktion von Geweben hinzulernen, wenn wir herausfinden, was durch das Kleinhirn berechnet wird.

Ein Computer ist eine physikalische Vorrichtung mit physikalischen Zuständen, wobei kausale Wechselwirkungen zu Übergängen zwischen diesen Zuständen führen. Im Grunde sind einige dieser physikalischen Zustände in der Weise angeordnet, wie sie etwas repräsentieren, und die Übergänge zwischen den Zuständen kann man als Rechenoperationen über diesen Repräsentationen interpretieren. Auf einem Rechenschieber kann man beispielsweise (*mult* 2 7) berechnen und erhält als Ausgabe 14 — dieses Ergebnis hat man der Tatsache zu verdanken, daß die physikalischen Gesetzmäßigkeiten derart angeordnet sind, daß sie den abstrakten Gesetzmäßigkeiten im Wertebereich der Zahlen gerecht werden. Durch das System der Aubrey–Löcher in Stonehenge kann die Sonnenfinsternis aufgrund der Tatsache berechnet werden, daß die physikalische Organisation und die Zustandsübergänge so angeordnet sind, daß die Schatten des Sonnensteins, des Mondsteins und des Knotensteins genau bei Sonnenfinsternis im gleichen Loch zusammentreffen. Man sollte bedenken, daß dies selbst dann so wäre, wenn Stonehenge, was sehr unwahrscheinlich ist, zufällig durch Erdrutsche und Fluten, und nicht als Produkt menschlichen Scharfsinns, entstanden wäre.

Auch Nervensysteme sind physikalische Systeme; auch hier werden durch kausale Wechselwirkungen Zustandsübergänge gebildet. Weder ein Wunder noch ein intelligenter Entwurf, sondern die Evolution hat langsam zur Entwicklung einer Struktur geführt, deren Zustände die Außenwelt, den sie umgebenden Körper und in einigen Fällen auch Teile des Nervensystems selbst repräsentieren und deren physikalische Zustandsübergänge Berechnungen durchführen. Im Hirnstamm der Säugetiere hat sich ein Schaltkreis entwickelt, der die nächste Stellung des Augapfels aus der Winkelgeschwindigkeit der Kopfbewegung berechnet. Kurz gesagt: Die Geschwindigkeit der Kopfbewegung wird durch die neuronale Aktivität, die ihren Ursprung in den Bogengängen hat, repräsentiert. Die Interneuronen, die motorischen Neuronen und die Augenmuskeln sind physisch so angeordnet, daß sich bei einer bestimmten Geschwindigkeit der Kopfbewegung durch kausale Interaktion der Neuronen die Spannung in den für die Bewegung der Augäpfel zuständigen Muskeln ändert und zwar um genau so viel, wie nötig ist, um die Kopfbewegung zu kompensieren. (Mehr über diesen Schaltkreis und seine Berechnungen finden Sie in Kapitel 6). Einfach ausgedrückt heißt das, daß sich diese Organisation speziell "für" diese Aufgabe entwickelt hat. Etwas genauer ausgedrückt: Der Schaltkreis in seiner jetzigen Form ist durch zufällige Mutationen und durch die natürliche Selektion entstanden; unter den epigenetischen Standardumständen erhöhen sich für den Organismus — relativ zu den Nervensystemen der Vorfahren und im Hinblick auf andere Komponenten des Systems — durch diese Organisationsform die Chancen, daß er überleben und sich fortpflanzen kann.

Es gibt einen wichtigen Unterschied zwischen künstlich geschaffenen und natürlich entstandenen Computern. Da wir die digitalen Computer selbst entwerfen, bauen wir die passenden Beziehungen gleich mit ein. Eine Folge davon ist, daß wir dazu tendieren, diese Abbildungen bei Computern im allgemeinen, und zwar sowohl bei künstlich geschaffenen als auch bei natürlichen, als selbstverständlich zu betrachten. Was die Strukturen im Nervensystem angeht, so müssen wir diese Beziehungen aber erst ausfindig machen. Das kann sich bei biologischen Computern jedoch als sehr schwierig erweisen, da wir üblicherweise nicht wissen, was von den Strukturen berechnet wird, und oft ist die erste Intuition auch noch irreführend.

Im Gegensatz dazu kann der *modus operandi* einiger Systeme, die wir gemeinhin als Computer bezeichnen, rein kausal und ohne Bezugnahme auf das, was berechnet oder repräsentiert werden soll, hinreichend erklärt werden. Eine Mausefalle oder ein Sieb beispielsweise stellen ein einfaches mechanisches Gebilde dar. Auch bei einigen Aspekten der Gehirnaktivität reichen wahrscheinlich rein kausale Erklärungen aus. Beispiele dafür sind die Ionenpumpen neuronaler Membranen, mit deren Hilfe Natrium aus der Zelle gepumpt wird, und die Bindung neurochemischer Stoffe an Rezeptoren, wodurch eine Veränderung der chemischen Zusammensetzung in der Zelle bewirkt wird. Man sollte jedoch im Gedächtnis behalten, daß selbst auf dieser Ebene ein Ion wie Na^+ eine Variable wie die Geschwindigkeit repräsentieren *könnte*. So wie es momentan aussieht, ist niemand wirklich überzeugt davon, daß dies der Fall ist, aber die Tatsache, daß sich Ionen auf einer sehr niedrigen Ebene befinden, reicht allein nicht aus, um diese Möglichkeit von vornherein auszuschließen. Effekte auf höheren Organisationsebenen machen offenbar Erklärungen in Form von Berechnungen und Repräsentationen notwendig. Eine rein kausale Erklärung wäre, auch bei tadelloser Ausführung, hier sehr unbefriedigend. Wird beispielsweise die Integration von Signalen an Dendriten auf rein kausale oder mechanische Weise erklärt, so sagt das nicht besonders viel darüber aus, welche Information die Zelle erreicht, und was dann weiter geschieht. Wir müssen wissen, welche Bedeutung dieser Interaktion hinsichtlich dessen, was die Aktivitätsmuster repräsentieren, zukommt und was von dem System berechnet wird.

Betrachten wir als Beispiel die Neuronen im Parietalcortex. Ihr Verhalten kann als die Berechnung von Koordinaten interpretiert werden, wobei der Einwirkungsort des Reizes auf der Retina und die Stellung des Augapfels relativ zur Kopfstellung als Eingabe dienen [787]. Die Tatsache, daß es Neuronen gibt, deren Antwortprofil bei anderen Neuronen eine bestimmte Reaktion hervorruft, kann besonders beim Austesten von Rechenhypothesen von Nutzen sein, aber an und für sich ist damit nicht viel darüber ausgesagt, welche Rolle diese Neuronen für das Sehvermögen des Tieres spielen. Wir müssen außerdem noch wissen, was die verschiedenen Zustände der Neuronen repräsentieren und auf welche Weise solche Repräsentationen durch neuronale Wechselwirkungen in andere Repräsentationen transformiert werden. Auf der Netzebene gibt es Beispiele, bei denen trotz detailliertem Wissen über die Konnektivität und Physiologie der Neuronen des Netzes noch viele Fragen nach dem "Warum" und "Weshalb" offen bleiben, wenngleich man durch einen rechnerischen Ansatz, der die physiologischen Details berücksichtigt, möglicherweise den Antworten auf Fragen nach den Aufgaben, den Lösungsvorschlägen, der ökologischen Nische und der Evolutionsgeschichte des Gehirns näher kommt.[7]

---

[7]Bei der Bestimmung, durch welche Funktion ein Netzwerk berechnet werden kann und was durch die Zustände repräsentiert wird, handelt es sich keineswegs um eine einfache Aufgabe. In den Abschnitten 5–7 werden einige der Probleme genauer beschrieben und gelöst. An dieser Stelle gilt es, den besorgten Einwand zu entkräftigen, es könnten unlösbare Probleme auftauchen, und zwar aus dem einfachen Grund, weil rechnerische Hypothesen niemals in ausreichendem

Der Begriff "Funktion" wird aber auch in nicht–mathematischer Bedeutung verwendet. Dabei nennt man die von einer Struktur verrichtete Tätigkeit auch ihre Funktion. Man sagt also, das Herz habe die Funktion einer Pumpe und nicht, es sei dazu da, durch seine Töne Babies an der Brust ihrer Mutter zu beruhigen. Obwohl das Herz die typischen Geräusche von sich gibt und obwohl diese auf Babies offensichtlich beruhigend wirken, ist das sicherlich nicht die *Funktion* des Herzens, das heißt, es ist nicht seine "wichtigste Aufgabe". Vernünftigerweise bestimmt man die Funktion im Hinblick auf die Entwicklung in der Evolution und auf die ökologische Nische. Man stellt sich die folgenden Fragen: Was ist nötig, damit das Tier überleben und sich fortpflanzen kann? Läßt sich die bestimmte Funktion auch auf verwandte Strukturen anwenden? Verwendet man den Begriff "Funktion" entsprechend der "Tätigkeit", die eine Struktur verrichtet, dann haben einige Teile des Nervensystems die Funktion, irgendeine Funktion (diesmal wird der Begriff in seiner mathematischen Bedeutung verwendet) zu berechnen. So wird beispielsweise die Position des Augapfels aus der Geschwindigkeit der Kopfbewegung berechnet.

Ordnet man einer biologischen Struktur eine spezielle Funktion zu, so ist daran nichts Geheimnisvolles, selbst dann nicht, wenn weder Gott noch der Mensch diese Struktur in einer bestimmten Absicht entworfen haben.[8]. Im Rahmen der Evolutionsgeschichte kann man teleologische Betrachtungen völlig ausklammern bzw. restlos reduzieren. Soviel zum Thema Teleologie. Schreibt man einem Schaltkreis eine Rolle bei den Berechnungen zu, so heißt das, man spezifiziert die Aufgabe dieses Schaltkreises — wie dies beispielsweise beim Ermitteln der Geschwindigkeit der Kopfbewegung geschieht. Folglich wird durch Überlegungen, die sich auf die Bestimmung der Aufgabe eines Organs (wie z.B. der Leber) beziehen, auch die Rolle neuronaler Strukturen bei den Berechnungen festgelegt. Die Tatsache, daß sich Nervensysteme entwickelt haben und daß schlecht angepaßte Strukturen im Überlebenskampf der Evolution keine Chance haben, führt dazu, daß viele Hypothesen bezüglich der Funktion (undrgesetze) hinsichtlich dessen, was zu einer Kategorie zu zählen ist, und es existieren Theorien, die diese Gesetze miteinander zwar gilt das für beide Bedeutungen des Begriffes "Funktion"), die logisch zwar möglich, aber biologisch nicht plausibel wären, gleich ausgeklammert werden

---

Maße bewiesen werden. In anderen Worten: Für jede gegebene Rechenhypothese gibt es noch andere Hypothesen (obwohl einige davon *sehr* unwahrscheinlich sind), die unter den *gleichen* Umständen ebenso denkbar wären. So ist es beispielsweise ganz typisch, daß man annimmt, die Verbindungslinie zwischen zwei Datenpunkten wäre eine kontinuierliche (stetige) Fortsetzung der übrigen Abschnitte der Linie. Dies ist aber lediglich eine *Vermutung* und keine zwingende Notwendigkeit. Die unzureichende Beweisführung ist jedoch, zugestandenermaßen, kein Grund zur Besorgnis. Zumindest gibt es nicht mehr Probleme als bei der Bestimmung von den Funktionen anderer Strukturen in biologischen Systemen, z.B. Herz oder Niere. Die unzureichende Beweisführung bei Hypothesen ist vielmehr eine philosophische Überlegung nach dem Motto: "Darüber brauchen wir uns momentan keine Sorgen machen". Im Grunde muß man das Thema ansprechen, da es verwirrend und nicht unbedeutend ist. Tatsächlich jedoch schreitet die Wissenschaft auch ohne das hinderliche Durchdenken dieses Problems wunderbar voran.

[8]Dieser Punkt wird in [510] und [516] diskutiert

können. Der springende Punkt ist, daß viele biologisch irrelevante Berechnungshypothesen durch ein allgemein als richtig anerkanntes Prinzip der Zweckmäßigkeit von Nervensystemen ausgeschlossen werden können. Nervensysteme dienen nämlich unter anderem dazu, daß sich ein Tier besser angepaßt in seiner Umwelt bewegen kann.[9]

In diesem Kapitel werden wir eine Reihe von Rechenprinzipien charakterisieren, die uns von Nutzen sein können, wenn wir uns der Berechnung in Nervensystemen zuwenden. Die Betrachtungen zur Berechenbarkeit ermöglichen uns darüberhinaus, Fragen über biologische Systeme zu stellen, die wir sonst nicht stellen könnten. Wir wenden die hier vorgestellten Rechenprinzipien zuerst an einer Reihe von Beispielen an, die wir aufgrund ihres pädagogischen Wertes und nicht wegen ihrer unmittelbaren biologischen Bedeutung ausgewählt haben. So ist es uns möglich, die Grundideen auf einfache Weise verständlich zu machen, und einzig und allein das ist wichtig. Es sollen hier keine Hypothesen bezüglich der Mechanismen, die den rechnerischen Eigenschaften von wirklichen Nervensystemen zugrundeliegen, vorgestellt werden. Die Kapitel 4 und 6 werden sich vorwiegend dem neurobiologischen Realismus widmen. Dazu ist es wichtig, daß man die Grundkonzepte verstanden hat.

3.2 Das Ablesen der Antwort

Konzeptionell besteht das einfachste Rechenprinzip in einem "Ablesen der Antwort". Hierbei liest man die Antworten auf spezifische Fragen, die in Form irgendeines physikalischen Systems gespeichert sind, aus einer Tabelle ab. Dabei besteht der technische Trick darin, die Tabelle so zusammenzustellen, daß die Antworten schnell und auf effiziente Weise zugänglich sind. Erhält man die Antworten nur langsam und auf Umwegen, so könnte es lohnenswerter sein, sie ganz neu zu berechnen. Insofern, als es sich bei Tabellen eigentlich um Nachschlagewerke für im voraus berechnete Antworten und nicht um Systeme handelt, die dazu dienen, die Antworten an Ort und Stelle auszurechnen, kann man die Ansicht vertreten, sie seien überhaupt keine echten Computer. Ein Purist ist dagegen der Meinung, daß das Akzeptieren solch einer semantischen Spitzfindigkeit nur Verwirrung stiftet. Letztendlich führt eine Tabelle jedoch zu einer Abbildung, sie instanziiert eine

---

[9]Gesetzt den Fall, bestimmte Neuronen sind über Bahnen mit Strukturen verbunden, die der Umwandlung von Licht dienen, und sie reagieren selektiv auf Reize innerhalb des Sehfeldes, so ist die Wahrscheinlichkeit groß, daß ihre Aufgabe darin besteht, visuelle Informationen der Außenwelt zu verarbeiten. Angenommen, ein besonders schlauer Mathematiker könnte eine völlig andere Funktion ausfindig machen, die mit den neuronalen Daten ebenso vereinbar wäre. (Sagen wir einmal, er würde eine Funktion finden, die Ebbe und Flut in der MacFarhlane–Bucht auf der Westseite von Queen Charlotte Island berechnet). In diesem Fall würde es sich um eine rein zufällige Übereinstimmung handeln, die ebenso weit hergeholt ist, als hätte jemand zufällig Sommersprossen auf dem Rücken, die man als das 10. Gebot interpretieren könnte.

Regel, und ihre Zustände repräsentieren verschiedene Dinge. Damit erfüllt sie unsere Grundkriterien und verdient somit die Bezeichnung Computer. Vielleicht ist sie langweilig und nicht gerade umwerfend, aber eine Tabelle umgeben von einem Mechanismus, der die Antworten liefert, kann durchaus als Computer bezeichnet werden.

Die einfachste ist es, sich eine Tabelle als eine Folge von Kästchen vorzustellen, wobei für jedes Kästchen im wesentlichen folgendes gilt: "Bei einem Problem x ergibt sich eine Antwort y", wobei x und y spezifiziert sind. Mit anderen Worten: Die Tabelle liefert die passenden Werte. Die Wahrheitswertetabelle für das exklusive "oder" sieht beispielsweise wie folgt aus.

P	Q	XOR
T	T	F
T	F	T
F	T	T
F	F	F

Diese Art, Wahrheitswerte zu repräsentieren, ist zufälligerweise sehr bequem, wenngleich man sich auch noch viele andere, jedoch weniger günstige Anordnungen vorstellen kann. Für gewöhnlich sagt man zu Studenten, daß das Benutzen dieser Tabelle keine besondere Intelligenz erfordert: Man stellt seine Frage (z.B. Welchen Wert erhält man, wenn P wahr (T = true) und Q falsch (F = false) ist?), geht in die entsprechende Reihe und liest die Antwort ab.

Eine weitere, jedoch leistungsstärkere Art von Tabelle ist der Rechenschieber. Tatsächlich handelt es sich hierbei um eine Mehrfachtabelle, da in ihm nicht nur die Antworten zum Lösen von Multiplikationsaufgaben, sondern auch Antworten zum Berechnen des Sinus, des Cosinus und des Logarithmus gespeichert sind. Besteht die Aufgabe aus einer Multiplikation, so gibt man die Frage (Was ist 3×7?) ein, indem man das Mittelstück und den Schieber verrutscht, und liest die Antwort auf dem Schieber ab. Während eine Wahrheitswertetabelle nur diskrete Funktionen darstellt, kann ein Rechenschieber außerdem auch noch stetige Funktionen repräsentieren. Damit die Vielfalt von arithmetischen Fragen und Antworten auf zwei Holzstücken Platz hat, ist der Rechenschieber metrisch verzerrt (Abbildung 3.5). Wie zuvor, gibt es auch in diesem Fall noch andere Möglichkeiten, eine Tabelle so zu strukturieren, daß sie die genau gleichen Aufgaben durchführen kann. Man muß jedoch zugeben, daß der flache, in eine Tasche passende Rechenschieber das Problem auf wunderbar einfache und effiziente Weise löst.

Wir wollen den Gedanken weiter verfolgen. Dazu sehen wir uns die Tinkertoy-Tabelle etwas genauer an, die 1975 von einer Gruppe von MIT-Studenten für das Spiel Tic-Tac-Toe konstruiert wurde (Abbildung 3.6).[10] Die "Tabelle" wurde durch Speicherung einer Menge geordneter Paare integriert, wobei es sich bei dem

---

[10]Dieses Spiel spielt man auf einem Brett bestehend aus 3×3 Spielfeldern. Zwei Spieler kennzeichnen abwechselnd jeweils eines der neun Kästchen mit einem "X" oder einem "O".

Abbildung 3.5   Das Objekt in der Mitte ist ein überdimensional großer Rechenschieber, zu dessen beiden Seiten sich die Autoren befinden.

ersten Element um eine mögliche Spielposition und bei dem zweiten Element um den richtigen Spielzug als Antwort auf diese Position handelt. Bei Inbetriebnahme beginnt die Maschine, danach zu suchen, welche der gespeicherten Positionen zu der augenblicklichen Spielsituation paßt. Ist die richtige Position gefunden, wird der nächste Spielzug automatisch ausgegeben.

Im ersten Schritt bei der Konstruktion der Tinkertoy–Tabelle wurde die Repräsentation der Situation auf dem Spielbrett in Form von Tinkertoy–Bausteinen

Gewonnen hat derjenige, dem es als Erstem gelingt, drei gleiche Zeichen in einer Reihe, einer Zeile oder einer Diagonalen anzubringen.

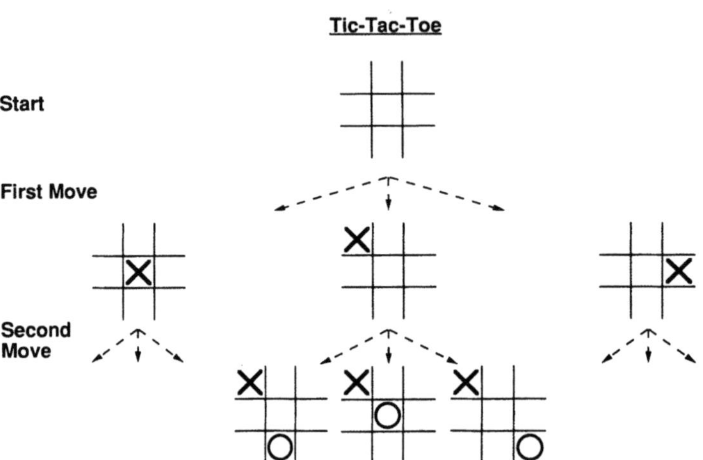

Abbildung 3.6   Die ersten drei Ebenen des Spielbaums für Tic–Tac–Toe. In der Mitte der ersten Ebene befindet sich das aus 3 × 3 Spielfeldern bestehende Brett zu Beginn des Spieles. Für den ersten Spielzug gibt es drei Möglichkeiten (Pfeile), modulo Rotation und Reflexion. In der nächsten Ebene werden verschiedene Antwortmöglichkeiten des Gegenspielers gezeigt.

bestimmt. Der zweite Schritt bestand darin, die in der Tabelle aufgeführte Gesamtzahl an möglichen Spielpositionen durch Rotation und Reflexion zu reduzieren, denn mit steigender Zahl der Eintragungen vergrößert sich auch der Speicher, was dazu führt, daß die Suche um so länger dauert. So kann man ein Brett, bei dem sich oben rechts ein X (oder ein O) befindet, genauso behandeln wie ein Brett mit einem X (oder einem O) in irgendeiner der übrigen Ecken. Dadurch reduzieren sich die Möglichkeiten, die für die erste Spielposition gespeichert werden müssen, um sechs. Es handelt sich also um eine beträchtliche Einsparung. Diese Sparmaßnahmen sind wichtig, damit die Eintragungen in der Tabelle auf eine zu bewältigende Anzahl reduziert werden können — in diesem Fall wurden sie von 300 000 auf 48 verringert. Im nächsten Schritt mußte eine Mechanik entworfen werden, die in der Lage ist, auf einem Spielbrett mit 48 nicht weiter reduzierbaren Positionen für eine spezielle Situation den richtigen Spielzug wiederzufinden (Abbildung 3.7).

Obwohl Tic–Tac–Toe auf den ersten Blick nicht wie ein ernstzunehmendes Beispiel wirkt, so werden hier doch einige Punkte veranschaulicht, die in der Neuroinformatik von Bedeutung sind. Erstens: Auch Tabellen, die aus unkonventionellen Materialien bestehen, können zu dem gleichen Ergebnis wie die herkömmlichen elektronischen Schaltkreise kommen. Zweitens: Der Tinkertoy–Computer ist kein Universalrechner; er wurde vielmehr zur Lösung eines spezifischen Problems gebaut. Die Analogie zu Nervensystemen besteht darin, daß in den Genen wahrscheinlich einige neuronale Schaltkreise als Blaupause einer Tabelle enthalten sind. Als Folge davon ist das Tier bereits bei Geburt in der Lage, bestimmte Dinge zu tun. So beginnt es beispielsweise sofort damit, warme Stellen mit der Schnauze abzusuchen. Sobald es dann irgendetwas gefunden hat, was weich ist, die richtige Größe hat und hervorsteht, fängt es an, daran zu saugen. Bestimmte Schaltkreise, die bei Ratten den Saugreflex auslösen, sind wahrscheinlich nicht allgemein anwendbar, sondern sind mehr oder weniger ausschließlich für das Saugen zuständig.

Theoretisch folgt daraus, daß ein Problem, welches vom Konzept her auf ein Problem in Tabellenform reduziert werden kann, ungeachtet der Kosten und der Effizienz, im Prinzip auch durch die Mechanismen einer Tabelle implementiert werden könnte. Die Kosten spielen jedoch fast immer eine Rolle. Besonders in unserem Fall können sie nicht vernachlässigt werden, da hier wesentliche und manchmal sogar übertrieben hohe Investitionen zur Konstruktion einer Maschine, die die Antworten auf jedes Problem im voraus berechnen kann, erforderlich sind. Vom Standpunkt der Evolution aus könnte das vorherige Berechnen bestimmter Aufgaben zu aufwendig und zu schwierig sein. So kommt es, daß der kindliche Organismus viele Dinge, beispielsweise Semantik, soziales Rollenverhalten oder Tischmanieren, erst erlernen muß.

Wie praktisch ist der Tabellen-Ansatz wirklich? Die Antwort hängt von einer Reihe von Faktoren ab, u.a. von der Komplexität des zu lösenden Problems, von den architektonischen Eigenschaften der zur Verfügung stehenden Materialien sowie von den gesetzten Grenzen für die Tabellengröße. Im Gegensatz zu Tic–Tac–Toe erscheint die Lösung des Problems in Tabellenform im Falle von Schach schlecht möglich zu sein. Es gibt dort annähernd 10^{40} Spielpositionen — weit mehr als die Kapazität jeder existierenden Maschine fassen könnte.[11] Dem Komplexitätsfaktor kann man gut mit Hilfe der oben beschriebenen Einsparmaßnahmen begegnen, indem man sich nämlich symmetrische Ähnlichkeiten der Positionen eines Problems zunutze macht und dadurch die Zahl der Eintragungen verringert. Diese Möglichkeit führt dazu, daß man die Behauptung, eine Ablesestrategie sei im Falle von Schach äußerst unrealistisch, noch einmal überdenken sollte. Auch bei alltäglichen Problemen, wie z.B. dem Erkennen eines Objekts mit den Augen, können sowohl Translation, Rotation und Skalierungsinvarianten als auch die Bedingungen für Gleichförmigkeit und Stetigkeit dabei helfen, die Anzahl der zu speichernden Kategorien zu verringern. Bei der Informationsverarbeitung in Nervensystemen wird die Ablesestrategie, wenn auch nicht überall, so doch auf verschiedenen Stufen sehr geschickt angewandt.

Ist die Anzahl der gespeicherten Frage–Antwort–Paare groß, dauert es u.U. zu lange, bis man das passende gefunden hat. Bei der Tinkertoy–Tabelle beispiels-

---

[11] Das Verwenden einer Tabelle für die Anfangszüge des Spiels ist natürlich möglich.

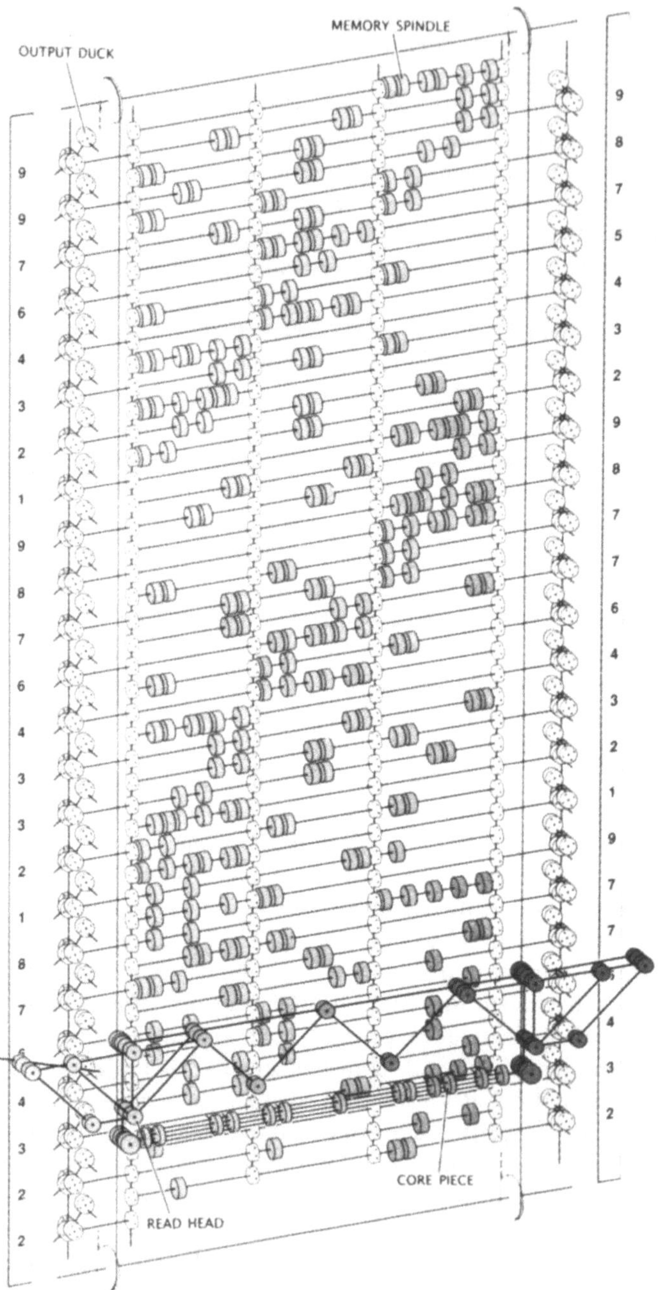
OUTPUT DUCK
MEMORY SPINDLE
CORE PIECE
READ HEAD

weise wird die augenblickliche Position auf dem Brett mit jeder der gespeicherten Positionen, einzeln und nacheinander, so lange verglichen, bis das assende gefunden ist. Das ist, vor allem bei sequentieller Suche, eine ziemlich mühsame Angelegenheit. Wie wir an späterer Stelle sehen werden, kann eine parallele Suche zu Einsparungen führen. Aber nicht nur der Zeit, auch dem erforderlichen Verknüpfungsaufwand sind Grenzen gesetzt. Halten wir uns einmal die Größe einer Tabelle vor Augen, die in der Lage sein soll, geordnete Paare der Form ⟨eßbarer Leckerbissen, der sich auf Position x, y, z befindet und mit der Geschwindigkeit v bewegt / Körperstellung #⟩ zu repräsentieren. Bei der gegebenen Anzahl der unabhängig voneinander bewegbaren Körperteile und der Anzahl möglicher Stellungen und Geschwindigkeiten müßte die Tabelle, vorsichtig ausgedrückt, riesig sein. Durch den erforderten Aufwand wird der Gedanke schon im Keim erstickt. Für Nervensysteme ist eine kurze Zeitdauer und ein geringer Aufwand von Vorteil, wenn sich dadurch sonst nichts ändert. Die Frage muß also folgendermaßen lauten: Gibt es irgendwelche neuronalen Strukturen, deren Verwendung Ähnlichkeit mit der Verwendung einer Tabelle hat?

Bis vor kurzem sah es so aus, als wäre der obere Colliculus bei Katzen — zumindest annäherungsweise — eine neuronale Instanz einer Tabelle. Die Geschichte hört sich ganz einfach an: Der Colliculus enthält eine Reihe von Schichten oder Laminae. Während in der obersten Schicht des Colliculus die Orte der visuellen Reizung in einer retinotopischen Karte repräsentiert werden, befindet sich auf der unteren Schicht eine "motorische Karte" als Repräsentation der Muskeln des Augapfels, die dazu da sind, das Auge in die verschiedenen Stellungen zu bringen. Andere strukturelle Schichten repräsentieren Reizungsorte aus dem Bereich der Schnurrhaare. Die Karten sind derart verzerrt, daß sie wie folgt zueinander passen: Zieht man ausgehend von der visuellen Karte eine senkrechte Linie nach unten, so kreuzt diese die motorische Karte an einer bestimmten Stelle, was bewirkt, daß die Augäpfel in Richtung der visuellen Reizung bewegt werden. Das Ablesen der motorischen Antworten wird schon durch die Anatomie an sich begünstigt, ebenso wie die "Anatomie" eines Rechenschiebers das Ablesen der mathematischen Antworten ermöglicht. Die Organisation erlaubt es dem System, schnell und genau auf einen peripheren visuellen Reiz zu reagieren. Das ist mit einem zweidimensionalen Rechenschieber vergleichbar, wobei die visuellen und die motorischen Oberflächen derart ausgerichtet sind, daß die Position eines peripheren

Abbildung 3.7   Ein Tinkertoy-Computer für das Spiel Tic–Tac–Toe. Jede Speicherspindel (memory spindle) codiert eine mögliche Spielposition und die günstigste Antwort des Gegenspielers. Der Lesekopf (read head), der die augenblickliche Spielsituation im Hauptspeicher (core piece) gespeichert hat, sucht die Speicherspindeln nacheinander so lange ab, bis er die passende gefunden hat. Dadurch wiederum wird die Ausgabe (output duck) aktiviert, die den richtigen Spielzug ausführt. Vergleichen Sie diesen Spezialcomputer mit dem allgemeinen Abbildungsschema in Abbildung 3.1. (Aus [172] ©1989 Scientific American.)

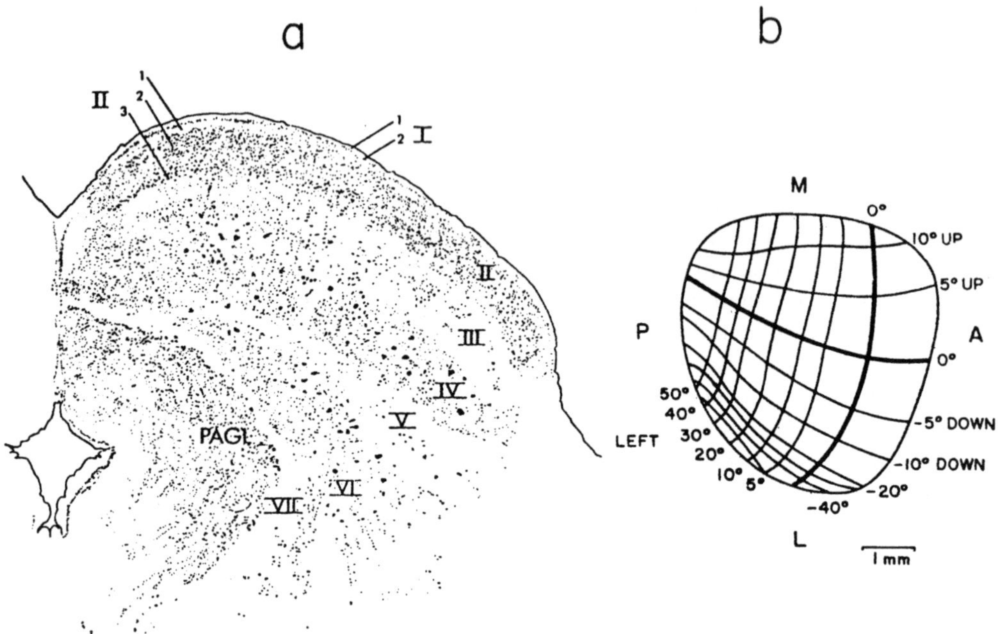

Abbildung 3.8   Organisation des oberen Colliculus bei der Katze. (a) Querschnitt
durch den Colliculus. Zu sehen sind die Zellkörper der Neuronen in den einzelnen Laminae (numeriert). (b) Karte der Augenbewegungen, die durch die Reizung der tieferen
Colliculus–Schichten mittels einer Elektrode entstanden ist. Die Koordinaten beziehen
sich auf die Ablenkung des Auges von seiner zur Mitte ausgerichteten Blickrichtung,
hervorgerufen durch elektrische Reizung. M, medial; L, lateral; A, anterior; P, posterior.
(Nach [640]).

Reizes auf die gewünschte Stellung des Augapfels abgebildet wird. Dieser Vermutung zufolge führt die Anatomie eine Transformation aus, die einem "visuellen
Zugreifen" (visual grasp) entspricht (Abbildung 3.8).

Was stimmt an dieser Geschichte nicht? Wie so oft in der Biologie erscheint
die ganze Sache umso komplexer, je mehr Daten darüber bekannt werden. Alles
sieht dann viel komplexer aus, als in der Hypothese nichtsahnend und unqua-
lifiziert behauptet wurde. Beginnen wir damit, daß die Beziehung zwischen der
visuellen Eingabe und motorischen Ausgabe keineswegs so geradlinig und einfach
ist. Vom Cortex ausgehend laufen Fasern abwärts, die die Ausgabe des Colliculus
lus beeinflussen. Auch die Aufmerksamkeit spielt für die Funktion des Colliculus
eine wichtige Rolle, wenngleich man die Zusammenhänge noch nicht richtig versteht. Obwohl diese "senkrechten Verbindungslinien" zwischen den Karten der
verschiedenen Schichten angeblich existieren, weiß man noch nicht genau, was sie

bewirken. Insbesondere die lange Totzeit zwischen dem Eintreffen des Signals in der sensorischen Schicht und dem Zeitpunkt, an dem das Signal die tiefer gelegenen motorischen Schichten erreicht, spricht gegen die Hypothese, daß mit Hilfe dieser Verbindungen der visuelle Reiz geradewegs transformiert wird. Also handelt es sich letztendlich bei dem Colliculus um ein nicht ganz unproblematisches Beispiel einer neuronalen Tabelle.

Nichtsdestoweniger ist es ein aufschlußreiches Beispiel. Die Diskrepanz zwischen einer reinen "Ablesestruktur" und der komplizierten Anatomie und Physiologie des Colliculus deutet darauf hin, daß durch die Evolution die reine Tabelle derart verbessert wurde, daß damit viel kompliziertere Dinge gemacht werden können. Erst einmal sollte man sich bewußt machen, daß der Colliculus auch die Position des Kopfes berücksichtigen muß, da sich die Augen relativ zum Kopf und damit auch relativ zu den Ohren und Schnurrhaaren bewegen. Für das System kann es nützlich sein, zusätzlich zu den senkrecht nach unten gehenden Linien auch Verbindungen zu anderen Bereichen der Karte, ebenso wie zu in dem Neuronengeflecht verschachtelten Karten, die die Position der Ohren und der Schnurrhaare angeben, einzugehen. Es ist anzumerken, daß sich (bei einigen Säugetieren) die Schnurrhaare und die Ohren zwar relativ zum Kopf, aber bis zu einem bestimmten Grad auch unabhängig davon bewegen können. Will der Colliculus all diese Dinge berücksichtigen, so gelingt ihm das nicht durch reines Ablesen nach Art eines Rechenschiebers. Nur wenn die Augen unbeweglich im Kopf verankert wären und die Reize, die auf Schnurrhaare oder Ohren einwirken, nicht berücksichtigt werden müßten, könnte man den Colliculus annäherungsweise mit einer Tabelle vergleichen. Es gibt Hinweise darauf, daß sich die jetzige Form des Colliculus im Verlauf der Evolution aus einer einfachen Tabelle entwickeln mußte, um die komplexen und miteinander verschachtelten Operationen bewerkstelligen zu können. Das bedeutet, es mußten weitere neuronale Rechenschritte zwischen Ein- und Ausgabe eingeführt werden.

Wenden wir uns wieder dem Entwurf von Computern zu. Die Speicherkapazität kann u.a. auch dadurch verringert werden, daß sich die Strukturen mit Hilfe von Transformationen den herrschenden Bedingungen anpassen. Aus Sparsamkeitgründen könnte sich das System dazu veranlaßt sehen, anstelle aller denkbaren Vektoren, nur solche Vektoren (Spielpositionen) zu speichern, die auch tatsächlich benötigt werden. Das setzt aber voraus, daß das System gelernt hat, diese Vektoren zu erkennen. Was ist der Preis für eine solche Flexibilität? Muß sich das System schon anpassen, so sollte die Anpassung auch in die *richtige* Richtung geschehen. Leider gibt es bei Einhaltung vernünfiger Kapazitätsgrenzen keine Tabelle, aus der die Antwort auf die Frage "Geht die Modifikation in die richtige Richtung?" abgelesen werden kann. Folglich führt eine solche Anpassung dazu, daß sich das System immer weiter von dem Paradigma eines Rechenschiebers entfernt.

Wir haben festgestellt, daß in Nervensystemen nicht bloß aus Tabellen abgelesen wird. Aber was geschieht dann? Die kurze Antwort auf diese Frage, die im weiteren Verlauf des Buches ausführlich behandelt wird, lautet: Sie rechnen mit Hilfe von Netzen. Wie wir an späterer Stelle in diesem Kapitel sehen werden, verfügen neuronale Netze über gewisse Eigenschaften, die denen von Tabellen sehr ähnlich sind. Folglich handelt es sich bei diesem Prolog über Tabellen nicht bloß um unbeholfene Bemühungen zur Einführung des Themas, sondern vielmehr soll hier der Grundstein zum Verständnis dessen gelegt werden, was neuronale Netze tatsächlich tun. Bevor wir uns aber der Frage zuwenden, wie die Berechnung in Netzen aussieht, muß ein weiterer Punkt vorab geklärt werden.

Kann es vorkommen, daß in manchen Fällen eine fast richtige, aber nicht ganz perfekte Antwort ausreicht? Für viele Aufgaben, vor allem für solche, bei denen es um Wiedererkennung und Kategorisierung geht, kann diese Frage bejaht werden. Demzufolge besteht eine weitere Modifikation der "echten" Tabelle darin, daß nicht alle Möglichkeiten, sondern nur Prototypen oder einzelne Beispiele einer Kategorie gespeichert werden. Durch diesen Trick haben wir ein bestimmtes Maß an Genauigkeit zugunsten von Platzeinsparungen aufgegeben. Nun aber muß das System einige Rechenschritte durchführen, damit es Ähnlichkeiten zwischen den gespeicherten Vektoren feststellen kann. Letztendlich wollen wir ein System, das von beiden Einsparungsmöglichkeiten Gebrauch macht: d.h. es speichert Prototypen und es verfügt über genügend Plastizität, um die Prototypen selbst zu erlernen.

Bei der Darstellung von Prototypen in einem Computer werden Dinge räumlich so nahe an einem Musterexemplar angeordnet, wie es ihrer Ähnlichkeit mit dem Muster entspricht. Auf diese Art gespeicherte Dinge definieren in der Maschine einen Ähnlichkeitsraum, und ihre Entfernung vom Prototypen definiert eine Ähnlichkeitsmetrik. Bekannt ist das Ganze als *Nächster–Nachbar–Konfiguration*. Will man diese Organisation für rechnerische Zwecke ausnützen, gibt es viele Möglichkeiten der systemtechnischen Umsetzung und viele Wege, Nächster–Nachbar–Algorithmen zu spezifizieren. Wählt man zur Implementierung eine konventionelle digitale Maschine, darf man nicht mit Platz geizen, wenn die Maschine die komplexen Aufgaben (Speicherung aller Eintragungen, Messung der Entfernung, Finden der passenden Eintragung und Bereitstellung der Antwort) ausführen soll. Es wurden raffinierte Methoden zur Datenspeicherung in Form von hierarchischen Bäumen entworfen, aber sobald die Probleme realistische Größe annehmen, wird man selbst damit nicht mehr auskommen. Diese düstere und auf den ersten Blick entmutigende Prognose hat dazu geführt, daß man die Idee des Ablesens einer Antwort als nette Kuriosität, vergleichbar einem Ornithopter,[12] abgetan hat, die vielleicht denkbar, aber wahrscheinlich nicht sehr praktisch ist. Mag die digitale Maschine für diesen Bereich untauglich sein, so gibt es dennoch ein sehr einfach aufgebautes System, das in der Lage ist, die gestellte Aufgabe zu bewältigen — und zwar auf billige, effiziente Weise und in nur wenigen Schritten. Die Rede ist von einem Netz. In den folgenden Abschnitten werden wir uns eine Reihe von Netzwerktypen genauer ansehen. Wir werden mit ganz einfachen

---

[12]Ein Ornithopter ist ein Flugzeug, das mit den Flügeln schlägt.

Beispielen beginnen und dann zu leistungsfähigeren, höher entwickelten Netzwerken übergehen.

3.3 Lineare Assoziatoren

Was ist ein Netz? Die Architektur eines kanonischen Netzes besteht aus Einheiten, Verbindungen und Gewichten. Die Einheiten entsprechen in etwa den Neuronen, die Verbindungen den Axonen und die Gewichte den Synapsen (Abbildung 3.9). Einige Einheiten erhalten externe Eingaben, andere erzeugen Ausgaben und wieder andere erhalten weder Eingaben noch erzeugen sie Ausgaben. Da es mehr als eine Eingabe- und mehr als eine Ausgabeeinheit gibt, sind die ein- und ausgehenden Repräsentationen keine einzelnen Werte (Skalare wie z.B. 668,9) sondern Vektoren, d.h. geordnete Mengen von Werten (wie z.B. $\langle 3.2, 668.9, 0\rangle$). Der entscheidende Mechanismus eines Netzes besteht in dem Austauschen verschieden starker Signale zwischen den Einheiten. Wie kann ein solches Netz irgendetwas berechnen? Die abstrakte Erklärung ist wirklich einfach: Die mit den Verbindungen verbundenen Gewichte sind so bestimmt, daß die Ausgabeeinheiten entsprechend aktiviert werden, sobald an den Eingabeeinheiten Werte angelegt werden. Auf diese Art erhält man eine Abbildung, und somit führt ein solches Netz eine Funktion aus. Folgen wir diesem Rezept und erzeugen ein konkretes Netz, dann müssen wir die folgenden Fragen klären. Wie müssen die Gewichte gesetzt werden? Sind sie veränderbar, und wenn ja, wie werden sie verändert? Welchen Wertebereich hat die Aktivität einer Einheit, und wie werden die Werte bestimmt? Wie werden die Eingabevektoren repräsentiert, und wie sieht das Verknüpfungsmuster zwischen den Einheiten (d.h. die Netztopologie) aus? Offensichtlich definiert die kanonische Beschreibung eine große Klasse von Netzen, und spezifische Netze definieren kleine Teilklassen davon. Die kanonische Beschreibung verhält sich somit zu einem bestimmten Modell eines neuronalen Netzes wie die Definition des Begriffs Flugzeug in einem Lexikon Ähnlichkeit zu einem bestimmten Flugzeugtyp hat.

In den 70er Jahren hat eine Reihe von Wissenschaftlern mehr oder weniger unabhängig voneinander assoziative Netze entwickelt. Zu ihnen zählen Leon Cooper, James Anderson, Teuvo Kohonen, Günther Palm, Christopher Longuet–Higgins und David Willshaw.[13] Wie arbeiten assoziative Netze? Kurz gesagt, sie assoziieren Ausgabevektoren mit Eingabevektoren und folgen dabei im wesentlichen den schon vorher dargestellten Paradigmen der parallelen Architektur, der Ähnlichkeitsabbildung und der Tabelle. Die zentrale von den Netzen ausgeführte mathematische Operation ist die Berechnung von inneren Produkten, d.h. zwei Vektoren werden komponentenweise multipliziert und die so erhaltenen Produkte aufaddiert. Repräsentiert beispielsweise der eine Vektor die Eingaben einer Menge von

---

[13] Schon in den 60er Jahren hatte Steinbuch [689] an diesem Problem gearbeitet.

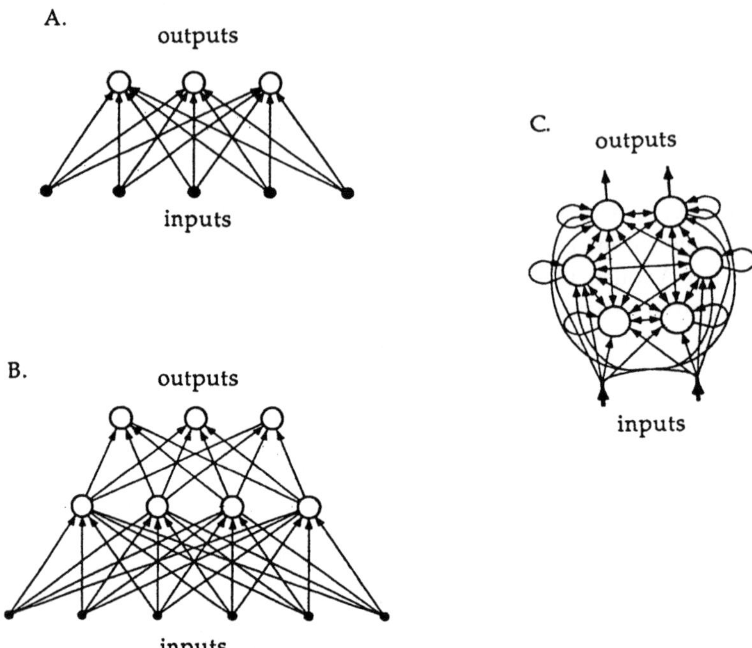

Abbildung 3.9   Drei Typen von Netzen. (A) Ein vorwärtsgerichtetes Netz mit einer Ebene von Gewichten, die die Eingabeeinheiten (inputs) mit den Ausgabeeinheiten (outputs) verknüpft. (B) Ein vorwärtsgerichtetes Netz mit zwei Ebenen von Gewichten und einer Ebene von internen Einheiten zwischen den Eingabe- und den Ausgabeeinheiten. (C) Ein rekurrentes Netz mit reziproken Verbindungen zwischen den Einheiten. (Aus [360]).

Einheit und handelt es sich bei dem anderen Vektor um einen gespeicherten Prototypen, dann definiert das innere Produkt ein Maß für die Überlappung und damit für die Ähnlichkeit der beiden Vektoren. Geometrisch gesprochen ist das innere Produkt proportional zu dem Kosinus des Winkels zwischen den beiden Vektoren. Sind also die beiden Vektoren vollkommen kongruent, dann ist der Winkel genau 0 Grad (siehe Abbildung 3.10). Dies ist ein direkt berechenbares Maß für die Ähnlichkeit von Vektoren. Wie werden die prototypischen Vektoren gespeichert? Sie werden in den Gewichten zwischen den Eingabeeinheiten und einer individuellen Ausgabeeinheit gespeichert. Das bedeutet, daß jeder Komponente des Prototypen ein Gewicht zugeordnet ist und daß die Gewichte einer "Summeneinheit" zugeordnet sind, die die einzelnen Produkte der zwei Vektoren (Gewichts- und Eingabevektor) aufsummiert. Diese Summeneinheit ist die Ausgabeeinheit.

In dem oben besprochenen Netz ist die Ausgabe der Summeneinheit proportional zu der Summe der Produkte. Die Ausgabe ist also eine lineare Transformation

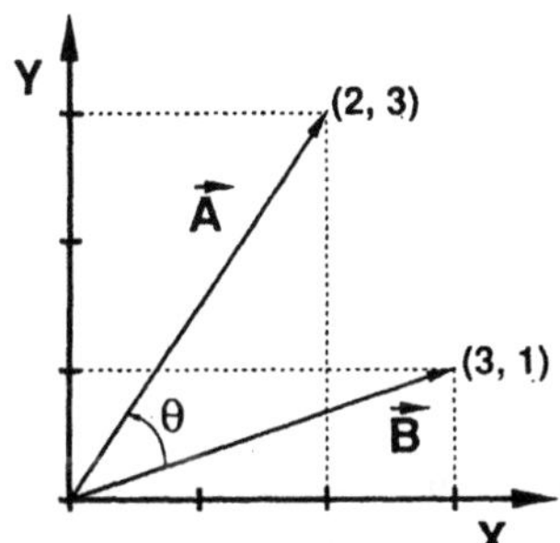

Abbildung 3.10 Die Berechnung des inneren Produkts zweier Vektoren ist die fundamentale Operation in einem vorwärtsgerichteten assoziativen Netz. Das hier betrachtete Beispiel zeigt zweidimensionale Vektoren, aber die gleiche Beziehung gilt auch für höherdimensionale Vektoren. Das innere Produkt ist als $\mathbf{A} \cdot \mathbf{A} = A_x B_x + A_y B_y = 2 \times 3 + 3 \times 1 = 9$ definiert, wobei A_x die x–Komponente und A_y die y–Komponente des Vektors $\mathbf{A}$ repräsentieren. Der Winkel θ zwischen den Vektoren kann aufgrund der Beziehung $\cos\theta = \frac{\mathbf{A} \cdot \mathbf{B}}{(\|\mathbf{A}\| \cdot \|\mathbf{B}\|)}$ bestimmt werden, wobei $\|\mathbf{A}\| = \sqrt{A_x^2 + A_y^2}$ die Größe von $\mathbf{A}$ ist. In dem in Abbildung 3.9(A) gezeigten Netz könnte der Vektor $\mathbf{A}$ die Aktivität der Eingabeeinheiten und Vektor $\mathbf{B}$ die Gewichte zwischen den Eingabeeinheiten und einer Ausgabeeinheit repräsentieren. Das innere Produkt kann dann als die gewichtete Summe der Eingabewerte bezogen auf eine Ausgabeeinheit interpretiert werden.

der Eingabe, und deshalb wird ein solches Netz als *linearer Assoziator* bezeichnet. Betrachten wir beispielsweise ein kleines Netz mit drei Eingabe- und drei Ausgabeeinheiten. Es hat neun mögliche Gewichte, die als Matrix von Zahlen geschrieben werden können. Eine solche 3×3 Matrix kann folgendermaßen aussehen:

$$w_{ij} = \begin{bmatrix} 0 & -1 & 2 \\ 1 & 0 & 1 \\ 2 & -1 & 0 \end{bmatrix}$$

Die Komponenten des Ausgabevektors werden wie folgt berechnet:

$$y_i = \sum_j w_{ij} x_j \tag{3.1}$$

Für den Eingabevektor $x_i = (1, 1, 1)$ erhält man somit den Ausgabevektor $y_i = (1, 2, 1)$ und für den Eingabevektor $x_i = (1, 2, 3)$ ergibt sich der Ausgabevektor $(4, 4, 0)$. (Wir multiplizieren die erste Komponente des Eingabevektors mit dem ersten Element in der oberen Zeile der Matrix $[1 \times 0]$, die zweite Komponente mit dem zweiten Element in der oberen Zeile der Matrix $[2 \times -1]$, die dritte Komponente mit dem dritten Element in der oberen Zeile der Matrix $[3 \times 2]$ und summieren die so erhaltenen Produkte auf $[= 4]$. Das wird für jede Zeile der Matrix wiederholt.)

Wie erwartet, gibt es viele Variationen von einfachen linearen Assoziatoren. Änderungen gibt es in bezug auf die Festlegung, ob Ein- und Ausgabeeinheiten sowie Gewichte stetige oder binäre Werte annehmen (Abbildung 3.11). Man beachte, daß viele innere Produkte parallel berechnet werden können und daß die Größe des Netzes mit der Zahl der Summeneinheiten wächst. Zusätzlich kann jedes der Produkte (Gewichte × Eingabewerte) parallel berechnet werden. Somit kann der mit einem Eingabevektor assoziierte Ausgabevektor in nur einem Schritt berechnet werden. Hier wurde ein paradigmatisches Netz beschrieben, welches ein Testbeispiel gegen einen gespeicherten Prototypen mustert. Dies ist offensichtlich eine Klassifikationsaufgabe: Für jede Kategorie muß ein als Vektor codiertes, repräsentatives Beispiel angegeben werden. Als Regel läßt sich formulieren, daß ein linearer Assoziator umso besser ist, je weniger sich die Prototypen überlappen, da eine Eingabe vorzugsweise nur zu einem Prototypen eindeutig passen sollte.

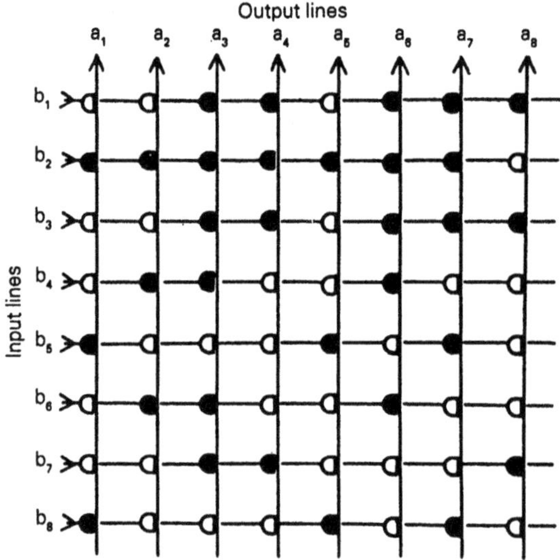

Abbildung 3.11   Die Abbildung zeigt ein Willshaw–Netz mit horizontalen Eingabelinien (input lines), vertikalen Ausgabelinien (output lines) und ihren Verbindungen. Die den Verbindungen zugeordneten Gewichte sind binär und können den Wert 0 (offener Kreis) oder den Wert 1 (ausgefüllter Kreis) annehmen. Das Bild ist somit eine graphische Repräsentation der Gewichtsmatrix. (Aus [775]).

Die bisher gemachten Ausführungen zeigen, wie man *eine* Abbildung von der Eingabe auf die Ausgabe erhält. Gezeigt wurde jedoch nicht, wie die Gewichte bestimmt werden müssen, damit die *korrekte* Abbildung von der Eingabe auf die Ausgabe erhalten wird — oder wie das Netz dazu gebracht wird, die korrekte Antwort auf eine Anfrage zu erzeugen. Das ist offensichtlich ein entscheidender Punkt, damit ein solches Netz von Nutzen sein kann. Die Art und Weise, wie der prototypische Vektor codiert wird, bestimmt im wesentlichen den Erfolg und die Effizienz eines Netzes. Verschiedenene Codierungsstrategien werden die von einem Netz durchzuführenden Operationen erleichtern oder erschweren. Es ist im allgemeinen nicht bekannt, wie die Vorverarbeitung von Aufgaben des Nervensystems (wie das Sehen oder das Sprachverstehen) organisiert werden soll. Aber über einfachere Abläufe, wie zum Beispiel das visuelle Verfolgen eines Zielobjektes bei Bewegung des Kopfes, sind einige Informationen bekannt (Kapitel 6). Wie wir später diskutieren werden, liefert das Gehirn wertvolle Hinweise, die uns dabei helfen, die charakteristischen Merkmale der Vorverarbeitung zu verstehen, welche notwendig ist, damit der Vergleich zwischen Eingabe- und gespeicherten Vektoren gelingt. Über diese Vorverarbeitung läßt sich allgemein folgendes sagen: Als Sensoreingabe können die Vektoren sehr verschieden sein, da es viele verschiedene Muster eines — sagen wir — Hundes gibt. Die Vorverarbeitung muß nun dafür sorgen, daß die verschiedenen Muster so auf die Gewichte abgebildet werden, damit sie alle die Ausgabe "Hund" aktivieren. Mit anderen Worten, das System muß eine $n : 1$ Abbildung realisieren. Wie dies genau geschieht, ist von Fall zu Fall verschieden. Dieser Punkt wird später näher erläutert.

Durch eine einfache Modifikation des paradigmatischen Netzes erhält man einen *autoassoziativen inhaltsadressierbaren Speicher*. Mit anderen Worten, das Netz erzeugt bei einem nur teilweise gegebenen Eingabevektor eine Ausgabe, die so gut wie möglich einem vorher gespeicherten Vektor entspricht. Das ist also eine Vektorvervollständigungsaufgabe. Dafür benötigt man genau soviele Eingabe- wie Ausgabeeinheiten, und somit ist die Gewichtsmatrix quadratisch in Bezug auf die Anzahl der Eingabeeinheiten. Die mit der Verbindung von der Einheit j zur Einheit i assoziierten Gewichte w_{ij} werden durch das äußere Produkt der gespeicherten Vektoren

$$w_{ij} = \sum_{\alpha} x_i^{\alpha} y_j^{\alpha} \tag{3.2}$$

bestimmt, wobei x_i^{α} die i–te Komponente des α–ten gespeicherten Vektors bezeichnet. Ist beispielsweise $(1, 5, 2)$ einer der gespeicherten Vektoren, dann ist sein Beitrag zur quadratischen Gewichtsmatrix:

$$w_{ij} = \begin{bmatrix} 1 & 5 & 2 \\ 5 & 25 & 10 \\ 2 & 10 & 4 \end{bmatrix}$$

Diese Eingabevektoren könnten dem Netz nacheinander vorgelegt und die Gewichte inkrementell berechnet werden, indem die jeweiligen Beiträge aufsummiert werden. Diese nach Hebb benannte Regel ist die vielleicht einfachste und am besten bekannte Lernregel. Sie entspricht dem von Hebb geäußerten Verdacht, daß sich die Gewichte auf den Verbindungen zwischen zwei Einheiten dann verstärken sollten, wenn die beiden Eineiten gleichzeitig aktiv sind. Man beachte, daß das Gewicht aus dem Produkt der Eingabemuster und den gewünschten Ausgabemustern berechnet wird.

Grob gesprochen, werden nach der Hebbschen Regel die Vektoren einander ähnlich. Sie besagt, daß der Ausgabevektor dem vorher bereits gesehenen Vektor entsprechen soll, welcher dem vorgelegten Vektor am ähnlichsten ist. Betrachten wir den Fall, daß eine unvollständige oder verrauschte Version eines Eingabevektors x_i dem Netz vorgelegt wird, dessen Konfiguration durch die Gleichung (3.2) gegeben ist. Setzen wir die durch Gleichung (3.2) bestimmten Gewichte in Gleichung (3.1) ein, dann läßt sich die Ausgabe wie folgt umformen.

$$y_i = \sum_\alpha x_i^\alpha [\sum_j (x_j^\alpha x_j)] \tag{3.3}$$

Grob gesprochen, bedeutet dies, daß sich der Ausgabevektor als Linearkombination der gespeicherten Vektoren x_i^α ergibt, wobei jeder Vektor durch den in eckigen Klammern stehenden Ausdruck gewichtet wird. Dieser Ausdruck wiederum repräsentiert das innere Produkt oder die Überlappung zwischen dem Eingabe- und dem gespeicherten Vektor. In dem *auto*assoziativen Netz ist die gewünschte Ausgabe der gespeicherte Vektor, der der Eingabe am ähnlichsten ist; im günstigsten Fall ist sie gleich der Eingabe. Solch ein Netz kann Vektoren vervollständigen und korrigieren, es kann aber nicht zwei verschiedene Vektoren miteinander assoziieren. Das autoassoziative Netz läßt sich aber leicht in ein *hetero*assoziatives Netz umwandeln. Während ein autoassoziatives Netz das äußere Produkt von (x_i^α, x_i^α) speichert, muß ein heteroassoziatives Netz das äußere Produkt zweier nicht–identischer Vektoren $(z_i^\alpha x_j^\alpha)$ speichern. Wenn es erst einmal trainiert ist, dann produziert das heteroassoziative Netz bei vorgelegtem Eingabevektor x_j^α eine zu z_i^α proportionale Augabe.

Was passiert, wenn der verrauschte Vektor mit mehr als einem gespeicherten Vektor zusammenpaßt? In diesem Fall wird als Ausgabe die gewichtete Summe der gespeicherten Vektoren erzeugt, d.h. eine mehrdeutige Eingabe erzeugt eine Mischung aus den Vektoren, die ihr am ähnlichsten sind. Werden mehr und mehr Vektoren mittels der Hebbschen Regel gespeichert, dann werden immer weitere Mehrdeutigkeiten entstehen, und die Leistungsfähigkeit des Netzes nimmt dementsprechend ab. In der Tat gilt für alle Matrixassoziatoren, daß sie nur dann sehr gut funktionieren, wenn nur wenige Muster zu speichern sind. Aber ihre Kapazität ist beschränkt und erstaunlich schnell ausgelastet. Um dieses Speicherplatzproblem zu lösen, wurden mehrere Modifikationen der Hebbschen Regel vorgeschlagen, und dadurch konnte die Kapazität der Netze ein wenig erhöht werden.

Eine erste Strategie besteht darin, nur eine kleine Teilmenge der Einheiten zur Repräsentation der gegebenen Musters zu verwenden. Das wird auch als das dünne Besetzen eines Vektors bezeichnet [774]. Willshaw fand heraus, daß die Kapazität eines Netzes mit n Einheiten dann optimal groß ist, wenn jedes Muster nur durch $\log n$ Einheiten repräsentiert ist. Durch die dünne Besiedlung von Vektoren entsteht weniger Überlappung zwischen den zu speichernden Mustern, und deshalb kann ein solches Netz mehrere Muster speichern.[14]

Eine zweite Möglichkeit, Speicherplatz einzusparen, besteht darin, eingehende Aktivierungen durch inhibitorische Verbindungen zu normalisieren. Das geschieht unter der Annahme, daß alle eingehenden Verbindungen exzitatorisch sind. In einem Hebbschen Netz ist die Anzahl der Synapsen, die von einem Eingabevektor am stärksten erregt werden, proportional zum Quadrat der Anzahl der Einheiten, die von dem Eingabevektor aktiviert werden. Beim Übergang zu einer dünn besetzten Repräsentation reduziert sich die Anzahl der Einheiten, die von einem beliebigen Muster aktiviert werden. Der gleiche Effekt wird bei vorwärtsgerichteter Hemmung durch eine Normalisierung der Gesamtaktivität erreicht und zwar so, daß alle Eingabemuster im Durchschnitt die gleiche Anzahl von Einheiten erregen. Dies verhindert, daß ein einzelner stark aktivierter Eingabevektor die Synapsen mit Beschlag belegt. Dadurch wird das gesamte Verfahren ökonomischer.

Eine dritte Möglichkeit zur Erhöhung der Kapazität des Netzes besteht in der Einführung nicht–linearer Schwellenwerte für die Ausgabeeinheiten: Wenn die Summe der Eingaben einen bestimmten vorgegebenen Wert nicht überschreitet, dann erzeugt die Einheit keine Ausgabe. Als Folge produzieren nur die am stärksten aktivierten Einheiten eine Ausgabe. Somit wird unbedeutende Aktivierung beseitigt, wodurch mehr Speicherplatz für wirklich wichtige Dinge bleibt. Man sollte diese Art des "Aufräumens" nicht unterschätzen, aber das wirklich wichtige an der Einführung der nicht–linearen Einheiten besteht darin, daß die so erhaltenen Netze wesentlich leistungsfähiger sind. Es kann wesentlich kompliziertere Berechnungen durchführen als ein Netz mit ausschließlich linearen Einheiten. Mit anderen Worten, eine ganze Klasse von Funktionen, die mit den bisher betrachteten Netzen nicht berechnet werden konnte, ist nun mit Hilfe der nicht–linearen Netze berechenbar. Die nächste Stufe in der Evolution der Netze sind also Einheiten mit nicht–linearer Ausgabefunktion.

3.4 Das Erfüllen von Lösungsbedingungen: Hopfield–Netze und Boltzmann–Maschinen

Für welche Art von Problemen braucht man die Eigenschaft der Nicht–Linearität? Betrachten wir folgendes Problem: Ein Objekt soll in einem Bild erkannt werden. Das Objekt kann sich in einer ungewöhnlichen Perspektive befinden, in einer überladenen Szene teilweise verdeckt sein, der Lichteinfall kann mangelhaft sein, oder es handelt sich bei dem Objekt um ein Individuum, das man vorher noch nie gesehen hat. Bei der Verarbeitung von visuellen Szenen ist einer der ersten Schritte die Trennung des Objektes von dem umgebenden Wirrwarr. Diese Trennung von Objekt und Hintergrund hat bedeutende Konsequenzen für die Interpretation eines Objektes in einem Bild. Dies wird in Abbildung 3.12 anhand der klassischen

---

[14] Siehe auch [390].

Vase/Gesicht–Umkehrbilder illustriert. Je nachdem, welcher Teil eines Bildes als
Objekt und welcher als Hintergrund interpretiert wird, kann das Schattenbild
als Vase oder als Profilansicht zweier Gesichter gedeutet werden. Dieses Beispiel
veranschaulicht außerdem eine wichtige Eigenschaft, die das visuelle System zur
Auflösung von Mehrdeutigkeiten benutzt: Zu einem bestimmten Zeitpunkt kann
immer nur eine der möglichen Interpretationen wahrgenommen werden. Zwischen
den beiden Interpretationen kann durch eine Veränderung der Aufmerksamkeit
hin und her gesprungen werden. Man beachte dabei, daß für diesen Wechsel eine
Veränderung der Augen nicht notwendig ist, sondern vielmehr ist er die Folge einer
internen Verlagerung der Aufmerksamkeit, die zumindest manchmal der bewußten
Kontrolle unterliegt. Könnte eine solche Trennung von Objekt und Hintergrund
mittels einer Tabelle realisiert werden?

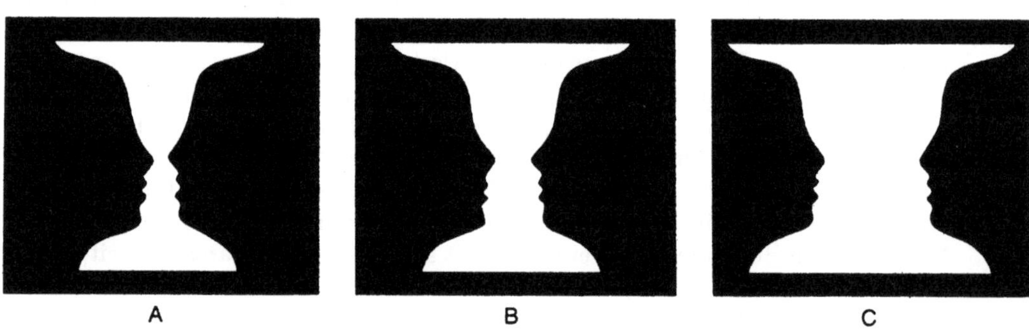

Abbildung 3.12   Objekt/Hintergrund–Umkehrbilder. Von jedem dieser Bilder gibt
es zwei wahrnehmbare Interpretationen: zwei schwarze Gesichter oder eine Vase. Die
wahrgenommene Interpretation kann durch bewußte Aufmerksamkeit, aber auch durch
Eigenschaften im Bild beeinflußt werden. So wird beispielsweise die Interpretation der
Gesichter in A und die der Vase in C bevorzugt wahrgenommen. Die beiden Interpre-
tationen scheinen einander auszuschließen (man versuche nur, sich vorzustellen, zwei
Gesichter würden eine Vase küssen). (Mit Genehmigung aus [135]. Copyright ©1989
Harcourt Brace Jovanovich)

Das geht vermutlich nicht, und der Grund hierfür scheint darin zu liegen, daß
das System zur Lösung dieses Problems eine globale Perspektive haben muß, obwohl es keine "globale Einheit" besitzt. So scheinen die Übergänge zwischen der
Interpretation als Gesicht und der Interpretation als Vase einheitlich über das
gesamte Bild zu verlaufen. Dies spricht eindeutig für eine globale Berechnung,
wobei allerdings ein Problem auftritt. In den ersten Verarbeitungsstufen reagieren einzelne Neuronen nur auf lokale Regionen des Bildes. Mit anderen Worten,
der erste Schritt ist eine lokale Verarbeitung. Somit gilt es, das folgende Puzz-
le zu lösen. Wie werden die lokalen Bewertungen zu einer konsistenten globalen

Interpretation zusammengesetzt? Diese Art von Berechnungsproblemen erfordert die gleichzeitige Erfüllung vieler partieller Lösungsbedingungen. Die Bedingungen dürfen nicht nacheinander erfüllt werden, da dies zu "Lösungen" führen würde, die eigentlich gar keine sind. Vielmehr müssen sie zum Finden einer kohärenten Globallösung alle simultan erfüllt werden. Betrachten wir beispielsweise eine Ecke eines Objektes. Eine lokale Analyse mag zwei nebeneinander liegende Gebiete finden. Aber die exakte Beziehung zwischen den Gebieten und weiteren Gebieten in einer anderen Ecke des Objektes wird erst durch Bedingungen festgelegt, die die sich überschneidenden Teile der Gebiete miteinander in Beziehung setzen. Oft müssen Bedingungen wie die Stetigkeit und die dreidimensionale Geometrie von Objekten bei der Berechnung berücksichtigt werden, damit eine konsistente und globale Interpretation gefunden werden kann [46].

Die Gestalt–Psychologen identifizieren eine Reihe von Prinzipien und Bedingungen, die den Interpretationsprozeß steuern. Dabei sind "Gestalten" globale Organisationen, die durch vielfältige Interaktionen zwischen den einzelnen Merkmalen eines Bildes entstehen. Beispielsweise scheinen die in Abbildung 3.13 gezeigten konvergierenden Linien in die Tiefe des Bildes zu laufen. Obwohl es den Gestalt–Psychologen gelang, einige Bedingungen zur Erzeugung einer globalen Interpretation zu identifizieren, kennen sie noch immer keinen eindeutigen Mechanismus, der die beim Erzeugen einer konsistenten Interpretation eines Bildes auftretenden Bedingungen erfüllt und Konflikte zwischen den verschiedenen Bedingungen auflöst. Einer der Gründe für die Schwierigkeit dieses Problems liegt in der kombinatorisch explodierenden Zahl möglicher Interpretationen. Folglich müßte eine Tabelle, die alle möglichen Formen repräsentiert und auf die ja nur einmal zugegriffen wird, unmöglich viele Einträge haben. Also ist eine reine Tabellentechnik zumindest für diese Aufgabe nicht geeignet.

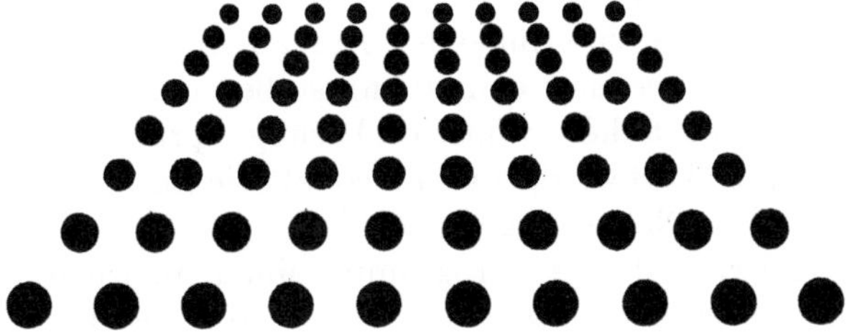

Abbildung 3.13   Dieses zweidimensionale Feld erzeugt ein starkes Gefühl von Tiefe. Die Perspektive (konvergierende Linien von Punkten) und die Textur (ein Wechsel in der Größe der Punkte) vermitteln die Information über die Tiefe. (Aus [284].)

In diesem Abschnitt werden wir ein Berechnungsprinzip beschreiben, das Lösungsbedingungen durch einen Abschwächungsprozeß (Relaxation) erfüllt. Anstatt eine vorher berechnete Antwort abzulesen, konvergiert dabei ein paralleles System von Rechenelementen, das nur lokal interagiert, gegen die korrekte globale Interpretation. Wie schon in der Diskussion über den oberen Colliculus angedeutet, bedeutet dies jedoch nicht, daß eine Tabellenkonfiguration einen Prozeß wie das Erfüllen von Lösungsbedingungen ausschließt — es mag Wege geben, die beiden miteinander zu verknüpfen. Dazu gibt es auch noch eine natürliche Methode, wie die von oben kommenden (top–down), aus dem gespeicherten Wissen abgeleiteten Bedingungen in dem von unten kommenden (bottom–up) Fluß sensorischer Daten berücksichtigt werden können (siehe Kapitel 5).

Die in Abschnitt 3 beschriebenen linearen Assoziatoren haben eine vorwärtsgerichtete Topologie; d.h. die Information fließt von den Eingabeeinheiten durch das Netz zu den Ausgabeeinheiten. Diese Topologie muß jedoch geändert werden, wenn ein Netz benutzt werden soll, um Lösungsbedingungen zu erfüllen. Insbesondere muß das Netz so geändert werden, daß die Information unter den Ausgabeeinheiten zirkulieren kann, um so gemeinsam zu einer konsistenten Lösung zu kommen. Das bedeutet nichts anderes als Rückkopplung. Vorwärtsgerichtete Netze sind wie ein hierarchisch angeordnetes Fließband: In der ersten Stufe werden die Basiskomponenten erstellt und weitergereicht, in der zweiten Stufe werden diese Komponenten zusammengebaut usw. bis die fertigen Produkte vom Fließband laufen. In einem rückgekoppelten System findet Kommunikation zwischen den Agenten statt. Man spricht sich gegenseitig ab, Pläne können geändert und schnelle Entscheidungen können angeboten werden. Auf diese Weise kann eine Lösung gefunden werden, der alle zustimmen. Die in diesem Abschnitt betrachteten Netze werden zwei bisher nicht betrachtete Eigenschaften, nämlich Rückkopplungen und Nicht–Linearitäten, haben (Abbildung 3.14).

Netze mit rückgekoppelten Verbindungen zeichnen sich durch eine große Dynamik aus, die von oszillierenden Lösungen bis zu chaotischem Verhalten reicht. Sollen solche Netze bestimmte Lösungsbedingungen erfüllen, dann müssen zwei schwierige Fragen beantwortet werden: (1) Wie können die Gewichte so eingestellt werden, daß das Netz die Bedingungen der zu erfüllenden Aufgabe in geeigneter Weise repräsentiert? (2) Wird das Netz, wenn es einmal angestoßen ist, in einen stabilen Zustand übergehen, der dann auch die gewünschte Lösung repräsentiert? Beide Fragen scheinen besorgniserregend schwierig zu sein, sobald sie im Kontext von nicht–linearen und rückgekoppelten Netzen gestellt werden.

Im Gegensatz zu digitalen Rechnern, auf denen Programme ablaufen, arbeiten Netze, ohne daß die einzelnen Zwischenschritte genau festgelegt sind. Vielmehr verläßt man sich darauf, daß die Dynamik das Netz in einen stabilen Zustand überführen wird. Folglich hängt die Frage, ob ein Netz erfolgreich ist, davon ab, ob die durch die Interaktionen der Einheiten ausgelöste Dynamik des Netzes zu einer Lösung konvergiert. Aber — und das ist die wirkliche Schwierigkeit — woher soll man wissen, ob ein Netz erfolgreich ist? Wenn es nicht zu konvergieren scheint, dann kann das ja auch daran liegen, daß nur die Prozedur zum Finden eines stabilen Zustandes sehr langsam ist und lange braucht. Die Schwierigkeit

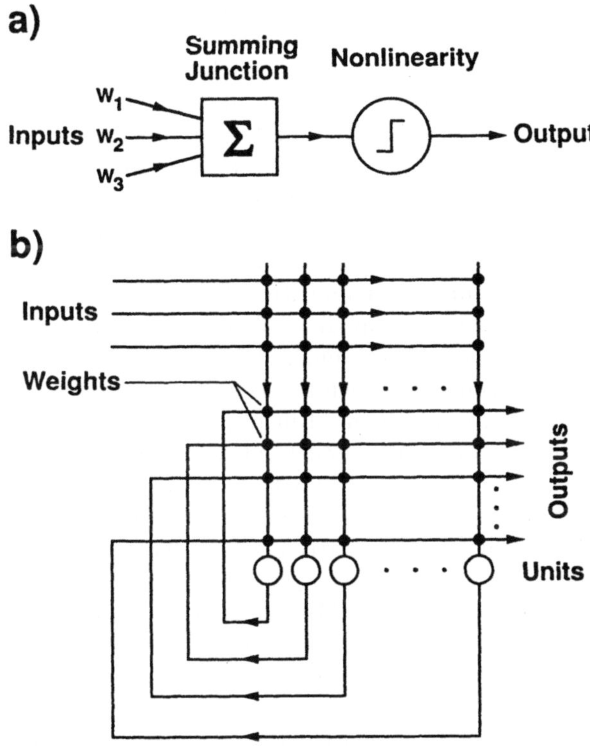

Abbildung 3.14 Nicht–lineare rückgekoppelte Netze. (a) Jede Einheit wendet eine nicht–lineare Operation auf die gewichtete Summe ihrer Eingaben an. (b) Das Diagramm eines rekurrenten Netzes. Jede Einheit erhält Eingaben sowohl außen als auch über rückgekoppelte Verbindungen von anderen Einheiten des Netzes. Jeder mit einem dicken Punkt gekennzeichnete Schnittpunkt einer horizontalen mit einer vertikalen Linie repräsentiert ein Gewicht.

liegt in dem Fehlen leicht erkennbarer Spielregeln, nach denen die in einem Netz repräsentierten Objekte miteinander interagieren. Zu Beginn der Forschungsarbeiten auf diesem Gebiet gab es praktisch keine Theorie, die das Verhalten der Netze erklären und vorhersagen konnte. Erst 1982 konnte John Hopfield für eine bestimmte Klasse von rückgekoppelten Netzen beweisen, daß deren Dynamik zwangsweise zu einer Lösung konvergiert.[15] Seine Erkenntnisse führten darüber hinaus zu einer neuen Forschungsrichtung, in der es inzwischen gelang, das Problem, wie die Gewichte in einem rückgekoppelten Netz eingestellt werden müssen, zu lösen.

Hopfields Ergebnisse waren vor allem auch deshalb überraschend, weil er die

---

[15] Siehe auch [21, 348, 127].

Netze mit Methoden und Techniken aus der theoretischen Physik erforschte, obwohl die beiden Gebiete auf den ersten Blick völlig unterschiedlich waren. Er stellte sich die folgende Frage: Folgen die Interaktionen zwischen den in einem Netz repräsentierten Objekten, die zu einer Antwort führen, den gleichen Gesetzen, die das Verhalten bestimmter physikalischer Systeme beschreiben? Auf den ersten Blick scheint dies unwahrscheinlich zu sein, da es keinen intuitiven und offensichtlichen Grund dafür zu geben scheint, warum sich die Regeln für die *berechnenden* Interaktionen und die Gesetze für die *physikalischen* Interaktionen ähnlich sein sollten. Aber Hopfield wollte den Spieß umdrehen. Wenn er recht hatte, dann wäre es möglich, schon bekannte und mächtige Theorien auf Netze bzw. auf eine Klasse von Netzen anzuwenden. Auf diese Weise wollte er in der allgemeinen Verwirrung wenigstens eine gewisse Ordnung schaffen.

Die meisten physikalischen Systeme zeigen von sich aus kein Verhalten, das im Kontext der Berechenbarkeit sinnvoll zu sein scheint. Ein physikalisches System benötigt eine einem Netz vergleichbare Vielzahl an Zuständen, damit es Eigenschaften an den Tag legen kann, die den Zuständen einer Berechnung in einem Netz entsprechen. Das prototypische Modell eines magnetischen Materials besteht aus regelmäßig angeordneten Partikeln, die auf relativ einfache Art und Weise mit ihren jeweiligen Nachbarn interagieren: Bei niedrigen Temparaturen zeigen alle Partikel entweder nach oben oder nach unten. Mit anderen Worten, lokale Interaktionen zwischen den Partikeln führen mühelos zu einer einzigen globalen "Lösung". Folglich können solche Anordnungen nur jeweils ein Bit an Information speichern. In der Tat wurde dieses Prinzip bei Kernspeichern in den ersten Computern angewendet. Jedoch ist die Analogie zwischen dem Verhalten solcher Anordnungen und der Art und Weise, wie in einem Netz Information gespeichert wird, nicht allzu groß. Dies liegt gerade an der Tatsache, daß diese Anordnungen viel zu wenig stabile Zustände einnehmen können.

Es zeigt sich jedoch, daß Spingläser ungewöhnliche Gegenstände sind, die die notwendige Vielfalt an Zuständen besitzen. Modelle von Spingläsern halfen Hopfield bei der Aufstellung seiner Regeln und Gleichungen. Ein Spinglas ist durch verschiedene Partikel charakterisiert, die sich entweder nach oben oder nach unten ausrichten und sich dabei einer Mischung aus anziehenden und abstoßenden Interaktionen aussetzen (Abbildung 3.15). Angenommen, das Spinglas wird durch Erhitzen in einen angeregten Zustand versetzt. Wird es nun schnell abgekühlt, dann verhält sich das System physikalisch so, daß es das am nächesten gelegene Energieminimum "sucht". Im Gegensatz zu einer Anordnung aus ausrichtbaren Partikeln, die sich untereinander ausschließlich anziehen und deren Energiefunktion dadurch nur ein einziges Minimum besitzt (alle Partikel zeigen in eine Richtung), besitzen Spingläser viele lokale Minima, da sie sowohl angezogen als auch abgestoßen werden. Diese Eigenschaft von Spingläsern wird "Frustration" genannt, wobei dieser Ausdruck andeuten soll, daß die Systeme nicht in der Lage sind, eine einstimmige Entscheidung zu treffen, sondern vielmehr mehrere Fraktionen mit unterschiedlicher Meinung zulassen. Wie weiter oben schon angedeutet,

Annealing

High Temp   **Low Temp**

Mean Field Approximation

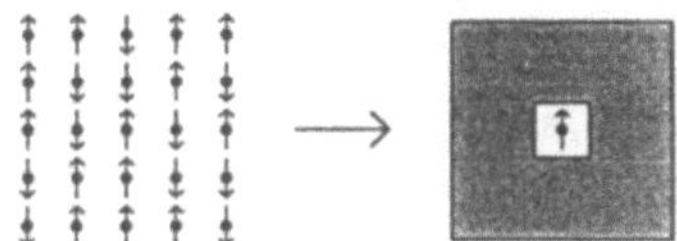

Abbildung 3.15   Annealing (oben) und Mean Field Approximation (unten) in einem 2-D Ising–Modell, das die Zustände der Enden eines Eisenmagnetes repräsentiert. Das Ising–Modell besteht aus einer Anordnung von ausrichtbaren Partikeln, die entweder nach oben oder nach unten zeigen können. Jeder Partikel kann mit seinen nächsten Nachbarn so interagieren, daß im Zustand mit niedrigster Energie alle Partikel in die gleiche Richtung zeigen. (Oben) Bei hoher Temperatur zeigen die Partikel in eine zufällig ausgewählte Richtung, da die thermische Energie, die diese Fluktuationen bewirkt, sehr viel größer ist als die Energie, die sich durch die Interaktionen ergibt. Wird aber die Temperatur gesenkt, dann richten sich alle Partikel in eine Richtung aus. In diesem Grundzustand verhält sich die Anordnung der Partikel wie ein Magnet. In einem Spinglas–Modell können die Interaktionen sowohl negativ als auch positiv sein, so daß im Grundzustand nicht alle Partikel in die gleiche Richtung weisen. Bei mittleren Temperaturen kann das System ein sehr komplexes Verhalten zeigen, da es sehr viele Möglichkeiten gibt, wie sich die Interaktionen miteinander kombinieren lassen. (Unten) Bei der Mean Field Approximation wird die Summe der lokalen Interaktionen durch eine einzige gemittelte Größe ersetzt. Dieser Näherungswert ignoriert die Einflüsse, die durch die Abweichung der lokalen Größen von ihrem Mittelwert entstehen. (unten) Bei der Mean Field Approximation werden die in einem Hopfield–Netz üblicherweise verwendeten binären Einheiten (die Einheiten erzeugen nur die Werte 0 und 1) durch Einheiten ersetzt, die reelle Werte zwischen 0 und 1 ausgeben können. (Aus [360]. Copyright ©1991 Addison-Wesley, Redwood City, CA.)

sind in der Dynamik des physikalischen Systems von sich wechselseitig beeinflußenden, ausrichtbaren Partikeln die Eigenschaften inhärent vorhanden, die für die Repräsentation von Objekten und für die Durchführung von Berechnungen benötigt werden. Der nächste Schritt besteht nun darin, Netze zu entwickeln, die die gleiche Dynamik wie Spingläser an den Tag legen, deren berechnende und repräsentierende Eigenschaften aber besser formalisiert werden können. Wie wir weiter unten zeigen werden, besteht Hopfields Ansatz darin, die Gleichungen, die die Abkühlung von Spingläsern beschreiben, auf den Prozeß des Findens eines stabilen Zustandes in einem Netz anzuwenden.

Wie die Elektronen, die sich nach oben oder nach unten ausrichten können [22], kennen die Einheiten in einem Hopfield–Netz zwei als "an" (1) und "aus" (0) bezeichnete Zustände. Sei s_i der Zustand der Einheit i. Die Verbindungen zwischen den Einheiten sind symmetrisch. Wenn es eine Verbindung von der Einheit j zur Einheit i mit dem Gewicht w_{ij} gibt, dann existiert auch eine reziproke Verbindung mit gleichem Gewicht von der Einheit i zur Einheit j. Folglich gilt

$$w_{ij} = w_{ji}. \tag{3.4}$$

Die in Analogie zu Spinglasmodellen definierte Energie des Systems ist durch

$$E = -\frac{1}{2} \sum_{ij} w_{ij} s_i s_j \tag{3.5}$$

gegeben. Grob gesagt ist die Energie E einfach die skalierte und mit -1 multiplizierte Summe der Gewichte, die mit Verbindungen zwischen sich im Zustand 1 befindenden Einheiten assoziiert sind. Auf diese Weise hat das Netz dieselben formalen Eigenschaften wie das physikalische System.[16]

Was ist nun ein Abschwächungsprozeß in diesem Zusammenhang? Grundsätzlich kann man sich diesen Prozeß als den folgenden Algorithmus vorstellen. "Wähle eine beliebige Einheit aus und ändere ihren Zustand. Bewirkt diese Änderung eine Absenkung der Energie des Netzes, dann akzeptiere die Änderung; im anderen Fall verwerfe die Änderung. Wiederhole diesen Schritt solange, bis keine Änderung des Zustands einer zufällig ausgewählten Einheit mehr eine Absenkung der Energie bewirkt." Etwas formaler läßt sich der Prozeß wie folgt beschreiben. Sei $\{s_i\}$ der gegebene Zustand des Netzes, in dem sich jede Einheit entweder im Zustand 0 oder 1 befindet, und sei die diesem Zustand entsprechende Energie E gemäß Gleichung (3.5) gegeben. Ist eine Einheit s_i im Zustand 0, dann trägt sie nichts zur Energie des Netzes bei. Wird der Zustand dieser Einheit jetzt zu 1 geändert, dann ändert sich E um ΔE_i, das wie folgt bestimmt wird.

$$\Delta E_i = -\sum_j w_{ij} s_j \tag{3.6}$$

---

[16]Obwohl diese Analogien beim Nachdenken über diese Netze helfen, sollten sie jedoch nicht allzu wörtlich genommen werden.

Wenn nun $\Delta E_i < 0$ ist, d.h. wenn

$$\sum_j w_{ij} s_j > 0 \tag{3.7}$$

ist und somit die Energie des Netzes fällt, dann wird die Änderung akzeptiert und das Netz nimmt einen neuen Gesamtzustand mit einer niedrigeren Energie ein (Abbildung 3.16). Dies ist genau die *Änderungsregel für binäre Schwellenwerteinheiten in einem Netz*. Sie entspricht dem traditionellen Ansatz, nach dem Neuronen nur dann Spitzenpotentiale aussenden, wenn die in einem Augenblick anliegenden Eingaben einen bestimmten Schwellenwert überschreiten. Die Einheiten in einem Hopfield–Netz werden asynchron, eine nach der anderen, auf den neuesten Stand gebracht. Dies ist eine deterministische Regel, wobei die Auswahl der nächsten Einheit zufällig erfolgt. Durch Hinzufügen eines weiteren Ausdrucks zu der Energiegleichung können auch die Schwellenwerte θ_i der Neuronen repräsentiert werden.

$$E = -\frac{1}{2} \sum_{ij} w_{ij} s_i s_j + \sum_i \theta_i s_i. \tag{3.8}$$

Dieser zusätzliche Ausdruck fügt zu der Energielandschaft eine schiefe Ebene hinzu; d.h. die Energie des Netzes wird um die Schwellenwerte der momentan aktiven Einheiten erhöht. Das entspricht genau dem Anlegen eines externen Magnetfeldes an das Spinglas.[17]
Durch wiederholtes Anwenden den Auswerteprozedur, nämlich durch wiederholte Auswahl einer Einheit und gegebenenfalls Wechsel ihrer Ausgabe, wird der globale Energiezustand des Netzes kontinuierlich abgesenkt. Da die Energiefunktion eine untere Schranke besitzt, läßt sich dieser Prozeß nicht unendlich lange fortsetzen. Deshalb konvergiert das Netz nach einer endlichen Anzahl von Schritten in einem stabilen Zustand. Typischerweise werden dabei alle Einheiten mehrmals ausgewählt. Die Energie des stabilen Zustands ist ein lokales Minimum der Energiefunktion. Dabei bedeutet "Energieminimum", daß jede Änderung der Ausgabe einer einzelnen Einheit zu einem Anwachsen der Energie des Systems führen würde. Die Minima werden "Attraktoren" genannt, da es um jedes Minimum herum eine Region von Zuständen gibt, von denen aus das System immer zum gleichen Minimum hingezogen wird (siehe Abbildung 3.17).
Hopfield erkannte in den lokalen Energieminima des Spinglas–Modells eine mögliche physikalische Realisation von Prototypen in einem assoziativen Speicher. Bauen wir demnach ein Netz, so daß es die gleichen formalen Eigenschaften wie ein Spinglas besitzt, und bestimmen wir die Attraktoren als die zu repräsentierenden Prototypvektoren, dann wissen wir aus dem Verhalten von Spingläsern, daß die Dynamik des Netzes für die Vervollständigung eines gegebenen, unvollständigen Eingabevektor sorgen wird. Dies entspricht in etwa der folgenden Aussage.

---

[17]Der negierte Schwellenwert $b_i = -\theta_i$ wird als Überhang (bias) bezeichnet.

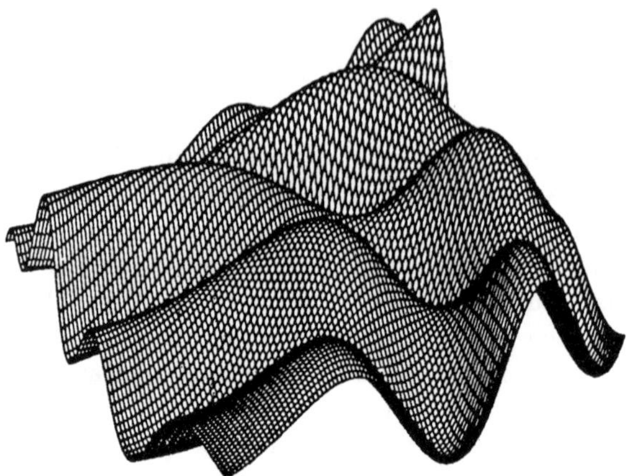

Abbildung 3.16   Die Visualisierung der Dynamik eines Hopfield–Netzes im Zustandsraum. Alle möglichen Zustände des Netzes sind als Punkte im zweidimensionalen Raum
repräsentiert, und die Höhe der Oberfläche repräsentiert die Energie des entsprechenden
Zustandes. Mit jeder akzeptierten Änderung des Zustands einer Einheit bewegt sich der
Gesamtzustand des Netzes abwärts. (Aus [360].)

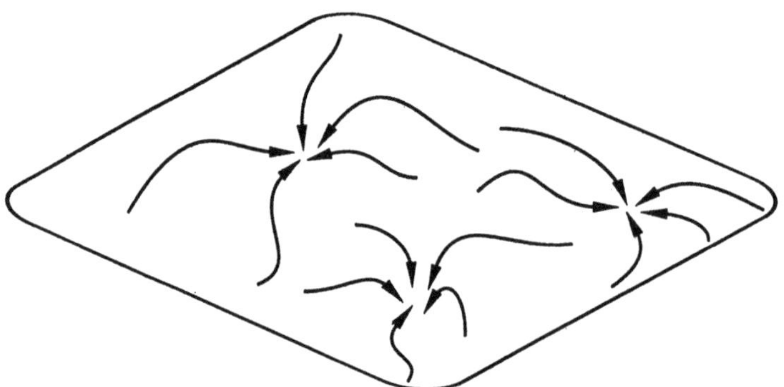

Abbildung 3.17   Die Konvergenz eines Netzes in einem stabilen Zustand ausgehend
von verschiedenen Ausgangszuständen. Jeder Punkt in der Ebene repräsentiert einen Zustand des Netzes. Die Trajektorien veranschaulichen, daß die Energielandschaft "Attraktoren" besitzt, die die Zustände des Netzes "anziehen". Mittels eines Abschwächungsprozesses (Relaxation) werden die stabilen Zustände an der tiefsten Stelle der Attraktoren erreicht. Dieser Prozeß wird auch Mustervervollständigung durch Abschwächung
genannt. (Aus [360].)

Aus den dynamischen Eigenschaften eines einen Berg hinunterrollenden Balls aus
Granit können wir schließen, daß ein Gummiball in einer schiefen Ebene ähnliche

dynamischen Eigenschaften besitzen wird.

Diese formale Analogie zwischen der Thermodynamik von Spingläsern und der Dynamik von Hopfield–Netzen erlaubt eine Reihe von wichtigen Schlußfolgerungen. Zum einen können wir die umfangreichen theoretischen Modelle, die die Physiker zum besseren Verständnis dieser Systeme entwickelt haben, übernehmen. Die Fragen nach der Kapazität solcher Netze und der Wahrscheinlichkeit, daß die gewünschten Prototypen auch korrekt ausgegeben werden, können somit leichter beantwortet werden. Zum anderen kann so auch das Verhalten des Netzes mittels Trajektorien in einer hochdimensionalen Landschaft visualisiert werden. Mit anderen Worten, die geometrische Interpretation der Zustandsübergänge unterstützt unsere visuelle Vorstellungskraft und lädt uns dazu ein, über Erweiterungen der zugrundeliegenden Idee nachzudenken. Mit Hilfe dieses dynamischen Gerüsts gelingt es, nicht–lineare Netze und ihre Eigenschaften besser zu verstehen. Insbesondere erlangen wir damit auch eine bessere Kenntnis über den bestmöglichen Entwurf von Netzen, die eine ganz bestimmte Aufgabe lösen sollen (Abbildung 3.18).

Im originalen Hopfield–Netz sind nur solche Übergänge erlaubt, die das System in einen niedrigeren Energiezustand überführen. Somit wird die Konvergenz in einem *lokalen* Minimum garantiert. Wie muß ein Netz aussehen, so daß es ein *globales* Minimum finden kann? Es stellt sich heraus, daß der Trick dabei darin besteht, ein Ansteigen der Energie — wenn auch nur in einer eingeschränkten Art und Weise — zu erlauben. Die beste Strategie zur globalen Optimierung wurde von Kirkpatrick et.al. [400] mit der Technik des "simulierten Ausglühens" (simulated annealing) entwickelt. Grob gesprochen ist das Ausglühen ein Vorgang, bei dem Material wie Metall oder Glas langsam abkühlt, nachdem es zuvor stark erhitzt wurde. Als Resultat bildet die Substanz Kristalle. Ist der Prozeß des Ausglühens langsam genug, so nimmt das Material am Ende ein globales Energieminimum ein. So bleibt beim langsamen Ausglühen Metall formbar. Im Gegensatz führt ein schnelles Abkühlen dazu, daß das Material ein lokales Energieminimum einnimmt, das u.U. wesentlich höher als das globale Minimum ist. Ein schnelles Ausglühen führt typischerweise zu spröden Materialien (wie z.B. bei Stahl), die andere Eigenschaften besitzen und beispielsweise leichter brechen.

Wir wollen Netze entwerfen, die ein globales Minimum finden und dazu die Abkühlungsdynamik kopieren. Ergo müssen wir zuerst etwas tun, was formal dem Erhitzen entspricht, und anschließend das System langsam abkühlen. Informell gesprochen bedeutet dies, wir müssen eine neue Transformationsregel finden, d.h. eine Regel, die ausgehend von dem momentanen Zustand einer Einheit und den anliegenden Eingaben den neuen Zustand bestimmt, so daß ein Netz nicht in einem lokalen Minimum stecken bleibt. Eine solche Regel ist die folgende.

Wenn ΔE_i die gemäß Gleichung (3.6) bestimmte Energiedifferenz einer Einheit i mit Zustand s_i ist, dann wird s_i auf 1 mit Wahrscheinlichkeit

$$p_i = \frac{1}{1 + e^{-\Delta E_i/T}} \qquad (3.9)$$

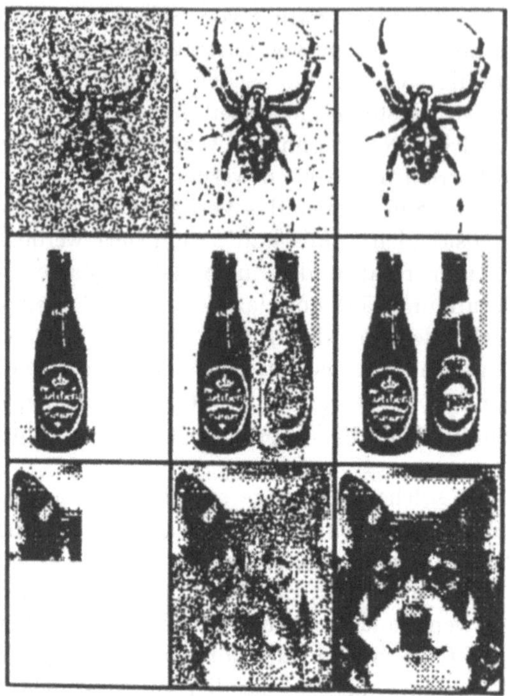

Abbildung 3.18   Drei Beispiele für die Mustervervollständigung durch Hopfield–Netze. Sieben verschiedene Muster wurden in einem einzigen Netz gespeichert, wobei jede Einheit ein Pixel in einem Feld der Größe 130 × 180 repräsentiert. In der linken Spalte sind die Eingabebilder dargestellt, die mittlere Spalte zeigt jeweils einen Zustand während der Berechnung und die rechte Spalte zeigt den Endzustand. In der oberen Zeile entsteht aus einem verrauschten Bild eine Spinne. In der mittleren Zeile reicht eine Flasche in der linken Hälfte des Bildes aus, um ein Flaschenpaar zu erhalten. In der unteren Zeile reicht ein Teil des Ohres aus, um ein vollständiges Bild von einem Hund zu bekommen [360].

gesetzt, wobei T die Temperatur des Systems repräsentiert (Abbildung 3.19). Bei sehr hohen Temperaturen ist die Wahrscheinlichkeit p_i nahezu $\frac{1}{2}$, und alle Zustände des Systems sind gleich wahrscheinlich. Geht die Temperatur aber gegen 0, dann wird die sigmoide Funktion zunehmend steiler und nähert sich immer mehr der Treppenfunktion an, die nichts anderes als die Transformationsregel der binären Schwellenwerteinheiten in dem originalen Hopfield–Netz ist. Ergo ist ein Hopfield–Netz nichts anderes als ein System mit Temperatur 0.

Der Abschwächungprozeß (Relaxation) besteht nun darin, daß die Einheiten eines Netzes ihre Zustände gemäß der oben angegebenen Transformationsregel ändern. Dabei werden Zustände mit umso größerer Wahrscheinlichkeit eingenommen, je niedriger ihre Energie ist. Dies folgt aus einem Theorem der statistischen Mechanik, das auf der Boltzmann–Verteilung beruht. Daher rührt auch der Name für diese Art Netze, die man nämlich als Boltzmann–Maschinen bezeichnet. Werden bei einer bestimmten Temperatur T soviele Einheiten ausgewählt und ihr Zustand neu berechnet, daß das System einen Gleichgewichtszustand einnimmt (das System bewegt sich nur noch im Bereich seiner Durchschnittsenergie), dann ist die Wahrscheinlichkeit P_i, daß ein globaler Zustand mit Energie E_i eingenommen wird, durch

$$P_i \propto e^{-E_i/T} \tag{3.10}$$

gegeben. Somit ist das Netz am wahrscheinlichsten in einem Zustand mit niedrigster Energie, und dies wird bei sinkender Temperatur immer wahrscheinlicher. Am Ende eines langsamen Abkühlungsprozesses wird sich das System folglich mit sehr großer Wahrscheinlichkeit (die sich dem Wert 1 nähert) in einem globalen Energieminimum befinden.

Diese Architektur wurde von Hinton und Sejnowski [328], Ackley et.al. [7] und Kienker et.al. [556] benutzt, um damit Wahrnehmungsprobleme zu studieren, die das Finden eines globalen Minimums erforderlich machen. Sie nannten diese Architektur in Anlehnung an die formale Äquivalenz zwischen ihren dynamischen Eigenschaften und Ludwig Boltzmanns Beitrag zur statistischen Mechanik Boltzmann–Maschine. Unabhängig davon entwickelten Hopfield und Tank [335] einen vergleichbaren Ansatz zur Lösung von Optimierungsaufgaben, wobei sie jedoch nicht binäre Einheiten wie in der Boltzmann-Maschine, sondern Einheiten mit stetiger Ausgabe verwendeten. Wie verhalten sich die beiden Netzarten — hier binäre und da stetige Ausgaben — zueinander? Im Gleichgewichtzustand gehen die Einheiten einer Boltzmann–Maschine mit einer Wahrscheinlichkeit an und aus, die dem Durchschnitt der wechselnden Eingabewerte entspricht. Der in einem bestimmten Zeitintervall erhaltene Durchschnittswert dieser Eingaben definiert die Wahrscheinlichkeit, daß eine Einheit den Wert 1 ausgibt. Diese Wahrscheinlichkeiten sind im Intervall zwischen 0 und 1 stetig, und genau sie wurden von Hopfield und Tank als Ausgaben der Einheiten in ihren Netzen benutzt. Das ist der prinzipielle Zusammenhang zwischen den beiden Netzarten. Gleichungen (3.8) - (3.10) können auch für Einheiten mit stetigen Ausgaben gelöst werden, und man nennt diesen Ansatz dann die "Mean Field Approximation" (Abbildung 3.15). Hopfield und Tank wiesen nach, daß mit dieser Methode eine Vielzahl von klassischen Optimierungsproblemen erfolgreich gelöst werden kann. Dazu zählten auch sehr schwierige Probleme wie das des Handelsreisenden und das Problem, die kürzestmöglichen Leitungen in einem integrierten Schaltkreis oder sogar in einem Nervensystem zu berechnen.[18]

Nun wurde mathematisch nachgewiesen, daß das Finden *der* besten Lösung für diese Art von Problemen extrem schwierig ist, und daher drängt sich die Frage auf, ob die oben angesprochenen Netze in der Tat die besten Lösungen finden. Für die

---

[18] Siehe auch [186, 651, 570].

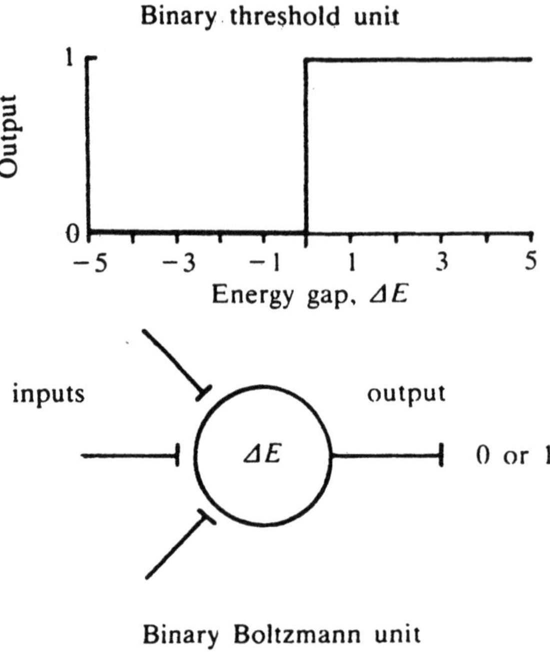

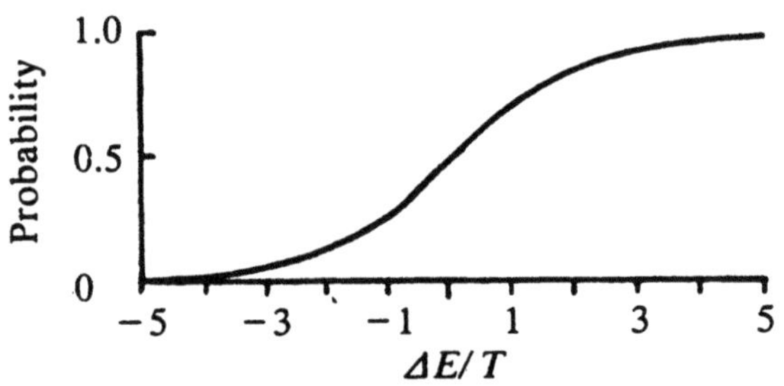

Abbildung 3.19   Die Ausgabe einer binären Einheit hängt von ihren Eingaben und ihrer Ausgabefunktion ab (Mitte). Für eine Einheit in einem Hopfield–Netz ist die Ausgabe 1, wenn die gewichtete Summe der Eingaben, ΔE, größer als 0 ist; ansonsten ist sie 0 (oben). Dies wird als binäre Schwellenwertregel (binary threshold rule) bezeichnet. Für eine Einheit in einer Boltzmann–Maschine ist die Ausgabe mit einer bestimmtem Wahrscheinlichkeit gleich 1, die als sigmoide Funktion von ΔE bestimmt wird (unten). Die Eingabe wird mittels der Temperatur T skaliert. (Aus [556].)

Netze von Hopfield und Tank lautet die Antwort auf diese Frage im allgemeinen "nein". Diese Antwort ist nicht so enttäuschend wie man das auf den ersten Blick vermuten, wird. Auch wenn diese Netze typischerweise die beste Lösung nicht finden, so finden sie jedoch häufig *gute* Lösungen *sehr schnell*. Im Gegensatz zu den Netzen von Hopfield und Tank findet eine Boltzmann–Maschine garantiert ein globales Minimum, wenn nur das Abkühlen langsam genug passiert [260].[19] Trotzdem gibt es viele Szenarios, in denen es geschickter ist, den Abkühlungsprozeß schneller durchzuführen und damit "nur" eine gute Lösung zu erhalten, als zu warten, bis eine Boltzmann–Maschine die beste Lösung findet. Eine optimale Steuerung des Akühlungsprozesses muß für jedes Netz neu gefunden werden.

Aus der Sicht eines Mathematikers ist es wunderbar, Resultate der statistischen Mechanik zur Analyse solcher Netze einzusetzen und einen Beweis zu führen, daß mit solchen Netzen globale Optimierungsprobleme gelöst werden können. Aber was haben wir davon aus der Sicht eines Informatikers? Da die Dynamik einer Boltzmann–Maschine der Dynamik eines Abkühlungsprozesses gleicht, ist garantiert, daß sie die Energielandschaft durchsuchen und ein globales Minimum finden wird. Wenn ein Netz die Instanz eines Optimierungsproblems (wie z.B. das Problem, wie die kürzeste Linie aussieht, die eine gegebene Menge von Punkten miteinander verknüpft) und die Ausgaben des Netzes eine Lösung des Problems repräsentieren, *dann garantiert die Dynamik des Netzes, daß eine Antwort generiert werden wird.* Da Optimierungsprobleme sehr schwierig sind und dies mit wachsender Zahl von Variablen immer schlimmer wird, ist das ein sehr nützliches Ergebnis. Wie wir weiter unten noch sehen werden, besteht eine zentrale Aufgabe darin, Regeln für die automatische Bestimmung der Gewichte in einem Netz zu entwickeln. Eine andere wichtige Aufgabe stellt sich in der Entwicklung von Modellnetzen, mit denen real existierende neuronale Netze analysiert werden können. Wie wir weiterhin sehen werden, ist es praktisch von großer Bedeutung, wie lange es dauert, bis eine Antwort gefunden wird.

Im Rahmen eines kleinen Exkurses beachte man, daß bei der Boltzmann–Maschine Spezifikation, Algorithmus und Implementierung nicht scharf voneinander getrennt sind. Das zu berechnende Problem wird unmittelbar durch die physikalische Konfiguration der Eingaben spezifiziert, und der Algorithmus ist nichts anderes als der Prozeß, mit dessen Hilfe das physikalische System die Lösung findet. Dies steht in einem starken Gegensatz zu der üblichen Trennung von Hardware und Algorithmus in einem digitalen Computer.[20]

Wie hilft uns nun dieser Rahmen bei der Beantwortung der zuvor aufgestellten Frage nach der Einstellung der Gewichte? Um diese Frage zu beantworten, muß ein wenig weiter ausgeholt werden, und deshalb gehen wir zunächst noch einmal zu dem Problem der Trennung von Objekt und Hintergrund zurück. Wir

---

[19]Der mathematische Konvergenzbeweis erfordert einen extrem langsamen Abkühlungsprozeß, der so langsam sein muß, daß er nicht praktikabel ist. In der Praxis wird daher die Abkühlung schneller vorgenommen. Auch wenn dadurch optimale Lösungen nicht garantiert werden können, so werden doch gute Lösungen erzielt.

[20]Es gibt einen interessanten Vergleich zwischen der Art und Weise, wie eine Boltzmann–Maschine einen globalen Zustand einnimmt und wie in einem digitalen Computer Anweisungen ausgeführt werden. In einem digitalen Computer legen in jedem Zeitschritt die Eingaben die initialen Bedingungen für den Stromfluß an den Gattern der digitalen Schaltkreise fest. Aber die physikalischen Prozesse, mittels derer eine digitale Antwort erzeugt wird, sind nichts anderes als analoge Abschwächungsprozesse, die von elektrischen Strömen und Ladespannungen abhängen.

erinnern uns, daß das Problem darin besteht, die Teile eines Bildes zu identifizieren, die zu einem Objekt bzw. zum Hintergrund gehören. Im augenblicklichen Kontext wollen wir eine etwas einfachere Aufgabe betrachten: Angenommen, der Stimulus besteht nur aus den Rändern eines Objekts, die jedoch Lücken beinhalten und verrauscht sein können. Weiterhin sei angenommen, es gäbe eine gewisse initiale Bewertung, die angibt, wo vom Rand aus gesehen das Objekt und wo der Hintergrund ist. Bei dieser Version des Problems wird also davon ausgegangen, daß die schwierige Aufgabe, die Ränder in einem Bild zu finden, bereits gelöst ist. Die übrig gebliebene Aufgabe besteht nun darin, für jede Stelle im Bild zu entscheiden, ob sie innerhalb oder außerhalb des Objektes liegt. Diese sogenannte Unterscheidungsaufgabe ist in keinster Weise trivial, da die lokale Entscheidung, ob eine Stelle innerhalb des Objektes ist, von dem Zustand anderer, zum Teil weit entfernter Stellen abhängt. Das Netz muß demnach eine globale und konsistente Lösung finden. Das Ergebnis soll dadurch angezeigt werden, daß die innerhalb des Objektes liegenden Pixel im Gegensatz zu den außerhalb des Objektes liegenden Pixel eingefärbt werden. Wie kann die Maschine nun entscheiden, welche Pixel eingefärbt werden sollen?

Dies ist die Art von globalen Problemen, die ein Abschwächungsnetz mittels lokaler Interaktionen zwischen benachbarten Einheiten lösen können sollte. Wir haben ein solches Netz nach den Bauplänen einer Boltzmann–Maschine entworfen. Durch die Vereinfachung des Problems werden nur zwei Variablen benötigt, die die folgenden beiden Eigenschaften repräsentieren. (a) "die Orte der Ränder" und (b) "x gehört zum Objekt" (sowie die entsprechende Negation "x gehört nicht zum Objekt", die zu der Aussage "x gehört zum Hintergrund" äquivalent ist). Die Zustände der Maschine können durch zwei gleich große und genau übereinanderliegende Gitter dargestellt werden. Ein Gitter besteht aus Einheiten vom Typ "Rand" und das andere aus Einheiten vom Typ "gehört zum Objekt" (Abbildung 3.20). Die Einheiten vom Typ "Rand" besitzen einen Pointer, der die Richtung zum Objekt angibt, und haben eine horizontale oder vertikale Orientierung. Die Einheiten vom Typ "gehört zum Objekt" geben ihre jeweilige Zugehörigkeit an. Die Ausgabe ist im Kern eine topographische Karte des Bildes, in der jedes Pixel entweder ausgefüllt ist oder nicht und in der für jedes Pixelpaar entweder ein Rand existiert oder nicht.

Die Gewichte in dem Netzwerk wurden dann so gewählt, daß sie den Beziehungen zwischen den beiden "Hypothesen", nämlich "Kante hier" und "gehört zur Figur", entsprechen. Einheiten, die zwei nebeneinanderliegende Stellen eines Bildes repräsentieren, sind demzufolge wechselseitig durch exzitatorische Verbindungen mit einem Gewicht von beispielsweise 10 verknüpft. Dies reflektiert die Eigenschaft, daß Objekte in einem Bild üblicherweise stetig sind. Einheiten vom Typ "Rand" sind wie folgt verbunden: Sie haben eine exzitatorische (Gewicht 12) Verbindung mit den Einheiten, auf die sie zeigen; sie haben exzitatorische (Gewicht 10) Verbindungen mit den unmittelbar danebenliegenden Einheiten; sie haben wechselseitig inhibitorische (Gewicht -12) Verbindungen mit den Einheiten,

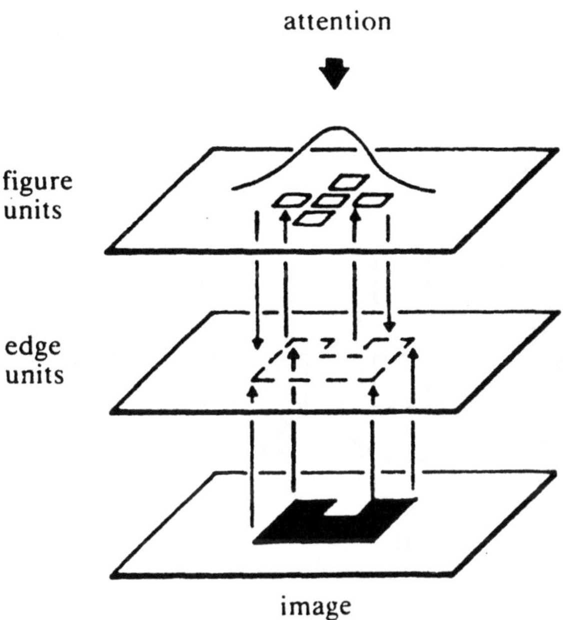

Abbildung 3.20 Schematische Darstellung eines Netzes bestehend aus Ebenen von binären Einheiten zur Unterscheidung von Objekt und Hintergrund. Jede Ebene besteht aus einem Feld von Einheiten, die sowohl untereinander wie auch mit Einheiten in anderen Ebenen verknüpft sind. Die Einheiten vom Typ "Rand" werden von unten an den Stellen aktiviert, an denen kontrastreiche Ränder im Bild auftreten (unten). Die Einheiten vom Typ "gehört zum Objekt" ("Figur") werden von oben durch einen Gauss-verteilten "Aufmerksamkeitsspot" aktiviert (oben). Während des Abschwächungsprozesses werden die beiden Eingaben konstant gehalten. (Aus [556].)

von denen sie wegzeigen. Zusätzlich zu diesen Verbindungen zwischen den Einheiten bestehen noch Verbindungen mit den Sensoreingaben, wodurch die Einheiten vom Typ "Rand", die die Grenzen eines Objektes repräsentieren, beeinflußt werden. Außerdem gibt es noch eine weitere Beeinflussung durch die Einheiten, die die Mitte der Figur repräsentieren, aktiviert werden. Dadurch wird dem Netz signalisiert, auf welcher Seite der Grenze die Einheiten ausgefüllt werden sollen. Um vom Objekt zum Hintergrund umzuschalten und die Einheiten auszufüllen, die den Hintergrund repräsentieren, muß nun nur diese zuletzt genannte Beeinflussung "verschoben" werden.

Die Gewichte repräsentieren die Lösungsbedingungen des Problems. In diesem Fall sind dies die Stetigkeit innerhalb und die Unstetigkeit an den Rändern eines Objektes. Die Interaktionen zwischen den Einheiten sind so bestimmt, daß erst nach dem Abwägen aller von den anderen Einheiten mittels der positiven und negativen Gewichte gelieferten Beweisstücke endgültig entschieden wird, ob ein bestimmtes Gebiet zum Objekt gehört. Die Konstruktion des Netzes mit seinen

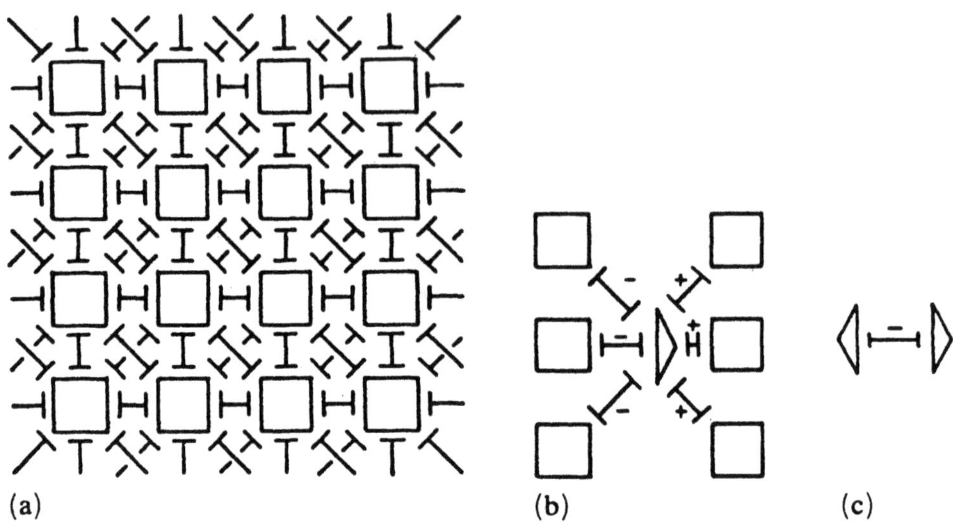

(a)   **(b)**   **(c)**

Abbildung 3.21   Zusammenfassung der Verbindungen und Gewichte für das Netz zur Trennung von Objekt und Hintergrund. (a) Jede quadratische "Figur"-Einheit ist mit ihren acht nächsten Nachbarn wechselseitig und mit exzitatorischem Gewicht (10) verknüpft. (b) Jede "Kanten"-Einheit (Pfeilspitze) zeigt in Richtung der Figur. Sie hat eine exzitatorische Verbindungen mit der Einheit der Figur, auf die sie zeigt (Gewicht 12), und den beiden benachbarten Einheiten der Figur (Gewicht 10). Weiterhin hat sie inhibitorische Verbindungen mit der Einheit, von der sie wegzeigt (Gewicht -12), sowie mit deren benachbarten Einheiten (Gewicht -10). (c) "Kanten"-Einheiten, die Figuren auf verschiedenen Seiten der Grenzlinie repräsentieren, hemmen sich wechselseitig (Gewicht -15) und implementieren damit die Bedingung, daß eine Figur immer nur auf einer Seite und nicht auf beiden Seiten der Grenzlinie sein kann. Zusätzlich erregen sich noch nebeneinanderliegende "Kanten"-Einheiten, wenn sie in die gleiche Richtung zeigen. Dieses Verknüpfungsmuster wiederholt sich im ganzen Netz. (Aus [556].)

Verbindungen und Gewichten ist etwas genauer in Abbildung 3.21 dargestellt.

Die visuelle Eingabe an das Netz legt die Grenzen des Objektes in der gleichen Weise fest, wie eine beleuchtete Grenzlinie ausgerichtete Zellen im Cortex aktivieren würde. Das Ziel des Netzes ist es, die Frage zu entscheiden, welcher Teil des Bildes zur Figur und welcher zum Hintergrund gehört. Das Netz wird bei einer hohen Temperatur so initialisiert, daß alle "Figur"-Einheiten mit gleicher Wahrscheinlichkeit aktiviert werden können. Wird nun die Temperatur gesenkt, dann tendieren die "Figur"-Einheiten aufgrund der Tatsache, daß sie mit exzitatorischen Verbindungen wechselseitig verknüpft sind, dazu, sich zusammenzugruppieren. Diese Gruppen lösen sich jedoch wieder auf, es sei denn sie werden durch eine Grenzlinie stabilisiert (Abbildung 3.22). Ob dabei die durch die Grenzlinie festgelegte Innen- oder Außenfläche ausgefüllt wird, hängt davon ab, wie der "Auf-

merksamkeitsspot" die "Figur"–Einheiten beeinflußt (siehe Abbildung 3.22(c) und
(d)). Dieses Verfahren des Abkühlens (annealing) kann die einfachen Bilder erfolgreich trennen, da die korrekte, globale Konfiguration der "Figur"- und "Kanten"–
Einheiten mit dem Zustand des Netzes korrespondiert, in dem die Energie am
niedrigsten ist. Das Verfahren ist robust in dem Sinn, daß das Netz verrauschte
oder fehlerbehaftete Eingaben, wie beispielsweise Lücken in einer Grenzlinie, korrigiert. Darin ähnelt es der menschlichen Wahrnehmung (Abbildung 3.23; [527]).

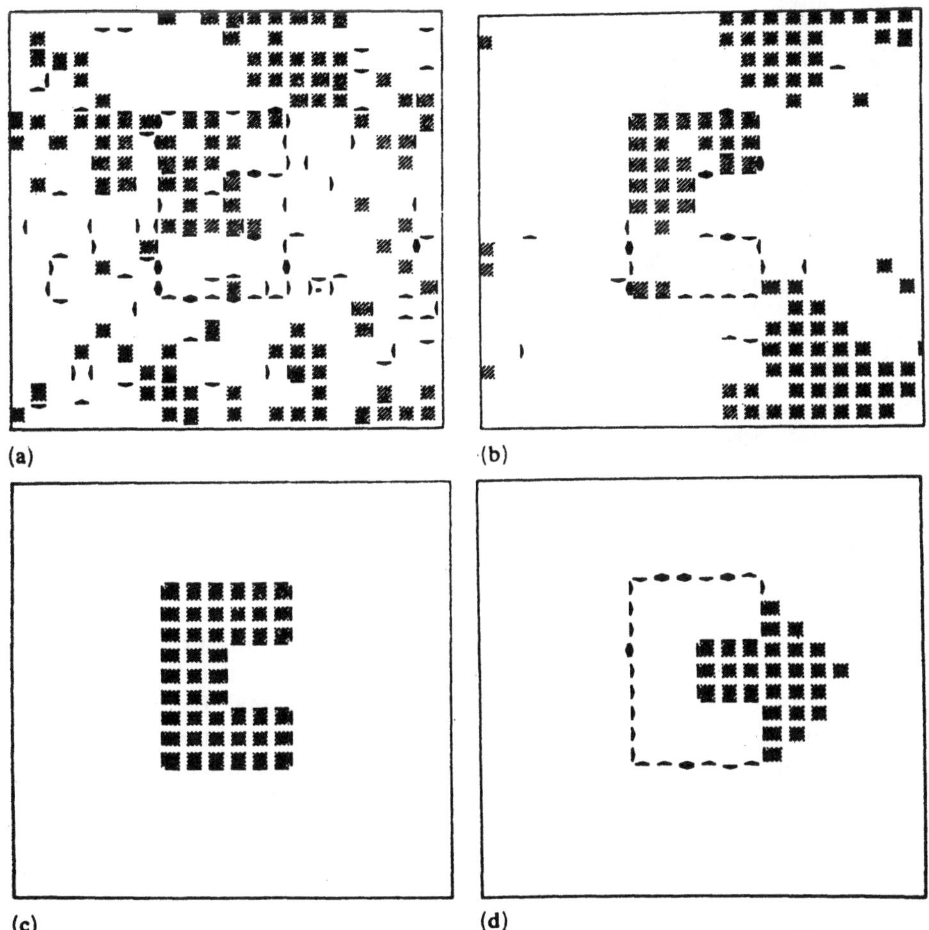

Abbildung 3.22   Aufeinanderfolgende Zustände des Netzes zur Trennung von Figur
und Hintergrund während des Abkühlens (simulated annealing): hohe Temperatur in
(a), mittlere Temperatur in (b) und niedrige Temperatur in (c) und (d). In (a)-(c)
konzentriert sich die Aufmerksamkeit auf die Mitte des Buchstabens C, während sie in
(d) außerhalb von C liegt. In den Endzuständen sind alle Einheiten der Figur gleichartig
ausgefüllt und die "Kanten"–Einheiten zeigen alle auf die Figur (Aus [556]).

Abbildung 3.23   Bild einer Figur mit unvollständiger Grenzlinie, welches trotzdem als ein vertrautes Objekt erkannt wird (Aus [135]. Copyright ©1989 Harcourt Brace Jovanovich, Inc.).

Dieses Netz ist eine Instanz eines allgemeineren Berechnungsprinzips, das unter dem Namen "relaxation labeling" bekannt ist und bei vielen Problemen aus dem Bereich des Computersehens angewendet wurde [745, 348]. Bei der Trennung von Figur und Hintergrund wurden die Lösungsbedingungen unter Zuhilfenahme einer Boltzmann–Maschine erfüllt. Die Gewichte im Netz wurden von Hand berechnet. Diese Gewichte mußten durch langwierige und aufwendige Suchverfahren so bestimmt werden, daß das globale Energieminimum eine Lösung für das betrachtete Unterscheidungsproblem repräsentiert. Im Idealfall hätte man für das Bestimmen der Gewichte gerne ein automatisches Verfahren, welches vielleicht dadurch angestoßen wird, daß dem Netz korrekte Paare (bestehend aus Anfrage und Lösung) gezeigt werden, und welches dann die passenden Gewichte selbst findet. Wie könnte ein Netz so etwas bewerkstelligen? Wie könnte ein Netz seine Gewichte automatisch richtig einstellen?

3.5   Lernen in neuronalen Netzen

Es gibt zwei grundsätzliche Arten von Lernalgorithmen[21] für das Einstellen der Gewichte in einem Netzwerk: überwachte und unüberwachte. Der Hauptunterschied betrifft die Frage, ob das Netz die Gewichtsmodifikationen aufgrund eines Berichtes über sein Verhalten vornimmt. Überwachtes Lernen basiert auf drei Dingen: der Eingabe, der Netzdynamik und einer Bewertung der adaptierten Gewichte. Dagegen basiert das unüberwachte Lernen nur auf zwei Dingen: der Eingabe und der Netzdynamik; keine externe Bewertung begleitet die Adaption der Gewichte. In beiden Fällen besteht die Aufgabe des Lernalgorithmus darin, eine Konfiguration der Gewichte so zu bestimmen, daß sie gewisse Dinge in der Welt repräsentiert — und zwar in dem Sinn, daß bei Aktivierung des Netzes durch einen Eingabevektor die korrekte Antwort erzeugt wird. Netze, die mittels unüberwachter Lernverfahren trainiert werden, können so aufgebaut sein, daß die Gewichte Regelmäßigkeiten der betrachteten Domäne repräsentieren. Werden die Gewichte beispielsweise unter Verwendung einer Hebbschen Regel adaptiert, dann strukturiert sich das Netz ohne externe Rückkopplung und unter ausschließlicher Verwendung der Eingabedaten Zug um Zug so, daß es eine Systematik in der Eingabe erkennt, wie immer diese auch aussehen mag. Eine solche Systematik kann beispielsweise die Kontinuität einer Grenzlinie sein. Somit können unüberwachte Netze zur Erkennung von Merkmalen eingesetzt werden. Folglich können sie die Vorverarbeitung für eine Maschine übernehmen, deren sensorische Eingabe in geeigneter Weise codiert werden muß, bevor sie in Aufgaben wie der Mustererkennung oder der motorischen Kontrolle weiterverwendet werden kann.

Wie schon erwähnt, hat das unüberwachte Lernen keinen Zugriff auf externe Rückkopplungen. Trotzdem verfügt ein solches Verfahren über die Möglichkeit, intern Fehler rückzukoppeln. Da die Literatur bezüglich Rückkopplungen und der Verwendung des Begriffs "überwacht" nicht eindeutig ist, schlagen wir vor, externe und interne Rückkopplung dadurch zu unterscheiden, daß wir eigene Namen vergeben. Erfolgt die Rückkopplung durch Signale, die außerhalb des betrachteten Organismus erzeugt werden, dann sprechen wir von *"überwachtem"* Lernen. Wird

---

[21] Wenn es nach uns ginge, dann würden wir nicht jede Anwendung eines dieser Verfahren als "Lernen" bezeichnet. Wir sollten uns jedoch mit unserem Urteil, ob das von einem gegebenen Netz durchgeführte Training wirklich dem Lernen bei Tieren ähnlich ist, etwas zurückhalten. Wir werden sehen, daß viele der produzierten Änderungen in einem Netz mehr mit neuronaler Weiterentwicklung, klassischer Konditionierung oder Reflexmodifikation als damit zu tun haben, wie gewisse Dinge, z.B. das Anfeuern eines Kamins, das Binden der Schnürsenkel oder das Erlernen sozialer Verhaltensweisen, gelernt werden. Unsere Alternativen bestanden darin, entweder ein neues Wort zu kreieren und so mit den etablierten Konventionen zu brechen, oder den bekannten Konventionen zu folgen und damit die Gefahr eines Mißverständnisses heraufzubeschwören. Die zweite Alternative erschien uns sinnvoller als der idealistische Plan, die Sprechweisen einer ganzen Generation von Wissenschaftlern auf dem Gebiet neuronaler Netze umzutrainieren. Hier ist also das potentielle Mißverständnis: Wird ein Netz mit einem Lernverfahren trainiert, so ist das keine Garantie dafür, daß das Netz im Sinne der paradigmatischen Bedeutung des Wortes "lernen" auch etwas lernt.

der Fehler jedoch intern festgestellt, dann sprechen wir von *"kontrolliertem"* Lernen (Abbildung 3.24). Betrachten wir beispielsweise ein Netz, das erlernen soll, die nächsten Eingaben vorherzusagen. Angenommen, es bekommt zwar keine externe Rückkopplung, kann aber die bisherigen Eingaben zur Vorhersage heranziehen. Erfolgt nun die nächste Eingabe, dann kann das Netz aus dem Unterschied zwischen der gemachten Vorhersage und der tatsächlichen Eingabe ein Fehlermaß ableiten, welches dann wiederum zur Verbesserung der nächsten Vorhersage verwendet werden kann. Dies ist ein Beispiel für ein Netz, welches unüberwacht, aber kontrolliert lernt.[22] Allgemein läßt sich sagen, daß es ein internes Maß für die Konsistenz oder Kohärenz geben kann, welches sowohl intern kontrolliert als auch zur Verbesserung der internen Repräsentation verwendet wird. Die Verwirrung in der Literatur rührt zum Teil daher, daß die Algorithmen für überwachtes Lernen auch für internes und damit kontrolliertes Lernen verwendet werden können. Eine eindeutige Semantik ist jedoch besonders bei der Diskussion von Rückkopplungsarten im Nervensystem notwendig, da bestimmte Arten des überwachten Lernens nicht biologisch sein können, während das interne Erkennen eines Fehlers in einem Teil des Nervensystems ein plausibles Signal ist, das zum Trainieren eines anderen Teils des Nervensystems verwendet werden kann.

Gibt es eine Systemart, die sich ohne Überwachung und Kontrolle organisiert? Im echten Nervensystem gibt es Entwicklungsformen, die als Kandidaten für eine solche Selbstorganisation in Frage kommen. Als Beispiel sei hier die Entwicklung der Verbindungen zwischen Nervenzellen genannt. In Modellen mit unüberwachtem Lernen, wie beispielsweise dem Lernen durch Konkurrenz, schien es auf den ersten Blick keine Zielfunktion zu geben, die die Rolle des Kontrolleurs spielen könnte. Bei genauerer Analyse gelang es jedoch, eine Zielfunktion für jedes der betrachteten Modelle zu finden. Die Optimierung dieser impliziten Funktionen führt dazu, daß sich das Netz selbst in einer aus Sicht der zu berechnenden Funktion notwendigen Form organisiert [186, 442]. Daraus entstand die Behauptung, daß alle erfolgreichen selbstorganisierenden Systeme, einschließlich der biologischen Systeme, eine implizite Zielfunktion besitzen, die während der Lernphase optimiert wird [651]. Als Beispiel möge dazu die in Abschnitt 5.9 beschriebene Entwicklung der Spalten mit okularer Dominanz (Augendominanzspalten) dienen.

Es gibt verschiedene Stufen des überwachten Lernens, die vom Format der gegebenen Antwort abhängen. Ähnlich wie bei einem Frage–und–Antwort–Kartenspiel kann die Antwort entweder (1) einfach "Gute Antwort" oder "Schlechte

---

[22]Ein praktisches Beispiel für unüberwachtes, aber kontrolliertes Lernen findet sich in dem Bootstrap–Algorithmus von Hinton und Nowlan [327]. Der Algorithmus basiert auf einer realen Anwendung, nämlich der Rauschverminderung von Übertragungskanälen [766]. Dabei ist die Idee, Informationen, die entlang von Kanälen gewonnen werden, einzusetzen, um die Genauigkeit der nächsten zu durchlaufenden Kanäle zu erhöhen. Darüberhinaus paßt sich der adaptive Algorithmus selbst an, da sich die Charakteristik des Rauschens im Laufe der Zeit ändert. Die meisten schnellen Modems zur Übertragung digitaler Signale verwenden heute solche adaptiven Algorithmen.

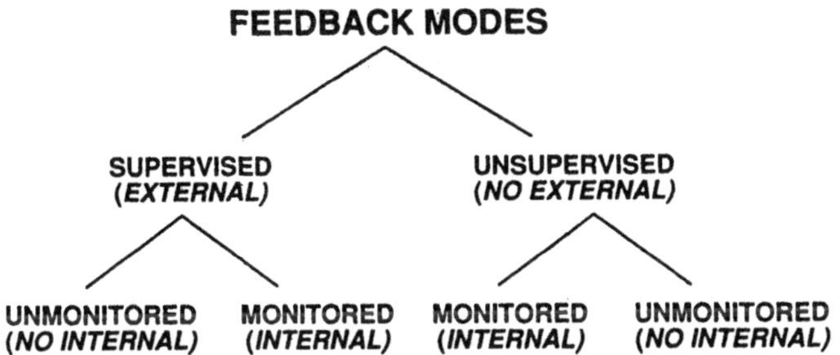

Abbildung 3.24   Taxonomie der Lernverfahren. Überwachtes (supervised) Lernen tritt dann auf, wenn die Leistung des Systems über eine externe Umgebung rückgekoppelt wird. Besteht die Rückkopplung aus einer skalaren Belohnung, dann wird das Verfahren als Bestätigungslernen (reinforcement learning) bezeichnet. Verfügt das System über ein internes Fehlermaß, dann wird das Verfahren als kontrolliertes (monitored) Lernen bezeichnet. Diese Unterscheidung bezieht sich auf das *System* und nicht auf den verwendeten Algorithmus. Deshalb kann die Rückpropagierung der Fehler auch in einem unüberwachten, aber kontrollierten ($\sim S\&M$) System angewendet werden, obwohl das Verfahren normalerweise in überwachten und nicht-kontrollierten ($S\& \sim M$) zum Einsatz kommt. Beispielsweise kann ein vorwärtsgerichtetes Netz, dessen interne Ebene weniger Einheiten als die Eingabeebene hat, so trainiert werden, daß es die Eingabevektoren reproduziert und damit eine Form der Bildverdichtung realisiert [136]. Ein etwas höher entwickeltes $\sim S\&M$-Netz benutzt interne, informationstheoretische Maße, um damit die internen Einheiten so zu trainieren, daß sie die Werte der benachbarten internen Einheiten vorhersagen [62]. Das in [53] beschriebene Netz zur assoziativen Suche ist ein Beispiel für ein überwachtes und kontrolliertes ($S\&M$) System. Es lernt intern, die externe Belohnung vorherzusagen. Die Differenz zwischen der vorhergesagten und der tatsächlichen Belohnung wird benutzt, um die Gewichte an den internen Einheiten zu adaptieren. Der interne Monitor kann durchaus aus einem komplizierten, mehrdimensionalen Fehlersignal bestehen. Dies ist z.B. der Fall, wenn ein entferntes Maß für die Leistung (das Verfehlen des Korbes) zur Adaptierung eines komplexen motorischen Ablaufs (Sprungwurf) benutzt wird [376].

Anwort" lauten [700, 701] oder (2) mit einer bestimmten Genauigkeit ein Maß für die Größe des gemachten Fehlers sein oder (3) sehr detailliert sein, wie etwa "Deine Antwort war *abcd*; sie hätte aber *ahcp* sein müssen". Durch die Wahlmöglichkeiten der Parameter in (2) entsteht de facto ein Kontinuum zwischen (1) und (3). Unabhängig vom Format der Antwort gibt damit die Rückkopplung dem Netz die Möglichkeit, den Fehler in seiner Ausgabe zu verringern.

In den ursprünglichen Hopfield–Netzen war die Lernregel eine Änderungsregel, die der Hebbschen Regel entsprach. Das Netz wurde jedoch nur mit solchen — sorgfältig ausgewählten — Problemen konfrontiert, die es auch lösen konnte. Die Klasse der von solchen Netzen unter Verwendung der Hebbschen Regel lösbaren Probleme ist relativ beschränkt und umfaßt nur statistische Probleme erster Stufe. Das sind solche Probleme wie "Hängen die Eigenschaften A und B voneinander ab?", die unter Verwendung der Terminologie in der Informatik Fragestellungen der Art "Sind die Einheiten A und B gemeinsam aktiv und gemeinsam inaktiv?" entsprechen. Statistische Probleme höherer Ordnung, wie beispielsweise die Frage nach der Beziehung zwischen $\{A, B, C, D\}$ und $\{EF, EH, GH\}$, können durch solche Netze nicht gelöst werden. Da viele Probleme nicht durch die Statistik niederer Ordnung gelöst werden können, ist es wünschenswert, diese engen Grenzen zu überschreiten. Um Probleme höherer Ordnung angehen zu können, muß die Netzarchitektur um Einheiten erweitert werden, die zwischen den externen Eingaben und den erzeugten Ausgaben vermitteln. Solche Einheiten nennt man üblicherweise "interne" oder "versteckte Einheiten". Sie sind untereinander, mit den Eingabeeinheiten und, falls vorhanden, auch mit den Ausgabeeinheiten verbunden. Durch das Hinzufügen von einer oder mehreren Ebenen interner Einheiten kann das Netz nun statistische Probleme höherer Ordnung lösen und zwar deshalb, weil — grob gesprochen — durch die zusätzlichen Verbindungen und Dimensionen eine globale Sicht möglich wird, obwohl die Verbindungen nur lokal sind.

Die Fähigkeit der internen Ebenen, Informationen höherer Ordnung zu extrahieren, ist besonders dann notwendig, wenn wie z.B. bei einem sensorischen Problem die Anzahl der Eingabeeinheiten sehr groß wird. Nehmen wir an, die Eingabeebene besitze n Einheiten. Diese könnten beispielsweise einem zweidimensionalen Feld, wie es in der Retina vorkommt, oder einem eindimensionalen Feld, wie es in der Cochlea vorkommt, entsprechen. Sind die Einheiten binär, dann gibt es insgesamt 2^n verschiedene Eingabemuster. Da die Neuronen aber in Wirklichkeit mehrwertig sind, ist die tatsächliche Situation sogar noch schlechter. Nehmen wir weiterhin an, daß alle Muster mit gleicher Wahrscheinlichkeit vorkommen und daß jedes Muster durch eine interne Einheit repräsentiert wird. Dann könnte durch entsprechende Verbindungen mit der internen Ebene jede beliebige Funktion in der Ausgabeebene dargestellt werden. Die Schwierigkeiten tauchen jedoch dann auf, wenn n sehr groß, also beispielsweise eine Million ist. In einem solchen Fall ist die Anzahl der möglichen Muster so groß, daß kein physisches System so viele interne Einheiten besitzen kann. Da aber nicht alle möglichen Eingabemuster mit gleicher Wahrscheinlichkeit auftreten, muß nur eine kleine Teilmenge der möglichen Eingabemuster in der internen Ebene repräsentiert werden.

Dementsprechend besteht das Problem der internen Einheiten in dem Erkennen der Kombination von Eigenschaften, die ignoriert werden können bzw. die immer gemeinsam auftreten oder auf eine andere Art und Weise zusammengehören. Aus diesen sind wiederum diejenigen auszuwählen und zu repräsentieren, auf die es "ankommt". Die Information zur Lösung der letzten Aufgabe kann nicht im Netz selbst erworben werden, sondern muß von außen geliefert werden. Die Arbeit in einem Netz mit internen Einheiten ist daher wie folgt aufgeteilt: Das unüberwachte Lernen ist gut geeignet, die Kombinationen zu finden, aber es hat keine Ahnung von den Kombinationen, auf die es ankommt; das überwachte Lernen kann die Kriterien für die Auswahl der "nützlichen" Muster erhalten, ist aber bei der Suche nach Kombinationen wenig effizient. Durch das unüberwachte Lernen wird also eine gewisse Vorauswahl getroffen, und das überwachte Lernen extrahiert dann aus dieser Vorauswahl die nützlichen Kombinationen.

Wenn das Netz rechnet, dann werden den internen Einheiten in Abhängigkeit einer linearen oder nicht–linearen Funktion Muster zugeordnet. Sind die internen Einheiten linear, so gibt es eine optimale Lösung, die als die *Hauptkomponente*[23] bezeichnet wird (Abbildung 3.25). Diese Prozedur kann für das Auffinden der Teilmenge von Vektoren verwendet werden, die die beste lineare Approximation der Menge der Eingabevektoren ist. (Wir werden im Kapitel 5 sehen, daß das Hebbsche Lernen in einem von Miller und Stryker [509] aufgestellten Modell zur Entwicklung der Augendominanzspalten in der Sehrinde die Haupkomponenten findet.) Die Hauptkomponentenanalyse und ihre Erweiterungen eignen sich für die Statistik niederer Ordnung. Aber viele interessante Strukturen in der Welt werden durch Eigenschaften höherer Ordnung charakterisiert — und auf diese Strukturen "kommt" es dem Gehirn "an". Wenn die Helligkeit eine Eigenschaft 0–ter Ordnung ist, dann sind die Grenzlinien eine Eigenschaft 1–ter Ordnung, und die Charakteristik der Grenzlinien — wie beispielsweise Okklusion und dreidimensionale Form — sind Eigenschaften höherer Ordnungen. Zur Repräsentation dieser Eigenschaften höherer Ordnung werden nichtlineare interne Einheiten benötigt. Sollen sich interne Einheiten zur Repräsentation dieser Eigenschaften selbst organisieren, dann müssen mächtigere Verfahren als die Hauptkomponentenanalyse gefunden werden.

Wie sollen nun die Gewichte der internen Einheiten eingestellt werden, damit Probleme höherer Ordnung bewältigt werden können? Das Finden einer passenden Regel zur Veränderung der Gewichte scheint eine wirklich schwierige Aufgabe zu sein, denn die Einheiten sind nicht nur *intern*, sondern auch *nicht–linear*. Deshalb ist die Versuch–und–Irrtum Strategie hoffnungslos, und im allgemeinen existiert zur Lösung dieses Problems abgesehen von der vollständigen Suche auch kein Entscheidungsverfahren. Darüberhinaus hängt jede Lösung für das Problem der passenden Gewichtseinstellung stark von der Architektur und der Dynamik des gegebenen Netzes ab. Für die meisten Architekturen und Dynamiken kennt man einfach keine Lösung.

Im speziellen Fall der Boltzmann–Maschine gibt es jedoch ein Verfahren, durch das die nicht–linearen, internen Einheiten dieser Maschine so trainiert werden können, daß sie in der Lage sind, Eigenschaften höherer Ordnung zu extrahieren. Das Verfahren hängt von einer interessanten Eigenschaft ab, die für Boltzmann–Maschinen typisch ist: Wie in Gleichung (3.10) beschrieben, unterliegen die Zustände einer solchen Maschine im Gleichgewichtszustand einer Boltzmann–Ver-

---

[23] Die Hauptkomponentenanalyse (principal component analysis oder kurz PCA) hat in nahezu jeder Disziplin einen anderen Namen: In der Kommunikation nennt man sie Karhunen–Lòeve Transformation, in der Psychologie ist sie die Faktorenanalyse, in der Statistik ist sie die Hoteling Transformation, die angewandte Mathematik nennt sie Einzelwertzerlegung (singular value decomposition) und die Elektroingineure benutzen sie, um angepaßte Filter zu generieren. All diesen Ansätzen ist die Methode der kleinsten Quadrate gemein.

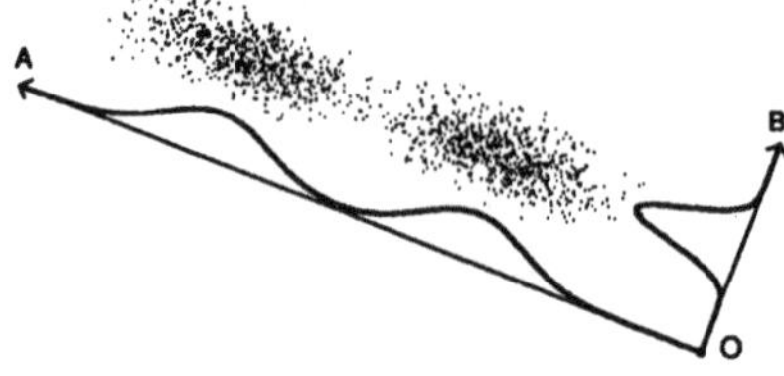

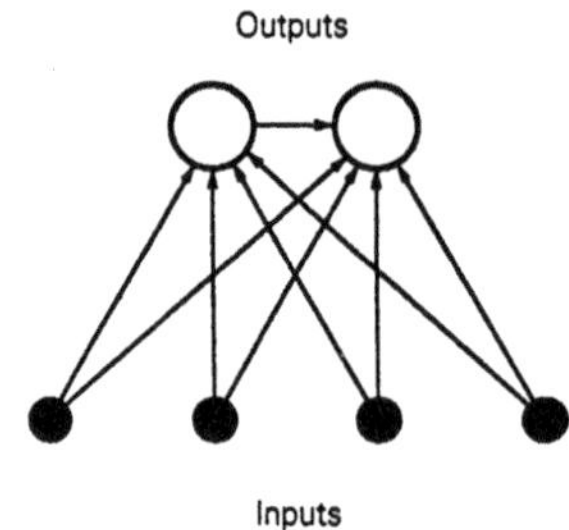

Abbildung 3.25   Ein vorwärtsgerichtetes, unüberwachtes Netz zur Ausführung der Hauptkomponentenanalyse. Die als Punkte in der Ebene dargestellten Eingabevektoren bilden zwei längliche Anhäufungszonen. Die erste, entlang der mit A bezeichneten Achse aufgetragene Hauptkomponente ist die Projektion, die die Varianz der Eingaben maximiert. Die Unterscheidung entlang dieser Komponente hilft oft, die Eingabe in zwei oder mehr Klassen aufzuteilen. Die zweite, entlang der mit B bezeichneten Achse aufgetragene Hauptkomponente ist die maximale Varianz in dem zu A orthogonalen Unterraum. Die Werte können ohne Problem mit Hilfe des unten gezeigten Netzes gewonnen werden. Dieses Netz benutzt eine modifizierte Hebbsche Lernregel für die Gewichte an den vorwärtsgerichteten Verbindungen [547] und eine Anti–Hebb–Regel für die Gewichte an den lateralen Verbindungen zwischen den Ausgabeeinheiten [627, 429]. Nach dem Lernen korrespondieren die Gewichte an den Verbindungen zu jeder Ausgabeeinheit genau mit den Werten der einzelnen Hauptkomponenten. Darüberhinaus können mehrschichtige Netze mit lokalisierten rezeptiven Feldern nacheinander komplexere Eigenschaften des Eingaberaums extrahieren [440, 384]. (Aus [360].)

teilung. Diese gibt für jeden globalen Zustand des Systems die Wahrscheinlichkeit an, daß der Zustand im Gleichgewicht eingenommen wird. Somit kennen wir im Gleichgewicht die globalen Konsequenzen einer beliebigen lokalen Gewichtsänderung (die eine Änderung der Energie nach sich zieht). Wenn wir nun die Regel umdrehen, so erhalten wir ein einfaches Verfahren, das durch lokale Gewichtsveränderungen für jeden angestrebten globalen Zustand die Wahrscheinlichkeit seines Auftretens erhöht.

Hervorzuheben ist, daß die gesamte global relevante Information zur Gewichtsveränderung lokal vorhanden ist. Dies scheint zunächst aufgrund der Tatsache, daß die Einheiten nur mit ihren direkten Nachbarn verknüpft sind, widersprüchlich zu sein. Jedoch folgt diese Erkenntnis unmittelbar aus dem Verknüpfungsmuster des Netzes: Die Nachbarn einer Einheit sind mit ihren Nachbarn verküpft und diese wiederum mit ihren Nachbarn usw. Aufgrund dieses Verknüpfungsmusters und der Boltzmann–Verteilung im Gleichgewicht wird die Information von synaptisch weit entfernten Einheiten durch das ganze Netz propagiert. Daher lautet die Änderungsregel für die Gewichte wie folgt:

$$\Delta w_{ij} = \varepsilon[\langle s_i s_j \rangle_{\text{angelegt}} - \langle s_i s_j \rangle_{\text{frei}}], \tag{3.11}$$

wobei ε die Lernrate und s_i der binäre Ausgabewert der i–ten Einheit ist; $\langle \ldots \rangle$ bedeutet, daß im Gleichgewicht der Wert $\ldots$ über die Zeit gemittelt werden muß.[24] Im mit "angelegt" bezeichneten Zustand werden sowohl an die Eingabe- wie auch die Ausgabeeinheiten die korrekten Werte fest angelegt, während in dem mit "frei" bezeichneten Zustand nur die Eingabewerte angelegt werden (Abbildung 3.26). Das gilt jedoch nur beim überwachten Lernen; beim unüberwachten Lernen werden im mit "frei" bezeichneten Zustand überhaupt keine Werte fest angelegt.

Jede Anwendung der Lernregel beim unüberwachten Lernen besteht aus einer Schleife mit drei Schritten: (1) Lege die Eingabewerte an, und warte bis die Maschine im Gleichgewicht ist. Berechne dann die Paare von aktiven Einheiten. (2) Lege keine Werte an, und warte bis die Maschine im Gleichgewicht ist. Berechne erneut die Paare von aktiven Einheiten. (3) Bilde die Differenz, und modifiziere proportional dazu die Gewichte. Obwohl das Netz garantiert korrekt lernt, hat das Verfahren doch den Nachteil, daß die aus drei Schritten bestehende Schleife sehr oft durchlaufen werden muß, bis ein Eingabemuster gelernt ist — und diese Lernphase muß dann für jedes Eingabemuster wiederholt werden.

Wir haben gesehen, wie eine Boltzmann–Maschine Muster vervollständigt, indem sie im trainierten Zustand nach Anlegen einer unvollständigen Eingabe in einen Zustand übergeht, der das vollständige Muster repräsentiert. Können wir die Boltzmann-Maschine auch dazu bringen, Abbildungen zwischen Eingabe und Ausgabe zu repräsentieren? Ja, das geht, und wir werden im folgenden beschreiben, wie man von einer unüberwachten zu einer überwachten Boltzmann-Maschine ohne Veränderung der Architektur oder des Lernverfahrens kommt. Dazu muß nur die Rückkopplung nach außen verlegt werden. Man teile dazu zuerst die Eingabeeinheiten in zwei Gruppen A und B. Der einzige Unterschied besteht nun darin, daß an bei den zu A gehörenden Einheiten die Eingabe # sowohl im ersten wie auch im zweiten Schritt des Lernverfahrens angelegt wird, während die zu B gehörenden Einheiten wie üblich behandelt werden. Ihre mit * bezeichnete Eingabe wird nur im ersten Schritt angelegt. Als Folge davon assoziieren dann die internen Einheiten das Muster # mit dem Muster *. Für die internen Einheiten

---

[24] Verfügt das Netz über keine internen Einheiten, dann erreicht das Netz in einem Schritt einen bestimmten Zustand. Die Lernregel der Boltzmann–Maschine reduziert sich dann auf die Perzeptron–Lernregel [625].

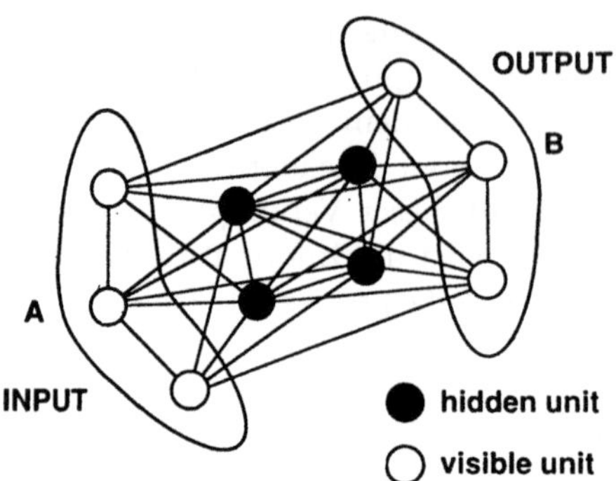

Abbildung 3.26   Schema einer Boltzmann–Maschine. Die Einheiten in dem Netz sind binär und die Verbindungen symmetrisch. Die Gewichte an den Verbindungen können gelernt werden, indem bestimmte Muster an den Eingabeeinheiten angelegt werden und die Boltzmann–Lernregel angewendet wird. Dabei ist es gleichgültig, ob das Netz auch Ausgabeeinheiten besitzt oder nicht. Während der Lernphase werden alle Gewichte im Netz modifiziert, also auch diejenigen, die mit Verbindungen zwischen internen Einheiten assoziiert sind. Man beachte, daß die internen Einheiten keine direkte Information von außen erhalten. Auf diese Weise entwickeln die internen Einheiten Eigenschaften, die es dem Netz ermöglichen, komplexe Beziehungen zwischen Eingabe- und Ausgabemustern herzustellen. Mit Hilfe dieser internen Einheiten kann die Boltzmann–Maschine im Gegensatz zu Netzen ohne interne Einheiten komplexe Repräsentationen aufbauen.

sieht das fast wie eine Mustervervollständigung aus, aber da die internen Einheiten ja mit den Ausgabeeinheiten symmetrisch verknüpft sind, sieht es auch so aus, als wenn die internen Einheiten auf die Eingabe # mit ∗ antworten. Das bedeutet nichts anderes, als daß man sich die Verbindungen zwischen den internen Einheiten und den zu B gehörenden Einheiten als eine Art Ausgabe vorstellen muß. Auf diese Art und Weise erhalten wir eine Version, in der im trainierten Zustand nach Anlegen des Musters # über die symmetrisch verknüpften internen Einheiten die Ausgabe ∗ in den zu B gehörenden Einheiten erzeugt wird. Dadurch wird die Gruppe B zu nichts anderem als einem externen Lehrer, der während des ersten Schrittes des Lernverfahrens dem Netz mitteilt, was es mit # assoziieren soll.

Es bedarf nur eines einzigen Gegenbeispiels, um eine Unmöglichkeitsbehauptung zu widerlegen. Das Boltzmann–Lernen in einem Netz mit nicht–linearen internen Einheiten war ein Gegenbeispiel zu der in [514] geäußerten Annahme, daß das Lernproblem in mehrstufigen Netzen unlösbar sei. Nachdem somit die Tür aufgestoßen war, begann die Suche nach anderen Regeln zur Einstellung der Gewichte. Man kennt heute viele verschiedene Lösungen für das Problem der Gewichtseinstellung in Netzen mit nicht–linearen internen Einheiten, und diese beziehen sich auf Netze mit unterschiedlichen Architekturen und unterschiedlichen Dynamiken. Solche Netze können Ausgabeeinheiten mit kontinuierlichen Werten haben, die Ausgabefunktionen einer Einheit können komplexe Nicht–Lineariäten beinhalten, die Verbindungen zwischen den Einheiten müssen nicht symmetrisch sein, und die Dynamiken der Netze sind vielleicht interessant, da sie "limit cycles" und bedingte Trajektorien enthalten können. Die Probleme der Gewichtseinstellung werden in Wirklichkeit von einem geordneten Tripel gelöst: ⟨Architektur, Dynamik, Verfahren zur Gewichtseinstellung⟩. Im letzten Abschnitt dieses Kapitels werden wir einen sehr allgemeinen Ansatz vorstellen, der alle diese Fälle umfaßt.

3.6 Wettbewerbslernen

Da das Hinzufügen eines "Lehrers" zu einem Netz aus der Sicht der Informationstheorie teuer und biologisch unrealistisch ist, muß das Gebiet der unüberwachten Lernverfahren besonders gut erforscht werden. Als ein erster Ansatz mag die folgende Faustregel dienen, die aus einem Strom von Sensordaten diejenigen Eigenschaften auswählt, die für eine Einordnung der Sensordaten günstig zu sein scheint: Je häufiger eine bestimmte Eigenschaft in den verschiedenen Eingabevektoren auftritt, desto wahrscheinlicher wird es sein, daß sie bei der Einordnung der Eingabe in eine bestimmte Klassenhierarchie eine gewisse (günstige) Rolle spielt. Wenn beispielsweise für ein bestimmtes niederes Tier die Gegenwart eines Räubers typischerweise mit drohend auftauchender Dunkelheit zusammenfällt, dann würde es für ein Netz durchaus sinnvoll sein, Informationen über Helligkeitsveränderungen im gesamten visuellen Bereich zu extrahieren und als Ausgabe zur Verfügung zu stellen. Das wirklich Wichtige zu extrahieren und sich nicht alle Eigenschaften zu merken, hat auch ganz offensichtliche Vorteile bei der Bildkompression, deren Ziel es ist, ein Abbild mit sowenig Bits an Information wie möglich zu repräsentieren. Werden also Objektgrenzen durch Helligkeitsunterschiede markiert, dann könnte ein Netz, in dem eine einzige Einheit eine lange, hell markierte Grenze repräsentiert, dieses Objekt besonders effizient repräsentieren. Kurz gesagt, es ist weniger aufwendig, einen größeren Teil einer geraden Grenzlinie durch eine Einheit, als mehrere kleinere Segmente der gleichen Linie durch viele Einheiten zu repräsentieren. In diesem Sinne erhalten wir eine Verdichtung der Information.

Neben dem unüberwachten Lernen in einer Boltzmann–Maschine gibt es noch eine Reihe weiterer Verfahren, die es einem Netz ermöglichen, sich selbst zu organisieren und komprimierte Repräsentationen anzulegen.[25] Betrachten wir dazu ein einfaches zweistufiges Netz mit einer Menge von Eingabeeinheiten, die mittels gewichteter Verbindungen vollständig mit einer Menge von Ausgabeeinheiten in Verbindung stehen, wobei die Ausgabeeinheiten selbst wechselseitig durch inhibitorische Verbindungen miteinander verknüpft sind. In einem solchen Netz entwickelt sich aufgrund der inhibitorischen Verbindungen ein Konkurrenzkampf

---

[25] Wichtige Beiträge dazu finden sich u.a. in [732, 246, 292, 734, 409, 547, 628, 637].

zwischen den Ausgabeeinheiten, der nach dem Prinzip "Alles–oder–Nichts" ausgetragen wird: Führt ein bestimmtes Eingabemuster A dazu, daß eine bestimmte Ausgabeeinheit i stärker als alle übrigen Ausgabeeinheiten erregt wird, dann bedingt dies, daß in der Folge die übrigen Ausgabeeinheiten stärker als die Einheit i gehemmt werden. Dies ist ein Beispiel für einen Abschwächungsprozeß, an dessen Ende notwendigerweise ein stabiler Netzzustand erreicht wird. In dem hier betrachteten Beispiel konvergiert das Netz in einem Zustand, in dem die Ausgabeeinheit i aktiv ist, sobald das Muster A präsentiert wird, während die Ausgabe der in Konkurrenz stehenden Ausgabeeinheiten unterdrückt werden. Dabei wird angenommen, daß die gewinnende Ausgabeeinheit den Wert i hat und die übrigen Ausgabeeinheiten den Wert 0 annehmen. Somit ist die Bezeichnung "Alles–oder–Nichts" gerechtfertigt.

Bis jetzt befaßte sich die Beschreibung nur mit den Aktivitäten des Netzes, nachdem ein bestimmtes Eingabemuster angelegt wurde. Wir wollen nun diesen Fall als Grundlage für eine Gewichtsveränderung mit dem Ziel hernehmen, daß bei der nächsten Präsentation des Musters A das Netz unmittelbar den entsprechenden stabilen Zustand einnimmt. Ein solches Netz lernt, indem die Gewichte an den Verbindungen zur gewinnenden Einheit i gemäß der Regel

$$\Delta w_{ij} = \varepsilon x_j \tag{3.12}$$

verändert werden, wobei x_j die j-te Komponente des Eingabevektors bezeichnet und die i-te Ausgabeeinheit der Gewinner ist. Diese Regel beruht auf dem Prinzip des Hebbschen Lernens, da die Gewichte ansteigen, sobald die prä- und die postsynaptische Einheit gleichzeitig aktiv sind. Wie schon die Bezeichnung "Alles–oder–Nichts" andeutet, ist in solchen Netzen lediglich die gewinnende Einheit aktiv. Obwohl die Lernregel im Prinzip funktionieren sollte, ist sie in der Praxis ungeeignet, da die Gewichte unbegrenzt größer werden können. Dies wird im Extremfall dann dazu führen, daß eine Ausgabeeinheit über die übrigen Einheiten dominieren und bei jedem Eingabemuster aktiv werden wird. Die Eigenschaft, Muster zu unterscheiden, würde dadurch verlorengehen. Wie können wir erreichen, daß die Einheit dann und *nur dann* aktiv wird, wenn der entsprechende Eingabevektor präsentiert wird? Dazu erinnern wir uns, daß die Aktivität einer Ausgabeeinheit als das innere Produkt zwischen dem Eingabe- und dem Gewichtsvektor bestimmt wird. Die Strategie besteht nun darin, die Gewichte so zu verändern, daß der Gewichtsvektor kongruent zu dem entsprechenden Eingabevektor wird. Dies kann ohne eine Einstellung der Gewichte von außen erreicht werden, indem Gleichung (3.12) wie folgt modifiziert wird.

$$\Delta w_{ij} = \varepsilon(x_j - w_{ij}). \tag{3.13}$$

Der Haupteffekt dieses Algorithmus besteht darin, den Gewichtsvektor immer stärker dem Eingabevektor anzupassen. Sind die beiden Vektoren dementsprechend schon kongruent, dann wird es keine Gewichtsveränderung mehr geben, und der gesuchte Gewichtsvektor ist gefunden.

Bis jetzt haben wir das Verhalten des Netzes nur für den Fall betrachtet, daß nur ein Muster repräsentiert werden muß. Angenommen, das Netz würde mit vielen verschiedenen Eingabevektoren konfrontiert und müßte folglich viele Muster repräsentieren. Wie wird das Netz diese Aufgabe lösen? Gibt es weniger Ausgabeeinheiten als zu repräsentierende Muster, dann wird sich jede Ausgabeeinheit — wie in Abbildung 3.27 gezeigt — auf eine Gruppe von sich überlappenden Vektoren spezialisieren. Auf diese Weise entwickelt das Netz Ausgabeeinheiten, die sensitiv auf solche Eigenschaften reagieren, die alle Vektoren der Gruppe besitzen. Dabei spezialisiert sich jede Ausgabeeinheit auf eine ganz bestimmte Eigenschaft. Folglich repräsentiert jede Ausgabeeinheit einen sogenannten *Prototyp* für die Gruppe der sich überlappenden, aber nicht notwendigerweise identischen Vektoren, die sie aktivieren.

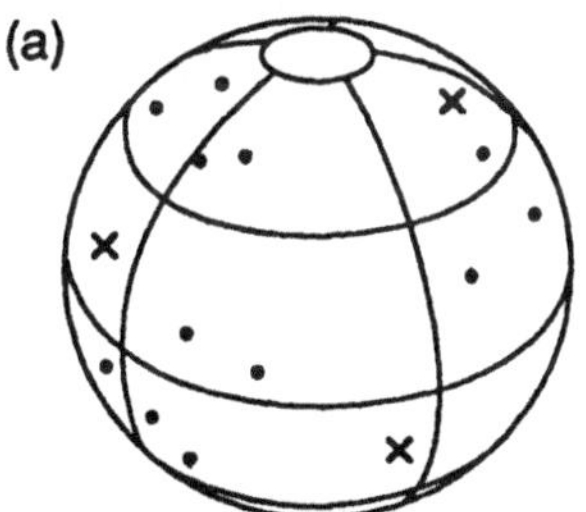

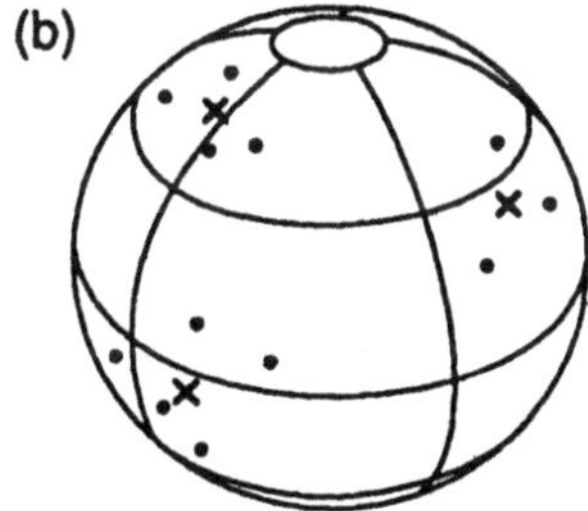

Abbildung 3.27   Lernen durch Konkurrenz. Die Punkte repräsentieren normalisierte Eingabevektoren, die auf der Oberfläche einer Kugel liegen. Die Gewichte werden ebenso normalisiert. Die Kreuze bezeichnen die so erhaltenen Gewichtsvektoren (a) vor dem Lernen und (b) nach dem Lernen. Die Gewichtsvektoren haben sich durch das Lernen zu den verschiedenen Gruppen hinbewegt. (Aus [360]).

Die bisher betrachteten Netze haben drei allgemeine Schwachpunkte, die die adäquate Representation von Mustern betreffen. Erstens ist manchmal die wichtigste Information in einem Muster nicht unbedingt identisch mit der am häufigsten auftretenden Eigenschaft. Folglich kann es passieren, daß das Netz diese Informationen nicht repräsentiert. Ein einfaches Lebewesen, das Räuber als plötzlich auftauchende Schatten repräsentiert, kann dann durch einen Räuber mit einem dünnen langen Stachel getäuscht werden. Dies kann zu durchaus überraschenden Schwierigkeiten führen und zwar insbesondere dann, wenn der Räuber selten auftritt und tödlich wirkt. Der zweite Schwachpunkt besteht darin, daß das Verfahren Eigenschaften niederer Ordnung auswählt, während zur Klassifikation eigentlich Eigenschaften höherer Ordnung wie z.B. diejenigen, die die Unterschiede zwischen Gesichtern charakterisierten, nötig sind. Schließlich müssen auch noch relationale Invarianten wie Rotation, Streckung und Translation extrahiert werden bevor die Muster miteinander verglichen werden können. In Kapitel 4 werden Strategien vorgestellt, mit denen diese Nachteile ausgeglichen werden.

Die zuletzt angemerkte Schwierigkeit hat etwas mit der Stabilität der Gewichtsvektoren zu tun. Selbst wenn die Eingabevektoren eigentlich bekannt sind und nur die Größenordnungen etwas schwanken, kann es schon zu Gewichtsveränderungen kommen. Dieses Instabilitätsproblem wird jedoch besonders dann akut, wenn neue Eingabemuster angelegt werden. In der realen Welt ist das Vergessen mancher Dinge durchaus von Vorteil. Auf der anderen Seite jedoch ist es entscheidend, daß bisher Gelerntes nicht völlig verloren geht, sobald wir etwas Neuem begegnen. Deshalb müssen beim Erlernen neuer Gegebenheiten gewisse Vorkehrungen getroffen werden, damit wir bis dahin erlernte, relevante und wichtige Aspekte nicht aus dem Sinn verlieren. Leider wissen wir noch nicht, wie das die echten Nervensysteme bewerkstelligen. Carpenter und Grossberg [109] haben jedoch eine Lösung für künstliche neuronale Netze gefunden, bei der neue Einheiten hinzugefügt werden, sobald das Netz mit neuen Eingaben konfrontiert wird. Es gibt eine Reihe von Verallgemeinerungen des hier vorgestellten Wettbewerbslernens. Dazu zählt auch eine Generalisierung der Grundarchitektur hin zu mehrschichtigen, vorwärtsgerichteten Netzen [246].

3.7 Die Anpassung von Kurven

Die Anpassung von Kurven ist das klassische Beispiel für das Anpassen von Parametern an ein Modell. Dabei wird unter Verwendung der Methode der kleinsten Quadrate eine geglättete Funktion durch eine Menge von verrauschten Datenpunkten gelegt (siehe Abbildung 3.28). Die Methode der kleinsten Quadrate minimiert die quadrierten Fehler für die gesamte Punktmenge. Soll die Anpassung durch eine Gerade erfolgen, dann ist der quadrierte Fehler E durch die Gleichung

$$E(m,b) = \frac{1}{2} \sum_{i}^{N} [mx_i + b - y_i]^2 \qquad (3.14)$$

gegeben, wobei m die Steigung, b der Schnittpunkt mit der y–Achse und N die Anzahl der Datenpunkte (x_i, y_i) ist. Der Fehler ist minimal, wenn der Gradient von E bzgl. der Parameter (m und b) gleich 0 ist. Das bedeutet,

$$\begin{aligned} \text{für } m: \quad \frac{\delta E}{\delta m} &= \sum_{i}^{N} (mx_i + b - y_i)x_i = 0, \\ \text{für } b: \quad \frac{\delta E}{\delta b} &= \sum_{i}^{N} (mx_i + b - y_i) = 0. \end{aligned} \qquad (3.15)$$

Das sind zwei Gleichungen mit zwei Unbekannten und somit ist das ein relativ einfaches Problem. Steigt jedoch die Anzahl der Dimensionen im Zustandsraum und die Anzahl der anzupassenden Parameter, dann wird das Problem deutlich schwieriger. In diesen Fällen suchen wir nicht nach einer Kurve in einem $2-D$ Raum, sondern in einem $10-D$, $100-D$ oder sogar $10000-D$ Raum. Traditionsgemäß werden solche Gleichungssysteme algebraisch gelöst, was auch gut funktioniert, solange die Anzahl der Parameter und die Anzahl der Datenpunkte klein ist. Sobald jedoch einer dieser Eingangswerte groß wird, werden die algebraischen Methoden unhandlich. Glücklicherweise gibt es neben dem algebraischen Ansatz noch einen anderen Weg, die Lösungen zu finden. Dazu benötigt man Wissen über die Gradienten, um daraus iterativ die Parameter abzuschätzen.[26] Das Verfahren entspricht im Prinzip der iterativen Veränderung von Gewichten im Netz und kann graphisch repräsentiert werden (Abbildung 3.29). Beim iterativen Anpassen einer Kurve werden die Parameter wie folgt neu berechnet.

$$\begin{aligned} \Delta m &= -\varepsilon \frac{\delta E}{\delta m} \\ \Delta b &= -\varepsilon \frac{\delta E}{\delta b} \end{aligned} \tag{3.16}$$

wobei Δm die Änderung in m, Δb die Änderung in b und ε die Lernrate ist.

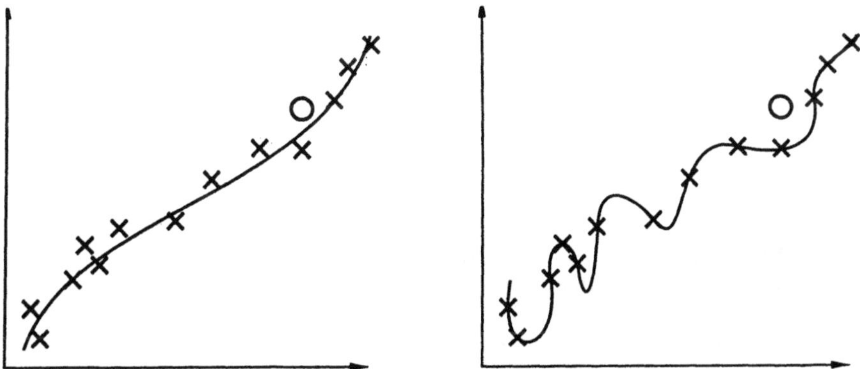

Abbildung 3.28   Kurvenanpassung durch Splines und Interpolationen. Die mit × bezeichneten Datenpunkte sind gegeben. Die Aufgabe besteht darin, eine Kurve durch die Punkte zu legen. Die links gezeigte, geglättete Kurve, auch Spline genannt, ist besser als die rechts gezeigte Interpolation geeignet, neue Datenpunkte (○) vorherzusagen. Der Grad der Glättung und die Wahl der Interpolationsfunktion hängen von den Daten ab und sind zentrale Themen in der Approximationstheorie.

Anstelle der exakten Berechnung des Gradienten können die Parameter nach jedem Beispiel oder aber auch gemäß dem Durchschnitt mehrerer Beispiele angepaßt werden. Das Netz konvergiert so schneller. Es konvergiert garantiert, wenn die Lernrate ε genügend langsam gegen 0 strebt. Diese Vorgehensweise wird Gradientenabstieg genannt, da die Parameter in jedem Schritt so geändert werden, daß sie dem Gradienten nach unten folgen — vergleichbar mit einem Skifahrer, der in der Fallinie fährt. Wir haben den Gradientenabstieg schon früher bei den

---

[26] Es gibt andere iterative Verfahren, die in manchen Fällen sehr viel schneller konvergieren als das hier vorgestellte Gradientenverfahren. Dazu zählt beispielsweise die lineare Programmierung. Das Gradientenverfahren hat den Vorteil, ein rein lokales Verfahren zu sein. Die Parameter können jeweils ohne globale Kenntnis der übrigen Parameter neu berechnet werden.

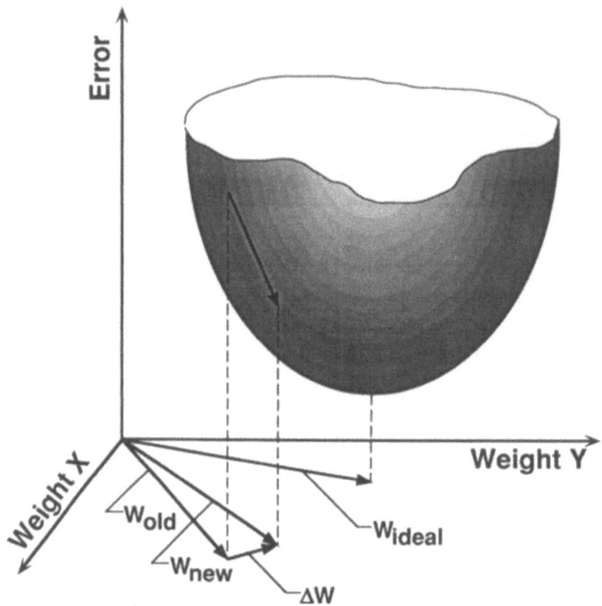

Abbildung 3.29   Fehlerlandschaft und Gradientenabstieg. Das Ziel ist, die Gewichtskonfiguration zu finden, bei der der Fehler minimal ist. Für eine gegebene Menge von Parametern (hier zwei in der $x - y$ Ebene aufgetragene Gewichte W_{old}) wird der Gradient der Fehlerlandschaft berechnet, der den steilsten Abstieg hin zum Minimum repräsentiert. Entlang dieser Richtung werden dann die Gewichte um ΔW inkrementell verändert (W_{new}), und zwar solange, bis die Gewichte die Größe von W_{ideal} einnehmen. Dabei bezeichnet W_{ideal} die Gewichtskonfiguration bei minimalem Fehler. Bei einem nicht–linearen Netz kann die Fehlerlandschaft viele lokale Minima besitzen.

Lernverfahren für die Boltzmann–Maschine kennengelernt. Dort führte die wiederholte Anwendung der Änderungsregel für die Gewichte Schritt für Schritt zu einer Verbesserung des Verhaltens der Maschine.[27]

Man braucht ein mathematisch wohldefiniertes und zu optimierendes Maß, wie es beispielsweise der durchschnittliche quadratische Fehler ist, und ein effizientes

---

[27] Der Gradientenabstieg ist nicht das einzige Verfahren zur Reduzierung des Fehlers. Sobald man die Form der Fehlerlandschaft kennt, kann man dieses Wissen zur Konstruktion geeigneter Algorithmen zur Anpassung der Parameter benutzen. So gibt es beispielsweise Fälle, in denen die Fehlerlandschaft sehr unterschiedlich ist und für manche Parameter tiefe Schluchten aufweist, während sie für andere langsam abfällt. Ein Verfahren, das bei leicht abfallendem Gelände große Schritte und bei steilem Gelände kleine Schritte macht, ist effizienter als ein Verfahren, das unabhängig von der Landschaftsstruktur überall kleine Schritte macht. Sind die Lernraten und damit die Schritte zu groß, dann kann der Gradientenabstieg entlang den Wänden einer Schlucht oszillieren, während andere Verfahren wie Liniensuche oder der konjugierte Gradientenabstieg der Schlucht schnell folgen.

Verfahren zur Berechnung der Gradienten, um den Gradientenabstieg anwenden zu können. Dynamische Modelle mit vielen Parametern müssen in einem hochdimensionalen Raum repräsentiert werden. Folglich kann die Zeit zur Durchführung der Berechnungen astronomische Größen annehmen, und es müssen notwendigerweise effiziente Berechnungsverfahren gefunden werden. Solche Verfahren wurden auf bestimmte Netzarten — z.B. vorwärtsgerichtete Netze und rekurrente Netze mit linear aufsummierenden Gewichten und nicht–linearen Funktionen zwischen Ein- und Ausgabe — angewendet und führten dort zu wichtigen Durchbrüchen in den 1980er Jahren (siehe Abschnitt 8).

Besteht die Aufgabe im Anpassen einer Geraden, dann führt der Gradientenabstieg garantiert zu einem globalen Minimum der Fehlerfunktion. Im Gegensatz dazu gibt es für allgemeine nicht–lineare Probleme, wo die Fehlerlandschaft viele lokale Minima aufweisen kann, keine solche Garantie. Hat man jedoch Glück, dann liegen die lokalen Minima so nahe am globalen Minima, daß es für den Erfolg des Verfahrens unerheblich ist, wenn es nur ein solches findet. Für die meisten der in den späteren Kapiteln präsentierten Probleme gibt es viele nahezu gleichgute lokale Minima, und es ist daher unnötig, ein globales Minimum zu finden. Wird folglich ein Netz mit zufällig ausgewählten, kleinen Gewichten gestartet, dann ist es sehr wahrscheinlich, daß es zu einer dieser guten Lösungen gelangen wird.

3.8 Zwei Beispiele für vorwärtsgerichtete Netze

In vorwärtsgerichteten Netzen führt die Eingabe direkt zu einer entsprechenden Ausgabe. Da solche vorwärtsgerichteten Netze aufgrund ihrer Geschwindigkeit und Einfachheit gewisse Vorteile haben, interessiert natürlich die Frage, welche Art von Berechnungen mit ihnen ausgeführt werden können. In diesem Abschnitt zeigen wir, daß ein Netz mit nur einer Schicht von Gewichten selbst eine außergewöhnlich einfache Funktion nicht berechnen kann. Die Gründe für diese Beschränkung werden uns mehr über die geometrische Natur vorwärtsgerichteter Netze verraten. Dies ist sehr wichtig, da die Geometrie eines Netzes ausschlaggebend dafür ist, was und wie etwas repräsentiert wird. Sobald wir das berücksichtigen, können wir die Beschränkungen aufheben.

Das "exklusive oder"

Die Tabelle für die "exklusives oder" (XOR) genannte Funktion wurde weiter vorne schon dargestellt. Die Frage ist nun, ob diese Funktion von einem Netz ausgeführt werden kann. Genauer gesagt interessiert uns die Frage, welche Netzarchitektur notwendig ist, damit es diese Funktion ausführen kann. Die Frage nach der geeigneten Architektur und die Fehler, die wir bei deren Beantwortung machen, werden für eine ganze Reihe von Funktionen wichtig sein. Um wirklich aus den Fehlern lernen zu können, betrachten wir zuerst ein sehr einfaches Netz. Es besteht aus einer Ausgabeeinheit, die die Werte 0 ("falsch") und 1 ("wahr") annehmen kann, und aus zwei Eingabeeinheiten, die die Werte der einzelnen Komponenten der XOR–Funktion annehmen können.[28] Dieses einfache Netz hat drei freie Parameter: die beiden Gewichte entlang den Verbindungen von den beiden Eingabeeinheiten zu der Ausgabeeinheit und den Schwellenwert der Ausgabeeinheit. Die Architektur des Netzes bestimmt die Funktion der Ausgabe:

$$o = H(w_P P + w_Q Q + b), \qquad (3.17)$$

wobei o die Ausgabe, H eine binäre Schwellenwertfunktion (Abbildung 3.19) und b der Schwellenwert ist sowie w_P bzw. w_Q die Gewichte entlang der Verbindungen zwischen der Eingabeeinheit für P bzw. Q sind.

Gibt es eine Konfiguration der Gewichte und des Schwellenwertes, so daß die Ausgabeeinheit für jedes Eingabepaar die korrekte Antwort erzeugt? Für dieses einfache Netz lautet die Antwort "nein", und eine Begründung dafür liefert Abbildung 3.30. Der Eingaberaum wird von zwei Achsen aufgespannt, die den beiden Eingabeeinheiten entsprechen. Die Punkte repräsentieren die vier möglichen Eingabevektoren. Damit die Ausgabeeinheit das Problem lösen kann, muß sie die Eingaben, die zu der Ausgabe 1 führen und diejenigen, die zu der Ausgabe 0 führen, zusammenfassen. Geometrisch bedeutet dies, daß die beiden Eingaberegionen durch eine Gerade getrennt werden können müssen. Auf der einen Seite der Grenzlinie liegen alle Eingabevektoren, die zu einer Ausgabe über dem Schwellenwert, also zur Ausgabe 1, führen, und auf der anderen Seite der Grenzlinie führen die Eingaben zu einer Ausgabe unter dem Schwellenwert, also zur Ausgabe 0. Eine solche Gerade kann für das XOR nicht existieren.

Im Gegensatz dazu kann das einfache Netz das "inklusive oder" (OR) repräsentieren. Hier können die Eingaben im Eingaberaum durch eine Gerade geeignet getrennt werden (Abbildung 3.30, unten). Warum muß die Grenzlinie eine Gerade sein? Das liegt an der Architektur des Netzes. Diese ist nur mit linearen Funktionen konsistent und beschränkt dadurch die Möglichkeiten, wie die Eingaben während des Trainings korrekt in verschiedene Gruppen aufgeteilt werden können. Mit anderen Worten, das XOR ist keine linear–separierbare Funktion und deshalb kann auch kein Lernalgorithmus das Problem der Gewichtsbestimmung in einem solchen einfachen Netz lösen. Das läßt sich auch intuitiv verstehen, indem man über die Logik des XOR reflektiert. Diese besagt: (P XOR Q) ist genau dann wahr, wenn entweder P wahr ist oder Q wahr ist, *aber nicht beide gleichzeitig wahr sind.* Es ist die besondere Bedingung am Ende, die das XOR von dem zugrundeliegendem ODER unterscheidet. Aufgrund dieser Bedingung müssen wir die Ausgaben der zugrundeliegenden ODER–Funktion nochmals miteinander verknüpfen, um somit eine Eigenschaft höherer Ordnung zu erhalten. Kann das einfache Netz so erweitert werden, daß es eine Funktion auf den Ausgaben einer anderen Funktion

---

[28]Diese Netzart nennt man Perzeptron. Sie wurde von Rosenblatt [625] eingeführt.

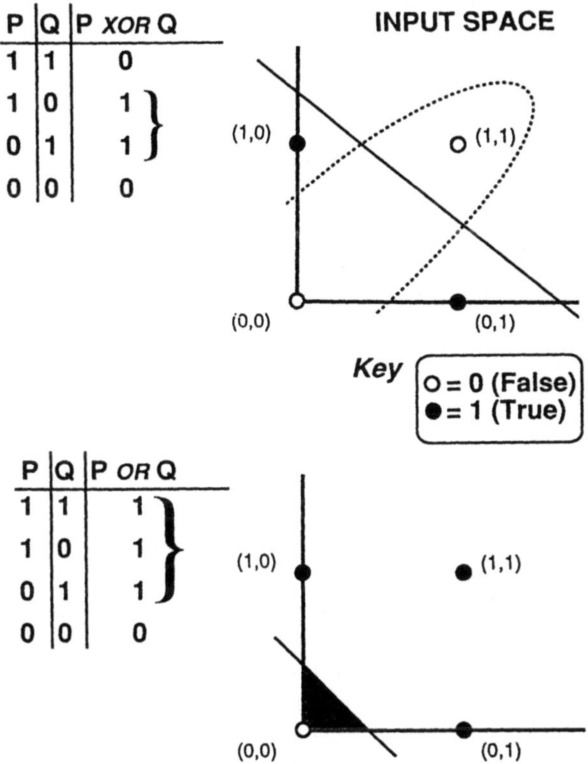

Abbildung 3.30 XOR ist keine separierbare Funktion. In der linken oberen Zeichnung ist die Wahrheitswertetabelle für das XOR zu sehen. Rechts daneben sind die Werte in einem Koordinatensystem aufgetragen. Keine Gerade kann die ausgefüllten Punkte (wahr oder 1) von den offenen Punkten (falsch oder 0) separieren. Im Gegensatz dazu können bei der darunter aufgezeigten ODER–Funktion die ausgefüllten von den offenen Punkten durch eine Gerade separiert werden. Ist eine Funktion separierbar, dann kann sie von einem Netz mit einer Schicht von Gewichten repräsentiert werden. Jedoch gibt es kein solches Netz, wenn die Funktion — wie das beim XOR der Fall ist — nicht separierbar ist.

berechnen kann? Ja, das geht. Die dafür notwendige Modifikation ist rückblickend ganz offensichtlich und war damals doch so schwierig zu finden.

Die entscheidende Modifikation bestand im Einfügen einer internen Einheit zwischen den Eingabeeinheiten und der Ausgabeeinheit. Dadurch kommen drei weitere Gewichte und ein Schwellenwert als Parameter zu dem einfachen Netz hinzu. Somit stellt sich jetzt die folgende Frage: Können für die nun 7 Parameter Werte gefunden werden, so daß das Netz das Problem löst? Dieses Mal ist die Antwort "ja". Die Operation zweiter Ordnung wird jetzt von der internen Einheit durchgeführt. D.h., sie bekommt ihre Eingaben von P und Q und erkennt die Fälle, in denen P und Q nicht beide wahr sind. In der Tat gibt es sogar mehrere Gewichtskonfigurationen, mit denen die Aufgabe gelöst werden kann. Daran schließt sich die Frage nach dem automatischen Lernen an: Gibt es für die Anpassung der Gewichte ein auf dem Gradientenabstieg beruhendes Verfahren? Solange die Einheiten binär sind, kann der Gradientenabstieg nicht zur Adaption der Gewichte zwischen den Eingabeeinheiten und der internen Einheit verwendet werden. Die Schwierigkeiten liegen darin, daß kleine Änderungen dieser Gewichte keinen Einfluß auf die Ausgabe der internen Einheit haben, es sei denn, die Summe der gewichteten Eingaben ist nahe am Schwellenwert der Einheit.

In den 1960er Jahren war die Forschung auf dem Gebiet der künstlichen neuronalen Netze an einem Punkt angekommen, an dem man die Notwendigkeit der internen Einheiten zur Repräsentation nicht linear separierbarer Funktionen erkannt hatte, aber nicht wußte, wie die Gewichte — und insbesondere die Gewichte zwischen Eingabe- und internen Einheiten — automatisch gelernt werden können [625, 514]. Wir haben vorne gesehen, daß das automatische Lernen der Gewichte an Verbindungen zu internen Einheiten in einer Boltzmann–Maschine in den frühen 1980er Jahren entwickelt wurde. Es blieb damals jedoch rätselhaft, wie das für ein vorwärtsgerichtetes Netz gemacht werden könnte. Erst 1986 kamen[29] Rumelhart, Hinton und Williams auf den Trick, die Ausgaben jeder internen Einheit mittels einer sigmoiden Funktion zu berechnen. Das ist eine stetige Funktion, die die Eingaben einer internen Einheit auf eine Ausgabe abbildet (Abbildung 3.31). Bis dahin war die Ausgabefunktion einer internen Einheit eine Schwellenwertfunktion in Abhängigkeit der Eingabe. Mit der jetzt verwendeten stetigen Funktion kann eine interne Einheit durch kleine Änderungen der Gewichte zwischen den Eingabeeinheiten und ihr selbst Eigenschaften höherer Ordnung in kleine fehlerkorrigierende Schritte umsetzen. Sie lernt dadurch zu erkennen, wann die beiden Einheiten P und Q den Wert 1 ausgeben. Im Endeffekt bewirkt das Hinzufügen von internen Einheiten mit sigmoiden Ausgabefunktionen, daß die Eingaben im Eingaberaum durch eine Kurve separiert werden können.

Ähnlich zu dem schon früher genannten Beispiel der Kurvenanpassung beginnt der Rückpropagierungsalgorithmus mit kleinen, beliebig festgesetzten Gewichten und verändert diese inkrementell. Der Hauptunterschied besteht darin, daß die Fehleroberfläche beim Anpassen einer Kurve mittels der Methode der kleinsten Quadrate nur ein einziges Minimum besitzt (Abbildung 3.29), während die Fehlerkurve für ein Netz mit internen Einheiten viele lokale Minima aufweisen kann. Betrachten wir ein vorwärtsgerichtetes Netz (siehe Abbildung 3.32) mit Einheiten, die eine nicht–lineare sigmoide Ausgabefunktion (oder auch Sqashing–Funktion) $\sigma(x)$ (Abbildung 3.31) haben:

---

[29]Eigentlich wurde diese Technik wiederentdeckt. Jedoch war die Arbeit von Rumelhart, Hinton und Williams sehr viel einflußreicher als frühere Arbeiten, u.a. die Arbeiten von Bryson und Ho [89] in der Kontrolltheorie, von Werbos [754] in der nicht–linearen Regression sowie von Cun [144] und Parker [558] in vorwärtsgerichteten Netzen.

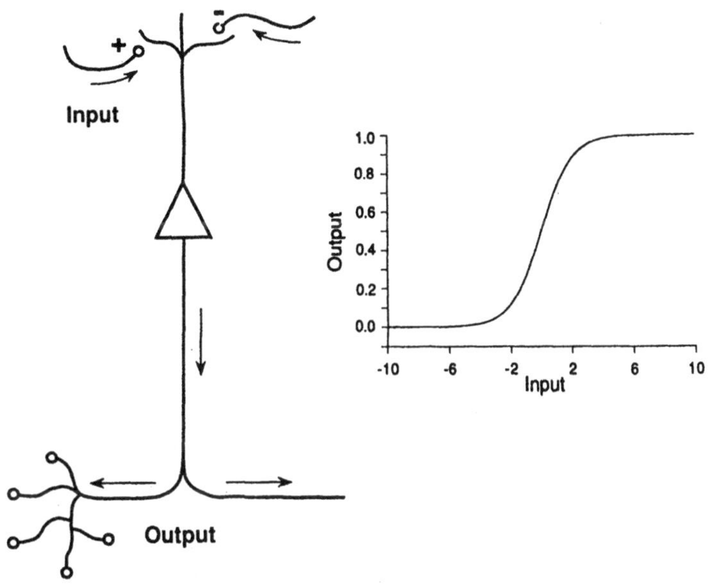

Abbildung 3.31 Nicht–lineare sigmoide Ausgabefunktionen für eine Einheit. Die gewichteten Eingaben werden aufsummiert; davon wird der Schwellenwert abgezogen, und wir erhalten die Gesamteingabe. Auf diese wird dann zur Berechnung der Ausgabe eine sigmoide — z.B. die rechts dargestellte — Funktion angewendet. Die Ausgabe der Einheit ist bei stark negativer Gesamteingabe nahe 0, steigt im Bereich um die 0 fast linear an und ist bei stark positiver Gesamteingabe nahe bei 1. Diese Art der Nicht–Linearität charakterisiert die Impulsrate einiger Neuronen, z.B. die der motorischen Neuronen, als eine Funktion der an den Dendriten über die Synapsen injizierten Ströme. Neuronen zeichnen sich darüberhinaus durch komplexe zeitliche Verhaltensweisen aus, die durch die hier beschriebene statische Form der Nicht–Linearität nicht dargestellt werden können.

$$\sigma(x) = \frac{1}{1 + e^{-x}}. \tag{3.18}$$

Führt ein Eingabemuster zu einer Ausgabe o_i, so ist der Fehler als

$$\delta_i(\text{ausgabe}) = (o_i^d - o_i)\sigma_i'(\text{ausgabe}) \tag{3.19}$$

definiert, wobei o_i^d die von einem "Lehrer" vorgegebene, gewünschte Ausgabe der Einheit und $\sigma_i'(\text{ausgabe})$ die Ableitung der sigmoiden Funktion ist. Dieser Fehler kann dann dafür verwendet werden, die Gewichte zwischen der internen Schicht und der Ausgabeschicht mit Hilfe der Delta–Regel[30] zu modifizieren:

---

[30] Sie wird in der adaptiven Signalverarbeitung und der adaptiven Kontrolle auch LMS–Regel

$$\Delta w_{ij} = \varepsilon \delta_i (\text{ausgabe}) h_j, \qquad (3.20)$$

wobei h_j die Ausgabe der j–ten internen Einheit bezeichnet. Das nächste Problem stellt sich nun im Neuberechnen der Gewichte zwischen Eingabe- und internen Einheiten. Im ersten Schritt wird der Beitrag jeder internen Einheit zum Fehler der Ausgabe bestimmt.[31] Dies kann unter Verwendung der Kettenregel getan werden. Als Resultat erhalten wir:

$$\delta_j(\text{intern}) = \sigma_j'(\text{intern}) \sum_i w_{ij} \delta_i(\text{ausgabe}). \qquad (3.21)$$

Sobald wir den Fehler für jede interne Einheit kennen, kann die Delta–Regel (Gleichung (3.20)) für die Änderung der Gewichte zwischen Eingabe- und interner Ebene angewendet werden, die auch schon für die Ausgabeeinheiten verwendet wurde. Dieses Verfahren (Fehlerrückpropagierung und entsprechende Gewichtsmodifikation) kann rekursiv auf beliebig viele Schichten von internen Einheiten angewendet werden. Aus praktischer Sicht reicht es aus, den Gradienten für die Gewichtsmodifikationen über mehrere Muster zu akkumulieren und die Gewichte in Abhängigkeit des durchschnittlichen Gradienten zu verändern.[32]

Wir wollen nun die Seite wechseln und uns das Problem aus der Sicht der Fehlerlandschaft ansehen. Dazu müssen wir uns die Fehlerlandschaft als einen Zustandsraum vorstellen, in dem der Prozentsatz der Fehler entlang der vertikalen Achse aufgetragen wird und die übrigen Achsen die Gewichte des Systems repräsentieren (Abbildung 3.29). Sobald sich die Gewichte ändern, wechselt auch die Position in der Fehlerlandschaft. Beim Anpassen von Geraden an eine Datenmenge mittels Minimierung der quadrierten Fehler entspricht die Fehlerlandschaft einer konkaven Schüssel mit einem Minimum. Im Gegensatz dazu ist die Fehlerlandschaft eines XOR–Netzes mit internen Einheiten sehr viel komplexer. Die Topographie enthält lokale Minima in Form von Schluchten und Dellen. Wird das Netz jedoch mit kleinen, zufällig ausgewählten Werten für die sieben Parameter initialisiert, und werden die Gewichte so adaptiert, daß der Fehler für die vier Ein–/Ausgabemuster minimiert wird, dann findet das Netz schließlich Parameterwerte, die das Problem lösen (Abbildung 3.32). In der Tat gibt es mehrere Kombinationen der Parameterwerte, die das Problem lösen. Ausgehend von der initialen Einstellung findet das System die eine oder die andere Kombination. Werden hingegen die Gewichte anfangs zu groß gewählt, dann kann das System in

---

(für least mean square) und Widrow–Hoff–Regel [765] genannt [766]. Die Delta–Regel ist auch eng verwandt mit der Perzeptron–Lernregel [625], die in vorwärtsgerichteten Netzen mit binären Einheiten und nur einer Schicht von modifizierbaren Gewichten angewendet wird.

[31] Im allgemeinen Fall bezeichnet man dies als Zuordnungsproblem. Wie kann das Beobachten eines Erfolgs oder Mißerfolgs in der Ausgabeschicht den internen, variablen Parametern zugeordnet werden? Die Rückpropagierung ist eine Methode, um den außen festgestellten Fehler den Gewichten im Netz zuzuordnen.

[32] Es wurden viele Verfahren zur Beschleunigung der Rückpropagierung in praktischen Anwendungen entwickelt. Zeit ist Geld! Beispiele dieser Methoden finden sich in [360] und [58].

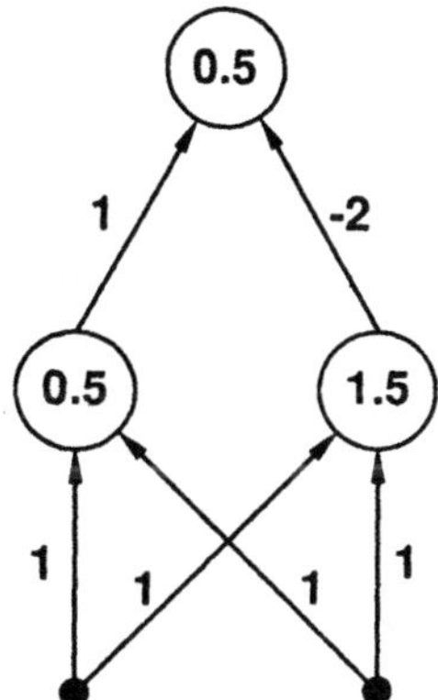

Abbildung 3.32 XOR Netz. Die Gewichte stehen an den Verbindungen (Pfeile) und die Schwellenwerte stehen in den Einheiten (Kreise). Somit erzeugt ein Eingabemuster $\langle 0, 1 \rangle$ ein Muster $\langle 1, 0 \rangle$ als Ausgabe der internen Einheiten, welches wiederum die Ausgabeeinheit aktivieren wird. Eine Eingabe $\langle 1, 1 \rangle$ erzeugt $\langle 1, 1 \rangle$ als Ausgabe der internen Einheiten, welches wiederum die Ausgabeeinheit inaktiviert. Letztendlich wird die rechte interne Einheit zu einem Detektor für das Muster $\langle 1, 1 \rangle$ und schaltet gegebenfalls dann den Einfluß der linken internen Einheit aus. Auch andere Lösungen sind denkbar.

einem lokalen Minimum landen, das keine Lösung für das Problem repräsentiert. Folglich sollte mit kleinen Gewichten begonnen werden. Die Fehlerrückpropagierung löst also das XOR–Problem. Jedoch ist das Problem so einfach, daß auch viele anderen Techniken zur Lösung eingesetzt werden können.

Viele Probleme ähneln dem XOR–Problem, indem auch sie nicht linear separierbar sind. Man kann sogar sagen, daß die meisten interessanten Berechnungsprobleme diese Eigenschaft besitzen. Nachdem man wußte, welche Rolle die internen Einheiten bei der Extraktion von Eigenschaften höherer Ordnung spiele, wurde es unter Ausnutzung der Vielseitigkeit sigmoider Ausgabefunktionen nun möglich, viele komplizierte Probleme mit Hilfe von künstlichen neuronalen Netzen zu lösen.[33] Selbst wenn ein Wissenschaftler die Funktion zwischen Eingabe und Ausgabe nicht kennt, so kann er ein Netz konstruieren, daß das Ein-/Ausgabe–Problem löst. Hat dann das Netz die Funktion gelernt, kann er versuchen, das Netz zu analysieren und die Funktion zu extrahieren — auch wenn das nicht immer so ganz einfach ist. Im nächsten Abschnitt werden wir ein Beispielnetz betrachten, das erfolgreich trainiert wurde, obwohl die Funktion zwischen Ein- und Ausgabe vollkommen unbekannt war.

Zum Schluß sei noch darauf hingewiesen, daß das XOR–Problem aus pädago-

---

[33] Vorwärtsgerichtete Netze mit entsprechend vorverarbeiteten Eingaben und mehreren internen Einheiten wurden inzwischen zur Lösung vieler praktischer Probleme eingesetzt. Dazu zählen u.a. die Bestimmung der Proteinstruktur [595], Backgammon [714] und das Fahren von Fahrzeugen [583].

gischer Sicht zwar von Belang ist, aus biologischer Sicht jedoch unerheblich erscheint. Obwohl diese Meinung öfters geäußert wird, so scheint sie doch etwas
voreilig zu sein. XOR–Netze lassen sich nämlich zu einem großen Netz kombinieren, das sehr komplexe Probleme lösen kann, und das aus biologischer Sicht überraschend nützliche Eigenschaften aufweist. Wir werden in Kapitel 4 sehen, daß
XOR–Netze eine Art elektronisches "Getriebe" sind und viele verschiedene Ein-
stellungen ermöglichen. Man beachte, daß die Negation der Aussage (P XOR Q)
äquivalent zu der Aussage (P genau dann, wenn Q) ist. Wird daher ein untereinander verknüpftes Feld von negierten XOR (NXOR) Netzen trainiert, so bedeutet dies nichts anderes, als daß notwendige und hinreichende Bedingungen für
bestimmte Repräsentationen höherer Ordnung gefunden werden.

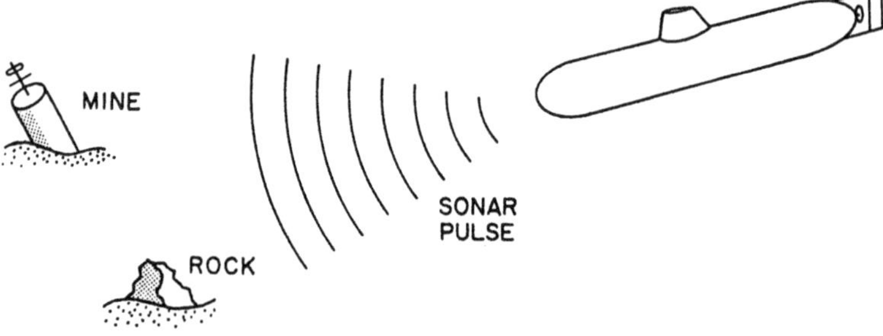

Abbildung 3.33   Das Problem "Mine oder Stein". Das Echolot eines Objektes auf dem
Meeresgrund wird zurückgeworfen. Ist das Objekt eine Mine oder ein Stein? Zwischen
den Echos gibt es sehr feine Unterschiede, die zur Unterscheidung der Muster herangezogen werden. Allerdings sind die Unterschiede zwischen zwei Echos von verschiedenen
Seiten ein und desselben Objektes etwa genauso groß wie die Unterschiede zweier Echos
von verschiedenen Objekten. Menschliche Spezialisten sind nach intensiver Ausbildung
in der Lage, die Echos zu unterscheiden. (Aus [118].)

Nachdem wir nun gezeigt haben, wie ein XOR durch ein vorwärtsgerichtetes
Netz repräsentiert und gelernt werden kann, wollen wir uns nun den anderen Funktionen zuwenden, die ein solches Netz zu berechnen vermag. Die überraschende
Antwort ist die folgende. Ein vorwärtsgerichtetes Netz mit entsprechend vielen
internen Einheiten kann so trainiert werden, daß es nahezu jede mathematische
Funktion beliebig gut approximieren kann [761]. Dies ist sicherlich ein beruhi-
gendes theoretisches Resultat. Aber was bedeutet dies in der Praxis? Netze mit
mehreren hundert internen Einheiten und hunderttausend Gewichten wurden für
eine große Breite von Anwendungen erfolgreich trainiert. Im nächsten Abschnitt
werden wir ein solches Beispiel vorstellen, um damit die prinzipielle Vorgehensweise zu illustrieren. Jedoch spielt die benötigte Rechenzeit und die benötigte Anzahl
von Trainingsmustern in der Praxis eine große Rolle, und zwar insbesondere dann,

wenn die Anzahl der internen Einheiten sehr groß wird. Dies wird als *Skalierungsproblem* bezeichnet, und wir werden am Ende dieses Kapitels noch einmal darauf zu sprechen kommen.

Die Auswertung von Echolotsignalen

Dazu betrachten wir ein vorwärtsgerichtetes Netz, das mittels Fehlerrückpropagierung darauf trainiert wurde, das Echolot eines Steins zu unterscheiden [273, 274] (Abbildung 3.33). Dies ist in der Tat ein sehr schwieriges Problem, da zumindest das untrainierte Ohr keine Unterschiede wahrzunehmen vermag. Das Netz besitzt eine Eingabeschicht aus 60 Einheiten, eine interne Schicht aus 1 − 24 Einheiten und 2 Ausgabeeinheiten. Die Echolotsignale werden für die Eingabe aufbereitet, indem sie durch einen Frequenzanalysator geschickt und entsprechend ihrer relativen Energien in 60 verschiedene Frequenzbänder aufgeteilt werden. Diese 60 Werte werden normalisiert, so daß der Wert 1 das Maximum ist, und an die Eingabeeinheiten angelegt (Abbildung 3.24). Diese Aktivierung wird dann zu den internen Einheiten propagiert und dort als Funktion der Gewichte an den Verbindungen zwischen Eingabe- und interner Schicht transformiert. Die internen Einheiten propagieren dann ihre Aktivität zu den beiden Ausgabeeinheiten, die jeden Wert zwischen 0 und 1 annehmen können. Im trainierten Zustand erzeugen die Ausgabeeinheiten das Muster $\langle 1, 0 \rangle$, wenn das Echo einer Mine eingegeben wird, und das Muster $\langle 0, 1 \rangle$ wenn das Echo eines Steins eingegeben wird. Vor dem Training werden die Gewichte jedoch zufällig festgelegt, und wir können nicht erwarten, daß das Netz systematisch die korrekten Ausgaben erzeugt.

Das Trainieren des Netzes mit dem Ziel, die Eingaben korrekt zu kategorisieren, geschieht wie folgt. Wir präsentieren dem Netz nacheinander Beispiele für Minen- und Steinechos. Für jedes angelegte Beispiel berechnen wir die Differenz zwischen den erwarteten und den tatsächlichen Ausgabewerten. Die Differenz liefert uns ein Maß für den gemachten Fehler, das wiederum dazu verwendet werden kann, kleine Gewichtsveränderungen im Netz zu berechnen. Das geschieht mit Hilfe eines Gradientenabstiegsverfahrens. Langsam werden die Gewichte so adaptiert, daß beim Anlegen eines bekannten oder auch unbekannten Minenechos zumindest annähernd die Ausgabe $\langle 1, 0 \rangle$ erzeugt wird, während beim Anlegen eines Steinechos das Netz mit einer Ausgabe nahe an $\langle 0, 1 \rangle$ antwortet. ([119] enthält eine detailliertere, grundlegendere Darstellung des Beispiels.)

Nach Beendigung des Trainings war die Klassifikation neuer Echos erstaunlich gut — genausogut und unter Umständen sogar besser, als dies andere Methoden oder gut ausgebidete Menschengut ausgebildete Menschen leisten können. Bei einem Netz mit drei internen Einheiten war es möglich, die Eigenschaften zu analysieren, die während der Lernphase entdeckt wurden (Abbildung 3.35). Die wichtigsten Eigenschaften der Eingabesignale waren die Bandbreite der Frequenz, der zeitliche Beginn des Echos und die Abschwächungsrate des Echos. Mit Hilfe dieser allgemeinen Eigenschaften, die man auch mit Techniken der Datenanalyse hätte

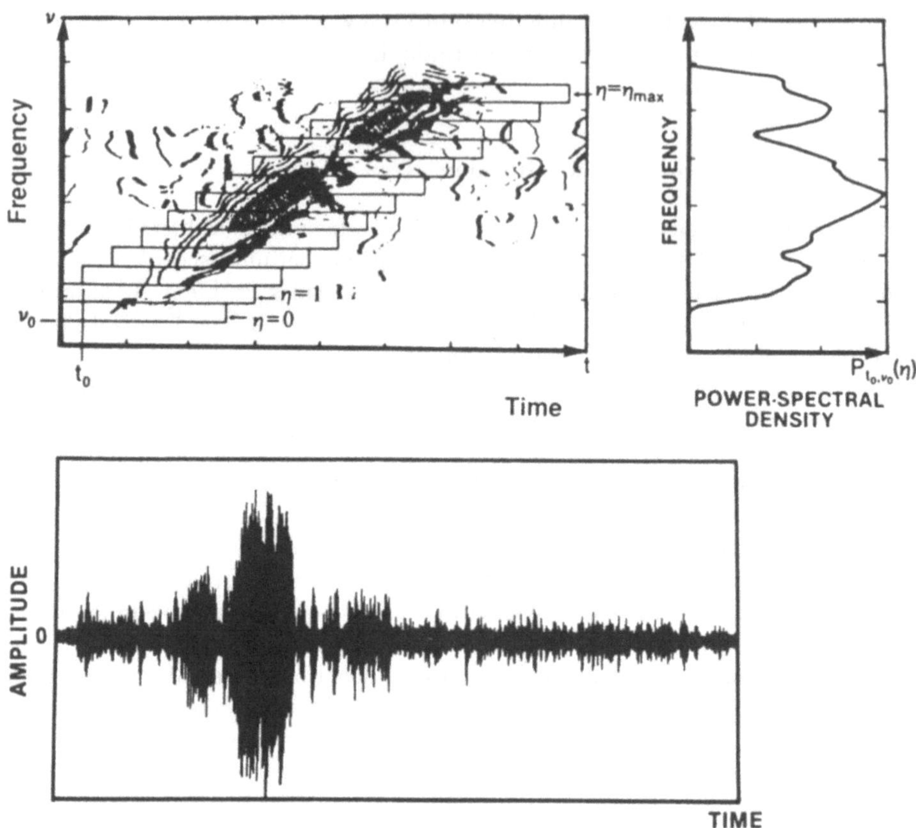
ν
Frequency
$\eta=\eta_{max}$
$\eta=1$
$\eta=0$
ν_0
t_0
t
Time
FREQUENCY
$P_{t_0, \nu_0}(\eta)$
POWER-SPECTRAL DENSITY
AMPLITUDE
0
TIME

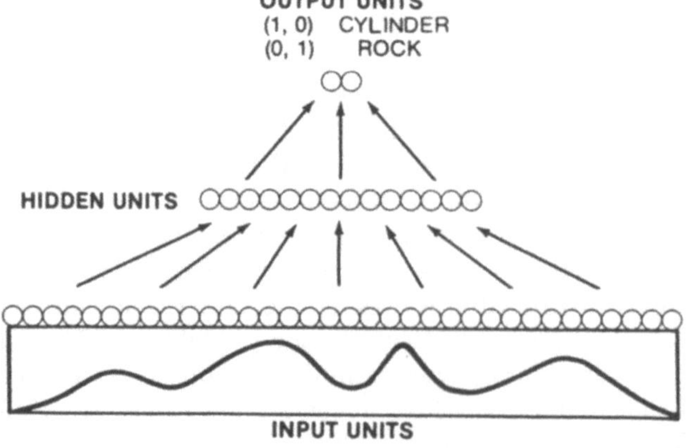
NETWORK ARCHITECTURE
OUTPUT UNITS
(1, 0)   CYLINDER
(0, 1)   ROCK
HIDDEN UNITS
INPUT UNITS

finden können, wurden 50% der Echos erfolgreich klassifiziert. Die restlichen Echos waren schwieriger zu klassifizieren, da sie nicht dem allgemeinen Trend folgten. Für diese Ausnahmen bildete das Netz Gewichte aus, die solche Gruppen von Echos erkennen, die gemeinsame Spektraleigenschaften besitzen. Je mehr die Eingabe einem Prototyp ähnelt, umso geringer wird der Abstand zwischen den Aktivierungsmustern der Eingabe und des Prototyps sein. Die von den internen Einheiten entwickelte duale Strategie nutzte allgemeine Gesetzmäßigkeiten und feine Unterscheidungsmerkmale auf verschiedene Art und Weise aus.

NETtalk

NETtalk ist ein vorwärtsgerichtetes Netz, das darauf trainiert wurde, englische Worte korrekt auszusprechen [653]. Es ist ein weiteres Beispiel dafür, daß die internen Einheiten eines Netzes für verschiedene Eingabetypen auch verschiedene Strategien entwickeln. Die Eingabe an NETtalk bestand aus einem Feld von sieben Buchstaben des englischen Alphabets. Die Ausgabeeinheiten konnten zusammen 54 verschiedene Phoneme repräsentieren. Jede Ausgabe lieferte die Antwort auf die Frage, wie der mittlere der eingegebenen Buchstaben korrekt ausgesprochen wird. Die auszusprechenden Worte wurden Buchstabe für Buchstabe als Eingabe präsentiert, und die Ausgabe lieferte eine Folge von Phonemen, die durch einen Sprachsyntheziser ausgesprochen wurde (Abbildung 3.36). Die dabei in den internen Einheiten erzeugten Aktivierungsmuster wurden mittels Clusteranalyse untersucht, um herauszufinden, wie die verschiedenen Zusammenhänge zwischen Buchstaben und Aussprache codiert wurden. Interessanterweise wurden Vokale und Konsonanten unterschieden und auf verschiedene Art und Weise codiert. Bei den Vokalen war der Hauptunterscheidungsfaktor der Buchstabe selbst, während bei den Konsonanten die Ähnlichkeit bei der Aussprache eine größere Rolle als der Buchstabe selbst spielte. Dieses unterschiedliche Verhalten mag darin begründet liegen, daß es für jeden Vokal relativ viele verschiedene Aussprachemöglichkeiten gibt, während das auf Konsonanten weit weniger zutrifft. Man betrachte beispielsweise nur die vielen verschiedenen Arten im Englischen den Vokal "e" aus-

Abbildung 3.34 Vorverarbeitung für das Netzwerk zur Echolotpeilung. (Mitte) Der zeitliche Verlauf eines typischen Sonarechos. (oben) Das Energiespektrogramm eines Sonarechos als Funktion der Frequenz und der Zeit. Es zeigt ein Anwachsen der Frequenz mit der höchsten Energie (schwarze Regionen) über die Zeit. Die rechts dargestellt integrierte Energie ist eine Funktion der Frequenz und wird dem Netz als Eingabe zur Verfügung gestellt. (unten) Die Netzarchitektur mit 60 Eingabeeinheiten, 1 − 24 internen Einheiten und 2 Ausgabeeinheiten. Die Ausgabeeinheiten geben stetige Werte aus. Nach dem Training sind die Werte für ein metallisches Objekt nahe bei $\langle 1, 0 \rangle$ und für einen Stein nahe bei $\langle 0, 1 \rangle$.

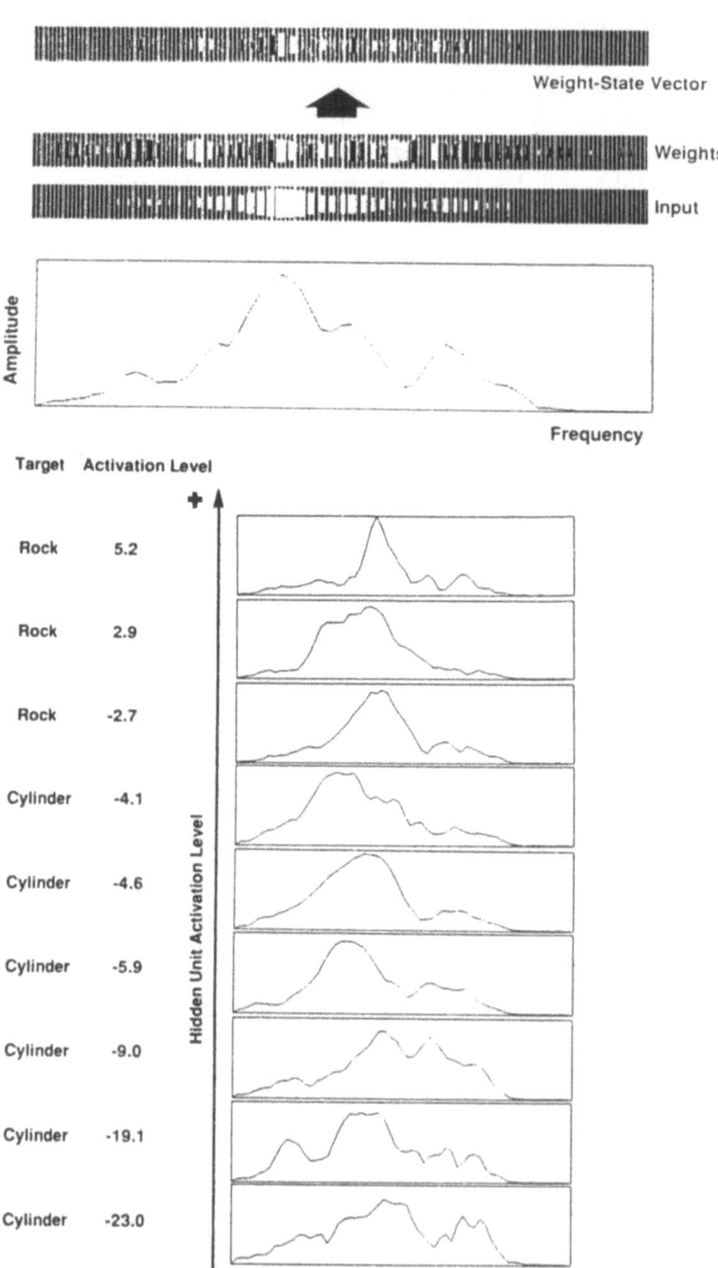
Weight-State Vector
Weights
Input
Amplitude
Frequency
Target   Activation Level
Rock   5.2
Rock   2.9
Rock   -2.7
Cylinder -4.1
Cylinder -4.6
Cylinder -5.9
Cylinder -9.0
Cylinder -19.1
Cylinder -23.0
Hidden Unit Activation Level
B

zusprechen und vergleiche dies mit den Aussprachemöglichkeiten für den Buchstaben "f".

Es wurden verschiedene Netze mit den gleichen Worten trainiert, und jedesmal entstanden die gleichen Cluster, wenn man einmal davon absieht, daß die internen Einheiten die Muster auf verschiedene Art und Weise zusammenfaßten. Wie im Netz zur Unterscheidung zwischen Minen und Steinen fand NETtalk generelle Muster, die die überwiegende Anzahl der Fälle korrekt klassifizierte. Für die übriggebliebenen Ausnahmen wurden Möglichkeiten gefunden, sie durch geeignete Wahl der Gewichte zusammenzufassen. Diese duale Strategie läßt sich wie folgt beschreiben. Das Netz fand eine Art Standardmuster für den Normalfall, das aber überschrieben wird, sobald es eine besondere Eigenschaft entdeckt, die einen Spezialfall kennzeichnet. Dabei wurden lediglich 15% der internen Einheiten nur bei einer bestimmten Eingabe aktiviert. Folglich war die entwickelte Repräsentation weder lokal noch vollkommen verteilt.

Abbildung 3.35 Typische Spektraldiagramme von Echolotsignalen, wie sie als Eingaben für das Netz verwendet wurden, sowie deren Kategorisierung durch das trainierte Netz. (A) Die Eingabemuster sind die Amplituden in Abhängigkeit von der Frequenz (unten). Diese entsprechen den Aktivitätswerten der Eingabeeinheiten (darüber). Die Größe jedes weißen Rechtecks ist dabei proportional zu der Amplitude des Signals in dem entsprechenden Frequenzbereich. Die Eingabevektoren werden mit den Gewichten zwischen Eingabe- und interner Schicht multipliziert, und wir erhalten einen Vektor, der eine Kombination aus aktueller Eingabe und Gewicht repräsentiert (weight–state vector; oben). Dabei repräsentieren die schwarzen Rechtecke inhibitorische Gewichte. Eine interne Einheit enthält nun die Summe der Komponenten des oben gezeigten Vektors als Eingabe. (B) Typische Eingabemuster, geordnet nach dem Aktivitätsverlauf einer internen Einheit. Jedes rechts gezeigte Aktivitätsmuster ist der Durchschnitt für eine Gruppe von Vektoren mit ähnlichem "weight–state vector". Sie erregten jeweils die interne Einheit mit einem Wert, der links davon dargestellt ist. Dabei wurde ein Stein mittels der Eigenschaften Bandbreite der Frequenz, zeitlicher Beginn des Echos und Abschwächungsrate des Echos charakterisiert. Jede der jeweils drei internen Einheiten im Netz bevorzugte einen ganz bestimmten Beginn des Echos, während die Einheiten sich bezüglich Bandbreite der Frequenz und Abschwächungsrate gleich verhielten. In Ausnahmefällen konnten bestimmte Eingaben diesen Gruppen nicht zugeordnet werden. Sie wurden dann mittels einer anderen Codierung unterschieden. (Aus [273].)

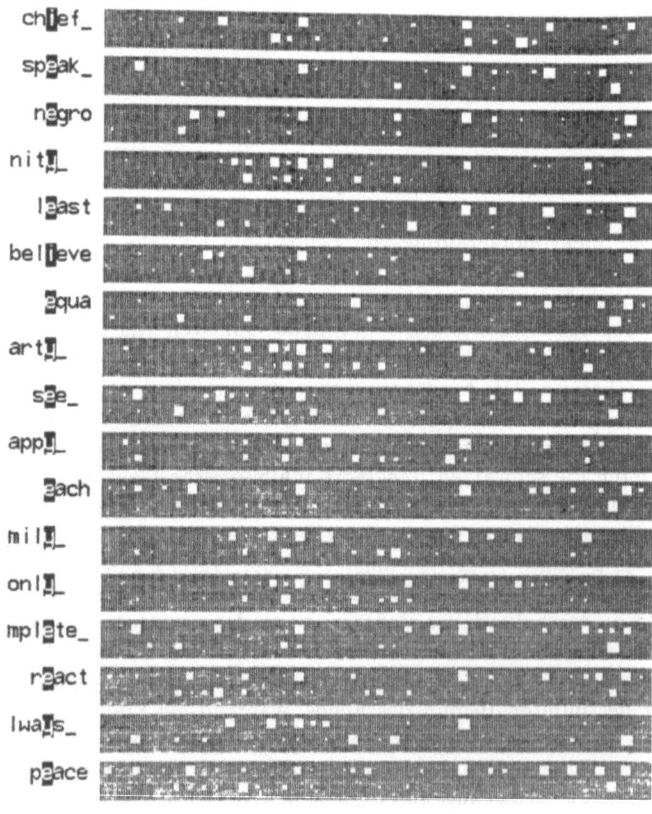
TEACHER:
/t/ /r/ /æ/ /n/ /z/ /l/ /e/ /S/
GUESS:
/t/ /r/ /æ/ /m/
OUTPUT
HIDDEN
INPUT
t r a n s l a t
INPUT TEXT:
chief_
speak_
negro
nit
least
believe
equa
art
see_
app
each
mil
onl
mplete_
react
lwais_
peace

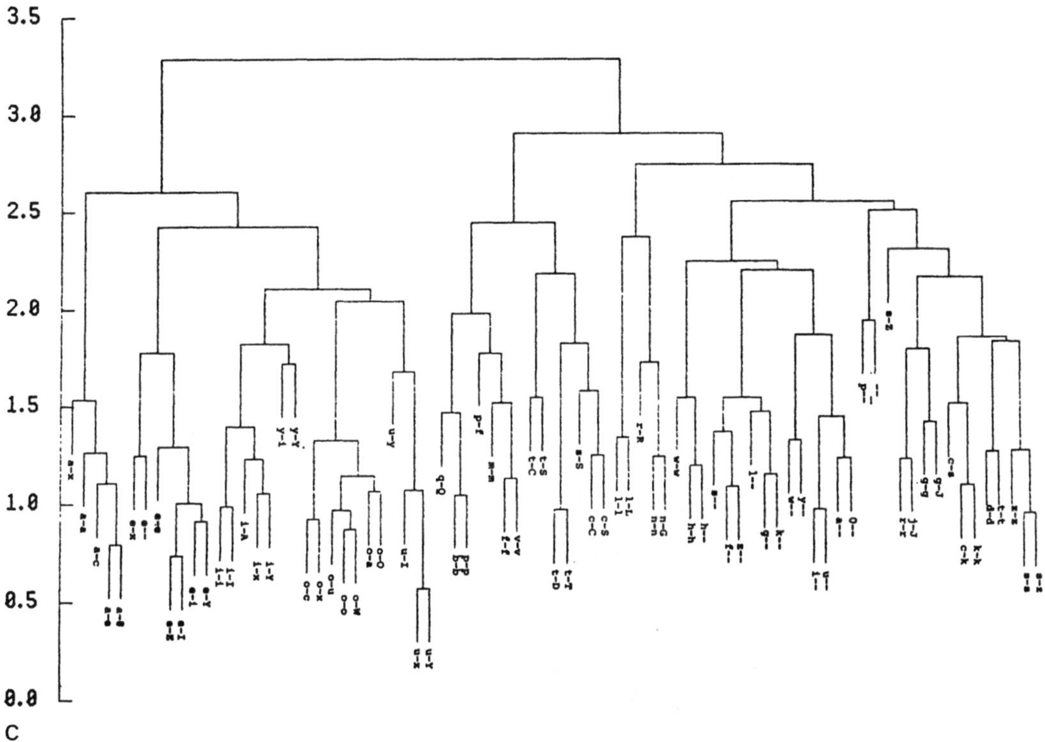

Abbildung 3.36 (A) Schema der NETtalk Architektur. Nur einige Einheiten und Verbindungen sind gezeigt. Jeweils eine Gruppe von 29 Eingabeeinheiten repräsentiert einen Buchstaben. Die 7 Eingabegruppen wurden auf 80 interne Einheiten abgebildet. Diese interne Einheiten wurden wiederum auf 26 Ausgabeeinheiten abgebildet. Die Ausgabeeinheiten repräsentieren die Phoneme. Das Netz beinhaltet insgesamt 18629 Gewichte. (B) Aktivitätsmuster der internen Einheiten für die jeweils links davon dargestellten Worte. Die jeweils in der Mitte der Eingabe invers gezeigten Buchstaben werden alle gleich ausgesprochen. Der Größe der weißen Quadrate in den Aktivitätsmustern ist proportional zu der Aktivität der entspechenden internen Einheit. (C) Hierarchische Clusteranalyse der durchschnittlichen Aktivität der internen Einheiten für jede Zuordnung zwischen Buchstabe und Phonem ($b - p$ für Buchstabe b und Phonem p). (Aus [653].)

3.9 Rekurrente Netze

Das Netz zur Unterscheidung von Minen und Steinen, dessen Parameter mit einem Lernverfahren adaptiert wurden, ist ein vorwärtsgerichtetes Netz im folgenden Sinn: Die als Eingabe an der ersten Schicht angelegte Information wird in eine Richtung durch die internen Schichten hin zur Ausgabeschicht propagiert. Es ist

zwar richtig, daß das Fehlersignal zur Adaption der Gewichte rückwärts durch das
Netz läuft, aber diese *Gewichtseinstellung* ist ein eher externer Prozeß und sollte
von dem *Aktivierungsprozeß* der Einheiten getrennt betrachtet werden. Genauer
gesagt gibt es keine Propagierung von Eingabeinformationen der höheren zu niedrigeren Einheiten. Ein solches vorwärtsgerichtetes System arbeitet ausschließlich
reaktiv, indem es nur dann eine Ausgabe liefert, nachdem eine Eingabe angelegt
wurde. Die erzeugte Ausgabe ist dabei eine Funktion der externen Eingabesignale
und der existierenden Gewichtskonfiguration. Wie verändert sich das Verhalten
eines Netzes, wenn ihm über eine Rückkopplung eine zusätzliche, sogenannte *interne* Eingabe zur Verfügung gestellt wird (Abbildung 3.37)?

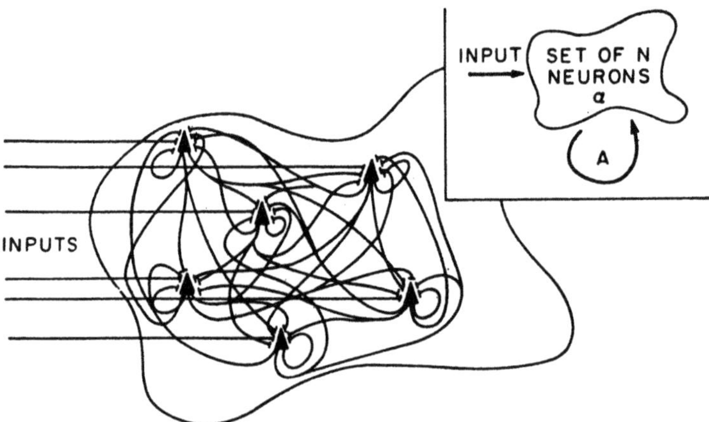

Abbildung 3.37   Ein allgemeines rekurrentes Netzmodell. Die Einheiten des Netzes
sind miteinander verknüpft, und ihre Antworten können externe Eingaben überdauern.
(Aus [28].)

Die allgemeine Antwort auf diese Frage ist, daß ein Netz mit einer Rückkopplung weitere wichtige Eigenschaften besitzt: (a) verschiedene Zeitbereiche können
in den Einheiten bei der Verarbeitung berücksichtigt werden (b) zeitliche Eingabesequenzen können verarbeitet werden, (c) Oszillationen und veränderbare
rhythmische Verhaltensweisen können erzeugt werden und (d) Mehrdeutigkeiten,
wie sie bei der Unterscheidung von Figur und Hintergrund oder bei Segmentierung
auftauchen, können aufgelöst werden. Netze mit Rückkopplung werden *rekurrente
Netze* genannt [575, 576, 769]. In einem rekurrenten Netz ist der Effekt einer externen Eingabe abhängig von den zuvor im Netz abgelaufenen Aktivitäten, da auch
die rückgekoppelten internen Eingaben zur Aktivierung der internen Einheiten
beitragen. Bezogen auf die Bedeutung der externen Eingabe in einem rekurrenten
Netz lassen sich drei allgemeine Klassen unterscheiden: (1) das Netz erzeugt nur
dann eine Ausgabe, wenn sowohl externe als auch interne Eingaben anliegen; (2)
das Netz erzeugt auch dann eine Ausgabe, wenn keine externe Eingabe anliegt,

wobei allerdings die dann kontinuierliche Ausgabe durch eine initiale externe Eingabe ausgelöst worden sein muß; (3) die Ausgabe eines Netzes wird alleine durch die interne Eingabe ausgelöst, wobei allerdings dann die externe Eingabe modifizierend wirken kann.

Die Zeit und die Notwendigkeit, in einem Netzmodell die fundamentale und entscheidende zeitliche Natur des realen Nervensystems zu berücksichtigen, sind Themen, die in diesem Buch immer wieder angesprochen werden. Externe Prozesse und Vorgänge haben eine zeitliche Dauer. Damit das Nervensystem also erfolgreich wahrnehmen und reagieren kann, sind wahrscheinlich umfangreiche zeitliche Repräsentationen notwendig. Beispielsweise erfordern koordinierte Bewegungen, daß ganz bestimmte Muskeln in der richtigen zeitlichen Reihenfolge kontrahiert bzw. entspannt werden; das Kurzzeitgedächtnis ist ein Trick, um schnellen Zugriff auf das gerade Wahrgenommene zu haben, während das Langzeitgedächtnis auch länger zurückliegende Vorgänge speichert; beim Lernen erfolgt eine Anpassung aufgrund von in der Gegenwart gemachten Erfahrungen, und diese beruht auf der durch die Evolution bestätigten Annahme, daß die Zukunft der Vergangenheit ähnelt. Vögel und Menschen erkennen Lieder, wenn sie nur einen kurzen zeitlichen Ausschnitt davon hören. Offensichtlich erfolgt die Erkenntnis, daß jemand winkt oder zusehens ärgerlicher wird, nicht aufgrund eines einzelnen Eingabevektors, sondern nur aufgrund einer *Sequenz* von Eingabevektoren. Wir werden in nachfolgenden Kapiteln sehen, wie künstliche neuronale Netze mit der Zeit umgehen, um visuelle Funktionen, Verhaltensweisen und sensomotorische Integrationen zu modellieren. In diesem Abschnitt wollen wir nur darlegen, daß rekurrente Netze grundsätzlich dazu in der Lage sind, zeitliche Verhaltensweisen nachzuahmen.

Als ersten Schritt bei der Behandlung zeitlicher Strukturen in Netzen betrachten wir ein sehr einfaches, aber durchaus instruktives Beispiel, bei dem zeitliche Sequenzen auf räumliche Sequenzen abgebildet werden. Da Netze in der Lage sind, räumliche Erkennungsprobleme zu lösen, können sie auch zur Lösung zeitlicher Probleme eingesetzt werden. Umgekehrt können räumliche Sequenzen (z.B. geschriebene Worte) in zeitliche Sequenzen überführt werden (siehe z.B. das von Sejnowski und Rosenberg entwickelte und in Abbildung 3.36 skizzierte NETtalk). Für diesen Ansatz reichen die üblichen vorwärtsgerichteten Netze aus, wobei die zeitlichen Sequenzen mit ihren Relationen "vorher" und "nachher" in räumliche Sequenzen mit ihren Relationen "links von" und "rechts von" übersetzt werden. Das wird bei einer Spracherkennungsaufgabe beispielsweise dadurch erreicht, daß die Folge der Signale von links nach rechts durch die Eingabeeinheiten propagiert wird. Zu jedem Zeitpunkt springt das Signal nach dem Prinzip "first–in, first–out" von einer Eingabeeinheit zur nächsten, bis es an der letzten Eingabeeinheit angekommen ist. Einfach ausgedrückt, die internen Einheiten sehen die Phoneme in der Reihenfolge ihres Auftretens, also z.B. zuerst ein "h", dann ein "u" und schließlich ein "t", wobei die benachbarten internen Einheiten auf die Phoneme des Kontexts reagieren. Eine solche Anordnung, bei der die Signale durch die Eingabe propagiert werden, nennen Ingenieure auch Verzögerungsglied (Abbildung 3.38). Es ist ein vorwärtsgerichtetes Netz im strengen Sinne, das jedoch nur einfache zeitliche Phänomene unterstützen kann. Wir werden sehen, daß statische, reaktive Netze durch Rückkopplungsschleifen zu aktiven Systemen werden, die nahezu alle zeitlichen Phänomene repräsentieren können. Aber warum leisten dies gerade rückgekoppelte Verbindungen?

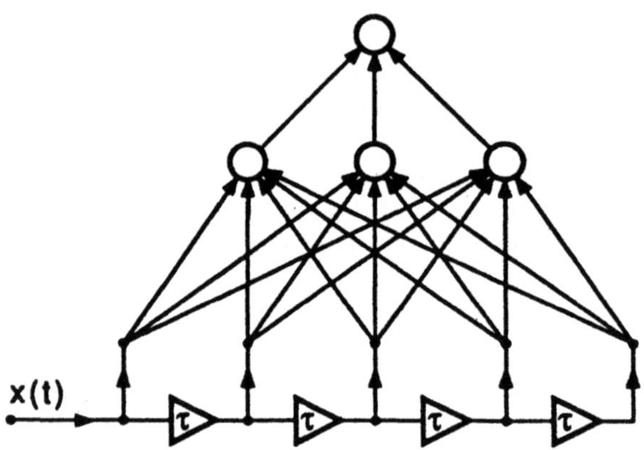

Abbildung 3.38   Ein neuronales Netz zur zeitlichen Verzögerung. Die Eingabe $x(t)$ wird nacheinander von links in das Netz hineingegeben. Dabei wird jedes Signal um τ verzögert. Folglich besteht der am vorwärtsgerichteten Netz angelegte Eingabevektor zum Zeitpunkt t aus den Argumenten $x(t)$, $x(t-\tau)$, $x(t-2\tau)$, $x(t-3\tau)$, $x(t-4\tau)$. Dieser Architekturtyp wird gerne für die Spracherkennung verwendet [709, 214, 743, 443]. (Aus [360].)

Die Ursache dafür ist überraschend einfach: Kurze zeitliche Vorgänge, die im Millisekundenbereich ablaufen, können am besten durch die Eigenschaften der physikalischen Interaktionen im Netz selbst repräsentiert werden. Carver Mead [499] drückt das gerne wie folgt aus: "Laßt die Zeit ihre eigene Repräsentation sein." Der springende Punkt dabei ist, daß jedes Netz eine eigene zeitliche Struktur besitzt. Eine an ein vorwärtsgerichtetes Netz angelegte Aktivität erreicht zuerst die internen Einheiten und dann erst die Ausgabeeinheiten, wobei das Aufsummieren der Eingaben und das Propagieren der Ausgaben usw. Zeit in Anspruch nimmt. Meads Intention ist es daher, die existierenden zeitlichen Eigenschaften eines Netzes zur Repräsentation von sensorischen Reizen zu verwenden. Damit ein Netz Dinge berücksichtigen kann, die kurz zuvor passiert sind, muß es diese Dinge speichern. Dies kann ein räumlicher Speicher sein, in dem "links von" die zeitliche Relation "davor" repräsentiert. Es kann aber auch ein dynamischer Speicher sein, in dem beispielsweise Rückkopplungsschleifen ein Signal "am Leben" erhalten. Es kann aber auch sein, daß kurzzeitige Änderungen in den Synapsen einen solchen Speicher realisieren. Im Gegensatz dazu benötigt man zur Repräsentation von größeren Zeitintervallen — beispielsweise, um sich daran zu erinnern, daß man den Führerschein vor dem Bau der Berliner Mauer gemacht hat — völlig andere Strukturen.

Rückkopplungsscheifen können auf viele verschiedenen Arten in ein Netz eingebaut werden: als laterale Verbindungen zwischen den Einheiten einer Schicht, als zusätzliche Verbindungen von einer höheren zu einer niedereren Schicht oder — und das ist der allgemeinste Fall — als wechselseitige Verbindungen zwischen allen Einheiten in einem Netz. Im letzten Fall kann jede Einheit nicht nur Eingabe- sondern auch Ausgabeeinheit oder sogar beides gleichzeitig sein. Wir wollen nun anhand eines rekurrenten Netzes mit eingeschränkten Rückkopplungsschleifen ([375]; Abbildung 3.39) aufzeigen, daß rückgekoppelte Verbindungen die Repräsentationsfähigkeiten eines Netzes deutlich erhöhen. Die Aufgabe des Netzes besteht darin, bei Anlegen eines bestimmten Kommandos eine Folge a_1, a_2, a_3, ... von Aktionen auszugeben. Ein solches Kommando kann beispielsweise "hebe einen Apfel auf" oder "sage das Wort 'Eisstiel' " oder — wie bei Jordan — "zeichne ein Rechteck" sein. Um in einem Nervensystem solche Kommandos umzusetzen, müssen verschiedene Muskeln in einem bestimmten Zeitintervall aktiviert werden. Damit die verschiedenen Muskeln koordiniert zusammenwirken, müssen die Aktivierungssequenzen selbst koordiniert werden. Mit Hilfe des Jordan–Netzes wird die prinzipielle Frage angegangen, wie ein solches Netz auf ein Kommando hin eine zeitliche Sequenz von Ausgaben generieren kann. Jordan modifizierte dazu ein standardisiertes vorwärtsgerichtes Netz durch zwei Arten von Rückkopplungsschleifen.

Wie in Abbildung 3.40 gezeigt, besteht die Aufgabe eines Jordan–Netzes darin, ein Rechteck zu zeichnen. Das Jordan–Netz kopiert die Werte der Ausgabeeinheiten in die Eingabeschicht — und zwar werden sie auf spezielle Eingabeeinheiten abgebildet und dienen so als interne Eingabe. Diese speziellen Eingabeeinheiten erregen sich über positive Rückkopplungsverbindungen selbst. Sie liefern darüber hinaus als Teil der langen rekurrenten Verbindung den internen Einheiten Informationen über die letzten Ausgaben der Ausgabeeinheiten. In jedem Durchlauf erhalten die internen Einheiten somit *ganz neue* Eingaben über die normalen Eingabeeinheiten und Informationen über die *letzten Ausgaben* des Netzes mittels der speziellen Eingabeeinheiten. Selbst wenn sich die externe Eingabe nicht mehr ändert, produziert das Netz weiter eine Ausgabe und kann diese sogar ändern. Der Grund dafür liegt darin, daß die speziellen Eingabeeinheiten die internen Einheiten weiter erregen. Das ist auch die Ursache dafür, daß das Netz zeitliche Sequenzen generieren kann.

Was ist die Aufgabe der kurzen rekurrenten, d.h. der selbsterregenden Verbindungen? Sie sorgen für ein Kurzzeitgedächtnis in dem Sinne, daß ein Signal, welches eine Einheit mit einer bestimmten Aktivität erregt, nicht abrupt abfällt, sondern sich vermöge der selbsterregenden Verbindungen nur langsam abschwächt. (Das entspricht einem leckenden Kondensator und ist analog zur Zeitkonstante der Membran in einem Neuron.) Zu jedem Zeitpunkt repräsentiert eine spezielle

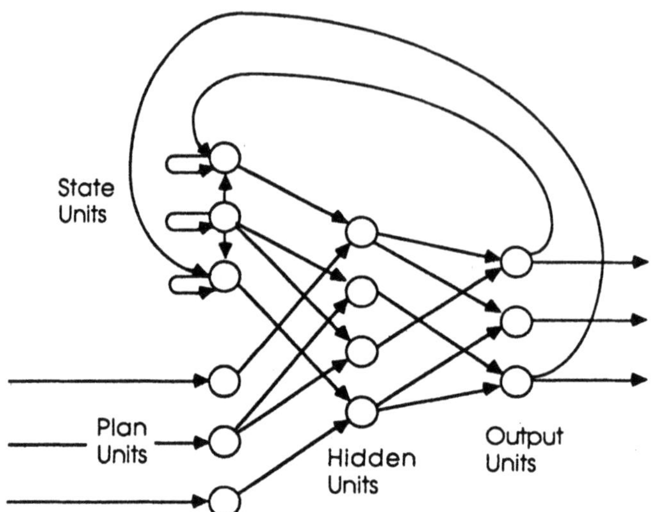

Abbildung 3.39   Ein rekurrentes Jordan–Netz. Neben der üblichen externen Eingabe werden die Ausgaben zu zusätzlichen Eingabeeiheiten rückgekoppelt. Diese zusätzlichen Einheiten erregen sich (schwach) selbst und speichern so die letzten Ausgaben. Damit können verschiedene Ausgabesequenzen generiert werden. (Aus [375].)

Eingabeeinheit daher den gewichteten Durchschnittswert der bisherigen Ausgaben. Somit verfügt das Netz nicht nur über die zuletzt gemachte Ausgabe, sondern über die gesamte bisher gemachte Ausgabe, wobei sich diese über die Zeit immer mehr abschwächt. Dementsprechend kann das Zusammenziehen eines Muskels C durch die Aktivität eines Muskels B vor 20 msek und durch eines Muskels A vor 40 msek beeinflußt werden. So kann eine koordinierte Verhaltenssequenz generiert werden.

Die Ausgabe eines Jordan–Netzes ist eine kontinuierliche zeitliche Folge, solange es nicht extern angehalten wird (siehe Abbildung 3.40). Es wird seinen Pfad stets wiederholen und dabei immer wieder von der letzten Seite zur ersten Seite des Vierecks übergehen. So etwas können Hopfield–Netze und Boltzmann–Maschinen nicht, obwohl sie auch über rekurrente Verbindungen verfügen. Wegen ihrer symmetrischen Verbindungen haben sie nur stabile Zustände, d.h. sie konvergieren in einem Punkt und nicht in einer Trajektorie, und deshalb kann in ihnen die Information auch nicht zirkulieren.

Jordan trainierte seine Netze mit dem Rückpropagierungsalgorithmus, der für vorwärtsgerichtete Netze entwickelt wurde. Dabei *fixierte* er die Gewichte an den rekurrenten Verbindungen. Jedoch kann es in einem allgemeineren rekurrenten Netz notwendig werden, neben den Gewichten an den vorwärtsgerichteten Verbindungen auch die Gewichte an den rekurrenten Verbindungen zu trainieren. Die Technik der Rückpropagierung wurde für solche Fälle verallgemeinert. In den

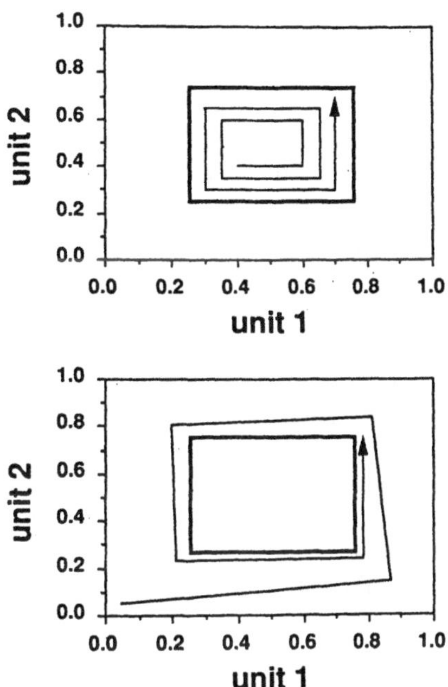

Abbildung 3.40   Ausgabe eines rekurrenten Netzes, das das Zeichnen eines Recht-ecks erlernt hatte. Die Ausgaben von zwei Ausgabeeinheiten wurden jeweils als x- bzw. y-Wert in einem Koordinatensystem aufgetrage und jeweils zwei so zeitlich unmittelbar hintereinander erzeugte Punkte wurden durch eine Gerade verbunden. (oben) Trajekto-rie eines Netzes, das von einem im Rechteck liegenden Punkt aus gestartet wurde. (unten) Trajektorie eines Netzes, das von einem außerhalb des Rechtecks liegenden Punkt gest-artet wurde. Das Rechteck wird auch stabiler Grenzzyklus (stable limit cycle) genannt, da das Netz bei kleinen Auslenkungen immer wieder zu dieser geschlossenen Trajektorie zurückfindet. (Auf [375] basierend.)

Kapiteln 4 und 5 werden wir Beispiele dafür angeben.

Das Jordan–Netz lernte nicht nur, einer vorgegebenen Trajektorie zu folgen, sondern es tat dies in trainiertem Zustand auch auf eine durchaus robuste Art und Weise. Selbst wenn das Netz in einen beliebigen initialen Zustand versetzt oder während der Verfolgung der Trajektorie ausgelenkt wurde, fand es immer wieder einen Weg zurück zur korrekten Ausgabesequenz. Ein solches Verhalten wird in der mathematischen Theorie dynamischer Systeme als *stabiler Grenzzy-klus* bezeichnet. Diese Zyklen sind deshalb interessant, da das Netz ein völlig un-regelmäßiges Verhalten zeigen würde, wenn die Ausgabesequenz nicht stabil wäre und das Netz eine verrauschte Eingabe erhalten oder auf andere Weise ausgelenkt werden würde. Das ist auch deshalb wichig, da reale neuronale Netze ständig mit verrauschten Eingaben und anderen Fehlern fertig werden müssen. Man denke nur an das Trainieren realer Netze (wie z.B. die motorischen Netze im Gehirn), dessen Ziel es beispielsweise ist, eine Hand so zu führen, daß sie eine so komplizierte Trajektorie wie eine Unterschrift erzeugt. Eine solche Unterschrift wird abhängig von der Schreibunterlage, dem Schreibstift, dem Zustand der Muskulatur, der initialen Position usw. immer etwas anders aussehen. Ein robustes Netz wird diese Abweichungen ausgleichen können, und reale neuronale Netze scheinen dazu in der Lage zu sein.

Das Jordan–Netz löst zwar die Aufgabe, ein Rechteck zu zeichnen, sehr gut, jedoch gibt es komplexere Probleme, bei denen es nicht ausreicht, eine einzige Eingabe auf eine Sequenz von Ausgaben abzubilden, sondern zu deren Lösung eine Menge verschiedener Eingaben auf eine Sequenz von Ausgaben abgebildet werden muß. Bei noch komplexeren Problemen muß sogar eine Menge von *Eingabesequenzen* auf eine Ausgabesequenz abgebildet werden. Hier stoßen wir nun an die Grenzen eines Jordan–Netzes. Es kann das Lösen dieser schwierigeren Probleme nicht erlernen, da sich das durch die rekurrenten Verbindungen gegebene Gedächtnis mit der Zeit abschwächt. Die konstante Abschwächungsrate bewirkt, daß eine weit zurückliegende interne Eingabe womöglich ihren Einfluß zu einem Zeitpunkt verliert, wo sie vielleicht gerade gebraucht wird. Solche Probleme tauchen in der gesprochenen wie in der geschriebenen Sprache immer wieder auf. Dort gibt es weit auseinandergezogene Interaktionen zwischen verschiedenen Worten. Das ist beispielsweise dann der Fall, wenn ein Fürwort auf ein Hauptwort verweist, oder wenn ein Verb zu einem weit davon entfernt stehenden Subjekt passen muß. Wenn ein Satz lang ist und viele Schachtelsätze enthält, dann kann es bis zu einer Minute dauern, bis das Fürwort oder Verb auftaucht, das zu dem Subjekt passen muß. Normale Menschen haben damit weder bei der Produktion noch beim Verstehen Schwierigkeiten. Irgendwo in unserem Nervensystem wird deshalb ein Wort länger gespeichert und hat größere Einflußmöglichkeiten als dies mit den kurzen, rekurrenten Verbindungen in einem Jordan–Netz möglich ist. Andererseits aber ist die Zeit, die ein solches Wort zur Verfügung steht, immer noch kürzer als die Zeit, die zur Gewichtsänderung im Langzeitgedächtnis benötigt wird.

Wie kann dieses Zeitverhalten modelliert werden? Grundsätzlich gibt es drei Möglichkeiten: (1) Änderung der Zeitkonstanten des Netzes — beispielsweise durch Verlängerung des zeitlichen Einflusses der Eingabe; (2) Änderung der Architektur — beispielsweise durch Veränderung der Rückkopplungsschleifen, der internen Schichten, o.ä.;[34] (3) Änderung der Aktivierungsfunktion. Wir wollen hier nur kurz auf die letzte Option eingehen. Wir erinnern uns, daß — wie früher beschrieben — die Ausgabe einer Einheit durch die Anwendung einer sigmoiden Funktion auf die gewichtete Summe der Eingaben erhalten wird. Eine Änderungsmöglichkeit besteht nun darin, die Ausgabe als gewichtetes *Produkt* der Eingaben zu definieren:

$$y_i = \sigma[\sum_{jk} w_{ijk} x_j x_k], \qquad (3.22)$$

---

[34] Siehe [215, 216] und [119].

wobei $\sigma(x)$ die in Abbildung 3.31 gezeigte sigmoide Funktion und w_{ijk} das Gewicht ist, das den gemeinsamen Einfuß der j-ten und k-ten Eingabeeinheit auf die i-te Ausgabeeinheit repräsentiert.

Als Ergebnis erhält man im Gegensatz zu Netzen erster Ordnung mit traditionellen Aktivierungsfunktionen sogenannte "Netze höherer Ordnung" [268]. Mit Hilfe von Netzen zweiter Ordnung lassen sich sogenannte "endliche Automaten" modellieren. Diese Automaten akzeptieren Sequenzen von Eingaben und produzieren Sequenzen von Ausgaben, wobei die Zustandsübergänge des Automaten von einem endlichen internen Speicher abhängen. Obwohl Netze zweiter Ordnung endliche Automaten modellieren können, so haben Netze höherer Ordnung doch den Nachteil, daß bei ihnen die Anzahl der Gewichte mit der Potenz der Höhe der Ordnung steigt. Damit sind sie für die Praxis untauglich.

Jede dieser Änderungsmöglichkeiten des Ausgangsnetzes hat ihre Stärken und Schwächen. Die beste Lösung hängt von der jeweiligen Aufgabe ab, die das Netz zu erfüllen hat. Es gibt viele Alternativen, ein Netz anzupassen, und man muß die Möglichkeit auswählen, die am besten zu einem gegebenen Problem und seiner Lösung paßt. Es ist bestimmt nicht voreilig zu behaupten, daß die Evolution verschiedene Netzwerktypen ausprobiert und schließlich diejenigen findet, die die Probleme lösen. Deshalb besteht das Nervensystem vermutlich nicht aus einer einzigen Blaupause für ein Netz, sondern an verschiedenen Stellen werden in Abhängigkeit von der zu lösenden Aufgabe und den evolutionären Ereignissen die verschiedensten Prinzipien auftauchen. Die Frage, wie gut ein Problem gelöst wird, ist ein aktives Forschungsthema in der Mathematik, wo die Eigenschaften bestimmter Netzmodelle analysiert werden, und in den Ingenieurwissenschaften, die die Netze zum Finden von Lösungen für ihre Probleme verwenden.

3.10 Von Spielzeugwelten zu realen Welten

Die Fachzeitschriften enthalten viele Modellnetze, die überraschend schwierige Probleme lösen können. Aber der vorsichtige und skeptische Leser wird sich trotzdem fragen, ob man hier vielleicht nur die erfolgreichen Modelle stolz präsentiert, während die schwarzen Schafe unter den Tisch gekehrt werden. Insbesondere wird man sich die Frage stellen müssen, ob die Modellnetze nur solche Probleme lösen können, die fein säuberlich von den ganzen Ungereimtheiten der Natur befreit wurden, oder ob sie die Probleme auch in der realen Welt und mit der dadurch ins Spiel kommenden großen Komplexität lösen können. Es ist eine absolut nicht-triviale Frage, ob ein Verfahren, das in einer Laborumgebung ein Fragment eines komplexen Problems adäquat löst, auch noch in einer realen Umgebung dazu in der Lage ist.

In der realen Welt müssen zwei grundsätzliche Aspekte berücksichtigt werden: (1) Die Eingaben in einer realen Welt sind deutlich höherdimensioniert als die

Eingaben in einer Spielzeugwelt. Das Skalierungsproblem befaßt sich mit der Frage, ob ein Netz, welches so erweitert wurde, daß es alle relevanten Dimensionen einschließt, noch immer dazu in der Lage ist, das Problem in vernünftiger Zeit zu lösen. Ein Netz, das sich nach dem Skalieren exponentiell verhält, ist nur von geringem Nutzen, während es bei polynomischem Verhalten nach der Skalierung zwar etwas besser ist, aber immer noch wenig brauchbar erscheint. Skaliert es aber mit linearem Aufwand, dann kann es vernünftig sein. Am besten sollte sich das Netz mit konstantem Aufwand skalieren lassen. (2) In der realen Welt sind die Eingaben an ein Nervensysten nicht so aufbereitet, daß jedes Problem sauber gegenüber den anderen abgegrenzt ist. Beispielsweise müssen die auf der Retina eintreffenden visuellen Informationen wie Bewegung, Stereo, Form usw. durch das Nervensystem voneinander getrennt werden. Objekte treffen auf der Retina nicht isoliert voneinander auf. Dies ist nur eine weitere Instanz des in Abschnitt 4 betrachteten Segmentierungsproblems. (Siehe [6].)

Unter der Annahme, daß die Evolution im Laufe der Zeit zu immer größeren neuronalen Netzen geführt hat, können wir vielleicht dieser Entwicklung folgen und unsere Modellnetze auch immer größer machen. Leider lassen sich die in den 80er Jahren entwickelten Modellnetze jedoch nicht gut skalieren, und irgendwie müssen die Modellierer die Tricks noch nicht ganz verstanden haben, die die Evolution angewendet hat, um das Skalierungsproblem zu lösen. Beispielsweise kommen neuronale Netze, die isoliert präsentierte Phoneme korrekt erkannt haben, nicht weiter, wenn die Phoneme in ihrer natürlichen Umgebung auftauchen, nämlich als von unterschiedlichen Personen gesprochene Sprache. Ein Spracherkennungssystem mag bei einer Person die Vokale oder isoliert präsentierten Worte zwar erfolgreich erkennen, es kann dies aber oft nicht mehr, sobald die Eingabe dem natürlichen Sprachfluß mit seinen vielen Variationen — Männer-, Frauen- oder Kinderstimme; geflüstert, quiekend, schrill, akzentuiert usw.– entspricht. Abbildung 3.41 verdeutlicht die Ursache dafür. Es zeigt, daß das Klangmuster eines von einer Frau (in Englisch) weich ausgesprochenen Buchstabens "a" sich mit dem Klangmuster eines von einem Kind (in Englisch) weich ausgesprochenen Buchstabens "e" überschneidet.

Wie könnte eine Modifikation der üblichen Modellnetze aussehen, die deren Skalierbarkeit verbessert? Dem Slogan "größer ist besser" folgend besteht der einfachste Ansatz darin, die Netze einfach größer zu machen. Als Begründung dafür wird angeführt, daß, wenn ein Netz mit zehn Eingabeeinheiten in der Lage ist, die Sprache eines bestimmten Sprechers zu erkennen, dann vielleicht ein Netz mit einhundert Eingabeeinheiten die Sprache eines beliebigen Sprechers erkennen kann. Dieser Ansatz funktioniert meist bis zu einer bestimmter Größe, aber darüberhinaus hat er mit ernsthaften Schwierigkeiten zu kämpfen. Das liegt zum einen daran, daß mit wachsender Zahl von Verbindungen im Netz, die zum Trainieren des Netzes notwendige Datenmenge sehr groß wird und sich dadurch die Trainingszeiten enorm verlängern. Ursache dafür sind die mit den Verbindungen assoziierten Gewichte, die jeweils einen Freiheitsgrad repräsentieren, der durch die Trainingsdaten beschränkt werden muß. Deshalb benötigt ein Netz mit mehr einstellbaren Gewichten auch eine größere Menge von Daten, und folglich dauert es auch länger, bis ein solches Netz trainiert ist. Zum anderen hängen die Schwierigkeiten damit zusammen, wie in einem Netz die Information verteilt wird — und dies ist ein noch ernsthafteres Problem.

Dazu betrachten wir den Fall, daß ein Spracherkennungssystem durch einen bis dahin unbekannten Sprecher getestet wird. Entweder erkennt das Netz die von ihm gesprochenen Phrasen, oder es erkennt sie nicht. Ist das Netz erfolgreich, dann ist alles in Ordnung. Macht das Netz jedoch einen Fehler, dann wird der Fehler dadurch behoben, daß das Netz auf den unbekannten Sprecher trainiert wird und dementsprechend die Gewichte anpaßt werden. Das Problem liegt nun darin, daß diese Gewichtsänderungen zwar notwendig sind, um den unbekannten Sprecher zu verstehen, aber dadurch gleichzeitig die Gewichtskonfigurationen für bereits bekannte Sprecher langsam zerstört werden können. Um dies zu verhindern, muß das Netz mit dem neuen *und* dem alten Datensatz neu trainiert werden. Ganz offensichtlich verhält sich die Laufzeit dieses Verfahrens proportional zu der Größe des Datensatzes und steigt damit bei wachsenden Datensätzen enorm an. Ein Grund für die schlechte Skalierung der üblichen Netze ist die Tatsache, daß die Änderung eines einzigen Gewichtes im Netz den Aktivierungsraum der internen Einheiten neu partitioniert. D.h., der Aktivierungsvektor der internen Einheiten ändert sich für jede Eingabe unabhängig davon, ob diese nun bekannt oder unbekannt ist.

Die gerade betrachtete Schwierigkeit liegt darin begründet, daß in den Netzen die Daten mit den Gewichten interagieren. Das Trainieren von neuen Daten wirkt sich eben nicht nur auf eine bestimmte, vorher ausgewählte Teilmenge der Gewichte, sondern auf alle Gewichte aus. Eine weitere und grundlegendere Schwierigkeit liegt in den Interaktionen zwischen den Gewichten begründet. Information über den gemachten Fehler wird zur Berechnung der Gradienten der Gewichte verwendet. Dabei ist der Fehler jedoch eine Funktion aller Daten *und* aller Gewichte. Folglich gibt es beim Trainieren auf neue Daten nicht nur Interaktionen zwischen den Daten und Gewichten, sondern auch Interaktionen zwischen den Gewichten. Denn ändert sich ein Gewicht aufgrund eines Fehlers, dann ändern sich auch andere Gewichte. Mit anderen Worten, die Gradienten müssen bei einer Gewichtsänderung neu berechnet werden.

Was kann nun getan werden, um ein erneutes, vollständiges Training und damit den Skalierungsaufwand zu vermeiden? Eine erste Antwort auf diese Frage besteht darin, die internen Einheiten nur auf eine bestimmte Auswahl der Eingaben reagieren zu lassen [82, 519, 582]. Dies kann durch die Verwendung von radialen Basisfunktionen als Aktivierungsfunktionen der internen Einheiten erreicht werden. Formal gesehen bedeutet dies, daß bei gegebenem Eingabevektor x_i die Ausgabe der internen Einheit, an die x_i angelegt wurde, durch

$$F(x) = e^{-\sum_i ((x_i - k_i)/\sigma)^2} \tag{3.23}$$

bestimmt wird, wobei k_i der Mittelpunkt der radialen Basisfunktion und σ die

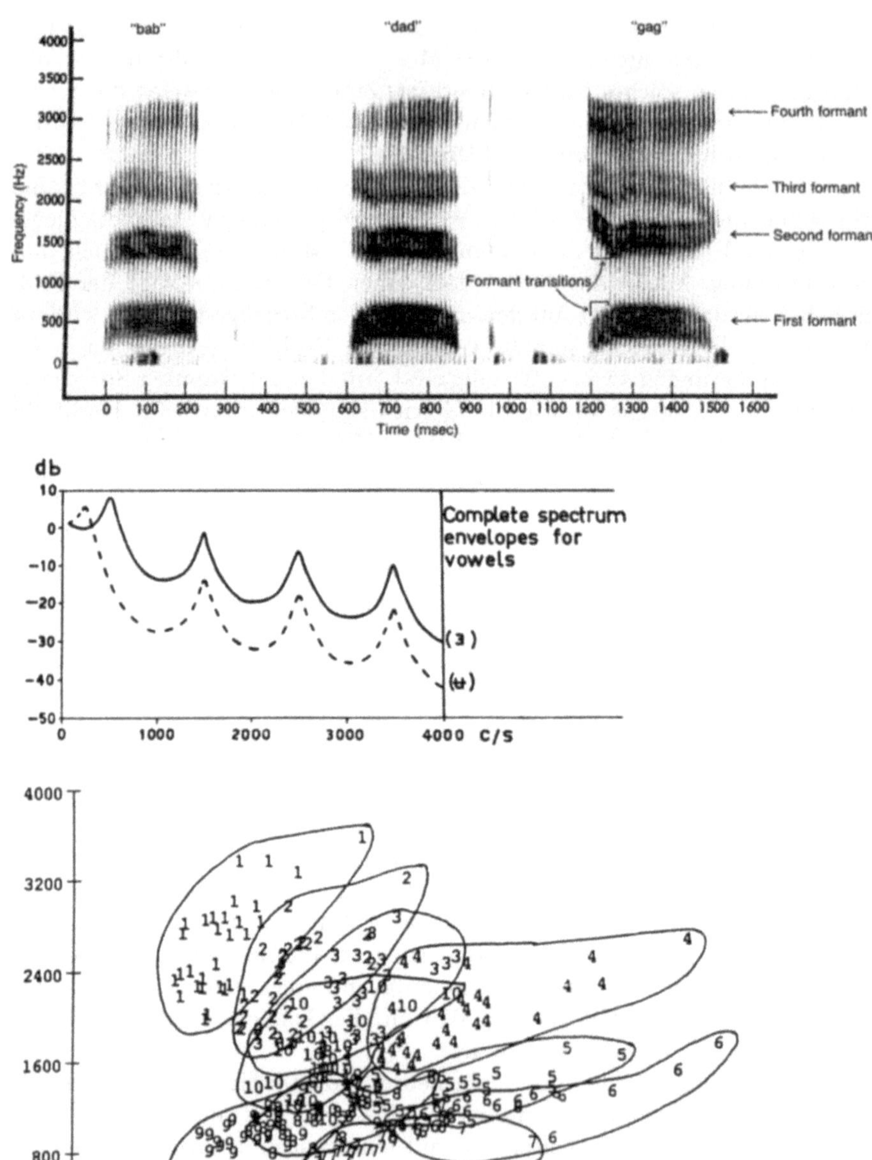
"bab"
"dad"
"gag"
Frequency (Hz)
4000
3500
3000
2500
2000
1500
1000
500
0
Fourth formant
Third formant
Second formant
Formant transitions
First formant
0 100 200 300 400 500 600 700 800 900 1000 1100 1200 1300 1400 1500 1600
Time (msec)
db
10
0
-10
-20
-30
-40
-50
0 1000 2000 3000 4000 C/S
Complete spectrum
envelopes for
vowels
4000
3200
2400
1600
800
0
0 300 600 900 1200 1500

Breite der durch die Funktion spezifizierten Gaussverteilung ist. Mit anderen Worten, es ist eine Aktivierungsfunktion, die dazu führt, daß die Einheit dann am stärksten reagiert, wenn der Eingabevektor mit k_i übereinstimmt und diese Reaktion mit wachsendem Unterschied zwischen x_i und k_i stark abnimmt. Im dreidimensionalen Raum fräst eine radiale Basisfunktion also eine Schüssel in den Eingaberaum. Im zweidimensionalen Raum gleicht eine radiale Basisfunktion mehr der Abstimmkurve einer Sinneszelle. Dabei ist die beste Eingabe der Zelle diejenige, bei der die Zelle maximal reagiert. Völlig analog reagiert eine interne Einheit dann am stärksten, wenn der Eingabevektor mit dem Zentrum der "Abstimmkurve" übereinstimmt.

Radiale Basisfunktionen haben den Hauptvorteil, daß beim Trainieren eine vorgelegte Eingabe nur wenige interne Einheiten gleichzeitig anspricht. Folglich kann ein Teil des Netzes modifiziert werden, ohne daß sich dabei die Reaktion des Netzes auf andere Eingaben ändert. Andererseits müssen neben dem üblichen Bestimmen der Gewichte in einem solchen Netz auch die Mittelpunkte k_i und die Breiten σ_i der radialen Basisfunktionen festgelegt werden. Bei einem Eingaberaum mit wenigen Dimensionen besteht ein Trick darin, den Raum mit radialen Basisfunktionen gleicher Breite gleichverteilt abzudecken. Dadurch werden die Abstimmkurven der internen Einheiten praktisch von Hand festgelegt. Bei einem Eingaberaum mit vielen Dimensionen kann jedoch die Anzahl der radialen Basisfunktionen, die zur gleichverteilten Abdeckung des gesamten Raumes benötigt werden, sehr groß sein. Es werden dazu nämlich n^N radiale Basisfunk-

Abbildung 3.41 Erkennung von Vokalen (im Englischen). In einem ersten Schritt werden die Frequenzen von Sprechproben analysiert, die den Vokal beinhalten; also z.B. "bab", "dad" und "gag". Oben ist das Spektrogramm für jedes dieser Worte dargestellt. Dabei wurden die energiereichsten Frequenzen durch die dunkelsten Segmente und die Vokale durch die jeweils mittleren Segmente der Spektrogramme repräsentiert. Der nächste Schritt besteht im Lokalisieren der Formanten. In der Mitte ist für zwei Vokale die Energie als Funktion der Frequenz aufgetragen. Die linke Spitze einer Kurve entspricht dem untersten dunklen Gebiet (ungefähr 500 Hz) eines Spektrogramms für das Segment des Vokals (z.B. für das "a" in "bab"). Sie wird der erste Formant genannt; die zweite Spitze (zweiter Formant) entspricht dem nächsten dunklen Gebiet bei ca. 1500 Hertz. Man beachte, daß sich die Formanten für die beiden Vokale an verschiedenen Orten befinden. (Aus [226].) Im dritten Schritt muß jetzt die Ähnlichkeit der durch verschiedene Personen ausgesprochenen Vokale bestimmt werden. Diese Analyse geschieht, indem jeder von einem Sprecher geäußerte Laut als Zahl codiert (z.B. 1 für $\bar{e}$ in "heed") in einem zweidimensionalen Koordinationsystem eingetragen wird, wobei entlang der horizontalen Achse der erste Formant und entlang der vertikalen Achse der zweite Formant aufgetragen ist. Eine solche Analyse von zehn verschiedenen Lauten, die von 30 verschiedenen Sprechern bei der Aussprache von Vokalen geäußert wurden, zeigte, daß sich die Regionen der verschiedenen Laute in Abhängigkeit der verschiedenen Sprecher stark überlappen. (Aus [546].)

tionen benötigt, wobei n die Anzahl der Basisfunktionen ist, die jede Dimension abdeckt, und N die Anzahl der Dimensionen ist. Mit anderen Worten, die Anzahl der radialen Basisfunktionen wächst in der Potenz mit der Anzahl der Dimensionen. Ist nur ein Teilbereich des Eingaberaums interessant, dann können auch weniger Basisfunktionen ausreichen. Trotzdem bleibt die Erkenntnis, daß die Verwendung von radialen Basisfunktionen zwar einen Aspekt des Skalierungsproblems, nämlich die Interaktion zwischen Gewichten, löst, wir uns aber dafür andere Probleme einhandeln.

In einer zweiten Antwort auf die oben gestellte Frage wird ebenfalls die Entkopplungsstrategie verfolgt. Dieses Mal wird das Netz so entkoppelt, daß Teilnetze voneinander unabhängige Elemente des Problems repräsentieren und der Trainingsvorgang immer nur das entsprechende Teilnetz berührt. Diese Antwort sagt nichts anderes aus, als daß zur Lösung des Skalierungsproblems eine Lösung des Segmentierungsproblems benutzt werden soll. Dabei kann das Netz von Hand in Teilnetze zerlegt werden, wobei individuelle Netze für individuelle Teile des Problems entstehen. Das ist eine at–hoc– Lösung und — was die Sache noch komplizierter macht — sie setzt voraus, daß wir bereits wissen, wie wir ein Problem zerlegen können und welches Teilnetz welche Information benötigt. Wir müssen damit rechnen, schwer enttäuscht zu werden, wenn wir uns auf diese Voraussetzung verlassen. Es kommt noch hinzu, daß wir unter Umständen das ganze Problem nur gegen das neue und ebenso schwierige Problem der Integration der individuellen Teilnetze eingetauscht haben.

Dieser Ansatz kann jedoch weiterentwickelt werden: Ein Netz sollte selbst *lernen*, zusammengehörende Information in Teilnetzen zusammenzufassen. Dabei sollte jedes Teilnetz für die Anordnung der Information zuständig sein, die es repräsentieren soll, und gleichzeitig mit den anderen Teilnetzen nur wenig interagieren. In diesem weiter entwickelten Ansatz findet ein Netz also seine eigenen Partitionen und ordnet ihnen die entsprechenden Eingaben zu. Wie wir gesehen haben, wurde das unüberwachte Wettbewerbslernen ja gerade dazu entwickelt, mittels eines Wettbewerbs zwischen den Einheiten die Eingaben entsprechend ihrer Gruppenzugehörigkeit zu trennen. Dabei gewinnt die Einheit, die auf ein bestimmtes Eingabemuster am stärksten reagiert. Dies führt zu einer Gewichtsänderung und zwar so, daß beim erneuten Anlegen des Musters die Einheit noch stärker reagiert. Auf diese Weise erwirbt die Einheit das Recht, das entsprechende Muster zu repräsentieren. Als Folge dieses Prozesses wird die Einheit auf andere Eingabemuster weniger sensitiv reagieren. Folglich haben andere Einheiten eine Chance, das Recht zur Repräsentation des anderen Musters zu gewinnen. Diese Strategie, bei der eine Gruppe ähnlicher Vektoren zu einem einzigen Vektor quantisiert wird, heißt "Vektorquantisierung". Durch Anwendung dieser Strategie stattet sich das Netz selbst mit einer Reihe von Einheiten aus, die Prototypen repräsentieren. Jede Einheit legt dabei selbst den Bereich fest, innerhalb dessen die Eingabemuster größere Ähnlichkeit mit dem durch die Einheit repräsentierten Prototyp als mit den Prototypen anderer Einheiten haben (Abbildung 3.42). Folglich teilt das

Netz im Rahmen einer Vorverarbeitung den Eingaberaum in Gruppen einander
ähnlicher Vektoren auf.

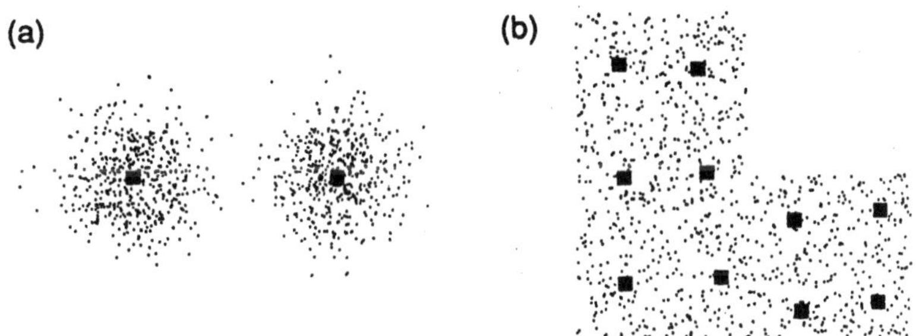

Abbildung 3.42   Vektorquantisierung durch Wettbewerbslernen. Jedes Eingabemuster ist durch einen Punkt in der Ebene dargestellt. Dunkle Quadrate zeigen die Eingaben, die eine Einheit maximal stimulieren. Während des Wettbewerbs ordnen sich
die Ausgabeeinheiten selbst so an, daß sie zusammen die gesamte Eingabe abdecken.
Die Ausgabeeinheiten repräsentieren somit die Prototypen, und jede Eingabe wird dem
ähnlichsten Prototyp zugeordnet. In (a) wurden die Eingaben durch zwei Gauss'sche
Wahrscheinlichkeitsverteilungen bestimmt, während in (b) die Eingaben in einem L–
förmigen Gebiet gleichverteilt waren. (Aus [360].)

Obwohl das unüberwachte Wettbewerbslernen die eingehende Information erfolgreich in einzelne Cluster aufteilt, so kann es das Problem, Teilnetze zu kreieren,
alleine noch nicht lösen. Jedoch kann der Wettbewerb zwischen Einheiten auch auf
ganze Teilnetze angewendet werden und führt dann dazu, daß sich unabhängige
Teilnetze ausbilden [546, 597]. Dazu wird die folgende Strategie angewendet: Anstelle von einzelnen Einheiten dürfen "Mininetze" um die Repräsentationsrechte
streiten. Dabei hat jedes Mininetz seine eigenen internen Einheiten, Verbindungen und veränderbaren Gewichte (Abbildung 3.43). Mininetze stehen nicht nur
untereinander im Wettbewerb um das Recht, Eingabemuster zu repräsentieren,
somdern sie werden auch mittels der Fehlerrückpropagierung darauf trainiert, ihre Muster immer besser zu repräsentieren. Zu Beginn der Trainingsphase reagiert
beispielsweise das Mininetz C im Vergleich zu seinen Mitstreitern, den Mininetzen
A und B, mit einer Ausgabe, die näher an der gewünschten Ausgabe liegt. Der
"Lehrer" wählt folglich C aus und trainiert dessen Gewichte unter Verwendung
des Fehlersignals mittels der Rückpropagierung. Die anderen Mininetze machen
währenddessen Pause. Mit anderen Worten, jedes Mininetz wird durch den Eingabevektor aktiviert, aber eine "Alles–oder–Nichts"– Strategie entscheidet, welches
Mininetz trainiert wird.

Wie wird entschieden, welches Mininetz *die* Antwort auf die eingegebene Frage
liefert? Dazu wird zur gleichen Zeit ein weiteres Netz trainiert. Dieses Netz soll
die Rolle eines Schiedsrichters übernehmen und wird deshalb darauf trainiert, für

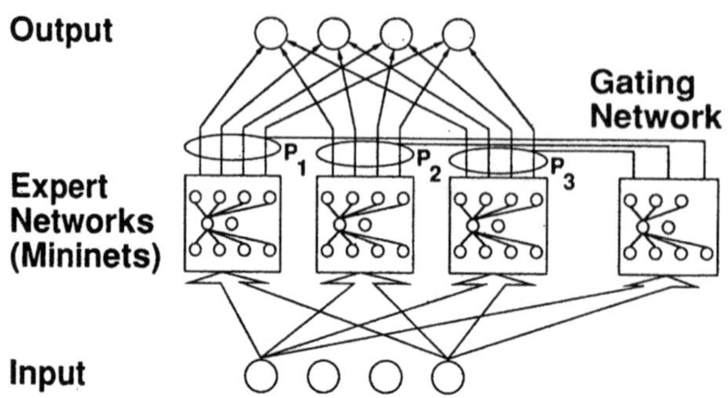

Abbildung 3.43   Ein System von Mininetzen (Experten) zusammen mit einem Gitternetz (Schiedsrichter). Bei allen Experten handelt es sich um vorwärtsgerichtete Netze, die alle dieselbe Eingabe erhalten und die gleiche Anzahl von Ausgabeeinheiten haben. Das Gitternetz ist ebenfalls vorwärtsgerichtet. Es erzeugt normalisierte Ausgaben (P_j) und erhält als Eingaben dieselben Eingaben, die auch die Experten erhalten. Der Schiedsrichter spielt dabei die Rolle eines stochastischen Schalters mit mehreren Eingaben und einer Ausgabe. Der Schalter wählt die Ausgabe vom Experten j mit der Wahrscheinlichkeit P_j aus. Dazu wird P_j als Ausgabe der j–ten Ausgabeeinheit des Gitternetzes (gating network) erzeugt. Das System soll die Ausgabe $\sum_j p_j o_j$ generieren, wobei o_j die Ausgabe des j–ten Mininetzes ist.

jedes Eingabemuster das gewinnende Mininetz auszuwählen. Der Schiedsrichter bekommt dieselben Eingaben wie die Mininetze und erzeugt als Ausgabe eine probabilistische Vorhersage darüber, welches Mininetz die richtige Antwort generiert hat. Auch hier berechnet der Lehrer das Fehlersignal und propagiert es durch das Netz zurück. Wenn das ganze System trainiert ist, dann kann sich der Lehrer zurückziehen, und die trainierten Schiedsrichter wählen korrekt die von den Mininetzen generierten Antworten auf jede Mustererkennungsaufgabe aus. (Der gesamte Vorgang ist hier sehr vereinfacht dargestellt. Die Details finden sich in [546, 597]). In der oben betrachteten, einfachen Konfiguration konnte auf einen Schiedsrichter verzichtet werden, da der Gewinner einfach die am stärksten stimulierte Einheit war. In dem Ansatz von Jacobs et.al. [597] wird dagegen als Gewinner das Mininetz bestimmt, das der Experte für ein angelegtes Eingabemuster ist.

Die von Jacobs et.al. [597] gewählte Konfiguration löst das Problem, Vokale bei mehreren Sprechern korrekt zu erkennen, sehr gut und kann bei 74 verschiedenen Stimmen alle Vokale korrekt erkennen. Damit kommt man der realen Spracherkennung schon ein Stück näher. Eine Analyse der Mininetze zeigte, daß sie sich die Aufgabe teilten. Eines spezialisierte sich auf Kinderstimmen, eines auf Frauenstimmen und ein weiteres auf Männerstimmen. Wir lernen daraus, daß ein gewisser Erfolg beim Lösen des Skalierungsproblems dann erreicht werden kann, wenn die Netze so konfiguriert sind, daß sie sich mit der Zeit spezialisieren. Die

Spezialisierung durch Teilstrukturen ist ein Prinzip, das auch in der Neurobiologie bekannt ist und beim Menschen Anwedung findet. Beispielsweise konnte George Ojemann bei zweisprachigen Personen beobachten, daß sich eine direkte corticale Stimulation entweder nur auf die die englische und nicht auf die griechische Sprache, oder, umgekehrt, nur auf die griechische und nicht auf die englische Sprache auswirkte. Dabei war der Abstand der beeinflußten Struktur nicht größer als 10 mm [548, 549].

3.11 Wozu benötigen die Neurowissenschaften Optimierungsverfahren?

Häufig wird fälschlicherweise angenommen, daß die Beschäftigung mit künstlichen neuronalen Netzen dann reine Zeitverschwendung sei, wenn das die Parameter einstellende Verfahren des Tripels (Architektur, Dynamik, Verfahren) nicht biologisch plausibel ist, daß man aus den Simulationen des Modellnetzes nichts über das wirkliche Netz folgern kann und daß die Erwartung, das Netz könnte nützlich sein, nichts anderes als Wunschdenken ist. Dieser Annahme folgend sind Modellnetze nichts anderes als nette Demonstrationen, die zeigen, daß Ein-/Ausgabefunktionen ausgeführt werden und gewichtsverändernde Verfahren einem Netz eine bestimmte Ein-/Ausgabefunktion antrainieren können. Sie sagen aber nichts über die realen Netze aus, solange die die Parameter einstellenden Verfahren nicht identisch oder zumindest ähnlich zu den Verfahren sind, die in der Natur Anwendung finden. Dabei mag es viele verschiedene Verfahren geben, die die Parameter in realen Nervensystemen einstellen. Warum ist diese Annahme falsch?

Eine schnelle Antwort, die wir unten noch weiter ausführen werden, ist die folgende: Angenommen die Architektur ist hinreichend ähnlich zur Anatomie und die Dynamik ist hinreichend ähnlich zur Physiologie, dann werden die Modell- wie die realen Netze an ähnlichen Punkten in der Fehlerlandschaft landen, sobald sie beide parameter–einstellende Verfahren anwenden, um den Fehler zu minimieren. Wie nahe diese Punkte letztendlich sind, hängt davon ab, wie ähnlich die Architektur und die Dynamik waren. Der entscheidende Punkt jedoch ist folgender. *Die Fehlerminimierung ist ein Optimierungsverfahren.* Damit ist die Annahme durchaus angebracht, daß unabhängig davon, wie ein gegebenes Netz ein Minimum findet, dieses dann ähnlich zu dem von einem anderen Netz gefundenen Minimum sein muß, wenn die Architektur und die Dynamik der Netze sehr ähnlich sind.

Die Art und Weise, wie ein physikalisches System konfiguriert wurde, damit es eine bestimmte Funktion berechnet, kann — und wird sich mit großer Wahrscheinlichkeit auch — von der Art und Weise unterscheiden, wie ein Theoretiker herausfindet, welche Funktion von dem System berechnet wird. Wie wir gleich sehen werden, benützen Modellierer manchmal Optimierungsverfahren wie beispielsweise die Rückpropagierung, um einem Modelnetz eine Ein-/Ausgabebeziehung anzutrainieren, die der Ein-/Ausgabebeziehung eines realen neuronalen Systems gleicht. Dabei mag ein Ziel darin bestehen, ein "Präparat" zur Verfügung zu haben, mit dessen Hilfe die Funktion gefunden werden kann, die von dem neuronalen System berechnet wird. Wie sogar die meisten Skeptiker hervorheben, besteht ein anderes Ziel darin, aus der Organisation und dem Verhalten der Netze heraus Ideen zu entwickeln. Obwohl sich die Rückpropagierung bei der Modellierung von Netzen, deren Eigenschaften denen realer neuronaler Netze vergleichbar sind, als äußerst hilfreich erwiesen hat, so nimmt doch *niemand* an, daß die Organisation echter neuronaler Netze auf die gleiche Art und Weise entstanden ist. Das ist doch offensichtlich ganz klar, könnte man sagen. Trotzdem sollte man darauf hinweisen, da sich die Kritik an den Berechnungsmodellen häufig daran entzündet, daß die zum Auffinden einer geeigneten neuronalen Konfiguration eingesetzten Optimierungsverfahren biologisch nicht plausibel sind. Diese Kritik ist sicherlich auch dann unangebracht, wenn andere Kritiken zutreffen mögen. Wir sollten die Rückpropagierung nicht als Nachahmung der Neurogenese oder der wirklichen synaptischen Modifikationen auffassen. Vielmehr dient die Rückpropagierung als Werkzeug, mit dessen Hilfe die von einem ausgewachsenen Netz tatsächlich berechnete Funktion und die Art und Weise, wie das Netz die Funktion berechnet, ausfindig gemacht werden können. Erst diese Entdeckungen ermöglichen es uns, das Netz als eine Quelle neuer Ideen zu benutzen.

Um die Argumentation noch deutlicher werden zu lassen, wollen wir sie zuerst an einigen einfachen Fällen testen. Dazu betrachten wir zwei Modellnetze, deren Architektur und Dynamik identisch sind, die aber bei der Suche nach dem Fehlerminimum verschiedene Verfahren einsetzen. Um den Punkt noch besser herauszustellen, nehmen wir an, eines dieser Verfahren sei überwacht und das andere sei kontrolliert. Dann sollen die Netze unter Verwendung der verschiedenen Verfahren zur Einstellung der Gewichte dieselbe Ein-/Ausgabefunktion lernen. Welche Eigenschaften werden Ihrer Meinung nach die Netze besitzen, sobald sie ihr jeweiliges Fehlerminimum gefunden haben? Nun ja, Sie würden erwarten, daß die freien Parameter nach Beendigung des Trainings dieselben oder zumindest sehr ähnliche Werte aufweisen. Das ein Netz mag dabei in der Fehlerlandschaft eine Route mit vielen Schleifen ausgewählt haben, während das andere Netz vielleicht sehr viel direkter vorgegangen ist. Trotzdem werden beide am Ende an denselben oder zumindest sehr ähnlichen Punkten ankommen. In diesem Beispiel haben wir identische Architekturen und Dynamiken vorausgesetzt, um damit deutlich zu machen, daß die Netze verschiedene Wege zum Fehlerminimum einschlagen können.

Betrachten wir nun ein leicht verändertes Szenario, in dem die Identität der Architekturen nicht angenommen werden kann, aber dafür die Funktion des Netzes gegeben ist. Angenommen, die Zygonen liefern uns ein fertiges und laufendes Modellnetz zusammen mit seiner Ein-/Ausgabefunktion. Allerdings können wir Details über die Architektur und die Dynamik des Netzes nur mittels experimenteller Techniken herausfinden, und diese Techniken liefern vorwiegend nur lokale

Informationen. Die Aufgabe besteht nun darin herauszufinden, wie die Zygonen–Netze funktionieren. Um diese Aufgabe lösen zSu können, konstruieren wir ein Modellnetz, das wir Weltnetz nennen wollen. Die Architektur und die Dynamik dieses Netzes soll dabei so sein, daß sie genau den lokalen Informationen entsprechen, die wir vom Zygonen–Netz experimentell ermitteln konnten. Danach trainieren wir das Weltnetz, so daß es dieselbe Ein-/Ausgabefunktion wie das Zygonen–Netz berechnet. Dabei benutzen wir zur Fehlerminimierung eines der bekannten parametereinstellenden Verfahren. Da die Zygonen gute Ingenieure sind, ist die Annahme vernünftig, daß auch sie ihr Netz mit einem Verfahren zur Einstellung der Parameter trainiert haben, obwohl uns niemand gesagt hat, welches Verfahren genau sie eingesetzt haben. Die entscheidende Frage ist nun die folgende: Kann man aus den globalen Eigenschaften des Weltnetzes auf die globalen Eigenschaften des Zygonen–Netzes schließen? Können wir bisher unbekannte lokale Eigenschaften des Zygonen–Netzes auf der Grundlage dessen, was uns das Weltnetz über die lokalen Eingenschaften sagt, vorhersagen? In beiden Fällen scheint die Antwort positiv zu sein. Sicherlich sind die Schlüsse auf die globalen — und folglich auch auf die bisher unbekannten lokalen — Eigenschaften des Zygonen–Netzes probabilistische Schlüsse. Folglich ist die Wahrscheinlichkeit, mit der eine Hypothese auch zutrifft, eine Funktion der Ähnlichkeit zwischen der Architektur und der Dynamik des Zygonen–Netzes und der Architektur und der Dynamik des Weltnetzes. Dabei spielt der Unterschied, der zwischen den beiden eingesetzten Verfahren zur Einstellung der Parameter bestehen mag, keine Rolle. Wichtig ist jedoch, daß die beiden Lernverfahren den Fehler minimieren. Dadurch wird sichergestellt, daß das Zygonen–Netz und das Weltnetz sich in diesem Punkt ähnlich verhalten. Dieses Beispiel bringt uns dem neurobiologischen Fall einen Schritt näher.[35]

Nun können wir diesen nächsten Schritt doch wohl nur dann machen, wenn wir Grund zu der Annahme haben, daß das Gehirn auch Fehler minimiert. Oder ist jemand anderer Meinung? Zur Beantwortung dieser Frage sind vier grundsätzliche Überlegungen von Bedeutung. (1) Im allgemeinen, und insbesondere bei den Säugetieren, hat das Nervensystem so viele Parameter (z.B. gibt es im menschlichen Gehirn ca. 10^{15} Synapsen), daß sie nicht alle genetisch festgelegt sein können. Folglich müssen zumindest einige mit Hilfe andere Verfahren eingestellt werden. (2) Während der Entwicklung bilden sich ständig neue Synapsen, ebenso wie auch

---

[35] Chiphersteller bauen manchmal die Chips ihrer Konkurrenten unter Anwendung der Technik des "Reverse Engineerings" nach. (Dies passierte kürzlich mit dem sehr weit verbreiteten 80386 Chip von Intel.) Um das Patentrecht nicht zu verletzen, müssen sich dabei die Ingenieure auf die Ein-/Ausgabefunktion des Chips beschränken und dürfen nicht in dessen Innenleben blicken. Insbesondere gibt es die sogenannte "clean room"-Beschränkung für das Reverse Engineering. Sie besagt, daß selbst dann, wenn gestohlene Chipspezifikationen — unter welchen Umständen auch immer — ihren Weg in die Firma gefunden haben, alle Personen, die im "clean room" arbeiten, diese unter keinen Umständen in die Hand bekommen dürfen. Eine solche Reverse-Engineering-Aufgabe, die unter der "clean room"-Beschränkung ausgeführt wird, erscheint genauso entmutigend wie die Herausforderung der Zygonen.

sehr viele Zellen absterben. Einige dieser Vorgänge scheinen Wettbewerbsprinzipien zu unterliegen [605, 132], die vom Charakter her Optimierungsverfahren entsprechen. Grob gesprochen, diejenigen Verbindungen scheinen zu überleben, die am robustesten sind und am besten als Substrat für andere Funktionen dienen. (3) Sowohl während der Entwicklung als auch beim ausgewachsenen Tier werden einige der Parameter durch Rückkopplung festgelegt, und zwar dann, wenn sich das Verhalten des Tieres seiner Umgebung entsprechend anpaßt. Eine Vielzahl von Beispielen belegt, daß homöostatische Mechanismen zur Fehlerkorrektur eingesetzt werden, wie etwa bei der Veränderung des Vestibulo–Okular–Reflexes als Antwort auf Vergrößerungsgläser (siehe Kapitel 6), bei der Verbesserung der motorischen Fähigkeiten beim Erlernen des Tennisspiels oder bei der Feinabstimmung, wenn die aufgenommenen Bilder der beiden Augen verglichen werden. (4) Die natürliche Auslese unterdrückt im Zuge der Fortpflanzung solche Nervensysteme, die denen ihrer Freßfeinde, Beutetiere oder Artgenossen unterlegen sind. In diesem Sinne und nur bezogen auf die Strukturen im Nervensystem kann der Selektionsprozeß in neuronalen Strukturen als fehlerminimierend charakterisiert werden. Das ist nichts anderes als eine Wiederholung der bekannten These bezüglich der natürlichen Selektion in einem neurobiologischen Umfeld: Bei den dauerhaften Veränderungen des Nervensystems handelt es sich um solche Veränderungen, die das Überleben des Organismus in dessen ökologischer Nische ermöglichen (oder diesem zumindest nicht im Wege stehen).

An dieser Stelle sollte einem möglichen Mißverständnis vorgebeugt werden: Indem wir die evolutionsbedingten Veränderungen des Nervensystems als Fehlerminimierung (und folglich als Optimierung) beschreiben, bedeutet dies nicht, daß wir irgend etwas "Panglossisches" über die Evolution annehmen. Folglich trifft uns die Kritik von Gould und Lewontin (siehe [275]) auch nicht, die dann über uns hereinbrechen würde, wenn wir die Sünde begangen hätten, anzunehmen, daß das Nervensystem das beste aller möglichen Systeme nur deshalb sei, weil die natürliche Auslese im Hinblick auf die verfügbaren Strukturen und die ökologische Nische einem Gradientenabstieg folgt. Die Verfahren, die im Zuge der Evolution die Parameter einstellen, finden vielleicht nur ein lokales, nicht aber ein globales Minimum. Mit anderen Worten, die Evolution findet vielleicht nicht die beste *mögliche*, sondern nur eine akzeptable Lösung. Eine akzeptable Lösung reicht aus, um das Überleben und die Reproduktion zu sichern, und abgesehen von der natürlichen Auslese gibt es nichts, was die Evolution zu einer noch besseren Entwicklung veranlassen könnte. Insbesondere gibt es auch keinen vorgeschriebenen Weg, dem sie folgen könnte.

Wir wollen uns nun wieder der Bedeutung der Modellnetze für die realen neuronalen Netze zuwenden. Angenommen, das Critter–Netz sei ein gegebener und funktionierender neuronaler Schaltkreis in einem lebenden Nervensystem. Weiterhin sei angenommen, daß es sich um einen neuronalen Schaltkreis handelt, der bei Bewegung des Kopfes für das visuelle Verfolgen von sich bewegenden Objekten zuständig ist. Eine Vielzahl der Parameter sei durch anatomische, physiologische und pharmakologische Experimente bestimmt worden. So kennen wir etwa die Anzahl der Zelltypen, haben eine ungefähre Vorstellung von der Anzahl der jeweiligen Typen, wissen, welche Zellen wohin projizieren, kennen die Eigenschaften der rezeptiven Felder der Zellen, wissen, welche Synapsen hemmend oder erregend sind, usw. Die spezifischen Gewichte seien jedoch unbekannt. Angenommen, das Computer–Netz wird nun so gebaut, daß es genau den bekannten Parametern entspricht. Die unbekannten Parameter, wie beispielsweise die Gewichte, werden dadurch festgelegt, daß das Computer–Netz mittels eines fehlerminimierenden und dabei die Parameter einstellenden Verfahrens trainiert wird. Können wir dann von den globalen Eigenschaften des Computer–Netzes auf die globalen Eigenschaften des Critter–Netzes schließen? Erlauben die globalen und lokalen Eigenschaften des Computer–Netzes sinnvolle Vorhersagen bezüglich der globalen und lokalen Eigenschaften des Critter–Netzes? Die Antwort auf diese Fragen scheint "ja" zu lauten, vorausgesetzt, das Nervensystem führt eine Fehlerminimierung durch oder berechnet eine ähnlich geartete Kostenfunktion. Aber auch hier *hängt die Zuverlässigkeit dieser Schlußfolgerung vom Grad der Ähnlichkeit der Architektur und der Dynamik zwischen Critter–Netz und Computer–Netz ab*.

Eine andere, aber trotzdem wichtige Anmerkung betrifft die Bedeutung von Asymmetrieen der Parameter zwischen Netzen mit identischen Architekturen und Dynamiken. Lernalgorithmen können als effiziente Verfahren angesehen werden, wenn es darum geht, einen Parameterraum nach den Kombinationen absuchen, die eine bestimmte Ein-/Ausgabefunktion optimieren. Bei Tausenden von Parametern ist die Wahrscheinlichkeit, daß die globalen Minima des realen neuronalen Netzes und des Modellnetzes absolut exakt, Gewicht für Gewicht, übereinstimmen, sehr gering. Dies könnte zu dem Schluß verleiten, daß das Modellnetz zum Verständnis des realen neuronalen Netzes absolut nichts beiträgt. In Wirklichkeit aber ist die Situation viel besser. Das wird schon durch die vielen Experimente belegt, in denen parametereinstellende Verfahren auf viele verschiedene Probleme angewendet wurden, und es zeigte sich, daß sich die Netze sehr ähnlich verhielten, obwohl die Gewichte verschieden waren.

Im einfachsten Fall sind ein Netz und sein Spiegelbild äquivalent. Auf eine ziemlich seltsame Art und Weise führt die Tatsache, daß Optimierungsverfahren nicht zwingend ein globales, sondern nur ein lokales Minimum finden, dazu, die Bedeutung der Zweckmäßigkeit eines Modellnetzes zum Verständnis des realen Netzes anzuheben. Da ein Netz unabhängig vom Anfangszustand im Parameterraum stets dem Gradienten nach unten folgt und damit seine Leistungsfähigkeit verbessert, findet es am Ende eine gute Lösung, auch wenn diese nicht die allerbeste sein mag. Wird ein Netz also anhand vieler Beispiele trainiert, wobei die Anfangsgewichte beliebig gewählt wurden, bildet sich im Parameterraum eine Region aus, die viele verschiedene Lösungen zuäßt. Diese Lösungen sind zwar verschiedene, aber dennoch äquivalente Gewichtskonfigurationen. Und das gilt analog auch für echte neuronale Netze. Das heißt, sogar die Gehirne von homozygotischen (eineiigen) Zwillingen können sich Gewicht für Gewicht (Parameter für Parameter) sehr stark unterscheiden, und dies auch dann, wenn die Schaltkreise und ihre Eigenschaften funktional äquivalent sind. Dabei besteht die Idee darin, daß — aus rein mathematischen Überlegungen heraus — zwei *Regionen* im Parameterraum mit größerer Wahrscheinlichkeit überlappen, als dies bei zwei *Punkten* der Fall ist. Findet also ein Optimierungsverfahren Regionen anstelle von Punkten, dann ist dies ein Vorteil. Erfüllt folglich das Modellnetz viele neurobiologische Bedingungen, dann überlappen sich die vom Modellnetz definierte Region im Parameterraum und die vom realen neuronalen Netz definierte Region mit einer gewissen nicht zu geringen Wahrscheinlichkeit. Darüber hinaus kann man immer weitere neurobiologische Daten hinzunehmen, um dadurch Fehler zu korrigieren und näher an die Region im Parameterraum des realen neuronalen Netzes heranzukommen. (Eine statisische Analyse von Lernverfahren in neuronalen Netzen findet sich in [761].)

Somit ist die wichtige Erkenntnis die, daß Modellnetze sehr wohl eine wichtige Quelle für solche Ideen darstellen, die für reale neuronale Netze relevant sind. Aus der Analyse von trainierten Netzen können Vorhersagen über das wirkliche Nervensystem getroffen werden, die dann neurobiologisch getestet werden. Das trifft besonders für globale Eigenschaften zu, denn diese sind mit Hilfe der neurobiologischen Techniken nur sehr schwer zu ermitteln, während dies bei einem künstlichen neuronalen Netz wesentlich einfacher ist. Die Nützlichkeit der Modellnetze beschränkt sich jedoch nicht nur auf globale Eigenschaften. Vielmehr können Modellnetze auch unerwartete lokale Eigenschaften aufdecken. Folglich erfahren wir überraschende Dinge von Modellnetzen, die wir den realen neuronalen Netzen direkt nicht hätten entlocken können. Sobald weitere neurobiologische Fakten bekannt werden, können sie als zusätzlich zu erfüllende Bedingungen in das Modellnetz eingebaut werden. Das so mit neuen Parametern ausgestattete Modellnetz wird zu neuen Hypothesen und Vorhersagen verhelfen, wobei sich das Spiel im Lauf der Evolution immer wiederholen wird. Dabei sollte beachtet werden, daß der zwischen dem Modellnetz und dem neurobiologischen Wissen stattfindende koevolutonäre Prozeß in der Tat ein fehlerkorrigierendes Verfahren ist. Dabei besteht das Ziel darin, die vom Modellnetz gemachten Fehler zu minimieren, indem man es mit dem echten neuronalen Netz vergleicht.

Das Hauptargument für den Wert von Modellnetzen in den Neurowissenschaften besteht aus vielen Einzelteilen und kann wie folgt zusammengefaßt werden. (1) Die Annahme, daß die Evolution des Nervensystems durch eine Kostenfunktion beschrieben werden kann, ist durchaus vernünftig; die Entwicklung und das Lernen in Nervensystemen können wahrscheinlich auch durch eine Kostenfunktion beschrieben werden. Mit anderen Worten, neuronale Systeme scheinen mittels parametereinstellender Verfahren sowohl ontogenetisch wie auch phylogenetisch lokale Minima in ihren Fehlerlandschaften zu finden. (2) Modellnetze, deren Architektur und Dynamik durch neurobiologische Daten über den zu simulierenden neuronalen Schaltkreis festgelegt sind, können die Fehlerrückpropagierung anwenden, um lokale Minima zu finden. (3) Identische Netze, die dieselbe Kostenfunktion benutzen und mittels Gradientenabstieg Fehlerminima finden, können trotzdem ihren Parametern unterschiedliche spezifische Werte zuweisen. Dies liegt daran, daß das aus Architektur, Dynamik und fehlerkorrigierenden Verfahren bestehende Tripel eine *Region* im Parameterraum festlegt, in der viele verschiedene Gewichtskonfigurationen gefunden werden können. (4) Es gibt keine Garantie dafür, daß die Mengen der von einem realen neuronalen Netz und der von einem Modellnetz gefundenen lokalen Minima überlappen. Jedoch darf dies mittels (1) und (3) als durchaus zutreffend angenommen werden. Mit anderen Worten, es ist überaus wahrscheinlich, daß die von einem realen neuronalen Netz und einem Modellnetz festgelegten Regionen überlappen. (5) Diese Annahme kann direkt am neuronalen Netz getestet werden. Zusätzliche aus den neurobiologischen Daten abgeleitete Bedingungen können zum Modellnetz hinzugefügt werden, damit es näher an die vom realen neuronalen Netz festgelegte Region herankommt. Dies ist für sich genommen ein fehlerminimierendes Verfahren auf der Ebene der Theoriebildung. (6) Ein solches Modellnetz kann als Ideengenerator angesehen werden.[36]

Vor nicht allzu langer Zeit wurden die Parameter nahezu ausschließlich von Hand bestimmt. (Siehe z.B. [332], deren Ansatz in Kapitel 6 weiter diskutiert wird.) Aber in großen Netzen mit vielen Parametern und nicht–linearen Einheiten ist deren Einstellung von Hand praktisch unmöglich. Wir haben argumentiert, daß Modellnetze durch die fehlerkorrigierende Coevolution mit der Neurobiologie interessante Resultate hervorbringen können. Diese Ergebnisse sind im allgemeinen besser als solche, die durch das Einstellen der Parameter von Hand oder aus dem Gefühl heraus erzielt werden. Dieser Punkt ist durchaus wichtig, sollte aber gleichzeitig nicht überstrapaziert werden. An dieser Stelle sei erneut darauf hingewiesen, daß Computermodelle von Netzen lediglich ein Werkzeug darstellen — und zwar eines unter vielen. Computermodelle sind kein Ersatz für die grundlegenden neurobiologischen Techniken, von denen die Neurowissenschaften so lange profitiert haben. Ein altes Sprichwort besagt, ein Beweis dafür, daß ein Schweinebraten gelungen ist, kann nur dadurch erbracht werden, daß von ihm gekostet wird. In dem hier betrachteten Sinne bedeutet dies, daß die Brauchbarkeit der Netzwerkmodelle als Werkzeuge am überzeugendsten an Hand von Beispielen demonstriert wird. In den restlichen Kapiteln dieses Buches werden deshalb vor allem solche Beispiele betrachtet, die wir als nützlich oder zumindest als hilfreich erachten.

---

[36]Siehe auch [708] und [788]. Rick Grush hat hervorgehoben, daß die Regionen streng genommen codimensional sein müssen, um sie miteinander vergleichen zu können.

3.12   Realistische und abstrakte Modelle

In dem vorangegangen Abschnitt sind wir davon ausgegangen, daß die Wahrscheinlichkeit mit der ein Modellnetz etwas Brauchbares über das reale neuronale Netz aussagt, mit den neurobiologischen Bedingungen wächst, die das Netz erfüllt. Dieser Wunsch muß in einer wichtigen Dimension qualifiziert und erklärt werden. Wie in den übrigen Wissenschaften auch, so ist auch in der Neurowissenschaft kein Modell zu 100% korrekt. Beispielsweise muß ein gutes und brauchbares Modell vom Sonnensystem nicht unbedingt die um den Jupiter kreisenden Gaswolken modellieren, und ein gutes und brauchbares Modell vom Magnetismus muß nicht unbedint auch das Rosten von Eisen vorhersagen. Das zentrale Anliegen ist das folgende: Was in einem Modell berücksichtigt wird, hängt letztendlich davon ab, was durch das Modell erklärt werden soll. In einem Nervensystem bezieht sich das immer auf die zu modellierende Organisationsebene. (Die Organisationsebenen sind in Kapitel 2 und in der Abbildung 2.1 dargestellt.) Etwas genauer gesagt, wenn man eine Funktion oder eine Aufgabe einer bestimmten Organisationsebene im Gehirn modelliert, dann sollte das Modell die strukturellen Bedingungen der darunterliegenden Ebene sowie die Ein-/Ausgabefunktion der darüberliegenden Ebene berücksichtigen.

Typischerweise wird ein Modell dann als unrealistisch kritisiert, wenn es sehr niedere Eigenschaften nicht berücksichtigt. Ein Modell wie das des Vestibulo–Okular–Reflexes (VOR) (siehe Kapitel 6) enthält vielleicht nur die Bahnen, die notwendig sind, damit sich das Modell und das reale Netz äquivalent verhalten. Dagegen geht es bei der dendritischen Integration von einem Durchschnittswert aus und ignoriert die Details der Kanaleigenschaften der Membran völlig. Bedeutet dies, daß das Modell dadurch zu unrealistisch ist, um noch brauchbar zu sein? In Kapitel 6 werden wir direkter und spezifischer nachweisen, warum ein solches Modell trotzdem eine große Hilfe sein kann. Im Augenblick reicht es aus, wenn wir feststellen, daß niedere Eigenschaften wie die Kanaleigenschaften unnötig sind, um den Beitrag eines Neurons zu dem hier betrachteten Aspekt des VOR, nämlich zur Bildstabilisierung, zu erklären. Das Modell muß sicherlich sowohl die Bedingungen, die die Latenzzeit und die Rückkopplungsschleifen betreffen (darüberliegende Ebene) als auch die Bedingungen, die sich auf die Synapsen auswirken, sowie die Impulsrate der Neuronen in den Schaltkreisen (darunterliegende Ebene) in Betracht ziehen. Aber den genauen Mechanismus, mit dem eine neuronale Membran diese Impulsraten erzeugt (zwei Ebenen darunter), muß es nicht berücksichtigen. Es mag andere Aspekte im VOR–Schaltkreis geben, zu deren Erklärung diese Eigenschaften notwendig sind — beispielsweise, wenn es darum geht, die synaptische Plastizität genau zu erklären. Soll modelliert werden, wie die Neuronen die empfangenen Signale integrieren, dann sind die Eigenschaften der Membran relevant und müssen im Modell berücksichtigt werden. Jedoch sind in diesem Fall höhere Eigenschaften wie das rezeptive Feld und die rückgekoppelten Verbindungen (zwei Ebenen darüber) wahrscheinlich irrelevant.

In manchen Diskussionen über die Modellierung wird anscheinend eine Art "Hackordnung des Realismus" vorausgesetzt. Beispielsweise — so wird argumentiert — ist es verfrüht, sich über Modelle eines kleinen Schaltkreises (wie z.B. dem des VOR) Gedanken zu machen, solange man noch nicht weiß, wie man das gesamte Neuron in allen Einzelheiten modellieren soll. Diesem Argument weiter folgend müßte bei der Modellierung des Schaltkreises das Neuron idealisiert werden, wobei Details, wie die Kanaltypen der Membran und ihre Physiologie unberücksichtigt blieben. Das, so wird beklagt, führe zu einem "unrealistischen" Modell, was folglich unbrauchbar wäre. Ein noch größerer Realist wird das gesamte Projekt zur Modellierung der Neuronen für unbrauchbar erklären, und zwar mit der Begründung, es sei unsinnig, ein Neuron zu modellieren, solange die Dynamik der Transmitterfreisetzung noch nicht komplett modelliert wurde; und dazu gehören Bedingungen wie die Anzahl der verschmelzenden Vesikel, die räumliche Lage der Rezeptoren sowie die Produktion und der Transport der Neurotransmitter. Zweifellos kann der Biophysiker dies noch übertreffen. Er möchte zuerst die Proteinfaltung modellieren. Aber das ist wirklich unsinnig. Benötigen wir wirklich ein Modell für die Proteinfaltung, um die Grundlagen zu verstehen, auf denen aufbauend der VOR die Stabilisierung eines Bildes bei gleichzeitiger Drehung des Kopfes erreicht? Ein Grund, warum die Hackordnung des Realismus immer noch weiter existiert, ist der, daß jeder Modellierer dazu neigt, die von ihm modellierte Ebene als *die* wichtigste Ebene anzusehen, niedrigere Ebenen zu ignorieren und die Modellierung höherer Ebenen als voreilig und wenig vielversprechend abzutun.

Der Realismus muß nüchtern und sachlich betrachtet werden. Erstens, besonders reichhaltige Modelle können genau die Prinzipien verdecken, zu deren Aufdeckung die Modelle entwickelt wurden. Wenn im Extremfall die Modelle genauso realistisch wie das menschliche Gehirn sind, dann wird der zur Konstruktion und Analyse benötigte rechnerische und menschliche Zeitaufwand so groß, daß die Modelle nicht mehr erstellt werden können. Wie bereits in Kapitel 1 erwähnt, kann ein fanatisches Festhalten an der Regel, daß ein Modell umso besser ist, je mehr Bedingungen es erfüllt, das ganze Unternehmen lähmen. Jede Ebene benötigt Modelle, die die darunterliegenden Ebenen vereinfachen. Daneben kann das Modellieren sehr gut parallel und zeitgleich in verschiedenen Ebenen geschehen. Es müssen nur vernünftige Entscheidungen darüber getroffen werden, welche Details in einem Modell berücksichtigt und welche ignoriert werden. Es gibt dafür kein Entscheidungsverfahren, jedoch sind sehr umfangreiche Kenntnisse des Nervensystems sowie Geduld und Weitblick sicherlich von Vorteil. Die beste Direktive, die wir hier geben können, ist eine sehr allgemein gehaltene Faustregel: Mache das Modell einfach genug, um die wichtigen Dinge herausstellen zu können, aber mache es gleichzeitig detailliert genug, um alles dazu notwendige auch darstellen zu können.

3.13   Abschließende Bemerkungen

Die Tabelle wurde als die erste und einfachste Form der Berechnung präsentiert.
Da Tabellen in ihrer Fähigkeit, komplexe Berechnungsprobleme zu lösen, durchaus
beschränkt sind, wurden andere Berechnungstechniken entwickelt. Die Erkenntnis,
daß sich trainierte Netze wie Tabellen verhalten, mag deshalb überraschend sein.
Sind die Parameter erst einmal eingestellt, dann erzeugt das Netz die zu einer
Eingabe passende Ausgabe, wobei die Antwort zu jeder gestellten Anfrage in den
Gewichtskonfigurationen gespeichert ist. Natürlich sind die Antworten nicht in
der Form abgelegt, in der dies auf einem Rechenschieber passiert, sondern so, daß
ein Eingabevektor mit der Gewichtsmatrix unter Verwendung einer sigmoiden
Funktion multipliziert und so ein Ausgabevektor generiert wird. Es werden also
nicht viele Zwischenschritte, sondern lediglich Vektor–Matrix–Transformationen
ausgeführt.

Analog zu den Paaren bestehend aus Brett- und nächster Position, die in
einem Tinkertoy–Computer zuvor abgespeichert wurden, können die Gewichtskonfigurationen, die als Matrix charakterisiert sind und mit denen ein Vektor
multipliziert werden muß, als "gespeicherte" prototypische Paare bestehend aus
Eingabevektor und Aktivierungsmuster der internen Einheiten aufgefaßt werden.
Dabei muß "Speicherung" in Anführungszeichen gesetzt werden, da hier natürlich
ein Speicher im üblichen Sinne nicht vorliegt. Wie wir gesehen haben, teilen die
Gewichte den Aktivierungsraum der internen Einheiten, nachdem das Netz gelernt hat, die Echos von Steinen und Minen zu unterscheiden und ohne weitere
Gewichtsadaptionen die richtigen Antworten generiert, so auf, daß die Werte der
internen Einheiten entweder dem einen oder dem anderen Teil der Partition angehören (siehe nächstes Kapitel, Abbildung 4.17). Der entscheidende Unterschied
zwischen gewöhnlichen Tabellen und trainierten Netzen besteht darin, daß das
Netz noch nie vorher gesehene Signale richtig klassifizieren kann. Folglich kann es
über die Trainingsbeispiele hinaus generalisieren, und in diesem Sinne besitzt es
eine Flexibilität, die gewöhnlichen Tabellen nicht zu eigen sein kann. Diese Flexibilität eines Netzes ist absolut nicht mysteriös. Sie folgt unmittelbar aus den
Eigenschaften des Netzdesigns. Beispielsweise können die Ausgaben der internen
Einheiten stetige Werte annehmen, und in Gruppen zusammenarbeitend können
sie die Werte zwischen bekannten Punkten interpolieren.

Diese Netze können auch als "intelligente Tabellen" angesehen werden. Da
der Gewichtsraum so viele Dimensionen hat, wie es Gewichte gibt, und der Aktivierungsraum der internen Einheiten so viele Dimensionen hat, wie es interne
Einheiten gibt, operieren diese Netze in hochdimensionalen Räumen. Aufgrund
dieser Eigenschaften geben solche Netze auch auf niemals zuvor gesehene Eingaben gute Antworten, und das, obwohl die Menge der Trainingsdaten endlich ist.
Jedoch müssen die unbekannten Eingaben eine gewisse Ähnlichkeit mit den zuvor
gesehenen Eingaben aufweisen. Dies reicht aus, um eine korrekte Einteilung in
die Kategorien vornehmen zu können. Es sollte betont werden, daß der Lernpro-

zeß selbst nicht aus dem Nachschlagen in einer Tabelle besteht; vielmehr werden die Parameter im Rahmen eines Abschwächungsprozesses eingestellt. In ähnlicher Weise werden die Tinkertoy–Bausteine nicht durch das Nachschlagen in einer Tabelle zusammengefügt. Daß ein Netz als eine Tabelle angesehen werden kann, ist das *Resultat* von Verfahren, die die Parameter einstellen. Darüber hinaus kann eine einzelne (intelligente) Tabelle auch durch eine Hierarchie von (intelligenten) Minitabellen ersetzt werden. In einer solchen Hierarchie werden in einer Stufe nur unscharfe Antworten generiert, die dann zwecks Feinabstimmung zu der nächsten Stufe geschickt werden. Dabei geht zwar Geschwindigkeit verloren, dafür wird aber an Speicherplatz gespart. Auf der anderen Seite kann durch parallele Suche wieder ein Teil der Geschwindigkeit zurückgewonnen werden.

Die Erkenntnis, daß trainierte Netze als Tabellen angesehen werden können, wirft die Frage auf, ob diese Erkenntnis auch zum Verständnis der Schaltkreise im Nervensystem beitragen könnte. Ist es möglich, daß Teile des Gehirns Nutzen aus einer hochentwickelten Form einer tabellarisch angeordneten Struktur ziehen? Das Zeitverhalten legt nahe, daß dies sehr wohl der Fall sein könnte. Die Zeitverzögerung, die auftritt, wenn ein Signal über ein Axon und eine Synapse weitergegeben wird und das empfangende Neuron die Signale in den Dendriten und dem Zellkörper integriert, kann bis zu 5 bis 10 msek für jeden neuronalen Schritt betragen. Wenn ein Nervensystem eine motorische Antwort auf einen sensorischen Impuls mit einer Latenzzeit von einigen wenigen hundert Millisekunden geben muß, dann ist die neuronale Anatomie an einigen Stellen wohl so gestaltet, daß sie, um Zeit zu sparen, in einer Art Tabelle "nachgeschlagen" werden kann. Beispielsweise können visuelle Muster in rund 200 bis 300 msek erkannt werden. Das bedeutet, daß zwischen einer Reizung der Retina und dem Auftreten der dazugehörigen motorischen Reaktion nur 20 bis 30 neuronale Schritte möglich sind.

Die bei vielen Aufgaben, wie beispielsweise der visuellen Erkennung, gemessene Latenzzeit bis zur Erzeugung einer Reaktion zeigt deutlich, daß das Gehirn nicht genügend Zeit hat, um die 3000 bis 50000 (oder vielleicht noch mehr) Schritte auszuführen, die konventionelle Programme aus dem Gebiet des Computersehens für vergleichbare Aufgaben benötigen [227]. Dagegen dauert das Bestimmen des nächsten Zuges beim Schach oder das Herausfinden eines Bauplanes für eine Brücke aus Streichhölzern sehr lange, und es sind dafür sehr viele Schritte nötig. Ob diese Vorgänge jedoch aus einer Folge von Zugriffen auf eine Tabelle bestehen, in der Paare der Form Zug und Folgezug abgelegt sind, oder ob sie ganz anderen Prinzipien folgen, muß die Zukunft zeigen. Da Nervensysteme nur über eine endliche Kapazität verfügen, können sie nicht für alle Vorgänge Antworten abspeichern. Um auf Neues reagieren zu können, müssen Nervensysteme die adäquaten Antworten erst in einem zyklischen Prozeß finden, der über viele Zustände läuft. Haben sie aber genügend Erfahrung gesammelt, dann können neue Paare bestehend aus einem Problem und seiner Lösung in Tabelleneinträge übersetzt werden [650].

Ausgewählte Literatur

[6] [30] [33] [205] [185] [301] [310] [360] [373] [395] [410] [602] [363] [500] [507] [544] [581] [149] [204] [202] [203] [752] [766]

Ausgewählte Zeitschriften und Zusammenfassungen

Neural Computation. Erscheint aller zwei Monate (MIT Press). Enthält Zusammenfassungen, Artikel, Übersichten, Anmerkungen und Briefe zu theoretischen Prinzipien neuronaler Schaltungen von der biophysikalischen bis zur Systemebene.

Network: Computation in Neural Systems. Teschnisch-orientierte Zeitschrift über künstliche neuronale Netze. New York: Institute of Electrical and Electronic Engineers, Inc.

Neural Network. Offizielle Zeitschrift der *Internationalen Neural Network Society.* New York: Pergamon Press.

4 Die Repräsentation der Welt

4.1 Einführung

Die Frage nach der Art und Weise, in der das Gehirn "seine" (sowohl die innere als auch die äußere) Welt repräsentiert, hat man traditionsgemäß immer in Form einer durch und durch philosophischen Frage, bezogen auf den Geist und nicht auf das Gehirn, gestellt. Zur Beantwortung der Frage hat man, anstelle von Experimenten, theoretische Überlegungen herangezogen, die bequem vom sprichwörtlichen Lehnstuhl aus getätigt werden konnten. Die momentane Epoche in der Geschichte der Wissenschaft ist zum Teil deshalb spannend, weil beide Voraussetzungen nach und nach durch experimentelle Wissenschaften — und zwar durch einer Mischung aus Ethologie, Psychologie und Neurowissenschaften — verdrängt werden, die diesen alten Fragen mit empirischen Techniken zu Leibe rücken. Was von vielen Philosophen (siehe z.B. [533, 730, 711, 702, 660]) als völlig unmöglich erachtet wurde, hat man jetzt getan; wenn auch nicht im Hinblick auf die allgemeine Philosophie, so doch mit Sicherheit im Rahmen der Wissenschaft, die sich mit dem Seelisch–Geistigen befaßt.

Nach dem in Ehren gehaltenen alten Paradigma betrachtete man den Menschen als Gipfel der Schöpfung. Demzufolge war der Mensch nach dem Bilde Gottes geschaffen und hatte eine nicht–physische, unsterbliche Seele. Diese Seele war der Sitz eines unabhängigen Willens und eines Bewußtseins zum Erfahren von Gefühlen und Empfindungen. Ebenso war sie mit geistigen Fähigkeiten ausgestattet, die sich glücklicherweise nicht nur auf rein weltliche Dinge beschränkten, sondern beispielsweise auch zum Beweisen mathematischer Theoreme verwendet werden konnten. Das alte Paradigma war offen gesagt übernaturalistisch. Es zeichnete sich sowohl durch besonders spektakulären, artspezifischen Chauvinismus als auch durch eine tiefverwurzelte, nicht auf empirischen Daten begründete Akzeptanz nicht–physischer Kräfte, Dinge und Mechanismen aus.

Das neue Paradigma ist naturalistisch und entspricht den wissenschaftlichen Vorstellungen. Alles hat sich verändert, seit man von der Annahme abgekommen ist, der Mensch würde nicht den Naturgesetzen unterliegen. Erste Versuche im Hinblick auf einen naturalistischen Ansatz zur Erforschung des Geistes bzw. des Gehirns wurden von Hobbes und La Mettrie im 17. Jahrhundert unternommen. Im 19. Jahrhundert erfolgte dann ein deutlicher Aufschwung, der größtenteils auf Fortschritte in der Mikroskopier- und Färbetechnologie, auf eine natürliche Erklärung für die Elektrizität und auf weitreichende Erfolge in den Bereichen der Physik und der Chemie zurückführbar war. Bei den Pionieren, hier sind vor allem du Bois–Reymond, Helmholtz, Cajal, Golgi, Jackson und Wertheimer zu nennen, handelte es sich um Geistes– und Neurowissenschaftler. Die von Darwin postulierte Erklärung für die Entstehung der biologischen Vielfalt diente zur Bestätigung der naturalistischen Vorstellungen. Obwohl die Zielsetzungen des Naturalismus im wesentlichen unverändert geblieben sind, haben die neurowissenschaftlichen Entdeckungen der letzten Zeit und der zunehmende Informationsaustausch mit der Informatik und der Verhaltensforschung zu einer Neuorientierung und einem erneuten Aufgreifen des Themas geführt.

Auf welche Weise repräsentieren Neuronen überhaupt irgendetwas? Es ist sinnvoller, diese Frage vom sensorischen System und nicht von zentraler gelegenen Strukturen wie dem Kleinhirn, dem Hippocampus oder dem präfrontalen Cortex aus zu beantworten. Der Grund liegt darin, daß das sensorische System nahe an der Peripherie liegt und man die Möglichkeit hat, eine Beziehung zwischen den neuronalen Antworten und kontrolliert einwirkenden Reizen herzustellen. Neurobiologische Daten aus intensiven Studien an einzelnen Zellen verschiedener sensorischer Systeme, insbesondere aber des Sehsystems von Katzen und Affen und des Hörsystems von Schleiereulen und Fledermäusen, bilden die Grundlage für die noch in den Kinderschuhen steckende Forschung auf dem Gebiet der Neuroinformatik.

Bevor wir die neurobiologischen Grundlagen der Repräsentation weiter erforschen, ist es vielleicht zweckmäßig, auf eine, wenn auch ziemlich offensichtliche, Unterscheidung aufmerksam zu machen. Es gibt einen Unterschied zwischen einer *gegenwärtigen Repräsentation* (in diesem Fall wird beispielsweise wahrgenommen, wie die Großmutter auf ihrem Fahrrad fährt — ganz gleich, ob dies in Wirklichkeit oder nur in der Vorstellung geschieht) und einer *unbewußten oder gespeicherten Repräsentation*, die Teil unseres Hintergrundwissens ist (so kennen wir beispielsweise das Periodensystem; wir wissen, wo die Kekse versteckt sind oder wie man einen Reifen wechselt). Das Wort "Repräsentation" ist zweideutig und wird sowohl dann verwendet, wenn ich die Großmutter gerade wahrnehme, als auch im Zusammenhang mit der Fähigkeit, mir die Großmutter vorzustellen, sie wiederzuerkennen oder an sie zu denken. Dabei spielt es keine Rolle, ob ich von dieser Fähigkeit genau in diesem Augenblick Gebrauch mache. Offensichtlich ist der größte Teil unseres Wissens unbewußt, und nur über einen Bruchteil davon können wir bewußt verfügen. Dennoch ist es irgendwie möglich, daß unbewußte Repräsentationen bewußt eingesetzt werden können. Außerdem können sie zu den Eigenschaften einer bewußten Repräsentation beitragen, ohne jedoch selbst bewußt zu werden.

In diesem Kapitel wenden wir uns der umfassenden Frage zu, wie Nervensysteme bewußt repräsentieren. Die gespeicherten Repräsentationen werden in Kapitel 5, das sich mit dem Gedächtnis befaßt, behandelt. Wir beginnen mit einigen allgemeinen Erläuterungen und gehen dann darauf ein, wie Neuronen die Information codieren. Dabei bedienen wir uns des Vergleichs zwischen der "Großmutter"–Codierung und der verteilten Codierung. Da das Sehsystem, sowohl in physiolo-

gischer als auch in psychophysischer Hinsicht, das am gründlichsten erforschte
Sinnessystem ist und da sich die später diskutierten Computermodelle auf die
visuelle Verarbeitung beziehen, basiert die Diskussion vorwiegend auf Forschung
aus dem Bereich des Sehens. Um das Verständnis der nachfolgenden Diskussion zu
erleichtern, werden wir in Abschnitt 3 eine kurze Einführung in die anatomischen
und physiologischen Grundvoraussetzungen des Sehsystems geben.

4.2 Konstruktion einer visuellen Welt

Sensorische Transduktoren sind die Schnittstellen zwischen dem Gehirn und der
Welt. Hierbei handelt es sich um spezialisierte Zellen, wie beispielsweise die Stäbchen und Zapfen in der Retina, die Haarzellen der Cochlea, die Geschmacksknos-
pen auf der Zunge, die Streckrezeptoren in den Muskeln und viele weitere [91, 667].
(Abbildung 4.1). Transduktorzellen haben sich so entwickelt, daß sie selektiv auf
verschiedene physikalische Parameter der Außenwelt reagieren: z.B. auf Lichtwellen, Schallwellen, Chemikalien, Bewegung, Druck sowie auf andere mechanische
Kräfte, auf elektrische Felder, Temperatur und so weiter.[1] Als Antwort auf einen
Reiz können Transduktorzellen entweder mit einer Hyperpolarisation oder mit
einer Depolarisation reagieren, und damit hat sich ihr Verhaltensrepertoire auch
schon erschöpft (Abbildung 4.2).

Das Gehirn baut von der Welt, in der es sich befindet, ein Modell. Das Ganze spielt sich innerhalb eines Rahmens ab, dessen Grenzen durch die Ausgaben
der Transduktoren bestimmt werden. Die Gehirne erstellen also Weltmodelle, und
zu deren Verwirklichung werden die neuronalen Transduktoren in den verschiedenen Sinnessystemen benötigt, die das Gehirn ständig mit Informationen über
die Welt versorgen. Das Bemerkenswerte daran ist, daß die visuelle Welt äußerst
reichhaltig ausgestattet ist, obwohl die über die Peripherie erfolgenden Eingaben
(beispielsweise in Form von Lichtwellen, die auf die Retina fallen) relativ dürftig
sind. Bemerkenswert ist auch, daß nur ungefähr 10^6 Axone die Retina in Richtung
Gehirn verlassen, obwohl das Sehsystem des Menschen über gut 10^8 Transduktorzellen verfügt. Was geschieht mit der ganzen Information? An der visuellen
Verarbeitung von Information sind außer den Neuronen an der Peripherie noch
zirka 10^{10} weitere Neuronen beteiligt. Was machen all diese Neuronen?

Die Integration und Verarbeitung der Signale findet in allen Bereichen eines
dichten, interaktiven Netzwerks an den Synapsen statt. Mittels dieser Interaktionen lassen die Sinnessysteme auf irgendeine Weise voll entwickelte und umfassende Vorstellungen von der Welt entstehen. Ist das deshalb möglich, weil jedem
Bereich über neue Leitungen, die von der Peripherie ausgehen, frisch transfor-
mierte Signale zugeführt werden? Nein. Man sollte vermeiden, hier Analogien zu

---

[1] Aktuelle Übersichtsartikel zum Thema Transduktoren wurden von Ashmore und Saibil [37]
verfaßt.

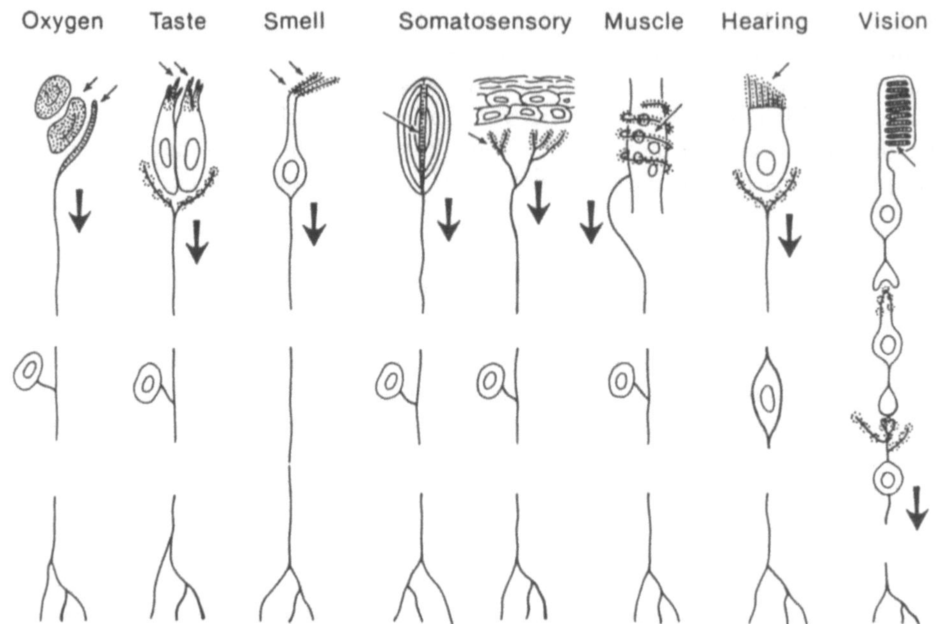

Abbildung 4.1   Verschiedene Sinnesrezeptorzellen bei Wirbeltieren. Die kleinen Pfeile kennzeichnen die Orte der sensorischen Reizeinwirkung. Punktierte Stellen zeigen die Orte, an denen die Transduktion des sensorischen Reizes und auch die Reizübertragung an den Synapsen erfolgen; in beiden Fällen findet eine abgestufte Transmission des Signals statt. Die großen Pfeile geben die Richtung der Reizleitung an. (Mit Erlaubnis von [667].)

einem Fall zu sehen, wo jemand in seinem Hobbyraum ein winziges Modell von einem Dorf baut, und wo jedes Hinzufügen oder jede Veränderung von außen erfolgen muß. Die Tatsache, daß diese Analogie eben nicht besteht, macht die Sinnesverarbeitung so bemerkenswert. Auf irgendeine Weise entsteht das, was wir wahrnehmen — nämlich eine visuelle Welt voll von bleibenden Objekten, die sich durch Raum–Zeit–Koordinaten lokalisieren lassen, die reichlich mit Farben, Bewegung und Formen ausgestattet sind — nur mit Hilfe der zahlreichen Zellen des Systems. Entscheidend sind dabei die zelleigenen Eigenschaften, die Wege von der Peripherie zu den Synapsen und die spezifischen anatomischen Verbindungen mit anderen Zellen.

Zur Erklärung kann man den Vergleich mit dem passiven Erkennen eines Lichtmusters auf einem lichtempfindlichen Film nicht einmal annäherungsweise heranziehen. Im Gegensatz zu der Passivität des Films muß die Verarbeitung der von den Transduktoren übermittelten Signale im Gehirn ein äußerst aktiver Vorgang sein. Bei der bewußten Wahrnehmung, also bei dem, was wir eigentlich sehen, spielen früher gemachte Erfahrungen eine signifikante Rolle. Ein voll entwickeltes

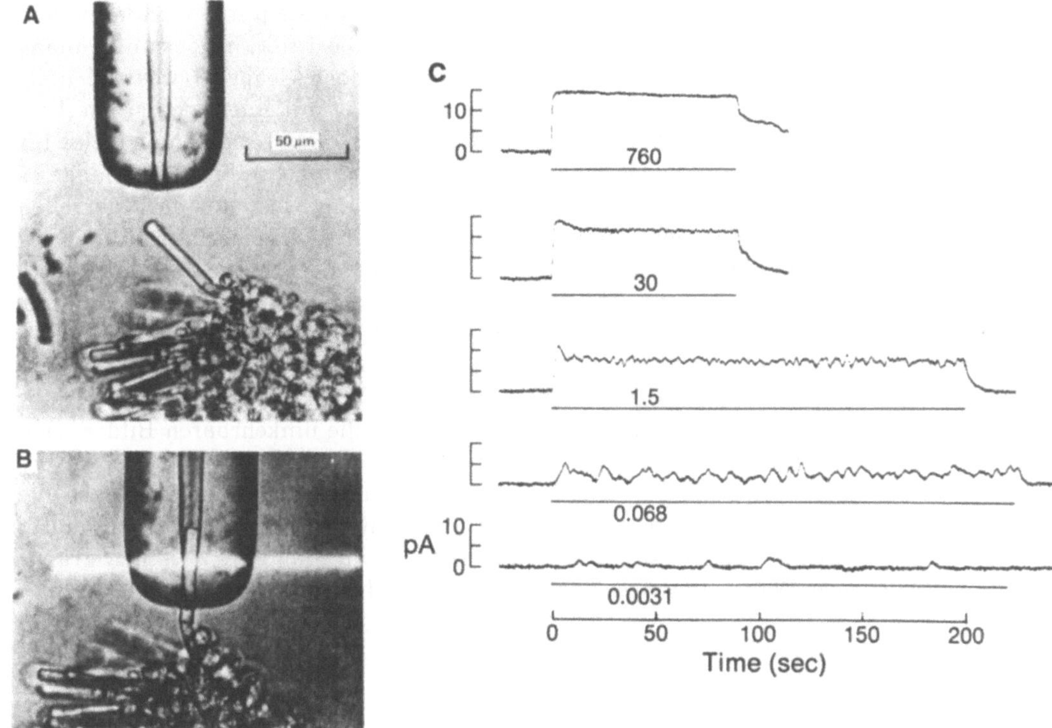

Abbildung 4.2   Aufzeichnung der Antwortreaktionen einzelner isolierter Photorezeptorzellen (Stäbchen) bei der Kröte. (A) Annäherung einer Saugelektrode an das äußere
Segment einer Rezeptorzelle, die aus einem Teil der Retina herausragt. (B) Das äußere
Segment wird in die Elektrode eingesaugt. Während der Einwirkung eines Lichtbalken
auf kleine Abschnitte des äußeren Segments wird der Membranstrom, der proportional
zu dem in Längsrichtung des äußeren Segments fließenden Strom ist, von der Elektrode
aufgezeichnet. (C) Die Aufzeichnungen der Rezeptorreaktionen zeigen, wie die bei niedriger Beleuchtungsstärke (unten) sehr klein ausfallenden Ausschläge mit zunehmender
Beleuchtungsstärke (oben) in eine gleichmäßige, abgestufte Antwortreaktion übergehen.
Es ist anzumerken, daß es sich hier um Aufzeichnungen des Membranstroms handelt (angegeben in pA: 10^{-12} Ampere); die Ausschläge nach oben signalisieren den Stromfluß
in Verbindung mit der für Photorezeptoren von Wirbeltieren charakteristischen, Hyperpolarisation der Membran. Die Intensität des Lichtreizes ist angegeben in Photonen
$\mu m^{-2} sek^{-1}$. (Mit Erlaubnis von [667])

Gehirn ist in der Lage, die auf einer Seite geschriebenen Worte, die Spuren von
Mäusen, den Zustand einer vertrockneten Pflanze, die Verlegenheit eines Kollegen
und eine Mondfinsternis schnell und mühelos zu erkennen. Dabei können identische Reize auf völlig verschiedene Weise wahrgenommen werden. Je nachdem,

ob eine Person englisch oder deutsch spricht, verbindet sie mit der phonetischen Lautfolge \ Empedocles lēpt\ etwas völlig anderes. Das heißt, im Zusammenhang mit einem englischen Text hört der Sprecher "Empedocles leaped" (was bedeutet, daß er einen Sprung gemacht hat). Im Zusammenhang mit einem deutschen Text hört der Sprecher "Empedocles liebt" und verbindet damit, daß Empedocles für jemanden oder für etwas eine ganz besondere Zuneigung empfindet. So lange es nur um die reine Phonetik des Reizes geht, d.h. so lange also nur die Haarzellen im Ohr betroffen sind, gibt es keine Wahlmöglichkeiten. Umkehrbare Bilder, wie z.B. der Necker-Würfel oder das Bild, das man als alten Mann bzw. als Ratte deuten kann, sind überzeugende Beispiele aus dem Bereich des Sehvermögens, die zeigen, daß ein und derselbe Reiz auf sehr verschiedene Weise wahrgenommen werden kann (Abbildung 4.3). Wenn sich also der Reiz nicht ändert, dann muß der Unterschied vom Gehirn verursacht werden. (Das ist nicht notwendigerweise selbstverständlich. Eccles [194] behauptet, die umkehrbaren Bilder seien in Wirklichkeit ein Beweis für die Existenz einer nicht–physischen Seele. Er begründet das folgendermaßen: Da der Reiz unverändert bleibt, müssen auch die Vorgänge im Gehirn die gleichen bleiben. So kann also nur die Seele mit ihrer nicht–physischen Flexiblität dafür verantwortlich sein, daß man zwischen grundverschiedenen Wahrnehmungsarten hin– und herschalten kann.)

Abbildung 4.3   Umkehrbare (reversible) Bilder. Das visuelle System sieht z.B. entweder einen alten Mann oder eine Ratte, aber keine Mischung aus beiden. Dabei kann zwischen den verschiedenen Wahrnehmungsarten hin- und hergeschaltet werden. Diese Eigenschaft deutet darauf hin, daß der Rechenprozeß, der über die Art der Wahrnehmung entscheidet, nach einem "Alles–oder–Nichts"–Mechanismus abläuft.

Die Kapazität des Gehirns ganz allgemein, insbesondere in welche Richtungen und in welchem Umfang Modifikationen stattfinden können, wird durch die Gene eines Tieres bestimmt. Innerhalb dieses genetisch festgelegten Rahmens können experimentell Modifikationen herbeigeführt werden. Obwohl es äußerst schwierig ist zu bestimmen, wo genau die Grenzen liegen oder wie sie sich entsprechend der verschiedenen Entwicklungsstufen verschieben, so ist es doch ganz offensichtlich, daß Gehirne über eine unbegrenzte Plastizität verfügen.[2] Nicht jeder kann lesen lernen, nicht jeder verfügt über ein binokulares Tiefenwahrnehmungsvermögen (Hühner beispielsweise haben keines) und farbenblinde Menschen können rot und grün nicht unterscheiden, selbst dann nicht, wenn sie sich noch so sehr bemühen. Man kann auch nicht voraussetzen, daß die oberflächennahe Informationsverarbeitung in Nervensystemen ein passiver Vorgang ist. Bei einigen Vögeln gibt es efferente Verbindungen zu der Retina, bei Reptilien, Vögeln und Säugetieren zu der Cochlea. Es gibt auch Fälle, bei denen die Modulation somatosensorischer Signale im Rückenmark stattfindet.

Psychophysische Untersuchungen haben gezeigt, daß das Gehirn ganz wesentlich am Wahrnehmungsvermögen beteiligt ist. So werden beispielsweise Schattierungsgradienten im Normalfall vom menschlichen Sehsystem in der Annahme verarbeitet, daß Gegenstände im allgemeinen von oben und nur in Ausnahmefällen von unten beleuchtet werden. Folglich kann man bestimmte schattierte Konturen, z.B. Mondkrater, so betrachten, daß sie entweder konvex oder konkav gekrümmt sind. Je nachdem, welche Art der Beleuchtung vermutet wird, kann man automatisch immer nur entweder die eine oder die andere Form sehen (Abbildung 4.4). Bemüht man sich aber ganz bewußt (indem man sich darauf konzentriert, daß der Boden durch Scheinwerferlicht ausgeleuchtet wird), kann man in der Vorstellung aus einem konvexen Objekt ein konkaves Objekt machen und umgekehrt. Man sollte jedoch erwähnen, daß dieses Hin- und Herschalten nicht auf die einzelne, bewußt betrachtete Figur beschränkt ist; vielmehr gilt es für alle Figuren einer Gruppe. Das heißt: Weiß das Gehirn, daß eine Figur der Gruppe von unten beleuchtet wird, so geht es davon aus, daß dies wahrscheinlich für alle Figuren der Gruppe gilt. (Wenn man das Photo umdreht, kann man das Hin- und Herschalten leichter erreichen, als dies durch "bewußtes Bemühen" möglich ist.)

Durch diese "Übung" werden mehrere Dinge verdeutlicht. Unter anderem zeigt sie, daß die Annahmen bezüglich der Lichtquellen auf die gleiche Weise im Gedächtnis verankert sind, auf die auch periphere Signale in der Sehrinde verarbeitet werden. Vielleicht ist das im wesentlichen auf die Evolution zurückführbar. Normalerweise handelt es sich bei der Lichtquelle um die Sonne oder, was seltener der Fall ist, auch um den Mond. Entscheidend ist, daß sich die Lichtquelle am Himmel befindet. Wird dies von vornherein als Standardbedingung vorausgesetzt, so kann dadurch die Beurteilung der Wahrnehmung schneller und genauer erfolgen. Unter ganz bestimmten Bedingungen, z.B. bei Beobachtung von Bodenbeleuchtung, kann diese Annahme revidiert werden. Die Krümmungsumkehr, die auftritt, wenn man die schattierten Bilder mit dem *Kopf* nach unten betrachtet, deutet darauf hin, daß das System tatsächlich zum einen schnell, zum anderen aber ungenau ist. Das heißt: Stellt man sich selbst auf den Kopf, so wird dies vom

---

[2] Blakemore [69] hat einen Artikel über die Entwicklung des räumlichen Sehvermögens verfaßt.

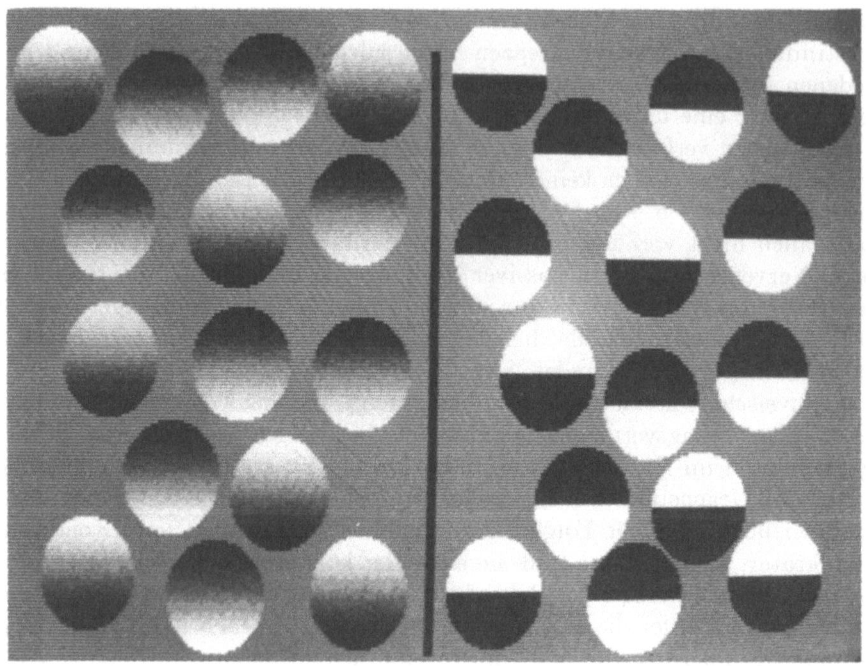

Abbildung 4.4   (inks) Das Sehsystem geht von der Standardannahme aus, daß die Objekte von oben beleuchtet werden. So werden die ovalen Figuren, die oben hell sind, als konvex gewölbt und diejenigen mit hellem Unterteil als konkav gewölbt interpretiert, wobei die beiden Typen gerne auf die ganze Gruppe übertragen werden. Dreht man das Buch um, nehmen die ovalen Figuren genau die umgekehrte Tiefenorientierung an. (rechts) Die zweifarbigen Ovale vermitteln die gleiche Beleuchtungspolarisation wie die Figuren auf der linken Seite. Da ihnen jedoch der Schattierungsgradient fehlt, kann man ihnen keine Informationen bezüglich der Tiefe entnehmen. Es ist schwierig, wenn nicht sogar unmöglich, sie sich als konvex oder konkav gekrümmt vorzustellen. Hier werden auch keine Gruppen gebildet, wie es bei den Figuren auf der linken Seite der Fall ist. (Mit freundlicher Genehmigung von V. S. Ramachandran; entnommen [610].)

System nicht kompensiert. Vielmehr wird "oben" gleichgesetzt mit "da, wo der Kopf ist". Ob das Gehirn eines Tiers, das in einer Umgebung aufwächst, in der Bodenbeleuchtung die Norm ist, von entsprechend anderen Standardannahmen ausgehen würde, ist noch nicht bekannt. Man könnte diese Möglichkeit jedoch austesten. So weiß man beispielsweise, daß Katzen, die unter stroboskopischem Blitzlicht heranwachsen, die Wahrnehmung und Unterscheidung von Bewegung nie richtig erlernen [559]. Der Beitrag, den die Evolution diesbezüglich geleistet hat, könnte also folgendermaßen formuliert werden: Unter Standardbedingungen (Licht kommt von oben) entwickelt die Sehrinde eine Vorliebe für die Annahme, daß das Licht von oben kommt [610].

Andere Ergebnisse, die sich in ähnlicher Weise auf die Wahrnehmungsverarbeitung von Bewegung, auf eine konstante Farb- und Größenwahrnehmung und auf die binokulare Tiefenwahrnehmung auswirken, weisen darauf hin, daß mittels der Verknüpfungsstruktur und der physiologischen Eigenschaften von Neuronen bestimmte physikalische Prinzipien Teil der Struktur des Nervensystems sind. Bei gegebenem Anlaß können sie durch konkurrierende Prinzipien ersetzt werden. Dabei sind auch die Bedingungen, die zur Annullierung eines Prinzips führen, in der Struktur von Netzen höherer Ordnung enthalten. Als Alternative dazu können sie auch Teil eines "Alles–oder–Nichts"–Spiels sein, das auf der gleichen Ebene durch ein rekurrentes Netz implementiert werden kann. Ramachandran [610, 611, 612] stellte die Hypothese auf, daß die Verarbeitung in der Sehrinde nach verschiedenartigen Faustregeln funktioniert, die ansatzweise genetisch spezifiziert sind und im Laufe der Entwicklung durch den Aufbau der Rinde (Cortex) gefestigt werden. Die Art und Weise, wie die Berechnungen durchgeführt werden, ist nicht ein für allemal festgelegt. Manchmal erfolgt eine Abänderung durch Einflüsse von oben (top–down). Unsere Erfahrungen haben jedoch keine dieser Annahmen bestätigt und Intuition allein, ohne die Unterstützung von Experimenten, führt uns in die falsche Richtung.

Neuroethologen betonen, daß es bei der Untersuchung der Frage, wie ein Gehirn die Welt repräsentiert, wichtig ist, sowohl das Verhaltensrepertoire eines Tieres, als auch den Umfang der spezifischen, physischen Parameter zu kennen, die innerhalb einer Art zur Verständigung und zur Auslösung eines bestimmten Verhaltens verwendet werden [316]. Verstehen wir erst einmal, wie sich ein Tier im Bereich seiner ökologischen Nische verhält, dann verstehen wir auch besser, in welchem Rahmen sich die Fähigkeiten des Tieres bewegen und wo die Grenzen liegen. Folglich fällt es uns auch leichter, zu begreifen, was das Gehirn mit einem von der Peripherie kommenden Signal macht.

Es gibt zwei einander bedingende Gesichtspunkte, die für die These der Neuroethologen sprechen. Erstens: Welcher Teil der Welt von einem bestimmten Nervensystem repräsentiert wird, hängt von der ökologischen Nische ab, in der das Tier lebt. Folglich ist die Evolutionsgeschichte ein entscheidender Faktor. Bienen sind in der Lage, ultraviolettes Licht zu repräsentieren, was sie befähigt, bestimmte Blüten zu finden. Klapperschlangen können im infraroten Bereich wahrnehmen, was ihnen dabei hilft, Nagetiere in der Dunkelheit zu fangen. Wie die meisten Primaten verfügt der Mensch über ein räumliches Sehvermögen. Vermutlich hilft ihm das dabei, die Tarnung eines Beutetieres oder eines Freßfeindes zu entlarven. Ganz allgemein wird dadurch die sehr genaue Lokalisierung von Objekten in Relation zueinander, insbesondere innerhalb der Reichweite eines Armes, erleichtert. In Verbindung mit dem opponierbaren Daumen bedeutet das binokulare Tiefenwahrnehmungsvermögen einen enormen Fortschritt bezüglich der sensomotorischen Kontrolle.

Der zweite Gesichtspunkt, der für Philosophen von größter Bedeutung ist, lautet wie folgt: Die Gehirne befassen sich mit der Repräsentation der Welt nicht aus purem, platonischen Vergnügen, sondern hauptsächlich in der Absicht, dem Tier das Überleben zu ermöglichen [412]. Ein Tier benötigt die sensorische Information, damit es sich entsprechend verhalten kann und so den Tag überlebt, oder zumindest, daß es so lange lebt, bis es seine Gene weitergegeben hat. So ist es aufschlußreich, die vom Gehirn durchgeführten sensorischen und kognitiven Berechnungen bezüglich ihrer Auswirkungen auf die Bewegungskontrolle zu untersuchen. Wir wollen damit nur betonen, daß kognitive Techniken und kognitive Verbesserungen in engem Zusammenhang mit der natürlichen Selektion stehen. Da sich die Nervensysteme von Tieren bezüglich ihrer sensorischen Selektivität unterscheiden, können sie auch über verschiedene kognitive Anlagen verfügen [254]. So sind Raben beispielsweise dazu in der Lage, bis sieben oder acht zu "zählen". Hunde können das nicht. Diese, wenn auch bescheidene, arithmetische Fähigkeit, kann als evolutionsbedingte Fortpflanzungsstrategie betrachtet werden, denn die Raben müssen sich über die Zahl der Eier in ihrem Gelege auf dem laufenden halten. Für die Bewältigung anderer Aufgaben — z.B. für das Hüten von Schafen — haben Hunde die bei weitem besser entwickelten Fähigkeiten. Im Prinzip entspricht der von Neuroethologen zitierte Vorteil ihrer Strategie genau dem Punkt, den wir an früherer Stelle (in Kapitel 1) angepriesen haben, nämlich: Top–Down–Daten liefern den Rahmen für Bottom–Up–Hypothesen und ermöglichen es somit, daß die Suche auf einen kleineren Bereich beschränkt werden kann. Ganz einfach: Die Suche wird viel effizienter, wenn man eine Vorstellung davon hat, wonach man suchen muß.

4.3 Kurze Skizzierung des Sehsystems von Säugetieren

Die Retina von Primaten transformiert die auf 100 Millionen Photorezeptorzellen auftreffenden Lichtmuster in elektrische Signale, welche im Sehverv in nur einer Million Axone weitergeleitet werden. Die Tatsache, daß die Einheiten im Verhältnis 100 : 1 zueinander stehen, weist darauf hin, daß die Signalverarbeitung besonders leistungsfähig ist und daß eine Verdichtung der Information stattfindet. Es gibt zwei Arten von Photorezeptoren: die Stäbchen — hochempfindliche Transduktoren mit geringer Sehschärfe, die auch bei düsteren Lichtverhältnissen funktionieren — und die Zapfen — unempfindlichere Transduktoren mit hoher Sehschärfe, die am besten bei Tageslicht arbeiten und die Form- und Farbenwahrnehmung ermöglichen. In der Fovea sind die Zapfen zahlreich und die Stäbchen nur spärlich vertreten; in den parafovealen Bereichen jedoch sind zehnmal mehr Stäbchen als Zapfen. Stäbchen und Zapfen reagieren auf Photonen bestimmter Wellenlängen mit einer entsprechend hohen Hyperpolarisation (Abbildung 4.5). Zwischen den Photorezeptoren und den Ganglionzellen, die die Signale in höhere Gehirnzentren weiterleiten, liegen zwei Zellschichten zur Durchführung der ersten

Schritte bei der visuellen Verarbeitung. Von dem Zeitpunkt an, an dem die Photonen auf die Zapfen treffen, bis zur Weiterleitung des Signals entlang des Axons einer Ganglionzelle vergehen ungefähr 25 Millisekunden. In erster Linie liegt das daran, daß Photorezeptoren relativ langsam sind. Ein weiterer Grund ist, daß in der Retina mindestens zwei Synapsen zwischengeschaltet sind. Bei den Ganglionzellen, deren Axone den Sehnerv bilden, handelt es sich im großen und ganzen um "Center–Surround"–Zellen. Aber alle gemeinsam können ohne weiteres Informationen bezüglich Farbe, Bewegung, Umriß und Reizort mit sich führen. Die Sehrinde benützt diese Informationen, um Form, Richtung, Geschwindigkeit von Bewegungen, Reflexionsvermögen der Oberfläche, Farbkonstanz, Form und Tiefe zu bestimmen (Abbildung 4.6).

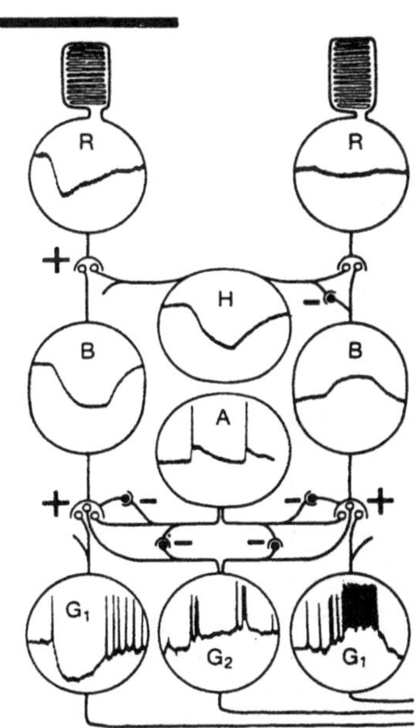

Abbildung 4.5   Zusammenfassendes Diagramm, das die synaptische Organisation in der Retina von Wirbeltieren mit einigen der intrazellulär aufgezeichneten Antworten der Retina (mudpuppy retina) in Verbindung setzt. Durch die Abbildung soll gezeigt werden, wie die Organisation der rezeptiven Felder bei hyperpolarisierenden bipolaren Zellen, bei AUS-Zentrum-Ganglionzellen (Off–center) und EIN-Zentrum-Ganglionzellen (On–center) aufgebaut ist. Es wird gezeigt, was in den verschiedenen Neuronen als Reaktion auf Beleuchtung (Querbalken über dem linken Rezeptor) abläuft. A, amakrine Zellen; B, bipolare Zellen; R, Rezeptoren; H, Horizontalzellen; G, Ganglionzellen; + in Verbindung mit hellem Kreis, exzitatorische Synapsen; - in Verbindung mit dunklem Kreis, inhibitorische Synapsen. (Nachdruck erfolgte mit Erlaubnis der Verleger aus [183]. Copyright ©1987 by John Dowling.)

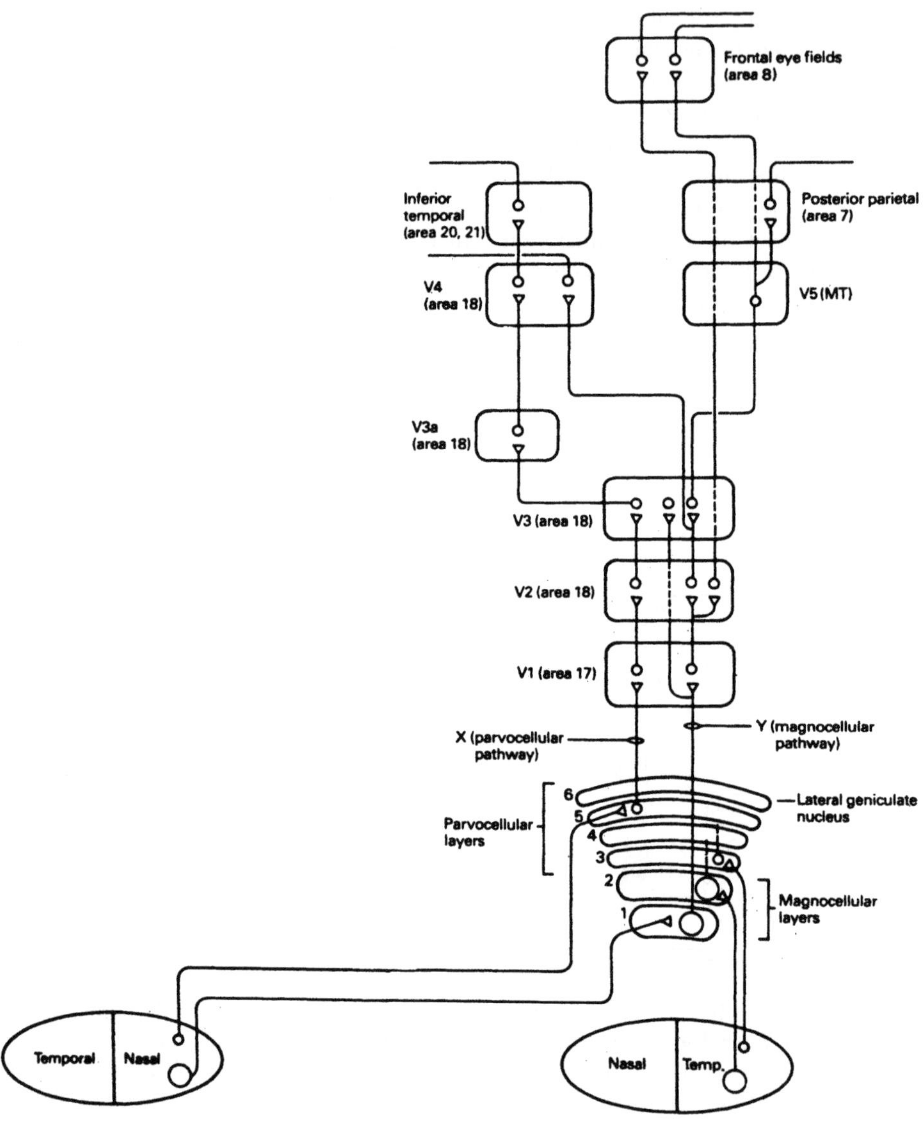

Abbildung 4.6   Stark schematisierte Darstellung der Projektionen von der Retina auf verschiedene Sehbereiche der Großhirnrinde. Dabei werden bestimmte synaptische Zwischenstufen bei den verschiedenen Strukturen zur Veranschaulichung einer gewissen Hierarchie bei der Verarbeitung visueller Informationen aufgezeigt. (Aus [729].)

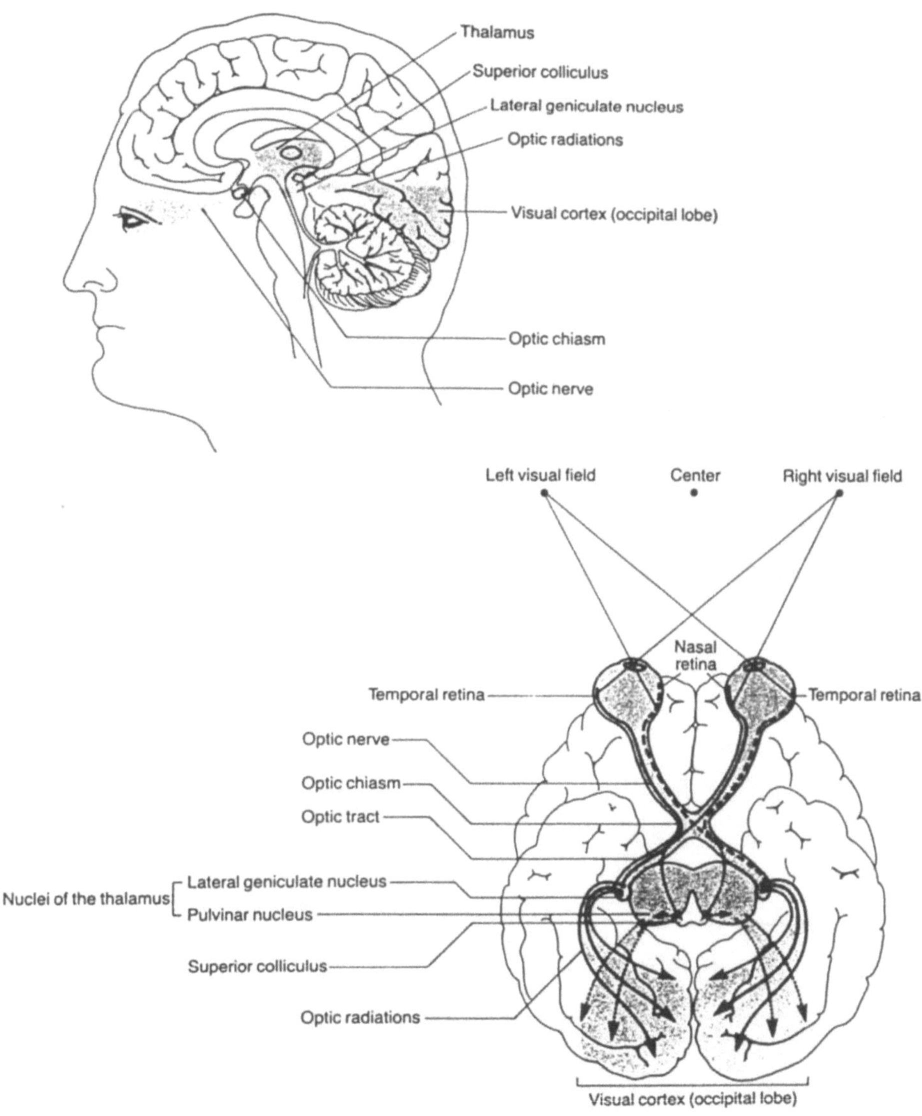

Abbildung 4.7 Die Sehbahnen, die vom Auge zur Sehrinde (visual cortex) führen. Gezeigt wird außerdem die Bahn der Ganglionzellen zum oberen Colliculus. (oben) Sagittalschnitt. (unten) Ventralansicht ohne Hirnstamm bzw. Kleinhirn.

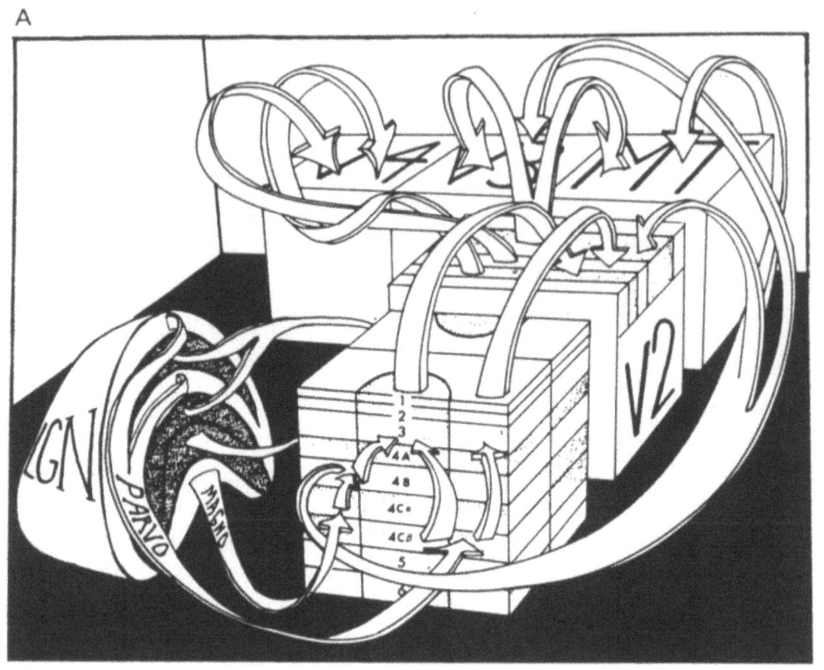
A
LGN
PARVO
MAGNO
1
2
3
4A
4B
4Cα
4Cβ
5
V2

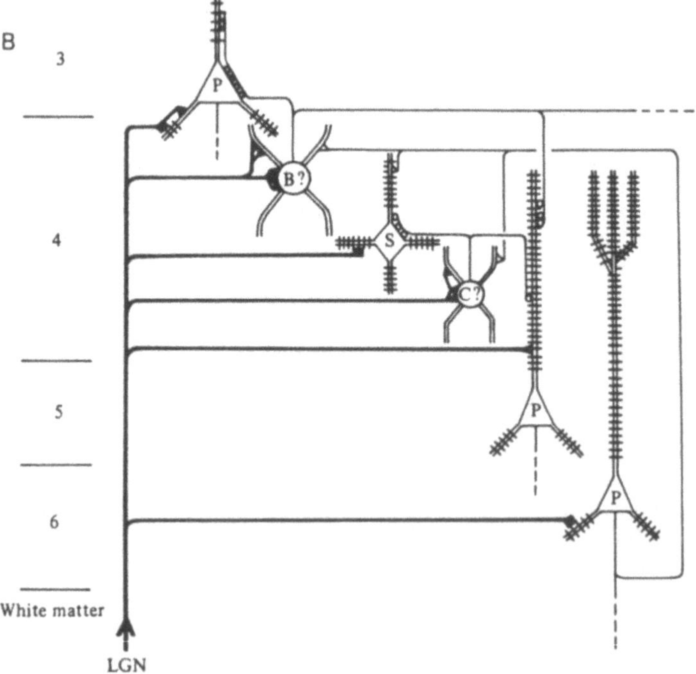
B
3
4
5
6
White matter
LGN
P
B?
S
C?
P
P

Im Sehsystem der Primaten gibt es zwei Hauptverbindungsbahnen: (1) die an Axonen reichere Bahn, die von der Retina zum Corpus geniculatum laterale (LGN) im Thalamus und dann zum Cortex führt, und (2) eine Bahn, die von der Retina auf den oberen Colliculus projiziert. Die von den Ganglionzellen der Retina ausgehende Bahn gabelt sich, wobei die eine Hälfte der Axone die gegenüberliegende Seite durchkreuzt und die andere Hälfte auf der Seite bleibt, der sie entstammen. Ganglionzellen kann man in die folgenden drei Hauptklassen unterteilen: (1) Parvozellen: sie sind klein und ihre Axone enden in den oberen Schichten des LGN, die man folglich auch parvozelluläre oder kleinzellige Schichten nennt ("parvo" bedeutet "klein"). (2) Magnozellen: sie sind größer und ihre Axone terminieren in den unteren Schichten des LGN, die man deshalb als magnozelluläre oder großzellige Schichten bezeichnet ("magno" heißt "groß"). Einige Magnozellen projizieren nicht zum LGN sondern auf den oberen Colliculus. (3) Die restlichen Zellen projizieren hauptsächlich auf den oberen Colliculus (Abbildung 4.7).

Die Zellen des LGN werden nicht nur in Parvo- und Magnozellen unterteilt. Vielmehr trennt man sie auch aufgrund ihrer Okularität, d.h. je nachdem, welchem Auge sie entstammen. Ausgehend vom LGN projizieren Neuronen auf die Sehrinde. Beim Affen projizieren all diese Zellen auf V1, genauer gesagt projizieren sie hauptsächlich auf die Schicht 4C (Abbildung 4.8). Bei der Katze gibt es neben den Projektionen auf V1 außerdem noch Projektionen vom LGN auf andere Sehbereiche, z.B. V2. Die Unterteilung in Zellklassen wird bis zu einem gewissen Grade beibehalten. Die Parvozellen projizieren in V1 hauptsächlich auf das untere

Abbildung 4.8 (A) Veranschaulichung der Hauptverknüpfungen zwischen Corpus geniculatum laterale (LGN), Striatumrinde und Sehbereichen außerhalb des Striatums bei Primaten. Je nachdem, welches Auge die Zellen bevorzugen, sind die Flächen im LGN dunkel punktiert oder nicht. Für magno- und parvozelluläre Schichten sind die Verbindungen separat aufgezeigt. Die Verbindungen sind nur für ein Auge dargestellt. Der vorderste Block ist ein Teil von V1, der die Hälfte einer Spalte des linken Auges und die Hälfte einer benachbarten Spalte des rechten Auges enthält. Die helle Punktierung zeigt eine Cytochromoxidasefärbung an. Im gesamten Bereich der Schichten 4A und 4C kann eine Färbung beobachtet werden. In anderen Schichten ist sie dagegen auf kleine Flecken beschränkt. In 4B ist keine Färbung erfolgt. In V2 ist eine Färbung in Form von abwechselnd dicken und dünnen dunklen Streifen eingetreten, die durch nicht–markierte Streifen getrennt sind. Die Cytochromoxidasefärbung anderer Bereiche wird nicht gezeigt. Viele Verknüpfungen sind nicht sichtbar. (Aus [435].) (B) Lokales Schaltbild von Neuronen, die direkt über afferente Fasern vom LGN mit Eingaben versorgt werden. P, Pyramidenzelle; B?, große Zelle, die durch GABA (= γ–Aminobuttersäure) hemmbar ist (vermutlich handelt es sich um eine Korbzelle); S, dornige Sternzelle; C?, kleine Zelle, die durch GABA hemmbar ist. Dreiecke, exzitatorische Synapsen an Zellkörpern oder an Dendriten; Viereck, exzitatorischer Kontakt an Dornen; Kreise, inhibitorische Synapsen. (Aus [484].)

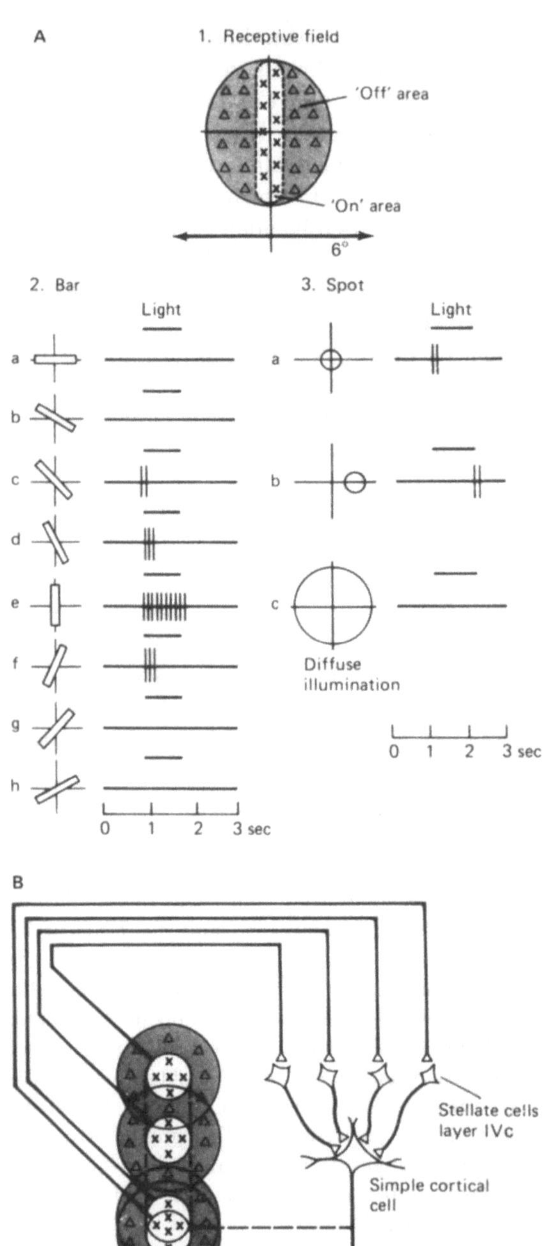

A
1. Receptive field
'Off' area
'On' area
6°
2. Bar
Light
a
b
c
d
e
f
g
h
0 1 2 3 sec
3. Spot
Light
a
b
c
Diffuse
illumination
0 1 2 3 sec
B
Stellate cells
layer IVc
Simple cortical
cell

Stratum der Schicht 4C, wobei einige Äste das oberste Stratum von 4C erreichen. Die Magnozellen projizieren auf das obere Stratum der Schicht 4C und auf 4B. Neuronen, die die mittleren und tieferen Schichten von 4C erreichen, behalten die Okularität bei, d.h. sie reagieren ausschließlich auf Reizung des rechten oder des linken Auges. Einige Neuronen des oberen Stratums der Schicht 4C in V1 zeigen jedoch die Eigenschaft der Binokularität. Sie reagieren also entweder auf Reize in den Rezeptorfeldern beider Augen gleich stark oder zeigen für Reize eines Auges eine unterschiedlich starke Vorliebe. Hier sind einige Zellen noch monokular. Ihrer Okularität entsprechend sind die Zellen dicht aneinandergedrgedrängt. In V1 enthalten die Schichten 2, 3 und 4 auch Zellen, deren Axone auf Rindenbereiche außerhalb von V1 projizieren. Die Schichten 5 und 6 enthalten Zellen, die auf tiefer gelegene Gehirnstrukturen, z.B. den LGN und den oberen Colliculus, projizieren.

Für die an späterer Stelle stattfindende Diskussion sind die folgenden wichtigsten physiologischen Eigenschaften von Bedeutung: Bei den Zellen des LGN und bei vielen Zellen der Schichten $4C\alpha$ findet man eine einfache Center–Surround–Organisation (siehe Kapitel 2). Die Zellen in 4B und in den direkt an $4C\alpha$ angrenzenden Strata zeigen ein ganz anderes Antwortverhalten. Anstelle eines kreisförmig symmetrischen Rezeptorfeldes werden die exzitatorischen und inhibitorischen Bereiche hier durch gerade Linien voneinander getrennt (Abbildung 4.9). Folglich kann beispielsweise eine Zelle so eingestellt sein, daß sie auf einen um 30° gedrehten Lichtbalken in der Mitte ihres rezeptiven Feldes mit Maximalantwort reagiert. In diesem Fall spricht man dann von *einfachen Zellen*. Man hat vermutet, daß sich die Eigenschaften des rezeptiven Feldes durch Konvergenz einer Reihe einfacher Zellen mit Center–Surround–Organisation ergeben. Obwohl diese Annahme sehr plausibel ist, hat sie sich noch nicht durchgesetzt (Abbildung 4.10).[3]

---

[3]Stryker et al. haben kürzlich Beweise dafür gefunden, daß es bei Projektionen vom LGN auf die Schicht 4 der Sehrinde von Katzen zu Asymmetrien kommt. Über Experimente, die zur Untersuchung der Beziehungen zwischen Zellen des LGN und den Antwortreaktionen der Zellen in der Sehrinde durchgeführt wurden, kann man sich bei [473, 474, 759, 644, 504] weiter informieren.

Abbildung 4.9   Diagramm zur Veranschaulichung der Rezeptorfeldeigenschaften bei einfachen Zellen der primären Sehrinde. (A) 1. Das rezeptive Feld hat in der Mitte einen schmalen exzitatorischen Bereich, der an den Seiten symmetrisch von inhibitorischen Bereichen umgeben ist. 2. Der Reiz, der von dieser Zelle am besten beantwortet wird, ist ein vertikal ausgerichteter Lichtbalken (bar) (1° × 8°) in der Mitte des rezeptiven Feldes. Andersartige Ausrichtungen bewirken eine weniger effektive Anregung der Zelle. 3. Im Gegensatz zu einem vertikalen Balken, führt ein kleiner Lichtfleck (spot), der auf die exzitatorische Mitte des Feldes (a) trifft, nur zu einer schwachen exzitatorischen Antwort. Fällt der kleine Lichtfleck in den inhibitorischen Bereich (b), erfolgt eine schwache inhibitorische Antwort. Diffuses Licht (c) ist unwirksam. (B) Hypothese von Hubel und Wiesel [344], die erklären soll, wie aus Center–Surround–Zellen eine einfache Zelle entsteht, die selektiv auf besonders ausgerichtete Lichtbalken anspricht. (Aus [386]; nach [344].)

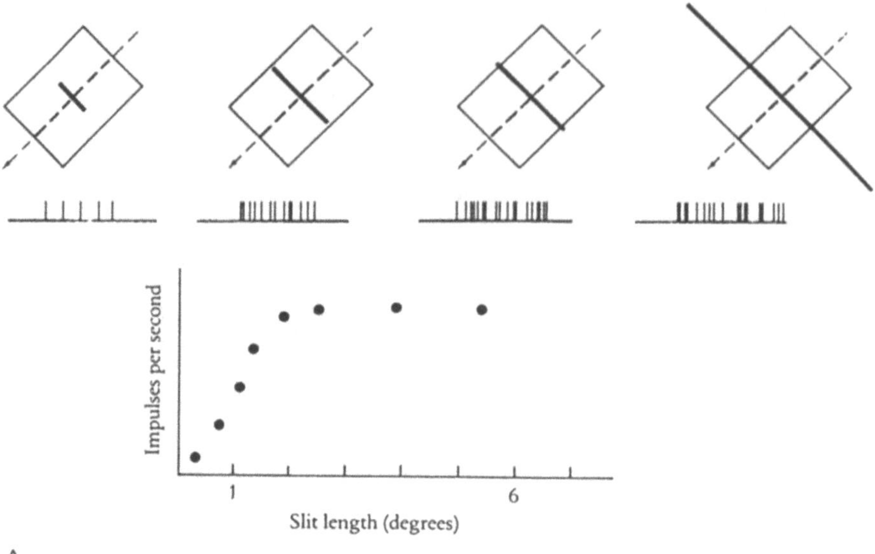
Impulses per second
Slit length (degrees)
1
6
A

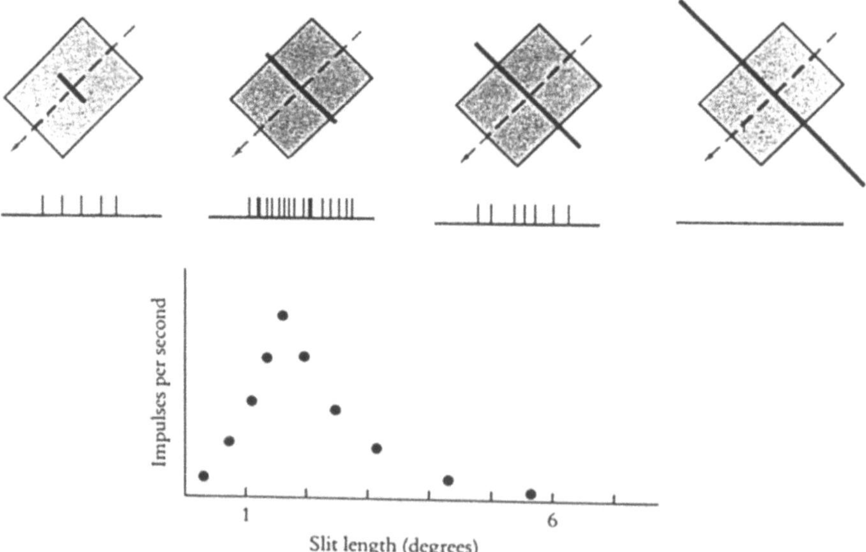
Impulses per second
Slit length (degrees)
1
6
B

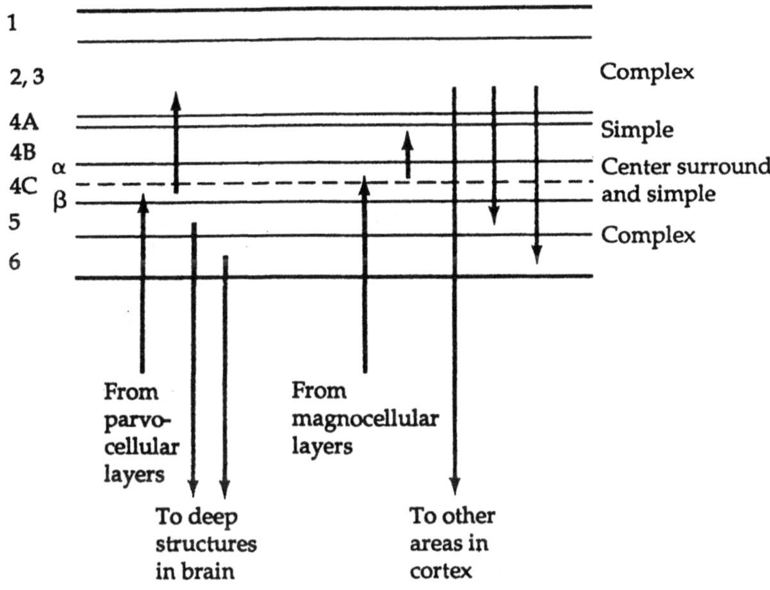

Abbildung 4.10 (A) Eine gewöhnliche komplexe Zelle reagiert auf Licht, das durch Spalten verschiedener Länge fällt. Die Dauer der Aufzeichnung betrug in allen Fällen 2 Sekunden. (B) Hier handelt es sich um eine "end–stopped"–Zelle. Sie reagiert geringfügig, wenn der Lichtspalt einen kleinen Teil ihres Rezeptorfeldes bedeckt. Bei einer Spaltlänge von ungefähr 2° ist die Reaktion am größten. Mit zunehmender Spaltlänge vermindert sich die Reaktion wieder. Bei 6° reagiert die Zelle gar nicht mehr. (C) Hier wird grob angezeigt, wo die Zellkörper von einfachen, komplexen und Center–Surround–Zellen in den corticalen Laminae lokalisiert sind. (Aus [342]. Copyright ©1988 by Scientific American Books, Inc. Nachdruck mit Erlaubnis von W.H. Freeman and Company.)

Der am häufigsten vorkommende Zelltyp in der frühen Sehrinde sind die *komplexen Zellen*. Man findet sie hauptsächlich in den Schichten 2 und 3, bzw. im Grenzbereich der Schichten 5 und 6. Wie die einfachen Zellen auch, sind sie so eingestellt, daß sie auf ausgedehnte Reize (z.B. Spaltlicht oder Lichtbalken) in ihrem Rezeptorfeld reagieren, wobei sie bestimmte Orientierungen bevorzugen. Im Gegensatz zu einfachen Zellen jedoch reagieren sie am stärksten, wenn sich der von ihnen bevorzugte Reiz in ihrem Rezeptorfeld in einer speziellen Richtung bewegt. Falls die Zelle einen stationären Reiz beantwortet, kann die Reizung irgendwo im Rezeptorfeld erfolgen. So könnte es beispielsweise der Fall sein, daß eine Zelle am besten auf einen Reiz anspricht, der sich um 30° gedreht abwärts bewegt. Sowohl bei manchen einfachen wie auch bei manchen komplexen Zellen kann man eine Längensummation beobachten, d.h. je länger die Linie in ihrem Rezeptorfeld ist, desto heftiger reagieren die Zellen. Dagegen ist bei anderen Zellen (sogenannten "end–stopped cells") das rezeptive Feld von einem inhibitorischen Bereich umgeben, d.h. die Zelle wird gehemmt, sobald die Länge eines Reizes die Grenzen des exzitatorischen Bereichs überschreitet. Dieses inhibitorische Feld reagiert selektiv auf die gleiche Orientierung wie das exzitatorische Feld [147, 146].[4]

In Abbildung 4.11 wird die Weiterführung der voneinander getrennten Magno- und Parvobahnen im Anschluß an V1 schematisch dargestellt. Grob ausgedrückt kann man sagen: Eine Bahn verläuft von V1 zum Inferotemporalcortex und scheint für die Wahrnehmung von Formen und Farben zuständig zu sein.[5] Die zweite, sehr allgemeine Bahn verläuft von V1 zum Posteroparietalcortex und scheint auf die Wahrnehmung von Bewegung, Tiefe und kontrastarmer Luminanz sowie auf die Lokalisierung spezialisiert zu sein (siehe Abbildung 2.3; [727]). Man muß jedoch auf zwei Dinge aufmerksam machen: (1) Die Schlußfolgerung bezüglich der Funktion wurde aufgrund der zur Verfügung stehenden Daten gezogen. Wir wissen aber bei weitem noch nicht alles über die Bahnen, die Konnektivität zwischen den Zellen, die Grenzbereiche und die Auswirkungen bei Verletzung. (2) Aus einigen Daten wird ersichtlich, daß die beiden Hauptbahnen im Cortex nicht immer klar voneinander getrennt sind. Zwischen den Bahnen scheint es Verbindungen und damit Informationsaustausch zu geben [555]. Sowohl anatomische, als auch physiologische Daten sprechen für diese Behauptung. So sind die Zellen in MT beispielsweise so eingestellt, daß sie auf Bewegungen reagieren, die in eine bestimmte Richtung und mit einer bevorzugten Geschwindigkeit erfolgen. Auf einen bloßen Farbreiz sprechen sie nicht an. Trotzdem sind sie gegenüber Farben nicht völlig unempfindlich, insofern, als die Zellantwort auf einen sich bewegenden Reiz durch die Farbe des Reizes beeinflußt werden kann. Es ist also wichtig, daß wir uns darüber im klaren sind, daß es sich bei der grundlegenden Zwei–Bahnen– Hypothese nur um einen Anfang handelt und daß die Hypothese innerhalb des nächsten Jahrzehnts möglicherweise noch oft revidiert werden muß.

Die Zellen in V1 werden retinotopisch abgebildet, d.h. Nachbarzellen haben auch benachbarte Rezeptorfelder. Die Retinotopie — darunter versteht man die Eigenschaft, daß eine Stelle auf der Retina direkt durch eine Stelle im Gehirn repräsentiert wird — ist zwar experimentell nachgewiesen, die theoretischen Grundlagen diesbezüglich stecken jedoch noch in den Anfängen (Abbildung 4.12). Die topographische Abbildung der Transduktoroberfläche ist eine allgemeine Eigenschaft, die man auch in anderen Sinnessystemen findet. Beim Hörsystem beispielsweise wird analog zur räumlichen Lokalisierung die Frequenz abgebildet und im Falle des somatosensorischen Systems findet eine topographische Abbildung der Körperoberfläche statt. Wird die spezifische Antwort einer Zelle durch die räumliche Lokalisierung der Eingaben bestimmt, so nennt man dies eine *räumliche Co-*

---

[4]Die Rolle, die diese "end–stopped"–Zellen möglicherweise bei der Berechnung spielen, wird in [174] diskutiert.

[5]Wie sich herausgestellt hat, sind die Dinge komplizierter, als es zunächst schien. So war man beispielsweise der Meinung, daß beim Affen V4 der wichtigste Bereich für die Farbwahrnehmung sei. Cowey und seine Mitarbeiter in Oxford haben jedoch gezeigt, daß dies nicht stimmen kann [101].

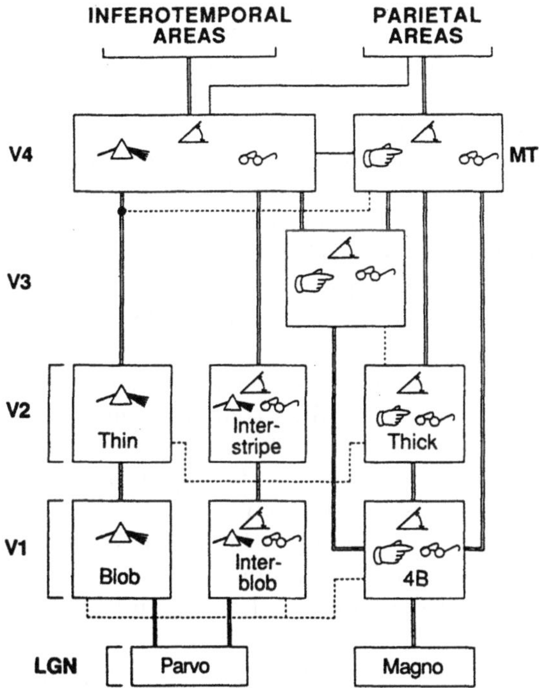

Abbildung 4.11   Die wichtigsten anatomischen Verbindungen und selektive Beantwortung durch die Neuronen in den frühen visuellen Bereichen beim Makaken. Die verschiedenen Zeichen symbolisieren, auf welche Reizeigenschaften viele Zellen des Bereichs bevorzugt reagieren: Prisma = Wellenlänge; Winkel = Orientierung; zeigender Finger = Richtung; Brille = binokulare Disparation. (Aus [173]. Concurrent processing streams in monkey visual cortex. *Trends in Neurosciences* 11:219–226.)

dierung [370]. Die räumliche Codierung hat sich in der Evolution als so erfolgreiche Strategie erwiesen, daß in manchen Fällen auch nicht–räumliche Eigenschaften, z.B. zeitliche Zusammenhänge, vom Gehirn einen räumlichen Code transformiert werden. Noch allgemeiner: Es ist bei vielen Eigenschaften möglich, die relative Position der Eigenschaft in einem *Zustandsraum* als räumliche Anordnung in einem zwei- oder dreidimensionalen räumlichen Bereich des Nervensystems zu codieren.

Im folgenden Beispiel hat sich die räumliche Codierung als sehr effizientes Mittel zur Verarbeitung komplexer Informationen erwiesen. Masakazu Konishi und seine Mitarbeiter [404, 110] haben an Studien der Schleiereule gezeigt, daß die Neuronen im Nucleus laminaris die interaurale Totzeit berechnen, wobei die Schallquelle in der horizontalen Ebene ermittelt wird, und daß die Neuronen in einem der Nuclei lemnisci die Differenzen der interauralen Amplituden codieren und dabei die Schallquelle in der vertikalen Ebene ermitteln. Der Durchschnitt

dieser beiden Koordinatenmengen bestimmt die Lage der Schallquelle in einem
2–D Raum sehr genau (siehe Abbildungen 7.2 und 7.3). Wie erwartet, werden
beiden Informationsquellen miteinander kombiniert und geben so die Lage der
Schallquelle exakt an, wodurch es der Eule möglich ist, Beutetiere auch in der
Dunkelheit zu fangen. Die nicht–lineare Kombination findet im unteren Colliculus (inferior colliculus) statt. Die raumspezifischen Neuronen des unteren Colliculus stellen eine Karte des akustischen (= auditiven) Raums her und projizieren
auf eine akustisch–visuelle räumliche Karte im Tectum opticum (optic tectum).
Akustische Information an sich ist zwar schon ausreichend, damit die Eule eine
Schallquelle ausfindig machen kann, dennoch wird jede verfügbare visuelle Information mit verwendet. So ergibt sich also auch durch weitere Kombination von
akustischer und visueller Information eine genaue raumspezifische Karte der Zellen. Die Kopfbewegungen der Eule sind sehr präzise, und es hat den Anschein,
als könnte man dies auf Verknüpfungen zwischen räumlich–codierten sensorischen
Neuronen und Neuronen des Bewegungssystems zurückführen [412]. Bemerkenswert ist außerdem, daß auch die Neuronen, aus denen sich die räumlich-codierte
Karte zusammensetzt, untereinander in Verbindung stehen und daß die Fähigkeit
der Zellen zur selektiven Lagebestimmung durch laterale Inhibition verbessert
wird. Es sollte jedoch betont werden, daß durch die räumliche Codierung bei
Neuronen des unteren Colliculus nichts über die Funktion des unteren Colliculus
als neuronales Netz ausgesagt wird.

Bei der räumlichen Codierung handelt es sich um ein Repräsentationsprinzip
auf Kartenebene. Die nächste Frage lautet: Welche Prinzipien wenden Nervensysteme auf der Netzwerk- und Neuronenebene an? Betrachten wir einmal alle
Neuronen einer speziellen Ebene des Sehsystems, z.B. V1, die auf einen ganz
speziellen räumlichen Bereich reagieren. Im Falle von V1 beispielsweise gäbe es
Tausende von Neuronen, auf die diese Beschreibung passen würde. Welchen Beitrag leistet irgendeines dieser einzelnen Neuronen zur Repräsentation? Leisten alle
den gleichen Beitrag oder jeweils verschiedene Beiträge? Welcher Zusammenhang
besteht zwischen diesem Beitrag und der Wechselwirkung mit anderen Neuronen? In anderen Worten kann man die Frage folgendermaßen stellen: Wie kann
ein Neuron — vorausgesetzt, es hat ein rezeptives Feld, ein Antwortrepertoire
und einen Bereich im Cortex — bestimmte Eigenschaften (z.B. Bewegung, Farbe
usw.) codieren?

4.4 Die Repräsentation im Gehirn: Was können wir vom Sehsystem lernen?

Mit Hilfe grober Aufzeichnungen (EEG–Aufzeichnungen, evozierte Potentiale),
die an großen Neuronenpopulationen durchgeführt wurden, hat man die speziell

für sensorische Verarbeitung und für Bewegungskontrolle zuständigen Gehirnregionen kartiert. Auf diese Weise konnte man die auf visuelle, akustische und somatosensorische Verarbeitung spezialisierten Bereiche identifizieren. Es ist außerdem möglich, die Ankunft eines peripheren Reizes in der Sehrinde zeitlich festzuhalten, und zwar unabhängig davon, ob das Signal bewußt wahrgenommen wurde oder nicht. Es gelang auch, den Zeitverlauf des kanonischen Wellenmusters für die nächsten ein oder zwei Sekunden nach Reizeinwirkung in einem Diagramm aufzuzeichnen. Hat man nun die modalitätsspezifischen Regionen im Cortex kartiert, folgt schon die nächste Frage: Was genau geschieht in diesen Regionen, damit das Tier seine Umwelt wahrnehmen kann? Man hatte, grob gesprochen, zwei strategische Möglichkeiten, diese Frage anzugehen.

Dem einen Argument zufolge waren die kritischen Variablen auf der Populationsebene zu finden, und von daher sollte man mit den Nachforschungen genau auf dieser Ebene beginnen. Die Erforschung des einzelnen Neurons, so behauptete man, würde nichts über die Eigenschaften der Gruppe aussagen [238]. Es gab zwei wesentliche Gründe dafür, daß dieser Einwand immer weniger Anhänger fand: Der eine Grund hatte etwas mit der Technik, der andere Grund etwas mit dem Konzept zu tun. Mit den zur Verfügung stehenden Techniken, die zu Untersuchungen an Populationen geeignet waren und eine ganz gute zeitliche Auflösung hatten, konnte man verschiedene rhythmische Muster aufzeichnen. Die Fragen "Was wird verarbeitet?" und "Wie geschieht die Verarbeitung?" konnten dadurch jedoch nicht beantwortet werden. Diese Techniken waren nicht dazu in der Lage, zwischen der Antwort auf einen roten Reiz und der Antwort auf einen grünen Reiz, zwischen einem sich bewegenden und einem stationären Reiz, zwischen der Wahrnehmung eines Baumes und der Wahrnehmung eines Gesichtes zu unterscheiden. Vom Konzept her stand das "Populationsebenenargument" auf wackligen Füßen, da niemand wußte, was von den evozierten wellenförmigen Potentialen repräsentiert wurde. Was ein Neuron ist, wußte jeder. Auch von dem, was ein Neuron macht, hatte man eine gewisse Vorstellung. Was jedoch eine supraneuronale Einheit sein könnte und was diese tun könnte, davon hatte niemand eine Ahnung. Wenngleich eine weitere Verbesserung der Aufzeichnungsmethoden an Populationen mit dem Ziel, die für die Verarbeitung relevanten Parameter ausfindig zu machen, allgemein befürwortet wurde, so führten die Mißerfolge der Strategie doch unausweichlich dazu, daß man sich näher mit dem Neuron als Individuum beschäftigte. So ergab sich das zweite Argument aus Arbeiten an einzelnen Zellen. Vorreiter der Disziplin waren Kuffler [417], der mit Ganglionzellen der Retina arbeitete, und Mountcastle [524], der sich mit dem somatosensorischen Cortex beschäftigte. Der große Durchbruch gelang dann Hubel und Wiesel [344, 346] mit Arbeiten über die Sehrinde von Katzen und Affen.

Hubel und Wiesel haben, teilweise zufällig, die selektive Antwortreaktion von Neuronen der Sehrinde auf eine Kante zwischen einem hellen und einem dunklen Bereich, die darüberhinaus eine bestimmte Orientierung aufweist, entdeckt. Wurde die Orientierung der Kante geändert, so verringerte sich das Ausmaß der Ant-

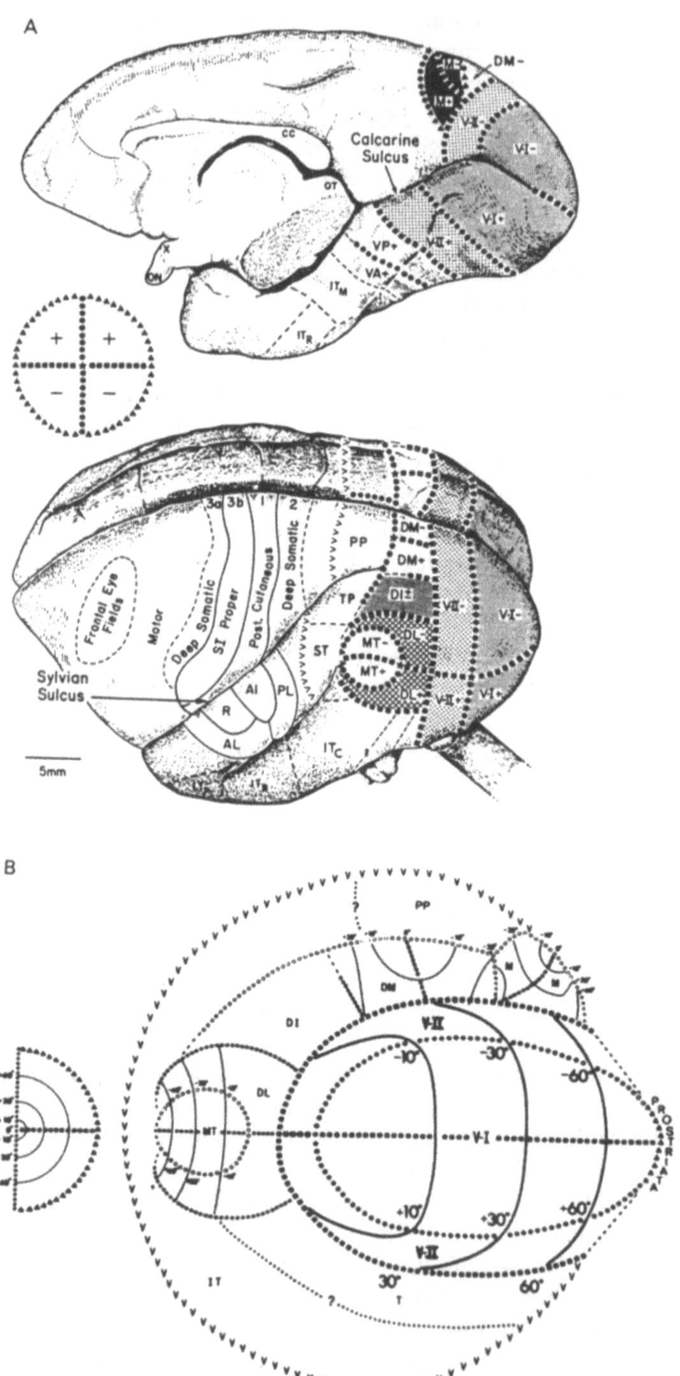
A
DM-
V-X
VI-
Calcarine
Sulcus
CC
OT
VP+
VII+
VI+
VA+
ON
IT_M
IT_R
+ +
- -
3a 3b V-I 2
PP
DM-
DM+
Frontal Eye
Fields
Motor
Deep Somatic
SI Proper
Post. Cutaneous
Deep Somatic
TP
DI±
VII-
VI-
ST
DL
MT-
MT+
Sylvian
Sulcus
AI
PL
V-II
VI+
R
AL
IT_C
IT_R
5mm
B
?
PP
DM
DI
V-II
-10°
-30°
-60°
DL
MT
V-I
PROSTRIATA
+10°
+30°
+60°
V-II
30°
60°
IT
?
T

wortreaktion. Andere Zellen reagierten selektiv auf andere Orientierungen. Direkt benachbarte Zellen hatten die gleiche Vorliebe für eine bestimmte Orientierung. Befanden sich die Zellen zwar in unmittelbarer Nähe zueinander, waren aber nicht direkt benachbart, so bevorzugten sie jeweils Orientierungen, die sich um wenige Sehwinkelgrade voneinander unterschieden usw. (Abbildung 4.13). Die Population in einem Bereich des Cortex zeigte hinsichtlich der bevorzugten Orientierung ein ziemlich geordnetes Profil. Die Spezifität und Organisation auf der Ebene eines einzelnen Neurons waren verblüffend und führten zu einer intensiven Erforschung der physiologischen Eigenschaften des hinteren Cortex. Man wollte noch mehr herausfinden und verstehen, welche Faktoren der Konnektivität und welche der physiologischen Eigenschaften für eine selektive Antwort der Zellen von Bedeutung sind.

Im Anschluß an diese und vergleichbare, den motorischen Cortex betreffende Entdeckungen [220, 221], rückte die Erforschung einzelner Zellen immer mehr in den Mittelpunkt der Neurowissenschaften. In der Tat könnte man die Zeitspanne von 1962, dem Jahr als die erste Publikation von Hubel und Wiesel erschien, bis zum jetzigen Zeitpunkt in dem Gebiet der Neurowissenschaften als "Ära des einzelnen Neurons" bezeichnen, wobei es sich wirklich nur um eine leichte Übertreibung handeln würde. Ihre Popularität verdankt die einzelne Zelle zum Teil der Tatsache, daß es hier eindeutige, wenn auch schwierige, Techniken zur Reizung und Aufzeichnung von Einzelzellen gibt und daß die Abänderung der Bedingungen durch Manipulation der pharmakologischen Variablen möglich ist, wodurch bestimmte Wirkungen gehemmt bzw. verstärkt sowie ausgewählte Gruppen von Neuronen geschädigt werden. Offensichtlich war es schwierig, zu verstehen, daß die Zellen zwar untereinander in Verbindung stehen, aber trotzdem zur selektiven Antwort fähig sind. Das führte dazu, daß man die Anatomie in allen Einzelheiten untersuchte. In anderen Worten: Die Forscher wußten, was sie zu tun hatten, und das taten sie dann auch. Sie hielten sich an die Top–Down–Strategie, indem sie Ergebnisse aus der Psychophysik und der klinischen Neurologie heranzogen, um die Mikrostruktur der sensorischen Rindenzentren aufzudecken. Im Gegensatz dazu waren die Techniken zur Erforschung von Zellansammlungen weniger gut de-

Abbildung 4.12   (A) Mediale und dorsolaterale Ansicht des Cortex der Eulenkopfmeerkatze mit visuell abgebildeten Bereichen. (B) Schematische Darlegung der Sehrinde (visual cortex) der linken Hemisphäre der Eulenkopfmeerkatze. Die Ikonen auf der linken Seite geben die Abbildungsrelationen zwischen dem Sehfeld und dem Cortex an: Die vertikale Achse wird durch dunkle (ausgemalte) Kreise, die horizontale Achse durch dunkle Quadrate und der Rand durch Pfeilspitzen dargestellt. Die Abbildung des Sehfeldes erfolgt in verschiedenen Bereichen des Cortex genau nach Plan. Relativ große Bereiche sind der Fovea gewidmet. (Aus [12]. Reconstructing the evolution of the brain in primates through the use of comparative neurophysiological and neuroanatomical data. In *Primate Brain Evolution*, Herausgegeben durch Armstrong und Falk, New York: Plenum.)

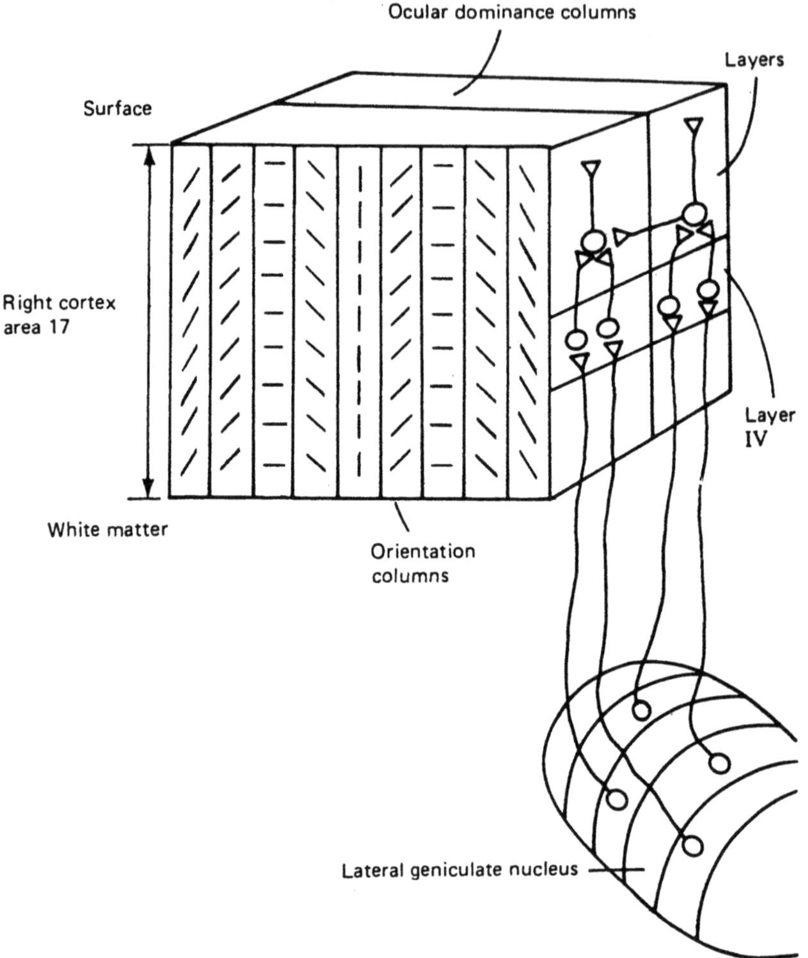

Abbildung 4.13	Schematisches Diagramm, das Spalten im Cortex zeigt, in denen Zellen enthalten sind, die bevorzugt auf Reize einer bestimmten Orientierung antworten. (Nach [344]; nachgedruckt von [387]).

finiert. Außerdem kam es — was die Spezifität bei der Informationsverarbeitung von Zellansammlungen betrifft — nicht zu bahnbrechenden Erfolgen, wie das bei der Physiologie von Einzelzellen der Fall war.

Der Erfolg der einzelnen Zelle ist aber keineswegs nur auf technische Gründe zurückzuführen. Auch bezüglich der theoretischen Ebene schien die Einzelzelle für eine Sonderrolle prädestiniert zu sein. Durch die experimentelle Entdeckung neuronaler Antwortmuster kam man zu der Ansicht, daß es sich bei Nervensystemen um einen Zusammenschluß spezialisierter Neuronen handeln müsse. Je höher dabei die Hierarchiestufe ist, auf der sich die Neuronen bei der Informationsverarbeitung befinden, desto spezialisierter sind die Neuronen. Es gab vier Beobachtungen, die zur Aufstellung einer Theorie bezüglich der Informationsverarbeitung im Cortex führten: (1) Man konnte eine Selektivität der zellulären Antworten beobachteten. (2) Bei der Verarbeitung wird eine Hierarchie eingehalten (angefangen bei weniger spezifischen Antworten bis hin zu spezifischen Antworten), die annähernd mit der Enfernung der Synapsen von der Peripherie übereinstimmt. (3) Mit zunehmender Spezifität der zellulären Antworten von der Retina, zum LGN und weiter zu V1 gibt es immer weniger Zellen, die auf den Reiz ansprechen. Dieses Verhaltensmuster trifft man auch an, wenn man über V1 hinaus extrapoliert. (4) Für die Verarbeitung bestimmter Eigenschaften eines visuellen Reizes, z.B. Bewegung und Farbe, gibt es voneinander getrennte, parallele Bahnen [48, 412]. Aus diesen Beobachtungen hat man gefolgert, daß die Codierung um so spezifischer wird, je weiter man in der Hierarchie nach oben kommt. Bei der lokalen Codierung laufen die in einer einzigen Repräsentation gipfelnden Signale am äußersten Ende der Hierarchie zusammen. Diese Repräsentation wird dann vom motorischen System dazu verwendet, das entsprechende Verhalten zu veranlassen. Genau diese Art von Organisation kann man an Teilen mancher Nervensysteme, beispielsweise beim elektrischen Fisch *Eigenmannia* [317], beobachten.

Nun stellt sich die Frage, ob diese Strategie allgemein gilt. Das Problem bei der Erklärung der *lokalen Codierung* ist, daß die Eindeutigkeit bei der Erkennung von Mustern auf der Wahrnehmungsebene von der Eindeutigkeit der Antwort der Zelle (bzw. des Zellklons) kommt. Nach der Hypothese von Barlow [48] können schätzungsweise 1000 aktive Neuronen ein visuelles Geschehen repräsentieren. Dabei wird von jedem Neuron ungefähr das repräsentiert, was durch ein einziges Wort (z.B. rot oder Ball) beschrieben wird. Darüberhinaus repräsentiert jedes Neuron auch noch die Informationen über die Lage des betreffenden Objektes. So ist am Erkennen eines roten, springenden Balls und an der dazugehörigen Reaktion am Ende der Hierarchie eine kleine Gruppe von Zellen (die für "rot", "springen" und "Ball" zuständigen Zellen) beteiligt, die genau auf die momentane Lage der Dinge ansprechen. Erkennen wir die Großmutter, wie sie in ihren Sonntagskleidern auf ihrem Fahrrad zur Kirche fährt, so benötigen wir dazu an der Spitze der Hierarchie eine Anzahl von Zellen (und möglicherweise deren Klone), die gemeinsam genau auf diesen Sachverhalt und auf nichts anderes reagieren — es erfolgt z.B. keine Reaktion, wenn Großmutter in Gartenkleidung Düngemittel verstreut. Natürlich wird die Zelle, die die "Großmutter" repräsentiert, auch in der zweiten Situation reagieren, die "Fahrrad"-Neuronen dagegen nicht. Noch extremer wäre die Forderung, daß im ersten Fall nur eine einzelne Zelle antworten und im zweiten Fall eine andere Einzelzelle reagieren dürfte. Daß es nicht viele Anhänger dieser Forderung gibt, liegt vor allem daran, daß die zum Erkennen von Mustern nötige Anzahl spezifischer Neuronen bald größer wäre als die Anzahl der zur Verfügung stehenden Neuronen.

Dem hohen Ausmaß an zellulärer Selektivität, die genau mit dem relevanten Maß an Unterscheidungsvermögen bei der Wahrnehmung übereinstimmt, hat diese Theorie den Spitznamen "Großmutterzellen"–Theorie der neuronalen Repräsentation zu verdanken. Obwohl sie zwar fast überall unter diesem Namen bekannt ist, nennt man sie auch "lokale" oder "punktuelle" Codierungstheorie der neuronalen Repräsentation. Damit wir uns kurz und klar ausdrücken können, brauchen wir eine kanonische Bezeichnung und werden im weiteren Verlauf den Ausdruck "lokale Codierung" verwenden. Gehen wir davon aus, daß "für jedes Wort eine Zelle" benötigt wird, so ist das notwendigerweise eine grobe Näherung, da es Wörter gibt, die man bei der Wahrnehmung mit mehreren Dingen verbindet. So ist beispielsweise "Zirkus" und "sterben" umfassender als "rot" und "springen". Nimmt man an, daß es eine Zelle für den Prototyp der Farbe rot gibt, dann muß es folglich auch Zellen für Rottöne geben, die nicht dem Prototyp entsprechen. Beispiele dafür sind: "rotes Haar", das so gut wie nie die rote Farbe einer reifen Tomate hat; "rotes Gesicht", wobei man mit rot eigentlich mehr rosa meint; "rote Zwiebel" und "rote Kartoffel", die außen eine weinrote Schale haben und innen weiß sind usw.

Neben den spezifischen Detektoren für orientierte Lichtbalken oder Lichtflecken, die sich mit einer spezifischen Geschwindigkeit bewegen, scheint es auch spezifische Detektoren für Zustände zu geben, die durch ein Wort oder möglicherweise auch durch einen kurzen Satz beschrieben werden können. Dies ist ein Hauptvorteil der lokalen Codierung. Die lokale Codierungstheorie paßte auch gut zu den experimentellen Erfolgen hinsichtlich der Physiologie von Einzelzellen. Würde sich entgegen der lokalen Codierungssteorie herausstellen, daß die Wahrnehmungsfähigkeit auf die Effekte der Population zurückginge, so hätte man weder eine Theorie, die man erfolgreich zur Erklärung solcher Effekte heranziehen kann, noch könnte man herausfinden, wie es zu der spezifischen Wahrnehmungsfähigkeit kommt.

Die lokale Codierungstheorie besitzt in theoretischer Hinsicht deutliche Vorzüge. Mit ihrer Hilfe kann man die hochgradige Selektivität bei der Wahrnehmung erklären, und es wird plausibel, wie wir innerhalb von zirka 200 Millisekunden oder sogar in noch kürzerer Zeit aufgrund unseres Sehvermögens zwischen Königin Elisabeth und Prinzessin Margaret, zwischen Franz Beckenbauer und Berti Vogts unterscheiden können. Entweder reagiert die Franz–Beckenbauer–Zelle oder sie tut es nicht. Werfen wir also einen flüchtigen Blick auf ein Gesicht, können wir auf diese Weise sehr schnell und deutlich erkennen, wessen Gesicht es ist. Gesetzt den Fall, daß es eine Verbindung zu Befehlsneuronen (command neurons)[6] gibt, liefert die lokale Codierung eine Erklärung für das hohe Ausmaß der Spezifität

---

[6]Solche Befehlsneuronen wurden erstmals beim Flußkrebs beschrieben. Durch Reizung von einem oder von wenigen Neuronen konnte man dort spezifische Antwortverhalten auslösen. Wird das Verhalten jedoch durch das Tier hervorgerufen, so ist der Beitrag der einzelnen Neuronen der Gruppe an der gesamten motorischen Ausgabe nur gering. Einzelne Neurone sind also beim Auslösen des Verhaltens entbehrlich [425].

und für die hohe Geschwindigkeit, mit der die Verhaltensantwort erscheint. Das bedeutet, daß es eine sehr saubere Abbildung zwischen der lokal–codierten Zelle und einem komplexen Bewegungsablauf gibt.

In den zwei oder drei Jahrzehnten, die auf die Entdeckungen von Hubel und Wiesel folgten, haben — nach Ansicht vieler Forscher — die empirischen Daten anscheinend nach und nach die lokale Codierungstheorie bestätigt und dazu geführt, daß mögliche Alternativen mehr oder weniger ausgeschlossen werden konnten.[7] Die Anziehungskraft dieser Theorie kommt teilweise daher, daß sie im Kontrast zum mühsamen Zellpopulationsansatz steht, und teilweise, so vermuten wir, liegt es an ihrer unausgesprochenen Affinität zu "im Kopf befindlichen" Metaphern ("pictures–in–the–head" metaphors). Gemeint ist folgendes: Indem man sich vorstellt, daß eine einzelne Zelle auf einen einzelnen Reiz antwortet, wird es fast ohne Erläuterungen verständlich, wie eine Zelle einen Reiz repräsentiert. Man hatte also einen verläßlichen *Indikator* für diesen Reiz.

Während der letzten zehn Jahre kam man bei dem Unterfangen, die Frage "Wie repräsentieren Neuronen?" zu beantworten, auf die Idee der *Vektorcodierung*. Das Konzept der Vektorcodierung, das auch als "verteilte Repräsentation", als "Zustandsraumrepräsentation" und als "multidimensionale Repräsentation" bekannt ist, muß sowohl als Vorwand zur Kritik an der lokalen Codierung als auch als neues Rahmenkonzept zur Interpretation neurobiologischer Daten herhalten. Auch hier müssen wir uns, wenn wir uns klar und kurz ausdrücken wollen, auf einen der Begriffe einigen. Unsere Wahl fiel auf "Vektorcodierung", wobei keinerlei ideologische Gründe im Spiel sind. Die Kritik an der lokalen Codierung setzt im wesentlich an drei Stellen an, wobei wir darauf im nächsten Abschnitt näher eingehen wollen. (1) Die lokale Codierung ist — auch in anbetracht der triftigsten Gründe, die für sie sprechen — unterbestimmt. Das heißt: der heutige Wissenstand läßt sich auch vollkommen mit der Vektorcodierung in Einklang bringen. (2) Es ist viel problematischer, das Erkennen neuer Dinge und die motorischen Reaktionen darauf mit Hilfe der lokalen Codierungstheorie als mit Hilfe der Vektorcodierungstheorie zu erklären. (3) Die von einem Menschen im Laufe seines Lebens visuell erkannten Muster übersteigen bei weitem die Anzahl der an der Sinnesverarbeitung beteiligten Neuronen des gesamten menschlichen Nervensystems. Es hat den Anschein, als wäre die Vektorcodierung berechnungstechnisch leichter zu handhaben als die lokale Codierung, wenngleich sich das aufgrund neuer Entwicklungen ändern könnte. Außerdem hat man bei der Vektorcodierung nicht das Problem, daß "die Anzahl der Neuronen zu gering" ist. Die Vektorcodierung stimmt nicht nur mit den Daten überein, sondern sagt sogar eine zunehmende Spezifität voraus, wie sie aus den Daten ersichtlich ist. Darüberhinaus wird durch die Vektorcodierung das beiseitegelegte Populationsargument wieder aufgegriffen und aufs neue mit Daten auf der Ebene von Einzelzellen in Verbindung gebracht (Abbildung 4.14).

---

[7]Man sollte erwähnen, daß Hubel und Wiesel selbst diesbezüglich eher vorsichtig waren.

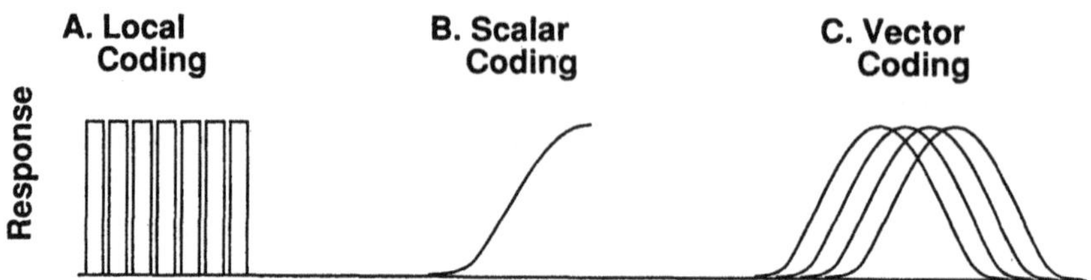

Abbildung 4.14   Drei Methoden zur Codierung von Information. (A) Lokale Codierung: Jedem Merkmal, das vom System unterschieden wird, ist eine separate Einheit gewidmet. (B) Skalare Codierung: Die Merkmale werden mit Hilfe der Impulsrate eines einzelnen Neurons codiert. (C) Vektorcodierung: Die Merkmale werden als Aktivitätsmuster in einer Population von Einheiten mit breiten, überlappenden Abstimmkurven codiert.

4.5   Was ist das Besondere an einer Verteilung?

Oberflächlich betrachtet ist der Unterschied zwischen den lokalen und den verteilten Repräsentationen — zwischen der lokalen Codierung und der Vektorcodierung — nicht gerade aufregend und umwerfend. Beschränkt man sich auf das Wesentliche, kann man den Unterschied wie folgt beschreiben: Die Vektorcodierung verwendet zur Codierung einer Repräsentation viele Zellen, während die lokale Codierung nur eine Zelle braucht. Das ist, so scheint es, kein atemberaubender Unterschied. Noch weniger interessant wird das Ganze, wenn man bedenkt, daß bei der lokalen Codierung Klone verwendet werden können. Dabei wird durch Redundanz eine höhere Sicherheit erzielt. Da sich also beide Codierungsstrategien bei einer einzelnen Repräsentation mehrerer Zellen bedienen, scheint es zwischen den beiden nahezu keinen Unterschied mehr zu geben. Ist die Frage nach der Verteilung wirklich relevant, oder handelt es sich hierbei wieder nur um eine akademische Haarspalterei, mit der man besser nicht seine Zeit verschwenden sollte?

Erstens: Wenn wir die lokale Codierungshypothese so darstellen, daß die Bedingung "ein Neuron codiert ein Objekt" erfüllt sein muß, so erinnert das ein bißchen an die Funktion eines Strohmannes, da es typischerweise niemanden gibt, der eine so ausschließliche Meinung vertritt. Die Strohmannversion der Vektorcodierung würde behaupten, daß jedes Neuron an jeder Repräsentation beteiligt ist. Auch diese Behauptung hat keine Verfechter. Nichtsdestoweniger ist es nützlich, jeweils die extreme Version vor sich zu haben, und sei es nur, um anhand des Kontrastes zu sehen, was die Unterschiede sind und was wirklich wichtig ist.

Zweitens: Bei der Vektorcodierung und bei der lokalen Codierung handelt es sich nicht um zwei Alternativen, die einander ausschließen und unter denen sich das Nervensystem für eine entscheiden muß. Es ist möglich, daß verschiedene Strukturen in Nervensystemen verschiedene Strategien verwenden. Einige Netze gebrauchen auch eine gemischte Strategie (siehe unten zum Thema Hyperakuität). So kann beispielsweise die Repräsentation skalarer Werte wirkungsvoll mit Hilfe der lokalen Codierung erreicht werden [315], wohingegen Vektorwerte besser unter Verwendung der verteilten Codierung repräsentiert werden.

Wie wir an späterer Stelle begründen werden, ist die Verteilung wirklich wichtig — und zwar sowohl in theoretischer, als auch in experimenteller Hinsicht. Im Laufe der Beweisführung weicht der Anschein von Trivialitat einer substantiellen Wirklichkeit. Im richtigen Zusammenhang und vor dem richtigen Hintergrund werden die scheinbar trivialen Unterschiede zwischen der lokalen Codierung und der Vektorcodierung deutlicher und neu überdacht, wodurch letztendlich klar wird, daß es sich bei den Unterschieden um alles andere als um akademische Kinkerlitzchen handelt. Vielmehr sind diese Unterschiede für die Forschung wesentlich, richtungsweisend und tragen zur Klärung des Konzepts bei. Damit unser Standpunkt ganz klar wird, werden wir ihn Punkt für Punkt erläutern.

Was versteht man unter Vektorcodierung?

Wir erinnern uns: Ein Vektor ist eine geordnete Menge von Zahlen. Wie ist es möglich, daß Neuronen mit Hilfe von Vektoren codieren? Dazu betrachten wir eine Neuronenpopulation n. Unterschiedliche Repräsentationen werden als die Gesamtmenge an Aktivität aller Neuronen der relevanten Population codiert. Nehmen wir einstweilen an, ganz gleich, ob dies den Tatsachen entspricht oder nicht, daß die Repräsentationsaktivität einer einzelnen Zelle mit der durchschnittlichen Impulsrate dieser Zelle gleichgesetzt werden kann. (Wir ignorieren dabei, daß möglicherweise eher das genaue Timing der Aktionspotentiale und nicht die durchschnittliche Impulsfrequenz von Bedeutung ist.) Ein und dasselbe Neuron kann auf diese Weise an der Repräsentation vieler verschiedener Dinge beteiligt sein, und eine Sache wird nicht von einem Neuron ganz allein repräsentiert. Wir stellen uns einen ganz einfachen Fall vor und nehmen an, daß es vier Neuronen gibt, wobei jedes Neuron fünf Aktivitätsebenen von 0 bis 4 hat. Dann spezifiziert $\langle 3, 1, 0, 1 \rangle$ in einem bestimmten Zeitintervall ein spezifisches Aktivitätsmuster und $\langle 4, 2, 0, 1 \rangle$ spezifiziert ein anderes bestimmtes Muster. Im Grenzfall, wenn nur eine Einheit existiert, wird der Vektor nur aus einem Element bestehen. Vektorcodierung und lokale Codierung laufen in diesem Fall also auf das Gleiche hinaus. Ob die Komponenten eines Vektors mit den Mikroeigenschaften der Welt übereinstimmen, ist eine weitere und davon unabhängige Frage; die Antwort ergibt sich nicht automatisch aus der Vektorcodierung. Das heißt, es gibt Beispiele, wo die Komponenten des Vektors den Eigenschaften eines Objektes wie z.B. Farbe, Form, Bewegung usw. entsprechen, wohingegen man bei anderen Beispielen keine Mikroeigenschaften ausfindig machen kann, die mit irgendeiner Komponente übereinstimmen (Abbildung 4.15).

Wir führen bestimmte Konzepte, die für das Verständnis der Unterschiede

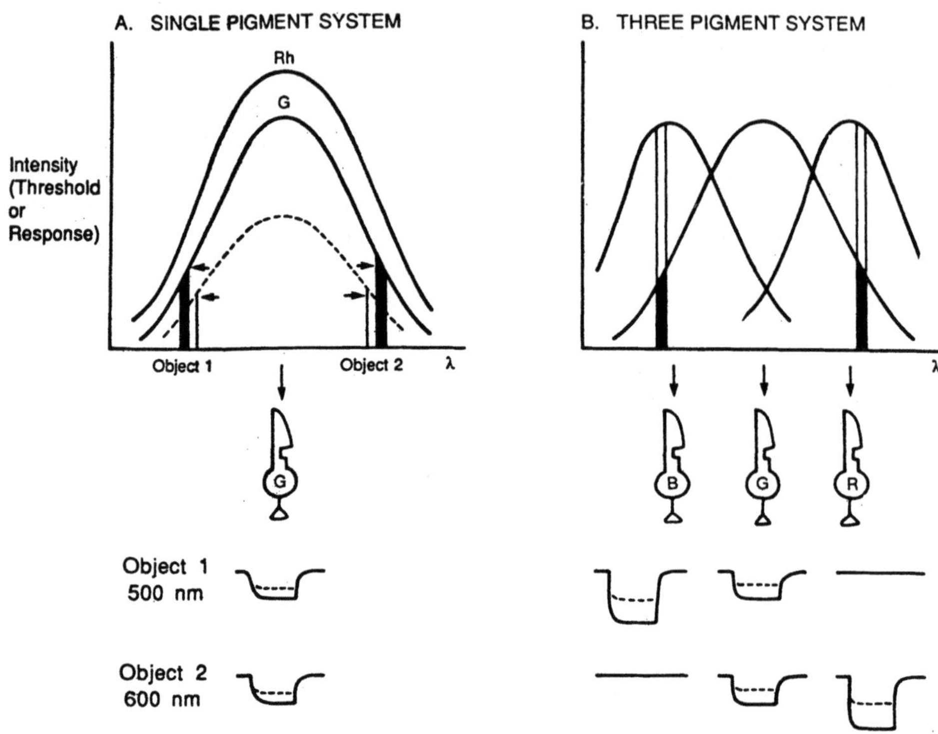

Abbildung 4.15   Farbcodierungsmechanismus auf Photorezeptorebene. Hier wird deutlich, daß mehr als ein Sehpigment benötigt wird. (A) Ein einzelnes Pigment ermöglicht es einem Rezeptor, auf verschiedene Wellenlängen des Lichts mit unterschiedlicher Empfindlichkeit zu reagieren. Die maximale Antwort erfolgt bei Licht einer Wellenlänge von ungefähr 534 Nanometern (nm), dem sogenannten "grünen" Licht. Bemerkenswert ist, daß der Rezeptor zwischen Objekten, die Licht von 450nm reflektieren und zwischen Objekten, die bei 600nm reflektieren, nicht unterscheiden kann. Bei verringerter Lichtstärke (gestrichelte Linie) konnte der Rezeptor nicht zwischen einer Veränderung der Lichtstärke und einer Veränderung der Wellenlänge (Pfeile) unterscheiden. Darunter werden Probeaufzeichnungen des Grün–Rezeptors (G,grün) unter diesen Bedingungen aufgezeigt. (B) Ein System, bestehend aus drei Pigmenten, kann Wellenlängen unabhängig von der Intensität voneinander unterscheiden. Die Spektren der Pigmente überlappen sich. Alle drei Photorezeptoren (B, blau; R, rot) reagieren auf die Objekte. Die Reaktion ist aber unterschiedlich stark, sodaß der Farbcode für jedes Objekt einzigartig ist und auch bei verringerter Lichtstärke beibehalten wird (gestrichelte Linien in den Aufzeichnungen). (Mit Erlaubnis von [667]; nach [276])

zwischen lokaler Codierung und Vektorcodierung wichtig sind, am Beispiel eines einfachen konnektionistischen Netzes mit drei Ebenen ein. Ebenso wie diese Modelle die neuronale Realitat überaus stark vereinfacht darstellen, so werden auch die Konzepte vereinfacht. Genau aus diesem Grund sind sie ein guter Ausgangspunkt! Sollen diese Konzepte aber biologisch nutzbar werden, müssen sie in geeigneter Weise neu strukturiert werden, damit sie der Komplexität eines wirklichen Nervensystems gerecht werden. Damit beschäftigt sich der zweite Teil der Diskussion.

Wir sollten einige einleitende Bemerkungen voranstellen. Erstens: Wie die Arbeiten von Shastri und Feldman [661] zeigen, kann ein konnektionistisches Modell sehr wohl parallele Verarbeitung ohne verteilte Repräsentationen anwenden. Ist dies der Fall, nennt es sich "PP"–Modell (parallel processing) und nicht "PDP"– Modell (parallel distributed processing). In der Tat ist es bei PDP–Modellen oft bequem, die Ausgabe wie im "Großmutter"–Beispiel zu behandeln. In dem Modell von Feldman stehen einzelne Einheiten für die einzelnen Variablen, beispielsweise für "Vogel" oder "Seemöve". Zweitens: Verteilte Repräsentationen kann man entweder grobkörnig codieren (in diesem Fall ist eine Überlappung der Selektivität bei den Antworten der Einheit erlaubt) oder feinkörnig codieren (das bedeutet, daß die Einheit nur auf eine sehr geringe Anzahl von Reizen anspricht). Wie wir weiter unten diskutieren werden (siehe Abschnitt 10), können verschiedene berechnungstechnische Überlegungen dazu führen, daß der Architektur auf die eine oder andere Weise Grenzen gesetzt werden. So handelt es sich bei verteilten Repräsentationen also nicht automatisch um grobkörnige Repräsentationen. Theoretisch gibt es auch bei der lokalen Codierung die Alternative zwischen grob- und feinkörnig. In der Praxis jedoch gibt es keinen ersichtlichen Grund dafür, warum lokal–codierte Repräsentationen grobkörnig–codiert sein sollten. Das wäre, als würde man ein fokussiertes Bild unscharf machen. Von daher finden wahrscheinlich grob–körnige Großmutterzellen nicht sehr häufig Verwendung, wenngleich dies in Anbetracht der Redundanz der Fall sein könnte.

Wir wollen kurz vom Thema abschweifen und darauf hinweisen, daß Redundanz hauptsächlich aus drei Gründen sinnvoll ist: (1) Neben den Signalen übermittelt die Membranaktivität auch bedeutungslose Rauschsignale (noise). Durch Redundanz ergibt sich ein günstigeres Verhältnis von Signal zu Rauschsignal. (2) Spricht nicht nur ein Neuron auf ein Signal an — z.B. bei Signalen mit niedrigerer Intensität — dann wird durch Redundanz die Effektivität erhöht, wodurch das Signal wiederum verbessert wird. (3) Sollte eine Zelle sterben oder irgendwie beschädigt werden, können ihre Klone die Aufgabe übernehmen, so daß die Gesamtfunktion nicht beeinträchtigt wird. Wie sieht die Unterscheidung zwischen bewußter und unbewußter Repräsentation bei der Vektorcodierung aus? An den bewußten und den unbewußten Repräsentationen sind Eigenschaften der Einheiten auf zwei sehr unterschiedliche Arten beteiligt: (1) Bei den bewußten Repräsentationen handelt es sich um Muster der *Aktivierung* über eine Menge von Einheiten und (2) gespeicherte Repräsentationen sind Konfigurationen der *Ge-*

wichte zwischen den Einheiten (Abbildung 4.16). Welche Repräsentation gerade "in der Luft" (bewußt) ist, ergibt sich dann als Funktion des Eingabevektors und der bestehenden Konfiguration der Gewichte. Will man sich den konzeptuellen Wert dieser Vorstellungen zunutze machen, ist es sinnvoll, sie unter dem Begriff eines Zustandraumes zu betrachten.

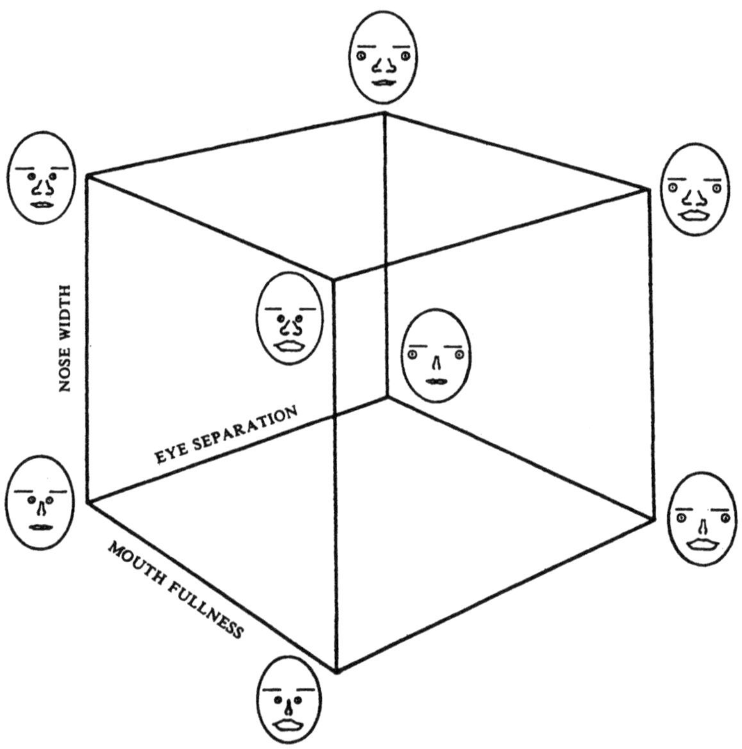

Abbildung 4.16   Skizze eines Raumes von Gesichtern. Hier soll veranschaulicht werden, daß sich Gesichter in mehreren Dimensionen verändern, wobei sie als Achsen des Zustandsraumes repräsentiert werden. Außerdem soll gezeigt werden, daß ein System Gesichter mit Hilfe von Vektoren codieren kann, deren Elemente solche Merkmale wie Abstand der Augen voneinander, Form des Mundes und Breite der Nase repräsentieren. Offensichtlich findet bei Säugetieren eine Codierung vieler Gesichtsmerkmale statt und zwar viel genauer als dies bei den drei hier dargestellten Merkmalen aufgezeigt wurde. (Nach P.M. Churchland.)

Die konzeptionelle Größe des "Zustandsraumes"

In Kapitel 3 hinterfragten wir den Begriff eines Zustandsraumes (auch "Koordinatenraum", "Eigenschaftsraum" oder "Phasenraum" genannt). Wir erinnern uns: Jedes Koordinatensystem definiert einen Zustandsraum, und die Anzahl der Achsen ist eine Funktion der Anzahl der eingeschlossenen Dimensionen. Jedes von vier Neuronen eines Netzes kann so betrachtet werden, als würde es eine Achse in einem 4–D Raum definieren. Dabei stellt die Aktivitätsebene eines Neurons zu einem bestimmten Zeitpunkt einen Punkt auf seiner Achse dar, und der Schnittpunkt der vier Koordinaten spezifiziert einen Punkt in dem 4–D Zustandsraum. Bei einer verteilten Codierung (Vektorcodierung) ist eine bewußte Repräsentation als Position im Aktivierungszustandsraum dargestellt und wird durch den Vektor, dessen Elemente die Aktivitätswerte aller beteiligten Einheiten sind, spezifiziert (Abbildung 4.16).

Von einem trainierten Netz spricht man, wenn das Netz auf einen geeigneten Eingabevektor die korrekte Antwort in Form eines Ausgabevektors gibt. Das Trainieren eines Netzes beinhaltet die Einstellung der vielen Gewichte. Das kann auf mehrere verschiedene Arten geschehen, z.B. kann die Einstellung der Gewichte per Hand, durch Fehlerrückpropagierung oder durch einen unüberwachten Algorithmus erfolgen. Gewichtskonfigurationen können auch in Form von Vektoren charakterisiert werden. Die gesamte Menge synaptischer Werte definiert dabei zu jeder gegebenen Zeit einen Gewichtezustandsraum, dessen Punkte auf jeder Achse die Größe eines speziellen Gewichts spezifizieren. Man kann sich das Trainieren eines Netzes also folgendermaßen vorstellen: Ein Punkt in dem Gewichtsraum wird von der anfänglichen, zufällig gewählten Postition in die endgültige Position, die sich durch einen minimalen Fehler auszeichnet, gebracht.

Nützlich ist es, sich die Region mit der Endposition in dem Gewichteraum als Verkörperung des gesamten in dem Netz gespeicherten Wissens vorzustellen. Bemerkenswert ist, daß alle eingehenden Vektoren durch die Matrix der synaptischen Verbindungen gehen, die durch diesen Punkt im Gewichteraum spezifiziert werden. *Explizite* Repräsentationen, z.B. das Erkennen eines Eingabemusters, sind auf diese Weise abhängig von *impliziten* Repräsentationen, nämlich von der Konfiguration der Gewichte, die als Punkt im Gewichteraum aufgefaßt werden können. Verwenden wir die an früherer Stelle eingeführten Begriffe, so heißt das: Die bewußten Repräsentationen hängen von den gespeicherten Repräsentationen ab. Anfangs kann es einem wie ein Wunder vorkommen, daß ein riesiger Wertebereich verschiedener Eingabevektoren als eine Funktion einer einzelnen Gewichtskonfiguration auf die passenden Vektoren des Wertebereichs der Ausgabe abgebildet wird.

Natürlich handelt es sich hier nicht um ein Wunder. Der Grund liegt darin, daß die Gewichte in einem Netz so eingestellt werden können, daß sie eine Funktion darstellen. In der Tat kann ein Netz mit drei Ebenen jede vernünftige mathematische Funktion darstellen [338]. Etwas prägnanter und eine Spur zu hochtrabend ausgedrückt heißt das: Über die Konfiguration der Gewichte kann jede repräsentierbare Welt in einem Netz repräsentiert werden.[8]

In diesem Sinne verkörpert eine Konfiguration der Gewichte die Kenntnisse, die zur Beantwortung einer Vielfalt von verschiedenen Fragen nötig sind, und das gespeicherte Wissen trägt zur bewußten Repräsentation bei. Auch wenn das folgende offensichtlich ist, so wollen wir es doch noch einmal hervorheben: Man kann sich das nicht so vorstellen, als wären kleine Bilder gespeichert, eines über dem anderen. Die Speicherung in Form von Gewichtskonfigurationen beruht auf einer ganz anderen, im Grunde jedoch einfachen, Idee. Eine Matrix ist ein Feld von Werten, und auf die Elemente eines eingehenden Vektors kann irgendeine Funktion angewendet werden, wodurch sich ein Ausgabevektor ergibt. Das bedeutet also, daß verschiedene Vektoren, auf die, nachdem sie mit ein und derselben Matrix multipliziert worden sind, eine sigmoide Funktion (oder Squashingfunktion) angewendet wird, zu verschiedenen Antworten führen. (Wie schon in Kapitel 3 diskutiert, ist eine wesentliche Eigenschaft einer sigmoiden Funktion ihre Nicht–Linearität. Um uns möglichst kurz zu fassen, werden wir im folgenden aber nicht immer explizit "Matrix *plus sigmoide Funktion*", sondern nur "*Matrix*" sagen.) So kann man beispielsweise NETtalk fragen: Wie spricht man "though", "trough", "astigmatism" usw. aus? Angenommen, das Netz hat den Punkt mit dem geringsten Fehler im Gewichteraum gefunden, wird es meistens die richtigen Antworten geben. Wenn wir diesen Gedanken auf Nervensysteme ausweiten, handelt es sich bei der Gewichtskonfiguration der Synapsen um eine Art lebende Matrix, die die Vektoren durchlaufen und so die passende Ausgabe für die nächste Verarbeitungsebene liefern.

Welche Relation besteht zwischen einem Gewichtsraum und einem Aktivierungsraum? Ein Punkt im Gewichtsraum gibt im Grunde die Partition eines Aktivierungsraumes vor. Ein Lernalgorithmus ändert die Gewichte — und ein guter Lernalgorithmus ändert die Gewichte so, daß das Netz einen Punkt im Gewichtsraum findet, an dem die Fehler minimal sind (Abbildung 4.17). Das bedeutet, daß Gewichtskonfigurationen sowohl ähnliche Dinge zusammenfassen, als auch auf sehr feine Unterschiede reagieren können. Auf der Verhaltensebene folgt daraus, daß Menschen zwischen Äpfeln und Pflaumen, aber auch zwischen verschiedenen Sorten roter Äpfel z.B. Macintosh, Jonathan, Spartan, Rob Roy, Winesap usw. unterscheiden können. Im typischen Fall macht der Lernprozeß anhand von Beispielen Fortschritte, da die Unterschiede so fein sind und es im Grunde unmöglich ist, sie zu artikulieren.

Diesem Konzept kann man noch mehr abgewinnen. Werden benachbarte Regionen des Raums von ähnlichen Vektoren definiert, so wird es sich bei dem Aktivierungsraum auch um einen Ähnlichkeitsraum handeln. Das bedeutet: Die Ähnlichkeit zwischen repräsentierten Objekten kann sich in der Ähnlichkeit ihrer

---

[8]Weiter fortgeführt wird dieses Thema in [713, 380, 60]. Siehe auch die vorherige Diskussion über die Skalierbarkeit in Kapitel 3.

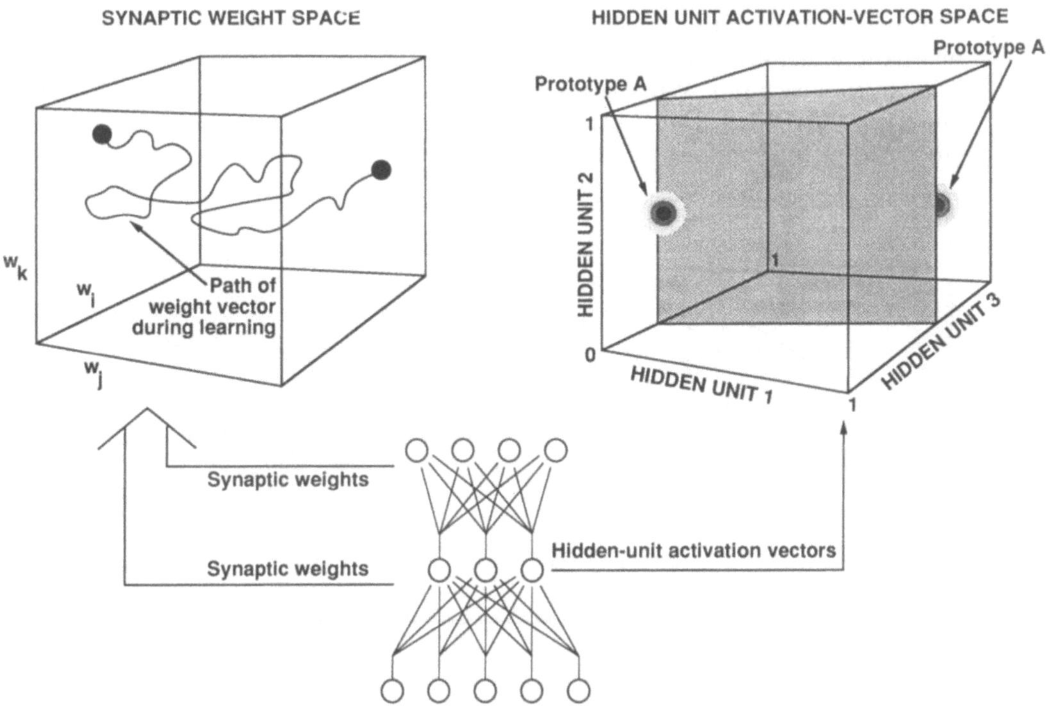

Abbildung 4.17 (links) Synaptischer Gewichtsraum, dessen Achsen Gewichte sind. Es handelt sich hier um den Raum aller möglichen Gewichtskombinationen der Synapsen des Netzes. (unten) Ein schematisches Netz. (rechts) Aktivierungsvektorraum, dessen Achsen interne Einheiten (hidden units) sind. Dies ist der Raum aller möglichen Aktivierungsvektoren über einer Population interner Einheiten. In diesem äußerst einfachen Fall gibt es eine Partition, die den Raum teilt, wobei sich die Beispiele für die Prototypen zu beiden Seiten der Partition befinden. (Nach [119].)

Repräsentationen widerspiegeln, d.h. sie liegen im Aktivierungsraum nahe beieinander. So ist die Ähnlichkeit der Repräsentationen nicht zufällig entstanden, sondern es handelt sich um ein wesentliches und systematisches Merkmal, das man sich folglich bei der Verarbeitung zunutze machen kann. Nahe Vektoren können kleine Unterschiede aufheben und Ähnlichkeiten hervorheben. So ist das Netz in der Lage, sowohl zu verallgemeinern als auch Unterschiede zu erkennen.

Die Idee kann man leicht so fortführen, daß sie sich auch auf komplexere Repräsentationen anwenden läßt. So definiert die Ähnlichkeit der motorischen Ausgabe die Ähnlichkeit der Zustandsraumtrajektorien; ähnliches, aber nicht identisches motorisches Verhalten wird ähnliche, aber nicht identische Trajektorien haben. Rhythmisch wiederholtes Verhalten wird als Schleife im motorischen Zustandsraum repräsentiert, wobei ähnliche Rhythmen auch ähnliche Schleifen haben (Abbildung 4.18). Kurz gesagt: Die Vektorcodierung liefert uns die Ähnlichkeitsmetrik gleich mit. Wie wir gesehen haben, besteht Lernen aus einer Neuordnung von Gewichten. Dabei kann jede gegebene Konfiguration auch als Teilung eines Aktivierungsraumes in Ähnlichkeitsunterräume beschrieben werden.

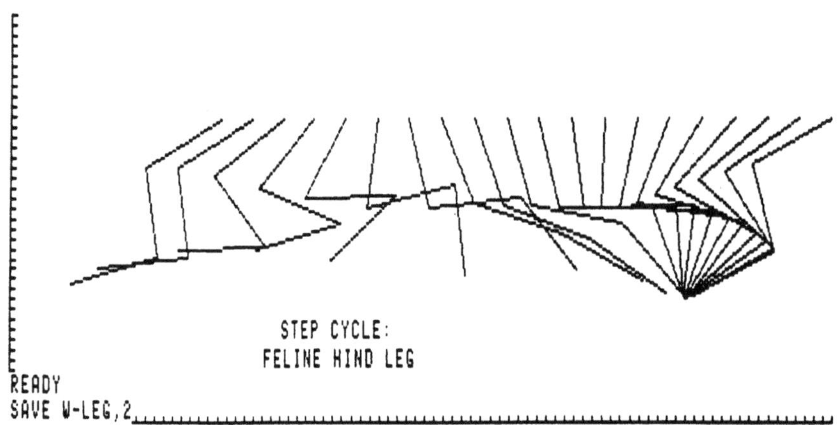

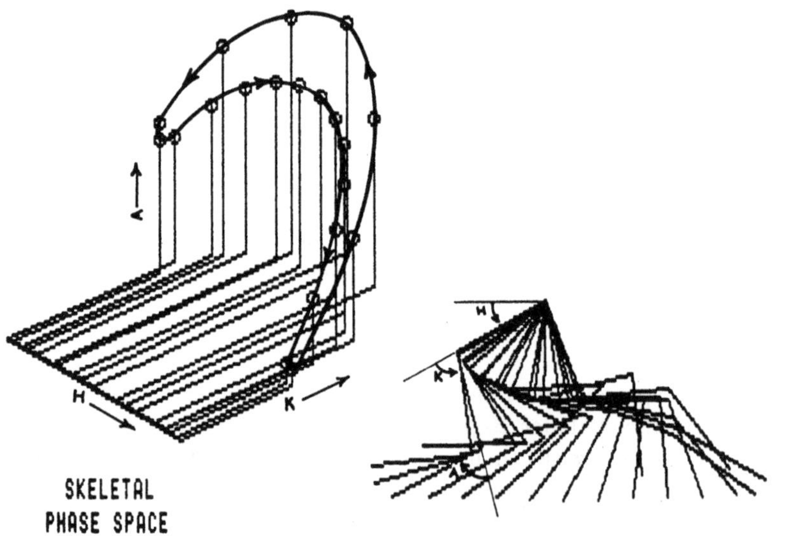

Abbildung 4.18   Charakterisierung eines Zustandraums einer rhythmischen Beinbewegung. (Nach P.M. Churchland.)

Was nützt uns dieses Rahmenkonzept vom Aktivierungs- und vom Gewichtsraum nun wirklich? Abgesehen davon, daß uns das Konzept eine begriffliche Vorstellung von der Art der Repräsentation vermittelt, was alleine schon nicht unbedeutend ist, macht es etwas Vergleichbares auch im Falle der Verarbeitung. Die "Kombination" aus beiden, so könnte man es ausdrücken, ist sehr beeindruckend. Kurz gesagt: Es legt die Grenzen bei der allgemeinen Konzeption der Verarbeitung fest. Zusammen mit der Theorie der verteilten Repräsentationen ergibt sich dann ein mächtiges Werkzeug, mit dessen Hilfe man sich Gedanken über die Arbeitsweise eines Netzes machen kann. Außerdem wird uns dadurch der Einstieg in die Repräsentations- und Berechnungsweise von Gehirnen erleichtert. Wir werden die dazu notwendigen Argumente bald liefern.

Codierungstheorien sind Repräsentationstheorien, aber eine Repräsentationstheorie alleine hilft auch nicht weiter. Wir brauchen auch eine entsprechende Verarbeitungstheorie, d.h. eine Theorie der Berechenbarkeit. Wie kann man aus der Transduktorausgabe eine spezifische Information herleiten? Wie wird Information integriert? Was tragen gespeicherte Repräsentationen zur Wahrnehmungsfähigkeit bei, und wie geschieht das? Was haben Verarbeitung und Speicherung miteinander zu tun? Nach der sehr allgemein gehaltenen, hier vorliegenden Theorie besteht die Verarbeitung darin, Repräsentationen (Vektoren) durch eine Matrix von Synapsen zu propagieren. Ganz allgemein bedeutet dies: Es handelt sich bei der Verarbeitung um eine Vektor–Vektor–Transformation, wobei die Architektur der neuronalen Konnektivität das Substrat für die Transformationen stellt. Wir erinnern uns an eine Vermutung, die wir schon an früherer Stelle gemacht haben: Die Konfiguration der Gewichte in Nervensystemen ist eine Art lebende Matrix, die die Vektoren durchlaufen und so zu einer Reihe von Ausgaben führen. Wir dürfen aber nicht vergessen, daß wir uns immer noch im Bereich von einfachen Computernetzmodellen aufhalten. Unser Endziel ist es, Klarheit darüber zu bekommen, ob sich unserere Vorstellungen auf wirkliche Nervensysteme anwenden lassen.

Im Fall solch einfacher Modelle ist diese Vorstellung, daß Repräsentation und Berechnung in engem Zusammenhang zueinander stehen, sehr wirkungsvoll. Die dazu- gehörige Theorie zeigt uns, wenn auch nur in groben Zügen, wie Lernen und Repräsentation zusammenpassen, wie zur Verbesserung der Wahrnehmungsfähigkeit Prototypen entwickelt werden, wie Ähnlichkeiten bei der Wahrnehmung, bei der Kognition und bei der motorischen Kontrolle Ähnlichkeiten auf der Netzebene widerspiegeln, wie eine gewaltige Menge an Informationen auf sehr effiziente Weise in einem relativ kleinem Netz gespeichert werden kann, warum die Wirkungen bei manchen Repräsentationen langsam (Änderung der Gewichte) und bei manchen schnell (Vektoraktivierung) sein können, wie durch Aufteilung des Ähnlichkeitsraumes der Verarbeitungsprozeß strukturiert wird und wie er dadurch gleichzeitig schnell, exakt und durchschaubar ablaufen kann.

Durch eine immer weitergehende Verteilung von Repräsentationen wird Information verbreitet. Das ist relevant für die Frage, wie eine präzise Repräsentation bei ziemlich grobkörnigen Einheiten möglich ist. Betrachten wir dieses Problem von einem anderen Blickwinkel aus: Verteilung bedeutet, daß Teile der Information herausgezogen und mit der relevanten Information anderer Repräsentationen an anderer Stelle zusammengebracht werden, um dann weiter propagiert zu werden. Als Beispiel halten wir uns vor Augen, daß 3-D Information ohne weiteres in der Ausgabe von Ganglionzellen der Retina enthalten (man könnte auch sagen versteckt) ist. Wie kann man die Information daraus extrahieren und verarbeiten? Dies ist auf effiziente und schnelle Weise möglich, indem man die Information verteilt und wieder verteilt, die Repräsentationen durch die lebende Matrix der Synapsen propagiert, und zwar so lange, bis durch unsere Aufzeichnungselektroden Zellen erkennbar werden, die auf einen Reiz abgestimmt sind, der sich mit einer bestimmten Geschwindigkeit in einer bestimmten Richtung bewegt, oder bis Zellen auftauchen, die auf eine illusorische Grenze oder auf ein menschliches Gesicht reagieren. Mit Hilfe topographischer Abbildungen kann durch Vektorcodierung relevante Information zusammengetragen werden. Wie das Modell von Kohonen 1984 gezeigt hat, organisiert sich das System in einem kompetitiv lernenden Netz von selbst, und zwar so, daß es nahe beieinander liegende Vektoren auf nahe beieinander liegende Punkte des Netzes abbildet. Daß sich Gehirne dieser Art von Organisation bedienen, ist nicht so sehr aus berechnungstechnischen Gründen notwendig, sondern es geschieht vielmehr deshalb, weil auf diese Weise möglichst wenig Verbindungsbahnen benötigt werden. Die Vektorcodierung läßt sich mit topographischen Abbildungen sehr gut vereinbaren, und das macht man sich zunutze.

Auf der Ebene der Experimentalpsychologie führt dieses allgemeine Rahmenkonzept bezüglich Vektor und Matrix zu erfolgreichen Spekulationen hinsichtlich einer möglichen Erklärung bestimmter ansonsten rätselhafter Phänomene, wie der assoziativen Speicherung. Bevor wir uns der Frage nach dem biologischen Realismus zuwenden, werden wir den allgemeinen Ansatz betrachten, der sich aus der Theorie ergibt, daß Repräsentationen durch Vektorcodierung erfolgen und daß die Verarbeitung eine Vektor–Vektor–Transformation mittels einer Matrix ist.

Es ist besonders schwierig, Ähnlichkeitsbeziehungen bei der Wahrnehmung und Erkennung auf der Wahrnehmungsebene zu erklären. Dabei ist zu beachten, daß sich eine allgemeine Beschreibung von Natur aus als Vektorcodierungsansatz erweist. Das Erkennen von Ähnlichkeiten und Analogien kann in vielen Bereichen, einschließlich der Wahrnehmung, der Kognition und der Bewegungskontrolle, als Angabe der Position (oder Trajektorie) in einem Ähnlichkeitsraum aufgefaßt werden, die durch n–dimensionale Vektoren definiert wird. Das verschafft uns auch Einblicke in das, was geschieht, wenn wir Dinge aufgrund unseres Wahrnehmungsvermögens falsch beurteilen (so können wir z.B. fälschlicherweise "poison oak" für "Oregon grape" halten) oder wenn wir uns bei der Wahrnehmung Illusionen hingeben. Das Letztere ist der Fall, wenn wir fehlende Buchstaben sehen (Grapfruit) bzw. wenn wir zusätzliche Wörter einfach einfach übersehen. Wir haben jetzt einen allgemein gültigen Weg, der uns zum Verständnis des Phänomens der Prototypen bei Wahrnehmung und Kognition führt. Es wird deutlich, warum wir beispielsweise Karotten eher dem Kategorie Gemüse zuordnen als Mais, und Mais wiederum eher als Petersilie.

Dieser allgemeine Rahmen der Vektorcodierung und der Vektor–Matrix–Verarbeitung macht uns in groben Zügen begreiflich, wie leicht es Menschen fällt, bestimmte Konzepte auf neue Dinge der gleichen Klasse auszuweiten, d.h. der Begriff "Vogel" wird von Rotkehlchen und Krähen auf Seemöven, Flamingos, Strauße, auf Bibo von der Sesamstraße, auf Karikaturen von Vögeln wie Foghorn Leghorn oder Donald Duck und sogar auf Menschen, z.B. den langen und dünnen Onkel Ichabod mit seinem weiten Umhang usw. übertragen. Nachdem wir Photographien von Bertrand Russell in seinen besten Jahren gesehen haben, können wir ihn auch auf Photos in seiner Jugend bzw. im Alter erkennen. Seine Photos haben untereinander eine größere Ähnlichkeit als mit Photos, die andere Menschen zeigen. Es kommt einem nicht in den Sinn, den betagten Russell mit dem betagten Winston Churchill oder mit dem betagten Bernard Shaw zu verwechseln. Der Vorgang des Erkennens erfolgt sehr schnell. Die verschiedenen Portraits von Russell nehmen benachbarte Regionen im Ähnlichkeitsraum ein. Genauer ausgedrückt: Ihre Aktivierungsvektoren sind sich auf relevante Weise ähnlich. Aus dem gleichen Grunde wird z.B. eine Karikatur von Richard Nixon sogleich als Nixon identifiziert, und zwar besonders dann, wenn seine Merkmale stark übertrieben dargestellt werden und so direkt in eine Region des Ähnlichkeitsraumes führen, die weit entfernt von dem Gesicht einer anderen Person liegt. Es werden jetzt auch die erweiterten Anwendungen eines Wortes verständlich: "rot" wird beispielsweise sowohl beim paradigmatischen roten Wagen als auch bei roten Haaren (die mehr rot–braun sind), bei Rotkehlchen (deren Gefieder nur einen Hauch von rot enthält) und bei "rotem Hering", der geräuchert eigentlich eine dunkelbraune Farbe hat, gebraucht (siehe vor allem [422]).

Setzen wir die Vektorcodierung voraus, können wir eine Reihe seltsamer aber vertrauter Phänomene bei der Mustererkennung direkt angehen. Wie ist es beispielsweise möglich, daß ein Netz eine annähernd richtige Antwort liefert, wenn eine exakte Antwort nicht zur Verfügung steht? Wir berufen uns wieder auf die Vorstellung vom Ähnlichkeitsraum, wie er in der Form von Vektoren, die Aktivierungsmuster spezifizieren, definiert wird. Wie kann ein neuronales Netz ein Muster sogar dann erkennen, wenn der Reiz nur vermindert oder teilweise, wie das sehr oft der Fall ist, vorhanden ist? Die Antwort lautet: Durch Vektorvervollständigung, die dann erfolgt, wenn der Vektor ziemlich groß ist und wenn nur wenige Komponenten fehlen (Abbildung 4.19).

Die Vektorcodierung und die Vektor–Matrix–Berechnungen sind robust; d.h. ihre Funktion bleibt trotz Beschädigung erhalten. Fallen ein paar Neuronen des Vektors aus, so entspricht das im Grunde einer kleineren Vektorvervollständigungsaufgabe. Der Ausfall vieler Neuronen bedeutet wahrscheinlich eine Beeinträchtigung der Erkennungsfähigkeit. Ein Beispiel dafür ist der Verlust der Fähigkeit, Gesichter (Prosopagnosie) oder Objekte mit den Augen (optische Agnosie) zu erkennen, was sich auf das Verhalten auswirkt. Ist die Schädigung relativ geringfügig, funktioniert das Netz trotzdem noch, wenngleich nicht mehr ganz so

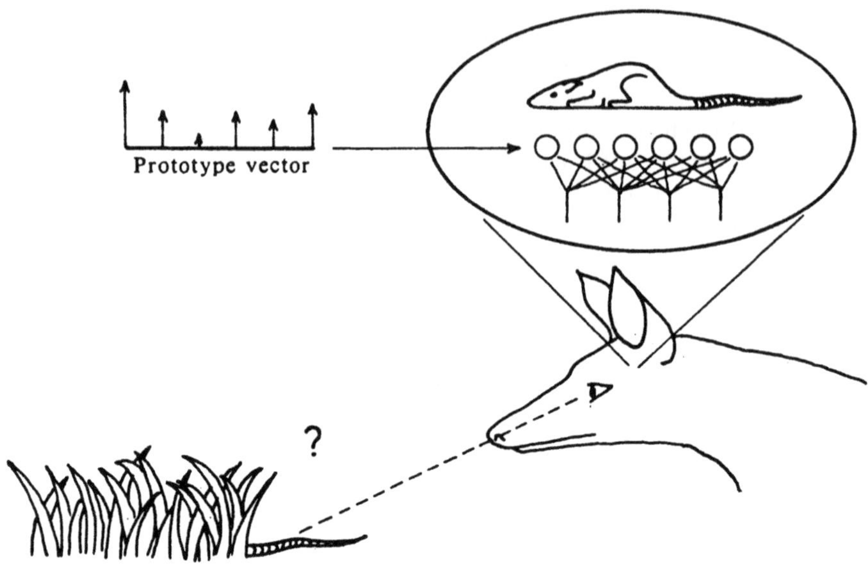

Abbildung 4.19   Eine Karikatur, die den Gedanken der Vektorvervollständigung veranschaulicht. Als Information über die Ratte erhält die Retina nur Licht, das vom Schwanz der Ratte reflektiert wird. Das Sehsystem des Kojoten vervollständigt den Vektor jedoch. Dadurch wird es dem Kojoten ermöglicht, eine Ratte im Gras zu vermuten. (Aus [119].)

präzise. Kleine Verletzungen führen jedoch nicht zum völligen Ausfall des Netzes. Ist die Schädigung groß, so bedeutet das, ein Weg durch die Matrix ist versperrt. Von daher ist es möglich, daß jemand zwar über die normale Sehschärfe verfügt, und trotzdem mit den Augen nicht erkennen kann, ob es sich bei einem Objekt um einen Hund oder um eine Uhr handelt. Wird jedoch das *Geräusch* des Bellens oder Tickens wahrgenommen, kann sofort zwischen den beiden unterschieden werden, da der von der akustischen Information benutzte Weg nicht unterbrochen wurde und akustische Vektoren folglich ganz normal transformiert werden. In anderen Worten: Wir haben uns die optische Agnosie also nicht so vorzustellen, daß an der Spitze der Hierarchie hoch spezifizierte Zellen, wie z.B. die "Hundezelle", ausfallen, sondern so, daß den Sehvektoren der Zugang zu irgendeiner Matrix verwehrt ist. Dabei haben akustische Vektoren oder vielleicht auch Geruchsvektoren ganz normalen Zutritt [158].

Bei der Erweiterung des motorischen Repertoires, ebenso wie bei der Erweiterung der Fähigkeit, Kategorien zu erkennen, werden im typischen Fall Ähnlichkeiten ausgenützt. Zwar ist das Erlernen eines "curveball"–Wurfes im Baseball eine etwas andere Aufgabe als das Erlernen eines "fastball"–Wurfes, aber es handelt sich hierbei nicht um zwei völlig verschiedene Aufgaben; Rückenschwimmen unterscheidet sich ein wenig, aber nicht völlig von Brustschwimmen, das wiederum nicht völlig anders als das regungslose Treiben im Wasser ist; das Erlernen des Schreibvorgangs beginnt damit, daß langsam gelernt werden muß, saubere Striche zu ziehen, diese dann zu verbinden und schließlich gleichmäßige und kontinuierliche Schreibbewegungen auszuführen. Die diesem Gedankengang zugrundeliegenden konzeptionellen Ressourcen verdienen es, hervorgehoben zu werden: Sie eröffnen uns einen Weg zu der Erkenntnis, wie Gehirne auf eine neue Situation mit Verallgemeinerungen reagieren, und auf welche Weise solche erweiterten Anwendungen biologisch sinnvoll sein können.

Die Aktivität in den Einheiten von Computernetzmodellen kann analysiert werden. Dadurch wird es relativ einfach, wesentliche Details bei der Vektorcodierung und bei den Vektor–Matrix–Transformationen zu beobachten sowie die Erzeugung hochspezifischer Repräsentationen durch künstliche neuronale Netze zu verfolgen. Beispiele dafür sind die Repräsentation von Vokalen in NETtalk (siehe Kapitel 3; Abbildung 3.3.6) und die binokulare Tiefenrepräsentation, auf die wir weiter hinten in diesem Kapitel eingehen werden. Da in dieser Diskussion auch die Eigenschaften der lokalen Codierung mit denen der Vektorcodierung verglichen werden, ist es möglicherweise nützlich, wenn man weiß, daß es für die lokale Codierung keinen vergleichbaren theoretischen Rahmen gibt; daß es dort keine entsprechende allgemeine Beschreibung dafür gibt, wie die Repräsentationsverarbeitung von einfachen Signalen bis hin zu fein abgestimmten Zellen abläuft; daß weder eine Beschreibung von Relationen zwischen Verarbeitung und Lernen, noch grundlegende Ähnlichkeitsrelationen bei der motorischen Kontrolle, der Wahrnehmung und der Kognition existieren. Das soll nicht heißen, daß man eine solche Beschreibung grundsätzlich nicht machen kann oder daß sie bei der lokalen Codierung aus Gründen der Logik von vornherein ausgeschlossen wäre. Es geht uns nur darum zu betonen, daß bei der Vektorcodierung automatisch eine allgemeine Verarbeitungstheorie mitgeliefert wird.

4.6 Welt und Zeit

Auch auf die Gefahr hin, daß das Ganze dadurch zu langatmig wird, haben wir, gewissenhaft wie wir sind, die Adjektive "allgemein" oder "abstrakt" vor die Begriffe "Theorie" und "Rahmen(werk)" gesetzt. Das haben wir hauptsächlich getan, um den Leser daran zu erinnern, daß sich die Theorie auf ein einfaches künstliches Netz mit drei Ebenen bezieht und nicht für lebende und atmende Nervensysteme gilt. Außerdem wollten wir so der kritischen Bemerkung zuvorkommen, die Details würden noch offenstehen. Und das tun sie in der Tat. Wie die Eigenschaften von Vektoren und Matrizen bei wirklichen Netzen aussehen, muß erst noch entdeckt werden. Das Gleiche gilt auch für die Prinzipien, die die Plastizität steuern. Es gibt jedoch ein tiefgreifendes Problem, und zwar geht es um die Frage, ob sich Nervensysteme *überhaupt* an die Unterscheidung zwischen Aktivierungsvektoren und Matrizen für die Verarbeitung halten. indexAktivierung! Modifikation der A. und Zeit

Das Problem ist, daß die weitläufige Unterscheidung zwischen Aktivierung und Gewichten — zwischen verarbeiteten und verarbeitenden Elementen — auf künstliche neuronale Netze maßgerecht zugeschnitten wurde. Dabei ist es jedoch fraglich, in- wieweit das Ganze auch für wirkliche Nervensysteme paßt. Bis jetzt wurden in der Diskussion *dynamische* Eigenschaften im wesentlichen vernachlässigt, und zwar insofern, als man die Zeit nicht berücksichtigt hat. In wirklichen Nervensystemen jedoch ist die Dynamik an vielen Stellen der kritische Punkt. Gibt es Ereignisse mit Informationsgehalt, so dauern diese Ereignisse eine reelle Zeit lang an; falls es Strukturen gibt, die Information dadurch speichern, daß eben diese Struktur verändert wird, so benötigen diese Änderungen Zeit und dauern auch für eine bestimmte Zeit an. In vielen zeitlichen Meßbereichen gibt es Vorgänge, die sich gegenseitig beeinflussen, verstärken und beeinträchtigen. Leider ist nicht schon von vornherein klar, ob es sich um "Aktivierungen" oder um "Gewichte" handelt (Abbildung 4.20). Es geht also nicht darum, die Details einzufügen, sobald sie zur Verfügung stehen, sondern vielmehr darum, ob die Details überhaupt in den Rahmen hineinpassen. Kann die abstrakte Unterscheidung zwischen Aktivierung und Gewichtsmodifikation so gewandelt werden, daß die Zeit berücksichtigt wird, oder macht der Zeitfaktor den ganzen Ansatz zunichte?

Wir haben auf dieser Frage wochenlang herumgekaut und sind immer wieder bei den genau entgegengesetzten Ansichten angelangt. Schließlich konnten wir uns doch auf eine feste Einstellung einigen. Wir können nur hoffen, daß wir mit dieser Einstellung den Fehler minimiert haben. Wenn wir die Unterscheidung zwischen verarbeiteten und verarbeitenden Elementen auf wirkliche Nervensysteme anwenden, darauf haben wir uns geeinigt, dann würde es sich bestenfalls um eine Näherung handeln. Möglicherweise jedoch, und das wäre schlimmer, könnten Manipulationen, ein großzügiger Umgang mit ad–hoc– Ansichten und gelegentlich Mutmaßungen, die den Tatsachen widersprechen, erforderlich werden. Derartige Kunstgriffe werden natürlich nicht nur in den Computer–Neurowissenschaften angewandt. Man braucht bloß an die Annahme einer vollkommenen Elastizität in der Thermodynamik, an das "Hindrehen" der Turbulenzen in der Newtonschen Physik und an die Vernachlässigung von springenden Genen in der frühen Molekularbiologie zu denken. Obwohl Ungenauigkeiten unvermeidbar sind, ist es wahrscheinlich sinnvoll, den Rahmen in vernünftigem Umfang so lange zu erweitern, wie sich das als nützlich erweist. Gleichzeitig sollte man andere theoretische Ansätze entwickeln, um zu sehen, ob diese das Gebiet gründlicher erforschen und umfassender abdecken. In methodologischer Hinsicht ist eine Spur von wissenschaftlichem Pragmatismus erkennbar: Das fängt bei den paradigmatischen Aktivierungen, sprich den Aktionspotentialen, und den paradigmatischen Gewichtsmodifikationen, sprich den Änderungen der synaptischen Gewichte (Menge des freigesetzten Neurotransmitters, Enstehen und Absterben von Synapsen, Wiederherstellen des Schwellenwertes) an. Dann werden die Kategorien so unparteiisch

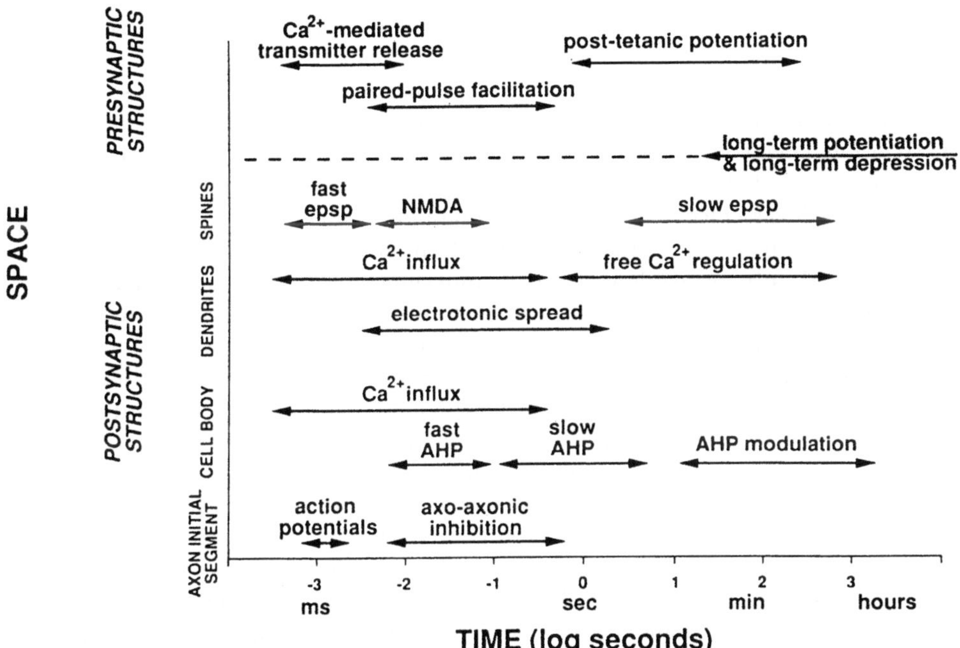

Abbildung 4.20 Raum–Zeit–Diagramm, in dem einige der physiologischen Vorgänge, die sich in Neuronen abspielen, aufgezeichnet wurden. Jeder Prozeß wird durch eine horizontale Linie dargestellt, wobei die Pfeile den zeitlichen Bereich angeben, in dem sich der Vorgang abspielt. In vertikaler Richtung wird die anatomische Struktur lokalisiert, in der der Prozeß abläuft. Die schnellen Na^+ – – Aktionspotentiale, beispielsweise, die in den Axonhügeln ihren Anfang haben, erstrecken sich über einen zeiltlichen Meßbereich von 1 Millisekunde. Im Gegensatz dazu ist der zeitliche Meßbereich bei dem Ca^{2+}–Einstrom durch spannungssensitive Kanäle, von dem bekannt ist, daß er sowohl in den Zellkörpern als auch in den Dendriten einiger Neuronen vorkommt, viel länger. Einige der Nach-Hyperpolarisationen, die auf ein Aktionspotential folgen (AHP = afterhyperpolarization), werden durch $Ca^{(2+)}$ aktiviert und dauern viel länger an als das Aktionspotential selbst. Veränderungen der Wirksamkeit einer Synapse, wie die PTP (post–tetanic potentiation) und LTP (long–term potentiation) können für viele Minuten und Stunden anhalten. NMDA bezieht sich auf einen Rezeptor für Glutamat, der zum Auslösen von LTG wichtig ist. In einem Standardrahmen zum Verständnis der Informationsverarbeitung in Nervensystemen wird großer Wert auf die beiden Enden des zeitlichen Spektrums gelegt: (1) auf den Millisekundenbereich, unter den solche Dinge wie die Signale fallen und (2) auf den Minuten- und Stundenbereich, unter den solche Vorgänge fallen, die zu Änderungen der Gewichte führen. Diese Abbildung deutet an, daß es sich bei solch einer Unterscheidung jedoch um eine Idealisierung handelt. Phänomene wie Kurzzeitgedächtnis und Adaptation fallen meist in den mittleren Bereich.

wie möglich erweitert, wobei man dauernd überprüfen muß, ob der Ansatz weiterhin erfolgversprechend ist, oder ob er inzwischen unproduktiv und beschwerlich wurde.

Wollen wir herausfinden, wie man das Konzept abändern könnte, sollten wir bedenken, daß, im Gegensatz zu Computernetzen, in wirklichen Neuronen weder Aktivierung noch Gewichtsmodifikation durch einen einzigen einfachen Prozeß gekennzeichnet sind. Vielmehr umfassen diese eine ganze Reihe physikalischer Prozesse, die nach verschiedenen Zeitplänen ablaufen. Einige der Gewichtsänderungen können kurzlebig sein, so dauert die PTP (post–tetanic potentiation) z.B. ungefähr eine Minute an. Andere Gewichtsänderungen dagegen, wie die LTP (long–term potentiation können tagelang anhalten, bis sie, vielleicht einem inneren Zeitplan folgend, zerfallen. Zusätzlich kann es vorübergehende Gewichtsänderungen geben, die sich möglicherweise im Bereich von ein paar hundert Millisekunden abspielen und nur darauf warten, entdeckt zu werden [733]. Angenommen, dies ist der Fall, so könnte es sein, daß, ähnlich wie bei PTP und LTP, möglicherweise Änderungen an der Synapse beteiligt sind, die aber auch wieder anderswo erfolgen könnten. Ebenso kann es Änderungen geben, die nicht nur auf die Synapsen beschränkt sind, sondern das ganze Neuron betreffen. Bei einer solchen nicht- synaptischen Gewichtsänderung könnte es sich um eine verlängerte Nachhyperpolarisation (AHP = after- hyperpolarization) im Anschluß an den Zustand mit erhöhter Aktivität handeln [11]. Zu den Implementierungen von Gewichtsmodifikationen könnte man außerdem sowohl die kurzlebigen als auch die langanhaltenden Formmodifikationen an den Fortsätzen, ebenso die Bildung von neuen Fortsätzen und neuen Synapsen rechnen.

Der Aktivierungsvektor kann durch eine große Vielfalt von Faktoren beeinflußt werden, die nach bestimmten Zeitplänen ablaufen. Hierzu zählen die Variabilität in der Geschwindigkeit der elektrotonischen Signalausbreitung in den Dendriten und endogene Zeitpläne für die Aussendung von Aktionspotentialen, die in Abhängigkeit von der Transmitter–Spezifität [192] und von der physiologischen Ausstattung [452] variieren. Wie wir schon an früherer Stelle bemerkt haben, kann nicht jeder zelluläre Vorgang eindeutig einem Aktivierungsvektor bzw. einer Verarbeitungsmatrix zugeordnet werden — einige Prozesse stehen mit beiden in Wechselwirkung, und am besten ordnet man sie weder dem einen noch dem anderen zu. So stellen beispielsweise die verschiedenen Diffusionszeiten für Ca^{2+} in Fortsätzen und Zellkörpern einen Faktor dar. Doch zumindest in den Pioniertagen der Forschung kann man sie zur Kenntnis nehmen, ohne daß man sich unbedingt festlegen muß, ob die Ca^{2+}-Diffusion in Wirklichkeit ein Teil der Aktivierung oder der Gewichtskonfiguration ist. Die Vorgehensweise der Biologie ist ungeordnet. Klugerweise begnügt sich die Biologie mit Provisorien und strebt nicht nach Vollkommenheit. Es ist offensichtlich, daß sich die Evolution alles Mögliche zunutze macht, um das System so auszustatten, daß es gut funktioniert. Dabei wird dem Streben der Wissenschaftler nach klaren Kriterien und nach einer sauberen Klasseneinteilung keine Beachtung geschenkt.

Wie sollte man mit Vorgängen umgehen, bei denen nicht klar erkennbar ist, ob sie zur Aktivierung oder zu den Gewichten bzw. zur Plastizität von Gewichten gehören? Auf diese Frage gibt es keine eindeutige Antwort, und im Einzelfall muß man sich nach den jeweiligen Phänomenen richten. Dabei kann man sich — zumindest in begrenztem Umfang — des allgemeinen Rahmens bedienen, ohne im Einzelfall eine eindeutige Entscheidung treffen zu müssen. Folglich kann der zeitliche Kontext eine Unterscheidung zwischen Gewichten und Aktivierungen nicht zunichte machen, sondern sie bloß auf ihre biologischen Grundlagen zurückführen. Auf lange Sicht werden berechnungstechnische Fortschritte und neurobiologische Entdeckungen dazu führen, daß einige der bisher nicht eindeutig einzuordnenden Vorgänge wie selbstverständlich unter die eine oder die andere Kategorie fallen, wohingegen manch andere Vorgänge nirgendwohin passen. Daß es einen zeitlichen Meßbereich geben sollte, stimmt mit dem, was wir auf der Verhaltensebene über das Gedächtnis wissen, überein. Manche Information kann innerhalb der ersten Sekunde nach der Präsentation verwendet werden; bei anderen Informationen — z.B. bei Plänen und Absichten — kann es erforderlich sein, daß sie für Minuten und Stunden präsent sind. Wieder andere Information kann in verkürzter Form unbegrenzt lange behalten werden. Wenn wir Glück haben, lösen sich einige der Probleme von selbst, andere dagegen können so tiefgreifend sein, daß ein völlig anderer Ansatz empfehlenswert ist.

Bei dem Versuch zu verstehen, wie sich ein Hinzufügen der Dynamik auf den grundsätzlichen theoretischen Rahmen auswirken würde, haben wir erkannt, daß in Zellen die zeitliche Ausdehnung informationsrelevanter Prozesse auf eine ziemlich kurze theoretische Halbwertszeit des Vektor–Matrix–Rahmens hindeuten kann. Obwohl der Rahmen gute Dienste im Sinne einer ersten Annäherung leistet, gerät er vielleicht in den Grenzbereichen ins Wanken sobald der nächste Schritt erforderlich wird. In Anbetracht der vielen zellulären Vorgänge, die nach verschiedenen Zeitplänen ablaufen und auf komplexe Weise miteinander in Wechselbeziehung stehen, sollten wir vielleicht einen extremeren Standpunkt ins Auge fassen, indem wir ein *Spektrum* anstelle einer scharfen *Trennung* zwischen Aktivierung und Gewichtsmodifikation postulieren.

Diesem Standpunkt zufolge würde sich an einem Ende des Spektrums der Prototyp einer Aktivierung (z.B. das Aussenden von Aktionspotentialen) und am anderen Ende eine prototypische Gewichtsmodifikation (z.B. die LTP) befinden. Nach dieser Auffassung hat die zeitliche Ausdehnung der *Prozeßdauer* stufenweise angeordnete verarbeitende und verarbeitete Elemente. Die Kluft zwischen *verarbeiteten und verarbeitenden Elementen* wird überbrückt, und jegliche Unterschiede laufen auf Unterschiede im Abstufungsgrad hinaus. So kann ein Prozeß etwas von einer Aktivierung und ein bißchen von einer Gewichtsmodifikation haben, während einige andere Prozeße in geringem Maße mit einem Gewicht und in hohem Maße mit einer Aktivierung Ähnlichkeit haben. Der *einzige* Unterschied zwischen einer Aktivierung und einer Gewichtsmodifikation liegt in der Geschwindigkeit der Antwort. Und zwar handelt es sich hier um einen relativen und nicht um einen absoluten Unterschied.

Demzufolge wäre sogar die übliche Unterscheidung zwischen *der Information* und *dem Kanal, der die Information leitet* auf Nervensysteme nur annäherungsweise anwendbar — ja genaugenommen eigentlich *nicht anwendbar*. Eine Analogie könnte man vielleicht zu dem alten Gesetz der Thermodynamik sehen, nämlich P ist proportional mit T/V, das nur annäherungsweise zutrifft und auf das Verhalten von Gasen im strengen Sinne nicht anwendbar ist.[9] Ist eine solch elementare Art der Unterscheidung nicht mehr möglich, müssen wir die ganze Sache, einschließlich des hier vorliegenden Problems, von Grund auf neu überdenken. Das muß nicht unbedingt schlecht sein, und in der Wissenschaft sind konzeptionelle Umbrüche nichts Neues. Man sollte es jedoch nicht nur spaßeshalber machen.

Für Synapsen, die in ihrer Funktion eher dynamischen Variablen und nicht sich langsam ändernden Gewichten ähneln, hätte man viele berechnungstechnische Verwendungsmöglichkeiten. So hat beispielsweise von der Malsburg [733] viele Jahre lang im Bereich des Sehvermögens für die Berechnung der Übereinstimmung von Mustern schnelle Gewichtsänderungen befürwortet. Wir erwarten, daß sich in der nächsten Generation von Modellen viele weitere Verwendungsmöglichkeiten für Änderungen, die in den intermediären Bereich der Zeitskalen fallen, finden werden (siehe auch [228]). Als dieses Buch in Druck ging, machte Hopfield [333] den Vorschlag, daß Änderungen in der Stärke der Synapsen Schwankungen bei den Eingaben von Geruchsreizen repräsentieren und folglich, so drückt er es aus, die Verbindungsstärke nicht nur Teil des Algorithmus, sondern wesentlich für das Verständnis der Umwelt ist ([333], Seite 6465).

In diesem Abschnitt haben wir das Zeitproblem heraufbeschworen. Obwohl wir es geschafft haben, das Problem in den Griff zu bekommen, ist der Erfolg nur vorübergehend. Das Thema Zeit taucht in späteren Kapiteln immer wieder auf. Man kann nicht oft genug betonen, daß die Dynamik bei der sensomotorischen Integration, bei der Wahrnehmung, bei der Erzeugung motorischer Muster und bei der Speicherung und Abrufung von Information von entscheidender Bedeutung ist. Dies sind unsere Hauptthemen in den späteren Kapiteln. Unser Gehirn ist dynamisch — und zwar nicht zufällig oder nebenbei, sondern in hohem Ausmaß, zwangsläufig und von Grund auf.

Was versteht man unter Grobcodierung?

Zur Erreichung einer größtmöglichen Effizienz und einer hohen Genauigkeit ist es fast notwendig, daß bei der Vektorcodierung jedes Element des Vektors grobkörnig codiert wird. "Grobkörnig" und "feinkörnig" beziehen sich auf Gegensätze in der Art der Abstimmung. Bei der Feincodierung reagiert die Zelle auf einen sehr engen Bereich von Signalen — z.B. auf Lichtbalken, die genau vertikal oder genau

---

[9]Ein Gesetz sollte allgemeine Gültigkeit haben. Dieses Gesetz verliert seine Gültigkeit, wenn die Temperatur und die Dichte sehr hoch sind. Folglich handelt es sich um das "ideale" Gasgesetz.

horizontal sind. Im Gegensatz dazu bedeutet Grobabstimmung, daß das Neuron eine breite Abstimmkurve hat. Dabei reagiert es auf einen ziemlich engen Bereich von Signalen mit einer maximalen Antwort, während in einem größeren Bereich die Heftigkeit der Reaktion von der Große des Ähnlichkeitsabstands zwischen dem Reiz und dem "besten" Reiz abhängt. Die Neuronen in der Sehrinde scheinen grobcodiert zu sein; eine gegebene Zelle kann eine maximale Reaktion bei einem vertikalen Balken zeigen, aber dennoch ziemlich heftig auf einen um $15°$ oder um $20°$ gedrehten Balken, weniger stark auf Balken in einer Stellung von $45°$ und sogar etwas auf einen Balken in $90°$ Stellung reagieren (Abbildung 4.21).[10]

Seltsamerweise liefert uns die Grobcodierung eine Basis zur Erklärung der Hyperakuität (= übermäßige Sehschärfe). Davon spricht man, wenn Intervalle wahrgenommen werden können, die kleiner als das Auflösungsvermögen irgendeines einzelnen Transduktors sind. Menschen und Affen können beispielsweise binokulare Tiefenunterschiede bemerken, die kleiner sind als der Durchmesser einer individuellen Photorezeptorzelle. (Siehe Abschnitt 9, Berechnungsmodelle für das stereoskopische Sehen). Die Hyperakuität ist nicht so geheimnisvoll, wie es auf den ersten Blick erscheint. Gehen wir von der Grobcodierung aus, kann man sie sich in Form eines "Gruppenportraits" der grobcodierten Abstimmkurven vorstellen. Im Gegensatz dazu ist bei einer lokalen Codierung die Erklärung der Hyperakuität in Form von fein abgestimmten Zellen wegen der Anzahl an erforderlichen Zellen sicherlich problematischer. Zugegebenermaßen sind dies natürlich wirklich nur skizzenhafte und keine ausgefeilten Erklärungsversuche, aber sie sind logisch zusammenhängend und miteinander vernetzt, was am Ende für die Erklärung hilfreich sein könnte.

Kann man aus der Abstimmungsselektivität der Neuronen auf eine lokale Codierung schließen?

Selbst auf die Gefahr hin, daß wir uns über etwas auslassen, was sowieso schon klar ist, erwähnen wir, daß es einen Riesenunterschied zwischen den folgenden Aussagen gibt: (1) A ist *konsistent* mit B und (2) aus A *folgt* B. Die zweite Aussage ist in logischer Hinsicht viel stärker und muß folglich strengere Bedingungen erfüllen. So sind rote Flecken mit der Krankheit Masern konsistent, woraus aber nicht unbedingt folgen muß, daß die Person Masern hat. Rote Flecken sind ebenfalls konsistent mit einer Hautreaktion auf die Pflanze Giftsumach (poison ivy), mit Windpocken oder Nesselsucht, und können folglich mit Masern überhaupt *nicht* in Zusammenhang stehen.

Die hierarchische Organisation, die Abtrennung von Bahnen und die Abstimmungsselektivität von Neuronen stehen im Einklang mit der lokalen Codierung, aber man kann daraus nicht zwingendermaßen auf lokale Codierung schließen.

---

[10] Dieses Phänomen wird auf sehr leicht lesbare Weise in [342] dargelegt.

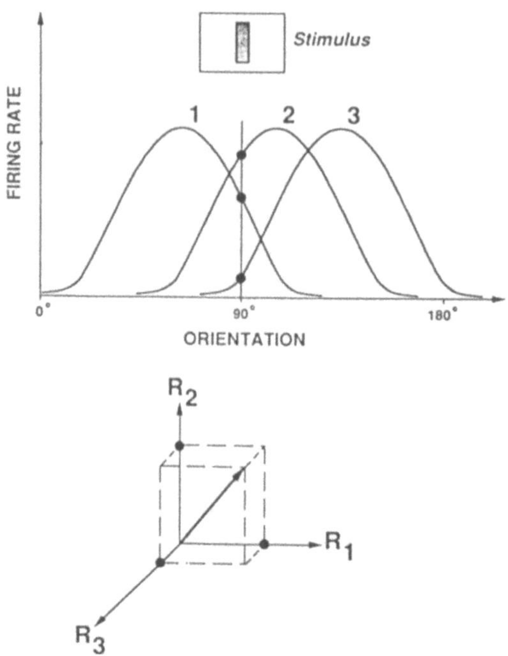

Abbildung 4.21   Schematische Darstellung der Abstimmkurven dreier Neuronen der Sehrinde, die auf leicht unterschiedlich orientierte Lichtbalken reagieren. Steht der Balken auf 90°, reagiert beispielsweise Neuron 1 mit einer mittelstarken Aussendung von Aktionspotentialen, Neuron 2 antwortet mit einer hohen Rate und die Rate von Neuron 3 ist niedrig. Die drei verschiedenen Impulsraten sind Elemente eines Vektors, der die Orientierung des Balkens im Zustandsraum genau bestimmt. Man beachte, daß die Impulsrate eines einzelnen Neurons nicht ausreicht, um die Orientierung eindeutig festzulegen, da die Zelle auf zwei verschiedene Orientierungen gleich stark reagieren kann. So wird z.B. Neuron 2 sowohl bei 90°- als auch bei 10°-Balken mit der gleichen Impulsrate antworten.

Sie sind auch mit der Vektorcodierung vereinbar. Da dieser Punkt auf den ersten Blick nicht so einleuchtend ist, werden wir etwas näher darauf eingehen. Bei der Vektorcodierungsmethode sind die Verarbeitungsstufen Vektortransformationen, die Vektoreingaben auf Vektorausgaben abbilden. Auf mancher Stufe passiert vielleicht nicht viel, aber eine Reihe kleiner Änderungen summiert sich auf. Wir betrachten das folgende Szenario: Eine einzelne Elektrode trifft im Temporalcortex auf eine Zelle, die vorzugsweise auf Gesichter reagiert, möglicherweise gerade auf ein individuelles Gesicht, sagen wir auf das von der Großmutter Edna [150]. Tatsächlich jedoch hat die Aufzeichnungselektrode nur ein Mitglied einer größeren Menge gefunden. Dieses Mitglied liefert zufälligerweise für diese Stufe der "Edna–Verarbeitung" einen speziellen Beitrag, der groß genug ist, daß er bemerkt wird. Andere Zellen, deren Antworten weniger drastisch sind, leisten einen ebenso wichtigen Beitrag, sogar dann, wenn sie z.B. überhaupt nicht auf den Edna–Reiz antworten. Wir stellen uns vor, die Menge hätte das folgende Antwortmuster, wobei es sich bei dem Reiz um das Gesicht von Edna handeln würde: $\langle 0, 0, 3, 1, \ldots\ldots 9, 0, 4, 2 \rangle$. Nicht nur die am stärksten reagierende Zelle mit dem Wert 9 (wir nennen diese Zelle "γ"), die von unserer Elektrode angestochen wurde, ist wichtig, sondern jedes Element des Vektors. In der Tat könnte diese Zelle fälschlicherweise als "Edna–Zelle" bezeichnet werden, sollte man die lokale Codierungshypothese als wahr erachten. Wir geben jedoch zu bedenken, daß sich laut Vektorcodierung auf höheren Verarbeitungsebenen sehr wahrscheinlich einige Zellen befinden, die stark auf komplexe Reize reagieren, wenngleich nicht aufgrund von "Großmutterzellen", sondern nur deshalb, weil die *Vektoren* immer spezifischer werdende Reize repräsentieren.

Wollten wir die Vektorcodierungshypothese ausschließen, müßten wir zeigen, daß (1) γ auf alle Reize, die nichts mit Edna oder mit Großmutter zu tun haben, nicht mit vergleichbarer Stärke reagiert und (2) die noch strengere Bedingung widerlegen, daß γ bei einem Vektor (Aktivierungsmuster), der irgendetwas anderes als Großmutter Edna repräsentiert, eine Rolle spielt. Ein Stück weiter könnte man mit Punkt (1) kommen, indem man eine zufällige Auswahl von Objekten heranzieht und beobachtet, wie γ darauf reagiert ([303, 168]; Abbildung 4.22). Aus logischer Sicht betrachtet, ist dies jedoch viel weniger befriedigend, als oft vermutet. Man sollte sich bewußt machen, daß es selbst dann, wenn γ in Laborversuchen auf irgendein Objekt keine Reaktion zeigt, nicht bedeuten muß, daß γ nicht auf irgendein anderes der unendlich vielen Objekte, die wir noch nicht ausprobiert haben, reagieren würde. Die logische Folgerung daraus ist, daß ein Ausbleiben der Antwort auf # nichts darüber aussagt, ob die Zelle auf % reagieren könnte. Wenn uns dies schon entmutigt, sollten wir daran denken, daß der Versuch die Bedingungen von (2) zu erfüllen, in der Tat noch viel schwieriger ist. Man müßte beweisen, daß es kein anderes Aktivierungsmuster gibt, in dem γ eine Rolle spielt. Da γ nun in irgendeinem Vektor, sagen wir, den Wert 1, in irgendeinem anderen Vektor den Wert 0, und im Fall der Großmutter eben den Wert 9 haben könnte, kann man aus der Tatsache, daß γ auf ein Telefon nicht mit einer heftigen Aussendung von Aktionspotentialen reagiert, nicht folgern, daß γ bei der Repräsentation eines Telefons keine Rolle spielt. Zeigt eine Zelle keine Aktivierung, so bedeutet das außerdem nicht, daß sie keinen Wert hat; vielmehr hat sie den Wert 0. Diese Aussage steht in völligem Einklang mit einer Rolle bei der Vektorrepräsentation.

Skepsis ist noch aus einem anderen Grund angebracht: Wollen wir herausfinden, ob die Antwort der Zelle in kausalem Zusammenhang mit der Repräsentation der Wahrnehmung von Edna steht oder ob sie nur auf indirekte Weise mit dem Reiz korreliert, reicht es nicht aus, nur eine Korrelation zwischen der Antwort und dem Reiz aufzuzeigen. Zum Nachweis einer kausalen Rolle muß man mindestens zeigen können, daß (a) die fragliche Zelle auf den Teil des Gehirns

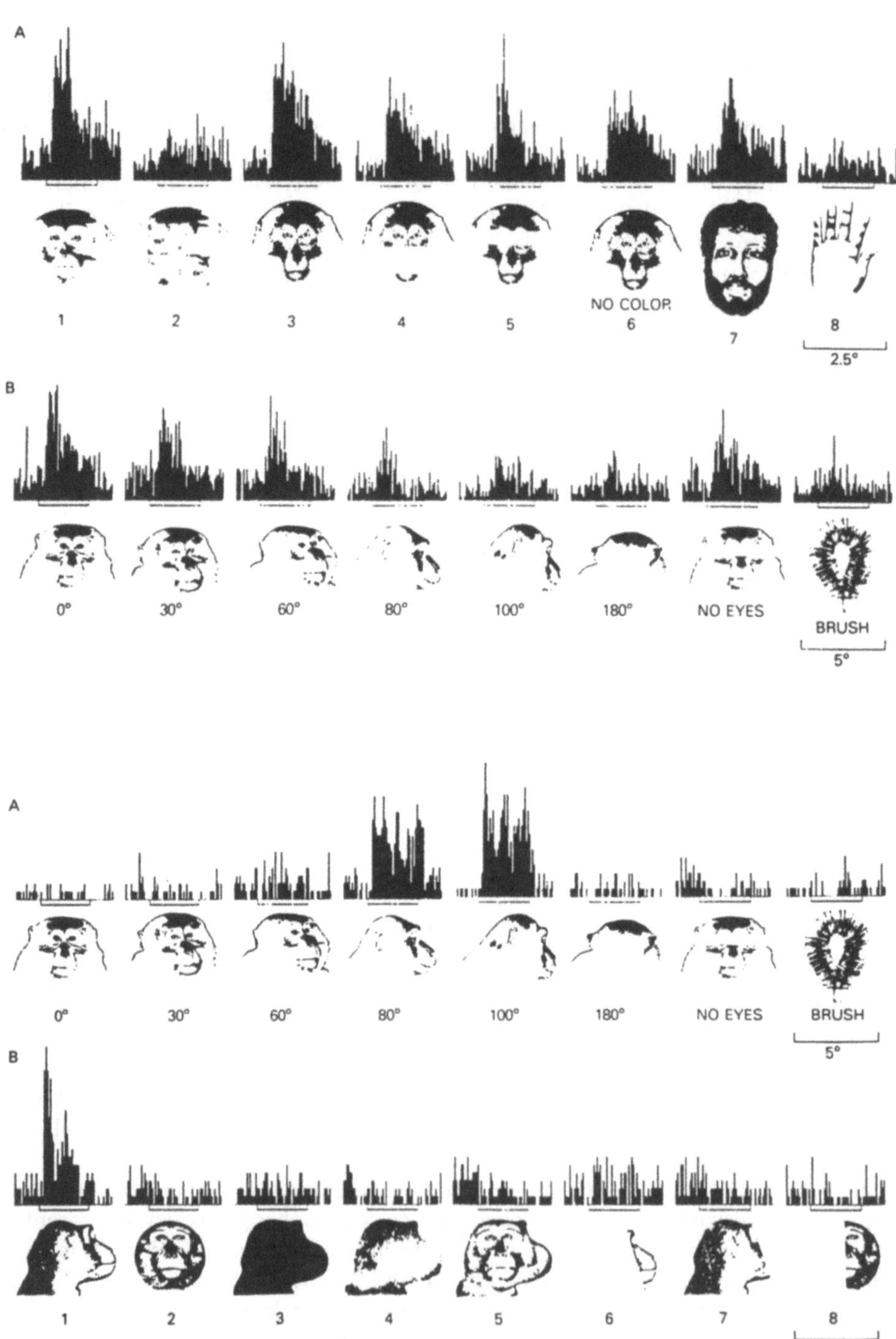

projiziert, der für das relevante motorische Verhalten verantwortlich ist und daß
(b) bei angemessenen physiologischen Bedingungen die Ausgabe der spezialisierten Zelle tatsächlich die motorische Antwort herbeiführt. Das sind ziemlich strenge Bedingungen, und man muß das ganze System schon sehr gut kennen, um
zu wissen, wann die Bedingungen erfüllt sind. Es gibt nur wenige Beispiele, bei
denen man diese Details schon entdeckt hat. Walter Heiligenberg [315] ist dies
im Falle des Systems gelungen, das bei *Eigenmannia* für eine ungehinderte Antwort verantwortlich ist. Zu Beginn fand er heraus, daß auf frühen Stufen des
Verarbeitungsprozesses die Repräsentationen verteilt waren. Die in den Neuronen
enthaltenen Informationen reichten alle zusammen aus, um zu erklären, warum
das Tier kleine Zeitunterschiede in der Ankunftszeit elektromagnetischer Signale
erkennen kann [318]. Jedoch braucht das Nervensystem die Population tatsächlich
nicht direkt, um die Antwort herbeizuführen. Stattdessen projiziert die Population auf eine kleinere Zellgruppe, deren Einzelzellen die Information codieren.
Diese, den Großmutterzellen ähnlichen Zellen, und nicht ihre verteilt codierten
Vorgänger sind direkt an der Regulation der Antwort beteiligt. Das macht auch
Sinn, da diese Neuronen Skalare und keine hochdimensionalen Vektoren codieren.
In diesem Beispiel konnten die physiologischen Grundlagen, die der Entstehung
solcher "Großmutterzellen" zugrundeliegen, deshalb aufgedeckt werden, weil es
Heiligenberg gelungen ist, den Algorithmus, der von den Zellen ausgeführt wird,
im voraus aus dem Verhalten und den anatomischen Gegebenheiten herzuleiten
[412].

Wie stehen die Aussichten, daß man etwas Vergleichbares im Fall der Sehrinde
nachweisen kann? Erstens: Im Gegensatz zum Beispiel *Eigenmannia* wissen wir

Abbildung 4.22   (Oben) Antworten eines Neurons innerhalb des Sulcus temporalis superior im inferotemporalen Cortex (IT), das selektiv auf Gesichter antwortet. Die
Reize wurden in Form von Farbdias präsentiert; die Balken unterhalb der Histogramme
geben die Einwirkungszeit des Reizes an. Jedem Histogramm liegen mindestens 10 Versuche pro Reiz zugrunde. (A) Das Neuron reagierte auf zwei verschiedene Affengesichter
und auf ein menschliches Gesicht stark. Keine Reaktion erfolgte jedoch, wenn die inneren Komponenten umgeändert wurden. Ein Weglassen der Augen, der Nase oder der
Farbe verringerte die Antwort, aber eliminierte sie nicht. Man testete auch die Reaktion
des Neurons auf viele weitere Reize, die nichts mit einem Gesicht zu tun hatten (hier
nicht dargestellt). Bei all diesen Reizen war die Reaktion des Neurons schwach oder
blieb völlig aus. (B) Dieses Neuron war auf die Frontansicht eines Gesichts abgestimmt.
(unten) Antworten eines anderen IT–Neurons, das dem gleichen Gebiet im Cortex wie
die vorhergehende Zelle entstammt, jedoch am besten auf Profilansichten von Gesichtern anspricht. Andere Bedingungen wie oben (A) Antworten auf ein aus verschiedenen
Drehwinkeln betrachtetes Affengesicht. (B) Antworten auf das Profil eines Gesichts und
auf ein Profil, bei dem manche Komponenten weggelassen oder verändert wurden. Weglassen oder Veränderung einiger Komponenten des Profils führte zum Ausbleiben der
Antwortreaktion. (Aus [168].)

hier nicht, welche Algorithmen von der Sehrinde verwendet werden. Zweitens: Die Verbindungen zwischen der Sehrinde und dem motorischen System verlaufen nicht direkt und sind noch nicht voll erforscht. Es wurden zwar schon einige Fortschritte erzielt [741], aber zum jetzigen Zeitpunkt weiß man noch nicht genau, welche Folgen daraus auf dieser Ebene hinsichtlich der Vektorcodierung bzw. der lokalen Codierung zu erwarten sind.

Was hat es letztendlich mit den kombinatorischen Vorzügen der Vektorcodierung oder, negativ formuliert, mit den kombinatorischen Nachteilen der lokalen Codierung auf sich? Dazu betrachten wir ein Mininetz aus vier Neuronen, wobei jedes Neuron über fünf Aktivitätsebenen verfügt. Nach der Vektorcodierungsstrategie gibt es 5^4 mögliche Kombinationen; folglich können 625 Dinge repräsentiert werden. Im Gegensatz dazu ergibt sich bei strenger Anwendung der lokalen Codierung (ein Neuron codiert für ein Objekt) ein numerisches Repräsentationspotential: Bei maximaler Aktivierung können vier Einheiten nur vier verschiedene Dinge repräsentieren. Wir können diese Zahlen erhöhen, indem wir uns vorstellen, daß sich jedes Neuron in einem von fünf möglichen Zuständen befinden kann, wobei jeder Zustand etwas Verschiedenes repräsentiert. Trotzdem kommt die lokale Codierungsstrategie bei weitem nicht an die Vektorcodierung heran, da das Netz jetzt höchstens 4×5 Dinge repräsentieren kann, und das ist 30mal weniger als in einem vektorcodierten Netz. In anderen Worten: Das Repräsentationspotential der lokalen Codierung wächst linear mit der Anzahl der Einheiten, wohingegen das Repräsentationspotential der Vektorcodierung *exponentiell* steigt. Das macht sogar schon bei nur vier Einheiten einen großen Unterschied; je umfangreicher aber das System wird, desto mehr macht sich der Leistungsunterschied zwischen den beiden Codierungsstrategien bemerkbar [117]. (Wahrscheinlich entsprechen nicht alle der möglichen Vektoren völlig verschiedenen Dingen. Die meisten davon werden nie benötigt, und falls in Einzelfällen doch, werden sie auf abgeschlossene Ähnlichkeitsklassen aufgeteilt. Der zentrale Punkt jedoch ist, daß es in einem Produktraum, der sich die Vektorcodierung zunutze macht, viel mehr Möglichkeiten gibt als in einem Schema mit lokaler Codierung.)

Die mathematische Seite wird manchmal heruntergespielt. Der Grund dafür ist, daß wir tagtäglich in unserer Sinneswelt auf die gleichen Dinge stoßen. So reicht in der Tat eine relativ geringe Anzahl von "Großmutterzellen" aus, um die benötigten Muster zu erkennen. Auch wenn wir diese Annahme als erwiesen ansehen, haben wir nicht viel gewonnen, da das Problem dadurch nicht gelöst wurde. Obwohl wir jeden Tag immer wieder die gleichen Objekte sehen, so verändern sie sich doch im Laufe der Zeit, sie erscheinen uns in verschiedenartiger Aufmachung, in verschiedenen Positionen, sind an verschiedenen Verhaltensweisen beteiligt, kommen in unterschiedlichen Zusammenhängen vor, erscheinen in verschiedenem Licht und unter verschiedenen Umständen usw. In einigen Fällen reicht eine Vorverarbeitung aus, in einigen Fällen nicht. In der Tat gilt es als beinahe erwiesen, daß die Fähigkeit, ein Objekt trotz all dieser Veränderungen als ein und dasselbe zu erkennen, eine Vektorcodierung erforderlich macht. Denn, wie wir an früherer Stelle schon gesehen haben, kann sich die Vektorcodierung viel leichter als die lokale Codierung auf Ähnlichkeiten und folglich auf durch Änderungen entstandene Identitäten einstellen. Auf alle Fälle sollte man neue Erfahrungen sehr ernst nehmen, auch wenn wir uns auf neue linguistische und musikalische Muster beschränken und das Sehvermögen außer acht lassen.

4.7 Form durch Schattierung: Eine Studie aus dem Bereich der Neuroinformatik

Wir haben argumentiert, daß man aus der Tatsache, daß eine Zelle selektiv reagiert, nicht einfach *folgern* kann, sie würde sich bezüglich des Reizes, der die Maximalantwort hervorruft, wie eine Großmutterzelle verhalten. Es ist wahrscheinlicher, daß es sich bei einer Zelle, die auf eine um 45° gedrehte und sich bewegende Kante mit Maximalantwort reagiert, nur um einen Bestandteil eines sich aus vielen Elementen zusammensetzenden Vektors und nicht um einen lokalcodierten Detektor für um 45° gedrehte und sich bewegende Kanten handelt. Eine weitere Frage bezüglich der Zelle und ihrer Funktion lautet: Können wir zumindest folgern, daß es die Aufgabe der Zelle ist, um 45° gedrehte und sich bewegende Kanten aufzuspüren, auch wenn sie dabei nur ein Element des Vektors ist? Die meisten Leute, darunter auch die sonst vorsichtigen, werden diese Frage mit "ja" beantworten. Vielen mag es vielleicht überraschend erscheinen, aber auch in diesem Fall kann gezeigt werden, daß die Antwort "nein" lautet. Man muß sich im klaren darüber sein, daß es hier darum geht, was man aufgrund bestimmter Daten über die Zellfunktion aussagen kann, und was nicht. Es geht hier nicht um die Daten an sich. Wie kam es zu diesem überraschenden Ergebnis?

Zu diesem Ergebnis gelangte man aufgrund eines Computermodells, mit dessen Hilfe man herausfinden wollte, wie ein einfaches Netz aus drei Ebenen das Problem der Wahrnehmung lösen könnte. Genauer gesagt: Wie ist es uns möglich, die Formen oder Konturen von Objekten zu sehen, wenn uns als einzige Informationsquelle nur der Schattierungsgradient zur Verfügung steht [430]? Im Gegensatz zu einem Modell, das die Form eines Objektes anhand der Grenzlinien erkennt [397], geht es in diesem Modell um den Schattierungsgradienten [336] innerhalb der Grenzlinien. Zu den primären Eigenschaften einer Oberfläche gehört ihre Krümmung. Es gibt Oberflächen, z.B. eine Tischplatte, die eben sind und keine innere Krümmung aufweisen. Andere Oberflächen dagegen, wie beispielsweise Zylinder oder Kugeln, sind gekrümmt. Hier kann an jedem Punkt auf der Oberfläche der Grad der Krümmung durch die Richtungslinien entlang der Oberfläche mit maximaler und minimaler Krümmung charakterisiert werden. Es kann gezeigt werden, daß diese Richtungslinien stets im rechten Winkel zueinander stehen. Diese Werte nennt man Hauptkrümmungsrichtungen [322]. Die Hauptkrümmungsrichtungen und die Orientierung der Achsen reichen völlig zur Beschreibung einer lokalen Krümmung aus (Abbildung 4.23).

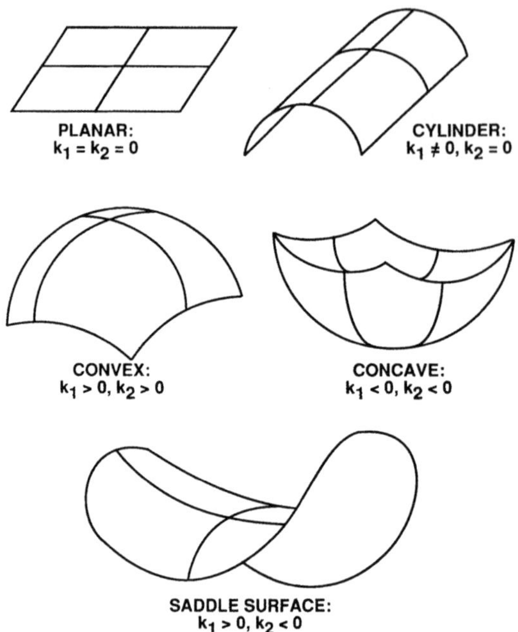

Abbildung 4.23   Hauptkrümmungsrichtungen einer Oberfläche. An einem Punkt der Oberfläche sind die Hauptkrümmungsrichtungen die beiden tangentialen Vektoren, entlang derer die Krümmungen maximal und minimal sind. Je nachdem, welche Vorzeichen die beiden Hauptkrümmungsrichtungen k_1 und k_2 haben, ist die Oberfläche konvex, konkav oder sattelförmig gekrümmt. Ist die Hauptkrümmungsrichtung 0, so bedeutet das, daß die Oberfläche entlang dieser Richtungslinie eben ist.

Ein Ableiten der Hauptkrümmungsrichtungen eines Bildes ist problematisch, da das Ausmaß der Grauschattierung von vielen Faktoren abhängt. So spielen beispielsweise die Richtung, aus der die Beleuchtung kommt, das Reflexionsvermögen der Oberfläche und die Orientierung der Oberfläche zum Betrachter eine Rolle. Auf irgendeine Weise gelingt es unserem visuellen System, diese Variablen voneinander zu trennen und Informationen über die Form eines Objektes unabhängig von anderen Variablen daraus abzuleiten. Pentland [567, 568] hat gezeigt, daß eine signifikante Menge an Informationen über das Krümmungsverhalten lokal verfügbar ist. Nichtsdestoweniger kann ein Teil der Information, wie z.B. die Richtung der Lichtquelle, nicht lokal abgeleitet werden. Lehky und Sejnowski [430, 432] konstruierten ein Netzmodell, das aus schattierten Bildern Informationen über das Krümmungsverhalten herleiten kann. Sie trainierten das Netz mit Hilfe der Fehlerrückpropagierung. Die Trainingsmenge bildeten Beispiele schattierter Formen (Abbildung 4.24).

Viele Beispiele einfacher Oberflächen (elliptische Paraboloide) wurden erzeugt

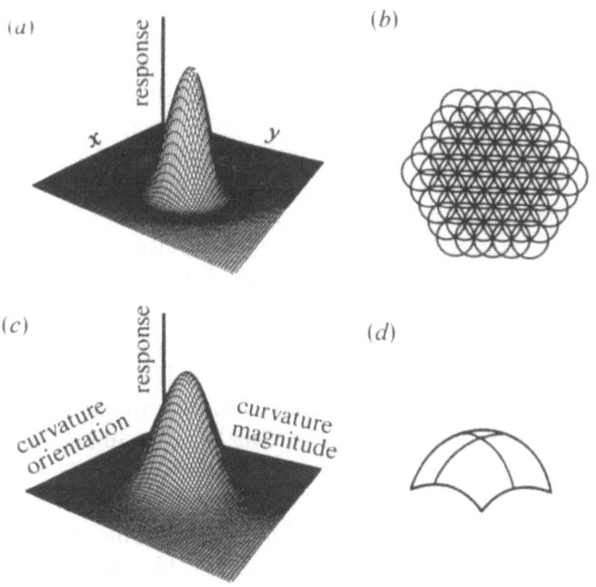

Abbildung 4.24   (a) Rezeptive Felder einer Eingabeeinheit. Hier handelt es sich um die Laplace–Transformation einer Gaussverteilten Funktion mit kreisförmiger Center–Surround Organisation, wie sie schon in den Abbildungen 2.27 und 2.28 dargestellt wurde. In dieser Abbildung wird eine EIN–Zentrum–Einheit gezeigt; in dem Netz gibt es aber auch AUS–Zentrum–Einheiten. (b) Eingabeeinheiten, die in Form von hexagonalen Feldern organisiert sind. Die Zentren der rezeptiven Felder sind als Kreise dargestellt; ein hohes Maß an Überlappung wird deutlich. Das Bild der Eingabe entstand aufgrund von EIN–Zentrum- und AUS–Zentrum-Feldern aus 61 Einheiten. (c) Die Ausgabeeinheiten hatten in einem Parameterbereich, der durch die Orientierung und die Größe der Hauptkrümmungsrichtungen definiert wurde, zweidimensionale Abstimmkurven. (d) Schematisch dargestellte Oberfläche mit den beiden Hauptkrümmungsrichtungen (minimale und maximale) im Zentrum der Oberfläche [432].

und dem Netz präsentiert. Mit Hilfe dieser Trainingsprozedur konnte man Gewichte finden, die in der Lage waren, die Hauptkrümmungsrichtungen dreidimensionaler Oberflächen und die maximale Krümmungsrichtung aus schattierten Bildern unabhängig von der Beleuchtungsrichtung abzuleiten. Die Eingabe in das Netz erfolgt durch die rezeptiven Felder einer Reihe von EIN–Zentrum–Zellen und AUS–Zentrum–Zellen, die denjenigen von Zellen des Corpus geniculatum laterale ähneln. Bei der Ausgabeebene handelt es sich um eine Population von Einheiten, die gemeinsam die Krümmungsrichtungen und die breit abgestimmten Richtungslinien der Maximalkrümmung repräsentieren. Bei den meisten Einheiten der dazwischenliegenden Ebene, die zur Durchführung der Transformation benötigt werden, kommt es im Verlauf des Trainingsvorgangs zu einer Orientierung der rezeptiven Felder (Abbildung 4.25). Tatsächlich haben ihre rezeptiven Felder Ähnlichkeit mit denjenigen einfacher Zellen in der Sehrinde bei Katzen und Affen, die besonders gut auf Balken und Kanten bestimmter Orientierung ansprechen. Es muß noch einmal betont werden, daß diese Eigenschaften der internen Einheiten (hidden units) nicht direkt in das Netz eingegeben wurden, sondern während des Trainings auftauchten. Das System eignet sich diese Eigenschaften an, da sie ihm bei der Bewältigung der Aufgabe, Formen aus Schattierungen zu erkennen (shape–from–shading task) von Nutzen sind.

Wir erinnern uns daran, daß die internen Einheiten für das Erfassen von Informationen über die Hauptkrümmungsrichtungen und über die Hauptorientierungen der Oberflächen erforderlich waren. In trainierten Netzen repräsentieren die internen Einheiten eine Intermediärtransformation für eine Berechnungsaufgabe, die völlig anders ist als diejenige, die man herkömmlicherweise den einfachen Zellen der Sehrinde zuschreibt. Die internen Einheiten machen nicht die Grenzlinien ausfindig, sondern bestimmen die Form anhand der Schattierung. Es hat sich jedoch herausgestellt, daß die internen Einheiten *rezeptive Felder haben, deren Eigenschaften denjenigen von einfachen Zellen in der Sehrinde ähneln* [430]. In anderen Worten: Die internen Einheiten der Modelle haben rezeptive Felder mit Eigenschaften, die die Schlußfolgerung scheinbar rechtfertigen, die Zellen seien auf die Ermittlung von Kanten und Balken spezialisiert. Dennoch besteht ihre nachweisbare und erlernte Funktion darin, aus schattierten Bildern Informationen über die Krümmung "abzulesen". Bei ihren Eingaben handelt es sich ausschließlich um fließende Übergänge zwischen Grautönen. Aus diesem Grunde kann man aus den Eigenschaften ihrer rezeptiven Felder nicht notwendigerweise folgern, daß die Funktion der Zelle in dem Aufspüren von Kanten und Balken an den Objekten liegt. Es könnte sich, wie im Fall des Netzmodells, um einen Zwischenschritt bei der Erkennung von Krümmungen und Formen oder vielleicht um irgeneine andere Oberflächeneigenschaft (z.B. die Textur) handeln. Weiter konnte man beobachten, daß das Ausmaß der Aktivierung an sich schon Informationsgehalt hat. Folglich müssen die Aussagen quantitativer werden; es reicht also nicht aus, nur von "aktiv" bzw. "inaktiv" zu sprechen. Als allgemeine Konsequenz folgt daraus, daß man die Funktion der einzelnen internen Einheiten in einem Netz nicht einfach aufgrund von "Aufzeichnungen" der Rezeptorfeldeigenschaften bestimmen kann. Das wiederum bedeutet, daß die Ableitungsregel, die von den Eigenschaften der rezeptiven Felder auf die Funktion schließt, unhaltbar ist, auch wenn sie noch so plausibel erscheint.

Außerdem hat man herausgefunden, daß dann, wenn es sich bei dem Reiz um einen Balken handelt, die Ausgabezellen eines Netzes, die auf das Erkennen von Hauptkrümmungsrichtungen und Hauptorientierungen ausgerichtet waren, in ähnlicher Weise wie die komplexen Zellen mit "End-Stopping" in der Sehrinde reagieren konnten. Hätte man also solch eine Einheit bezüglich ihrer Reaktion auf

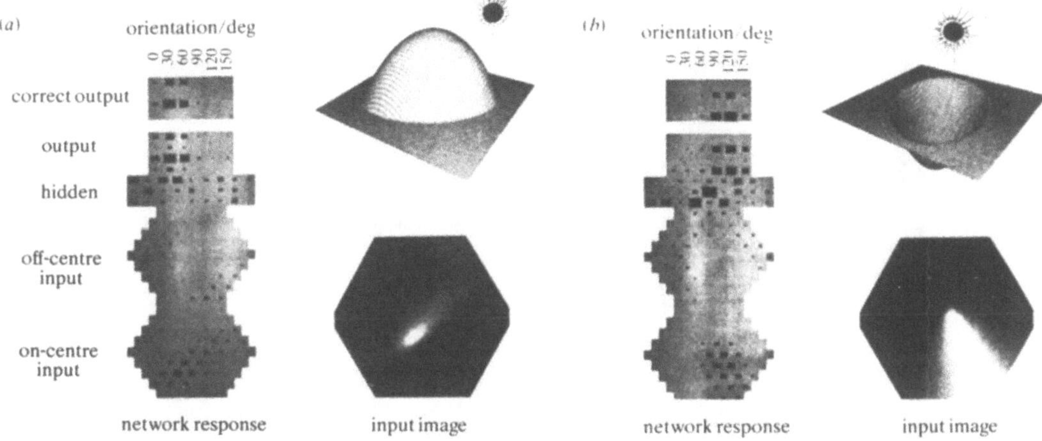

Abbildung 4.25   Antworten eines Netzes auf zwei typische Bilder; das eine Bild ist konvex (a) und das andere ist konkav (b). Die Eingabeikonen zeigen die Antworten von 61 EIN–Zentrum- und 61 AUS–Zentrum–Eingabeeinheiten, die durch Faltung der rezeptiven Felder mit dem Bild berechnet wurden. Die Größe eines schwarzen Rechtecks ist proportional zur Aktivität einer Einheit. Konvergierende Eingaben von Synapsen aus der Eingabeebene führten bei den 27 internen Einheiten zu Aktivität; dargestellt ist dies in dem aus 3 × 9 Einheiten bestehenden Feld oberhalb des Eingabesechsecks. Die internen Einheiten wiederum projizierten auf die 24 Ausgabeeinheiten umfassende Ausgabeschicht; zu sehen ist dies in dem 4 × 6 Feld darüber. Man sollte diese Ausgabe mit dem 4×6 Feld ganz oben (gesondert dargestellt) vergleichen, wo die richtige Antwort auf die Bildeingabe aufgeführt ist. In den 4 × 6 Feldern beziehen sich die Spalten auf verschiedene Spitzenwerte bei der Abstimmung auf bestimmte Orientierungen (0, 30, 60, 90, 120 und 150). Die Reihen entsprechen den verschieden großen Krümmungen. Die beiden oberen Reihen codieren für die positiven und negativen Werte der kleineren Hauptkrümmungsrichtung (C_S); die beiden unteren Reihen geben das gleiche für die größere Hauptkrümmungsrichtung (C_L) wieder [432].

einen Balken untersucht, könnte man aufgrund ihrer Antwort zu der Schlußfolgerung kommen, es handele sich um einen Detektor mit "End–Stopping" für Balken. Dennoch war sie bis zu diesem Zeitpunkt noch nie mit Balken in Berührung gekommen (Abbildung 4.26).

Als man die Funktion einer Einheit des Netzmodells [430] bestimmen wollte, war es ganz wesentlich, daß man Informationen über ihre Ausgabe — ihr "projektives Feld" — hatte. Das projektive Feld einer Einheit liefert uns zusätzliche Informationen, die nötig sind, um die Rolle der Einheit im Hinblick auf die berechnenden Eigenschaften des Netzes zu interpretieren. In einem Netzmodell kann

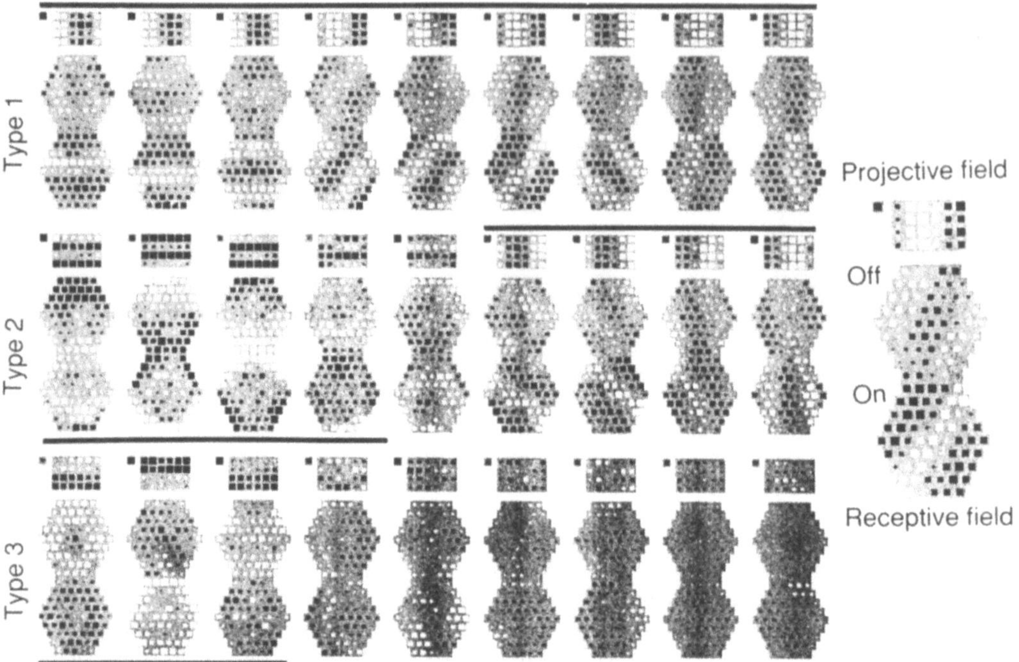

Abbildung 4.26   Diagramm, das die Stärken der Verbindungen in dem Netz zeigt. Jede der 27 internen Einheiten wird durch eine sanduhrförmige Ikone dargestellt. Gezeigt wird ein rezeptives Feld der Eingabe aus EIN–Zentrum- und AUS–Zentrum–Einheiten und ein projektives Feld der Ausgabe (4 × 6 Einheiten, oben dargestellt). Die Organistaiton des 4×6–Feldes entspricht der von Abbildung 4.25. Die exzitatorischen Gewichte sind weiß und die inhibitorischen Gewichte sind schwarz dargestellt. Die Verbindungsstärke wird durch ein Rechteck angezeigt. Einzeln stehende Rechtecke (links oben von den Ikonen) geben die Tendenz der Einheit an (gleichbedeutend mit einem negativen Schwellenwert). Die Einheiten werden entsprechend ihrer Organisation der rezeptiven und projektiven Felder zu Gruppen zusammengefaßt (schwarze Linien). Diese Gruppierung wurde per Hand im Zusammenhang mit der Analyse des Modells durchgeführt und stellt keine Eigenschaft des Modells an sich dar. (Aus [432].)

man das projektive Feld direkt untersuchen. In wirklichen neuronalen Netzen hingegen ist es nur möglich, indirekt Rückschlüsse zu ziehen, indem man die nächste Verarbeitungsstufe untersucht. Ob beispielsweise die Krümmungsrichtung in der Sehrinde direkt repräsentiert wird oder nicht, kann ausgetestet werden, indem man sich Experimente mit Bildern von gekrümmten Oberflächen ausdenkt. Im Einklang mit der Vektorcodierungshypothese, käme es nicht überraschend, wenn man einfache Zellen finden würde, die auf eine ganze Reihe bestimmter Eingaben reagieren — z.B. sowohl auf Schattierungen außerhalb der Grenzlinien als auch auf die Grenzlinien. Selbst dann, wenn die Reaktion auf ein gekrümmtes Bild nicht sehr stark ist, kann die Zelle trotzdem Bestandteil eines Vektors sein, der die Krümmung repräsentiert.

Man könnte den Einwand erheben, dieses Modell sei in bezug auf die neurobiologischen Grundlagen bei der Bestimmung von Formrepräsentationen aus Schattierungsignalen irrelevant, da es in mehreren wichtigen Punkten nicht realistisch genug ist. So können z.B. die Einheiten des Modells, im Gegensatz zu wirklichen Neuronen, sowohl exzitatorisch als auch inhibitorisch wirken. Zweitens ist es nur vorwärtsgerichtet, und man weiß sehr wohl, daß es im Gehirn rückwärtsgerichtete Projektionen gibt. Drittens verfügt das Modell nur über eine kleine Auswahl des Antwortrepertoires wirklicher Neuronen. Selbst dann, wenn berechnungstechnisch interessante Ergebnisse auftauchen sollten, kann man nicht erwarten, daß sie viel mit dem wirklichen Nervensystem gemeinsam haben.

Obwohl es dem Modell im Hinblick auf die angeführten Punkte wirklich an Realismus fehlt, ist es wichtig zu erkennen, was man aus dem Modell lernen kann, und was nicht. Dieses Modell befaßt sich mit Fragen auf der Netzebene. An dieser Stelle interessiert nicht, wie Neuronen der Schicht 4C in V1 ihre typischen Antworteigenschaften zeigen und folglich auch nicht, wie es aufgrund der Konnektivität und aufgrund der inneren elektrophysiologischen Merkmale zu diesen Eigenschaften kommt. Dieses Modell geht vielmehr schon von den physiologischen Daten aus, die zu bestimmten Eigenschaften von 4C-Neuronen führen. Erst dann wird gefragt, ob ein Netz bestehend aus Einheiten, die genau dieses Antwortverhalten zeigen, in der Lage wäre, Formen anhand von Schattierungen zu erkennen. Tatsächlich bezieht sich die Antwort, daß sie dazu fähig sind, genau auf *diese* Frage. Kann das Netz also keine Antworten auf andere Fragen liefern, wenn es z.B. nicht beantworten kann, wie die typischen Reaktionen der 4C-Zellen zustandekommen, so kann man daraus nicht auf die Unzulänglichkeit des Netzes schließen; mag man sich eine Antwort auf diese Frage auch noch so sehr wünschen. Anders ausgedrückt: Es besteht ein Unterschied zwischen einem Modell, das die Antworteigenschaften nachahmt und einem Modell, das die Erzeugung der Antworteigenschaften nachahmt. Wie dem auch sei, es ist ist besser, auf dieser Ebene ein Modell zu haben als überhaupt keines. Denn ein Modell auf dieser Ebene ist bei der Einordnung von Daten hilfreich und gibt Anregungen zu neuen Experimenten, die sich dann auf den entsprechenden Ebenen abspielen. Da sich dieses Modell mit Fragen auf der Ebene von Antworteigenschaften befaßt, zielt ein Versuch darauf ab, die Frage zu beantworten, wie die Zellen der Sehrinde in Wirklichkeit auf Bilder von dreidimensionalen Objekten reagieren, wobei die Schattierung einen wichtigen Hinweis auf die Form liefert. (Über Realismus und Modelle wurde schon an früherer Stelle diskutiert. Siehe dazu Kapitel 3, Abschnitt 12.)

Das Form-durch-Schattierungsmodell (shape-from-shading model) ist in methodologischer Hinsicht bedeutsam. Mit etwas mehr neurobiologischem Realismus, d.h. mit einer Eingabe vergleichbar derjenigen beim Corpus geniculatum laterale, Vektorcodierung und Vektor-Matrix-Transformationen, kann man mit Hilfe dieses Modells zwei interessante Dinge zeigen. Zum einen ist ein einfaches, mittels Rückpropagierung (back- propagation) trainiertes Netz aus drei Ebenen in der Lage, die Aufgabe, Formen aus Schattierungen zu erkennen, teilweise sehr erfolgreich zu lösen. Diese Veranschaulichung ist schon allein deswegen instruktiv, weil es mit Hilfe der herkömmlichen Versuche im Bereich der KI nicht möglich war, eine zufriedenstellende Lösung für dieses Problem zu finden. Dagegen war es für Netze sehr einfach, das Einschätzen lokaler Formen anhand von Schattierungen zu erlernen, indem es Beispiele verallgemeinert.[11] Auf jeden Fall wird hier die Berechnungspotenz eines Netzes verdeutlicht. Aber da ist noch etwas anderes. Es wird nämlich auch dargestellt, wie man durch die Vektorcodierung von Neuronen der Lösung der Frage, wie das aktuelle Problem im Gehirn gelöst wird, ein ganzes Stück näher gebracht werden könnte — und in diesem Fall meinen wir wirklich *"könnte"*. Zumindest scheint die grundsätzliche Ausrichtung des Modells, wenn auch nicht bis ins Detail, zu stimmen. Das Modell verdeutlicht aber auch, daß allererste Interpretationen, die aufgrund von Aufzeichnungen an einzelnen Zellen entstanden sind und einzig und allein auf den wechselseitigen Beziehungen zwischen dem präsentierten Reiz und den Antworteigenschaften der Zelle basieren, in der Tat völlig irreführend sein können. Informationen über das rezeptive Feld sind alleine nicht ausreichend, um die Funktion einer Zelle zu bestimmen. In Anbetracht der favorisierten Annahmen, die hinter den spezifischen Detektorzellen stecken, und in Anbetracht dessen, daß die Forschung ausschließlich nach der Bottom–up–Strategie durchgeführt wird, handelt es sich hier um eine Demonstration, die weitreichende Konsequenzen haben wird.[12]

4.8 Stereoskopisches Sehen

Das Sehvermögen bei Primaten ist verblüffend reichhaltig und umfaßt viele Faktoren: Mustererkennung, Farbkonstanz, Größenkonstanz, Bewegungsparallaxe, Festhalten von Bewegungen, Machsche Bänder, (Mach bands) Texturgradienten, perspektivische Effekte, Sakkaden (schnelle und langsame), Foveation, Verfolgung mit den Augen (tracking) . Es gibt viel zu viele Variablen, als daß man sie alle auf einmal simulieren könnte, und eine Datenbank dieses Umfangs könnte nicht erstellt werden. Andererseits, wenn man die Probleme getrennt voneinander, eins nach dem anderen (beispielsweise das Erkennen von Formen durch Schattierungen oder die dreidimensionale Wahrnehmung) behandelt, läuft man ständig Gefahr, zu einer nur begrenzt gültigen Lösung zu kommen, da man die *Wechselwirkungen*

---

[11] Dieses Netz befaßt sich nicht mit dem Gesamtproblem, wie ein lokales Einschätzen der Form aufgrund von Schattierungen mit anderen Dingen, die auch Hinweise auf die Form eines Objektes liefern, z.B. mit den abgrenzenden Konturen, kombiniert werden kann.

[12] Obwohl das Lehky–Sejnowski–Modell nicht–linear ist, filtern seine "einfachen Zellen" annähernd linear. Das läßt vermuten, daß die Fülle an Information mit Hilfe einer linearen Analyse gewonnen werden könnte. Genau dies konnte Pentland nun zeigen [568].

zwischen den Mechanismen vernachlässigt. Aber genau diese Wechselwirkungen sind für die Mechanismen typisch. Trotz dieser Mängel wird man der zweiten Alternative den Vorzug geben, denn im allgemeinen ist es immer noch besser, ein kleines Stück weiter zu kommen als überhaupt nicht. Mit etwas Glück lernen wir anhand der einfachen Modelle etwas hinzu, was wir bei weiteren, realistischeren Simulationen verwenden können.

In diesem Abschnitt behandeln wir das Problem des stereoskopischen Sehens isoliert von den restlichen, miteinanderer verflochtenen Fähigkeiten. Obwohl wir uns die ganze Zeit über bewußt sind, daß es sich beim steroskopischen Sehen nicht um einen isolierten Modul handelt, können wir trotzdem einige der psychophysischen Parameter und etwas über die als wichtig erachtete neuronale Anatomie angeben. Mit diesem Rüstzeug können wir beginnen, das Problem an Computernetzen zu studieren. Dabei hoffen wir, daß wir zumindest die Fragen eingehender und genauer verstehen werden. Vielleicht können wir dann sogar eine umfassende Hypothese für den Mechanismus angeben.

Psychologische Parameter

Als Kind bemerkt man, daß mit jedem Auge leicht unterschiedliche Dinge gesehen werden. Insbesondere wenn man ein sich hinter einem Tintenfaß befindendes Lineal betrachtet, werden beim Zukneifen des rechten Auges die Ziffern "2" und "3" sichtbar, die beim Zudrücken des linken Auges nicht erkennbar sind. Ein Zukneifen des linken Auges läßt die Ziffer "5" sichtbar werden, die bei Abdecken des rechten Auges nicht gesehen wird. Dinge in der Mitte des Schreibtisches, vor allem dann, wenn sie sich im Vordergrund befinden, nehmen ganz verschiedene relative Positionen ein. Was bedeutet das? Gibt es so etwas auch bei anderen Menschen? Warum verursachen diese Unterschiede keine Probleme, wenn beide Augen geöffnet sind? Warum scheinen die Unterschiede zu verschwinden?

Durch Selbstbeobachtung ist nicht klar erkennbar, warum dadurch, daß die beiden Augen unterschiedliche Dinge sehen, stereoskopisches Sehen, also eine binokulare Wahrnehmung von Tiefe, ermöglicht wird. Schließlich kann man auch mit einem Auge noch sehen, daß sich das Lineal hinter dem Tintenfaß, aber vor dem Winkelmesser befindet. Auf dem Feld kann man immer noch erkennen, welche Heuballen nahe sind und welche sich weiter weg befinden; man kann noch immer sehen, daß die Mähmaschine näher als der Ballen ist. Wie wir wissen, werden in diesen Beispielen andere Hinweise auf Tiefe herangezogen: *Okklusion* des Radiergummis durch das Tintenfaß, *Textur-* und *Größe*ngradienten, die zeigen, welche Heuballen sich vor und welche sich hinter anderen Heuballen befinden, Bewegungsparallaxe, die anzeigt, daß die Mähmaschine näher als der Ballen ist, ebenso wie perspektivische Effekte und die allgemeine Kenntnis davon, wie Dinge aussehen. Bei nur flüchtigem Hinsehen ist es schwierig, genau zu erkennen, was, abgesehen vom seitlichen Stück vom Gesichtsfeld, sonst noch verloren geht, wenn das binokulare Sehvermögen auf monokulares Sehen reduziert wird. Stereoskopisches Sehen wird von uns, ebenso wie Bewegungsparallaxe und Farbkonstanz,

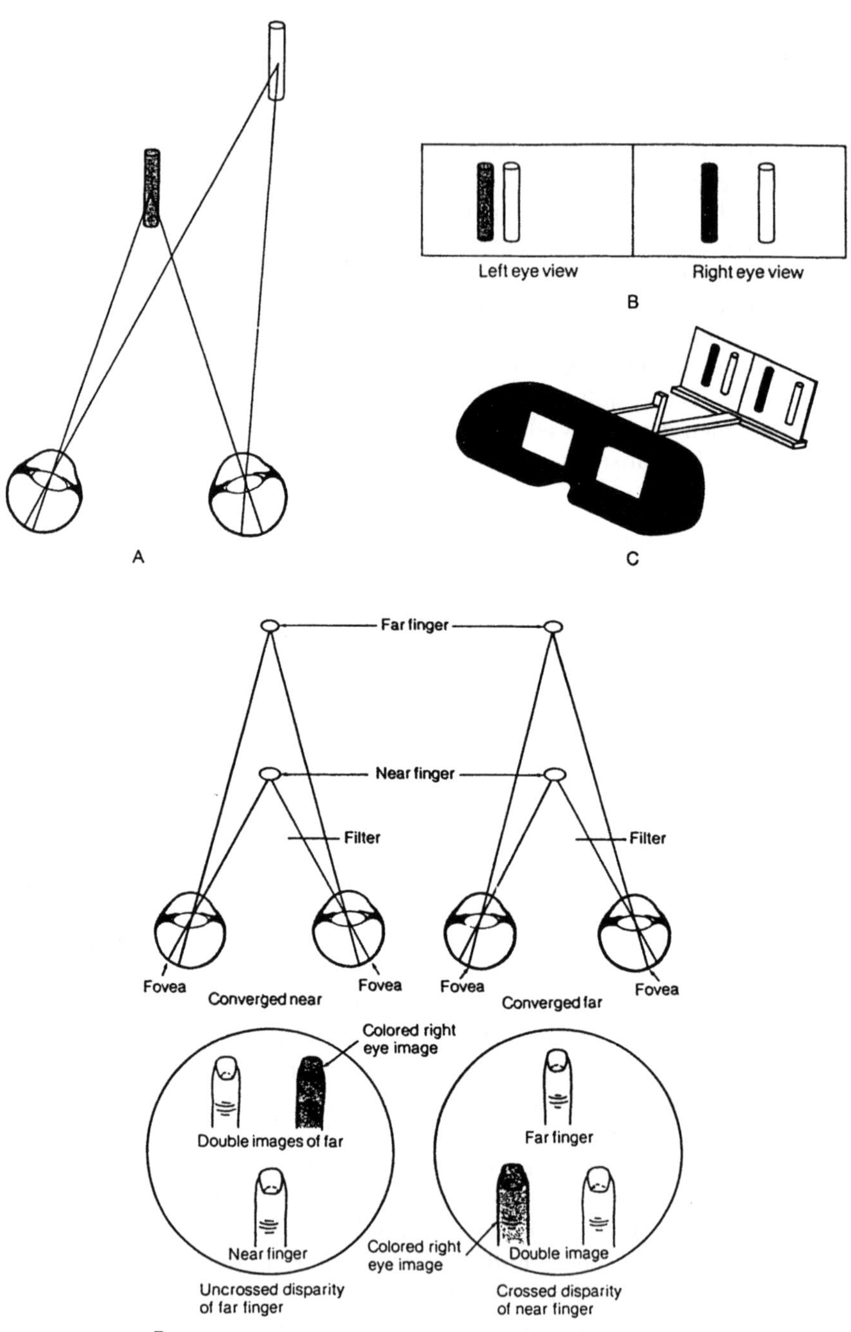
Left eye view
Right eye view
B
A
C
Far finger
Near finger
Filter
Filter
Fovea
Converged near
Fovea
Fovea
Converged far
Fovea
Colored right
eye image
Double images of far
Near finger
Uncrossed disparity
of far finger
Far finger
Colored right
eye image
Double image
Crossed disparity
of near finger
D

routinemäßig verwendet, wobei wir uns noch nicht einmal bewußt werden, daß es
so etwas überhaupt gibt.

In der Mitte des 19. Jahrhunderts fanden David Brewster und Charles Wheatstone (berühmter Erfinder der Wheatstone–Brücke) unabhängig voneinander heraus, daß die Disparationen (Verschiedenheiten) der beiden Retinabilder vom Sehsystem zur Erzeugung einer Tiefenwahrnehmung verwendet werden. Brewster
baute 1849 ein Stereoskop, mit dem es möglich war, jedem Auge jeweils nur ein
Bild zu präsentieren. Abgesehen davon, daß Elemente einer Szene leicht nach links
oder rechts verschoben wurden, waren die Bilder identisch. So wurde eine Disparation an den Stellen der Retinas erzeugt, auf die das Licht dieser Elemente traf.[13]
Indem Brewster die Disparation der Bilder in unterschiedlichem Maße variierte,
konnte er den wahrgenommenen Grad von Tiefe verändern (Abbildung 4.27). Ein
behelfsmäßiges Stereoskop besteht aus einer langen Hülle, die die Bilder an einem
Ende von den Augen am anderen Ende trennt. Man kann auch erlernen, die Bilder
ohne Hilfsmittel zum Verschmelzen (free–fuse) zu bringen. Das geschieht entweder
durch Schielen mit den Augen oder durch Entspannen der Vergenz (Ablenkung
der Blickrichtung), was zu einem Divergieren der Augen führt. Man sollte jedoch
bedenken, daß sich, je nachdem, welche Methode verwendet wird, die Tiefe der
Objekte umkehrt.

Der normale Augenabstand beträgt beim Menschen ungefähr 6 cm. Dadurch
wird die Tiefe des stereoskopischen Sehens festgelegt. Bei einem Augenabstand
von 6 cm verschwindet ungefähr ab einer Entfernung von 100 m die Fähigkeit
einer guten dreidimensionalen Wahrnehmung, da in dieser Entfernung das Licht
von den Objekten auf den beiden Retinas im wesentlichen auf dieselbe Stelle
fällt. Bei einer Entfernung, die größer als 100 m ist, müssen, da das stereoskopische Sehvermögen allmählich verschwindet, die Tiefenunterschiede von Objekten
durch etwas anderes als die Retinadisparation ermittelt werden, wenngleich es
keinen Hinweis auf ein Phänomen gibt, das auf solch eine Verlagerung bei der
Wahrnehmung hindeuten könnte. In anderen Worten: Die Bilder der Retina sind
im Unendlichen (virtual infinity) identisch. Folglich sind in großen Entfernungen

---

[13]Tatsächlich baute Wheatstone das erste Stereososkop 1838 unter Verwendung von Spiegeln.
Den Entwurf von Brewster nennt man das "lentikuläre" Stereoskop. Dieses Prismenstereoskop
fand in den Viktorianischen Salons häufiger Verwendung [284].

Abbildung 4.27 (A) Die beiden Augen sehen leicht unterschiedliche Aspekte der visuellen Szene. (B) Ein Stereogramm ist eine Repräsentation, die in einer Ebene dargestellt
ist und die Tiefenunterschiede zwischen den beiden Retinabildern eines Objektes nachahmt. (C) Ein Stereogramm wird durch ein Stereoskop betrachtet, das eine getrennte,
aber gleichzeitige Stimulation beider Augen gestattet. (D) Fixation auf ein nahes Objekt
erzeugt Doppelbilder des fernen Objekts (links). Fixation auf das ferne Objekt ergibt
Doppelbilder des nahen Objekts (rechts). (Mit Erlaubnis aus [135]. Copyright ©1989
Harcourt Brace Jovanovich, Inc.)

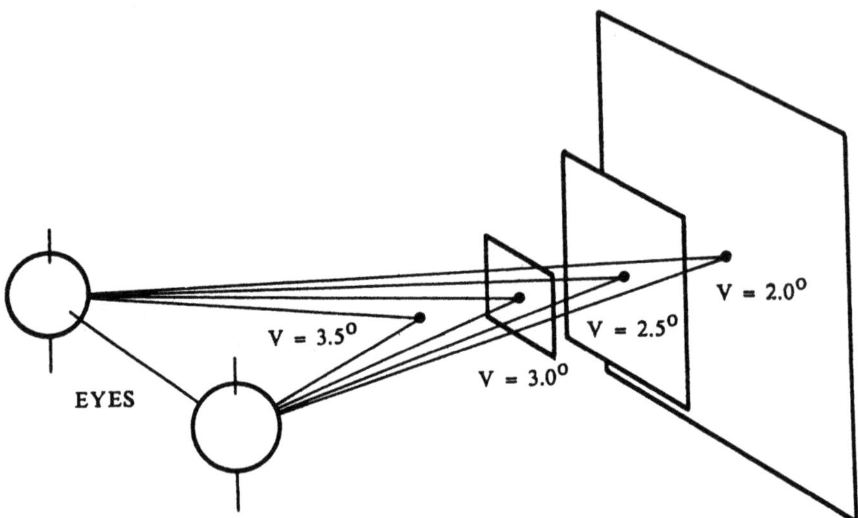

Abbildung 4.28   Drei sichtbare Ebenen mit verschiedenen Fixationspunkten. Die Fixation wird durch Drehung der Augäpfel bestimmt, wobei vier verschiedene Vergenzwinkel entstehen. Die Fixation im Unendlichen ist als Vergenz 0 definiert. Die drei hier dargestellten Ebenen beziehen sich auf die erkennbaren Ebenen des Stereopaares in der Abbildung 4.38. (Mit freundlicher Genehmigung von P.M. Churchland.)

die relative Bewegung, die Auswirkungen der Perspektive und die Okklusion als entscheidende Tiefenhinweise anzusehen.

Sehen die beiden Augen, so wie es beim Frosch der Fall ist, völlig verschiedene Szenen, und wird keiner der beiden Kanäle gehemmt, dann ergeben sich Doppelbilder. Die Augen von Primaten sehen Szenen, die etwas voneinander abweichen. Warum sind wir nicht doppelsichtig? Grob ausgedrückt lautet die Antwort folgendermaßen: Dort, wo wir im Raum fixieren, werden vom Gehirn die beiden zweidimensionalen Repräsentationen zu einer 3–D–Repräsentation verschmolzen. Man kann durch Änderung der Vergenz, d.h. indem die Position der Fovea mittels einer Drehbewegung der Augäpfel in den Augenhöhlen verändert wird, in verschiedenen Tiefen fixieren (Abbildung 4.28). Angenommen, die Fixationsebene befindet sich in einem Abstand von 20 cm — das entspricht in etwa dem Leseabstand. In dieser Entfernung haben die Objekte eine Disparation von Null und die beiden foveatisierten Bilder der Augen werden zu einem Bild verschmolzen. Objekte, die sich vor oder hinter der Fixationsebene befinden, werden auf verschiedene Stellen der Retina treffen. Durch diese Disparation erhält das Gehirn Informationen über die Tiefe der Objekte in Relation zur Fixationsebene. Da an dem Fixationsvorgang die Vergenz beteiligt ist, kann das Gehirn mit Hilfe der Position der Augäpfel die absolute Tiefe des fixierten Objekts berechnen (siehe auch [142]).

Am Fixationspunkt trifft das von einem Objekt reflektierte Licht in beiden

Retinas auf die gleiche Stelle. Ein Horopter ist eine gekrümmte Oberfläche, die das Gesichtsfeld des Betrachters angibt. Laut Definition handelt es sich dabei um die Menge der Punkte, die auf die gleichen Retinastellen abgebildet werden. Innerhalb eines Bereichs von 10–20 Bogenminuten (arc min) auf beiden Seiten des Horopterkreises können leicht disparate Bilder vom Gehirn miteinander verschmolzen werden und führen so zur Wahrnehmung eines einzigen, klar definierten Objekts. Diesen Bereich, dessen Form je nach Abstand des Betrachters variiert, bezeichnet man als Panumschen Fusionsbereich (Abbildung 4.29). Innerhalb dieses Bereichs erscheinen Objekte scharf, Grenzen sind klar, und die relative Tiefe ist völlig eindeutig erkennbar. Die Fähigkeit, Bilder zu einer einzigen Wahrnehmung zu verschmelzen, verschwindet allmählich, wenn sich die Objekte den Grenzen des Panumschen Bereichs nähern. Mit zunehmender Entfernung zum Horopter vergrößert sich die Disparation, und genau von der Grenze des Panum'schen Bereichs an, können die Bilder nicht mehr verschmolzen werden. Werden die Entfernungen der Objekte zum Horopter noch größer, können also die Bilder nicht mehr verschmolzen werden und die Genauigkeit bei der Tiefendiskriminierung entfällt. Das gilt sowohl für Objekte, die sich näher am Betrachter, als auch für solche, die sich weiter weg befinden. Achtet man auf solche nicht–verschmelzbaren Wahrnehmungen, ohne dabei den Fusionsabstand zu verändern, kann man feststellen, daß von einzelnen Objekten Doppelbilder entstehen. Das gilt vor allem dann, wenn sich die Objekte im Vordergrund befinden. Gibt es bei zwei Bildern Stellen, die unverschmelzbar sind, geht das Gehirn im Normalfall folgendermaßen vor: Eine der beiden voneinander abweichenden Stellen wird unterdrückt. Welche von beiden das ist, hängt vor allem von solchen Faktoren wie Aufmerksamkeit und Intensität der Information ab. Die beiden unverschmelzbaren Stellen können auch abwechselnd unterdrückt werden. Nur innerhalb des ziemlich schmalen Panumschen Bereichs werden die Bilder zu einem Bild vereinigt, und nur dort ist die Tiefendiskriminierung der Objekte ganz exakt. Normalerweise führen die Augen viele schnelle Vergenzänderungen durch (ungefähr alle 200 msec). Auf diese Weise entsteht der Eindruck, der Fusionsbereich würde fast das ganze Gesichtsfeld umfassen. Durch sorgfältig ausgeführte Experimente kann jedoch gezeigt werden, daß es sich bei dem Panumschen Bereich in Wirklichkeit nur um ein ziemlich schmales Band handelt, das die Fixationsebene umgibt.

Stereoskopisches Sehen gelingt am besten, wenn sich der Horopter innerhalb der Reichweite eines Armes befindet. Und hier ist stereoskopisches Sehen natürlich auch besonders nützlich. Dies ist der Bereich, wo wir Nadeln einfädeln, Splitter entfernen, zeichnen und schnitzen. Durch Verwendung von Spiegeln kann der Interokularabstand auf effiziente Weise vergrößert und der Entfernungsbereich, innerhalb dessen eine scharfe dreidimensionale Wahrnehmung noch möglich ist, erweitert werden. Das Rezept ist ziemlich einfach. Man bringt an beiden Seiten eines Helms Stäbe an und befestigt an den Enden Spiegel, die in einem bestimmten Winkel stehen. Auf diese Weise werden Bilder auf eine zentrale, V–förmige Anordnung von Spiegeln abgebildet, die wiederum Licht in die Augen reflektiert.

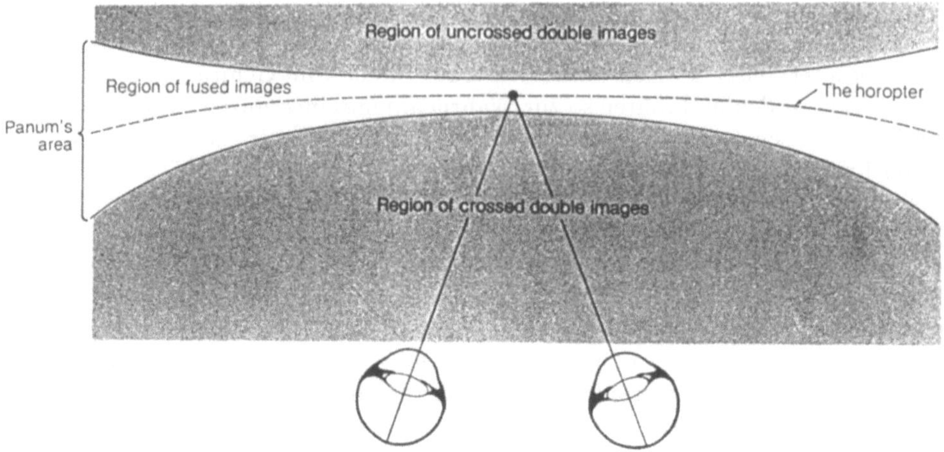

Abbildung 4.29   Der Horopter und der Panumsche Fusionsbereich werden am Beispiel eines speziellen Fixationsabstandes gezeigt. Befinden sich die Objekte näher am Betrachter als der Fixationsabstand, spricht man im Englischen von "crossed images". Sind die Objekte weiter entfernt, nennt man die Bilder "uncrossed". (Mit Erlaubnis aus [135]. Copyright ©1989 Harcourt Brace Jovanovich,Inc.)

Durch diese Anordnung wird simuliert, daß sich an den Stabenden Augen befinden. Die Idee ist zwar einfach, die Durchführung jedoch ganz schön kompliziert (es besteht beispielsweise die Gefahr, daß man mit den Stabenden gegen einen Baum schlägt). Zu annähernd dem gleichen Ergebnis kann man auch auf einfachere Weise kommen, indem man Photographien, besser noch Dias, verwendet.

Man macht zwei Aufnahmen im Abstand von 6 Zoll, einer Fußlänge oder sogar mehrerer Meilen. Dann bringt man sie auf einer Leinwand zusammen, so daß sie auf eine der erwähnten Arten miteinander verschmolzen werden können. Die Folge davon ist, daß eine Wahrnehmung von Tiefe entsteht. Auf diese einfache Weise kann man Retinadisparation für weit entfernte Bilder erhalten, die ansonsten die gleichen Retinastellen einnehmen würden. Objekte im Vordergrund können in Stereogrammen mit breiter Grundlinie (wide–baseline stereogram) nicht miteinander verschmolzen werden, da ihre Disparation zu groß ist. Dies wird vom Gehirn jedoch wissentlich als Störfaktor ignoriert. Weit entfernte Objekte, beispielsweise den vertrauten Anblick einer Bergkette, kann man jetzt in atemberaubender Tiefe wahrnehmen, was mit bloßem Auge nicht möglich ist. Als Nebeneffekt erscheinen in einem Stereogramm mit breiter Grundlinie die Objekte verkleinert. Man kommt sich vor wie ein Riese, der auf eine Szene in Lilliputformat hinunterschaut. Tatsächlich ist dies gar nicht so sonderbar. Hier macht sich bemerkbar, daß das Gehirn davon ausgeht, daß es normalerweise in Entfernungen von mehr als 100 m keine Tiefe mehr wahrnehmen kann, da der Interokularabstand im Normalfall nur 6 cm beträgt. Erscheinen also ein Berg, ein Gewitter und der Anblick einer Stadt in binokularer Tiefe, wird vermutet, daß diese sich innerhalb einer Entfernung von 100 m zu den Augen befinden. Folglich müssen sie sehr klein sein, wenn sie noch stereoskopisch wahrgenommen werden können.

Ist die stereoskopische Wahrnehmung von der Objekterkennung abhängig? Bela Julesz hat 1971 herausgefunden, daß die Antwort überraschenderweise "nein" lautet. Wie sehen die Experimente zur Erforschung dieser Frage aus? Julesz bedeckte zwei Seiten mit zufällig verteilten Punkten. Betrachtete man die Seiten einzeln, so sah man nur etwas Ähnliches wie Schnee. Wurde eine bestimmte Menge von Punkten — z.B. die Punktmenge innerhalb eines Rechtecks — in einem Bild vorsichtig zur linken Seite verschoben und wurde anschließend versucht, das Paar entweder ohne Hilfsmittel (free–fusing) oder mit Hilfe eines Stereoskops miteinander zu verschmelzen, so konnte man die dreidimensionale Wahrnehmung eines Rechtecks aus Punkten sehen, das sich von dem Punktehintergrund abhebt(Abbildung 4.30). In keinem der beiden Bilder gibt es so ein hervorstehendes Rechteck; es wird nur aufgrund der künstlich erzeugten Retinadisparation gesehen, da für das Gehirn Retinadisparation gleichbedeutend mit Tiefe ist. So wird das Gehirn also fälschlicherweise dazu gebracht, Tiefe zu sehen, wo in Wirklichkeit überhaupt keine existiert.

Manchmal dauert das Verschmelzen von Julesz Stereogrammen ungefähr eine Minute. Während dieser Zeit probiert das Gehirn auf seiner Suche nach den passenden Retinabildern, die ein Verschmelzen erlauben und somit ein zusammenhängendes Bild ergeben, mehrere Vergenzen aus. Es gibt nur ein einziges passendes Gegenstück. Ist dieses gefunden (nämlich das Rechteck mit den verschobenen Punkten), fixiert das Gehirn in einer virtuellen "Ebene", indem alle anderen Punkte disparat auf der Retina und folglich in einer anderen Tiefe als das Rechteck wiedergegeben werden. Das deutet darauf hin, daß die Mengen der passenden Stereogrammpunkte, die in einer Fusionsebene zusammengebracht worden sind, als Maßstab für das ganze Gesichtsfeld angesehen werden. Die Bestimmung von Tiefe erfolgt nämlich in Relation zur Fixationsebene. Alle Punkte innerhalb der Grenzen des Rechtecks scheinen sich abzuheben; alle außerhalb der Grenzen befindlichen Punkte scheinen hinter dem Rechteck zu liegen. Bemerkenswert ist dabei auch, daß ein Stereogramm mit zufälliger Punkteverteilung nach einer vorhergehenden, erfolgreichen Verschmelzung beim zweiten Betrachten bedeutend schneller als beim ersten Mal verschmolzen werden kann. Das deutet darauf hin, daß sich das Gehirn gemerkt hat, wo die relevante Vergenz liegt.

Wie weiß das Gehirn, was verschmolzen werden soll und in welcher Tiefe fixiert werden muß? Da wir keine bewußten Berechnungen durchführen, hat es den Anschein, als müsse dies für das Gehirn ganz einfach klar ersichtlich sein. Das stimmt natürlich nicht. Sollen zwei Bilder als Repräsentation eines einzigen Objekts miteinander verschmolzen werden, müssen sie sich sehr ähnlich sein. Besonders im

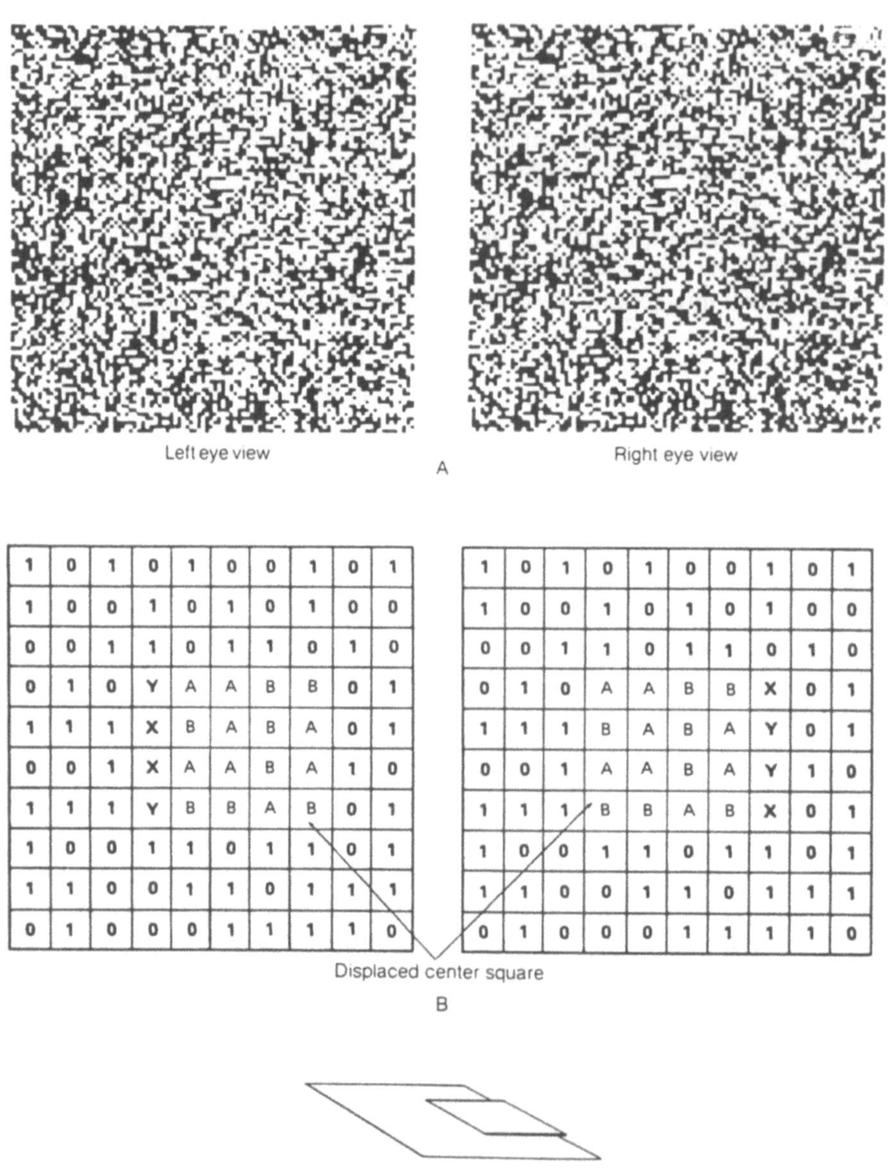

Abbildung 4.30   (A) Stereogramm mit zufälliger Punkteverteilung. (B) Die Art und Weise, wie A konstruiert wurde. (C) Werden die beiden Bilder vereinigt, sieht man in der Mitte ein Rechteck, das sich vom Hintergrund abhebt [381].

Fall eines Stereogramms mit zufälliger Punkteverteilung scheint das Gehirn vor einer sehr schwierigen Aufgabe zu stehen, will es die passenden Punktepaare finden. In der Literatur ist dieses Problem unter der Bezeichnung Korrespondenzproblem bekannt. Normalerweise ist das Problem einfacher zu lösen als im Fall der Julesz–Stereogramme, da die Objekte in den Szenen nur einmal vorkommen; so gibt es z.B. nur ein Pferd, nur einen Hund, der sich links vom Pferd befindet, und einen Heuschober, der teilweise durch das Pferd verdeckt wird. Ein geübtes Gehirn weiß, daß das Bild vom Heuschober und das Bild vom Pferd nicht zusammengebracht werden müssen. Im wesentlichen sucht das Gehirn die verschiedenen Vergenzen nach einem Fixationspunkt ab, wo das Verschmelzen einen Sinn ergibt. Da das Gehirn ein leistungstarker Parallelprozessor ist, und da es im allgemeinen um eindeutige Szenen geht, geschieht die Fusionierung und Fixation schnell und problemlos. Natürlich spielen Faktoren wie Aufmerksamkeit und Motivation bei der Entscheidung, wo fixiert wird, eine Rolle. Eine Bewegung in einer ansonsten ruhenden Szenerie führt dazu, daß sich das Auge auf das in Bewegung befindliche Objekt richtet und in der Tiefenebene des Objekts fixiert.

Das Risiko des sogenannten "falschen" stereoskopischen Sehens (hierbei werden Bilder verschiedener Objekte als Paar zusammengebracht, d.h. nicht–korrespondierende Bilder werden verschmolzen) spielt im alltäglichen Leben kaum eine Rolle. Falsches stereoskopisches Sehen kommt nur bei mehrfach vorhandenen Objekten und einem undifferenzierten Hintergrund vor. Und sogar dann ist ein unbeabsichtigtes falsches stereoskopisches Sehen selten. Für gewöhnlich kann es nur unter Mühen herbeigeführt werden. Manchmal gelingt es, wenn man eine Reihe von Erhebungen auf einer flachen, schwarzen Platte oder ein sich wiederholendes Muster von einfachen Formen auf einer einfarbigen Tapete betrachtet. Falsches stereoskopisches Sehen entsteht, wenn zwei Bilder, die tatsächlich von zwei benachbarten Erhebungen stammen, vom Gehirn so verarbeitet werden, als würden sie nur eine Erhebung repräsentieren. Die Folge davon ist, daß die Bilder als zusammenpassend erkannt und miteinander verschmolzen werden. Sie erscheinen dann als eine Erhebung, die sich hinter der Platte befindet. Durch das falsche stereoskopische Sehen läßt unser Sehsystem die falsche Erhebung plötzlich größer erscheinen. Das kommt daher, da aufgrund der Winkelgröße *in dieser Tiefe* die Erhebung groß sein müßte (Abbildung 4.31). Hier spielt die Größenkonstanz eine Rolle.[14] Verändert man jedoch die Szenerie, indem man ein Objekt über der Platte anbringt oder eine der Erhebungen mit einer Markierung versieht, verschwindet die Illusion und kann — falls überhaupt — nur mit beträchtlichen, bewußten Bemühungen aufrecht erhalten werden.

Augenbewegungen — und zwar nicht nur Vergenzänderungen, sondern auch Sakkaden und Blickänderungen (gaze shifts) — sind für das Sehsystem dann

---

[14] Größenkonstanz bezieht sich auf die visuelle Wahrnehmung der Größe eines Objekts, wobei die Entfernung berücksichtigt wird. Ist also das Bild einer Person klein, wird aber aus einer größeren Entfernung betrachtet, so sieht das Objekt normal groß aus. Wird genau das gleiche Bild jedoch aus kurzer Entfernung betrachtet, erscheint das Objekt verkleinert.

Abbildung 4.31   Alle weißen Rechtecke haben die gleiche Größe. Jedoch erscheinen sie durch den unterschiedlichen Hintergrund verschieden groß zu sein. (Mit Erlaubnis aus [135]. Copyright ©1989 Harcourt Brace Jovanovich, Inc.)

enorm nützlich, wenn es darum geht, zu entscheiden, was wozu paßt. Bei dem Versuch, das Korrespondenzproblem ohne die Hilfe der Augenbewegungen zu lösen, steht man vor großeren Schwierigkeiten. Versuche in der KI, das Problem auf diese Weise zu lösen, können zu einer Fehleinschätzung der Aufgabe und deren Schwierigkeitsgrad führen. Dies gehört aber schon zur Diskussion über die Berechnungsmodelle der Tiefenwahrnehmung, die wir im nächsten Abschnitt behandeln werden.

Im Zusammenhang mit dem stereoskopischen Sehen sollten wir noch eine weitere Beobachtung erwähnen. Offenbar verfügen 10% aller Menschen über ein nur unzureichendes stereoskopisches Sehvermögen oder sind überhaupt nicht zur binokularen Tiefenwahrnehmung fähig. Solche Menschen müssen sich bei der Beurteilung von Tiefe auf anderweitige Hinweise verlassen. Den betroffenen Personen fällt dies gar nicht auf, und auch aus ihrem Verhalten ist dieser Mangel, außer bei Aufgaben wie dem Julesz– Stereogramm mit den zufällig verteilten Punkten, nicht ersichtlich. Solche Aufgaben können von stereoblinden Menschen nicht bearbeitet werden. Für diese Personen kommt ihr Unvermögen zur binokularen Tiefenwahrnehmung völlig überraschend und in ihnen wächst die Neugier, wie die "echte" dreidimensionale Wahrnehmung von Tiefe aussieht. Andere Hinweise auf Tiefe, insbesonders Bewegungsparallaxe und Okklusion, sind sehr effizient. Stereoblinde Menschen kommen also sehr gut zurecht. Ihr mangelhaftes stereoskopisches Sehvermögen macht sich nur bei äußerst feinen 3–D Arbeiten, z.B. bei chirurgischen Arbeiten am Auge, bei der Herstellung von Uhren oder beim "fielding" im Baseball, bemerkbar (Abbildungen 4.32 und 4.33).

Abbildung 4.32   In dieser Figur scheint es Berge und Täler zu geben. Die wellenförmigen Linien entstehen jedoch nur aufgrund der Veränderungen in der Dichte der Textur des Musters. (Mit Erlaubnis aus [135]. Copyright ©1989 Harcourt Brace Jovanovich, Inc.)

Neurophysiologie und Anatomie

Damit das Gehirn stereoskopisches Sehen erzeugen kann, muß es einen Weg finden, die Bilder der Retina *in Relation zu den verschiedenen Fixationsebenen* zu vergleichen. Hubel und Wiesel [345] entdeckten, daß die Zellen im stratiaten Cortex nicht einheitlich auf einen visuellen Reiz reagierten. So fanden sie stark monokular antwortende Zellen, die von anderen Zellen umgeben waren, welche auf Reize von beiden Augen antworteten, wobei jedoch das eine oder das andere Auge bevorzugt wurde. Diese Zellen wiederum waren von binokularen Zellen umgeben (Abbildung 4.34). Die Überlappungen von Stellen mit okularer Dominanz in den

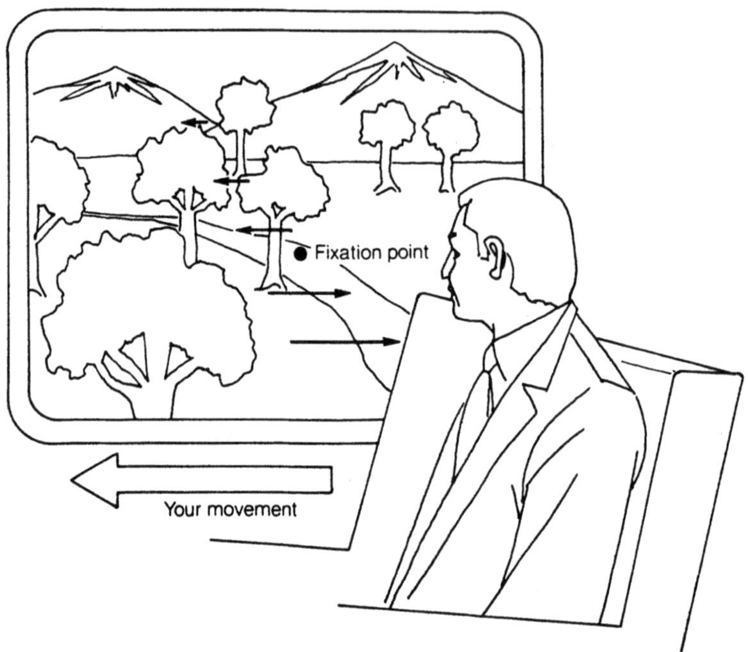

Abbildung 4.33   Bewegungsparallaxe. Ist die beobachtende Person in Bewegung, scheinen sich die verschieden weit entfernten Objekte entweder in die gleiche Richtung wie der Betrachter (in diesem Fall befinden sie sich tiefenmäßig hinter der Fixationsebene) oder in die Gegenrichtung zu bewegen (in diesem Fall befinden sie sich vor der Fixationsebene). (Mit Erlaubnis aus [135]. Copyright ©1989 Harcourt Brace Jovanovich, Inc.)

oberen und unteren Schichten mit den binokularen Bereichen in V1 und V2 sehen beim Affen aufgrund ihrer Architektur so aus, als würden sie sich dazu eignen, Verschiedenheiten oder Gleiches in Retinabildern zu verarbeiten. Dieser Annahme zufolge würde das Korrespondenzproblem schon auf einer ziemlich frühen Stufe der Verarbeitungshierarchie gelöst werden. Höhere Bereiche könnten durch Rückprojektionen noch andere Hinweise auf Tiefe beisteuern, die dann vor allem in zweideutigen Situationen eine Rolle spielen. Eine wichtige anatomische Beobachtung ist, daß es in V1 und V2 sehr wenige Synapsen gibt, die von Neuronen des LGN abstammen. Die meisten Verbindungen sind intracortical [179], d.h. die Zellen im Cortex kommunizieren vor allem miteinander, und zwar entweder mit unmittelbar benachbarten Zellen oder mit Zellen aus weiter entfernten corticalen Bereichen.

Zellen, die auf Tiefe (d.h. auf Disparation) in Relation zur Fixationsebene abstimmt sind, wurden auch in den Bereichen V1 und V1 bei Affen im Wachzustand [578, 579] und im stratiaten Cortex narkotisierter Katzen [47, 358, 438]

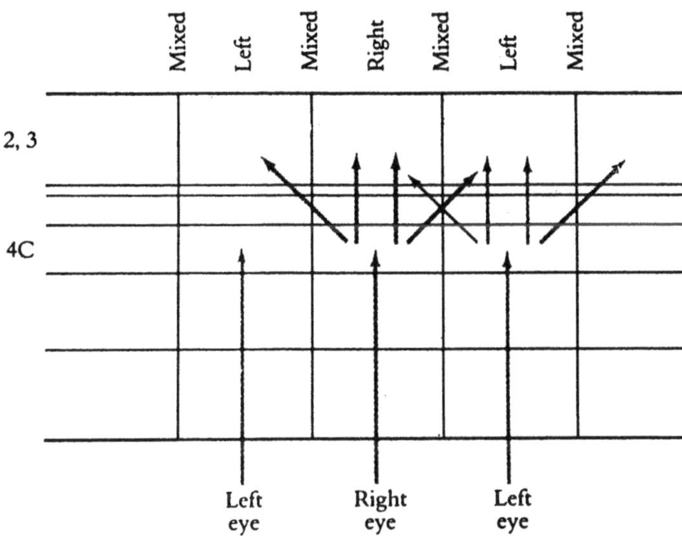

Abbildung 4.34   Die Zellen der Schicht 4 in V1 zeigen Okularität, doch oberhalb davon kommt es aufgrund seitlicher und diagonaler Verbindungen zu Überlappungen, und die Grenze wird undeutlich. (Aus [342]. Copyright ©1988 durch Scientific American Books, Inc. Nachgedruckt mit Erlaubnis von W. H. Freeman & Co.)

gefunden. In der Literatur werden Zellen, die am Fixationspunkt, folglich also bei einer Disparation von Null, auf Reize reagieren, hauptsächlich deshalb als "abgestimmte" Zellen ("tuned" cells) bezeichnet, weil sie sehr schmale Abstimmkurven haben (Abbildung 4.35). Da diese Bezeichnung ziemlich unklar ist, haben wir uns entschlossen, sie Fixationszellen zu nennen. Eine zweite Klasse von Zellen antwortet auf Reize in dem von ihnen bevorzugten 3–D Raumvolumen *vor* der Fixationsebene; eine dritte Klasse von Zellen reagiert bevorzugt auf Reize im 3–D Raumvolumen *hinter* der Fixationsebene. In der Literatur [577] ist dann von "nahen" und "fernen" Zellen die Rede. Wir geben jedoch zu bedenken, daß durch diese Bezeichnungen der Bezug zur Fixationsebene nicht so klar ersichtlich ist, wie es bei den Bezeichnungen "vordere" und "hintere" Zellen (oder vielleicht auch "diesseits" und "jenseits") der Fall wäre. Es gibt noch eine vierte Zellklasse, die eklektischer reagiert: Diese Zellen antworten auf Reize in der Fixationsebene, aber auch auf Reize in den beiden bevorzugten 3–D Räumen, also sowohl vor als auch hinter der Fixationsebene, mit einer breiten Abstimmkurve. Wird die Fixationsebene nach vorne oder nach hinten verschoben, folgen die rezeptiven "Volumina" bei allen vier Zellklassen, d.h. der relative Abstand zur Fixationsebene bleibt stets gleich und auch die Retinakoordinaten ändern sich nicht. Die von G. F. Poggio getesteten Zellen des

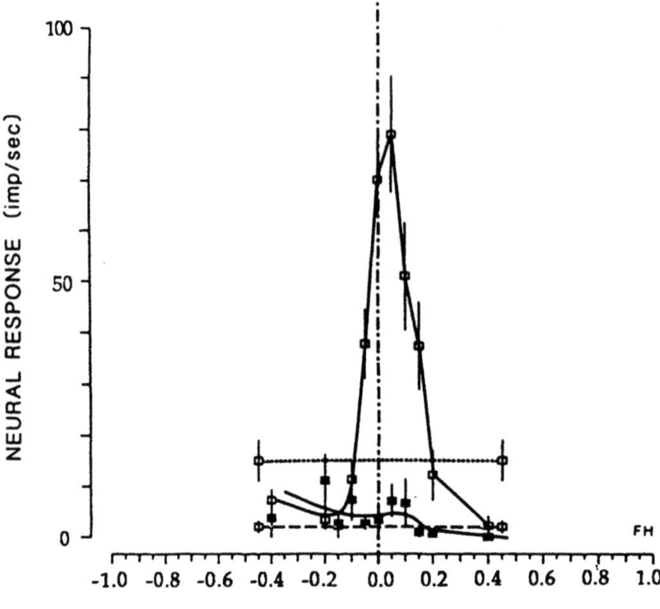
100
50
0
NEURAL RESPONSE (imp/sec)
-1.0 -0.8 -0.6 -0.4 -0.2 0.0 0.2 0.4 0.6 0.8 1.0
FH

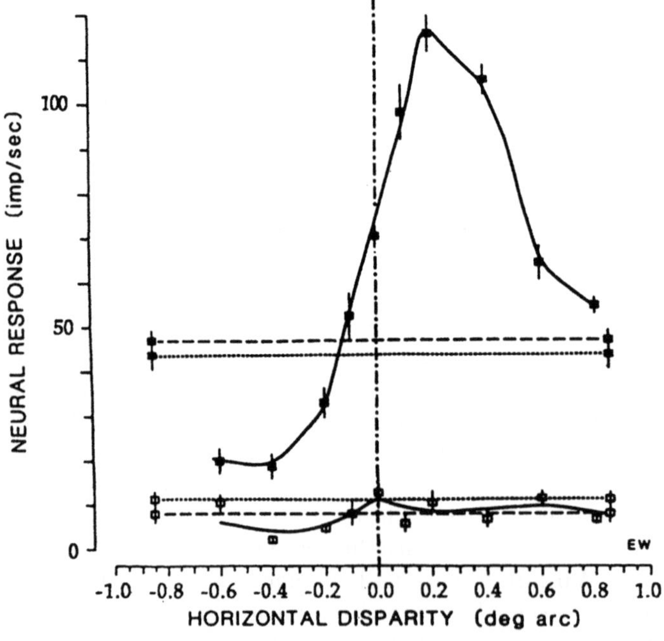
100
50
0
NEURAL RESPONSE (imp/sec)
-1.0 -0.8 -0.6 -0.4 -0.2 0.0 0.2 0.4 0.6 0.8 1.0
HORIZONTAL DISPARITY (deg arc)
EW

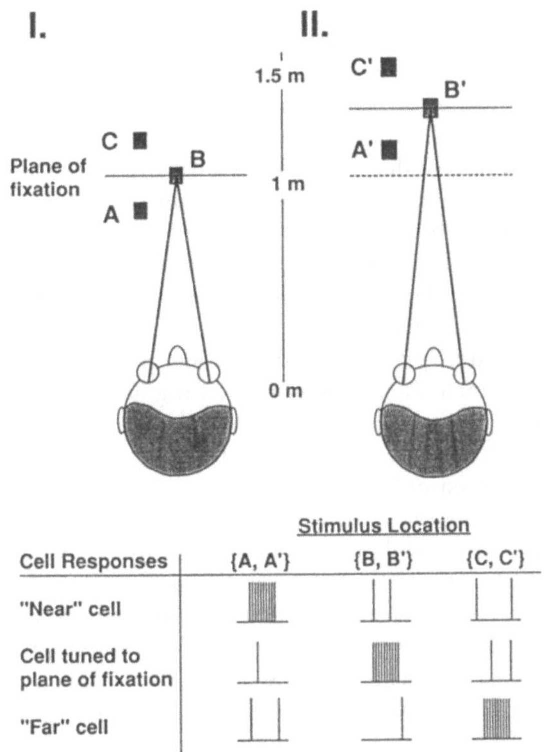

Abbildung 4.35   (links) Disparationsempfindlichkeitsprofil eines abgestimmten exzitatorischen Neurons (oben) und einer fernen Zelle (unten) beim Makaken. Die dunklen Quadrate geben die Antworten wieder, wenn sich der Reiz in die eine Richtung bewegt; die hellen Quadrate repräsentieren Antworten auf die genau entgegengesetzte Bewegungsrichtung. Die horizontalen Linien zeigen die Amplituden der monokularen Antworten auf die bevorzugte Richtung an [577]. (r echts) Schematisches Diagramm, das die Antworten von drei Zellen (nahe Zelle, abgestimmte Zelle und ferne Zelle) zeigt, wenn in zwei verschiedenen Tiefenebenen fixiert wird. Eine nahe Zelle antwortet am stärksten, wenn sich der Reiz vor der Fixationsebene befindet.

Affen befanden sich vorwiegend innerhalb des Panumschen Fusionsbereichs. Die Stimulation der Zellen erfolgte durch Bewegen oder Abdecken von Lichtern.

Die oben beschriebenen Zellen scheinen die Tiefe in Relation zur Fixationsebene zu repräsentieren. Handelt es sich hierbei vielleicht um lokal codierte Zellen? Sind diese Zellen so ähnlich wie die "Großmutterzellen", nur daß hier auf die relative Lage reagiert wird? Die Antwort auf die Codierungsfrage spricht gegen eine lokale Codierung der relativen Lage, auch wenn die physiologischen Daten ziemlich feinkörnig sind. Erstens: Zellen, die auf relative Tiefe reagieren, sind typischerweise auch richtungssensitiv (sie bevorzugen die Bewegung in eine bestimmte Richtung) und orientierungssensitiv (sie bevorzugen Balken, die sich in einem bestimmten Winkel befinden). Zweitens: Zellen haben typischerweise eine Abstimmkurve für Disparation. Je größer die Entfernung des rezeptiven Feldes von der Fixationsebene ist, und zwar sowohl vor als auch hinter der Fixationsebene, desto breiter wird die Abstimmkurve der Zelle. Im Fall der Disparation heißt das: Die Abstimmkurven sind bei einer Disparation von Null sehr schmall und werden mit zunehmender Disparation breiter. Zellen, die die Fixationsebene bevorzugen, haben eine durchschnittliche Bandbreite von 5 Bogenminuten, und Spitzenwerte sind fast ausschließlich auf den Bereich von $\pm 0, 1$ beschränkt. Zellen, die die Tiefen vor oder hinter der Fixationsebene bevorzugen, fallen am steilsten in der Nähe der Disparation Null ab, und Spitzenwerte haben sie bei einer Disparation von ungefähr $\pm 0, 2$. Das sieht nach einer groben Codierung aus. Soll das System die übliche Sehschärfe und die gewohnte *Hyperakuität* erreichen, geschieht dies tatsächlich mit Sicherheit durch Vektorcodierung. Direkter kann man dies am Beispiel der später diskutierten Computersimulation sehen.

Warum erwarten wir diese Verbreiterung der Abstimmkurve entsprechend dem von der Zelle bevorzugten Abstand (davor oder dahinter) zur Fixationsebene? Die funktionelle Erklärung ist ganz einfach: Die höchste Sehschärfe ist in Nähe der Fixationsebene erforderlich, denn dort kommt es wahrscheinlich am meisten auf eine genaue Beurteilung beim Greifen, Zielen und auf eine geschickte Handhabung an. Erinnern wir uns daran, daß ein Nervensystem nur eine begrenzte Anzahl von Zellen zur Verfügung hat, so ergibt diese Art von Organisation einen Sinn.

4.9   Berechnungsmodelle für das stereoskopische Sehen

Wir rekapitulieren das Problem des stereoskopischen Sehens und stellen uns die folgende 3–D Szene vor: Ein Hund befindet sich vor einem Tannenbaum, welcher wiederum vor einer Scheune steht. Jede der beiden 2–D Retinas wird durch ein Lichtmuster der Szene stimuliert. Da die Augen räumlich voneinander getrennt sind, werden die Elemente der einzelnen Bilder in charakteristischer Weise seitlich gegeneinander verschoben. Wie wird das Korrespondenzproblem (d.h. die Frage, welche Muster des linken Bildes welchen Mustern des rechten Bildes entsprechen und ein und dasselbe Objekt repräsentieren) vom Gehirn gelöst? Damit wir überhaupt genau wissen, was zur Lösung getan werden muß, wollen wir uns das Korrespondenzproblem etwas genauer ansehen. Da ist zum einen der fachliche Begriff "Korrespondenz", der sich in Zukunft auf solche Punktpaare der rechten und der linken Retinas beziehen wird, auf die das von einem Punkt des gegebenen Objekts reflektierte Licht fällt. Welche Funktion könnte die korrespondierenden Punkte aller Szenen abbilden, und wie könnte sie berechnet werden?

Die Lösung des Korrespondenzproblems ist aus mehrerlei Gründen kompliziert. Erstens: Die korrespondierenden Punkte können Diskontinuitäten aufweisen, da die Begrenzung eines Objekts für gewöhnlich eine Diskontinuität in der Tiefe bedeutet (dort, wo die Begrenzung des Hundes endet, sieht man vielleicht ein anderes Objekt, einen zum Teil okkludierten Baum, wobei der Baum jedoch weiter vom Betrachter entfernt ist als der Hund). Zweitens: Es kann vorkommen, daß es aufgrund von Okklusion und Augenseparation für Stimulationen auf der rechten Retina keine entsprechenden Stimulationen auf der linken Retina gibt und umgekehrt. Drittens: Hat ein Objekt eine einheitliche innere Ausdehnung, ohne dabei Unterscheidungsmerkmale aufzuweisen, gibt es bei den meisten Bildern nichts, was man ihm eindeutig als passend zuordnen könnte. Dann ist es problematisch, die korrekten Korrespondenzen für dazwischenliegende Punkte ausfindig zu machen. Viertens: Die Information bezüglich der Korrespondenzen ist nur spärlich vorhanden und folglich muß interpoliert werden. Fünftens: Letztendlich gibt es Störgeräusche, und zwar sowohl bei den Messungen der Graustufen durch die Transduktoren als auch bei der Informationsverdichtung (100 Millionen Photorezeptoren, 1 Million Ganglionzellen).

Von einem System, das das Korrespondenzproblem lösen kann, wird eine ganze Menge verlangt. Im Fall des Nervensystems war es aufgrund der Evolution möglich und außerdem vielleicht berechnungstechnisch klug, das Problem stufenweise zu lösen, wobei möglicherweise andere visuelle Information gleichberechtigt verarbeitet wird. Bei dem Versuch, das Problem zu zerlegen, ist es am wichtigsten, daß Teile der rechten und der linken Retina in hohem Maße korreliert werden können, d.h. die Muster der Graustufen auf der linken Retina werden einem Muster auf der rechten Retina sehr ähnlich sein, nur etwas verschoben. Das Ausmaß der Verschiebung wird durch die relative Tiefe des wahrgenommenen Objekts zur Fixationsebene bestimmt. Damit wir die richtige konzeptionelle Vorstellung bekommen, auf welche Weise diese Tatsache nützlich sein könnte, stellen wir uns eine analoge Situation vor. Wären wir allmächtig, könnten wir die beiden Bilder in der horizontalen Ebene aneinander vorbeischieben und so die beiden Bilder von dem Hund schnell im Vordergrund zur Deckung bringen. Bei einer weiteren Verschiebung um ein Stück würden die Bilder des Tannenbaums zusammenpassen, aber die Bilder vom Hund nicht mehr. Schließlich würde es noch eine Übereinstimmung zwischen den Bildern von der Scheune geben, wobei jedoch die Bilder vom Hund und vom Tannenbaum nicht mehr passen. Natürlich passen die übereinandergeschobenen Bilder nur näherungsweise. Das Verschieben der Bilder mit dem Zweck, auf diese Weise Übereinstimmungen zu finden, hat zur sogenannten "Kompatibilitätsfunktion" (im Englischen auch als "matching function" bekannt) geführt. Die einfachste Version der Kompatibilitätsfunktion ist für zwei Bilder mit nur zwei Graustufen (schwarz und weiß) definiert. Die Funktion berechnet die Übereinstimmung zwischen zwei Punkten auf der Retina in Abhängigkeit von der Position des Reizes auf der Retina plus einer spezifischen Verschiebung d. Die Kompatibilität C ist genau dann gleich 1, wenn die Stellen auf den beiden Retinas, bei gegebener Verschiebung, den gleichen Wert haben. Andernfalls ist sie Null.

Die Kompatibilitätsfunktion ist glücklicherweise einfach, verglichen mit den oben aufgeführten Spitzfindigkeiten bei der Korrespondenz. Möglicherweise berechnet das Nervensystem solche Kompatibilitäten und erhält als Vorstufe zum vollausgereiften Tiefenwahrnehmungsvermögen etwas, das man "grobkörniges stereoskopisches Sehen" nennen könnte. Das Aufspüren von Kompatibilitäten wäre jedoch eine unvollständige Lösung, da es in den Bildern dann immer noch zu Störgeräuschen und falschen Paarungen kommen kann. Folglich müßten weitere Verarbeitungsschritte, die vielleicht zusätzliche relevante Hinweise auf Tiefe berücksichtigen, unternommen werden. Die erste Frage lautet deshalb, ob es plausibel ist, daß das Gehirn in einem ersten Schritt die Kompatibilitäten berechnet. Wäre dies bei den gegebenen physiologischen und anatomischen Mitteln auf einfache Weise möglich? Ein erster Hinweis darauf, daß es lohnenswert sein könnte, diesen Gedanken weiter zu verfolgen, ist aufgrund der Behauptung erfolgt, bei den Ausgabezellen eines Netzes, das die Kompatibiltät berechnet, könnte es sich um die disparationssensitiven Zellen (nahe, ferne und Fixationszellen) handeln.

Hinsichtlich der Hypothese, daß Bildmusterung (image–matching) zu grobkörnigem stereoskopischen Sehen führt, gibt es vier grundlegende Fragen: (1) Inwieweit kann ein ökonomisches, aber dennoch ausdrucksstarkes Feedforward–Netz (vorwärtsgerichtetes Netz) durch Aufspüren von Kompatibilitäten die Probleme bei der Bestimmung der relativen Tiefe lösen? (2) Wie plausibel ist solch ein Netz aus biologischer Sicht? (3) Durch welche Mechanismen werden Störgeräusche ausgeschaltet, falsche Fusionen verhindert und Zweideutigkeiten beseitigt? (4) Auf welcher Stufe sollten andere Hinweise auf Tiefe, beispielsweise die Bewegungsparallaxe, als Faktor eingehen? Wir behandeln diese Fragen der Reihe nach.[15]

Das Auffinden von Kompatibilitäten: Musterung und grobkörniges stereoskopisches Sehen

Wie kann ein Netz Kompatibilitäten berechnen? Paul Churchland [120] hat in seinem Kompatibilitätsmodell (Fusion-Net) das Kompatibilitätsproblem nicht für alle Tiefenbereiche gelöst, sondern berechnet nur die Kompatibilität in Relation zu der gegebenen Ebene, in der die Augen vergiert haben. Für jede Vergenzänderung werden die Kompatibilitäten neu gefunden; d.h. bei einer gegebenen Vergenz betrachtet Fusion-Net nur die Fälle mit $d = 0$, $+1$ oder -1. Der eine Grund, der

---

[15]Beim Hörsystem gibt es ein analoges Problem, das in der Handhabung scheinbar etwas einfacher ist. Auch bei der stereophonen Wahrnehmung — der Fusion zweier leicht unterschiedlicher Lautsignale in den beiden Ohren — gibt es ein Musterungsproblem, das mit einer Filterung frequenzabhängiger Charakteristika durch die Ohrmuscheln einhergeht, sowie Unterschiede bei der zeitlichen Verzögerung und in der Amplitude. Große Fortschritte bei der Lösung dieses Musterungsproblems hat man am Beispiel der Schleiereule erzielt [412].

zur Einschränkung des Wertebereichs geführt hat, ist die Tatsache, daß das Nervensystem nicht zu viel auf einmal aufnehmen und effizient verarbeiten kann. Ein weiterer Grund ist auf die psychophysische Beobachtung zurückzuführen, daß eine genaue Einschätzung von Tiefe auf den Panum'schen Fusionsbereich beschränkt ist.

Nehmen L und R in der Kompatibilitätsfunktion binäre Werte an, können die möglichen Werte der Funktion auf einer Tabelle repräsentiert werden. Wird die Tabelle auf diese Weise dargestellt, zeigt sich, daß sie äquivalent zu der Wahrheitswertetabelle für das negative XOR ($NXOR$) ist (Abbildung 4.36). Wie wir in Kapitel 3 gesehen haben, können Feedforward-Netze das XOR Problem lösen. Daraus folgt, daß ein $NXOR$ Netz die Kompatibilitätsfunktion berechnen kann. Im Fusion-Net berechnen drei Mengen von Verbindungen der Eingabeebene drei Kompatibilitätsebenen. Schließlich handelt es sich bei jedem gegebenen $NXOR$ Netz um eine lokale Operation. Zur Erweiterung des Feldes kann die Grundkonfiguration $NXOR$ mehrmals instantiiert werden. Auf diese Weise macht sich das Netz die räumliche Invarianz zunutze, die, wie schon in Kapitel 3 erläutert wurde, sowohl bezüglich der Berechnungen als auch im Hinblick auf die benötigten Verbindungen ökonomisch ist. Für den Bereich um die Fusionsebene kann Fusion–Net so mit Hilfe eines Feldes einfacher $NXOR$ Netze etwas simulieren, was äquivalent zu dem Verschieben der Bilder in drei verschiedene Vergenzen ist, ohne daß die Bilder dabei tatsächlich verschoben werden (Abbildung 4.37).

Um zu sehen, wie Fusion–Net arbeitet, wird dem Netz das Stereogramm mit zufälliger Punkteverteilung aus Abbildung 4.38 präsentiert. Dabei sieht jede Retina eines der 60×60 Pixelfelder. Menschen können in diesem Stereogramm drei verschiedene Tiefen sehen — und zwar befindet sich ein kleines Quadrat über einem mittelgroßen Quadrat, welches sich wiederum vom Hintergrund abhebt. Um erfolgreich zu sein, muß das Netz also die erhöht liegenden Quadrate ausfindig machen und ihre relative Tiefe wiedergeben. Wir könnten die Stereopaare bei einer Vergenz von $2°$ (das ist der Wert, wenn in der Ebene des Hintergrunds fixiert wird), bei einer Vergenz von $2,5°$ (dann wird in der Ebene des größeren der beiden erhabenen Quadrate fixiert) oder bei einer Vergenz von $3°$ (bei diesem Wert wird das kleine Quadrat im Vordergrund fixiert) präsentieren. Um die Rolle der nahen und fernen Zellen hervorzuheben, wollen wir dem Netz die Paare bei $2,5°$ präsentieren. Bei dieser Vergenz wird das mittlere Quadrat fixiert und alle drei Ebenen können gleichzeitig vom Netz erfaßt werden. Die Ausgabe des Netzes bei dieser Vergenz ist in Abbildung 4.39 dargestellt. Die hochauflösende Fixationsebene registriert systematische Korrespondenzen im Bereich des großen, erhöht liegenden Quadrats und gibt benachbarte Elemente an, die die gleiche Tiefe haben. Die fernen und nahen Zellen mit niedriger Auflösung dagegen, machen das gleiche für die Hintergrundebene bzw. für das kleine, im Vordergrund liegende Quadrat.

So weit hat Fusion–Net also gezeigt, daß es in drei verschiedenen Tiefen erfolgreich vergieren und fixieren kann. Seine Ausgabe besteht aus einer Reihe "abgestimmter Zellen", die die passenden Bildpaare erkennen, bei denen die Disparation in dieser Tiefe Null ist. In der Tat ist das alleine schon dafür ausreichend, daß z.B. ein Leopard trotz seiner Tarnung im schattigen Unterholz entdeckt werden kann. In einer zweiten Phase wird die relative Tiefe der Bilder von Objekten bestimmt, die sich vor oder hinter der Fixationsebene befinden. Wie kann das Netz eine winzige Disparation bemerken? Um darauf eine Antwort geben zu können, braucht man keine neuen Regeln. Grundsätzlich gilt, daß das Netz nicht nur die Werte der Zellkohorten in der Retina, sondern auch die Werte der Nachbarzellen, vielleicht auch die Werte der Nachbarschaft vom Nachbarn usw., kennen muß. Die Abbildung 4.40 zeigt, wie Verbindungen zu Kohorten, die den gleichen Platz einnehmen, Informationen über die Bildübereinstimmung liefern und wie zusätzliche Verbindungen zu den links und rechts von den Kohorten liegenden Nachbarn Auskunft darüber geben, ob diese etwas davor oder dahinter liegen. Verbindungen zu weiter entfernten Nachbarn informieren über Objekte, die in weiterer Entfernung davor oder dahinter liegen. Aber an alledem ist nur die einfachste der Konfigurationen, das *NXOR* Netz, beteiligt.

A.

P	Q	XOR	Not - XOR
T	T	F	T
T	F	T	F
F	T	T	F
F	F	F	T

B.   **Not-XOR-Net**

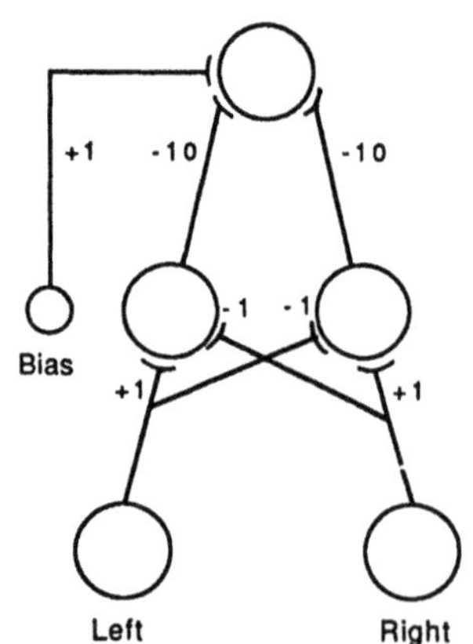

Abbildung 4.36   (A) Wahrheitswertetabelle für das negative exklusive "oder" (*NXOR*). (B) Einfaches Netz, das die *NXOR* Funktion lernt.

Wir müssen uns die Ausgabe von Fusion–Net nun erneut vornehmen, da es tatsächlich drei allgemeine Typen von Ausgabezellen gibt. Wie wir schon gesehen haben, codieren die abgestimmten Zellen für eine Disparation von Null. Die negativen und positiven Paarungen zwischen Kohorten und ihren Nachbarn werden jedoch durch nahe bzw. ferne Einheiten codiert. In anderen Worten: Die "diagonalen" Verbindungen liefern geradewegs Information über sekundäre Korrespondenzen und folglich auch über die relative Tiefe zur Fusionsebene. Dies geschieht ohne eine zusätzliche Vergenzänderung. Diese drei Populationen von Ausgabezellen geben gleichzeitig die Winkelgröße, Form und Position von Objekten in drei aufeinanderfolgenden Tiefen an. Die Fixationseinheiten (abgestimmte Einheiten) liefern von Dingen, die sich genau in der augenblicklichen Fixationstiefe befinden, ein Bild hoher Auflösung. Die nahen und fernen Einheiten liefern von Dingen, die sich vor oder hinter der Fixationsebene befinden, ein Bild mit niedrigerer Auflösung. Die Abbildung 4.41 zeigt, was von den "fernen Zellen", den "Fixationszellen" und den "nahen Zellen" bei einer Vergenz von $2,5°$ "gesehen" wird.

Wir können nun eine Zusammenfassung der fünf charakteristischen Eigenschaften von Fusion–Net geben: (1) Das Netz ist schnell; es handelt sich um ein vorwärtsgerichtetes Netz (Feedforward–Netz). (2) Da das Netz aus einer Reihe von $NXOR$ Mininetzen besteht, kann es die korrekten Gewichte schnell erlernen (in nur ungefähr 2000 Trainingsepochen). (3) Bei jeder gegebenen Vergenz können Daten mit niedriger Auflösung dazu verwendet werden, das System dorthin zu führen, wo als nächstes vergiert werden muß, damit eine Wahrnehmung mit hoher Auflösung möglich ist. Dies trägt zur Effizienz von Vergenz und Fusion bei. (4) In Fusion–Net wird die psychophysische Tatsache nachgeahmt, daß die Auflösung innerhalb des schmalen Panum'schen Fusionsbereichs ausgezeichnet ist, jedoch in den Bereichen davor und dahinter abnimmt. (5) Wie bei den wirklichen nahen und fernen Zellen, ist auch die Lage der nahen und fernen Einheiten von Fusion–Net nicht absolut, sondern nur relativ zur Fixationsebene angegeben und verändert sich mit der Vergenz, wenn diese nach vorne oder nach hinten verschoben wird. Nicht einmal ihre Position zueinander ist völlig festgelegt, da bei hohen Vergenzen (wenn sich die Fixationsebene in Augennähe befindet) sowohl "Nähe" als auch "Ferne" sehr dicht an der Fixationsebene liegen. Befindet sich die Fixationsebene dagegen in größerer Entfernung, sind "Nähe" und "Ferne" etwas weiter ausgedehnt. Eine günstige Folgeerscheinung ist, daß so an Zellen, die zur Durchführung der Aufgabe in verschiedenen Tiefen nötig sind, beträchtlich gespart werden kann. Das heißt, daß ein und dieselbe Einheit nicht nur für eine Vergenz, sondern für alle Vergenzen Informationen über die relative Tiefe liefert. Als nächstes wollen wir herausfinden, welche ungelösten Probleme die Ausgabe von Fusion–Net für die folgende Verarbeitungsstufe übrig gelassen hat und welche Schritte an der weiteren Verarbeitung beteiligt sind. Zunächst wollen wir jedoch etwas genauer nachforschen, ob Fusion–Net — zumindest annäherungsweise — plausibel ist.

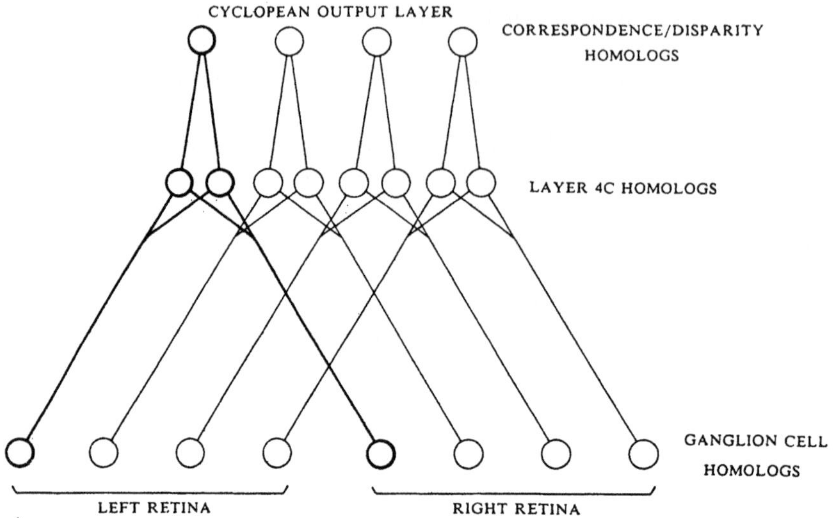

CYCLOPEAN OUTPUT LAYER
CORRESPONDENCE/DISPARITY
HOMOLOGS
LAYER 4C HOMOLOGS
GANGLION CELL
HOMOLOGS
LEFT RETINA
RIGHT RETINA

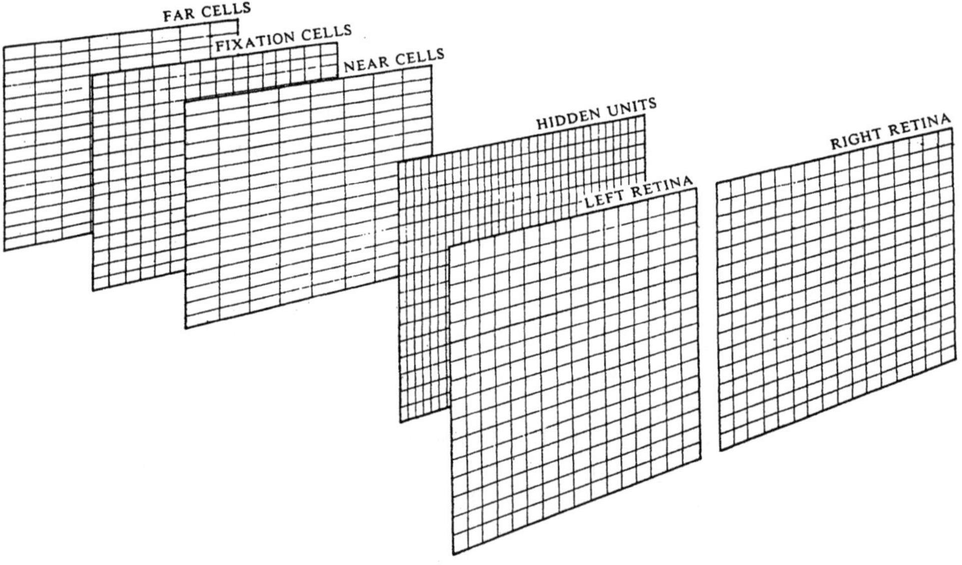

FAR CELLS
FIXATION CELLS
NEAR CELLS
HIDDEN UNITS
LEFT RETINA
RIGHT RETINA

Erstens: Ist Fusion–Net skalierbar? Wie wir oben schon angemerkt haben, wirkt sich ein Hinzufügen von nahen und fernen Zellen zum $NXOR$ Grundnetz weder auf die Berechnungszeit noch auf die Trainingszeit nachteilig aus, da die zusätzlichen Verbindungen einfach nur weitere $NXOR$ Mininetze bilden, die gleichzeitig mit den anderen Mininetzen trainiert werden.

Zweitens: Ist Fusion–Net neurobiologisch plausibel? Nicht-Eingeweihten sei gesagt, daß es sich bei der topographischen Organisation und bei den Übereinstimmungen der abgestimmten, der nahen und der fernen Einheiten nicht um eine Erfindung handelt. Hinzu kommt, daß das Netz binokulare Zellen erforderlich macht, von denen es im stratiaten Cortex (in den Schichten 2 und 3) mehr als genug gibt. Das Netz verlangt auch nach inhibitorischen Verbindungen für die internen Einheiten der Schicht 4c, die Informationen über falsche Musterung codieren. Dies steht zumindest im Einklang mit dem, was man über die Anatomie und Physiologie weiß, denn 20% der corticalen Zellen sind inhibitorisch. Unglaubwürdig an dem Modell ist dem Anschein nach, daß jede Eingabeeinheit sowohl eine exzitatorische als auch eine inhibitorische Verbindung auf die interne Schicht projiziert. Tatsächlich gibt es bei den Neuronen nämlich nur eine von beiden. Ein Hinzufügen von Interneuronen bewirkt jedoch, daß das Modell sich diesen Beschränkungen anpassen kann.

Da das Netz interretinale Reizvergleiche durchführt, für die keine vorausgehenden Verarbeitungsschritte hinsichtlich komplexer Formen (Baum, Hund, Scheune), Bewegung oder Farbe erforderlich sind, können die Vergleiche zwischen den Einheiten schon auf einer frühen Stufe der visuellen Verarbeitung erfolgen. Das ist konsistent mit dem Auftreten binokularer Zellen in den Schichten 2 und 3 des stratiaten Cortex. Pettigrew [573] hat das noch deutlicher formuliert: "Perhaps the most striking feature shared in common by both avian and mammalian systems is the avoidance of abstract feature analysis until after pathways from both eyes have converged." Und genau zu dieser Schlußfolgerung kommt man aufgrund der psychophysischen Studien von Julesz, die zeigen, daß Farbe, Bewegung und Form bei der stereoskopischen Wahrnehmung von Tiefe nicht unbedingt ausschlaggebend sind. Andererseits sind auch Bewegungsparallaxe, Form, Schattierung und Okklusion sehr wichtige Hinweise bei der Tiefenwahrnehmung, die mit der stereoskopischen Information in einer wechselseitigen Beziehung stehen. Wie wir weiter unten sehen werden, wird vermutet, daß diese anderen Hinweise auf Tiefe dann

Abbildung 4.37 (oben) Die sich wiederholende Architektur von Fusion–Net: eine periodische Struktur von $NXOR$ Teilnetzen. Hier ist die korrespondierende Eingabe in die Teilnetze vollkommen topographisch. Die Ausgabeebene entspricht den "Fixationszellen" in der Sehrinde von Säugetieren. In dieser Abbildung sind zwei zusätzliche Populationen von Teilnetzen nicht enthalten. Diese werden unten aufgeführt. (unten) Die Einheiten von Fusion–Net werden zum Aufzeigen der Population einfach als Rechtecke in einem Feld dargestellt. (von P. M. Churchland.)

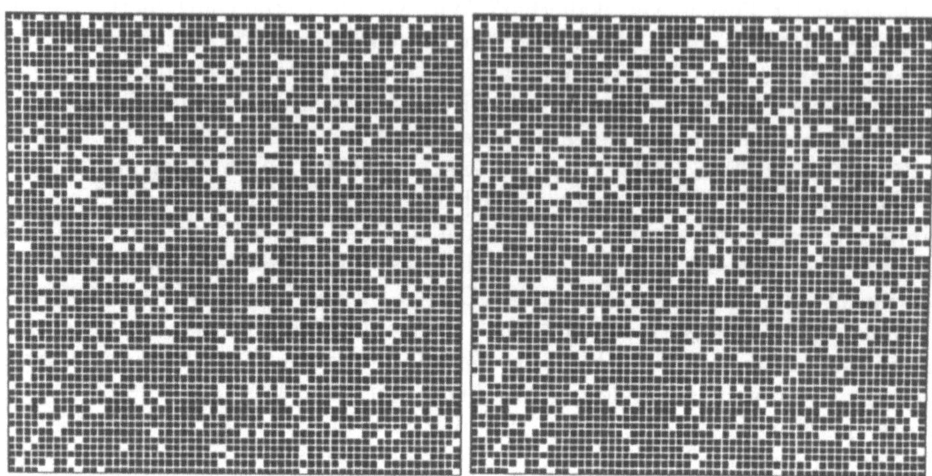

Abbildung 4.38   Ein Stereogramm mit zufälliger Punkteverteilung in 10 verschiedenen Graustufen, das die drei immer kleiner werdenden Ebenen der Quadrate darstellt. Wenngleich es schwierig ist, die Graustufen in vollem Umfang effektiv auf Papier zu reproduzieren, konnte man Fusion–Net zehn sich deutlich unterscheidende Stufen von Grautönen als Eingabe präsentieren. Ein System, das auf zehn solcher Stufen empfindlich reagiert, hat automatisch einen niedrigen Störpegel, d.h. die zufälligen Korrespondenzen außerhalb des Fusionsbereichs liegen nur bei 10%. Im Gegensatz dazu weisen Systeme, die nur auf die Eingaben schwarz und weiß reagieren, einen Störpegel von 50% auf. (Von P. M. Churchland.)

zum Zug kommen, wenn ein erstes Durchlaufen des vorwärtsgerichteten Netzes schon ein grobkörniges stereoskopisches Ergebnis geliefert hat.

Ist Fusion–Net, aus Sicht der Evolution betrachtet, sinnvoll? Zum einen ist das erfolgreiche Erkennen von Begrenzungen, die mit nur einem Auge nicht sichtbar sind, allein aufgrund binokularer Fusion möglich, also ohne daß zusätzlich beurteilt werden muß, ob sich das Objekt vor oder hinter der Fixationsebene befindet. Das ist ein Hinweis darauf, daß das binokulare Erkennen von Begrenzungen in der Evolution eine grundlegende Funktion hatte, aus der sich das stereoskopische Sehvermögen folglich erst entwickelt hat. Was die Ontogenese betrifft, sind wir der gleichen Meinung wie Pettigrew [573]. Diese Hypothese sagt voraus, daß es Tiere mit binokularem Sehvermögen gibt, die zwar die Fähigkeit zur Enttarnung haben, aber dennoch nicht über ein vollausgebildetes stereoskopisches Sehvermögen verfügen. Dies scheint der Wahrheit zu entsprechen. Pettigrew berichtet, daß in einer elektrophysiologischen Untersuchung an 21 Vogelarten aus acht verschiedenen Ordnungen nur bei neun Arten, wobei fünf davon zu den Eulen gehörten, disparationssensitive Neuronen gefunden wurden. Er merkt an, daß binokulare Vögel, deren Beutefang nur in der Luft stattfindet, dazu tendieren, keine disparationssensitiven Neuronen auszubilden. Dagegen sind disparationssensitive Neuronen bei

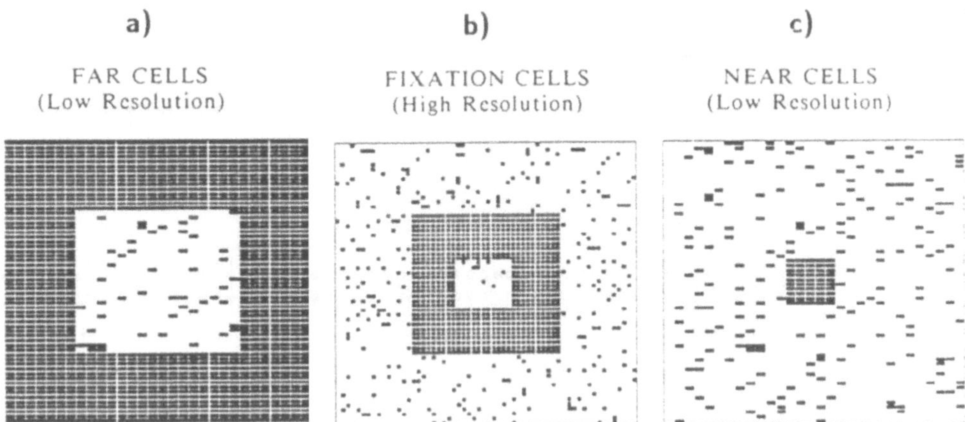

Abbildung 4.39   (b) Die Ausgabe von Fusion–Net auf der hochauflösenden "Fixationsebene" bei Präsentation mit den Stereopaaren von Abbildung 4.38 als Eingabe bei einer Vergenz von $2,5°$. (a) Gleichzeitige Ausgabe auf der Ebene der "fernen Zellen". (c) Gleichzeitige Ausgabe auf der Ebene der "nahen Zellen". (Von P. M. Churchland.)

Vögeln, die auch am Boden und unter schwachen Lichtverhältnissen jagen, mit größerer Wahrscheinlichkeit anzutreffen, so z.B. bei vielen Eulenarten. Dies ist aus mehreren Gründen sinnvoll: Durch die Tarnung der Beute und da bei schwachen Lichtverhältnissen die Farbgrenzen nicht sichtbar sind, ist das Aufspüren von Beute am Boden schwieriger. Da erscheint es als ganz normal, daß sich aus dem binokularen Sehen die Fähigkeit zum stereoskopischen Sehen entwickelt hat, denn dazu sind keine neuen Berechnungsprinzipien, sondern nur weitere *NXOR* Verbindungen, und zwar solche die leicht diagonal gerichtet sind, erforderlich. Man kann sich leicht vorstellen, wie dies aufgrund von ein paar nützlichen Falschcodierungen bewirkt wurde. Interessanterweise geschah dies gleichzeitig bei mehreren Arten.

Stimmt Fusion-Net mit dem überein, was wir von der phylogenetischen Entwicklung wissen? Grob gesprochen, ja. Es ist verblüffend, daß die Fähigkeit zur grobkörnigen stereoskopischen Diskriminierung beim Menschen ungefähr 8 Wochen nach der Geburt ziemlich plötzlich in Erscheinung tritt. Zu diesem Zeitpunkt in etwa manifestiert sich auch die Hyperakuität beim Aufspüren von Begrenzungslinien, und was vielsagender ist, das Kind hat dann Kontrolle über seine Augenbewegungen und kann sowohl vergieren als auch fixieren [38]. Die Grundschaltkreise für das stereoskopische Sehen sind höchstwahrscheinlich genetisch programmiert; und ist die Vergenz erst einmal unter Kontrolle kann die Fähigkeit zur Tiefenwahrnehmung geradewegs nachfolgen. Die Fähigkeit zum grobkörnigen stereoskopischen Sehen wird etliche Monate früher als der Umgang mit anderen Hinweisen auf Tiefe, z.B. Bewegungsparallaxe und Okklusion, erlernt. Diese

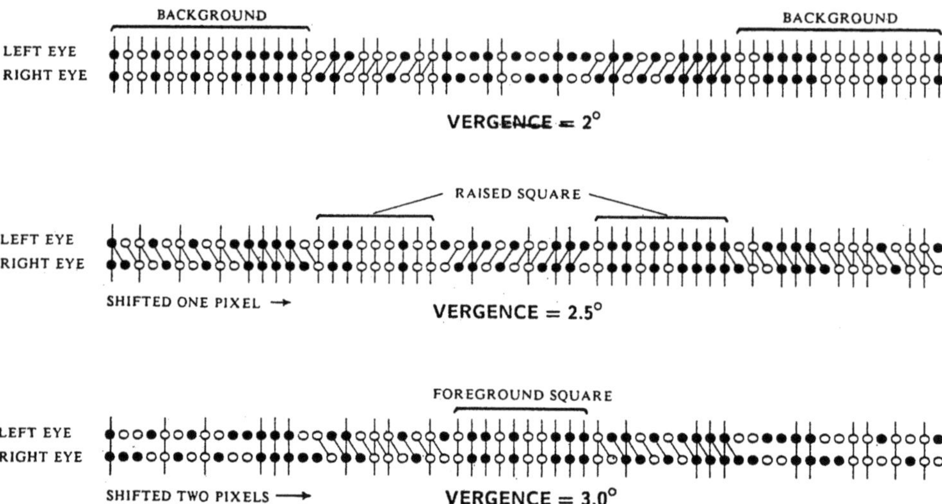

Abbildung 4.40   Beispiel für eine horizontale links/rechts Korrespondenz zwischen den linken und den rechten Bildern bei drei verschiedenen Vergenzen. Bei der Vergenz $= 2,5°$ repräsentieren die vertikalen Linien die Korrespondenzen auf der Fixationsebene. Die nach rechts zeigenden Diagonalen repräsentieren die von den "nahen Zellen" ausgewählten Korrespondenzen. Die nach links zeigenden Diagonalen repräsentieren die von den "fernen Zellen" ausgewählten Korrespondenzen. (von P. M. Churchland.)

scheinen komplexer zu sein und mehr "Training anhand von Beispielen" zu erfordern. Falls Fusion–Net funktioniert, sollte es einfach sein, ein wirkliches Netz für das grobkörnige, stereoskopische Sehen zu bauen. In dem Modellnetz sind die Verbindungen, die zum Finden des richtigen Abstands und die Verbindungen, die zur groben Einschätzung von Tiefe nötig sind, völlig gleichartig. Die gesetzten Gewichte an den internen Einheiten müssen nur innerhalb der Population einheitlich sein. Sie müssen nicht genau auf einen spezifischen Wert eingestellt oder für eine individuelle Einheit maßgeschneidert sein. Bei einer solch einfachen Konstruktion wäre es leicht, die prototypische Struktur unabhängig von der visuellen Erfahrung zu spezifizieren, und die Abstimmung würde kurz nach der Präsentation der Reize durch eine geeignetes Lernverfahren erfolgen.

Es hat sich herausgestellt, daß Fusion–Net erstaunlich leistungsstark ist. Da es aber über keine rekurrenten Verbindungen verfügt, können nicht alle Störgeräusche unterdrückt werden, und einige der falschen Paarungen bleiben erhalten. Es kann gelegentlich vorkommen, daß eine Stelle als Bestandteil der Vordergrundebene und bei veränderter Vergenz noch einmal als Bestandteil der Hintergrundebene verschmolzen wird. Durch welche rekurrenten Verbindungen könnte das Bild in

Abbildung 4.41   Darstellung der kollektiven Aktivität verschiedener Einheiten in der Population von Fusion–Net. Der einzige Bereich ohne binokulare Rivalität ist das 30×30 Pixel-Quadrat. Das ist auch der Bereich, in dem die "Fixationszellen" gleichbleibend aktiv sind. Die Quadrate im Hinter- und im Vordergrund sind aufgrund von binokularer Rivalität etwas durchmischt und werden über die Aktivität in den "fernen" bzw. in den "nahen Zellen" codiert. Die Fixationstiefe ändert sich mit der okularen Vergenz. Auf diese Weise kann eine 3–D Struktur repräsentiert werden. (Von P. M. Churchland.)

Ordnung gebracht und genauer werden? Sich gegenseitig hemmende Verbindungen zwischen den drei Klassen von Ausgabezellen würden zu einer Ausgabe des Netzes führen, die ihrem Ziel, nämlich der Simulation des stereoskopischen Sehens beim Menschen, schon viel näher ist.

Verwendung eines kooperativen Algorithmus

David Marr und Tomaso Poggio [481] haben eine Grundstrategie festgelegt, nach der man eine Musterungsfunktion (matching function) mit einem kooperativen Verfahren kombinieren kann. Als erstes berechneten sie die Kompatibilitäten für alle Tiefenebenen und benutzten dies dann als Ausgangspunkt für einen iterativen Algorithmus, der die eindeutigen Korrespondenzen berechnete. Dabei lag ihrer Strategie in einer Konfiguration von Einheiten eine 3–D Kopie der externen 3–D Welt der Objekte zugrunde, so daß es entlang einer gegebenen Sichtlinie für jede Tiefenebene ein Neuron gab. In seiner einfachsten Implementierung handelt es sich hierbei also um ein 3–D Gitter von Einheiten, wobei die räumliche Anordnung der Einheiten durch den Ingenieur bestimmt wird (Abbildung 4.42). Die Anordnung wird wie folgt repräsentiert: Die Einheiten in dem Netz stehen zu Punkten des dreidimensionalen Raumes in einem Verhältnis von 1 : 1; was natürlich auch eine Lokalisierung der Tiefe beinhaltet. Die Aktivität einer Einheit an einer gegebenen Stelle x, y, z des Modells repräsentiert die Information "Objekt an der Stelle x, y, z". Diese Repräsentationen haben folglich das gleiche Format wie die Kompatibilitäten.[16] Wie kann durch eine solche Anordnung das Korrespondenzproblem gelöst werden?

Marr und Poggio implementierten im kooperativen Algorithmus die folgenden Grundbedingungen: Zusammenpassende Gruppen in der gleichen Fusionsebene beziehen sich wahrscheinlich auf das gleiche Objekt. Zusammenpassende Gruppen dagegen, die zwar auf der gleichen Sichtlinie, aber in verschiedenen Tiefenebenen liegen, bedeuten, daß die Fusion wahrscheinlich falsch war. Der springende Punkt der Berechnungsstrategie ist, daß Einheiten der gleichen Tiefenebene positiv interagieren, wohingegen sich Einheiten, die sich zwar auf der gleichen Sichtlinie, aber in verschiedenen Tiefenebenen befinden, gegenseitig negativ beeinflussen. Den ersten Fall kann man mit Freunden vergleichen, die sich gegenseitig helfen. Folglich bestehen also zwischen Zellen der gleichen Tiefenebene exzitatorische Verbindungen. Im zweiten Fall werden Zellen in der gleichen Sichtlinie, aber aus verschiedenen Tiefenebenen wie Ausgestoßene behandelt; es bestehen somit inhibitorische Verbindungen (Abbildung 4.43). Die Einheiten konkurrieren also untereinander, wobei die stärkste der aktivierten Gruppen als Gewinner alles bekommt und die übrigen leer ausgehen. Folglich repräsentiert die Siegergruppe die Antwort auf die Korrespondenzfrage. Die gesamte Verarbeitung besteht aus ungefähr 10 bis 20 Iterationen, wobei die Nachbareinheiten beurteilt und die Gewichte entsprechend geändert werden. Letztendlich sind in verschiedenen Tiefen bestimmte Ansammlungen von Einheiten aktiv, die mit Objekten der passenden Größe in den verschiedenen Tiefen der externen dreidimensionalen Szene korrespondieren. Mit Hilfe dieses kooperativen Verfahrens können Störgeräusche und falsche Fusionen reduziert werden.

---

[16] Eine genaue Darstellung findet man in [242].

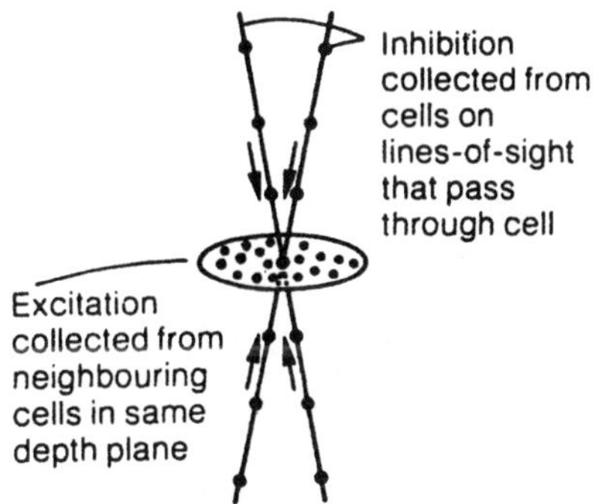

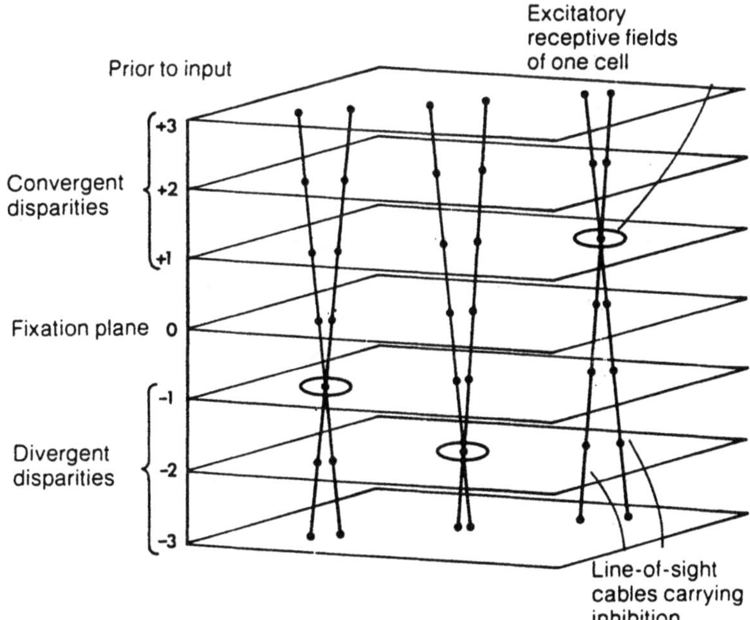

Abbildung 4.42 Dreidimensionales Schema des kooperativen Netzes von Marr und Poggio. Jede der sieben Ebenen repräsentiert eine Tiefenebene. Die mittlere Ebene steht für eine Disparation von Null; die oberen drei Ebenen kennzeichnen nahe und die unteren drei Ebenen ferne Disparationen. Der Einfachheit halber werden nur drei Einheiten gezeigt, wobei jedoch die Einheiten aller Ebenen ähnliche Konnektivitätsmuster haben. (Aus [242]; nach [481].)

In ihrem ursprünglichen Modell verwendeten Marr und Poggio eine Kompatibilitätsfunktion, die Kompatibilitäten in allen Tiefenebenen finden konnte. Die Ausgabe des kooperativen Algorithmus' gab dann für alle Tiefen die gewinnenden

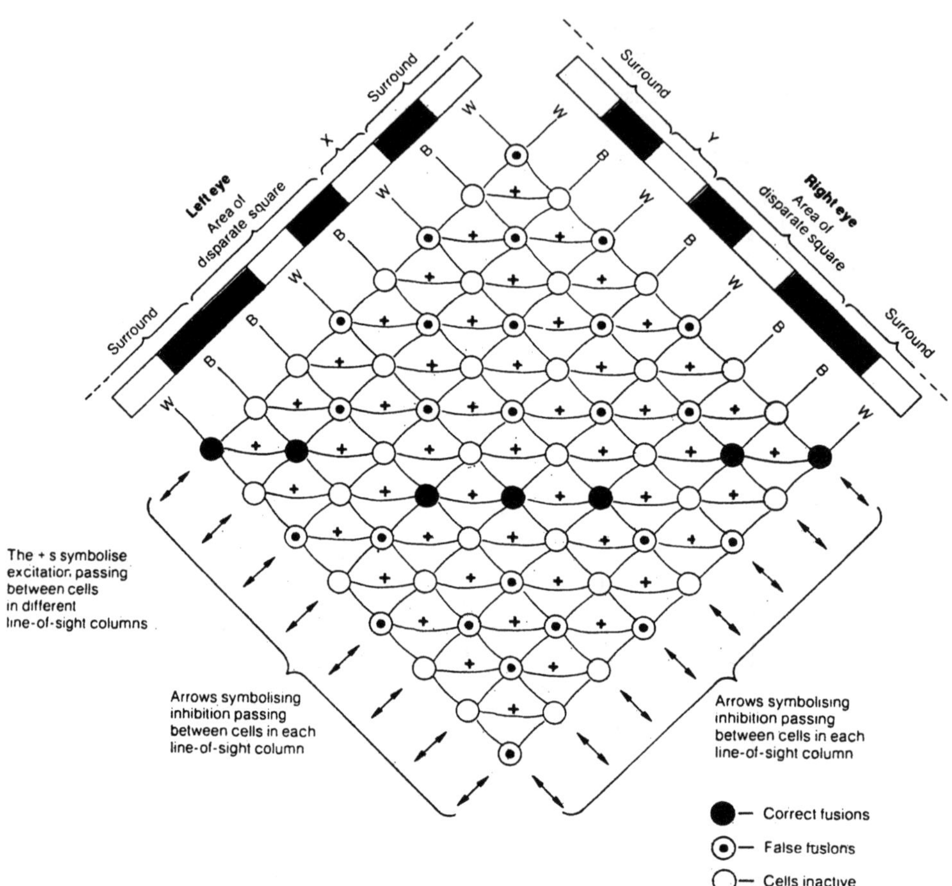

Abbildung 4.43   Eine Ebene des in Abbildung 4.42 gezeigten Netzmodells. (Aus [242].) +-Zeichen symbolisieren exzitatorische Verbindungen zwischen Zellen verschiedener Sichtlinien. Pfeile symbolisieren hemmende Verbindungen zwischen Zellen einer Sichtlinie. (Aus [242].)

Korrespondenzen an. Wenn das Marr–Poggio–Modell richtig ist, müßten bei gegebener Fixationsebene die Bilder von Objekten in verschiedenenen Tiefen (vor und hinter der Fixationsebene) gleich scharf und ebenso klar definiert sein. Das dies nicht so ist, kann man leicht feststellen, indem man den eigenen Daumen im Abstand von einer Armlänge fixiert. Eine Kaffeetasse beispielsweise, die sich 10 Zoll hinter dem Daumen und eine Rose, die sich 3 Zoll vor dem Daumen befindet, können wahrgenommen werden, wenngleich die Objekte unscharf sind und ihre Grenzen verschwommen und doppelt erscheinen, obwohl die Objekte innerhalb des Foveationsbereichs liegen. Als nächstes wird weiter entfernt vergiert, so daß die Bilder der Kaffeetasse verschmelzen. Dieses Mal sieht man doppelte, unscharfe und halbtransparente Daumen. Es stimmt also nicht, daß man ein scharfes, gutfusioniertes und klar definiertes Bild des Daumens, der sich vor einer scharf sichtbaren, gutfusionierten und klar definierten Kaffeetasse befindet, sehen kann. Da die Vergenzänderungen schnell erfolgen und die Wahrnehmung ungestört erhalten bleibt, und da man sich typischerweise nur auf Dinge konzentriert, die in der Vergenzebene liegen, entsteht die Illusion, daß die Bilder in vielen Tiefen gleichzeitig verschmolzen werden. In ähnlicher Weise kommt es auch zu der Illusion, das foveale Sehvermögen würde den größten Teil des Sehfeldes ausmachen, wohingegen es tatsächlich nur ungefähr 3° einnimmt. Dies entspricht in etwa dem Bereich, den zwei Daumen in einer Armlänge Abstand einnehmen.

Betrachtet ein Mensch ein Stereogramm mit zufälliger Punkteverteilung zum ersten Mal, kann die Latenzzeit, bis es zur Fusion kommt, ziemlich lang sein. Vielleicht ist dies auf die Iterationen in einem kooperativen Verfahren zurückzuführen; vielleicht zeigt dies aber auch nur, daß das Sehsystem verschiedene Vergenzen absucht ("vergence hunting"), bis es die Vergenz gefunden hat, in der die Bildpaare zueinanderpassen. Man sollte auch noch erwähnen, daß eben diese inhibitorischen Wechselwirkungen, die im Marr–Poggio–Modell zu einer Verringerung von Störgeräuschen führen, auch das Leistungsvermögen des Modells bei der Lösung des sogenannten "Screen–door"–Problems beeinträchtigen, d.h. die Fähigkeit, Objekte in der Tiefe wahrzunehmen, die sich hinter einem Gitter, wie z.B. einem Fliegengitter (screen–door) oder einem Maschendraht, befinden, wird vermindert.[17] Das Marr–Poggio–Netz schafft es also nicht, das Screen–door–Problem zu lösen, da es die Objekte lückenlos zusammenhängend repräsentiert, d.h. Zwischenräume werden aufgrund von Wechselwirkungen zwischen den Einheiten gefüllt. Wird dem Netz also im Vordergrund ein Objekt präsentiert, das tatsächlich Lücken aufweist (z.B. ein Fliegengitter), werden die Lücken zwangsläufig gefüllt, und dadurch wird es unmöglich irgendetwas, das sich hinter dem Fliegengitter befindet, zu erkennen. (Im Gegensatz dazu kann Fusion–Net beide Ebenen erfolgreich fusionieren.)

Qian und Sejnowski [596] untersuchten den Anwendungsbereich eines Marr–Poggio–Netzes in der Absicht, die Leistungsfähigkeit des Netz im Hinblick auf die Lösung des Screen–door–Problems zu verbessern. Die von ihnen vorgenommenen

---

[17]Was wir als "Screen–door"–Problem bezeichnen, ist in der Literatur unter dem Namen "Transparenzproblem" bekannt. Problematisch wird es nur dann, wenn das Objekt im Vordergrund nicht so vollkommen transparent wie z.B. eine saubere Glasscheibe ist, sondern wenn das Objekt Punkte aufweist, die fusioniert werden können, wenn es sich z.B. um ein Gitter handelt, oder wenn die Scheibe schmutzig ist. Da das Problem nur dann entsteht, wenn keine vollkommene Transparenz gegeben ist, fanden wir die Bezeichnung "Screen–door" (Fliegengitter) eindeutiger. Fusion–Net löst in der Tat bestimmte Beispiele des "Screen–door"–Problems geradewegs, ohne daß ein zusätzliches Training erforderlich wäre.

Modifikationen begründeten sie mit der Beobachtung, daß es bei der Fusion eines Julesz–Stereogramms anscheinend zwei ziemlich verschiedene Komponenten gibt: (1) Eine Punktmenge scheint sich vor einem Hintergrund zu befinden, wobei die Abbildung im Vordergrund jedoch noch immer aus Punkten besteht und Lücken zwischen den Punkten aufweist; die Abbildung ist also nicht kontinuierlich und ohne Unterbrechungen dargestellt. (2) Im Vordergrund scheint es eine glatte, kontinuierliche Tiefenebene zu geben, die zwar nicht geradewegs sichtbar ist, aber trotzdem so wahrgenommen wird, als würden die Lücken gewissermaßen interpoliert werden. Dadurch wird die Ebene zwar als kontinuierliche Fläche repräsentiert, erscheint aber dennoch nicht als undurchsichtiges, kompaktes Objekt. Qian und Sejnowski schlossen daraus, daß die Antworten des Netzes im Fall des Screen–door–Problems mittels eines zweistufigen Verfahrens (Auffinden der passenden Paare und anschließende Interpolation, ohne jedoch die Lücken aufzufüllen) besser werden könnten. Und tatsächlich erzielt ein Netz, das die passenden Paare findet, ohne daß es dabei die Lücken füllt, beim Screen–door–Test bessere Leistungen (Abbildung 4.44). Im Gegensatz zu dem Modell von Marr und Poggio, bei dem die Gewichte durch Versuch und Irrtum gesetzt wurden, erfolgt die Einstellung der Gewichte im Qian–Sejnowski–Netz durch Rückpropagierung. Der zweite Schritt jedoch — nämlich die Konstruktion einer unsichtbaren Ebene durch Interpolation — bleibt einem anderen Netz vorbehalten.[18]

Die Vorgehensweise des Marr–Poggio–Modells erweist sich bei der Verarbeitung eines Stereogramms mit zufälliger Punkteverteilung als elegant und leistungsstark. Da jedoch zur Berechnung ein kooperatives Verfahren verwendet wird, stellt sich die Frage, ob die Verarbeitung dadurch nicht zu langsam wird. Ein Vergleich der vom Modell und vom Nervensystem benötigten Realzeiten ist nicht aussagekräftig, da das Modell in vielerlei Hinsichten stark idealisiert ist. So hat das Modell im Gegensatz zu Neuronen beispielsweise binäre Einheiten; echte Neuronen verfügen über Dendriten und in die zur Signalverarbeitung in Dendriten benötigte Zeit gehen auch Faktoren wie z.B. die Länge der Dendriten ein. Da in allen Tiefen Kompatibilitäten gefunden wurden, hat der kooperative Algorithmus außerdem viel mehr zu tun, als es dann der Fall ist, wenn die Kompatibilitäten nur auf den Panumschen Fusionsbereich beschränkt sind. Es muß nicht erst erwähnt werden, daß kooperative Verfahren typischerweise zeitintensiv sind. Da es anscheinend ungefähr 200 Millisekunden dauert, bis in einer neuen Vergenz fusioniert werden kann, ist diese Methode sicherlich zu mühsam, wenn es auf eine schnelle Antwort ankommt.

Die Antwort auf die Zeitfrage hängt ganz entscheidend von der Ausgabe der Musterungsfunktion ab. Bei Fusion–Net z.B. ist bis zur Bereitstellung der Ausgabe wegen der Beschränkung auf den Panumschen Fusionsbereich nur wenig

---

[18] Die Beschreibung eines Interpolationsmodells, das sich die verteilte Repräsentation bei der Disparation zunutze macht, erfolgt in dem Abschnitt, der sich mit der Hyperakuität bei der Tiefenwahrnehmung beschäftigt.

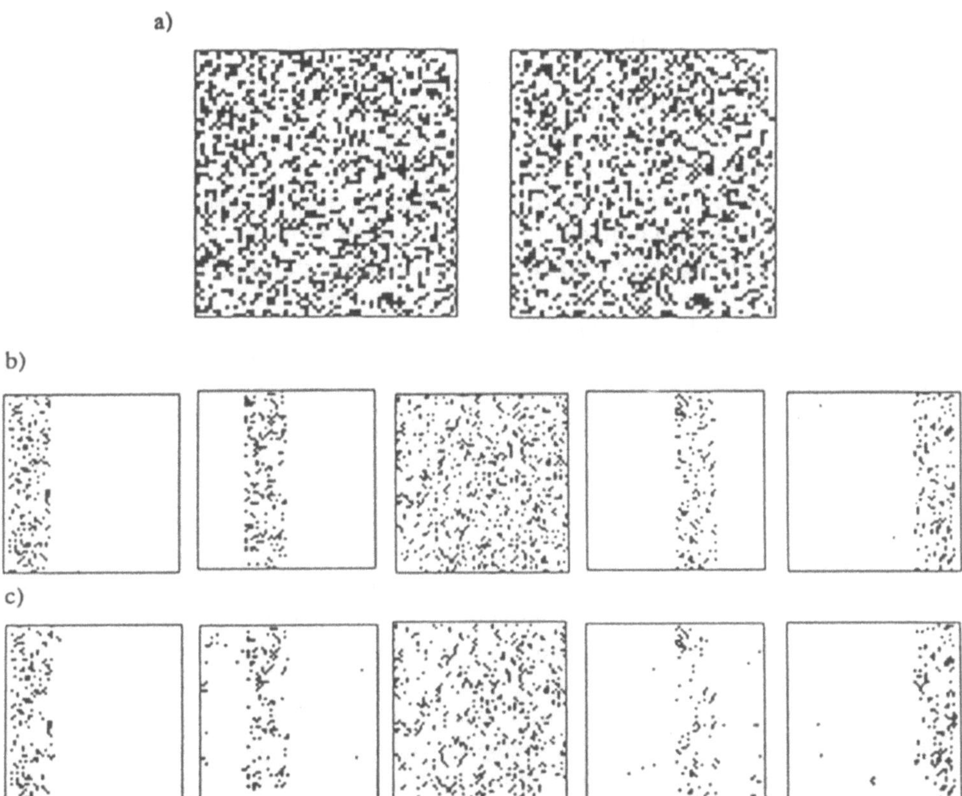

Abbildung 4.44 (a) Ein 68 × 68 Stereogramm mit zufälliger Punkteverteilung, das nach erfolgter Fusion eine gesprenkelte Treppe zeigt, die durch ein "schmutziges Fenster" hindurchgeht; d.h. auf der rechten Seite gibt es eine Vordergrundebene, eine weitere Vordergrundebene befindet sich links davon, dahinter ist die Ebene des "schmutzigen Fensters", die "transparent" ist. Hinter dem schmutzigen Fenster existieren noch zwei weitere Stufen, die in die Tiefe gehen. Ohne Hilfsmittel gelingt einem die Fusion nicht leicht und es kann auch mit einem Stereoskop (meist ist dazu schon eine lange Hülle ausreichend) einige Minuten dauern. Bei erfolgter Fusion ist der Effekt einfach verblüffend. Das Stereogramm veranschaulicht zum einen, daß das Sehsystem des Menschen unabhängig von monokularen Hinweisen und einzig und allein auf Grund von Disparation an einer gegebenen Stelle im Raum mehr als eine Tiefenebene sehen kann. (b) Hier wird jede in (a) sichtbare Tiefenebene einzeln dargestellt. Diese Muster in den verschiedenen Tiefenebenen sind das Zielobjekt des kooperativen Netzes. Jeder Punkt repräsentiert eine korrekte Paarung zwischen den, in dieser Tiefe korrespondierenden, schwarzen Punkten auf den linken und den rechten Bildern. (c) Dies sind die endgültigen Paarungen, die das kooperative Netz zusammengestellt hat. Auffällig ist, daß es einige falsche Zuweisungen gibt, die nicht mit den richtigen Paarungen in (b) übereinstimmen. Eine genaue Überprüfung des Stereogramms in (a) zeigt jedoch, daß es auch im menschlichen Sehsystem gelegentlich zu falschen Paarungen kommt. Das überrascht nicht sehr, da die Flecken auf dem schmutzigen Fenster nur allzu leicht mit den Punkten einer Tiefenebene verschmolzen (also verwechselt) werden [596].

zusätzliche Arbeit erforderlich. Die meisten in der wirklichen Welt vorkommenden Bilder müssen außerdem nur in sehr geringem Umfang bereinigt werden. Es sind also nur wenige Iterationen nötig, um Zweideutigkeiten und Störgeräusche zu beseitigen. Im Sinne von James Gibson sollte bemerkt werden, daß Bilder, die in der wirklichen Welt vorkommen, keine derartigen Zweideutigkeiten und Störgeräusche wie die Stereogramme mit zufälliger Punkteverteilung aufweisen. Das Sehsystem hat sich dahingehend entwickelt, daß es in der wirklichen Welt zu Rande kommt. Stereogramme mit zufälliger Punkteverteilung können zwar vom Sehsystem verarbeitet werden, man sollte aber nicht vergessen, daß sich ein Sehsystem unter normalen Umständen nicht mit derartigen Dingen auseinandersetzen muß. Wie wir später noch ausführlich darlegen werden, ist Fusion–Net außerdem erfolgreicher, wenn die Aufgabe darin besteht, Kompatibilitäten nicht in den Retinabildern, sondern in der Bildversion der Ganglionzellen zu finden, d.h. wenn *Änderungen* in den Grauabstufungen entdeckt werden sollen. Gelegentlich kommt es bei manchen Menschen zu falschen Fusionen, wenn z.B. bei Betrachtung eines Tapetenmusters Illusionen entstehen. In der Praxis jedoch sind solche falschen Fusionen weit weniger häufig, als rein theoretisch vermutet werden könnte, da zusätzliche Hinweise wie beispielsweise Farbflecken dies verhindern. Auf alle Fälle sollte ein kooperatives Verfahren Zweideutigkeiten und Störgeräusche nicht zu gründlich aus dem Weg räumen und dadurch die Fusion durch ein Fliegengitter von vornherein verhindern.

In Anbetracht dieser Überlegungen kann man erwarten, daß die Ausgabe von Fusion–Net in einen Mechanismus eingeht, dessen Hauptaufgabe die Integration einer Reihe verschiedener Tiefenhinweise ist, und der nebenbei auch noch die restlichen Störgeräusche und Zweideutigkeiten reduziert. Wir postulieren also keinen Mechanismus, der einzig und allein zur Beseitigung von Störgeräuschen und Zweideutigkeiten in der vom Fusion–Net erzeugten Ausgabe ist, sondern behaupten vielmehr, daß die Reduktion von Störgeräuschen und die Beseitigung von Unklarheiten als Nebenprodukt bei der Integration der vielfältigen Tiefenhinweise, wie z.B. Bewegungsparallaxe, Form, Größe, Okklusion und Texturgradient, in Erscheinung tritt.

Unüberwachtes Lernen von stereoskopischen Invarianten

Fusion–Net wurde mit Hilfe eines überwachten Algorithmus, nämlich durch Rückpropagierung, trainiert. Wäre es auch möglich, daß ein *unüberwachter* Lernalgorithmus die Disparation als Invariante entdecken könnte, wenn dem Netz einfach nur Beispiele stereoskopischer Paare präsentiert werden und wenn kompetitive Interaktionen erlaubt sind? (Siehe Kapitel 3.) Das Auffinden von Invarianten unterscheidet sich vom Erkennen einfacherer (also niederrangigerer) Eigenschaften, weil es auf die Verlagerung von Punkten und nicht auf das Punktmuster ankommt. Mit anderen Worten, entscheidend ist, ob es zwischen den Eingabevektoren des linken Auges und denjenigen des rechten Auges signifikante Übereinstimmungen gibt. Wie wir gesehen haben, erinnert das Auffinden der passenden Punkte bei Fusion–Net etwas an ein Hin- und Herschieben von Vektoren. Die Repräsentation der Disparation in Form einer Invarianten setzt voraus, daß bekannt ist, wo die Vektoren relativ zu einer gegebenen Fusionsebene übereinstimmen sollten. Bei den Werten des Vektors handelt es sich um Eigenschaften erster Ordnung (also um einfachste Eigenschaften), wohingegen das Ausmaß der Verschiebung, das nötig ist, damit die Vektoren zusammenpassen, eine Eigenschaft zweiter Ordnung ist. Um das Ganze etwas anschaulicher zu machen, betrachten wir irgendeine spezifische Tiefenebene, die sich, sagen wir, eine Armlänge entfernt befindet, und denken uns in dieser Tiefe mehrere Oberflächen in der gleichen vertikalen Ebene. Bei den Oberflächen könnte es sich z.B. um mehrere Seiten aus einem Buch für Farbproben handeln, die in einer vertikalen Reihe — jede Seite einzeln und eine Armlänge vom Betrachter entfernt — angeordnet sind. Der Punkt ist, daß die Eingabemuster, die ausgehend vom oberen Bild die beiden Augen erreichen, eine genau gleich große Disparation aufweisen wie diejenigen des mittleren und des unteren Bildes. Damit das System diese Gesetzmäßigkeit erkennen kann, ist es unwichtig, ob die obere Seite blaue Farbtöne aufweist, ob die mittleren Farben Rosatöne und die unteren Farben Grüntöne sind. Das heißt, die Disparation ist relativ zu einer gegebenen Tiefe eine Eigenschaft, die sich über einen Bereich von Eigenschaften in den Eingabemustern nicht ändert. Auch wenn die Farben von Seite zu Seite stark variieren können, bleibt die Disparation in diesem Beispiel die gleiche; sie ist eine Invariante.

Es zeigt sich, daß kompetitive, unüberwachte Netze die Repräsentation der Disparation als Invariante erlernen können [642]. Das kommt etwas überraschend, da die in Kapitel 3 diskutierten, kompetitiven Netze den beträchtlichen Nachteil hatten, daß sobald Eigenschaften erster Ordnung (wie z.B. Farbe) von den Ausgabeeinheiten repräsentiert wurden, relativ komplexere Eigenschaften höherer Ordnung (wie z.B. Invarianten) nicht repräsentiert wurden. An dem in Kapitel 3 diskutierten, kanonischen kompetitiven Netz mußten zwei wichtige Modifikationen vorgenommen werden, damit es Invarianten repräsentieren konnte. Die erste und wichtigere Modifikation war, daß für vorwärtsgerichtete Verbindungen eine Lernregel übernommen wurde, die entgegengesetzt zu der Hebbschen Regel (Anti–Hebbsche Regel) war. Das bedeutet, daß dann, wenn die kompetitiven Interaktionen abgeschlossen sind, d.h. wenn hinsichtlich der Ausgabeeinheiten die "Alles–oder–Nichts–Entscheidung" gefallen ist, die Gewichte an den zum Gewinner führenden Verbindungen eher verringert als erhöht werden. Spezifiziert wird dies durch die folgende Regel:

$$\Delta w_{ij} = -\epsilon y_i x_j \qquad (4.1)$$

Dabei steht x_j für den Eingabevektor und y_i für den Ausgabevektor.

Die zweite Modifikation schreibt vor, daß die Ausgabe keine sigmoide Funktion der Eingabe, sondern eine Gauß–Funktion der Eingabe ist. Diese Abweichung von

a

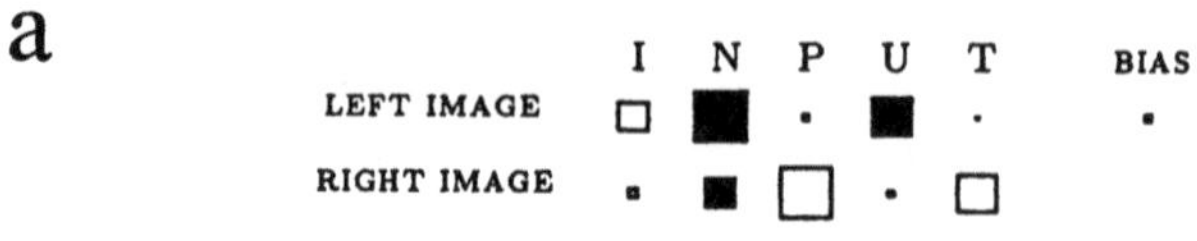

b

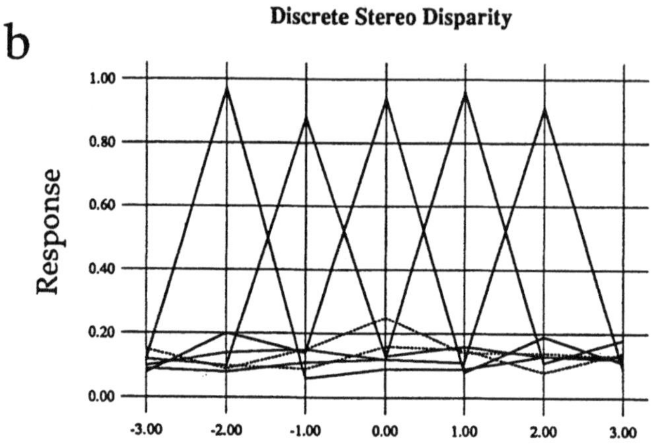

c

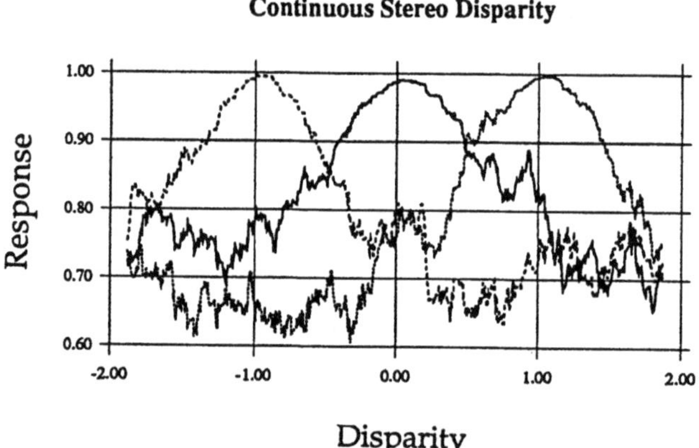

Disparity

Abbildung 4.45   Kompetitives Lernen von Disparationsinvarianten entgegen der Hebb'schen Regel.   Es wurde ein einschichtiges vorwärtsgerichtetes Netz verwendet, dessen Architektur dem in Abbildung 3.25 gezeigten Netz mit Ausnahme der folgenden Unterschiede entsprach: (1) Die Ausgaben dieses Netzes wurden mittels einer Gauß–Funktion und nicht durch eine sigmoide Funktion berechnet. (2) War die Alles–oder–Nichts–Entscheidung auf der Ausgabeebene erst einmal gefallen, wurde eine Anti–Hebbsche Lernregel für die vorwärtsgerichteten Verbindungen verwendet. Unter (a) werden die Gewichte für eine Ausgabeeinheit an den Verbindungen zu den fünf linken und den fünf rechten Eingabeeinheiten gezeigt. Bei der Eingabe handelte es sich um ein Stereogramm mit zufälliger Punkteverteilung, wobei sich die Verschiebungen über einen

kanonischen kompetitiven Netzen soll zu einer hohen Ausgabe führen, die eher von einem *Gleichgewicht* der Eingaben und nicht von einer maximalen Eingabe abhängt.

Mit Hilfe dieser Modifikationen gelingt es dem kompetitven Netz von Schraudolph und Sejnowski allmählich, die Disparation als eine Invariante zu repräsentieren. Nachdem dem Netz Julesz–Bildpaare mit zufällig verteilten Punkten präsentiert wurden, wobei ein Bild um einen konstanten Betrag nach links verschoben wurde, entwickelten die Ausgabeeinheiten scharf abgestimmte Selektivitäten für Disparation (Abbildung 4.45). Zu der Ausbildung breiterer Abstimmkurven kam es, wenn die Eingabevektoren nicht aus den, für Julesz Stereogramme mit zufälliger Punkteverteilung typischen, schwarz–weißen Feldern, sondern von Bildern stammten, die viele Grautöne mit eher kontinuierlichen anstelle von scharfen Intensitätsänderungen aufwiesen. Es kann sein, daß eine Reihe von breit und eng abgestimmten disparationsselektiven Zellen im Nervensystem nötig sind, um der Vielfalt an Mustern verschiedener Lichtintensitäten gerecht zu werden, die auf die Retinas treffen.[19]

Hinweise auf Tiefe und die wirkliche Welt

Bei Studien zur Untersuchung des stereoskopischen Sehvermögens mittels Computermodelle, verwendet man als Eingabe besonders gerne Stereogramme mit zufälliger Punkteverteilung, denn diese sind als Daten bequem einzugeben, sind quantifizierbar und können für viele Experimente und in vielen Laboratorien als geeigneter Benchmark–Test herangezogen werden. Nichtsdestoweniger sind sie in hohem Maße unnatürlich und da sie einen untypischen Fall darstellen, kann es passieren, daß sie uns von den wichtigsten Berechnungsprinzipien in Nervensystemen abbringen. Betrachten wir also Bilder, die in der wirklichen Welt vorkommen, bekommen wir vielleicht eine ganz andere Vorstellung vom Repräsentationsproblem

---

[19]Das Problem des unüberwachten Lernens von Disparation wurde zum ersten Mal von Hinton formuliert, der ein Modell entwickelte, das auch in der Lage war, Disparationen zu entdecken [326]. Es unterschied sich vom Schraudolph–Sejnowski–Modell insofern, als es sich überwachtes und vorhersagbares Lernen zunutze machte.

Bereich von -3 bis $+3$ Pixeln erstreckte. Die Ausgabeeinheiten sind hier für eine Disparation von $+1$ Pixel dargestellt. (b) zeigt die Disparationsabstimmung fünf verschiedener Ausgabeeinheiten, wobei jede dieser Einheiten genau auf einen speziellen Verschiebunggrad (im Bereich von -2 bis $+2$ Pixel) abgestimmt war. (c) Ein anderes Netz erhielt als Eingabe Tiefeninformationen, wobei die Graustufen eher kontinuierlich ineinander übergingen und keine binären Werte hatten. Die Gauß–Verteilungen erstreckten sich über mehr als ein Pixel. Für alle drei Ausgabeeinheiten werden die Abstimmkurven gezeigt (dicke Linie, gestrichelte Linie und gepunktete Linie). In diesem Netz sind die Disparationsabstimmkurven der Ausgabeeinheiten viel breiter als diejenigen in (b) [642].

in Nervensystemen. Die Bilder der wirklichen Welt bestehen selten nur aus einem
einzigen Merkmal, wie beispielsweise aus einem isolierten schwarzen Punkt, der
sich vor einem weißen Hintergrund befindet. Meistens sehen wir visuelle Bilder,
deren Grenzen erweitert, verschieden geformt und verschieden ausgerichtet sind;
die Bilder bestehen aus vielen verschiedenen Texturarten, und es gibt Grauabstufungen sowohl mit langsamen als auch mit schnellen Übergängen, wie dies bei kontrastreichen Grenzen der Fall ist. Die Luminanzänderungen, die Art der Begrenzungen, die Größe des Objekts, die Orientierung usw. sind in einer Szenerie der
wirklichen Welt selten dermaßen übereinstimmend. Ein Stereogramm mit zufälliger Punkteverteilung könnte in der wirklichen Welt am ehesten mit den Wahrnehmungen in einem Blizzard oder in einem verdunkelten Planetarium verglichen
werden. Aber sogar diese sind reichhaltiger, da hier Bewegungen und Veränderungen in der Objektgröße vorkommen. Wie wird dadurch unser Verständnis des
Berechnungsverfahrens beeinflußt?

Erst einmal führen diese Überlegungen dazu, daß die vermutlichen Leistungen
von Fusion–Net revidiert werden müssen. Wir werden dem etwas genauer nach-
gehen. Infolge von Informationsvorverarbeitung und Informationskompression in
der Retina bringt die Eingabe in eine corticale Zelle typischerweise eine räumliche
oder zeitliche Änderung der Luminanz im rezeptiven Feld der Zelle mit sich. Folglich reagieren die meisten corticalen Neuronen der Sehrinde am besten auf Kanten,
Grenzlinien, Bewegung und Disparationen. Solange keine Änderung im rezeptiven
Feld der Zellen erfolgt, tendieren die Zellen dazu, ihre niedrige Impulsrate beizu-
behalten. Wird also die Eingabe in Fusion–Net nach dem Vorbild der Eingabe
corticaler Zellen gestaltet, dann besteht sie aus diesen vorverarbeiteten Signalen.
In Anbetracht der Schwankungen bzgl. Art und Ausmaß der Veränderungen in
Bildern der wirklichen Welt und in Anbetracht der Tatsache, daß die gefundenen
Veränderungen durch die Vorverarbeitung verstärkt werden, wird deutlich, daß
die Ausmaße der Veränderungen — und damit auch die Eingaben in den Cortex
— bei weitem vielfältiger sind, als dies bei Stereogrammen mit zufälliger Punkteverteilung der Fall ist. Genau aus diesem Grunde ist also bei Bildern aus der
wirklichen Welt die Anzahl der möglichen Paarungen, und damit auch die Anzahl
der falschen Fusionen, stark reduziert.

Wir haben gesehen, daß sich grobkörniges stereoskopisches Sehen eher durch
Musterung als durch Repräsentationen auf niedrigerer Ebene (z.B. durch Luminanzänderungen in einem kleinen räumlichen Bereich) ergibt. Es gibt aber auch
Beweise dafür, daß Repräsentationen auf höherer Ebene ihren Beitrag zum stereoskopischen Sehen leisten. So haben z.B. Gregory und Harris [285] gezeigt, daß bei
Verwendung eines Stereogramms von Kaniza–Formen (Abbildung 4.46 (A)) sub-
jektive Tiefenkonturen wahrgenommen werden können. Dieser Wahrnehmungsef-
fekt ist um so verblüffender, da von der Retina *keine* geeigneten Signale kommen,
die mit den subjektiv wahrgenommenen Konturen übereinstimmen — schließlich
sind die Konturen im Stimulus ja nicht vorhanden. Ramachandran [609] hat diesen Effekt näher untersucht und entdeckt, daß die Segmentierung der visuellen

Szene in Objekte und in Flächen großen Einfluß auf die frühe visuelle Verarbeitung beim stereoskopischen Sehen haben kann. Genauer gesagt, Ramachandran hat herausgefunden, daß dann, wenn ein Stereogramm mit illusorischen Konturen vor einem aus vertikalen Linien bestehenden Hintergrund präsentiert wird, das illusorische Rechteck die korrespondierenden Linien der Fläche in den Vordergrund hebt.

Daß die Linien "innerhalb" des illusorischen Rechtecks so gesehen werden, als würden sie sich vor dem, was als Hintergrund interpretiert wird, befinden, ist ziemlich bemerkenswert, da die vertikalen Linien tatsächlich eine Disparation von Null haben (Abbildung 4.46 (B)). Ramachandran meint, daß in diesem Fall das Sehsystem bei seiner stereoskopischen Interpretation scheinbar von Disparationen in den scheibenförmigen Objekten ausgeht und dann die subjektiv wahrgenommenen Konturen in der relevanten Tiefe des dreidimensionalen Bildes ausfüllt. Dieses Beispiel ist zum Teil deshalb so faszinierend, weil aufgrund von Gegensätzen Spannungen hervorgerufen werden. Zum einen ist da die Disparation der Scheiben, die ein Hinweis auf Tiefe ist. Und dann ist da noch der linierte Hintergrund, der eine Disparation von Null hat und somit signalisiert, daß keine Tiefenunterschiede bestehen. Mit einem Auge sind die subjektiven Konturen, wenn überhaupt, dann nur schwach sichtbar. Aber binokular betrachtet, springen sie geradezu ins Auge. Dies deutet darauf hin, daß die subjektiven Konturen nur erscheinen, wenn eine stereoskopische Fusion erfolgt ist. Daraus wiederum kann man auf Wechselwirkungen zwischen Form, Figur, Grund und stereoskopischer Verarbeitung schließen. Die Mechanismen, auf denen solche Effekte höherer Ebenen beruhen, sind noch unbekannt. Denkt man jedoch darüber nach, dann kommt man zu der Erkenntnis, daß die meisten Zellen höherer Verarbeitungsebenen — z.B. in V2, V4 und MT — binokular sind. Ihre rezeptiven Felder sind größer, und von daher nehmen sie mehr von der Welt wahr. Außerdem reagieren sie auf komplexere Raum–Zeit–Muster. Man kann davon ausgehen, daß Repräsentationen in diesen Bereichen bei der weiteren Reduzierung von Störgeräuschen und bei der Beseitigung von Zweideutigkeiten eine Rolle spielen. Vielleicht geschieht dies mit Hilfe von rückgekoppelten Verbindungen über die tiefereren Bereiche (z.B. V1).

Das stereoskopische Sehen ist ein wirksamer Hinweis auf Tiefe. Aber natürlich gibt es noch viele andere Hinweise, die vom Sehsystem zur Wahrnehmung von Tiefe herangezogen werden. Wie wir schon an früherer Stelle angemerkt haben, ist die monokulare Tiefenwahrnehmung in der Tat fast genauso gut wie die binokulare Version. Überdies haben unter manchen Bedingungen monokulare Tiefenhinweise, wie beispielsweise die Perspektive, den Vorrang vor binokularen Tiefensignalen. Wie fügen sich diese Hinweise zu einer einheitlichen Wahrnehmung zusammen? Eine Möglichkeit wäre, daß die Schaltkreise, die diese Tiefenhinweise berechnen, ihre Daten für eine gemeinsame Repräsentation der Tiefe beisteuern. Aufschlußreich ist, daß einzelne Neuronen im Bereich MT sowohl auf Disparation als auch auf relative Bewegung abgestimmt sind. Noch vielsagender ist die Tatsache, daß Zellen im Bereich MST, die ihre Eingaben von MT erhalten, Selektivitäten bezüglich

A

B

Abbildung 4.46   (A) Sowohl in dem linken als auch in dem rechten Diagramm können monokular illusorische Konturen gesehen werden; das linke Diagramm hat konkave und das rechte Diagramm hat konvexe Kanten. Das illusorische Vieleckpaar kann miteinander verschmolzen werden, wenngleich die Fusion wegen der Komplexität des Reizes etwas länger als gewöhnlich dauern kann. Bei Fusion der beiden Vielecke kann man eine Art japanische Brücke sehen, die in Richtung des Betrachters gekrümmt ist. Dies ist

der Richtung aufweisen, die davon abhängen, welchen Abstand das sich bewegende Objekt von der Fixationsebene hat [626]. Das steht im Einklang mit der Vermutung, daß diese Zellen sowohl beim stereoskopischen Sehen als auch bei der Bewegungsparallaxe eine Rolle spielen. Man sollte noch erwähnen, daß die Hierarchie, nach welcher die Tiefenhinweise zum Zuge kommen, von den jeweiligen Bedingungen abhängig und auch von Individuum zu Individuum variabel ist.

Wahrscheinlich existieren im Nervensystem keine Module für stereoskopisches Sehen, für Bewegung oder Form, die ihre Aufgabe isoliert von anderen Aufgaben erledigen. Folglich lohnt es sich nicht, wenn man versucht, vollständige Lösungen für Probleme zu finden, bei denen eine isolierte Lösung der Aufgaben angenommen wird. Die Bilder der wirklichen Welt enthalten im typischen Fall gleichzeitig Informationen verschiedenartiger Tiefenhinweise, und wenn ein Hinweiskanal verrauscht, zweideutig oder unzuverlässig ist, kommen andere Hinweise zum Zuge. Stimmen die Signale verschiedener Kanäle überein und kommen die Kanäle bei der Tiefeneinschätzung zu dem gleichen Ergebnis, so kann das zu einer gegenseitigen Verstärkung der Signale führen. Andererseits kann ein Kanal, dessen Informationen von denen der anderen Kanäle abweichen, unterdrückt werden. Für diese Suppression aufgrund von binokularer Rivalität gibt es ein drastisches Beispiel. In dem Versuch werden dem linken und dem rechten Auge gleichzeitig inkompatible Muster präsentiert (Das rechte Auge wird beispielsweise mit einem vertikalen Balkenmuster und das linke Auge mit einem horizontalen Balkenmuster gereizt). Die Wahrnehmung besteht nun nicht etwa aus einer Kombination der beiden, z.B. in Form eines Karomusters, sondern aus abwechselnd wahrgenommenen vertikalen und horizontalen Balken, wobei die Periodizität ungefähr eine Sekunde beträgt [460].

Die gegenseitigen Wechselbeziehungen bei der Wahrnehmung haben auch Einfluß darauf, wie gut den Schaltkreisen, die die verschiedenen Sinneshinweise verarbeiten, die Feinabstimmung ihrer Leistung durch Erfahrung gelingt. Bei gegebener Gelegenheit könnten starke, übereinstimmende Hinweise mehrerer Schaltkreise dazu verwendet werden, die Leistung eines Schaltkreises zu verbessern, dessen Ergebnisse mit denen der anderen Schaltkreise inkonsistent sind. Dies wäre ein Beispiel für kontrolliertes, unüberwachtes Lernen, bei dem die übereinstim-

umso eindrucksvoller, als ohne Fusion nichts dergleichen im Reiz gesehen wird. (Bei Verwendung der Technik, bei der die Augen divergieren, die rechte Seite nach oben halten; sollen die Augen überkreuzt sehen, die Seite auf den Kopf stellen.) (B) Besonders verwirrend sind die Stereopaare mit den illusorischen Rechtecken von Ramachandran deshalb, weil die Linien des Hintergrunds eine Disparation von Null aufweisen. Trotzdem wird bei Fusion des obersten Paares ein gestreiftes Rechteck gesehen, das sich deutlich vom gestreiften Hintergrund abhebt. Noch bemerkenswerter ist es, daß sich das gestreifte Rechteck bei dem untersten Paar scheinbar hinter der gestreiften Vordergrundebene mit den Scheiben befindet (verwendet man die Technik, bei der die Augen überkreuzt sehen, ist es umgekehrt) [609].

menden Schaltkreise als "Lehrer" fungieren und dem aus–der–Reihe–tanzenden Schaltkreis interne Lernsignale zukommen lassen. Wird das interne Lernsignal durch die Ausgabe eines besonderen Schaltkreises festgesetzt, handelt es sich um ein lokales Lernsignal, im Gegensatz zu dem Lernsignal, das in Verhaltensexperimenten verwendet wird, bei denen das Tier für seine Entscheidung bestraft oder belohnt wird. Die von dem internen Lehrer bereitgestellten Einzelheiten könnten sich über einen Bereich von zwei Dimensionen erstrecken. Zum einen könnte das Signal an eine Menge von Neuronen, z.B. an eine ganze Spalte, adressiert sein, oder es könnte sogar noch lokaler, z.B. an ein individuelles Neuron, gerichtet sein. Zum anderen könnte es sich bei der Korrektur nur um ein grobes Signal handeln, das nur zwischen "richtig" oder "falsch" unterscheidet; ebenso könnte das Signal aber auch das Ausmaß der notwendigen Korrektur spezifizieren.

Es ist denkbar, daß die korrigierenden Modifikationen in den Schaltkreisen nur dann vorgenommen werden, wenn (1) die anderen Schaltkreise stark übereinstimmen, (2) der "Ausreißer" von den anderen nicht nur leicht, sondern stark abweicht und (3) die Antwort des "Ausreißers" gravierende Auswirkungen hat und mit den anderen Schaltkreisen in Konflikt gerät. So könnte es also vorkommen, daß die Diskrepanzen unter bestimmten Bedingungen ganz einfach ignoriert werden, während sie bei anderen Bedingungen eine Modifikation an den Synapsen erforderlich machen. Dabei könnten diese Bedingungen für verschiedene Perioden der Entwicklung verschieden spezifiziert sein. Wie könnte das System zum Ausdruck bringen, wann die für eine Sysnapsenmodifikation erforderlichen Bedingungen erfüllt sind?

Vor kurzem wurde berichtet, daß in bestimmten Populationen der Sehrinde Zellen auftreten, die in einem Bereich von $30 - 60$ Hz synchron feuern [280].[20] Es ist möglich, daß auf diese Weise angezeigt wird, wenn die Bedingungen gegeben sind, die einen "Lehrer" erforderlich machen, und daß an den abweichenden Kanal Signale entsendet werden sollten, damit dieser seine Information dahingehend abändert, daß sie besser mit den anderen Schaltkreisen übereinstimmt. Diese synchronen Ausbrüche von Impulsen (bursts) dauern nur wenige hundert Millisekunden lang an. Sie sind nicht überall anzutreffen, sondern treten nur relativ selten auf. Warum sollten sie in Zusammenhang mit dem Lernen stehen? Der wichtigste Hinweis, der dafür spricht, ist die Tatsache, daß die Aussendung von hochfrequenten Impulsen günstige Bedingungen für die Induktion einer LTP (long–term potentiation, Langzeitpotenzierung) an den Synapsen schafft (mehr darüber im nächsten Kapitel). Folglich wird spekuliert, ein gleichzeitiges Aussenden von Impulsen in mehreren Populationen könnte dem abweichenden Kanal signalisieren, daß er seine Gewichte ändern muß [278]. Dies ist natürlich nur reine Spekulation, und es gibt viele andere Vorgänge, bei denen synchrones Feuern eine Rolle spielen könnte. So vermuten Crick und Koch [140], daß es sich hierbei um eine gemeinsame Repräsentation mehrerer Eigenschaften (z.B. um Farbe und Form)

---

[20] Siehe auch in [453]. F. Fetz hat in einer Unterhaltung erwähnt, daß solche Schwingungen im somatosensorischen, motorischen und prämotorischen Cortex des Affen leicht auffindbar sind.

handeln könnte, wodurch deutlich werden soll, daß diese Eigenschaften zu ein und demselben Objekt gehören. Sie schlagen weiterhin vor, die Schwingungen könnten den Lernvorgang signalisieren, in dem die Antworten der übereinstimmenden Schaltkreise verstärkt werden. Wir dagegen sind der Meinung, daß dadurch dem nicht–übereinstimmenden Schaltkreis mitgeteilt wird, daß er "falsch" liegt. Eine andere Möglichkeit ist, daß Zellen, die synchron feuern, viel größeren Einfluß auf ihre Zielzellen haben, als dies bei unabhängig voneinander feuernden Zellen der Fall wäre. Auf diese Weise ist es dem Gehirn vielleicht möglich, den Einfluß einer kleinen Neuronenpopulation zu verstärken [3].[21]

4.10 Hyperakuität: Das Geheimnis wird enträtselt und der Mechanismus aufgedeckt

Hyperakuität bedeutet, daß Intervalle aufgespürt werden, die kleiner sind als das Auflösungsvermögen jedes einzelnen Transduktors. Auf den ersten Blick erscheint diese Eigenschaft paradox, da sie zu der Annahme verleitet, es sei möglich, einem Signal mehr Informationen zu entnehmen, als in dem Signal überhaupt enthalten sind. Das wäre wirklich paradox. Da die Hyperakuität jedoch eine psychophysisch bewiesene Tatsache ist, kann sie nicht unmöglich sein. Folglich kann die Beschreibung im Fall des Nervensystems nicht zutreffend sein. Wenn auch nicht paradox, so ist es nichtsdestoweniger geheimnisvoll, wie es dem Nervensystem gelingt, Information so zu verarbeiten, daß in bestimmten Wahrnehmungsbereichen übernormale (hyperakute) Diskriminierung zur tagtäglichen Routine gehört.

Unserer Meinung nach ist die Grobcodierung der Schlüssel zur Erklärung der geheimnisvollen Hyperakuität. Wir wollen diese Behauptung näher erläutern und zeigen, daß die Grobcodierung in verschiedenen Dimensionen verallgemeinert werden kann. Zu diesem Zwecke betrachten wir drei Beispiele: die Farbenwahrnehmung, die räumliche Hyperakuität (x, y Koordinaten) und die stereoskopische Hyperakuität (x, y, z Koordinaten). Im letzteren Fall hilft ein Netz bei der Formulierung von Hypothesen bezüglich des genauen neuronalen Mechanismus, der dem Ganzen zugrunde liegt.

Von drei Zapfentypen zu 10 000 Farbtönen durch Grobcodierung

Die Farbenwahrnehmung ist wahrscheinlich das am drastischsten in Erscheinung tretende Beispiel dafür, wie der Cortex die diskriminativen Fähigkeiten seiner individuellen Transduktoren um mehrere Größenordnungen übertreffen kann. Zwei

---

[21] In anderen Teilen des Gehirns gibt es Beweise für synchrones Feuern. Besonders bemerkenswert sind diesbezüglich das somatosensorische System [580], die Hörrinde [3] und die frontoparietalen Systeme [74].

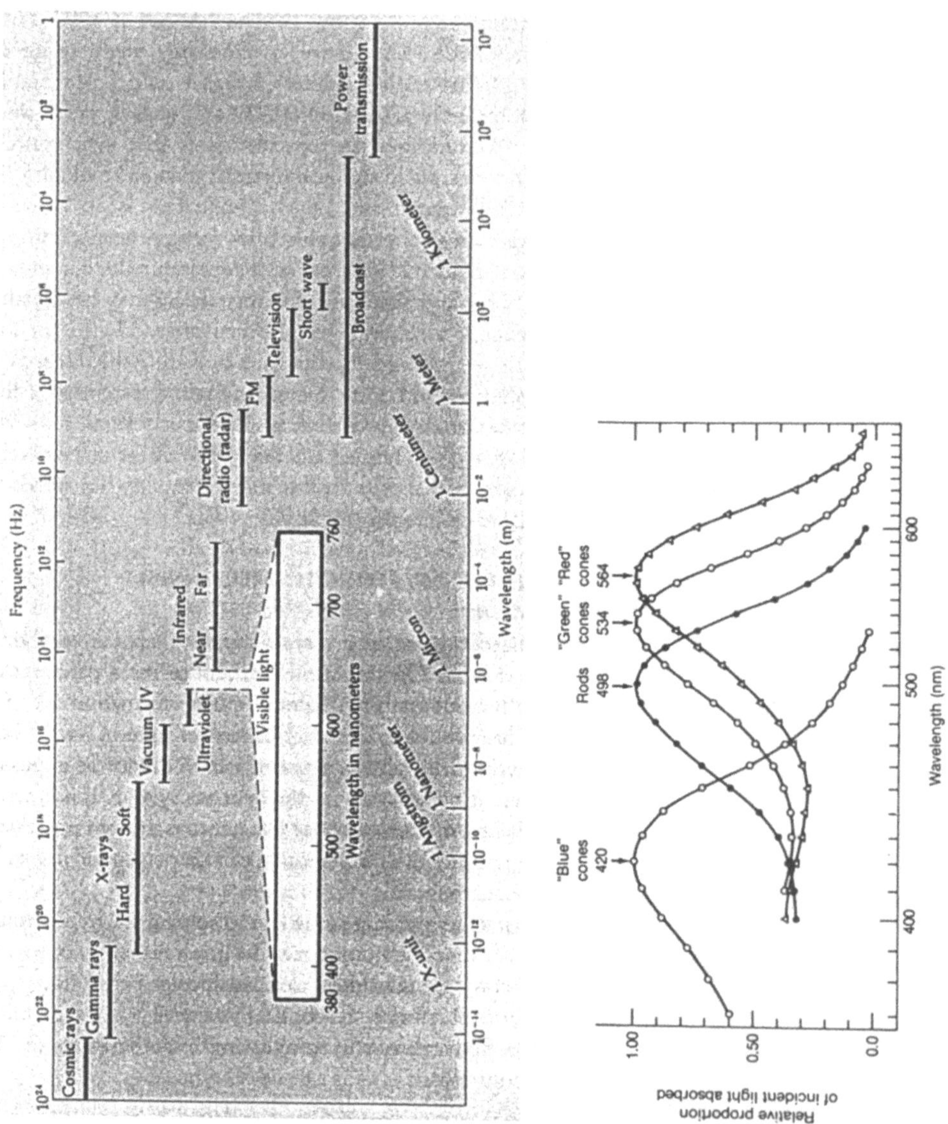

Abbildung 4.47 (A) Das Spektrum der elektromagnetischen Energie (Strahlungs-energie). (B) Die relative Absorption der verschiedenen Wellenlängen des Lichts durch die Stäbchen und die drei Zapfentypen in der menschlichen Retina.

klärende Punkte müssen vorangestellt werden: (1) Ein roter Wagen kann unter vielen verschiedenen Beleuchtungsbedingungen als rot erscheinen, z.B. bei hellem Tageslicht, in der Dämmerung, bei Kerzenlicht, in fluoreszierendem Licht usw., wobei die auf die Retina tatsächlich auftreffenden physikalischen Wellenlängen enorm variieren. Dieses Phänomen nennt man Farbkonstanz. (2) Die Farbenwahrnehmung ist von der Wellenlänge abhängig, damit aber nicht identisch. Wären Farbe und Wellenlänge gleichbedeutend, dann müßte sich die wahrgenommene Farbe eines Flecks einzig und allein in Abhängigkeit von der Wellenlänge ändern. Das ist jedoch nicht der Fall. Die Farbwahrnehmung ist nämlich auch von den Wellenängen des Lichts anderer Teile des Gesichtsfeldes abhängig. In anderen Worten: Hier machen sich interaktive Effekte bemerkbar. Man sollte jedoch zur Kenntnis nehmen, daß der Wahrnehmungsvorgang in der Retina beginnt, da die Photerezeptoren der Retina nur auf die Wellenlänge des Photons reagieren, das sie einfangen. Die Farbenwahrnehmung muß also aus Verarbeitungsprozessen hervorgehen, die sich auf höheren Ebenen des Sehsystems abspielen.

Die Photorezeptoren in der menschlichen Retina bestehen aus Stäbchen und aus drei Klassen von Zapfen. Stäbchen zeigen ihre höchste Empfindlichkeit bei Licht einer Wellenlänge von ungefähr 510 nm. Man geht jedoch davon aus, daß sie an der Farbenwahrnehmung nicht beteiligt sind. Die drei Zapfentypen haben ihre Absorptionsmaxima bei 420, bei 530 bzw. bei 560 nm (Abbildung 4.47). Im allgemeinen werden sie als "blaue", "rote" bzw. "grüne" Zapfen bezeichnet, wenngleich diese Benennungen — wie David Hubel [342] gezeigt hat — in vielerlei Hinsicht unzutreffend sind.[22] Erstens: Monochromatisches Licht der Wellenlängen 420, 530 und 560 nm erscheint nicht blau, grün und rot, sondern violett, blau–grün und gelb–grün. Zweitens: Wird nur ein Zapfentyp stimuliert, werden nicht die Farben blau, grün oder rot gesehen, sondern es wird wahrscheinlich violett, grün oder gelb–rot wahrgenommen. Drittens: Die Transduktoren haben ziemlich breite Sensitivitätskurven und — wie die Kurve zeigt — reagieren sie unterschiedlich stark. Folglich wird Licht der Wellenlänge 550 nm sowohl bei den grünen als auch bei den roten Zapfen eine Antwort evozieren. Licht von 450 nm wird sowohl bei den Stäbchen als auch bei den blauen Zapfen zu einer Antwort führen. Nachdem wir nun auf die "Mängel" der Bezeichnungen aufmerksam gemacht haben, werden wir im weiteren Verlauf trotzdem — so wie es allgemein üblich ist — von "blauen", "grünen" und "roten" Zapfen sprechen.

Das auf die Retina auftreffende Licht hat nicht nur eine bestimmte Wellenlänge, sondern auch eine bestimmte Intensität. Dargestellt wird dies in dem Leistungsspektrum des Reizes (Abbildung 4.48). Bei nur einem Zapfentyp wäre eine Unterscheidung zwischen einem Stimulus mit niedriger Intensität, aber mit einer bevorzugten Wellenlänge von einem Stimulus mit hoher Intensität und einer Wellenlänge geringerer Präferenz nicht möglich (siehe Abbildung 4.15). Nur dadurch, daß die Antworten der verschiedenen Zapfentypen miteinander verglichen werden, kann das System nach Wellenlängen trennen. Wir überspringen nun

---

[22] Siehe Abschnitt 4.4.

viele wichtige Einzelheiten und wenden uns gleich dem Kernpunkt zu. Jeder wahrnehmbare Unterschied zwischen zwei Farbreizen entspricht einer bestimmten Antwortkombination der aktivierten Zapfen (z.B. Farbe A: 0,8; 0,2; 0,0 und Farbe B: 0,7; 0,5; 0,0 etc.). Das Leistungsspektrum für jeden Reiz zeigt die verschiedenen Wellenlängen des im Reiz enthaltenen Lichts; für jedes Leistungsspektrum wird es eine spezifische Kombination von Antworten der Zapfen geben. Es können so viele Farbtöne voneinander unterschieden werden, wie es verschiedene Antwortkombinationen gibt, die von Zellen höherer Ordnung erkannt werden.

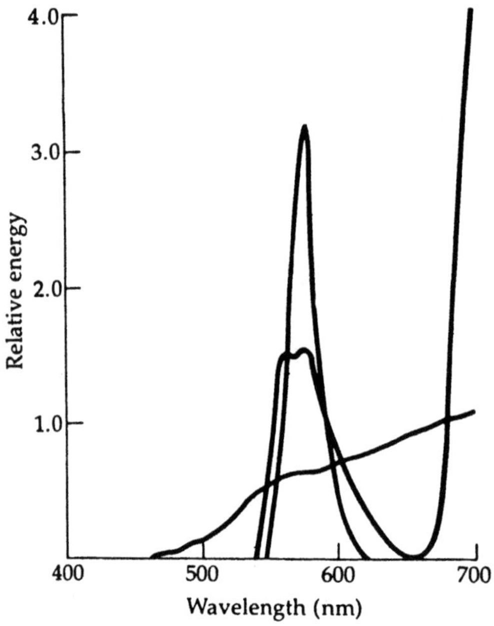

Abbildung 4.48   Leistungsspektrum (relative Energie in Abhängigkeit von der Wellenlänge) für drei verschiedene physikalische Verteilungen des Lichts, die alle gelb erscheinen, wenn sie den gleichen Helligkeitsgrad haben. (Mit Erlaubnis aus [350].)

Am einfachsten ist es wahrscheinlich, dies in Form eines Zustandsraumes anzugeben, in dem jeder Zapfentyp eine Dimension und jede Ansprechempfindlichkeit auf eine Wellenlänge einen Punkt entlang der Achse darstellt (Abbildung 4.49). Den Mindestabstand, den zwei Punkte im Farbenraum voneinander haben müssen, damit diese beiden Farben noch unterscheidbar sind, nennt man den gerade-noch-wahrnehmbaren Unterschied (just-noticeable difference = JND). JND ist ein Maß für die untere Grenze. Bei Werten, die diese Grenze unterschreiten, sind die Unterschiede der verschiedenen Antworten in den Zapfen nicht signifikant. Der Abstand, den zwei JND-Farbtöne im Zustandsraum voneinander haben, gibt einen Schwellenwert an, der durch den Rauschpegel des Systems festgelegt wird. Das heißt: Unterhalb dieses Schwellenwertes kann das System nicht unterscheiden, ob ein Antwortunterschied etwas bedeutet und folglich als Signal aufzufassen ist oder ob es sich nur um Störgeräusche im Neuron handelt. Wird der JND als Euklidscher Abstand unter Verwendung eines scharfen Schwellenwertes angegeben, nennt man dies im Englischen "line–element–model". Wahrscheinlich entspricht dem Entscheidungsprozeß im Nervensystem jedoch eher ein probabilistisch definierter Schwellenwert, wie er mit Hilfe der Signalaufspürungstheorie analysiert wird. In beiden Fällen wird davon ausgegangen, daß die drei Zapfenkanäle unabhängig sind. Diese Annahme muß möglicherweise modifiziert werden, da die Kanäle des Nervensystems dazu tendieren, überlappende Informationen zu leiten. Da der JND im Zustandraum verglichen mit der Abstimmkurve eines Zapfens relativ klein ist, fanden wir es angemessen, die Farbenwahrnehmung als ein Beispiel für Hyperakuität zu betrachten.

Die geometrische Repräsentation läßt ahnen, wie ausgedehnt der Farbenraum eines trichromatischen Systems ist und wieviel kleiner im Verhältnis dazu ein dichromatischer Farbenraum sein wird. Bemerkenswert ist auch, daß in der Wahrnehmung ähnliche Farben in räumlich benachbarten Bereichen zu finden sind.

Vernierartige Hyperakuität

Hyperakuität tritt beim Menschen dann in Erscheinung, wenn in einer zweidimensionalen Ebene wahrgenommen werden kann, ob sich zwei Lineale genau in einer Reihe befinden oder nicht. Der Diskussion dieser Errungenschaft wollen wir vorausschicken, daß es nützlich ist, in Anbetracht der räumlichen Einschätzung, d.h. der Beurteilung der relativen Position im zweidimensionalen Raum, zwischen "Auflösung" und "Genauigkeit" zu unterscheiden. Unter "Auflösung" versteht man den räumlichen Mindestabstand zwischen zwei Reizen, der nötig ist, damit sie voneinander unterscheidbar sind. Aus den optischen Gegebenheiten der Retina folgt, daß das Auflösungsvermögen des Systems dann überfordert ist, wenn sich zwei Reize so dicht beieinander befinden, daß nur ein Transduktor reagiert beziehungsweise daß die Antworten benachbarter Transduktoren als ein Peak erscheinen. Bei der Genauigkeit der räumlichen Lokalisierung geht es darum, wie gut die relative Position zweidimensionaler Formen ausfindig gemacht werden kann. Die Hyperakuität beim räumlichen Sehen weist auf eine Genauigkeit bei der Beurteilung der relativen Lage hin, die das Auflösungsvermögen des Systems übertrifft (Abbildung 4.50). Obwohl die Auflösung in der menschlichen Fovea ungefähr eine Bogenminute beträgt, können Menschen Lagediskrepanzen von nur wenigen Bogensekunden wahrnehmen.[23] Wie bei der Farbenwahrnehmung klingt das zwar ziemlich paradox. Man vermutet trotzdem, daß diese Fähigkeit von der Grobcodierung abhängig ist.

---

[23] Einen allgemeinen Überblick kann man sich bei Westheimer [757] verschaffen.

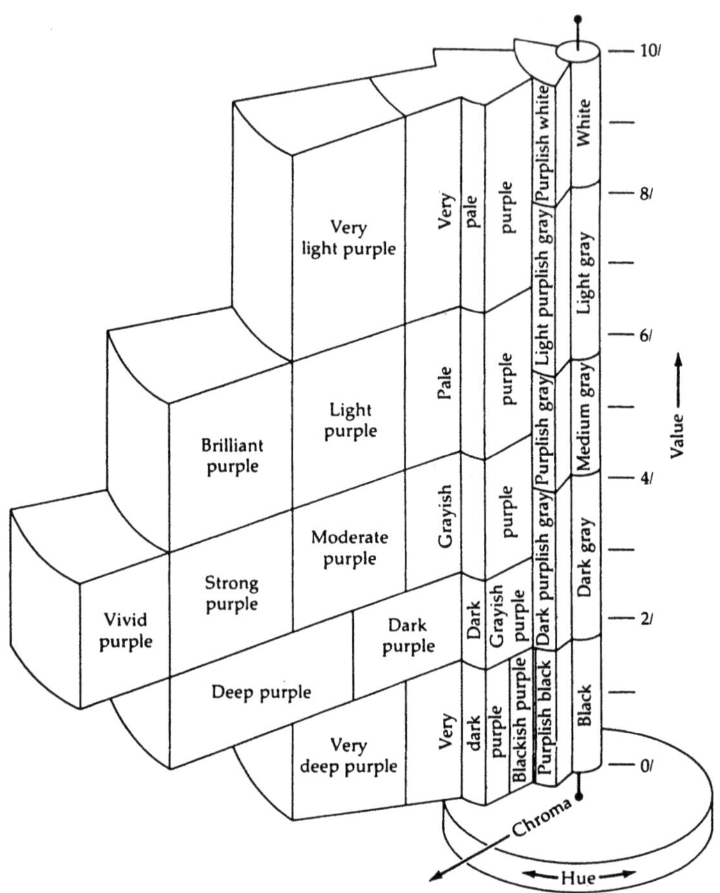

Abbildung 4.49   Wir betrachten einen Zustandsraum mit drei Dimensionen, innerhalb derer die Farben variieren können: (1) Chroma (Grad der Farbsättigung, wie z.B.
leuchtend, nicht–leuchtend, gedämpft, mittelmäßig); (2) Farbton (grün, blau etc.) und
(3) Farbwert (Grad der Helligkeit eines Farbtons). Die Farben können so in Gruppen
zusammengefaßt werden, daß jede Gruppe einen bestimmten Platz in diesem Raum einnimmt und daß die Form einer Kugel entsteht. Dieses Organisationsschema für Farben
wurde von A. Munsell in [528] entwickelt. Die Abbildung hier stellt ein Teilsegment
der Munsell–Kugel dar. Gezeigt werden die Relationen der vielen Purpurtöne zueinander; angefangen beim Farbton einer Schwertlilie bis hin zur fahlen Dunkelfärbung des
Himmels kurz nach Sonnenuntergang [350].

Wie ist das Entstehen der Hyperakuität durch Grobcodierung möglich? Angenommen, ein Reiz, sagen wir ein scharfkantiger Balken, wird präsentiert. Wir
betrachten die Menge der Transduktoren, die auf das Ende des Balkens reagiert.

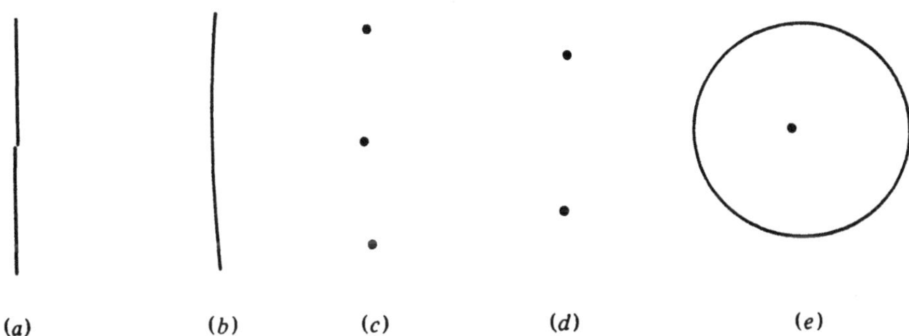

(a)   (b)   (c)   (d)   (e)

Abbildung 4.50   Beispiele, die zeigen, daß die Beurteilung der relativen Position viel genauer sein kann als die Trennung der Rezeptoren in der Fovea. Die Aufgaben lauten wie folgt: (a) Die beiden Hälften eines Verniers sollen aneinandergereiht werden. (b) Die Krümmung der Linie soll so berichtet werden, daß sie Null ergibt. (c) Die drei Punkte sollen in einer Reihe angeordnet werden. (d) Zwei Punkte sollen zu einer Geraden verbunden werden. (e) Der Punkt soll in die Mitte des Kreises gesetzt werden. Ein bequemes Maß für die Genauigkeit ist die Standardabweichung, die hier in allen Fällen weniger als 5 Bogensekunden betrug. In einigen Fällen hat es sich herausgestellt, daß die Aufgabe nahezu genauso gut bewältigt werden kann, wenn sich das Bild mit einer Geschwindigkeit von 3 Grad pro Minute über die Retina bewegt. (Aus [758].)

Jeder Transduktor reagiert auf die Intensität, die an seiner Stelle herrscht, wobei der Querschnitt den Bereich der Energieniveaus entlang des Reizes aufzeigt (Abbildung 4.51). Daraus läßt sich das erste Moment des Leistungsspektrums (vom Maximalwert senkrecht nach unten gehende Linie) berechnen. Will man Vergleiche anstellen, sind die Daten der ersten Momente zweier Leistungsspektren nötig. Antwortet also eine weitere Menge von Transduktoren auf einen benachbarten Balken, so verfügt diese Population in ähnlicher Weise über Information bezüglich des ersten Moments. Auf irgendeiner Stufe des Verarbeitungsprozesses werden die beiden Momente miteinander verglichen und daraus kann dann die relative Position der beiden Balken bestimmt werden. Wo und wie dies genau abläuft, ist noch nicht bekannt. Die in der Population, aber nicht in jedem einzelnen Transduktor verfügbare Information kann jedoch für experimentelle Hypothesen nützlich sein und trägt dazu bei, daß die vernierartige Hyperakuität nicht mehr ganz so rätselhaft erscheint.

Hyperakuität bei der Tiefenwahrnehmung

Nahe der Fixationsebene können Menschen winzige Tiefenunterschiede mit einer Genauigkeit unterscheiden, die typischerweise so um die 5 Bogensekunden beträgt.

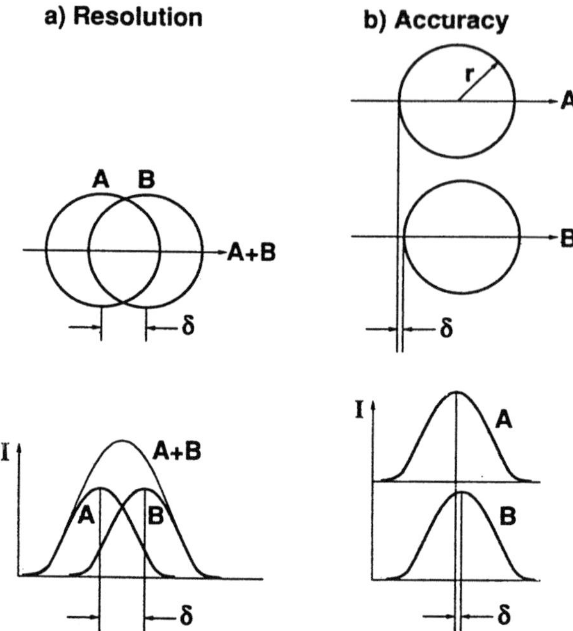

Abbildung 4.51   (a) Zwei auf die Retina auftreffende Lichtflecken können nicht aufgelöst und somit voneinander unterschieden werden, wenn ihr Abstand δ viel kleiner als ihr Radius r ist. Für den Fall, daß $\delta < r$ gilt, hat der Querschnitt der Intensität I über dem Bild nur einen Maximalwert (Peak) und folglich können die beiden Flecken nicht mehr aufgelöst werden. (b) Zwei auf die Retina auftreffende Lichtflecken können auch dann, wenn $\delta \ll r$ ist, sehr genau lokalisiert werden, vorausgesetzt, sie sind räumlich voneinander getrennt. Dann ist es möglich mittels der Ausgabe einer Population von Photorezeptoren die Mitte der Verteilung der Lichtintensität für beide Flecken genau anzugeben. Die Einschätzungen der Verschiebung — Vernierakuität — können so viel genauer als die Größe der Flecken sein. Die Auflösung des menschlichen Sehsystems beträgt ungefähr 35 Bogensekunden; die Vernierakuität liegt bei 4 Bogensekunden und bei besonders guten Beobachtern sogar noch darunter; die Fähigkeit zur Beurteilung von Tiefenunterschieden — Stereoakuität — kann besser als 2 Bogensekunden sein. (Nach einem persönlichen Gespräch mit Gerald Westheimer.)

Das ist jedoch 5o mal weniger als die Breite der schmalsten corticalen Disparationsabstimmkurve und sechsmal weniger als die Größe eines Photorezeptors. Mit zunehmendem Abstand von der Fixationsebene nimmt die Stereoakuität rapide ab. Die Disparationsabstimmkurve in Abbildung 4.52 gibt die kleinste noch unterscheidbare Änderung der Disparation[24] als Funktion des Abstands den das

---

[24]Dies wird im Englischen *pedestal disparity* genannt und bedeutet ungefähr so viel wie Basisdisparation.

Reizpaar von der Fixationsebene hat an. Es wird deutlich, daß nahe der Fixationsebene sogar ein zwischen dem Reizpaar bestehender Tiefenunterschied von nur 15 Bogensekunden erkannt werden kann. Ist das Reizpaar jedoch weiter entfernt, sagen wir, es befindet sich 10 Bogenminuten hinter der Fixationsebene, beträgt die kleinste noch unterscheidbare Änderung ungefähr 50 Bogensekunden usw. Kurven für Schwellenwerte bei Disparationszunahme wurden unter Verwendung vielfältiger Reize, einschließlich Linienmuster [756], Stereogrammen mit zufälliger Punkteverteilung [643] und Reizen mit unterschiedlichen Gaußverteilungen [41], erstellt. Die Ergebnisse waren ähnlich.

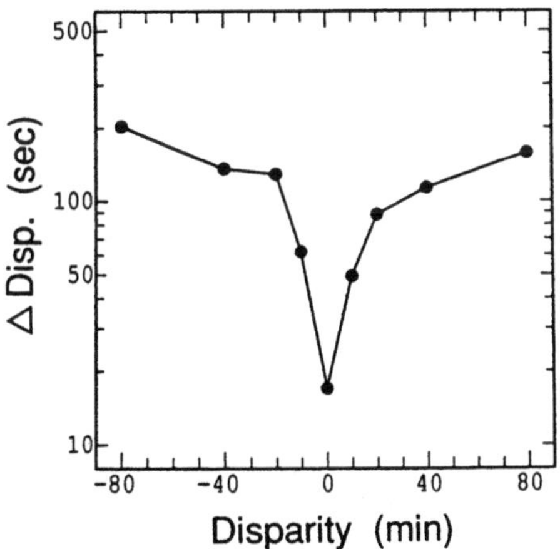

Abbildung 4.52   Psychophysische Disparationsdiskriminierungskurve. Die kleinste noch unterscheidbare Änderung der Disparation, Δ Disp., wird in Abhängigkeit von der pedestalen Disparation aufgetragen. Diese Daten verwendet man, um die Bedingungen für mögliche Codierungen der Disparation im Modell festzulegen. (Aus [41].)

Elektrophysiologische Studien zeigen, daß Zellen, die auf Reize in der Fixationsebene ansprechen ("abgestimmte" Zellen), eine schmale Abstimmkurve haben und daß die Abstimmkurven von Zellen, deren rezeptive Felder vor oder hinter der Fixationsebene liegen, proportional zur Entfernung des maximalen Disparationswertes von der Fixationsebene zunehmend breiter werden (siehe Abbildung 4.35). Wir wollen nun versuchen herauszufinden, wie es dem stereoskopischen System möglich ist, der Population von Transduktoren so viel Genauigkeit zu entnehmen. Dazu ist es wichtig, daß wir die Störgeräusche in den einzelnen Neuronen realistisch einschätzen können. Das Verhältnis von Signal zu Störgeräusch gibt an, wieviel Information im Durchschnitt von einem Neuron weitergeleitet wird. (Hier ist der durchschnittliche Wert relevant, da die Antwort eines Neurons auf genau den gleichen Reiz von Versuch zu Versuch ein wenig variieren kann.) Man hat herausgefunden, daß die Varianz der Störgeräusche bei vielen Neuronen proportional zur Stärke der Antwortreaktionen ist, und Aufzeichnungen zeigten, daß dies für Neuronen der Sehrinde bei Affen und Katzen zutrifft [76]. Wenn wir nun die neuronalen Abstimmkurven kennen, wenn uns die psychophysischen Daten bezüglich der Sensitivität zur Verfügung stehen und wenn wir die Störgeräusche in den Kanälen abschätzen können, ist es uns möglich, die Frage, wie übergenaue Information aus einer Population extrahiert wird, anzugehen.

Hinsichtlich der folgenden Frage könnten sich Modelle als hilfreich erweisen: Welche der physiologisch unterschiedlichen disparationssensitiven Zellen wären zur Bewältigung der übergenauen Tiefenwahrnehmung ausreichend? Wie wir schon an früherer Stelle gesehen haben, kommt das Farbensehen mit nur drei Klassen von Zapfen aus. Möglicherweise könnte auch eine Hyperakuität bei der Tiefenwahrnehmung mit Hilfe von nur drei Klassen disparationssensitiver Zellen erreicht werden. Beim Problem der Tiefenwahrnehmung handelt es sich also um eine Art Erweiterung der Fragen und Antworten, die schon bezüglich des Farbsehvermögens gestellt und beantwortet wurden. Dabei könnte ein Computermodell nützlicher als Berechnungen sein, da es mit seiner Hilfe auf effiziente und präzise Weise möglich ist, verschiedene Proben so lange zu testen, bis klar ist, welche Bedingungen erfüllt sein müssen, damit das Modell die menschliche Disparationssensitivitätskurve reproduzieren kann. Lehky und Sejnowski [431] gingen diesen Weg. Ihr Modell geht von der Annahme aus, daß das Korrespondenzproblem bereits gelöst wurde. Unter dieser Voraussetzung werden die oberen und unteren Grenzen bei der Anzahl und der Zusammensetzung der verschiedenen Abstimmkurven ermittelt, die für eine genaue Tiefenwahrnehmung nötig sind. Dabei wird die Leistungsfähigkeit an der Disparationssensitivitätskurve des Menschen gemessen.

Man hat herausgefunden, daß — im Gegensatz zur Farbenwahrnehmung — für eine genaue Wahrnehmung von Tiefe mehr als drei Neuronenklassen erforderlich sind. Geprüft wurde unter Minimalbedingungen, d.h. mit drei verschiedenen Abstimmkurven, nämlich mit: (1) nahen Einheiten, die am besten auf Reize ansprechen, die sich ungefähr 25 Bogenminuten vor der Fixationsebene befinden, (2) fernen Einheiten, die auf 25 Bogenminuten hinter der Fixationsebene befindliche Reize mit Maximalantwort reagieren und (3) Einheiten, die in der Fixationsebene am empfindlichsten sind. Mit diesen drei Abstimmkurven alleine erzielte man anstelle der gewünschten 5–10 Bogensekunden nur eine Empfindlichkeit von ungefähr 100 Bogensekunden. Die Disparationssensitivitätskurve hatte nicht die Form einer steilwandigen Schlucht, sondern war eher plump und abgerundet (Abbildung 4.53). Interessanterweise hat auch die Kurve für die spektrale Empfindlichkeit bei der Farbenwahrnehmung genau so eine abgerundete Form. Schritt für Schritt fügte man dem Modell weitere Zellklassen mit intermediären Abstimmkurven hinzu und bewertete dann die Leistungsfähigkeit. Die Leistung verbesserte sich mit jeder weiteren Abstimmkurve. Bei 17 Abstimmkurven brachte es das Modell auf beachtliche 10 Bogensekunden. Die Form der Benchmark-Kurve wurde dann am besten angenähert, wenn die Abstimmkurven gleichmäßig über den Bereich der Disparationen verteilt sind. Durch das Hinzufügen weiterer Klassen von Einheiten verbesserte sich die Fähigkeit zur Tiefenwahrnehmung immer mehr; bei einer Anzahl von 200 konnte das Modell schließlich Tiefenunterschiede von nur 1 Bogensekunde aufspüren. So genau ist die Sehschärfe (Akuität) der meisten Menschen allerdings nicht (Abbildung 4.54). Nach den Ergebnissen der Modelltests scheint für die Anzahl der unabhängigen Klassen von Abstimmkurven die untere Grenze bei ungefähr 20 und die obere Grenze bei zirka 200 zu liegen. Warum sollte das Farbensystem so sparsam mit Zelltypen umgehen, während diese beim Tiefensehen verhältnismäßig verschwenderisch eingesetzt werden? Ein möglicher Grund könnte der genetische Aufwand sein. Bei den Pigmentmolekülen muß jeder einzelne Typus genetisch spezifiziert werden [364], wohingegen man eine große Auswahl von Abstimmkurven durch stufenweise Veränderung der biophysikalischen und anatomischen Merkmale eines neuronalen Prototyps erhalten kann [431].

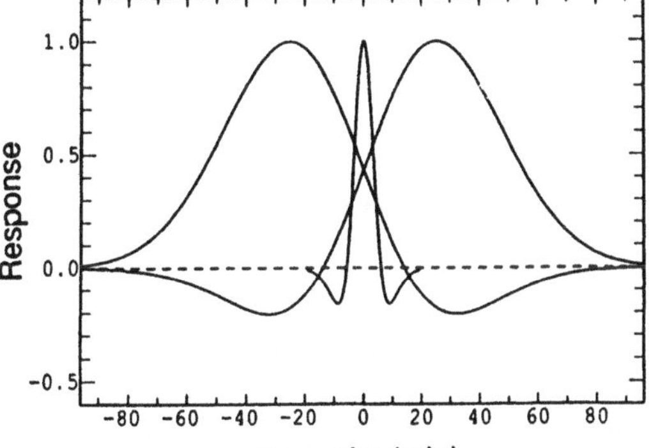

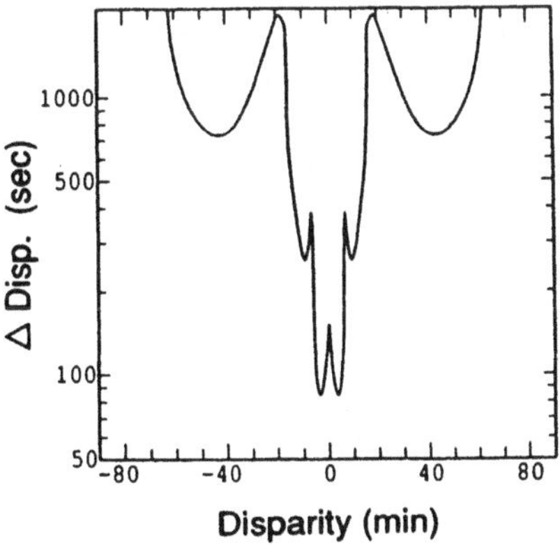

Abbildung 4.53   (a) Eine Population aus Einheiten zur Codierung von Disparation mit 3 Abstimmkurven. Diese entsprechen ungefähr den durchschnittlichen Merkmalen der von Poggio [577] beschriebenen nahen, fernen und abgestimmten (d.h., sich in der Fusionsebene befindlichen) Zellen. Die Disparationsdiskriminierung, die mit dieser begrenzten Population erreicht wird, ergibt nicht die psychophysische Kurve aus Abbildung 4.52. (b) Psychophysische Disparationsdiskriminierungskurve des Lehky–Sejnowski–Modells aus einer Population mit drei Abstimmkurven. Das zackige Erscheinungsbild kommt durch ungenügende Überlappung der Abstimmkurven zustande. Vergleiche Abbildung 4.52. (Nach [431].)

Bei genauerer Untersuchung bot das Modell einige Überraschungen. Erstens: Den größten Beitrag zur Diskriminierung von Tiefenunterschieden in der Nähe der Fixationsebene leisten Einheiten, die maximal auf Reize reagieren, welche beträchtlich weiter von der Fixationsebene entfernt sind. Dies erscheint zunächst seltsam, da man erwarten könnte, daß der größte Beitrag von Zellen geleistet wird,

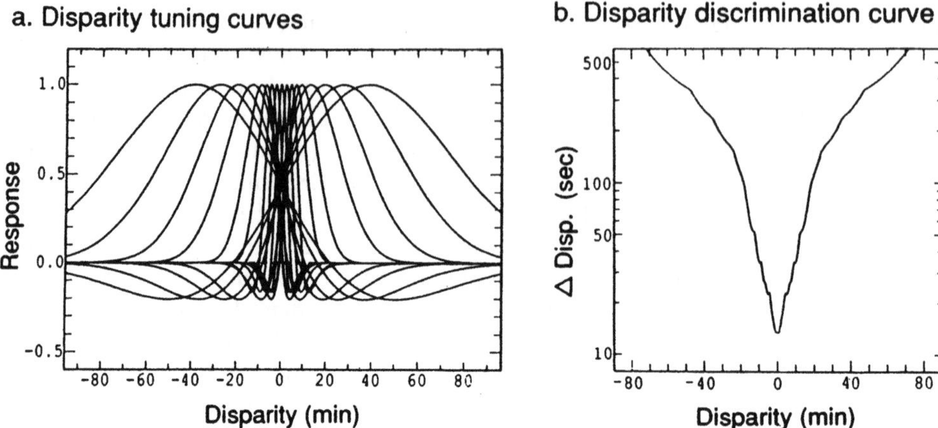

Abbildung 4.54   Für das Lehky–Sejnowski–Modell wurde eine Mindestgröße von 17 Einheiten bestimmt, die die Population haben muß, damit die Ausgabe mit der menschlichen Disparationsdiskriminierungskurve übereinstimmt. Bezogen auf eine Disparation von Null, werden die Abstimmkurven zu beiden Seiten hin immer breiter. So sind die nahen und fernen Kurven in der Nähe der Disparation von Null am steilsten. Da die Unterscheidungsfähigkeit vom Anstieg der Abstimmkurve abhängt, bewirkt diese Art von Organisation, daß bei Null am besten unterschieden werden kann. Diese Population vermittelt in groben Zügen einen Eindruck von der zur Codierung von Disparation nötigen Mindestgröße. (b) Vom Modell erzeugte Disparationsdiskriminierungskurve. Vergleiche mit den Abbildungen 4.52 und 4.53 (b). (Aus [431].)

die auf den Testreiz mit Maximalantwort reagieren. Die Erklärung dieser scheinbaren Ungereimtheit liegt darin, daß die Diskriminierung relativer Tiefenänderungen von den *Änderungen* der Impulsraten der Einheiten abhängig ist. Folglich ist der Anstieg — und nicht die Breite — der Abstimmkurve die entscheidende Variable. Nun wird die Population der Modelleinheiten — entsprechend der Population in V1 — zu jeweils ungefähr einem Drittel auf abgestimmte, nahe und ferne Zellen verteilt. Bei dieser Verteilung werden Reize, die sich vor oder hinter der Fixationsebene befinden, viel eher durch breit als durch eng abgestimmte Einheiten beantwortet. Folglich können die breit abgestimmten Einheiten ihren Beitrag zu einer genaueren Beurteilung von Tiefenänderungen leisten. Man prophezeit, daß diese Eigenschaft des Modells auch in Nervensystemen anzutreffen ist, was aber erst noch experimentell bewiesen werden muß. Thorpe und Pouget [715, 591] kamen zu damit in Zusammenhang stehenden psychophysischen Ergebnissen und zu analogen Modellergebnissen. Die Reize waren hier orientierte Linien, und die Aufgabe bestand darin, die Linie als eine beispielsweise 1°– Linie oder als eine −1°–Linie zu identifizieren. Entsprechend dem Lehky–Sejnowski–Modell lieferten Thorpe und Pouget den Beweis dafür, daß der *Anstieg* der Abstimmkurve ausschlaggebend für den Beitrag ist, den eine Einheit zur Leistung eines Netzes im

Hinblick auf eine möglichst feine Diskriminierung leistet.

Psychophysische Experimente zeigen, daß selbst wenn es überhaupt keine Tiefeninformation bezüglich räumlicher Punkte gibt, eine Fläche auch so gesehen werden kann, als würde sie sich in der Tiefe fortsetzen. Wir denken uns z.B. ein Stück Pappkarton, das an ein Telefon gelehnt ist, wobei sich aufgrund der Beleuchtungsverhältnisse ein Teil der Kante des Pappkartons nicht vom Hintergrund abhebt und folglich nicht sichtbar ist. Es muß also in einem leeren Raum interpoliert werden. Angesichts der uns zur Verfügung stehenden physiologischen und rechnerischen Gegebenheiten beschäftigt uns als nächstes die Frage, welche Konnektivität für diese beobachteten Interpolationen verantwortlich sein könnte. Wir erinnern uns daran, daß das Lehky–Sejnowski–Modell davon ausgeht, daß ein früheres Netz schon eine Fixationsebene gefunden hat. Die Aufgabe des Netzes besteht nun darin, die kleinen Lücken und freien Stellen zu überbrücken, um so eine kontinuierliche Grenzlinie zu schaffen, die sich über viele Tiefenebenen erstreckt.

Beim Lehky–Sejnowski–Modell gibt es laterale Verbindungen zwischen den verschiedenen Neuronegruppen, die jeweils auf ein ganz bestimmtes Maß an Disparation (d.h. auf bestimmte Tiefenlagen) maximal reagieren. Wie eine genaue Untersuchung erkennen läßt, sind die gegenseitig exzitatorisch wirkenden, lateralen Nahverbindungen zwischen Einheiten gleicher Disparationsabstimmung vortrefflich dazu in der Lage, Lücken aufzufüllen, und liefern die meisten der psychophysischen Daten mit Hilfe ganz natürlicher Mechanismen. Es sind dazu also keine zusätzlichen Mechanismen nötig. Werden die Diskontinuitäten in der Tiefe an einer Stelle zu groß, kann nicht interpoliert werden, da die Disparationsabstimmkurven zwischen den beiden Stellen, an denen die Informationen bezüglich der Disparation ankommen, nicht breit genug sind, um die Eingaben aus beiden Gruppen zu integrieren. Folglich findet also keine ausreichende Überlappung statt, um die dazwischenliegenden Zellen zu erregen und die Aktivität in der Hauptgruppe wird sich auf zwei voneinander getrennte Teilpopulationen beschränken. Genau dies wird auch angestrebt, da das Modell keine Grenzlinie zwischen zwei verschiedenen Objekten interpolieren soll. Wir wollen natürlich nicht, daß das Sehsystem oder das Modell eine Grenzlinie zwischen zwei *voneinander getrennten* Papierbögen zieht, die untereinander in einer Linie auf einer Tischplatte liegen. Es konnte noch nicht festgelegt werden, ob die Interpolation des Netzes linear sein muß, oder ob auch gekrümmte Interpolationen möglich sind. Bemerkenswert ist, daß die zur Durchführung der Interpolationen notwendigen Berechnungen nicht vorwärtsgerichtet, sondern rekurrent sind. Vor allem sollte man zur Kenntnis nehmen, daß dieses Modell zur Lokalisierung des Reizes im Raum die *räumliche Codierung* und für die Disparation an dieser bestimmten Stelle die *Vektorcodierung* verwendet.

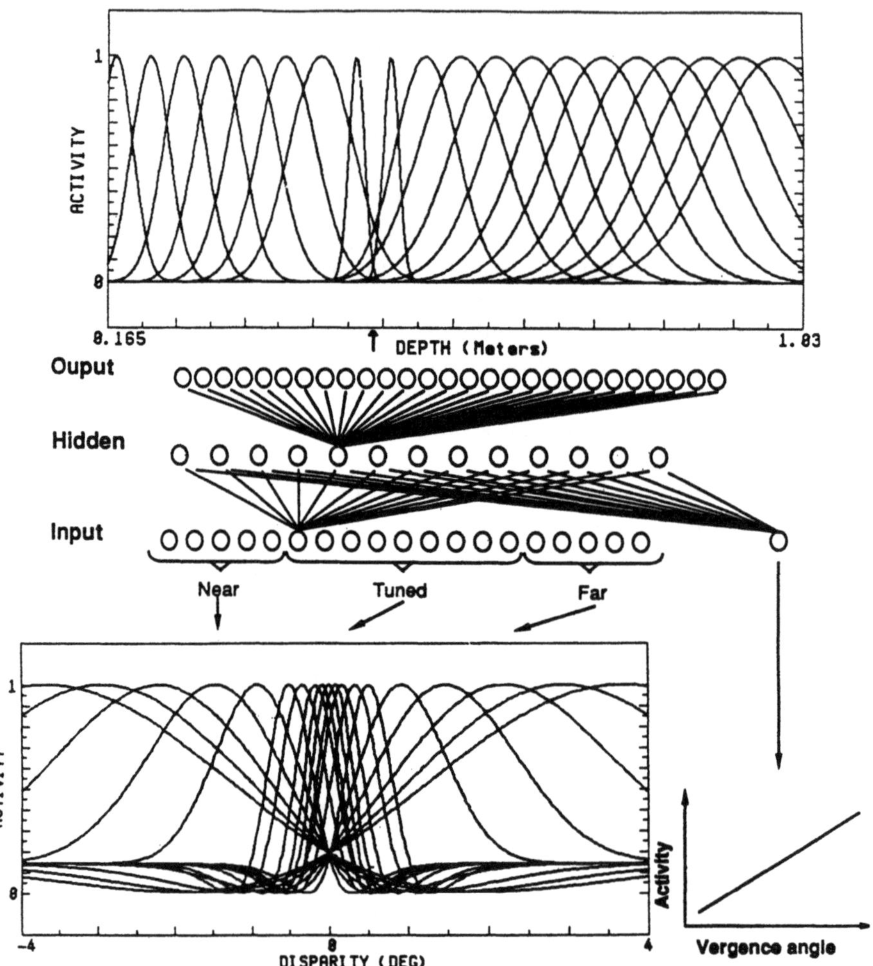

Abbildung 4.55   Architektur eines Netzes, das unter Verwendung von Disparation und Vergenz die Tiefe einschätzen kann. Die Eingabeebene hat eine Einheit, in der die Vergenz des Auges linear codiert wird (unten rechts) und eine Menge von Einheiten, die Disparation mit Hilfe von verteilter Repräsentation codieren (unten links). Die Transformation zwischen der Eingabe und der Ausgabe erfolgt über eine Reihe von internen Einheiten (hidden units). Die Ausgabeebene ist so trainiert, daß sie die Entfernung nach der verteilten Methode codiert (oben). Nach dem Training war die Abstimmkurve für jede Ausgabeeinheit eine Gauß–Verteilung der Tiefe, deren Maximum spezifisch für jede Einheit war. Die Bandbreite der Kurven vergrößerte sich mit zunehmender Tiefe; ausgenommen davon war der Bereich um den Fixationspunkt, wo die Kurven schmaler wurden. Mit Hilfe dieser beiden Arten der Bandbreitenmodulation kann eine Tiefeneinschätzung erzeugt werden, deren relative Genauigkeit ähnlich derjenigen von Menschen ist. (Nach Alexandre Pouget.)

Vergenz und Beurteilung von absoluter Tiefe

Haben sich die Augen erst einmal auf eine bestimmte Tiefenebene eingestellt, kann die relative Tiefe von Objekten rasch und effizient abgeschätzt werden. Könnte die Vergenz auch bei der Beurteilung der *absoluten* Tiefe, d.h. bei der Einschätzung des Abstands zwischen der eigenen Person als Betrachter und dem betrachteten Objekt, eine Rolle spielen? Will ein Tier hüpfen, Dinge erreichen, greifen und werfen, dann ist es wichtig, daß es die Tiefe der Objekte richtig einschätzen kann. Die psychophysischen Daten weisen darauf hin, daß Menschen selbst dann, wenn es keine monokularen Hinweise auf die egozentrische Tiefe gibt (das wäre z.B. die Größe eines Objekts), exakt nach in der Tiefe befindlichen Objekten greifen können. Tatsächlich scheint die Änderung des Vergenzwinkels bei der Beurteilung, ob es sich bei einem kleinen Bild um ein großes, aber weit entferntes Objekt, oder um ein kleines, nahes Objekt handelt, eine wichtige Rolle zu spielen [142].[25] Wie könnte das Nervensystem die egozentrische Tiefe mit Hilfe des Vergenzwinkels beurteilen?

Einige Neuronen, die auf die Sehrinde projizieren, sind auf Vergenzwinkel abgestimmt und, wie wir schon an früherer Stelle gesehen haben, gibt es im Cortex Neuronen, die auf die Fusionsebene oder auf Entfernungen vor bzw. hinter der Fusionsebene abgestimmt sind. Vielleicht ist es möglich, diese beiden Informationen zu kombinieren, um so — wenn auch nur grobe — Repräsentationen der egozentrischen Tiefe zu erhalten, die sich richtungsweisend auf das Verhalten auswirken. Pouget und Sejnowski [590][26] probierten diese Möglichkeit an einem Netz aus, dessen Eingabe aus diesen beiden verschiedenartigen Informationen bestand: aus dem Vergenzwinkel (einem absoluten Wert) und aus der Disparation im Bild (ein Wert, der relativ zu Fusionsebene ist) (Abbildung 4.55). Die Eingabe für die Disparationseinheiten entstammte dem Lehky–Sejnowski–Modell und umfaßte folglich einen ganzen Bereich von Einheiten mit mehreren breiten und schmalen Abstimmkurven. Das Netz wurde mit Hilfe von Rückpropagierung darauf trainiert, die egozentrische Tiefe an den Ausgabeeinheiten zu spezifizieren. Nach dem Training zeigten die Ausgabeneuronen verschieden breite Abstimmkurven. Dadurch wird deutlich, daß es möglich ist, diese beiden verschiedenartigen Informationen — also Augenwinkel und Disparation — miteinander zu kombinieren,

---

[25]Zusätzlich zu der bisher diskutierten horizontalen Disparation, gibt es auch eine vertikale Disparation. So ist z.B. die rechte vertikale Kante einer sich in einer gegebenen Ebene in vertikaler Stellung befindlichen Buchseite weiter vom linken Auge entfernt als vom rechten; für die linke vertikale Kante gilt der umgekehrte Fall. Folglich werden im Gehirn zwei Bilder, die geringfügige Höhenunterschiede aufweisen, als eine Kante verschmolzen. Je weiter entfernt sich ein Objekt befindet, desto kleiner wird die vertikale Disparation. Man kann auf mathematischem Wege zeigen, daß sich die egozentrische Position eines Objekts aus der vertikalen und der horizontalen Disparation herleiten läßt [489]. So wie es aussieht, spielt die Information über vertikale Disparation jedoch bei der Berechung des egozentrischen Abstands im Gehirn, wenn überhaupt, nur eine geringe Rolle.

[26]Weitere Details sind bei Lehky, Pouget und Sejnowski (in Druck) zu finden.

um so die egozentrische Tiefe zu repräsentieren. Darüberhinaus erinnert uns dieses Beispiel daran, daß Repräsentationen in ein und derselben Zelle verschiedenen Zwecken dienen können, z.B. der Berechnung der relativen Tiefe von betrachteten Objekten und der Berechnung der absoluten Tiefe, die ein Objekt zum Betrachter hat.

Bei einer genauen Untersuchung des Netzes kam eine interessante Eigenschaft zum Vorschein. Die internen Einheiten hatten die gleiche Art von Disparationsselektivität übernommen, die in die Eingabedisparationseinheiten eingegeben wurde, nur mit dem Unterschied, daß die Amplitude ihrer Antworten durch die Vergenz vorgegeben war. Mit anderen Worten: Sie hatten sich Änderungsfelder (engl. gain fields) angeeignet, d.h. die Änderung in der Antwortreaktion einer Einheit war abhängig vom Winkel des Augapfels (Abbildung 4.56). Das physiologische Gegenexperiment dazu wurde von Trotter et.al. (persönliche Mitteilung) im Bereich V1 und von Gnadt (persönliche Mitteilung) im Bereich des lateralen inferoparietalen Cortex durchgeführt. In Aufzeichnungen aus Zellen der Sehrinde fanden sie auf Disparation abgestimmte Zellen, bei denen die Änderung in Abhängigkeit von der Vergenz erfolgte, und zwar genau so, wie es aufgrund des Modells zu erwarten war. Die Entdeckung von Einheiten, die die Eigenschaften von Änderungsfeldern aufweisen, ist noch aus einem weiteren Grund interessant, und zwar deshalb, weil sie einen Bezug zu Ergebnissen ähnlicher Berechnungen, die von Zipser und Andersen [787] durchgeführt wurden, herstellt. Deren Netz berechnet die 2–D Koordinaten eines Objekts im egozentrischen Raum aufgrund zweier Eingabedaten: der Position des Stimulus auf der Retina und der Position der Augäpfel in Relation zum Kopf. Es zeigte sich, daß auch die internen Einheiten dieses Modells über Änderungsfelder verfügten, d.h. daß die Amplitude der Antwort von der Stellung der Augäpfel abhängig war. Mit Hilfe von Aufzeichnungen aus Zellen des Bereichs 7a im Parietalcortex des Makaken entdeckten Andersen und seine Mitarbeiter [26], daß Zellen, die selektiv auf räumliche Lokalisierung reagieren, ebenfalls Änderungsfelder aufweisen. Die Präsenz von Änderungsfeldern in Netzwerken, die diese beiden Probleme bei der räumlichen Repräsentation bewältigen, ist ziemlich auffallend. Dies deutet darauf hin, daß der Trick mit den Änderungsfeldern weitverbreitet Anwendung finden könnte, und zwar dann, wenn Nervensysteme Repräsentationen hinsichtlich der Lage im objektiven Raum aus subjektiven Repräsentationen des Ortes der Reizeinwirkung am Körper und aus Repräsentationen der Lage eines beweglichen Körperteils erzeugen müssen.

4.11 Vektormittelung

In diesem Kapitel geht es hauptsächlich um die Natur von Repräsentationen in sensorischen Systemen, genauer gesagt, im Sehsystem. Bei der sensorischen Repräsentation allgemein, vor allem aber bei hyperakuten Repräsentationen wird immer die Leistungsstärke und Vielseitigkeit der Populationscodierung (verteilte

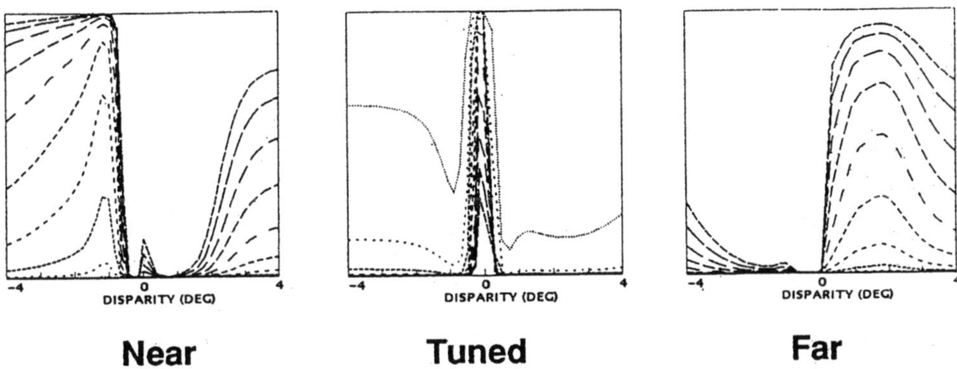

Abbildung 4.56   Drei interne Einheiten, die verdeutlichen, daß die Änderungsfelder von der Vergenz ahängig sind. Die internen Einheiten bekommen von den Eingabeeinheiten die Information über Disparation und Vergenz. Die Analyse ihrer Aktivierung ergibt, daß sie weder auf Disparation noch auf Entfernung abgestimmt sind. Was sie repräsentieren, liegt irgendwo zwischen Disparation und Entfernung. Solch eine intermediäre Repräsentation wird jedoch nicht extra benannt. Obwohl der Maximalwert der Antwortreaktion stets beim gleichen Disparationswert auftritt, zeigen die Einheiten bei jeder der zehn verschiedenen Vergenzen eine Änderung in der Amplitude der Antwortreaktion. (Nach Alexandre Pouget.)

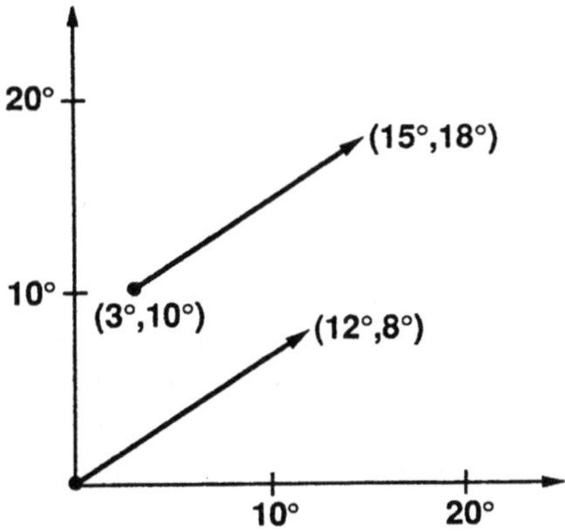

Abbildung 4.57   Vektormittelung im oberen Colliculus. Welchen Beitrag eine Zelle zur Bewegung des Augapfels leistet, hängt von der Position ab, in der sich der Augapfel zum Zeitpunkt der Zellstimulation befindet.

Repräsentation) betont. Bevor dieses Kapitel zu Ende ist, wollen wir schnell noch einmal wiederholen, daß das Nervensystem nicht auf eine einzige Codierungsart

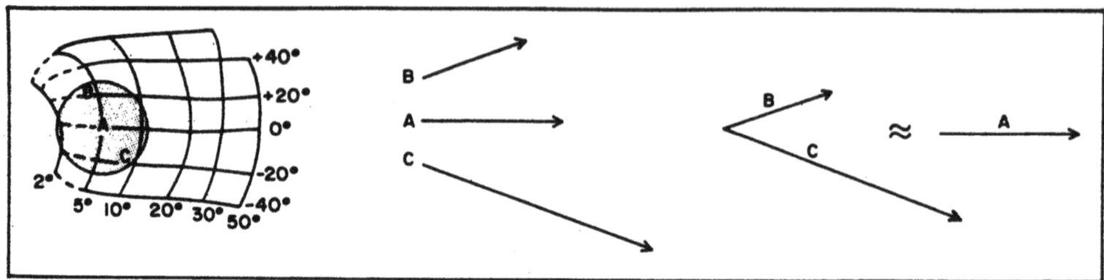

Abbildung 4.58　　Das Schema der Populationsmittelung nach Sparks und seinen Mitarbeitern [104]. (links) Diagramm der motorischen Karte des linken oberen Colliculus (SC). Die Linien mit gleicher Amplitude (von 2° bis 50°) verlaufen von der lateralen Kante bis zur medialen Partie des SC. Die Linien gleicher Richtung (von −40° bis +40°) verlaufen in perpendikularer Richtung (senkrecht). Der gestrichelte Bereich stellt den hypothetischen Bereich der Zellen dar, die aktiv waren, bevor auf ein um 5° rechts vom Fixationsreiz liegendes Ziel sakkadiert wurde. (Mitte) In der Mitte der aktiven Population liegende Neuronen A (hier als ein motorischer Vektor dargestellt) vereinigen sich mit Vektoren der anderen Zellen B und C. (rechts) Diese Vektoren werden durch die Aktivität der Population gewichtet, so daß sich für die Neuronen an den Punkten B und C die gleiche Bewegung ergibt, die der Aktivität im Zentrum der aktiven Population entspricht, nämlich A. (Nach [104]. Nachdruck erfolgte mit Erlaubnis von *Nature* 332: 357–360. Copyright ©1989 Macmillan Magazines Ltd.)

festgelegt ist, daß jedoch an verschiedenen Stellen und zu verschiedenen Zwecken die eine oder die andere Strategie bevorzugt werden kann. Die Codierung durch *Vektormittelung*, um nur eine der zusätzlichen Strategien näher zu betrachten, wurde für mehrere Teile des Nervensystems nachgewiesen, von denen der obere Colliculus und die motorische Rinde besonders bemerkenswert sind.

Damit der Unterschied zwischen Vektormittelung und Populationscodierung deutlich wird, erinnern wir uns daran, daß der entscheidende Parameter beim Farbensehen die Wellenlänge, also eine eindimensionale Variable, ist und daß ein Farbton einem aus drei Elementen bestehendem Aktivitätsvektor im Antwortraum der Zapfen entspricht. Die Farbe wird in Form eines Aktivitätsvektors aus drei Elementen repräsentiert, wobei der Vektor nicht auf ein Element reduziert werden kann. Das aus drei Elementen bestehende Aktivitätsmuster ist so einfach wie die Repräsentation nur sein kann. Das Modell zum Aufspüren von Tiefenänderungen repräsentiert einen weiteren eindimensionalen Parameter, nämlich die Disparation, in einem vieldimensionalen (wahrscheinlich mehrere hundert Dimensionen umfassenden) Aktivitätsraum der Einheiten. Auch hier wird der aus n Elementen bestehende Aktivitätsvektor nicht auf ein Element reduziert; er ist so einfach wie die Repräsentation der Tiefenänderung nur sein kann. Im Gegensatz dazu wird bei der "Mittelungsmethode" die Dimensionalität einer Repräsentation durch Zusammenfassen der Vektorkomponenten reduziert und führt so zu einer einzigen Repräsentation der Richtung im relevanten Zustandsraum. Das ist vor allem dann sinnvoll, wenn die Ausgabe — z.B. in Form einer motorischen Entscheidung — einheitlich und nicht als Konglomerat erscheinen soll. Wir können einen Ton hören oder die Farbe Gelb sehen, aber die Augen können sich nicht gleichzeitig bei $(3, 10)$ und $(0, 0)$ befinden.

Ein Ort, an dem wir Vektormittelung vorfinden, ist der obere Colliculus (abgekürzt SC, nach dem Englischen *superior colliculus*). Hierbei handelt es sich um eine aus mehreren Ebenen bestehende Struktur, auf deren untersten Ebene sich eine motorische Karte befindet (siehe Abbildung 3.8). Wie Sparks und seine Mitarbeiter entdeckt haben, ist diese Ebene nicht absolut, sondern relativ zur momentanen Position der Augen kartiert [104]. Diese Karte zeigt den Augäpfeln in etwa an, wo von ihrer momentanen Position aus als nächstes fokussiert werden soll. Um dies zu verstehen, denken wir uns die beiden folgenden Bedingungen: (a) Die Fovea befindet sich momentan im Augapfelraum in einer speziellen Position, sagen wir, sie ist bei $(0°, 0°)$; die Augen sind geradeaus gerichtet. Die Augäpfel werden sich dann in eine neue Stellung im Augapfelraum bewegen, z.B. nach $(12°, 8°)$, wenn ein spezieller Bereich des SC stimuliert wird oder wenn wir bei $(12°, 8°)$ ein Licht aufblitzen lassen. Nun stellen wir uns die zweite Situation vor: (b) Die Anfangsposition des Augapfels liegt bei $(3°, 10°)$ und wir stimulieren *genau den gleichen* Bereich in SC wie in (a). Die Endposition des Augapfels wird dann nicht $(12°, 8°)$ sein, sondern irgendwo anders, z.B. bei $(3°, 10°) + (12°, 8°) = (15°, 18°)$ liegen. Die Endposition ist also die Vektorsumme aus der augenblicklichen Position des Augapfels plus dem SC–Stimulationsvektor — der in diesem Beispiel $(12°, 8°)$ war (Abbildung 4.57).

Die Vektormittelung im SC dient also im wesentlichen dazu, die richtige Stellung zu spezifizieren, in die sich die Augäpfel bewegen sollen[27] (siehe Abbildung 4.58). Die Augenbewegung kann nur in eine Richtung gleichzeitig erfolgen, und deshalb ist es sinnvoll, daß das Netz aus den Beiträgen der zahlreichen Vektoren den Mittelwert bildet, um so einen einzigen Wert für die Richtung zu bekommen (wobei die Größe nicht berücksichtigt wird). Unter normalen Bedingungen sind an dem Vektor mehrere tausend Neuronen eines ziemlich großen Bereichs im SC beteiligt; dabei wird der jeweilige Beitrag durch die relative Lage des Neurons auf der Karte bestimmt, und die Gewichtung erfolgt durch das Ausmaß seiner Aktivität. Die endgültige Bewegungsrichtung und die Position, in der die Augäpfel schließlich verharren, hängen von allen Neuronen der Gruppe ab, die einen Beitrag unterschiedlich starker Aktivität leisten. Um diese Hypothese zu überprüfen, wird eine kleine Gruppe von Neuronen im SC geschädigt, und dann wird die Endposition der Augäpfel gemessen, nachdem Foveation auf die Stelle mit dem

---

[27]Einen Überblick zu diesem Punkt findet man in [494] Im Gegensatz zu uns verwendet er an Stelle von Vektormittelung den Begriff "Populationsmittelung".

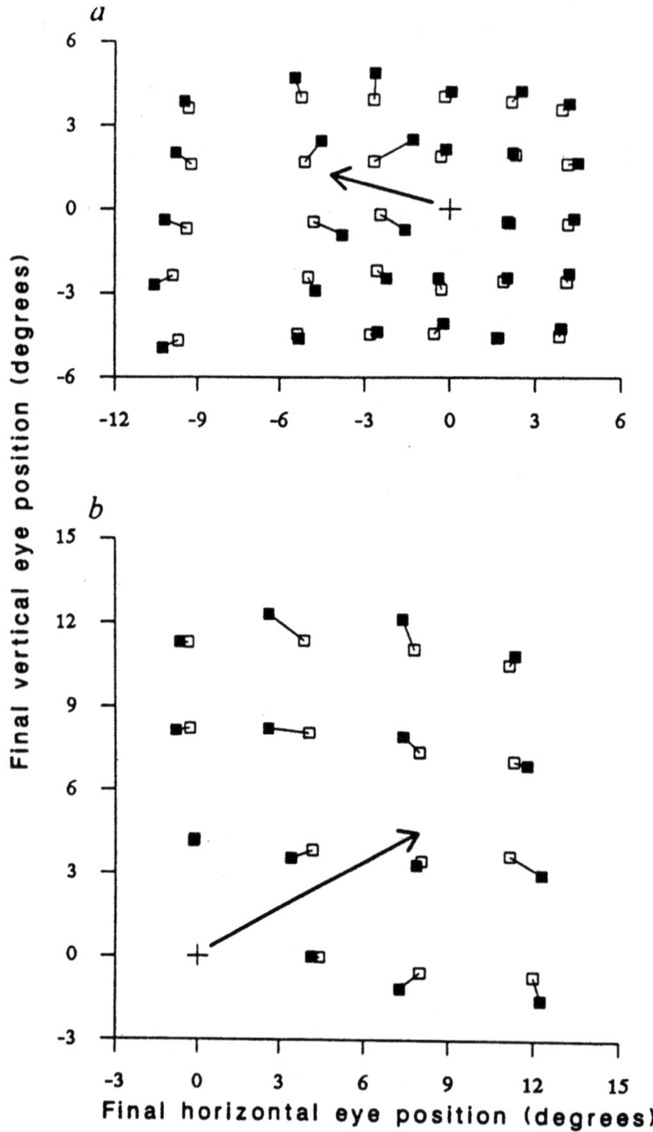

Abbildung 4.59 Die Auswirkungen auf die Amplitude und auf die Richtung bei visuellen Sakkaden auf ein Zielobjekt, wenn ein einzelner Bereich des oberen Colliculus (SC) durch Einwirkung von Lidocain geschädigt wird, um damit Neuronen im SC selektiv zu inaktivieren. Die Achsen repräsentieren die horizontalen und vertikalen Endpunkte der visuell gesteuerten Sakkaden. + zeigt die Lage des Fixationsobjekts an. Eine elektrische Reizung führte dazu, daß sich die Augen auf die durch eine Pfeilspitze gekennzeichnete Stelle richteten. Die *hellen Quadrate* repräsentieren die durchschnittlichen Endpunkte

Blitzlicht stattgefunden hat. Die Position solllte dann erwartungsgemäß um einen bestimmten Betrag abweichen, der den fehlenden Beitrag der geschädigten Neuronen widerspiegelt. Genau dies läßt sich im Experiment mit einer durch Lidocain erzeugten Schädigung nachweisen (Abbildung 4.59).

Die Bewegungscodierung durch Vektormittelung wird scheinbar auch in der motorischen Rinde des Affen dazu verwendet, die Richtung der Hand- und Armbewegungen im 3-D Raum zu kontrollieren. Georgopoulos und seine Mitarbeiter [261] fanden in der motorischen Rinde individuelle Neuronen, die vor Ausführung der Armbewegung reagierten und deren Impulsrate mit der tatsächlichen Richtung der nachfolgenden Hand- und Armbewegung übereinstimmte, d.h. die Neuronen feuerten bei ihrer bevorzugten Richtung im 3-D Raum des Armes maximal, und die Impulsrate nahm mit dem Kosinus des Winkels zwischen der tatsächlichen und der bevorzugten Richtung ab. Wenn sich also der Arm des Affen in eine bestimmte Richtung bewegt, feuert eine große Population von Zellen mit unterschiedlichen Impulsraten. Diese Impulsraten sind davon abhängig, wie weit sich der Arm in die bevorzugte Richtung der jeweiligen Einzelzelle bewegt. Damit die Anzahl der Dimensionen im Aktivitätsraum verringert wird und damit sich genau ein Kommando für die Bewegung in eine Richtung mit einer bestimmten Geschwindigkeit ergibt, ist hier wahrscheinlich Vektormittelung im Spiel. Georgopoulos zeigte, daß anhand von Aufzeichnungen der Antworten mehrerer hundert Neuronen und durch Berechnung des Vektordurchschnitts die Richtung der vom Tier ausgeführten Armbewegung tatsächlich genau vorhergesagt werden kann. Eine Frage konnte jedoch noch nicht beantwortet werden, und zwar, ob es hier, so wie es bei *Eigenmannia* der Fall war, eine Population lokal codierter Neuronen gibt.

Die Mittelungsmethode eignet sich nicht für ein Modell, das Tiefenänderungen erkennen soll, da sie für jedes Aktivitätsmuster nur eine einzige Disparation festlegt. Das Aufspüren von Tiefenänderungen erfordert jedoch eine Methode, die viele Werte für ein einziges Reizmuster zuläßt. Wie wir schon an früherer Stelle gesehen haben, verleiht die Populationscodierung dem Modell die Fähigkeit, über Diskontinuitäten hinweg zu interpolieren, und auch bei der Bewältigung des Screen-Door-Problems könnte sie von Bedeutung sein. Für diese Zwecke sind höhere Dimensionalitäten, wie sie durch Zuweisung in einem Aktivitätsspektrum

der visuell gesteuerten sakkadierten (ruckartigen) Augenbewegungen auf jedes Zielobjekt vor der Inaktivierung. Die *dunklen Quadrate* repräsentieren die durchschnittlichen Endpunkte der Sakkaden auf das gleiche Ziel nach der Inaktivierung. Die Verbindungslinien zwischen den hellen und den dunklen Quadraten repräsentieren den durch die Inaktivierung von Teilen der aktiven Population herbeigeführten durchschnittlichen Fehler. (a) Auswirkungen, wenn die Injektionsstelle im linken SC lag und die "besten Sakkaden" nach oben links erfolgten. (b) Auswirkungen, wenn die Injektionsstelle im linken SC lag und die "besten Sakkaden" nach oben rechts erfolgten. (Nach [104]. Nachdruck erfolgte mit Erlaubnis von *Nature* 332: 357–360. Copyright ©1989 Macmillan Magazines Ltd.)

ermöglicht werden, geeigneter als nur eine einzige Dimension. Mehrdimensionale
Repräsentationen sind auch beim Multiplexing mehrerer Parameter (wie Tiefe,
Farbe, Bewegung usw.) in einer einzigen Population besser geeignet [432].

4.12   Schlußbemerkungen

An früherer Stelle haben wir zwischen gegenwärtigen (bewußten) Repräsentationen und gespeicherten (unbewußten) Repräsentationen unterschieden, wobei die
letzteren für den späteren Gebrauch gespeichert werden. In diesem Kapitel ging
es uns hauptsächlich um die gegenwärtigen Repräsentationen, während wir die
gespeicherten Repräsentationen im folgenden Kapitel behandeln werden. Wir bedauern, daß hierbei meistens nur das Sehvermögen eine wichtige Rolle gespielt
hat. Die Erforschung des Hörsystems, besonders am Beispiel der Schleiereule und
der Fledermaus, war enorm aufschlußreich und die daraus resultierenden Daten
haben, ganz abgesehen davon, daß sie allein schon faszinierend sind, auch hinsichtlich einer allgemeinen Theorie über Repräsentation in Nervensystemen große
Bedeutung. Dieses Kapitel hat jedoch die beabsichtigte Länge schon überschritten und — so sehr wir dies auch bedauern — wir müssen wir uns nun weiteren
Fragen zuwenden: Wie werden die Repräsentationen gelernt, gespeichert und zum
gegenwärtigen Gebrauch abgerufen?

Ausgewählte Literatur

[36] [88] [135] [171] [254] [295] [317] [342] [408] [480] [484] [199]

5 Plastizität: Zellen, Schaltkreise, Gehirne und Verhalten

5.1 Einführung

Gehirne verändern und adaptieren sich fortwährend. Eigentlich können alle Gehirnfunktionen, einschließlich der Wahrnehmung, der motorischen Kontrolle, der Wärmeregulation und des Denkens, aufgrund von Erfahrung modifiziert werden. Dabei ist die Topographie dieser Modifikationen nicht willkürlich, sondern entsteht planmäßig. Die Integration der Modifikationen scheint nicht endgültig und auf immer und ewig festgelegt zu sein. Vielmehr handelt es sich um einen andauernden Prozeß, der praktisch nie abgeschlossen ist. Die Modifikationen unterliegen hinsichtlich der Gehirnfunktionen, der genetischen Ausstattung und der Entwicklung noch unbekannten Gesetzmäßigkeiten, die je nach Alter, Geschlecht, bisher gemachten Erfahrungen und Art einer Läsion variieren. Im Verhaltensrepertoire eines Tieres kann man verschiedene Stufen der Plastizität beobachten: schnelle und einfache Veränderungen, länger andauernde und langsame, dafür aber vielleicht tiefgreifendere Modifikationen sowie einen noch permanenteren, aber trotzdem veränderbaren "semi–konstanten" Bereich, der sozusagen gewährleistet, daß die "Persönlichkeit" erhalten bleibt.

In den Kapiteln 3 und 4 haben wir die Kapazitäten und die Architektur von künstlichen neuronalen Netzen untersucht. Wir haben dabei auf die Leistungsfähigkeit assoziativer Netze hingewiesen, die dazu in der Lage sind, anhand von Beispielen zu lernen. Mit Hilfe eines Algorithmus können Fehler korrigiert und folglich synapsenähnliche Gewichte modifiziert werden, wodurch sich das Netz im Gewichteraum allmählich zu einem Punkt hinbewegt, an dem die Fehler minimal sind und an dem die Antworten des Netzes besser mit der Realität übereinstimmen. Diese Modelle liefern wichtige Anregungen für die Erforschung des Lernens in wirklichen Nervensystemen, da letztendlich der Kernpunkt des Problems darin besteht, daß erklärt werden muß, wie *globale* Änderungen in der Ausgabe des Gehirns aufgrund planmäßig durchgeführter *lokaler* Änderungen in individuellen Zellen zustande kommen. Das heißt, daß wir nun herausfinden wollen, wie das Lernvermögen — eine globale Eigenschaft — durch neuronale Plastizität — eine lokale Eigenschaft — entstehen kann. Grundsätzlich muß folgendes Rätsel gelöst werden: Welche kausalen Interaktionen auf zellulärer Ebene bilden die Grundlage für adaptive Interaktionen zwischen dem Organismus und der Außenwelt?

Wir haben gesehen, wie künstliche Netze lernen. Wollen wir feststellen, ob diese rechnerischen Vorstellungen bei der Entdeckung der strukturellen Grundlagen und Funktionsprinzipien der Plastizität in neuronalen Systemen von Nutzen sind, dann müssen wir uns nun den physikalischen Mechanismen in Nervensystemen zuwenden. Die informationsrelevanten Änderungen auf zellulärer Ebene müssen irgendwie so angeordnet sein — und zwar gilt dies auch für Zellen, die nicht direkt miteinander verbunden sind — daß eine insgesamt einheitliche Ausgabe des Systems möglich ist. Das beim Gedächtnis auftretende Dilemma zwischen lokal und global ist nur Teil des folgenden, noch umfassenderen Problems: Wie erhält man aus einfachen Bestandteilen ein hochentwickeltes System? Das bedeutet: Ein System kann auch dann als Ganzes anpassungsfähig und intelligent reagieren, wenn seine Bestandteile an sich nicht intelligent sind. Das ist das Hauptgeheimnis der Intelligenz — und dabei spielt es keine Rolle, ob das intelligente System aus Protoplasma, aus Silikon oder aus sonst irgendeinem Material besteht. In Kapitel 3 haben wir schon erwähnt, daß das Lernen in künstlichen neuronalen Netzen deshalb für die Neurowissenschaften von Bedeutung ist, weil es eine Reihe von Möglichkeiten aufzeigt, wie der Übergang von lokal zu global und von dumm zu intelligent durchgeführt werden könnte.

Die Plastizität auf der Verhaltensebene wurde von Experimentalpsychologen und Neuropsychologen eingehend untersucht. Alles, was wir über die Mannigfaltigkeit, die Sensitivität und den Charakter des Lernvermögens wissen, verdanken wir diesen Arbeiten. Obwohl bedeutende Fortschritte erzielt wurden, werfen die Forschungsarbeiten noch unzählig viele wichtige Fragen auf. Wissenschaftler sind dabei, die diachronischen Eigenschaften der Verhaltensplastizität, die äußeren Bedingungen, durch die Lernen und Erinnerung beeinflußt werden, die Bedeutung von Aufmerksamkeit, Bewußtsein und Alter, ebenso wie den Einfluß von Läsionen und pharmakologisch wirksamen Mitteln zu untersuchen.

Im Laufe dieser Forschungsarbeiten wurden mehrere Einteilungen in Kategorien vorgeschlagen, denen man scheinbar verschiedene plastische Eigenschaften zuordnen kann. Zu diesen in der Literatur zitierten Hauptkategorien zählen (in beliebiger Reihenfolge): die klassische Konditionierung, die operationale Konditionierung, (Lernen am Erfolg) das Kurzzeitgedächtnis, das ikonische Gedächtnis (iconic memory), das Arbeitsgedächtnis (working memory), das Langzeitgedächtnis, das unzugängliche Gedächtnis (remote memory), das Verfahrensgedächtnis (procedural memory), das motorische Gedächtnis, die Automatisierung, das semantische Gedächtnis, das generische Gedächtnis, das episodische Gedächtnis, das vom Kontext abhängige Gedächtnis (contextual memory), das Priming (Vorbereiten) und die Gewöhnung (habituation) (siehe [724, 682, 698]). Diese Kategorien wurden nach prototypischen Fällen und Bedingungen festgesetzt, die einen spezifischen Effekt hervorrufen, und können ineinander übergehen oder miteinander konkurrieren. Manche Kategorien sind orthogonal zu anderen, und auf einen Teil davon trifft das Phänomen "Gedächtnis", so wie das Wort im herkömmlichen Sinne verwendet wird, zu. Das bedeutet nicht, daß es sich in den anderen Fällen dann nicht um *wirkliche* Beispiele für Gedächtnis handelt. Wir wollen nur anmerken, daß sich die Erforschung der Plastizität noch in den Anfängen befindet, und daß wir uns auf bereits bestehende (typischerweise in groben Zügen dargestellte)

Kategorien beziehen. Nach und nach werden wir uns dann — so wie das in allen Wissenschaften üblich ist — zu immer zutreffenderen Einteilungen in Kategorien vorarbeiten. Voreilige Definitionen nützen niemandem, und deshalb sollten wir der Versuchung widerstehen und Verhaltensforscher nicht dafür tadeln, daß sie keine ordentliche Karte von den plastischen Kapazitäten erstellt haben. Eine ordentliche Karte kann jeder erstellen; es kommt aber darauf an, daß die Karte genau ist. Gleichzeitige und interdisziplinäre Entwicklungen in den Neurowissenschaften und der Psychologie werden zu besseren Karten der kognitiven Geographie führen.

Wo könnte die neurowissenschaftliche Forschung auf dem Gebiet der Plastizität am erfolgversprechendsten an Verhaltensstudien des Lernvorgangs anknüpfen? Die Auswahl der Forschungsrichtung entscheidet schon großenteils darüber, wie aufschlußreich und signifikant die Ergebnisse sein werden. Daß der Weg auch festlegt, wie effizient und rentabel die Vorgehensweise der Forschung sein wird, muß nicht erst erwähnt werden. Als Idealfall wünscht man sich ein gut untersuchtes, leicht zugängliches Verhaltensphänomen, das so einfach ist, daß es analysiert werden kann, aber dennoch komplex genug ist, um Licht auf die Plastizität bei Säugetieren zu werfen. Leider kann uns diesen Wunsch zum gegenwärtigen Zeitpunkt nicht einmal eine Märchenfee erfüllen. Bei dem Auswahlproblem müssen jedoch bestimmte Bedingungen erfüllt werden, und dann kann man mehrere ganz unterschiedliche, aber vielversprechende Lösungen erhalten.

Die neurowissenschaftliche Forschung auf dem Gebiet der Plastizität teilt sich in ungefähr vier Hauptrichtungen auf: (1) Untersuchung neuronaler Mechanismen, die für relativ einfache Arten von Plastizität verantwortlich sind, z.B. die klassische Konditionierung oder die Gewöhnung sowohl bei Invertebraten als auch bei Säugetieren, vor allem bei Ratten und Kaninchen; (2) anatomische und physiologische Studien an Strukturen des Temporallappens, einschließlich Hippocampus, perirhinaler Strukturen und Amygdalae (Mandelkörper), wobei — soweit vohanden — menschliche Daten verwendet werden; ansonsten ist man hauptsächlich auf Ratten und Affen angewiesen; (3) Studien über die Entwicklung des Sehsystems, vor allem bei Katzen und Affen, anhand derer man verstehen will, wie sich die Zellorganisation im ausgewachsenen Tier auf die Organisation im Neugeborenen zurückführen läßt; (4) Untersuchung der Beziehung zwischen den Genen des Tieres und der Entwicklung seines Nervensystems, die vor allem an *Drosophila* [184] und an dem Nematoden *Caenorhabditis elegans* [690, 762] durchgeführt werden. Es gibt überzeugende Gründe, die für diese vier Forschungsrichtungen sprechen, wenngleich auch andere Forschungszweige, wie beispielsweise die Geschmacksaversion bei Vögeln und Säugetieren [255], das Erlernen des Gesangs bei Vögeln [224], die Prägung bei Küken [337, 485], das Arbeitsgedächtnis im präfrontalen Cortex von Affen [272][1] und das Erlernen von Gerüchen in der Riechrinde (olfaktorischer Cortex) [463, 464] das Gesamtbild erweitern und abrunden. Die Erforschung der neuronalen Grundlagen bei der klassischen Konditionierung hat u.a. den Vorteil,

---

[1]Siehe auch Abschnitt 5.7: Zurück zu Systemen und zum Verhalten.

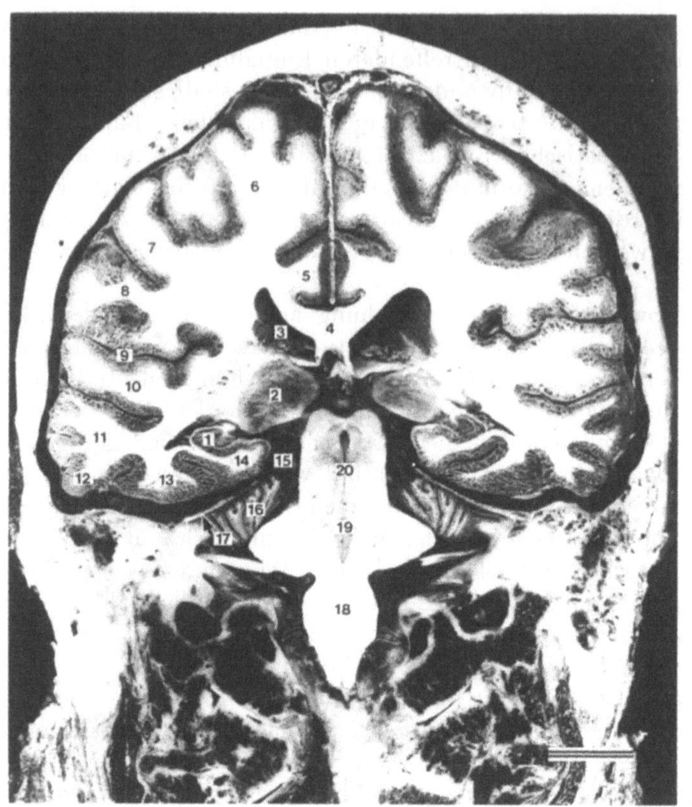
6
7
8
9
10
11
12
13
14
5
3
2
4
11
15
16
17
20
19
18
A

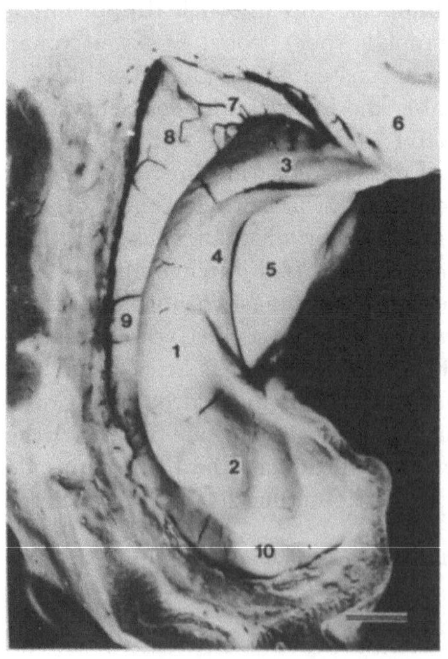
7
8
6
3
4
5
9
1
2
10
B

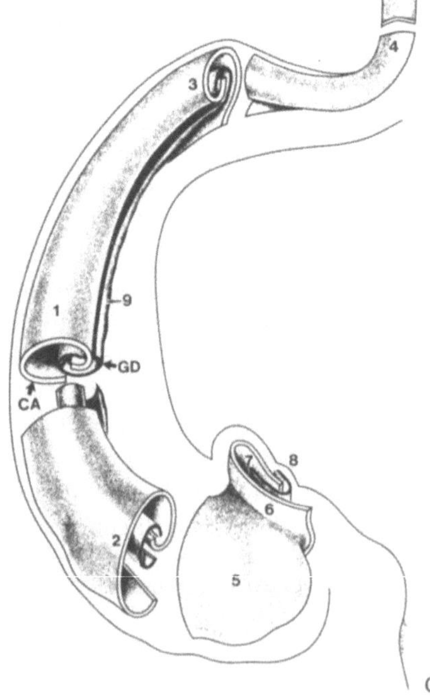
3
4
1
9
GD
CA
2
7
8
6
5
C

daß hier das Verhaltensprofil schon bis in Detail [471] untersucht wurde und daß
nicht nur Säugetiere, sondern auch viel kleinere Nervensysteme, wie z.B. die Nervensysteme von Schnecken [388] und Würmern [258, 259] konditioniert werden
können[2].

Da die Plastizität hier nur im Rahmen eines Kapitels und nicht eines ganzen
Buches behandelt werden soll, mußten wir uns auf einige Punkte einigen, auf die
wir bevorzugt eingehen werden. Obwohl wir auch auf die Erforschung einfacher
Systeme und die Erforschung der Entwicklung hinweisen werden, ist der Großteil
der Diskussion dem Hippocampus und damit verwandter Strukturen gewidmet.
Unsere Auswahl haben wir aufgrund dreier wichtiger Überlegungen getroffen: (1)
Die Forschung auf diesem Gebiet findet an Säugetieren statt. (2) Hier wird sowohl
das methodologische Prinzip der gemeinsamen Entwicklung von Forschungsarbeiten auf vielen Strukturebenen als auch die Art und Weise, auf die die Ebenen
miteinander in Verbindung stehen könnten, veranschaulicht. (3) Es gibt zwei Re-
chenmodelle, die auf Daten aus diesem Bereich basieren, anhand derer gezeigt
werden kann, daß die gemeinsame Entwicklung von Theorie und Computermodellen lohnend ist.

Bei der Erforschung "einfacher Plastizität bei einfacher Vorbereitung" müssen
stets die folgenden Hintergrundfragen gestellt werden: Lassen sich die Forschungsarbeiten verallgemeinern? Werden sie uns irgendetwas über die Art von Gedächtnis sagen, die wir an uns selbst beobachten? Wie kann ich mich beispielsweise
daran erinnern, wo ich meine Brille hingelegt habe, oder wie kann ich mich an
die Worte bei der "Einäscherung von Sam McGee" erinnern oder warum kann
ich mir merken, wie ein Stachelschwein aussieht? Dabei hofft man natürlich, daß
diese Fragen positiv beantwortet werden können. Die der Plastizität zugrunde
liegenden zellulären Mechanismen sind wahrscheinlich im Laufe der Evolution

---

[2]An dieser Stelle könnte man auch noch eine fünfte Kategorie erwähnen, nämlich die Reor-
ganisation nach Läsionen [466, 584].

Abbildung 5.1 (A) Koronarer Schnitt durch ein menschliches Gehirn, der die Lage
des Hippocampus in Relation zu anderen Strukturen zeigt. Hauptstrukturen: 1, Hippocampus; 2, Thalamus; 4, Corpus callosum; 5, Gyrus cinguli, 14, Gyrus hippocampalis.
(B) Intraventrikuläre Ansicht des menschlichen Hippocampus. Das Temporalhorn wurde geöffnet und überflüssiges Gewebe entfernt. 1, Körper des Hippocampus, 2, Kopf;
3, Schwanz; 4, Fimbria; 5, Subiculum (Gyrus hippocampalis); 6, Splenium (hinterer
Teil) des Corpus callosum; 7, Calcar avis; 8, Trigonum collaterale; 9, Eminetia collateralis, 10, Recessus uncalis des Temporalhorns. (C) Allgemeiner Aufbau des menschlichen
Hippocampus. Cornu ammonis (CA) und Gyrus dentatus (GD) bilden zwei U-förmige
miteinander verkeilte Laminae. 1, Hippocampuskörper; 2, Hippocampuskopf; 3, Hippo-
campusschwanz; 4, Endsegment des Schwanzes; 5, Digitationes hippocampi; 6, Digitus
verticalis; 7, Cornu ammonis und Gyrus dentatus in der medialen Oberfläche des Uncus;
8, Giacomini-Band; 9, Margo denticulatus. (Nachgedruckt mit Erlaubnis aus [187].)

[545, 501, 11, 311, 323, 324] weitgehend erhalten geblieben. Deshalb hofft man, daß selbst dann, wenn die Interaktionen des Netzes durch neu auftauchende Prinzipien gesteuert wurden, dies unter Ausnützung der alten Mechanismen geschah. Würde dies zutreffen, dann wäre die Entdeckung der zellulären Mechanismen bei einfachen Lernvorgängen in einfachen Tieren eine wichtige Ausgangsbasis für die Erforschung der Plastizität in Säugetieren.

Wenn Computernetze nützlich wären, dann müßten sich Repräsentationen von signifikanter Komplexität typischerweise über die Zellen eines Netzes verteilen, und die Aquisition der gespeicherten Repräsentationen müßte aus den sich verändernden Gewichtsmustern innerhalb der Zellpopulation bestehen. Entscheidend ist also, daß man die Schaltkreise und deren Interaktionen versteht. Die Kenntnis der zellulären Mechanismen, durch welche eine individuelle Zelle ihre synaptischen Gewichte ändert, wird nicht automatisch auch dazu führen, daß man weiß, was die Zelle zum Lernen im Netz, zu den Mustern der Änderungen in der Population oder zu den Prinzipien, durch die die Enstehung und Auflösung der Muster gesteuert wird, beiträgt. Damit all dies nicht zu pessimistisch klingt, wollen wir kurz noch einen in Kapitel 6 behandelten Punkt anklingen lassen: Auch die Reflexe einfacher Tiere, wie dem Blutegel, sind das Ergebnis von Schaltkreisen. Da einige Prinzipien der Schaltkreise vielleicht beibehalten wurden, und da Innovationen möglicherweise auf diese alten Prinzipien übertragen worden sind, könnten diese einfachen Schaltkreise eine wichtige Brücke zwischen der Entdeckung zellulärer Mechanismen bei der Plastizität und der Erforschung des Lernens in komplexen neuronalen Netzen darstellen.

5.2   Lernen und Hippocampus

Viele, die es sich zum Ziel gesetzt haben, das Lernen bei Säugetieren zu untersuchen, führen ihre Studien bevorzugt am Hippocampus durch. Genauer gesagt, nehmen der Hippocampus und die damit verwandten Strukturen der Temporallappen, wie z.B. der entorhinale Cortex, der perirhinale Cortex, der Gyrus des Parahippocampus und der Fornix, so etwas wie eine bevorzugte Sonderstellung ein (Abbildung 5.1). Ihren Ursprung hat dieses Interesse in der Neurophysiologie. Die Neugier wurde besonders durch eine Ende der 50er Jahre [646] gemachte Entdeckung geweckt. Um eine besonders hartnäckige Form der Epilepsie in den Griff zu bekommen, wurde bei dem Patienten H.M. eine beidseitige Resektion der mesialen Temporallappenstrukturen vorgenommen, was bei H.M. zu einer nachhaltigen Amnesie führte. Die von Milner [512] und ihren Kollegen an der McGill University durchgeführten Pionierstudien zeigten, daß sich H.M. selbst dann nicht an nur wenige Minuten oder Stunden zurückliegende Ereignisse erinnern konnte, wenn diese herausragend und für ihn von Bedeutung waren. Allgemeiner ausgedrückt: H.M. hatte die Fähigkeit verloren, neue Informationen zu lernen und im Gedächtnis zu behalten (anterogrades Gedächtnis), obwohl er sich immer noch an viele Dinge, die vor seiner Operation passiert sind, erinnern konnte (retrogrades Gedächtnis). Im Gegensatz dazu war das Kurzzeitgedächtnis (ungefähr eine Minute) von H.M. im Bereich des Normalen.

Im Verlauf ihrer Studien an amnesischen Patienten machten Warrington und Weiskrantz [750, 751] die merkwürdige Entdeckung, daß manche Aufgaben, wie z.B. die Vervollständigung eines vorher gesehenen Bildes, in der normalerweise dafür benötigten Zeit bewältigt werden konnten, obwohl die Patienten hinsichtlich der jüngsten Ereignisse starke Gedächtnislücken hatten und sich nicht daran erinnern konnten, das soeben vervollständigte Bild jemals gesehen zu haben. Auch H.M. war dazu in der Lage, bestimmte Dinge zu erlernen — z.B. eine motorische Fertigkeit — ohne sich wiederum seiner Leistung und der Aufgabe bewußt zu sein. Aufgrund dieser Arbeit entstand die folgenreichste Hypothese in der Gedächtnisforschung, nämlich, daß das Gehirn eine Trennung zwischen dem bewußten Erinnerungsvermögen an Ereignisse und Personen und anderen Arten von Plastizität vornimmt (Abbildung 5.2). Letztere erfolgen, ohne dabei ausdrücklich ins Bewußtsein zu rücken. Beispiele dafür sind die Konditionierung, das Erlernen von Fertigkeiten sowie die Wiedererkennung.

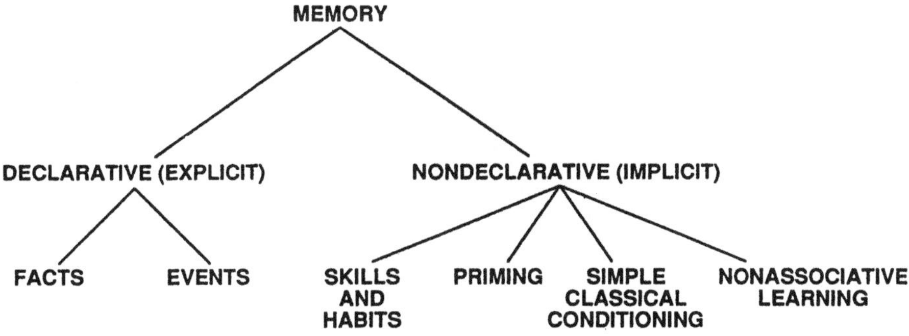

Abbildung 5.2   Einteilung in verschiedene Arten von Gedächtnis. Das deklarative (explizite) Gedächtnis bezieht sich auf die bewußte Erinnerung an Fakten und Ereignisse und ist von der Integrität (Unversehrtheit) der medialen Temporallappenrinde abhängig (siehe Text). Das nichtdeklarative (implizite) Gedächtnis besteht aus einer Anhäufung von Fähigkeiten und ist nicht vom medialen Temporallappen abhängig. Das nichtassoziative Lernen schließt Habituation (Gewöhnung) und Sensivierung mit ein. Im Fall des nichtdeklarativen Gedächtnisses ändert sich das Verhalten unbewußt aufgrund von Erfahrung, ohne daß irgendein Gedächtnisinhalt zugänglich sein muß. (Nach [686].)

Der Fall H.M. ist wirklich einzigartig, weil sich H.M. als chirurgischer Patient einer Operation unterziehen mußte, deren Nebenwirkungen so wenig wünschenswert waren. Es gibt jedoch noch andere Patienten, die in gewisser Hinsicht Ähnlichkeiten mit H.M. aufweisen. Einer dieser Patienten wurde von Antonio Damasio, Hanna Damasio und deren Mitarbeiter [156] entdeckt und untersucht. Mitte

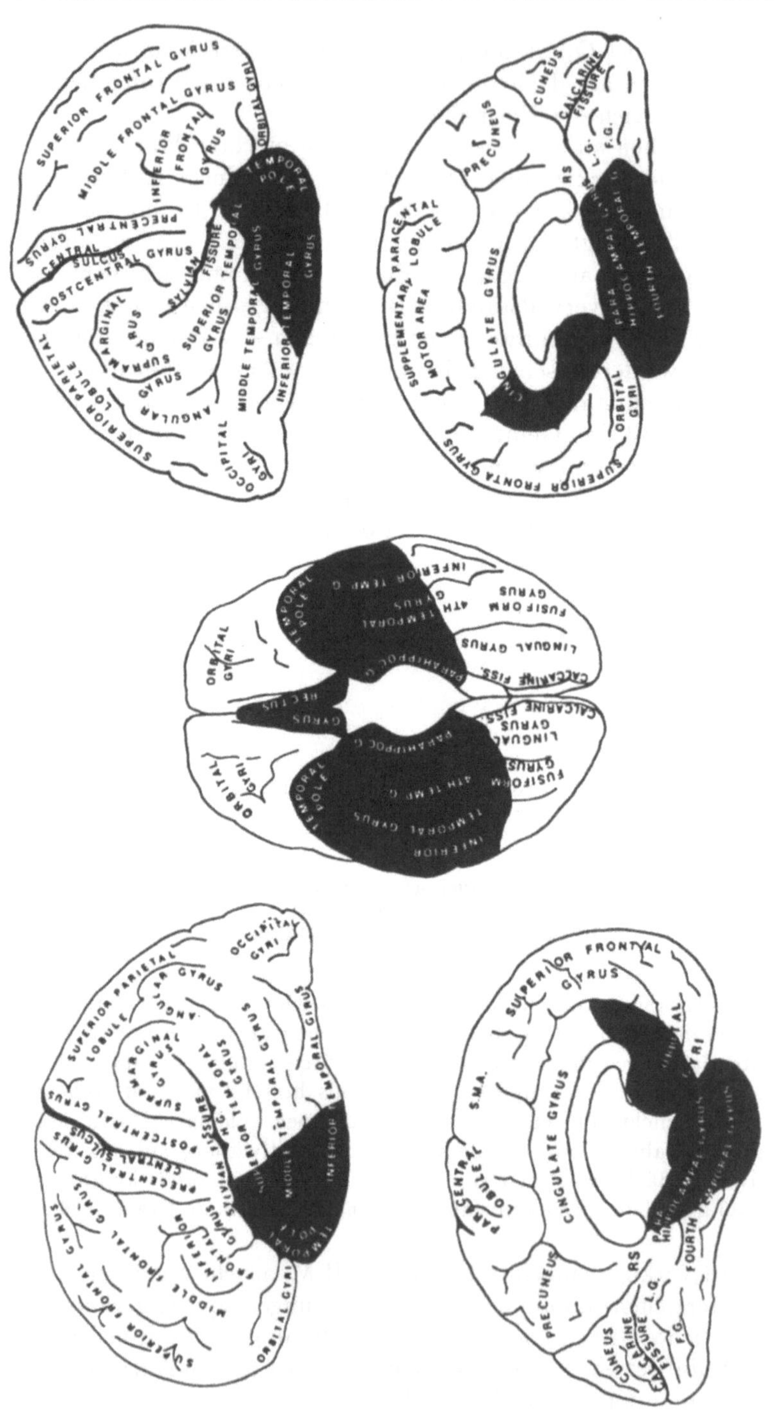

der 70er Jahre wurden sie auf ihn aufmerksam, und seit nunmehr gut 15 Jahren wird er ausführlich getestet und beobachtet. Der Patient, Boswell, litt an einer Herpes simplex bedingten Enzephalitis, die sowohl zu einer bilateralen Läsion der Temporallappen als auch zu einer schweren Schädigung des orbitofrontalen Cortex und des basalen Vorderhirns führte. Die Schädigungen der Temporallappen waren bei Boswell noch viel umfassender als bei H.M. Boswell verlor sowohl den gesamten Temporalpol als auch die gesamten neocorticalen Felder in den vorderen Bereichen des Temporallappens (Abbildung 5.3).

Wie wirkten sich diese Schädigungen auf das Verhalten aus? Bei Boswell ist nicht nur das anterograde Gedächtnis in katastrophalem Umfang beeinträchtigt, sondern auch das retrograde Gedächtnis ist zerstört. Beispielsweise kann er sich so gut wie gar nicht mehr an sein bisheriges Leben erinnern; selbst dann nicht, wenn man ihm Hinweise gibt. Er kann sich z.B. daran erinnern, daß er verheiratet war, wenngleich er seine Frau auf neueren Photos nicht erkennen kann und fast nichts mehr über sein Leben mit ihr weiß; er erinnert sich daran, daß er Kinder hat und in der Werbebranche arbeitete, aber Näheres über diesen Teil seines Lebens weiß er nicht mehr. Er kann die herausragenden Ereignisse in seinem Leben zeitlich nicht einordnen — er weiß nicht, ob er in der Werbebranche gearbeitet hat, bevor die Kinder geboren wurden oder danach; ob er in einer bestimmten Stadt vor oder nach dem Koreakrieg lebte usw. Uns allen geht es so, daß wir viele Nebensächlichkeiten in unserem Leben zeitlich nur vage einordnen können; Boswell dagegen kann sich auch an die wichtigen Ereignisse in seiner Autobiographie, wenn überhaupt, dann nur ganz vage erinnern.

Wie bei H.M., so ist auch bei Boswell das anterograde Gedächtnis stark beeinträchtigt. Sein Gedächtnis umfaßt nur eine Zeitspanne von 40 Sekunden, vorausgesetzt, daß er nicht abgelenkt wird. An Dinge, die sich außerhalb dieser Zeitspanne ereignen, kann er sich nicht erinnern. Er weiß nicht, daß er vor wenigen Minuten Besuch hatte, was er mittags gegessen hat, oder ob er überhaupt etwas zu Mittag gegessen hat, daß es am Morgen geschneit hat und daß er sich vor wenigen Minuten über den Schnee gewundert hat. Auf Fragen antwortet er bereitwillig und unbeschwert. Er wird als aufmerksam, liebenswürdig und kooperativ geschildert.

Abbildung 5.3   Diagramm vom Gehirn des Patienten Boswell. Die dunklen Bereiche kennzeichnen Gebiete mit umfassenden Schädigungen der linken und rechten Temporallappenrinden als auch kleinere Läsionen der beiden ventromedialen Stirnlappenrinden. Bemerkenswert ist, daß die Läsionen der Temporallappen nicht nur den medialen (inneren) Teil des Lappens (der die Formatis hippocampalis und den entorhinalen Cortex enthält), sondern auch den Temporalpol, die lateralen (äußeren) und die unteren Regionen zerstört. Diese nichtmedialen Schädigungen der Temporallappen sind im Fall Boswell für die außergewöhnlich umfassenden Einbußen beim retrograden Gedächtnis verantwortlich. Bei dem Patienten H.M. dagegen beschränken sich die Schädigungen auf den medialen Sektor. (Nach Hanna Damasio.)

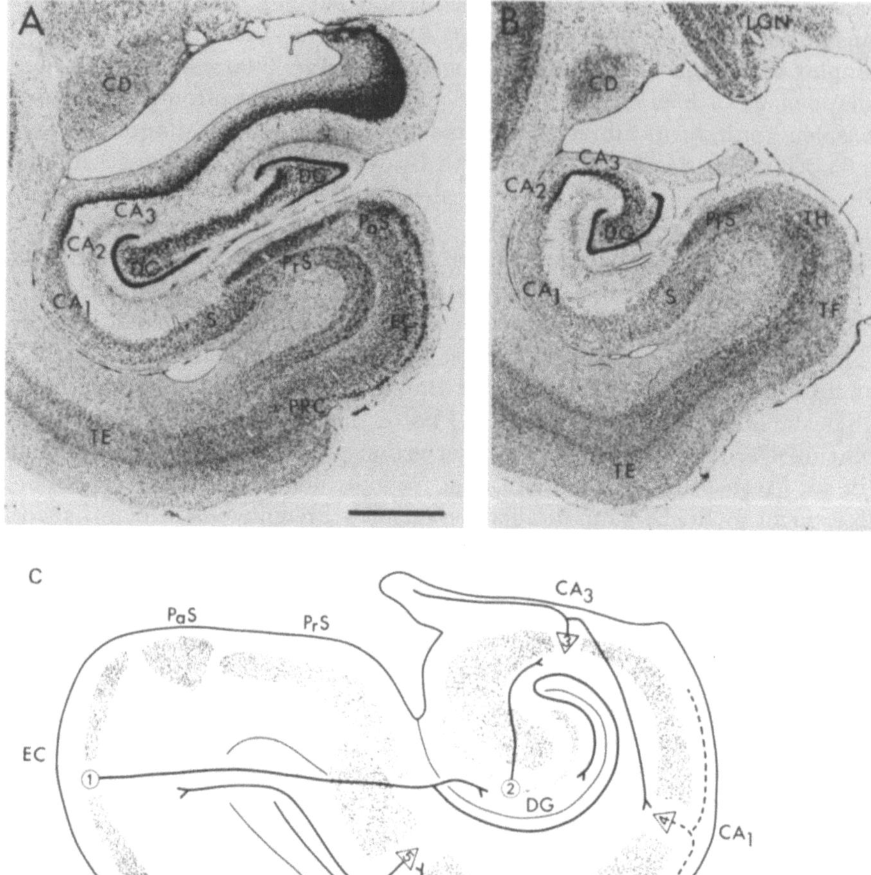

Abbildung 5.4   Koronare Schnitte durch die rostralen (A) und caudalen (B) Abschnitte der nach der Nissl–Methode gefärbten Formatio hippocampalis beim Makaken. Eichstrich, 2 mm. CA1, CA2, CA3, Hippocampusfelder; DG, Gyrus dentatus; PaS, Parasubiculum; PRC, perirhinaler Cortex; S, Subiculum; TE, visuell assoziativer Isocortex; TF/TH, polymodale Assoziationsrinde des Gyrus parahippocampalis; CD, Nucleus caudatus; LGN, Corpus geniculatum laterale. (Nach [19].) (C) Schematische Zeichnung der Formatio hippocampalis bei Primaten. Die Zahlen und die durchgezogenen Linien, die diese Zahlen verbinden, zeigen den Informationsfluß in eine Richtung (vom entorhinalen Cortex [1], zum DG [2], zu CA3 [3], zu CA1 [4] und zum Subiculum [5]). Im Falle von R.B. wurde der Informationsfluß zum Hippocampus durch eine Läsion des CA1–Feldes (dargestellt durch die Zelle 4 und die gestrichelten Linien) unterbrochen. (Nach [636].)

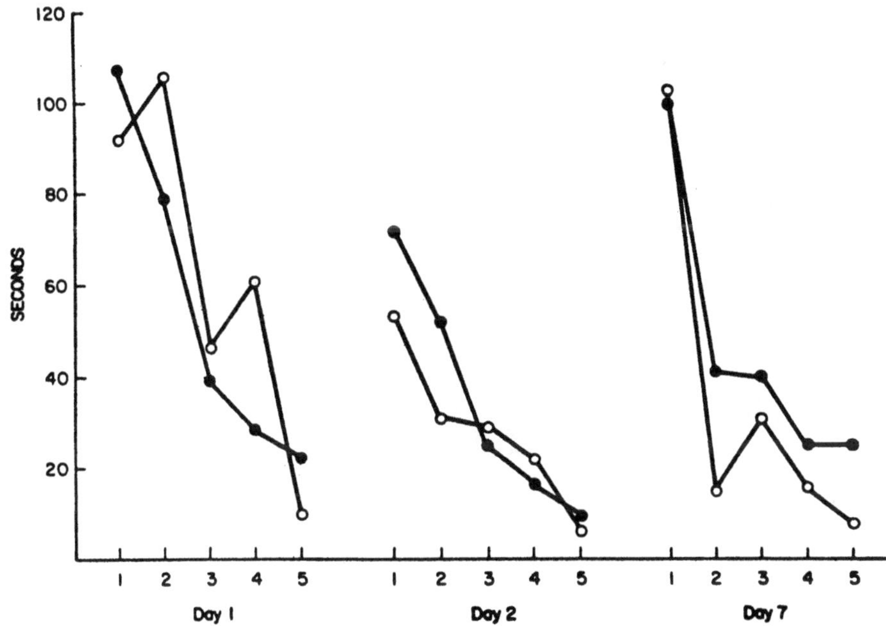

Abbildung 5.5 Mittlere Antwortzeit, die pro Versuch benötigt wurde, um Stereogramme mit zufälliger Punkteverteilung zu identifizieren. Dunkle Kreise, 9 amnestische Patienten; helle Kreise, 9 Kontrollpersonen. Die Standardfehler des Mittelwertes waren bei beiden Gruppen ähnlich; bei den amnestischen Patienten betrug der durchschnittliche Wert aus 15 Einzeldaten 18,4 Sekunden (im Bereich zwischen 3,9–28) und bei den Kontrollpersonen betrug er 13,8 Sekunden (im Bereich von 1,3–25,7). (Nach [64].)

Einiges an Wissen ist erhalten geblieben. Wie zu Zeiten vor seiner Krankheit spielt er recht gut Dame, auch wenn er das Spiel "Bingo" nennt, und ist freundlich zu Besuchern. Sein Umgangston ist relativ normal, und er kann einfache Texte recht gut lesen. In sozialer Hinsicht ist er bewandert, wenngleich er auch nicht immer angemessen reagiert. Er kennt auch die Verwendung alltäglicher Gegenstände, so weiß er z.B. was man mit einem Fernsehgerät, einem Stuhl, einer Zahnbürste usw. macht. An späterer Stelle (Abschnitt 5.10, Module und Netzwerke) werden wir näher auf die tiefgreifenden Mängel eingehen, die Boswell beim Erkennen, Benennen und Definieren von häufig vorkommenden natürlichen Objekten, wie z.B. einer Schnecke oder einer Katze, aufweist.

Welche der Gehirneinbußen, die Boswell und H.M. erlitten hatten, waren für die Informationsspeicherung beim Langzeitgedächtnis entscheidend? Zum Teil konnte diese Frage durch Untersuchungen an einem einzigartigen Fall in San Diego, durchgeführt von Larry Squire, David Amaral und Stuart Zola–Morgan, beantwortet werden. Ein Patient, R.B., hatte einen ischämischen Anfall erlitten,

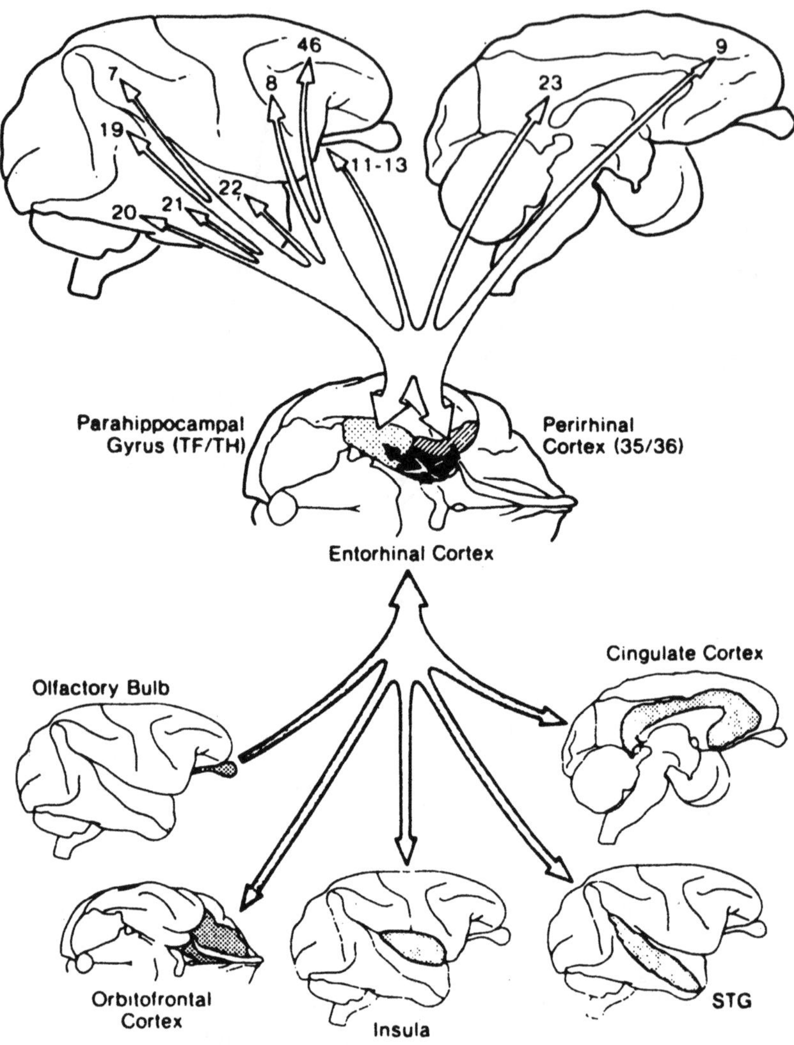

Abbildung 5.6   Zusammenfassung der corticalen afferenten und efferenten Verbindungen des entorhinalen Cortex, der die Hauptquelle für Projektionen auf den Hippocampus darstellt. Die bedeutendste corticale Eingabe hat ihren Ursprung im benachbarten Gyrus hippocampalis und im perirhinalen Cortex. Diese Bereiche wiederum erhalten Projektionen aus mehreren polysensorischen Assoziationsbereichen der frontalen, temporalen und parietalen Lappen. Der entorhinale Cortex erhält auch corticale Eingänge direkt von anderen vermutlich polysensorischen Bereichen und eine unimodale Eingabe vom Riechkolben (olfactory bulb). Mit Ausnahme der olfaktorischen Projektion sind diese Projektionen reziprok. Die Zahlen beziehen sich auf die durch die Brodman Konvention identifizierten corticalen Felder. STG, Gyrus temporalis superior. (Nach [685].)

wodurch seine Fähigkeit, neue Information zu erlernen und sich daran zu erinnern, selektiv beeinträchtigt wurde. Sein retrogrades Gedächtnis schien normal zu sein. In dieser Hinsicht war sein Fall mit demjenigen von H.M. vergleichbar, wenngleich die Ausfälle von R.B. weit weniger stark ausgeprägt waren. Um die Art und das Ausmaß der Amnesie bei R.B. zu bestimmen, wurde eine Vielzahl verschiedener Verhaltenstests durchgeführt. Neben einem normalen Konditionierungsverhalten schnitt R.B. auch beim Priming normal gut ab. Der Priming–Test[3] geht wie folgt: Die Person bekommt eine Liste mit Wörtern zum Lesen vorgelegt ("Motel", "Kanarienvogel" usw.). In einem ohne Hilfsmittel durchgeführten Erinnerungstest bzw. auch in einem Wiedererkennungstest schneiden die unter Amnesie leidenden Patienten weit schlechter ab als die Kontrollpersonen. In einem Test jedoch, bei dem sie Wortfragmente auf einer Liste einfach durch *Raten* vervollständigen sollen, können die amnestischen Patienten die Orgininalliste ebenso gut wie die Kontrollperonen wiedergeben. Dies können sie, obwohl ihnen nicht bewußt ist, daß sie die Wörter früher schon gesehen haben [749].

R.B. starb fünf Jahre nach dem ischämischen Anfall an Herzversagen. Zu dieser Zeit erfolgte eine gründliche Sektion und Untersuchung seines Gehirns [636]. Man entdeckte, daß die Läsionen beidseitig und auf den Hippocampus beschränkt waren. Innerhalb des Hippocampus war vor allem ein bestimmter Bereich, nämlich das CA1–Feld, geschädigt (Abbildung 5.4). Im Zusammenhang mit anderen Arbeiten auf dem Gebiet der Amnesie, die sowohl an Tiermodellen [789, 790, 791, 635] als auch an Menschen [685] durchgeführt wurden, schränkte dieser Fall die kurze Liste der für das Lernen neuer Information in Frage kommenden Strukturen weiter ein und zeigte Anatomen und Physiologen, worauf sie ihre Arbeit konzentrieren sollten. Seit kurzem muß man nicht mehr bis zur Autopsie warten, sondern kann ein Gehirn auch mit Hilfe der hochauflösenden MRI-Technik (magnetic resonance imaging) untersuchen. So kann man jetzt bei Menschen die Läsionen sehr genau lokalisieren, und zwar genau zu der Zeit, zu der auch die Ergebnisse aus den Gedächtnistests ausgewertet werden [249, 683].

Squire und seine Kollegen [64] suchten nach einer Möglichkeit, die erhalten gebliebenen Speicherkapazitäten amnestischer Patienten genauer zu spezifizieren, und fanden heraus, daß Patienten, die nicht mehr fähig waren, neue Information zu erlernen und wiederzugeben, neben motorischen Fähigkeiten und Priming auch noch andere Arten des Lernens bewältigen konnten. So zeigten sie beispielsweise bei der Auflösung von Stereogrammen mit zufälliger Punkteverteilung[4] eine annähernd normale Lernkurve, und die erlernte Antwort blieb für mindestens sieben Tage erhalten. (Ein Stereogramm mit zufälliger Punkteverteilung ist in Abbildung 4.30 dargestellt.) Wie auch in den anderen Tests konnten sich die Personen nicht daran erinnern, schon jemals zuvor etwas dem Test Entsprechendes gesehen zu haben, aber ihre verbesserten Leistungen widersprachen dem bewußten Urteilsvermögen. Ihre Gehirne hatten tatsächlich gelernt, Stereogramme mit zufälliger

---

[3]Das Priming wurde als erstes von Warrington und Weiskrantz erkannt.

[4]Siehe Kapitel 4, Abschnitt 8, Stereoskopisches Sehen.

Punkteverteilung recht effizient aufzulösen (Abbildung 5.5). Benzing und Squire fanden auch einen Einfluß von "Adaptation". Gemeint ist, daß amnestische Patienten, wie auch normale Kontrollpersonen, ihre Einschätzung des Gewichts von hochgehobenen Objekten veränderten, wenn sie vorher schon mit der Aufgabe konfrontiert worden waren.

Die Temporallappenamnesie ist ein wahrhaft bemerkenswertes und sehr interessantes neurologisches Phänomen. Da die betroffenen Strukturen relativ begrenzt sind, haben sich die Arbeiten zur Erforschung der neuronalen Plastizität, die für das Erinnerungsvermögen an Ereignisse und Individuen relevant ist, auf den Hippocampus von Primaten und auf damit verwandte Temporallappenstrukturen konzentriert. Die besondere Eigenart des Hippocampus ist seine strategisch günstige Lage an einer Stelle, an der die Informationen sowohl aus nahezu allen corticalen Bereichen höherer Ordnung als auch von den Nuclei des Hirnstamms zusammenlaufen. Jede Sinnesmodalität projiziert (über den entorhinalen Cortex) auf den Hippocampus, und meistens gibt es auch reziproke rückwärtsgerichtete Projektionen (Abbildung 5.6). Angefangen beim Verhalten bis hin zur Genetik hat die Erforschung eines Zusammenhangs zwischen Strukturen des Hippocampus und dem Gedächtnis auf allen Organisationsebenen im Gehirn drastische Fortschritte gemacht. Durch ständigen Austausch — denn nur so ist in den Wissenschaften eine Co–Evolution möglich — kam die Forschung auf jeder Ebene ein Stück weiter: bei Profilstudien verschiedener Arten von Amnesie, bei der Erforschung der Funktion von Hippocampusstrukturen mit Hilfe von Läsionen an Tieren, bei der Erforschung der Bahnen, Zelltypen und zellulären Organisation des Hippocampus, bei der Identifizierung einer Modifikation in postsynaptischen Zellen nach gleichzeitiger Aktivierung prä- und postsynaptischer Zellen und erst vor ganz kurzer Zeit sowohl bei der Isolierung spezifischer Moleküle, die bei der Modifikation eine Rolle spielen, als auch bei der Lokalisierung der Modifikation. Und letztendlich gelang auch die Charakterisierung und Klonierung der für die Bildung der herausragenden Proteine verantwortlichen Gene [256, 521].

Obwohl die Hauptfragen bezüglich der genauen Funktion des Hippocampus noch unbeantwortet bleiben, zählt dieser Forschungszweig, der sich von Verhaltensbeobachtungen bis hin zur Erforschung von Rezeptorproteinen und deren Genen erstreckt, zu den herausragenden Glanzleistungen der Neurowissenschaften. Da wir nun scheinbar schon fast dazu in der Lage sind, mit Hilfe der reichhaltigen neuronalen Einzelheiten ein realistisches Computermodell zu erstellen, erscheint dieser Forschungszweig in diesem Zusammenhang besonders geeignet — wenngleich, wie wir später sehen werden, das Modellieren einer von der Peripherie entfernten Struktur problematisch ist. Im nächsten Abschnitt werden wir das, was wir gerade zusammengefaßt haben, ausführlich darlegen. Damit das Ganze aber nicht zu umfassend wird, werden wir hauptsächlich den Ausgangspunkt, nämlich Arbeiten über zelluläre Modifikation in den Mittelpunkt stellen und Hinweise zur Erklärung der vielfältigen Einzelheiten liefern, die aufgrund von Verhaltensbeobachtungen, Läsionen, physiologischen und anatomischen Erkenntnissen zur Verfügung stehen.

5.3 Donald Hebb und die synaptische Plastizität

Wenn es stimmt, daß globales Lernen von lokalen Veränderungen in den Zellen abhängt, wie kann eine Zelle dann ohne Zuhilfenahme von Intelligenz wissen, wann, um wieviel und wo genau sie sich verändern soll? Es gibt viele mögliche Arten, auf die sich ein Neuron verändern und so Adaptationsreaktionen zeigen könnte. So könnten sich z.B. neue Dendriten entwickeln, bereits existierende Zweige könnten erweitert werden, schon vorhandene Synapsen könnten sich verändern, ebenso wie auch die Enstehung neuer Synapsen denkbar wäre. In umgekehrter Richtung würde sich die Anzahl der Synapsen durch ein "Zurechtstutzen" von Dendriten bzw. von Teilen eines Dendriten verringern oder die Synapsen der restlichen Zweige könnten insgesamt stillgelegt werden. Dies alles sind postsynaptische Änderungen in den Dendriten. Aber auch in den Axonen könnten Veränderungen stattfinden. So könnte es beispielsweise Veränderungen in den Membranen (Kanälen usw.) geben, neue Äste könnten gebildet werden, die Induktion von Genen könnte zur Produktion neuartiger neurochemischer Stoffe bzw. zu einer größeren Menge der alten Neurotransmitter führen. Die präsynaptischen Veränderungen könnten auch in einer Änderung der Anzahl der pro Spike freigesetzten Vesikel bzw. in einer Änderung der Anzahl der in den einzelnen Vesikeln enthaltenen Transmittermoleküle bestehen (Abbildung 5.7). Letztendlich könnte die ganze Zelle und mit ihr die gesamte Anzahl der von ihr abhängigen Synapsen absterben. Diese vielen Möglichkeiten der strukturellen Modifikation können im Rahmen der Diskussion zweckdienlicherweise zusammengefaßt werden, indem wir uns ganz einfach auf Synapsen beziehen. Denn an jeder Modifikation sind synaptische Veränderungen entweder direkt oder indirekt beteiligt oder können *auf vernünftige Weise* dementsprechend repräsentiert werden. Die Konnektivität ist das *sine qua non* eines Neurons, und soll eine Veränderung in der Population der Synapsen bzw. in der Stärke einer Synapse herbeigeführt werden, muß man die Konnektivität verändern.

Wann und wo sollte bezüglich der Modifikationen an den Synapsen entschieden werden? Grundsätzlich sind die Wahlmöglichkeiten ziemlich beschränkt. Die Entscheidung im Hinblick auf eine Veränderung kann im wesentlichen entweder global oder lokal getroffen werden. Bei einer global getroffenen Entscheidung wäre das Signal zur Änderung fakultativ, würde also im wesentlichen lauten: "Du kannst dich jetzt selbst modifizieren!". In diesem Fall ist jedoch nicht vorgeschrieben, wo genau und um wieviel modifiziert wird oder in welche Richtung die Modifikationen erfolgen müssen. Sollte andererseits die Entscheidung bezüglich einer Modifikation synapsenspezifisch fallen, dann wären die räumliche und die zeitliche Lage zwei relevante Variablen. Genauer ausgedrückt: Sollte die Plastizität von Signalen abhängig sein, die gerade zu dieser Zeit an einer Synapse (d.h. während einer sehr kurzen Zeitspanne) gegenwärtig sind, dann wären die Modifikationen auf solche Strukturen beschränkt, die sich räumlich gesehen nahe genug befinden, um in der kurzen Zeitspanne aktiv mitwirken zu können. Die nächste Frage

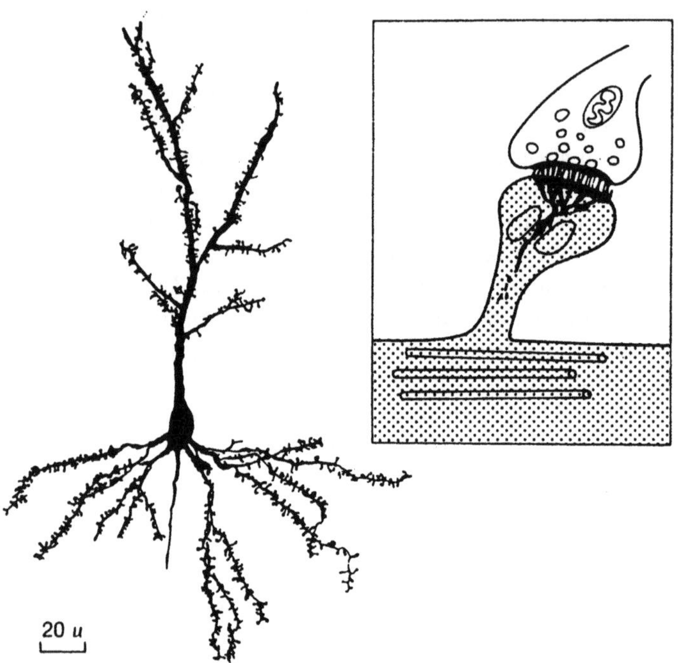

Abbildung 5.7   Die Dornen der Dendriten können der strategische Ausgangspunkt für morphologische Veränderungen in Bezug auf das Langzeitgedächtnis sein. (links) Zeichnung einer Pyramidenzelle aus dem Cortex einer Ratte, mit der typischerweise großen Anzahl dendritischer Dornen. (rechts) Schematische Darstellung eines dendritischen Dorns (schattiert) mit den charakteristischen Filamenten und Bläschen, die den Dornenapparat ausmachen, und der postsynaptischen Dichte. Bei den langen Röhren im Schaft des Dendriten handelt es sich um Mikrotubuli, die an der Bildung der Dornen beteiligt sind. Die Dornen haben für gewöhnlich eine exzitatorische Synapse. (Nach [184].)

lautet deshalb folgendermaßen: Angenommen, die räumliche Nachbarschaft wäre von Bedeutung, welche *zeitlichen* Zusammenhänge könnten dann eine strukturelle Modifikation signalisieren, die dazu führt, daß sich die Gewichte in die richtige Richtung hin (sie können entweder stärker oder schwächer werden) verändern?

Mit diesen Fragen befaßte sich Donald Hebb 1949 in seinem Buch *Organization of Behavior* (siehe auch [414]). Auf den Punkt gebracht und in leicht abgewandelter Form kam Hebb zu der folgenden Erkenntnis: Die Coaktivierung von miteinander in Verbindung stehenden Zellen sollte zu einer Modifikation der Gewichte führen, wodurch sich wiederum die Wahrscheinlichkeit erhöht, daß die postsynaptische Zelle dann feuert, wenn die präsynaptische Zelle feuert. Das wäre äußerst sinnvoll, da sich dadurch die Möglichkeit bietet, miteinander in Zusammenhang

stehende Ereignisse in der Außenwelt durch zelluläre Interaktionen zu repräsentieren. Aus Sicht der Philosophen könnte man sagen, dies wäre eine allgemein an-
wendbare und *mit den mechanistischen Annahmen in Einklang stehende* Methode, mit der das Gehirn aus nicht–repräsentierenden Ereignissen Repräsentationen
erhalten könnt, und mit deren Hilfe die Transformation von komplexen Repräsentationen in noch komplexere Repräsentationen möglich ist. Es handelt sich hierbei
um die sehr allgemeine Antwort auf die folgende Frage: "Woher kommt das Wissen?". Sie hat bei abstrakter und mechanistisch angehauchter Formulierung große
Ähnlichkeit mit der von Darwin gegebenen Antwort auf die Frage "Woher kommen die Arten?". Und ebenso wie es bei den Erkenntnissen von Darwin der Fall
ist, liefern auch die Hebbschen Erkenntnisse nur einen Rahmen, der erst durch
Experimente, die sowohl auf der Mikro- als auch auf der Makroebene durchführt
werden müssen, Gestalt annimmt. Wie genau der Mechanismus auszusehen hat,
der für die Modifikation der synaptischen Gewichte verantwortlich ist, wird von
Hebb nicht spezifiziert. Erst mehrere hundert Jahre nach der Veröffentlichung von
The Origin of Species konnte der Mechanismus entschlüsselt werden, nach dem
die Vererbung charakteristischer Merkmale abläuft. Natürlich ist die allgemeine
Grundidee des Hebbschen Lernens an keiner Stelle so weitreichend und umfassend
wie die Hypothese von Darwin. Wie wir an späterer Stelle noch sehen werden, gibt
es bereits Beweise für während des Lernvorgangs stattfindende Modifikationen an
Synapsen, die nicht nach dem Hebbschen Mechanismus ablaufen.

Hebb erklärt sich die synaptischen Gewichtsänderungen wie folgt:

> *Befindet sich ein Axon einer Zelle A so nahe bei einer Zelle B, daß es
> diese erregen kann, oder ist es wiederholt bzw. ständig an deren Erregungs-
> auslösung beteiligt, wird in beiden Zellen ein bestimmtes Wachstum oder
> eine metabolische Veränderung stattfinden, wodurch sich die Effizienz der
> Zelle A bezüglich ihrer Wirkung auf die Zelle B erhöht. ([312], Seite 62)*

Die einfachste formale Version der Hebbschen Regel zur Änderung des Gewichts w_{BA} zwischen dem Neuron A, das eine durchschnittliche Impulsrate V_A
hat, und dem Neuron B mit einer durchschnittlichen Impulsrate V_B, lautet wie
folgt:

$$\Delta w_{BA} = \varepsilon V_B V_A \tag{5.1}$$

Hier wird ausgedrückt, daß es sich bei den für die synaptischen Änderungen relevanten Variablen um die gleichzeitig auftretenden Aktivitätsebenen handelt,
und daß Zunahmen in der synaptischen Stärke proportional zum Produkt der
präsynaptischen und postsynaptischen Werte sind. Beachtenswert ist, daß die
Gewichtsänderungen allesamt positiv sind, da auch alle Impulsraten positiv sind.
Diese einfache Regel läßt auch viele Variationen zu, die dann immer noch der
Hebb-Regel entsprechen. So könnte beispielsweise der postsynaptische Ausdruck
V_B durch $(V_B - \overline{V}_B)$ ersetzt werden, wobei $\overline{V}_B$ den durchschnittlichen Wert der
postsynaptischen Aktivität darstellt. Der Durchschnitt kann über einen Zeitraum
von einigen Sekunden oder auch länger, vielleicht über mehrere Stunden, ermittelt

werden. Diese Version wäre möglicherweise vorzuziehen, da hier sowohl positive als auch negative Gewichtsänderungen erlaubt sind und sie somit flexibler als die einfache Hebb–Regel ist. In einer weiteren Variation würde der postsynaptische Term empfindlich auf die Änderungsrate der postsynaptischen Aktivität $\overline{V}_B$ reagieren [402, 712].

Im Grunde hat Hebb eher eine *Grundregel* als einen bestimmten Algorithmus oder Mechanismus vorgeschlagen. Eine Lernregel spezifiziert nur die allgemeinen Bedingungen, wie z.B. die zeitlichen und räumlichen Beziehungen zwischen den prä- und den postsynaptischen Signalen, die zu Plastizität führen sollten; wie die Bedingungen davor oder danach jedoch genau aussehen oder wo genau Plastizität auftritt, muß nicht festgelegt werden. Ein Lernalgorithmus liefert die abstrakten Voraussetzungen für einen Mechanismus insofern, als er die Bedingungen festlegt und spezifiziert, die erfüllt werden müssen, damit die Information gespeichert wird. Man beachte, daß die Hebbsche Lernregel durch eine Reihe verschiedener Algorithmen realisiert werden könnte, welche wiederum durch viele physikalische Mechanismen ausführbar sind. So können Hebb–Synapsen in Konditionierungsalgorithmen [403], assoziativen Netzen [409, 269], fehlerkorrigierenden Netzen [28, 334] und Entwicklungsmodellen [440, 441, 508] zum Einsatz kommen.

Wird eine Synapse als "Anti–Hebb–Synapse" bezeichnet, so bedeutet dies im allgemeinen, daß es unter den zeitlichen Bedingungen, die nach der bisherigen Spezifikation zu einer Verstärkung der Synapsen führen sollten, zu einer Verminderung der Verbindungsstärke kommt (Abbildung 5.8). In diesem Sinne handelt es sich bei Anti–Hebb–Synapsen trotzdem noch um Hebb–Synapsen, nämlich in ähnlicher Weise, wie ein Antiteilchen immer noch ein Teilchen ist, aber im Gegensatz zu Anti–Intellektuellen, die gewissermaßen nie intellektuell sind. Dementsprechend spricht man dann von "Pseudo–Hebb–Synapsen", wenn die synaptische Modifikation nur von der Depolarisation der postsynaptischen Zelle abhängt und ein Aktionspotential in dieser Zelle nicht erforderlich ist [633]. In der oben erwähnten zweiten Version wird beispielsweise nicht spezifiziert, ob ein Feuern der postsynaptischen Zellen nötig ist oder ob die bloße Depolarisation bzw. vielleicht sogar schon die Hyperpolarisation um einen bestimmten Betrag ausreicht. Wir sollten jedoch zur Kenntnis nehmen, daß, gleichgültig, ob die postsynaptische Zelle nur depolarisiert oder ob es ihr gelingt, ein Aktionspotential zu generieren, die Änderung der synaptischen Wirksamkeit im allgemeinen trotzdem noch der Hebb–Regel entspricht. [275].

Wenn ungeachtet des synaptischen Gewichts jede an den prä- und postsynaptischen Strukturen stattfindende Modifikation so beschrieben werden kann, daß sie der Hebbschen Regel entspricht, dann werden dadurch nützliche Unterscheidungsmerkmale zwischen den signifikant voneinander verschiedenen Arten der Modifikation undeutlich. Aus praktischen Gründen sollten wir deshalb die Eigenschaften, die herkömmlicherweise als wesentliche Merkmale der Hebbschen Plastizität gelten, etwas genauer spezifizieren: (1) Die Plastizität ist eine spezifische Eigenschaft der *Synapse* mit prä- und postsynaptischer Aktivität. (2) Die Plastizität hängt

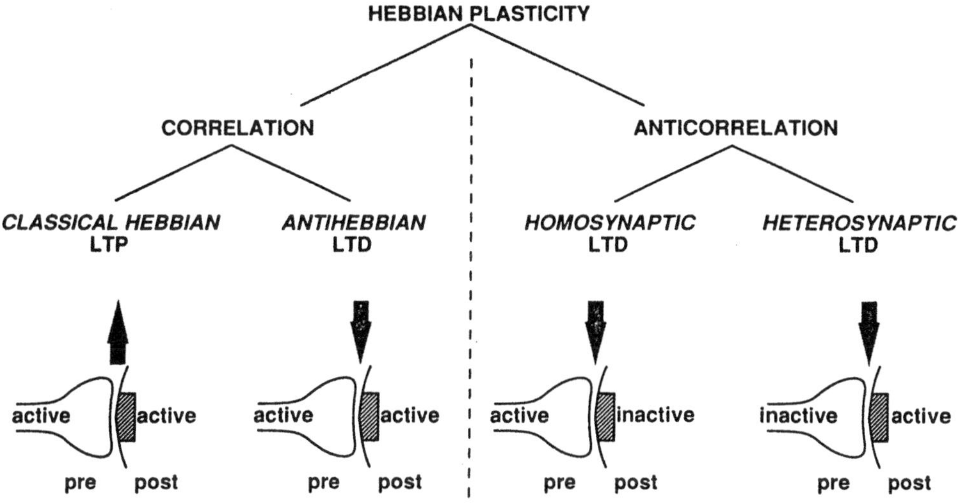

Abbildung 5.8   Verzweigungsdiagramm der verschiedenartigen Hebbschen Veränderungen an Synapsen. Nach oben gerichtete Pfeile repräsentieren eine Zunahme der synaptischen Wirksamkeit; nach unten gerichtete Pfeile stellen eine verminderte Synapsenwirksamkeit dar. LTP, Langzeitpotenzierung; LTD, Langzeitdepression.

sowohl von den präsynaptischen Zellen *als auch* von den postsynaptischen Zellen ab. Einzeln und getrennt voneinander haben die prä– und postsynaptischen Zellen keinen Einfluß. (3) Die Plastizität hängt einzig und allein von diesen Zellen und nicht von der Aktivität zusätzlicher Zellen ab.

Aufgrund dieser Kriterien fand man einige synaptische Modifikationen, die nicht der Hebbschen Regel entsprechen (Abbildung 5.9). So vermutete Edelmann [210] bezüglich der ersten Bedingung, daß es eine langfristige, die gesamte Zelle betreffende Modifikation geben müßte, d.h. eine Modifikation, die die Wirksamkeit der Synapse an jeder Endigung der präsynaptischen Zelle beeinflußt. Es gibt einige Hinweise darauf, daß eine derartige Änderung tatsächlich in Zellen des Hippocampus von Ratten vorkommt [73]. Da die Modifikation die gesamte Zelle betrifft und nicht nur auf eine bestimmte Synapse beschränkt ist, die gleichzeitig prä– und postsynaptisch aktiv ist, handelt es sich streng genommen nicht um eine Hebbsche Modifikation. Hinsichtlich des zweiten Kriteriums fanden Kandel und seine Mitarbeiter heraus [388], daß es bei *Aplysia* eine Synapsenmodifikation gibt, bei der es schon dann zur präsynaptischen Modifikation kommt, wenn die präsynaptischen Neuronen und die sie verbindenden *Interneuronen* gemeinsam aktiv sind (Abbildung 5.9). Auf diese Weise ist die auf die postsynaptische Zelle übertragene Auswirkung solch einer Modifikation größer. In diesem Beispiel ist die gemeinsame Aktivität der prä– und *post*synaptischen Zellen weder notwendig noch ausreichend, um eine Synapsenmodifikation herbeizuführen. Wie wir demnächst diskutieren werden, haben Llinás und seine Mitarbeiter eine Modifikation entdeckt, die von der Aktivität in der präsynaptischen Zelle unabhängig zu sein scheint. Bei diesen Kriterien handelt es sich natürlich um semantische Konventionen. Sie spiegeln jedoch wirklich unterschiedliche Phänomene wider, die, zumindest bei dem gegenwärtigen Stand der Dinge, sinnvollerweise eigens benannt werden sollten.

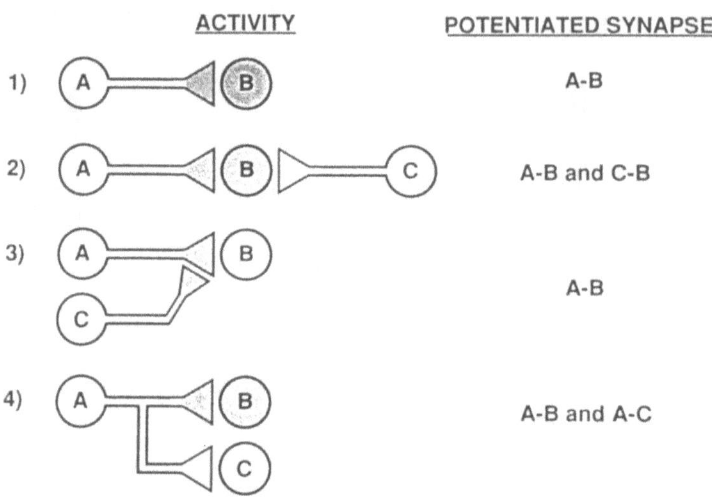

Abbildung 5.9 Die unterschiedlichen Bedingungen zur Induktion der Plastizität und die verschiedenen Stellen, an denen sich die Plastizität äußern kann. Obwohl viele Variationsmöglichkeiten denkbar sind, konnten bisher nur wenige nachgewiesen werden, bei denen jeweils Bedingung ist, daß zwei Elemente gleichzeitig aktiv sind. Die schattiert gezeichneten Elemente sind während der Induktion aktiv. Rechts werden die Orte der Potenzierung angeführt. (1) Traditionelle Hebb–Synapse, bei der die gemeinsame Aktivität von A und B zur Potenzierung der A–B Synapse führt. (2) Die gleichen Induktionsbedingungen führen auch an einer nicht–stimulierten Zelle, C, zur Potenzierung der Synapse C–B. In diesem Fall spricht man von heterosynaptischer Potenzierung. Bei (3) ist zur Induktion die Aktivität der Neuronen A und C Voraussetzung. Obwohl die Aktivität in B nicht nötig ist, kann die A–B Synapse potenziert werden. Bei (4) wird die Plastizität an der A–B Synapse nur durch gleichzeitige Aktivität von A und B herbeigeführt. Dann jedoch können auch zwischen A und anderen Neuronen liegende Synapsen, z.B. die A–C Synapse, verstärkt werden.

5.4 So entsteht das Gedächtnis: Mechanismen der neuronalen Plastizität

Warum ist es so schwierig, zelluläre lernabhängige Veränderungen zu finden? Es ist deshalb so schwierig, weil zumindest gezeigt werden muß, daß die Veränderungen direkt auf Lernerfahrungen zurückgeführt werden können und nicht durch irgendeine andere Eigenschaft der Umgebung oder aufgrund eines inneren Entwicklungszustands der Zelle entstanden sind. Außerdem muß gezeigt werden, daß die Verhaltensänderungen von zellulären Modifikationen abhängig sind, daß die Antworten der Zelle auf einen Testreiz modifiziert werden und daß die Modifikation über die Lernphase hinaus andauert. Will man sich also über die herrschenden Umstände Klarheit verschaffen, muß man zweifellos extrazelluläre, besser noch intrazelluläre, Aufzeichnungen an einzelnen Zellen vornehmen. Das kann aus mehrerlei Gründen außergewöhnlich kompliziert sein. So befindet sich z.B. die wichtigste postsynaptische Stelle offenbar auf den Dendriten. Dendriten sind jedoch derart winzig, daß dies für intrazelluläre Aufzeichnungen ein enormes Hindernis darstellt (siehe aber [710]). Das Überprüfen der Zelleingänge, der Spannung und des diachronischen Ablaufs ist im allgemeinen eine äußerst heikle Angelegenheit. Man muß besonders aufpassen, daß Veränderungen in anderen Teilen des Schaltkreises, wie beispielsweise einem Netz von inhibitorischen Neuronen, ausgeschlossen werden.

Langzeitpotenzierung (LTP)

Als Tim Bliss und Terje Lømo im Jahr 1973 den Hippocampus von Kaninchen untersuchten, entdeckten sie eine Eigenschaft der gezähnten Körnerzellen, die alle Kennzeichen eines Lerneffekts aufwies. Sie hatten die primären Afferenzen der Zellen mit kurzen hochfrequenten Stromstößen stimuliert und untersuchten, wie die postsynaptischen Zellen auf einen Stromstoß niederer Frequenz vor und nach der experimentellen Manipulation reagierten (Abbildung 5.10). Bliss und Lømo verglichen die Antworten der Zellen vor und nach Einwirkung des hochfrequenten Stromstoßes und fanden heraus, daß die postsynaptische Erregbarkeit durch den Stromstoß potenziert wurde; d.h., die auf eine schwache Eingabe folgende Depolarisation ging über das vor dem Stromstoß erreichte Niveau hinaus. Solange es ihnen gelang, das System intakt zu halten, blieb auch die Potenzierung bestehen. Die potenzierte Depolarisation der Zelle blieb mit Sicherheit für mehrere Stunden, manchmal auch tage- oder wochenlang erhalten, was darauf hindeutete, daß irgendetwas in der Reaktionskette, an der die prä- und die postsynaptische Zelle beteiligt sind, modifiziert worden war (siehe auch [182]). Durch die nachfolgenden Untersuchungen wurde die Eingabespezifität der LTP deutlich; d.h., die Potenzierung ist auf die bei Einwirkung des tetanischen Reizes aktive Synapse beschränkt. Inaktive Synapsen der gleichen Zelle werden nicht potenziert. Dieser

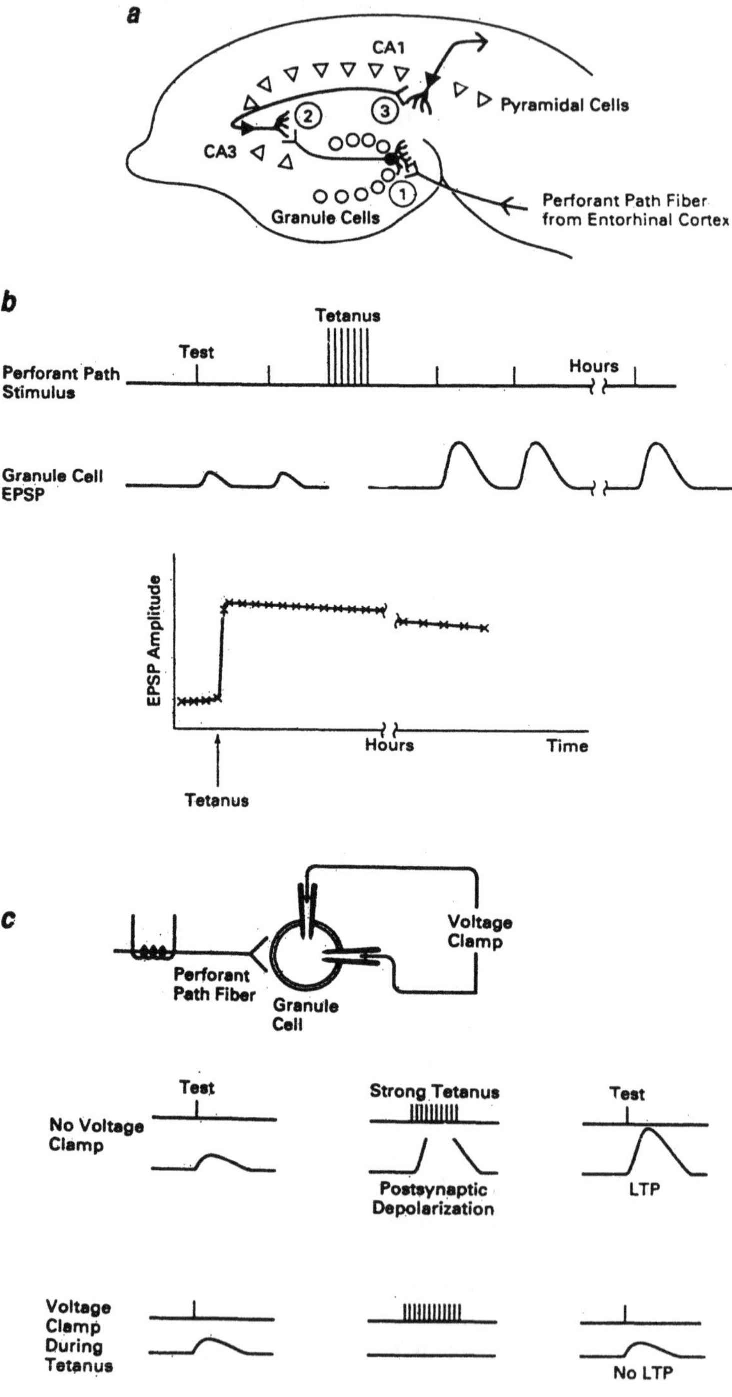
a
CA1
Pyramidal Cells
2
3
CA3
Granule Cells
1
Perforant Path Fiber
from Entorhinal Cortex

b
Tetanus
Test
Perforant Path
Stimulus
Hours
Granule Cell
EPSP
EPSP Amplitude
Hours
Time
Tetanus

c
Voltage
Clamp
Perforant
Path Fiber
Granule
Cell
Test
No Voltage
Clamp
Strong Tetanus
Test
Postsynaptic
Depolarization
LTP
Voltage
Clamp
During
Tetanus
No LTP

Effekt wurde unter dem Namen "Langzeitpotenzierung" oder kurz LTP (nach englisch *long-term potentiation*) bekannt.[5] Ungefähr 10 Jahre nach der Entdeckung durch Bliss und Lømo wurde die LTP wegen ihrer neuronalen Rolle erst so richtig beachtet. Ausschlaggebend dafür waren das Krankheitsprofil von H.M. und die Tatsache, daß die LTP in Zellen des Hippocampus beobachtet wurde.

Bevor wir uns jedoch weiter mit der LTP beschäftigen, müssen wir kurz unterbrechen und uns den Anatomen zuwenden, die uns etwas über die Verschaltungsmuster, die Zellmorphologie und (mit Hilfe der Elektronenmikroskopie und der konfokalen Mikroskopie) auch etwas über die Synapsenverteilung im Hippocampus sagen können. Dies wird uns helfen, die Forschungsergebnisse besser zu verstehen und wird uns einen geeigneten Rahmen für die physiologischen Erkenntnisse liefern. (Kant zu Ehren könnte man sagen, daß Physiologie ohne Anatomie schwer durchschaubar und Anatomie ohne Physiologie nichtssagend ist.) So gerüstet, können wir dann damit beginnen, uns über die rechnerischen Fähigkeiten des Hippocampus Gedanken zu machen. Man vermutete, daß diese Fähigkeiten etwas mit den matrixartigen Verbindungen, die durch Golgi-Färbung und später durch Färbung mit dem Enzym Meerrettichperoxidase (abgekürzt HRP nach dem englischen *horseradish peroxidase*) sichtbar gemacht werden konnten, zu tun hatten [498, 624]. Die Abbildungen 5.4 und 5.10 veranschaulichen die Grundmuster der Verbindungen im Hippocampus. Bemerkenswert ist, daß die Pyramidenzellen in der CA3-Region exzitatorisch und rekurrent sind. Das Muster der Ein- und Ausgaben der CA3-Region im Hippocampus hat die Merkmale eines rekurrenten Netzes (siehe Kapitel 3). Anhand von atemberaubend schwierigen anatomischen Untersuchungen an Ratten konnten Amaral und seine Mitarbeiter [20] rechnerisch nachweisen, daß die Projektion der Moosfasern auf das CA3-Feld überraschenderweise sowohl räumlich als auch zahlenmäßig begrenzt ist. Die Gesamtheit der CA3-Pyramidenzellen hat ungefähr 33×10^4 Kontaktstellen von den Moosfasern,

---

[5]Der Ausdruck "Langzeitpotenzierung" wurde als erstes von Graham Goddard im Jahr 1979 geprägt.

Abbildung 5.10   Die Langzeitpotenzierung (LTP) im Hippocampus. (a) Schematische Zeichnung eines Hippocampusabschnitts. Die Fasern vom entorhinalen Cortex treten über die perforante Bahn in den Hippocampus ein und stehen über Synapsen mit den Dendriten der mit (1) bezeichneten Körnerzellen (granule cells) in Verbindung. Diese wiederum stehen in synaptischer Verbindung mit den Pyramidenzellen (2) der CA3-Region des Hippocampus. Die CA3-Pyramidenzellen stehen mit weiteren Pyramidenzellen (3) der CA1-Region in synaptischer Verbindung. (b) LTP in den Synapsen der Körnerzellen durch Stimulation der perforanten Bahn (exzitatatorisches postsynaptisches Potential [EPSP]). (c) Wird die Depolarisation der postsynaptischen Zelle während des Tetanus durch eine Klemme verhindert, kann auch ein starker tetanischer Reiz keine LTP hervorrufen. Das deutet darauf hin, daß die LTP im wesentlichen nach der Hebbschen Regel erfolgt. (Nach [439].)

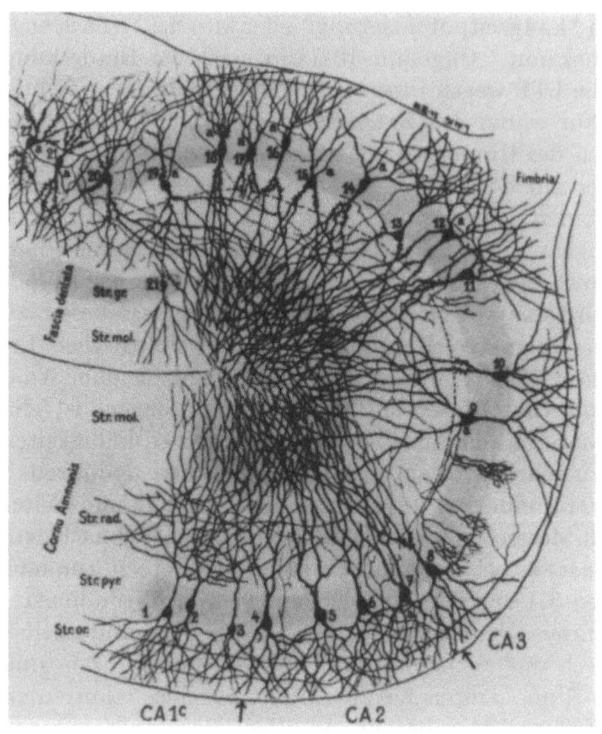
Fimbria
Fascia dentata
Str. gr.
Str. mol.
Str. mol.
Cornu Ammonis
Str. rad.
Str. pyr.
Str. or.
CA3
CA1c
CA2

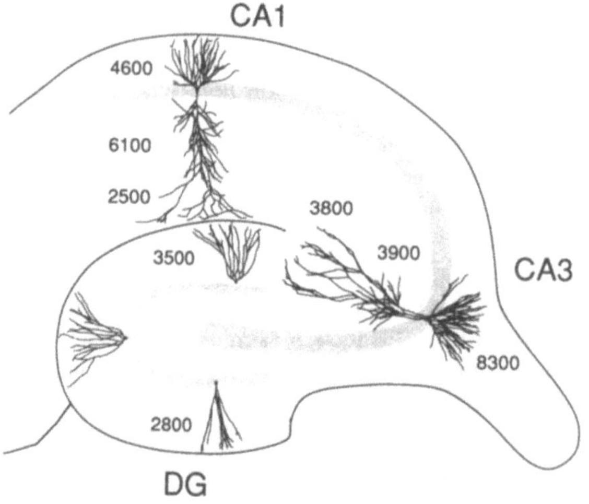
CA1
4600
6100
2500
3800
3500
3900
CA3
8300
2800
DG

während eine einzelne Körnerzelle wahrscheinlich nur mit 14 Pyramidenzellen in Kontakt steht und jede Pyramidenzelle nur von 46 Körnerzellen innerviert, wobei die oberen Bereiche des Dendritenbaumes die meisten Kontaktstellen haben. Die Anzahl der rekurrenten Kollateralen zwischen einer CA3–Pyramidenzelle und anderen CA3–Pyramidenzellen beträgt ungefähr 6000, was in etwa 1,8% der CA3–Population am Dendritenbaum im Bereich der Eingaben aus Moosfasern und der perforanten Bahn ausmacht[6] (Abbildung 5.11).

Jetzt war es an der Zeit, die folgenden vier wichtigen Fragen zu stellen: (1) Hat die LTP irgendetwas mit dem Lernen zu tun, das auf der Verhaltensebene beobachtet werden kann? (2) Wo genau finden die Änderungen statt? (3) Welcher Art sind die strukturellen Veränderungen, die zur LTP führen? (4) Wie lauten die Regeln, durch die Veränderungen in individuellen Zellen zu Veränderungen im Schaltkreissystem führen, welche wiederum so interpretiert werden können, daß das Tier etwas Bestimmtes gelernt hat; d.h. wie kann aus der Modifikation einer einzelnen Zelle eine zusammenhängende Reaktion der Zellpopulation entstehen? Die Verhaltensfrage (1) war nicht leicht zu beantworten, da die von Bliss und

---

[6]In ihrer Arbeit "Neurons, numbers and the hippocampal network", haben Amaral et.al. auch hinsichtlich vieler anderer rechnerisch relevanter Eigenschaften entscheidende Berechnungen durchgeführt: So haben sie z.B. die Dichte der Dornen an Dendriten von CA1- und CA3-Pyramidenzellen berechnet (ungefähr 1 Dorn/μm). Größere Pyramidenzellen haben demzufolge 12 000 Dornen. Eine CA1–Pyramidenzelle erhält Eingänge von zirka 5500 CA3–Zellen, was ungefähr $1,8\%$ der Population entspricht.

Abbildung 5.11   Veranschaulichung der mit Hilfe der Golgi–Methode angefärbten Neuronen im Hippocampus der Maus. Die großen Zellen im polymorphen Bereich des Gyrus dentatus (Zellen 21 und 22 "Mooszellen") und die Pyramidenzellen der CA3–Region (Zellen 8 und 10–19) haben auf ihren proximalen Dendriten spezialisierte Dornen, die die primären Endigungen der Moosfasern aus dem Gyrus dentatus darstellen. Die Zelle 9 des Bildes entspricht einem korbzellenartigen Interneuron. Str. mol., Stratum moleculare; str. rad., Stratum radiatum; str. pyr., Stratum der Zellkörper von Pyramidenzellen; str. or., Stratum oriens. (Nach [164].) (B) Diagramm vom Hippocampus der Ratte mit per Computer erzeugten Zeichnungen von rekonstruierten gezähnten Körnerzellen und von Pyramidenzellen des Hippocampus. Im Gyrus dentatus (DG) sind drei Zellen dargestellt. Bei 48 Körnerzellen wurde die Gesamtlänge der Dendriten in jedem Neuron gemessen. Die durchschnittliche Gesamtlänge der Dendriten ist bei Zellen in der suprapyramidalen Fläche (3500 μm) signifikant größer als bei Zellen in der infrapyramidalen Fläche (2800 μm). Bei den CA3- und den CA1–Zellen stellen die angegebenen Längen der Dendriten den aus vier CA3–Neuronen und acht CA1–Neuronen ermittelten Durchschnitt dar. Innerhalb der Population aus CA3–Neuronen befanden sich Dendriten einer Länge von zirka 8300 μm im Stratum oriens, 3900 μm im Stratum radiatum und annähernd 3800 μm im Stratum lacunosum–moleculare. Bei der Population der CA1–Zellen befanden sich im Stratum oriens Dendriten einer Länge von 4600 μm, im Stratum radiatum Dendriten einer Länge von 6100 μm und im Stratum lacunosum–moleculare Dendriten einer Länge von 2500 μm. (Nach [20].)

Lømo beobachtete LTP auf experimentellem Wege durch Stimulation der afferenten Fasern mit einem 100 Hz starken, ungefähr 1 Minute andauernden Stromstoß induziert worden war und die Aufzeichnungen nicht dann durchgeführt wurden, als das Tier gerade dabei war, eine bestimmte Aufgabe zu lernen. Außerdem war nicht bekannt, an welchen Zellen genau man die Aufzeichnungen vornehmen sollte, wenn das Tier eine besondere Aufgabe gelernt hatte. Auch die enormen technischen Schwierigkeiten, die sich bei dem Versuch ergaben, die Aufzeichnungen an wachen und ein bestimmtes Verhalten zeigenden Tieren durchzuführen, hatte man noch nicht in den Griff bekommen. So könnten negative Ergebnisse z.B. nur bedeuten, daß die Aufzeichnungen an "falschen" (unbeteiligten) Zellen erfolgt sind.[7] Die vierte Frage führt uns geradewegs wieder zurück zur lokalen–globalen Problematik. Damit wir die zellulären Daten in einen sinnvollen Zusammenhang bringen können, müssen wir Hypothesen zu Hilfe nehmen, die anhand von Computermodellen erstellt worden sind.

Wie schon Bliss und Lømo so fanden auch andere Forscher, die sich mit der Frage nach einem geeigneten Mechanismus beschäftigten, heraus, daß es — experimentell gesehen — sehr viel einfacher ist, mit Gewebeteilen aus dem Hippocampus zu arbeiten, die in einer Nährlösung am Leben erhalten werden, als die Zellen am unversehrten Tier zu untersuchen. So wurde die in–vitro–Versuchsanordnung zur bevorzugten Technik für verschiedenartige physiologische und pharmakologische Studien. Zur Beantwortung der Verhaltensfrage muß jedoch das gesamte Tier untersucht werden. Zu diesem Zweck entwarfen Richard Morris und seine Mitarbeiter in Edinburgh eine Reihe von Experimenten anhand der sie eine plausible Hypothese bezüglich des Zusammenhangs zwischen der LTP, wie sie unter den experimentellen Bedingungen beobachtet werden kann, und dem Lernvorgang in einer wachen, ein bestimmtes Verhalten zeigenden Ratte aufstellten. Auch wenn ihre Ergebnisse noch nicht endgültig sind, so scheinen sie zu bestätigen, daß dem auf Mikroebene auftretenden LTP in der Makroebene Bedeutung zukommt. Die Ergebnisse bestehen aus zwei Teilen, und beide wurden mit Hilfe einer erst vor kurzem entdeckten Substanz erzielt. Bei dieser Substanz handelt es sich um das sogenannte AP5, das auch unter dem Namen APV[8] bekannt ist. AP5 blockiert in der in–vitro–Versuchsanordnung die Induktion von LTP.[9] Die selektive Wirkung auf die LTP–Induktion, die Reversibilität und die nicht–toxische Wirkung haben AP5 zu einem enorm nützlichen Hilfsmittel gemacht. Mit ihm lassen sich die Bedingungen so manipulieren, daß man testen kann, ob es einen Zusammenhang zwischen der LTP und dem vom Hippocampus abhängigen Lernen gibt.

Als erstes zeigten Morris und seine Mitarbeiter, daß die durch tetanische Reizung induzierte LTP in vivo durch AP5 blockiert wird und daß das Ausmaß der

---

[7] Ausführlicher wird dieses Problem in [522] behandelt.

[8] Diese Entdeckung wurde von Collingridge et.al. [129] gemacht. Bei APV handelt es sich um 2–Amino–5–phosphonopentansäure.

[9] Eine Hypothese zur Erklärung der Art und Weise, wie APV den NMDA–Rezeptor selektiv blockiert, findet sich in [128].

Blockierung von der Dosis abhängig ist. Dies war ein entscheidender erster Schritt, da die in–vitro- und die in–vivo–Versuchsanordnungen einander bezüglich ihrer Pharmakologie nicht immer entsprechen und man keine Garantie dafür hatte, daß AP5 unter beiden Bedingungen die gleichen Wirkungen haben würde. Nach diesem Erfolg machte sich Morris daran, das Verhalten zu testen. Falls AP5 also wirklich in den Hippocampus einer ein bestimmtes Verhalten zeigenden Ratte gelangt, hat es dann irgendwelche Auswirkungen auf das Lernvermögen? Für dieses Experiment wählte er den weithin bekannten Wasserlabyrinth–Versuch aus, bei dem man eine Ratte in ein Gefäß setzt, das mit einer milchigen Flüssigkeit gefüllt ist. Die Ratte muß lernen, wo sich eine im Wasser untergetauchte Plattform befindet. Dabei nimmt man mit ziemlicher Sicherheit an, daß die Ratte lieber festen Boden unter den Füßen hat, als zu schwimmen. Man glaubt, daß zum Erlernen des Aufenthaltsorts der Plattform, wie für räumliches Lernen allgemein, ein intakter Hippocampus erforderlich ist.[10]

Morris fand heraus, daß das Erlernen der Wasserlabyrinth–Aufgabe tatsächlich durch Anwendung von AP5 verzögert wird und daß außerdem der Grad der Verzögerung von der Dosis abhängig ist. Und damit nicht genug: Hinzu kommt noch, daß die AP5–*Lern*kurve auf der Verhaltensebene und die AP5–*Blockierungs*kurve auf der zellulären Ebene annähernd deckungsgleich sind (Abbildung 5.12). So sprechen die beiden Laborergebnisse von Morris — und zwar sowohl jedes für sich als auch beide gemeinsam — für die Hypothese, daß LTP ein zelluläres Phänomen ist, das etwas mit dem in der Natur vorkommenden Lernen zu tun hat. Was noch fehlt, ist folgendes: Die LTP konnte in vivo unter *natürlichen Stimulationsbedingungen*, d.h. ohne daß der Experimentator die tetanische Stimulation zu Hilfe genommen hätte, noch nicht beobachtet werden. So bleibt die Frage offen: Hat das AP5 die in–vitro–LTP blockiert oder wurde das Lernen aus irgendeinem anderen Grund verhindert? Auch wenn die erste Alternative vernünftig klingt, tut man gut daran, im Gedächtnis zu behalten, daß noch nichts bewiesen ist (Kritik zu diesem Thema findet sich in [392]).

In der Zwischenzeit wurden hinsichtlich der Frage nach Ort und Art der Veränderungen auf molekularer Ebene zusehends Fortschritte erzielt, und die verschiedenen Teile beginnen sich allmählich zu einem Ganzen zusammenzufügen. Wie wir schon an früherer Stelle erwähnt haben, konzentrieren sich die Forschungsarbeiten auf Ort und Art der Veränderungen; wenn wir wissen, *wo* die Veränderungen stattfinden, dann könnte uns dies helfen herauszufinden, *wie* dies geschieht. Zur Beantwortung dieser Fragen ist es nötig, Transmitter, Rezeptoren und Details des Zellverhaltens unter verschiedenen Bedingungen zu kennen. Eine ganze Menge davon konnte man — vor allem mit Hilfe von "slice preparations" einer in–vitro–Versuchsanordnung — schon identifizieren. Bei den Neurotransmittern, die von den Afferenzen des Hippocampus freigesetzt werden, spielt Glutamat

---

[10]Genaueres über Läsionen und über zelluläre Daten zum Thema räumliche Sensitivität des Hippocampus findet man in [550, 496, 250]. Andere Funktionen als die räumlichen Abbildungen in räumlich–sensitiven Zellen werden in [212] erörtert.

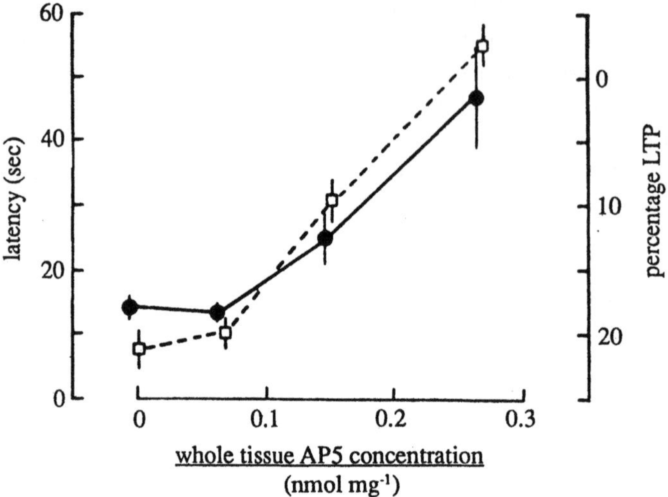

Abbildung 5.12   In der Kurve sind die Latenzzeit (Zeit, die benötigt wird, bis die Ratte die Plattform findet) und die Stärke der LTP als Funktion der AP5–Konzentration im Hippocampus aufgetragen. Die Daten der Latenzzeit sind als helle Kästchen auf der linken Achse aufgetragen; die dunklen, entlang der rechten Achse aufgetragenen Kreise geben den Prozentsatz an LTP 40 Minuten nach dem Tetanus an. Die AP5–Konzentration wurde im gesamten Gewebes gemessen; d.h. es wurde nicht nur der Gehalt in Neuronen, sondern auch in Blutgefäßen usw. gemessen. Um die im extrazellulären neuronalen Raum enthaltene Menge zu messen, verfeinerte Morris die Analysemethoden und entdeckte, daß die effektive Konzentration ungefähr 30mal geringer war als die Konzentration im gesamten Gewebe (nicht dargestellt). Die in dieser Abbildung zu sehende Kongruenz zwischen der Latenzzeit und der AP5–Konzentration wurde durch die Analyse nicht verändert. (Nach [601].)

die "erste Geige". Dieser Neurotransmitter wirkt auf die meisten Pyramidenzellen exzitatorisch und bindet sich an der postsynaptischen Zelle an drei verschiedene Rezeptortypen. Bei zwei von diesen Glutamatrezeptoren handelt es sich um Ionenkanäle, deren Aktivierung von den Liganden abhängt. Die Bindung erfolgt dadurch, daß Transmitter und Rezeptormoleküle genau ineinanderpassen, wie ein Schlüssel in ein Schloß. Die beiden Rezeptoren sind die sogenannten Kainat(K)- und Quisqualat(Q)–Rezeptoren. Die Namen kommen von bestimmten Agonisten (aktivierenden Stoffen), die im Labor hergestellt wurden und im Gehirn nicht vorkommen. (Man geht heute davon aus, daß es bei den beiden Typen um ein und denselben Rezeptor handelt und bezeichnet ihn oft einfach als AMPA–Rezeptor. Der Name geht auf den experimentellen Agonisten zurück). Zu den Neurotransmittern, denen bei der Modulation eine weniger bedeutende Rolle zukommt, gehören Glyzin und Norepinephrin. Und wie das in der Biologie oft der

Fall ist, kann es noch andere geben, die nur noch nicht entdeckt worden sind.

Es hat sich herausgestellt, daß der dritte Rezeptor für die Plastizität von entscheidender Bedeutung ist (Abbildung 5.13). Im Gegensatz zu den K–Q–Rezeptoren ist die Aktivierung dieses Rezeptors sowohl von den Liganden als auch von der anliegenden Spannung abhängig. Dieser NMDA–Rezeptor (so benannt, da er durch das künstlich synthetisierte Glutamat–Analogon N–Methyl–D–Aspartat aktiviert wird) spielt bei der LTP in der CA1–Region eine entscheidende Rolle. Bei dem NMDA–Rezeptor handelt es sich um ein Protein, das sowohl für Glutamat als auch für Glyzin Bindungsstellen hat, aber zusätzlich noch über einen Kanal verfügt, der nur dann für extrazelluläre Ionen durchlässig wird, wenn die Zelle depolarisiert (der Ruhezustand liegt bei ungefähr 30 mV oder darüber). Wegen der zweifachen Ligandenbindung und der Empfindlichkeit gegenüber Spannung wird der NMDA–Rezeptor oft auch als NMDA–Rezeptor–Ionophor–Komplex bezeichnet. Die Kinetik ist komplex. Solange die Zelle nicht um den kritischen Betrag depolarisiert wird, werden die Magnesiumionen (Mg^{2+}) vom negativ geladenen Zellinneren angezogen und sitzen vor der NMDA–Pore, wodurch anderen Ionen der Durchtritt verwehrt wird. Wenn sowohl Glutamat als auch Glyzin an die dafür vorgesehenen Stellen binden und die Zelle ausreichend depolarisiert wird, tendieren die Mg^{2+}-Ionen dazu, die Pore zu verlassen, was es wiederum den Na^+- und den Ca^{2+}-Ionen ermöglicht, in die Zelle zu gelangen.

Auch die zeitlichen Eigenschaften des NMDA–Rezeptors sind außergewöhnlich. Hat sich der NMDA–Kanal erst einmal geöffnet, dann bleibt er für ungefähr 100–200 Millisekunden offen. Diese Zeitdauer wird durch die Geschwindigkeit bestimmt, mit der sich das Glutamat vom Rezeptorprotein entfernt (siehe Abbildung 5.21). Im Vergleich zu anderen Vorgängen an Synapsen (die Ligandenbindenden Glutamat–Kanäle sind typischerweise nur für zirka 5 oder 10 Millisekunden geöffnet) sind 100–200 Millisekunden eine erstaunlich lange Zeit. Vielleicht handelt es sich hier um eine Zeitkonstante, die sich das System auf irgendeine mit der Effizienz des Lernens oder mit der Koordination von Vorgängen beim Lernen in Zusammenhang stehende Weise zunutze macht und die so eine besondere Rolle beim assoziativen Gedächtnis spielt.[11]

Ist es erst einmal so weit, daß sich die NMDA–Pore öffnet, dann scheint als nächstes Ca^{2+} ins Spiel zu kommen. Das Problem ist nun die Bestimmung der Rolle, welche Ca^{2+} bei der Zellmodifikation spielt. Man sollte nicht vergessen, daß die *Ursache* für die LTP, genauer gesagt die Reihe von Bedingungen, die notwendig und ausreichend für die Induktion der LTP sind, etwas anderes ist als die *Wirkung* der LTP, d.h. als die strukturellen Veränderungen, die einer lang andauernden Potenzierung förderlich sind. Nichts an der beschriebenen Kinetik weist darauf hin, daß die lang andauernden Modifikationen zur *Aufrechterhaltung* der LTP postsynaptisch stattfinden. Gezeigt wird nur, daß zur Induktion der LTP in bestimmten Zellen, nämlich in den CA1–Zellen des Hippocampus, der

---

[11] N. Dale [155] hat verschiedene denkbare Rollen, die der NMDA–Rezeptor spielen könnte, erörtert.

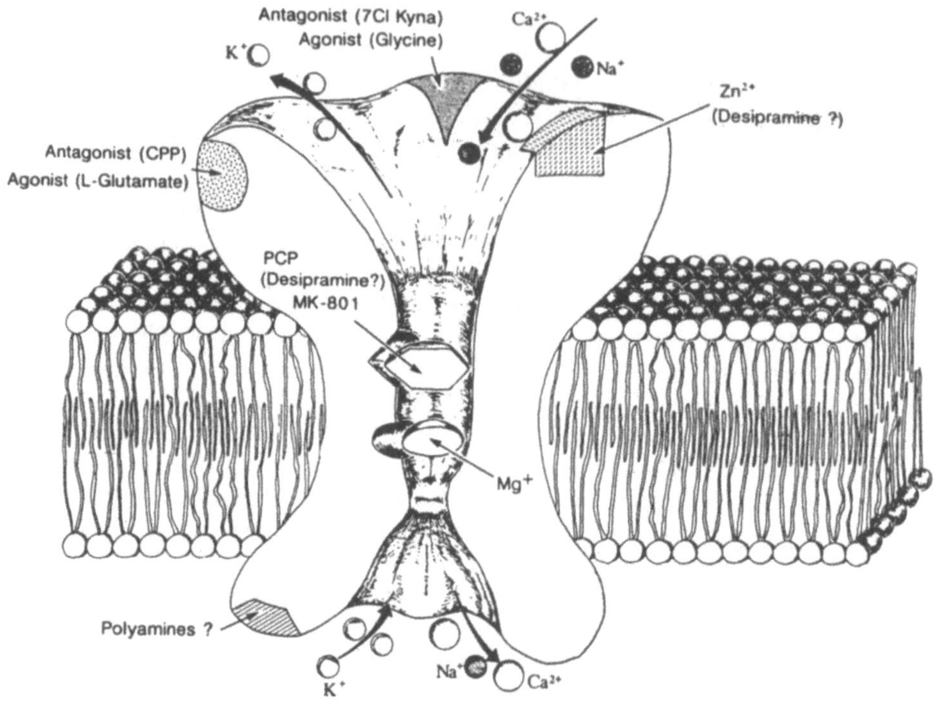

Abbildung 5.13 Schematische Darstellung des NMDA–Rezeptor–Ionenkanal-Komplexes mit den Bindungsstellen für Glutamat, Glyzin, Zink und Magnesium und den mutmaßlichen Bindungsstellen für bestimmte pharmakologische Substanzen. PCP, Phenylzyklidin; CPP, 3–(2–Carboxy–piperazin–4–yl)–propyl–1–phosphonsäure, ein Analog zu AP5. (Nach [780]. Nachgedruckt mit Erlaubnis von *Annual Review of Pharmacology and Toxicology*, Vol. 31 ©1991 von Annual Reviews, Inc.)

postsynaptische NMDA–Rezeptor–Ionophor–Komplex erforderlich ist. Bis jetzt ist die Frage nach dem Ort der strukturellen Veränderungen zur Aufrechterhaltung der LTP immer noch offen.

Bemerkenswert ist, daß bei der Suche nach der Hebbschen Dynamik auf zellulärer Ebene eine Hebbsche Komponente — eigentlich ein Hebbsches Protein — auf molekularer Ebene entdeckt wurde. Gemeint ist folgendes: Dadurch, daß *sowohl* die Bindung an den Rezeptor *als auch* die vorherige Depolarisation der Zelle erforderlich ist, kann der NMDA–Rezeptor als eine Art Koinzidenzdetektor dienen. Dies geschieht folgendermaßen: Die K–Q–Rezeptoren an einer gegebenen Synapse S_1 können die Membran alleine nicht so stark depolarisieren, daß der

NMDA–Rezeptor an dieser Synapse voll aktiviert wird. Die Depolarisation muß also auf elektrotonischem Wege durch eine andere stark aktivierte Synapse S_2 erfolgen, die sich an irgendeiner anderen Stelle — z.B. an einem benachbarten Dorn — befindet. Werden sowohl S_1 als auch S_2 aktiviert, ist die Depolarisation an S_1 stark genug, daß sich der NMDA–Kanal öffnet und die Pore für Ca^{2+} durchlässig wird. Dadurch wird ein Prozeß in Gang gesetzt, der dazu führt, daß die synaptische Verbindung zwischen S_1 und der präsynaptischen Zelle verstärkt wird [633].[12] Auf diese Weise kann die LTP als assoziatives Phänomen in Erscheinung treten und dem Hebbschen Lernen dienen. Und dies ist auch der Grund, weshalb man den NMDA–Rezeptor als Hebbschen Mechanismus beschreiben kann (Abbildung 5.14).

Bekanntlich blockiert AP5 die LTP in den CA1–Pyramidenzellen. Molekulare Studien zeigen, daß insbesondere AP5 ein Antagonist für Glutamat ist. Die Blockierung kommt dadurch zustande, daß AP5 mit Glutamat um eine bestimmte Bindungsstelle am NMDA–Rezeptor konkurriert. Auch Phencyclidin (PCP), eine sehr wirksame Droge, die unter dem Namen Engelsstaub gehandelt wird, wirkt sich auf den NMDA–Rezeptor aus. Im Gegensatz zu APV jedoch geschieht dies durch Blockierung der Pore. Folglich weisen die Kopplungen von NMDA und LTP, von LTP und Lernen und (aufgrund der Transitivität der einzelnen "Kettenglieder") auch die Kopplung von NMDA und Lernen darauf hin, daß sich die Forschung allmählich an ein zelluläres Element heranarbeitet, das bei einer Form des Lernens eine wichtige Rolle spielt. In greifbare Nähe rückt nicht *der* zelluläre Lernmechanismus, wie man sich vielleicht erhofft hatte, dafür aber ein Phänomen, dessen Bedingungen, Profil und Folgen es entschieden wert sind, daß man ihnen weiter nachgeht.

Manchem erscheint die Triade aus LTP, NMDA und Lernen derart beeindruckend, daß er versucht ist, die Fehler und Schwächen zu ignorieren und das, was tatsächlich gezeigt wurde, zu hoch zu bewerten. Als Gegengewicht zum unkritischen Enthusiasmus wollen wir vorsichtshalber mehrere Überlegungen zusammenfassen: (1) In vivo behindert AP5 das Lernen möglicherweise dadurch, daß es bestimmte normale Zellfunktionen blockiert. Folglich kann es sich bei der Blockierung der LTP um einen sekundären und nicht um einen primären Effekt handeln. In diesem Fall wäre die Interpretation von Morris, der die Unfähigkeit der AP5–Ratten, die Aufgabe mit dem Wasserlabyrinth zu lösen, auf die Unterdrückung der LTP zurückführt, nicht richtig. (2) Die LTP konnte im Hippocampus des intakten Gehirns bisher nur bei Stimulation der afferenten Fasern mit einem hochfrequenten Stromstoß beobachtet werden. *Niemandem ist es bisher gelungen, die LTP während des Lernens einfach durch Aufzeichnungen an den postsynaptischen Zellen zu beobachten, wobei der hochfrequente Stromstoß ohne Einwirkung von außen entstanden ist.* Warum sollten wir uns darüber den Kopf zerbrechen? Zum einen deshalb, weil der Reiz im Experiment tetanisch ist, d.h. eine Reihe von Fasern

---

[12]Diese Fähigkeit zur Zusammenarbeit zwischen S_1 und S_2 wurde von Naughton et.al. [39] entdeckt, und zwar noch bevor man etwas über den NMDA–Rezeptor wußte.

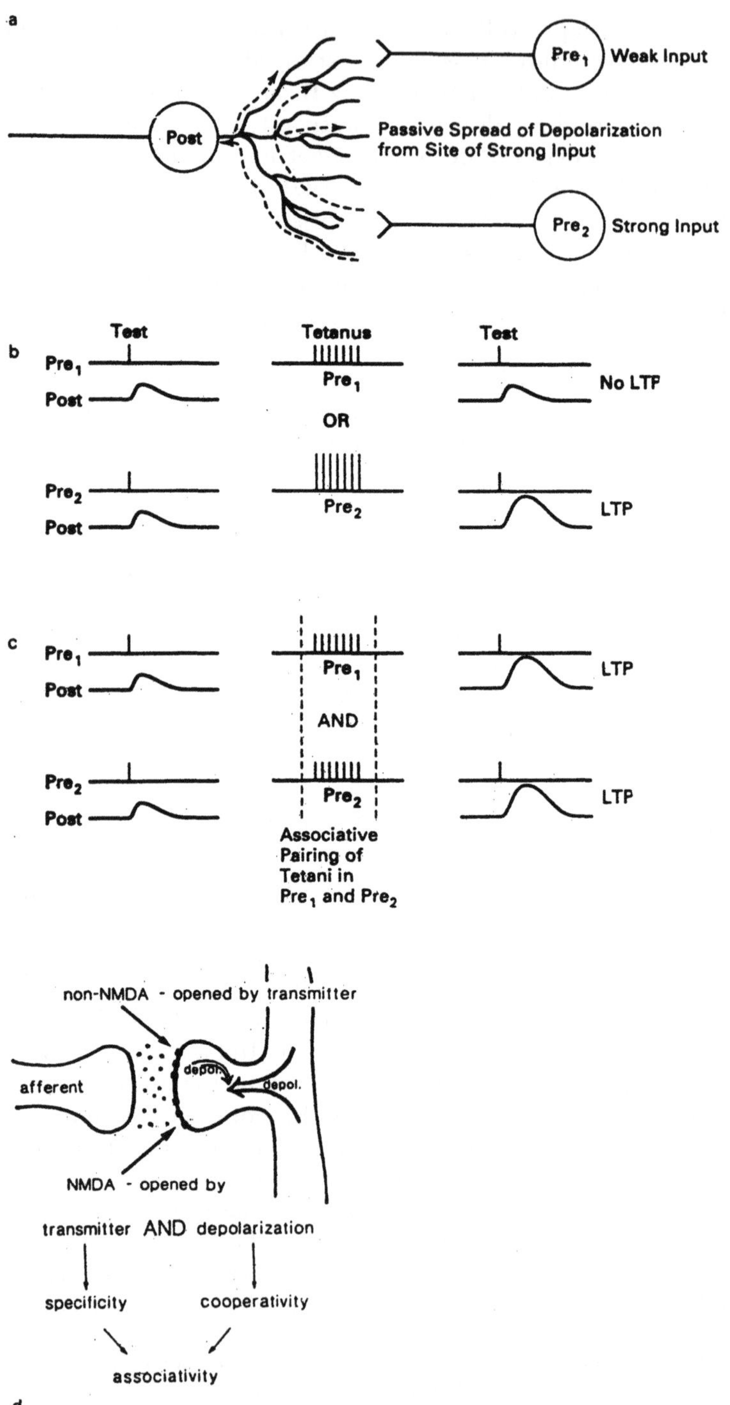
a
Pre₁ Weak Input
Post
Passive Spread of Depolarization
from Site of Strong Input
Pre₂ Strong Input
b
Test
Tetanus
Test
Pre₁
Post
Pre₁
OR
No LTP
Pre₂
Post
Pre₂
LTP
c
Pre₁
Post
Pre₁
AND
LTP
Pre₂
Post
Pre₂
LTP
Associative
Pairing of
Tetani in
Pre₁ and Pre₂
non-NMDA - opened by transmitter
afferent
depol.
depol.
NMDA - opened by
transmitter AND depolarization
specificity
cooperativity
associativity
d

wird *gleichzeitig* für den Bruchteil einer Sekunde der Einwirkung von hochfrequenten Impulsen ausgesetzt, und weil diese Art der Eingabe wahrscheinlich weder hinsichtlich der Intensität noch hinsichtlich der Gleichzeitigkeit mit den Reizen übereinstimmt, die auf eine Zelle im unversehrten Tier einwirken. Wie groß sind die Unterschiede?

LTP und Zellpopulationen

Bevor wir uns der Beantwortung dieser Frage zuwenden, müssen wir uns mit Populationen von Zellen befassen. Wir wollen bestimmen, ob und wann eine synchrone Aktivierung stattfindet und in welchem Zusammenhang derartige Effekte mit der LTP stehen. Mit Hilfe von in–vivo–Aufzeichnungen der Feldpotentiale erhalten wir ein Aktivitätsprofil der Zellpopulationen. Die zelluläre Basis für die Wellenformen in der Population sind synchron auftretende *synaptische* Potentiale und nicht — wie man intuitiv vermuten könnte — ein Synchronismus der Aktionspotentiale. In der CA1–Region des Hippocampus sind zwei völlig verschiedene Populationseffekte beobachtet worden [97] (Abbildung 5.15). Das eine charakteristische Muster, die Theta–Wellen, wird dann aufgezeichnet, wenn die Ratte etwas erkundet, wenn sie also z.B. schnuppert, sich aufrichtet und herumläuft. Die Theta–Wellen erscheinen außerdem — und das ist besonders wichtig – während der REM–Schlafphase (vermutlich die Traumphase). Der Theta–Rhythmus ist regelmäßig und hat eine Frequenz von zirka 4–8 Hz, wobei die Amplitude der Wellen niedrig ist. Andererseits werden dann, wenn die Ratte bei ihren Erkundungen der Umwelt eine Pause einlegt, wenn sie also ruhig sitzen bleibt, trinkt, ißt oder sich das Gesicht putzt, spitze Wellen aufgezeichnet. Am häufigsten treten diese Wellen während der Tiefschlafphase auf (im englischen auch *slow–wave sleep* genannt). Sie erscheinen in unregelmäßigen Abständen, ungefähr 0,02 bis 3 mal pro Sekunde, und ihre Amplitude ist viel größer als die der Theta–Wellen [94, 96]. In Abbildung 5.15 ist vor allem der bilaterale Synchronismus, der sowohl bei den

Abbildung 5.14 Assoziative Langzeitpotenzierung. (a) Diagramm zur Veranschaulichung der räumlichen Beziehungen zwischen einer starken und einer schwachen synaptischen Eingabe. (b) Die Stimulation durch eine starke Eingabe führt zur LTP; die Stimulation durch eine schwache Eingabe dagegen nicht. (c) Werden die starken und die schwachen Eingabe gepaart, breitet sich die durch die starken Eingaben erzeugte Depolarisation bis zum Ort der schwachen Eingabe aus und trägt so zur Induktion der LTP bei. (Nach [439].) (d) Schematische Darstellung des Mechanismus für Eingabespezifität und Kooperativität. NMDA– und Nicht–NMDA–Rezeptor–Kanäle befinden sich in jedem einzelnen Dorn; dabei müssen sie nicht unbedingt — wie hier dargestellt — voneinander getrennt sein. Die Depolarisation, die groß genug ist, um den NMDA–Kanal zu öffnen, wird teils durch Nicht–NMDA–Kanäle im Dorn selbst und teils durch heterosynaptische Verbreitung des Stroms aus anderen aktiven Synapsen erzeugt. (Nach [768].)

spitzen Wellen als auch bei den Theta–Wellen vorkommt, bemerkenswert. Auch
Abbildung 5.16 zeigt auf eindrucksvolle Weise, daß die spitzen Wellen gleichzeitig
auftreten. In diesem Beispiel wurde über eine Distanz von 3,2 mm an 16 verschiedenen Stellen aufgezeichnet.

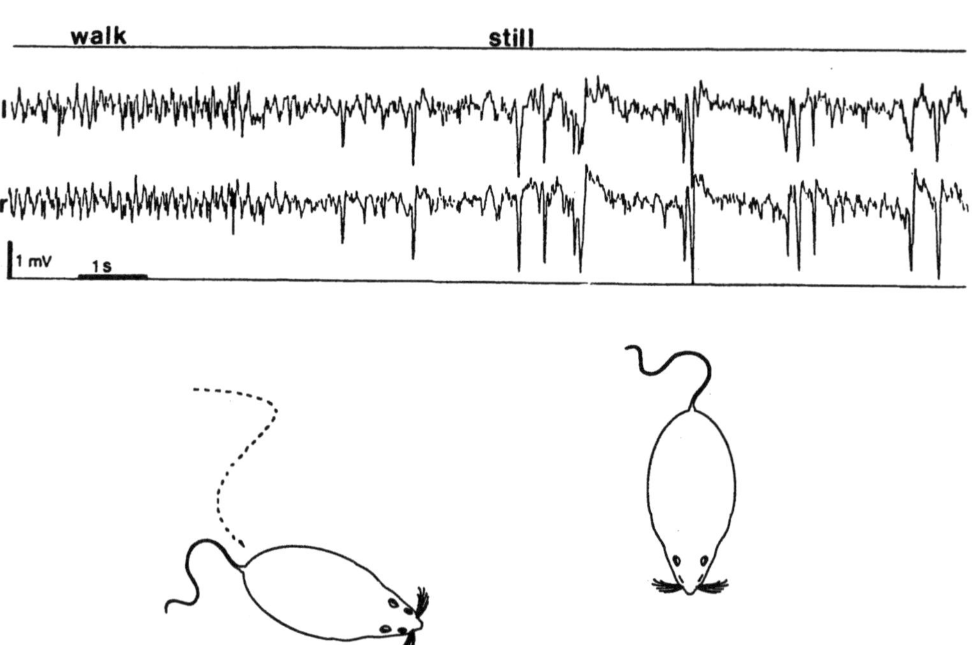

Abbildung 5.15   EEG–Aufzeichnungen vom Striatum radiatum der linken (l) und
der rechten (r) CA1–Region des Hippocampus während des Übergangs zwischen Gehen
(links) und Stillstehen (rechts). Man beachte die regelmäßigen Theta–Wellen während
des Gehens und die großen, monophasischen, spitzen Wellen bei Bewegungslosigkeit.
Bemerkenswert ist auch, daß die spitzen Wellen bilateral synchron auftreten. (Nach
[97].)

Wenn es sich, wie Buzsáki ([97], Seite 558) betont, bei der Aktivität um das
natürliche Gegenstück zum tetanischen Stimulus bei der LTP handelt, dann kann
vorausgesagt werden, daß ihre Merkmale mit denen des experimentellen LTP–
Reizes übereinstimmen: (1) Die elektrische Aktivität sollte relativ stark sein, am
besten stoßartig in Erscheinung treten; und (2) es sollte eine Coaktivierung mehrerer Zellen stattfinden. Ein drittes Merkmal betrifft das Verhalten: (3) Diese
Bedingungen sollten dann erfüllt werden, wenn sich kurz vorher etwas Wichtiges

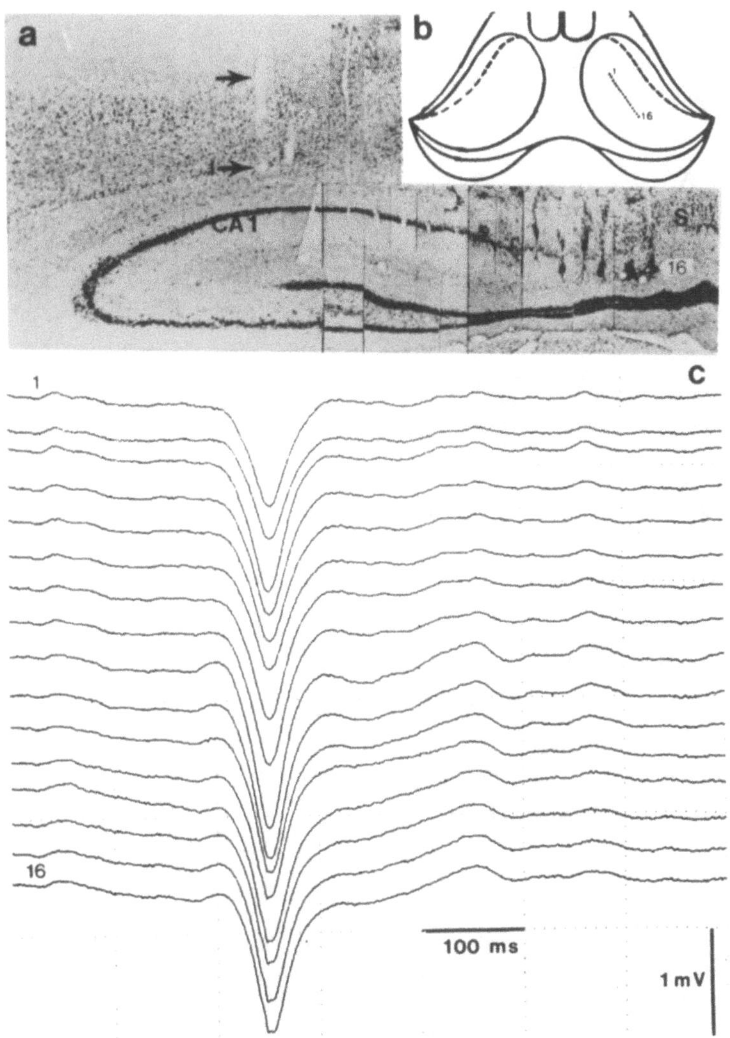

Abbildung 5.16 Mittelwerte von spitzen Wellen ($n = 50$) (dargestellt unter c), die von 16 Mikroelektroden entlang der longitudinalen Achse der CA1–Region des Hippocampus (a und b) gleichzeitig aufgezeichnet wurden. (a) Photomontage, die den Weg der Elektroden zeigt. (b) Dorsale Ansicht der Formatio hippocampalis. Die Punkte 1–16 geben die Positionen der Mikroelektroden an. Die Abstände zwischen den Elektroden betrugen jeweils 200 μm. Man beachte das gleichzeitige Auftreten der spitzen Wellen über eine Distanz von 3,2 mm. (Nach [97].)

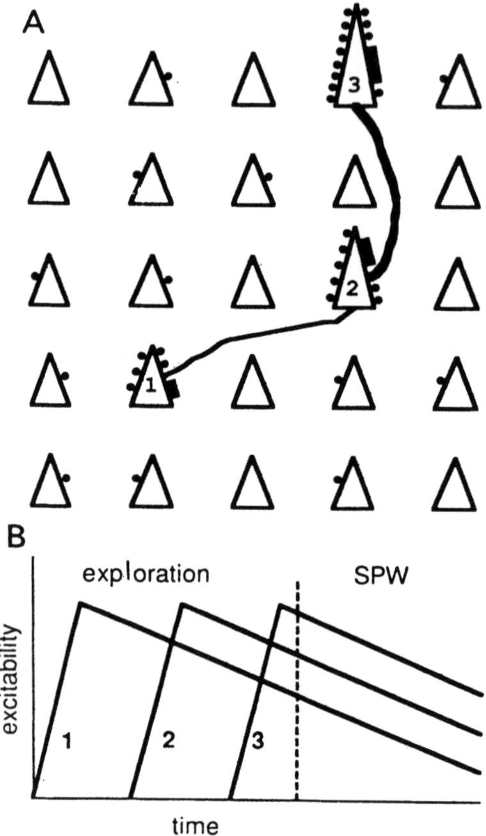

Abbildung 5.17   Die hierarchische Organisation bei der Aussendung von spitzen Wellen ist in der Population von den jüngsten Ereignissen in dem neuronalen Netz aus CA3-Zellen abhängig. (A) Die Größe der Pyramidenzellen (Dreiecke) repräsentiert ihre kürzlich erfolgte Potenzierung. Aufgrund der während der Erkundungsphase nacheinander erfolgenden Aktivierungen sind die Zellen 1, 2 und 3 über die Endigungen der Moosfasern schwach potenziert worden (schwarze Rechtecke). Es sind zwei rekurrente Kollateralen dargestellt (gekrümmte Linien). (B) Graphische Darstellung, die zeigt, wie die Potenzierung der Zellen 1, 2 und 3 abnimmt. Das Aussenden vom Impulsen wird in der Population durch die am stärksten potenzierte Zelle 3 (gestrichelte Linie) in Gang gesetzt. Die Erregung breitet sich nach und nach auf die weniger erregten Zellen (2, 1 und auf unbenannte Zellen) aus. Schließlich wird ein Großteil der Neuronen aufgrund von polysynaptischer Reverberation rekrutiert werden. Die rekurrente konvergierende Erregung (schwarze Punkte) ist bei Zelle 3 am größten, gefolgt von den Zellen 2 und 1. In diesen Zellen ist sie groß genug, um zur Induktion der LTP zu führen. SPW, spitze Wellen. (Nach [97].)

(was im Gedächtnis behalten wird), wie beispielsweise ein Reiz, dem Belohnung oder Bestrafung folgt, ereignet hat. Da die spitzen Wellen im Vergleich zu den Theta–Wellen stark sind, die synchrone Aktivierung mehrerer Zellen einschließen und während einer "ruhigen" Phase im Anschluß an eine Erkundungsphase auftreten, könnten sie möglicherweise das natürliche Gegenstück zu denjenigen Bedingungen sein, die im Experiment zur LTP[13] führen [97, 98].

Beim Überprüfen dieser Möglichkeit fand man heraus, daß der tetanische Stimulus, der im Experiment zur LTP in einer Zelle führt, bei einem in–vivo–Versuch verstärkt spitze Wellen hervorruft [95]. Bedeutenderweise hielt die Verstärkung mehrere Tage lang an und konnte sowohl bei spitzen Wellen, die als Reaktion auf einen Testreiz entstanden waren, als auch bei spontan erzeugten spitzen Wellen beobachtet werden. Dies weist darauf hin, daß der vermehrt auftretende Synchronismus bei den zellulären Antworten eine Folgeerscheinung der LTP ist [99]. Zweitens: Buzsáki fand außerdem heraus, daß die experimentelle *in–vitro*–Erzeugung von spitzen Wellen in der CA3–Region zu einer Potenzierung der ausgesendeten Impulse in der Population der CA1–Zellen führte. Er ist der Meinung, daß sich dieser Synchronismus an synaptischen Potentialen aus den teilweise synchronisierten Ausbrüchen der CA3–Pyramidenzellen ergibt, die mittels der Schafferschen Kollateralen mit den CA1–Dendriten in Verbindung stehen. Wie wir aufgrund der Experimente wissen, führen genau diese Bedingungen zur LTP an einer Synapse. Drittens: Mit Hilfe von pharmakologischen Techniken fanden Horvath und seine Mitarbeiter [340] Beweise dafür, daß die NMDA–Rezeptoren an der Erzeugung des Theta–Rhythmus beteiligt sind. Obwohl noch niemand diese Kombination aus spitzen Wellen und LTP, die ja das genaue Gegenstück zur emperimentellen Kombination aus hochfrequentem Stromstoß und LTP wäre, in vivo beobachten konnte, sind diese Daten faszinierend.

Was haben wir bis jetzt? Eine experimentell induzierte Potenzierung (LTP), eine mögliche Verhaltenskorrelation (räumliches Lernen bei Belohnung) und einen plausiblen Kandidaten für eine physiologische Bedingung (spitze Wellen, die durch den Synchronismus von synaptischen Potentialen an CA1–Zellen entstehen), was als Vorläufer einer natürlichen Form der LTP gilt. Wie fügen sich diese Elemente zu einer zusammenhängenden Hypothese zusammen, mit deren Hilfe man das Lernverhalten erklären kann?

Buzsáki [97] griff nicht nur auf die oben erwähnten Überlegungen zurück, sondern machte auch Gebrauch von den vielfältigen anatomischen und physiologischen Daten. So konnte er eine zweistufige Lerntheorie präsentieren, die die Verhaltensmerkmale, die funktionellen Eigenheiten, sowie die Eigenschaften der Population und die zellulären Eigenschaften des Hippocampus miteinander verbindet. Mit Hilfe dieser Lerntheorie können in beiden Richtungen (sowohl nach oben als auch nach unten hin) Vorhersagen getroffen und Zusammenhänge erkannt

---

[13] Der Ursprung des Theta–Rhythmus und der Zusammenhang mit inhibitorischen Interneuronen wird ausführlich in [693] diskutiert.

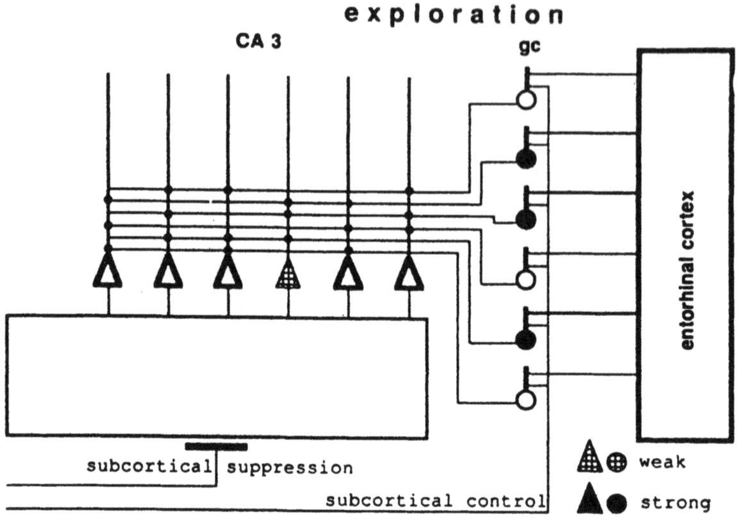

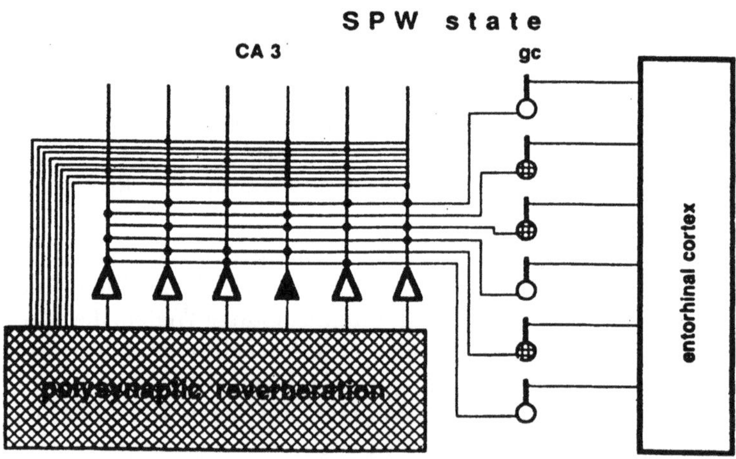

Abbildung 5.18 Zweistufige Hypothese bezüglich der Gedächtnisspeicherung im Hippocampus. (oben) Informationstransfer vom entorhinalen Cortex nach CA3 während der Erkundungsphase (mobile Phase). Die entorhinalen Eingaben aktivieren eine Teilmenge der Körnerzellen des Gyrus dentatus, die daraufhin mit einer höheren Frequenz feuern. (unten) Nach Beendigung der Erkundungsphase (Ruhephase) verringert sich die subcorticale Inhibition auf die CA3–Zellen und erlaubt so den CA3–Zellen, beginnend mit dem "Initiator" (hier als dunkles Dreieck dargestellt), zu feuern. Bei der Initiatorzelle handelt es sich um jenes Neuron, das während der letzten Erkundungsphase potenziert wurde, dessen Synapsen also verstärkt sind. SPW, spitze Wellen; gc, Körnerzellen des Gyrus dentatus. (Nach [98].)

werden. *Sehr* grob gesprochen, lauten die beiden Stufen wie folgt: (1) *Theta-Rhythmus*: Erkunden und Erfahrungen sammeln (on line); (2) *spitze Wellen*: Ruhen und Konsolidierung (off line). Genauer gesagt, konvergieren in Stufe (1) die schnell–feuernden Körnerzellen mit den CA3–Pyramidenzellen und erzeugen für kurze Zeit eine schwache heterosynaptische Potenzierung. Während dieser Phase werden die Pyramidenzellen vom Septum ausgehend auch rhythmisch gehemmt. Das Potenzierungsmuster in den CA3–Zellen ist abhängig vom Eingabemuster aus den corticalen Strukturen und führt zu einer vorläufigen Speicherung von Information. Da die Ausgabe der CA3–Pyramidenzellen während dieser Phase unterdrückt wird, werden die CA1–Zellen von den CA3–Pyramidenzellen nicht aktiviert.

Wird das Erkundungsverhalten eingestellt, entfällt die Septalinhibition der CA3–Zellen und diese senden Impulssalven aus. Als erstes sind dabei diejenigen Zellen an der Reihe, die erst vor kurzem erregt wurden und deren Erregung deshalb am stärksten ist. Das extensive Muster der rekurrenten Kollateralen, die eine Zelle mit sich selbst und mit anderen Pyramidenzellen in der Region verbinden, bedeutet, daß sich das Netz selbst in komplexe Aktivitätsmuster organisiert. Die Erregung wird über die rekurrenten Kollateralen an weniger aktive Zellen (die schon früher stimuliert wurden) weitergeleitet, die sich dann ebenfalls entladen (Abbildung 5.17). Tatsächlich "lernen" die CA1-Zellen durch die Impulssalven der CA3–Pyramidenzellen, indem die neuesten "Ereignisse" zuerst und in Form der stärksten Signale weitergeleitet werden. Als Folge davon erfolgt in den CA1–Zellen eine Langzeitmodifikation, wobei als Repräsentation einer Korrelation (z.B. zwischen der gewünschten Plattform in dem mit einer milchigen Flüssigkeit gefüllten Behälter und einer bestimmten räumlichen Lage im Behälter) eine verstärkte Verbindung entsteht. Ebenso können sowohl in einigen CA3–Zellen als auch in manchen Zellen des entorhinalen Cortex durch Rückkopplung mit CA1–Zellen dauerhaftere Spuren zurückbleiben. Dies ist die Grundaussage der Buzsáki–Hypothese (Abbildung 5.18).

Kurz skizziert ist die Reihenfolge der Ereignisse wie folgt: (1) Die Ratte bewegt sich innerhalb des Labyrinths. (2) Informationen über die Wahrnehmungen der Ratte erreichen den entorhinalen Cortex. (3) Die Aktivierungsvektoren, die auserwählte Aspekte der Information repräsentieren, erreichen die Zellen des Gyrus dentatus. (4) Aktivierungsvektoren der Körnerzellen codieren Repräsentationen, die im Gedächtnis behalten werden sollen, über eine Teilmenge der CA3–Pyramidenzellen, wo die Information vorübergehend zurückbehalten wird. Über das Septum erfolgt eine rhythmische Inhibition der Pyramidenzellen, wodurch gewährleistet wird, daß nur stark stimulierte Zellen auf die Aktivität der Körnerzellen reagieren. (5) Sobald der Strom der Eingabevektoren unterbrochen wird, entfällt die Hemmung der CA3–Zellen. Diese entladen sich daraufhin und potenzieren die CA1–Zellen derart, daß Korrelationen, die im Gedächtnis behalten werden sollen, für eine ziemlich lange Zeit codiert werden.

Ob diese Reihenfolge zumindest annähernd richtig ist, muß erst noch bewiesen werden. Sicher ist nur, daß hier stark schematisiert wurde. Außerdem haben wir keine genaue Vorstellung davon, wie die Repräsentationen codiert werden bzw. was genau codiert wird. Trotz dieser Schwachpunkte klingt diese Hypothese für eine erste Spekulation sehr vernünftig. Sie beruht auf Daten der zellulären Ebene, der Schaltkreis- und der Bereichsebene und bringt einige ansonsten verwirrende Daten in einen sinnvollen Zusammenhang. Bedeutenderweise eröffnet sie uns eine Reihe von Teilhypothesen und Vorhersagen, die es noch auszutesten gilt. Eine direkte Vorhersage ist z.B. , daß eine Aufgabe bedeutend besser im Gedächtnis behalten wird, wenn danach eine Schlafperiode und keine Phase andauernder intensiver Aktivität folgt, da spitze Wellen vor allem während des Schlafs auftreten.

Nun ist es an der Zeit, einen Vorbehalt zu erwähnen. Eine nicht unerhebliche Kontroverse ist darüber entstanden, ob Theta–Wellen bei Primaten vorkommen. Das Problem ist teilweise aufgrund der Tatsache entstanden, daß als Bedingung zum Auslösen der Theta–Wellen das Erkundungsverhalten gewählt worden ist, dessen Aufzeichnung an Affen sehr schwierig ist. Aufzeichnungen an der menschlichen Kopfhaut ergaben Wellen im Bereich von 4–7 Hz. Es wird jedoch bezweifelt, daß diese Wellen aus dem Hippocampus stammen. Folglich ist es auch fraglich, ob sie bezüglich ihrer Funktion den Theta–Wellen, die im Hippocampus von Ratten beobachtet wurden, entsprechen. Es gibt zwei Möglichkeiten: (1) Theta–Wellen oder etwas Vergleichbares kommen bei Primaten vor, sind jedoch aufgrund ihrer unterschiedlichen Anatomie noch nicht entdeckt worden; vergleichbare Wellenformen könnten also mit Hilfe von neueren Techniken noch aufgespürt werden. (2) Theta–Wellen kommen bei Primaten nicht vor, und die Ergebnisse bei Ratten lassen sich — auch mit Einschränkungen — nicht auf Primaten übertragen. Da die Grundverschaltung, von der man annimmt, daß sie im Hippocampus von Ratten für die Entstehung der Theta–Wellen verantwortlich ist, relevante Ähnlichkeiten mit der Verschaltung im menschlichen Hippocampus aufweist, wäre es ziemlich überraschend, wenn Theta–Wellen bei Primaten nicht vorkommen würden, auch wenn man sie bisher noch nicht nachweisen konnte. Trotzdem sollte man im Gedächtnis behalten, daß die Sache noch nicht entschieden ist und daß biologische Ergebnisse oft nicht den Erwartungen entsprechen.

Spitze Wellen konnten am Menschen beobachtet werden [239]. Interessanterweise bereitet es jedoch Schwierigkeiten, sie von den typischerweise im EEG bei Epileptikern vorkommenden interiktalen (zwischen den Anfällen auftretenden) Spikes zu unterscheiden. Hierdurch wird die Frage aufgeworfen, in welchem Zusammenhang die spitzen Wellen und die interiktale Spike–Aktivität bei Epileptikern stehen und warum die piriforme Struktur, der Hippocampus, die Amygdala und weitere Temporallappenstrukturen scheinbar anfällig für Epilepsie sind [720, 97].

Sogar während wir an diesem Abschnitt schreiben, führen neue Entwicklungen zur Erweiterung unseres Wissens über die Reichweite und die Bedingungen der LTP und zur Entstehung neuer Rätsel. Wir werden kurz zwei neue Entwicklungen diskutieren, die uns als besonders provokativ erscheinen. Bei der einen geht es um die Ca^{2+}-Spikes in Dendriten und bei der zweiten um eine Form von Nicht–

Hebbscher LTP.

Über "Vanille"–LTP hinaus

In der bisherigen Diskussion haben wir stillschweigend vorausgesetzt, daß die Dendritenmembran hauptsächlich passiv ist und sich damit anders als die Membran an den Axonen verhält, deren Aktivität und Fähigkeit zur Ausbildung von Aktionspotentialen man kennt. Wie sich jedoch herausstellt, gibt es einige Neuronen, wie z.B. die Pyramidenzellen im Hippocampus, die über eine Dendritenmembran mit spannungsabhängigen Ca^{2+}–Kanälen verfügen (Abbildung 5.19). Das bedeutet, daß sich dann, wenn die Depolarisation im Dendriten einen bestimmten Schwellenwert erreicht, diese Kanäle öffnen und somit ein Einströmen von Ca^{2+} in die Zelle ermöglichen. Als Folge davon kann die Ca^{2+}–Konzentration rapide ansteigen, was zu einer weiteren Depolarisierung und in den benachbarten Bereichen der Dendritenmembran zur Öffnung anderer spannungsabhängiger Ca^{2+}–Kanäle führt.[14] Unter solchen Bedingungen wird im Dendriten ein Spike (Nervenimpuls, Spitzenpotential) erzeugt. Dem aus den Spikes in den Dendriten resultierenden Strom kann hinsichtlich der Depolarisation der Membran am Zellkörper größere Bedeutung zukommen als dem passiv verbreiteten synaptischen Strom, da der letztere ständig in seiner Intensität abnimmt.

Warum ist das Spiking in den Dendriten von Bedeutung? Zum einen hat die Entdeckung dazu geführt, daß die klassische Meinung, nach der die Funktion der Dendriten nur darin besteht, Signale durch passive Leitung des Stromes zum Zellkörper zu integrieren, revidiert werden muß. Außerdem hat die Existenz solcher Nichtlinearitäten wichtige berechnungstechnische Folgen: Dendriten sind halb–unabhängige Verarbeitungseinheiten, die "Entscheidungen treffen" können. Das weist darauf hin, daß es sich unter bestimmten Umständen bei der verarbeitenden "Einheit" tatsächlich um die Dendritenzweige (von denen es pro Neuron ungefähr 10–100 gibt) und nicht, wie herkömmlicherweise angenommen, um das gesamte Neuron handelt. Hinzu kommt noch, daß diese Ca^{2+}–Ströme nicht durch ein durchschnittliches Maß an synaptischer Aktivität, sondern nur unter bestimmten Bedingungen, beispielsweise durch die synchronisierte Konvergenz der Aktivität, wie sie im Hippocampus während der spitzen Wellen und im Neocortex während bestimmter Schlafphasen auftritt, aktiviert werden können [331].

Wie schon erwähnt, betrifft die zweite neue Entwicklung eine Form von Nicht–Hebbscher–Langzeitmodifkation der synaptischen Stärke. In einer Reihe von überraschenden Ergebnissen beschrieben Llinás und seine Kollegen [15] ein Potenzierungsphänomen, das bezüglich der verstärkten Depolarisation auf einen Testreiz wie eine "Vanille"–LTP aussah, im Unterschied zu dieser jedoch durch völlig andere Bedingungen ausgelöst wurde. Sie führten ihre Untersuchungen an Zellen

---

[14]Das Aussenden von Ca^{2+}–Spikes in Dendriten wurde ursprünglich von Llinás und Hess [454] sowie von Llinás und Sugimori [450] in Purkinje–Zellen des Kleinhirns entdeckt. Regehr und Tank [613] entdeckten das Ca^{2+}–Spiking in den Dendriten von Hippocampuszellen.

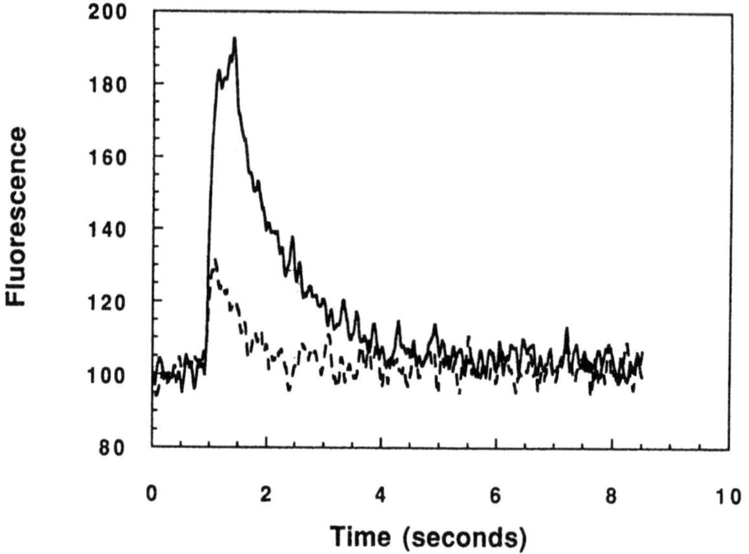

Abbildung 5.19   Veränderungen der Ca^{2+}-Konzentration im Soma und im apikalen Dendriten einer CA1-Pyramidenzelle als Reaktion auf einen depolarisierenden Stromstoß. Eine Pyramidenzelle aus dem Gewebeschnitt des Hippocampus einer Ratte wurde mit dem fluoreszierenden Farbstoff Fluo-3 angereichert, der empfindlich auf die Ca^{2+}-Konzentration innerhalb der Zelle reagiert. Wird die Zelle so weit depolarisiert, daß die spannungsabhängigen Ca^{2+}-Kanäle aktiviert werden, fließt Ca^{2+} in die Zelle. Durch Überwachung der Fluoreszenzintensität kann mit Hilfe eines konfokalen Mikroskops die Änderung der Ca^{2+}-Konzentration aufgezeichnet werden, die ja ein Maß für die Aktivierung dieser Kanäle ist. Wie der Graph zeigt, ändert sich die Ca^{2+}-Konzentration als Antwort auf einen intrazellulär im Zellkörper verabreichten depolarisierenden Stromstoß, und zwar im Soma innerhalb von einem Kubikmikrometer (durchgezogene Linie) und an einer weiteren Stelle im Bereich von 320 μm entlang des apikalen Dendriten (gestrichelte Linie). Die Fluoreszenz (in Prozent) normalisierte sich auf die durchschnittliche Fluoreszenz vor der Reizung. (Nach Richard Adams.)

der Schicht II mit Hilfe von Schnitten (slices) des entorhinalen Cortex von Meerschweinchen durch.[15] Die Wahl fiel auf den entorhinalen Cortex, weil die Sternzellen in dieser Schicht des entorhinalen Cortex einen afferenten Zugang zum Hippocampus ermöglichen, der entlang der "perforanten Bahn" verläuft.

In diesen Sternzellen der Schicht II im entorhinalen Cortex fanden sie zwei

---

[15] Sie untersuchten die LTP auch im isolierten Gehirn des Meerschweinchens, indem sie den piriformen Cortex mit einer den Theta-Rhythmus nachahmenden Impulssalve stimulierten (siehe auch [426]). Der Kürze wegen beschränkten wir unsere Diskussion auf ihre Versuche an Schnittpräparaten.

Arten der LTP, eine Hebbsche LTP und eine Nicht–Hebbsche LTP. Der Hebbsche Effekt kam auf die klassische Art und Weise zustande, d.h. durch Einwirkung eines hochfrequenten Tetanus auf die präsynaptischen Fasern. Der Nicht–Hebbsche Effekt wurde erzielt, indem man ungefähr 20 Sekunden lang einen 5–Hz–Schwingstrom in die *postsynaptische* Zelle selbst injizierte. Innerhalb von 30 Sekunden nach Beginn der Stimulation entwickelte die Zelle eine potenzierte Antwort, wobei es sich bei der Potenzierung um eine erstklassige LTP handelte. Warum gerade ein 5–Hz–Strom? Der Grund ist, daß der Theta–Rhythmus bei 4–8 Hz liegt, und daß die experimentelle Reizung in etwa die Eingabe simulieren sollte, die eine Sternzelle eventuell erhält, sobald das Tier seine Umgebung erforscht. Warum interessiert uns das? Wie wir weiter unten noch erörtern werden, erfahren wir möglicherweise dadurch etwas über die Verfahren, die von allen gemachten Erfahrungen diejenigen auswählen, die im Gedächtnis behalten werden sollen.

Bemerkenswert ist, daß der depolarisierende postsynaptische Strom in den von Llinás durchgeführten Experimenten *alleine* ausgereicht hat, um eine LTP zu erzeugen, *vorausgesetzt, der Strom war oszillierend (Schwingstrom) und nicht konstant (unveränderlicher Strom)* (Abbildung 5.20). Hinsichtlich ihrer Entstehung weicht diese Form der LTP, die wir "Schokoladen–LTP" nennen wollen, vom Hebbschen Prototyp einer LTP ab. Erstens ist hier keine hochfrequente präsynaptische Eingabe nötig, damit ein schwacher präsynaptischer Impuls, der der Eingabe folgt, potenziert wird. In anderen Worten, die Hebbsche Bedingung einer gemeinsamen prä- und postsynaptischen Aktivität ist nicht erfüllt. Zweitens sind hier alle Synapsen der Zelle, die den oszillierenden Strom erhalten, betroffen, wohingegen bei der Vanille–LTP[16] nur diejenigen Synapsen modifiziert werden, die direkt mit der präsynaptischen Zelle kommunizieren.

Llinás fand auch heraus, daß sowohl die Vanille- als auch die Schokoladen–LTP durch AP5 gehemmt werden konnten. Deshalb war er der Überzeugung, daß bei beiden Formen NMDA–Rezeptoren beteiligt sein müssen. Er fand noch zwei zusätzliche Auswirkungen von AP5: (1) Wird AP5 *nach* Induktion der Schokoladen–LTP angewendet, so wirkt sich das so lange hemmend auf die Potenzierung aus, wie AP5 vorhanden ist. (2) Wird AP5 *vor* Einwirkung des oszillierenden Stromes angewendet, so wird dadurch das EPSP der Zelle auf einen Testreiz gesenkt. Das erste Ergebnis bedeutet, daß der NMDA–Rezeptor bei der Schokoladen–LTP sowohl an der *Aufrechterhaltung* als auch an der Induktion der LTP entscheidend beteiligt ist. Die Ergebnisse zeigen auch, daß die gesamte Antwort nach der Potenzierung auf NMDA–Effekte zurückzuführen sind. Das zweite Ergebnis bedeutet, daß auch vor Anwendung eines oszillierenden Stromes eine NMDA–Komponente im Spiel ist. Das ist insofern verwirrend, da die NMDA–Rezeptoren normalerweise so lange inaktiv sind, bis die Zelle um einen kritischen Betrag über den Ruhezustand hinaus depolarisiert wird. Die Tatsache, daß NMDA auch vor der

---

[16]Das ist die Art der LTP, die von Bliss und Lømo [71] und von Kelso et.al. [633] untersucht wurde.

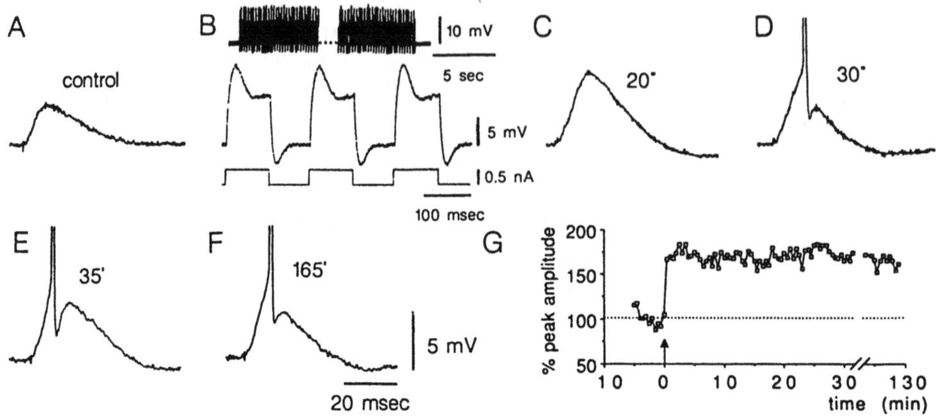

Abbildung 5.20   Zeitlicher Verlauf der LTP in exzitatorischen postsynaptischen Potentialen (EPSP), induziert durch postsynaptische rhythmische Depolarisation der Membran von Sternzellen im entorhinalen Cortex. (A) Kontroll–EPSP vor der rhythmischen Depolarisation. Die Graphen C–F wurden zu den angegebenen Zeiten nach der rhythmischen Depolarisation der Zelle aufgezeichnet. (B) Merkmale der postsynaptischen Stimulation. (C) Die potenzierte Antwort der Zelle auf einen Testreiz 20 Sekunden nach der rhythmischen Depolarisation. (D–F) Die Zellantworten nach 30 Sekunden, nach 35 Minuten bzw. nach 165 Minuten. (G) Spitzenwerte von EPSP–Amplituden, die sich während der Potenzierung in Abhängigkeit von der Zeit normalisiert haben. Der Pfeil gibt den Zeitpunkt der postsynaptischen Stimulation an. (Nach [15].)

Potenzierung eine Rolle spielt, geht wahrscheinlich auf die Gegenwart von extrazellulärem Glutamat zurück, welches wiederum ein allgemeiner Hinweis auf hohe Aktivitätspegel in der unmittelbaren Nachbarschaft der Zelle sein kann. Ebenso ist es erwähnenswert, daß Versuche, die Schokoladen–LTP in CA1 zu induzieren, bisher nicht erfolgreich waren [599].

Aber warum sollte NMDA, das in erster Linie ja als Koinzidenzdetektor fungiert, neben seiner Bedeutung bei der Vanille–LTP noch eine weitere Funktion haben? Der Schokoladen–LTP scheint genau die Eigenschaft zu fehlen, die an der Vanille–LTP so interessant ist, nämlich die *Spezifität* der potenzierten Synapsen. Warum sollte ein und dieselbe Zelle sowohl eine Hebbsche als auch eine Nicht–Hebbsche Komponente haben, die beide durch den NMDA–Rezeptor übermittelt werden? Llinás und seine Kollegen schlugen als Antwort auf diese Frage vor, daß die Nicht–Hebbsche LTP an lernrelevanten Phasen, wie beispielsweise an der Aufmerksamkeit, beteiligt sein könnte. Sollte sich die Hypothese von Buzsáki als richtig erweisen, dann wird das Lernen typischerweise nicht während des Theta–Rhythmus, sondern während der Perioden der spitzen Wellen fortgesetzt. In Über-

einstimmung mit dieser Hypothese könnte die Schokoladen–LTP deshalb an einem
Prozeß, wie z.B. der Aufmerksamkeit, beteiligt sein, der im Zusammenhang mit
dem Gedächtnis eine Rolle spielt, der aber an sich nicht gleichbedeutend mit
der Informationsspeicherung ist. Als sie sich mit der Rolle der Schokoladen–LTP
beschäftigten, bemerkten Llinás und seine Kollegen zuerst, daß die Sternzellen
Eigenschwingungen aufwiesen [68]. Ihrem Vorschlag nach, wird durch die experimentell induzierten rhythmischen Depolarisationen zweierlei erreicht: (1) Die
Blockierung der NMDA–Pore wird aufgehoben, vorausgesetzt Glutamat steht,
so wie es normalerweise der Fall ist, in ausreichender Menge zur Verfügung. (2)
Es erfolgt ein Anschluß an die Eigenfrequenz der Zelle. Durch diese konstruktive Resonanz wird ein vergleichsweise größerer Anstieg der Ca^{2+}-Konzentration
im Innern der Zelle ermöglicht. Eine Folge davon ist, daß sich die Depolarisation
ziemlich weit entlang der Dendritenmembran ausbreiten kann und dabei vielleicht
dazu führt, daß die Blockierung benachbarter NMDA–Poren aufgehoben wird. Eine NMDA–Kaskade bedeutet, daß die NMDA–Komponente beim EPSP der Zelle
selektiv ansteigt.

Ein solcher Nicht–Hebbscher Effekt auf zellulärer Ebene ist mit der Funktion
der Aufmerksamkeit vereinbar. Denken wir nur an das Beispiel mit dem Wasserlabyrinth: Während das Tier das milchige Wasserlabyrinth erkundet, muß es
sein Tun aufmerksam verfolgen, damit es sich später an den Ort der Plattform
erinnern kann. Folglich werden einige Projektionen auf den entorhinalen Cortex,
die mit der Aufmerksamkeit in Zusammenhang stehen und möglicherweise über
den Thalamus oder den Gyrus cinguli erfolgen, zur Glutamatabgabe an begrenzte Bereiche führen. Solche Bereiche können beispielsweise Spalten sein, die auf
diejenigen Sinnesinformationen reagieren, denen die Aufmerksamkeit geschenkt
werden soll. Wenn eine so potenzierte Teilmenge von Neuronen über die sensorischen Bahnen Eingaben erhält, werden die potenzierten Antworten ein starkes
Signal ergeben, das an die Körnerzellen und von dort an die CA3–Region des Hippocampus zur einstweiligen Speicherung weitergegeben wird. So entsteht also infolge der Schokoladen–LTP im Hinblick auf die "hervorgehobenen" Eingaben eine
bestimmte Spezifität. Die Vanille–LTP hat dagegen bei den verstärkten Verbindungen eine höhere Spezifität. So könnte man sich das Ganze durchaus vorstellen.
Natürlich ist diese Erklärung sehr skizzenhaft, und zweifellos gibt es noch viele
andere Möglichkeiten, die genauso plausibel sind. Für diese Erklärung spricht jedoch, daß sie sowohl psychologische als auch physiologische Daten einbezieht und
dadurch zu neuen Experimenten anregt.

Wir haben aus den Forschungsarbeiten von Llinás gelernt, daß man aufgrund
von Vanille–LTP–Versuchen nicht einfach annehmen kann, die NMDA–Rezeptoren
wären immer ein Hinweis auf Hebbsche Plastizität. Allgemeiner ausgedrückt, die
Anwesenheit von NMDA–Rezeptoren scheint bei aktivitätsabhängigen Entwicklungen[17] eine Rolle zu spielen und steht möglicherweise auch in indirektem Zusammenhang mit komplexen Arten des Lernens. Aber daneben sind die NMDA–

---

[17]Neueres zu diesem Thema findet man bei in [125].

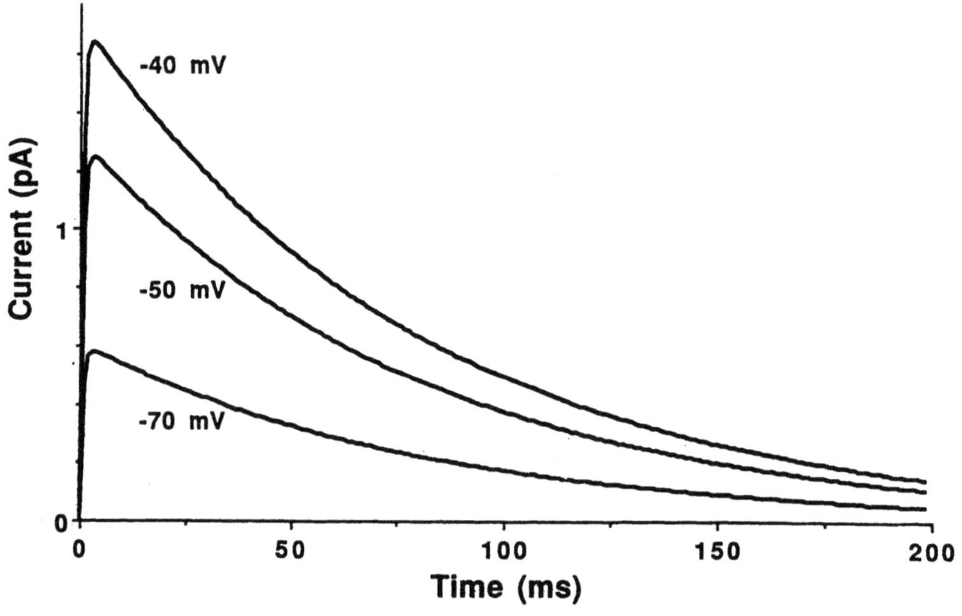
-40 mV
-50 mV
-70 mV
Current (pA)
1
0
Time (ms)
0
50
100
150
200

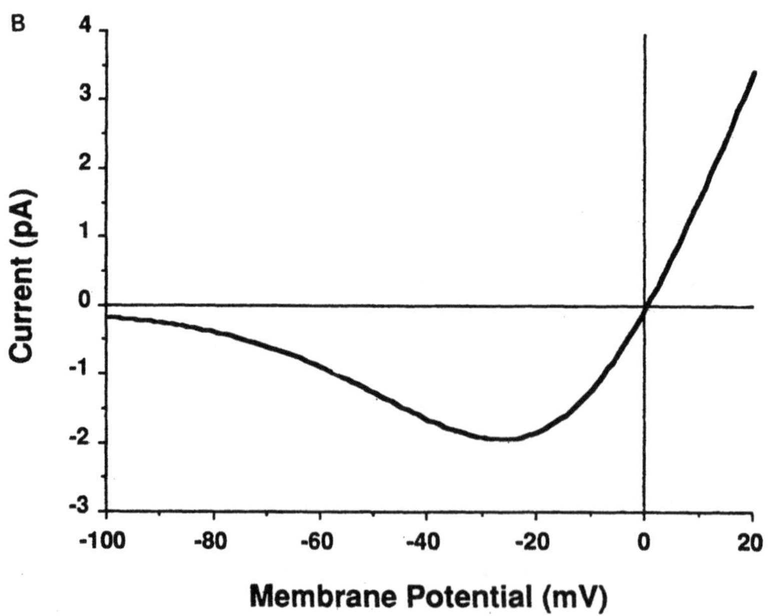
B
4
3
2
1
0
-1
-2
-3
Current (pA)
-100
-80
-60
-40
-20
0
20
Membrane Potential (mV)

Rezeptoren vielleicht auch bei Prozessen von Bedeutung, die im wesentlichen
nichts mit Lernen zu tun haben. NMDA–Rezeptoren kann man in vielen Teilen des
Gehirns finden und ihre speziellen zeitlichen und spannungsempfindlichen Eigenschaften können — abgesehen von ihrer Funktion beim assoziativen Lernen — für
eine Reihe weiterer Funktionen von Bedeutung sein. So hat Grillner [286] z.B. gezeigt, daß ein Hinzufügen von NMDA zur Rückenmarksflüssigkeit beim Neunauge
zu einem motorischen Aktivitätsmuster führt, das dem von Schwimmbewegungen
ähnlich ist. Spätere Arbeiten brachten die NMDA–Rezeptoren bei vielen Spezies
in Zusammenhang mit einer Vielfalt an rhytmischem Bewegungsverhalten. (Siehe
dazu auch Kapitel 6, Abschnitt 6, Neuronenmodelle.) Im LGN von Katzen gibt es
einige Zellen, die sogenannten "verzögerten Zellen" ("lagged cells") , welche erst
nach einer ziemlich langen Latenzzeit antworten. Heggel und und Hartveit [313]
fanden heraus, daß diese Zellen zwar NMDA–Rezeptoren, aber offensichtlich keine K–Q–Rezeptoren aufwiesen. Im Gegensatz dazu wurden die nicht–verzögerten
Zellen (also solche mit kurzer Latenzzeit bis zur Antwort) durch NMDA–Blocker
nur schwach beeinträchtigt, und der größte Teil ihrer Reaktion schien auf nicht–
NMDA–Rezeptoren, vielleicht auf K–Q–Rezeptoren, zurückzugehen. Während die
Aktivierung von AMPA–Rezeptoren zu einer starken und schnellen Depolarisation führt, resultiert die Aktivierung der NMDA–Rezeptoren in einer relativ schwachen, aber länger anhaltenden Depolarisation (Abbildung 5.21(A)). Dieses Profil
für die Öffnung der NMDA–Kanäle kann vielleicht die lange Latenzzeit bei den
verzögerten Zellen erklären. (Vielleicht aber auch nicht; siehe [420].) Außerdem
fanden Miller et.al. [508] überraschenderweise heraus, daß die Standardantwort einer Zelle auf einen visuellen Reiz im corticalen Sehfeld V1 vom NMDA–Rezeptor
abhängig ist (siehe auch [235]).

Wir erinnern uns daran, daß der NMDA–Rezeptor von der Spannung abhängig
ist und daß die Leitfähigkeit des Rezeptors in der Nähe des Ruhepotentials gering
ist, sobald Glutamat an den Rezeptor bindet. Die Leitfähigkeit steigt, wenn die
postsynaptische Membran depolarisiert wird. Die Abbildung 5.21 zeigt den Zusammenhang zwischen der Leitfähigkeit und der Spannung und verdeutlicht den
zeitlichen Verlauf der Leitfähigkeitsänderungen.

Abbildung 5.21 Spannungsabhängigkeit und Simulationen von geschätzten NMDA–
Rezeptor–Strömen im Dorn einer Pyramidenzelle des Hippocampus als Antwort auf
einen kurzen Stimulus. (A) Zeitlicher Verlauf des NMDA–Rezeptor–Stroms für drei
Klemmspannungsebenen. Die Leitfähigkeitsänderung des Rezeptors wurde mit 0,2 ns
angenommen, und die Mg^{2+}–Konzentration außerhalb der Zelle betrug 1 mM. Die
Ergebnisse basieren auf synaptischen Strömungen in Hippocampusschnitten und auf
Aufzeichnungen an einzelnen Kanälen in Kultur gehaltener Hippocampusneuronen
[367, 368]. Zador et al. [2] erstellten ein Modell der NMDA–Rezeptor–Dynamik in dendritischen Dornen. (B) Spitzenwert (peak) des NMDA–Rezeptor–Stroms als Funktion
eines Klemm–Membranpotentials aufgetragen. Die Potentialumkehr erfolgt bei 0 mV.
Der Ionenfluß durch den Kanal wird zum Teil durch Mg^{2+}–Ionen im extrazellulären
Medium blockiert.

LTP auf der molekularen Ebene

Bei der Induktion der Vanille–LTP ist Calcium ein wichtiger Faktor und wahrscheinlich spielt es auch bei der Schokoladen–LTP eine entscheidende Rolle. Welche genaue Funktion hat Ca^{2+} bei diesen Effekten? Wo findet die Langzeitmodifikation statt und wie wird die LTP beibehalten? Diese Fragen führen uns in die molekulare Forschung auf dem Gebiet der LTP. Als Hintergrundinformation sollten wir uns merken, daß die Zelle die Ca^{2+}-Konzentration im Ruhezustand auf einem sehr niedrigen Niveau (bei ungefähr 200 Nanomol) hält. Folglich bewirkt schon ein geringer Ca^{2+}-Einstrom in die Zelle eine signifikante Konzentrationsänderung. Einer der ersten biochemischen Schritte, der auf den Ca^{2+}-Einstrom in die postsynaptische Endigung folgt und der zur LTP führt, ist die Bindung von Ca^{2+} an das Protein Calmodulin (Abbildungen 5.22 und 5.23). Bemerkenswert ist, daß Calmodulin über Bindungsstellen für vier Ca^{2+}-Ionen verfügt. Aufgrund der Bindung von Ca^{2+} ändert sich die Konformation des Calmodulins, wodurch der Calcium–Calmodulin–Komplex in die Lage versetzt wird, andere Proteine, die sogenannten Proteinkinasen, zu binden. Diese wiederum bewirken die Phosphorylierung anderer Proteine. Obwohl es Hinweise auf eine Beteiligung der Proteinkinase C gibt, ist bisher noch nicht vollständig bekannt, wie der Schritt, der auf die Bildung des Calcium–Calmodulin–Komplexes folgt, genau aussieht. Bevor wir dieses Thema jedoch verlassen, werden wir ein Computermodell erwähnen, das bei der Beantwortung einer wichtigen Frage hinsichtlich der ersten Schritte in der kausalen Folge sehr nützlich war.

Wir betrachten eine Synapse an einem dendritischen Dorn. Um welchen Betrag ändert sich die Ca^{2+}-Konzentration, wenn die NMDA–Pore Ca^{2+}-Ionen den Zutritt ermöglicht? Die überraschende Antwort ist, daß sich die Konzentration — selbst bei intensiver Aktivität — im Vergleich zum Ruhezustand nur um einen Faktor von höchstens 10 erhöht. (Der NMDA–Rezeptor ist im Ruhezustand nicht vollkommen dicht, da Mg^{2+}-Ionen hinauswandern können. Bevor andere Ionen dafür einwandern, kann es bei Anwesenheit von Glutamat und Glyzin im Innern zu einem Ca^{2+}-Verlust kommen.) Werden die präsynaptischen Fasern jedoch nur geringfügig gereizt, sagen wir mit 5 Hz, kommt es nicht zur LTP. Bei 100 Hz dagegen ist die LTP stark. Es gibt also eine Reizschwelle, die überschritten werden muß, damit eine Potenzierung stattfindet. Der geringe Anstieg der Ca^{2+}-Konzentration ist deshalb verwirrend, weil das zur Auslösung der LTP erforderliche Signal anscheinend eine Flut von Ca^{2+}-Ionen benötigt. Die Frage ist also, woher die Zelle den ausreichenden Anstoß zur Auslösung der Reaktion erhält.

Um den Zusammenhang zwischen verschiedenen Ca^{2+}-Konzentrationen und der Induktion von LTP aufzudecken, haben Zador et al. [2] die zellulären Bedingungen auf einem Computer simuliert. Aufgrund von anatomischen und physiologischen Daten nahmen sie an, die relevanten synaptischen und intrazellulären Ereignisse würden sich an den Dendritendornen und nicht an der Länge des Dendritenschaftes abspielen. Zu den berücksichtigten experimentellen Parametern

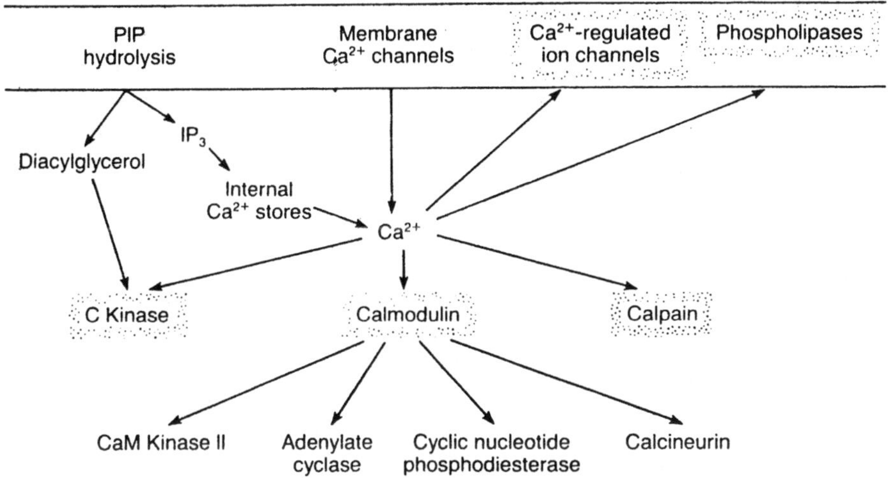

Abbildung 5.22   Direkte Angriffspunkte von Ca^{2+} in Neuronen. Die $[Ca^{2+}]_i$ im Zytoplasma steigt, wenn Ca^{2+} durch die Membrankanäle fließt, oder wenn Ca^{2+} aus intrazellulären Speichern als Antwort auf Inosittriphosphat (IP₃) abgegeben wird. Membranproteine, die direkt durch den $[Ca^{2+}]_i$-Anstieg reguliert werden, sind z.B. mehrere durch Ca^{2+} regulierte Ionenkanäle, Phospholipase C und A2. Durch Ca^{2+} gesteuerte Zytoplasmaproteine sind z.B. Kinase C und Calpain, eine Protease. (Wegen Calmodulin siehe auch Abbildung 5.23.) (Nach [396].)

zählten die gemessene Spannungsabhängigkeit des NMDA–Rezeptors (siehe Abbildung 5.21), die Ca^{2+}-Konzentration vor und nach der tetanischen Stimulation (sowohl im Zellinnern als auch außerhalb der Zelle), die geschätzten Geschwindigkeitskonstanten für die Enzyme, der zeitliche Verlauf der synaptischen Antworten und Gleichungen für die Diffusion von Ca^{2+} innerhalb des postsynaptischen Dorns. Bekannt war derzeit schon, daß Calmodulin vier Bindungsstellen für Ca^{2+} hat, die alle besetzt werden müssen, damit es aktiv wird. Ist der Ca^{2+}-Spiegel niedrig, sind bei einigen Calmodulin–Molekülen die Bindungsstellen teilweise besetzt, und es gibt nur wenige Moleküle, bei denen alle vier Positionen belegt sind. Verdoppelt man die Ca^{2+}-Konzentration, sind plötzlich genügend Ca^{2+}-Ionen vorhanden, um die verbleibenden offenen Bindungsstellen weiterer Calmodulin–Moleküle zu füllen, wodurch sich die Population der aktiven Calmodulin–Moleküle abrupt ändert. Auf diese Weise führt eine kleine Änderung im Ca^{2+}-Spiegel zu einer großen Änderung in der Konzentration der "aktiven" Calmodulin–Moleküle. Diese Eigenschaft konnte auch in der Simulation gezeigt werden.

Der zweite Teil der Antwort ergab sich bei der Simulation. Da der Kopf eines Dorns äußerst winzig ist — er hat einen Durchmesser von zirka 1 μm — gleicht er einer chemischen Miniaturretorte. Deshalb kann sich schon eine verhältnismäßig winzige Änderung in der im intrazellulären Raum des Dorns vorhandenen *Anzahl*

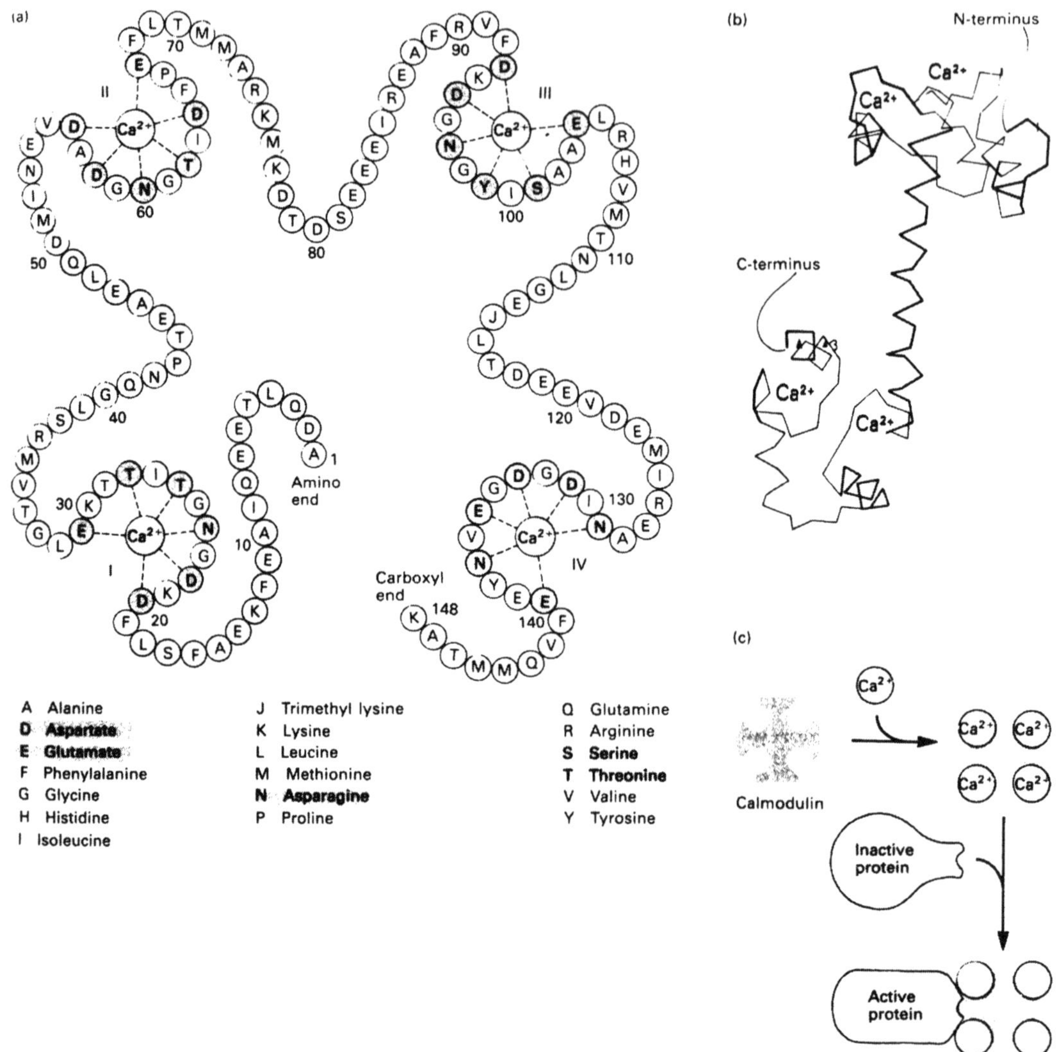

Abbildung 5.23   Calmodulin ist ein Zytoplasmaprotein, das den größten Teil der regulatorischen Funktionen der Ca^{2+}-Ionen moduliert. (a) Die Kette hat vier Bereiche, die jeweils ein Ca^{2+}-Ion binden. (b) Zeichnung des Proteingerüsts. (c) Die Bindung von Ca^{2+} bewirkt beim Calmodulin eine wichtige Konformationsänderung, wodurch die Bindung anderer Proteine ermöglicht wird und sich deren enzymatische Aktivität ändert. (Aus [163]. Copyright ©1986 durch Scientific American Books, Inc. Nachgedruckt mit Erlaubnis von W. H. Freeman und Co.)

an Ca^{2+}-Ionen drastisch auf die *Konzentration* in diesem lokalen Bereich auswirken. So könnte man also in solch einem Dorn mit ungefähr nur 10^3 Ionen die Ca^{2+}-Konzentration um einen Faktor von 10 erhöhen. Dieser biologische Trick bedeutet, daß eben die Größe der Dornenretorte und der enge Hals des Dorns zur Verstärkung des Ca^{2+}-Signals beitragen. Es hat den Anschein, als würde es sich bei den Dornen um die vollkommene Verwirklichung eines chemischen Miniaturreaktors handeln. Sie haben nämlich einen geringen Verbrauch an biochemischen Stoffen und auch in Bezug auf die Zeit sind sie ökonmomisch, da Reaktionsfolgen in einem kleinen Raum sehr viel schneller ablaufen können. Der Vorteil des Zador–Modells ist, daß es diesen Gedanken quantitativ erfaßt und leichter verständlich macht. Mit Hilfe von Farbstoffen, die empfindlich auf Ca^{2+} reagieren, kann dieses Modell direkt getestet werden [526].

Bisher konnte man noch nicht feststellen, ob die der LTP zugrundeliegenden Langzeitveränderungen präsynaptisch, postsynaptisch oder sowohl als auch erfolgen. Neuere Experimente lassen vermuten, daß *präsynaptische* Modifikationen an der Aufrechterhaltung der LTP beteiligt sind. Eine faszinierende Hypothese, die von Read Montague [518] erforscht wird, besagt, daß das Signal mit Hilfe von Stickstoffoxyd (NO) zur präsynaptischen Endigung gelangt. NO wird postsynaptisch erzeugt und abgegeben. Innerhalb von ein bis zwei Millisekunden nach der Freisetzung diffundiert es zur präsynaptischen Endigung. Bis man endgültig festlegen kann, ob die präsynaptische Modifikation tatsächlich auf diese Weise signalisiert wird, sind noch weitere Forschungsarbeiten erforderlich. Es gibt mehrere präsynaptische Mechanismen und mindestens ebensoviele postsynaptische Mechanismen, die gleichfalls in Frage kämen. Man ist gerade dabei, experimentell zu untersuchen, welche der verschiedenen Möglichkeiten im Nervensystem realisiert werden (Abbildungen 5.24 und 5.25).

Extrasynaptische LTP und nicht–NMDA–LTP

Zwei weitere Komplikationen müssen erwähnt werden, um unser Wissen über die LTP abzurunden. Zuerst haben Bliss und Lømo [71] bemerkt, daß zusätzlich zur Potenzierung an der Synapse der *Schwellenwert* beim Ankommen des Signals an der potenzierten Synapse gesenkt wird, damit ein Spitzenpotential erzeugt werden kann. Mit Hilfe von Aufzeichnungen aus dem Dendriteninnern von CA1-Pyramidenzellen gelang es Schwartzkroin und Kollegen [710], diese Beobachtung zu belegen. Interpretiert hat man dies so, daß eine Komponente der Vanille–LTP auf eine Veränderung zurückgeht, die irgendwo in der Zelle zusätzlich zu der Änderung der synaptischen Gewichte erfolgt, die aber grundsätzlich von der Potenzierung der Synapse abhängig ist, so muß man noch einmal unterscheiden, und zwar zwischen *synaptischer LTP* und *extrasynaptischer LTP*, oder wie Taube und Schwartzkroin (1988) es nennen, der "EPSP-Spike potenzierenden LTP". Wir verwenden weiterhin die "nach Geschmackrichtung unterscheidende Taxonomie", da sie leichter im Gedächtnis behalten wird als Akronyme. Diese

Possible Presynaptic Mechanisms

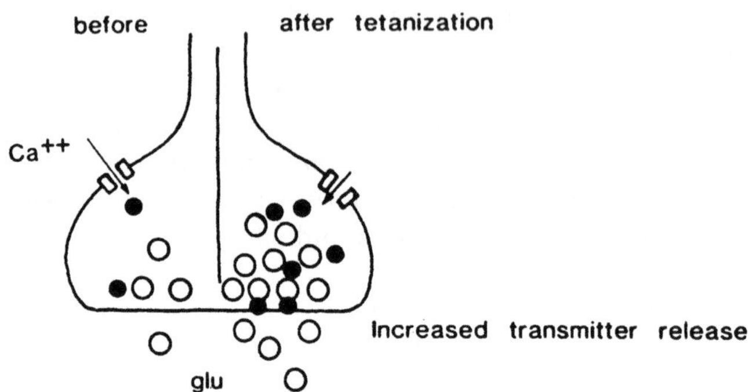

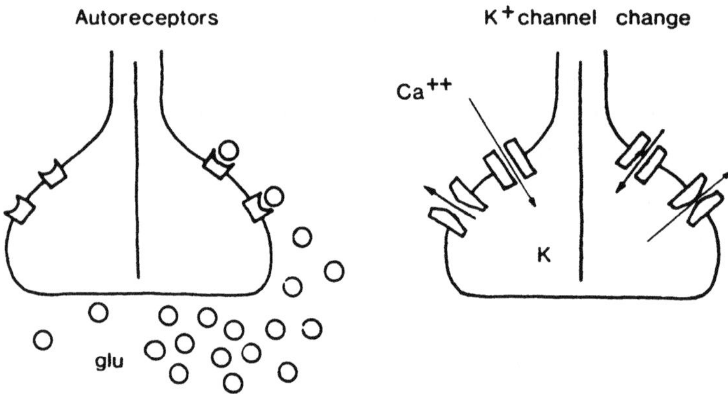

Abbildung 5.24   Schematisches Diagramm zur Veranschaulichung der präsynaptischen Änderungen, die für die LTP verantwortlich sein könnten. In allen Zeichnungen
wird die Zelle in der Mitte durch eine senkrechte Linie geteilt: rechts ist die Kontrolle
und links die veränderte Situation dargestellt. Die hellen Kreise repräsentieren Glutamat
oder Aspartat, die dunklen Kreise stehen für Ca^{2+}. An den präsynaptischen Änderungen ist wegen des erhöhten Ca^{2+}-Einstroms möglicherweise eine verstärkte Transmitterfreisetzung beteiligt (oben). Das Ausmaß der Freisetzung kann im Laufe der Zeit
durch Autorezeptoren verändert werden, und langandauernde Veränderungen könnten
auf biochemische Veränderungen zurückgehen, die durch Calcium aktiviert werden. Die
Veränderung der K^+-Kanäle scheint ein realistischer Alternativmechanismus zu sein
(unten). (Nach [26].)

Possible Postsynaptic Mechanisms

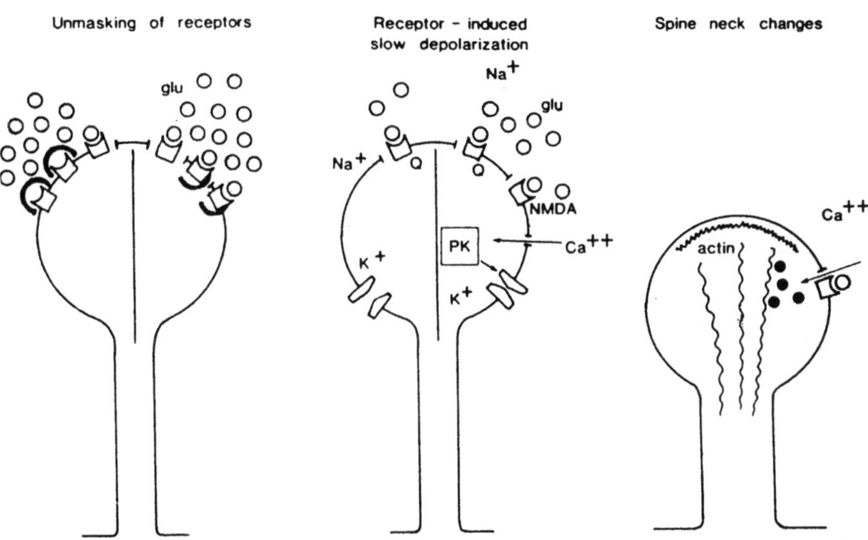

Abbildung 5.25 Bei den postsynaptischen Veränderungen, die für die LPT verantwortlich sind, könnte es sich um eine Entlarvung von Rezeptoren, um eine NMDA–
Rezeptor–induzierte Veränderung der Dornmembran oder um morphologische Veränderungen des Dorns handeln. (Nach [26].)

Art der Potenzierung nennen wir Erdbeere–Vanille, da es sich um eine erweiterte Vanille–LTP handelt. Der dieser LTP zugrundeliegende Mechanismus ist zwar
noch nicht bekannt, man weiß aber, daß es am Schaft des Dendriten spannungssensitive Ca^{2+}–Kanäle gibt, die sich von den NMDA–Kanälen unterscheiden [738].
Mit Hilfe von Computermodellen [357] konnte gezeigt werden, auf welche Weise
spezifische Veränderungen in diesen Kanälen für die extrasynaptische LTP verantwortlich sein könnten. Sollte aufgrund der Veränderungen mehr Strom in die
Zelle gelangen, würde auch mehr Strom am Axonhügel ankommen, und dadurch
dann bei Eintritt eines Signals in die potenzierte Synapse der Effekt einer extra-
synaptischen LTP entstehen (Abbildung 5.26).

Als Zweites haben verschiedene Gruppen herausgefunden [305, 366], daß Pyramidenzellen in der CA3–Region des Hippocampus, die sich hinsichtlich der Konnektivitätsmuster von den CA1–Pyramidenzellen unterscheiden, eine LTP aufweisen, welche — wie gewöhnlich — synaptisch sein kann. Sie hat aber die Besonder-
heit, daß sie scheinbar außer vom NMDA–Rezeptor–Ionophor–Komplex noch von
einem weiteren spannungssensitiven Rezeptor abhängig ist. Genauer gesagt er-

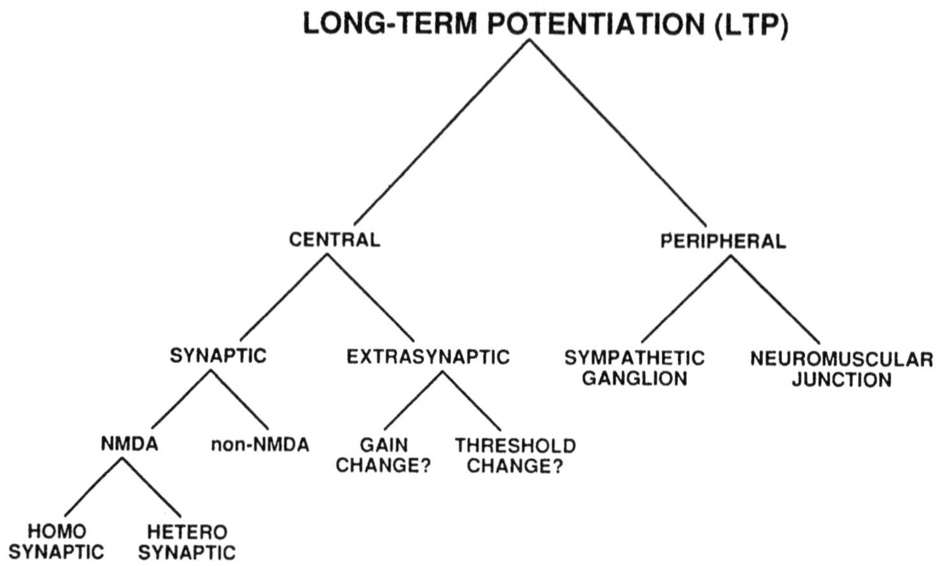

Abbildung 5.26   Baumdiagramm, das die verschiedenen Arten der LTP verdeutlicht.

halten die CA3–Pyramidenzellen ihre exzitatorischen Eingaben hauptsächlich aus drei Quellen: über die Moosfasern von den Körnerzellen im Hippocampus, über die Fasern der perforanten Bahn vom entorhinalen Cortex und über die rekurrenten Kollateralen von den Hippocampi in beiden Hemisphären. Insbesondere die LTP über die Moosfaserverbindungen ist nicht durch AP5 hemmbar, wodurch deutlich wird, daß das etiologische Profil der LTP in diesem Fall in der einen oder anderen Hinsicht anders ist, was die Bezeichnung "Nicht–NMDA–LTP" rechtfertigt. Die unterschiedliche Konnektivität der CA1- und CA3–Regionen deutet darauf hin, daß sie möglicherweise auch hinsichtlich der Berechnungen und folglich auch hinsichtlich ihrer Funktion ganz verschieden sind. Wie wir im nächsten Abschnitt sehen werden, fordern die rekurrenten Kollateralen der CA3–Pyramidenzellen und ihre beiden sehr unterschiedlichen Eingabequellen einen Vergleich mit rekurrenten Netzen geradezu heraus. Folglich würde uns eine Form der LTP, die der einzigartigen Verschaltung in der CA3–Region entspräche, nicht überraschen.

Handelt es sich bei diesen Synapsen, die an der Nicht–NMDA–LTP beteiligt sind, um Hebb–Synapsen? Manches spricht dafür, manches dagegen. Jaffe und Johnson [366] fanden heraus, daß die Kopplung von präsynaptischer Aktivität mit postsynaptischer Depolarisation für die LTP an dieser Synapse sowohl notwendig als auch ausreichend ist. Andererseits konnten Zalutsky und Nicoll [783] beweisen, daß die Aktivität in den postsynaptischen Neuronen nicht erforderlich ist. Dieser Punkt konnte bisher noch nicht geklärt werden. Die Beantwortung dieser Frage durch Experimente ist äußerst schwierig, und auch bei der Interpretation der Ergebnisse kann es zu Problemen kommen. So kann es beispielsweise leicht passieren, daß man die Stimulation einer polysynaptischen Bahn fälschlicherweise für die Stimulation einer monosynaptischen Bahn hält, und daß sich die in den verschiedenen Labors herrschenden Bedingungen geringfügig voneinander unterscheiden.

5.5 Zellen und Schaltkreise

Es ist an der Zeit, eine Verschnaufpause einzulegen. Die oben skizzierten molekularen Entdeckungen haben uns tief in die unteren Schichten der Organisation von Nervensystemen geführt, und sie haben sich als recht reichhaltig erwiesen. Man kann sich der Versuchung, bei diesem Thema zu verweilen und mehr daüber zu erfahren, kaum entziehen. Aber wir müssen jetzt die Frage stellen, ob uns all dies dabei hilft zu verstehen, wie ein Tier bestimmte Dinge, z.B. die Lage einer Plattform in einem trüben Wasserlabyrinth, lernen kann. Wie wird solch eine *spezifische* Information im Hippocampus repräsentiert? Sollte die Speicherung wirklich in einem Netz erfolgen, wie sieht dann so ein Netzwerk aus und mit welchen Berechnungsregeln kann man sein Verhalten beschreiben? Sollte irgendein Bereich im Hippocampus über einen Assoziativspeicher verfügen, auf welche Weise könnte dann die spezielle neurale Organisation der Hippocampusstrukturen diese Funktion erfüllen? Wenn die Speicherung der Repräsentation nicht auf Dauer in den Hippocampusstrukturen erfolgt, was genau gelangt dann in den Langzeitspeicher und wo findet diese Speicherung statt? Welcher Mechanismus ist für die Übertragung der Information — *was auch immer* dies sein mag — in den Speicher — *wo auch immer* dieser liegen mag — verantwortlich? Wie wird die im Hippocampus gespeicherte Information wieder "entnommen"? Fragen über Fragen! Leider ist es viel schwieriger an die Antworten zu gelangen.

Die Frage nach der Rolle des Hippocampus bei der Langzeitspeicherung gibt uns noch immer Rätsel auf. Wird der Hippocampus für einen sehr kurzen Zeitraum, z.B. 1–5 Sekunden lang, oder vielleicht für längere Zeiträume in der Größenordnung von Minuten oder Tagen oder eventuell für noch länger benötigt? Um etwas Licht in diese wichtige Angelegenheit zu bringen, muß man genauer darüber Bescheid wissen, wie lange vor einer Läsion des Hippocampus ein Reiz präsentiert werden muß, damit er auf Dauer im Gedächtnis behalten wird. Anders ausgedrückt: Gibt es eine bestimmte Zeitdauer, die auf ein einzelnes Erlebnis folgen muß, damit sich eine Schädigung des Hippocampus nicht auf das Erinnerungsvermögen an das erlebte Ereignis auswirkt und die bei Nichteinhaltung zu einer

A

90
N
80
Percent correct
70
H+
60
50
2 4   8   12   16
Learning–surgery interval
(weeks)

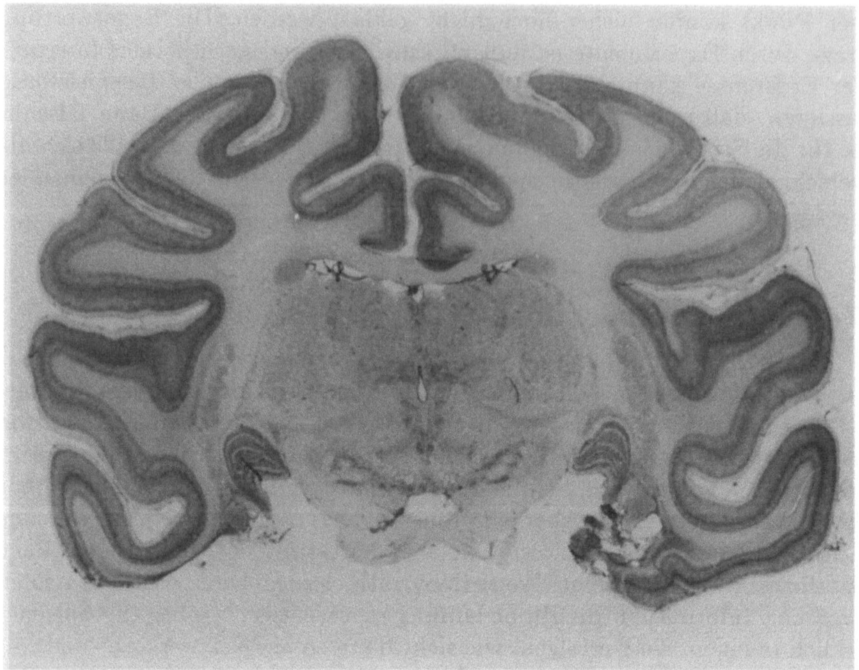

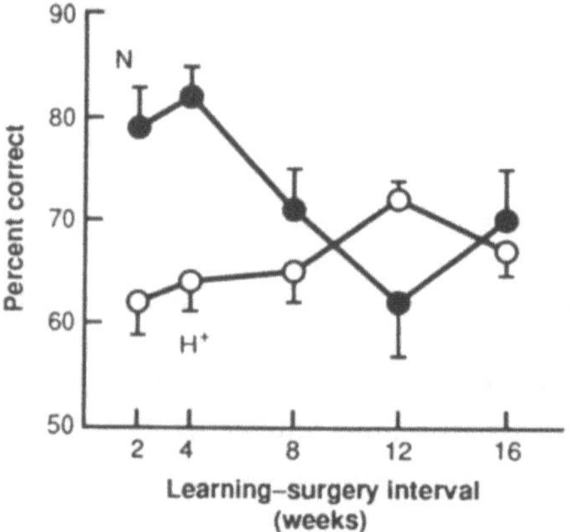

B

Beeinträchtigung des Erinnerungsvermögens führt? Vor kurzem lieferten Zola–Morgan und Squire [793] entscheidende Daten, die uns der Antwort auf diese Frage viel näher brachten.

Affen wurden dahingehend trainiert, daß sie mit Objekten eine bestimmte Assoziation verbanden. Dabei wurden dem Affen zufällige Paare verschiedener Objekte präsentiert, aber nur ein bestimmtes Paar war mit einer Belohnung in Form von Futter verbunden. Die Aufgabe bestand darin, daß sich der Affe daran erinnern mußte, welches Objekt mit Futter assoziiert war. Den Tieren wurden Gruppen von 20 Objekten zu verschiedenen Zeitpunkten, nämlich 16, 12, 8, 4, bzw. 2 Wochen vor der Läsion, präsentiert. Die Läsionen erfolgten beidseitig und umfaßten eine nahezu vollständige Entfernung des Hippocampus, des Gyrus dentatus und des entorhinalen Cortex. Auch die Paraphippocampusrinde wurde beidseitig geschädigt. Die Ergebnisse waren verblüffend: Bei Objekten, die 2 oder 4 Wochen vor Läsion erlernt wurden, entsprach die Leistung der Affen ungefähr dem Zufallsniveau. Das deutet darauf hin, daß die Hippocampusstrukturen nach der Reizpräsentation nicht lange genug intakt waren. Im Gegensatz dazu unterschieden sich die Leistungen von Affen, bei denen die Läsion nach 8 und 12 Wochen vorgenommen wurde, fast gar nicht von den Leistungen normaler Kontrolltiere (Abbildung 5.27). Kurz gesagt: Die geschädigten Tiere konnten sich an länger zurückliegende Ereignisse besser erinnern als an Dinge, die sich erst vor kurzem ereignet hatten. Damit erhalten wir die Mindestzeitdauer (angegeben in Wochen), für die ein intakter Hippocampus notwendig ist, damit die Ereignisse auf Dauer gespeichert werden. Wir bekommen auch eine Vorstellung davon, wann die Speicherung des Vorfalls sozusagen nicht mehr von den Hippocampusstrukturen abhängt. Außerdem war die Trefferquote der geschädigten Tiere innerhalb der Zeitdauer von 2–12 Wochen um so höher, je länger die Erfahrung zurücklag.

Für all diejenigen, die die LTP erforschen bzw. die Hippocampusfunktion modellieren, sind diese zeitlichen Grenzen — vorsichtig ausgedrückt — zumindest faszinierend. Wie Zola–Morgan und Squire [793] betonen, wird durch die Intervalle zwischen Lernen und Operation deutlich, daß der Hippocampus nicht nur während der Zeit benötigt wird, in der das Tier die Erfahrungen macht und lernt, sondern daß er auch während der Konsolidierungsphase eine entscheidende Rolle spielt.

Abbildung 5.27 (A) Ein mit Thionin gefärbter koronarer Hirnschnitt durch den LGN eines operierten Affen. Dieses Tier erlitt eine nahezu vollständige beidseitige Entfernung der Formatio hippocampalis, einschließlich Gyrus dentatus, Subiculum und entorhinalem Cortex. Auch wurde fast die gesamte Parahippocampusrinde beidseitig beschädigt. Eine zusätzliche Schädigung, die vermutlich auf einen Infarkt zurückgeht, den der Affe während der Operation erlitten hat, erstreckt sich bis in die visuelle Assoziationsrinde (TE). (B) Durchschnittliche Retention (Merkfähigkeit) von 100 zu unterscheidenden Objekten, die annähernd 2, 4, 8, 12 und 16 vor der Operation gelernt wurden. Helle Kreise, geschädigte Tiere ($n = 11$); dunkle Kreise, intakte Tiere ($n = 7$). (Nach [792]. ©AAAS.)

Ihrer Ansicht nach ist der Hippocampus an mindestens zwei Dingen beteiligt: (1) An der Bindung von Information aus verschiedenen corticalen Bereichen während der Erfahrungs- und Lernphase und (2) an der Konsolidierung (bzw. Sicherung) der Information an einem außerhalb vom Hippocampus gelegenen Ort. Dieser liegt wahrscheinlich im Neocortex, so daß die Information unabhängig vom Hippocampus erfaßt wird. Was genau macht der Hippocampus während der annähernd 60 Tage, die zur "Haltbarmachung" eines Engramms (Erinnerungsbilds) benötigt werden? Sollten für das Kurzzeitgedächtnis verantwortliche Strukturen (abgekürzt STM, nach *short-term memory*) dem Hippocampus wirklich Informationen liefern, stellt sich erneut die Frage nach der Funktion des Hippocampus: Ist der Hippocampus nur ein vorübergehender Aufbewahrungsort für die Information oder werden die Repräsentationen in gewissem Sinne durch den Hippocampus auf eine Langzeitspeicherung vorbereitet? Dies könnte vielleicht durch Kennzeichnung der räumlich–zeitlichen Verhältnisse, durch Wegkürzen unwichtiger Einzelheiten oder durch Integration einer Repräsentation in eine kontext–sensitive Matrix geschehen. Oder dient der Hippocampus möglicherweise als vorläufiges Bindeglied zwischen verschiedenen Bereichen des Neocortex, was bedeutet, daß die Information im Hippocampus gar nicht gespeichert und "haltbar" gemacht, sondern nur weitergeleitet wird?

Auch wenn es sehr bequem ist, so sollte man doch den bildlichen Vergleich des Langzeitgedächtnisses (kurz LTM nach *long–term memory*) mit einem Karteischrank, einem Sparschwein oder einem digitalen Speicher vermeiden, da durch so einen Vergleich ein unveränderlicher und nicht–interaktiver *modus vivendi* impliziert wird. Schon durch Selbstbeobachtung wird nur allzu deutlich, daß Langzeitrepräsentationen weder vollkommen unveränderlich noch inaktiv sind. Ob bestimmte Ereignisse auf lange Sicht exakt oder undeutlich im Gedächtnis behalten werden, hängt von vielen Faktoren ab, wie z.B. von integrativen Operationen, vom regelmäßigen Zugriff auf die gespeicherte Information, vom wiederholten Erleben des Ereignisses, vom Alter der Repräsentation, von der inneren Bereitschaft, von der Bedeutung für die ökologische Nische, von der neurologischen und psychiatrischen Pathologie usw. Manchmal werden separate, aber verwandte Vorgänge zusammengefaßt, und gelegentlich kommt es vor, daß in der Vorstellung etwas hinzugedichtet wird. Durch Wiederholung bleiben die Repräsentationen im Arbeitsgedächtnis des LTM "frisch". Werden Ereignisse dagegen nicht regelmäßig ins Gedächtnis gerufen, können sie "verblassen" oder ausgelöscht werden. Das Vergessen scheint ein ständig fortschreitender Prozeß zu sein, der endemisch für das Langzeitgedächtnis ist und der nach einem eigenen Zeitplan abläuft [683].

Als Marr [479] über elementare Verschaltungseigenschaften im Hippocampus und über das matrixartige Erscheinungsbild der Eingabe–Ausgabe–Architektur nachdachte, kam ihm der Gedanke, daß es sich bei dem Hippocampus im wesentlichen um einen Kurzzeitassoziativspeicher handeln könnte, d.h. um eine Art Zwischenspeicher, in dem noch nicht ausgewertete Assoziationen direkt gespeichert werden, bevor ihre Übertragung in das Langzeitgedächtnis im Neocortex erfolgt. Bei den im Neocortex gespeicherten Repräsentationen, so vermutete er, würden viele unwichtige Einzelheiten wegfallen; relevante kategorische Informationen dagegen blieben erhalten. Marr veröffentlichte seine Arbeit zu einer Zeit, als man noch nichts über die LTP wußte und das Schaltsystem im Hippocampus noch nicht in allen Einzelheiten bekannt war. Folglich war sein Modell sehr allgemein gehalten. Nichtsdestoweniger war das Modell bemerkenswert, und zwar nicht nur deshalb, weil es sich um einen ersten Versuch handelte, die Arbeitsweise einer Gehirnstruktur mit berechnungstechnischen Mitteln zu charakterisieren, sondern auch wegen der geschickten Verwendung berechnungstechnischer Prinzipien, wie orthogonale Codierung, Hebb–Synapsen und inhibitorische Normierung.[18]

Rolls [624] erkannte eine Ähnlichkeit zwischen der Anatomie des Hippocampus und den assoziativen Netzen von Hopfield und Kohonen. Er war der Ansicht, daß die CA3–Region ein rekurrentes Netz mit drei verschiedenartigen Eingaben sei. Die Moosfasern liefern dabei eine grob spezifizierte Eingabe, die dichtere und direktere perforante Eingabe bestimmt das feinere Unterscheidungsvermögen und die Kollateralen sorgen sowohl für die Verbesserung verrauschter Muster als auch für die Vervollständigung nur teilweise vorhandener Muster. Seinem Vorschlag entsprechend ist die CA3–Region eine Struktur für das Wiedererkennungsgedächtnis. Assoziationen, die im Zusammenhang mit der räumlichen Lage eines Objekts stehen, z.B. bei der Plattform in dem trüben Wasserlabyrinth oder einer Nuß hinter dem gelben Eimer, würden durch planmäßig erfolgende Gewichtsmodifikationen in der Matrix der Pyramidenzellen zustande kommen. In der CA1–Region, die als Empfänger für CA3–Signale dient, sieht Rolls eine Matrix für Wettbewerbslernen, wobei ihre Aufgabe darin besteht, das weiter zu klassifizieren, was sie (via Schaffersche Kollateralen) von einigen CA3–Pyramidenzellen bekommt. Das Ergebnis ist eine allgemeinere — oder wie Rolls es ausdrückt — eine "sparsame" Klassifizierung der Weltereignisse (Abbildung 5.28). Da Rolls weder dafür noch für den Unterschied zwischen CA1– und CA3–Repräsentationen ein spezifisches Beispiel anführt, ist nicht klar, welche Art von Repräsentation sich aus einer weiteren Klassifizierung durch die CA1–Zellen ergibt, oder warum das CA1–Lernen, bei gegebener Rolls–Funktion, kompetitiv sein sollte. (Siehe auch [498]).

Die Hypothese von Rolls ist der mutige Versuch, der Anatomie des Hippocampus eine berechnungstechnisch sinnvolle Bedeutung zu geben. Wenngleich die Hypothese ausschlaggebend für die Modellierungsversuche war und uns wahrscheinlich den Weg in die richtige Richtung weist, bleiben die Erklärungen doch sehr abstrakt. Wir wollen die Brauchbarkeit dieser Hypothese nicht schmälern, aber genaugenommen nimmt Rolls die Matrixarchitektur der Hopfield–Netze und die matrixartige Anatomie des Hippocampus, um sie zwangsweise miteinander zu verbinden, was dann angeblich zu dem Wiedererkennungsgedächtnis der CA3–Zellen führt. Diese Darstellung berücksichtigt jedoch genaugenommen weder die unterschiedliche Physiologie der Hippocampuszellen, noch die Bedeutung, die sich daraus bei gegebener Anatomie für das Erlernen neuer Dinge ergeben könnte. Um

---

[18]Die Arbeit von Marr wird in [776, 773, 497] diskutiert.

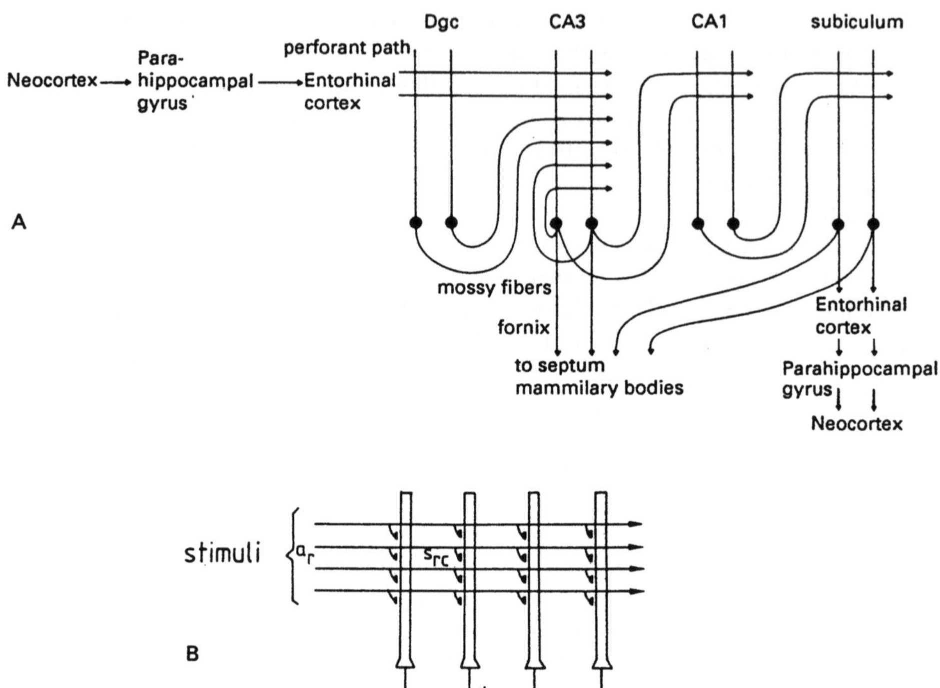

Abbildung 5.28   (A) Schematische Repräsentation der Verknüpfungen des Hippocampus. Gezeigt wird außerdem, daß die Großhirnrinde über den Gyrus parahippocampalis und den entorhinalen Cortex mit dem Hippocampus verbunden ist und daß der Hippocampus via Subiculum, entorhinalen Cortex und Gyrus parahippocampalis zurück auf den Cortex projiziert. (B) Matrix für Wettbewerbslernen, in der die Eingabereize entlang einer Reihe von Eingabeaxonen (a_r) präsentiert werden, die mit den Dendriten der Ausgabeneuronen (welche die Spalten (d_c) der Matrix bilden) über modifizierbare Synapsen (s_{rc}) verbunden sind. Ein Netz mit solch einer Architektur entspricht fast der neuronalen Architektur der vorwärtsgerichteten Schafferschen Kollateralen, die von den CA3- zu den CA1-Pyramidenzellen führen. (Nach [624].)

Leben in die knappe Darstellung zu bringen, müssen wir genauer verstehen, wie in den CA3–Zellen eine Repräsentation erzeugt wird und wie diese Repräsentation aussieht. Die genauere Frage lautet folgendermaßen: Was repräsentiert die Ausgabe der CA3–Zellen?

Die ganze Sache hat natürlich auch einen legendären wunden Punkt, mit dem sich nicht nur Rolls wird abfinden müssen, und der ist, daß niemand auch nur die leiseste Idee hat, wie man sich die Spezifikation der Ein- und Ausgaben des Hippocampus vorzustellen hat. D.h., man weiß nicht, was die Eingabemitteilungen *repräsentieren*. Welche Informationen erhält der Hippocoampus und welche Informationen gibt er weiter? Im Gegensatz zu mindestens einigen Bereichen des Sehsystems, wo der Synapsenabstand zwischen dem Transduktor und dem corticalen Neuron kurz ist und wo die Beziehung zwischen einem Reiz und einer zellulären Antwort recht spezifisch sein kann, befinden sich die Eingaben, die der Hippocampus erhält, schon auf einer hohen Stufe der Verarbeitung, und ihr Informationsgehalt ist nicht ohne weiteres ersichtlich. Sie kommen via entorhinalem Cortex und Fornix aus weitverstreuten Bereichen des Cortex, z.B. aus der Stirnrinde, deren Repräsentationen an sich schon rätselhaft sind. Fasern, die den Nuclei des Hirnstamms entspringen, bemerkenswerterweise dem Locus coeruleus und der Raphe, projizieren auch auf den Ort, von dem der Hippocampus seine Eingaben bezieht. Der entorhinale Cortex hat einen weiten Einzugsbereich, und bevor die Signale zum Hippocampus weitergeleitet werden, scheint dort eine nicht unbedeutende Integration der Signale stattzufinden. Wir wissen jedoch weder, wie die Integration aussieht, noch was die entorhinalen Ausgabesignale bedeuten. Vorläufige Daten, die man durch Läsionen erhalten hat, weisen darauf hin, daß neben dem Hippocampus auch der entorhinale Cortex als "Wiedererkennungsgedächtnis" dienen könnte [635].

Tatsächlich hat im Grunde genommen jede Struktur im Gehirn eine matrixartige Architektur. Welche genauen Schlußfolgerungen sollten wir also daraus ziehen? Sollten wir vielleicht daraus schließen, daß all diese Strukturen am Wiedererkennungsgedächtnis beteiligt sind? Schön und gut, aber was wäre dann das *Besondere* am Hippocampus? Überdies projiziert der Hippocampus ganz massiv zum entorhinalen Cortex zurück, und von dort auf viele Bereiche des Gehirns. Diese Konnektivität ist ein typisches Merkmal der Gehirnbahnen und bereitet zusätzliche Schwierigkeiten, wenn man herausfinden will, was der Hippocampus repräsentiert und was er genau macht. Diese unklaren Eingaben bereiten bei Computermodellen auf Netzwerkebene ein Problem, das besser nicht unterschätzt werden sollte. Gleichzeitig sollten wir uns dadurch aber auch nicht von dem Projekt im Ganzen abschrecken lassen.

Angenommen, wir würden dieses Problem erst einmal beiseite lassen und andere Strategien in Augenschein nehmen. Um die physiologischen Daten besser in ein Berechnungsmodell einbauen zu können, wäre es nützlich, wenn man zuerst ein Modell von der Signalverarbeitung in einer einzelnen Zelle, sagen wir in einer CA3- oder einer CA1-Pyramidenzelle, hätte.. Hat man erst einmal einen Entwurf vom berechnungstechnischen Profil verschiedener Zelltypen, kann man unter Einbeziehung der bekannten anatomischen Daten ein Netzwerk bauen. Dann kann ein Computermodell, das den Daten und dem Leistungsvermögen des Computers entsprechend realistisch ist, in Betrieb genommen und analysiert werden. Wenn

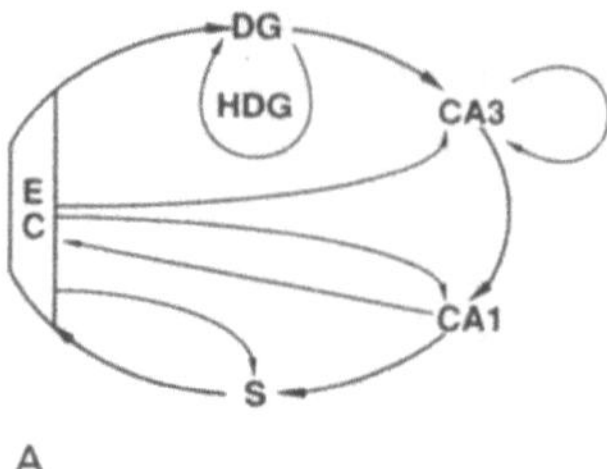

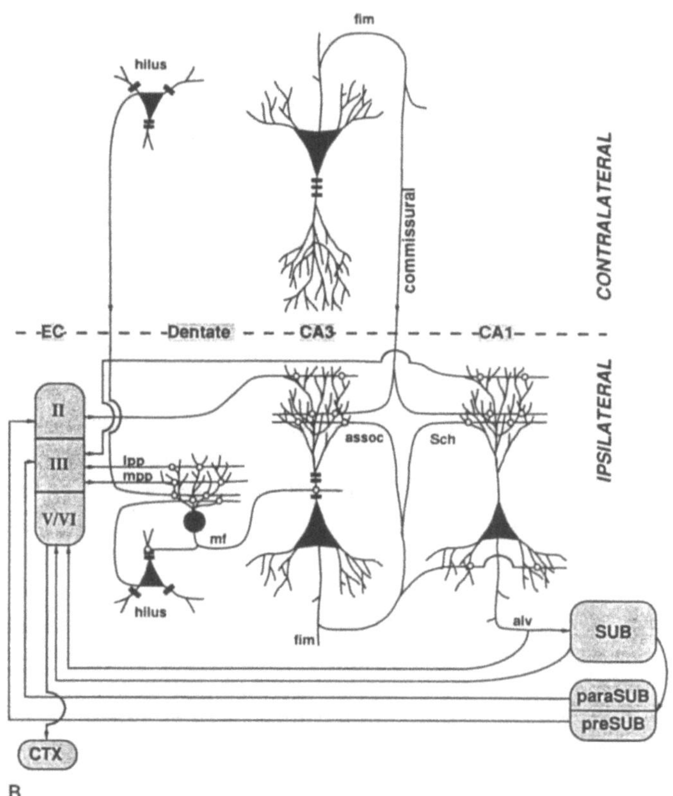

Abbildung 5.29   Schaltsysteme im Hippocampus. (Oben) Schematisches Diagramm der Hauptbahnen zwischen dem entorhinalen Cortex (EC) und dem Hippocampus. Die einfache, aus drei Synapsen bestehende Bahn (dicke Pfeile, die ein Oval umschreiben) geht durch den Gyrus dentatus (DG), die Bereiche CA3 und CA1, das Subiculum (S) und zurück zum EC. Dieses einfache Schema wurde nach der Entdeckung von direkten Projektionen vom EC auf CA3, CA1 und S und einer direkten Projektion von CA1 auf EC ergänzt (hier durch dünnere Pfeile dargestellt; vergleiche auch Abbildung 5.4). (unten) Dieses Schema ist ein Neuentwurf der oberen Zeichnung, wobei anatomische

wir davon ausgehen, daß das Modell für die Erforschung von Lernen und Gedächtnis wichtig sein wird, scheinen zwei Fragen von großer Bedeutung zu sein: Was wird als Eingabe dienen? Lernt das Netz durch Fehlerrückpropagierung oder ist es unüberwacht?

Als eine erste Annäherung an die zweite Frage kann man anmerken, daß das Schaltsystem im Hippocampus, so weit man das ersehen kann und abgesehen von den rekurrenten Kollateralen in CA3, keine Bahnen enthält, die deutlich rückgekoppelt (exzitatorisch) sind. Es gibt zwei Möglichkeiten: Entweder erfolgt die Rückkopplung innerhalb des Hippocampus mit Hilfe von unbekannten Bahnen, oder es handelt sich um eine externe Rückkopplung, die mit den restlichen vorwärtsgerichteten Eingaben in den Hippocampus gelangt. Wir erinnern uns, daß einige Projektionen von Neuronen der perforanten Bahn CA3 und CA1 di-

Details hinzugefügt und die drei wichtigsten Merkmale hervorgehoben wurden: (i) Die Kommisurenbahnen, die die beiden Hippocampi über die Mittellinie hinweg miteinander verbinden, (ii) die Schichten II, III und V/VI des EC und (iii) Details über die Ausgangs- und Endpunkte der Fasern. Die kleinen hellen Kreise kennzeichnen exzitatorische Synapsen; die Balken an den Dendriten bedeuten große Dornen. Die Neuronen entspringen und enden in bestimmten Schichten des EC; Neuronen der Schicht II projizieren auf die obersten Regionen der apikalen Dendriten der CA3–Pyramidenzellen und einige Neuronen der Schicht III projizieren auf die obersten Regionen der apikalen Dendriten der CA1–Pyramidenzellen. Manche Axone aus den Schichten V/VI projizieren auf den Neocortex (CTX). Die perforante Bahn vom EC zum DG endet in verschiedenen Schichten der Dendriten von Körnerzellen des Gyrus dentatus, wobei die laterale perforante Bahn (lpp) weiter außen an den Dendriten als die mediale perforante Bahn (mpp) endet. Die hiliären Neuronen erhalten von den Körnerzellen Eingaben und sind über Rückkopplung mit Körnerzellen auf beiden Seiten der Mittellinie verbunden. Die Moosfasern (mf) von den Körnerzellen des Gyrus dentatus wiederum stehen hauptsächlich mit den proximalen apikalen Dendriten der CA3–Pyramidenzellen in Kontakt. Die Assoziationsfasern (assoc), die auf die Pyramidenzellen rückkoppeln, sind eingerahmt von den Moosfasern und den perforanten Eingaben. Die CA3–Pyramidenzellen projizieren mit Hilfe der Schafferschen Kollateralen (Sch) auf die apikalen Dendritenbäume der CA1–Neuronen, aber manche Fasern projizieren auch auf die basalen Dendriten, und manche projizieren auf die Fimbria fornix (fim) außerhalb des Hippocampus. Die Axone der CA1–Pyramidenzellen projizieren mit Hilfe des Alveus (alv) auf das Subiculum (SUB) und auch zurück auf den EC. Andere das SUB umgebende corticale Bereiche (das Parasubiculum und das Präsubiculum) leiten auch Information zum EC zurück. Der EC erhält über den Alveus Eingaben vom SUB und von CA1 in die Schichten V/VI, vom paraSUB in die Schicht III und vom preSUB in die Schicht II. Zu den wichtigsten inhibitorischen Systemen, die in diesem Diagramm fehlen, gehören vorwärtsgerichtete und rekurrente inhibitorische Interneurone und spezialisierte Interneurone, wie z.B. Korbzellen, welche inhibitorische Synapsen auf dem Soma und auf den proximalen apikalen Dendriten der Pyramidenzellen haben. (Nach S. Chatterji und D. Amaral.)

rekt erreichen, wohingegen andere Neuronen synaptische Verbindungen im Gyrus dentatus haben, die dann auf CA3 und ebenso auch direkt auf CA1 projizieren. Eine dieser beiden Projektionen könnte als internes Lehrsignal oder als Monitor dienen (Abbildung 5.29).

Die erste Alternative fordert dazu auf, die Anatomie und die Physiologie erneut zu überprüfen, um festzustellen, ob nicht Feedback–Verbindungen übersehen wurden. Wie Rolls schon beobachtet hat, können die rekurrenten Kollateralen der CA3–Region als eine sich selbst korrigierende Rückkopplung fungieren. Aber ist diese Feedback–Information schon ausreichend? Was hält das Netz davon ab, sich so lange selbst zu korrigieren, bis ein "selbstzufriedener" Fehler entsteht? Die Antwort wird zum Teil davon abhängen, was der Hippocampus macht — ob er bereits verarbeitete Information nur speichert oder ob er klassifiziert und verarbeitet, um Repräsentationen abrufbereit zu machen. So wird ein weiterer Teil der Antwort von der Bedeutung der Eingabe via perforante (direkte) Bahnen und via Moosfaserbahn für die Pyramidenzelle abhängig sein. Damit sind wir leider so weit, daß wir uns im Kreise drehen. Das ist frustrierend, da wir gehofft hatten, daß ein realistisches Berechnungsmodell etwas Licht in genau diese Fragen bringen würde.

So lange die ins Auge gefaßte Modellplanung jedoch keine weiteren Fortschritte gemacht hat, wissen wir einfach nicht, wie der Hase läuft. Es ist unvermeidbar, daß die Wissenschaft auf die anscheinend unmögliche, aber oft erfolgreiche Kunst zurückgreift, sich aus eigener Kraft vorwärts zu kämpfen. Vom jetzigen Standpunkt aus ist es im Grunde unmöglich zu erraten, wohin uns diese Versuche führen oder auf welche Probleme und Lösungen wir in entfernter Zukunft stoßen werden. Wir gestehen, daß dies nicht allzu vielversprechend klingt, aber obwohl dieses Problem der Forschung wirklich abschreckend wirkt, ist es nichtsdestoweniger einen Versuch wert. Wir müssen zugeben, daß sich die Situation als völlig aussichtslos erweisen könnte. Mark Churchland hat sich einmal gefragt, ob das Gehirn nicht vielleicht komplizierter sein könnte, als es intelligent ist. Andererseits sind sich alle darin einig, daß es viel zu früh ist, um aufzugeben.

Nachdem wir uns darauf geeinigt haben, die Frage nach der Semantik der Signale im Moment noch auf die lange Bank zu schieben, werden wir vorerst auch die Fragen nach den Funktionen höherer Ordnung weglassen und uns ganz darauf konzentrieren, die zellulären Interaktionen in den Schaltkreisen des Hippocampus zu verstehen. Entdeckungen auf dieser Ebene liefern uns vielleicht Einblicke in die Kapazitäten und Grenzen des Schaltkreises und bilden in Verbindung mit Daten aus den Bereichen der Physiologie, der Pharmakologie und der Verhaltensforschung die Grundlage dafür, daß die Entstehung der spitzen Wellen in CA1–Feldern und die zweistufige Lernhypothese vom Buzsáki von einem neuen Blickwinkel aus betrachtet werden können. Der Bau realistischer Modelle steckt in diesem Bereich noch in den Anfängen. Roger Traub und seine Kollegen sind dabei zu erforschen, wie sich Modelle der CA3–Region verhalten [718, 719, 716]. Die Modelle von Traub, die mit Hilfe von Daten aus Schnittpräparaten angefertigt wurden, beinhalten charakteristische Zellpopulationen, die den exzitatorischen

Pyramidenzellen (9000) und zwei Arten von inhibitorischen Zellen (jeweils 450) entsprechen. In ihnen werden sehr viele biophysische und physiologische Zelleigenschaften berücksichtigt, wie z.B. sowohl schnelle und langsame GABA–Rezeptoren (inhibitorische Synapsen), Kanaltypen und Zeitkonstanten als auch Details der synaptischen Verteilung und Konnektivitätsmuster zwischen den Hauptzelltypen (Pyramidenzellen, Moosfasern, inhibitorische Zellen).

Eine Frage, die von dem Modell angesprochen wurde, beschäftigte sich mit der in–vitro–Erzeugung von synchronisierten Ausbrüchen (bursts), die vermutlich, wenn auch nur annähernd, den in vivo beobachteten spitzen Wellen entsprechen [716]. Das Modell zeigte, daß bei Entfernung der exzitatorischen Synapsen zwischen den Pyramidenzellen die Aktivität der Population gestört wird; d.h., daß keine rhythmischen Schwingungen vorhanden sind. Diese Ergebnisse weisen darauf hin, daß die rekurrenten Verbindungen der CA3–Pyramidenzellen für den Synchronismus der Ausbrüche notwendig sind. Traub und seine Kollegen fanden heraus, daß in dem Modell den synchronen Ausbrüchen eine Aufstauung der EPSPe voranging, die von den Aktionspotentialen der Körnerzellen verursacht wurde. Im Experiment wurde gezeigt, daß die CA3–Zellen spontan EPSPe erzeugten, wenn K^+ hinzugefügt wurde. Im Modell wurde diese Bedingung und auch die spontanen EPSPe simuliert. Ein Ziel dabei war, die für diesen Effekt in Frage kommenden Mechanismen zu untersuchen und die mögliche funktionelle Rolle zu überdenken, wobei die die Funktion des Hippocampus betreffenden Daten bekannt waren.

Nützen uns die Ergebnisse dieser Simulationen etwas? Was sagen sie uns über die weitreichenden Eigenschaften? Zuerst einmal sind sie nützlich, weil sie die Fragen nach den zeitlichen und räumlichen Verhältnissen ansprechen, die den beobachteten Eigenschaften in den Hippocampusschnitten zugrundeliegen. Das Modell hilft, die Bedeutung der spontanen EPSPe und die Rekurrenz in der Population der CA3–Pyramidenzellen zu klären und diese in Beziehung zu Populationseigenschaften, wie es z.B. die spitzen Wellen sind, zu setzen. Im Modell waren spontane EPSPe nötig, damit die Ausbruchsphase in den CA3–Pyramidenzellen in Gang gesetzt werden konnte, wohingegen die rekurrenten Kollateralen für die Synchronisierung der Ausbrüche erforderlich waren.

Die Modellierungsversuche von Traub stehen ganz am Ende der Bottom–up–Methode. Darin liegt sowohl seine Stärke, da sein Realismus ernstzunehmende physiologische Vorhersagen ermöglicht, als auch seine Schwäche, da der Anschluß an Verhaltensdaten und folglich auch an Hypothesen bezüglich der Funktion auf den ersten Blick fast in ebenso weiter Ferne liegt wie der Anschluß an die physiologischen Daten, auf denen das Modell beruht. Diese Eigenschaft sollte jedoch nicht zu schwarz gesehen werden. Es kann lohnenswert sein, wenn man Phänomene höherer Ebenen von den Traub–Modellen ausgehend unter Verwendung der Buzsáki–Hypothesen angeht, da die Rhythmen der Population die Verbindung zu Verhaltensphänomenen auf der darüberliegenden Ebene und zu physiologischen Daten auf der darunterliegenden Ebene sind.

5.6 Verminderung der synaptischen Stärke

Wenn es für die Verstärkung der Verbindungen zwischen den Synapsen einen Mechanismus wie z.B. die LTP gibt, dann gibt es wahrscheinlich auch irgendwelche Gegenmechanismen, durch welche die synaptische Stärke *verringert* wird und die so eine Sättigung verhindern. (Als Sättigung wird der Zustand bezeichnet, in dem alle Synapsen ihre maximale Stärke erreicht haben). Bleibt eine Beanspruchung durch Wiederholung aus, können einige Verbindungen im Laufe der Zeit allmählich immer schwächer werden, was dazu führt, daß Information verloren geht. Derartige Vorgänge könnten mit dem allmählichen Vergessen auf der psychologischen Ebene zu tun haben. Die Schwächung synaptischer Verbindungen sollte jedoch nicht automatisch mit dem psychologischen Phänomen des Vergessens gleichgesetzt werden. Eine Verringerung der synaptischen Stärke könnte unter bestimmten prä- und postsynaptischen Bedingungen genausogut unentbehrlich für das Erlernen neuer Information bzw. für das Vergessen irrelevanter Information sein.

Man hat nach dem Gegenstück zur LTP, also nach der Langzeitdepression (abgekürzt LTP für *long–term depression*), an den herkömmlichen Orten der LTP gesucht. Postuliert wurde dabei eine Einteilung in zwei grobe Klassen, und für beide Klassen gibt es Beweise. Bei der ersten Klasse handelt es sich um die *heterosynaptische LTD*, was bedeutet, daß die Reaktivität der gesamten Zelle herabgesetzt ist. Das hat die gleichen Folgen wie eine Veränderung des Zellgewichts. Die zweite Klasse, bei der die Reaktivität nur an der manipulierten Synapse abgeschwächt ist, nennt man *homosynaptische LTD*. Hier wird die Reaktivität anderer (nicht manipulierter) Synapsen nicht verringert. In beiden Fällen verliert eine bisher potenzierte postsynaptische Struktur diese Potenzierung und reagiert daher auf den präsynaptischen Reiz in abgeschwächter Form (Abbildung 5.30). Bemerkenswert ist, daß eine verminderte Antwortreaktion geringer ist als eine *de novo* Antwort. Man vermutet, daß die heterosynaptische LTD bei der Normalisierung eine Rolle spielt, d.h. dann, wenn die Zellen so ausgerichtet werden, daß LTP–Modifikationen nicht zu einer Sättigung führen. Die homosynaptische LTD kann selektiver eingesetzt werden. Deshalb nimmt man an, daß sie beim Aussondern niederrangiger oder belangloser Information von Bedeutung ist. In beiden Fällen wird grundsätzlich davon ausgegangen, daß die LTP durch miteinander korrelierte Antwortreaktionen entsteht, wohingegen *Antikorrelation* zur LTD führen sollte (Abbildung 5.31; siehe auch Abbildung 5.8). [19]

Stanton und Sejnowski [688] untersuchten Hippocampuszellen in Form von Schnittpräparaten, und unter bestimmten Umständen konnten sie in CA1–Pyramidenzellen etwas erzeugen, was wie eine homosynaptische LTD aussah: Als erstes wurde — wie gehabt — die LTP durch hochfrequente Reizung der Schafferschen

---

[19] Eine exzellente und aktuelle Diskussion zum Thema LTP und LTD findet sich in [674].

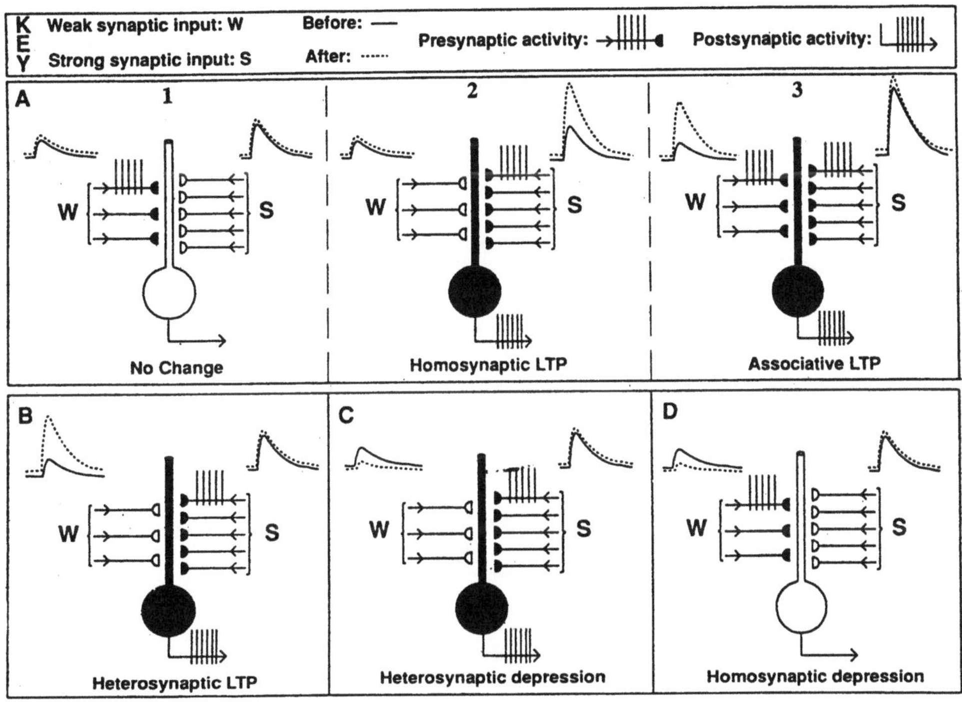

Abbildung 5.30   Verschiedene synaptische Veränderungen. Jedes Neuron ist so dargestellt, daß es zwei einander nicht überlappende Eingaben erhält, eine schwache (W) und eine starke (S). Die Wellenformen über jeder Eingabe sind eine schematische Veranschaulichung der exzitatorischen postsynaptischen Potentiale, die durch eine einzige Stimulation durch diese Eingabe vor (durchgezogene Kurve) bzw. nach (unterbrochene Kurve) der tetanischen Stimulation einer oder beider Eingaben erzeugt werden. Die ausgefüllten Elemente zeigen Aktivität während der tetanischen Stimulation an. (Nach [85].)

Bahn erzeugt. In der nächsten Phase wurde der in die postsynaptische Zelle injizierte Strom so manipuliert, daß eine negative Korrelation mit der präsynaptischen Aktivierung entstand (Abbildung 5.32). Wenn also die präsynaptische Zelle aktiv war, wurde die postsynaptische Zelle künstlich hyperpolarisiert und folglich daran gehindert zu antworten. Unter den umgekehrten Bedingungen, also dann, wenn die postsynaptische Zelle depolarisiert und die präsynaptische Zelle inaktiv war, erhielten Desmond und Levy [170] eine heterosynaptische LTD. So konnte al-

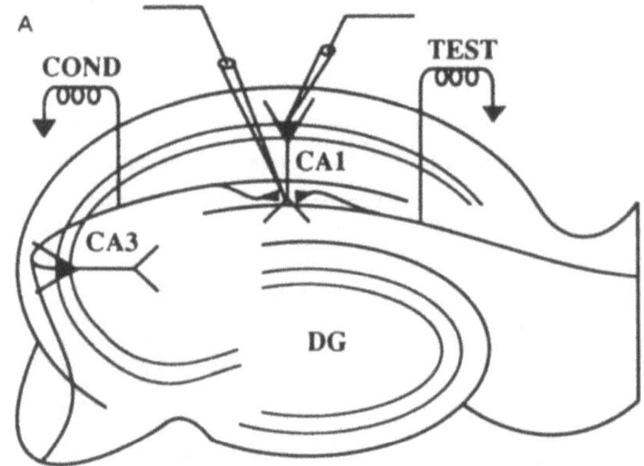
A
COND
TEST
CA1
CA3
DG

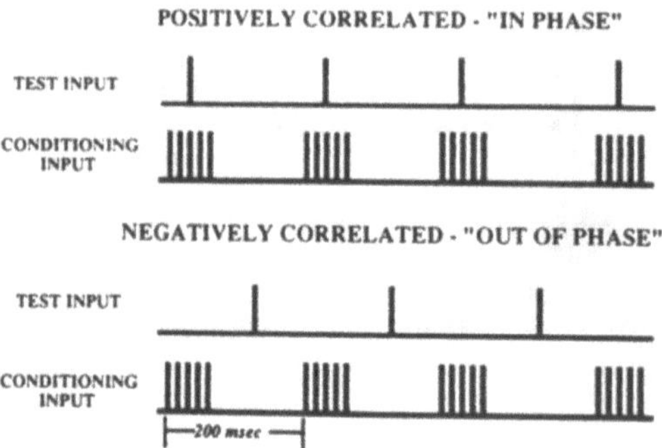
B
ASSOCIATIVE STIMULUS PARADIGMS
POSITIVELY CORRELATED - "IN PHASE"
TEST INPUT
CONDITIONING INPUT
NEGATIVELY CORRELATED - "OUT OF PHASE"
TEST INPUT
CONDITIONING INPUT
200 msec

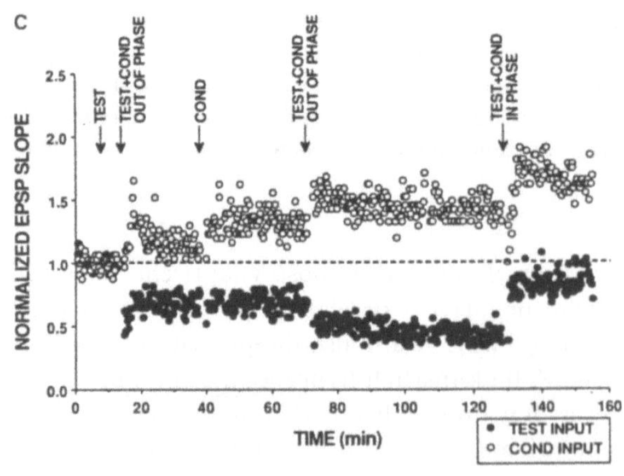
C
NORMALIZED EPSP SLOPE
2.5
2.0
1.5
1.0
0.5
0.0
TEST
TEST+COND OUT OF PHASE
COND
TEST+COND OUT OF PHASE
TEST+COND IN PHASE
0   20   40   60   80   100   120   140   160
TIME (min)
TEST INPUT
COND INPUT

so je nach Art der Antikorrelation entweder die Potenzierung der Synapse oder
der ganzen Zelle aufgehoben werden. Durch eine Wiederholung der hochfrequenten Stimulation konnte die Zelle erneut potenziert werden. Neuere Daten deuten
darauf hin, daß die homosynaptische LTD durch AP3 hemmbar ist. AP3 ist mit
der Droge AP5 verwandt, welche die über den NMDA-Rezeptor laufende LTP
blockiert [706, 557].

Auf der funktionellen Ebene wäre als Gegenstück zur homosynaptischen LTD
die Spaltung einer vorhergehenden Verbindung zwischen den Ereignissen A und
B durch eine vorrangige neue Konkurrenzverbindung denkbar. So könnte z.B.
die erste Assoziation von grün und auffallend durch rot und auffallend ersetzt
werden; eine zufällige Assoziation könnte durch eine echte Assoziation ersetzt
werden. Folglich könnte eine neue Kopplung der postsynaptischen Zelle mit ir-
gendwelchen anderen Zellen bedeuten, daß sich die postsynaptische Zelle in der
Nach-Hyperpolarisierungsphase befunden hat, als die alte präsynaptische Zelle
aktiv war, was unausweichlich eine Trennung zur Folge hätte. Wir sollten uns
jedoch darüber im klaren sein, daß es sich bei dieser funktionellen Geschichte um
eine wilde Spekulation handelt.

Alle Warnungen, die an früherer Stelle bezüglich der LTP ausgesprochen wurden, müssen auch für die LTD in Betracht gezogen werden, und zwar noch viel
nachdrücklicher. Erstens ist nicht bekannt, ob die LTD in vivo durch experimentelle Reizung induziert werden kann. Zweitens: Selbst dann, wenn die LTD in vivo
experimentell herbeigeführt werden kann, bleibt weiterhin offen, ob auch unter
natürlichen Bedingungen etwas Vergleichbares stattfindet. Und selbst wenn dies
der Fall wäre, ist das dazugehörige Verhalten, falls es überhaupt so etwas gibt,

Abbildung 5.31   (a) Schematisches Diagramm von einem in-vitro-Hippocampus-
schnitt, in dem die Stellen markiert sind, an denen im Zellkörper und in den Dendri-
tenschichten der CA1-Pyramidenzellen aufgezeichnet wurde. Es gibt zwei voneinander
getrennte Reizungsorte: COND aktiviert die Schafferschen Kollateralen und TEST aktiviert die Kommissurenafferenzen. (b) Die Konditionierungseingabe bestand aus vier
Folgen von 100 Hz starken Ausbrüchen. Jeder Ausbruch setzte sich aus fünf Reizen zusammen; der Abstand zwischen den Ausbrüchen betrug 200 Millisekunden. Jede Folge
dauerte 2 Sekunden und umfaßte insgesamt 50 Reize. Die Testeingabereize bestanden
aus vier Folgen von Stößen einer Frequenz von 5 Hz, wobei jede Folge 2 Sekunden dauerte. Befanden sich diese Eingaben *in Phase*, erfolgte eine Überlagerung der einzelnen
Teststöße in der Mitte jedes einzelnen Ausbruchs der Konditionierungseingabe. War die
Testeingabe nicht phasengleich, befanden sich die einzelnen Stöße symmetrisch zwischen
den Ausbrüchen. (c) Darstellung der assoziativen LTP und LTD mit Hilfe von extrazellulären Aufzeichnungen, die in der Dendritenschicht des CA1-Feldes im Hippocampus
vorgenommen wurden. Jeder Kreis steht für die Antwortreaktion auf eine einzelne Reizung der TEST-Bahnen (ausgefüllte Kreise) oder der COND-Bahnen (offene Kreise)
(Nach [706].)

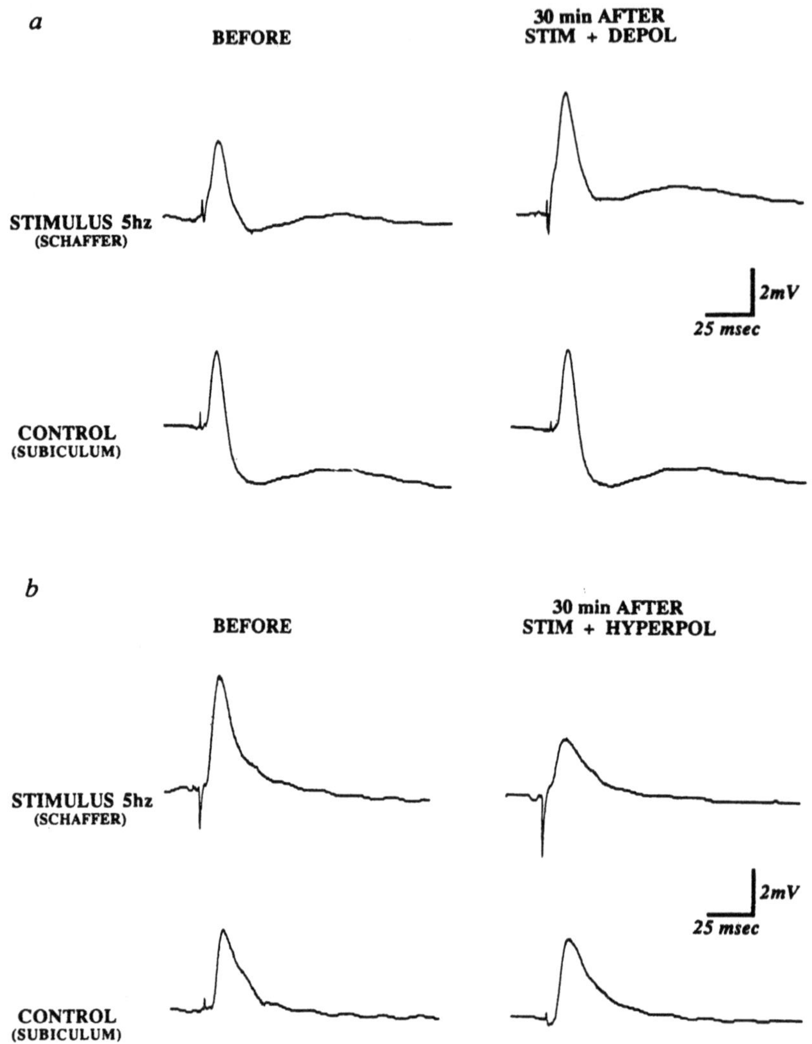

Abbildung 5.32   Erfolgt eine postsynaptische Hyperpolarisation gepaart mit einer Reizung der Synapsen an CA1-Pyramidenzellen des Hippocampus, so führt dies zu einer LTD, die spezifisch für die aktivierte Bahn ist. Die Paarung von postsynaptischer Depolarisation mit synaptischer Stimulation führt dagegen zu einer synapsenspezifischen LTP. (a) *(LTP-Bedingung)* Intrazellulär evozierte EPSPe werden an Synapsen stimulierter (Stimulus 5 Hz, Schaffer) und nicht-stimulierter (Kontrolle, Subiculum) Bahnen gezeigt, und zwar sowohl vor als auch 30 Minuten nach erfolgter Paarung der depolarisierenden Strominjektion mit der 5 Hz starken synaptischen Stimulation. Bei der stimulierten Bahn zeigte das EPSP eine assoziative LTP, wohingegen die Kontrolle

noch immer unbekannt. Zu dem Zeitpunkt, als dieses Buch in Druck ging, gab es
für die LTD noch keine Experimente, die z.B. mit den Orginalversuchenn von Bliss
und Lømo und mit den Verhaltensstudien der LTP von Morris im milchig–trüben
Wasserlabyrinth vergleichbar wären. Drittens ist die homosynaptische LTD kein
so stabiles Phänomen wie die LTP. Manche Labors, bei denen die Erzeugung der
LTP zur Routine gehört, hatten Schwierigkeiten, überhaupt irgendeine homosyn-
patische LTD herbeizuführen. In den verschiedenen Laboratorien herrschen unterschiedliche Bedingungen, z.B. hinsichtlich der Reizstärke und der Temperatur des
Bades, und bisher weiß man noch nicht, welche Bedingungen genau erforderlich
sind, damit die homosynaptische LTD ausgelöst wird. Sind die erforderlichen Bedingungen erst einmal bekannt, könnte man sie vielleicht sogar für einen Artefakt
halten.

Wolf Singer und seine Mitarbeiter in Frankfurt untersuchten die homosynaptische LTP in der Sehrinde und fanden eine Reihe von ziemlich spitzfindigen und
interessanten Bedingungen unter denen eine homosynaptische LTD in Schnittpräparaten corticaler Pyramidenzellen erzeugt werden konnte [34]. Wie in dem
vorherigen Versuchsaufbau (siehe Abbildung 5.10) gelang es ihnen, in postsynaptischen Zellen eine Vanille–LTP herbeizuführen. Sie fanden heraus, daß sie durch
sorgfältige Anpassung des auf die postsynaptische Zelle einwirkenden depolarisierenden Stromes in der Sehrinde entweder eine LTP oder eine LTD induzieren konnten. Oberhalb eines bestimmten depolarisierenden Schwellenwertes zeigte die Zelle
eine LTP; unterhalb eines viel niedrigeren Schwellenwertes konnte keine Art der
Langzeitmodifikation beobachtet werden. Aber zwischen den beiden Werten gab
es einen kleinen Bereich, in dem ein depolarisierender Strom der geeigneten Stärke
zur LTD führte. Außerdem gibt es wahrscheinlich einen LTD–Schwellenwert; ist
die Spannung geringer als der Schwellenwert für die LTD, wird — falls nichts
passiert — keine Änderung stattfinden. Das ist in der Tat ein recht raffiniertes
System. Singer [677] vermutet, daß das Vorzeichen der synaptischen Modifikation
(LTP, LTD oder keine Veränderung) von der Bilanz aus depolarisierenden und
hyperpolarisierenden Strömen an der Synapse abhängt. Seinen Untersuchungen
zufolge könnte die LTD eine assoziative Funktion haben, und zwar eher dahingehend, daß synaptische Verbindungen, die miteinander assoziierte Ereignisse repräsentieren, vermindert und nicht verstärkt werden. Wieder gelten die üblichen
Aufrufe zur Vorsicht: Können die Ergebnisse in vivo reproduziert werden? Welche
Bedeutung hat dies für das Verhalten?

mit der nicht–stimulierten Eingabe keine Veränderung in der Synapsenstärke aufwies.
(b) *(LTD–Bedingung)* Intrazelluläre EPSPe, die vor bzw. 30 Minuten nach der Paarung
einer 20 mV Hyperpolarisation am Zellkörper mit einer 5 Hz starken synaptischen Reizung an den Synapsen stimulierter Bahnen und an den Kontrollbahnen evoziert wurden.
Die während der Hyperpolarisation aktivierte Eingabe (Stimulus 5 Hz) wies eine assoziative LTD der an den Synapsen evozierten EPSPe auf, während die Synapsenstärke
der Kontrolleingabe unverändert blieb. (Nach [688].)

Beim Nachdenken über diese Fragen ist es sachdienlich, wenn man in Erwägung zieht, daß Sejnowski [649] und Bienenstock [67] diesen Schwellenwert für die LTD anhand von Computermodellen der corticalen Entwicklung prophezeit haben (Abbildung 5.33). Außerdem weiß man aufgrund theoretischer Überlegungen, daß ein Netz, in dem die synaptischen Modifikationen sowohl in Richtung LTP auch als in Richtung LTD gehen, mehr Information speichern kann (siehe auch [126, 777, 299]).

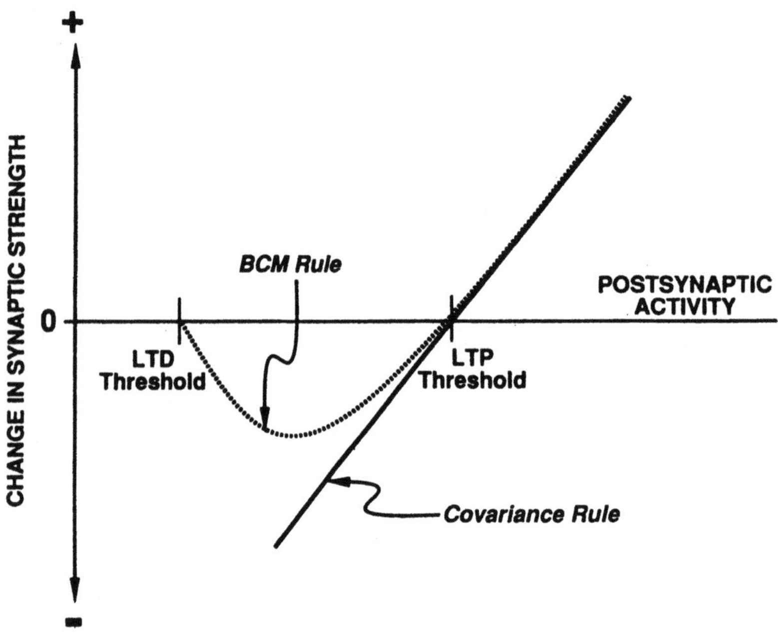

Abbildung 5.33   Skizze der Veränderung in der Synapsenstärke als Funktion der postsynaptischen Aktivität nach der Regel von Bienenstock, Cooper und Munro (BCM-Regel) (gestrichelte Linie) und der Kovarianzregel (durchgezogene Linie). Bei beiden Regeln handelt es sich um eine Abwandlung der Hebbschen Regel und beide Regeln postulieren einen Schwellenwert, der bei Überschreitung zur LTP und bei Unterschreitung zur LTD führt. Bei der BCM-Regel gibt es außerdem noch einen Schwellenwert für die LTD [706].

Singer [677] bringt auch die Möglichkeit zur Sprache, daß die LTD, die innerhalb des oben beschriebenen schmalen Bereiches durch einen depolarisierenden Strom der geeigneten Stärke hervorgerufen wird, bestimmte Ergebnisse erklären kann, die aus der experimentellen Manipulation bei der neuralen Entwicklung hervorgegangen sind und bisher rätselhaft waren. Dem Anschein nach ist dieser

Gedanke durchaus reizvoll, da Lernen und Entwicklung mit ziemlicher Sicherheit nach den gleichen Mechanismen und Prinzipien ablaufen. Sowohl beim Lernen als auch in der Entwicklung gibt es eine aktivitätsabhängige Modifikation an Zellen, ein Konkurrieren um Platz und Aktivität, eine ionen-induzierte Modifikation an Zellstrukturen und die chemische Induktion der Genexpression. Will man die beiden getrennt voneinander erforschen, mag das — vom Standpunkt der Natur aus — ziemlich eigenwillig erscheinen. Offensichtlich hört die Entwicklung genausowenig bei der Geburt auf, wie das Lernen erst bei Geburt beginnt. Beim Menschen und auch bei vielen anderen Säugetieren überlappen sich die beiden Phasen während eines signifikanten Teils der Lebenszeit, und man kann keine klare Linie ziehen, von wann ab die Entwicklung allmählich aufhört und wann im Fötus das Lernen seinen Anfang nimmt (Abbildung 5.34).

Das Aussondern irrelevanter Information von unserem Langzeitgedächtnis ist etwas, was uns mühelos gelingt und zwar ohne, daß wir dazu bewußte Entscheidungen treffen müssen. Dennoch handelt es sich dabei um einen der anspruchsvollsten Vorgänge im Gehirn. Wie jeder aus der eigenen Erfahrung weiß, ist es einfach, den gesamten Inhalt eines Küchenschrankes wegzuwerfen. Will man aber die wichtigen Dinge davon ausnehmen, so erfordert dies sowohl umfassende Kenntnisse der Vergangenheit als auch vorausschauende Intelligenz, und man kann diese Entscheidung nicht einfach der Putzfrau überlassen. In der von Luria verfaßten erschreckenden Dokumentation "The Mind of the Mnemonist" geht es um ein Gehirn, das nicht vergessen kann; es erinnert sich an jede Kleinigkeit der alltäglichen Erfahrungen, bis hin zum genauen Wortlaut eines Tage zuvor gelesenen Zeitungsartikels und jeder Unterhaltung, die im Büro mitverfolgt wurde. Das Gehirn von S. wird behindert durch einen riesigen Wirrwarr aus Belanglosigkeiten, die gemeinsam mit wichtigen Informationen gespeichert werden; wenn er versucht, sich in der Welt zurechtzufinden, wird er durch eine unaufhörliche Flut von Assoziationen von jeglicher Aktivität abgehalten. Nach welchen Regeln lernt und vergißt ein normales Gehirn? Wenn dies auch nicht immer fehlerfrei abläuft, so sind wir im Gegensatz zu S. doch bemerkenswert effizient. Welche Mechanismen könnten auf der zellulären Ebene am Vergessen beteiligt sein? Die Antworten sind nicht bekannt und aus den schon angeführten Gründen wäre es verfrüht, zu sehr auf die heterosynaptische oder die homosynaptische LTD als zellulären Mechanismus zu setzen.

5.7   Zurück zu Systemen und Verhalten

Die aus den Fällen H.M. und R.B. gewonnen neurophysiologischen Daten deuten darauf hin, daß das Erinnerungsvermögen an Vorfälle, die sich eine beträchtliche Zeit vor der Läsion ereignet haben, durch Entfernung des Hippocampus nicht ernsthaft beeinträchtigt wird.[20] (Siehe Abschnitt 2, Lernen und Hippocampus.)

---

[20] Siehe auch die Diskussion in [83].

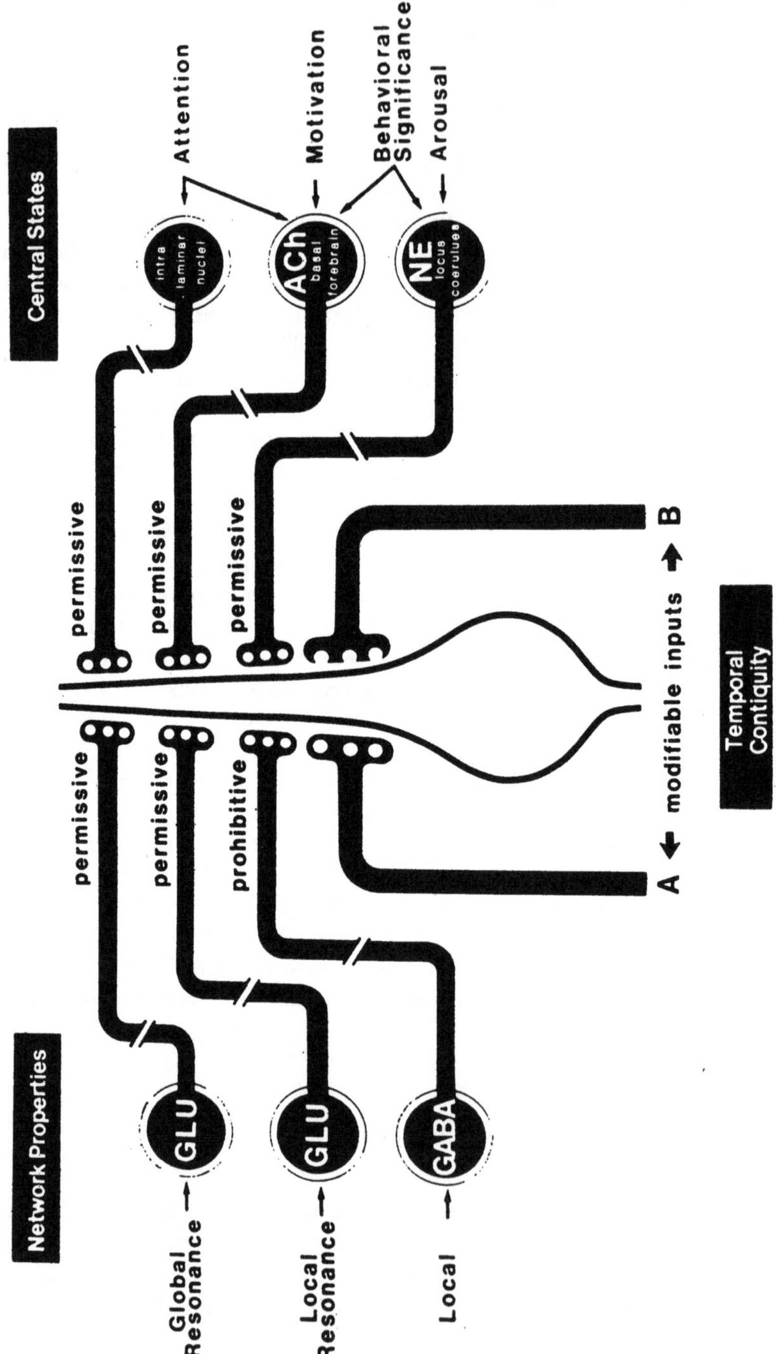
Central States
Attention
Motivation
Behavioral Significance
Arousal
intra laminar nuclei
ACh basal forebrain
NE locus coeruleus
permissive
permissive
permissive
B
modifiable inputs
A
Temporal Contiquity
permissive
permissive
prohibitive
Network Properties
GLU
GLU
GABA
Global Resonance
Local Resonance
Local

Man hat daraus die Schlußfolgerung gezogen, daß Informationen, die eine bestimmte Zeit nach ihrem Erscheinen abrufbar sind, nicht im Hippocampus selbst auf Dauer gespeichert werden. Vielmehr wird die Hypothese aufgestellt, daß der Hippocampus in gewissem Sinne der "Lehrer" des Cortex sein kann. Dabei nimmt der Cortex, der vielleicht weniger detaillierte und kategorischere Repräsentationen langsamer lernt, herausragende Aspekte der Hippocampusrepräsentationen allmählich auf und integriert diese. Weniger Bedeutung wird der Beobachtung beigemessen, daß sich Boswell, R.B. und H.M., trotz des tragischen Verlustes ihres Erinnerungsvermögens an postoperative Ereignisse manche Dinge für sehr kurze Zeit merken können. Sie sind in der Lage, Informationen ungefähr eine Minute nach deren Präsentation im Gedächtnis zu behalten, vorausgesetzt, sie werden dabei so wenig wie möglich abgelenkt und es ist eine ungestörte Wiederholung möglich. Wir sollten daraus also schließen, daß die Speicherung der allerjüngsten Ereignisse nicht in den Hippocampusstrukturen erfolgt; d.h. wenn man sich Ereignisse ungefähr 60 Sekunden lang merken kann, hängt das nicht vom Hippocampus ab.

Nachdem wir gesehen haben, wie sich die Vorstellung von einem einheitlichen Langzeitgedächtnis (abgekürzt LTM nach *long–term memory*) in eine theoretisch postulierte Auswahl von Untersystemen aufteilt (siehe Abbildung 5.2), sollten wir auch fragen, ob das Kurzzeitgedächtnis (STM, nach *short–term memory*) ein bestimmtes System ist, ob es sich hierbei nur um den Anfangsabschnitt irgendeines Untersystems des LTM–Prozesses handelt oder ob es auch hier eher eine Auswahl an Untersystemen anstelle von einer einheitlichen Funktion geben könnte. Der Begriff "kurz" ist offenbar relativ (als Arbeitszeit sind 3 Stunden kurz, für einen Rülpser dagegen eine lange Zeit), und deshalb braucht man einen genaueren Maßstab. Auf welche quantitativ meßbaren Daten stützt sich die Einteilung in "sofort", "kurz" usw.? Unglücklicherweise führt die Komplexität des Phänomens zu einiger Verwirrung bei der Nomenklatur, und zwar vor allem deshalb, weil in verschiedenen Labors unterschiedliche zeitliche Strukturen und unterschiedliche experimentelle Bedingungen verwendet werden. Nichtsdestoweniger ist aus der

Abbildung 5.34 Schematische Darstellung von Faktoren, die die gebrauchsabhängige Modifikation der neuronalen Schaltkreise bei der Entwicklung der Sehrinde beeinflussen. Welches Vorzeichen die Veränderung an den modifizierbaren Verbindungen A und B hat, hängt von der zeitlichen Korrelation der Aktivität ab, die durch die modifizierbaren Eingaben übermittelt wird. Ob als Antwort auf diese Aktivität eine Veränderung erfolgt, ist abhängig vom Aktivierungszustand der zusätzlichen synaptischen Eingaben, die das gleiche Neuron erhält. Diese Eingaben bilden Rückkopplungsschleifen, die ihren Ursprung in der gleichen corticalen Spalte und in dem gleichen corticalen Bereich und wahrscheinlich auch in den gleichen entfernt gelegenen corticalen und subcorticalen Strukturen haben. Zusätzliche Eingaben stammen aus den globaler organisierten Modulationssystemen, die den zentralen Kernstrukturen des Gehirns entstammen. (Nach [677].)

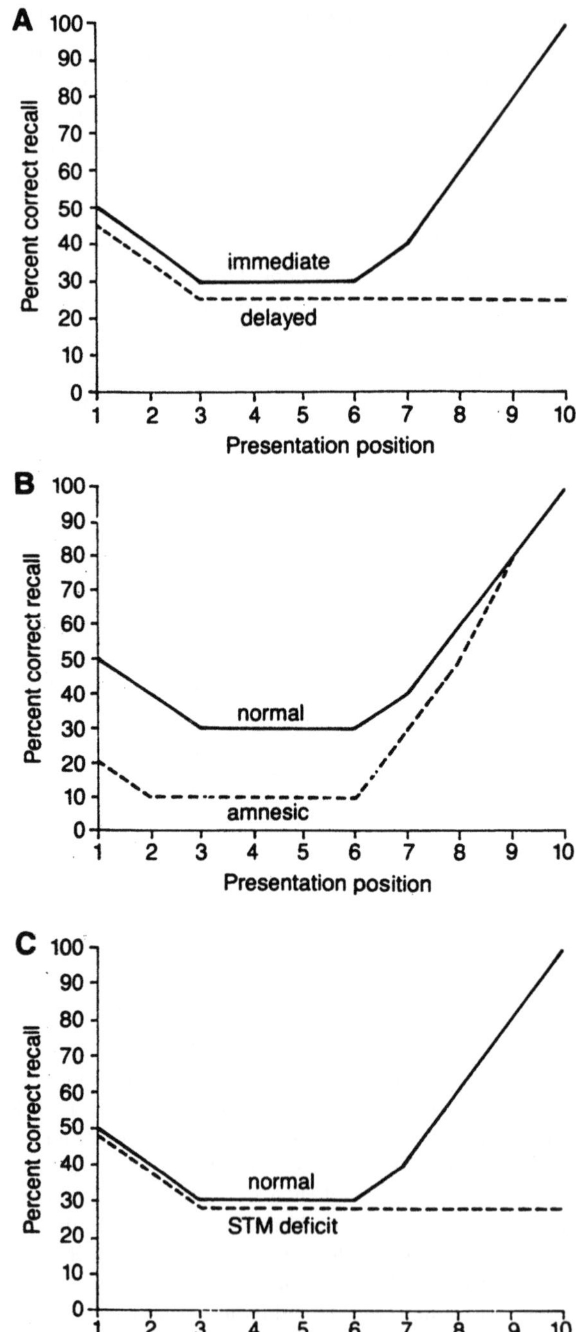
A
Percent correct recall
100
90
80
70
60
50
40
30
20
10
0
immediate
delayed
1 2 3 4 5 6 7 8 9 10
Presentation position

B
Percent correct recall
100
90
80
70
60
50
40
30
20
10
0
normal
amnesic
1 2 3 4 5 6 7 8 9 10
Presentation position

C
Percent correct recall
100
90
80
70
60
50
40
30
20
10
0
normal
STM deficit
1 2 3 4 5 6 7 8 9 10
Presentation position

Neuropsychologie und der Experimentalpsychologie die eine oder andere ziemlich klare, wenn auch erstaunliche Hypothese hervorgegangen. Da Berechnungsmodelle danach streben, die neurobiologischen Gegebenheiten möglichst realistisch zu simulieren, müssen sie auch aus den allerneuesten Einschätzungen der plastischen Kapazitäten Nutzen ziehen, wenn sie das, was das Gehirn *tatsächlich* macht, und nicht das, von dem man intuitiv und aufgrund von Selbstbeobachtung *vermutet*, es werde vom Gehirn gemacht, modellieren wollen. Im folgenden werden wir uns auf den Teil der STM–Forschung konzentrieren, der sich mit der Rolle der Hippocampusstrukturen befaßt und der das Problem der empirischen Physiognomie der Plastizität auf der Systemebene erläutert.

Wie wir sch'on an früherer Stelle gesehen haben, konnte bei Studien an stark amnestischen Patienten einerseits zwischen dem Erinnerungsvermögen an Vorfälle, die sich innerhalb der letzten Minute oder so ereignet haben, und andererseits dem LTM für früher erlebte Ereignisse unterschieden werden. Hat man jemals auch eine doppelte Dissoziation beobachtet? Das heißt, ist es möglich, daß jemand ein schwaches STM für erlebte Ereignisse und trotzdem ein relativ normales LTM hat? Durch Selbstbeobachtung kommen wir hier nicht weiter, da sie uns typischerweise dazu verleiten würde, die Frage mit "nein" zu beantworten. Tatsache jedoch ist, daß die Antwort "ja" lautet. Die nachfolgende Diskussion möchten wir mit der Erwähnung eines Standardtests für die Gedächtnisspanne einleiten, bei dem der Versuchsperson eine Reihe von Wörtern präsentiert werden, die diese dann wiederholen soll. Normale Kontrollpersonen haben eine Spanne von ungefähr sechs oder sieben Wörtern. Shallice und Warrington [659] untersuchten Patienten mit einer Spanne von zwei Wörtern und entdeckten, daß diese ein schlechtes STM hatten, obwohl das LTM für Wörter normal war. Das mangelhafte STM schien auf verbales Material beschränkt zu sein; das nicht–verbale STM war scheinbar normal. Baddeley und Hitch [43] dachten sich ein Experiment aus, durch das diese Dissoziation auch bei normalen Kontrollpersonen zum Vorschein kam. Ein wohlbekanntes Gedächtnisphänomen, der sogenannte "Rezenzeffekt", wird typi-

Abbildung 5.35 Die Leistungen von (A) normalen Versuchspersonen, (B) amnestischen Patienten und (C) Patienten, die an einem mangelhaften Kurzzeitgedächtnis leiden, bei einem Gedächtnistest, der ohne Erinnerungshilfen durchgeführt wird. Die durchgezogene Linie in (A) zeigt die Leistung in Abhängigkeit von der Eingabeposition, wobei das Zurückrufen ins Gedächtnis unmittelbar erfolgt. Das Erinnerungsvermögen an die zuletzt präsentierten Gegenstände ist sehr gut (Rezenzeffekt). Die durchbrochene Linie zeigt die Leistung, wenn das Zurückrufen ins Gedächtnis wegen Ablenkung verzögert erfolgt. Hier gibt es keinen Rezenzeffekt, was darauf hindeutet, daß eine Abhängigkeit von irgendeinem vorläufigen Speicher besteht. (B) Bei amnestischen Patienten ist der Kurzzeitrezenzeffekt normal, aber andere Leistungen sind stark beeinträchtigt. (C) Typische Leistung eines Patienten mit einem spezifischen Defizit des Kurzzeitgedächtnisses beim Hören; hinsichtlich früher präsentierter Dinge ist die Leistung normal; der Rezenzeffekt fällt jedoch weg. (Nach [42].)

scherweise in den Spannentests an anderen Stellen beobachtet. Bei diesem Effekt handelt es sich um das Phänomen, daß man sich an die letzten paar Worte genauer erinnern kann als an Worte im mittleren Bereich oder an die ersten ein bis zwei Worte. Baddeley fragte sich, ob der Rezenzeffekt verschwinden würde, wenn man die Aufmerksamkeit der Versuchsperson gegen Ende der Präsentation der Wortliste ablenken würde. Die Anwort lautet "ja", was die meisten von uns nicht erwartet hätten. Das heißt: Bei Ablenkung kann man sich besser an die früheren Worte als an die zuletzt genannten Worte erinnern (Abbildung 5.35). Patienten mit mangelhaftem STM zeigen ebenfalls keinen Rezenzeffekt.

Diese Daten werden so interpretiert, daß es einen Speicher gibt, der die Information für sehr kurze Zeit aufnimmt. Baddeley nennt diesen Speicher "Arbeitsspeicher". "Kurz" bedeutet hier mehrere Sekunden, und zwar kann es sich nur um ein bis zwei Sekunden handeln, aber auch fünf oder sechs Sekunden sind denkbar. Wie die von Shallice und Warrington an verschiedenen Patienten durchgeführten Studien zeigen, ist es nicht notwendig, daß Ereignisse den Arbeitsspeicher durchlaufen, um in den Langzeitspeicher zu gelangen. Das heißt, daß sich diese Patienten an ein Wort lange Zeit später erinnern können, an das sie sich unmittelbar nach der Repräsentation der Wortliste nicht erinnern konnten. Wahrscheinlich sind sie sich jedoch zur Zeit der Präsentation des Reizes bewußt, wenn auch nur für einige hundert Millisekunden lang. Um die Kapazität des Arbeitsspeichers zu untersuchen, erhöhte Baddeley dessen Belastung, indem er normalen Versuchspersonen neben einer Wiederholungsaufgabe gleichzeitig eine Denkaufgabe stellte. Die zur Lösung der Denkaufgabe benötigten Zeiten verlängern sich mit zunehmendem Umfang der Wortliste ein wenig (jedoch nur um ungefähr eine Sekunde oder weniger), und beim Erinnern an die Worte werden nicht signifikant mehr Fehler gemacht (Abbildung 5.36). In Verbindung mit Daten aus anderen Tests, bei denen es auch um die Lösung konkurrierender Aufgaben geht, sprechen die Forschungsarbeiten von Baddeley dafür, daß es eine Reihe von Arbeitsspeichern gibt, deren Verhältnis zueinander unterschiedlich ist. Einer dieser Speicher, der Dinge ungefähr 1–2 Sekunden behält, ist hauptsächlich auditiv, während ein anderer Speicher optisch-räumlich und wieder ein anderer in erster Linie verbal ausgerichtet ist. Wahrscheinlich gibt es auch noch weitere Speicher. Vermutlich werden durch Wiederholung, die möglicherweise unter Zuhilfenahme visueller oder akustischer Bilder erfolgt, Prozesse aufrechterhalten, die den Arbeitsspeicher versorgen. Dies könnte erklären, warum wir, wenn wir uns selbst beobachten, der Meinung sind, daß ein Ereignis länger als nur ein paar Sekunden im Arbeitsspeicher verweilt.

Damit man eine Verbindung zwischen Verhalten, Anatomie und Physiologie herstellen kann, sind Studien, bei denen sich ein Tier eine bestimmte Zeit nach Präsentation des Reizes und relativ zu spezifischen Läsionen erinnern soll, von unschätzbarem Wert. So hat Goldman-Rakic [271] herausgefunden, daß Affen mit Läsionen im dorsolateralen Bereich des präfrontalen Cortex Mängel im Arbeitsspeicher aufweisen, die spezifisch räumliche Relationen betreffen, während

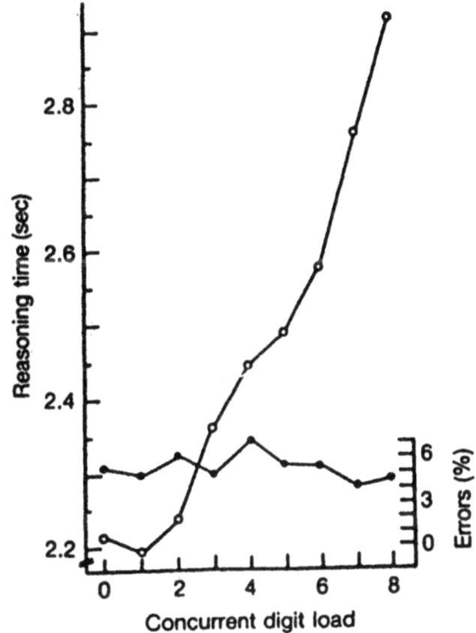

Abbildung 5.36   Auswirkungen auf Geschwindigkeit (helle Kreise) und Genauigkeit (dunkle Kreise) bei der Lösung von Denkaufgaben, wenn sich gleichzeitig sofort an eine andere Aufgabe erinnert werden soll. Versuchspersonen sollten die Richtigkeit von Sätzen wie "A folgt nicht auf B–AB" bestätigen und sich gleichzeitig an zufällige Zahlenreihen erinnern, deren Längen zwischen 0 und 8 schwankten. Währ end die zur Lösung der Denkaufgabe benötigte Zeit mit zunehmender Belastung anwuchs, blieben die gemachten Fehler weitgehend konstant. (Nach [42].)

der Arbeitsspeicher für Objektkategorien verschont bleibt. Was die Neurobiologie angeht, wurden die Aufzeichnungen in diesem Bereich an Zellen von gesunden Tieren vorgenommen, die während der zwischen der Reizpräsentation und dem Hinweis auf die Lokalisierung des Objekts liegenden Zeit kontinuierlich feuern (Abbildung 5.37). Wenn es in der Aufgabe darum geht, daß sich an die Form eines Objekts und nicht an seine Lokalisierung erinnert werden soll, zeigen diese Zellen während der Verzögerungsperiode keine gesteigerten Antwortreaktionen.[21] (Über ein ähnliches Ergebnis im parietalen Cortex berichten Gnadt und Andersen [270].) Natürlich enthält der Reiz Informationen über die Form, aber sie sind für die Lösung der Aufgabe irrelevant, insofern, als die dorsolateralen Zellen nicht darauf reagieren müssen (siehe auch [517, 248]). Offensichtlich speichern die von Goldman–Rakic gefundenen Zellen die für die Lösung der Aufgabe relevanten In-

---

[21] Einen kürzlich erschienenen Bericht über eine Steigerung der Stoffwechselaktivität im Zwischenhirn, wenn Aufgaben unter Beteiligung des Arbeitsspeichers gelöst werden sollen, findet man in [240].

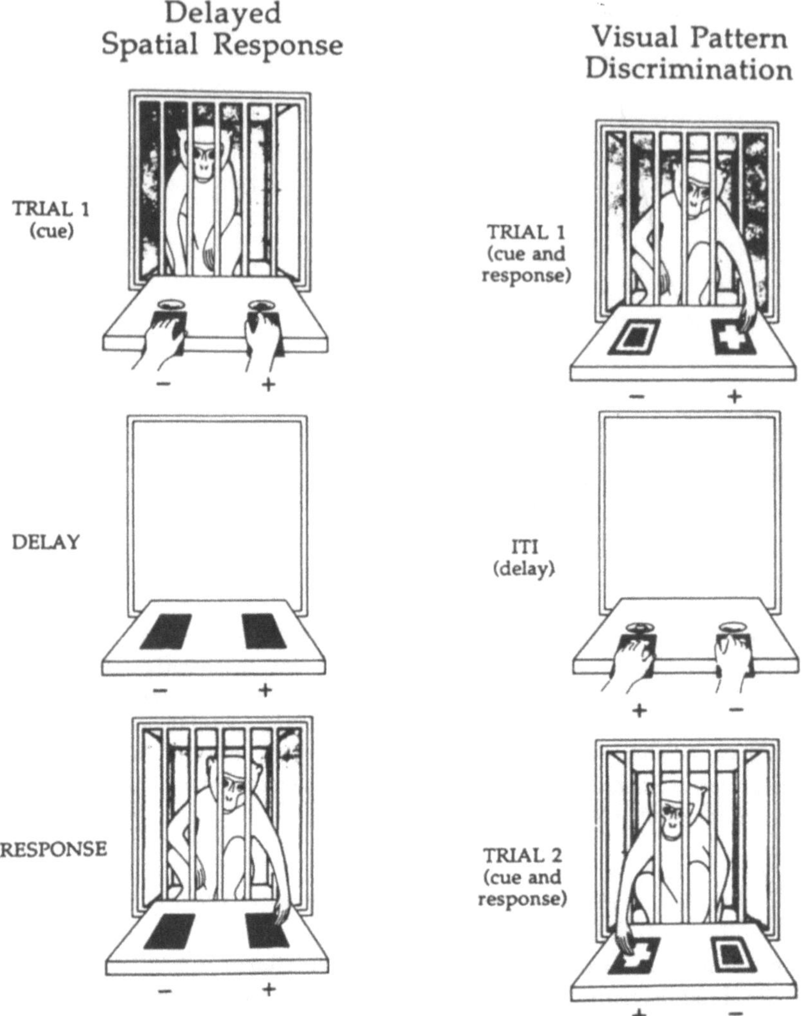

Abbildung 5.37   Skizzierte Darstellung von Aufgaben, bei denen es um eine verzögerte Antwort (Arbeitsspeicher) und um visuelle Unterscheidung (Assoziativspeicher) geht. Im ersten Fall beobachtet der Affe, wie der Versuchsleiter einen Leckerbissen in einem der beiden Futterbehälter "versteckt" (oberes Bild). Danach werden die Behälter mit identischen Deckeln versehen, die Versuchsanordnung wird abgesenkt (mittleres Bild) und mit einer Verzögerungszeit von mehreren Sekunden wieder emporgehoben (unteres Bild). Der Affe muß nun zwischen den beiden Futterbehältern auswählen. Bemerkenswert ist, daß es in der Testsituation zum Zeitpunkt der Antwort keinen Hinweis gibt, der die Entscheidung des Tieres steuert: Das Verhalten des Tieres muß durch Erinnerung an das einige Sekunden vorher beobachtete Verstecken des Futters beeinflußt worden

formationen so lange, bis diese verwendet werden können, wenngleich noch nicht bekannt ist, durch welche Eingabe dies veranlaßt wird. Ist die Information nicht mehr erwünscht, stellt sich der Grundzustand wieder ein und und die Zellen werden darauf vorbereitet, neue Information zu erhalten und zu speichern. Es hat den Anschein, als hätten diese Experimente einen entscheidenden Teil der zellulären Grundlage des Arbeitsspeichers aufgedeckt. Man sollte jedoch daran denken, daß hier von Zellen im *Cortex* und nicht von Zellen des *Hippocampus* die Rede ist (Abbildung 5.38).

Welche möglichen Mechanismen könnten als Arbeitsspeicher dienen? Einer der ersten Vorschläge diesbezüglich war, daß die über die Wahrnehmung ausgelöste Aktivität für die kurze Dauer der Arbeitsspeicherperiode ständig in einem rekurrenten Netzwerk zirkulieren würde. Wenngleich dieser Vorschlag nicht völlig aus der Luft gegriffen ist, so erscheint er dennoch hauptsächlich aus zweierlei Gründen unwahrscheinlich. Zum einen müßte ein Signal, damit es ungefähr 5 Sekunden lang in dem Arbeitsspeicher bleibt, die Schleife sehr oft durchlaufen, und zwar je nach Größe der Schleife ungefähr $10^2 - 10^3$ mal. Da es sich hier um ein biologisches System handelt, ist die Annahme, daß ein Signal, das Hunderte von Synapsen passiert, unverändert erhalten bleibt, irgendwie unwahrscheinlich. Der Vorschlag hat noch eine zweite Schwäche, und zwar nimmt man im typischen Fall an, daß das Signal in der Schleife von einem Neuron auf das andere übertragen wird. Hier liegt die Schwierigkeit darin, daß einzelne Synapsen im allgemeinen alleine zu schwach sind, um den Schwellenwert des postsynaptischen Neurons zu erreichen. Würde andererseits jedes Verbindungsglied aus einer Population von Neuronen bestehen, dann wäre, vorausgesetzt unsere physiologischen Kenntnisse erweisen sich als richtig, die Zirkulation ein statistisches Phänomen und keiner wüßte wirklich, wie man die Zirkulation in einer Population modellieren könnte.

David Zipser [786] hat diese Alternative eines in der Population "zirkulierenden Signals" untersucht und zu diesem Zweck ein einfaches rekurrentes Netzwerk entworfen, in dem eine kleine Gruppe einfacher Einheiten (die nur die sigmoiden Eingabe–Ausgabe–Beziehungen haben) einen zirkulierenden Kurzzeitspeicher unterstützen kann. In dem Modell gibt es zwei Arten der Eingabe. Bei der einen handelt es sich um ein analoges Signal — z.B. eine Eingabe, die einen visuellen Reiz repräsentiert — und bei der zweiten um eine Schleußeneinheit, die jedoch

sein. Andererseits wird bei den herkömmlichen Lernparadigmen, die durch visuelle Unterscheidungsaufgaben veranschaulicht werden, die Reaktion durch Hinweise von außen (Versuch 2), die in der Vergangenheit (Versuch 1) stets belohnt wurden, beeinflußt. Bei Affen mit präfrontalen Läsionen ist die Fähigkeit, Aufgaben nach einer Zeitverzögerung zu lösen, stark beeinträchtigt, aber einfache und konditionale Unterscheidungsaufgaben bewältigen sie genausogut wie Kontrolltiere, die nicht operiert wurden. Bei dem Verhalten kann es sich um Greifen oder um eine erlernte okulomotorische Reaktion, z.B. inform einer Augenbewegung nach links oder nach rechts handeln. (Nach [554].)

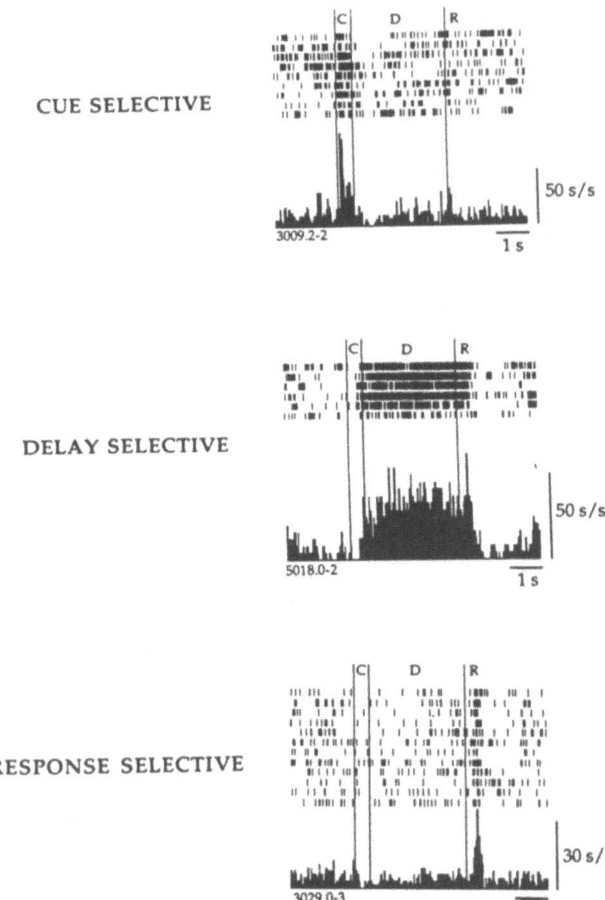

Abbildung 5.38   Beispiele für drei der wichtigsten Arten von neuronaler Verarbeitung, die dann in präfrontalen Neuronen auftreten, wenn ein Affe eine Aufgabe mit zeitlicher Verzögerung löst. (oben) Diese Zelle zeigt eine phasische Antwortreaktion, die bis zur Präsentation eines spezifischen Hinweises im Gesichtsfeld zeitlich gesperrt ist. (Mitte) Dies ist ein Beispiel für ein Neuron, das in der Verzögerungsperiode aktiviert wird, wenn der im Gedächtnis zu behaltende Stimulus nicht mehr sichtbar ist und die Antwortreaktion erst noch erfolgen muß. Während der Verzögerung ist der Affe fixiert, aber das Neuron reagiert richtungsspezifisch, d.h., die Entladungsrate steigt nur dann an, wenn sich der auslösende Reiz (Hinweis) an einer bestimmten Stelle befindet. Abstimmung und Bevorzugung einer bestimmten Richtung während der Aktivität in der Verzögerungsperiode haben starke Ähnlichkeiten mit den Besonderheiten der Aktivität von Zellen, die durch einen Hinweis aktiviert werden. Man vermutet, daß diese Zellklassen synaptisch verknüpft sind. (unten) Diese Zelle ist präsakkadisch aktiv, d.h., sie entlädt sich nach

nur in regelmäßigen Intervallen aktiviert wird. Die Aktivität der Schleußeneinheit ist das Kommando, daß das gegenwärtige analoge Signal solange gespeichert werden soll, bis sich die Schleuße wieder öffnet. Das analoge Signal wird dann an das rekurrente Netz weitergegeben und zirkuliert erneut, bis die Schleuße das nächste Mal aufgeht, woraufhin das alte Signal hinausgeworfen wird und ein neues Signal in das rekurrente Netz gelangt und mit dem Zirkulieren beginnt (Abbildung 5.39). Mit diesem sehr einfachen Ansatz kann man zeigen, auf welche Weise eine Population von Einheiten, die in einem rekurrenten Netz angeordnet sind, in der Lage ist, ein Signal für kurze Zeit zu speichern. Ob dieses Modell — wenn auch nur in groben Zügen — für den STM in wirklichen neuronalen Netzen zutrifft, konnte noch nicht gezeigt werden, wenngleich das Modell zumindest mit den Daten aus den Experimenten von Goldman–Rakic konsistent ist. Aufgrund verschiedener wichtiger Unterschiede zwischen Modell und Realität könnten Zweifel aufkommen: In dem Zisper–Modell finden in der Ausgabe einer Einheit gleichmäßige Variationen statt, und die Einheiten sind untereinander eng verbunden. Im Gegensatz dazu handelt es sich bei der Ausgabe von wirklichen Neuronen um Aktionspotentiale, die sich nicht gleichmäßig, sondern diskret verändern und eher in bestimmten Intervallen als kontinuierlich auftreten. Außerdem sind wirkliche Neuronen spezifischer und weniger stark miteinander verbunden, als dies im Modell der Fall ist. Diese Unterschiede führen wahrscheinlich zu unterschiedlichen Netzeigenschaften.[22]

Die zweite Möglichkeit für eine neuronale Implementierung des STM wäre ein zellulärer Mechanismus, der den gleichen zeitlichen Verlauf wie der Speicher selbst hätte (siehe [794]) — beispielsweise könnte es sich um eine vorübergehende Gewichtsmodifikation handeln, die bis zu ungefähr 5 Sekunden lang andauert. Solche Modifikationen können synapsenspezifisch sein; es wäre aber auch denkbar, daß sie die gesamte Zelle betreffen, wie das bei einer Veränderung des Schwellenwertes zur Auslösung von Aktionspotentialen der Fall wäre. Bisher konnte diese Vorstellung weder physiologisch bestätigt noch widerlegt werden. Eine Möglichkeit wäre ein Phänomen, das als *post–tetanische Potenzierung* oder PTP (Abbildung 5.40) bekannt ist. Bei dieser Potenzierung handelt es sich — zumindest dort, wo sie

---

[22]Ein anderes interessantes Modell ist in [166] beschrieben.

Verschwinden des Fixationspunktes, aber noch vor Beginn der erforderlichen Sakkade auf eine richtungsspezifische Art und Weise. Solche Neuronen sind vermutlich an der Auslösung der okulomotorischen Antwortreaktion beteiligt. Möglicherweise handelt es sich um präfrontale Neuronen, die mit den tieferen Schichten des Colliculus superior in direkter Verbindung stehen. Auch andere (hier nicht gezeigte) Neuronen, die jedoch postsakkadisch aktiv sind, stehen mit der Antwort in Zusammenhang. Bei der postsakkadischen Aktivität könnte es sich um ein Signal von anderen Zentren handeln, durch das die synaptisch miteinander verknüpften präfrontalen Neuronen angewiesen werden, die Aktivität in der Verzögerungsperiode zu beenden. C, Hinweisperiode; D, Verzögerungsperiode; R, Antwortperiode; 50 s/s, 50 Spitzenpotentale/Sekunde. (Nach [554].)

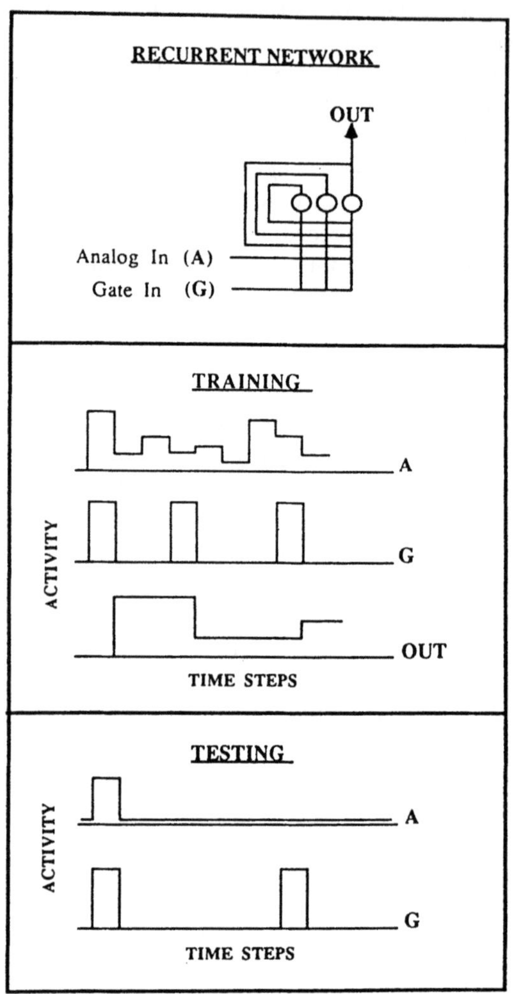

Abbildung 5.39   Eingabe–Ausgabe–Struktur eines rekurrenten Netzmodells mit Diagrammen von Trainings– und Testparadigmen. (Nach [786].)

bisher studiert wurde — um einen präsynaptischen Effekt, bei dem als Reaktion auf einen hochfrequenten Stimulus die Freisetzung größerer Transmittermengen aus der präsynaptischen Endigung folgt. Diese PTP kann noch zu einem LTP–Effekt hinzugefügt werden. Die Potenzierung der nachfolgenden EPSPe ist bei der PTP größer als bei der LTP und ihre Aufhebung ist eine Sache von Minuten. Die kurze Dauer deutet darauf hin, daß die PTP beim Kurzzeit- oder beim Arbeitsspeicher eine Rolle spielen könnte. Da es sich jedoch um einen präsynaptischen Effekt handelt, werden alle Synapsen, mit denen die präsynaptische Zelle kommuniziert, potenziert. Das bedeutet, daß der Effekt hier weniger spezifisch als bei der (Vanille-)LTP ist. Eine weitere Spekulation ist die Vermutung, daß dann, wenn wir die Schwingungen verstehen, die z.B. von Llinás und seinen Kollegen [452] bzw. von Gray et.al. [280][23] untersucht worden sind, etwas Licht in die Mechanismen, nach denen die vorübergehenden Gewichtsänderungen ablaufen, gebracht werden könnte. Außerdem ist es möglich, daß sich biologische Systeme mehrerer Mechanismen bedienen und daß die vorübergehenden synaptischen Modifikationen in Wechselbeziehung mit der rezirkulierenden Aktivität stehen, und so ziemlich komplexe Kurzzeitwirkungen erzielen.[24] (In Tabelle 5.1 sind bekannte Prozesse aufgelistet, die die Wirksamkeit von Synapsen an der neuromuskulären Verbindung modifizieren.)

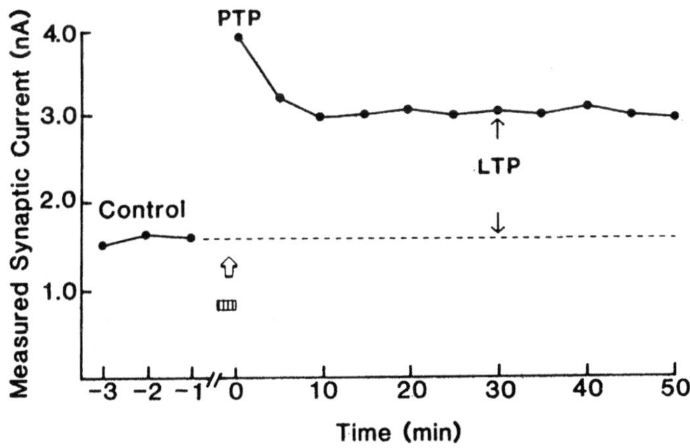

Abbildung 5.40 Exzitatorische postsynaptische Amplituden des Stroms (EPSC) in Moosfasern über die Zeit aufgetragen; gemessen wurde vor bzw. nach Induktion der LTP. Zu dem markierten Zeitpunkt (schraffierter Balken und Pfeil) erfolgte eine kurze tetanische Reizung. Bemerkenswert ist, daß durch die tetanische Reizung, zusätzlich zu der viele Minuten dauernden LTP, eine post–tetanische Potenzierung (PTP) induziert wird, die ein paar Minuten lang anhält. (Nach [52].)

5.8 Dasein und zeitliche Koordinierung

Man kommt immer mehr zu der Einsicht, daß der Zeitfaktor in Berechnungsmodellen nicht nur berücksichtigt, sondern daß ihm sogar entscheidende Bedeutung

---

[23]Siehe auch [195] und [78] wegen eines kurzen Überblicks.

[24]Ein nach den Daten von Gray et al. erstelltes Modell ist in [44] beschrieben.

Präsynaptische Faktoren	Größe[a] nach einem Impuls	Zeitkonstante[b]
Komponenten einer gesteigerten Transmitterfreisetzung		
Förderung		
1. Komponente	0,8	50 msek
2. Komponente	0,12	300 msek
Vermehrung	0,01[c]	7 sek
Potenzierung (PTP)	0,01	20 sek bis min[c]
Komponenten einer verminderten Transmitterfreisetzung		
Rückgang		
Schnelle Komponente	0–0,15[d]	5 sek
Langsame Komponente	0–0,001[d]	min[c]
Postsynaptische Faktoren		
Desensibilisierung postsynaptischer Rezeptoren	0–0,001[e]	5–20 sek

Tabelle 5.1   Kurzzeitprozesse, die die synaptische Wirksamkeit beeinflussen.
[a] Die Größe der Komponenten einer gesteigerten Transmitterfreisetzung gibt den Bruchteil an, um den die gesteigerte Freisetzung über das Kontrollniveau hinausgeht; bei einer Größe von 0,8 wird die Freisetzung um 80% gesteigert. Die Größe der Komponenten einer verminderten Transmitterfreisetzung gibt den Bruchteil an, um den sich die Freisetzung gegenüber dem Kontrollniveau verringert; bei einer Größe von 0,15 vermindert sich die Freisetzung um 15%. Im Fall der Desensibilisierung gibt die Größe den Bruchteil an, um den die Amplitude des Endplattenpotentials bei einer verringerten Anzahl funktioneller postsynaptischer Rezeptoren abnimmt.
[b] Bei der Zeitkonstanten handelt es sich um die Zeit, die erforderlich ist, bis 37% der anfänglich freigesetzten Menge erreicht sind.
[c] Steigt mit der Anzahl der Impulse.
[d] Bei einem geringen Quantengehalt kann der Rückgang vernachlässigt werden. Bei Ansteigen der extrazellulären Calciumkonzentration, wodurch wiederum der Quantengehalt ansteigt, wird auch der Rückgang größer.
[e] Findet bei verringerter Transmitterfreisetzung oder unter normalen physiologischen Bedingungen nicht statt. Kann bei vermehrter Transmitterfreisetzung während ausgedehnter hochfrequenter Reizung entstehen. (Nach [472].)

beigemessen werden muß. Die Zeit ist besonders im Hinblick auf die Plastizität wichtig, da Nervensysteme ein in der Vergangenheit liegendes Signal mit Hilfe von Arbeits- oder Kurzzeitspeicher und ein noch weiter zurückliegendes Signal durch den Langzeitspeicher erhalten, so daß darüber in der Gegenwart verfügt werden kann. Wenngleich frühere PDP–Modelle (abgekürzt nach *parallel distributed processing*) die Zeit einfach vernachlässigt und dafür andere Parameter erforscht haben, erinnern uns realistische Modelle, wie z.B. das Modell von Traub (S. 290–291), an die Bedeutung, die den zeitlichen Beziehungen bei der Funktion von Schaltkreisen zukommt. Außerdem weisen die Ergebnisse von Linás, d.h., die Erkenntnis, daß die LTP im entorhinalen Cortex durch Schwingstrom ausgelöst werden kann, darauf hin, daß das zeitliche Zusammenspiel neuraler Ereignisse bei der Erfüllung bestimmter Funktionen eine entscheidende Rolle spielt. Auch aus anderen Bereichen der Hirnforschung gibt es ähnliche Hinweise, die zeigen, daß es bestimmte Zellen gibt, deren Eigenschwingverhalten auf andere Zellen des Projektionsbereichs übertragen werden [468, 192, 50, 452, 492, 585].

Wie schon in Kapitel 3 bemerkt wurde, macht sich das Nervensystem wahrscheinlich die Biophysik des Systems zunutze, um die *gegenwärtigen Ereignisse* relativ zueinander in richtiger zeitlicher Folge zu koordinieren [499]. Offensichtlich ist die Evolution zufällig darauf gekommen, zur Lösung des Problems räumlich-zeitlicher Repräsentationen unter anderem Zeitkonstanten für verschiedene neurale Aktivitäten zu verwenden. Dazu zählen Schwingungsfrequenzen, Phasenangleichung von Schwingungen, bestimmte Öffnungszeiten der Kanäle, verschiedene Refraktärperioden und Zeitpläne für das Aussenden von Aktionspotentialen. Diese Aufzählung könnte noch weitergeführt werden. Die zelluläre Architektur und die Architektur des Schaltkreises werden dann so gestaltet, daß die Zeiten gerade passend für das bestimmte Gehirn und den jeweiligen Körper sind, damit ein Überleben in der speziellen ökologischen Nische ermöglicht wird. Wenn sich der Mechanismus auch aufgrund von gemachten Erfahrungen entsprechend anpassen kann, dann müßte er sich die zeitlichen Faktoren, nach Hebb oder sonstwie, auf irgendeine geniale Weise zunutze machen, damit das Timing durch die Erfahrung genauer wird. Wir wiederholen: Die Genauigkeit bei der zeitlichen Abstimmung von gegenwärtigen Ereignissen oder von Vorfällen, die sich innerhalb weniger Sekunden oder Minuten vor der Gegenwart ereignet haben, wäre dann von Kopf bis Fuß eine bauliche Eigenart des Systems und nicht etwas, das der Grundanatomie und -physiologie des Netzes hinzugefügt wurde. Folglich kann man solche Eigenschaften wie die Schwingung von Zelltypen oder von Populationen wahrscheinlich nicht einfach als "bloße Implementierung" abtun. Es muß noch einmal betont werden, daß das Traub–Modell hinsichtlich der Erforschung und Berücksichtigung zeitlicher Parameter Pionierarbeit geleistet hat.

Die in Kapitel 3 gepriesene Strategie, nach der man der Zeit ihre eigene Repräsentation läßt [499], hat eine wichtige Einschränkung, und zwar, daß sie bestenfalls nur bei "gegenwärtigen Ereignissen" oder "gegenwärtigen Repräsentationen" angewendet werden kann, wobei mit "gegenwärtig" *in etwa* der Zeitpunkt gemeint ist, der von der Gegenwart nur einige Sekunden entfernt ist. Wenn Nervensysteme eine Fledermaus dazu befähigen sollen, die Flugbahn einer Motte vorherzusagen, damit die Fledermaus zum richtigen Zeitpunkt am richtigen Ort sein kann, ist es möglicherweise von entscheidender Bedeutung, daß sich die Nervensysteme Zeitkonstanten zunutze machen. Es hat jedoch den Anschein, als wäre diese Strategie beispielsweise für die Repräsentation von Ereignissen der eigenen Biographie nicht geeignet. Wir betrachten diese Fragen nach den zeitlichen Relationen am Beispiel einer Lebensgeschichte: Haben Sie Ihren ersten Kuß bekommen, bevor oder nachdem Sie den Führerschein gemacht haben? Ist Ihr erstes Kind vor oder nach dem Kauf des Farbfernsehers auf die Welt gekommen?[25] Die meisten Menschen können derartige Fragen sehr genau beantworten und wenn man ein wenig überlegt, kann man sich auch ziemlich exakt an weniger herausragende Ereignisse erinnern. Es erscheint unwahrscheinlich, daß biophysikalische Eigenschaften, wie z.B. die Kanalöffnungszeiten, bei der zeitlichen Repräsentation im autobiographischen Gedächtnis eine zentrale Rolle spielen. Wahrscheinlicher ist es, daß für manche Ereignisse der Zeitpunkt repräsentiert wird und daß man sich in diesem Zusammenhang an damit assoziierte Geschehnisse erinnern kann.

Will man sich also an die Zeit erinnern, als ein Lied — z.B. "Du gehörst zu mir" — populär war, könnte man damit beginnen, daß man eine umfassende Zeitperiode spezifiziert (als ich im Gymnasium war), sich dann an ein herausragendes Ereignis in diesem Zeitraum erinnert, von dem man das Datum kennt (es war in der 11. Klasse, als ich meine Zahnspange bekam), und von hier ab kann man dann in der Vorstellung Ereignisse der Reihenfolge ihres Geschehens nach erneut durchleben (der Zeitraum, an dem das Lied aktuell war, lag zwischen der 11. und der 13. Klasse, als ich meinen Führerschein gemacht habe usw.). Wenn man die relative zeitliche Reihenfolge rekonstruiert, nimmt man beim erneuten Durchleben scheinbar den Standpunkt ein, den man beim Orginalerlebnis hatte. Dazu gehört, daß man andere Erinnerungen assoziiert und sich möglicherweise auch an verschiedene Ereignisse erinnert, die man gar nicht unbedingt ins Gedächtnis zurückrufen wollte. Es ist ökonomischer, wenn nur ein paar absolute Zeiten und Orte gespeichert und die anderen Ereignisse und Plätze nur in Relation dazu einordnet werden.

Andere zeitliche Kapazitäten können es auch erforderlich machen, daß die Zeit über verschiedene Zeitmaßstäbe codiert wird. Beispielsweise können Vögel die Zeit, die sie mit der Suche nach versteckten Beutetieren verbringen, in Abhängigkeit von den Beutefangintervallen (in der Größenordnung weniger Sekunden) abändern, die sich aus den über die Zeit (Minuten oder Stunden) gemittelten Werten ergeben. Dabei berücksichtigen sie auch die Zeit, die zum Herumsuchen benötigt wird (Zeithorizont) [416]. Außerdem können räuberisch lebende Tiere ihre Jagdaktivitäten so abstimmen, daß sie mit den zirkadianen, den von den Gezeiten abhängigen und auch mit noch kurzzeitigeren Aktivitätsrhythmen ihrer Beutetiere zusammenfallen [154]. Möglicherweise sind an diesem Verhalten biochemische Mechanismen, wie z.B. hormonale Zyklen, beteiligt.

---

[25]Rubin [201] hat zu diesem Thema eine Sammlung von Veröffentlichungen herausgegeben.

5.9 Die Entwicklung von Nervensystemen

Die Plastizität von Nervensystemen ist während der Entwicklungsphase am spektakulärsten ([145, 592, 125, 307, 423]). Das Lernen, das uns so fasziniert und verblüfft, wenn wir uns über die Aneignung von allgemeinem und episodischem Wissen, von motorischen und kognitiven Fähigkeiten sowie über Sprechen und Lesen Gedanken machen, ist unbedeutend im Vergleich zu den Rätseln, die uns die Entwicklung aufgibt. Es müssen hunderte verschiedener Zellarten — Purkinje-Zellen, Motoneuronen, amakrine Zellen, Armleuchterzellen etc. — produziert werden, die jeweils die für ihre Klasse typischen morphologischen und physiologischen Merkmale aufweisen [614, 306] (Abbildung 5.41). Es wäre beispielsweise schlecht, wenn sich eine Purkinje-Zelle wie eine amakrine Zelle, die keine Aktionspotentiale aussendet, verhalten würde. Die Neuronen müssen vom Ort ihrer Enstehung an die richtige Stelle wandern und dabei manchmal eine Entfernung von mehreren Zentimetern zurücklegen, bis sie z.B. in die richtige Schicht der corticalen Lamina oder an die richtige vertebrale Stelle im Rückenmark gelangen [663, 697]; sie müssen die ihrem Zelltyp entsprechenden Verbindungen mit anderen Zellen herstellen und sich mit den geeigneten Rezeptorstrukturen und Neurotransmittern ausstatten. Und wie das in der Natur immer der Fall ist, gibt es weder eine übergeordnete Intelligenz, die diese Vorgänge steuern würde, noch ist das Ganze Dorn für Dorn, Synapse für Synapse, genetisch festgelegt. Die vorhandene DNA reicht nicht annähernd aus, um dies alles zu codieren.

Eine weitere im Zusammenhang mit der Entwicklung erwähnenswerte Tatsache ist der Zelltod [552]. In manchen Strukturen sterben bis zu 75% der Gründerzellen ab, und die vorherrschenden Hypothesen lauten, daß der Zelltod vielleicht genetisch vorbestimmt ist oder daß das Überleben von Zellen möglicherweise von der Aktivität abhängen könnte. Wenngleich viele Faktoren am vorprogrammierten Zelltod beteiligt sein könnten, scheint einer "Lebenserlaubnis", die von der Aktivität und daher von Ernährungsfaktoren abhängt, eine besondere Rolle zuzukommen. Hebbsche Korrelationen können Synapsen verstärken, und auf irgendeine Weise scheint dies die Lebensdauer von Zellen, deren Axone auf die Synapsen treffen, zu verlängern. Andererseits gibt es Bedingungen, die zur Schwächung von Synapsen und folglich auch zur Schwächung der damit in Verbindung stehenden Zelle führen. Diese aktivitätsabhängige Plastizität während der Entwicklung wird durch das biochemische Milieu der lokalen Umgebung reguliert.

Die auf dem Gebiet der Entwicklung erfolgte Forschung führt uns in große Versuchung, zu diesem Thema wieder genausoviel zu schreiben wie über das Lernen und das Gedächtnis. Aber wir können nur nochmals unser Bedauern aussprechen, daß es uns an dieser Stelle nur möglich ist, die Plastizität im Rahmen eines Kapitels und nicht im Rahmen eines Buches zu behandeln. Demzufolge muß dieser Abschnitt rigoros gekürzt werden. Wir haben uns dazu entschlossen, anstelle einer bunt zusammengewürfelten Zusammenfassung lieber eine Fallstudie wiederzuge-

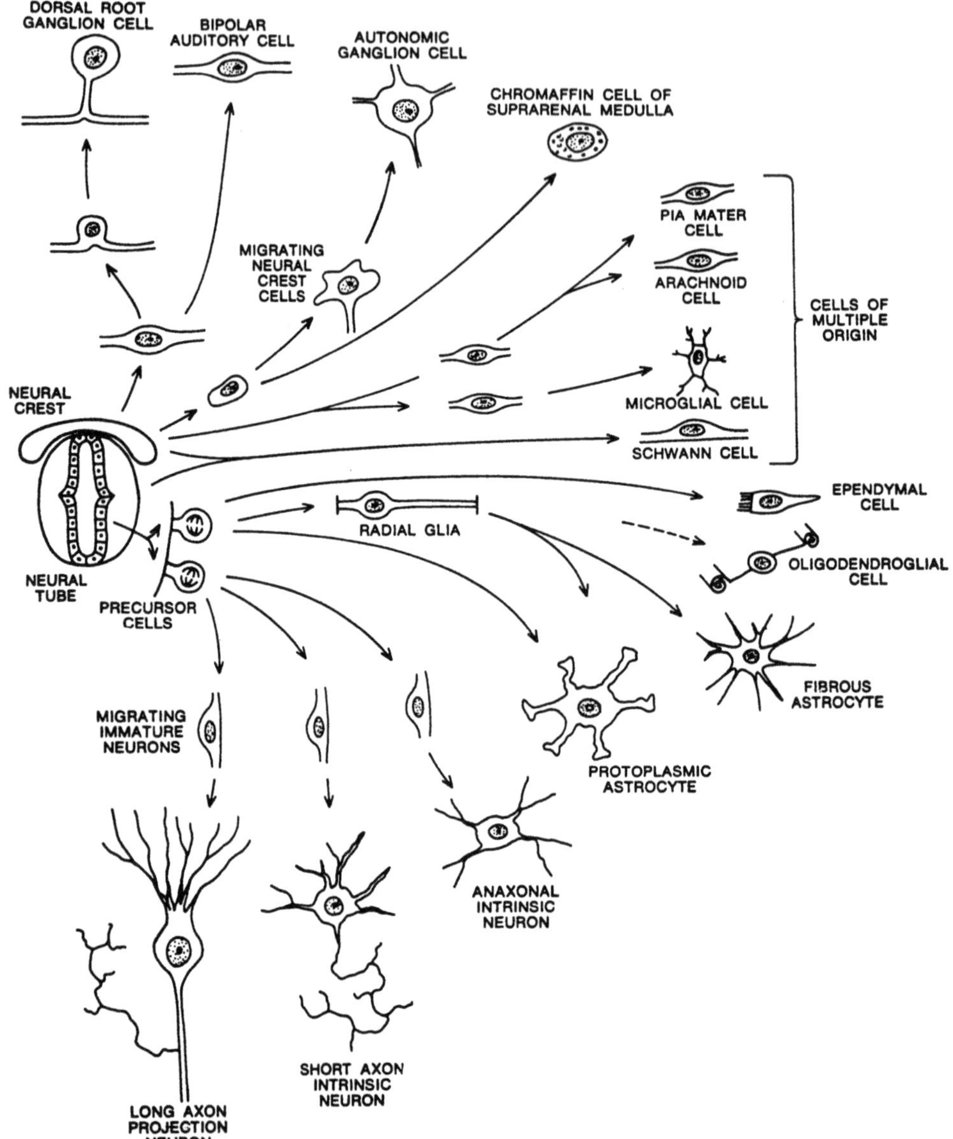

Abbildung 5.41   Entstehung, Differenzierung und Wanderung verschiedener Neuronentypen und Glia. In dieser Abbildung sind die Neuronen des peripheren Nervensystems oben, die Gliazellen in der Mitte und die Neuronen des zentralen Nervensystems unten dargestellt. Bemerkenswert ist, daß sich in der ventrikulären Zone befindende Vorläuferzellen (precursor cells) Glia- und Neuronenlinien direkt entstehen lassen, bevor diese Zellen während der Entwicklung an ihren endgültigen Standort wandern und ihre Endform annehmen. (Aus [667]; nach [604].)

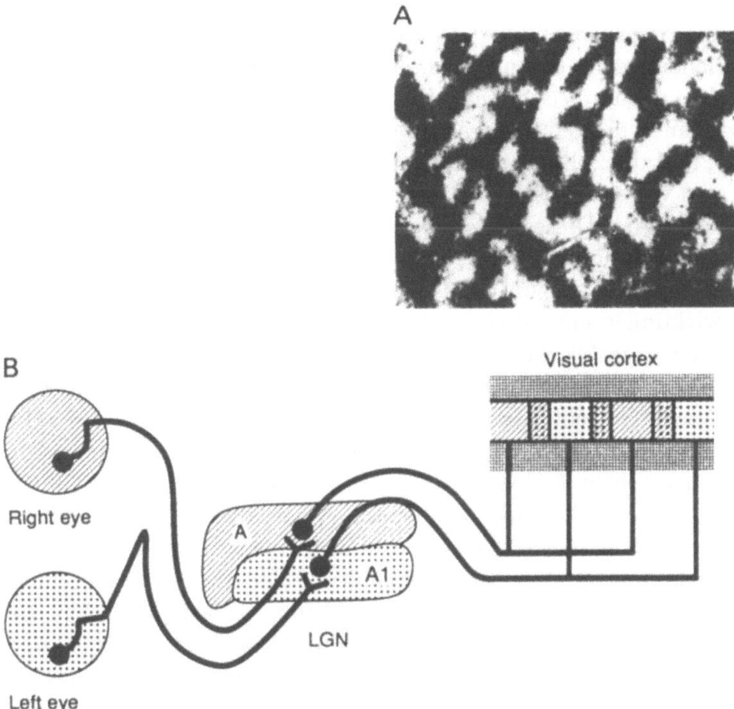

Abbildung 5.42   (A) Stellen mit okularer Dominanz in Schicht 4 der Sehrinde einer Katze. Die Photomontage entstand aus tangentialen Schnitten durch die Schicht 4 des plattgedrückten Cortex. Nach Markierung der geniculostriaten afferenten Endigungen, die das ipsilaterale Auge repräsentieren, erschienen die Populationen weiß. (Nach [29].) (B) Schematische Darstellung des Sehsystems nachdem sich die Stellen mit okularer Dominanz entwickelt haben. Abgebildet sind der linke LGN und die Sehrinde. Wie in der Darstellung zu sehen ist, projizieren die retinalen Ganglionzellen beider Augen auf voneinander getrennte Laminae des LGN, und die Neuronen des LGN wiederum projizieren innerhalb der Schicht 4 in der Sehrinde auf separate Stellen oder Streifen. (Nach [506]. ©AAAS.)

ben, die uns vielleicht einen kurzen Einblick in die Kenntnisse geführt, die sich aufgrund der Wechselwirkungen zwischen neurobiologischen und rechnerischen Experimenten ergeben. Bei dem in dieser Fallstudie ausgewählten Phänomen handelt es sich um die Entwicklung einer eindrucksvollen Organisation, bekannt unter dem Namen *Augendominanzspalten* oder *Stellen mit Okulardominanz*. Zu beobachten ist dieses Phänomen bei Säugetieren in Schicht 4 der Sehrinde (siehe Kapitel 4). Man versteht darunter eine in Schicht 4 der Sehrinde befindliche Ansammlung von Zellen, denen eine Antwortpräferenz entweder für Eingaben aus dem rechten oder dem linken Auge gemeinsam ist. Die Zellen der Schicht 4 tendieren dazu, ausschließlich auf Eingaben aus dem rechten oder dem linken Auge zu reagieren, wobei jedem Auge im Cortex ungefähr gleich viel Platz gewidmet ist. Im Gegensatz dazu können Zellen aus den oberen Schichten durch das rechte Auge, das linke Auge oder durch beide Augen mit unterschiedlicher Augenpräferenz aktiviert werden. Durch Injektion einer radioaktiven Aminosäure in ein Auge werden Zellen anatomisch markiert, und die Zellansammlungen mit einer bestimmten Augendominanz werden in Form von gekräuselten Bändern, die die Schicht 4 durchziehen, sichtbar (Abbildung 5.42(A)). Dieses Beispiel eignet sich für unsere Zwecke, weil über die Anatomie und Physiologie der relevanten Zellen schon eine Menge bekannt ist, und weil es auch hier darum geht, wie globale Eigenschaften aufgrund von lokalen Wechselwirkungen entstehen können.

Die Zellen verdanken ihre Okularität dem Muster nicht–überlappender Verbindungen. Die Zellen des linken und des rechten Auges projizieren getrennt voneinander auf verschiedene Schichten des LGN (Abbildung 5.42 (B)). Auf sehr frühen Stufen der Entwicklung gibt es jedoch weder in den Schichten des LGN noch in der Schicht 4 der Sehrinde eine Trennung in monokular erregbare Zellen. Die Axone von Neuronen des linken und des rechten Auges sind vielmehr zufällig verteilt [437]. Entsprechend dem Auge, aus dem die Axone stammen, findet bei fortschreitender Entwicklung des Tieres eine Aufspaltung der Axone in monokular innervierte Flecken — die Stellen mit okularer Dominanz — statt [347]. Auf der zellulären Ebene spielt sich dabei folgendes ab: Die Axone beider Augen bauen die in bestimme Bereiche gehenden Verzweigungen ab; wohingegen die Verzweigungen in andere Regionen erweitert und vermehrt werden. Allmählich teilen sie sich auf diese Weise in Flecken auf, in denen eine bestimmte okulare Dominanz vorherrscht [687]. Wodurch wird festgelegt, wie sich die Axone aus dem rechten und linken Auge im Laufe der Entwicklung auflösen oder vermehren, so daß sie am Ende der kritischen Periode in monokular innervierte Flecken aufgeteilt sind?

Ein wichtiger Anhaltspunkt ist, daß man die normale corticale Organisation während einer kritischen Periode (bei Katzen ist das ungefähr 3, 5 bis 6 Wochen nach der Geburt und bei Affen größtenteils pränatal) durch monokulare Deprivation, d.h., indem ein Auge verschlossen wird, stören kann. Die monokulare Deprivation führt dazu, daß das nicht verschlossene Auge eine größere corticale Region aktiviert, wohingegen der Bereich im Cortex, der über das deprivierte Auge aktiviert wird, schrumpft [436]. Anderseits hat ein Verschließen beider Augen während der gleichen Periode keine abnormen Auswirkungen [767].

Die Ergebnisse der monokularen Deprivation weisen darauf hin, daß bei der Entwicklung von charakteristischen Augendominanzmustern, die bei ausgewachsenen Tieren in der Schicht 4 der Sehrinde zu finden sind, die Axone des LGN, die dem linken bzw. dem rechten Auge entstammen, in Abhängigkeit von der Aktivität miteinander konkurrieren. Bei Deprivation des linken Auges sind die LGN–Axone, die aus dem rechten Auge kommen, aktiver und werden folglich stärker repräsentiert. Guillery [294] verfeinerte das Beispiel der monokularen Deprivation, indem er das geöffnete Auge geringfügig schädigte, was innerhalb eines

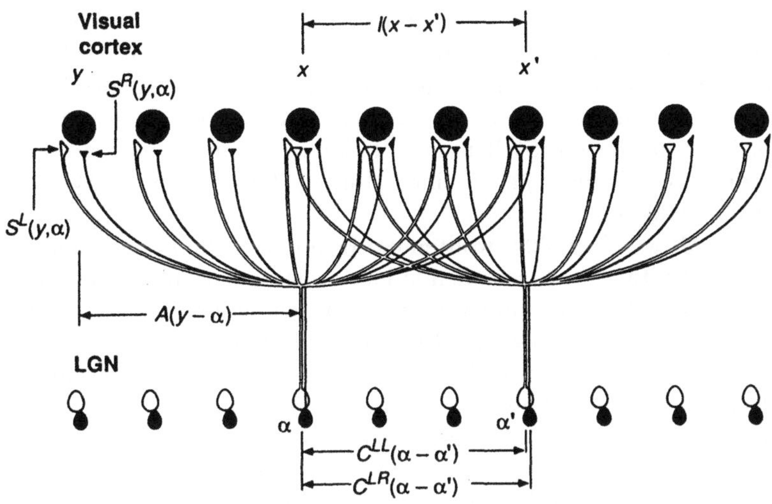

Abbildung 5.43   Die Hauptelemente und Bezeichnungen des Miller–Stryker–Modells. Der LGN wurde so modelliert, daß er aus zwei Schichten besteht, wobei jeweils eine Schicht für ein Auge zuständig ist. Jede Schicht ist zweidimensional. Hier ist aber nur eine Dimension dargestellt. Die Positionen im LGN sind mit den griechischen Buchstaben α, α' gekennzeichnet. Der Cortex wurde in Form einer einzigen zwei–dimensionalen Schicht modelliert, wobei die Positionen mit den römischen Buchstaben x, x', y markiert wurden. In der Abbildung entsprechen die corticalen Positionen x und x' retinotopisch α bzw. α'. Die Zellen des LGN projizieren Synapsen auf eine Reihe von Cortexzellen, die um die retinotopisch korrespondierende Position im Cortex konzentriert sind. Die anatomische Stärke der Projektion (die Anzahl der Synapsen) von den LGN–Zellen jedes Auges an der Stelle α auf die corticale Zelle an der Stelle y ist proportional mit der Verzweigungsfunktion $A(y - \alpha)$. Diese Funktion ist abhängig vom Abstand zwischen y und dem Punkt x, der retinotopisch α entspricht. Die physiologische Stärke der Projektion (die Wirksamkeit, mit der die Aktivität der Zelle im LGN die Cortexzelle erregt) wird durch die gesamte synaptische Stärke, $S^L(y, \alpha)$ für das linke Auge bzw. $S^R(y, \alpha)$ für das rechte Auge, angegeben. S^L und S^R verändern sich während der Entwicklung im Modell, wohingegen die Verzweigungsfunktion A unverändert bleibt. Man vermutet, daß anatomische Veränderungen zu einem späteren Zeitpunkt in der Entwicklung stattfinden, und zwar nachdem sich ein Muster synaptischer Stärken etabliert hat. Die Eingaben des LGN haben lokal korrelierte Impulsmuster. Die Korrelation einer Afferenz des linken Auges an der Stelle α mit einer Afferenz des linken Auges an der Stelle α' wird durch $C^{LL}(\alpha - \alpha')$ bestimmt, während die Korrelation mit der Afferenz des rechten Auges an der Stelle α' durch $C^{LR}(\alpha - \alpha')$ angegeben wird. Quer durch den Cortex gibt es eine Wirkung, durch die die Aktivierung am Punkt x' das Wachstum der Synapsen am Punkt x beeinflußt. Vorzeichen und Stärke dieser Wirkung werden durch die intracorticale Interaktionsfunktion $I(x - x')$ angegeben. (Nach [506].)

kleinen Bereichs zur Deprivation ansonsten aktiver Axone führte. Er fand heraus, daß man die üblichen Auswirkungen der monokularen Deprivation überall mit Ausnahme des Bereichs, der die Axone aus dem geschädigten, nicht–deprivierten (und aus der entsprechenden Region des geschlossenen Auges) repräsentiert, beobachten konnte. Dort hatten die Stellen mit okularer Dominanz eine normale Größe. Die Ergebnisse von Guillery geben einen Hinweis darauf, daß der Wettbewerb ziemlich lokal stattfindet.

Stryker und seine Mitarbeiter [694] wollten die Hypothese, die besagt, daß die synapsenabhängige Aktivität der entscheidende Faktor ist, näher untersuchen und dachten sich zu diesem Zweck Experimente aus, in denen sie bei jungen Katzen auf pharmakologischem Wege die gesamte Impulsaktivität, von der Retina zum Cortex, sowohl des linken als auch des rechten Auges blockierten. Im Gegensatz zu dem Experiment, bei dem während der kritischen Periode beide Augen verschlossen wurden, führte die Stillegung dazu, daß bei Zellen der Schicht 4, die durch beide Augen (also binokular) erregt werden konnten, die Aufteilung in Stellen mit okularer Dominanz verhindert wurde. Dieses Ergebnis weist darauf hin, daß die Aufteilung, die bei Verschluß beider Augen beobachtet wird, wahrscheinlich auf eine spontan auftretende Aktivität in den Axonen zurückgeht, was bei noch nicht voll entwickelten Tieren recht häufig vorkommt. Außerdem ist dies ein klarer Beweis dafür, daß die neuronale Aktivität bei der Aufteilung in monokular erregbare Zellen nötig ist.

Die nächste Frage bezieht sich auf die *zeitlichen* Relationen, die zwischen der Aktivität des linken und des rechten Auges bestehen müssen, damit die okulare Dominanz entsteht. Um dies herauszubekommen, fragten sich Stryker und Strickland [695], ob eine unterschiedliche zeitliche Abstimmung von Signalen des linken und des rechten Auges und folglich auch ein unterschiedliches Timing der synaptischen Aktivität von Zellen der Schicht 4 im Cortex irgendwelche Auswirkungen auf die Ausbildung der Augendominanz haben würde. Bei diesem Experiment wurde die Aktivität sowohl in der linken und der rechten Retina als auch in Axonen des LGN auf pharmakologischem Wege unterdrückt. Als nächstes wurde der Sehnerv im linken und im rechten Auge der jungen Katze künstlich stimuliert. In einer Gruppe erfolgte die Stimulierung der linken und der rechten Sehnerven synchron; in der anderen Gruppe asynchron. Bei *synchroner* Aktivierung beider Sehnerven erfolgte bei den Zellen der Schicht 4 keine Aufteilung in Spalten mit okularer Dominanz; bei *asynchroner* Aktivierung konnte in allen Zellen Okularität beobachtet werden.

Um zu sehen, was dies bedeutet, betrachten wir eine corticale Zelle aus der Schicht 4, die über Synapsen von Axonen, welche sowohl vom rechten als auch vom linken Auge projizieren, verfügt. Werden nur die Axone des linken Auges stimuliert, führt dies zu einer Verstärkung der "linken Synapsen"; die rechten Synapsen sind im Vergleich dazu schwächer. Das Gleiche gilt auch umgekehrt. Als Folge davon werden die Cortexzellen immer mehr an Eingaben aus dem einen bzw. dem anderen Auges gebunden und werden so in zunehmendem Maße stärker monokular. Werden andererseits sowohl die Axone aus dem linken als auch die Axone aus dem rechten Auge synchron aktiviert, werden die "linken Synapsen" und die "rechten Synapsen" in gleichem Maße verstärkt und die Zelle bleibt binokular. Unter normalen Entwicklungsbedingungen tritt eher der asychrone Fall ein, da das Licht auf leicht unterschiedliche Stellen in den beiden Retinas trifft. Folglich kann es passieren, daß irgendeine Cortexzelle der Schicht 4 nur durch das "linke" Axon und die Nachbarzelle nur durch das "rechte" Axon erregt wird. Dies stimmt auch mit der Entwicklung von Augendominanzspalten im Affenfötus überein. Die in nicht–stimulierten Augen spontan auftretende Aktivität würde typischerweise in den linken und rechten Sehnerven asynchron erfolgen. Damit wäre die Bedingung der Asynchronität also erfüllt. Außerdem konnten Reiter und Stryker [617] zeigen, daß eine Beteiligung der postsynaptischen Zellen (Cortexzellen der Schicht 4) notwendig ist. Wurde nur die Aktivität der Cortexzellen unterbunden, die LGN–Axone jedoch intakt gelassen, führte der Verschluß von nur einem Auge zu einem vom Standardfall stark abweichenden Ergebnis: In der stillgelegten Cortexregion dominierten die LGN–Axone des geschlossenen Auges über diejenigen des offenen Auges. (Nachzulesen in [662].)

Diese Reihe von Ergebnissen deutet darauf hin, daß für die selektive Verstärkung von Synapsen, und damit auch für das Auftreten der Okularität, ein Hebbscher Mechanismus verantwortlich sein könnte. Eine Möglichkeit wäre, daß die Synapsen so verstärkt werden, daß sich die prä- und postsynaptischen Zellen bei der LTP gegenseitig beeinflussen. Dazu könnte vielleicht NMDA erforderlich sein. Tatsächlich jedoch kommen viele Mechanismen in Frage, wie z.B. die Exponierung von Synapsen, die Stabilisierung von Synapsen, Ernährungsfaktoren, die in Abhängigkeit von der Aktivität durch präsynaptische Zellen oder auch durch Gliazellen, die die präsynaptischen Zellen dann modifizieren, aufgenommen werden usw. Welcher Mechanismus kommt im Nervensystem vor? Gibt es vielleicht mehrere Mechanismen? Eine weitere Frage lautet: Welcher der Parameter (die Ausdehnung der Verzweigungen, die intracorticale Ausbreitung des Effekts einer gegebenen Zelle, das Ausmaß, in dem sich die Aktivitäten benachbarter Punkte auf der Retina gegenseitig beeinflussen) ist für die Entstehung der okularen Dominanz und für den Umfang der Spalten ausschlaggebend?

Zur Beantwortung dieser Fragen konstruierten Miller und Stryker [509] ein realistisches Computermodell, mit dem sie die Entwicklung der Sehrinde bei jungen Katzen simulierten. In das Modell wurden die Grundbahnen, die in neugeborenen Katzen zu finden sind (Zellen des seitlichen Kniehöckers (LGN) bis hin zu den Cortexzellen in der Schicht 4), das Verzweigungsprofil der Axone im Cortex der LGN–Eingabezellen, aber auch die lateralen Verbindungen zwischen den Cortexzellen sowie deren Vorzeichen (exzitatorisch oder inhibitorisch) und die bei gegebenem Vorzeichen prototypischen Verzweigungen integriert. Der kritische Punkt ist dabei die interzelluläre Aktivität, d.h., was ändert sich in Abhängigkeit von der Aktivität, auf welche Weise geschieht dies und wie muß die Aktivität zeitlich abgestimmt sein?

Es hat sich herausgestellt, daß für das Auftreten einer Organisation mit okularer Dominanz die folgenden Faktoren ausschlaggebend sind: Konnektivität, Aktivitätskorrelationen des repräsentierten Auges und Wechselwirkungen, die nur vom Abstand zwischen den Neuronen abhängen. Miller hatte dies zwar schon früher vermutet, als er nur analytische Techniken verwendete, doch erst die Ergebnisse der Simulationen lieferten die Bestätigung der analytischen Charakterisierung. Außerdem ermöglichte es die Simulation, die Auswirkungen der monokularen Deprivation zu erforschen. Bevor wir näher auf das Modell eingehen, ist es vielleicht hilfreich, wenn wir eine der aufschlußreichen Besonderheiten des Modells hervorheben: Trotz der Fülle an empirischen Beschränkungen und obwohl sich mit Hilfe des Modells ein weiter Bereich von experimentellen Ergebnissen, die mit dem Auftreten der Okularität in Zusammenhang stehen, erfolgreich nachahmen läßt, kann das Modell bestimmte Fragen nicht beantworten. Gemeint sind Fragen wie: Ähnelt der Mechanismus, nach dem die Verstärkung der Synapsen abläuft, dem Mechanismus, der in CA1–Zellen zur LTP führt, oder ist an diesem Mechanismus eine von der Aktivität abhängige Aufnahme von Ernährungsfaktoren durch die präsynaptischen Zellen beteiligt? Trifft vielleicht beides zu? Geschieht möglicherweise noch irgendetwas anderes? In Anbetracht der Tatsache, daß es sich hier um ein realistisches Modell handelt, ist dies aufschlußreich. Das Modell kann nämlich tatsächlich erkennen, welche biologischen Parameter für die Entwicklung der Spalten mit okularer Dominanz entscheidend sind, welche folglich auf mechanistischem Wege genau bestimmt werden müssen und welche den Mechanismus nicht wesentlich beeinflussen (solange es dafür überhaupt *irgendeinen* Mechanismus gibt). Das Modell zeigt also an, welche biologischen Eigenschaften mit einer auf Korrelation basierenden, von der Aktivität abhängenden Entwicklung der Organisation im Cortex nichts zu tun haben. So hilft das Modell den Forschern dabei zu entscheiden, welche Experimente brauchbar sind, um die Entwicklung der corticalen Organisation zu erklären.

Der mathematische Aspekt des Modells geht auf vier biologische Parameter zurück, die in Abbildung 5.43 zusammengefaßt sind: (1) Die Muster der anfänglichen Konnektivität zwischen den geniculocorticalen Afferenzen und den corticalen Zellen (die "Verzweigungsfunktion"); (2) die Muster der Aktivität in den Afferenzen (wegen der vier Möglichkeiten, auf die die linke und die rechte Seite kombiniert werden können — links–links, rechts–rechts, rechts–links, links–rechts — gibt es vier "Korrelationsfunktionen"); (3) die lateralen Einflüsse innerhalb des Cortex, aufgrund derer die Synapsen an einer Zelle den Wettbewerb benachbarter Zellen beeinflussen können ("Corticale Interaktionsfunktion") und (4) die Erhaltung der gesamten synaptischen Stärke einer gegebenen Eingabe- oder Ausgabezelle ([506], Seite 605–606). Mit Hilfe eines Netzwerkmodells sollte es möglich sein, die Bedeutung und den relativen Beitrag von jedem dieser vier Hauptfaktoren unter wechselnden Bedingungen, z.B. bei monokularer und binokularer Deprivation bzw. bei Stillegung, zu untersuchen. All diese Parameter können im Experiment gemessen werden, und manche Werte sind bereits bekannt. Folglich kann man

Bedingungen für das Modell festlegen, das Modell austesten und dazu verwenden, um Vorhersagen zu treffen. (Siehe auch [506].)

Die Architektur wurde durch zwei Mengen an Gleichungen bestimmt, die auf den vier kurz dargestellten Parametern basieren, wobei eine Gleichung die dynamische Antwort der corticalen Neuronen auf ein Muster von Eingaben aus dem LGN und die zweite Gleichung die Änderungsregel an den Synapsen spezifiziert. Die Simulation enthielt Einheiten, welche einzelne Neuronen repräsentierten, ein Feld von 25×25 Einheiten in jeder Schicht des LGN und ein weiteres 25×25–Feld zur Repräsentation der Schicht 4, woraus sich eine Gesamtzahl von 1875 Einheiten ergab. Jede Einheit des LGN stand in Verbindung mit einem Quadrat von 7×7 corticalen Einheiten. So gab es in dem Modell also insgesamt 61 250 Synapsen. Obwohl dies verglichen mit der Anzahl an Synapsen, die normalerweise im Cortex von Säugetieren zu finden sind, relativ wenig ist, konnte man im Modell dennoch eine Reihe von Eigenschaften der corticalen Architektur aufzeigen, die im Laufe der Entwicklung entstehen. In der Simulation wurden die Eingaben durch die Korrelationsfunktion bestimmt, die die Aktivität des LGN repräsentiert und zwar sowohl innerhalb eines Auges als auch zwischen den beiden Augen. Die Dynamik konnte man mit zwei zeitlich verschiedenen Maßstäben messen: Die Antwort der corticalen Neuronen auf ein visuelles Eingabemuster aus dem LGN erfolgte schnell, und die Gewichtsmodifikation nach der Hebbschen Regel erfolgte langsam, wobei über viele Eingabemuster gemittelt wurde. Zu Beginn haben die synaptischen Stärken zwischen den Zellen (die die physiologische Stärke repräsentieren) einen zufälligen Wert; d.h. die gesamte synaptische Stärke von Zelle α bis Zelle γ nimmt einen zufälligen (zwischen 0,8 und 1,2 gleichmäßig verteilten) Wert an, der von α bis γ mit der Verzweigungsfunktion multipliziert wird. Entsprechend könnte man auch jeder einzelnen Synapse ein zufälliges Gewicht geben, das zwischen 0,8 und 1,2 liegt, wobei die Verzweigungsfunktion die Anzahl der Synapsen spezifiziert. Ausgehend von diesen Bedingungen wurde dem simulierten Cortex junger Katzen nun gestattet, sich "zu entwickeln". Die Frage lautet: Wie organisiert sich der simulierte Cortex unter diesen Bedingungen?

Miller und Stryker untersuchten die Ergebnisse nach verschiedenen Zeitabschnitten und fanden heraus, daß die Organisation des sich entwickelnden Cortex in der Simulation mehrere der wichtigen Eigenschaften angenommen hatte, die unter experimentellen Bedingungen beobachtet werden konnten. So hatten sich beispielsweise im "Cortex" Stellen mit okularer Dominanz gebildet; die simulierten Cortexzellen hatten, genau wie die wirklichen Cortexzellen, ihre rezeptiven Felder weiter entwickelt und eigneten sich Okularität an, und die axonalen Verzweigungen ordneten sich komplementären Dominanzstreifen zu. D.h., die LGN–Zellen des linken Auges schlossen sich mit den linken monocularen Cortexzellen zusammen, die danebenliegenden Streifen von LGN–Zellen des rechten Auges schlossen sich mit rechten monokularen Zellen zusammen usw. (Abbildung 5.44). Warum sind diese Ergebnisse nützlich? Weil sie Schritt für Schritt zeigen, wie aus im Grunde sehr einfachen lokalen Interaktionen eine komplexe Makroeigenschaft

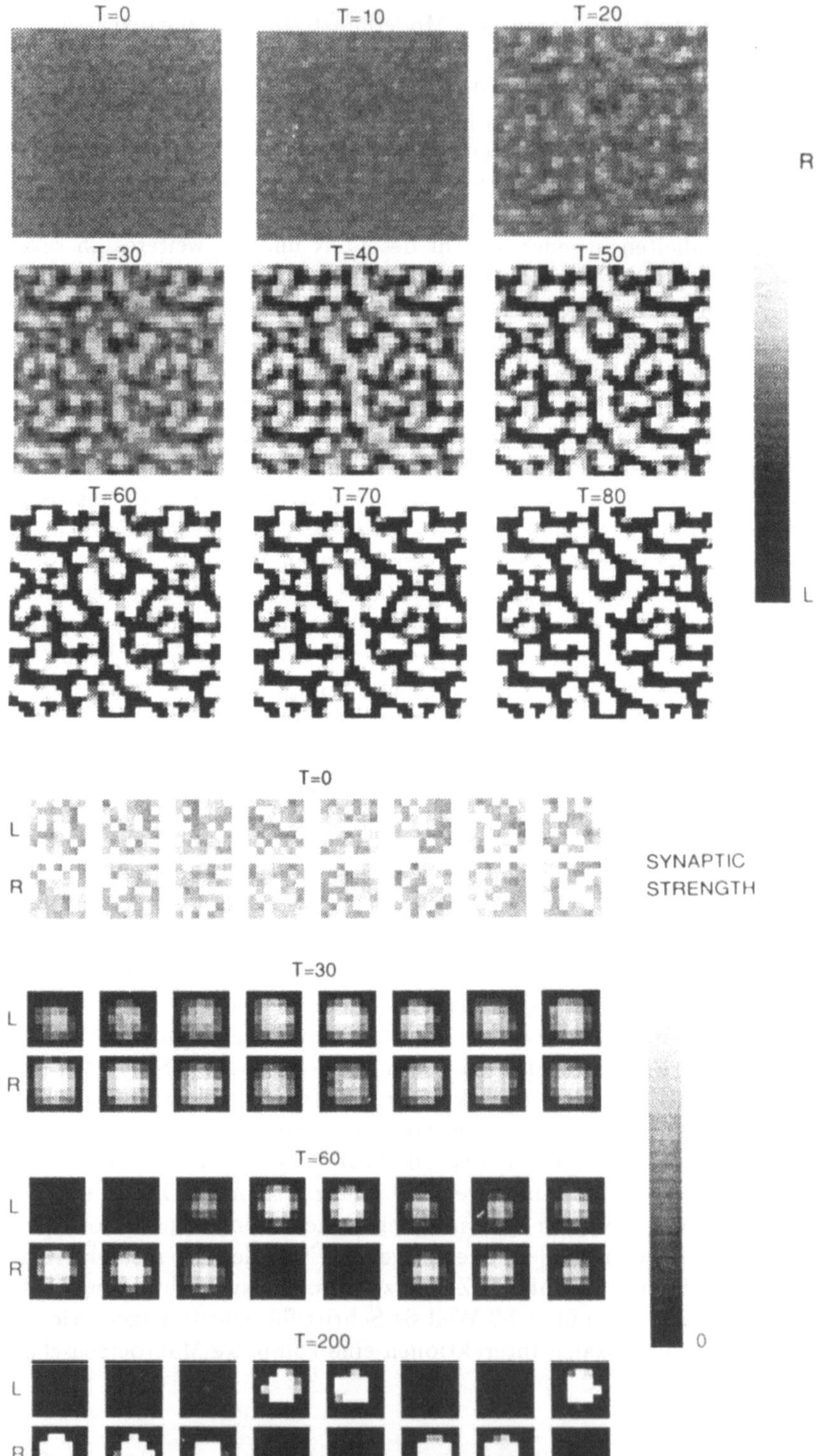
T=0
T=10
T=20
R
T=30
T=40
T=50
T=60
T=70
T=80
L
T=0
L
R
SYNAPTIC
STRENGTH
T=30
L
R
T=60
L
R
T=200
L
R
0

entsteht. Auch wenn man aufgrund von neurobiologischen Daten solch einen Mechanismus vermuten könnte, bedeutet es doch einen großen Fortschritt, wenn man in einer Simulation zeigen kann, daß diese Effekte wirklich durch eine Handvoll Bedingungen erzeugt werden können. Wie wir alle wissen, ist das kein Beweis dafür, daß sich die tatsächlichen Populationen im Cortex wirklich so wie in der Simulation organisieren. Trotzdem ist es beruhigend zu wissen, daß sie es *können*, und die Computersimulation führt zu einem mehr als reichhaltigen Angebot an nachprüfbaren Vorhersagen.

Miller, Keller und Stryker [506] fanden heraus, daß es zur Erzeugung eines periodischen Spaltenmusters ausreicht, wenn bei der retinalen Ausgabe die unmittelbaren Nachbarn untereinander in Wechselbeziehung stehen und daß positive Korrelationen, die sich über einen etwas weiteren Radius erstrecken, schon zu einer monokularen Schicht 4 im Cortex führen können. Sie waren auch dazu in der Lage, viele der ungewöhnlichen Muster zu reproduzieren, die sowohl im Zusammenhang mit einer monokularen Deprivation als auch mit einer wechselnden Deprivation entstehen. Diese Benchmark–Tests zeigen, daß man mit dem Modell bekannte Beobachtungen nachahmen kann.

Nachdem sie nun ein Modell geschaffen hatten, dessen Entwicklungsprofil große Ähnlichkeit mit demjenigen im Cortex einer jungen Katze hat, konnten Miller und seine Mitarbeiter einen Schritt weiter gehen und Fragen bezüglich der Enstehung von Makroeigenschaften an das Modell stellen. Solche Fragen erweisen sich im Experiment als schwierig, wenn es nicht sogar ganz unmöglich ist, sie anzusprechen. Eine Frage lautet: Wie wirkt sich eine Änderung im Ausmaß der Eingabe- und Ausgabeverzweigungen auf den Umfang aus, den die Stellen mit okularer Dominanz einnehmen? Die Antwort, die anhand von Modellmanipulationen gewonnen wird, lautet, daß der wichtigste Parameter bei der Bestimmung der Größe solch einer Stelle der Wert der corticalen Interaktionsfunktion ist, d.h.

Abbildung 5.44 Augendominanzmuster im Miller–Stryker–Modell, mit dem die Entwicklung der Sehrinde simuliert wird. (oben) Neun Stufen eines 40 × 40 Gitters von Modellneuronen in der Sehrinde. Jedes Bildelement (Pixel) repräsentiert eine einzige Cortexzelle, und die Grauabstufung gibt die Okularität der Zelle an (die Aufschlüsselung ist rechts dargestellt). (unten) Die Entwicklung der rezeptiven Felder von 8 Cortexzellen zu vier verschiedenen Zeiten. Die vertikalen L–R–Paare der großen Quadrate zeigen die synaptischen Stärken von 7 × 7 Eingaben des linken Auges und von 7 × 7 Eingaben des rechten Auges, die eine einzige Cortexzelle erhält. Bei den hier dargestellten Zellen handelt es sich um die 8 Zellen, die in der unteren Reihe des Feldes der oberen Abbildung am weitesten links stehen. Am Anfang (T = 0) haben die Gewichte der Synapsen zufällige Werte. Während der ersten Phase nehmen die Gewichte im mittleren Bereich des 7 × 7-Feldes zu, im Randbereich nehmen sie dagegen ab (T = 30). In der nächsten Phase (T = 60) nehmen die Einheiten Okularität an. Schließlich (T = 200) neigen benachbarte Zellgruppen dazu, vom gleichen Auge dominiert zu werden, so daß die Stellen mit okularer Dominanz klarer definiert werden. (Nach [509].)

die Entfernung, über die eine einzelne Zelle ihre Nachbarn mit excitatorischen Interaktionen beeinflussen kann. Dies deutet darauf hin, daß der Cortex die Größe festlegt, während die Afferenzen des LGN sich danach richten. Aufgrund unseres bisherigen Wissens könnte die Antwort aber auch genau umgekehrt lauten: Der LGN bestimmt die Größe, und der Cortex paßt sich an. In einem weiteren Schritt wurde die Simulation mathematisch analysiert. Miller und seine Mitarbeiter fanden heraus, daß die Gleichungen für das Netz im Grenzbereich, wo die Gewichte klein sind, annähernd linear werden und mit Hilfe von Fourier–Transformationen analysiert werden können. Die mathemathische Untersuchung ergab mehrere interessante Dinge: (1) Die Größe der Stellen mit okularer Dominanz wird begrenzt durch die Größe der corticalen Interaktionsfunktion und (2) die tatsächliche Größe der Stellen wird durch die am schnellsten wachsende Wellenlänge der Augendominanzschwingungen (Fourier–Komponente) innerhalb des Verzweigungsdurchmessers bestimmt. Für solche Ergebnisse lohnt es sich, eine Million Simulationen durchzuführen. Wir sollten aber auch nicht vergessen, daß Simulationen oft nötig sind, um herauszufinden, welche Dinge sich überhaupt auf mathematischem Wege mit Aussicht auf Erfolg untersuchen lassen.

Was hat dies alles mit dem Singer–Fenster bei der LTD zu tun? Das von Singer erwähnte Entwicklungsresultat ist in Wirklichkeit Reiter und Stryker [617] zu verdanken. Auch wenn die Ergebnisse ziemlich kompliziert sind, kann man sie wie folgt zusammenfassen: Die corticalen Neuronen von monokular deprivierten jungen Katzen wurden mit Hilfe eines Agonisten des GABA–A–Rezeptors an einer normalen Depolarisation gehindert [617]. Die Auswirkungen auf die vom geschlossenen Auge ausgehenden Verbindungen sind nicht signifikant, da diese Verbindungen sowieso nicht stimuliert werden. Die am meisten betroffenen Verbindungen sind die des offenen Auges. In diesem Experiment wird untersucht, welche Rolle die prä- und postsynaptische Coaktivierung beim Wettbewerb um ein möglichst großes Territorium spielt. Das Ergebnis lautet, daß die corticalen Zellen des geöffneten Auges daran gehindert werden, ihr Territorium auszuweiten. Paradoxerweise erleiden die corticalen Zellen des geöffneten Auges Gebietseinbußen, und die des geschlossenen Auges nehmen im Cortex mehr Raum ein, als ihnen normalerweise zukommt. Wir sollten nun bedenken, daß in dieser Situation die Bedingungen für eine LTD vielleicht erfüllt sind. Die präsynaptischen Zellen (d.h. die LGN–Afferenzen vom geöffneten Auge) sind also aktiv, aber die postsynaptischen Zellen (Zellen in der Schicht 4 des Cortex) können nicht normal reagieren. Folglich ist das Aktivitätsniveau der corticalen Neuronen, die durch das geöffnete Auge erregt werden, nicht nur abgesunken, sondern es liegt sogar unterhalb des normalen Wertes. Dadurch wird es den Neuronen des geschlossenen Auges möglich, ihr Gebiet auszudehnen, während sich die Neuronen des geöffneten Auges in kleinere Gebiete zurückziehen. Reiter und Stryker machten ihre Beobachtungen auf der Netzwerkebene. Um zu sehen, wie die Beobachtungen von Singer hinsichtlich der LTD im einzelnen in diesen Rahmen passen, könnte man Modelle, z.B. das von Miller und seinen Mitarbeitern, zur Untersuchung der verschiedenen Möglichkeiten heranziehen [1, 124].

5.10 Module und Netzwerke

Obwohl wir die Themen Berechnung, Repräsentation und Plastizität auf drei verschiedene Kapitel verteilt haben, sind sie natürlich eng miteinander verbunden. Die Trennung erfolgte aus rein pragmatischen Gründen, da es einfacher ist, ein Thema nach dem anderen zu behandeln. Auf das Allerwichtigste gekürzt, lautet der allgemeine Rahmen folgendermaßen: *Repräsentationen* sind Aktivierungsvektoren, am *Lernen* ist eine Änderung der synaptischen Gewichte beteiligt und die *Berechnung* ist eine Vektor–Vektor–Transformation, die durch die Gewichte und die verwendeten Squashing- bzw. sigmoiden Funktionen definiert ist. Sicherlich handelt es sich hierbei nur um die karge und knappe Skizze eines Rahmenkonzepts. Zum Ausschmücken gehört mehr — sehr viel mehr. Um zu zeigen, wie dieser Rahmen aussieht, wenn er etwas ausführlicher beschrieben wird, haben wir mehrere Berechnungsmodelle vorgestellt und dort, wo es uns angemessen erschien, haben wir die relevanten Ergebnisse der Psychophysik und der Neurowissenschaften mit herangezogen. Diese Modelle sind jedoch darauf trainiert worden, eine einzige Aufgabe durchzuführen, wie z.B. die binokulare Wahrnehmung von Tiefe oder das Bestimmen der Objektform anhand des Schattierungsprofils. Das Gehirn kann aber mehrere solcher Kunststücke vollbringen. Nervensysteme führen eine unglaubliche Vielzahl von Aufgaben gleichzeitig und mit solch einer überlegenen Einheitlichkeit aus, daß man fast an die Existenz einer intelligenten Seele glauben könnte, die das Ganze als Einheit steuert. Seelen gibt es wahrscheinlich nicht, aber was ist dann das Geheimnis der Organisation?

Obwohl eine Antwort auf diese Frage noch immer außer Reichweite ist, sind einige allgemeine Beobachtungen möglich, die bei der Beantwortung der Frage hilfreich sind. Erstens handelt es sich bei Nervensystemen — im Gegensatz zum Fusion-Net — um ausgedehnte Netze von Netzwerken, wobei verschiedene Regionen auf verschiedene Aufgaben spezialisiert sind. Dies ist bei Sinnessystemen, wie z.B. dem Seh- und dem Riechsystem, deutlich erkennbar, aber auch auf Funktionen, die in höherem Maße kognitiv sind, wie z.B. auf das Erlernen und Verstehen einer Sprache, auf das Planen und das Einordnen in ein soziales Gefüge, scheint dies zuzutreffen. Andererseits lassen reziproke Verbindungen klar erkennen, daß Nervensysteme stark rekurrent sind, und im Ausgleich zur physiologisch nachweisbaren Spezialisierung kann neuroanatomisch eine massive Konvergenz beobachtet werden. Manche Bahnen scheinen sich auf bestimmte Aufgaben, z.B. auf die Wahrnehmung von Bewegung, spezialisiert zu haben, dennoch kann man nicht auf *ein Zentrum*, wie z.B. den Bereich MT, verweisen, das für die Bewegungswahrnehmung zuständig ist. Das geht schon deshalb nicht, weil auch andere Bereiche über Neuronen verfügen, die selektiv auf Bewegung ansprechen und bei denen Läsionen zu Einbußen bei der Bewegungswahrnehmung führen. Gäbe es für eine bestimmte Fähigkeit *ein bestimmtes Zentrum*, so würde dies vermutlich bedeuten, daß, solange wie die Eingabe in die Region gewährleistet ist, das normale Funktionieren für die Ausübung dieser Fähigkeit *notwendig und ausreichend* ist. Was hiermit gefordert wird, ist in der Tat sehr viel, und in Anbetracht der interaktiven Natur von Nervensystemen und der Tatsache, daß die Repräsentationen verteilt sind, ist es unwahrscheinlich, daß diese Bedingung erfüllt werden kann (wenn man einmal von den allereinfachsten Verhaltensweisen bei niederen Tieren absieht). So kann man von der Spezialisierung — soweit diese existiert — nicht auf verschiedene, getrennt voneinander liegende Zentren schließen.[26]

Die Gedächtnisspeicherung scheint in Nervensystemen ganz anders als in digitalen Computern abzulaufen, und zwar schon allein deshalb, weil in Nervensystemen die Modifikationen in genau den Strukturen erfolgen, die für die Informationsverarbeitung zuständig sind. Wie gelingt es den Nervensystemen, Wahrnehmung, Kognition und sensomotorische Kontrolle unter einen Hut zu bringen, wenn sich die Informationsverarbeitende Architektur an sich schon ständig verändert? Man kann das Rätsel etwas genauer spezifizieren: Es gibt sowohl Divergenz als auch Konvergenz; Spezialisierung, aber ohne, daß dafür ein bestimmter Ort zuständig wäre; Kohärenz und Einheit, aber ohne daß dazu eine zentrale Steuerung nötig wäre. Daraus kann man folgern, daß Nervensysteme zwar vielleicht reguliert werden, wobei die Modulation jedoch auf eine ausgesprochen biologische und verschachtelte Art und Weise erfolgt. Was können wir über diese Art der Modulation aus Daten lernen, die uns auf verschiedenen Ebenen (Verhaltensebene, Einzelzellenebene, Schaltkreisebene, Gebietsebene, Systemebene) zur Verfügung stehen?

Können wir den Begriff "Modul" nicht einfach definieren und dann aufgrund der verfügbaren Daten entscheiden, ob Nervensysteme modularisiert werden? Im Lexikon lauten die Definitionen des Begriffs "Modul" in etwa folgendermaßen: "unabhängig operierende Raumkapsel in einem Raumschiff" oder "Element in einer Reihe von standardisierten Einheiten, die zu einer Funktionseinheit zusammengeschlossen sind". Das Lexikon hilft uns also bei der Beantwortung unserer Fragen nicht weiter. Uns interessiert die Spezialisierung, Konvergenz, Divergenz und Kohärenz im Nervengewebe. Wir wollen — zumindest in groben Zügen — versuchen, das zu spezifizieren, was man in der Neurobiologie unter "Modularität" versteht. Dazu müssen wir erst einmal darauf hinweisen, daß es zwangsläufig mehrere unterschiedliche Hypothesen darüber gibt, was einen Modul ausmacht. In der Neurobiologie [257, 106] und in der experimentellen Psychologie [115, 234] postuliert man üblicherweise und ausgehend von Verhaltensphänomenen strukturell voneinander getrennte Module, wobei man beispielsweise Daten verwendet, die zeigen, daß bei gekoppelten Aufgaben nach Läsionen eine doppelte Dissoziation erfolgen kann. In der Psychologie versteht man unter Modul eine "Komponente, deren Informationsgehalt weder durch seitliche Einflüsse noch durch Top–Down–Einflüsse verändert werden kann (man spricht auch von einer "Einkapselung der Information"), wobei die Verarbeitungsschritte obligatorisch, ohne Option oder Ausweichmöglichkeit, normalerweise ohne Modifikation oder Plastizität und unabhängig von anderen Modulen ablaufen." (Siehe auch [513].)

Im neuroanatomischen und neurophysiologischen Sinne wird die Bedeutung

---

[26] Faszinierende historische Beobachtungen dazu kann man in [304] nachlesen.

von "Modul" mehr auf Zellen — auf deren Konnektivität, Physiologie und Antwortprofile – bezogen. Hauptsächlich aufgrund von anatomischen Daten über die Konnektivitätsmuster von Zellen ließ sich Szentagothai [704] zu der Vermutung hinreißen, die Großhirnrinde sei eine Art "... Mosaik aus säulenartigen Einheiten mit bemerkenswert ähnlicher innerer Struktur und erstaunlich geringen Schwankungen im Durchmesser (200–300 Mikrometern)". Ungefähr zur gleichen Zeit postulierte Mountcastle [525] sogenannte "Minisäulen" als Basis einer Moduleinheit im Cortex. Aufgrund von physiologischen und anatomischen Daten stellte er die Hypothese auf, bei den Minisäulen handele es sich um "... vertikal orientierte Zellstränge, die durch Migration von Neuronen entstehen..., in etwa 110 Zellen enthalten ... (und) im Cortex den Raum eines leicht gekrümmten, fast vertikalen Zylinders mit einem Durchmesser von ungefähr 30 Mikrometern einnehmen." Um eine Verwechslung mit den von Mountcastle postulierten Minisäulen zu vermeiden, ging man dazu über, die Gebilde von Szentagothai als "Makrosäulen" zu bezeichnen. Aufgrund von Überlegungen hinsichtlich der Evolution und der Konnektivität postulierte auch Stevens [692], daß es im Cortex eine Art Modul geben müßte.[27] Eine wichtige Frage lautet: Stehen die aufgrund von Verhaltenskriterien postulierten Module in irgendeinem Zusammenhang mit den nach neurobiologischen Kriterien postulierten Modulen? Wenn es sich beispielsweise — wie Fodor vorschlägt — bei dem Lexikon[28] für den Sprachgebrauch um einen Modul handelt, was könnten dann die entsprechenden neurobiologischen Module sein, falls es überhaupt welche gibt? Die grundlegendere Frage ist jedoch, ob Makrosäulen, Minisäulen oder funktionelle Module einer empirischen Prüfung standhalten und dabei hilfreich sind, die Forschung zu organisieren und Phänomene des Nervensystems auf verschiedenen Ebenen zu erklären.

Besondere Aufmerksamkeit widmen wir in diesem Abschnitt der Frage, welche Erkenntnisse im Hinblick auf die neurobiologische Modularität aus Läsionsstudien an Menschen gewonnen werden können. Ganz allgemein gesagt, ist das Thema Läsionsstudien sehr wichtig, aber viel zu umfangreich, als daß man es im Rahmen dieses Buches in angemessener Weise diskutieren könnte [161, 291]. Die Debatte hinsichtlich der Modularität in corticalen Spalten ist ähnlich bedeutsam und fesselnd, aber leider müssen wir auch sie anderen Autoren überlassen. (Eine kritische Abhandlung über diese Art von Modularität ist in [703, 435] zu finden.) Die von uns getroffene, ziemlich kleine Auswahl erfolgte aufgrund der einzigartigen Rolle, die menschliche Daten aus dem Bereich der Neurophysiologie[29] spielen und beschränkt sich auf das, was der Verlust klar begrenzter Kapazitäten über die Modulation in der Organisation des Gehirns genau aussagt. Aus Platzgründen

---

[27]Etwas über den kanonischen Mikroschaltkreis für den Neocortex kann man auch in [181] nachlesen.

[28]Das Lexikon enthält im wesentlichen alle Worte, die ein Sprecher in seinem Vokabular hat, zusammen mit ihrer Bedeutung.

[29]Auch Daten aus dem Bereich der experimentellen Psychologie, die von normalen Testpersonen stammen, wurden beiseite gelassen.

müssen wir unsere Auswahl noch weiter einschränken. Wir gehen also nur auf die menschlichen Fallstudien ein, bei denen das Wiederkennungsvermögen Einbußen erlitten hat, da diese Fälle am meisten über den Zusammenhang zwischen Läsionen und Modularität aussagen. Um unsere hintergründig vorhandenen Vorurteile zu pflegen, werden wir das Rahmenkonzept des Netzes auf mehrere Fälle anwenden und damit versuchen, sie etwas verständlicher zu machen.

Als Letztes möchten wir noch darauf hinweisen, daß sogar innerhalb dieser wenigen Beispiele, die wir für die nähere Besprechung ausgewählt haben, beträchtliche Schwankungen sowohl hinsichtlich Ort und Ausmaß der Läsion als auch bezüglich Fähigkeiten, Vorgeschichte und Alter der Patienten auftreten. Bei Läsionen des menschlichen Gehirns handelt es sich sozusagen um unerwünschte Experimente der Natur. Da exakte Reproduzierbarkeit und genaue Kontrollversuche, wie sie bei Laborexperimente verlangt werden, hier ethisch nicht vertretbar sind, bleibt den Neuropsychologen nichts anderes übrig, als das zu beobachten, was die Natur zu bieten hat — sie können das Verhaltensprofil mit Hilfe mehrerer standardisierter Tests untersuchen, den Ort der Läsion durch Scan-Tests oder durch Autopsie ausfindig machen und Vergleiche mit anderen Patienten anstellen. Den Neuropsychologen kommt jedoch die Tatsache zugute, daß Menschen — im Gegensatz zu Ratten und Affen — dazu in der Lage sind, verbalen Anweisungen Folge zu leisten und genaue Auskunft darüber zu geben, welche Fähigkeiten erhalten geblieben sind und welche nicht bzw. an was sie sich erinnern und an was nicht.

Patienten mit bilateralen Läsionen im okzipito-temporalen Grenzbereich (zwischen Hinterhauptbein und Schläfenbein) leiden oft an Gesichtsagnosie (Prosopagnosie), d.h., sie können Gesichter, die ihnen vor der Schädigung des Gehirns vertraut waren, nicht mehr erkennen. So kann es also vorkommen, daß sie unfähig sind, ihre Familienangehörigen, ihre engsten Freunde, die Gesichter berühmter Personen und sogar ihr eigenes Gesicht auf Photographien optisch zu erkennen. Sie sind auch nicht in der Lage, Personen zu identifizieren, mit denen sie nach der Schädigung mehrmals zu tun hatten, wie z.B. ihre Ärzte und Krankenschwestern [158]. Im typischen Fall ist es ihnen auch unmöglich, andere Dinge, wie z.B. ihren eigenen Hund, ihr Auto oder Haus als ihr Eigentum zu identifizieren, obwohl sie durchaus noch in der Lage sind, diese Dinge taxonomisch richtig einzuordnen. So kann ein Patient beispielsweise seinen Hund Daisy nicht erkennen, auch wenn er weiß, daß es sich bei dem Tier um einen Hund handelt. Dabei sollte erwähnt werden, daß das Wiedererkennen eines bestimmten Individuums, auch bei Beeinträchtigung des visuellen Wiedererkennungsvermögens von individuellen Gesichtern, durchaus gelingen kann, wenn der Gang oder die Körperhaltung beobachtet und andere Sinnesmodalitäten herangezogen werden. Das könnte z.B. geschehen, wenn der Patient die Stimme seiner Frau oder Daisys vertrautes Kläffen hört.

Es scheint zwei allgemeine Möglichkeiten zu geben, wie ein Patient Individuen, also z.B. Daisy, repräsentieren könnte. Entweder gibt es für jede Sinnesmodalität bestimmte "Daisy-Repräsentationen" [490] oder es handelt sich um eine einzige zusammengesetzte Repräsentation von Daisy, die mittels einer Art Rekonstruktion über verschiedene Sinneskanäle zugänglich ist [158]. Die zweite Möglichkeit geht viel sparsamer mit Neuronen um, und im Zusammenhang mit neuronalen Netzen kann man sich recht gut vorstellen, daß Ausgabevektoren aus verschiedenen sensorischen Netzen in ein gemeinsames multimodales Netz propagiert werden, wodurch Neuronen aktiviert werden, deren Werte gemeinschaftlich Daisy repräsentieren. Das muß nicht bedeuten, daß die Axone in einem kleinen Fleck konvergieren, auch wenn das mit der verteilten Repräsentation vereinbar ist. In anderen Worten: Die Konvergenz betrifft eher die Information als den Raum. So kann eine Läsion innerhalb des visuellen Verarbeitungsstroms verhindern, daß das Gesicht von Daisy optisch erkannt wird, aber bei intakter Hörbahn kann über das Gehör auf die Daisy-Repräsentation zugegriffen werden. Antonio Damasio interpretiert diese Daten so, daß die Läsion nicht so sehr die Repräsentation von Daisys Gesicht betrifft, sondern daß der optische Zugriff auf die abstrakt charakterisierte Daisy–Repräsentation beeinträchtigt wird. In anderen Worten: Auf irgendeiner Verarbeitungsstufe gibt es eine Reihe von Neuronen, die dann gemeinsam mit einem eindeutigen Aktivierungsvektor reagieren, sobald das Bellen von Daisy zu hören ist oder wenn jemand sagt: "Gestern hat Daisy die Enten gejagt." Vor der Läsion hätte dieses bestimmte Aktivierungsmusters auch durch das Erscheinen von Daisys Gesicht ausgelöst werden können. Vor der Läsion hätte es zur Aktivierung tatsächlich schon ausgereicht, spaßeshalber einen Cockerspaniel, der Daisy sehr ähnlich ist, in Daisys Korb zu setzen.

Sogar bei grundsätzlich auditivem Eingabevektor ist es im Prinzip möglich, die relevante visuelle Information durch Vektorvervollständigung zu ergänzen. Ist der Zugriff auf die Daisy–Repräsentation erst einmal erfolgt, kann eine normale Testperson fortfahren und die optischen Eigenschaften von Daisy bis ins kleinste Detail beschreiben. Je nach Ort und Ausmaß der Läsion kann auch ein Patient manche der optischen Eigenschaften von Daisy wiedergeben. Dieser Zugriff auf einzelne visuelle Aspekte der Repräsentation mit Hilfe eines akustischen Reizes ist ohne weiteres verständlich, wenn man davon ausgeht, daß es sich um ein rekurrentes Netz handelt. Patienten mit einer sehr umfangreichen Schädigung, wie z.B. Boswell, waren in der Klinik jedoch selbst dann nicht dazu in der Lage, visuelle Merkmale zu spezifizieren, wenn ihnen der Name einer prominenten Persönlichkeit, z.B. Präsident Kennedy, bekannt war.

Die zweite und damit in Zusammenhang stehende Gruppe von Daten betrifft ein ziemlich rätselhaftes Krankheitsbild, das bei mehreren Patienten beobachtet werden konnte [748, 157] (siehe auch [747, 106, 657, 107]). Dies waren Patienten mit verschiedenartigen Läsionen im Temporalcortex, die Schwierigkeiten beim visuellen Erkennen der Klassenzugehörigkeit mancher Objekte hatten. Es war ihnen also unmöglich, mit Hilfe ihrer Augen ein Schwein als Schwein oder einen Baum als Baum zu identifizieren. Andererseits schnitten sie beim Erkennen anderer Dinge, wie z.B. Scheren und Stiften, recht gut ab. So konnte beispielsweise der Patient P.S.D. [157] natürliche Objekte sehr schlecht wiedererkennen (die Trefferquote lag bei ungefähr 30%). Zeigte man ihm das Bild einer Schnecke, erwiderte er, daß es sich um irgendein Tier handele, er aber wirklich nicht die leiseste Ahnung hätte, welches Tier dies sei. Nichtsdestoweniger konnte er das Wort "Schnecke" ziemlich genau definieren, wenn man ihn darum bat. Im Gegensatz dazu konnte er von Menschenhand gefertigte Objekte, z.B. Hammer und Schraubenzieher, Telefon und Auto, sehr viel genauer erkennen (mit einer Trefferquote von 73–100%). Eine Ausnahme bildeten nur Musikinstrumente, wie Geige oder Flöte. Hier konnte er weniger als 30% der Instrumente richtig identifizieren. Den Klang von Musikinstrumenten konnte er dagegen schnell und mit hoher Genauigkeit wiedererkennen.

Bei Boswell waren die Einbußen noch schwerwiegender. Er war nicht dazu in der Lage, ein Kamel auf einer Photographie zu erkennen. Außerdem hatte er auch bei der Definition von Tieren erhebliche Schwierigkeiten. Wenn man ihn z.B. das Wort "Kamel" erklären ließ, gab er nur allgemeine und dumme Phrasen von sich ("ein kleines Tier, ca. 30 cm groß und 30 cm lang; die Form ist quadratisch–rund, hat so eine Art Pelz und sieht aus wie ein kleiner Hund"). Im Gegensatz dazu konnte er semantische Kategorien mitunter sehr gut definieren, vor allem dann, wenn es sich um Beispiele handelte, die optisch nicht erfaßbar waren. So erklärte er beispielsweise "begehren" mit den Worten "ein großes Verlangen nach etwas haben" und "Ökonomie" definierte er als "Vermögenslage". Allgemeiner ausgedrückt kann man sagen, daß im typischen Fall übergeordnete Kategorien verschont blieben ("Tier", "Pflanze", "Gebäude"), während sich die Fähigkeit, untergeordnete Begriffe ("Schnecke", "Narzisse", "Holzschuppen") zu erklären, verschlechterte, und daß sich dann, wenn diese Fähigkeit nach Kategorien zu unterscheiden beeinträchtigt wurde, auch das Wiedererkennen von Individuen verschlechterte.
Die von Antonio Damasio aufgestellte Hypothese zur Erklärung dieser Fälle stellt eine Erweiterung der Interpretation der ersten Datensammlung dar: Das mangelhafte Wiedererkennungsvermögen weist darauf hin, daß der Zugriff auf eine abstrakte, nicht auf eine modalitätsspezifische, Repräsentation gestört ist. Durch die Läsionen werden die Feedback–Projektionen, die normalerweise von den abstrakten bis zu den modalitätsspezifischen Repräsentationen reichen, unterbrochen. Folglich kann der Patient nicht mehr viel über die Merkmale eines Tieres aussagen, falls er überhaupt irgendetwas dazu sagen kann. Bei den ersten Beispielen handelte es sich um die Repräsentation eines bestimmten Individums, und bei den zweiten Beispielen sollte eine ziemlich spezifische Unterkategorie von Dingen repräsentiert werden, deren herausragendsten Eigenschaften für gewöhnlich optisch erkennbar waren. Die Hypothese von Damasio besagt nun, daß die Mangelerscheinungen im zweiten Fall nach dem gleichen Prinzip wie im ersten Fall erklärt werden können und daß sich die verschiedenen Verhaltensweisen auf die unterschiedlichen Stellen der Läsion zurückführen lassen. Grob gesprochen gibt es Netze, die mit anderen Netzen in Wechselwirkung stehen, welche wiederum mit weiteren Netzen interagieren. In einer ersten Annäherung kann man die unzureichende Fähigkeit, Dinge wiederzuerkennen, in Form einer Netzorganisati-

on beschreiben, die sowohl Konvergenz von Information als auch Rückkopplung einschließt und ein relatives Maß an kategorialer Spezifität aufweist [158].

Grob ausgedrückt gibt es eine Korrelation zwischen dem Grad an *Verallgemeinerung*, der den erhalten gebliebenen Kategorien eigen ist, und dem Ort im Temporallappen, an dem die Läsion erfolgt ist [158]. Patienten, bei denen die Läsion weiter vorne im Temporallappen stattgefunden hat, haben höchstwahrscheinlich ihre Fähigkeit zur ganz spezifischen Taxonomierung verloren. D.h., bei Läsionen im rechten Temporalpol kann der Patient noch in der Lage sein, etwas auf einer Photographie als Tier, als Hund, vielleicht sogar als Deutschen Schäferhund zu beschreiben, ob es sich dabei aber um seinen eigenen Hund Ferguson oder um den aus dem Fernsehen weithin bekannten Schäferhund Lassie handelt, kann er nicht erkennen. Eine weiter hinten erfolgte Läsion, die auch die inferotemporalen Rinden einschließt, hat wahrscheinlich zur Folge, daß die Unterkategorie Hund verloren geht, aber die Fähigkeit, Hunde von Katzen oder Vögeln zu unterscheiden, erhalten bleibt (Abbildung 5.45). Erfolgt die Läsion noch weiter hinten, beschränkt sich das Wiedererkennungsvermögen vielleicht nur noch auf "Tier". Wendet man die gleiche Strategie für den linken Temporallappen an, gehen zuerst die Eigennamen verloren, bei einer weiter hinten erfolgten Läsion sind es die ganz spezifischen Gattungsnamen, und dann sind es die noch umfassenderen Gattungsnamen, die verloren gehen (Abbildung 5.46). Diese bemerkenswerte Abbildung der "Kategorialen Hierarchie" (diese Bezeichnung hat Damasio eingeführt) auf die verschiedenen, von vorne nach hinten geordneten Regionen des Temporallappens weist auf eine rekurrente Netzhierarchie hin, deren anatomischer Scheitelpunkt der entorhinale Cortex ist. Dort erhält die perforante Bahn ihre Eingaben für den Hippocampus, und dies ist auch eine wichtige Konvergenzzone für alle Cortexbereiche.

Die Mittel des Rahmenkonzepts können so angeordnet werden, daß sie die Daten erklären und den Ansatz von Damasio etwas geläufiger und systematischer erscheinen lassen. Das gibt uns auch die Gelegenheit, die Modularität noch einmal zu überdenken.[30] Erstens: Daß untergeordnete Kategorien anfälliger als übergeordnete Kategorien sind, ist eine vorhersehbare Folge der hierarchischen Aufteilung des Aktivierungsraumes. Wir erinnern uns daran, daß der Aktivierungsraum durch die Gewichte unterteilt wird. Werden Gewichte zerstört, dann müssen natürlich die Feinaufteilungen oder die esoterischeren Aufteilungen zuerst dran glauben. Das kommt daher, weil die allgemeineren Aufteilungen für viele verschiedene Eingabevektoren relevant sind. Das heißt: "Tier" ist der Ausgabevektor für einen weiten Bereich von Eingabevektoren, wohingegen "Hummel" einen ganz spezifischen Eingabevektor erfordert. Außerdem werden unvollständige Eingabevektoren entsprechend der am allgemeinsten gehaltenen Aufteilung vervollständigt, und zwar aus dem einfachen Grund, weil hier nur wenige Elemente erforderlich sind, wenn man es mit dem vergleicht, was zur Vervollständigung einer ganz spezifischen Aufteilung, wie z.B. Hummel, nötig wäre. So kann P.S.D.

---

[30] Diese Gedanken verdanken wir Paul Churchland.

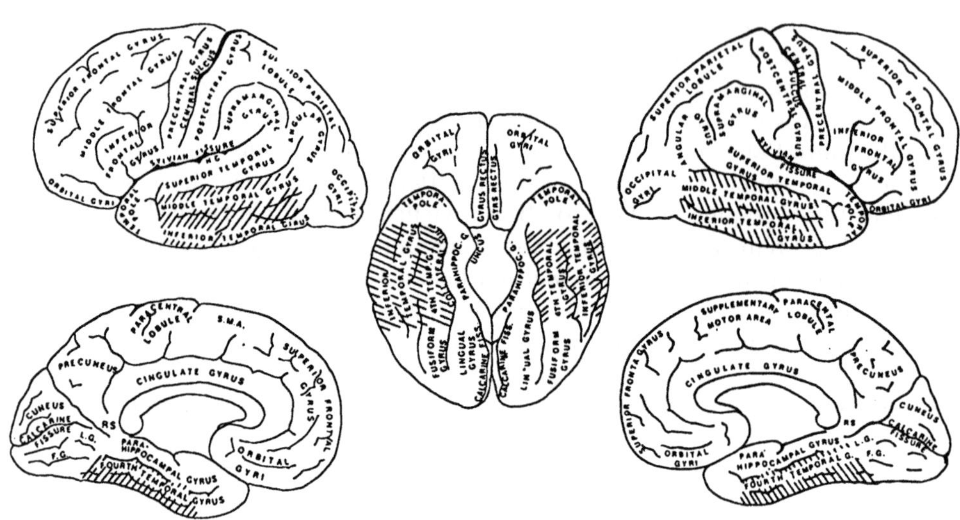

Abbildung 5.45   Die schrägschraffierten Bereiche repräsentieren die interotemporalen Regionen (IT) des Menschen. Dieser Bereich wird seitlich durch den Sulcus temporalis superior und medial durch den Sulcus collateralis begrenzt. Eingeschlossen werden die mittlere, die untere und die vierte Schläfenwindung (= Gyrus temporalis). Eine beidseitige Schädigung dieses Bereichs führt bei Menschen dazu, daß Mängel bei der Wiedererkennung und Benennung von Dingen auftreten, die einer bestimmten Begriffskategorie angehören. (Mit freundlicher Genehmigung von Hanna Damasio.)

für gewöhnlich erkennen, daß es sich um ein Tier handelt, aber er kann nicht sagen, ob es eine Biene, ein Schwein oder ein Elch ist. Beim Wiedererkennen von bestimmten Individuen gilt das Gleiche, wenn auch noch ausgeprägter. D.h. die Repräsentation "Hund" wird von einer größeren Anzahl Vektoren aktiviert, als dies bei "Collie" oder "Lassie" der Fall ist (siehe [162]).

Worauf könnte die Dissoziation zwischen dem Wiedererkennen von natürlichen Objekten und Musikinstrumenten einerseits und dem Wiedererkennen künstlicher Objekte andererseits beruhen? Könnte dies ein Hinweis darauf sein, daß es z.B. einen Modul für "künstliche" Dinge und einen weiteren Modul für "Musikinstrumente" gibt? Zum einen sollte darauf hingewiesen werden, daß es sich bei den Einbußen um *statistische* und nicht um absolute Werte handelt. So konnte P.S.D. tatsächlich ein Klavier und einen Elefanten wiedererkennen, die meisten anderen Tiere und Musikinstrumente dagegen nicht. Antonio Damasio [158] meint, daß für das beobachtete Dissoziationsprofil wahrscheinlich mehrere Faktoren ausschlaggebend sind. Hat jemand häufig mit einem Objekt — z.B. mit einem Löffel

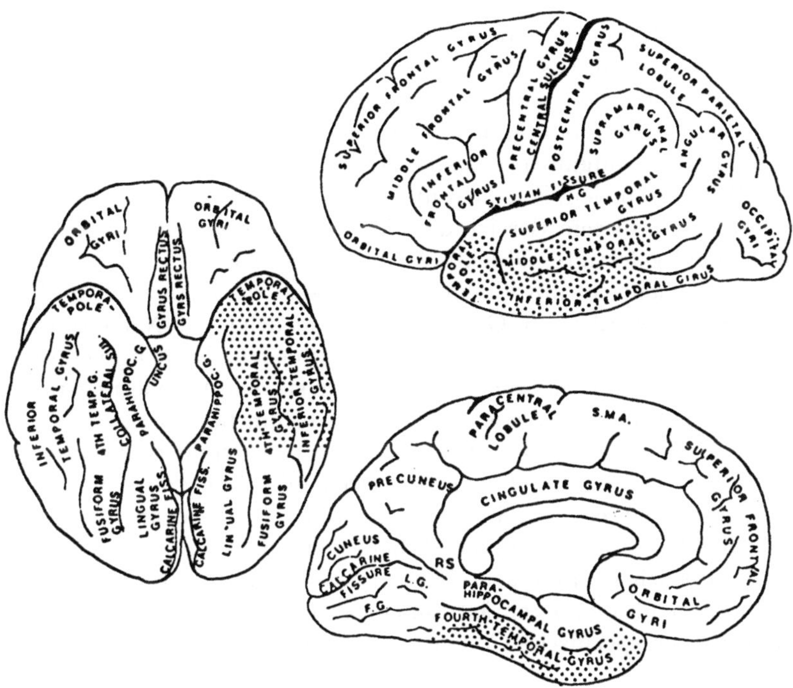

Abbildung 5.46   Diagramm der menschlichen Großhirnrinde (Cortex cerebri), das die Rinden zeigt, die von Operationen zur Wiedergewinnung des lexikalischen Gedächtnisses betroffen sind (gepunkteter Bereich). Dazu gehören der *linke* Temporalpol sowie die mittlere (zweite), die untere (dritte) und die vierte Schläfenwindung. Läsionen in diesem Bereich wurden mit einem mangelhaften Erinnerungsvermögen an Gattungs- und Eigennamen in Verbindung gebracht. (Mit freundlicher Genehmigung von Hanna Damasio.)

oder einem Klavier — zu tun, dann können bei visueller Präsentation des Objekts die motorischen Muster, die charakteristisch für die Interaktion mit diesem Objekt sind, als Anhaltspunkt dienen, d.h. ein Vektor des motorischen Systems kann die Eingabe für das relevante Netz sein. Da nur wenige unter uns häufige Interaktionen mit einer Ziege oder einer Biene haben, kann in diesen Fällen kein gut-definierter motorischer Vektor als Anhaltspunkt herhalten. Bei Imkern oder Ziegenhirten könnte die Sache dagegen anders aussehen.

Zweitens: Hat ein Objekt für den Patienten einen besonderen stark positiven oder stark negativen Wert, dann kann seine visuelle Präsentation Gefühle hervorrufen und so einen Eingabevektor für das relevante Netz bereitstellen. Das könnte schon dafür ausreichen, daß der Patient eine Schnecke oder ein Stinktier, nicht aber ein Saxophon oder eine Palme identifizieren kann. Zweifellos sind dabei aber noch viele andere Faktoren ausschlaggebend [159, 160]. Damasio ist auch der Ansicht, daß im rechten Temporallappen eine sehr komplexe Konfigurationsanalyse durchgeführt wird und daß Läsionen in diesem Bereich folglich die Fähigkeit des Patienten, Katzen von Bären und Hunde von Schweinen zu unterscheiden, beeinträchtigen. Der linke Temporallappen ist anscheinend mehr auf linguistische Funktionen und auf andere Aufgaben spezialisiert, bei denen die Feinmotorik eine Rolle spielt, wie z.B. Geigespielen, Zeichnen und Schnitzen. Man kann also erwarten, daß durch Läsionen in diesem Bereich die Fähigkeit verlorengeht, künstliche, d.h., von Menschenhand gefertigte, Objekte wiederzuerkennen.

Die Modularität ist vielleicht mit diesen Daten *konsistent*, kann aber auf keinen Fall daraus *impliziert* werden. Im Gegenteil: Die Tatsache, daß Netze so trainiert werden können, daß sie in der Lage sind, viele verschiedene Eingangsvektoren nach Kategorien zu ordnen, und daß sie das tun, indem sie den Aktivierungsraum aufteilen — z.B. in den Raum für "Steine" oder den Raum für "Bergwerke" — weist darauf hin, daß man die Modularitätshypothese nicht einfach akzeptieren sollte, ohne vorher zu bedenken, daß sich die Daten mit Hilfe von neuronalen Netzen auf viel einfachere Weise erklären lassen. Man sollte also anstelle eines beschädigten "Moduls für Musikinstrumente" lieber eine Schädigung der Neuronen postulieren, die typischerweise einen Großteil des Eingangsvektors für ein in der Hierarchie höherliegendes Netz repräsentieren, wobei dieser Großteil des Eingangsvektors dann für die spezifische Codierung von Musikinstrumenten wichtig wäre.

Um zu zeigen, wie wirksam die Erscheinung der Modularität sowohl unter Standard- als auch unter Läsionsbedingungen sein kann, muß man nur an NETtalk denken, wo eine ziemlich genaue Abbildung von Graphemen auf Phoneme stattfindet, und zwar auch bei irregulären Fällen. Eine Analyse des Aktivierungsvektors, bei der die Vektoren nach ihrem Euklidschen Abstand gruppiert werden, zeigt, daß der Aktivierungsraum hierarchisch aufgeteilt wird, und zwar so, daß eine deutliche Trennung zwischen Vokalen und Konsonanten erfolgt. Diese beiden Kategorien werden jeweils noch weiter unterteilt, z.B. werden "p" und "b" zusammen gruppiert und "v" und "f" kommen auch in eine Gruppe. Angenommen, eine simulierte Anoxie führt dazu, daß einige der Einheiten, die für die Codierung der Vokale entscheidend sind, selektiv geschädigt werden. Wie wird sich dies auf der Verhaltensebene bemerkbar machen? Das beschädigte Netz wird dann beim Wiedererkennen von Vokalen schlecht abschneiden; das Erkennen von Konsonanten wird jedoch immer noch fast normal sein. Da das Netz vollständig verbunden ist, sind die Einheiten, die in erster Linie für die Vokale codieren, tatsächlich überall in der internen Schicht verstreut; ihre Anhäufung erfolgt nach *funktionellen und nicht nach physischen* Gesichtspunkten. Wir stellen uns jedoch vor, daß es aufgrund irgendeines unüberwachten Trainings in einer Architektur mit seitlichen Interaktionen zufällig dazu gekommen ist, daß sich solche Einheiten auch nach physischen Gesichtspunkten anhäufen. Dann könnte ein "Schlaganfall" an so einer Stelle durchaus zum selektiven Verlust der Vokalaussprache führen.

(Ein Beispiel über Dyslexie ist in [329] zu finden.)

Ein interessanter Punkt ist dabei, daß es in NETtalk keine physische Modularität gibt, die etwas taugen würde. Ein großes Netz kann eine ganze Menge von Dingen wiedererkennen. Das Netz ist plastisch, es lernt, nach Kategorien zu ordnen, und im Verlauf des Trainings wird der Aktivierungsraum spontan aufgeteilt. Läsionen der oben beschriebenen Art bedeuten nur, daß dann, wenn ein Eingabevektor tatsächlich einen Vokal repräsentiert, die Aktivierung, die normalerweise auf der Vokalseite der Hauptaufteilung erzeugt wird, nicht existiert. So kann das Netz nicht mit der normalen Ausgabe antworten. Wegen der Spezifität der Ausfallerscheinungen auf der Ausgabeebene kann der Anschein einer Modalität erweckt werden. Bei NETtalk weiß man aber, daß der Schein trügt. Am Beispiel des von Hinton beschriebenen Netzes (Kapitel 3), das auf die Wiedererkennung von Geräuschen trainiert wurde, haben wir andererseits gesehen, daß sich modulartige Mininetze, die quasi die Aufgaben eines Experten erfüllen, aus der Trainingsorganisation ergeben könnten. Die partielle Absonderung von Mininetzen führte dazu, daß eine schnellere Korrektur von Fehlern möglich war.

Wir wollen noch zwei weitere Fallstudien erwähnen, die zeigen, daß man aufgrund von selektiven Ausfallerscheinungen nicht einfach auf Modularität schließen kann. Eine von Anderson und seinen Mitarbeitern untersuchte Patientin war nicht in der Lage, Buchstaben und Worte zu lesen. Das Lesen von ein- oder mehrstelligen *Zahlen* fiel ihr dagegen leicht. Das Gleiche galt auch für das Schreiben, d.h. sie konnte zwar weder Buchstaben noch Worte, dafür aber ein- und mehrstellige Zahlen schreiben. Diese Dissoziation ist besonders deshalb interessant, weil die Bedingungen und das Alter, in dem die beiden Symbole erlernt wurden, die erforderliche motorische Kontrolle usw. in beiden Fällen so ziemlich gleich waren. Man könnte jetzt folgern, daß dann, wenn es ein abstraktes Netz gibt, das sowohl für Buchstaben als auch für Zahlen zuständig ist, auch die Ausfallerscheinungen vergleichbar sein müßten. Das ist nicht der Fall. Diese Art von Dissoziation tritt genau dann auf, wenn nach erfolgter Aufteilung des Aktivierungsraumes die Vektoren, die Worte codieren, selektiv beschädigt wurden. Dies ist auch dann der Fall, wenn keine Modularität, sondern nur ein Netz, das diverse Kategorisierungen durchführen kann, beteiligt ist. Als nächstes beschäftigen wir uns mit zwei Patienten, die von Caramazza und Hillis [108] untersucht wurden. Einer dieser Patienten (S.J.D.) konnte lesen, hatte jedoch beim Schreiben Schwierigkeiten. Der andere Patient (H.W.) konnte gut schreiben, jedoch nur mangelhaft lesen. In beiden Fällen war die Beeinträchtigung im Hinblick auf *Verben* größer als die Beeinträchtigung bei *Substantiven*. Bei einem Homonym wie z.B. dem englischen Wort "walk", dessen Verwendung sowohl als Verb als auch als Substantiv möglich ist, konnte H.M. das Wort besser *lesen*, wenn es im Satz als Substantiv ("Bill shoveled the walk", "Bill schaufelte den Gehweg") und nicht als Verb ("Do you walk with a limb?", "Gehst du mit einer Prothese?") vorkam. (Schreiben konnte H.M. das Wort in beiden Bedeutungen gut.) S.J.D. kann "walk" besser *schreiben*, wenn es in Form eines Substantivs und nicht als Verb verwendet wird (er kann das Wort in beiden Bedeutungen gut *lesen*). Auch hier wird noch einmal deutlich, daß die Daten zwar mit Modalität vereinbar sind, aber keineswegs unbedingt auf Modularität schließen lassen.[31]

Hat der Vektor/Aktivierungsraum vielleicht doch etwas mit Modularität zu tun, und ist das Netz nur Tarnung? Können wir uns die Aufteilung des Aktivierungsraums nicht doch als Modul vorstellen? Das können wir nicht, wenn wir uns an die in diesem Zusammenhang gebräuchliche Definition von "Modul" halten, nämlich daß es sich bei einem Modul um eine individuelle Komponente handelt, die physisch eigenständig ist, und bei der die Information in hohem Maße "eingekapselt", d.h. gegenüber äußeren Einflüssen unempfindlich, ist. Unter der Voraussetzung, daß "Modul" in dieser psychologischen/funktionellen Bedeutung verwendet wird, werden die neurologischen Daten nach dem Vektor/Aktivierungsraumansatz grundsätzlich anders interpretiert als nach dem Modularitätsansatz. Die beiden Ansätze lassen sehr unterschiedliche Schlußfolgerungen zu und führen zu verschiedenen Experimenten. Wir sollten noch einmal besonders betonen, daß es sehr problematisch ist, das *statistische* Profil der Wiedererkennungsdefizite mit Hilfe der Modularitätshypothese zu erklären, während die Vektor/Aktivierungshypothese dafür eine ganz logische Erklärung bietet. Die Vektor/Aktivierungshypothese sagt voraus, daß es von Patient zu Patient unterschiedliche Ausfallerscheinungen geben wird, da die verschiedenen Netze den Aktivierungsraum in Abhängigkeit von der Erfahrung und der Bildung etwas unterschiedlich aufteilen können. Außerdem muß die von einem Netz bewirkte kategoriale Aufteilung, dargestellt aus Sicht der neuropsychologischen Ausfallerscheinungen, nicht auf die im allgemeinen Sprachgebrauch verwendete Taxonomie abbilden. Hinzu kommt noch, daß sich das kategoriale Wiedererkennungsvermögen manchmal, wenn die Schädigung nicht zu weitreichend war, wieder wesentlich verbessern kann. So kann es z.B. passieren, daß ein Patient unfähig ist, arithmetische Berechnungen auszuführen, bei denen die Zahl "2" vorkommt, die Ausfallerscheinung ist aber auf Beispiele beschränkt, die die Zahl "2" enthalten. Nach einiger Zeit verschwindet dieser Mangel jedoch, und der Patient kann wieder ganz normal rechnen. Die Wiedererlangung einer Funktion kann man in solchen Fällen viel einleuchtender damit erklären, daß ein geringfügiges "Umschulen" der restlichen Einheiten des Netzes stattgefunden hat, und nicht damit, daß der Modul für die Zahl "2" zerstört und dann ein neuer Modul für "2" eingeführt wurde. Auch wenn es jedem schon klar sein sollte, wollen wir noch einmal wiederholen, daß keines dieser Argumente dazu führt, daß die Möglichkeit einer Modularität ausgeschlossen werden kann; man kann nur die Schlußfolgerung ziehen, daß es sich bei der Modularitätshypothese nicht um die einzige und vielleicht auch nicht um die beste Möglichkeit zur Erklärung der Selektivität bei den Ausfallerscheinungen handelt.

Könnte die Modularität dann nicht vielleicht auf anderen Gebieten — z.B. bei der Spezialisierung einer Funktion — als bevorzugte Hypothese herangezogen

---

[31] In [57] werden die Probleme bei der Interpretation einzelner Fälle diskutiert.

werden? Wie wir schon an früherer Stelle gesehen haben, gibt es in Nervensystemen eine Spezialisierung. Unter Standardbedingungen führen die Sehbahnen beispielsweise keine Geruchsinformation mit sich.[32] Aber von Spezialisierung kann man nicht auf Modalität schließen, wie uns die Aufteilung des Aktivierungsraums deutlich gezeigt hat. Außerdem besteht trotz der auf der Verhaltensebene beobachteten Spezialisierung auf der neuronalen Ebene eine signifikante Verschaltung. Es sieht sogar so aus als würde es zwischen den scheinbar voneinander getrennten Sehbahnen, den Parvo- und den Magnobahnen (Kapitel 4), zu einer Verständigung kommen [641].[33] So haben Dobkins und Albright [177] herausgefunden, daß es in Zellen des Sehfeldes MT zwischen der Farbinformation und der Bewegungsinformation schwache Wechselwirkungen gibt. Darüber werden wir an späterer Stelle berichten. Diese Zellen reagieren nicht selektiv auf Farbreize, sondern sind vielmehr auf Reize abgestimmt, die sich in einer bevorzugten Richtung bewegen.

Wir betrachten eine Versuchsanordnung, mit deren Hilfe man scheinbare Bewegungen erzeugen kann: An einer Stelle erscheint für kurze Zeit ein Punkt. Danach erscheinen zwei Punkte, der eine zur linken und der andere zur rechten Seite des ersten Punktes. Wenn es sich bei den Reizen um farbige Punkte handelt, die sowohl mit dem Hintergrund als auch untereinander isoluminant sind, kann man zeigen, daß die Richtung der scheinbaren Bewegung psychophysisch davon abhängig ist, welcher der beiden Punkte farbgleich mit dem ersten Punkt ist [283]. Was machen die bewegungssensitiven Zellen in MT? Angenommen, eine bestimmte MT-Zelle reagiert normalerweise heftig auf Bewegungen, die von links nach rechts verlaufen. Wird die Zelle eine scheinbare Links–Rechts–Bewegung wahrnehmen, wenn sie sich, wie es in diesem Experiment der Fall ist, nur nach der Farbe richten kann? Überraschenderweise lautet die Antwort "ja". Wenn es sich bei dem Reiz für die Links–Rechts–Bewegung um *einen roten Punkt* handelt, *auf den ein roter Punkt folgt*, antwortet die Zelle. Wenn es sich bei dem Reiz für die Links–Rechts–Bewegung um *einen roten Punkt* handelt, *auf den ein grüner Punkt folgt* antwortet die Zelle nicht, wenn die Reize für die Links–Rechts–Bewegung *rot gefolgt von rot* sein müssen. Das paßt zu den psychophysischen Daten, die in diesem Fall die Wahrnehmung einer von rechts nach links verlaufenden Bewegung

---

[32]Ein während der frühen Entwicklung experimentell durchgeführtes Umleiten von Bahnen kann dazu führen, daß die senorischen Afferenzen einer Modalität auf zentrale Regionen einer anderen Modalität projizieren (siehe [243, 539, 469]).

[33]Man könnte geltend machen, daß sogar dann, wenn die Netzwerkhypothese einen korrekten Ansatz zur Erklärung der Läsionen liefert, die Verhaltensdissoziation dennoch bedeutet, daß es zumindest "virtuelle Module" gibt. Bringt uns das in irgendeiner Weise weiter? Vielleicht schon, aber wie ist nicht ersichtlich. Letztendlich ist es sowohl eine pragmatische als auch eine semantische Frage, ob es für jemanden gewinnbringend ist, "virtuelle Module" heraufzubeschwören, wenn ein einzelnes Netz so trainiert wird, daß es eine Hierarchie von Kategorisierungen ausführt. Vielleicht bringt es jedoch nur mehr Verwirrung als es Einblicke gewährt. In ähnlicher Weise könnte man einen Handwagen auch als Fahrrad beschreiben und nur hinzufügen, daß er nicht zwei, sondern vier Räder, einen Ziehgriff anstelle einer Lenkstange hat und daß man mit den Füßen am Boden anschiebt und nicht mit Pedalen tritt. Aber abgesehen von diesen Details, handelt es sich bei einem Handwagen grundsätzlich um ein Fahrrad.

vorhersagen (Abbildung 5.47). Es hat also den Anschein, als würde die Farbe der Zelle bei der Bewegungswahrnehmung helfen, obwohl die Zelle keine selektive Antwortreaktion auf Farbe zeigt. In anderen Worten: Die Zelle scheint Farbinformationen zu verwenden, obwohl sie nicht darauf abgestimmt ist, selektiv auf Farben zu reagieren.

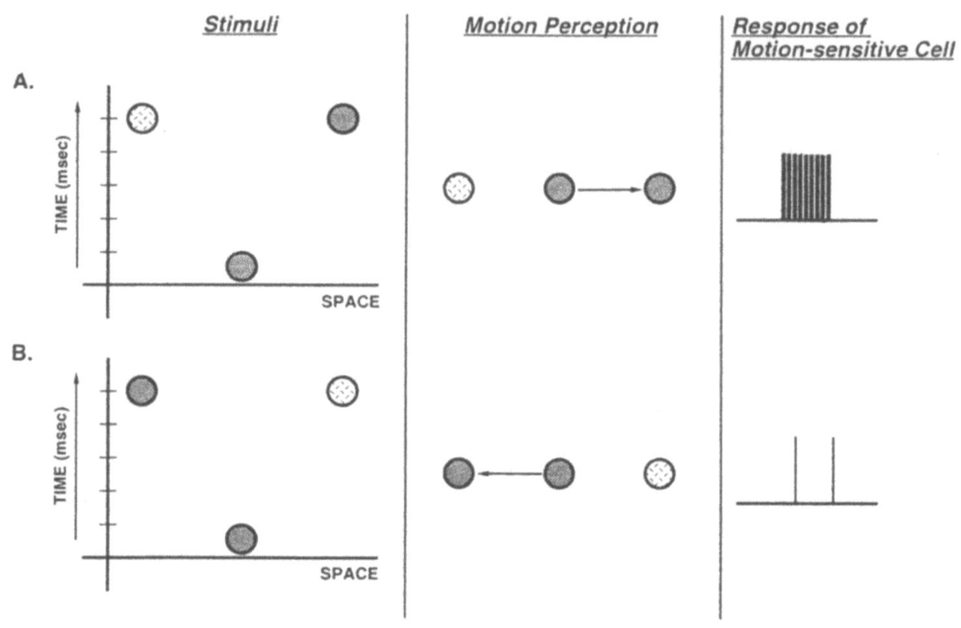

Abbildung 5.47   Scheinbare Bewegung eines farbigen Kreises, der isoluminant mit dem Hintergrund ist, und folglich nur aufgrund der Farbe entdeckt werden kann. (A) Ein rotes Blitzlicht in der Mitte wird ein- und ausgeschaltet. Daraufhin blitzt rechts ein rotes Licht und links ein grünes Licht auf. Was man sieht (mittlere Abbildung), ist ein rotes Licht, das sich nach rechts bewegt (scheinbare Bewegung). Nach links, wo das grüne Licht erscheint, erfolgt keine Bewegung. Schematische Aufzeichnungen (rechts dargestellt), durchgeführt an einer MT–Zelle, die selektiv auf eine nach rechts gerichtete Bewegung reagiert, zeigen, daß die Zelle unter diesen Bedingungen antwortet. (B) Kontrollexperiment: Wenn die scheinbare Bewegung in die Gegenrichtung der von der Zelle bevorzugten Richtung erfolgt, antwortet die Zelle nicht. (Nach [175, 176, 177].)

Bei den Ergebnissen von Dobkins und Albright geht es um Überlagerungen quer durch diverse Submodalitäten. Gibt es auch Überlagerungen (Cross-talk) *zwischen* Modalitäten oder mittels Rückkopplung zwischen höheren und niedrigeren Verarbeitungsebenen? Die Daten weisen auf genau solche Einflüsse hin. So haben z.B. John Maunsell und seine Kollegen (in Druck) festgehalten, daß somatosensorische Informationen die Antworten von Neuronen im Sehfeld V4 der Sehrinde beim Affen beeinflussen können. Der Affe wird mit einer Wahl–nach–Muster–Aufgabe (match–to–sample–task) konfrontiert, wobei man dem Affen den Musterreiz so präsentiert, daß er ihn ertasten kann. Dann muß der Affe das visuelle Muster finden, das am besten mit der Probe übereinstimmt. Die Handfläche des Affen wird mit einem Tastgitter stimuliert, wobei die Linien des Gitters in einer bestimmten Richtung orientiert sind. Man hat die Abstimmkurven einer Neuronenpopulation im Sehfeld V4 nachgewiesen und Neuronen identifiziert, die Lichtbalken mit einer bestimmten Orientierung bevorzugen. Der Affe wird darauf trainiert, das vorgelegte Gitter auszuwählen, dessen Orientierung mit dem Tastgitter, das er mit seiner Hand fühlt, übereinstimmt.

Mausell und seine Kollegen entdeckten in V4 Neuronen, deren Antworten auf den von ihnen bevorzugten visuellen Reiz durch die vorherige Präsentation des Tastreizes moduliert werden konnten (Abbildung 5.48). So könnte z.B. eine Zelle, die vor dem Training heftig auf vertikale Lichtbalken antwortete, nach Präsentation des Tastreizes nur noch wenig, wenn überhaupt, auf den vertikalen Lichtreiz reagieren, wobei ein Übereinstimmen zwischen Lichtreiz und Tastreiz nicht unbedingt Voraussetzung ist. Umgekehrt gilt, daß eine Zelle, die vor dem Training auf einen horizontalen Lichtbalken nicht signifikant reagierte, plötzlich ganz heftig auf einen solchen Reiz antworten könnte. Dabei besteht erneut ein bestimmter Zusammenhang mit der Orientierung des Tastreizes, wobei die Orientierung mit der des visuellen Reizes übereinstimmen kann oder auch nicht. So wird also im Zusammenhang mit der Aufgabe durch die somatosensorische Information der Bereich an visuellen Reizen, die eine visuelle Zelle erregen können, verändert. Dies ist vielleicht mit Modularität vereinbar, aber eine plausiblere Interpretation erhält man mit Hilfe von rekurrenten Netzen, Vektoren und der Aufteilung des Aktivierungsraumes.

Was ist aus den weitreichenden Unterscheidungen — wie z.B. zwischen deklarativem und verfahrenstechnischem Gedächtnis oder zwischen episodischem und semantischem Gedächtnis — geworden, die am Anfang dieses Kapitels postuliert wurden? Könnte hier etwas ähnliches passiert sein wie im Fall der Hypothese, die verschiedene Module für Sustantive und Verben, für künstliche und natürliche Objekte postuliert? Haben sich die verschiedenen Unterscheidungen vielleicht aus ähnlichen Erwägungen heraus auch allmählich in Luft aufgelöst? Oder sind diese Hauptunterscheidungen etwas beständiger, wie z.B. bei der Modularität, die in elektrischen Fischen beobachtet wurde [314], oder gleichen sie vielleicht ein bißchen den von Hinton beschriebenen Mininetzen, die sich im Laufe des Trainings aus den neuronalen Netzen ergeben? Wann genau handelt es sich bei diesem Unterscheidungen um wirklich voneinander verschiedene Speichersysteme? Kann man diese Daten besser in Form von interagierenden, rekurrenten Netzen, Damasio–Hierarchien, Vektorspezifität oder spezialisierten Mininetzen verstehen?[34] Das

---

[34]Antonio Damasio (persönliche Mitteilung) zog diese Möglichkeit in Erwägung und ist au-

sind weitgehende Fragen. Sie machen es erforderlich, daß die umfangreiche Datenbank erneut überprüft wird, und folglich müßten sie auch ausführlicher diskutiert werden, als es uns hier möglich ist. Nachdem wir einen kurzen Einblick in die Probleme und Fragen gewonnen haben, wollen wir uns jetzt lieber einem anderen Thema zuwenden und die Neueinschätzung der Unterscheidungen auf ein anderes Mal verschieben.

---

genblicklich dabei, sie zu untersuchen.

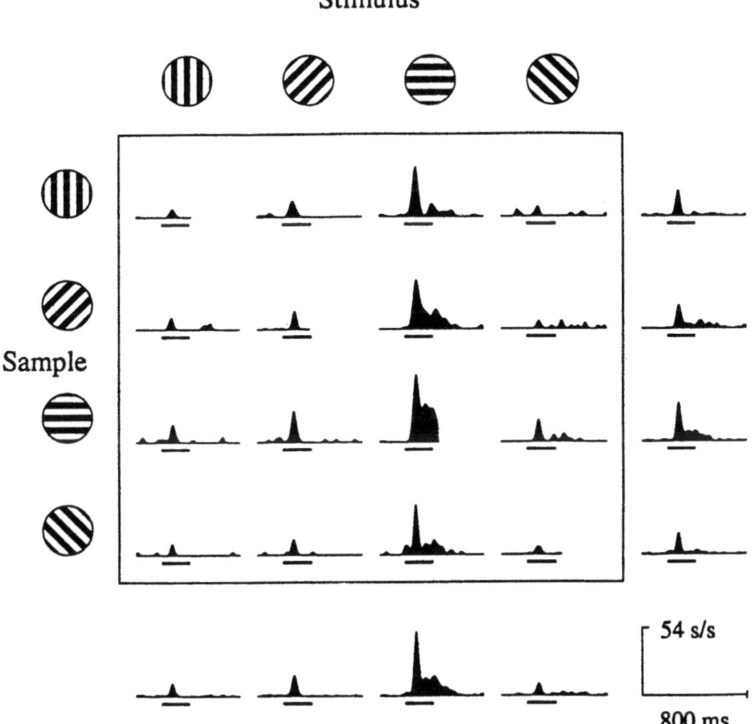

Abbildung 5.48   Von der Aufgabe abhängige Auswirkungen auf die visuellen Antworten von Neuronen im Sehfeld V4. Die aus 192 Versuchen stammenden Antworten eines isolierten V4-Neurons auf eine Wahl-nach-Muster-Aufgabe, bei der die Orientierung eines Musters sowohl mit dem Tast- als auch mit dem Sehsinn erkannt werden mußte, wurden zusammengefaßt. In dem Quadrat sind die möglichen Kombinationen für die Orientierungen des Musters und des Testreizes eingetragen. In jeder Spalte sind die Antworten auf einen bestimmten Testreiz dargestellt, und die Reihen geben die Orientierung an, nach der das Tier gesucht hat, als der Stimulus erschien. Jede Eintragung stellt den Durchschnitt aus 24 Wiederholungen dar; die Balken unter jeder Eintragung geben die Reizdauer (200 Millisekunden) an. Auf der Hauptdiagonalen sind die Antworten bei *passender Orientierung* eingetragen. Jede dieser vier Eintragungen wurde zu dem Zeitpunkt beendet, zu dem das Tier seinen Griff lockerte. Die Eintragungen unter sowie rechts neben dem Quadrat geben den Durchschnittswert der Spalten und Reihen an. Die vertikale Achse jeder Eintragung gibt die Wahrscheinlichkeit an, mit der gefeuert wird (in Spikes/sek). Die hier gezeigten Antworten waren dann am stärksten, wenn das Tier nach einer horizontalen Orientierung gesucht hat. Die Gesamtantwort war dann am stärksten, wenn während eines Versuchs, in dem das Tier nach einer horizontalen Orientierung suchte, auch ein horizontal orientiertes Gitter erschien. Dieses Neuron hatte üblicherweise eine Präferenz für Reize mit horizontaler Orientierung. (Nach [359].)

Ausgewählte Literatur

[5] [59] [161] [198] [184] [253] [296] [298] [351] [373] [390] [491] [207] [201] [638] [251] [698] [717] [753] [779]

6 Sensomotorische Integration

6.1 Einführung

Wie kann das Gehirn das immense Aufgebot an Muskelzellen so kontrollieren,
daß sich der gesamte Körper in die richtige Richtung bewegt? Hierbei handelt
es sich wahrscheinlich um das grundlegendste Problem, das ein Nervensystem
bei seiner Evolution lösen mußte [63, 254]. Will ein Tier überleben, muß sein
Gehirn die Bewegungen des Körpers unter Zuhilfenahme der sensorischen Information so steuern, daß die vier wichtigsten Funktionen (darunter versteht Paul
Maclean: Fliehen, Freßen, Kämpfen und Fortpflanzung) erfolgreich bewältigt werden können. Jede dieser vier Tätigkeiten kann natürlich auf viele verschiedene
Weisen ausgeführt werden. Das Repertoire eines Tieres wird sowohl durch seine physische Ausstattung (Größe und Anzahl der Beine, Exo- oder Endoskelett,
Muskeln, Flossen, Beutel zum Versprühen von Tinte, Giftzähne, Flügel, Stacheln
etc.) als auch durch die Leistungsfähigkeit des Gehirns beschränkt, d.h., es kommt
auch darauf an, wie genau das Gehirn die zur Lösung des Problems nötigen Repräsentationen anlegen und Berechnungen ausführen kann. Eine Spinne, die dazu
in der Lage ist, an einem geeigneten Platz ein stabiles Netz zu bauen, eine sich
darin verfangene Fliege aufzuspüren, sie zu lähmen und dann zum späteren Ver-
zehr einzuspinnen, legt eine äußerst feine motorische Kontrolle an den Tag. Diese
Motorik ist ungewöhnlicher als — sagen wir — das Zurückziehen einer Schnecke
bei Berührung, aber weniger kunstvoll verglichen mit den Fähigkeiten, die erforderlich sind, wenn Menschen sich unterhalten oder über eine Schlucht eine
Hängebrücke bauen.

Viele Tätigkeiten, die wir in unserem motorischen Repertoire haben, erfolgen
mühelos. So erfordert es z.B. keine großen Anstrengungen, wenn wir reden oder
ein Auto durch den Verkehr manöverieren, und es ist ganz natürlich, daß wir annehmen, das sensomotorische Problem sei relativ trivial. Man kann jedoch von der
Mühe und dem Maß an Aufmerksamkeit, die zur Durchführung einer Tätigkeit
erforderlich sind, nicht auf die Komplexität der zugrundeliegenden Berechnungen
schließen. So kann ein Sehsystem vielleicht einen am Baum hängenden Pfirsich in
Form von Impulsen codieren. Wie aber werden diese Signale von der Retina transformiert, damit sich die Hand ausstrecken und nach der Frucht greifen kann? Das
Hörsystem einer Fledermaus kann eine Verzögerung des Echos aufspüren. Aber
woher weiß das motorische System, wie sich der Körper durch die Luft bewegen
muß, damit die Fledermaus genau dort ankommt, wo die Motte ist? Zwischen
den Sinnesrezeptoren, die die Signale aufspüren und den motorischen Neuronen,

die die Muskeln innervieren, befinden sich Interneuronen, manchmal Milliarden
von Interneuronen. Die Antwort auf das Problem der sensomotorischen Kontrolle ist größtenteils darin zu finden, auf welche Weise sich die Interneuronen zu
Schaltkreisen zusammenschließen, und wie diese Schaltkreise zusammenwirken,
damit das zu der wahrgenommenen Situation passende Verhalten ausgelöst wird.
Das rechnerische Potential eines Schaltkreises ist ungeheuer, und zwar auch dann,
wenn dieser nur aus wenigen Neuronen besteht. Geht die Anzahl der dazwischenliegenden Neuronen in die Millionen oder Milliarden, wird es um ein Vielfaches
schwieriger, die Fragen zu beantworten.

Daß es sich bei der Koordinierung sensorischer und motorischer Repräsentationen um ein grundlegendes Problem handelt, kann man anhand eines einfachen
Beispiels verstehen. Die sehr große Komplexität wird dann nach und nach hinzugefügt. Dies ist so, als würde man die Flüssigkeitsdynamik von *Honig* ausgehend
von der Flüssigkeitsdynamik einer weit einfacheren Flüssigkeit, sagen wir von
flüssigem Argon, betrachten.[1] Dies sollten wir im Gedächtnis behalten, wenn wir
zunächst die Krabbe Roger betrachten (Abbildung 6.1). Bei Roger handelt es sich
um eine Computer–Simulation, die mit einem beweglichen "Augenpaar" zum Aufspüren von Außenreizen und einem mit einem Gelenk versehenem, ausstreckbarem
Arm ausgestattet ist. Der Arm erlaubt es Roger, mit all dem in Kontakt zu treten,
was er mit den Augen in seinem eingeschränkten 2–D Raum sieht. Das einzige,
was Roger in seinem begrenzten Leben machen muß, ist Reize aufspüren und diese
mit dem Ende seiner Hand berühren. Man kann den "visuellen" Raum von Roger
als einen Zustandsraum (siehe Kapitel 3) charakterisieren, in dem die Position
des Zielobjekts durch die beiden Rotationswinkel der Augen, α und β genannt,
repräsentiert ist.[2] Für jede Position, in der sich das Zielobjekt im äußeren Raum
befinden kann, gibt es eine entsprechende Position des Zielobjekts im "visuellen"
Zustandsraum der Krabbe Roger. So repräsentiert bei Roger der visuelle Vektor,
z.B. der Vektor $(65, 105)$, die Position des Apfels in der Welt. Es gibt nämlich
einen systematischen Zusammenhang zwischen dem Ort, an dem sich der Apfel in
der Welt befindet (beschrieben durch die äußeren Koordinaten) und der Position
im visuellen Raum (beschrieben durch ein Paar von Augenwinkelkoordinaten).

Roger hat nicht nur einen zweidimensionalen "visuellen" Raum, in dem die Position des Zielobjekts repräsentiert wird, sondern auch einen zweidimensionalen
motorischen Raum, in dem seine Armstellung repräsentiert werden kann. Aber,
und das ist zum allgemeinen Verständnis des Problems der sensomotorischen Koordination ganz entscheidend, *diese beiden Zustandsräume sind sehr verschieden*

---

[1]Diese Analogie stammt von John Hopfield, der die Bemerkung während einer 1990 an der
Universität von Californien gehaltenen Vorlesung machte.

[2]Es handelt sich hier nicht wirklich um einen visuellen Raum, sondern um einen Raum für
die Stellung der Augäpfel. Aber an dieser Stelle ist es unser Ziel, die Sache möglichst einfach zu
halten. Aus rein didaktischen Gründen ist es nützlich, die visuelle Lage auf diese unrealistische
Weise zu repräsentieren.

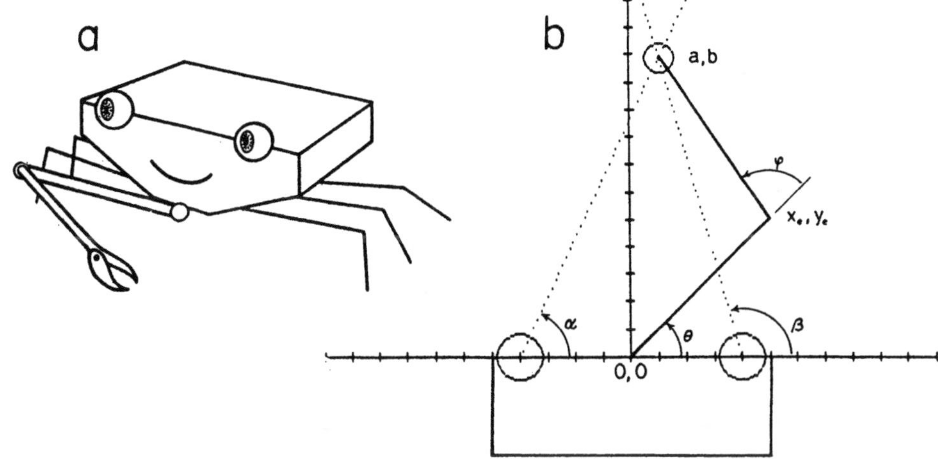

Abbildung 6.1   Das Problem der sensomotorischen Koordination vereinfacht am Bei-
spiel eines Arms dargestellt. (a) Zeichnung einer Computer–"Krabbe". (b) Die "Krabbe"
hat bewegliche Augen und einen ausstreckbaren Arm. Da die Augen unter Annahme der
Winkel α und β beim Anvisieren des Zielobjekts ein Dreieck beschreiben, müssen die
Armgelenke von den Winkeln θ und ϕ ausgehen, damit die Spitze des "Unterarms" das
Zielobjekt berühren kann. (Nach [117].)

(Abbildung 6.2). Der motorische Zustandsraum von Roger wird durch seine motorische Ausstattung, und nicht durch seine sensorische Ausstattung, bestimmt. Die
Armposition im Zustandraum wird angegeben durch die beiden Winkel, um die
der Arm von der Standardposition abweicht. Der Ausgangspunkt (Nullstellung)
des Oberarms ist so definiert, daß er auf der Horizontalen liegt. Eine Position von
45° auf der Achse des Oberarms repräsentiert also eine Oberarmstellung, die um
45° von der Horizontalen abweicht (Abbildung 6.3). Entsprechend befindet sich
der Unterarm dann in seiner Nullstellung, wenn er eine gerade Verlängerung des
Oberarms bildet, gleichgültig, in welcher Stellung dieser auch ist. Demzufolge bedeutet eine Position von 78, 5° auf der Unterarmachse, daß sich der Unterarm von
der Ausgangstellung (gerade Verlängerung des Oberarms) entgegen dem Uhrzei-
gersinn um 78, 5° gedreht hat, ganz gleichgültig, wie die Stellung des Oberarms
war. Wir können also die Gesamtposition, die Rogers Arm im motorischen Raum
einnimmt, in Form von zwei Winkeln (45°, 78, 5°) angeben. Die Position des Zielobjekts kann folglich spezifiziert werden, indem man die Position des Arms angibt,
wobei das Ende des Unterarms den Apfel berührt.

Wie weiß das "Gehirn" von Roger — bei gegebener Repräsentation im visuellen Zustandsraum — wo sich der Arm im motorischen Raum befinden sollte?
Ganz offensichtlich ist es so, daß dann, wenn das motorische System die visuellen Koordinaten (55, 85) direkt in den motorischen Zustandsraum überträgt, der
Arm im motorischen Zustandsraum auf der Position (55, 85) landen wird, d.h. er

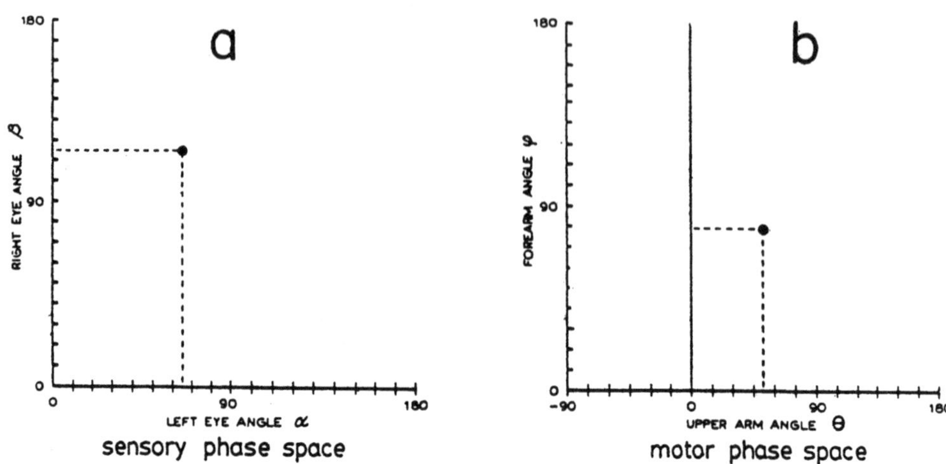

Abbildung 6.2   Die Konfigurationen des sensorischen (a) bzw. des motorischen Systems (b) der "Krabbe" können jeweils durch einen geeigneten Punkt in einem entsprechenden Zustandsraum repräsentiert werden. Die "Krabbe" muß den richtigen Punkt im motorischen Raum finden, wobei der Punkt im sensorischen Raum gegeben ist. (Nach [117].)

befindet sich dann aber nicht in der Nähe des Zielobjekts. Wenn sich das Zielobjekt im visuellen Raum bei $(55, 85)$ befindet, dann muß es im motorischen Raum tatsächlich an der Stelle $(62, 12)$ sein, damit die Sache stimmt. Was Roger also braucht, ist ein Mechanismus, der ihm zweckmäßigerweise die richtigen Transformationen der visuellen Raumkoordinaten für den motorischen Raum angibt. Mit dem folgenden Trick können wir eine Ahnung davon bekommen, was bei so einer Transformation passieren muß: Wir stellen den visuellen Raum in Form eines Gitters aus Gummi dar und definieren dann eine Menge von Punkten so, daß sie eine bestimmte Position in diesem Raum repräsentieren. Dann legen wir das Gitter des visuellen Zustandsraums auf das Gitter des motorischen Zustandsraums und verbiegen es so lange, bis die Repräsentation Punkt für Punkt mit dem motorischen Zustandsraum zusammenpaßt (Abbildung 6.4). Diese Deformierungstaktik führt zu einer globalen Transformation der Zustandsraumkoordinaten. Obwohl die Situation hier sehr vereinfacht dargestellt ist, trifft sie doch das Kernproblem bei der sensomotorischen Koordination und zeigt in einer ersten Annäherung, wie das Problem ganz allgemein gelöst wird (Abbildungen 6.5 und 6.6).

Das Problem in seiner einfachsten Ausführung kann als Problem der Vektor–Vektor–Transformation spezifiziert werden; es besteht darin, verschiedene Zustandsräume mit Hilfe einer geeigneten Matrix dazu zu bringen, daß sie in einer bestimmten Form übereinstimmen. Damit die Transformationen von einem

Zustandsraum in den anderen gelangen, wird die Geometrie der Räume ausgenützt. Eine todsichere Art und Weise, wie dies geschehen kann, ist die folgende: Man bringt die Gummigitter des sensorischen und des motorischen Raums zur Deckung. Dann folgt die Verformung entweder eines Gitters oder beider Gitter, so daß die Transformationsmatrix nur aus einer Linie besteht, die von einer Repräsentation im sensorischen Raum senkrecht nach unten geht und dann auf die richtige Position im motorischen Raum trifft. Die Deformation ergibt zwei Zustandsräume, die physisch und im wahrsten Sinne des Wortes übereinstimmen. Macht sich das Nervensystem solche Hilfsmittel zunutze? Wahrscheinlich kommt dies nur bei bestimmten Spezies vor, und dann vielleicht örtlich begrenzt und auch nur näherungsweise. Die Verwendung der physischen Übereinstimmung von Zustandsräumen ist ein Sonderfall; die Lösung mit den beiden getrennten Räumen existiert in Wirklichkeit nicht, da man Reibung und Schwerkraft nicht vernachlässigen kann. Es handelt sich hier um eine Metapher für physische Parameter, die in Wirklichkeit in eine Matrix eingehen, durch welche dann ein Vektor auf einen anderen Vektor für den geeigneten Zustandsraum abgebildet werden kann. Es handelt sich also um einen stark idealisierten, bildlichen Vergleich, aber er führt uns in die richtige Richtung. (Dieser Gedanke wurde schon im Zusammenhang mit dem Colliculus superior in Kapitel 3, Abschnitt 4 diskutiert.)

Damit Roger "realisiert" werden kann, müssen wir ihm Eigenschaften von wirklichen Nervensystemen verleihen. Auch wenn wir die Komplexität nur geringfügig erhöhen, wird deutlich, daß der visuelle Vektor aus weit mehr als nur aus zwei Komponenten bestehen müßte, und folglich müßte der visuelle Zustandsraum weit mehr als zwei Dimensionen haben. Beispielsweise benötigt man dann Millionen von Photorezeptoren. Etwas Ähnliches gilt natürlich auch für den motorischen Zustandsraum, in dem man es mit wirklichen Gliedmaßen und deren Trägheit zu tun hat, mit wirklichen Gelenken, bei denen es Reibung gibt und mit einer wirklichen Welt, die selbst auch auf den Arm einwirkt. Zweidimensionale Zustandsräume leisten gute Dienste, wenn es darum geht, das Prinzip zu erläutern, aber ganz offensichtlich haben die Zustandsräume neuronaler Aktivierungsvektoren ein ungeheueres Ausmaß. Wir gehen noch einen Schritt weiter und tragen der Tatsache Rechnung, daß auf jeder synaptischen Ebene ein unterschiedlicher Vektor spezifiziert wird. Der "visuelle und der motorische Zustandsraum" werden also viel zu dicht zusammengedrängt und müßten auf jeder synaptischen Ebene durch die relevante Charakterisierung ersetzt werden. In den nächsten beiden Schritten fügen wir rückwärtsgerichtete Verbindungen und einen Kurzzeitspeicher hinzu. Neben den Fähigkeiten, den Winkel der Augäpfel festzustellen und den Winkel der Gelenke zu manipulieren, müssen auch noch weitere Funktionen hinzukommen. Im typischen Falle muß das Nervensystem so viele Dinge berücksichtigen, die sich z.B. durch die Vielzahl von Sinnesmodalitäten, die Vielzahl an beweglichen Körperteilen, das Wachstum und die Entwicklung, die begrenzte Kapazität des Schädels, die Verdauung, die Atmung, die Versorgung mit Nahrung und Sauerstoff usw. ergeben, daß eine physische Übereinstimmung wie bei Roger einfach nicht machbar ist. (Siehe Kapitel 3.)

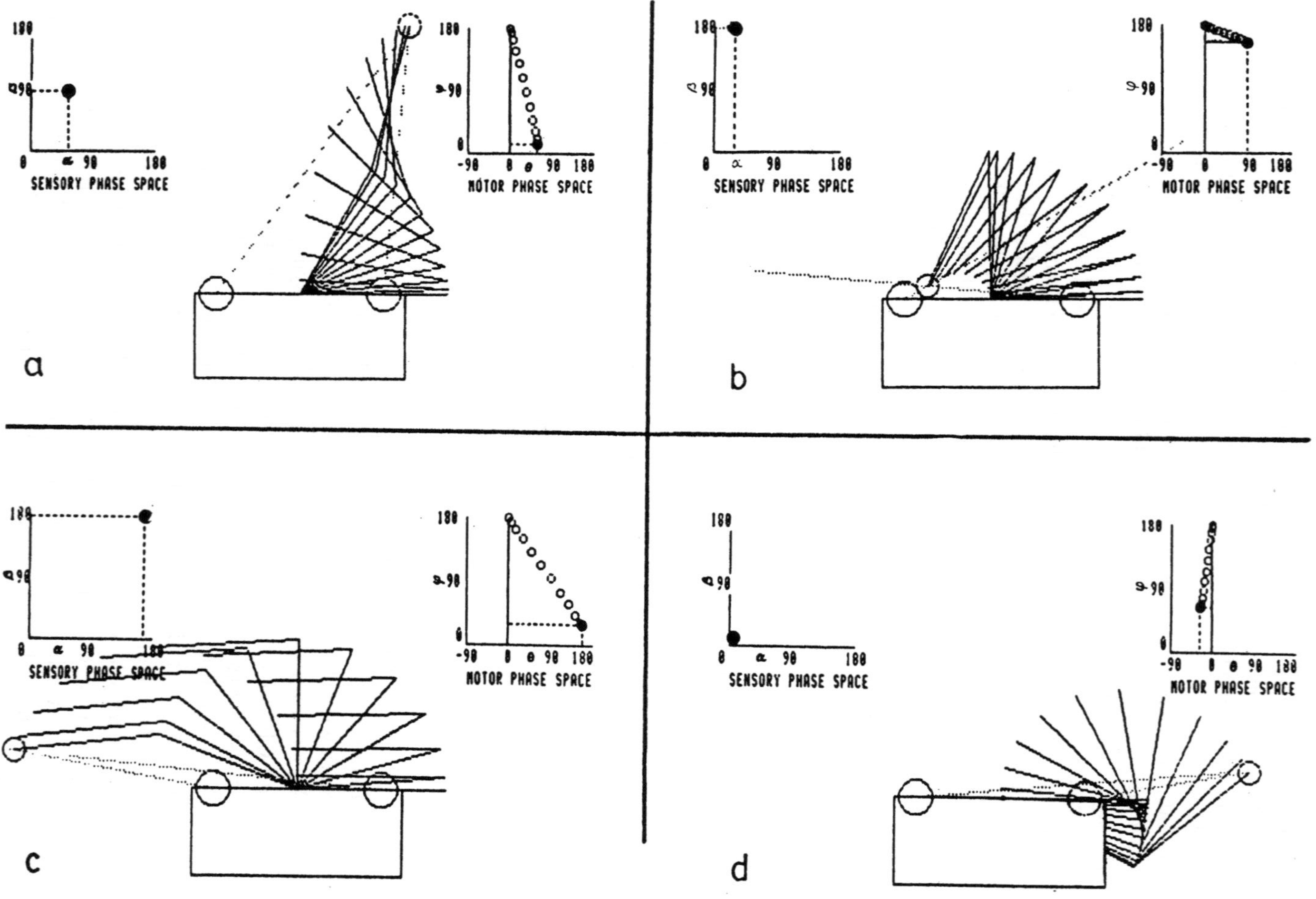

Nichtsdestoweniger hilft uns Rogers "Gehirn", das abstrakte Konzept zu begreifen, mit dessen Hilfe das Problem der sensomotorischen Koordination gelöst wird, nämlich daß die Geometrie und Physik des Systems ausgenützt werden, um eine physische Matrix von Verbindungen herzustellen, die die Koordinatentransformationen ausführt. In einer ersten Annäherung ist die Übereinstimmung der Zustandsräume in Nervensystemen nur im abstrakten Sinne und nicht wörtlich zu verstehen. Die Vektortransformationen werden durch Matrizen von synaptischen Gewichten erreicht, welche wiederum durch Lernen und Entwicklung modifizierbar sind. Die lebende Matrix aus Gewichten führt die Transformationen von einem Aktivierungsvektor in einen anderen durch, wie immer auch die von den Neuronen verwendeten Mechanismen aussehen mögen, um die Matrix aufzubauen und auf den neuesten Stand zu bringen. Man darf auch nicht vergessen, daß Roger im Grunde wie eine Tabelle funktioniert. Genauer gesagt funktioniert Roger wie eine Tabelle nach Art der Großmutterzellen, denn für jeden repräsentierbaren Punkt im 2-D Raum gibt es ein Neuron. Das Gleiche, nur auf viel ökonomischere Weise, könnte man jedoch auch mit Hilfe eines einfachen vorwärtsgerichteten Netzes erreichen, in dem die Repräsentationen eher verteilt und nicht lokal sind.

In unserem nächsten Schritt erreicht das ganze Problem und dessen Lösung ein neues Maß an funktionellem Potential und rechnerischen Fähigkeiten. Wir werden die *Zeit* — die Geschwindigkeit, mit der sich die Variablen verändern — berücksichtigen und dort anknüpfen, wo wir in den Kapiteln 3 und 4 aufgehört haben. Dort haben wir erwähnt, daß dann, wenn es um das Verstehen einer Aufgabe geht und beschlossen werden muß, wie das Nervensystem die Aufgabe ausführen könnte, dem Timing eine entscheidende Rolle zukommt [197]. Im Zusammenhang mit der sensomotorischen Koordination darf der Zeitfaktor auf keinen Fall außer acht gelassen werden. Es geht uns also auf dieser Stufe vor allem um dynamische Systeme, deren Eingaben und innere Zustände sich im Lauf der Zeit ändern. So ein System ist im Grunde mit der räumlich-zeitlichen Vektorcodierung und mit zeitabhängigen Matrixtransformationen beschäftigt.[3] An dieser Stelle wiederholen wir noch einmal, daß wir noch nicht am Ende angelangt sind. Vielmehr hoffen wir, daß wir uns von dieser Stufe aus noch einen Schritt weiter nach oben in einen Bereich vorwagen können, dessen Topographie nur schwach wahrgenommen werden kann.

---

[3]Bei einem statischen System sind die Funktionen dagegen von der Zeit unabhängig.

Abbildung 6.3 In diesen Computer-Simulationen ist die Position im sensorischen Raum als Eingabe vorgegeben. Die Position im motorischen Raum wird als Ausgabe berechnet. Dann wird die Armstellung von der Ruhestellung (0, 180) bis zur Position des Zielobjekts entlang einer geraden Linie im motorischen Raum ausgerichtet; im realen Raum beschreibt die Trajektorie jedoch eine Kurve. Für jedes Beispiel wird rechts oben die Bewegung im motorischen Raum angegeben, die den Arm in Berührung mit dem Zielobjekt bringt. (Nach [117].)

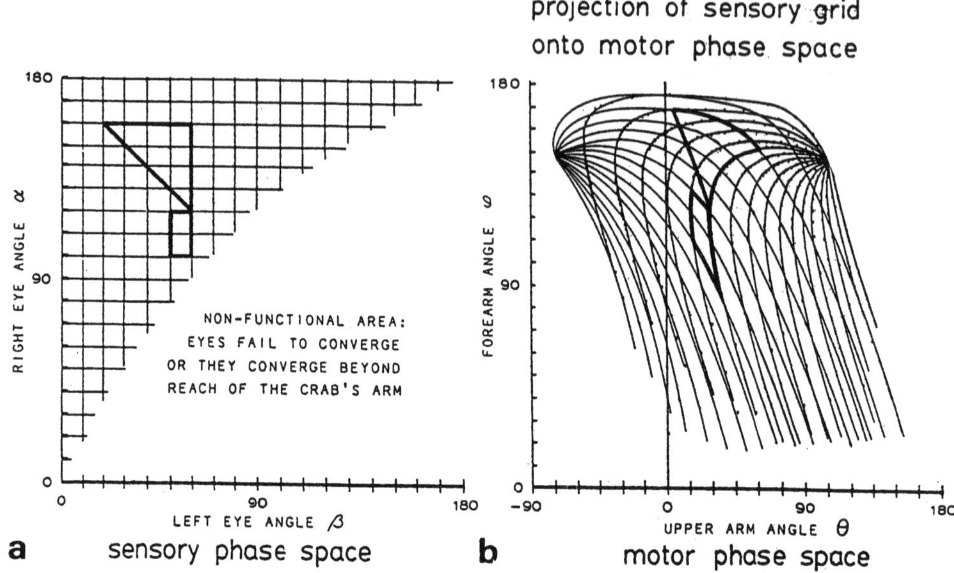

Abbildung 6.4   Graphische Darstellung der Koordinatentransformation. Das Gitter in (a) repräsentiert die Menge an Punkten im sensorischen Raum, die mit einem dreieckigen Objekt übereinstimmen, das sich in Reichweite des "Krabbenarms" befindet. Für jeden dieser Punkte in (a) gibt es in (b) eine entsprechende Position im motorischen Raum. Die Gesamtmenge der korrespondierenden Punkte in (b) ist das Ergebnis der globalen Transformation von Zustandsraumkoordinaten, die durch die Koordinierungsfunktion der Krabbe bewirkt wurde. Das dickumrandete Dreieck und das dickumrandete Rechteck veranschaulichen die einander entsprechenden Positionen in dem jeweiligen Raum und zeigen, auf welche Weise die Verformung erfolgt ist. (Nach [117]).

Um Erkenntnisse darüber zu gewinnen, wie die sensomotorische Integration vonstatten geht, hat man bisher grundsätzlich entweder sehr einfache Organismen, wie z.B. Blutegel, deren Nervensysteme leicht zugänglich sind, oder relativ kleine und in sich geschlossene Untersysteme des Zentralnervensystems (ZNS) von Säugetieren bzw. Vögeln untersucht. Die Untersysteme sind leichter zu handhaben als das gesamte ZNS von Säugetieren, da in den Hauptschaltkreisen zwischen Transduktor und Effektor nur wenige Synapsen liegen. Folglich kann man bei der Erforschung der Hauptorganisation die schwierige Frage der corticalen Beteiligung erst einmal beiseite lassen, wenngleich man sie nicht völlig vernachlässigen darf.

In den folgenden Ausführungen werden wir uns drei Beispiele ansehen, bei denen sich die anatomischen und physiologischen Untersuchungen der Schaltkreise

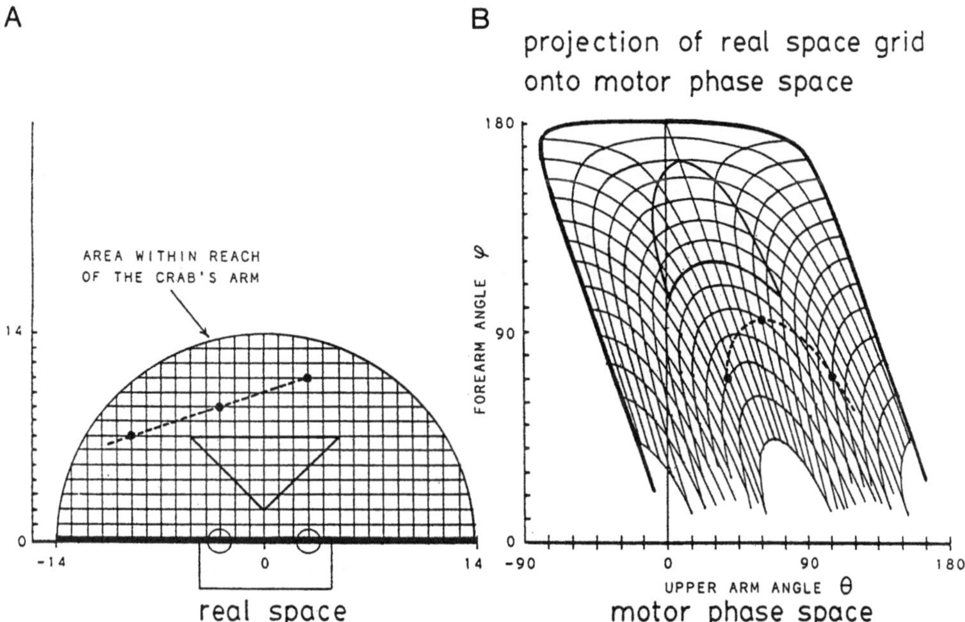

Abbildung 6.5 Graphische Darstellung der Koordinatentransformation zwischen dem realen Raum und dem motorischen Raum. Das halbkreisförmige Gitter in (a) repräsentiert eine Menge von Punkten im *realen* Raum, die sich in Reichweite des "Krabbenarms" befinden. Das deformierte Gitter in (b) zeigt die korrespondierenden Punkte im motorischen Raum an. Das große Dreieck dient der Orientierung, und die drei auf einer Linie befindlichen Punkte repräsentieren ein Objekt, das sich mit konstanter Geschwindigkeit vor der Krabbe bewegt. (Mit freundlicher Genehmigung von P.M. Churchland.)

Hand in Hand mit entsprechenden Computermodellen des Schaltkreises entwickelt haben. Bei dem ersten Beispiel geht es um einen einfachen Reflex beim Blutegel, diesem wendigen und unverwüstlichen Bewohner von Süßwasserseen, der sich an Schwimmern festbeißt und ihr Blut saugt (Abbildung 6.7). Bei dem zweiten Beispiel handelt es sich um ein bei Säugetieren vorkommendes Netzwerk, den sogenannten Vestibulo–Okular–Reflex (VOR), mit dessen Hilfe das visuelle Bild bei Bewegung des Kopfes stabilisiert wird, indem ausgleichende Augenbewegungen in die Gegenrichtung erfolgen. Ohne den VOR würde die Bewegung des Kopfes dazu führen, daß das Bild auf der Retina verrutscht und folglich käme es zu einer verwischten Wahrnehmung. Im dritten Beispiel betrachten wir rhythmisches Verhalten, das im Rückenmark erzeugt wird. Wir müssen zugeben, daß keines dieser Beispiele sofortige Erkenntnisse über die sensomotorische Kontrolle bei den von

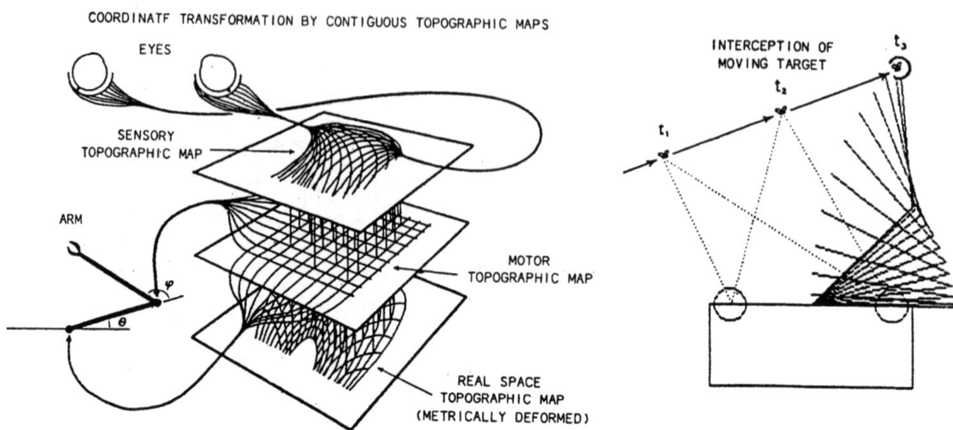

Abbildung 6.6   Zu dem "Gehirn" der Krabbe wird als unterste Schicht eine metrisch deformierte topographische Karte des realen Raums hinzugefügt. Vertikale Verbindungen reichen von den oberen Schichten bis in die untere Schicht. Die untere Schicht liefert der "Krabbe" eine interne Repräsentation von der Position, die das Objekt im realen Raum einnimmt. Sind zwei aufeinander folgende Punkte im realen Raum bekannt, kann mit Hilfe der dritten Schicht ein kolinearer dritter Punkt vorausschauend projiziert werden. Ein von diesem Punkt ausgehendes Signal in der unteren Karte wird zur motorischen Karte zurückgeleitet und wird den Arm so positionieren, daß er ein in Bewegung befindliches Objekt unverzüglich greifen kann. (Mit freundlicher Genehmigung von P.M. Churchland.)

uns bevorzugten motorischen Fertigkeiten liefert. Der Blutegel ist ein zu weit entfernter Verwandter von uns, und beim VOR erfolgt die Ausgabe eben doch nur in Form von Augenbewegungen. Die Augenmuskeln machen schließlich nichts anderes, als die Augen zu bewegen — man braucht sie nicht zum Geigespielen oder zum Pfeifen von Bachs Werken. Die meisten Leute wissen nicht einmal, daß sie über einen VOR verfügen.

Nichtsdestoweniger muß eine experimentelle Wissenschaft praktisch und opportunistisch sein; sie muß dort anfangen, wo es möglich ist. Für den Blutegel, den VOR und das Rückenmark sprechen die systematische Einfachheit, die leichte Durchführbarkeit der Experimente und die Verfügbarkeit der Organismen. Der VOR eignet sich hervorragend dazu, die berechnungstechnischen Grundprinzipien bei der sensomotorischen Kontrolle in Säugetieren auszusondern: (1) Der zugrundeliegende Schaltkreis ist relativ einfach, so daß Ein- und Ausgabe identifiziert und kontrolliert werden können. (2) Es gibt hier nicht so viele Muskeln, die die Sache

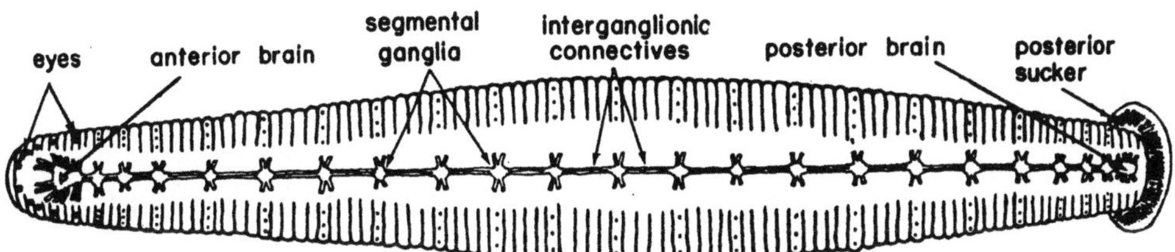

Abbildung 6.7   Zentralnervensystem des Blutegels. Es gibt 21 segmentale Ganglien; an der Spitze befindet sich ein Kopfganglion (vorderes Gehirn) und am Ende ein Schwanzganglion (hinteres Gehirn). Der Nervenstrang verläuft entlang der ventralen Mittellinie. Die Ganglien sind untereinander durch Axonbündel (die Konnektiven) verbunden und innervieren die Zellwände durch paarweise verlaufende Nerven (in dieser Abbildung der Einfachheit halber weggelassen).

verkomplizieren. (3) Das System kann nur eine begrenzte Anzahl von Bewegungen ausführen. Das Rückenmark hat außerdem besondere experimentelle Vorzüge. Beim Neunauge kann das Rückenmark vom Rest des Gehirns isoliert werden und liefert somit einen experimentell zugänglichen zentralen Mustergenerator, an dem man die Grundprinzipien der Art und Weise, wie Fische schwimmen, Insekten fliegen und Landtiere gehen, erforschen kann. Im Gegensatz zum VOR, der sehr reaktionsfreudig ist, kann das Rückenmark komplexe Aktivitätsmuster auf Dauer aufrecht erhalten. Der Blutegel ist für die Neurobiologie ein sehr bedeutendes Tier. Dafür gibt es eine Reihe von Gründen, der wichtigste Grund aber ist, daß er vergleichsweise wenig Neuronen (ungefähr 10^4) hat und daß viele Neuronen hinsichtlich Morphologie, Konnektivität, Entwicklung usw. stereotyp genug sind, daß man sie einzeln benennen — z.B. mit "P", "T" und "N" — und von Blutegel zu Blutegel identifizieren kann (Abbildungen 6.8 und 6.9). Solch eine Stereotypie ist sehr hilfreich, wenn man Ergebnisse reproduzieren will. Ein weiterer Grund, warum der Blutegel gerne für Versuche herangezogen wird, ist die Tatsache, daß man Blutegel nicht betäuben muß und ihr Verhalten direkt aufzeichnen kann.

6.2   LeechNet

Als nächstes werden wir uns mit dem lokalen Krümmungsreflex des Blutegels (englisch: leech) befassen. Hierbei handelt es sich um eine sehr einfache Art von Fluchtverhalten, d.h. eine potentielle Schädigung wird erkannt und durch Abwehrmaßnahmen verhindert. Im Grunde sieht das so aus, daß der Blutegel in der Länge seines schlauchartigen Körpers abknickt, um auf diese Weise einer unangenehmen Reizung zu entgehen.

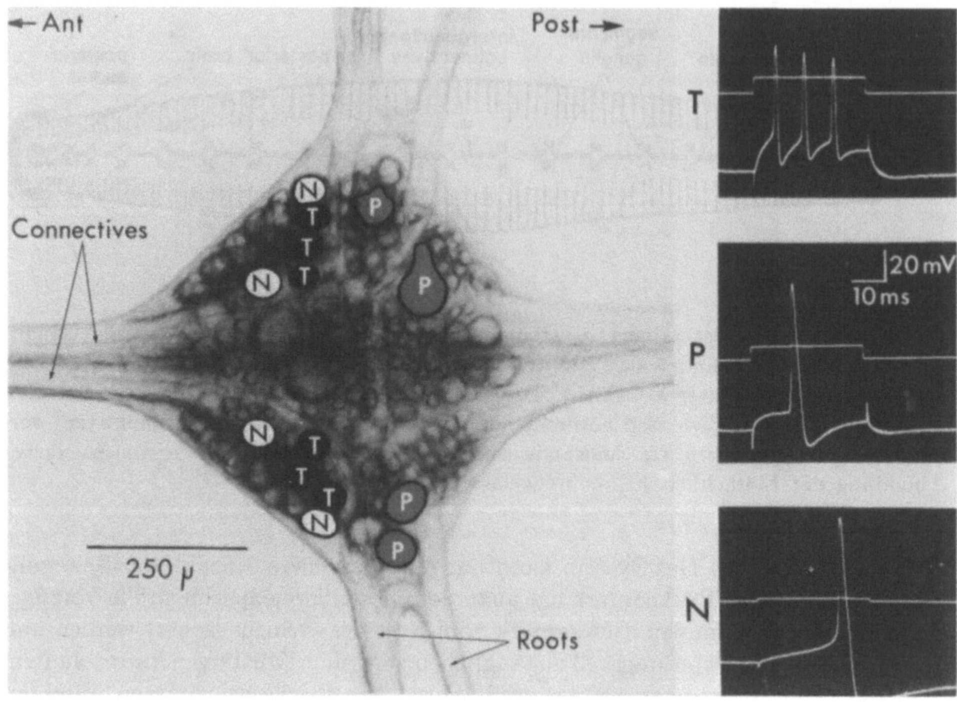

Abbildung 6.8   (links) Ventralansicht eines segmentären Ganglions des Blutegels. Die einzelnen Zellkörper sind klar erkennbar. Die paarweise auftretenden Sinneszellen, die auf Berührung (T), Druck (P) und auf schädliche mechanische Reizung der Haut (N) reagieren, wurden gekennzeichnet. (rechts) Jeder Zelltyp zeigt bei Strominjektion eine bestimmte elektrische Reaktion. Die obere der beiden aufgezeichneten Linien zeigt jeweils den injizierten Strom an und die untere Linie ist eine gleichzeitige Aufzeichnung des Membranpotentials. Kennzeichnend für jede Zelle ist nicht nur ihre anatomische Lage, sondern auch ihr charakteristisches Aktionspotential. (Nach [543].)

Die für das Fluchtverhalten verantwortliche sensomotorische Integration wirft viele wichtige berechnungstechnische Fragen auf, und dank der einfachen Strukturierung des Blutegels können die vom System verwendeten Grundprinzipien leichter erkannt werden. Das Berechnungsmodell für den lokalen Krümmungsreflex beim Blutegel, das wir hiermit kurz vorstellen wollen, wurde in erster Linie von Shawn Lockery ausgearbeitet, der sich als Student an der Universität von Kalifornien in San Diego und auch später, als er nach seiner Promotion am Salk Institute tätig war, mit diesem Thema beschäftigte [458, 459]. Dem Modell liegen mehrere Jahrzehnte anatomischer und physiologischer Forschungsarbeit am Nervensystem des Blutegels zugrunde, die von Stephen Kuffler, John Nicholls, Denis Baylor, Gunther Stent, William Kristen u.a. durchgeführt wurden [543, 553, 279]. Viele der an früherer Stelle angesprochenen allgemeinen Probleme, die im Zusammenhang mit Repräsentation und Integration entstehen, werden im Modell an einem konkreten Beispiel veranschaulicht. Außerdem wird hier gezeigt, wie ein Modell, das unter Verwendung von parallel durchgeführten physiologischen Untersuchungen erstellt wird, die neurobiologischen Forschungen vorantreibt und umfassender werden läßt.

Die neuralen Schaltkreise und das motorische Repertoire des Blutegels sind ganz anders als diejenigen von Säugetieren. Deshalb können Zweifel aufkommen, ob man die bezüglich der Neurobiologie des Blutegels gewonnenen Ergebnisse überhaupt verallgemeinern kann. Das Nervensystem des Blutegels hat sich über viele Millionen von Jahren so entwickelt, daß es genau auf die spezifischen Aufgaben des Blutegels und auf seinen bestimmten Lebensraum abgestimmt ist. Man kann deshalb erwarten, daß die in Blutegeln entdeckten Schaltkreise stark idiosynkratisch sind und daß sich hier ziemlich ausgefallene berechnungstechnische Lösungen herausgebildet haben. In diesem Fall wäre es gut möglich, daß sich die Erkenntnisse hinsichtlich der Art und Weise, wie das Nervensystem des Blutegels repräsentiert und berechnet, gar nicht auf andere wirbellose Tiere, geschweige denn auf Wirbeltiere, anwenden lassen. So haben z.B. die von der Großhirnrinde bei Säugetieren entwickelten Berechnungsstrategien möglicherweise nicht die geringste Ähnlichkeit mit den Berechnungsprinzipien, nach denen die Krümmung von Blutegeln, die ja gar keinen Cortex haben, abläuft.

Warum sollte also irgendjemand an der Erforschung des Blutegels Interesse haben? Ob die Neurobiologie des Blutegels im Hinblick auf die von Säugetiernervensystemen benutzten Beechnungsprinzipien neue Erkenntnisse oder zumindest den einen oder anderen Anhaltspunkt liefert, wird sich erst noch zeigen. Da die Nervensysteme von wirbellosen Tieren aber sehr leicht zugänglich sind, rentiert sich der Aufwand für ihre Erforschung allemal. An und für sich ist die berechnungstechnische Organisation des Blutegels schon deshalb interessant, weil seine sensomotorische Kontrolle — verglichen mit der des Menschen — sehr einfach erscheinen mag und trotzdem alles, was in der modernen Computertechnik möglich ist, übertrifft. Ausgehend von dieser frühen Stufe der Robotertechnik ist es erstaunlich, daß ein so winziges Nervensystem wie das des Blutegels derart hoch entwickelt, flexibel und erfolgreich sein kann. Selbst dann, wenn sich die beim Blutegel verwendeten Berrechnungsprinzipien nicht auf Säugetiere anwenden lassen, ist es aufschlußreich zu wissen, wie mit so wenig Aufwand derart viel erreicht werden kann. Wie dem auch sei, es ist nicht sehr wahrscheinlich, daß es bei dem Ergebnis der Forschung um alles oder nichts gehen wird. Einige Merkmale der Berechnungsstrategien sind vielleicht größtenteils erhalten geblieben und werden daher weitverbreitet Anwendung finden, wohingegen andere möglicherweise erst in Verbindung mit der Evolution bestimmter Gehirnstrukturen, wie dem Hippocampus oder dem Kleinhirn, auftauchen.

A Ventral

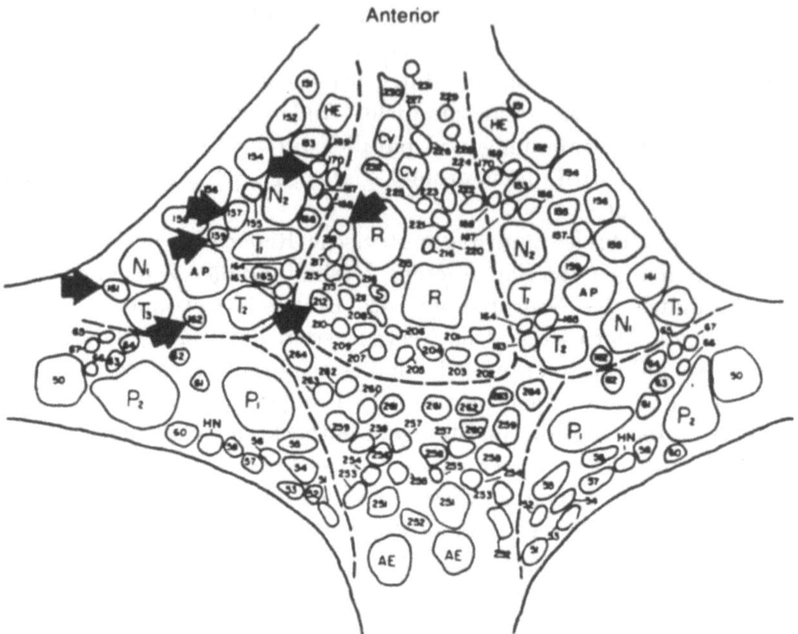

B Dorsal

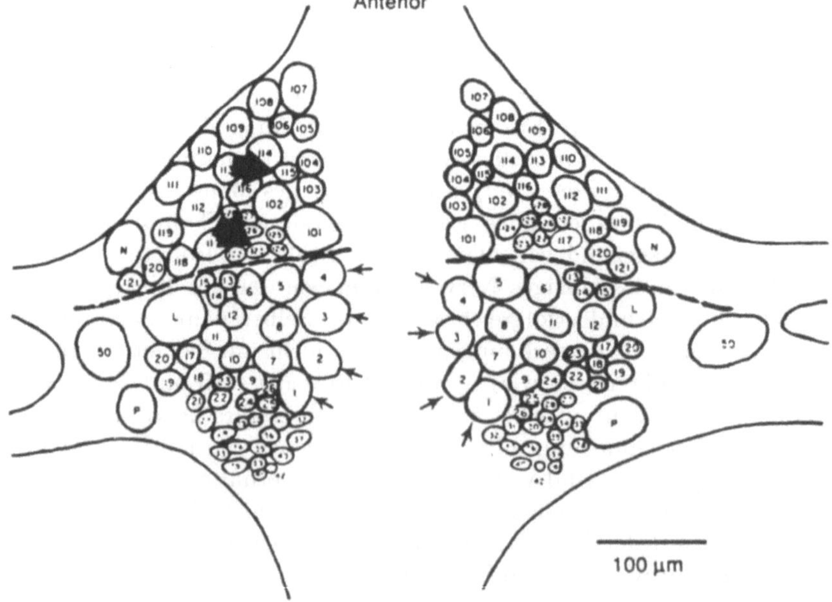

Was macht nun ein Blutegel, wenn er sich krümmt? Als Antwort auf einen mechanischen Reiz, wie z.B. das Anstoßen mit einer Nadel, wendet sich der Blutegel von der Berührungsstelle ab (Abbildung 6.10). Je nachdem, wo die Berührung mit der Nadel erfolgt, kann er sich sowohl nach links oder rechts, als auch nach oben oder unten krümmen. Dabei wirkt sich die Intensität des Reizes nur geringfügig auf das Ausmaß der Krümmung aus. Dieses Reflexverhalten wird durch ein einfaches Wechselspiel von Muskeln bewirkt: Am Ort des Reizes kontrahieren sich die longitudinalen Muskeln, während sich die longitudinalen Muskeln der gegenüberliegenden Körperseite entspannen [379]. Außerdem ist die Richtung, in welche die Krümmung erfolgt, von der Stelle der Reizung abhängig: Gleichgültig, ob der Blutegel oben, unten oder an den Seiten gereizt wird, die Antwortreaktion ist richtig orientiert, obwohl für die verschiedenen Antwortreaktionen die gleichen Muskeln verwendet werden.

Auf welchen neuralen Mechanismen beruht die Krümmung beim Blutegel? Über die Anatomie der am Krümmungsverhalten beteiligten Schaltkreise weiß man sehr gut Bescheid. Der Blutegel ist ein aus Segmenten bestehendes Tier, wobei sich in jedem Segment ein Ganglion aus Neuronen befindet, das das Verhalten koordiniert. Neben den 21 Rumpfganglien gibt es noch ein Kopf- und ein Schwanz"gehirn". Wir schreiben "Gehirn" in Anführungsstrichen, weil es sich hier in Wirklichkeit eher um eine Anhäufung von Ganglien als um ein hochentwickeltes Gehirn wie bei den Säugetieren handelt. Obwohl die Ganglien untereinander verbunden sind, ist jedes Ganglion grundsätzlich für das Verhalten seines eigenen Segments verantwortlich. Die wichtigste sensorische Eingabe zur Auslösung des lokalen Krümmungsreflexes stammt von den vier druckempfindlichen Mechanorezeptoren, welche P–Zellen (nach dem englischen Wort *pressure* für Druck) genannt werden und jeweils mit einem empfindlichen Bereich (dem rezeptiven Feld) ausgestattet sind, welcher auf einen Qudranten der Körperwand beschränkt ist [543]. Die Muskeln werden durch eine Reihe von motorischen Neuronen aktiviert: Jeder Quadrant wird durch excitatorische und inhibitorische Motoneuronen innerviert; insgesamt gibt es 8 Arten motorischer Neuronen.

Anders als beim Grundschaltkreis des bekannten Kniesehnenreflexes des Menschen (Abbildung 6.12), sind diese sensorischen und motorischen Neuronen nicht direkt miteinander verbunden. Der Reflex ist also nicht monosynaptisch. Beim Blutegel ist es vielmehr so, daß zwischen die sensorischen und die motorischen Neuronen mehrere Interneuronen als Vermittler der gegenseitigen Wechselwir-

Abbildung 6.9   Ventrale (A) und dorsale (B) Ansicht eines segmentären Ganglions des Blutegels. Die Stellen, an denen man lokale Krümmungsinterneuronen identifiziert hat, wurden mit dicken Pfeilen gekennzeichnet. Die dünnen Pfeile zeigen auf motorische Neuronen, die für die longitudinalen Muskeln zuständig sind. Diese Neuronen treten, mit Ausnahme der Zelle 218, in bilateralen Paaren auf. Das Anzapfen solch kleiner Interneuronen mit Mikroelektroden ist relativ schwierig. (Nach [459].)

Resting

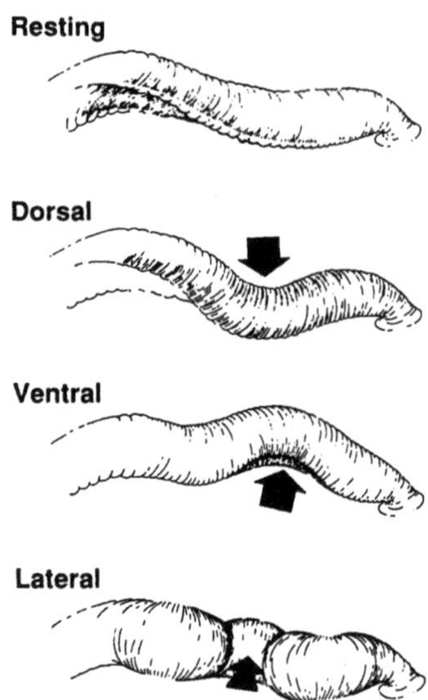

Abbildung 6.10   Lokales Krümmungsverhalten beim Blutegel. Die hintere Hälfte des Tieres wird gezeigt, wenn sie sich in Ruhestellung befindet und wenn sie auf dorsale, ventrale und laterale mechanische Reizung reagiert (Pfeile) [458].

kungen zwischengeschaltet sind. In den Interneuronen, welche wiederum auf den Pool mit den acht verschiedenen Motoneuronen projizieren, wird durch die sensorische Stimulation ein Erregungsmuster erzeugt. Auch wenn der Blutegel ein recht niederrangiges Tier ist, handelt es sich hier nicht um eine einfache Beziehung zwischen Ursache und Wirkung. Der Reflex hat vielmehr ein komplizierteres Profil, und die Variationsmöglichkeiten sind alles andere als unbedeutend. Um den Ort der Reizung berechnen und die angemessene Antwortreaktion liefern zu können, werden weitläufige divergierende und konvergierende Verbindungen, wie sie bei Wirbeltieren der Erinnerung dienen, benutzt.

Man hat neun verschiedene Krümmungsinterneuronen identifiziert, die beim Blutegel die dorsale Version des Krümmungsreflexes vermitteln, d.h. das Ausweichen eines dorsal einwirkenden Reizes erfolgt durch Kontraktion der dorsalen Muskeln und Entspannung der ventralen Muskeln (Abbildung 6.11) [459]. Diese neun Interneuronen gehören zu einer Reihe weiterer lokaler Krümmungsinterneuronen, die ihren Beitrag zur dorsalen Krümmung leisten, indem sie von den P–Zellen excitatorische Eingaben erhalten und selbst wiederum die dorsalen excitatorischen Motoneuronen erregen. Zwischen den Interneuronen gibt es keine funktionellen Verbindungen. In einer Reihe von Experimenten hat man die P–Zellen, die dorsalen Krümmungsinterneuronen und die motorischen Neuronen mit Mikroelektroden angezapft, um die synaptischen Potentiale aufzeichnen zu

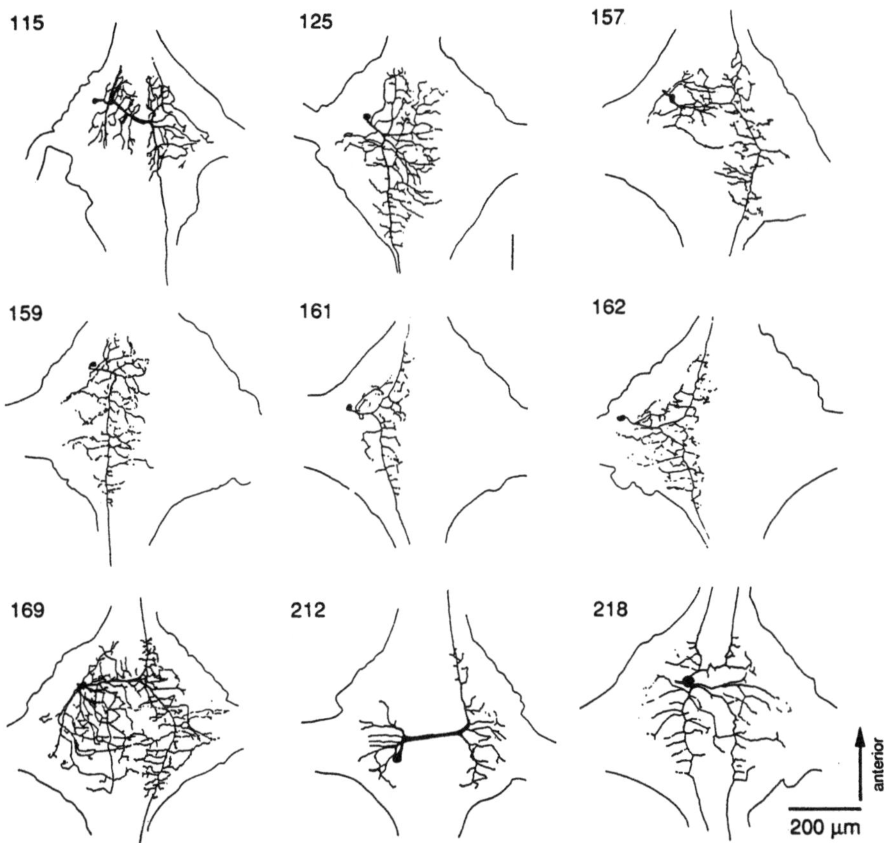

Abbildung 6.11   Lokale Krümmungsinterneuronen im Blutegel. Die Zeichnungen wurden von angezapften und mit einem fluoreszierenden Farbstoff angereicherten Neuronen angefertigt. Jede dieser Zellen hat eine bestimmte Morphologie und bestimmte Projektionsmuster innerhalb und außerhalb des Ganglions [459].

können und um den Reflex auszulösen. Man hat erwartet, daß man spezifische Interneuronen identifizieren könnte, die selektiv zu solchen Bewegungen beitragen, welche durch dorsale, ventrale oder laterale Berührungen hervorgerufen wurden. Man wollte also die einfache Konzeption dieses Reflexes bestätigen. Aber das Gegenteil war der Fall: Man fand heraus, daß die meisten Interneuronen von drei oder vier P–Zellen mit Eingaben versorgt wurden. Dies weist darauf hin, daß die sensorischen Eingaben des Netzes für die lokale Krümmung verteilt repräsentiert werden und daß die Abbildung der Eingaben auf die Ausgaben mit Hilfe einer Vektortransformation in einem mehrdimensionalen Raum erfolgt. Es handelt sich

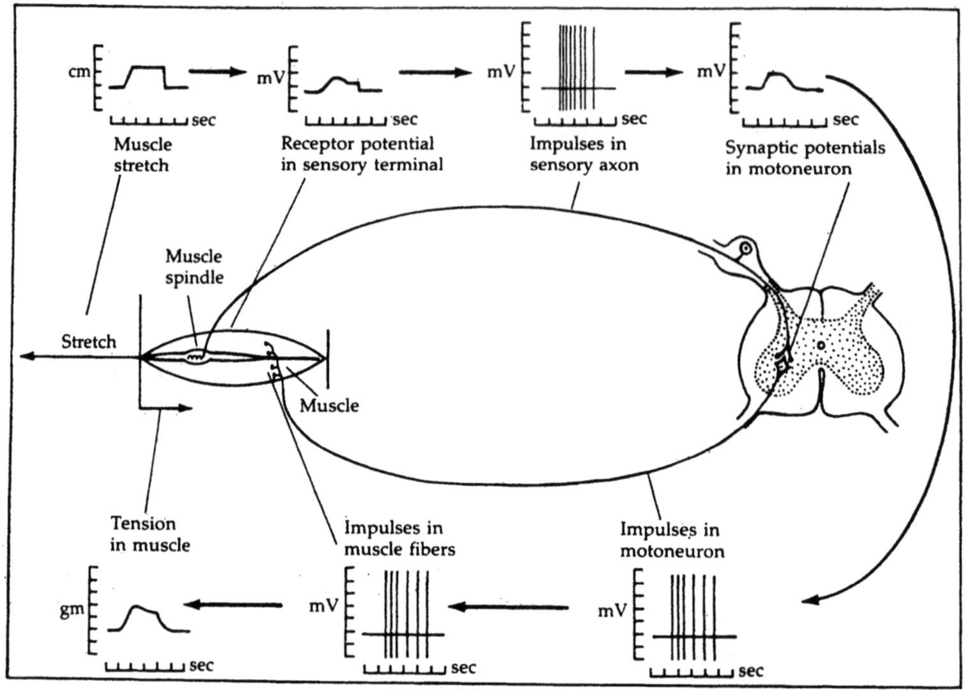

Abbildung 6.12   Physiologie des menschlichen Kniesehnenreflexes. Durch die mechanische Dehnung eines Muskels wird über einen aus einem Neuron bestehendem Reflex"bogen" im Rückenmark eine Kontraktion des Muskels ausgelöst. Die Streckung der Muskelspindel wird in ein Rezeptorpotential umgewandelt, welches dann im sensorischen Axon in eine Folge von Impulsen umgesetzt wird. Diese Nervenfasern stehen über excitatorischen Synapsen mit motorischen Neuronen im Rückenmark in Verbindung. Die abgestufte Depolarisation im motorischen Neuron erzeugt dann eine Folge von Aktionspotentialen. Das Axon des motorischen Neurons innerviert die Muskelfaser an einer Endplatte oder neuromuskulären Synapse. Die daraus resultierende Depolarisation der Muskeln führt zu einer Kontraktion der Muskelfasern. Das motorische Neuron steht über viele weitere Synapsen mit anderen Neuronen des Rückenmarks und mit Fasern, die vom Gehirn kommen (hier nicht dargestellt), in Verbindung. Seine Antwortreaktion kann also auch noch durch andere Einflüsse verändert werden. (Mit Erlaubnis aus [634].)

also nicht um ein einfaches "Push–Splash"-Phänomen in einem niederdimensionalen Raum.[4]

---

[4]Diese Art von Organisation hat man auch bei anderen Spezies gefunden. So findet z.B. beim Kopfputzverhalten der Grille [321] die Kontrolle der Motoneuronen verteilt statt. Siehe

Computermodelle des Netzes für die dorsale Krümmung

Das erste Modell einer Computersimulation, wir nennen es im weiteren Verlauf "LeechNet I", war äußerst einfach strukturiert [457]. Es beschränkte sich darauf, ein einziges von 21 Rumpfganglien zu simulieren. Hinsichtlich der Zellen bedeutete dies, daß in dem Modell der Schaltkreis, der für das beim Blutegel beobachtete Krümmungsverhalten verantwortlich ist, durch vier Eingabeeinheiten, acht Ausgabeeinheiten und 18 Interneuronen repräsentiert wurde. Auch die vier wichtigsten Verbindungen zwischen den motorischen Neuronen waren enthalten (Abbildung 6.13). Mit Hilfe eines überwachten Lernalgorithmus wurde das Modell dahingehend trainiert, daß es die beobachteten Ein–Ausgabe–Beziehungen nachbilden konnte (gemeint sind solche Ein–Ausgabe–Funktionen, die beobachtet werden, wenn von einem Paar von Eingabeneuronen ein einziges Neuron stimuliert wird). Kristan und Lockery nahmen während dem Auftreten des lokalen Krümmungsverhaltens zahlreiche intrazelluläre Aufzeichnungen an Motoneuronen (Ausgabeeinheiten) vor. Dann wurde das Modell so trainiert, daß es die Amplitude der synaptischen Potentiale diesen Aufzeichnungen entsprechend reproduzieren konnte. Am Ende der Trainingsperiode kopierte das Modell die beobachteten Ein–Ausgabe–Daten ganz genau.

Hat die Lösung, die das Netz für das Problem der sensomotorischen Kontrolle gefunden hat, Ähnlichkeit mit der physiologischen Lösung im wirklichen Schaltkreis? Das kann man herausfinden, indem man die Eigenschaften der internen Einheiten im Netz mit denen der Interneuronen im Ganglion des Blutegels vergleicht. Dieser Vergleich sollte jedoch nicht nur zwischen einem Interneuron und einer internen Einheit eines gegebenen Netzes stattfinden. Bei solch einer Strategie hat man es nämlich mit dem Problem zu tun, daß das Training mittels Rückpropagierung zu einer von Netz zu Netz verschiedenen Variabilität der Gewichte führt. Wenn man hier also ein einziges trainiertes Netz zum Vergleich heranzieht, ist das Ergebnis nicht repräsentativ, da sich bei jedem Trainingsversuch für ein und dasselbe Ein–Ausgabe–Profil immer wieder ein leicht unterschiedliches Muster von Gewichten ergibt.

Will man demnach einen aussagekräftigen Vergleich anstellen, muß man eine Reihe bestimmter LeechNet–Modelle trainieren und die Antwortmuster der Modelleinheiten mit denen der neurobiologischen Einheiten vergleichen. In unserem Beispiel hat man 18 Modelle getestet und anschließend mit Hilfe der Statistik festgestellt, ob die Übereinstimmung zwischen den biologischen Daten und den Netzwerkdaten mehr als nur zufällig war. Folgende Fragen waren dabei von Interesse: Wie viele der Interneuronen erhalten mehrfache sensorische Eingaben? Wie viele funktionelle Verbindungen geht jede der internen Einheiten mit den acht Ausgabeeinheiten ein? Welche Kombinationen zwischen excitatorischen und inhibitorischen Neuronen gibt es? Bemerkenswert war, daß viele Computereinheiten mit bestimmten identifizierten dorsalen Krümmungsneuronen in mehrerlei Hinsicht Ähnlichkeit hatten. So erhielten beispielsweise mehr als 95% mehrfache

---

auch [425, 529].

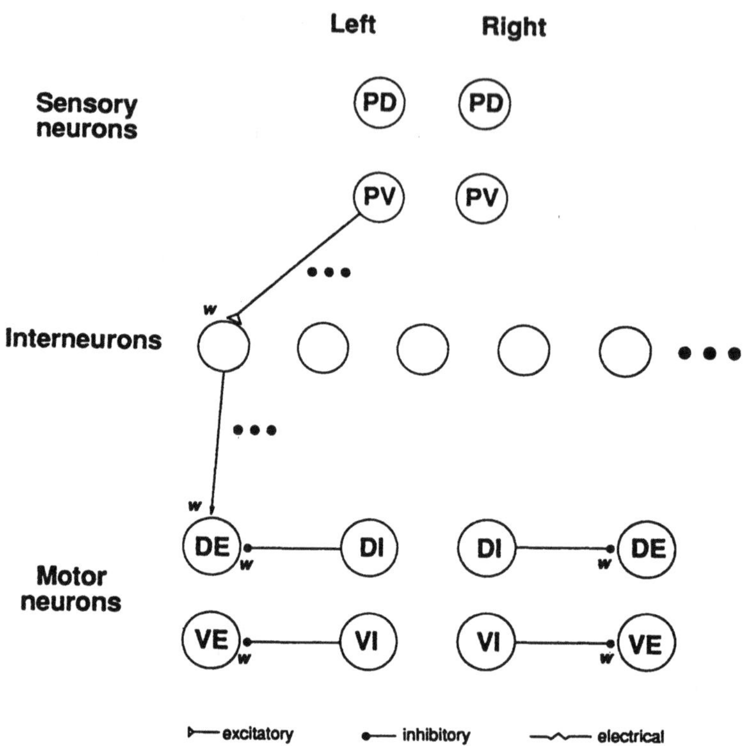

Abbildung 6.13   Schaltkreis für die lokale Krümmung beim Blutegel: LeechNet I. Die wichtigste Eingabe zur Auslösung des Reflexes stammt von den dorsalen und ventralen P–Zellen (PD und PV). Die Kontrolle der lokalen Krümmung wird von motorischen Neuronen übernommen, deren Innervationsfeld auf einzelne Quadranten im Körper beschränkt ist. Die dorsalen und ventralen Quadranten werden sowohl von excitatorischen (DE und VE) als auch von inhibitorischen (DI und VI) Motoneuronen innerviert. Die inhibitorischen Motoneuronen hemmen auch die excitatorischen Motoneuronen (siehe gezeigtes Muster). Zwischen den sensorischen und den motorischen Neuronen gibt es keine direkten Verbindungen; ihre gegenseitigen Wechselwirkungen werden durch eine Schicht von Interneuronen übermittelt. In diesem ersten Modell wurde jedes Neuron durch eine sigmoide Einheit modelliert, und jede Verbindung hatte ein Gewicht. Die Aktivität der Eingabe wurde in zwei Schritten an die Ausgabeeinheiten weitergeleitet. (Mit freundlicher Genehmigung von S. Lockery.)

sensorische Eingaben und 88% hatten Verbindungen zu sieben oder acht Ausgabeinheiten. Wie die Statistik zeigte, ist die Möglichkeit, daß eine so hohe Überstimmung rein zufällig entsteht, verschwindend klein.

Obwohl die erste LeechNet–Generation bezüglich der Aktivität gute Übereinstimmungen mit den Eingabe–Ausgabe–Mustern zeigte, fehlten noch einige wichtige Parameter. Am auffälligsten ist, daß die Dynamik des Netzes, wie z.B.

die zeitliche Verzögerung an den Synapsen, die Gesamtreaktionszeit der neuronalen Reflexkomponente, die Dauer der Kontraktion und die zur Koordination der Antwort auf den Reiz benötigte Gesamtzeit, nicht berücksichtigt wurde. Außerdem gibt es beim wirklichen Blutegel über elektrische und inhibitorische Synapsen zusätzliche Verbindungen zwischen den verschiedenen Motoneuronen, die nicht in das beim Netz verwendete Feedforward–Schema passen. Will man also ein Modell haben, das nicht nur der Ein–Ausgabe–Funktion als Ganzes enspricht, sondern auch den dazwischengeschalteten Prozessen und deren Dynamik gerecht wird, ist es notwendig, ein anspruchsvolleres Modell zu entwickeln, das auch diese zusätzlichen Parameter berücksichtigt. Auf diese Weise kam LeechNet II zustande [456].

Bei LeechNet II kamen einige Verbesserungen hinzu (Abbildung 6.14). Erstens wurden die Einheiten zeitlich integriert, indem man für die Membran eine Zeitkonstante einführte. Zweitens hat man auch die Verzögerung an den chemischen Synapsen explizit berücksichtigt, indem man jeder Synapse eine einzige Einheit zuordnete. Drittens kamen zu den motorischen Neuronen noch elektrische Kopplung und zusätzliche inhibitorische Synapsen hinzu, wodurch es notwendig wurde, die Rückpropagierung für rekurrente Netze zu verallgemeinern. Es wurden also zusätzliche Parameter eingeführt, nämlich die vielen Zeitkonstanten für Neuronen und Synapsen und die Kopplungsstärken zwischen den motorischen Neuronen. Glücklicherweise kann man die meisten dieser Parameter experimentell messen. So weit es möglich war, wurden solche Messungen in Form von Bedingungen in das Modell integriert.

Es hat sich herausgestellt, daß die internen Einheiten von LeechNet II, nachdem sie auf das gewünschte räumlich–zeitliche Muster (Größe und Form des Potentials an den motorischen Synapsen) trainiert worden waren, hinsichtlich ihrer Mischung aus schnellen und langsamen Antwortreaktionen den Interneuronen des tatsächlichen Blutegels recht ähnlich waren (Abbildung 6.15). Vergleicht man die Daten aus der Antwort des Blutegels mit denen aus dem Modell, zeigt sich deutlich, daß das Modell entscheidende zeitliche Aspekte wiedergibt. Es muß betont werden, daß einige dieser Eigenschaften auf das Netztraining zurückzuführen sind und nicht dadurch entstanden sind, daß sie mit der Hand eingestellt oder einprogrammiert wurden. Außerdem war sowohl in LeechNet I als auch in LeechNet II die Aktivierung der Einheiten verteilt. Das spricht dafür, daß auch das einfachere LeechNet I — trotz Nichtberücksichtigung der Dynamik — zu einigen richtigen Ergebnissen geführt hat. Daß es sowohl bei statischen als auch bei dynamischen Modellen verteilte Repräsentationen gibt, weist darauf hin, daß es sich hierbei um ein robustes Merkmal von Modellnetzen handelt.

Die Tatsache, daß Blutegel und Modell vergleichbar sind, stimmt zuversichtlich, daß man tatsächlich Netzwerke mit hoher Wiedergabequaltität mittels Rückpropagierung bauen und entwerfen kann. Die Erforschung des Blutegels ist auf umgekehrte Weise für die Neuroinformatik von besonderem Wert. Da über das Nervensystem des Blutegels so viele physiologische Einzelheiten bekannt sind, ist es möglich, genaue Vergleiche anzustellen. So kann man am Blutegel den Algorith-

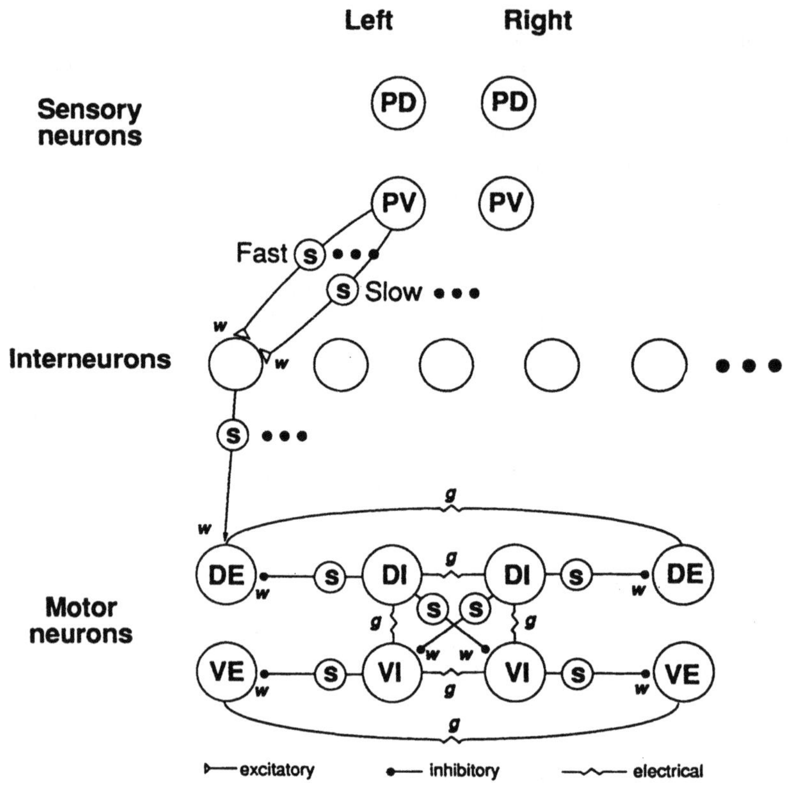

Abbildung 6.14 Schaltkreis für die lokale Krümmung beim Blutegel: LeechNet II. Der Grundbauplan entspricht demjenigen von LeechNet I (Abbildung 6.13), nur enthält das Modell jetzt zeitlich verzögerte chemische Synapsen, elektrische Synapsen zwischen den Motoneuronen und eine elektrische Zeitkonstante für jede Einheit. Die chemischen Synapsen wurden aus zwei Teilen (den sogenannten s–Einheiten) modelliert: Ein Teil hat eine schnelle und der andere Teil eine langsame Zeitkonstante. Man hat die Zeitkonstanten so gewählt, daß sie mit der in diesen Synapsen beobachteten zeitlichen Dynamik übereinstimmen [456].

mus überprüfen, der zum Trainieren des künstlichen neuronalen Netzes verwendet wird. Sollten die Netzmodelle in den relevanten Dingen nicht mit den tatsächlichen Netzen des Blutegels übereinstimmen, dann taugt der Algorithmus, mit dem sie trainiert wurden, nichts. Wenn es aber, wie das bei LeechNet II der Fall ist, ausreichende Übereinstimmungen gibt, heißt dies noch lange nicht, daß die allgemeine Anwendbarkeit des Algorithmus ein für allemal bewiesen wurde, sondern nur, daß der Algorithmus bisher nur noch nicht für unwirksam erklärt werden konnte. Aber selbst das kann als Fortschritt verzeichnet werden und bietet eine Ausgangsbasis für weitere Forschungsarbeiten.

Zusätzlich sollte das Modell auch noch eine Erklärung für die folgende, ziemlich paradox erscheinende experimentelle Entdeckung liefern: Mit Ausnahme eines Interneurons verfügen alle bekannten Interneuronen über Verbindungen, die während der *ventralen* lokalen Krümmung zu ihrer Aktivierung beitragen. Naiverweise könnte man erwarten, daß hier das "falsche" motorische Ausgabemuster erzeugt wird. Isoliert betrachtet führt die Ausgabe nämlich tendenziell dazu, daß die motorischen Neuronen eine Krümmung *in Richtung* des Reizes veranlassen, anstatt vom Reiz weg. Man kann sich schlecht vorstellen, daß diese Interneuronen, die unter den experimentellen Bedingungen den beobachteten Reflexen entgegenwirken, tatsächlich etwas zur Lösung des lokalen Krümmungsproblems beitragen. Bei sorgfältiger Analyse des Modells entdeckte man auch einige interne Einheiten, deren Antworten ähnlich paradox waren. An und für sich ist solch eine Übereinstimmung zwischen dem Modell und den tatsächlichen Netzen schon deshalb interessant, weil diese Eigenschaft des Modells nicht beabsichtigt war, sondern sich vielmehr erst im Laufe des Trainings entwickelt hat. Sogar noch interessanter ist die Tatsache, daß man mit Hilfe des Modells versuchen kann, herauszufinden, warum solche Neuronen vorkommen und welche Rolle sie spielen. Aus welchem Grund sollte die Natur ein Ganglion mit Interneuronen ausstatten, die allem Anschein nach den Reflex behindern?

Eine Erklärungsmöglichkeit wäre, daß jedes Motoneuron nicht nur zur lokalen Dorsalkrümmung beiträgt, sondern auch an anderen Verhaltensweisen, wie z.B. der ventralen Krümmung, dem Verkürzen, dem Kriechen und dem Schwimmen beteiligt ist. Vielleicht sind solche Verbindungen, die bei der lokalen Krümmung paradox erscheinen, im Zusammenhang mit diesen anderen Verhaltensweisen sinnvoll. Diese Möglichkeit wird im Augenblick von Kristan und Wittenberg (persönliche Mitteilung) am Beispiel des Verkürzungsverhaltens untersucht. Durch die Entdeckung, daß eines der lokalen Krümmungsinterneuronen, die Zelle 115, ein Teil des zentralen Mustergenerators (ZMG) für Schwimmen ist, erhöht sich die Wahrscheinlichkeit, daß es multifunktionelle Interneuronen gibt [241].

Die aufgezeichnete Aktivität der Interneuronen deutet auf eine Vektor–Vektor–Transformation hin. Es gibt aber noch eine einfachere Hypothese, mit deren Hilfe man die scheinbaren Ungereimtheiten erklären kann: Bisher noch nicht entdeckte Interneuronen müßten tatsächlich für die einfache Wechselwirkung verantwortlich sein, und zwar müßten sie unabhängig von dem schon identifizierten verteilten Schaltkreis wirken. In anderen Worten: Könnte es möglich sein, daß es neben den bisher schon gefundenen und untersuchten Interneuronen im Ganglion noch andere für den Reflex entscheidende Interneuronen mit selektiverem Aktivierungsmuster gibt? Schließlich sind viele der Interneuronen klein und schlecht erkennbar. Außerdem hat man bisher nur einen Bruchteil aller Interneuronen näher untersucht. Solange man nicht alle an dem Schaltkreis beteiligten Neuronen gefunden hat, kann diese Möglichkeit auch nicht definitiv ausgeschlossen werden.

Man konnte anhand des Modells zeigen, daß der Reflex auch ohne eine zusätz-

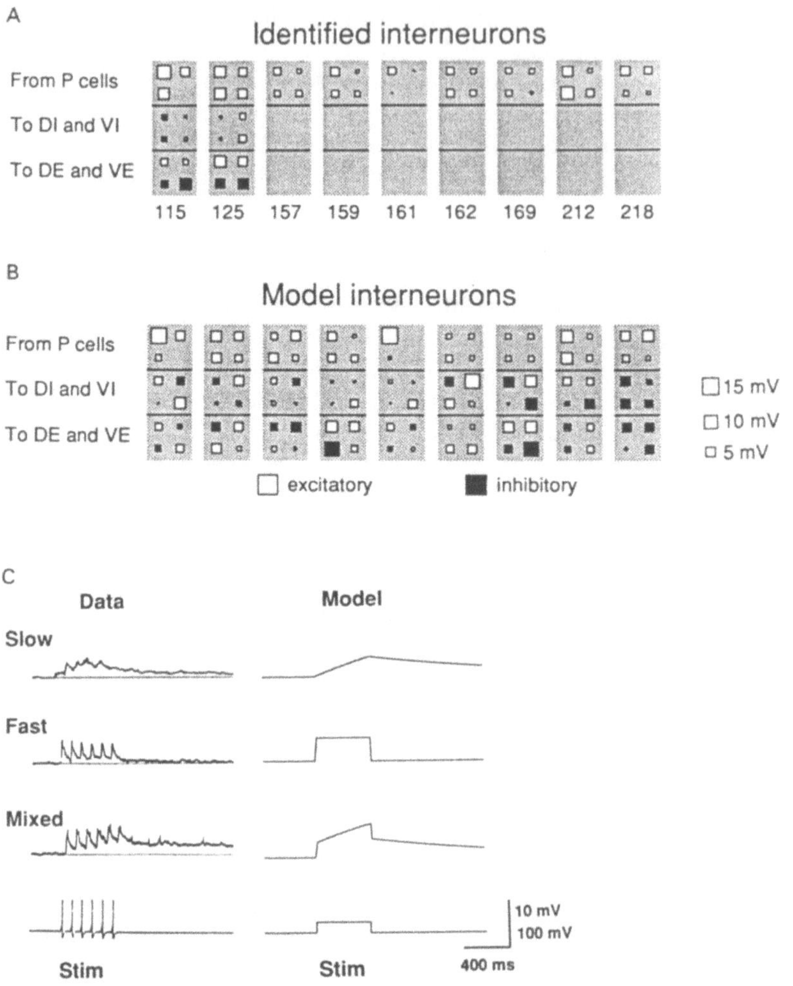

Abbildung 6.15 Vergleich zwischen den Mustern der Ein- und Ausgabeverbindungsstärken von identifizierten Interneuronen des Blutegels (A) und von Interneuronen des Modells (B). Das obere Quadrat in den grauen Spalten zeigt die Eingabeverbindungen von sensorischen Neuronen, das mittlere Quadrat zeigt die Ausgabeverbindungen zu inhibitorischen Motoneuronen (DI und VI) und das untere Quadrat gibt die Ausgabeverbindungen an excitatorischen Motoneuronen (DE und VE) an. Die Größe der kleinen Quadrate ist proportional mit der Amplitude der Verbindung, welche mit Hilfe von intrazellulären Aufzeichnungen an Interneuronen und Motoneuronen bestimmt wurde. Bei den kleinen weißen Quadraten handelt es sich um excitatorische Verbindungen und bei den kleinen schwarzen Quadraten um inhibitorische Verbindungen. Die leeren großen Quadrate in den Interneuronen 157–218 bedeuten, daß die Stärken dieser Verbindungen

liche Menge von selektiveren Interneuronen einwandfrei funktionierte. Die Ähnlichkeit zwischen den Interneuronen des Modells und den tatsächlichen Interneuronen beweist, daß die bereits entdeckten mehrfach wirksamen Interneuronen *ausreichend sind*, um den Ort eines beliebigen Reizes zu berechnen und den Reiz mit einem von mehreren motorischen Mustern zu assoziieren. Solch eine Art der Beweisführung wäre früher, als Neurobiologen ihre Modelle noch ohne Verwendung eines Lernalgorithmus bauten, nahezu unmöglich gewesen. Damit ein LeechNet–Modell funktioniert, müssen Hunderte von Parametern angeglichen werden. Das ist nur mit Papier und Bleistift und auch mit von Hand festgelegten Netzmodellen nicht machbar.

Nachdem uns nun das Modell zur Verfügung steht, können wir es zu Experimenten heranziehen, die am Tier gar nicht oder nur unter größten Schwierigkeiten realisierbar wären. Computerexperimente können an einem Nachmittag ausgedacht und abgeschlossen werden, wohingegen ein vergleichbarer Versuch an einem lebenden Blutegel möglicherweise ein Jahr dauert. Eine wichtige Frage beschäftigt uns, und zwar geht es um den Ort der synaptischen Plastizität während einer Verhaltensänderung. So führt z.B. das wiederholte Einwirken eines unschädlichen Sinnesreizes dazu, daß die Amplitude der Antwortreaktion abnimmt. Dieses Phänomen wird als Habituation oder Gewöhnung bezeichnet. Angenommen, eine große Menge von Interneuronen ist an der Antwort beteiligt, dann wirken auch sehr viele Synapsen an der veränderten Antwortreaktion auf den Reiz mit. Eine effiziente Taktik könnte es sein, wenn man zuerst die Orte der Plastizität im Modell bestimmt, was relativ einfach ist, und anschließend die Ergebnisse, zumindest teilweise, am lebenden Blutegel überprüft — was eine Menge Arbeit bedeutet.

Lockery empfand diese Vorgehensweise als sehr vielversprechend. Ein Modell, das erst kurze Zeit vorher so trainiert worden war, daß es alle Krümmungsreflexe reproduzieren konnte, wurde erneut trainiert, und zwar dahingehend, daß es einen verminderten dorsalen Krümmungsreflex produzierte. Nach dem erneuten Training war die Antwortreaktion nur noch halb so stark wie die ursprüngliche Antwort. Die synaptischen Modifikationen, die diese Verhaltensänderung bewirkt hatten, waren über alle Synapsen verteilt anzutreffen (Abbildung 6.16). Außerdem war die Verteilung der synaptischen Gewichtsänderungen um 0 herum ungefähr

noch nicht bestimmt wurden. Beachtenswert ist, daß sowohl beim Blutegel als auch im Modell die meisten Interneuronen ihre Eingaben von drei oder vier sensorischen Neuronen erhalten. (C) Für drei verschiedene Typen von Interneuronen werden die Antwortprofile auf Reize (unten dargestellt) in Form von tatsächlichen (Daten) und simulierten (Modell) Aufzeichnungen gezeigt. Manche Neuronen antworten langsam, manche schnell, und wieder andere Neuronen zeigen eine Antwortreaktion, die eine Mischung aus beiden ist. Die Aufzeichnungen der Synapsenpotentiale erfolgten im Anschluß an einen Stromstoß in einer P–Zelle, was annähernd einer Änderung der Impulsfrequenz in der P–Zelle gleichkommt. Das durchschnittliche Synapsenpotential wurde durch Variable modelliert, die stetige Werte annehmen können [456]

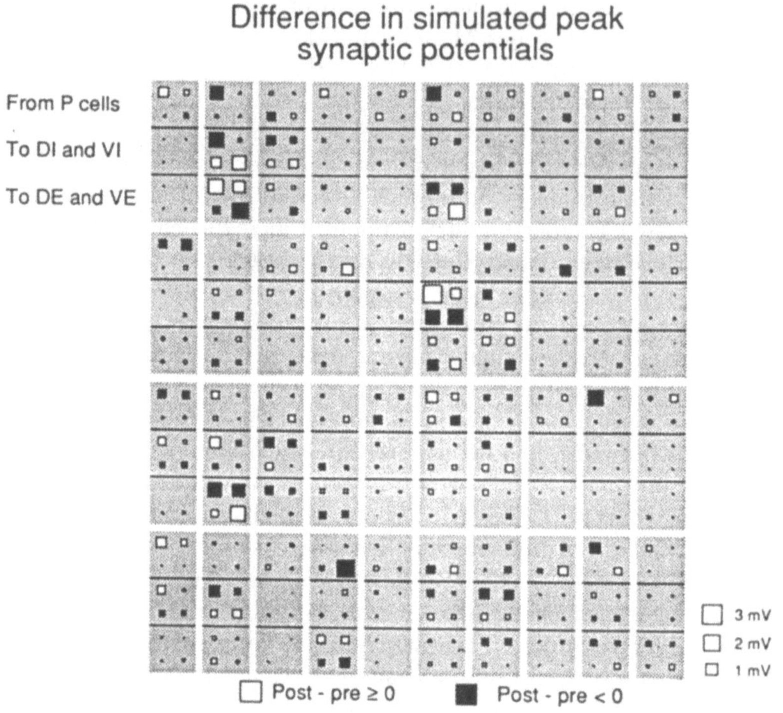

Abbildung 6.16   Veränderungen, die man in den synaptischen Spitzenpotentialen beobachten konnte, nachdem eine Habituation stattgefunden hatte und die Amplitude des Krümmungsreflexes auf die Hälfte des ursprüngliche Wertes geschrumpft war. Das Layout der Verbindungsstärken für die 40 Interneuronen ist genauso wie in Abbildung 6.15, nur repräsentieren die kleinen Quadrate hier Potentialdifferenzen und das Vorzeichen der Veränderungen wird mit weiß (post > prä) oder schwarz (post < prä) gekennzeichnet. Die meisten Veränderungen waren klein und über einen Großteil der Interneuronen verteilt. Sogar die größten Änderungen lagen noch unter 3 mV. (Mit freundlicher Genehmigung von Shawn Lockery.)

normal verteilt, wobei die Standardabweichung bei 1 Millivolt (mV) lag. Etwa die Hälfte dieser Veränderungen sind zu klein, als daß man sie unter experimentellen Standardbedingungen im Blutegel entdecken könnte. Man sollte jedoch bedenken, daß es sich hier um den schlimmstmöglichen Fall handelt, und zwar insofern, als der Trainingsalgorithmus dazu tendiert, die Änderungen so weit wie nur möglich zu verteilen. Geht man jedoch nicht vom schlechtesten Fall aus, dann sind vielleicht mehr Veränderungen feststellbar. Und selbst im schlimmsten Fall wurden 50% entdeckt, und das ist nicht so schlecht. (Der Optimist würde es so ausdrücken: "Die Hälfte konnte man ausfindig machen!").

Als die Zahl der im Modell vorhandenen Interneuronen von 10 auf 40 erhöht wurde, wurde außerdem — bei gleicher Auswirkung auf das Verhalten — die durchschnittliche Veränderung der synaptischen Stärke immer kleiner. Aufgrund der mit Hilfe des künstlichen Netzes gewonnenen Erkenntnisse müßte man nun erwarten, daß bei Gewöhnung des Netzes die Auswirkungen auf das einzelne Interneuron geringfügig, auf die Ausgabezellen dagegen stärker sein werden. Dadurch könnte es unter normalen physiologischen Bedingungen auch bei recht auffälligen Verhaltensänderungen sehr schwierig werden, Veränderungen zu finden, die auf der mikroskopischen Ebene noch feststellbar sind. Sollte dies grundsätzlich auch für Vertebraten mit ihren Tausenden von Interneuronen in kleinen Netzen gelten, dann kann das Ausmaß der Veränderungen gleichbedeutend mit den Schwankungen sein, die bei der freigesetzten Transmittermenge beobachtet werden. Eine derartiges System macht dann Sinn, wenn die Interneuronen noch für verschiedene andere Verhaltensweisen verwendet werden. Finden jetzt nämlich Veränderungen statt, die ein Verhalten modifizieren, dann soll vermieden werden, daß alle Ausgabebeziehungen der Interneuronen unterbrochen werden. Viel schwieriger wird es jedoch, wenn man herausfinden will, wo beim normalen Lernen Plastizität beobachtet werden kann.

Es ist verblüffend, daß sowohl die lebenden als auch die künstlichen Netze bei der zeitlichen Integration ihrer Neuronen individuelle Unterschiede aufweisen. Es müßten noch viele weiterere Experimente erdacht und durchgeführt werden, mit deren Hilfe man herausfinden kann, ob diese Eigenschaft des Systems für das Verhalten eine Rolle spielt. Vielleicht ist das System beispielsweise so ausgerichtet, daß es seine Antwort dann ändert, wenn sich die Dauer oder die Intensität des Reizes verändert. Hat man länger andauernde Reize am Modell getestet, dann unterschied sich die Antwortreaktion von den trainierten Antworten auf einen kurzzeitigen Reiz. Dadurch wurde deutlich, daß das Modell zeitlich flexibel ist. Vielleicht trifft dies auch für das wirkliche Netz zu. Diese mit Hilfe des Modells mögliche Vorhersage liefert eine rationelle Grundlage für die Durchführung der physiologischen Experimente.

Das Nervensystem des Blutegels ist relativ einfach, und dementsprechend einfach sind auch die Verhaltensweisen. Trotzdem tauchen hier einige der allgemeinen Probleme auf, wenn auch in noch extremerer Form, die auch dann in Erscheinung treten, wenn man die sensomotorische Integration bei anderen Tieren, einschließlich des Menschen, erforscht. Außerdem stammen die Daten zwangsläufig von einer begrenzten Auswahl aller am Verhalten beteiligten Neuronen, wobei wir nicht sagen können, ob diese Daten auch repräsentativ sind. Mit diesem Problem sieht sich die Neurowissenschaft ständig konfrontiert. Optimistisch gesehen bietet uns jedoch das, was man über die Neurobiologie des Blutegels weiß, die Möglichkeit, den modellierenden Algorithmus zu überprüfen, und zwar deshalb, weil durch die Fülle von Daten, die man über die Neurobiologie des Blutegels hat, ein Vergleich mit künstlichen neuronalen Netzen machbar ist. Die grundlegendste Erkenntnis, die uns LeechNet I und II gebracht hat, lautet folgendermaßen: Es ist möglich, neuronale Schaltkreise so zu konstruieren, daß sie das gewünschte Verhalten ausführen, wobei die Eigenschaften der Komponenten mit den begrenzt zur Verfügung stehenden Daten vereinbar sind. Das Modell ist also ein Beweis dafür, daß eine bestimmte Aufgabe mit Mitteln bewältigt werden kann, von denen man weiß, daß sie in biologischen Systemen vorkommen.

Das Modell hat auch eine Reihe von Fragen aufgeworfen, die eine nähere Untersuchung erforderlich machen. Sollten die gleichen Interneuronen, die am Krümmungsreflex beteiligt sind, tatsächlich auch bei anderen Verhaltensweisen, wie z.B. dem Kriechen, mitwirken, dann muß man sich fragen, welche Rolle die Interneuronen bei diesen anderen Verhaltensweisen spielen. Der Krümmungsreflex ist der Einfachheit halber isoliert untersucht worden. In Wirklichkeit ist er jedoch nur ein Element aus einer größeren Auswahl an Verhaltensweisen, die sich alle der gleichen Maschinerie wie der Krümmungsreflex bedienen. Wir wissen, daß von Neuronen in den benachbarten Ganglien und vielleicht auch von Neuronen aus den Kopf- und Schwanz"gehirnen" auf den Pool von Interneuronen, die am Krümmungsreflex beteiligt sind, projiziert wird. Die Organisation der Kopf- und Schwanz"gehirne" muß auch die verschiedenen Repräsentationen der Abdominalganglien berücksichtigen. Im Augenblick ist man dabei, Modelle für verteilte Repräsentationen zu entwickeln, die hilfreich sein könnten, wenn man Hypothesen darüber aufstellen will, welche Bedingungen auf dieser höheren Organisationsstufe erfüllt sein müssen. Diese Bedingungen unterscheiden sich sehr wahrscheinlich von den Bedingungen eines Systems, das auf Detektoren für bestimmte Merkmale und auf Befehlsneuronen basiert [17, 16].

Dieses Beispiel veranschaulicht auch die Ebene, auf der es Gemeinsamkeiten zwischen den Schaltkreisen von Wirbeltieren und wirbellosen Tieren geben könnte. Die Details beim Krümmungsreflex des Blutegels sind sehr spezialisiert, aber wie wir im nächsten Abschnitt sehen werden, könnte die Art und Weise, wie Gruppen von Neuronen bei der Durchführung einer Reihe von Aufgaben zusammenarbeiten, der Organisation neuronaler Populationen in Vertebraten (Wirbeltieren) ganz ähnlich sein.

Welche Vorteile die Co–Evolution auf der experimentellen Ebene bringt, ist ganz offensichtlich. Aber die gegenseitige Wechselwirkung zwischen den Modellen und dem lebenden Blutegel ist auch nützlich, um von der traditionellen Auffassung loszukommen, derzufolge das Reflexverhalten eine Anhäufung drei voneinander getrennter Reflexe (dorsale, ventrale und laterale Krümmung) ist. Vielmehr stellt man sich das Ganze nun so vor, daß es ein einziges System gibt, das die Berechnungen durchführt und Vektoren auf Vektoren abbildet.

Dieses Umdenken paßt zu dem an früherer Stelle diskutierten Unterschied zwischen einem rein mechanischen und einem berechnungstechnischen Rahmen, in dem ein System verstanden werden kann. Die Umorientierung kann zu neuen Perspektiven führen, aus denen alte Probleme betrachtet werden, und wird vielleicht einige neue Probleme aufwerfen. So hat z.B. Lockery zuerst damit begonnen, nach dem physiologischen Wert jeder Dimension des Vektors zu fragen. Dies geschah in der Absicht, an die genauen Daten heranzukommen, damit er die Eingabe für den Lernalgorithmus und die Ausgabe für den "Lehrer" erzeugen konnte. Ein solches Projekt wäre jedoch innerhalb des alten Rahmens nicht recht zustande gekommen. Ganz abgesehen davon, daß dieses Unterfangen zu Daten für den Lernalgorithmus geführt hat, war es auch ausschlaggebend für eine viel quantitativere Analyse des neuronalen Schaltkreises als dies bisher der Fall war. Die experimentelle Erforschung der Krümmung des Blutegels wurde sowohl genauer, und zwar deshalb, weil der genaue Wert der Ein- und Ausgabeeinheiten bestimmt wurde, als auch vollständiger, und zwar insofern, als es nun sinnvoll war, von den Verbindungsstärken zwischen den Neuronen so viele wie nur möglich zu messen, um so die Vorhersagen des Lernalgorithmus zu bestätigen. Außerdem tauchten im Zusammenhang mit der Annahme, daß es nur ein einziges berechnendes System gibt, wichtige Fragen auf: Welche Rolle spielt das Krümmungsverhalten bei anderen Verhaltensweisen, wie z.B. dem Schwimmen? Durch welche berechnungstechnischen Unterschiede kann man das Zusammenspiel der verschiedenen Körperbewegungen erklären, die für die unterschiedlichen Verhaltensweisen kennzeichnend sind?

6.3   Berechnung und Vestibulo–Okular–Reflex

Der Vestibulo–Okular–Reflex ist allgemein unter der Abkürzung VOR bekannt. Der VOR hat die Funktion, das Bild der Welt dann auf der Retinaoberfläche zu stabilisieren, wenn sich der Kopf bewegt. Der adäquate Reiz für den VOR, nämlich die Beschleunigung des Kopfes, wird mit Hilfe des im Mittelohr ansässigen Vestibularapparates (Gleichgewichtsorgan) ermittelt (Abbildung 6.17). Der Vestibularapparat besteht aus drei halbkreisförmigen Kanälen, die ungefähr im rechten Winkel zueinander angeordnet und mit Endolymphe gefüllt sind. Während der Beschleunigung des Kopfes wird diese Flüssigkeit bewegt und führt so dazu, daß hineinragende Haarzellen gekrümmt werden. Je nach Krümmungsrichtung wird die Haarzelle dabei entweder depolarisiert oder hyperpolarisiert (Abbildung 6.18).

Die bildstabilisierende Wirkung des VOR–Schaltkreises kommt dadurch zustande, daß die Kopfbewegung durch Bewegungen der Augen nahezu vollständig kompensiert wird (die Drehung der Augen erfolgt in die Gegenrichtung der Kopfbewegung). Dadurch erscheint dann, wenn ein Objekt mit den Augen verfolgt wird, die Wahrnehmung nur minimal verwischt. Die Bildstabilsierung stellt eine nicht unbedeutende Leistung dar, denn Kopfgeschwindigkeit und Richtung müssen ständig berechnet und die Ergebnisse an die motorischen Neuronen der Augenmuskeln weitergegeben werden (Abbildung 6.19). Es muß genau berechnet werden, um wieviel sich die Muskeln kontrahieren sollen, damit die Kopfbewegung ganz exakt und nicht nur annäherungsweise ausgeglichen werden kann. An diesem Beispiel sieht man, wie anspruchsvoll die sensomotorische Kontrolle sein kann. Darüberhinaus muß der VOR auch noch sehr schnell erfolgen, um sinnvoll zu sein. In der Tat finden die ausgleichenden Augenbewegungen schon ungefähr

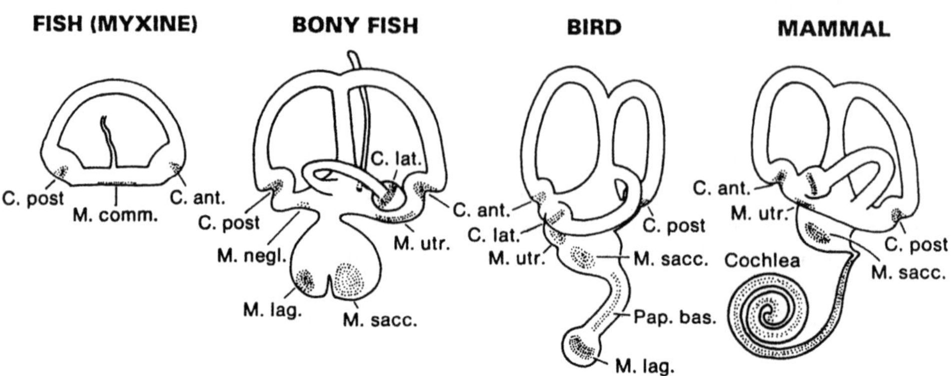

Abbildung 6.17   Evolution des Vestibularapparates bei Vertebraten. Verschiedene Teile des Labyrinths sind auf die Wahrnehmung rotatorischer Beschleunigung spezialisiert, wie z.B. die Crista anterior (C. ant.), die Crista lateralis (C. lat.) und die Crista posterior (C. post.). Andere Teile sind auf die Wahrnehmung von linearer Beschleunigung und von Schwerkraft spezialisiert. Dazu gehören die Macula utriculi (M. utr.) und die Macula sacculi (M. sacc.). Bei Vögeln ist die Papilla basilaris (Pap. bas.) und bei Säugetieren die Cochlea auf die Währnehmung von Schallvibrationen spezialisiert [755].

14 msek nach Einsetzen der Kopfbewegung statt. Erfolgt die Kopfbewegung mit hoher Geschwindigkeit, kann die Verzögerung sogar nur 6 msek betragen. Außerdem haben wir es hier mit einem Netz zu tun, das sich an eine Neuanordnung der Transduktoren anpassen kann. Das ist z.B. dann der Fall, wenn die Augen durch Umkehrprismen oder durch Linsen blicken, die die Größe verzerren. In milder Form kann man dies beobachten, wenn man neue Brillengläser verschrieben bekommt. Die Ausgleichbewegung durch den VOR ist also genau genommen nicht "fest vorprogrammiert", sondern es handelt sich vielmehr um eine modifizierbare und flexible Bewegung, die nicht bis ins letzte Detail genetisch festgelegt ist. Darüber werden wir uns an späterer Stelle noch ausführlicher auslassen.

Um die Wahrnehmung einmal mit und einmal ohne Unterstützung des VOR zu demonstrieren, kann man das folgende Experiment durchführen: (1) Der Kopf bleibt unbeweglich, und eine Hand bewegt sich schnell vor den Augen hin und her. Versuchen Sie, die Bewegung so gut wie möglich zu verfolgen. (Dies nennt man gleichmäßige Verfolgung). Sie werden die Hand verwischt und unklar wahrnehmen. (2) Nun kehren wir die Bedingungen um: Die Hand bleibt in einer festen Stellung, und der Kopf bewegt sich hin und her. Obwohl die Geschwindigkeit in beiden Fällen ungefähr gleich ist, wird die Hand im zweiten Fall, in dem sich der Kopf bewegt, viel schärfer wahrgenommen. Das liegt daran, daß im zweiten Fall der VOR mit Hilfe des Vestibularapparates Information über die Beschleunigung des Kopfes dazu verwendet, ausgleichende Augenbewegungen auszuführen. So lange

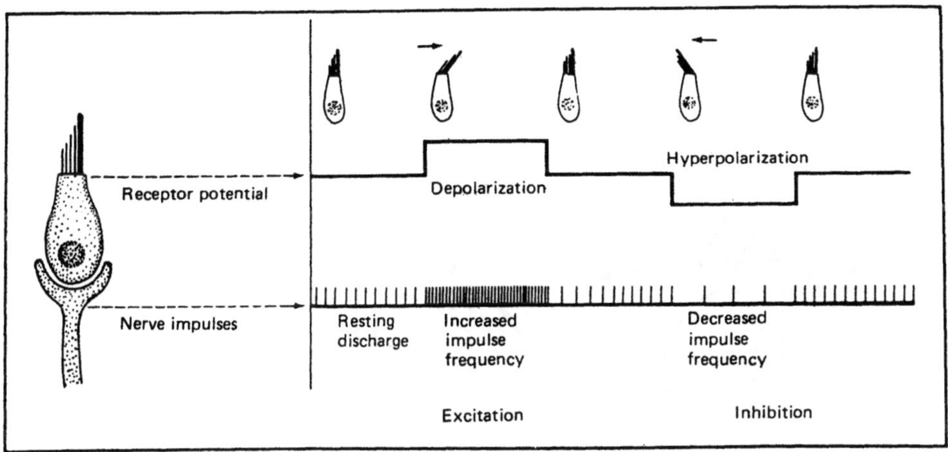

Abbildung 6.18 Richtungsselektivität der Vestibularhaarzellen. Wenn die apikale Stereocilie zum großen Kinocilium (nach rechts) hin abgelenkt wird, erfolgt eine Depolarisation des Rezeptorpotentials in der Haarzelle; bei Ablenkung in die umgekehrte Richtung wird hyperpolarisiert. Die basilare Synapse der Haarzelle reagiert auf Veränderungen des Rezeptorpotentials und führt dazu, daß im postsynaptischen afferenten Nerv Spitzenpotentiale ausgesendet werden. Die mechanische Bewegung der Haarzellenspitze wird in der vestibulären Nervenfaser in eine Folge von Aktionspotentiale umgewandelt [394].

die Verschiebung auf der Retina nur wenige Grade in der Sekunde ausmacht, wird das Bild nicht verwischt wahrgenommen. (In Tabelle 6.1 finden Sie eine Zusammenfassung der wichtigsten Systeme zur Blickkontrolle.)

Ohne diesen Reflex wäre das Erkennen von Objekten bei gleichzeitiger Bewegung des Kopfes völlig aussichtslos. Daß Tiere beim Aufspüren oder Jagen von Beute, bei der Verteidigung gegen einen Angreifer oder beim Werben um einen Partner ihren Kopf ruhig halten müssen, nur um richtig zu sehen, kann keine echte Alternative sein. Es ist ganz klar, daß sich bei der Fortbewegung Körper und Kopf nicht in Ruhe befinden. Ein Feldspieler, der erst stehenbleiben muß, um sehen zu können, wohin der Ball fliegt, hat nicht die geringste Chance, den Ball jemals zu fangen. Ein Kojote, der anhalten muß, damit er das Kaninchen mit den Augen verfolgen kann, wird auf seine Mahlzeit verzichten müssen. Wenn wir Räder anstelle von Beinen hätten und wenn wir uns nur auf glatten anstatt auf unebenen Oberflächen bewegen könnten, dann würde das Bild weniger verwackeln. Aber wie es nun einmal ist, gerät der Kopf selbst beim Gehen, Laufen, Kriechen und Schwimmen ganz schön in Bewegung. Als zusätzlichen Trick versucht das Nervensystem, den Kopf bis zu einem gewissen Grade zu stabilisieren,

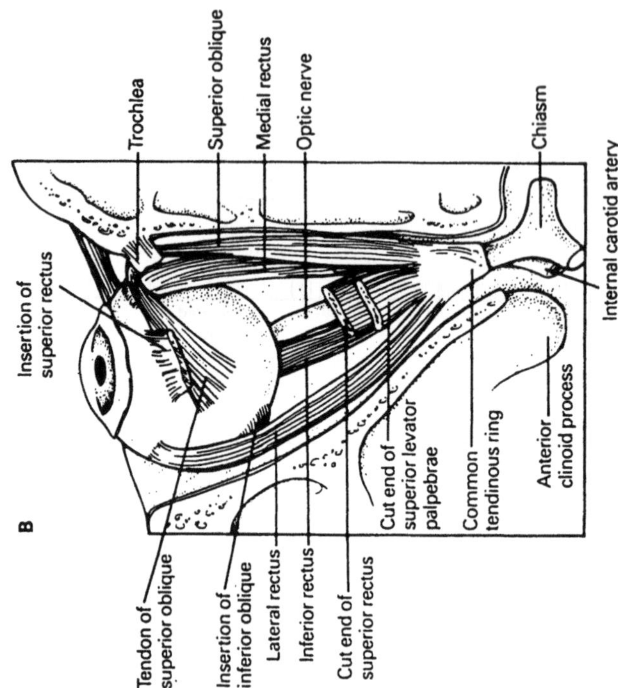
B
Trochlea
Superior oblique
Medial rectus
Optic nerve
Chiasm
Internal carotid artery
Insertion of superior rectus
Tendon of superior oblique
Insertion of inferior oblique
Lateral rectus
Inferior rectus
Cut end of superior rectus
Cut end of superior levator palpebrae
Common tendinous ring
Anterior clinoid process

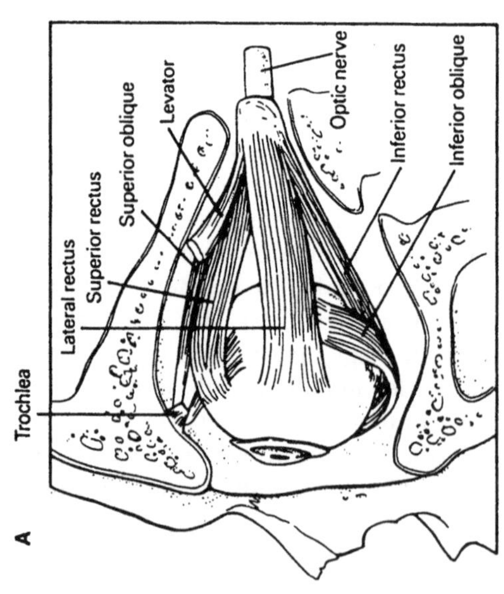
A
Trochlea
Lateral rectus
Superior rectus
Superior oblique
Levator
Optic nerve
Inferior rectus
Inferior oblique

Anhaltender Blick	Zielobjekt ist fixiert	Vestibulo–Okular–Reflex (VOR). Dieses System verwertet zur Stabilisierung des Blickvektors Informationen bzgl. Akkommodation und Vergenzzustand sowie Kopfbeschleunigung.
	Zielobjekt bewegt sich	Vergenz. Ein binokulares System, mit dessen Hilfe sich beide Foveas auf das gleiche dreidimensionale Objekt einstellen.
		Verfolgung. Ein System zur Verfolgung sich bewegender Objekten, bei dem Kontrollsignale mit gleichmäßiger Geschwindigkeit erzeugt werden.
Veränderter Blick	Sakkaden. Sehr schnelle, im voraus berechnete Bewegungen, die den Blick von kleinen bis hin zu sehr großen Sehwinkeln in kurzer Zeit ändern.	

Tabelle 6.1 Zusammenfassung der Systeme zur Blickkontrolle bei Primaten; aus [45].

während sich der Körper fortbewegt. Wenn sich eine Eule oder ein Habicht aus der Luft auf eine Maus stürzen, wenn ein Panther einem Gnu hinterherjagt oder sogar dann, wenn ein Skifahrer den Berg hinunterrast, wird der Kopf weit weniger bewegt als der Körper, da die Nackenmuskeln versuchen, die Körperbewegung auszugleichen. Der Kopf ist jedoch keineswegs vollkommen unbeweglich, und die verbleibende Kopfbewegung wird über die halbkreisförmigen Kanäle erkannt und mit Hilfe des VOR kompensiert. Durch den VOR und die Kopfstabilisierung gelingt es dem Nervensystem auf sehr effiziente Weise, klare Bilder an die höheren Sehzentren zu liefern, wo diese dann im Detail analysiert werden.

Das Schaltsystem, das für die die Kopfbewegungen kompensierenden Augen-

Abbildung 6.19 (A) Ausschnittszeichnung vom Auge, der Augenhöhle und den drei paarweise auftretenden Augenmuskeln, die die Augenbewegungen steuern. Laterale Ansicht des Musculus rectus lateralis, des Musculus rectus superior und des Musculus rectus inferior, sowie des Musculus obliquus superior und des Musculus obliquus inferior (der Musculus rectus medialis wird nicht gezeigt, da er sich auf der anderen Seite des Augapfels befindet). (B) Ausschnitt, der den Musculus rectus inferior auf der medialen Oberfläche der Augenhöhle und die Ursprünge und Ansatzstellen der Muskeln zeigt. Der Sehnerv folgt dem Augapfel bei seiner Drehung. Die Sehnerven beider Augen treffen sich am Chiasma [277].

bewegungen verantwortlich ist, zählt zu den am besten verstandenen Teilen des Säugerhirns. Das okulomotorische System erstreckt sich über viele Nuclei des Hirnstamms und über zahlreiche Verbindungsbahnen. Größtenteils war es möglich, sämtliche relevante Signale auf ihrem Weg von der sensorischen Transduktion in den halbkreisförmigen Kanälen, über die Bahnen im Hirnstamm bis zu den okulomotorischen Muskeln, die die Augenbewegung kontrollieren, zu verfolgen (Abbildung 6.20). Adaptation und Lernen finden dann statt, wenn das okulomotorische System mit der Welt interagiert. Diese Plastizität kann man auf allen Forschungsebenen untersuchen, angefangen bei den Molekülen bis hin zum Verhalten. Die Untersuchung des Lernvorgangs ist in anderen Säugetiersystemen viel schwieriger, weil man dort eine weit komplexere Anatomie vorfindet und weniger über die vom Nervensystem verwendeten Repräsentationen weiß. So wissen wir z.B. zwar eine Menge über die Mechanismen, nach denen die synaptische Plastizität im Hippocampus abläuft, aber darüber, wie die Neuronen im Hippocampus die Informationen der Außenwelt repräsentieren oder welche Bedeutung die Aktivität in den Neuronen des Hippocampus für das Verhalten hat, ist uns wenig bekannt. (Siehe Kapitel 5.)

Die Grundverschaltung beim VOR sieht wie folgt aus: Entdeckung mit Hilfe von Transduktoren, Projektion zum Nucleus vestibularis im Hirnstamm und Projektion von dort zu den Kernen des Gehirnnervs, wo die motorischen Neuronen, die auf die Augenmuskeln projizieren, ihren Ursprung haben (Abbildungen 6.20 und 6.21). Die kürzeste Verbindung zwischen Transduktoren und Muskeln erfolgt also in nur drei Schritten und ist somit für weitere Studien leicht zugänglich. Unter normalen Bedingungen funktioniert der VOR wie ein vorwärtsgerichtetes Netz. Man redet hier von einer "offenen Schleife", da zur Berechnung der endgültigen Ausgabe kein Feedback von den Muskeln oder vom Sehsystem nötig ist. (Mit "offener Schleife" meint man hier in Wirklichkeit "keine Schleife"; die Bezeichnung "Sequenz" würde die Situation vielleicht besser beschreiben.) Die Kopfgeschwindigkeit kann $300°/sek$ überschreiten, und da die visuelle Rückkopplung, wenn von einem Verrutschen auf der Retina berichtet werden soll, relativ lange braucht, um zum okulomotorischen System zurück zu gelangen (zirka 85 msek), wäre ein rückgekoppeltes Kontrollsystem, das durch allmähliche Fehlerverminderung zur Endposition führt, entschieden zu langsam.

Wenn wir annehmen, daß die auf die Vestibulariskerne im Hirnstamm projizierenden Neuronen Signale weitergeben, welche die Kopfgeschwindigkeit spezifizieren, und daß die motorischen Neuronen Signale weiterleiten, die die Muskelkontraktion spezifizieren und somit die Geschwindigkeit der Augen angeben, dann müssen die notwendigen Berechnungen sozusagen irgendwo dazwischen an den verschiedenen Vestibulariskernen ablaufen. Der Einfachheit halber werden wir die Vestibulariskerne ab jetzt unter der Bezeichnung "VN" zusammenfassen. Bei den VN handelt es sich eigentlich um einen Konvergenzbereich, in dem nicht nur die vestibulären Signale, sondern auch Signale von Neuronen, die für die gleichmäßige Verfolgung mit den Augen zuständig sind, und Signale von Neuronen, die für

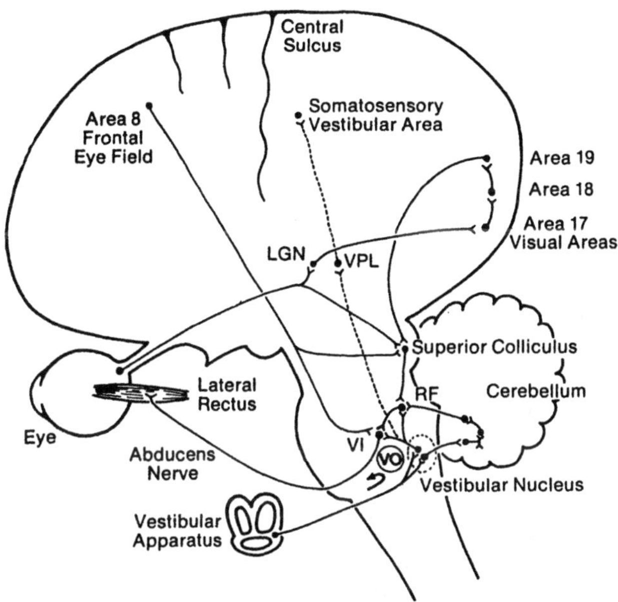

Abbildung 6.20 Einige der Schaltkreise, die an der Kontrolle der Augenbewegungen beteiligt sind. Der Einfachheit halber wird nur die Kontrolle eines Muskels, des Musculus rectus lateralis, dargestellt. Dieser Muskel wird durch die motorischen Neuronen im Abduzenskern über den 6. Gehirnnerv (VI), den Nervus abducens, versorgt. Die kürzeste Vestibulo–Okular–Schleife (VO) vom Vestibularapparat zum Musculus rectus lateralis hat zwei Synapsen; die eine Synapse befindet sich im Vestibulariskern (Nucleus vestibularis), die andere im Abduzenskern. Die Kerne in der Formatio reticularis (RF) erhalten vom Colliculus superior, vom Vestibulariskern und vom Kleinhirn (Cerebellum) konvergierende Eingaben. Der Colliculus superior führt für die sakkadierten Augenbewegungen wichtige Signale und erhält direkte Eingaben von den Ganglionzellen der Retina. Auch die frontalen Augenfelder spielen bei der Erzeugung der sakkadierten Augenbewegungen eine Rolle und projizieren auf die Kerne des Hirnstamms. Die Retina projiziert auf den seitlichen Kniehöcker (LGN) im Thalamus und von dort auf die Sehrinde. Projektionen von den extrastriaten Rindenfeldern projizieren auf die okulomotorischen Zentren im Hirnstamm und liefern so Informationen über visuelle Zielobjekte. Bewegungssignale in der Sehrinde werden dazu benutzt, in Bewegung befindliche Objekte zu verfolgen, indem Information über die Brückenkerne (nicht dargestellt) im Hirnstamm zum Kleinhirn gesendet wird [667]

sakkadierte Ausbrüche zuständig sind, zusammenlaufen. Mit Hilfe von Aufzeichnungen an einzelnen VN–Zellen [222, 223] konnte gezeigt werden, daß Neuronen entweder auf VOR–Reize oder auf Verfolgungsreize antworten. Vielleicht sprechen sie auf beide Reize gleich gut an, vielleicht aber auch nicht, und im allgemeinen mit umgekehrten Vorzeichen. Es gibt einige anormale Neuronen, die schneller feuern,

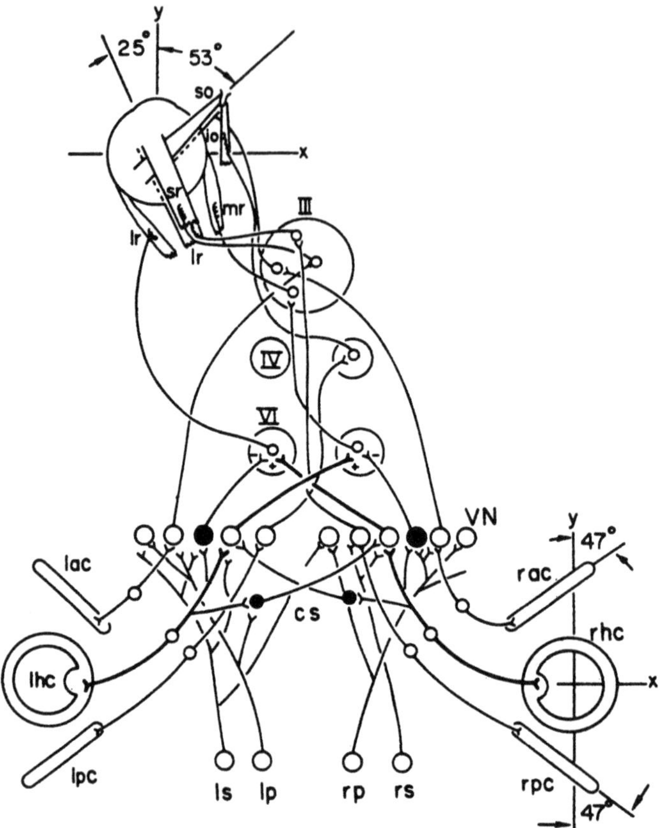

Abbildung 6.21   Organisation der direkten Bahn beim VOR. Die vestibulären Eingaben von den drei Vestibularkanälen (rpc und lpc, rechter und linker hinterer Kanal; rhc
und lhc, rechter und linker horizontaler Kanal; rac und lac, rechter und linker vorderer
Kanal) stehen über Synapsen mit Neuronen des Vestibulariskerns (VN, Nucleus vestibularis) in Verbindung, welche auch seitliche Eingaben in Form von Verfolgungssignalen
(lp, rp) und sakkadierten Signalen (rs, ls) erhalten. Der VN projiziert auf den Nucleus
motorius und die motorischen Neuronen projizieren ihrerseits auf die Augenmuskeln (lr,
Musculus rectus lateralis; sr, Musculus rectus superior; mr, Musculus rectus medialis; ir,
Musculus rectus inferior; so, Musculus obliquus superior; io, Musculus obliquus inferior)
[25].

wenn die vestibuläre Augenbewegung in die eine Richtung und die Verfolgungs-
bewegung in die Gegenrichtung erfolgt [245, 446]. Obwohl man viele Versuche
unternommen hat, spezifische Funktionen spezifischen Gruppen von Neuronen
zuzuschreiben, scheint es jetzt offensichtlich, daß die VN–Neuronen verteilt und

nicht lokal codieren und daß sie sowohl bei der VOR–Berechnung als auch bei der Sakkaden- und Verfolgungsberechnung eine Rolle spielen können.

Bezüglich der VN besteht das berechnungstechnische Problem in der Frage, in welcher Weise man den Eingabevektor, der die drei verschiedenen Informationen repräsentiert, transformieren muß, damit sich die Augen in die richtige Richtung bewegen. Bei einem Modellnetz würde das Feld der VN–Neuronen folglich die interne (mittlere) Schicht bilden, wobei der Eingabevektor sowohl die Kopfgeschwindigkeit als auch die Geschwindigkeit, mit der sich die Augen bei den Sakkaden und bei der Verfolgung bewegen, repräsentieren würde. Die Ausgabeschicht würde die Lösung, d.h. die zu der bestimmten Kopfgeschwindigkeit passende Augenbewegung, repräsentieren. Anastasio und Robinson [25] folgten diesem Plan, als sie künstliche Netze von unterschiedlichen Populationen entwarfen, mit deren Hilfe sie herausfinden wollten, wie ein Netz, das durch die anatomischen Gegebenheiten in den VOR–Bahnen eingeschränkt ist, die notwendigen Transformationen durchführen könnte. Sie trainierten das Netz mittels Rückpropagierung; die retinale Verschiebung diente als externer "Lehrer". Um das Netz in biologischer Hinsicht so realistisch wie möglich zu machen, war eine Veränderung der Gewichte an den Verbindungen zwischen Eingabe- und interner Schicht, nicht aber an den Verbindungen zwischen interner und Ausgabeschicht gestattet. Darin spiegelt sich die Annahme wider, daß beim wirklichen VOR die Verbindungen zwischen VN–Neuronen und motorischen Neuronen wahrscheinlich nicht plastisch sind.

Die Verwendung eines Lernalgorithmus wie z.B. der Rückpropagierung hatte gegenüber der Gewichteinstellung per Hand [564] den Vorteil, daß es dem Netz selbst überlassen blieb, eine Architektur zu finden, die nicht nur geeignet und effizient war, sondern auch aus Komponenten bestand, die den wirklichen Neuronen ähnlich waren (Abbildung 6.22). Dadurch konnte man Vergleiche zwischen den Eigenschaften der internen Einheiten und den Eigenschaften der wirklichen Neuronen anstellen und so herausfinden, ob das Modell annähernd der Wirklichkeit entsprach. Anders als bei der Rückpropagierung spielen bei der Gewichteinstellung per Hand typischerweise allerlei Vermutungen eine Rolle, die man bezüglich der Art und Weise hat, wie die Aufgabe durchgeführt werden muß. Die Rückpropagierung führt — unabhängig von solchen Vermutungen — zur Entwicklung eines Netzes, das uns dann zeigt, wie die Aufgabe im Modell gelöst wird und wie sie folglich auch in einem wirklichen neuronalen Netz ausgeführt werden könnte (Tabellen 6.2, 6.3 und 6.4). Vom technischen Standpunkt aus betrachtet, erscheint es z.B. höchst sonderbar, wenn die Eingabesignale verschiedener Quellen vereinigt werden, da es schwer ist, die miteinander vermischten Signale zu analysieren. Folglich betrachten Ingenieure diese Möglichkeit gerne als undurchführbar und ziehen sie gar nicht weiter in Betracht. Aber die Natur ist nicht ein Inginieurbüro. Mittels der Rückpropagierung konnte eine Organisation gefunden werden, die sich die zahlreichen Vorteile der Vektorcodierung und damit der verteilten Repräsentation zunutze macht, und es sieht ganz so aus, als hätte sich auch die Natur für diesen Weg entschieden (siehe Kapitel 5).

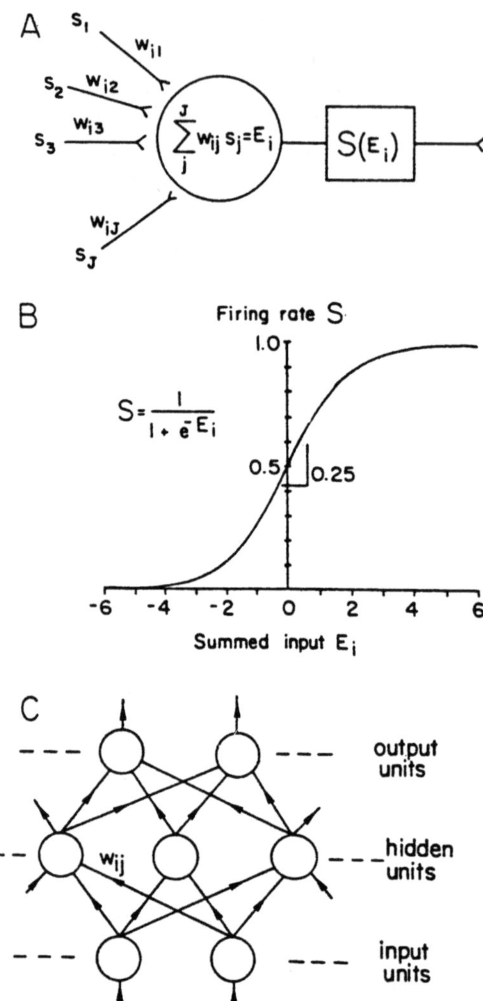

Abbildung 6.22 Idealisiertes Modell von der direkten, schon in Abbildung 6.21 dargestellten, VOR–Bahn. (A) Die Ausgabe jeder Verarbeitungseinheit ist abhängig von der gewichteten Summe aller Eingaben der Einheit. (B) Die nichtlineare Ausgabefunktion ist sigmoid. In dem Bereich um die Eingabe von 0 steigt sie annähernd linear und bei der Eingabe von exakt 0 hat sie einen Wert von 0,5. (C) Vorwärtsgerichtete Architektur, wobei die Eingabeeinheiten die vestibulären Eingaben repräsentieren, die internen Einheiten den Neuronen im Vestibulariskern gleichen und die Ausgabeeinheiten den für die Augenmuskeln zuständigen Motoneuronen entsprechen [25].

	Eingabe		Ausgabe	
	lhc	rhc	lr	mr
Kopf ruhig	0,50	0,50	0,50	0,50
Kopf nach links	0,60	0,40	0,40	0,60
Kopf nach rechts	0,40	0,60	0,60	0,40

Tabelle 6.2 Vestibuläre Ein- und Ausgabetabelle aus [25]. Schlüssel: lhc, rhc: linker bzw. rechter horizontaler Kanal; lr, mr: Musculus rectus lateralis bzw. Musculus rectus medialis.

Zu		h1	h2		lr	mr
Von	lhc	1,63	-2,64	h1	-1,71	1,84
	rhc	-1,21	2,25	h2	2,08	-2,23

Tabelle 6.3 Endgewichte des einfachen VOR–Modells [25].

In früheren Modellen wurden die neuronalen VN–Bahnen getrennt voneinander behandelt, und zwar je nachdem, ob die Bahnen spezifische Information über die Sakkadenbewegung, über Verfolgungsbefehle oder über VOR–Befehle führten [619]. Darüberhinaus konnte die neuronale Verarbeitung, die nötig ist, um bei gegebener Eingabe die passende Ausgabe zu liefern, mit diesen Modellen nicht erfaßt werden, wenngleich die Modelle in der Lage waren, den allgemeinen Ein–Ausgabe–Charakter des Systems annähernd wiederzugeben. Da es aber viele Möglichkeiten gibt, wie ein System manipuliert werden kann, damit es mit einem gegebenen Ein–Ausgabe–Profil übereinstimmt, ist es wünschenswert, wenn man den abzusuchenden Raum einengen kann, indem man eine "Black Box" nach der anderen durch Einheiten ersetzt, die in einer ersten Annäherung den wirklichen Neuronen ähnlich sind.

Welche Lehren können wir aus den Modellen von Anastasio und Robinson

Eingabe		Intern		Ausgabe	
lhc	rhc	h1	h2	lr	mr
0,50	0,50	0,55	0,45	0,50	0,50
0,60	0,40	0,62	0,33	0,41	0,60
0,40	0,60	0,48	0,57	0,59	0,40

Tabelle 6.4 Die Antworten der internen Einheiten und der Ausgabeeinheiten beim einfachen VOR–Modell [25].

ziehen? Erstens: Untersuchungen der interen Einheiten haben ergeben, daß eine
Reihe von Antworten möglich sind, und zwar sowohl nur Verfolgung oder nur
VOR als auch verschiedene Kombination der beiden betreffend. Diese Organisation hat also Ähnlichkeit mit dem, was wir bei wirklichen VN–Neuronen beobachten
und liefert somit eine Erklärung für manche bisher verwirrende Daten, die uns
über die Antworten der VN–Neuronen zur Verfügung stehen. Die Verfolgung mit
den Augen und der VOR ergänzen einander, und es hat sich herausgestellt, daß
sowohl die Verteilung der Repräsentation als auch das Gestatten von Mehrfach-
funktionen den Neuronen die Möglichkeit bietet, die verschiedenen Probleme der
Augenbewegung auf effiziente und exakte Weise zu lösen (Abbildung 6.23). Zweitens: Eine wiederholte Durchführung der Simulationen hat ergeben, daß in solchen
lernfähigen Netzen das Repräsentationsproblem jedesmal auf eine andere Weise
gelöst wird. Das Profil der internen Einheiten kann von Simulation zu Simulation
variieren. Das ist nicht besonders verwunderlich, sondern nur eine Konsequenz
der Tatsache, daß mehr Einheiten als unbedingt nötig verwendet werden, was zur
Folge hat, daß die Abbildung von einem Eingabevektor auf einen Ausgabevektor
unterbestimmt ist.

Drittens: Anastasio und Robinson fanden heraus, daß sich die Einheiten während des Trainings selbst so organisieren, daß sie die neuronale Organisation nachahmen, und zwar erregt jedes VN–Neuron ein motorisches Neuron und hemmt
ein anderes Neuron. Dadurch wird bewirkt, daß sich die reziproken Augenmuskeln kontrahieren bzw. entspannen. Ähnlich wie ihre natürlichen Ebenbilder entdecken auch die künstlichen Netze das Sherringtonsche Gesetz von der reziproken
Innervation. Im allgemeinen ist ein einzelnes Neuron in Nervensystemen nicht
gleichzeitig sowohl excitatorisch als auch inhibitorisch, so daß ein Interneuron
mit einem festen Gewicht zwischengeschaltet werden muß. Obwohl die Einzelheiten bei der Einstellung des Gewichts usw. noch nicht erarbeitet wurden, deutet
auch bei den künstlichen Netzen vieles auf die Existenz solch eines Interneurons
hin. Viertens: Es ist bemerkenswert, daß sogar ein sehr einfaches Modell, das
auf den drei Ebenen jeweils nur über zwei Einheiten verfügt, das VOR–Problem
tatsächlich hinreichend lösen kann. Kommen noch weitere Einheiten hinzu, um
die größere Population von Neuronen in wirklichen VN zu imitieren, dann verteilt
sich die Last des Netzes gleichmäßig, und die Information wird über die gesamte
Population der Einheiten verstreut. Durch diese Anordnung kann das Netz Fehler tolerieren, d.h. wenn irgendeine Einheit ausfallen sollte, können die verbleibenden Einheiten aushelfen, indem die über die Population verteilten Gewichte
geringfügig verändert werden. Aufgrund dieser Erkenntnis ergab sich die Möglichkeit, daß für die Wahrnehmung entscheidende Systeme wie der VOR in der Lage
sind, über die funktionell notwendige Anzahl von Zellen hinaus, die Population
sicherheitshalber um zusätzliche Zellen zu erweitern.

Damit keine Mißverständnisse aufkommen, sollte man noch ein paar zusätzliche Worte über die Rolle der Rückpropagierung beim Trainieren eines Netzes
verlieren. So wird die Rückpropagierung nicht etwa deshalb verwendet, weil man

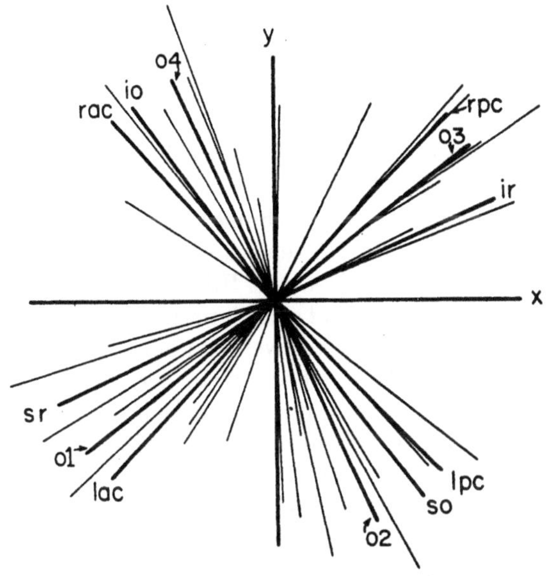

Abbildung 6.23 Von internen Einheiten (dünne Linien) und Ausgabeeinheiten (dicke Linien mit der Bezeichnung o1, o2, o3 und o4, wobei "o" für Ausgabe (engl. *output*) steht) bevorzugte Verteilung der Rotationsachsen im VOR-Modell von Anastasio und Robinson. Die Achsen für die Muskelansatzstellen (io, so, sr, ir) und die Vestibularkanäle (rac, lac, rpc, rpc) sind ebenfalls mit dicken Linien gekennzeichnet (die Bedeutung der Abkürzungen kann Abbildung 6.21 entnommen werden). Wie aus der Abbildung ersichtlich, ist die Varianz hoch, wenngleich die internen Einheiten eine schwache Tendenz zeigen, die Achsen in Nähe der sensorischen und motorischen Achsen zu bevorzugen. Eine ähnliche Varianz kann man auch in Aufzeichnungen an vestibulären Neuronen bei der Katze beobachten [25].

glaubt, daß ein wirkliches Nervensystem auf diese Weise verschaltet ist. Natürlich ist das so nicht der Fall. Vielmehr verwendet man die Rückpropagierung, um das Netz so zu adaptieren, daß es exakt funktioniert und ein Verhaltensprofil zeigt, das mit seinem natürlichen Gegenstück vergleichbar ist. D.h. es sollte dort gut funktionieren, wo das wirkliche Netz gut funktioniert, es sollte sich dort täuschen lassen, wo auch sich auch das wirkliche Netz täuschen läßt, und es sollte über die gleichen Hindernisse stolpern wie das wirkliche Netz, wobei auch die Konsequenzen die gleichen sein sollten. Mit Hilfe der Rückpropagierung wird es dem Netz möglich, den Fehler zu minimieren und die Vermutung, daß auch die Evolution durch viele Versuche und zahllose Irrtümer zufällig auf das gleiche Fehlerminimum gestoßen ist, scheint nicht völlig aus der Luft gegriffen zu sein. Steht den Forschern erst einmal ein trainiertes Netz zur Verfügung, können sie es untersuchen,

genauer gesagt, sie können Eigenschaften des Netzes studieren, die an wirklichen
Netzen, falls überhaupt, nur unter großen Schwierigkeiten zugänglich sind. Aber
warum sollte die Rückpropagierung besser sein als ein vollständiges Absuchen aller
möglichen Gewichtskonfigurationen? Bei einem Netz mit 100 veränderlichen Gewichten würde ein Supercomputer annähernd 10^{30} Jahrhunderte brauchen, um
alle möglichen Gewichtskombinationen auszuprobieren.[5] Die Rückpropagierung
ist bei weitem schneller. Außerdem gehört die Untersuchung der Antworteigenschaften von Hunderten interner Einheiten bei der Erforschung künstlicher Netze
zum Standardverfahren. Bei wirklichen neuronalen Netzen wäre dies, gelinde gesagt, eine Sisyphusarbeit. Aber das ist noch nicht alles. Mit Hilfe von Daten aus
den Computernetzen kann man Vorhersagen treffen und sich Experimente ausdenken, die unterschiedlich gut an wirklichen Netzen getestet werden können. Obwohl
die Trainingsregel an sich nicht biologisch ist, kann sie die Orte der Plastizität
ausfindig machen und auf lokale Lernregeln hinweisen, die zu den gleichen Ergebnissen führen könnten. Ein besonders wertvolles Nebenprodukt der Modellierung
sind die Hinweise auf die lokalen Regeln, nach denen die Synapsenmodifikation
abläuft. Dieses Thema werden wir später ausführlich besprechen.

Die ersten Netze von Anastasio und Robinson wurden auf Ein- und Ausgabe-
geschwindigkeiten mit konstanten Werten trainiert; sich *verändernde* Geschwindigkeiten wurden dabei nicht berücksichtigt. Vor kurzem hat Anastasio [23] jedoch ein Modell mit dynamischen Eigenschaften entwickelt, das die vestibulären
Geschwindigkeitssignale mit Hilfe einander hemmender Rückkopplungsschleifen
speichert. Bei diesem Modell ging es ihm darum, anhand des Schaltkreises das
experimentell gefundene Phänomen zu erklären, daß der VOR nach Ausschaltung
eines der Gleichgewichtsorgane mit Hilfe mehrerer Anpassungen, die jeweils einen
typischen zeitlichen Verlauf haben, wiederhergestellt werden kann. Wo und wie die
zellulären Veränderungen stattfinden, hat man auf experimentellem Wege noch
nicht herausgefunden, und so wollte Anastasio die Lösungen des Modells mit den
Veränderungen in den wirklichen Nervensystemen vergleichen. Werden die halbkreisförmigen Kanäle auf einer — sagen wir der linken — Seite beschädigt, reagiert
das System so, als würde sich der Kopf ständig nach rechts bewegen. Als Folge
davon führt der VOR zu ausgleichenden Augenbewegungen (spontaner Nystagmus) auf die linke Seite.[6] Die drei wichtigsten Beobachtungen hinsichtlich der
Wiederherstellung von Funktionen im Nervensytem nach vestibulären Läsionen
sind wie folgt: (1) Der spontane Nystagmus verschwindet nach wenigen Tagen.
(2) Die anfängliche Verringerung des VOR hat sich 1 bis 11/2 Wochen nach
der Läsion wieder normalisiert. (3) Die Neuronen in den VN können normalerweise die Geschwindigkeit speichern, d.h. sie behalten die Information über die
letzte Kopfbewegung ungefähr 20 Sekunden lang, nachdem der Kopf angefangen

---

[5] Diese Berechnung stammt von Steve Lisberger.

[6] Dieser Effekt kann auch durch eine Infektion mit zellschädigender Wirkung oder durch war-
mes Wasser in den halbkreisförmigen Kanälen auf einer Seite hervorgerufen werden, wenngleich
die Auswirkungen dann nicht so gravierend sind wie bei einer Entfernung.

hat sich zu bewegen, und das, obwohl sich die Afferenzen für die Kopfgeschwindigkeit selbst viel früher abschalten. Die Geschwindigkeitsspeicherung kann nach vestibulären Läsionen im Grunde niemals wiederhergestellt werden. Aus diesen Beobachtungen zusammen mit den Kenntnissen bezüglich der Konnektivität und Physiologie ergaben sich zusätzliche Bedingungen für das dynamische Modell von Anastasio. Welche Eigenschaften des Schaltkreises könnten die experimentellen Beobachtungen einleuchtend erklären?

Für seine Untersuchungen verwendete Anastasio ein rekurrentes Netz mit nichtlinearen Einheiten und lateralen Wechselwirkungen (Abbildung 6.24). Dieses Netz wurde vorher so trainiert, daß es den VOR inklusive Geschwindigkeitsspeicherung erzeugen konnte. Um die Kompensation zu simulieren, wurde der linke "Kanal" geschädigt (d.h., die linke Eingabe blieb aus), und dann wurde das Netz erneut trainiert. Ein Netz, das nur auf den Verbindungen zwischen den internen Einheiten modifizierbare Gewichte hatte, zeigte zwar auf der Verhaltensebene ein entsprechendes Verhalten, aber auf der zellulären Ebene stimmte es nicht mit den experimentellen Beobachtungen überein. Zum einen ist in der Natur die Wiederherstellung der Funktion der VN–Neuronen nur in geringem Umfang möglich, obwohl der VOR als Ganzes weitgehend wiederhergestellt wird. In dem Modell sah die Sache anders aus. Dort erlangten die VN–Einheiten größtenteils ihre normale Funktion zurück. Zweitens: Obwohl in wirklichen Gehirnen der spontane Nystagmus wieder abnimmt, ist das Gleichgewicht zwischen der Aktivität der VN–Neuronen auf beiden Seiten anhaltend gestört, und zwar insofern, als die VN–Neuronen auf der geschädigten Seite weniger aktiv sind, die Aktvitität der VN–Neuronen auf der intakten Seite jedoch höher ist, als sie es unter normalen Umständen wäre. Auch dies war im Modell nicht der Fall. Aus diesen Unstimmigkeiten zwischen Modell und Wirklichkeit konnte man entweder folgern, daß in dem Modell entweder bestimmte Parameter fehlten, oder daß man auch zwischen den VN- und den Ausgabeeinheiten (die in der Natur den motorischen Neuronen entsprechen) Verbindungen mit modifizierbaren Gewichten einführen sollte. Anastasio entschied sich für die zweite Alternative.

Anastasio fand heraus, daß das neue Modell mit modifizierbaren Ausgabegewichten tatsächlich den experimentellen Ergebnissen entsprach. Auch der Zeitplan, nach dem die drei Eigenschaften des VOR wiedererlangt wurden, blieb erhalten. Und zwar verschwand der spontane Nystagmus schon bald wieder (nach ungefähr zwei Durchläufen), und dann wurde die Funktion des VOR wiederhergestellt (nach ungefähr 200 Durchläufen), wohingegen die Fähigkeit zur Geschwindigkeitsspeicherung praktisch für immer verloren war. Warum sich die Geschwindigkeitsspeicherung im natürlichen System nie mehr wieder einstellt, konnte man außerdem aufgrund des Verhaltens der künstlichen VN–Neuronen im kompensierten Zustand erklären.

Das Verschwinden des spontanen Nystagmus wird durch Adaption der Schwellenwerte der motorischen Neuronen ebenso wie der VN–Neuronen erreicht, was relativ wenig Zeit in Anspruch nimmt. Die Wiederherstellung einer Funktion ist

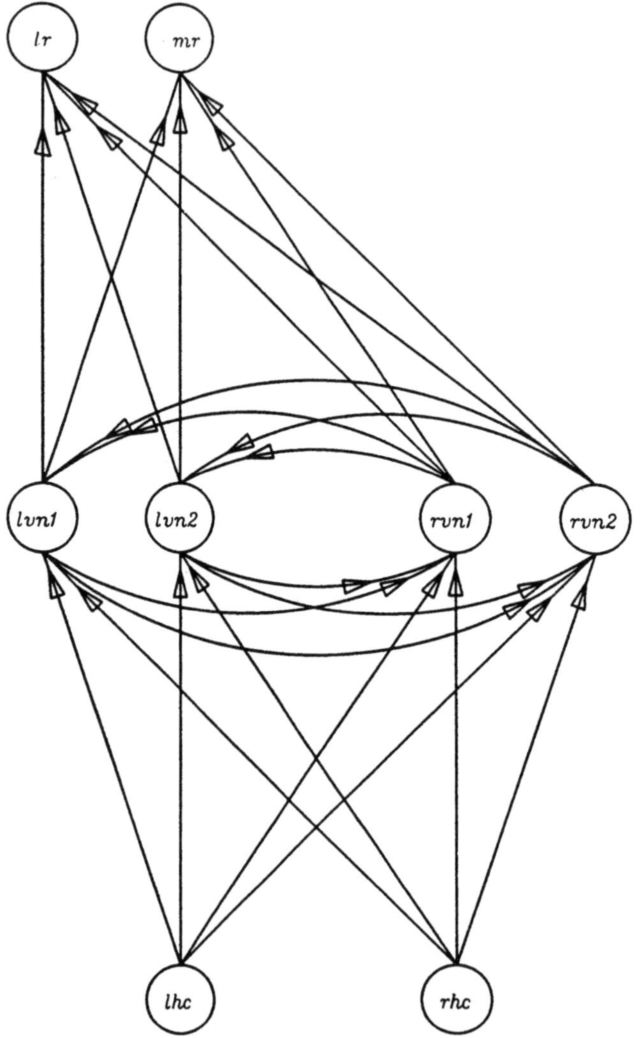

Abbildung 6.24   Netzarchitektur des Anastasio–Modells zur Integration der Geschwindigkeit beim VOR. Die Eingaben von den linken und den rechten horizontalen Kanälen (lhc, rhc) projizieren auf eine Gruppe interner Einheiten, die die Neuronen in den linken und den rechten Vestibulariskernen (lvn, rvn) repräsentieren. Diese internen Einheiten sind miteinander über reziproke Verbindungen verbunden und projizieren auch auf zwei Ausgabeeinheiten, die die motorischen Neuronen repräsentieren, welche ein Augenmuskelpaar (lr, Musculus rectus lateralis; mr, Musculus rectus medialis) innervieren [23].

schon schwieriger. Im Modell geschehen solche Anpassungen, indem die Eingabe von den intakten Kanälen modifiziert wird (von den entfernten Kanälen kommt ja sowieso keine Eingabe). Diese Anpassung ist schwieriger, da es dann, wenn die Eingabe aus den intakten Kanälen vermehrt wird, zu einem noch größeren Ungleichgewicht zwischen den beiden Vestibulariskernen kommt, was im Endeffekt den spontanen Nystagmus wieder fördert. Aber der soll ja gerade geringer werden. Auch die Verbindungen zwischen den internen und den motorischen Einheiten können ihre Wirksamkeit erhöhen, was jedoch wiederum eine heikle Angelegenheit ist, da die kompensatorischen Maßnahmen die erneute Einstellung des Gleichgewichts im restlichen System beeinträchtigen.

Und warum kann schließlich die Geschwindigkeit nie mehr gespeichert werden? Eine Erklärungsmöglichkeit liefert uns das Modell. Da die Schwellenwerte der Ausgabeeinheiten modifizierbar sind, ist eine Veränderung der Schwellenwerte der internen Einheiten nicht so entscheidend. Alles in allem ist es also am einfachsten für das Netz, an den stillgelegten, geschädigten Einheiten, die ein Teil der Kommisurenschleife sind, nichts zu verändern, da diese ja sowieso schon durch die Gegenseite gehemmt sind. Tatsächlich entscheidet sich das Netz dafür, lieber auf die Geschwindigkeitsspeicherung zu verzichten, als an einer falschen Information festzuhalten, die die anderen kompensatorischen Anpassungen nur behindern würde. Aufgrund des Anastasio–Modells erwartet man, daß im wirklichen System eine Modifikation an den Synapsen der motorischen Neuronen stattfindet, wenngleich die ersten physiologischen Daten dies bisher noch nicht beweisen konnten.

Plasitzität beim VOR

Ein System, das nach dem Prinzip einer offenen Schleife und nicht nach dem Rückkopplungsprinzip gebaut ist, muß erst erneut geeicht (rekalibriert) werden, wenn sich die physikalischen Eigenschaften des Systems ändern sollen. Was den VOR betrifft, so verändern sich die mechanischen Eigenschaften des Auges im Laufe der Entwicklung. Es gibt im Auge langsame Veränderungen der optischen Eigenschaften (so verändert sich z.B. die Stärke der Vergrößerung, wenn der Kopf und die Augäpfel wachsen) und schnelle Veränderungen (z.B. dann, wenn man durch Linsen blickt, die das Bild verzerren). Die Sache ist aber noch komplizierter. Wie bereits erwähnt, teilen sich der VOR und das Verfolgungssytem eine gemeinsame Architektur. Außerdem handelt es sich bei dem VOR um ein vorwärtsgerichtetes System mit einer offenen Schleife und bei der Verfolgung um ein negatives rückgekoppeltes System mit einer geschlossenen Schleife; weiterhin hat der VOR eine Latenzzeit von ungefähr 14 msek, das Verfolgungssystem hat dagegen eine Latenzzeit von 100 msek. Wie können sich die Neuronen dem VOR entsprechend modifizieren, ohne daß dadurch die gleichmäßige Verfolgung "vermasselt" wird? Wie sieht das Signal aus, das für die Rekalibrierung verantwortlich ist, und wo im System finden die Modifikationen statt, die auf das Signal hin erfolgen?

Ist das Bild während des VOR trotz ausgleichender Kopfdrehungen immer noch verwischt (d.h. es verruscht auf der Retina), so folgert das System daraus, daß erneut geeicht werden muß. Das andauernde Bewegungssignal auf der Retina führt dazu, daß die Amplitude der VOR–Antwort solange immer größer bzw. kleiner wird, bis die Verschiebung auf der Retina durch die Augenbewegung wieder genau kompensiert werden kann. Ein anhaltendes Verrutschen des Bildes ist also ausschlaggebend für das Ausmaß der durch den VOR verursachten Augenbewegungen, die die Verschiebung verringern sollen. Daß es sich dabei um einen Lernprozeß handelt, kann leicht demonstriert werden, indem man einem Tier eine Brille aufsetzt, die die Welt verkleinert oder vergrößert auf die Retina abbildet (Abbildung 6.25). Die Folge davon ist, daß es den Anschein hat, als würden sich die Objekte bei Drehungen des Kopfes entweder doppelt so schnell oder halb so schnell wie sonst bewegen. Ein normaler VOR ist unter diesen neuen Sehbedingungen entweder zu groß oder zu klein, und so bleibt mit jeder Kopfdrehung eine Restbewegung des Bildes auf der Retina zurück. Das System benötigt zur Adaptation einige Stunden, und nach ungefähr einem Tag sind die Augenbewegungen wieder exakt (Abbildung 6.26).

Ein künstliches Netz, das alles in sich vereinigt, was man über die Bahnen, Verbindungen und Physiologie des VOR und der gleichmäßigen Verfolgung weiß, hat zu einigen nützlichen und erstaunlichen Ergebnissen geführt [448]. Überraschenderweise hat das Modell eine Erklärung für eine physiologische Entdeckung geliefert, die man bisher außer acht gelassen hat, da sie seltsam anmutete und nicht recht zu den übrigen physiologischen Kenntnissen paßte. Diese physiologische Entdeckung steht im Zusammenhang mit dem Ort, an dem der Lernvorgang stattfindet. Nachdem man im Modell den Ort der Modifikation ausmachen konnte, konnte man auch die Art der Modifikation herausfinden, d.h. man konnte die von dem künstlichen System verwendete lokale Lernregel rekonstruieren. Vereinfacht ausgedrückt: Das "Wo" war entscheidend, um das "Wie" ausfindig machen zu können. Kennt man erst einmal das "Wo" und das "Wie" im Modell, ist es möglich, Hypothesen darüber aufzustellen, wie das Ganze in wirklichen Netzen aussehen könnte. So kann man jetzt also Vorhersagen bezüglich der bei der VOR–Modifikation verwendeten Lernregel in wirklichen neuronalen Netzen austesten. Bevor wir darauf ausführlicher eingehen, müssen wir erst einmal die hierbei wichtigen neurobiologischen Details erläutern.

Der dem Modell von Anastasio und Robinson zugrundeliegende VOR–Grundschaltkreis muß noch um einiges ergänzt werden, damit er den zusätzlichen Merkmalen bei der VOR–Modifikation gerecht wird (Abbildung 6.27 oben). Die Ergänzungen betreffen hauptsächlich den Flocculus im Cerebellum (Kleinhirn), den Ort also, an dem drei wichtige Eingaben, nämlich Bildbewegung (via Sehrinde), Kopfbewegung (via vestibuläre Afferenzen) und eine Kopie des VOR–Kommandos an die motorischen Neuronen (die sogenannte Efferenzkopie) konvergieren. Die einzige Ausgabe vom Flocculus erfolgt in Form von Aktionspotentialen der Purkinje-Zellen. Diese wirken sich inhibitorisch auf die Kerne des Hirnstamms aus, die die neuronale Aktivität berechnen. Das Diagramm dieses erweiterten Schaltkreises

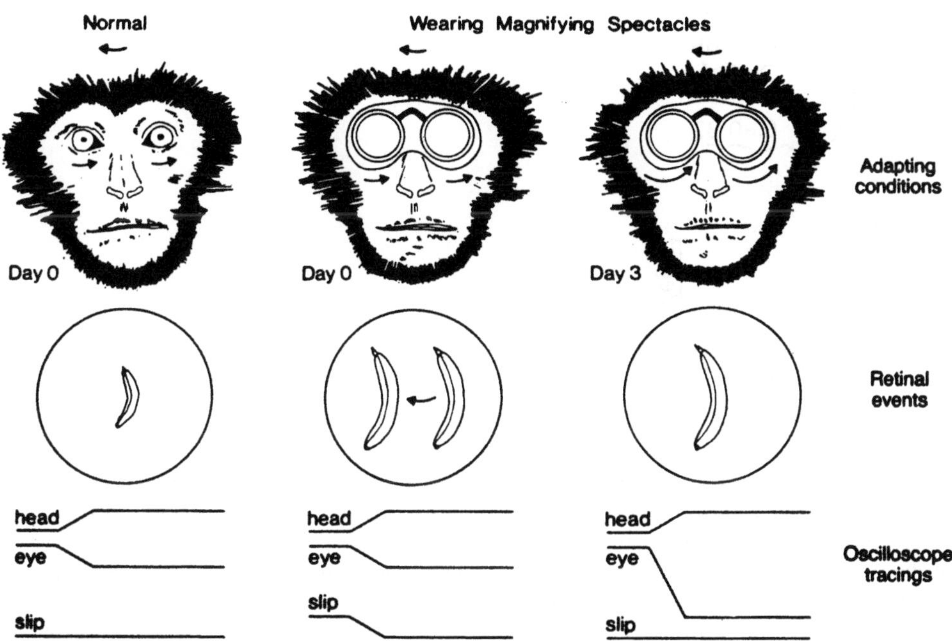

Abbildung 6.25   Motorisches Lernen beim VOR. Beim normalen Affen (links) führt eine Drehung des Kopfes zu einer gleichgroßen Drehbewegung in die entgegengesetzte Richtung. Die unteren Oszilloskopaufzeichnungen zeigen, daß sich das Auge genau um so viel bewegt, daß die Kopfbewegungen kompensiert werden, was bewirkt, daß sich das Bild der Banane auf der Retina nicht bewegt. Nachdem dem Affen eine Vergrößerungsbrille aufgesetzt wurde (Mitte), kommt es am ersten Tag aufgrund der Vergrößerung zu einer Verschiebung (siehe Oszilloskopaufzeichnungen), und die Banane verrutscht auf der Retina. Der VOR reicht jetzt nicht aus, um die Kopfbewegung zu kompensieren, und so erscheint das Bild unscharf. Am dritten Tag nach Aufsetzen der Brille (rechts) hatte sich der VOR wieder vergrößert und war jetzt wieder genau so groß, daß die Verschiebung auf der Retina ausgeglichen werden konnte. Die kompensatorischen Augenbewegungen haben sich nun gegenüber den Augenbewegungen ohne Brille verdoppelt. In der Oszilloskopaufzeichnung sieht man, daß die Verschiebungsspur jetzt wieder eine Gerade darstellt [445].

läßt das Problem erkennen, das bei der Integration des VOR- und des Verfolgungssystems entsteht. Das Wichtigste, woran wir denken müssen, ist die Tatsache, daß die Muskeln des Augapfels durch die gleichen Motoneuronen aktiviert werden, gleichgültig, ob es um die gleichmäßige Verfolgung oder um den VOR geht, und daß es die gleichen neuronalen Netze im Hirnstamm sind, die die Eingabevektoren vom VOR, von der gleichmäßigen Verfolgung oder von den Sakkaden berechnen.

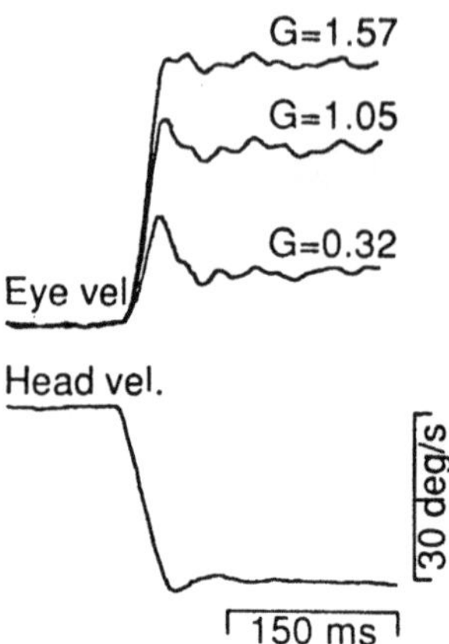

Abbildung 6.26 Messungen des VOR unter verschiedenen Bedingungen. Der Kopf eines Affen wird von der Ruhestellung bis zu einer Geschwindigkeit von 30°/*sek* bewegt. Nach einer Latenzzeit von zirka 14 msek beginnen sich die Augen in die Gegenrichtung zu drehen, um die Kopfbewegung auszugleichen. Unter normalen Bedingung (G = 1,05) ist die Augendrehung bis auf wenige Grade/Sekunde groß genug, um das Verrutschen auf der Retina zu verringern. Die obere Messung (G = 1,57) erfolgte mehrere Tage nachdem man dem Affen eine Brille aufgesetzt hatte, die das Bild auf der Retina vergrößert abbildete; die untere Messung (G = 0,32) erfolgte mehrere Tage nach Aufsetzen einer Verkleinerungsbrille. Unter allen Bedingungen adaptierte sich der VOR und verringerte so das Verrutschen des Bildes auf der Retina [445].

Ein Durchdenken des Schaltkreises wird uns zeigen, wie verzwickt dieses System arbeitet. Angenommen, jemand befindet sich mit einem Tauchgerät unter Wasser und verfolgt einen Tintenfisch. Das Schaltsystem muß den drei wichtigsten Arten, nach denen die Verfolgung stattfinden kann, gewachsen sein: der Verfolgung mittels VOR, der Verfolgung nur durch Augenbewegung (gleichmäßige Verfolgung) und der Verfolgung nur durch Kopfbewegung. Als erstes stellen wir uns vor, daß sich nicht der Tintenfisch, sondern nur der Kopf des Tauchers bewegt. Es wird dann ein die Kopfgeschwindigkeit betreffendes Signal wahrgenommen, die kompensatorische Augenbewegung in die Gegenrichtung wird berechnet und die motorischen Neuronen spezifizieren die entsprechende Bewegung der Augen. Dies alles geschieht innerhalb von 14 msek und geht auf den VOR zurück. Als nächstes nehmen wir an, daß der Kopf des Tauchers unbeweglich ist und daß sich nur der Tintenfisch bewegt. Die visuelle Bewegungsbahn nimmt eine Bewegung auf der Retina wahr, sendet daraufhin ein Bewegungssignal zuerst zur Sehrinde und von dort zum Kleinhirn, wo der Befehl für eine Augenbewegung in die gleiche Richtung, in die sich das Objekt bewegt, berechnet wird (diese Augenbewegung erfolgt demnach in die entgegengesetzte Richtung zur Bewegung auf der Retina). Es handelt sich dann um die gleichmäßige Verfolgung (Abbildung 6.28). Da kein vestibuläres Signal existiert (der Kopf bewegt sich ja nicht), ist der VOR an der gleichmäßigen Verfolgung nicht beteiligt.

Die dritte Situation, wir nennen sie "Verfolgung nur durch Bewegung des Kopfes", kommt sehr häufig vor. In unserem Beispiel wäre dies dann der Fall, wenn sich sowohl der Kopf des Tauchers als auch der Tintenfisch bewegen würde. Damit eine möglichst gute Verfolgung gewährleistet ist, müssen die Augen unbeweglich bleiben, während nur der Kopf in Bewegung ist. Dieses Kunststück ist unter dem Namen VOR–Unterdrückung bekannt. Die Bezeichnung weist schon darauf hin, daß der Reflex, der die kompensatorischen Augenbewegungen bewirkt, trotz der wahrgenommenen Kopfbewegung nicht zum Zug kommen darf. Das Erreichen einer guten Verfolgung ist in diesem Fall offensichtlich etwas schwieriger als in den beiden anderen Situationen. Die grundlegenden Schritte lauten wie folgt: (1) Da der Kopf in Bewegung ist, beginnen sich die Augäpfel 14 msek nach Auslösung des Reizes aufgrund des normalen VOR–Kommandos zu bewegen. Sie bewegen sich jedoch bei der gegebenen tatsächlichen Bewegungsrichtung des Zielobjekts in die falsche Richtung. (2) Die visuellen Bewegungsbahnen nehmen eine Bewegung des Bildes wahr, und ein entsprechendes Verfolgungssignal wird erzeugt. (3) Wenn das Verfolgungssignal nach ungefähr 100 msek die motorischen Neuronen erreicht, hat sich die Position der Augen auf Veranlassung des VOR bereits verändert, und die schnelle VOR–Antwort hat dazu geführt, daß sich die Augen vom Zielobjekt abwenden. (Die Sakkaden mit einer Latenzzeit von 200 msek werden hier außer acht gelassen.) Es gibt also in der Rückkopplung eine Verzögerung, und diese Verzögerung muß auch im Modell berücksichtigt werden.[7]

---

[7]Soll die Verfolgung also nur durch Kopfbewegung stattfinden, muß die VOR–induzierte Augenbewegung unterdrückt werden. Die Wechselwirkungen zwischen den VOR–Kommandos und den Verfolgungskommandos müssen im Endeffekt dazu führen, daß gar kein Kommando gegeben wird und die Augen somit unbeweglich bleiben. Wie sich herausgestellt hat, ist ein Computermodell, das auf ein vorwärtsgerichtetes VOR–System und auf rückgekoppelte Verfolgungsbahnen beschränkt ist, ungeeignet, um die Verfolgung durch Kopfbewegung auszuführen. Das Netz fängt schon kurz nach dem Start an, wild zu oszillieren und bringt somit keine gute Verfolgung zustande. Der Grund dafür ist, daß die Augen vom VOR in die eine und vom Verfolgungssystem in die andere Richtung bewegt werden. Das Bildbewegungssignal wird größer, und das System ist nicht dazu in der Lage, die Augenbewegung auf Null zu reduzieren. Wodurch werden die unerwünschten Schwingungen in wirklichen Netzen verhindert? Wie kommt die VOR–Unterdrückung zustande? Zwischen den VN und den Neuronen im Flocculus gibt es eine positive Rückkopplungsschleife, die den Flocculus über die Stärke des Signals informiert, das an die Motoneuronen geleitet wird. Unter normalen VOR–Bedingungen wird dieses positive Signal durch ein gleichgroßes negatives Signal (Bildbewegungssignal) aufgehoben, da die Bildbewegung durch die Augenbewegung kompensiert wird und die Purkinje–Zelle (PZ) keine Ausgabe hat. Wenn die Verfolgung nur durch Augenbewegung erfolgt, werden die Neuronen des Hirnstamms über die PZ erregt; die vestibuläre Eingabe bleibt dagegen aus, da sich der Kopf ja nicht bewegt. In der Situation, wo nur durch Kopfbewegung verfolgt wird, werden die Signale des VOR und das Bildbewegungssignal im Flocculus miteinander verrechnet und ergeben ein Kommando für die motorischen Neuronen, das exakter ist als ein Signal, das entweder nur über den VOR oder nur über die gleichmäßige Verfolgung berechnet wird. Das Signal der Rückkopplungsschleife und das VOR–Signal schwächen einander gegenseitig, und nach zirka 100 msek haben sie sich aufgeghoben. Den letzten Schritt nennt man dann VOR–Unterdrückung. Da die Amplituden der Kommandos für die Augenbewegungen abnehmen, wird das Kopfbewe-

Sowohl in technischer als auch in ästhetischer Hinsicht ist das Schaltsystem, das die Augenbewegung kontrolliert, eine Meisterleistung der Evolution, die uns verdeutlicht, daß ein Netz in der Lage sein kann, selbst sehr schwierige Aufgaben zu bewältigen. Im Gegensatz zu dem VOR–Modell von Anastasio und Robinson [25] sind das Anastasio–Modell [24] und das Lisberger–Sejnowski–Modell dynamisch und berücksichtigen Verarbeitungsprozesse im Flocculus, da die Rückkopplung und die entsprechenden zeitlichen Eigenschaften in Einklang gebracht werden müssen. Die dynamischen (von der Zeit abhängigen) Eigenschaften sind entscheidend, und zwar vor allem dann, wenn mehrfach genutzte Netze verschiedenen Verfolgungsbedingungen und verschiedenen Zeitkonstanten gerecht werden sollen und wenn über die Zeit gemittelte Eingaben verwendet werden. In dem Lisberger–Sejnowski–Modell verfügen besondere Verarbeitungseinheiten über eigene Zeitskalen für die Informationsintegration, die in etwa analog zu den Membranzeitkonstanten in wirklichen Neuronen sind (gemeint ist die von Neuronenart zu Neuronenart unterschiedlich lange Zeit, die benötigt wird, um das Membranpotential zu stabilisieren bzw. um es abzubauen). Die Rate, mit der ein Neuron feuert, wird durch eine Eingabe nicht sofort verändert. Vielmehr stellt sich das neue Niveau erst allmählich ein. Außerdem berücksichtigen die Lisberger–Sejnowski–Modelle in der Rückkopplungsschleife Verzögerungen von 100 msek, und beim VOR ziehen sie eine Latenzzeit vom 14 msek in Betracht. Der vielleicht auffälligste Unterschied zu dem Anastasio–Robinson–Modell von 1989 ist, daß es hier — infolge der visuellen Rückkopplung — rekurrente Schleifen zur Eingabeschicht und zwischen dem Flocculus und dem Hirnstamm gibt. Das bedeutet nämlich, daß das System dynamische Eigenschaften hat, die in den relevanten Punkten den Eigenschaften des wirklichen Netzes ähnlich sind.

Nachdem wir jetzt eine Einführung in den Schaltkreis gegeben haben, betrachten wir als nächstes die VOR–Modifikation, die stattfindet, wenn die Größe des Zielobjektes durch Verwendung von Verkleinerungslinsen halbiert wird. Als Folge davon sind auch die visuellen Bilder nur noch halb so groß, und eine Drehung des Kopfes bewirkt, daß sich die Bilder mit der Hälfte der normalen Geschwindigkeit bewegen. Soll die Stabilität des Bildes erhalten bleiben, muß auch die Amplitude des VOR um die Hälfte abnehmen. (Mit den notwendigen Abänderungen gilt dies auch für Vergrößerungslinsen.) Dies erscheint vor allem deshalb heikel, weil sich die Verkleinerungslinsen nicht auf die Geschwindigkeit der gleichmäßigen Verfolgung auswirken (wenn sich das System erst einmal darauf eingestellt hat). Dieser Teil des Prozesses sollte also nicht verändert werden. Auf diese Weise haben wir es wieder mit dem VOR zu tun, d.h. ein unbewegliches Objekt wird verfolgt,

---

gungsignal, das den Flocculus erreicht, proportional größer als die Efferenzkopie, durch die es normalerweise ja aufgehoben wird. Folglich kann die vestibuläre Eingabe die PZ erregen, deren Ausgabe dann wiederum die Neuronen des Hirnstamms hemmt. Auf diese Weise werden die restlichen Augenbewegungen verhindert, und damit ist die VOR–Unterdrückung erreicht.

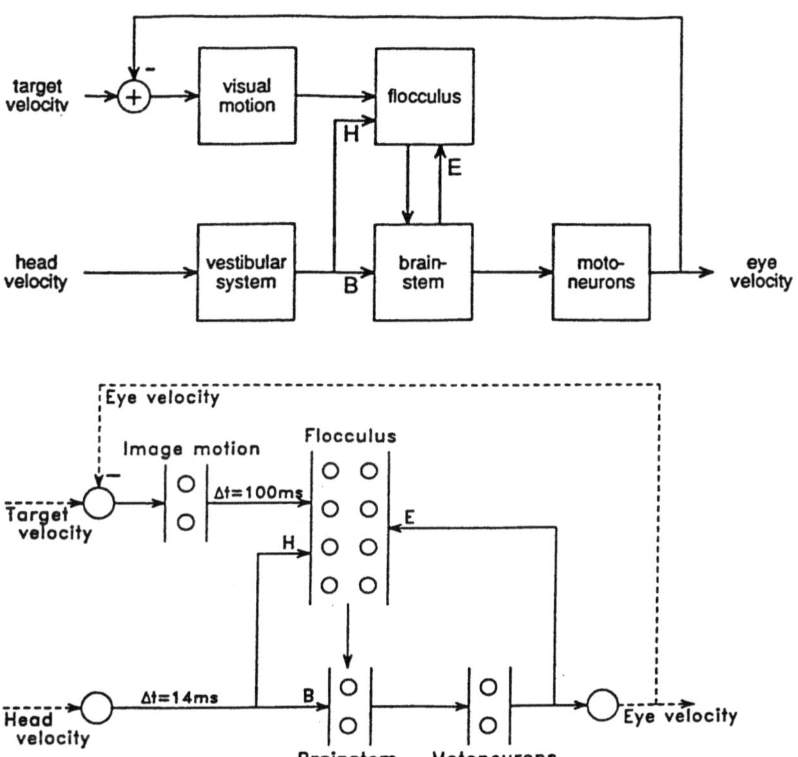

Abbildung 6.27   (oben) Diagramm der okulomotorischen Grundschaltkreise beim VOR und bei der gleichmäßigen Verfolgung. Der Vestibularapparat nimmt die Kopfgeschwindigkeit wahr und versorgt die Neuronen im Hirnstamm (B) und den Flocculus im Kleinhirn (H) mit Eingaben. Die Ausgabeneuronen im Flocculus stehen über inhibitorische Synapsen mit den Neuronen im Hirnstamm in Verbindung. Die Ausgabe des Hirnstamms projiziert direkt auf die motorischen Neuronen, die die Augenmuskeln versorgen, und projiziert außerdem zurück auf den Flocculus (E). Diese positive Rückkopplungsschleife enthält eine "Efferenzkopie" der motorischen Befehle. Der Flocculus erhält auch visuelle Information von der Retina. Wegen der visuellen Verarbeitung in der Retina und in der Sehrinde ergibt sich jedoch eine Verzögerung von rund 100 msek. Die Bildgeschwindigkeit, die sich aus der Differenz zwischen der Geschwindigkeit des Zielobjekts und der Augengeschwindigkeit ergibt, wird in einer negativen Rückkopplungsschleife dazu verwendet, die gleichmäßige Verfolgung von sich bewegenden Zielobjekten aufrecht zu erhalten. (unten) Diagramm der Architektur für ein dynamisches Netzmodell des Systems. Das Modell enthält künstliche Neuronen, die über Zeitkonstanten und zeitliche Verzögerungen verfügen. Die Pfeile kennzeichnen die Verbindungen zwischen den Populationen der jeweiligen Einheiten (dargestellt in Form von kleinen Kreisen). Die unterbrochene Linie zwischen der Augengeschwindigkeit und der Stelle, an der die Augengeschwindigkeit und die Geschwindigkeit des Zielobjekts miteinander verrechnet werden, deutet auf eine Verbindung zwischen der Ausgabe des Modells und der Eingabe hin (nach S. Lisberger.)

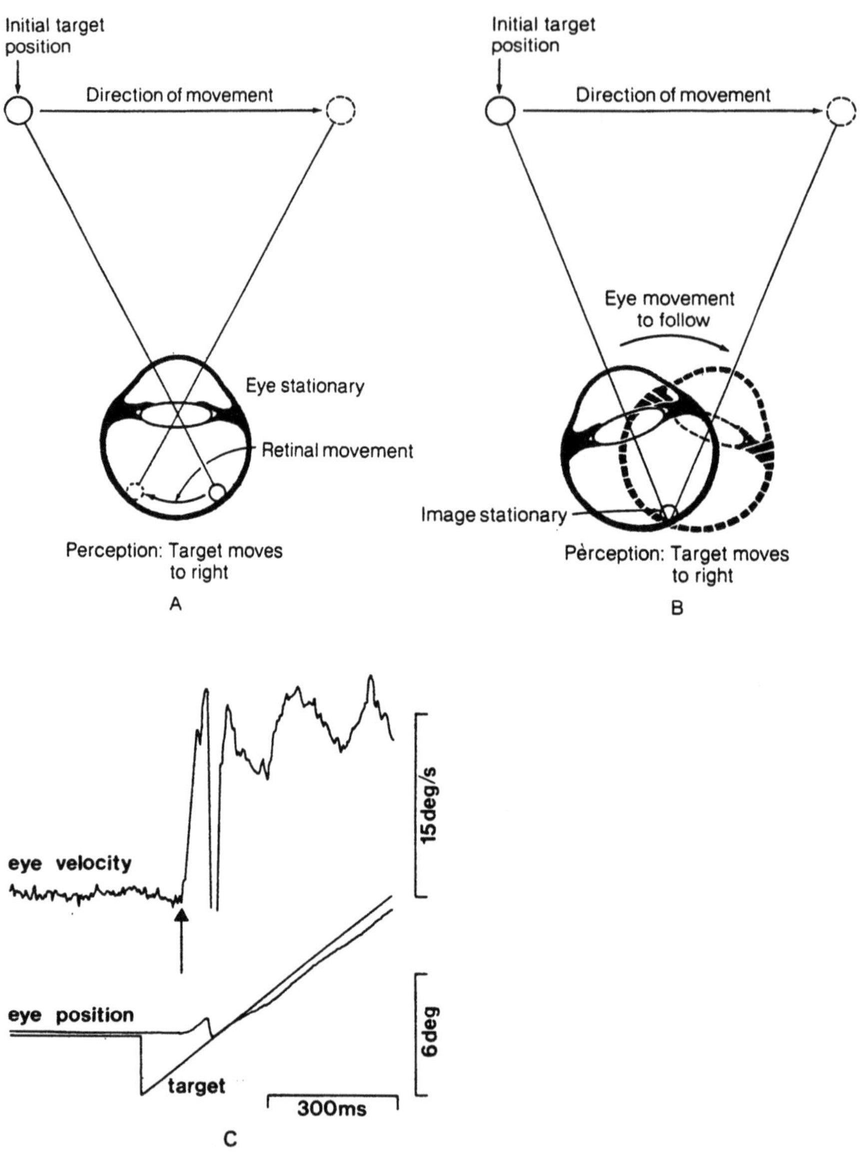

Abbildung 6.28   Gleichmäßige Verfolgung mit den Augen. (A) Ein sich bewegendes
Zielobjekt erzeugt auf der Retina eines stationären Auges eine Bewegung. (B) Das Bild
des Zielobjekts kann stabilisiert werden, wenn sich das Auge bewegt und dem Zielobjekt
folgt [135]. (C) Aufzeichnungen vom Auge eines Affen, das auf ein sich sprungartig bewegendes Zielobjekt reagiert. Die Position des Auges und des Zielobjekts werden unten
angegeben. Das Signal über die Position des Auges wurde so differenziert, daß sich

während sich der Kopf in Bewegung befindet. In diesem Fall machen die Verkleinerungslinsen jedoch eine Rekalibrierung des im Grunde vorwärtsgerichteten Systems erforderlich (siehe Abbildung 6.25).

Bisher war die Frage nach dem primären Ort der synaptischen Modifikation sehr umstritten, da die Daten anscheinend widersprüchlich waren. Ito [355, 356] berichtete von experimentellen Daten, die eine zuerst von Brindley [79] aufgestellte und später von Marr [477] und Albus [10] entwickelte Theorie zu bestätigen schienen. Nach dieser Theorie war der primäre Ort des Lernens im Kleinhirn zwischen den parallelen Fasern und den Purkinje–Zellen zu finden. Dies erschien auch sinnvoll, und theoretisch könnte solch eine Veränderung das Lernen beim VOR erklären. Auch die Tatsache, daß Lernen ohne den Flocculus nicht stattfinden kann, sprach für die Hypothese von Ito. Außerdem fand Ito heraus, daß sich auf einer sehr frühen Stufe des Lernens die Ausgaben vom Flocculus in Richtung des motorischen Lernens verändern. Diese beiden Beobachtungen zusammen bestätigten die Vorstellung, daß es sich bei dem Flocculus um den primären Ort des Lernens handelte. Ito vermutete, daß die wahrscheinlichste Stelle dafür eine Purkinje–Zelle auf der Verbindung zwischen dem Vestibularsystem und dem Flocculus sei.

Als Miles und seine Kollegen [222, 223] versuchten, diese sehr vernünftig klingende Vermutung zu bestätigen, stießen sie zur ihrem großen Erstaunen wiederholt auf Veränderungen an der Verbindung zwischen Vestibularsystem und Flocculus, doch nach Abschluß des Lernvorgangs waren diese Veränderungen *in die andere Richtung* erfolgt, als diejenigen, die Ito für die Veränderung des VOR verantwortlich machte. Lisberger [444, 445] ging diesem Rätsel einige Jahre später auf den Grund und kam zu den gleichen Ergebnissen wie Miles. Außerdem fand er heraus, daß die Latenzdaten nicht auf die Verbindung zwischen Vestibularsystem und Flocculus, sondern auf die Verbindung zwischen Vestibularsystem und Hirnstamm als primären Ort des Lernens hinwiesen. Die modifizierbaren Synapsen sind dort ein Teil der Hirnstammneuronen, die ihre Eingaben direkt vom Flocculus beziehen. War es möglich, daß der primäre Ort des Lernens in der Hypothese von Ito falsch erkannt wurde?

Ausgehend von den Daten, die sowohl von ihnen selbst als auch von anderen zusammengetragen worden waren, schlugen Miles und Lisberger eine neue Hypothese vor (siehe Abbildung 6.27 oben). Der neuen Vermutung zufolge ergeben

daraus das oben angegebene Signal über die Geschwindigkeit des Auges ergab. Das Zielobjekt bewegte sich sprungartig um 3° nach rechts und bewegte sich dann sofort mit einer konstanten Geschwindigkeit von 15°/*sek* nach links. Mit einer Verzögerung von 100 msek (Pfeil) begannen die Augen sich nach links zu bewegen, um das Zielobjekt zu verfolgen. Bei dem schnellen sprunghaften Anstieg der Augengeschwindigkeit handelt es sich um eine Korrektursakkade. Die gleichmäßige Verfolgung ist innerhalb eines Bereichs von 3°/*sek* genau und weist Schwingungen in einer Frequenz von 6 Hz auf, was charakteristisch für ein negativ rückgekoppeltes System ist [630]. (Nachgedruck mit Erlaubnis aus *Annual Review of Neuroscience*, Vol. 10, ©1987 by Annual Reviews, Inc.)

die Tatsache, daß ein funktionierender Flocculus für den Lernvorgang unbedingt
erforderlich ist, und auch die rätselhafte Veränderung an der Verbindung zwischen Vestibularsystem und Flocculus hat sehr wohl einen Sinn, wenngleich die
Erklärung dafür anders als erwartet ausfällt. Die Hypothese von Miles und Lisberger [505] baut hauptsächlich auf vier Tatsachen auf:[8] (1) Man weiß, daß beim
VOR ein Lernen nur dann erfolgt, wenn *eine andauernde Verschiebung auf der
Retina* existiert. Laut Hypothese ist es der Flocculus, der dem Hirnstamm (VN,
Vestibulariskern) dieses Signal übermittelt, und dazu werden durch Rückkopplung
erhaltene visuelle Bewegungssignale verwendet. Der VN jedoch ist der primäre Ort
des Lernens.

Folglich ist ein funktionierender Flocculus nicht deshalb notwendig, weil er sich
selbst dem Lernvorgang unterzieht, sondern da er meldet, wann Lernen erforderlich ist. (2) Damit es zur Adaptation kommt, sollte der Ort, an dem motorisches
Lernen erfolgt, *konvergente* vestibuläre und visuelle Eingaben erhalten. Und in
der Tat erhält der VN sowohl direkte vestibuläre Eingaben als auch indirekte visuelle Eingaben über die Purkinje–Zellen (PZn). Die PZn haben nach erfolgtem
Lernen ihre Eingabe nicht deshalb geändert, weil sie selbst der Ort sind, an dem
der Lernvorgang stattfindet, sondern deshalb, weil der VN, also der primäre Ort
des Lernens, den Flocculus über die positiven Rückkopplungsbahnen mit Kopien
von seiner modifizierten motorischen Information versorgt. Eine Veränderung in
der Efferenzkopie führt dazu, daß die PZn im Flocculus ihre Ausgabe verringern.
(4) Die Veränderung an der Verbindung zwischen Vestibularsystem und Flocculus
erfolgt dann, wenn das Signal mit der Efferenzkopie aufgrund einer Modifikation
des VN reduziert wird. Dabei findet folgendes statt: Vor dem Lernen waren die
vestibulären Eingaben für den Flocculus und die Signale mit der Efferenzkopie
genau gleich stark und konnten sich folglich aufheben. Nach dem Lernen sind die
vestibulären Eingaben für den Flocculus ständig größer als die reduzierten Signale
mit der Efferenzkopie. Wird diese Steigerung nicht rückgängig gemacht, kommt
es zu einer Erregung der PZn im Flocculus, was wiederum dazu führt, daß die
Hirnstammzellen gehemmt werden. Als Folge davon werden die Augenbewegungen
eingestellt, und das wiederum wirkt dem VOR entgegen [444, 445].

Die Miles–Lisberger–Hypothese ist sehr verlockend und kann die verfügbaren
Daten zufriedenstellend erklären. Trotzdem konnte experimentell noch nicht nachgewiesen werden, daß die Verbindung zwischen Vestibularsystem und Hirnstamm
tatsächlich der Ort des Lernens ist und daß es sich bei der von Miles gefundenen
Anomalie nur um sekundäre Regulationsmaßnahmen im Flocculus handelt, die
dadurch herbeigeführt werden, daß die vestibulären Signale und die Signale mit
der Efferenzkopie nicht mehr übereinstimmen. Eine Möglichkeit, mit der man die
Hypothese überprüfen kann, besteht darin, daß man untersucht, wie ein dynamisches Netzmodell, das den bekannten neurobiologischen Daten entspricht, den

---

[8]Im Grunde gehen wir hier von der Version aus, die 1991 auf den neuesten Stand gebracht
wurde und die teilweise schon als bewiesen gelten darf, und nicht von der eher auf Vermutungen
basierenden Version, die von Miles und Lisberger 1981 tatsächlich präsentiert wurde.

Lernvorgang handhabt — d.h. man versucht herauszufinden, wo das Lernen im Modell stattfindet, wie die Veränderungen aussehen und welche Lernregeln die Modifikationen steuern.

Lisberger und Sejnowski konstruierten ein rekurrentes Netz, das die wichtigsten Elemente und Bahnen berücksichtigte (Abbildung 6.27, unten). Die Eingabe wurde durch die Geschwindigkeit des Zielobjekts und durch die Kopfgeschwindigkeit repräsentiert. Die Geschwindigkeit der Augenbewegung war sowohl Ausgabe als auch rekurrente Eingabe für den Geschwindigkeitsvektor des Zielobjekts. Zuerst wurde das Netz mit Hilfe einer verallgemeinerten Fehlerrückpropagierung so trainiert, daß es in der Lage war, die drei oben aufgeführten Arten, auf die ein Objekt verfolgt werden kann, exakt durchzuführen. Das sind der VOR, die gleichmäßige Verfolgung und die Verfolgung nur durch Bewegung des Kopfes. Zusätzlich zu den herkömmlichen vorwärtsgerichteten Signalen enthielt das Modell auch zwei verschiedene Rückkopplungssignale: (1) Die visuelle Rückkopplung der Bildgeschwindigkeit, die sich aus der Differenz zwischen der Geschwindigkeit des Zielobjekts und der Augengeschwindigkeit ergibt. Diese negativen Rückkopplungssignale ermöglichen eine Anpassung der Augengeschwindigkeit, so daß das Auge dem Zielobjekt folgen kann. (2) Eine Kopie der motorischen Signale, die sogenannte Efferenzkopie, gelangt über den Hirnstamm ins Kleinhirn. Dieses Signal entsteht während der Verfolgung des Zielobjekts und bleibt als positive Rückkopplung gespeichert, so daß dann, wenn die Geschwindigkeit der retinalen Verschiebung gegen Null geht, das Auge trotzdem noch mit der angemessenen Geschwindigkeit folgen kann. Sowohl die positive als auch die negative Rückkopplung sind nötig, damit die Verfolgung beständig sein kann. Ein stabiler VOR kommt dadurch zustande, daß die vorwärtsgerichteten Eingaben an das Kleinhirn so verändert werden, daß sie die positive Rückkopplung der Efferenzkopie aufheben (Abbildung 6.29).

Wenn das künstliche Netz die relevanten anatomischen Beschränkungen und künstlichen Neuronen enthielt, so daß die wirklichen Aufzeichnungen an den modellierten Stellen nachgeahmt wurden, dann mußte im nächsten Schritt gezeigt werden, wie sich das Modell selbständig an die Bedingungen einer Verkleinerungsbrille anpaßte. Die visuelle Eingabe wurde entsprechend der Wirkung einer Verkleinerungsbrille verändert, und das Netz durfte sich selbst rekalibrieren. D.h., an allen Synapsen konnten Veränderungen durchgeführt werden, und das Netz konnte selbst entscheiden, welche Synapsen der Population es verändern wollte, damit der VOR auch unter den Bedingungen einer Verkleinerungsbrille beständig war. Im Modell ist die Flocculus-Ausgabe während des VOR im Normalfall relativ gering. Während der Rekalibrierung war die Ausgabe dagegen viel größer, genau wie dies bei einem echten System der Fall ist. In diesem Anstieg spiegelt sich das Ungleichgewicht zwischen den vorwärtsgerichteten und den rückgekoppelten Signalen wider. Ist die Rekalibrierung erfolgt und hat sich der VOR auf einem niedrigeren Niveau eingependelt, dann sinkt die Ausgabe des Flocculus in etwa wieder auf das Niveau ab, das es vor der Manipulation mit der Verkleinerungs-

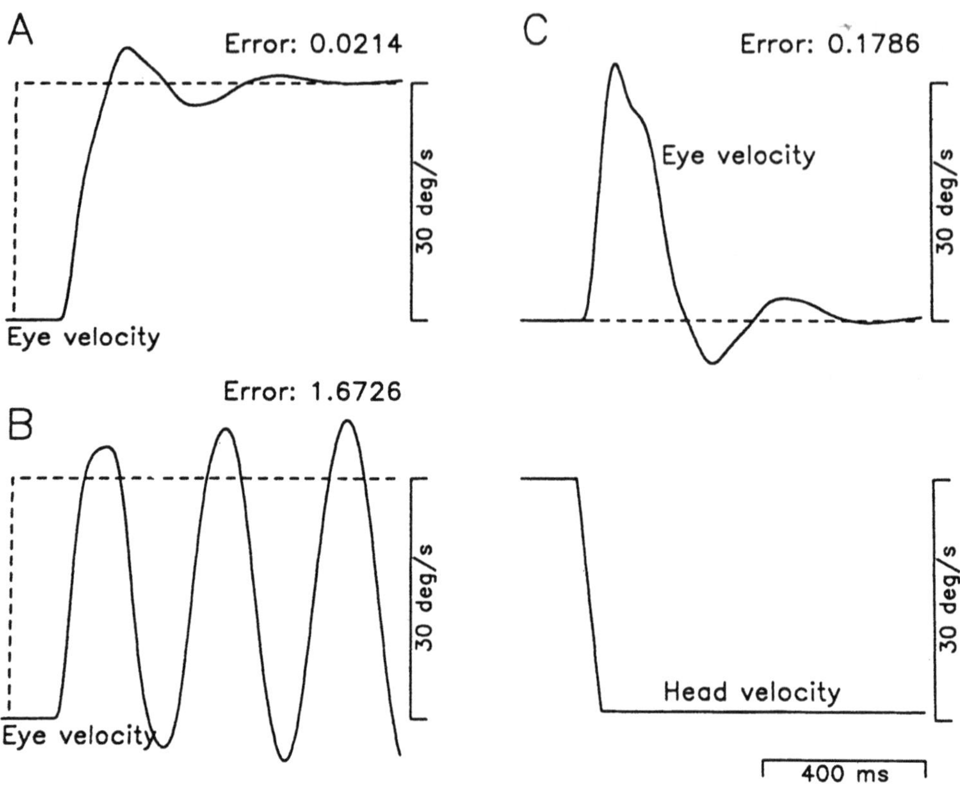

Abbildung 6.29   Leistung des Modells bei Verfolgung eines Zielobjekts, das sich mit konstanter Geschwindigkeit bewegt. (A) Verfolgungsleistung des Modells mit einer visuellen Verzögerung von 100 msek (durchzogene Linie) als Reaktion auf ein Zielobjekt, das begonnen hat, sich mit 30°/*sek* zu bewegen (unterbrochene Linie) (B) Verfolgungsleistung eines Modells, bei dem die Gewichte auf den rückgekoppelten Verbindungen mit der Efferenzkopie (E in Abbildung 6.27) auf Null eingestellt wurden. Die Unbeständigkeit der Verfolgung ist auf die negative Rückkopplung und auf die Verzögerung von 100 msek zurückzuführen. (C) Leistung des Modells bei Ausschaltung des VOR, wenn Zielobjekt und Kopf genau gleich bewegt wurden. In diesem Fall war es im Interesse einer genauen Verfolgung nötig, daß der VOR, der normalerweise dann in Erscheinung tritt, wenn der Kopf sich bewegt (siehe rechts unten), im Modell unterdrückt wurde. Da das Vestibularsystem und das visuelle System unterschiedlich lange Latenzzeiten haben, wurde der erste Teil der Antwortreaktion, der auf den schnelleren VOR zurückgeht, in den ersten 100 msek nicht unterdrückt. Diese Modelle wurden mit Hilfe einer rekurrenten Rückpropagierung so trainiert, daß sich der Fehler zwischen Augenbewegung und Zielobjekt minimiert hat (unterbrochene Linien). Über den jeweiligen Diagrammen wird der Wert des Endfehlers für die letzten 700 msek der Trajektorie angegeben [448].

brille hatte (Abbildung 6.30). Auch dies stimmt wieder mit den experimentellen Daten überein. Außerdem reagierten die motorischen Neuronen im Modell bei einem gegebenen Kopfgeschwindigkeitssignal — wie erwartet — mit einer reduzierten Amplitude. Als Folge davon wurde die Augengeschwindigkeit entsprechend vermindert. Das künstliche Modell hatte bei der Anpassung an die verkleinernde Eingabe keine Schwierigkeiten, und das Verfolgungssystem blieb auch nach der VOR–Modifikation exakt. *Wo erfolgte das Lernen in dem künstlichen Netz?*

Die Analyse des Modells ergab genau das Modifikationsmuster, das nach der Miles–Lisberger–Hypothese zu erwarten war. Außerdem stellte sich heraus, daß die Daten auch mit den Erkenntnissen von Ito vereinbar waren. Die Erklärung dafür werden wir gleich liefern. Erstens: Der primäre Ort der Modifikation war der Nucleus im Hirnstamm — und zwar die VN–Neuronen, deren Amplitude entsprechend geringer wurde. Zweitens: An den Synapsen der Schnittstelle zwischen Flocculus und VN finden nur sehr geringfügige Modifikationen statt. Drittens: Die Modifikation an der Synapse zwischen Vestibularsystem und Flocculus war beträchtlich; am Anfang fand ein Anstieg der synaptischen Gewichte (in der von Ito vorhergesagten Richtung) statt, aber kurz danach kehrte sich die Richtung um. Nach Abschluß des Lernvorgangs hatten sich dann die synaptischen Gewichte signifikant verringert (in die von Miles vorhergesagten Richtung), wodurch die vestibuläre Eingabe und die Efferenzkopie dann wieder übereinstimmten (Abbildung 6.31).

Welche Schlußfolgerung kann man daraus ziehen? Letztendlich handelt es sich bei dem Modell nur um ein Computermodell. Warum also sollte die Dynamik des Modells bei Fragen, die mit dem wirklichen Gehirn in Zusammenhang stehen, entscheidend sein? Die grundlegende Antwort lautet folgendermaßen: Unter der Voraussetzung, daß das Modell durch Rückpropagierung trainiert wurde und daß folglich eine Minimierung des Fehlers stattgefunden hat, ist das Modell deshalb interessant, weil es im Hinblick auf die wesentlichen anatomischen und physiologischen Gegebenheiten die beste Lösung gefunden hat. Darüberhinaus dürfen wir nicht vergessen, daß das Netz die synaptischen Veränderungen an jeder der neun verschiedenen Synapsen hätte durchführen können. Tatsächlich aber blieben die zur Verhaltensänderung notwendigen synaptischen Modifikationen auf genau *zwei* Stellen beschränkt, nämlich auf die Verbindung zwischen Vestibularsystem und Hirnstamm (Verringerung der synaptischen Gewichte) und auf die Verbindung zwischen Vestibularsystem und Flocculus (Verringerung der synaptischen Gewichte) (siehe Abbildung 6.27). Es ist sehr unwahrscheinlich, daß die physiologischen Daten und die Daten des Netzes rein zufällig übereinstimmen, und zwar vor allem deshalb, weil das Netz unter stark eingeschränkten anatomischen und physiologischen Bedingungen arbeitete. Das Modell ahmte einen sehr gut untersuchten Schaltkreis nach und enthielt alle wichtigen Komponenten. Wenn diese im Modell auch in geringer Anzahl vorkamen als im wirklichen Schaltkreis, so waren doch zumindest ihre Eigenschaften vergleichbar.

Mit anderen Worten, in Anbetracht der Fülle an biologischen Beschränkungen

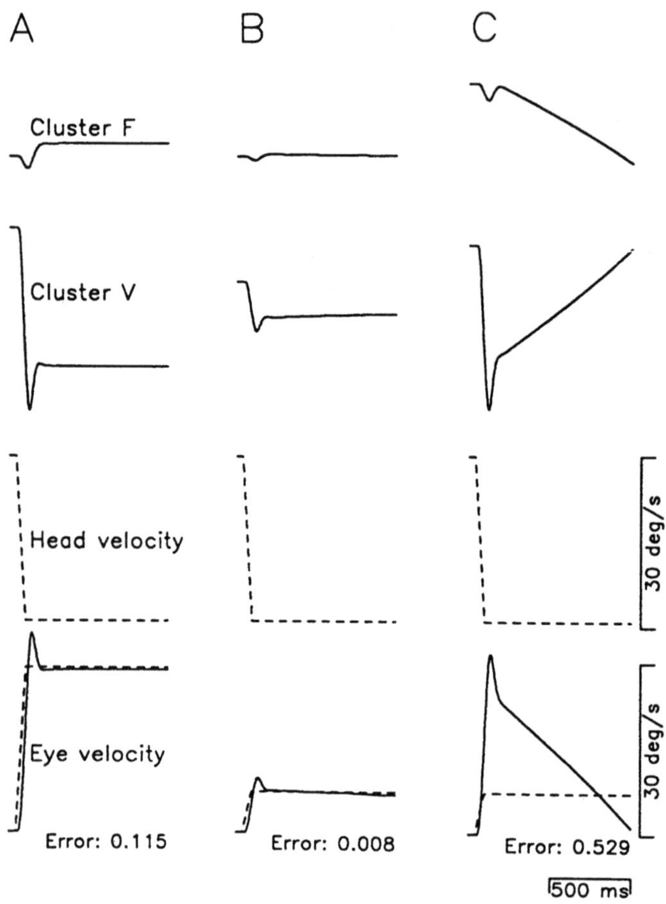

Abbildung 6.30   Leistung des Modells unter drei verschiedenen Bedingungen; verglichen werden die Augengeschwindigkeit sowie die Ausgaben von repräsentativen Einheiten im Flocculus (Cluster F) und im Hirnstamm (Cluster V), wenn der Kopf mit $30°/sek$ bewegt wird. (A) Normaler VOR bevor das durch die Verkleinerungsbrille bedingte motorische Lernen die Amplitude des VOR verringert. (B) Eine Modifikation der Verbindungen bei B und H (siehe Abbildung 6.27) infolge des motorischen Lernens war gestattet. Das Modell war in der Lage zu lernen, daß als Reaktion auf die Verkleinerungsbrille die Amplitudes des VOR verändert werden muß; die Leistung bei der gleichmäßigen Verfolgung blieb unverändert. (C) Um das motorische Lernen zu ermöglichen, konnten hier nur die Verbindungen bei H modifiziert werden. Bei einer verkleinerten Eingabe war das System nicht fähig, eine gute und gleichmäßige Verfolgung zu erzielen. Bemerkenswert ist der unterschiedliche Fehler bei (B) und (C). (Nach Lisberger und Sejnowski.)

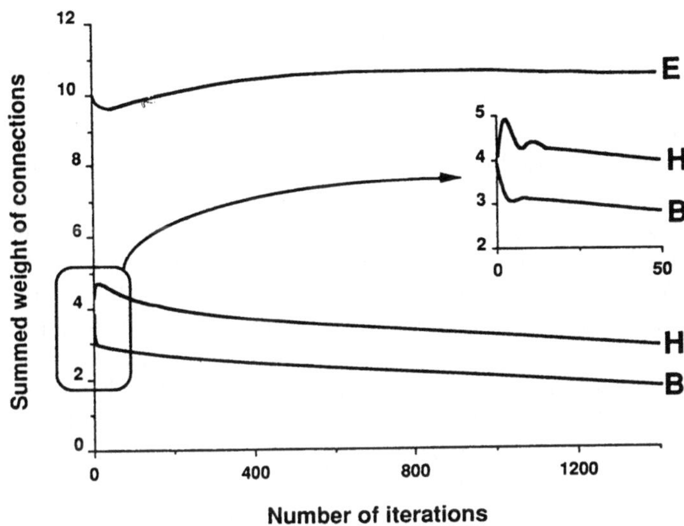

Abbildung 6.31 Zeitlicher Verlauf der Gewichtsänderung, wenn das VOR–Modell während des Lernens eine verringerte Amplitude erzeugt. Die einzelnen Werte ergaben sich, indem in einer gegebenen Menge von Verbindungen nach jeder Iteration des Modells die absoluten Werte aller Verbindungen aufsummiert wurden. Nur die Projektionen für die Verbindungen B, H und E (siehe Abbildung 6.27) und die Ausgabe des Flocculus waren modifizierbar. Die kleine Abbildung zeigt die Gewichtsänderungen während der ersten 50 Iterationen. Die Verbindungsstärken zwischen den vestibulären Eingaben und dem Flocculus (H) erhöhten sich während der ersten fünf Iterationen; danach jedoch änderten sie die Richtung. Die endgültige Änderung trug dann zu einem Anstieg der VOR–Amplitude bei, da die Ausgabe des Flocculus — entsprechend der Ausgaben des wirklichen Kleinhirns — inhibitorisch war. An der Verbindung zum Hirnstamm (B) nahmen die Gewichte ab, was zu einer Verminderung der VOR–Amplitude führte. (Nach Lisberger und Sejnowski.)

hat das Modell wahrscheinlich nicht nur *eine* der möglichen Antworten, sondern die einzig *richtige* Antwort gefunden. Zumindest weisen die Modelldaten darauf hin, daß es sich lohnt, die Miles–Lisberger–Hypothese experimentell zu erforschen, und da die relevanten Experimente sehr zeitaufwendig sind, ist dies gut zu wissen. Außerdem läßt das Modell darauf schließen, daß die Daten von Ito und Miles nur scheinbar widersprüchlich sind — Miles und Ito haben die Modifikation an der Verbindung zwischen Vestibularsystem und Flocculus ganz einfach zu verschiedenen Zeiten betrachtet.

Eine weitere Frage, die man an das Modell stellen kann, lautet folgendermaßen: Ist das Modell auch dann noch dazu in der Lage, seinen VOR zu modifizieren, wenn man verhindert, daß sich einer der beiden Orte, an denen Plastizität beobachtet wird, verändern kann? Was passiert, wenn z.B. nur die Neuronen auf der Verbindung zwischen Vestibularsystem und Flocculus, nicht aber die Neuronen auf der Verbindung zwischen Vestibularsystem und Hirnstamm plastisch sind und umgekehrt? Die Antwort lautet, daß das Modell unter keinen Umständen allen dynamischen Bedingungen gerecht werden kann, wenn ein Lernen im Flocculus verhindert wird. Unter der Bedingung jedoch, daß Lernen im Flocculus möglich war, wurden auch ohne Lernen im Hirnstamm gute Leistungen erzielt. In diesem Fall erhielt der Flocculus wie gewöhnlich vom Vestibularapparat die volle Anzahl an tonischen Eingaben, zusätzlich jedoch erhielt er auch noch phasische Eingaben. Mit anderen Worten, bei der einen Eingabe handelte es sich um eine Dauererregung und bei der anderen um einen kurzen Impuls. Das führte dazu, daß der VOR durch entgegengesetzte Wirkungen modifiziert wurde. Die Gewichte der phasischen Eingaben stiegen an, und die Gewichte der tonischen Eingaben nahmen ab. Es gibt also zwei Möglichkeiten, wie die angeblich widersprüchlichen Ergebnisse von Ito und Miles in Einklang gebracht werden könnten: Entweder hat man in den Experimenten verschiedene Lernphasen einer Neuronenpopulation erwischt (siehe oben) oder die Ergebnisse wurden anhand von unterschiedlichen Subpopulationen gewonnen. Tatsache ist, daß die Eingaben vom Vestibularapparat zum Flocculus sowohl phasisch als auch tonisch sind und daß man einfach noch nicht weiß, wie diese verschiedenen Eingaben in den Purkinje–Zellen geordnet werden. So wäre es z.B. möglich, daß eine Aufteilung auf bestimmte Zellen stattfindet. Denkbar ist aber auch, daß die Eingaben in einer Zelle zusammenkommen, und selbst dann könnte eine Aufteilung entsprechend der bevorzugten Stellen auf der Purkinje–Zelle erfolgen.[9]

Soll der Ort, an dem die Plastizität eintritt, mit neurobiologischer Signifikanz erkannt werden, ist es entscheidend, daß die dynamischen Eigenschaften des Netzes eingeschränkt werden. Ohne die Dynamik kann der VOR, betrachtet man ihn isoliert von anderen Verhaltensweisen, nämlich durch Modifikationen an vielen verschiedenen Stellen stabilisiert werden. Sind jedoch die dynamischen Bedingungen gegeben, reduziert sich die Anzahl der möglichen Stellen, an denen eine Modifikation zum Ziel führen würde. Damit erhöht sich dann die Wahrscheinlichkeit, daß das Netz die Modifikationen an den gleichen Stellen durchführt, für die sich auch das Nervensystem entschieden hat.

In Kapitel 5 haben wir schon gesehen, daß das größte Rätsel des Lernens in Nervensystemen darin besteht, wie aus verstreuten lokalen Veränderungen eine angemessene globale Wirkung erzielt werden kann. Die Rückpropagierung sorgt nun dafür, daß das trainierte Netz das richtige globale Profil erhält, und dennoch entsteht dieses Profil aufgrund von lokal durchgeführten Gewichtsmodifikationen. Die Rückpropagierung wird nicht nur auf einen Teil des Netzes, sondern auf das gesamte Netz angewendet; mit ihr kann nicht nur der VOR, sondern auch die

---

[9]Indirekte Beweise aus Latenzstudien [447] verschieben das Gleichgewicht geringfügig zugunsten der ersten Alternative, was jedoch keineswegs bedeutet, daß die zweite Alternative ausgeschlossen werden kann.

gleichmäßige Verfolgung trainiert werden, und sie umfaßt nicht nur die Synapsen an einer einzigen Stelle, sondern alle Synapsen des Systems. Es ist so, als hätte sich das auf Versuch und Irrtum beruhende Verfahren, für das die Evolution ewig lange gebraucht hat, auf einen handhabbaren Zeitabschnitt verkürzt. Mit so einem trainierten Netz ist es Lisberger und Sejnowski nun möglich, die lokalen Regeln an den Modifikationsstellen vorherzusagen. Zuerst tun sie dies am künstlichen Netz und später unter Verwendung dieser Ergebnisse an wirklichen Netzen. Im Labor von Lisberger ist man gerade dabei, die relevanten physiologischen Experimente durchzuführen. Durch die gemeinsame Entwicklung von Modellen und Experimenten können also die so schwer definierbaren globalen Eigenschaften des Gehirns erkannt werden.

Wenn man *nur* die lokalen Regeln kennt, besteht die Gefahr, daß das globale Bild unverständlich bleibt und daß man Funktion und Arbeitsweise des Netzes nur zu einem geringen Teil klären kann. Gerade die globale Analyse macht eine Interpretation der lokalen Veränderungen und damit der Arbeitsweise des Systems möglich (Abbildung 6.32). In methodologischer Hinsicht kann man aus dem Modell folgendes lernen: Will man ein Phänomen, wie z.B. die Plastizität beim VOR, erklären und betrachtet dazu nur eine einzige Stelle, besteht die Gefahr, daß man eine dort gefundene Veränderung fälschlicherweise für *die* Veränderung hält, die mit dem im Verhalten beobachteten Lernen in Zusammenhang steht. Die Interpretation könnte aber irreführend sein. Beispielsweise handelt es sich beim VOR nicht um ein separates und isoliertes System, sondern um ein System, das mit anderen okulomotorischen Verhaltensweisen zu einem Ganzen zusammengefaßt ist. So ist es also unvermeidbar, daß sich die Veränderung eines Verhaltens auch auf die anderen Verhaltensweisen auswirkt. Zur Rekalibrierung wird eine Anpassung nach der anderen vorgenommen, und folglich finden die Modifikationen auch an mehreren Stellen statt. Will man eine Erklärung für bestimmte Verhaltensweisen finden, reicht es nicht aus, wenn man eine Korrelation zwischen den neuronalen Antworten und dem Verhalten herstellen kann. Darüberhinaus muß man nämlich noch sehen, wie sich die einzelnen Schritte in das größere System einfügen lassen und wie sich eine bestimmte Veränderung auf das globale Verhalten auswirkt. Das Lisberger–Sejnowski–Modell ist in dieser Hinsicht sehr hilfreich, aber dennoch werden hier manche wichtigen Dinge nicht berücksichtigt. So weiß man z.B., daß das okulomotorische System nicht nur dazu in der Lage ist, ein Zielobjekt mit den Augen zu *verfolgen*, sondern daß es darüberhinaus auch noch *voraussagen* kann, wohin sich das Zielobjekt bewegen wird.[10] Diese vorausschauende Fähigkeit erfordert zusätzliche Schaltsysteme und eine weitgehendere corticale Beteiligung.

Mit Hilfe der Rückpropagierung kann man der Erklärung des okulomotorischen Systems einen Schritt näher kommen, wenn man sie dazu verwendet, eine Art Windkanal für das Nervensystem zu schaffen. In diesem Windkanal kann

---

[10] Paulin et al. [560] schlugen ein Modell vom Kleinhirn vor, das die Eigenschaften eines vorausschauenden Filters hat. Zu den Bereichen des Gehirns, die an der vorausschauenden Verfolgung beteiligt sind, gehören auch die frontalen Augenfelder [470] und der parietale Cortex [196].

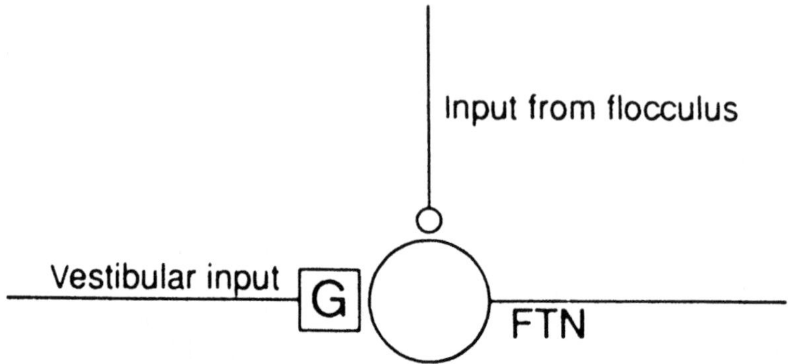

Vestibuläre Eingabe	Eingabe vom Flocculus	Auswirkung auf G
Größer als Ruhewert	Größer als Ruhewert	Verringerung
Größer als Ruhewert	Kleiner als Ruhewert	Erhöhung
Kleiner als Ruhewert	Größer als Ruhewert	Erhöhung
Kleiner als Ruhewert	Kleiner als Ruhewert	Verringerung

Abbildung 6.32   Eine lokale Lernregel, die im Hirnstamm die gleichen Veränderungen hervorrufen würde, wie sie mit Hilfe des Rückpropagierungsmodells vorhergesagt werden konnten. Es wird nur ein einziges Neuron im Vestibulariskern dargestellt. Das variable Gewicht G zwischen der vestibulären Eingabe und dem Zielneuron des Flocculus (FTN) müßte zufällig so modifiziert werden, wie es in der darunterliegenden Tabelle aufgeführt ist. Sind z.B. die vestibulären Eingaben und die Eingaben vom Flocculus gleichzeitig größer als die jeweiligen Ruhewerte, dann sollte die Stärke von G verringert werden. Dies könnte durch einen bei G wirkenden Anti–Hebbschen–Mechanismus herbeigeführt werden [444].

man dann die für das natürliche Netz wichtigen Experimente durchführen und bestimmte Parameter unter Kontrolle bringen, die sonst nicht beeinflußbar sind. Sicherlich sind nicht alle Windkanäle gleich gut geeignet, und so kann es vorkommen, daß sich unwissentlich Fehler einschleichen, wenn an wichtigen Stellen die Antworten zusammengebastelt werden. So muß jedes künstliche Netz sorgfältig durchdacht werden, und zwar sowohl bezüglich der verfügbaren psychophysischen und neurobiologischen Daten, als auch in Anbetracht dessen, was eigentlich mit seiner Hilfe herausgefunden werden soll. Eine offen gestanden recht willkürliche Faustregel lautet, daß man nur so viel an Realismus in das Modell investieren soll, wie zur Beantwortung der gestellten Fragen nötig ist. So wurden z.B. im VOR–Netz nur zwei Einheiten zur Abwicklung der visuellen Eingaben verwendet. Unter der Voraussetzung, daß nur ein Zielobjekt im Spiel ist und daß die Reaktion des okulomotorischen Teils des Systems auf dieses eine Zielobjekt untersucht werden soll, ist dies eine geeignete Vereinfachung. Im nächsten Schritt soll die visuelle Eingabe durch Hinzufügen eines Eingangsnetzes realistischer werden. Dadurch werden die bewegungssensitiven Zellen im Sehfeld MT simuliert. Anstelle eines einzigen Bewegungsreizes können dann mehrere sich bewegende Reize präsentiert werden. Im folgenden nichtlinearen Schritt beschließen das visuelle Netz und das VOR–Netz gemeinsam, welcher Reiz denn nun verfolgt werden soll.

Beim Vergleich der verschiedenen LeechNetze und der VOR–Modelle fallen mehrere Ähnlichkeiten auf. Zum einen besteht eine wichtige Ähnlichkeit zwischen den von den internen Einheiten verwendeten Repräsentationen: (1) In beiden Fällen liegen die Repräsentationen verteilt vor, sie sind (2) nicht nur für eine Art von Signal, sondern für verschiedene Signale zuständig und (3) die Vektorein- bzw. -ausgaben werden von einer Reihe von Neuronen gemeinsam erzeugt. Die beobachteten Wirkungen haben sich als dauerhaft erwiesen, und so hat man Grund zu der Annahme, daß sie auch anderswo, z.B. in höheren Verarbeitungszentren, im Sehsystem usw. vorkommen. Es ist oft einfacher, sich Repräsentationen in Form von Vektoren vorzustellen, als wenn man davon ausgeht, daß jede Einzelzelle ihre eigene Repräsentation hat. Das hat in methodologischer Hinsicht Folgen: Will man Art der Codierung und Berechnungen bestimmen und untersucht zu diesem Zweck Zelle für Zelle des Systems, so erhält man zwar vielleicht Anhaltspunkte, aber wie das Ganze zusammenwirkt, weiß man trotzdem nicht.

6.4 Zeit und nochmals Zeit

Will man einem Kaninchen das Fell abziehen oder auf einen Baum klettern, sind vor allem die beiden Hände entscheidend, wenngleich auch die Position des Kopfes, die Augenbewegung, die Beinstellung und die gesamte Körperhaltung keineswegs nebensächlich sind. Zur exakten und erfolgreichen Durchführung müssen sich die Hände koordiniert und in der richtigen zeitlichen Reihenfolge im Raum bewegen (Abbildung 6.33). Deshalb sollte man sich bewußt machen, daß ein bestimmtes Verhalten nicht einfach durch Multiplikation eines Vektors mit einer Matrix erzeugt wird, sondern daß die richtige Reihenfolge und der richtige Zeitpunkt der Vektoren entscheidend sind [197]. Hinzu kommt, daß sich die Matrizen im Laufe der Zeit verändern, wobei die Geschwindigkeit je nach Mechanismus variiert. Bemerkenswert ist auch, daß die Vorzüge der verteilten Repräsentationen (siehe Kapitel 3) innerhalb dieses dynamischen Rahmens ebenso für sensorische und motorische Repräsentationen gelten. Wenn die bisher vorgebrachten Argumente richtig sind, dann können wir erwarten, daß die motorischen Repräsentationen wahrscheinlich eher vektor- und nicht lokal codiert sind [18].

Wir wollen die in den Kapiteln 4 und 5 gestellte Frage noch einmal aufgreifen: Wie wird die Zeit in dem System repräsentiert? Wird sie genaugenommen überhaupt repräsentiert, oder ist sie nur ein wesentlicher Bestandteil der physikalischen Netzeigenschaften? Wir wollen diese Fragen angehen, indem wir zuerst einmal einfache Netzmodelle betrachten. Die besonders einfachen Simulationen, wie z.B. NETtalk, sind in vielerlei Hinsicht neurobiologisch unrealistisch. Im Gegensatz zu den Neuronen, sind die künstlichen Einheiten sowohl morphologisch

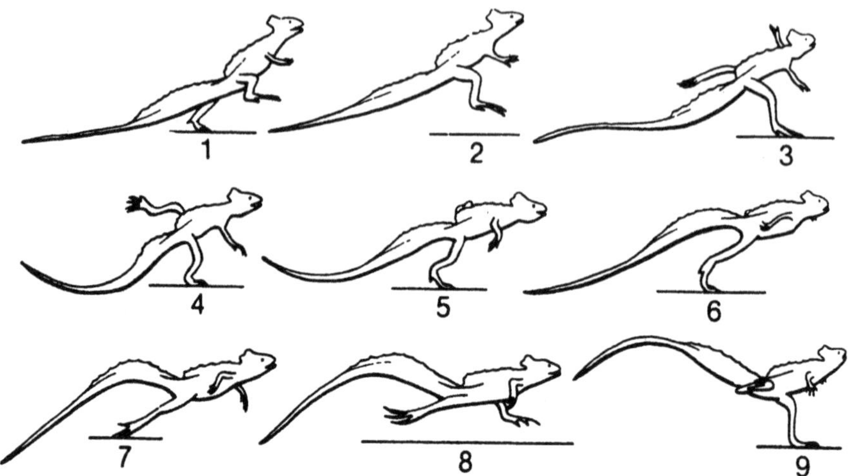

Abbildung 6.33   Bewegungsablauf beim Basiliskenleguan. Die Position des gesamten Körpers ist von Bild zu Bild verschieden [281].

als auch physiologisch gleichartig gestaltet. Außerdem sind im Modell alle Einheiten der benachbarten Ebenen miteinander verbunden, was bei den wirklichen neuronalen Verbindungen nicht der Fall ist. Der größte Unterschied ist in diesem Zusammenhang aber die Bedeutung des Zeitfaktors. In wirklichen Nervensystemen ist die Zeit fast immer ein entscheidender Faktor. Einerseits muß die Verarbeitung schnell erfolgen und andererseits müssen bestimmte Prozesse zeitlich koordiniert ablaufen, damit ein Tier überleben kann. Obwohl ein Nervensystem räumlich ausgedehnt ist und obwohl zwischen dem Transduktor und dem Motoneuron viele Synapsen liegen können, müssen die neuronalen Vorgänge zu einem bestimmten Zeitpunkt ablaufen, damit Wahrnehmung und Reaktion gleichmäßig, integriert und zusammenhängend erfolgen. Die Fähigkeit zum Umgang mit der Zeit kann von einem komplexen Nervensystem nicht einfach nach und nach erworben werden. Eine zeitlich abgestimmte Dynamik muß vielmehr zu den Grundeigenschaften von Nervensystemen gehören, d.h. das Nervensystem muß sich an *bestimmte Zeitpläne, nach denen die zellulären Vorgänge ablaufen,* halten [228].

Wie lösen die Nervensysteme das Zeitproblem? Wenngleich man die Antwort noch nicht bis in alle Einzelheiten kennt, ist es doch offensichtlich, daß die inneren morphologischen und physiologischen Eigenschaften der Neuronen dabei eine wichtige Rolle spielen [452, 264]. Die Neuronen sind zeitlich so abgestimmt, daß sie die Signale in bestimmten Zeitabständen liefern. Die Konnektivität gewährleistet dann, daß die Ereignisse in ein bestimmtes Zeitraster gepackt werden, so daß das, was von der Welt wahrgenommen und repräsentiert wird, einheitlich und zusammenhängend erscheint. Hilfreich, wenn auch nicht ganz treffend, ist der Vergleich mit einem herkömmlichen Computer, in dessen Programm eine Uhr eingebaut worden ist. Angenommen, die Aufgabe besteht darin, die verschiedenen Phasen in einem Zeichentrickfilm zu zeichnen und wir wollen dazu mit einem Computer graphisch darstellen, wie sich die "kleine Meerjungfrau" schwimmend fortbewegt. Wir möchten nun, daß die Schwimmbewegungen in ihrem zeitlichen Verlauf den rhythmischen Bewegungen ähnlich sind, die der Schwanz eines kleinen Fisches tatsächlich macht, wenn er sich hin und her bewegt — und zwar sollen die Bewegungen so langsam sein, daß man sie wahrnehmen kann, aber schnell genug, damit sie im Zeichentrick als Schwimmbewegung erscheinen.

Die Vorgänge im Computer spielen sich im Bereich von Nanosekunden ab, aber selbst dann, wenn die Schwanzschläge in der Größenordnung von Millisekunden liegen würden, wäre das noch zu schnell. Wie bekommt man den Computer dazu, daß er die Darstellung verlangsamt? Nun gut, die elektronischen Vorgänge kann man nicht verzögern, aber man kann sie zu kleineren und größeren Einheiten zusammenfassen. Die Antwort lautet also, daß man den relevanten Komponenten des Programms eigene zeitliche Eigenschaften geben muß, damit sie nicht so schnell wie möglich den nächsten Schritt einleiten, sondern daß sie erst eine gewisse Zeit zirkulieren, bevor sie zum nächsten Schritt übergehen. Der Programmierer gibt nun ein, wie oft sich die Komponente sozusagen "melden" muß, bevor der nächste Schritt folgt. Soll die Bewegung sehr langsam sein, wird dies oft der Fall sein; für eine schnellere Bewegung muß der Kreislauf weniger oft durchlaufen werden.

In wirklichen Nervensystemen läuft die Sache offenbar ganz anders. Nichtsdestotrotz stimmen die Grundstrategien überein, und zwar insofern, als in unserem Beispiel die zeitliche Abstimmung des Systems über die inneren Eigenschaften der Komponenten erfolgt und auch in Nervensystemen sich anscheinend etwas Vergleichbares herausgebildet hat. So könnte z.B. ein Nervensystem mit Hilfe eines inneren Musters, nach dem die Ausbrüche von Nervenimpulsen erfolgen, "melden". Durch eine Verlängerung der Nach–Hyperpolarisationsphase könnte das Intervall zwischen den "Meldungen" verlängert werden und gleichphasig schwingende Aktionspotentiale sind eine Möglichkeit, verschiedene Informationen so zusammenzufassen, daß sie gemeinsam an ihrem Bestimmungsort ankommen. Damit das Timing stimmt, müssen die Zellen ihre verschiedenen Zeitpläne untereinander koordinieren. Die Tatsache, ob ein EPSP langsam oder schnell erfolgt, wirkt sich auf die Art der Verarbeitung eines Signals, auf seine Bedeutung und damit auch auf die Repräsentation der Welt durch das Gehirn aus.

Genau darum geht es, wenn Neurowissenschaftler darüber klagen, daß in einem Modell, das die inneren Eigenschaften der Zellen nicht berücksichtigt, unweigerlich auch das Besondere an der Art der Berechnung und Repräsentation in Nervensystemen übersehen wird. Folglich ist der Einbau der dynamischen Eigenschaften, die die altgedienten und im Überlebenskampf bewährten Strategien von Nervensystemen widerspiegeln, äußerst wünschenswert. Damit der Nutzen von vereinfachten Modellstrukturen nicht unterbewertet wird, wollen wir schnell noch hinzufügen, daß diese Strukturen — wie auch in anderen Bereichen der Wissenschaft — nur ein Anfang sind. Es ist weit vernünftiger, mit einem einfachen

Modell zu beginnen und erst allmählich immer komplexer zu werden, als wenn man gleich von Anfang an alle Einzelheiten hinzufügt und dann hofft, daß sich die Grundprinzipien schon irgendwie daraus ergeben werden.

Wie können wir in einem System, bei dem die Dynamik von Anfang an dazugehört und nicht erst später hinzugefügt wurde, auf die Vektor–Matrix–Theorie zur Erklärung der Codierung und Verarbeitung zurückgreifen? An welcher Stelle kann man das Problem am besten angehen? Ein solcher Ansatzpunkt wären rhythmische Verhaltenweisen und Schaltkreise, die einen Rhythmus generieren. Die Erforschung dieser Schaltkreise liefert vielleicht die Grundidee dafür, wie das Zeitproblem etwas allgemeiner behandelt werden könnte. Im nächsten Abschnitt geht es hauptsächlich um einige dieser Schaltkreise und um die dazugehörigen Berechnungsmodelle.

Erzeugung von Wiederholungsmustern

Vieles, was Organismen tun, unterliegt einem bestimmten Rhythmus. Das ist z.B. dann der Fall, wenn Tiere gehen, schwimmen, kauen, fliegen, atmen, Blut pumpen, schlafen, sich auf Wanderungen begeben, einen Winterschlaf halten usw. Dabei können die Zeitkonstanten sehr stark variieren. So haben die Ausbrüche von Nervenimpulsen eine Zeitkonstante von einer Millisekunde, wohingegen der Fortpflanzungszyklus bei den Zikaden 17 Jahre dauert. Soll der Rhythmus eines Verhaltens stimmen, so muß der Ablauf der zellulären Vorgänge in der richtigen zeitlichen Reihenfolge erfolgen. Ein Organismus, dessen Rhythmus nicht stimmt, ist in seiner Leistungsfähigkeit beeinträchtigt. Das Tier könnte stolpern, was dann vielleicht seine Flucht behindert, oder es könnte den Winterschlaf vergessen und stirbt. Darüberhinaus können manche Verhaltensweisen modifiziert werden, d.h. sie sind nicht für immer festgelegt. Die Gangart kann den äußeren Bedingungen (glatte Oberfläche, unebener Boden, Berge, Eis, Schlamm und Wasser verschiedener Tiefe) entsprechend verändert werden. Dreibeinige Hunde kommen erstaunlich gut zurecht. Das Gleiche gilt für Menschen, die nur ein Bein haben und sich mit einer Krücke behelfen. Auch einbeinige Vögel können sich hüpfend sehr gut fortbewegen. Herzschlag und Atmung variieren in Abhängigkeit von der physiologischen Beanspruchung. Die Kanadagans muß im Frühjahr nicht unbedingt in den Norden ziehen, sondern kann auch im Süden bleiben. Es gibt viele Arten, auf die man sich schwimmend fortbewegen kann. Die Tatsache, daß das rhythmische Verhalten in Abhänigkeit von einem Reiz modifiziert werden kann, deutet darauf hin, daß der Vorgang nicht automatisch abläuft und daß dabei Berechnungen und die Verarbeitung von Informationen eine wichtige Rolle spielen.

Warum sind so viele Verhaltensweisen rhythmisch? Welchen Nutzen ziehen ein Organismus und sein Gehirn aus dem rhythmischen Verhalten? Die Antwort ist möglicherweise ganz offensichtlich, aber vielleicht ist es trotzdem lohnenswert, sie näher darzulegen. Der Punkt ist, daß die Organismen nicht über unendliche Ressourcen verfügen. So sind sie also darauf angewiesen, einen bestimmten Vorgang mehrmals zu wiederholen, um ihrem Ziel näher zu kommen. So kann man beispielsweise sein Essen nicht ununterbrochen hinunterschlingen. Nach kurzer Zeit wird einem die Luft ausgehen und man muß noch einmal von vorne anfangen. Entsprechendes gilt auch für das Gehen, Schwimmen, Verdauen usw. Das ständige Wiederholen eines Vorgangs ist zweifellos ein Prinzip, auf das die Evolution schon recht frühzeitig gestoßen sein muß. Vom experimentellen Standpunkt aus sind die sich wiederholenden Muster sehr praktisch, da dann das Muster der motorischen Ausgabe von Zyklus zu Zyklus relativ konstant bleibt. Das wirkt sich günstig auf die experimentelle Reproduzierbarkeit aus.

Oszillierende Schaltkreise im Rückenmark

Beim Rückenmark handelt es sich um einen Längsstrang aus Nervengewebe, der aus sich wiederholenden Segmenten besteht. Das Rückenmark entstammt dem Hirnstamm und wird durch die Wirbelsäule geschützt (Abbildung 6.34). Läßt man die Details beiseite, besteht die Grundstruktur der einzelnen Segmente aus (1) den Dorsalwurzeln (das sind Nerven, die sensorische Information von der Peripherie zum Dorsalhorn des Marks leiten), (2) den Ventralwurzeln (das sind die Nerven, die motorische Information vom Ventralhorn des Marks in die Skelettmuskelzellen leiten), (3) lokalen Schaltkreisen, die für die sensomotorische Integration des Segments von Bedeutung sind, (4) langgestreckten Schaltkreisen, die eine Verbindung zu anderen Segmenten herstellen und (5) Projektionen vom und zum Gehirn bzw. vom und zum Hirnstamm (Abbildung 6.35). Eine Katze, bei der die Verbindung zwischen Rückenmark und Gehirn bzw. zwischen Rückenmark und Hirnstamm unterbrochen wurde, kann die typischen Gehbewegungen noch ausführen, wenn sie in einer Schlinge hängend ihr eigenes Gewicht nicht tragen muß. Von Vögeln, und da zumindest von Hühnern, weiß man seit Jahrhunderten, daß sie, auch nachdem der Kopf vom Körper getrennt wurde, noch mit den Flügeln schlagen und sich für kurze Zeit fortbewegen können.

Mott und Sherrington [523] kamen auf die Idee, daß man sich rhythmische Aktivitäten, wie z.B. die Fortbewegung, das Schwimmen oder das Flattern, als Wiederholung eines bestimmten Reflexes, beispielsweise des Beugungsreflexes, vorstellen könnte. Tritt dabei ein Fuß auf einen spitzen Gegenstand, wird der Fuß sofort angehoben und der andere Fuß wird zur Stabilisierung des Gleichgewichts auf den Boden gesetzt. Der Gedanke war, daß die abwechselnden Schrittbewegungen durch alternierende Afferenzen ausgelöst werden. T. Graham Brown [84] fand jedoch heraus, daß sogar dann, wenn eine Läsion sowohl Rückenmarksstrang als auch Dorsalwurzeln umfaßte, die alternierenden Muskelkontraktionen fortgesetzt werden konnten, sobald sie erst einmal initiiert worden waren. (Rhythmisches Fortbewegungsverhalten kann auch in tiefer Bewußtlosigkeit beobachtet werden.) Da der Mechanismus — wie auch immer dieser aussehen mag — sogar ohne afferente Eingabe von den Propriozeptoren noch funktionieren kann, hat man ihn als *zentralen Mustergenerator (ZMG)* bezeichnet. Diese Ergebnisse lieferten jedoch keine

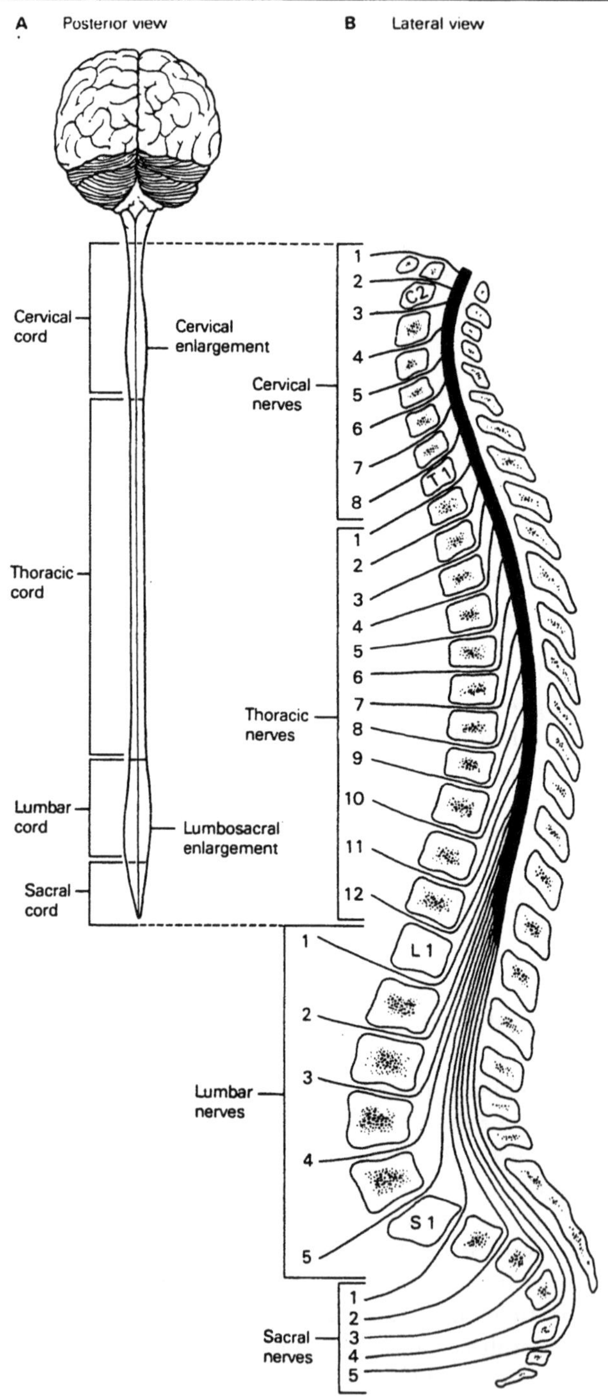
A   Posterior view
B   Lateral view
Cervical cord
Cervical enlargement
Cervical nerves
Thoracic cord
Thoracic nerves
Lumbar cord
Lumbosacral enlargement
Sacral cord
Lumbar nerves
Sacral nerves
C 2
T 1
L 1
S 1
1
2
3
4
5
6
7
8
1
2
3
4
5
6
7
8
9
10
11
12
1
2
3
4
5
1
2
3
4
5

Antwort auf die Frage, ob die abwechselnden Kontraktionen, welche in den spinalisierten, deafferentierten Tieren beobachtet werden, in den relevanten Punkten Ähnlichkeit mit der komplexen Aktivität bei der Fortbewegung gesunder Tiere haben. Von einem ZMG spricht man dann, wenn der neuronale Schaltkreis in einem spinalisierten und deafferentierten Tier auch ohne wiederholte Eingabe fähig ist, eine wiederholte, stereotypische Ausgabe zu liefern. Eine maßgebende Frage war also, ob die so definierten zentralen Mustergeneratoren auch in unversehrten Tieren funktionieren oder ob dem normalen rhythmischen Verhalten integrativere und komplexere Prozesse zugrunde liegen (Abbildung 6.36).

Aufgrund seiner Untersuchungen des Reflexverhaltens stellte Brown [84] die Behauptung auf, daß der Rhythmus beim Schreiten und Scharren von der abwechselnden Erregung bzw. Hemmung der Motoneuronen auf der rechten und der linken Seite des Marks abhängig ist. Er mutmaßte, daß es in den einzelnen Rückenmarkssegmenten jeweils einen Grundschaltkreis geben müsse, über den die verschiedenen Seiten abwechselnd an- bzw. abgeschaltet werden, und daß dieses Schaltsystem eine Substruktur bilden müsse, zu der dann kompliziertere Prozesse hinzukämen. So könnten z.B. dem Segmentschaltkreis noch Verbindungen zwischen den Segmenten hinzugefügt werden, die die Vorder- und Hinterbeine koordinieren. Er kam zu dem Schluß, daß die linke und die rechte Hälfte des Stranges einander entsprechende Schaltkreise haben müßten und daß paarweise auftretende inhibitorische Neuronen den Strang durchkreuzen würden, um den Komplementärschaltkreis bei Ermüdung der erregten Seite abzuschalten. Man glaubte, im Zentrum jeder Seite würden sich mehrere Motoneuronen zur Steuerung der Extensoren (Streckmuskeln) und eine Reihe weiterer Motoneuronen zur Steuerung der Flexoren (Beugemuskeln) befinden. Der Grundgedanke war, daß der Flexor auf der einen Seite und die Extensoren auf der anderen Seite gleichphasig, während die Flexoren beider Seiten und die Extensoren beider Seiten gegenphasig aktiv sein müßten. Brown prägte dafür den Begriff "Halbzentrumsorganisation". In den darauffolgenden Forschungsarbeiten entwarfen Lundberg und seine Mitarbeiter [190, 191] ein Schaltkreisdiagramm für den Halbzentrumsschaltkreis von Brown, in dem die Motoneuronen, die propriozeptiven Afferenzen und die Interneuronen mitsamt den dazugehörigen Verbindungen beschrieben wurden (Abbildung 6.37).

Shik und seine Mitarbeiter [672] führten Untersuchungen an deafferentierten Katzen durch, bei denen die Verbindung zwischen dem Rückenmark und dem

Abbildung 6.34   Menschliches Gehirn und Rückenmark von hinten. (B) Seitenansicht des Rückenmarks, wobei die Spinalwurzeln zwischen den Wirbeln sichtbar sind. Beim erwachsenen Menschen erstreckt sich das Rückenmark nicht über die volle Länge der Wirbelsäule, sondern endet ungefähr auf Höhe des L1–Wirbels. Die dorsalen und die ventralen Wurzeln müssen also einen weiten Weg zurücklegen, bevor sie die Wirbelsäule verlassen [394].

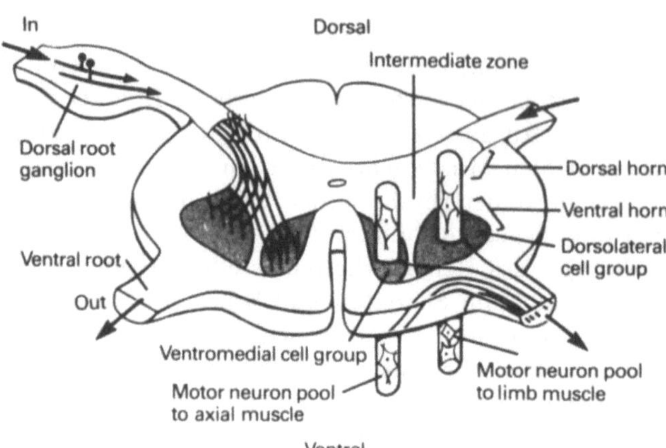
A Course of afferent fibers
Location of motor neuron pools
In
Dorsal
Intermediate zone
Dorsal root
ganglion
Dorsal horn
Ventral horn
Dorsolateral
cell group
Ventral root
Out
Ventromedial cell group
Motor neuron pool
to axial muscle
Motor neuron pool
to limb muscle
Ventral

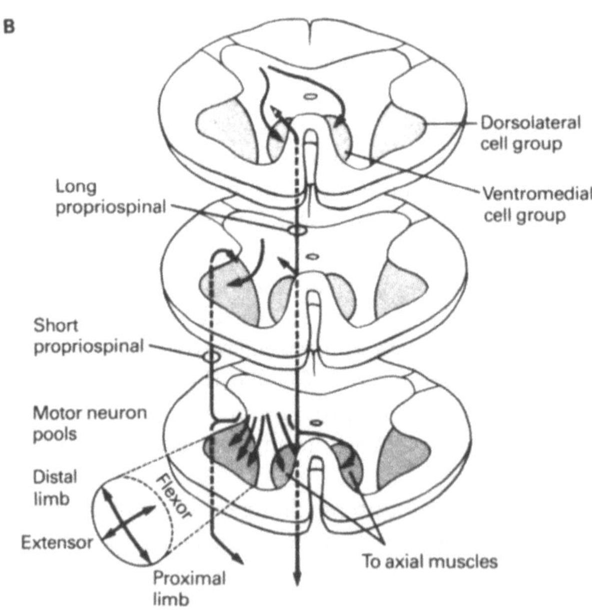
B
Dorsolateral
cell group
Long
propriospinal
Ventromedial
cell group
Short
propriospinal
Motor neuron
pools
Distal
limb
Flexor
Extensor
Proximal
limb
To axial muscles

Gehirn unterbrochen worden war. Dabei entdeckten sie, daß die Schreitbewegungen der Katze durch elektrische Reizung des Mittelhirns hervorgerufen werden konnten. Grillner [286] fand heraus, daß es auch auf pharmakologischem Wege, nämlich durch Perfusion des Stranges mit L–Dopa (einem Vorläufer des Dopamins), möglich war, eine rhythmische Ausgabe der Motoneuronen zu provozieren. Die Fortbewegung war also auch ohne afferente Eingabe induzierbar.[11] Diese beiden Ergebnisse bestätigten die Vermutung von Brown, daß zur Aufrechterhaltung der Fortbewegungsfähigkeit keine sensorischen Eingaben nötig sind. Das heißt also, daß rhythmisches Verhalten wie z.B. die Fortbewegung vielleicht durch die Eingabe *initiert* wird, aber dann auch ohne ständige afferente Kontrolle fortgeführt werden kann. Im Gegensatz dazu gibt es auch andere Reflexe (wie z.B. den VOR), die im wesentlichen von der Eingabe abhängig sind. Je weiter die Forschung jedoch voranschritt, desto deutlicher wurde, daß die afferente Eingabe für das rhythmische Verhalten bei der Fortbewegung keineswegs bedeutungslos ist [55, 562].

Bei näherer Untersuchung stellte sich nämlich heraus, daß die Aktivität der Motoneuronen in den spinalisierten Tieren zwar irgendwie schon Ähnlichkeit mit der Neuronenaktivität bei der Fortbewegung intakter Tiere hatte, aber dennoch deutliche Unterschiede zu dieser aufwies, insofern, als viele Feinheiten bei der zeitlichen Abstimmung und die Fähigkeit zur Intensitätsänderung fehlten. Außerdem kann das rhythmische Schreitmuster durch periphere Eingaben modifiziert werden, was zu einer Änderung der Fortbewegungsart führt: kantern (kurzer Galopp), galoppieren, schwimmen, scharren. Es wurde also immer offensichtlicher, daß die peripheren Eingaben für die echte Fortbewegung intakter Tiere von entscheidender Bedeutung sind, auch wenn dies nicht für die neuronalen Entladungen während der fiktiven Fortbewegung bei deafferentierten Tieren gilt [56, 563]. In Anbetracht all dieser Ergebnisse scheint der Begriff eines zentralen Mustergenerators, den man sich als einen weitgehend abgekapselten, motorischen *Modul* vorstellt (siehe Kapitel 5), der auf verschiedene Weisen mit anderen ZMG–Modulen in Verbindung steht und so die unterschiedlichen Verhaltensweisen erzeugt, nicht mehr ganz so treffend zu sein, wie es vorher den Anschein hatte [462, 562]. Viele Wissenschaftler verwenden deshalb lieber den Ausdruck "zentraler *Rhythmusgenerator*" (ZRG), denn dieser Begriff weist darauf hin, daß ein Rückenmarksschaltkreis *notwendig*, aber allein nicht *ausreichend* ist. Damit ist dieser Ausdruck bes-

---

[11] Jankowska et.al. [190, 191] hatte gezeigt, daß L–Dopa, das man spinalisierten Katzen intravenös injizierte, bei Stimulation der Muskeln eine starke Wirkung hatte. Das deutete darauf hin, daß L–Dopa bei der Steuerung der Neuronen im Rückenmark eine Rolle spielt.

Abbildung 6.35   Das Rückenmark enthält intra- und intersegmentäre Verbindungen. (A) Die Ein–Ausgabe–Organisation der Spinalsegmente und die Verbindungen zwischen den Segmenten. (B) Richtung der Impulsleitung in den Interneuronen und den propriospinalen Neuronen [265]

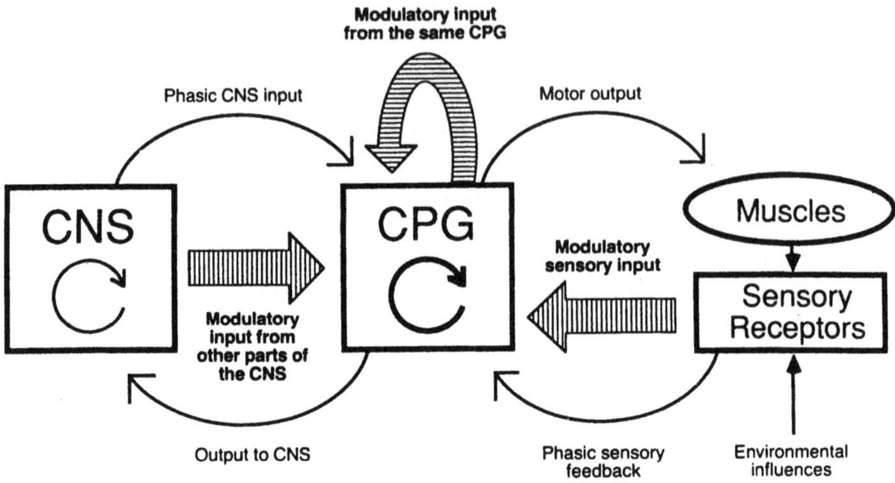

Abbildung 6.36 Die modulatorischen Eingaben für einen zentralen Mustergenerator (hier CPG abgekürzt, nach *central pattern generator*) können aus allen für die motorische Kontrolle zuständigen Ebenen kommen. Die anderen Teile des ZNS (hier CNS, nach *central nervous system*) stellen sowohl die herkömmlichen phasischen Eingaben als auch langsame modulatorische Eingaben (links). Zu diesen Eingaben zählen absteigende aktivierende Elemente, Hormoneinflüsse und Eingaben von anderen zentralen Mustergeneratoren. Der ZMG kann Neuronen enthalten, die auf andere ZMG–Komponenten modulatorisch wirken (Mitte). Die sensorischen Eingaben liefern nicht nur die herkömmliche Rückkopplung, die von Zyklus zu Zyklus ihre Wirkung entfaltet, sondern bewirken auch eine langsame Modifikation der ZMG–Funktion, die sich über viele Zyklen erstreckt (rechts) [391].

ser geeignet, die Realität des rhythmischen Verhaltens in unversehrten Tieren zu beschreiben [32] (Abbildung 6.38).

Der Halbzentrumsschaltkreis nach Brown und Lundberg scheint zu stimmen — zumindest in einer ersten Annäherung und für die untersuchten Fälle. Dazu gehören die Kaulquappe, das Neunauge (ein primitives, im Wasser lebendes Wirbeltier) und wahrscheinlich auch die Katze. Gewiß, dieser Schaltkreis stellt eine Idealisierung dar, und zwar insofern, als der Segmentschaltkreis unter normalen Bedingungen seine Eingaben vom Hirnstamm und über die sensorischen Neuronen in Muskeln, Sehnen und Haut erhält. In der Hypothese dagegen wird die Bedeutung dieser Afferenzen nicht spezifiziert. Obwohl das Rückenmark vielleicht etwas leichter zugänglich ist als das Gehirn, so darf nicht vergessen werden, daß es trotzdem außerordentlich komplex ist. Das Rückenmark ist nicht bloß ein Kanal, der Signale von und zu höheren Zentren leitet, sondern stellt vielmehr selbst so eine Art Gehirn dar. Grob gesprochen ist auch das Rückenmark an Repräsentationen und Berechnungen beteiligt. Wegen der Komplexität des Rückenmarks ist die

Identifizierung der nach der Halbzentrumshypothese postulierten Interneuronen vor allem bei Säugetieren verzwickt und schwierig.

Die Pharmakologie des Rückenmarks von Säugetieren hat sich als komplex und interessant erwiesen. So können die Gehbewegungen in einer spinalisierten Katze nicht nur durch Perfusion mit L–Dopa, sondern auch durch Acetylcholin-Agonisten hervorgerufen werden. Perfusion mit NMDA löst beim Neunauge und bei der neugeborenen Ratte, nach heutigem Wissensstand aber nicht bei der ausgewachsenen Katze, rhythmische Schwimmbewegungen aus [112]. Gelangt Serotonin in das Rückenmark des Neunauges, so verändert sich das Impulsmuster der motorischen Neuronen; bei Katzen induziert es zuerst eine Depolarisation, auf die dann eine langanhaltende Hyperpolarisation folgt [785]. Der kanonische Halbzentrumsoszillator von Brown und Lundberg überdauert selbst solch komplizierte und rätselhafte Details. Er gilt als idealisierter Näherungsschaltkreis für gekoppelte Oszillatoren, die im Mittelpunkt der meisten das Rückenmark betreffenden Forschungsarbeiten stehen.

An früherer Stelle haben wir die Bedeutung der zelleigenen Eigenschaften bei der Bewältigung des Zeitproblems betont. In diesem Zusammenhang stellen sich nun die grundlegenden Fragen, inwieweit rhythmisches Verhalten einfach durch die Konnektivität zwischen den künstlichen Einheiten, die mit einem relativ groben Antwortrepertoire ausgestattet sind, erklärt werden kann und was bei komplizierteren biophysikalischen Eigenschaften, wie z.B. den Kanalöffnungszeiten für NMDA, dem Grundrhythmus hinzugefügt werden muß. Strategisch gesehen wird es sinnvoll sein, wenn man zuerst die Konnektivität modelliert, abwartet, wie weit man damit kommt, und dann die biophysikalischen Einzelheiten in den darauffolgenden Modellen hinzufügt. In den folgenden Ausführungen werden wir anfangs ein neueres Modell in der kanonischen Form diskutieren. Es hat sowohl excitatorische als auch inhibitorische Verbindungen und verfügt über Einheiten, auf deren Aktivierungsebene eine sigmoide Funktion angewendet wird. Die biophysikalischen Daten, die die Grundlage der physiologischen Eigenschaften bilden, werden jedoch weggelassen. In das zweite Modell sind dann mehr Details eingebaut, und pro Neuron werden ungefähr 30 Parameter berücksichtigt.

6.5 Der segmentäre Schwimmoszillator

Wenn das Neunauge vorwärts bzw. rückwärts schwimmt, wandert eine wellenförmige Muskelbewegung den Körper entlang (Abbildung 6.39). Das Neunauge ist ein sehr beliebtes Studienobjekt, da man sein Rückenmark herauspräparieren und in einer Nährlösung am Leben erhalten kann. So ist es möglich, Verhalten und Mechanismen des Rückmarks auf einfache und bequeme Weise zu untersuchen. Die Neuronen des Rückmarks können erregt werden, indem man der Nährlösung

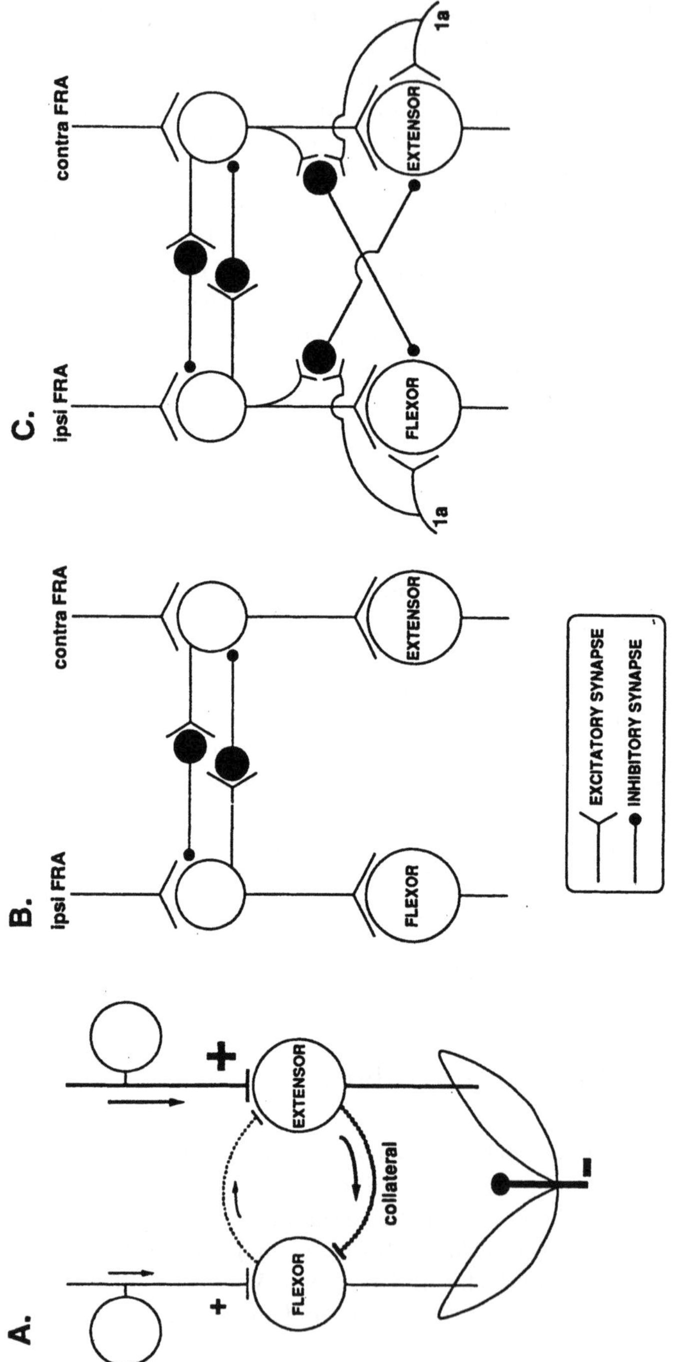
C.
ipsi FRA
contra FRA
EXTENSOR
FLEXOR
1a
1a
B.
ipsi FRA
contra FRA
EXTENSOR
FLEXOR
EXCITATORY SYNAPSE
INHIBITORY SYNAPSE
A.
EXTENSOR
FLEXOR
collateral
+
+
−

Glutamat zusetzt.[12] Durch diesen pharmakologischen Eingriff kann die physiologische Erregung des Hirnstamms, anderer spinaler Neuronen und sensorischer Streckrezeptoren in etwa nachgeahmt werden.

James Buchanan und seine Kollegen [287, 90] konstruierten ein künstliches Netz des Halbzentrumsschaltkreises, das — gemäß den Beobachtungen aus intrazellulären Aufzeichnungen — über excitatorische und inhibitorische Synapsen verfügte (Abbildung 6.40). Das Modell besteht aus drei verschiedenartigen Einheiten, die die drei Neuronenklassen repräsentieren, welche phasengleich mit der Fortbewegung schwingen. Jede Modelleinheit verkörpert einen Pool von Neuronen, und das gesamte Netz setzt sich aus nur sechs Einheiten zusammen. Die Aktivierungsebenen der Einheiten repräsentieren die durchschnittliche Impulsrate der Neuronen im Pool. Die Konnektivität entspricht der elementaren Konnektivität zwischen den drei Neuronenklassen, wie man sie beim Neunauge im Halbzentrumsschaltkreis des Rückenmarks vorfindet (Abbildung 6.37). Zu Beginn der Simulation tut sich im Modell gar nichts; wird es jedoch nach und nach durch tonische Eingaben erregt, beginnt das Modell spontan eine rhythmische Ausgabe zu generieren (Abbildung 6.41).

Obwohl dieses Netz nur ein Minimum an Parametern berücksichtigt, fällt es leicht in den Schwingmodus. Das ist an sich nicht besonders bemerkenswert, da es tatsächlich recht einfach ist, aus neuronalen Schaltkreisen Schwingungen zu erhalten. Eine weit zwingendere Bedingung ist, daß die Phasenbeziehungen der Modelleinheiten mit den Daten der drei simulierten Neuronenklassen übereinstimmen (Abbildung 6.42). Diesen Test besteht das Netz in hinreichendem Maße.

---

[12] Genauer gesagt verwendet man eine künstliche Form des Glutamats, das D–Glutamat, welches in biologischen Systemen unter natürlichen Bedingungen nicht vorkommt. Exogenes Glutamat (L–Glutamat) wird nämlich üblicherweise vom Transportsystem schnell aufgenommen, und kann somit nichts zur Aufrechterhaltung der Aktivität beitragen.

Abbildung 6.37   (A) Originaldiagramm des Halbzentrumsschaltkreises von Brown [84]. Es zeigt die Art und Weise, wie die zentrale Verschaltung für rhythmisch alternierendes Verhalten verantwortlich sein könnte. Brown nahm an, daß die rekurrenten Kollateralen der motorischen Axone inhibitorisch sind und daß die Halbzentren aus motorischen Neuronen bestehen. (B) Zeichnung nach Lundberg et al. [190], die zeigt, daß sich die Halbzentren tatsächlich zwischen den Motoneuronen befinden. Die Zeichnung beruht auf Aufzeichnung an motorischen Neuronen, die darauf hinwiesen, daß es zwischen den excitatorischen Bahnen zu den Motoneuronen des Flexors und des Extensors Verbindungen gibt, die sich gegenseitig stark hemmen. (C) Eine komplexere Version der unter B dargestellten Lundbergschen Hypothese. Hinzu kamen die 1a–Afferenzen von den Streckrezeptoren in den Muskeln, die sowohl mit den Motoneuronen als auch mit den überkreuzt inhibitorisch wirkenden Interneuronen durch Synapsen verbunden sind. Dieser vollständigere Schaltkreis liefert eine Erklärung dafür, wie die rhythmische Schreitbewegung grundsätzlich erzeugt werden könnte. ipsi FRA, ispilaterale Flexorreflexafferenz; contra FRA, contralaterale Flexorreflexafferenz [462].

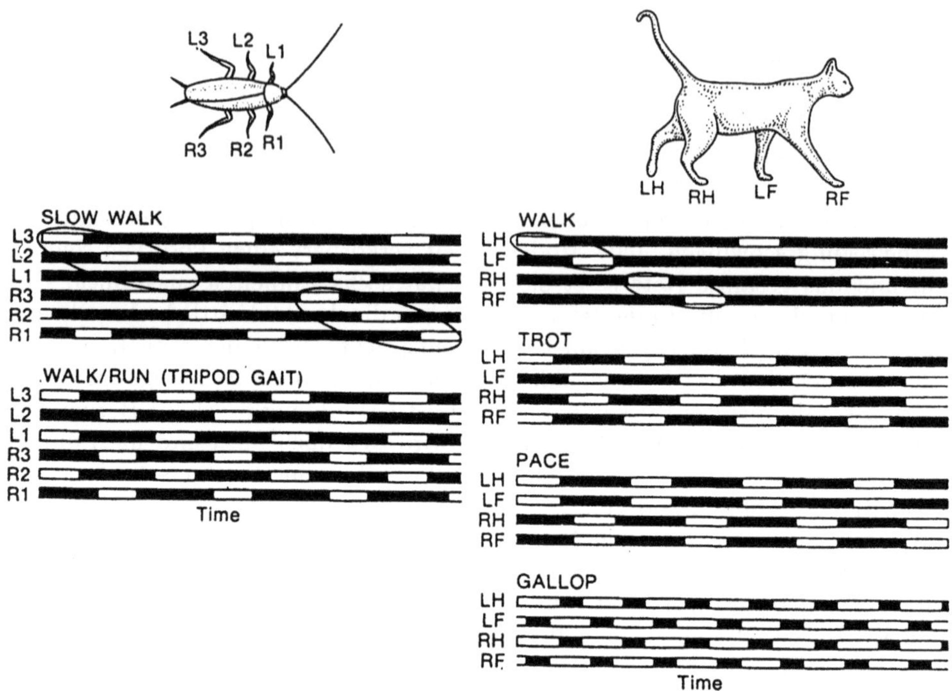

Abbildung 6.38   Schreitbewegungen der Küchenschabe und der Katze in verschiedenen Gangarten. Helle Balken, angehobener Fuß; dunkle Balken, Fuß ist am Boden [667, 561].

Als nächstes wird getestet, ob das Netz die Adaptationen des rhythmischen Musters, die im Rückenmark des Neunauges beobachtet werden, nachahmen kann. Um dies herauszufinden, werden die künstlichen Bedingungen so variiert, daß sie die wechselnden Bedingungen im Rückenmark simulieren.

Als erstes kann das Ausmaß an tonischer Erregung verändert werden. Dies kann dadurch geschehen, daß man zu dem Lösungsbad, in dem sich das isolierte Rückenmark befindet, Glutamat hinzufügt. Die Folge davon ist, daß die Neuronen mit Glutamat–Rezeptoren depolarisieren. Im Modell wird dies durch Erhöhung der excitatorischen Wirkung auf das Netz erreicht. Das Modell verhält sich im großen und ganzen wie das isolierte Rückenmark, d.h. die excitatorische Wirkung führt zu Schwingungen mit erhöhter Frequenz und erhöhter Amplitude. Die unilaterale Erregung eines gekreuzten Kommissurenneurons (CC) — womit die ipsilaterale Stimulation des Hirnstamms simuliert werden soll — hatte beim Modell entsprechende Auswirkungen, nämlich eine Verlangsamung der Zyklusgeschwindigkeit, eine gesteigerte Aktivität in den Einheiten auf der gleichen Seite und eine entsprechend verstärkte Hemmung der contralateralen Einheiten.

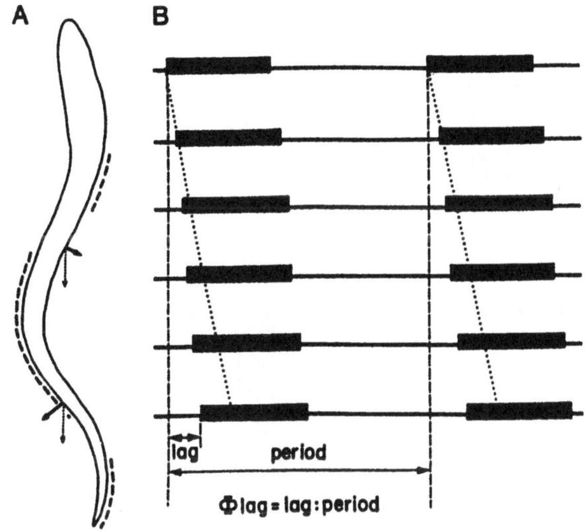

Abbildung 6.39   Charakteristische Merkmale des tatsächlichen Schwimmverhaltens beim Neunauge. (A) Körperumriß während einer bestimmten Phase beim Schwimmen. Die gestrichelten Linien kennzeichnen Stellen, an denen die Muskeln aktiv kontrahiert werden, und die Pfeile geben gegen den Wasserdruck wirkende Kräfte an, wobei der in Schwanzrichtung zeigende Vektor (gepunktet dargestellt) das Tier vorwärtstreibt. (B) Schematisches Diagramm, das die in den sechs Segmenten am rostralen Ende des Körpers mit Hilfe eines Elektromyogramms aufgezeichnete Aktivität angibt. Eine elektromyographische Kontraktionswelle breitet sich in Richtung des Schwanzes aus, und zwischen den aufeinanderfolgenden Segmenten kommt es zu einer Phasenverschiebung [289]. (Nachgedruck mit Erlaubnis aus *Annual Review of Neuroscience*, Vol. 10, ©1991 by Annual Reviews, Inc.)

Als eine der wichtigsten baulichen Merkmale im Rückenmark des Neunauges kann folgende Eigenschaft genannt werden: Die Ausgabe eines Segments erfolgt relativ zu dem vorausgehenden Segment mit einer konstanten Phasenverzögerung (Abbildung 6.41). Die Phasenverzögerung zwischen der segmentären Aktivität beträgt ungefähr 1% der Zykluszeit und wird ohne Rücksicht auf die Schwimmfrequenz aufrechterhalten. Diese Eigenschaft ist ganz entscheidend, denn ohne eine konstante Phasenverzögerung kann es keine zusammenhängende Muskelbewegung geben; d.h., durch Muskelkontraktionen kann sonst keine koordinierte wellenartige Bewegung und damit auch keine Schwimmbewegung erzeugt werden. Das Ergebnis wäre vielmehr ein unkoordiniertes Durcheinander. Ganz grob kann man sich dies folgendermaßen vorstellen: Eine Tanzgruppe hat sich in einer Reihe aufgestellt, und jede Cancan–Tänzerin hebt ihr Bein zu einem bestimmten Zeitpunkt, so daß es den Anschein hat, als würde eine wellenförmige Bewegung die Reihe entlang laufen. Wenn die Musik schneller wird, muß jede Tänzerin die Fre-

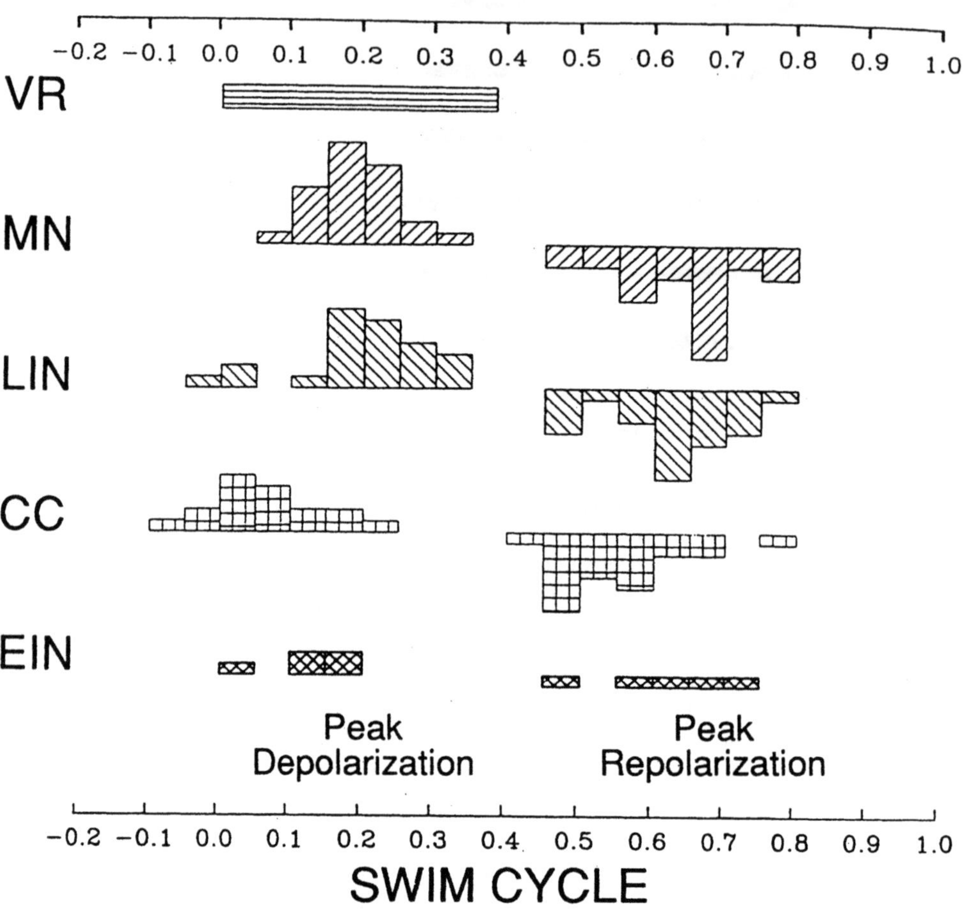

Abbildung 6.40   (A) Hauptschaltkreis des Rückenmarkoszillators, der Ähnlichkeit mit dem Lundberg–Modell hat. LIN, inhibitorisches laterales Interneuron; EIN, excitatorisches Interneuron; CC, inhibitorisches Kommissureninterneuron; MN, motorisches Neuron. (B) Die auf intrazellulären Aufzeichnungen basierenden Zeithistogramme zeigen die alternierenden Muster zwischen den beiden Seiten des Rückenmarks und die spezifischen Zeiten, an denen die verschiedenen Zelltypen mit der Reaktion beginnen bzw. an denen die jeweiligen Spitzenpotentiale erreicht werden. Bemerkenswert ist, daß die CC–Interneuronen ihr Spitzenpotential schneller als die anderen Zelltypen erreichen. VR, Ventralwurzel. (Nach James Buchanan.)

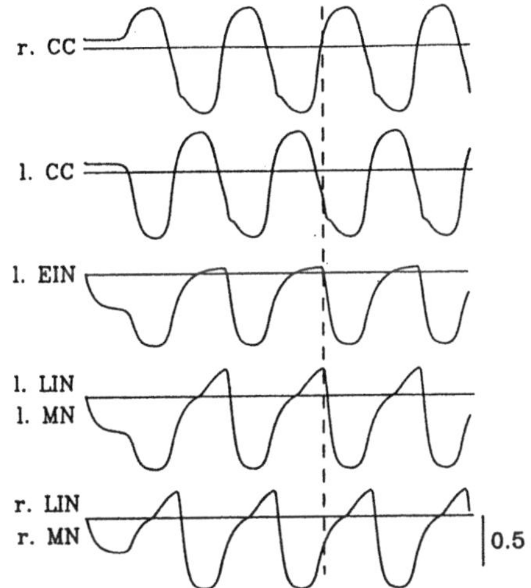

Abbildung 6.41   Aktivitätsmuster der verschiedenen Zelltypen beim Buchanan–Modell. Die Oszillationen in den Zellen beginnen nach einer kurzen Verzögerungsphase und dauern dann für Tausende von Zyklen unverändert an. Wie beim Neunauge ist auch in diesem Netz die Zellaktivität auf beiden Seiten (links und rechts) alternierend. Eine weitere Ähnlichkeit zum Neunauge besteht darin, daß auch hier die Phase der CC–Interneuronen gegenüber den anderen Zelltypen um ungefähr 20% nach vorne verschoben ist. Die lateralen inhibitorischen Interneuronen und die motorischen Neuronen haben im Modell die gleichen Eingaben und werden deshalb gemeinsam abgebildet. Aus Gründen der Übersichtlichkeit wurden die rekurrenten excitatorischen Interneuronen weggelassen. Die Abkürzungen werden in Abbildung 6.40 erklärt. (Nach James Buchanan.)

quenz, mit der sie ihr Bein hebt, dem neuen Rhythmus anpassen, damit die Welle noch als zusammenhängende Bewegung erscheint. Dies ist jedoch dann nicht der Fall, wenn sich die Tänzerin in der Mitte nicht an den Takt hält und ihr Bein relativ zu ihrer Nachbarin mit einer absoluten zeitlichen Verzögerung von jeweils 2 Sekunden hebt. Wirft die mittlere Tänzerin jedoch ihr Bein immer dann in die Höhe, wenn ihre Nachbarin — sagen wir — $\frac{1}{8}$ von *ihrem* Bewegungszyklus beendet hat, dann bleibt die Wellenbewegung bei jeder Geschwindigkeit erhalten. Die konstante Phasenverzögerung zwischen den Segmenten sorgt dafür, daß eine koordinierte Wellenbewegung aus Muskelkontraktionen das Rückenmark entlang wandert. Bemerkenswert ist auch, daß die Phasenverzögerung nicht den Wert Null annehmen sollte. In diesem Fall gäbe es nämlich keine Wellenbewegung entlang des Rückenmarks, sondern das gesamte Rückenmark würde sich gleichzeitig bewegen und abwechselnd ein großes C bzw. dessen Spiegelbild bilden. Diese Art der Schwimmbewegung könnte höchstens im Falle eines winzigen Wurmes akzeptabel sein, denn mit der Körpergröße steigt auch die Menge an Wasser, die verdrängt werden muß, damit sich der gesamte Körper hin und her bewegen kann. So ist

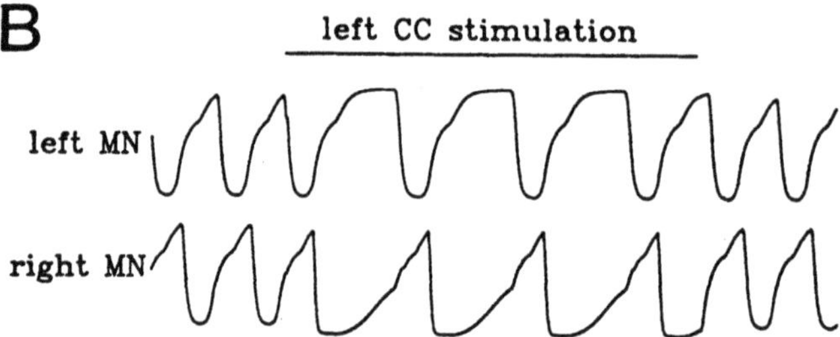

Abbildung 6.42   Am Buchanan–Modell durchgeführte Tests. (A) Werden die excitatorischen Eingaben für alle Zellen des Buchanan–Modells dadurch erhöht, daß der Skalierungsvektor, *Estr*, von 1 auf 2 ansteigt, dann führt das zu Schwingungen mit erhöhter Frequenz und Amplitude. Dies ist vergleichbar mit den Auswirkungen, die eine Konzentrationserhöhung der excitatorischen Aminosäurelösung auf das isolierte Rückenmark des Neunauges hat. (B) Die Auswirkung der Stimulation einer einzigen reticulospinalen Zelle des Neunauges, von der man weiß, daß sie die CC–Interneuronen erregt, kann simuliert werden, indem man die excitatorische Wirkung auf eine einzige Zelle, nämlich auf das linke CC–Interneuron, erhöht. Die Zyklusfrequenz nimmt ab, die ispilaterale Aktivität der Nervenimpulsausbrüche steigt und die contralaterale Aktivität der Nervenimpulsausbrüche wird vermindert. (Nach James Buchanan.)

es also für das Neunauge wesentlich effizienter, das Schwimmen in Form einer Wellenbewegung durchzuführen. Dann jedoch muß gewährleistet werden, daß es zwischen der Aktivität in den einzelnen Segmenten eine konstante Phasenverzögerung gibt.

Ergibt sich die konstante Phasenverzögerung einfach aus den zeitlichen Verzögerungen, die z.B. aufgrund der Geschwindigkeit, mit der die Impulse übertragen werden, oder aufgrund von Verzögerungen an den Synapsen entstehen? Die Antwort lautet nein, denn was konstant bleibt, ist der *Prozentsatz* der Zykluszeit und nicht die absolute Zeitdauer der Verzögerung. In anderen Worten: Die intersegmentäre Verzögerung steigt mit der Zykluszeit und muß also eine Folge von Interaktionen des Netzes sein. Auch dies kann beim Buchanan–Modell beobachtet werden. Wie der Mechanismus genau aussieht, mit dessen Hilfe die konstante Phasenverzögerung im Rückenmark des Neunauges aufrechterhalten wird, ist nicht bekannt, aber man könnte eine Vorstellung davon bekommen, wenn man wüßte, wie die konstante Phasenverzögerung im Modell bewahrt wird.

Um die verschiedenen Möglichkeiten zu untersuchen, versuchte Buchanan, Zellpaare eines Segments mit Zellpaaren eines anderen Segments zu verbinden. Wenngleich viele der möglichen Kombinationen über einen weiten Bereich von synaptischen Gewichten zu stabilen Kopplungen führten — z.B. wenn die excitatorischen Interneuronen (EIN) eines Segments mit den lateralen Interneuronen (LIN) eines anderen Segments verbunden wurden — waren andere Kopplungen instabil (Abbildung 6.43). Die Kopplung einzelner Zellpaare war in mehrerlei Hinsicht unzureichend: (1) Die Phasenkonstanz über mehrere Zyklusfrequenzen war nicht gegeben, (2) die Kopplung konnte Frequenzunterschiede zwischen den zwei Oszillatoren nicht tolerieren und (3) es waren mehrere Zyklen erforderlich, bis die Kopplung einen stabilen Zustand erreicht hatte. Das Neunauge muß aber ganz offensichtlich dazu in der Lage sein, die geeigneten Phasenbeziehungen innerhalb von einem einzigen Zyklus herzustellen, und außerdem sollte es ihm möglich sein, mit Frequenzunterschieden innerhalb der segmentären Oszillatoren fertig zu werden.

Als nächstes versuchte Buchanan, zwischen zwei Segmenten zwei oder mehrere Zellmengen durch intersegmentäre Kopplungen zu verbinden. Das in Abbildung 6.44 dargestellte Beispiel zeigt, daß die Kopplung durch Mehrfachverbindungen in allen drei Punkten verbessert wird. Deshalb vermutet man, daß an einer intersegmentären Kopplung mindestens zwei Zellpaare beteiligt sind und daß diese Zellen möglicherweise Teil des Oszillators selbst sind. Folglich dient das Modell dazu, die Anzahl der möglichen Konfigurationen zu verringern und Anregungen für Experimente zu liefern.

Mit Hilfe des Modells konnte Buchanan viele Kopplungskonfigurationen ausprobieren, und tatsächlich fand er dann auch ein paar Konfigurationen, die erfolgreich waren. Die spezifischen Vorhersagen, die man aufgrund solch funktionierender Konfigurationen machen kann, werden dann am wirklichen System überprüft. So ist beispielsweise zu erwarten, daß sowohl Zyklusdauer als auch Amplitude der Membranpotentialschwingungen ansteigen, wenn die Menge der excitatorischen Aminosäuren zunimmt. Außerdem sollte eine wiederholte Stimulation der LIN–Zellen zu einer Beschleunigung des Netzes führen, wohingegen eine wiederholte Stimulation der CC–Interneuronen das Netz verlangsamen sollte. Neben diesen spezifischen Vorhersagen können im Zusammenhang mit den Experimenten auch ein paar allgemeinere Beobachtungen gemacht werden: (1) Die intersegmentäre Kopplung einer bestimmten Zellklasse kann Ähnlichkeiten in den synaptischen Stärken aufweisen. Folglich müssen die Kopplungsstärken zwischen den Oszillatoren entlang des Rückenmarks keinen Gradienten aufweisen, um geeignete Phasenbeziehungen zu erhalten. (2) Die Propagierung der Schwimmaktivität vom Kopf in Richtung Schwanz kann sowohl über aufsteigende als auch über absteigende Verbindungen erreicht werden. (3) Ein Umschalten zwischen Vorwärts- und Rückwärtsschwimmen kann dadurch geschehen, daß entweder die Erregbarkeit

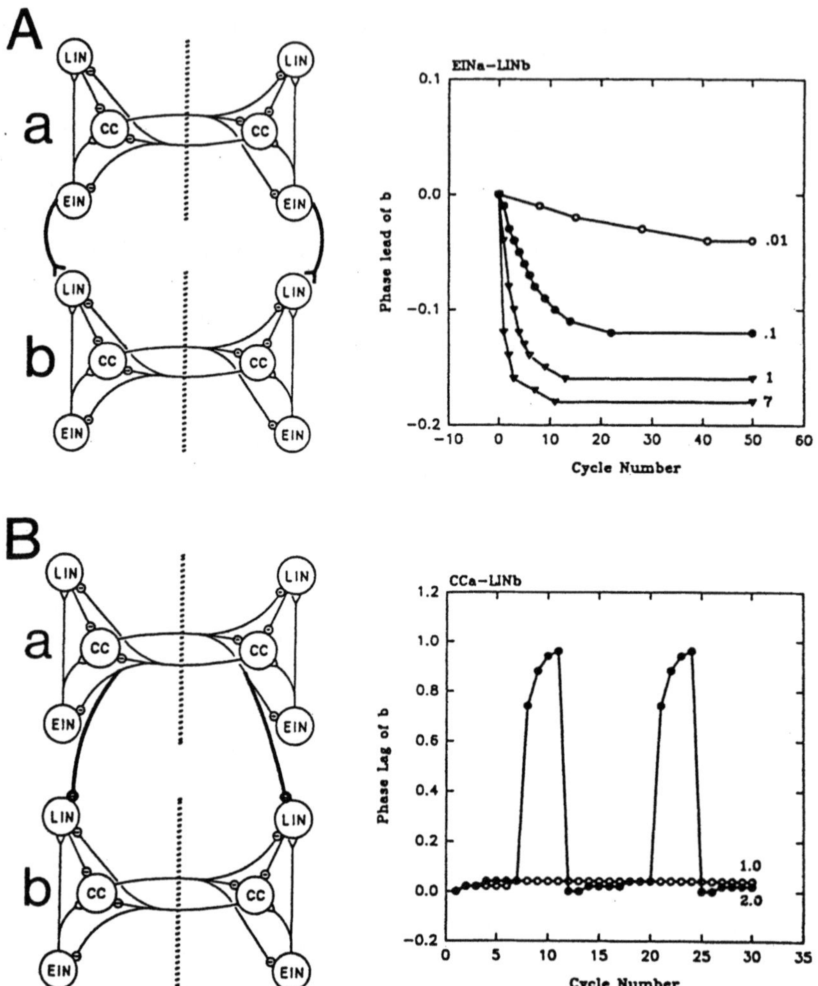

Abbildung 6.43   An zwei Beispielen wird gezeigt, was passiert, wenn in dem Modell des Neunauges identische segmentäre Oszillatoren durch eine einzige Verbindung gekoppelt werden. (A) Die excitatorischen Interneuronen (EIN) des Netzes im oberen Segment, *a*, sind mit den lateralen Interneuronen (LIN) des Netzes im unteren Segment, *b*, verbunden. Diese Kopplung führt zu einem stabilen Phasenvorsprung des Netzes *b*. Wie der Graph rechts daneben zeigt, sind die Geschwindigkeit, mit der dieser stabile Zustand erreicht wird, und das Ausmaß der stabilen Phasendifferenz von der Stärke der Kopplungsverbindung abhängig. (B) Bei dieser intersegmentären Verbindung ist die Kopplung nur über einen kleinen Bereich an synaptischen Gewichten stabil. Die CC–Interneuronen von *a* werden mit LIN von *b* verbunden. Sind die synaptischen Gewichte niedrig, wird eine leichte Phasenverzögerung von *b* aufrechterhalten, aber bei höheren synaptischen Gewichten kommt es zu einer konstanten Abweichung der beiden Netze (siehe Graph rechts daneben). (Nach James Buchanan.)

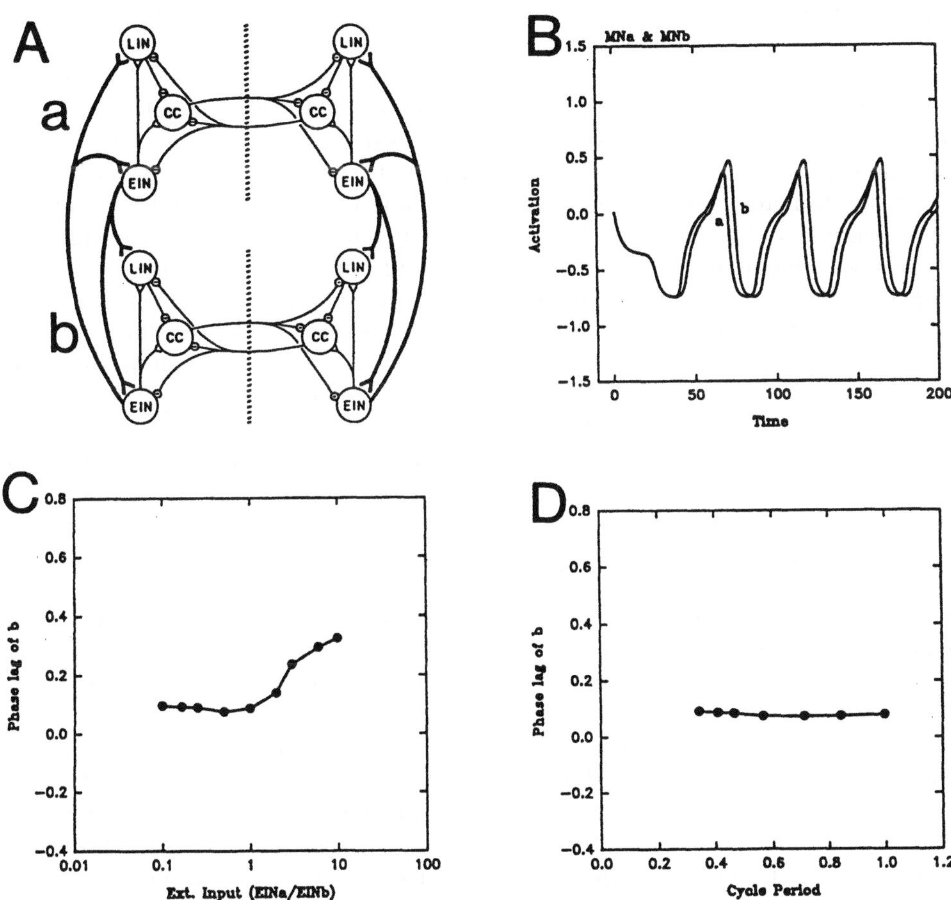

Abbildung 6.44   Beispiel für mehrfache Zellpaarverbindungen zwischen zwei identischen segmentären Oszillatoren im Modell des Neunauges. (A) In dieser schematischen Darstellung werden die excitatorischen Interneuronen (EIN) der beiden Netze symmetrisch gekoppelt. Zusätzlich gibt es eine Verbindung zwischen den excitatorischen Interneuronen (EIN) und den lateralen Interneuronen (LIN), wobei die synaptischen Gewichte von Oszillator *b* zu Oszillator *a* im Verhältnis 10:1 stehen. (B) Der Graph zeigt, daß das Schema den Vorteil hat, eine stabile Phasenkopplung innerhalb von nur einem Zyklus herstellen zu können. (C) Ein Modell, das über solche intersegmentären Verbindungen verfügt, ist auch dann dazu in der Lage, eine stabile Kopplung aufrechtzuerhalten, wenn die excitatorischen Eingaben der beiden Oszillatoren sehr unterschiedlich sind. (D) Eine konstante Phasenverzögerung wird über mehrere Schwingungszyklen beibehalten. (Nach James Buchanan.)

oder die Kopplungsstärken von spezifischen Zellklassen verändert werden. Derartige Veränderungen in anderen Zellklassen werden sich dagegen nicht auswirken.

Es ist bekannt, daß lokale Oszillatoren verteilt entlang des Rückenmarks liegen, denn ein rhythmisches Impulsmuster kann schon mit Hilfe von nur zwei Segmenten erzeugt werden, wobei ausschlaggebend ist, daß diese beiden beliebigen Segmente nebeneinander liegen. Bei diesen Oszillatoren handelt es sich um nichtlineare "Grenzzyklus"-Oszillatoren, und zwar insofern, als es ein Grundlinienmuster gibt, zu dem die Oszillatoren nach Perturbationen, wie z.B. nach einer afferenten Eingabe, zurückkehren. Wie Abbildung 6.35 zeigt, kann der Oszillator eines Segments über intersegmentäre Verbindungen mit Oszillatoren in anderen Segmenten gekoppelt werden. Gekoppelte Oszillatoren können dann sehr interessante und sehr komplexe Eigenschaften entwickeln, denn die Schwingung einer Komponente O_1 hängt nach der Kopplung mit einem anderen Oszillator O_2 *sowohl* von der Eigenschwingung der Komponente O_1 *als auch* davon ab, wie sich der Rhythmus von O_2 auf O_1 auswirkt. Dabei wird der Rhythmus von O_2 umgekehrt auch von O_1 beeinflußt. Will man also verstehen, auf welche Weise es das Rückenmark dem Neunauge ermöglicht, mit Hilfe einer fortschreitenden Welle zu schwimmen und das auch noch mit verschiedenen Geschwindigkeiten, könnte es hilfreich sein zu wissen, wie die entstehende Schwingung eines gekoppelten Oszillators mathematisch von den Eigenschwingungen der Komponenten und den Kopplungseffekten abhängt.

In der mathematischen Analyse [415, 675] wird das Rückenmark des Neunauges als Aneinanderreihung von Oszillatoren betrachtet, wobei die mechanischen Besonderheiten der Schwingungseigenschaften und die Grundlinienfrequenz der einzelnen Oszillatoren abstrahiert dargestellt werden (Abbildung 6.45). Entscheidend ist nur, daß es sich um einen nichtlinearen Oszillator handelt, der eine Eigenfrequenz aufweist. Deshalb ist es für diese Analyse auch unbedeutend, ob es sich bei dem Oszillator um eine einzige Zelle, um einen Schaltkreis oder um irgendetwas ganz anderes handelt. Im vorliegenden Fall geht es hauptsächlich um die Frage, wie durch die Kopplung eine gegenseitige Änderung der Impulsfrequenzen in den Segmenten ermöglicht wird, denn es ist z.B. bekannt, daß beim Neunauge sensorische Eingaben den Schwimmrhythmus erhöhen können.

Die Analyse von Kopell und Ermentrout geht von der mathematischen Grundannahme aus, daß sich die benachbarten Oszillatoren gegenseitig additiv beeinflussen. Bei verhältnismäßig schwachen Kopplungen und bei einer, verglichen zum Beitrag der Eigenfrequenzen, geringfügigen Erhöhung bzw Verlangsamung, ist diese Annahme für den Anfang akzeptabel. Sie stellt eine erste Annäherung dar, deren Gültigkeit dann durch Messungen an wirklichen gekoppelten Oszillatoren, z.B. denjenigen im Rückenmark des Neunauges, überprüft werden kann. Es gibt biologisch plausible Gründe für die Annahme, daß alle Oszillatoren in einem gegebenen Rückenmark über die gleiche Eigenfrequenz verfügen. Die Frequenzänderung eines bestimmten Oszillators kann durch Einflüsse (H_D), die ausgehend von dem vorausgehenden Oszillator nach unten weitergegeben werden, oder aber ausgehend vom darunterliegenden Nachbarn durch nach oben gerichtete Effekte (H_A) herbeigeführt werden. Wie sich die Frequenz eines gegebenen Oszillators durch die gegenseitigen Wechselwirkungen mit den Nachbarn ändert, wird von den Phasenunterschieden zwischen den benachbarten Segmenten abhängen, wobei Φ_k die Phasenverzögerung darstellt. Φ_k ergibt sich definitionsgemäß durch Subtraktion der Phase des Oszillators k von der Phase des sendenden Oszillators k + 1 (siehe [770]). Ist ω die *Eigenfrequenz* eines Oszillators und Ω die *daraus entstehende* Frequenz eines gegebenen Oszillators in der Kette, dann lauten die Gleichungen für eine Kette aus n Oszillatoren, die alle mit der gleichen Frequenz schwingen, folgendermaßen:

$$\Omega = \omega + H_A(\Phi_1)$$
$$\Omega = \omega + H_A(\Phi_k) + H_D(-\Phi_{k-1}) \quad 1 < k < n$$
$$\Omega = \omega + H_D(-\Phi_{n-1})$$

Die mathematische Auswertung verschafft dann Klarheit darüber, ob ein System, das durch diese Gleichungen beschrieben werden kann, eine Lösung hat, ob die Lösung auch trotz kleiner Perturbationen (kleine zufällige Veränderungen der Parameter im Modell) gleich bleibt und ob die Ergebnisse experimenteller Manipulationen am biologischen System mit Hilfe der Analyse vorausgesagt werden können.

Die mathematische Analyse liefert drei allgemeine Bedingungen, bei deren Einhaltung die Reihe der Gleichungen eine stabile Lösung hat und die einheitlichen Phasenverzögerungen zwischen den Segmenten nicht gleich Null sind: (1) Es gibt einen Bereich von intersegmentären Phasenverzögerungen, in dem H_A nur positiv ansteigend und H_D nur negativ abfallend ist. Innerhalb dieses Bereichs sind die Phasenverzögerungen so gewählt, daß Veränderungen von abwärts gerichteten Kopplungen von vorne in den Zyklus (wenn er sich in der Aufwärtsbewegung befindet) und daß Veränderungen von aufwärts gerichtenden Kopplungen von hinten in den Zyklus eingreifen werden. Dadurch wird verhindert, daß es durch zufällige Schwankungen in der Phasenverzögerung oder in der Eigenfrequenz zu Instabilität kommt. (2) Beide Funktionen können den Wert Null annehmen. Das bedeutet, daß die Kopplungen die Frequenz sowohl erhöhen als auch senken können. (3) Sowohl die ansteigende als auch die abfallende Kopplungsfunktion sind vermutlich asymmetrisch auf die linke bzw. die rechte Seite des Tieres verteilt, so daß eine der beiden Kopplungsfunktionen dominant ist. Die Abbildung 6.46 zeigt, daß es bei beiden Graphen eine Stelle gibt, an der die Veränderung der Phasenverzögerung trotz der Frequenzänderung des Oszillators gleich Null ist. Diese Stelle befindet sich am Schnittpunkt mit der Nullachse. Die Asymmetrie zwischen links und rechts bedeutet, daß H_D dort, wo H_A die Nullachse schneidet, und H_A an der Stelle, wo H_D den Wert Null annimmt, verschiedene Werte haben. Ohne diese Asymmetrie könnten die Phasenverzögerungen auf beiden Seiten einer "Phasengrenze" unterschiedlich sein, was zur Folge haben könnte, daß der Kopf und der Schwanz am Ende möglicherweise in verschiedene Richtungen schwimmen.

Was nützt uns diese Analyse? Abgesehen davon, daß sie uns ermöglicht, den allgemeinen Charakter der intersegmentären Kopplung zu erklären, liefert sie uns auch Einblicke in das rätselhafte Phänomen der konstanten Phasenverzögerung im Rückenmark. Das Wichtigste sind die Nullpunkte der beiden Funktionen. Da sich dieser Wert auch bei Änderung des Aktivierungsniveaus nicht verschiebt, ist die Phasenverzögerung von der Frequenz der Schwimmbewegung unabhängig. Anders ausgedrückt: Wenn wir wissen, wo die Nullpunkte liegen, dann kennen wir auch die Stellen, an denen die Frequenz geändert werden kann, ohne daß sich dadurch der Wert der Phasenverzögerung ändern würde. Es gibt immer zwei solcher Stellen — den Nullpunkt der ansteigenden Welle und den Nullpunkt der abfallenden Welle. Williams [675] hat gezeigt, daß genau dies im Buchanan-Modell der Fall ist. Da dem System daran gelegen ist, nur eine konstante Phasenverzögerung zu haben, wählt es den Nullpunkt einer Kopplungsfunktion aus, der dann dominant ist. Die experimentellen Ergebnisse weisen darauf hin, daß sich in der Evolution beim Neunauge die ansteigende Kopplung durchgesetzt hat.

Die Analyse von Kopell und seinen Mitarbeitern sagt voraus, daß mit zunehmender Kettenlänge auch der Frequenzbereich größer wird, in dem die Phasenverzögerung konstant bleibt. Diese Vorhersage wurde am Rückenmark des Neunauges getestet, indem man die Anzahl der gekoppelten Segmente variiert hat. Wie erwartet, war der Frequenzbereich größer, wenn das Rückenmark aus 50 und nicht aus 25 Segmenten bestand.

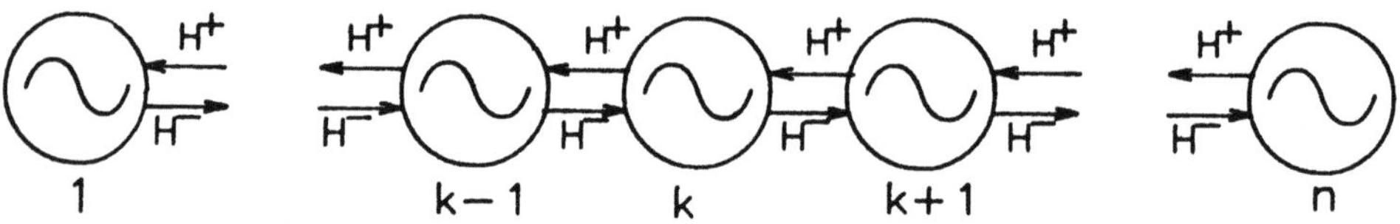

Abbildung 6.45   Das Rückenmark des Neunauges wurde als Aneinanderreihung von Oszillatoren modelliert. Jedes Segment des Rückenmarks ist ein nichtlinearer Oszillator, der hier symbolisch als ein mit einer Sinuswelle gekennzeichneter Kreis dargestellt wurde. Die Kette der Oszillatoren ist durch ansteigende (H^+) und abfallende (H^-) Frequenzerhöhungen gekoppelt (im Text ist dann von H_A bzw. von H_D die Rede) [771].

Die Koppell-Analyse lieferte auf mehrere Fragen, die man bezüglich der Dynamik hatte, sehr allgemeine Antworten. Der Vorteil dieser Analyse ist, daß sie sich auf viele verschiedene Fälle anwenden läßt, und zwar sowohl auf das vereinfachte Buchanan-Modell als auch auf das realistischere Modell, das wir an späterer Stelle beschreiben werden. Kann man die Analyse auch für biologische Strukturen wie z.B. das Rückenmark verwenden? Das hängt davon ab, ob die Annahmen der Analyse auch für die biologische Struktur gelten. Leider ist das Nervensystem derart komplex, daß man nicht so einfach feststellen kann, ob es die Voraussetzungen der Analyse erfüllt. Im Rückenmark des Neunauges können experimentell

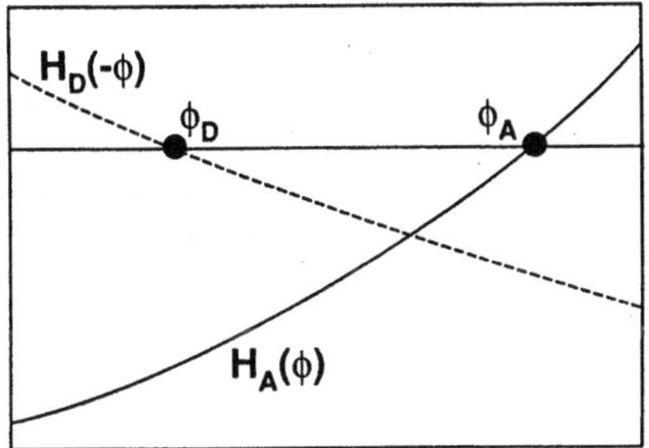

Abbildung 6.46   Beispiel für eine abfallende $(H_D(-\Phi))$ und eine ansteigende $(H_A(-\Phi))$ Kopplungsfunktion in Abhängigkeit von der Phase Φ. Die Nullpunkte dieser beiden Funktionen werden als Φ_D bzw. Φ_A bezeichnet. Diese Kopplungsfunktionen erfüllen die Bedingungen für eine stabile Lösung [771].

die wirklichen Werte für Ω gemessen werden, aber aufgrund der Komplexität des Rückenmarks ist es nicht möglich, die Eigenfrequenz ω eines ungekoppelten Oszillators zu messen. Das Problem ist, daß ein einzelnes Segment bisher nicht dazu gebracht werden konnte, alleine zu schwingen. Darüberhinaus ist es weder gelungen, die Zellen zu identifizieren, die die intersegmentären Kopplungssignale leiten, noch konnten die ansteigenden und abfallenden Kopplungsfunktionen, H_A bzw. H_D, gemessen werden. Andererseits kann man das Modell mit seinen vorsichtigen Annahmen dazu hernehmen, Voraussagen zu treffen, die dann getestet werden können. Werden die Vorhersagen durch ein neurobiologisches Experiment widerlegt, dann sollte man den Annahmen der Analyse mißtrauisch gegenüberstehen. Erweisen sich die Annahmen dagegen als richtig, dann war die Analyse sinnvoll, da man mit ihrer Hilfe etwas über das Nervensystem erfahren konnte. In diesem Fall gelten die Annahmen weiterhin. Trotzdem, und das sollte hier noch einmal betont werden, kann man nur aufgrund der Tatsache, daß die Annahmen noch nicht widerlegt werden konnten, nicht einfach davon ausgehen, daß ihr Wahrheitsgehalt als bewiesen angesehen werden darf.

Das Buchanan–Modell zeigt, wie mehrere Segmente, deren Konnektivität entsprechend dem Halbzentrumsschaltkreis gestaltet ist, zu einer rhythmischen Ausgabe führen können, und die Analyse nach Williams und seinen Mitarbeitern enthüllt einige der allgemeinen Eigenschaften, die eine lange Kette aus gekoppelten Oszillatoren aufweist. Damit können wir die nächsten Fragen angehen: Wie wird die rhythmische Ausgabe der motorischen Neuronen kontrolliert, so daß es dem Tier möglich ist, mit unterschiedlichen Geschwindigkeiten zu schwimmen und das Schwimmtempo auf eine sensorische Eingabe hin rasch zu verändern? Auf welche Weise sind die biophysischen Eigenschaften der Zellen im Halbzentrumsschaltkreis an der Rhythmizität und an Frequenzänderungen beteiligt? Wie sieht der Mechanismus genau aus, mit dessen Hilfe die konstante Phasenverzögerung aufrechterhalten wird? Welcher Mechanismus ist für das An- und Abschalten des Halbzentrumsschaltkreises verantwortlich?

Wie uns das Buchanan–Modell gezeigt hat, kann eine grobe Frequenzmodulation schon durch Regulation der externen Erregung erreicht werden. Übertragen auf den Versuch, bei dem sich ein isoliertes Rückenmark in einer Nährlösung befindet, käme dies einem Hinzugeben von Glutamat zum Lösungsbad gleich. Auch wenn dieses Mittel beim isolierten Rückenmark zu einer Frequenzmodulation führt, ist es unwahrscheinlich, daß bei wirklichen Motoneuronen die Regulation und Modulation der Frequenz einfach nur durch eine dosisabhängige Erregung mit Hilfe von Glutamat geschieht. Warum ist das so?

Erstens: Der Halbzentrumsschaltkreis erhält periphere Eingaben über Rezeptoren in Haut, Muskeln und Sehnen sowie zentrale Eingaben von Neuronen im Hirnstamm oder von Neuronen in benachbarten Spinalsegmenten. Diese verschiedenartigen Eingaben können, den jeweiligen Bedingungen entsprechend, mehr oder weniger ins Gewicht fallen. Daher ist es unwahrscheinlich, daß sie lediglich aufsummiert werden. Wahrscheinlicher ist es, daß es bestimmte Mechanismen gibt, die diese Eingaben auswerten und so zu einer differenzierteren Kontrolle führen.

Zweitens: Die durch Stimulation des Hirnstamms ausgelöste Fortbewegung erzeugt in den motorischen Neuronen abwechselnd EPSPe *und* (mit leichter Verzögerung auch) IPSPe [664]. Die Stimulation der peripheren Afferenzen führt nur zur Erzeugung von EPSPen. Dies ist wichtig, denn wenn sich Eigenschaften an den Synapsen verändern, kann dies zu einer drastischen Änderung der Arbeitsweise eines Netzes führen — z.B. beim Wechsel vom Kanter zum Galopp, vom gemütlichen Schwimmen zum Angreifen [192, 264].[13]

Drittens: Durch pharmakologische Manipulationen hat man entdeckt, daß dann, wenn NMDA plus Serotonin dem Lösungsbad hinzugefügt wurde, *langsames* rhythmisches Verhalten die Folge war und daß durch Norepinephrin ein *hochfrequenter* Rhtythmus induziert werden konnte [309]. Außerdem gibt es beim Neunauge anscheinend in den Neuronen des Halbzentrumsschaltkreises zwei Unterarten an Glutamatrezeptoren — NMDA–Rezeptoren und AMPA–Rezeptoren (Kainat–Quisqualat–Rezeptoren). Nach den Erkenntnissen von Grillner [744] sind die beiden Unterarten selektiv an den Zellaktivitäten beteiligt, und zwar je nachdem, ob die Frequenz hoch oder niedrig ist.[14] Diese biophysischen Beobachtungen weisen darauf hin, daß die Sache hier recht komplex ist. Das Nervensystem hat möglicherweise sowohl verschiedene Mechanismen, die jeweils auf bestimmte Frequenzbereiche ansprechen, und mehrere Kontroll- und Zeitmechanismen, als auch Zelleigenschaften, die bei Anwesenheit bestimmter Neurotransmitter eine funktionelle Neuverschaltung des Schaltkreises ermöglichen. Wie wir später näher

---

[13] Diese Veränderung in der funktionellen Verschaltung kann auch beim Mund–und–Magen-Ganglion des Hummers beobachtet werden [655, 308].

[14] Bei dem elektrischen Fisch, *Eigenmannia*, sind die NMDA–Rezeptoren für langsame Veränderungen der Signalfrequenz und die Nicht–NMDA–Rezeptoren für schnelle Veränderungen der Signalfrequenz zuständig [316, 317].

erläutern werden, waren diese Beobachtungen der Anlaß dafür, daß man in den Computermodellen biophysische Details, wie z.B. Kanaleigenschaften, mit berücksichtigte. Durch diesen Schritt kam man der Beantwortung der Fragen bezüglich Amplituden- und Frequenzkontrolle ein Stück näher.

6.6 Neuronenmodelle

Zuerst soll das gesamte Neuron, wenngleich in vereinfachter Form, modelliert werden. Grundsteinlegend war auf diesem Gebiet die im Jahre 1952 von Hodgkin und Huxley durchgeführte mathematische Analyse des Aktionspotentials im Riesenaxon des Tintenfisches. Hodgkin und Huxley abstrahierten den physischen Aufbau des Axons und taten so, als würde es sich bei einem Axon um ein elektrisches Kabel handeln. Die ungleichmäßige Verteilung der Ionen zwischen dem Zellinnern und der extrazellulären Flüssigkeit führte zur Erzeugung einer elektromotorischen Kraft, und die Membranabschnitte waren mit einem Widerstand und einer Kapazität ausgestattet. Manche Eigenschaften, wie z.B. die Ionenleitfähigkeit, konnten sich mit der Zeit verändern, und die Geschwindigkeitskonstanten zur Öffnung und Schließung der Ionenkanäle wurden experimentell bestimmt. Bei einem Aktionspotential spielt sich in etwa folgendes ab: Zuerst nehmen wir an, ein Außenreiz führt zu einer Membrandepolarisation, die den Schwellenwert (von ungefähr -60 mV) überschreitet. Darauf folgt dann ein plötzlicher Einstrom von Na^+-Ionen, der bewirkt, daß sich das Membranpotential auf $+30$ mV erhöht. Gleichzeitig schließen sich die Na^+-Kanäle und die spannungsabhängigen K^+-Kanäle, öffnen sich, was zur Repolarisation der Zelle führt (Abbildung 6.47). Die empirischen Beobachtungen der Wechselwirkungen zwischen den Ionenleitfähigkeiten, dem Membranpotential und den Zeitabläufen verschiedener zellulärer Vorgänge bildeten die Grundlage für die von Hodgkin und Huxley formulierte Differentialgleichung, mit deren Hilfe man vorhersagen kann, wie ein Axon bei Reizung reagieren wird (Tabelle 6.5). Die Genauigkeit der Vorhersagen entspricht bis auf 10% den beobachteten Werten.

Das erste wirklich quantitative neurowissenschaftliche Modell, die Hodgkin–Huxley–Gleichung, war eine sehr bedeutende Errungenschaft. Das Modell war nicht nur unter Standardbedingungen sehr genau, sondern konnte auch dann, wenn man für die Variablen Werte einsetzte, die nicht den Standardwerten entsprachen, das Verhalten des Axons unter verschiedenen experimentellen Bedingungen beschreiben und die Refraktärphasen und Schwellenwerte des Aktionspotentials erklären. Seit es das Modell gibt, wurde der Ansatz von Hodgkin und Huxley auf neuronale Axone vieler verschiedener Spezies und unter ganz verschiedenen Bedingungen angewandt. Die je nach Spezies und Bedingungen variierenden Geschwindigkeitskonstanten können in die Gleichung eingebracht werden, und so gilt das Modell für beeindruckend viele verschiedene Axone und Aktionspotentialfrequenzen. Das Hodgkin–Huxley–Modell berücksichtigte nur zwei Kanaltypen:

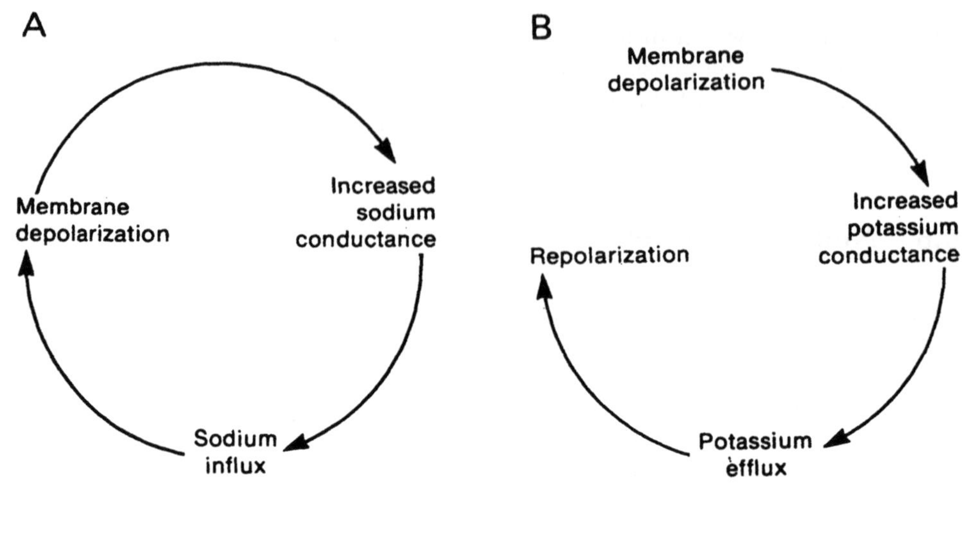
A
Membrane
depolarization
Increased
sodium
conductance
Sodium
influx
B
Membrane
depolarization
Increased
potassium
conductance
Repolarization
Potassium
efflux

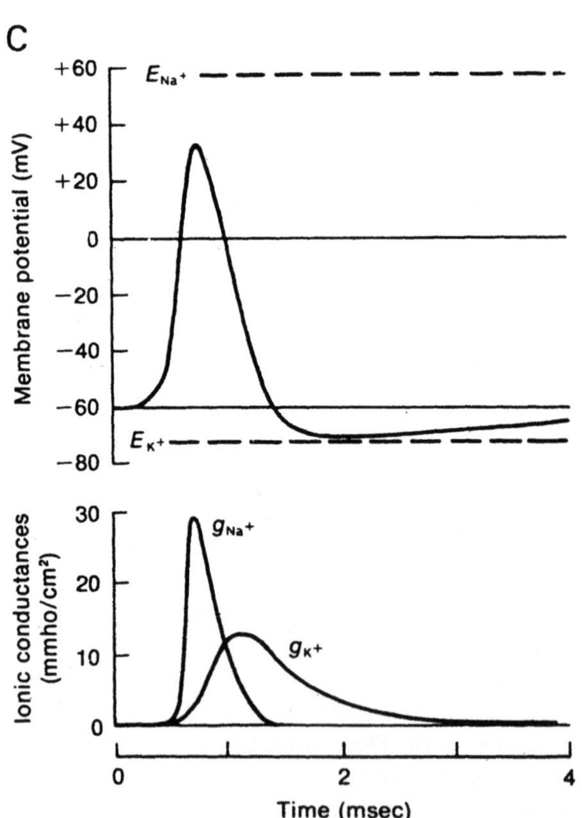
C
Membrane potential (mV)
+60
+40
+20
0
-20
-40
-60
-80
E_{Na^+}
E_{K^+}
Ionic conductances
(mmho/cm²)
30
20
10
0
g_{Na^+}
g_{K^+}
0
2
4
Time (msec)

den schnellen Natrium–Kanal und den verzögert gleichgerichteten Kalium–Kanal. Wenngleich die Membranen von Axonen im allgemeinen nur diese beiden Kanaltypen enthalten, hat man in Dendriten und Somata dagegen weit mehr Kanaltypen entdeckt, welche über sehr verschiedene Spannungsabhängigkeiten und Ionenspezifitäten verfügen. Die verschiedene Anordnung dieser Kanäle in Neuronen mit einer bestimmten Dendritenmorphologie macht es möglich, daß ein und derselbe Reiz in den verschiedenen Neuronen zu einer gewaltigen Vielfalt verschiedener Antworten im Soma führt. Für die Leitfähigkeit relevante morphologische Veränderungen, verschiedene Kanaltypen und unterschiedliche Lagen der Kanäle sind ausschlaggebend dafür, daß die neuronalen Antworten atemberaubend komplex sein können.

Es gibt nur wenige Beispiele, für die man sämtliche Kanäle eines Neurons genau genug charakterisiert hat, daß man ein Modell des *gesamten Neurons* erstellen kann, das dann ebenso realistisch und erfolgreich wie das Hodgkin–Huxley–Modell eines *Axons* ist. Zu diesen Ausnahmefällen gehört die Sympathikusganglionzelle des Ochsenfrosches, die von Koch, Adams und anderen [739] im Modell nachgebaut wurde. Bei diesem Neuronentyp hat das Soma eine kugelförmige Gestalt, und so kann die Spannung leicht gemessen werden. Dies ist besonders dann von Vorteil, wenn man die Vorgänge in den Neuronenkanälen bestimmen will. Für die erfolgreiche Nachahmung des Tintenfischaxons war es ganz wesentlich, daß Hodgkin und Huxley die Spannung über den Na^+– und K^+–Kanälen kontrollieren konnten. Bei den dichtverzweigten Dendriten ist solch eine Kontrolle jedoch technisch nicht machbar. Das Problem liegt darin, daß die Dendriten im allgemeinen zu klein sind, als daß man an ihnen Aufzeichnungen vornehmen und Spannungsklemmen anbringen könnte. Aus diesem Grunde müssen die Messungen am Soma durchgeführt werden. Wenn jedoch der Strom entlang einer Verzweigung immer schwächer wird, kann es sein, daß ein scharfes synaptisches Signal dann, wenn es

Abbildung 6.47 Natrium- und Kalium–Ströme während des Aktionspotentials im Riesenaxon des Tintenfisches. (A) Die Depolarisation des Membranpotentials führt zu einer gesteigerten Leitfähigkeit des Natrium–Kanals. Durch das darauffolgende Einströmen von Natrium (positive Rückkopplung) kommt es zu einer weiteren Depolarisation der Membran. Die Inaktivierung der Natrium–Leitfähigkeit und die repolarisierende Wirkung des ausströmenden Kaliums führt zur Beendigung des rückgekoppelten explosionsartigen Ansteigens des Natrium–Stromes. (B) Durch die Depolarisation der Membran steigt auch die Leitfähigkeit für Kalium. Das dadurch bedingte Ausströmen von Kalium führt zu einer Repolarisation. Die Kalium–Leitfähigkeit an sich ist wegen der negativen Rückkopplung selbstbegrenzend. (C) Theoretische Lösung der Hodgkin–Huxley–Gleichungen für Änderungen des Membranpotentials (oben) und Änderungen der Natrium- bzw. Kalium–Leitfähigkeiten in Abhängigkeit von der Zeit. Die Gleichgewichtspotentiale für Natrium ($E_{Na}+$) und Kalium (E_K+) werden durch gestrichelte Linien angegeben [91]. (Copyright ©by Scientific American Books, Inc. Nachgedruckt mit Erlaubnis von W.H. Freeman and Company.)

$$I = C(\frac{dV_m}{dt}) + (V_m - E_{K+})g_{K+}n^4 + (V_m - E_{Na+})g_{Na+}m^3h + (V_m - E_L)g_L$$

Diese Gleichung beschreibt den Strom I, der einen Membranabschnitt durchläuft, dessen Membranpotential V_m ist. Der erste Ausdruck auf der rechten Seite der Gleichung ist der Strom durch die Membrankapazität, der beschrieben wird als Produkt aus der Membrankapazität C und der Änderung des Membranpotentials im Laufe der Zeit. Der zweite Ausdruck stellt den K^+-Strom dar, der durch Multiplikation der effektiv auf die K^+-Ionen wirkenden elektrischen Kraft, die sich aus der Differenz zwischen dem Membranpotential und dem Kalium-Gleichgewichtspotential $(V_m - E_{K+})$ ergibt, mit der maximalen Kalium-Leitfähigkeit g_{K+} und einer in die vierte Potenz erhobenen Variablen n berechnet wird. Die Variable n ist ein Aktivierungsfaktor, der sowohl vom Membranpotential als auch von der Zeit abhängig ist. Der dritte Ausdruck auf der rechten Seite stellt den Na^+-Strom dar, wobei $(V_m - E_{Na+})$ die treibende Kraft, g_{Na+} die maximale Natrium-Leitfähigkeit, m ein zur dritten Potenz erhobener Aktivierungsfaktor und h der Inaktivierungsfaktor ist. Der letzte Ausdruck berücksichtigt bisher vernachlässigte Ströme anderer Ionen, hauptsächlich sind das K^+ und Cl^-, durch Leitfähigkeitskanäle ("undichte Stellen"). Diese Gleichung wurde erstmals von Hodgkin und Huxley zur Erklärung des Aktionspotentials im Riesenaxon des Tintenfisches vorgestellt und wird seither in verallgemeinerter Form auch auf andere Neuronen angewendet. Die Membranströme für andere Ionenkanäle können einfach hinzugefügt werden (dazu zählen auch Ströme, die durch Neurotransmitter oder intrazelluläre sekundäre Botenstoffe, wie z.B. Calcium, aktiviert werden). (Nach [91].)

Tabelle 6.5: Hodgkin–Huxley–Gleichung

am Soma angekommen ist, sowohl schwächer als auch undeutlicher geworden ist. Auf diese Weise wird eine genaue biophysische Messung verhindert.

Die detaillierte Nachahmung des gesamten Neurons ist aber noch aus einem zweiten Grund sehr schwierig, und zwar deshalb, weil auf der Ebene der Kanäle jede Zelle einzigartig ist. Ein dritter und damit in Zusammenhang stehender Grund betrifft die Vollständigkeit: Es ist praktisch unmöglich, von allen Kanälen einer einzigen Zelle alle Daten zusammenzutragen. Man geht deshalb gerne so vor, daß man aus einer großen Population von scheinbar ähnlichen Zellen Proben entnimmt und dann den Mittelwert bildet. Viertens: Im allgemeinen müssen pro Kanal ungefähr 10 Parameter experimentell bestimmt werden und in einem "typsichen" Neuron gibt es in etwa 10 verschiedene Arten von Kanälen. Wie wir schon erwähnt haben, variieren Dichte und Verteilung der verschiedenen Kanaltypen in Abhängigkeit von der Morphologie einer bestimmten Neuronenklasse. Es müssen also mindestens mehrere hundert Parameter spezifiziert werden. In der Praxis sieht es so aus, daß man versucht, die wichtigsten Parameter zu messen und dann "vernünftige" Werte für die fehlenden Parameter einsetzt. Dieser Trick ist un-

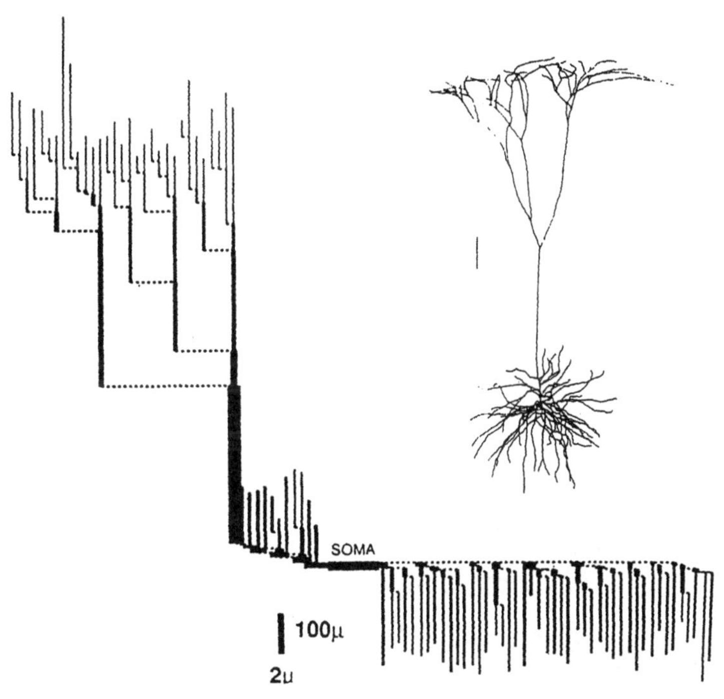

A

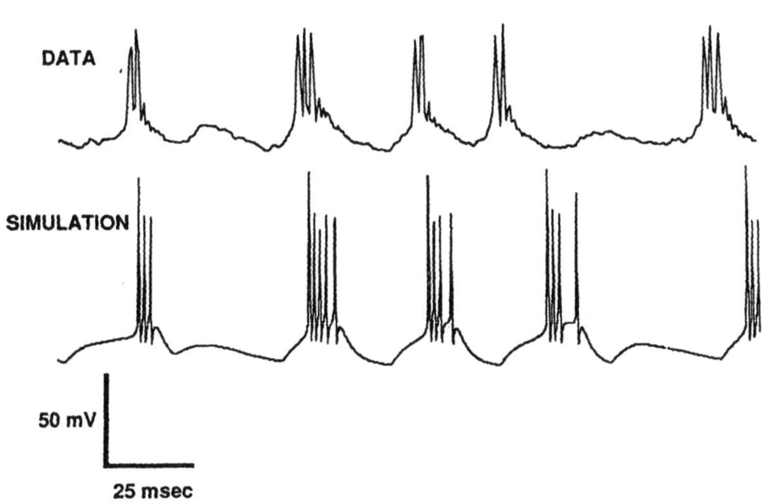

B

K_M
Ca_T inact.
K_{AR}
K_A inact.
Ca_N inact.
$K_C [Ca^{2+}] = 5\,\mu M$
$K_C [Ca^{2+}] = 50\,nM$
Ca_T act.
Na inact.
K_A act.
Ca_N act.
K_D
Ca_L
Na_P
Na act.
Time scale (sec)
10^{-1}
10^{-2}
10^{-3}
10^{-4}
1
-100
V_{REST}
-50
0
50
Membrane potential (mV)

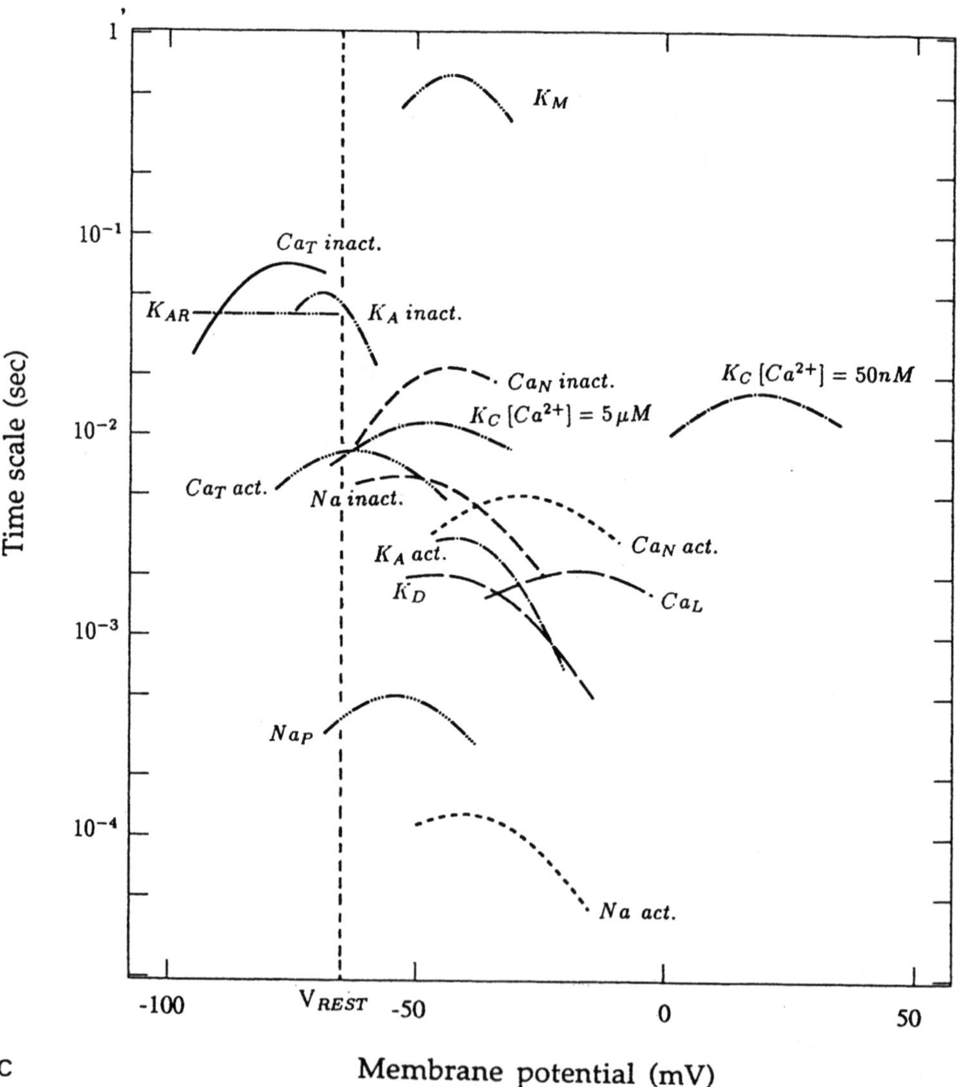

c

Abbildung 6.48   Simulation einer künstlichen Pyramidenzelle im Cortex. (A) In ein Neuron der Schicht 5 wurde ein intrazellulärer Farbstoff injiziert. Mit Hilfe eines digitalen Computers wurde ein 3–D–Modell des Dendritenbaumes nachgebaut (rechts ist eine 2–D Projektion abgebildet; nach [92]). Das Ergebnis ist eine Aneinanderreihung dendritischer Segmente (Eine schematische Zeichnung davon ist links zu sehen). Das zentrale Segment repräsentiert das Soma. Links darüber sind die apikalen Dendriten und auf der rechten Seite des Somas sind die basilaren Dendriten dargestellt. Länge und Breite der einzelnen Segmente können anhand des Maßstabes entnommen werden. Die gepunkteten Linien geben die Ansatzsstellen an. Mit Hilfe dieser Segmente wird dann der Stromfluß in einem in Kompartimente unterteilten Neuronenmodell simuliert. Zu jedem Kompartiment gehört eine Reihe elektrischer Parameter, z.B. Längswiderstand, Membranwiderstand und Kapazität. Zusätzlich werden 11 aktive Membrankanäle simuliert, und zwar: ein schneller und ein dauerhafter Natrium–Kanal, drei verschiedene Calcium–Kanäle und sechs verschiedene Kalium–Kanäle. Die für diese Kanäle relevanten Parameter stammen aus Studien, bei denen verschiedene konstante Spannungen verwendet wurden [465]. (B) Der obere Graph zeigt intrazellulär an einer künstlichen Pyramidenzelle (siehe A) vorgenommene Aufzeichnungen [92]. Das Neuron erzeugte hochfrequente Aktionspotentiale. Der untere Graph gibt die simulierte Antwort einer künstlichen Pyramidenzelle auf eine simulierte excitatorische Eingabe wieder. Diese Simulationen wurden unter Verwendung des von Michael Hines entworfenen CABLE–Simulators durchgeführt. (Das digitalisierte Neuron wurde freundlicherweise von Rodney Douglas zur Verfügung gestellt.) [465]. (C) Aktivierungs- und Inaktivierungsbereiche von 10 spannungsabhängigen Ionenkanälen. Für jeden Kanal gibt es eine charakteristische Zeitskala und einen bestimmten Spannungsbereich für die Aktivierung (und manchmal auch für die Inaktivierung, siehe Abbildung). Die Länge einer Aktivierungskurve entlang der horizontalen Achse repräsentiert in etwa den Spannungsbereich, innerhalb dessen ein Kanal mit großer Wahrscheinlichkeit vom geschlossenen Zustand (linke Seite) in den offenen Zustand (rechte Seite) übergeht. Die Geschwindigkeit, mit der sich ein Kanal öffnet (oder schließt), ist nicht schnell, und die Zeitkonstante für die Öffnung hängt von der Spannung ab, wie anhand der vertikalen Achse deutlich wird. Die Zeitskalen liegen je nach Kanaltyp im Bereich von Sekunden bis hin zu Bruchteilen von Millisekunden. So wird z.B. der schnelle, spannungssensitive Na^+–Kanal, der für die Aktionspotentiale mitverantwortlich ist, bei ungefähr -50 mV aktiviert, wobei die Zeitkonstante in etwa 0,1 msek beträgt. Der langsamste K^+–Kanal, der M–Strom, wird mit einer Zeitkonstanten von 1 sek aktiv. Die Inaktivierungskurven erstrecken sich über den Spannungsbereich, in dem der Kanal mit großer Wahrscheinlichkeit allmählich immer inaktiver wird (linke Seite), bis er geschlossen ist (rechte Seite). Die Zeitskala für die Inaktivierung wird auf der vertikalen Achse angegeben. Abkürzungen: Na, inaktivierender Natrium–Strom; Na_P, andauernder Natrium–Strom; Ca_T, Calcium–Strom mit niedrigem Schwellenwert; Ca_N, inaktivierender Calcium–Strom mit hohem Schwellenwert; Ca_L, nicht–inaktivierender Calcium–Strom mit hohem Schwellenwert; K_D, verzögert gleichgerichteter Kalium–Strom; K_A, Kalium–A–Strom; K_M, Kalium–M–Strom; K_{AR}, anormal gleichgerichteter Kalium–Strom; K_C, Calcium–aktivierter Kalium–Strom, dargestellt für zwei verschiedene Calcium–Konzentrationen [465].

ter dem Namen SSL–Beschränkung (*some small lies*; zu deutsch: ein paar kleine Lügen) bekannt.[15]

Macht die SSL–Beschränkung nicht alles zunichte? Offensichtlich sind die biophysischen Phänomene weniger aufschlußreich, als man sich vielleicht wünscht. Nichtsdestoweniger kann auch trotz der Beschränkungen eine Menge erreicht werden, so entmutigend und schwierig das Modellprojekt auch sein mag. Geht man davon aus, daß es sich bei der Hodgkin–Huxley–Gleichung um einen glaubwürdigen Präzedenzfall handelt, dann wird der Nutzen, den man aus den Ergebnissen der Modellversuche ziehen kann, alle Mühen wert sein. So kann es beispielsweise beim Sammeln zusätzlicher Daten hilfreich sein, wenn man über ein gutes Modell verfügt, auch wenn dieses Modell nicht ganz exakt ist. Ein gutes Modell macht nämlich deutlich, welche *Konsequenzen* sich aus bereits bekannten Daten ergeben und hilft dabei, diejenigen Parameter zu erkennen, die das Gesamtverhalten der Zelle entscheidend beeinflussen. Hat man erst einmal ein realistisches Neuronenmodell, kann man die vereinfachten Einheiten eines Netzmodells durch Einheiten ersetzen, die eher der Wirklichkeit entsprechen. Dann kann man die Eigenschaften des realistischeren Netzes untersuchen und mit denen seines einfacheren Vorgängers vergleichen.

Bis vor kurzem wurden immer mehr biophysische Daten getrennt voneinander zusammengetragen. Es fehlte eine quantitative Zusammenfassung der Daten, wie das mit Hilfe eines Modells geschehen kann. Der Grund dafür lag zum Teil darin, daß die experimentellen Techniken, mit deren Hilfe man die biophysischen Daten sammelte, früher verfügbar waren als die rechnerische Leistung, die zur Simulation eines Neurons benötigt wird. Der für diese Simulationen erforderliche berechnungtechnische Aufwand ist enorm, und erst seit ungefähr zehn Jahren verfügt man über Computer, die in der Lage sind, diese Leistungen zu vollbringen. Einer der bemerkenswertesten Fortschritte des letzten Jahrzehnts wurde auf dem Gebiet der Computertechnologie erzielt. Die Leistungsstärke der Computer wächst auch weiterhin exponentiell, und zum jetzigen Zeitpunkt ist sie im allgemeinen ausreichend entwickelt, um den Entwurf eines quantitativen Modells nicht zu behindern.

Im Augenblick ist man dabei, Computermodelle von Neuronen des zentralen Nervensystems zu entwickeln. Diese sind erwartungsgemäß viel schematischer und provisorischer als die genauen biophysischen Modelle vom Tintenfischaxon, welche damals von Hodgkin und Huxley erstellt wurden. Roger Traub hat z.B. ein Modell von den CA3–Neuronen im Hippocampus entwickelt; [600]; Lytton und Sejnowski [465] haben Neuronen im Neocortex modelliert (Abbildung 6.48); die Purkinje–Zellen im Cerebellum wurden von Segev [353] bzw. von Bush und Sejnowski [93] modelliert (Abbildungen 6.49 und 6.50). Als nächstes werden wir ein zelluläres

---

[15] "SSL" steht im Gegensatz zur OBL–Beschränkung (*one big lie*; zu deutsch: eine große Lüge), auf die man oft zurückgreift, wenn es um Einheiten in vereinfachten Modellen geht, d.h. wenn man davon ausgeht, daß die Aktivierung einer Einheit die gewichtete Summe aller Eingaben ist (J. A. Movshon, persönliche Mitteilung).

Modell kurz erläutern.

Christof Koch und andere [66] versuchen mit Hilfe von Computermodellen einzelner corticaler Pyramidenzellen eine rätselhafte Erscheinung zu erklären, die mit der Messung der elektrischen Eigenschaften in Zusammenhang steht. Das Problem liegt darin, daß selbst die besten in–vivo–Messungen des Eingabewiderstands zu Werten führen, die 5–10mal niedriger sind als die Werte, die die gleichen Messungen in vitro ergeben. Eine weitverbreitete Schlußfolgerung war, daß diese voneinander abweichenden Ergebnisse auf Unterschiede in den Aufzeichnungsmethoden zurückgehen. Koch und seine Kollegen analysierten ihre Computermodelle und stießen auf eine andere Erklärung, die recht plausibel klingt. Falls sich diese Alternative als richtig erweist, wird das auch Auswirkungen auf die Vorstellungen haben, die wir uns darüber machen, was und auf welche Weise in einer Einzelzelle berechnet wird. Der Hauptunterschied zwischen den beiden Versuchsanordnungen ist, daß in vivo eine andauernde spontane Aktivität beobachtet wird, wobei die pro Zelle gemessene Geschwindigkeit bei wenigen Aktionspotentialen in der Sekunde liegt. In vitro dagegen gibt es keine spontane Aktivität. Laut Modell verändert diese spontane Aktivität den durchschnittlichen Membranwiderstand. Wenn wir davon ausgehen, daß eine typische Pyramidenzelle über zirka 5000 Synapsen verfügt und daß die ankommenden Axone spontan einmal in der Sekunde feuern, dann erfolgen in der Zelle durchschnittlich 5000 excitatorische und inhibitorische Leitfähigkeitsänderungen pro Sekunde (oder 5/msek). Diese Leitfähigkeitsänderungen bewirken zweierlei: (1) Sie führen im Hintergrund zu einer Depolarisation von ungefähr 10 mV,[16] und (2) alle kleinen synaptischen Leitfähigkeitsänderungen verringern dann den Eingabewiderstand effektiv um ein Fünftel bis ein Zehntel. Die Modelle weisen auch darauf hin, daß die Auswirkungen der normalen spontanen Aktivität vielleicht für die Signalleitung innerhalb der Dendriten einer Zelle eine funktionelle Bedeutung haben, da der Membranwiderstand direkten Einfluß darauf hat, ob entfernte Synapsen ein Aktionspotential am Axonhügel auslösen können. Die Modelle machen eine direkte experimentelle Prüfung erforderlich.

Anders Lansner und seine Gruppe entwickelten in Zusammenarbeit mit Sten Grillner ein Modell von den Neuronen im Rückenmark des Neunauges, das möglichst realistisch sein sollte und in Anwesenheit von NMDA die Eigenschaften von Eigenschwingungen aufwies [80, 213]. Werden diese Neuronen isoliert, d.h. wird die Konnektivität zu ihren Nachbarn unterbrochen, erzeugen sie keine rhythmische Ausgabe. Rhythmisches Verhalten stellt sich erst ein, wenn NMDA dem Bad hinzugefügt wird. Das Neuronenmodell von Lansner und Grillner soll nun zeigen, daß dieses bestimmte Verhalten auf Wechselwirkungen zwischen verschiedenen Kanälen in diesen Neuronen zurückgeführt werden kann. Wir haben die NMDA–Rezeptoren schon an früherer Stelle — und zwar im Zusammenhang mit der Plastizität — behandelt.

---

[16] Da das Verhältnis von excitatorischen Synapsen zu inhibitorischen Synapsen in etwa 5:1 beträgt.

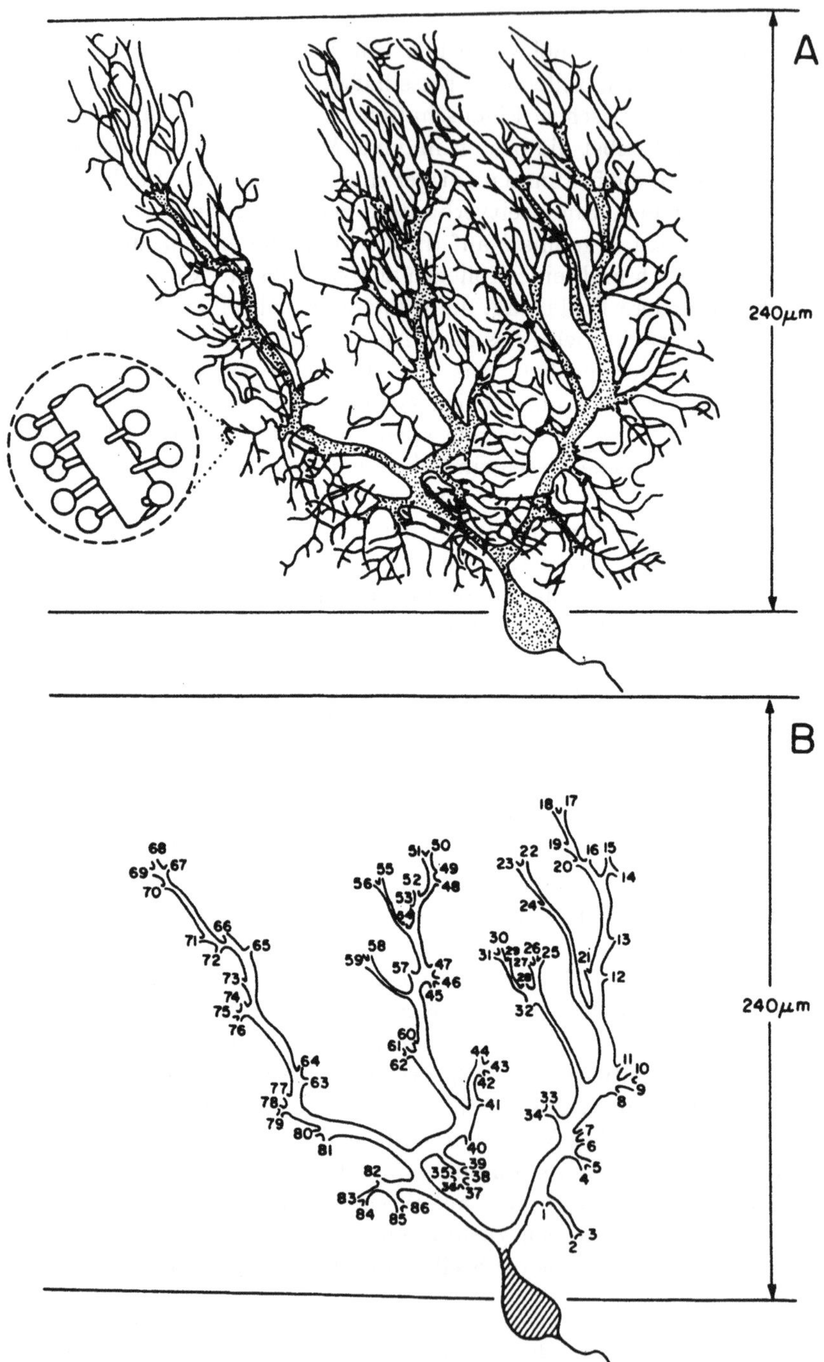
A
240μm
B
240μm

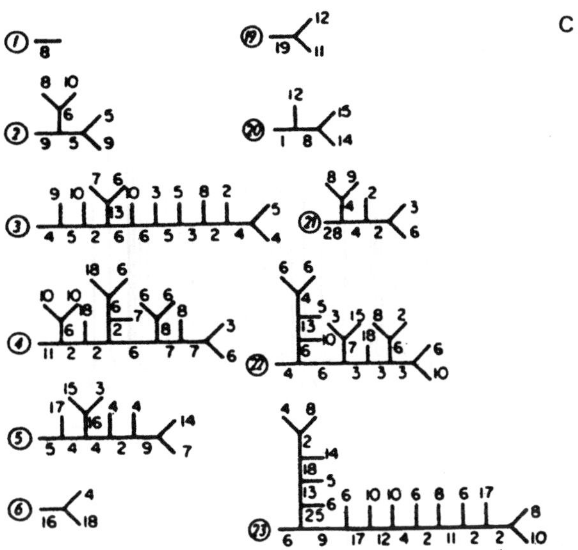

Abbildung 6.49   Morphologie einer Purkinje–Zelle im Kleinhirn einer Ratte. (A) Das Soma und die proximalen (glatten) Dendriten sind punktiert. Die dornigen Dendriten sind als Linien dargestellt. (B) Der glatte Dendritenbaum alleine. Die Ansatzstellen der dornigen Dendriten sind numeriert. Das Soma (schraffiert) verfügt über Kalium- und Natriumleitfähigkeiten, die glatten Dendriten haben schnelle Calcium- und Kaliumleitfähigkeiten und die dornigen Dendriten haben langsame Calcium- und Kaliumleitfähigkeiten. (C) Darstellung der Verzweigungsmuster einiger dorniger Nebenäste, die der Abbildung (B) entnommen wurden [665].

Damals haben wir schon darauf hingewiesen, daß sich die NMDA–Rezeptoren wegen ihrer bemerkenswerten Eigenschaften offenbar als Vermittler für das assoziative Gedächtnis eignen: (1) Die NMDA–Rezeptoren binden nicht nur Liganden, sondern sind darüberhinaus auch von der Spannung abhängig. (2) Wenn sie sich öffnen, ermöglichen sie den Einstrom von Na^+ und Ca^{2+}. (3) Sie haben eine relativ lange Öffnungszeit von ungefähr 100–200 msek. Diese ungewöhnlichen Eigenschaften und die Tatsache, daß ein Hinzufügen von NMDA zum Bad im Rückenmark des Neunauges rhythmisches Feuern hervorruft, waren der Anlaß dafür, daß man die spinalen Neuronen mit NMDA–Rezeptoren biophysisch untersuchte, um herauszufinden, ob die NMDA–Rezeptoren beim Timing des rhythmischen Verhaltens eine besondere Bedeutung haben. Wenngleich noch vieles unbekannt ist und einige Ergebnisse umstritten sind, behaupten Grillner und seine Kollegen, daß mehrere biophysische Daten auf eine Beteiligung des NMDA–Rezeptors hinweisen. Eine dieser Behauptungen lautet, daß unter spezifischen pharmakologischen Bedingungen, die den NMDA–Rezeptor einbeziehen, die Axonmembranen von be-

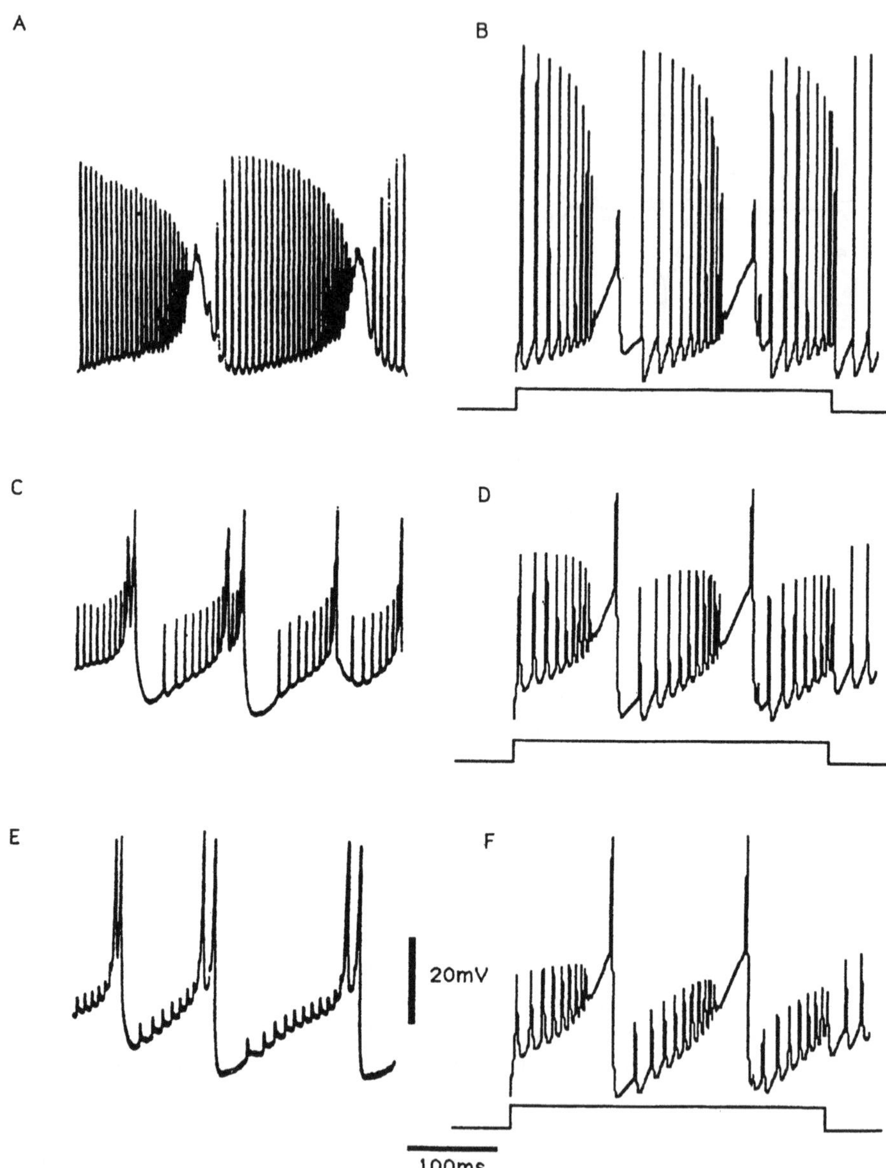

Abbildung 6.50   Vergleich zwischen den experimentellen Aufzeichnungen (die drei linken Abbildungen) und den Modellsimulationen (die drei rechten Abbildungen) einer Purkinje-Zelle im Soma (obere Reihe), in einem proximalen Dendriten (mittlere Reihe) und in einem distalen Dendriten (untere Reihe). Für die elektrischen Aufzeichnungen wurde in das Soma einer Purkinje-Zelle im Kleinhirn einer Schildkröte ein konstanter

stimmten Zellen, nämlich von Motoneuronen und von CC–Zellen, Schrittmacher–
Potentiale erzeugen, die eine geringe Frequenz und kurze Plateaus aufweisen [744].

Eine Schlüsselrolle spielen in diesem Modell die Ca^{2+}–Ionen, deren Konzentration im Innern von Neuronen im allgemeinen sehr niedrig gehalten wird (siehe
Kapitel 5). Das Plateau–Muster scheint folgendermaßen zu entstehen: (1) Durch
Aktivierung der NMDA–Rezeptoren gelangen Ca^{2+}– und Na^+–Ionen in die Zelle. Da der NMDA–Kanal von der Spannung abhängig ist, wird seine Leitfähigkeit
mit zunehmender Depolarisation des Neurons immer größer. (2) Hat die Ca^{2+}–
Konzentration einen bestimmten Wert erreicht, öffnet sich ein Ca^{2+}–*abhängiger* K^+–*Kanal* und das ausströmende K^+ wirkt der durch den NMDA–Rezeptor
induzierten Depolarisation entgegen. (3) Befinden sich diese beiden Ströme im
Gleichgewicht, erscheint für kurze Zeit ein Plateau. Jedoch verschiebt sich das
Gleichgewicht schon bald zugunsten der Repolarisation. (4) Hat die Spannung
einen bestimmten Wert erreicht, schließt sich die NMDA–Pore. Damit kann sie
nichts mehr zur Depolarisation beitragen, und folglich nimmt die Geschwindigkeit
der Repolarisation zu. (5) Das im Inneren des Neurons befindliche Ca^{2+} wird entweder ausgeschieden oder aus der Zelle gepumpt, so daß die Ca^{2+}–Konzentration
allmählich unter das Niveau sinkt, das zur Aktivierung des Ca^{2+}–abhängigen
K^+–Kanals erforderlich ist. (6) Auf diese Weise wird der Hyperpolarisation durch

depolarisierender Strom injiziert [341]; für die Simulationen wurden kurze Stromstöße
ins Soma injiziert. (A) Aufzeichnung vom Soma. Die Natrium–Potentiale des Somas werden infolge von Plateau–Strömen langsam depolarisiert. Wenn die Natrium–Potentiale
durch Spannung inaktiviert werden, erreicht das Membranpotential den Schwellenwert
für die Leitfähigkeit der Calcium–Potentiale im Dendriten. Das Ergebnis ist ein Calcium–
Potential, das durch Kalium–Leitfähigkeiten repolarisiert wird, was wiederum erneut zu
Natrium–Potentialen führt. (B) Antworten des simulierten Somas. Das Modell entsprach
der von Shelton [665] rekonstruierten Morphologie einer Purkinje–Zelle und war in 1089
Kompartimente unterteilt. Es wurden sieben Ionenströme berücksichtigt: der schnelle
und der dauerhafte Natrium–Kanal, drei verschiedene Kalium–Leitfähigkeiten und zwei
verschiedene Calcium–Leitfähigkeiten. (C) Aufzeichnungen von einem proximalen Dendriten. (D) Antworten des Modells vom Soma, vom proximalen und vom distalen Dendriten. (E) Aufzeichnungen von einem distalen Dendriten. Daß die Natrium–Potentiale
im Verhältnis zu den relativ großen Calcium–Potentialen klein sind, hängt damit zusammen, wo die jeweiligen Potentiale entstehen und wo dann die Aufzeichnungen vorgenommen werden. (F) Die Antworten des Modells von einem distalen Dendriten. Das
Modell zeigt alle wesentlichen Verhaltensweisen einer Purkinje–Zelle. Die Reizdauer bei
der simulierten Purkinje–Zelle ist unterhalb der Graphen angegeben. Bemerkenswert ist,
daß auch nach Abschalten des Reizes als Folge der anhaltenden Plateau–Ströme weiterhin Aktionspotentiale ausgesendet wurden. Dieses Verhalten hat man auch bei wirklichen Purkinje–Zellen beobachtet. Diese Simulationen wurden unter Verwendung des
von Michael Hines entworfenen CABLE–Simulators durchgeführt. (Die Aufzeichnungen
stammen von [341] und die Simulationen von [93].)

den K^+-Ausstrom ein Ende gesetzt, die Zelle depolarisiert und ein neuer Zyklus beginnt (siehe Abbildung 6.51). Unter normalen Umständen können dort, wo die Plateau–Potentiale ihren höchsten Wert haben, Spitzenpotentiale erscheinen, die den von Hodgkin und Huxley entdeckten Potentialen ähnlich sind. Für die Plateau–Schwingungen scheinen sie aber keine wesentliche Bedeutung zu haben, da diese auch dann noch stattfinden, wenn die Spitzenpotentiale verhindert werden.

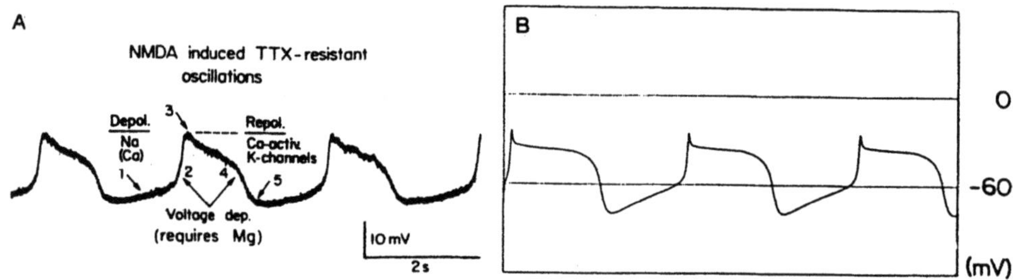

Abbildung 6.51   Durch den NMDA–Rezeptor induzierte Schwingungen des Membranpotentials in Neuronen des Neunauges. (A) Experimentelle Aufzeichnungen bei Anwendung von Tetrodotoxin (TTX). 1. Während der Depolarisationsphase läßt der NMDA–Rezeptor Na^+- und Ca^{2+}-Ionen in die Zelle eindringen. 2. Wenn die Spannung hoch genug ist, um die Mg^{2+}-Ionen daran zu hindern, daß sie den NMDA–Rezeptorkanal blockieren, kommt es zu einer schnellen Depolarisation. 3. Das in die Zelle einströmende Ca^{2+} aktiviert einen Ca^{2+}-abhängigen K^+-Kanal, was zur Repolarisation und zu einem Plateau führt. 4. Die dann folgende Schließung des NMDA–Kanals bewirkt eine weitere Repolarisation. 5. Nimmt die intrazelluläre Ca^{2+}-Konzentration ab, wird der Ca^{2+}-abhängige K^+-Kanal geschlossen, und eine neue Depolarisationsphase beginnt. (B) Modellsimulationen der Schwingungen des Membranpotentials, die durch NMDA induziert werden. In dem Modell gibt es nur ein einziges Kompartiment, aber zusätzlich zu dem NMDA–Rezeptor enthält es vier Kanäle: einen schnellen Na^+-Kanal, zwei K^+-Kanäle und einen spannungssensitiven Ca^{2+}-Kanal. Die qualitativen Merkmale der experimentellen Aufzeichnungen (A) sind auch bei (B) zu finden [289].

Die zeitliche Abstimmung dieser Vorgänge, die Dauer des Plateaus und die Geschwindigkeit, mit der der Ausgangszustand während der Hyperpolarisierungsphase wiederhergestellt wird, sind sowohl von den Geschwindigkeitskonstanten dieser Kanäle als auch von der Geschwindigkeit des intrazellulären Ca^{2+}-Transports abhängig. Leider sind im Falle des Rückenmarks bisher nur wenige dieser Parameter experimentell bestimmt worden. Wenn man sich an Experimenten orientiert, die in anderen Bereichen des Gehirns und sogar an anderen Spezies durchgeführt wurden, hat man respektable SSL–Beschränkungen (Abkürzung für *some small lies*) zur Hand, so daß das folgende Modell die qualtitativen Merkmale der experimentellen Aufzeichnungen in etwa wiedergeben kann.

Nachdem man nun ein einzelnes Neuron mit einem bestimmten Grad an Realismus modelliert hatte, bestand der nächste Schritt darin, die einfachen Einheiten des Buchanan–Modells durch simulierte Neuronen zu ersetzen. Die Konnektivität des ursprünglichen Netzes wurde jedoch beibehalten. Das realistischere, von Grillner, Wallen und Brodin [289] entwickelte Netz ist folglich sowohl auf der biophysischen und auf der neuronalen Ebene als auch hinsichtlich der Grundkonnektivität recht detailliert. Daß die fiktiven Schwimmbewegungen in diesem Modell die gleichen allgemeinen Merkmale aufweisen wie die des einfacheren Buchanan–Modells, ist nicht allzu verwunderlich. Schließlich wurden ja sowohl beim Buchanan–Modell als auch bei der in biophysikalischer Hinsicht verbesserten Version die Parameter so lange angepaßt, bis die Modelle in den relevanten Daten Ähnlichkeit mit den entsprechenden experimentellen Ergebnissen hatten. Die Neuerung bei dem detaillierteren Modell besteht jedoch darin, daß die Frequenz der Schwingungen und die Antworten auf die in physiologischer Hinsicht realistische Eingabe derartig unterschiedlich sind, daß man dies letztendlich experimentell überprüfen kann. Man könnte beispielsweise erwarten, daß das Grillner-Modell eher dazu in der Lage sein müßte, Schwankungen in den Verbindungsstärken zu tolerieren. Der Grund dafür ist, daß das rhythmische Verhalten beim Grillner-Modell nicht allein von der Konnektivität abhängt, wie das beim Buchanan-Modell der Fall ist. Die Konnektivität dient hier vielmehr dazu, Neuronen in Gang zu setzen, die dann unter den geeigneten Umständen von sich aus schwingen werden. Die Wechselwirkung zwischen den inneren Eigenschaften auf der einen und den Netzeigenschaften auf der anderen Seite verleiht dem Rückenmark beträchtliche berechnungstechnische Fähigkeiten, da die biophysischen Eigenschaften der Neuronen über den Hirnstamm und über eine afferente Rückkopplung selektiv moduliert werden.

Man wollte zudem herausfinden, welche Bedeutung Streckrezeptoreingaben für das Rückenmark haben. Zu diesem Zweck wurden dem Grillner-Modell Streckrezeptoren hinzugefügt, deren Eigenschaften auf physiologischen Daten basierten. Das Modell macht deutlich, daß Streckrezeptorreize das Netz in Gang bringen und es in Schwingungen versetzen, deren Rhythmus schneller bzw. langsamer als der "Ruhe"rhythmus ist (damit ist der Rhythmus gemeint, der beobachtet wird, wenn die Eingaben von Streckrezeptoren fehlen). Es wurde untersucht, welche Rolle dem Hirnstamm in Bezug auf das rhythmische Verhalten zukommt. Die Simulationen zeigten, daß das motorische Muster stabiler war, wenn die Neuronen im Hirnstamm rückgekoppelte Signale vom Rückenmark erhielten.[17] Das Modell

---

[17]Grillner et al. [289] fanden heraus, daß bei den Simulationen unter anderem auch die inhibitorischen Interneuronen (LIN), die in der Mitte des Zyklus aktiv werden, die Beendigung der Impulsserien beeinflußten. Sie stellten die Hypothese auf, daß eine Unterbrechung der Impulsserie auch noch auf eine andere Weise, nämlich durch eine allmähliche Verlängerung der Nach-Hyperpolarisationphase (abgekürzt AHP, nach *after-hyperpolarisation*), die auf jedes Aktionspotential einer Impulsserie folgt, herbeigeführt werden kann. Infolgedessen wird dann die Hemmung der contralateralen CC-Interneuronen aufgehoben, während die ipsilateralen CC-Interneuronen gehemmt werden. Die Simulationen weisen darauf hin, daß eine Verlängerung der AHP tatsächlich bei der Beendigung von Impulsserien eine Rolle spielen könnte und daß eine

hat den Vorteil, daß es Vorhersagen im Hinblick auf bestimmte Effekte ermöglicht, die im Experiment schlecht einzeln untersucht werden können. Das ist z.B. der Fall, wenn man herausfinden will, inwieweit Ströme, die durch Ca^{2+} aktiviert werden, die Impulsserien unterbrechen bzw. die Frequenz regulieren, oder wenn es darum geht, welche Rolle die Hemmung von Verbindungen mit anderen Neuronen spielt. Die Bedeutung der einzelnen Faktoren kann artspezifisch variieren, und das könnte zu widersprüchlichen Interpretationen der Experimente führen. Es kann vorkommen, daß diese artspezifischen Unterschiede in den Experimenten sehr auffällig sind, während sie im Modell schon durch sehr kleine Veränderungen einiger Parameter herbeigeführt werden können.

Trotz der obligatorischen Warnung vor zu voreiligen Schlußfolgerungen veranschaulicht diese Untersuchung eines zentralen Mustergenerators, auf welche Weise Zusammenhänge zwischen den Organisationsebenen hergestellt werden können. Das Buchanan–Modell vermittelt uns Kenntnisse darüber, wie der Grundrhythmus in Rückenmarkssegmenten zustande kommt, und die Koppell–Analyse beschäftigt sich mit intersegmentären Einflüssen. Auf diese Weise wird ein Zusammenhang zwischen Verhalten und Schaltkreisen bzw. Schaltkreisfolgen hergestellt. Das Grillner–Modell veranschaulicht, wie zelleigene Merkmale zum Rhythmusrepertoire beisteuern könnten (aber nicht notwendigerweise auch müssen), und bringt somit den Schaltkreis in Verbindung mit zellulären und molekularen Prozessen. Dadurch, daß das Grillner–Modell eine Erweiterung des Buchanan–Modells darstellt, wird es einfacher, für die Entstehung eines bestimmten Verhaltens eine zusammenhängende Erklärung zu finden, die bei Schaltkreisen ansetzt und bis hin zur Zell- und Molekülebene reicht. Überdies können so auch interessante Vorhersagen im Hinblick auf wirkliche Nervensysteme gemacht werden. Ein Beispiel dafür ist die Änderung im Bewegungsmodus, wenn das Neunauge die Schwimmrichtung von vorwärts nach rückwärts wechselt. Aufgrund des Modells kann man vorhersagen, daß dies mit einer Veränderung der Stärke bestimmter Synapsen, z.B. auf der Verbindung zwischen lateralen Interneuronen und CC–Interneuronen, einhergehen könnte, denn das Buchanan–Modell zeigt, daß diese Verbindung einen Phasenvorsprung der Schwanzsegmente fördert. Diese verschiedenen miteinander in Zusammenhang stehenden Modelle veranschaulichen die Vorteile der Co–Evolution. Ebenso wie zelluläre Daten alleine nicht ausreichen, da sie die interaktiven Wirkungen in Schaltkreisen unberücksichtigt lassen, kann auch die Konnektivität eines Netzes für sich betrachtet die unzähligen Feinheiten und die komplexen Zusammenhänge beim wirklichen Verhalten nicht zufrieden-

---

Verkürzung der AHP zu längeren Impulsserien führt. Werden andererseits bei der Katze Gehbewegungen induziert, und zwar durch Stimulation des Hirnstammes und nicht durch Injektion eines depolarisierten Stromes, dann sind die AHP-Phasen sehr kurz bzw. gar nicht vorhanden, und die Impulsserie wird trotzdem allmählich eingestellt [87]. Die Diskrepanz zwischen Modell und Experiment sollte uns daran erinnern, daß eine bestimmte Eigenschaft, die mit Hilfe eines Computermodells gefunden wurde, nicht immer auch der neurobiologischen Wirklichkeit entsprechen muß.

stellend erklären, denn die zellulären Eigenschaften müssen in Verbindung mit den Schaltkreisen verstanden werden.[18]

6.7   Schlußbemerkungen

Der Einfachheit halber sind wir in unseren Erläuterungen vorerst immer von einem isolierten Schaltkreis ausgegangen. Unter natürlichen Bedingungen ist es jedoch recht unwahrscheinlich, daß ein Schaltkreis nur für sich existiert. Beispielsweise ist der Blutegel ständig in Bewegung. Erfolgt also eine Krümmungsreaktion auf einen starken Reiz, so geschieht dies typischerweise in Verbindung mit anderen wellenförmigen Bewegungen, wie sie z.B. beim Kriechen oder Schwimmen ausgeführt werden. Wie auch bei vielen anderen Tieren sind die Antworten des Blutegels auf einen von seinen Transduktoren registrierten Sinnesreiz nicht stereotypisiert und unflexibel. Das Verhalten kann vielmehr in Abhängigkeit von inneren Faktoren variiert werden. Ein solcher Faktor ist z.B. die jeweilige Motivation eines Tieres. Aber nicht nur der einfache Krümmungsreflex des Blutegels, sondern auch der VOR kann durch bestimmte Faktoren modifiziert werden, so unflexibel und kognitiv unempfindlich dieser auch auf den ersten Blick erscheinen mag. In der Tat konnte man zeigen, daß die reflexbedingten Augenbewegungen von Testpersonen, die ihren Kopf im Dunkeln bewegen, dann größer sind, wenn man sie anweist, sich vorzustellen, sie würden auf ein Licht fixieren. Üben sich die Testpersonen dagegen im Kopfrechnen während sie ihren Kopf drehen, verringern sich die reflexbedingten Augenbewegungen [51].

Außerdem hat eine genaue Untersuchung, bei der man die Schwankungen der VOR–Antwort in Abhängigkeit von der Fixationsebene gemessen hat, ergeben, daß sich die reflexbedingten Augenbewegungen schon ändern, *bevor* eine Vergenzbewegung stattgefunden hat. Das ist ein Hinweis darauf, daß der VOR die Eingabe für diese Änderung direkt über die visuell–kognitive Ebene und nicht über die Efferenzkopie erhält, da ja noch keine nennenswerte Efferenzkopie existiert. Wenn es uns überrascht, daß ein so stereotypischer Reflex derartigen Einflüssen unterliegt, dann sollten wir vielleicht die Definition von Reflexen überdenken.[19] Die Reflexe in lebenden Nervensystemen kann man nicht mit dem unveränderlichen und mechanischen Verhalten eines Spielzeugvogels vergleichen, der seinen Schnabel immer wieder in ein Wassergefäß eintaucht. Sogar der Kniesehnenreflex, der angeblich ja auch unflexibel ist, kann beeinflußt werden, indem man die Zähne zusammenbeißt oder sich erotischen Phantasien hingibt.

---

[18]Einzelheiten über ein Modell des Schwimmverhaltens bei *Tritonia* kann man bei Getting [264] und Kleinfeld und Sompolinsky [401] nachlesen. Über den piriformen Cortex haben Wilson und Bower [778] bzw. Granger und Lynch [278] berichtet.

[19]Diese Idee ist nicht neu. Sowohl Lennard und Hermanson [434] als auch Sillar [676] haben sich mit dem Thema der corticofugalen Kontrolle spinaler Reflexe befaßt.

Ausgewählte Literatur

[23] [63] [141] [264] [288] [298] [317] [476] [495] [507]

7 Weiterführende Schlußbemerkungen

Ausschlaggebend für die Prinzipien, nach denen neuronale Systeme organisiert werden, waren sowohl die Leistungen, die vollbracht werden müssen, um ein Überleben zu ermöglichen, als auch die Physik der neuronalen Elemente.
John Lazzaro und Carver Mead [427].

Die bisher erläuterten Computermodelle helfen dabei, die Prinzipien zu erforschen, mit deren Unterstützung das Gehirn die vielfältigen Aufgaben bewältigt. Die Modelle bilden jedoch nur den Anfang. Innerhalb des Rahmens, der allen Modellen gemeinsam ist, gibt es sehr viel, was erst noch erforscht werden muß. Aus allen möglichen Bereichen tauchen wichtige Fragen auf — Fragen, bei denen es beispielsweise um Wechselwirkungen zwischen den verschiedenen Netzen (siehe [707]), um Spezialisierung und Integration, um Dynamik und Zeit oder um die Bedeutung der neuronalen Synchronisierung geht. Hinzu kommt, daß die existierenden Modelle im allgemeinen bestimmte Faktoren, die von entscheidender Bedeutung sind, wie beispielsweise Aufmerksamkeit und Arousal[1], die Rolle von Gefühlen wie Furcht, Hoffnung und Freude[2], die Bedeutung von Stimmungen, Wünschen, Erwartungen, lang- und kurzfristigen Absichten etc. nicht berücksichtigen. Unbewußt neigen wir dazu, manchen dieser Faktoren in bezug auf die Kognition wenig Bedeutung beizumessen. Vom Standpunkt des Gehirns aus kann die Unterscheidung zwischen kognitiv und nicht-kognitiv jedoch durchaus sinnvoll sein. Motive, Stimmungen und Neigungen sind vielleicht weit wichtiger für die Informationsverarbeitung, als man bisher angenommen hat. Für uns ist die Unterscheidung zwischen kognitiv und nicht-kognitiv wahrscheinlich eher irreführend als nützlich. Wenn wir daran denken, wie viel Arbeit noch vor uns liegt, sollten wir uns auch an etwas erinnern, was wir schon in Kapitel 1 erwähnt haben, und zwar: Wenn der Modellbau Fortschritte machen soll, dann müssen noch sehr viele Experimente auf den Gebieten der Anatomie, Physiologie, Neuropsychologie, Entwicklungsneurobiologie und Entwicklungspsychologie durchgeführt werden.

Für die Zukunft hat man sehr ehrgeizige Pläne und zwar wird ein *synthetischer* neuronaler Schaltkreis — z.B. auf einem Chip — angestrebt, der über eine bloße *Simulation* hinausgeht. Dies wollen wir an einem Beispiel erläutern: Man beabsichtigt, ein Gerät zu bauen, das auf *wirkliches* Licht, und nicht auf *simuliertes* Licht reagiert. Diese Vorrichtung soll die gleichen Berechnungen durchführen,

---

[1]Eine Ausnahme sind Metcalfe Eich [211], Fukushima [247], Whittlesea [764], und Jennings und Keele [371]. Mit dem Thema Aufmerksamkeit und Gehirn beschäftigten sich Neville und Lawson [540, 541], Posner und Petersen [589], Johnson [372] und Hillyard et. al. [631].

[2]Dieses Thema wird bei LeDoux [428] diskutiert.

wie sie auch von dem Netz aus amakrinen, bipolaren und horizontalen Zellen in der Retina ausgeführt werden, und die Ausgabe soll vergleichbar mit der Ausgabe der Ganglionzellen in der Retina sein. Was ist nun der Hauptunterschied zwischen einer simulierten und einer *synthetischen* Retina? In einer simulierten Retina besteht die Eingabe aus Zahlenwerten, die den Eigenschaften des Lichts (z.B. Wellenlänge und Intensität) entsprechen, und die Ausgabe wird dann ein Zahlenwert sein, der der Information in den Ganglionzellen entspricht. In einer synthetischen Retina dient wirkliches Licht als Eingabe, und die Ausgabe erfolgt in Form von elektrischen Signalen, deren Informationsgehalt mit der von den Ganglionzellen geleiteten Information weitgehend übereinstimmt. Im Gegensatz zur wirklichen Retina wird die Information hier nicht als Folge von Aktionspotentialen, sondern in Form von Stromstößen weitergegeben. Letztendlich interessiert uns, wie man von Computersimulationen zu synthetischen Retinas, Nuclei, Rinden etc. kommt. Kurz gesagt, geht es darum, synthetische Gehirne herzustellen [63].

Das Ziel, nämlich die Arbeitsweise des Gehirns zu verstehen, liegt noch in weiter Ferne. Wie kommt es, daß ein so langfristiges Projekt derart konstruktive Ambitionen hervorruft? Unserer Meinung nach gibt es dafür vier Gründe, die alle miteinander in Zusammenhang stehen. Erstens: Will man die Stärken und Schwächen eines Modells ausfindig machen, ist es vielleicht aufschlußreicher, überzeugender und objektiver, wenn man beobachtet, welche Wechselwirkungen sich zwischen dem Modell und der wirklichen Welt entwickeln, als wenn man sich einzig und allein auf simulierte Wechselwirkungen verläßt. Die Realzeit und der Realraum sind beispielsweise von entscheidender Bedeutung. Eine kleine Simulation kann in der Tat recht irreführend sein, weil sie nicht genau vorhersagen kann, wie gut eine umfangreiche Simulation gelingen wird, geschweige denn, wie ein Roboter in der wirklichen Welt funktionieren wird. Eine Simulation kann sogar noch erschwerend wirken, wenn man sich bei der Einschätzung des Kompliziertheitsgrades eines Verarbeitungsschrittes auf seinen gesunden Menschenverstand verläßt, obwohl es tatsächlich in der wirklichen Welt zur Lösung des Problems einen schnellen und einfachen Trick gibt.[3] Außerdem kann es sehr aufschlußreich sein zu wissen, wie ein Modell unter Realzeit–Bedingungen arbeitet, und man kommt dadurch vielleicht zu Erkenntnissen, die man durch Beobachtung einer langsamen Simulation nicht erhalten würde. Es ist anscheinend bei Menschen psychologisch bedingt, daß die Möglichkeit, Beobachtungen und Manipulationen in Realzeit durchzuführen, sie dazu bringt, sich Gedanken zu machen und Hypothesen aufzustellen.[4]

Zweitens: Im Hinblick auf die Ein- und Ausgabe kann man die Welt entweder simulieren oder direkt verwenden. Für bestimmte Zwecke und dann, wenn die geeigneten technischen Voraussetzungen nicht zur Verfügung stehen, ist es vielleicht am einfachsten, die Welt zu simulieren, indem man als Eingabe für das Modell

---

[3]Diese Beobachtung stammt von Paul Viola. R. Brooks nennt dieses Syndrom, das sich darin äußert, Dinge komplizierter zu machen, als sie sind, "Puzzilitis".

[4]Diese Ansicht wird gelegentlich von Carver Mead vertreten.

Zahlenreihen verwendet und auch wieder Zahlenreihen als Ausgabe des Modells erhält. Auf lange Sicht ist dies jedoch nicht die beste Lösung, und dafür gibt es mehrere Gründe. So kann sich die Simulation der Welt als mindestens genauso schwierig erweisen wie die Simulation des Gehirns. Sollen sowohl die Eingabe für die Transduktoren als auch die Ausgabe der Effektoren möglichst exakt sein, dann ist es vielleicht effizienter, wenn man abwartet, welche Wechselwirkungen sich zwischen der Welt und den synthetischen, aber kausal interaktiven, Komponenten entwickeln, und wenn man es dem Chip überläßt, die Repräsentationen so zu wählen, wie dies auch bei einer wirklichen Retina oder bei einem wirklichen Rückenmark der Fall wäre. Simulationen erwecken oft den Anschein, als wären sie erfolgreich. In Wirklichkeit jedoch kommt der Netzeffekt nur durch stark vereinfachte Voraussetzungen zustande.

Drittens: Oft wissen wir nicht genau, welche Parameter in der wirklichen Welt relevant sind.[5] Will man die Welt simulieren, muß man Vermutungen anstellen, welche der unzähligen Faktoren voraussichtlich für einen Organismus von Bedeutung sein könnten. Tatsache ist jedoch, daß derartige Vermutungen möglicherweise einige Parameter unberücksichtigt lassen, die das Gehirn eines Organismus jedoch repräsentiert und verwendet. Andererseits schenkt man bestimmt auch vielen Parametern Beachtung, die der Organismus weder verwendet, noch braucht. Manche Simulationsannahmen erscheinen uns vielleicht ganz einleuchtend, wenn es sich um die Simulation menschlicher Eigenschaften handelt und wir uns selbst beobachten können. Bekannterweise ist Introspektion aber nur manchmal der geeignete Weg, und das gilt sogar dann, wenn es um uns selbst geht, geschweige denn um Fledermäuse, Eulen, elektrische Fische, Faultiere usw. Autonome Roboter könnten in der Industrie Verwendung finden, und so wäre die Konstruktion eines interaktiven sensomotorischen Systems für die Technologie eindeutig von Vorteil. Trotzdem sind unsere Ausführungen im wesentlichen theoretischer Art. Wie wir später darlegen werden, kann die Wechselwirkung mit der wirklichen Welt dazu führen, daß der Mechanismus, der im Modell für die sensomotorische Kontrolle zuständig ist, vereinfacht werden muß. Ebensogut kann es aber auch sein, daß durch Berücksichtigung der Vielseitigkeit und Spitzfindigkeit der Eigenschaften in der wirklichen Welt, einschließlich der zeitlichen und räumlichen Eigenschaften, der relationalen Eigenschaften, der Änderungsrate der Eigenschaften usw., eine größere Genauigkeit erreicht wird.

Viertens: Letztendlich dürfen die Modelle nicht nur eine einzige Organisationsebene, sondern sie müssen mehrere Ebenen umfassen. Wir halten uns bei dieser Gelegenheit noch einmal die vielen Organisationsebenen des Gehirns vor Augen, die sich vom gesamten Gehirn, über Schaltkreise, Neuronen bis zu den Molekülen erstrecken. Wollen wir die Arbeitsweise des Gehirns verstehen, dann müssen wir erklären können, wie die verschiedenen Ebenen miteinander in Verbindung stehen. Wir müssen dann beispielsweise ein System ausgehend von den Schaltkreisen, aus denen es sich zusammensetzt, verstehen können, die Schaltkreise wiederum

---

[5]Diesen Punkt verdanken wir Paul Viola.

müssen wir ausgehend von den Neuronen verstehen, die die Schaltkreise bilden und untereinander in Wechselbeziehung stehen, und von den Neuronen letztendlich müssen wir die inneren Eigenschaften kennen, die sich gegenseitig beeinflussen. Grob gesprochen, das Kausalprinzip ist ein strengerer Lehrmeister und führt zu einer größeren Anzahl an Parametern als Matrizen, die aus den Zahlen 0 und 1 bestehen und angeblich für die Interaktionen in der wirklichen Welt stehen sollen.[6]

Die Vorgehensweise, Phänomene höherer Ebenen durch Phänomene niedrigerer Ebenen zu erklären, wird für gewöhnlich als *Reduktion* bezeichnet. Der Begriff Reduktion ist hier jedoch nicht abwertend gemeint und soll nicht bedeuten, daß höhere Ebenen unwirklich, ohne Bedeutung oder in empirischer Hinsicht irgendwie fragwürdig sind. Ein Modell einer einzigen Ebene, das die Eingabe und die Komponenten dieser Ebene simuliert, kann in vielerlei Hinsicht aufschlußreich sein. Trotzdem aber wird es eher an eine Karikatur erinnern, denn die Zahlenwerte, die bestimmte Makroeigenschaften repräsentieren, können über viele der kausal relevanten Mikrofaktoren hinwegtäuschen, die im wirklichen Nervengewebe auf der nächstniedrigeren Ebene unterschieden und getrennt voneinander beantwortet werden. Bleiben wir bei unserem vorher erwähnten Beispiel: Eine Simulation, bei der die Wellenlänge und die Intensität des Lichts in Form von Zahlenwerten repräsentiert wird, läßt andere Merkmale des Lichts unberücksichtigt, z.B. die Tatsache, daß Licht quantisiert und polarisiert sein kann und daß sich die Lichtebenen über einen acht Größenordnungen umfassenden Bereich erstrecken können. Diesen Faktoren kann aber auf der Ebene einer einzelnen Zelle kausale Bedeutung zukommen, und es ist möglich, daß sie im Laufe der Evolution den Aufbau der spezifischen Zelltypen und deren Konnektivitätsmuster beeinflußt haben.

Bezüglich der Ausgabe kann man sich den Gegensatz zwischen einer simulierten Funktionsleistung und der Funktionsleistung eines synthetischen Gehirns folgendermaßen klarmachen: Die Wechselwirkung zwischen wirklichen Nervensystemen und der Umgebung kann mit Hilfe von Zahlen, die anstelle der Makroeigenschaften stehen, nicht in ausreichendem Maße beschrieben werden. Dazu denken wir noch einmal an die "Krabbe" aus Kapitel 6 zurück: Der Arm, der sich bis zu einem spezifischen Punkt im 3–D–Raum ausstreckt, wird durch einen bestimmten Zahlenwert spezifiziert. Dies ist für den Anfang nützlich und hilfreich. Tatsächlich jedoch muß das Gehirn so organisiert sein, daß es ihm gelingt, die Bewegung eines Objekts unter Realzeitbedingungen in geeignetem Maße schneller oder langsamer werden zu lassen. Hinzu kommt dann noch, daß das Objekt eine bestimmte Masse hat, aus verschieden langen Knochen, mehreren Gelenken sowie aus vielen in bestimmter Weise mit den Knochen verbundenen Sehnen und Muskeln besteht und daß bei der Bewegung Energie verbraucht wird. Die Physik der Welt, in der ein Körper sich aufhält, die Physik des Körpers, in dem sich das Gehirn befindet und auch die Physik des Nervensystems selbst haben die Evolution

---

[6]Bei Harnad [302] wird das Problem diskutiert, das sich dann ergibt, wenn ein Zusammenhang zwischen den Symbolen im System und den Objekten der wirklichen Welt hergestellt werden soll.

und folglich auch die Berechnungsweise des Nervensystems geprägt.

Wollen wir ein Modell, das der Realität auf mehreren Ebenen gerecht wird, müssen wir die Realität der Welt, in der sich das Gehirn befindet, und die Komponenten aller wichtigen Ebenen wahrheitsgetreu wiedergeben. Das bedeutet zweifellos, daß wir uns der Konstruktion eines künstlichen Gehirns zuwenden müssen, anstatt uns mit Simulationen aufzuhalten. Für den Anfang könnte es beispielsweise nützlich sein, wenn wir die visuelle Wahrnehmung der Größenkonstanz so charakterisieren, daß "unbewußte Folgerungen" (siehe z.B. [735, 284, 620]) damit verbunden sind. Wenn wir aber danach trachten, das Modell, das die visuelle Wahrnehmung nachahmen soll, in neurobiologischer Hinsicht realistisch zu machen, werden wir diese Vorstellung wahrscheinlich durch Berechnungshypothesen ersetzen müssen, die die Vektor–Vektor–Transformationen in Netzen, die Rolle der rückwärtsgerichteten Projektionen von den höheren auf die niedrigeren Sehfelder (siehe [504]) und die Alles–oder–Nichts–Entscheidungen auf der Ebene der neuronalen Interaktionen erklären sollen. In ähnlicher Weise kann es auf dem Gebiet der Linguistik sinnvoll sein, die semantischen Sprachkenntnisse am Anfang als eine im Gedächtnis gespeicherte Liste zu charakterisieren (siehe [399]). Wollen wir jedoch einen Schritt weiter gehen und danach fragen, wie es wirklich zum Sprachgebrauch und zum Verstehen der Sprache kommt, dann muß in Anbetracht einer in neurobiologischer Hinsicht realistischeren Deutung des Gedächtnisses diese Vorstellung durch etwas ersetzt werden, was eher der Wahrheit entspricht. Hat man erst einmal eine neurobiologisch realistischere Charakterisierung für das semantische Gedächtnis, dann erscheinen alte Daten vielleicht in einem ganz anderen Licht, und dies kann zu neuen Hypothesen führen, auf die man innerhalb des alten Rahmens nicht gekommen wäre. Nach unserer Meinung führt die Tatsache, daß es im Gehirn Organisationsebenen gibt, zusammen mit dem Bestreben, eine einheitliche Erklärung liefern zu können, zwangsläufig dazu, daß es im folgenden Schritt vorwiegend um den Bau eines künstlichen Gehirns gehen wird.

Es gibt viele Möglichkeiten, die Sache in Angriff zu nehmen. Wir wollen kurz zusammenfassen, was als nächstes kommen wird: (1) Carver Mead baut unter Verwendung der auf Silizium basierenden CMOS VLSI-Technik (abgekürzt nach *complementary metal oxide semiconductor, very large–scale integration*) künstliche neuronale Strukturen wie Retinas und Cochleas. (2) Dana Ballard integriert Wahrnehmung und motorische Kontrolle und konstruiert so eine sensomotorische Vorrichtung, die wahrnimmt, reagiert und lernt, das Verhalten entsprechend der Wahrnehmung anzugleichen. (3) Rodney Brooks folgt den Spuren der Evolution, indem er einfache Moboter (mobile Roboter) baut, die über ein beschränktes Reflexrepertoire verfügen und sich in der Welt bewegen. Im Gegensatz zu den herkömmlichen Ansätzen der KI in der Robotik haben die Moboter von Brooks weder die Fähigkeit, Symbole zu manipulieren, noch können sie die Wahrnehmung eingehend analysieren.

Mead und Analog–VLSI

Mead stellt analoge integrierte Schaltkreise (Silizium–Chips) her, die über Tranduktoren verfügen, welche Signale der wirklichen Welt in elektrische Repräsentationen umwandeln und die wirkliche Anatomie und Physiologie des betreffenden Nervengewebes ziemlich genau nachahmen (siehe auch [405]). Es mag so aussehen, als hätten neuronale Systeme und analoge integrierte Schaltkreise nicht viel miteinander gemeinsam. Lazzaro und Mead [362], Seite 52, äußerten jedoch:

> The physics of computation in silicon technology and in neural technology are remarkably similar. Both media offer a rich palette of primitives in which to build a structure; both pack a large number of imperfect computational elements into a small space; both are ultimately limited not by the density of devices, but by the density of interconnects.

Um ein geräuschemittierendes Objekt im Raum nur mit Hilfe des Schalls lokalisieren zu können, bauten Mead und seine Kollegen [500, 427, 362] einen synthetischen Cochlea–Hirnstamm–Nucleus. Sie haben auch eine synthetische Retina hergestellt [427, 362, 225], aber wir haben uns dafür entschieden, an dieser Stelle den Schwerpunkt auf das Gehör zu legen. Damit die Forschungsarbeiten besser verständlich werden, ist es wichtig, daß wir eine kurze Einführung in die Neurobiologie der Schleiereule geben (siehe [404, 189, 110]). Schleiereulen sind in der Lage, den Aufenthaltsort ihrer Beutetiere sogar in der Dunkelheit der Nacht mit großer Genauigkeit ausfindig zu machen. Dabei richten sie sich einzig und allein nach den Geräuschen, die das Beutetier verursacht (z.B. ein Rascheln in den Blättern). Um die Höhe zu lokalisieren, verwenden die Eulen interaurale Amplitudenunterschiede, und der Aufenthaltsort eines Objekts in der horizontalen Ebene wird mit Hilfe der interauralen Verzögerung aufgespürt. Mit "interauralen Verzögerungen" ist der zeitliche Unterschied gemeint, mit dem ein Signal die beiden Ohren erreicht. Das Ausmaß der Verzögerung hängt davon ab, wie groß die Entfernung der Schallquelle von dem jeweiligen Ohr ist. Raschelt beispielsweise eine Maus links von der Eule in den Blättern, wird das Rascheln etwas früher vom linken Ohr wahrgenommen werden, weil der Schall zum rechten Ohr einen geringfügig weiteren Weg hat. In welcher Weise verarbeitet das Nervensystem die interaurale zeitliche Verzögerung, um den Aufenthaltsort der Maus in der horizontalen Ebene erkennen zu können?

Bei der Schleiereule ist der Nucleus laminaris räumlich sehr geschickt organisiert und erhält seine Eingaben von beiden Cochleas (Abbildung 7.1). Bei gegebener interauraler Verzögerung kommen die Signale des linken und rechten Ohrs an einem bestimmten Neuron im Nucleus laminaris zur gleichen Zeit an. Der Grund dafür liegt in der Art und Weise, wie die Zellen entlang der Kollateralen zu den Axonen, die von den Cochlea–Kernen kommen, angeordnet sind. Bei welchem Neuron die Signale aus dem linken und dem rechten Ohr gleichzeitig ankommen, hängt von der Position des Neurons und damit von der interauralen Verzögerung ab ([413, 110, 111], Abbildung 7.2). Diese Daten werden so interpretiert, daß die Position einer Zelle im Nucleus laminaris den interauralen Zeitunterschied codiert.[7] Andere Daten weisen darauf hin, daß im nachfolgenden Kern diese Information anscheinend zusammen mit der Information über den Aufenthaltsort in der vertikalen Ebene integriert wird. Auf diese Weise kann die Eule das Beutetier mit hoher Treffsicherheit ausfindig machen (Abbildung 7.3) [8].

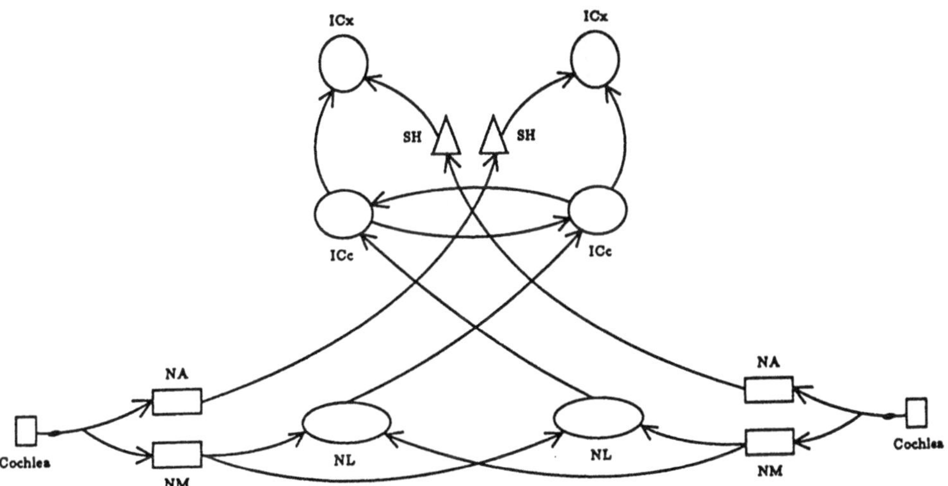

Abbildung 7.1 Schematische Darstellung der Hörbahn bei der Schleiereule. Die Bahn geht von der Cochlea, dem Transduktor für Geräusche, aus. Die Cochlea projiziert auf den Nucleus angularis (NA), der den Beginn der amplitudencodierten Bahn darstellt, und auf den Nucleus magnocellularis (NM), wo die Zeitcodierung ihren Anfang nimmt. Der NA projiziert kontralateral auf die Hülle (SH) des Zentralkerns (Nucleus centralis) im Colliculus inferior, und von dort wird auf den äußeren Nucleus (ICx) des Colliculus inferior projiziert. Im ICx befindet sich eine vollständige Karte des auditiven Raums. Der NM projiziert bilateral auf den Nucleus laminaris (NL), welcher wiederum kontralateral auf den Nucleus centralis (ICc) des Colliculus inferior projiziert. Die ipsilaterale und die kontralaterale Seite des ICc sind durch Fasern verbunden, die Informationen auf die ursprüngliche Seite zurücksenden. Der ICc projiziert dann auf den ICx [427, 362] .

Die von Mead und seinen Kollegen konstruierten Chips sollen diese ausgeklügelte Organisation nachbilden, die die Schleiereule dazu befähigt, Objekte mit Hilfe des Gehörs in der horizontalen Ebene zu lokalisieren. Der Chip hat 220 000

---

[7]Dabei handelt es sich um lokale Codierung. Siehe dazu Kapitel 4.

[8]Diese Darstellung ist in der Tat recht verkürzt. Einzelheiten sind in [189] nachzulesen.

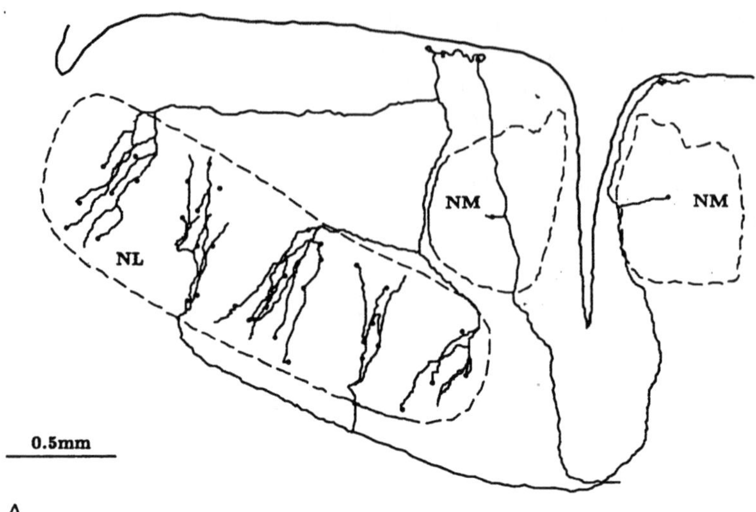

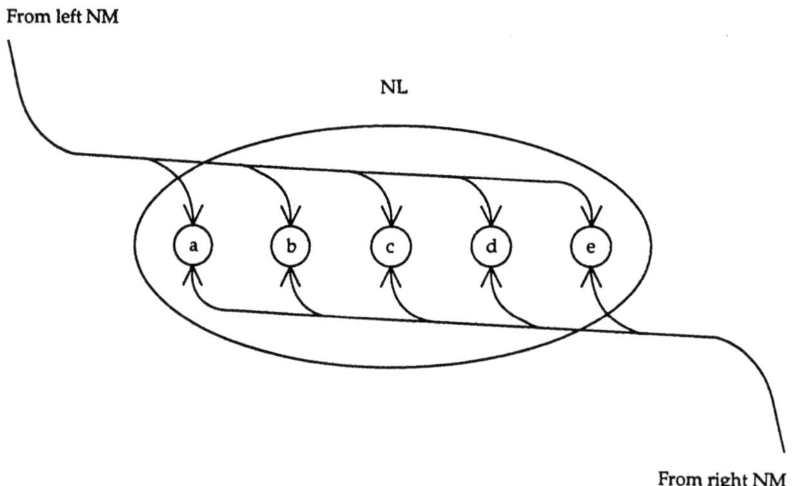

Abbildung 7.2   (A) Innervation des Nucleus laminaris bei der Schleiereule. Die Axone des ipsi- und des kontralateralen Nucleus magnocellularis (NM) erreichen den Nucleus laminaris (NL) an der dorsalen bzw. an der ventralen Fläche. Jedes Axon verläuft dann entlang der jeweiligen Fläche, bis es zu dem isofrequenten Band gelangt, das innerviert werden soll. Innerhalb dieses Bandes schickt das Axon zwei oder drei Kollateralen in den NL, die sich dann jeweils mehrmals verzweigen. Diese bis zu 1 mm langen Fasern verlaufen relativ geradlinig auf die Gegenseite zu [110, 413]. (B) Die interauralen Zeitdifferenzen können im NL folgendermaßen gemessen und codiert werden: Die NM-Fasern codieren

Transistoren, und seine Bauweise ahmt den ihm entsprechenden Teil des Nervensystems der Schleiereule nach. Es gibt Strukturen, die die Rolle der Trommelfelle übernehmen, und Strukturen, deren Funktion analog zur Funktion der Basilarmembranen in den Cochleas ist. Der Chip verfügt auch über synthetische Bahnen zum synthetischen Nucleus laminaris, der sowohl in anatomischer als auch in physiologischer Hinsicht die Organisation des wirklichen Nucleus laminaris nachahmt (jedenfalls soweit die entsprechenden Daten verfügbar sind; Abbildung 7.4). Bis jetzt ist das künstliche Nervensystem von Mead erst bis zum Nucleus laminaris gekommen. Neue Forschungsergebnisse werden dann zur nächsten Stufe führen, nämlich zum Bau eines synthetischen Colliculus inferior mit den beiden funktionell verschiedenen Regionen, dem äußeren Kern und dem zentralen Kern. Obwohl der auditive Chip noch nicht über adaptive Fähigkeiten verfügt, nehmen Mead und seine Gruppe die Konstruktion von adaptiven Schaltkreisen in Angriff und haben damit begonnen, einen Chip mit Hebbscher Modifizierbarkeit herzustellen. Im günstigsten Fall wird die analoge VLSI–Strategie zu einer synthetischen Hörrinde führen, mit deren Hilfe man dann versuchen wird zu verstehen, was genau dem Cortex als Eingabe dient, welche Berechnungen durchgeführt werden und wie der Cortex mit anderen Gehirnregionen interagiert. In der Zwischenzeit sind auch die bereits existierenden Chips hilfreich, und zwar bei der Erforschung der Interaktionen und deren Wirkungen. So kann z.B. die im Schaltsystem des Chips kopierte Anordnung der Neuronen die interaurale Zeitverzögerung der Cochleasignale sehr gut über die räumliche Position der Zellen im Nucleus laminaris codieren, genau wie man dies aufgrund der Physiologie erwarten würde. Die Art und Weise, wie sich Mead dem Konstruktionsproblem nähert, ist besonders auf der Ebene der Mikro- und Makroschaltkreise anwendbar.

Ballard und aktive Wahrnehmung

Dana Ballard und seine Kollegen [763, 45] gehen das Problem von der Systemebene her an. Üblicherweise wird immer angenommen, daß ein Roboter die sensorischen Eingaben eingehend analysieren und kategorisieren muß, bevor eine Handlung eingeleitet wird. Ballard und seine Kollegen dagegen berufen sich auf drei ethologische und evolutionsbiologische Erwägungen: (1) Ein Tier muß nicht alles,

die Information bezüglich des Timings als zeitliche Muster ihrer Aktionspotentiale. Die NL–Neuronen (dargestellt als Kreise mit der Bezeichnung a–e) dienen als Koinzidenzdetektoren und feuern maximal, wenn Signale von zwei verschiedenen Quellen gleichzeitig eintreffen. Das Innervationsmuster der NM–Fasern im NL führt zu asymmetrischen Transmissionsverzögerungen auf der linken und auf der rechten Seite: Wenn die binauralen (von beiden Ohren) Disparationen in den akustischen Signalen die Asymmetrie bei einem bestimmten Neuron genau kompensieren, dann feuert das Neuron maximal. Auf diese Weise codiert die Position im Feld die interauralen Zeitunterschiede [427, 362].

Starres Kamerasehen	Flexibles Sehen
Lokale Bedingungen, die einen Zusammenhang zwischen physischen Parametern und photometrischen Parametern herstellen, sind unterbestimmt.	Lokale Bedingungen sind ausreichend
Minimalistische Bedingungen, wie z.B. Glätte, werden verwendet, um die Lösung festzulegen.	Maximalistische Bedingungen, wie z.B. spezifische Verhaltensannahmen, werden verwendet, um die Lösung zu erhalten.
Der Algorithmus erfordert parallele Iterationen über ein retinal indiziertes Feld.	Der Algorithmus ist lokal und löst das Problem in konstanter Zeit
Der Bezugsrahmen ist auf die Kamera ausgerichtet (egozentrisch).	Der Bezugsrahmen ist auf den Fixationspunkt ausgerichtet (exozentrisch).

Tabelle 7.1   Vergleich zwischen den wichtigsten Merkmalen des starren Kamerasehens und des flexiblen Sehens [45].

was es wahrnimmt, charakterisieren und kategorisieren. Entscheidend sind nur solche Dinge, die dem Überleben dienen (derartige Wahrnehmungen bezeichnet man als *indizierte Repräsentationen*, [9]). (2) Eine für die jeweilige Aufgabe relevante Wahrnehmung erfordert Lernen, zumindest in der Form, daß eine Wahrnehmung und die dazugehörige Handlung dann verstärkt werden, wenn die durch indizierte Repräsentationen herbeigeführte Handlung erfolgreich ist (siehe [54, 699]). (3) Die Ausführung der beiden ersten Punkte führt zu Systemen, die ihre Umwelt aktiv kontrollieren. So kann beispielsweise ein bewegliches Auge mehr Informationen erfassen als ein unbewegliches Auge, vorausgesetzt, der Organismus kann die Augenbewegungen kontrollieren. Die durch Bewegung des Kopfes in verschiedenen Freiheitsgraden oder durch Bewegung des ganzen Körpers wahrgenommene Bewegungsparallaxe liefert wichtige Hinweise auf die relative Tiefe eines Objekts.
Wie wir schon an früherer Stelle gesehen haben, führen auch Vergenzänderungen zu Hinweisen auf die Tiefe des Reizes und geben folglich Auskunft darüber, wohin der Stein geworfen werden muß oder wo sich der Leopard versteckt hält.[9] Bei Systemen, die über ein flexibles Sehvermögen verfügen (damit sind Sehsyteme gemeint, die mit Blickkontrollmechanismen ausgestattet sind, mit deren Hilfe der Sensor als Reaktion auf einen physikalischen Reiz hin entsprechend ausgerichtet werden kann), sind die nötigen Berechnungen weit weniger aufwendig als bei Sehsystemen, die dem Prinzip nach wie eine "starre Kamera" funktionieren (siehe Tabelle 7.1).

---

[9]Die neurobiologischen Daten einer sensorischen Kontrolle bei der Bewegung auf ein Zielobjekt hin werden in [134] diskutiert.

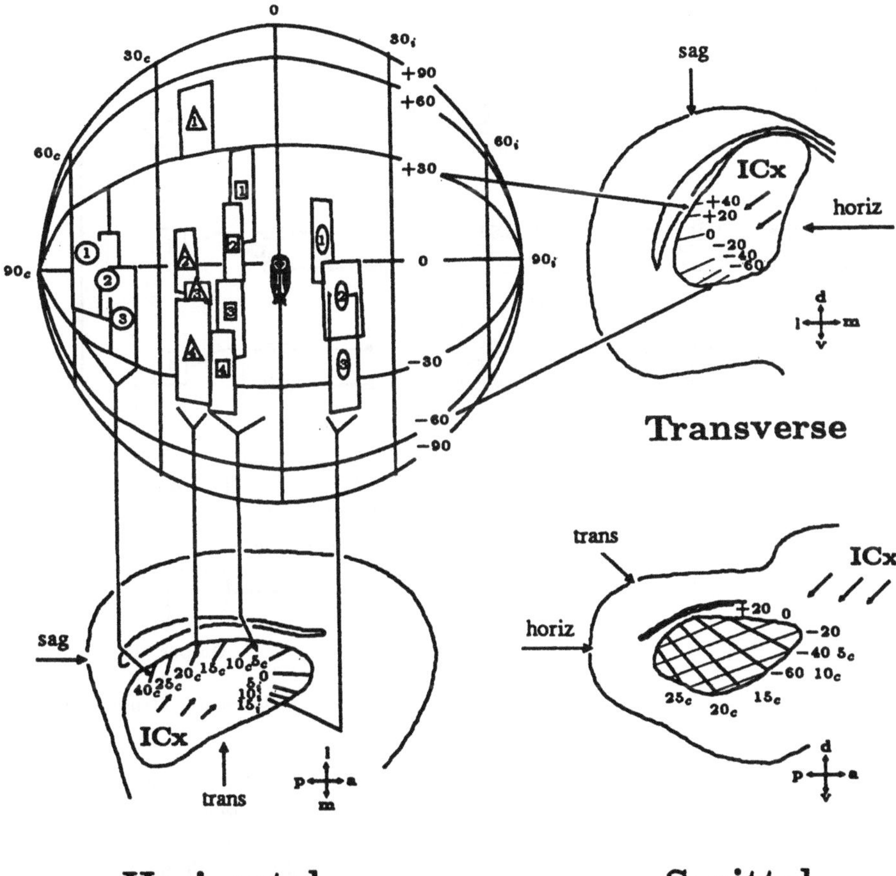

Abbildung 7.3 Neuronale Karte des auditiven Raums der Schleiereule. Der auditive Raum ist hier als eine imaginäre Kugel dargestellt, die die Eule umgibt. Auf die Kugel werden von 14 Neuronen die besten Bereiche ihrer rezeptiven Felder projiziert. In diesem besten Bereich ist die Reaktion innerhalb des rezeptiven Feldes am größten und wird durch Schwankungen in der Lautstärke und -qualität nicht beeinflußt. Zahlen, die von den gleichen Symbolen (Kreise, Rechtecke, Dreiecke, Ellipsen) umgeben sind, repräsentieren Neuronen, die von der gleichen Elektrode angezapft wurden; die Zahlen selbst kennzeichnen die Reihenfolge, in der man auf die Neuronen gestoßen ist. Unterhalb und auf der rechten Seite der Kugel sind drei histologische Schnitte durch den Colliculus inferior abgebildet; die Pfeile zeigen auf den äußeren Kern (ICx). Im Horizontal- und im Sagittalschnitt sind *iso–azimutale* Konturen als dicke Linien dargestellt; im Quer- und im Sagittalschnitt werden Konturen, die sich auf *gleicher Höhe* befinden, durch dünne Linien repräsentiert. a, anterior; c, kontralateral; d, dorsal; i, ipsilateral; m, medial; p, posterior; v, ventral [427, 362, 404].

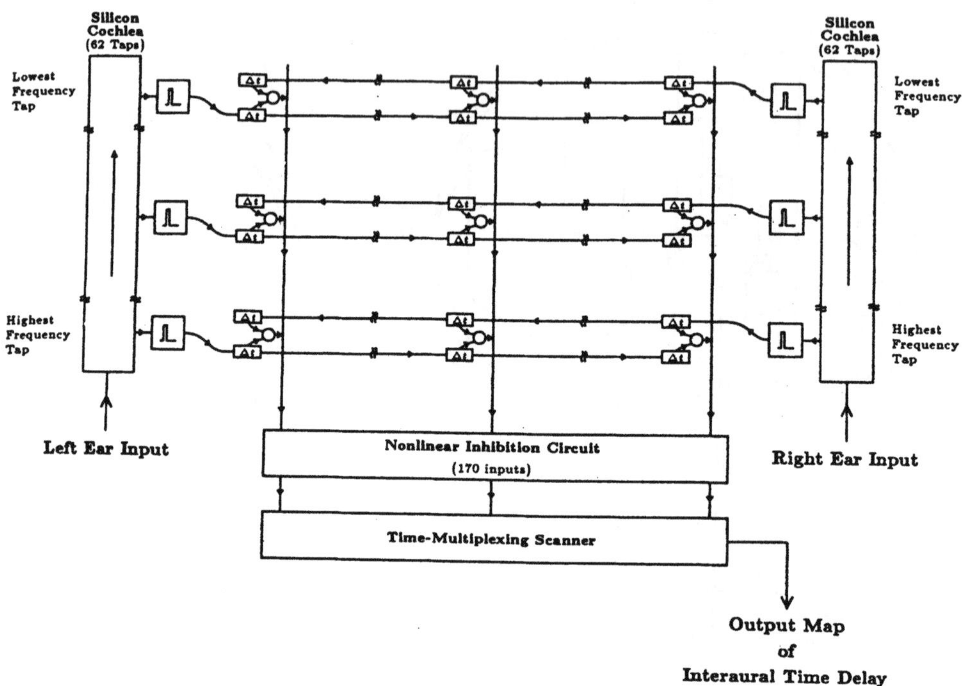

Abbildung 7.4   Lageplan des Silikon–Modells, das die Zeitcodierung bei der Schleie-reule nachahmt. Unten links bzw. unten rechts sind in der Abbildung die Eingaben aufgeführt, d.h. die Geräusche, die die Silikon–Cochleas des linken bzw. des rechten Ohrs erreichen. Innere Haarzellen aus Silikon dringen in jede der Silikon–Cochleas an 62 Stellen ein, die jeweils den gleichen Abstand voneinander haben; jede dieser inneren Haarzellen steht in direkter Verbindung mit einer künstlichen spiraligen Ganglionzelle. Das mit einem Impuls gekennzeichnete Quadrat repräsentiert sowohl die innere Haarzelle als auch das spiralige Ganglion aus Silikon. Jede spiralige Silikon–Ganglionzelle generiert Aktionspotentiale, und diese Signale wandern entlang des Silikon–Axons. Die in Reihen angeordneten kleinen Rechtecke mit der Aufschrift Δt repräsentieren die Silikon–Axone. Die kleinen Kreise stellen die nachgeahmten Zellen des Nucleus laminaris (NL) dar. Es gibt 170 solcher Zellen, die jeweils zwischen den paarweise angeordneten antiparallelen Silikon–Axonen liegen. Jede künstliche NL–Zelle steht in direktem Kontakt zu beiden Axonen und reagiert am stärksten, wenn die in beiden Axonen vorhandenen Aktions-potentiale dieses bestimmte Neuron gleichzeitig erreichen. Auf diese Weise werden die interauralen Zeitunterschiede räumlich codiert. Jede der vertikalen Verbindungen, die sich über das Feld erstrecken, vereinigt die Antworten aller Silikon–Neuronen, die mit einem bestimmten interauralen Zeitunterschied übereinstimmen. Diese 170 vertikalen Verbindungen bilden eine zeitliche Karte vom interauralen Zeitunterschied und reagie-

Ein nach diesen Gesichtspunkten konstruierter Roboter hat auch zu interessanten Erkenntnissen in Sachen Aufmerksamkeit und Lernen geführt. So hat sich beispielsweise herausgestellt, daß die Integration von sensomotorischen Systemen mit Systemen, die auf Verstärkungslernen basieren, innere Zustände entstehen läßt, die bezüglich der Wahrnehmung zweideutig sind. Die Schwierigkeit liegt darin, daß das Entscheidungssystem nicht auf die Welt selbst, sondern nur auf die Repräsentation des Roboters von der Welt zugreifen kann. Dessen Repräsentationen sind jedoch, wie wir gesehen haben, auf das beschränkt, was für die Aufgabe als relevant erachtet wird. Diese Unterscheidung zwischen der Außenwelt und der Repräsentation, die das Tier von der Außenwelt hat, ist an sich schon aufschlußreich (siehe [728]), da auf Verstärkungslernen basierende Modelle im typischen Fall von der sehr unrealistischen Annahme ausgehen, daß diese beiden genau gleich sind. Um dem Problem der Zweideutigkeit beizukommen, lernt der Roboter zu erkennen, welche der momentan wahrgenommenen Repräsentationen zweideutig sind. Dann unterdrückt er diese Repräsentationen und verwendet stattdessen nur die eindeutigen Repräsentationen. Folglich muß er nicht nur lernen, sein Verhalten entsprechend zu kontrollieren, sondern er muß auch lernen zu erkennen, auf was er seine Aufmerksamkeit richten soll. Dazu ist es zweckmäßig, wenn der Roboter in der Lage ist, sich frei zu bewegen, denn nur so kann er sich den Dingen in der Welt zuwenden, die *wirklich* relevant und eindeutig sind, und als Folge davon kann er auch lernen, was gefahrlos ignoriert werden kann.

Brooks und seine Moboter

Rodney Brooks fand den Einstieg in die wirkliche Welt, indem er eine veraltete Regel der Robotik einfach umkehrte. Diese Regel lautet folgendermaßen: "Vereinfache das Problem und mache den Roboter so intelligent, daß er in dieser Spielzeugwelt zurechtkommt, ohne Fehler zu machen." Brooks beschloß nun, nicht das Problem, sondern den Roboter zu vereinfachen und abzuwarten, wie dieser dann mit den nicht–beschönigten und unverfälschten Problemen fertig werden würde [81]. Seine Begründung dieser Umkehrung lautet in etwa so: Komplexe Nervensysteme haben sich aus einfacheren Nervensystemen entwickelt, welche mit einem sehr einfachen Sinnesapparat ausgestattet waren und nur über sehr einfache Mittel verfügten, mit deren Hilfe sie die Eingabedaten analysieren, den nächsten Schritt "beschließen" und den Körper in Bewegung versetzen konnten. Warum sollte man also nicht versuchen herauszufinden, wie im Grunde einfache

ren auf einen großen Bereich von Tonfrequenzen. Der nicht–lineare, hemmend wirkende Schaltkreis im unteren Teil der Abbildung steigert die Selektivität dieser Karte. Der Zeit–Multiplex–Scanner transformiert diese Karte in ein geeignetes Signal, das ozilloskopisch dargestellt werden kann [427, 362].

Nervensysteme in der wirklichen Welt zurechtkommen, indem man die Grundregeln ausfindig macht, nach denen sich ein einfacher Roboter in der wirklichen Welt richtet? Zur Beantwortung dieser Frage bauten Brooks und seine Kollegen sowohl künstliche sechsbeinige Insekten als auch verschiedene Roboter, die mit Rädern, Temperaturfühlern, Laservision und mechanischen Greifarmen ausgestattet waren (Abbildung 7.5). Bei diesen Mobotern handelt es sich im Grunde nur um einfache endliche Automaten, die weder über rekursive Programme, noch über Symbolverarbeitung verfügen und keine zentrale Recheneinheit haben. Ihr Repertoire besteht aus einfachen, miteinander kombinierbaren Reflexen, wie z.B. "Spüre Beute auf!", "Gib auf!" und "Gehe Gegenständen aus dem Weg!", die entsprechend der jeweiligen Sinneseingabe abgerufen werden. Das synthetische Insekt kann zwar einen Tisch nicht von einer Tasse unterscheiden, aber trotzdem ist es dazu in der Lage, beides zu umgehen und einen warmen Gegenstand aufzuspüren. Der Moboter kann durch Komination der einzelnen Reflexverhalten neue Verhaltensweisen zeigen. Sind die durch die sensorischen Eingaben herbeigeführten Verhaltensweisen inkompatibel, wird die Lösung mit Hilfe einer Rangordnung geregelt (Abbildung 7.6).

Wenngleich die Verarbeitungseinheiten in den Mobotern von Brooks nicht viel mit den Neuronen und Schaltkreisen wirklicher Insekten gemeinsam haben, so sind einige der Eigenschaften auf der Systemebene trotzdem für die Neuroinformatik von Bedeutung.[10] Zum einen erweisen sich diese sehr einfältigen Automaten auf der Verhaltensebene als erstaunlich geschickt und zeigen trotz ihres äußerst einfachen Innenlebens überraschend gute Leistungen. Das paßt nicht zu der herkömmlichen Auffassung, daß die inneren Repräsentationen eines Computers recht hochentwickelt sein müssen. Außerdem betonen Altman und Kien [18], daß ihr Modell, das das Verhalten wirklicher Insekten nachahmt, auf der Systemebene viele Ähnlichkeiten mit den Modellen von Brooks aufweist, und zwar besonders hinsichtlich der Tatsache, daß die Kontrolle dezentralisiert und verteilt erfolgt [17, 16].

Einiges von dem, was man intuitiv der Komplexität der inneren Kognition zuschreiben würde, kann in Wirklichkeit mit der Komplexität der Welt zu tun haben, und eine relativ einfache Organisation hat sich dann nur dahingehend entwickelt, daß sich der Organismus in dieser Welt zurechtfinden kann. Denken wir an die Welt einer Honigbiene. In dieser Welt gibt es nicht nur Blüten, die Sonne usw., sondern auch andere Bienen und Feinde. Das Verhalten von Bienen kann erstaunlich hochentwickelt sein. Bienen bilden z.B. Schwärme, sie entfernen tote Bienen aus dem Bienenstock, sie verständigen andere Bienen, wenn sie Nektar gefunden haben, und sie greifen Honigräuber an. Dabei könnte man leicht vergessen, daß das Nervensystem der Biene wahrscheinlich ohne eine erschöpfende und ausführliche Analyse sowie ohne Kategorisierung der Umwelt auskommt. Offensichtlich ist es so, daß Bienen alles aus dem Bienenstock entfernen, was mit Ölsäure behaftet ist. Folglich trifft dies auch auf tote Bienen zu, denn diese scheiden Ölsäure aus.

---

[10]Fühere Bemühungen diesbezüglich können in [77] nachgelesen werden.

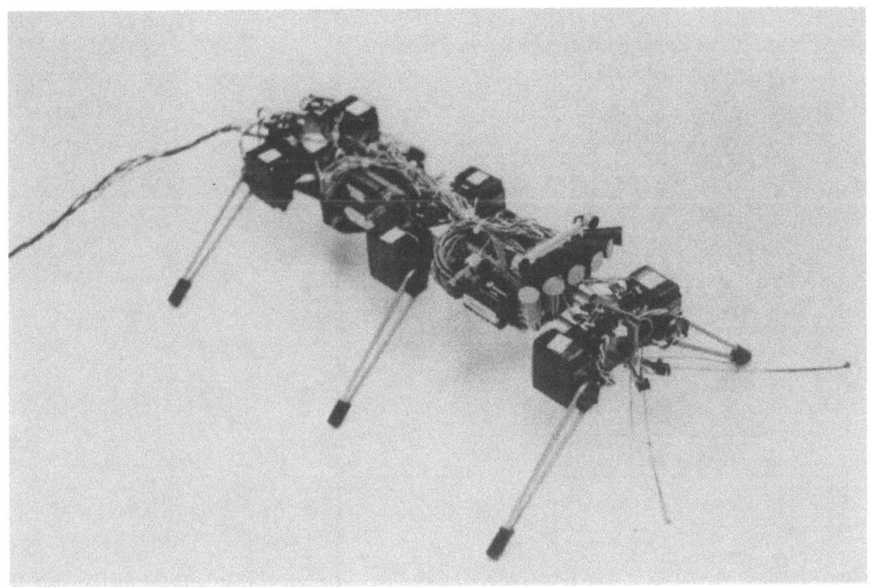

Abbildung 7.5 Genghis, der sechsbeinige Roboter ist ungefähr 35 cm lang, die Beine haben eine Spannweite von 25 cm und das Gewicht beträgt in etwa 1 kg. Jedes Bein ist an sich steif und so an einem Schultergelenk befestigt, daß es zwei Drehfreiheitsgrade hat. Angetrieben wird das Ganze durch einen Servomotor, der rechtwinklig dazu befestigt wurde. Von einem eingebauten Servoschaltsystem wird ein Fehlersignal gemeldet, mit dessen Hilfe an jeder Achse eine grobe Kraftmessung durchgeführt wird, wenn sich das Bein nicht um diese Achse bewegt. Am vorderen Ende befinden sich noch zwei Fühler. Weitere Sensoren sind zwei 4–Bit–Inklinometer (Neigungsmesser) und sechs nach vorne blickende, passive, pyroelektrische Infrarotsensoren. Die Sensoren haben ungefähr eine Winkelauflösung von 6° und eine Spannweite von 45°. Es gibt vier 8–Bit–Mikroprozessoren, die über einen 62,5 Kbaud–Tokenring miteinander verbunden sind. Der Gesamtspeicher des Roboters beträgt in etwa 1 Kbyte für RAM und 10 Kbytes für EPROM. Drei zwischen den Beinen angebrachte Silber–Zink–Batterien verleihen dem Roboter völlige Autonomie [81].

Bienen kommen also wahrscheinlich mit solch relativ einfachen, kombinierbaren, sensomotorischen Mustern aus, wie z.B.: "Schmeiße alles raus, was Ölsäure an sich hat!", "Greife alles an, was keine Biene ist!" Bienen müssen dazu nicht wissen, was ein Bär ist, und ob sich um einen Braunbären, einen Grizzlybären oder um einen Menschen handelt, spielt schon gar keine Rolle (Siehe auch [167], Kapitel 7). Sie müssen einfach nur alle Eindringlinge vom Bienenstock fernhalten. Vielleicht ist es ja möglich, daß wir höhere kognitive Funktionen wie Sprachgenerierung und Sprachverstehen begreifen werden, wenn wir das Problem mit Hilfe eines wichtigen, aber einfacheren Beispiels angehen. Könnte es sein, daß es bei

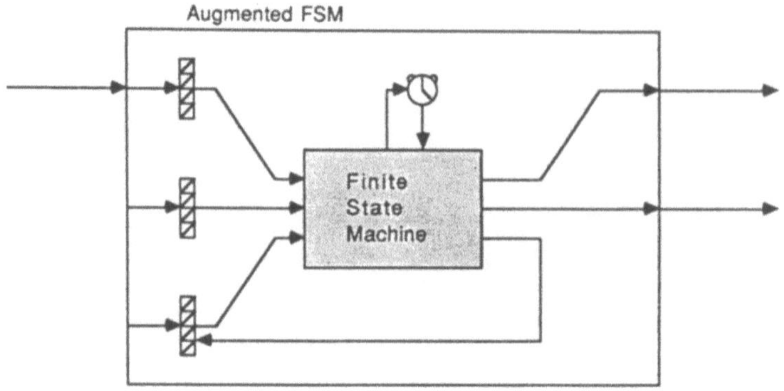

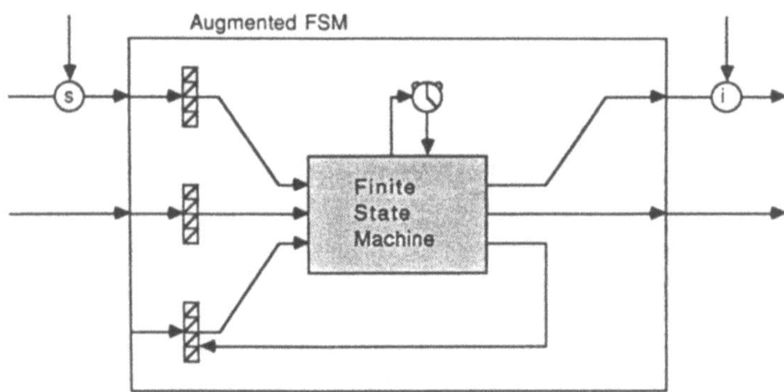

Abbildung 7.6   Ein erweiterter endlicher Automat (abgekürzt AFSM, nach *augmented finite state machine*) besteht aus Registern, Weckuhren, einem kombinatorischen Netz und einem herkömmlichen endlichen Automaten. Eingabemeldungen werden zu den Registern geleitet, und Nachrichten können in den Ausgabeverbindungen generiert werden. Die AFSMs werden in Netzen zusammenverschaltet, die Nachrichten austauschen. Wenn neue Verbindungen zu dem Netz hinzukommen, können sie mit bereits bestehenden Registern verbunden werden, sie können die existierenden Ausgaben (i) hemmen und sie können die existierenden Eingaben unterdrücken (s). Die Schichten dieser AFSMs können durch Hinzufügen weiterer Automaten erweitert werden, die man dann mit dem existierenden Netz wie in der Abbildung verbindet [81].

der Entscheidungsfindung und Problemlösung nicht so sehr um den Beweis eines Theorems, sondern eher um die Erfüllung bestimmter Bedingungen geht?

Der zweite für die Neuroinformatik bedeutsame Punkt ist, daß man an den Mobotern von Brooks bestimmte Netzhypothesen überprüfen kann. Dazu kann man die einfachen Einheiten, die Brooks verwendet hat, durch neurobiologisch plausiblere Netzeinheiten ersetzen. Derartige Versuche werden augenblicklich vorgenommen [114]. Brooks und seine Kollegen haben viele der technischen Schwierigkeiten gelöst, indem sie die mechanischen und elektronischen Vorausetzungen der Roboterbewegung zur Verfügung stellten. Wenn man nach größerem neurobiologischen Realismus strebt, muß man sich nur die technischen Neuerungen zunutze machen und dann abwarten, wie das Netz den Roboter in der wirklichen Welt zurechtkommen läßt.

Nachwort

In diesen sieben Kapiteln haben wir uns mit den Schwierigkeiten und Problemen befaßt, mit denen es die Gehirnforschung zu tun hat. Trotz der vielen Hindernisse wird die Hartnäckigkeit und der Einfallsreichtum der Forscher zweifellos zu Entdeckungen führen, die das Geheimnis zumindest ganz allgemein erklären können. Sobald man aber weiß, wie etwas funktioniert, hat man auch die Möglichkeit einzugreifen und das zu verändern, was die Natur uns zu bieten hat. Bis zu einem bestimmten Grade ist das auch in diesem Fall schon machbar. Hand in Hand mit den tiefgreifenden *theoretischen* Fragen tauchen die entsprechenden *ethischen* Fragen auf, wenn es darum geht, was man mit dem Wissen alles machen darf. Wir müssen uns darüber Gedanken machen, welche Macht und Verantwortung den Menschen zukommt, wie man mit unsozialem Verhalten umgehen soll, ob und auf welche Weise man am Nervensystem manipulieren darf, was bei synthetischen und wirklichen Nerventransplantaten vertretbar ist usw.

Die Neurowissenschaft an sich kann uns nicht sagen, was zu tun ist. Sie hilft uns nur zu erkennen, wie das Gehirn funktioniert. Mit Hilfe der Neurowissenschaft erfahren wir eine Menge über das Denken und über die Entscheidungsfindung, über abergläubische Neigungen und Unsinnigkeiten, über die Art und Weise, wie Menschen normative Regeln erlernen und modifizieren können.[11] Die ethischen Fragen, die im Zusammenhang mit neurobiologischem Wissen aufkommen, sind folglich viel verzwickter und heikler als bei allen anderen Wissenschaften, weil die Manipulationen direkt in das Wesen des Menschen eingreifen. Die Manipulationen betreffen genau das Geschöpf, das über wissenschaftliche und ethische Probleme nachdenkt, das sich in das kulturelle Umfeld einfügt, das die Entdeckungen macht und die Manipulationen durchführt. Wir werden, und zwar alle miteinander, einen klaren Kopf behalten müssen.

---

[11] Dies wird ausführlicher in [122] diskutiert.

A Anatomische und physiologische Techniken

Nervensysteme sind dynamisch, und für die zeitlichen Maßstäbe der physiologischen Beobachtungen, die auf den einzelnen Strukturebenen gemacht werden, kann man eine hierarchische Ordnung festgelegen. Diese Zeitmaßstäbe erstrecken sich über Größenordnungen im Bereich von Mikrosekunden (das gilt beispielsweise für die Öffnungszeiten einzelner Ionenkanäle) bis hin zu Tagen und Wochen, wie z.B. bei den biophysikalischen und biochemischen Prozessen der Langzeitpotenzierung, die dem Gedächtnis zugrundeliegen [498, 86]. Man hat viele Techniken entwickelt, mit deren Hilfe man versucht, die nach verschiedenen Zeitplänen ablaufenden physiologischen Vorgänge und Prozesse zu erforschen. Wenn man weiß, welche Art von Beobachtungen eine bestimmte Technik ermöglicht, kann man beginnen, Hypothesen darüber zu erstellen, wie die Informationsverarbeitung in einer gegebenen Struktur abläuft, und man kann sich Gedanken darüber machen, welche Rolle diese Struktur bei den im Gehirn ablaufenden Prozessen spielt.

Um einen Überblick über die verschiedenen Techniken zu bekommen, ist es zweckdienlich, wenn man sie im Hinblick auf ihr zeitliches und räumliches Auflösungsvermögen graphisch darstellt. Auf diese Weise kann man Bereiche ausfindig machen, für die es noch keine Techniken gibt, mit deren Hilfe man bei diesen räumlich–zeitlichen Auflösungen bis zu den Organisationsebenen vordringen könnte, und man kann Vergleiche zwischen den Stärken und Schwächen der verschiedenen Techniken anstellen (Abbildung A.1). So wird es z.B. offensichtlich, daß uns über einen weiten Bereich, der von Millisekunden bis hin zu Stunden reicht, noch detaillierte Informationen bezüglich der Verarbeitung in den corticalen Schichten und Spalten fehlen. Außerdem benötigen wir dringend experimentelle Techniken, die bei der Erforschung der Hirnrinde die Dendriten- und die Synapsenebene ansprechen. In diesem Anhang werden wir einen Überblick über die Grundtechniken geben, die von Wissenschaftlern auf dem Gebiet der Neurowissenschaften verwendet werden. Dabei werden wir vor allem Wert auf diejenigen Techniken legen, die für die in diesem Buch behandelten Beispiele von besonderer Bedeutung sind.

A.1 Permanente Läsionen

Studien am Menschen

Hirnschäden können beispielsweise durch einen Schlaganfall, eine Schußverletzung, einen Tumor oder durch verschiedene Krankheiten verursacht werden. Die

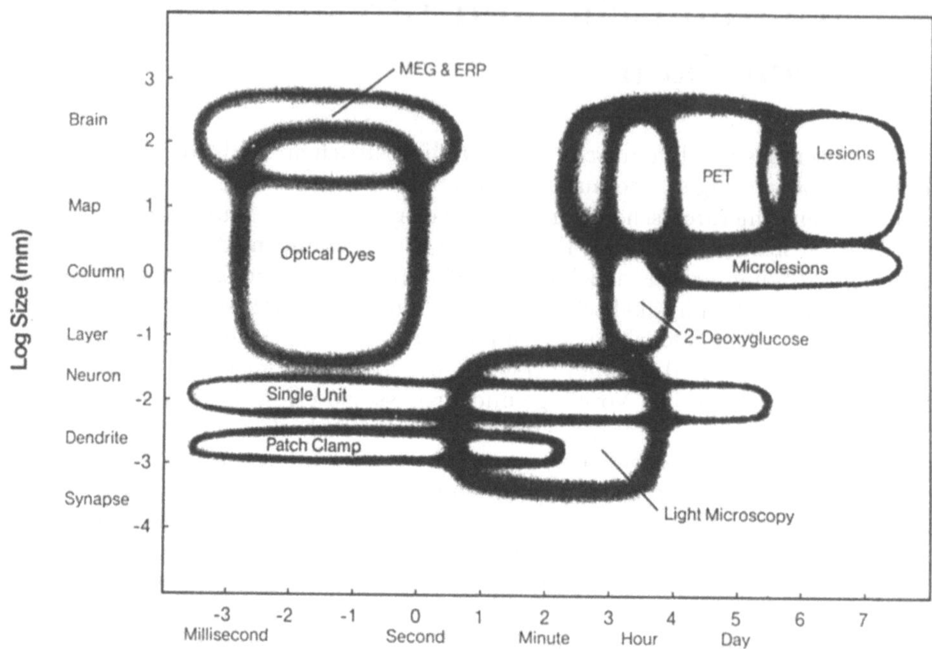

Abbildung A.1 Schematische Veranschaulichung des räumlichen und zeitlichen Auflösungsvermögens verschiedener experimenteller Techniken, die der Erforschung der Gehirnfunktionen dienen. Die vertikale Achse gibt den räumlichen Umfang der Techniken an, wobei die Grenzlinien die größten und die kleinsten Bereiche kennzeichnen, in denen die jeweilige Technik noch zu brauchbaren Informationen führen kann. So kann die Methode, die die Aufzeichnungen an einzelnen Einheiten vornimmt (Single–Unit–Technik) nur von einem kleinen Bereich (im typischen Fall liegt dieser Bereich zwischen 10–50 μm) Informationen liefern. Die horizontale Achse repräsentiert den minimalen und den maximalen Zeitraum, in dem mit Hilfe der Technik Informationen gesammelt werden können. Folglich ist es also möglich, Aktionspotentiale von einem einzigen Neuron viele Stunden lang mit einer im Millisekundenbereich liegenden Genauigkeit aufzuzeichnen. Die Patch–clamp–Technik ermöglicht die Aufzeichnung von Ionenströmen durch einzelne Ionenkanäle. Im Zusammenhang mit der zellulären Auflösung in Gewebekulturen hat man optische Farbstoffe verwendet, die einzelne Zellen deutlich erkennbar machen. Die Aufzeichnungen vom zentralen Nervensystem haben jedoch wegen der optischen Eigenschaften des Nervengewebes eine nur beschränkte Auflösung von ungefähr 0,1 mm. MEG (Magnetoenzephalographie) und ERP (engl. *event–related potential*) zeichnen die durchschnittliche elektrische und magnetische Aktivität über weite Teile des Gehirns auf und sind auf Ereignisse beschränkt, die im Bereich von ungefähr einer Sekunde liegen. Die zeitliche Auflösung der PET (Positronenemissionstomographie) hängt von der

neurologische Einschätzung der Ausfallerscheinungen und der Restkapazitäten bei hirngeschädigten Patienten liefert wichtige Erkenntnisse über die Spezialisierung der Funktion. Sobald man beobachtete Verhaltensweisen —z.B. mit Hilfe von Autopsie, MRI oder PET (siehe unten)— auf Läsionen zurückführen kann, die an einem bestimmten Ort erfolgt sind, ist es möglich, Hypothesen über die Gehirnbereiche aufzustellen, die für gewisse Funktionen von entscheidender Bedeutung sind. So konnte man Läsionen in der linken Hemisphäre in Zusammenhang mit Sprachstörungen bringen (überraschenderweise gilt dies auch für die meisten Linkshänder); bilaterale Läsionen des medialen Temporallappens führen typischerweise zu einer anterograden Amnesie [511, 683] und Läsionen des hinteren Parietalcortex wirken sich auf die andere Körperseite und auf die andere Gehirnhälfte aus [503]. Manche Läsionen erzeugen erstaunlich spezifische Ausfallerscheinungen im Bereich der Wahrnehmung und der Linguistik [156, 490].

Wenngleich die klinische Neurologie schon immer sehr wichtig war und auch weiterhin sein wird, so kennt man doch deren Grenzen ganz genau. So sind beispielsweise das Ausmaß und die genaue Lokalisierung der Läsionen schlecht zu bestimmen und können bei gleichem Verhaltensprofil von Patient zu Patient beträchtlich variieren. Ein weiterer Faktor, der bei der Verwendung klinischer Daten beachtet werden muß, ist die Tatsache, daß sich bei manchen Patienten im Laufe der Zeit die ausgefallenen Funktionen bis zu einem gewissen Grad wiedereinstellen. Inwieweit das geschieht, hängt vom Alter und vom Geschlecht der Patienten ab. Außerdem ist es oft schwierig, die Daten richtig zu interpretieren. Es kann nämlich vorkommen, daß eine Läsion nicht deshalb zum Verlust einer Funktion führt, weil sie in der gegebenen Struktur einen spezifischen Prozeß bei der Informationsverarbeitung beeinträchtigt, sondern weil sie die Leitungsbahnen unterbricht, die die Struktur mit anderen für die Funktion entscheidenden Bereichen oder mit irgend-

Halbwertszeit des verwendeten Isotops ab, und die kann im Minutenbereich liegen, aber auch bis zu einer Stunde dauern. Will man schnelle Veränderungen im Blutkreislauf untersuchen und mißt dazu die zeitliche Anreicherung der Gammastrahlen (was dem Zeithistogramm für Aktionspotentiale entspricht), kann man mit O^{15} eine im Sekundenbereich liegende zeitliche Auflösung erreichen. Die 2–Desoxyglucose–Technik hat eine zeitliche Auflösung von ungefähr 45 Minuten und eine räumliche Auflösung von 0,1 mm bei großen Gewebestücken bzw. von 1 μm bei kleinen Stücken. Läsionen ermöglichen es, daß man die Funktionsstörung sowohl sofort nach der Entfernung des Gewebes, als auch noch lange Zeit nach der Entfernung untersucht. Der Mikroläsionstechnik ist es zu verdanken, daß die Störungen in bestimmten Gehirnbereichen sehr viel genauer und selektiver durchgeführt werden können. Die konfokale Mikroskopie ist eine vielversprechende Methode zur Untersuchung von Nervengewebe. Dabei handelt es sich um eine verbesserte Lichtmikroskopie, die bei dreidimensionalem Untersuchungsmaterial Verwendung findet. Alle hier gezeigten Grenzlinien geben in etwa die Bereiche in der Raum–Zeit-Ebene an, in denen die jeweiligen Techniken schon angewendet wurden, und sind nicht als grundsätzliche Begrenzungen gedacht. [123]. ©AAAS.

einem einflußreichen biochemischen System verbinden. Hinzu kommt noch, daß sich eine Läsion auf mehrere funktionell unterschiedliche Bereiche und infolge sekundärer Degeneration auch noch auf andere Gebiete auswirken kann. Weiterhin wird die Interpretation durch prämorbide neurologische und psychiatrische Faktoren, wie Epilepsie, Schizophrenie usw., erschwert. Schließlich ist es oft schwierig, zur Durchführung der Experimente geeignete Tiermodelle zu finden, die mit den menschlichen Krankheitsbildern vergleichbar sind. Trotz dieser Erschwernisse ist es gelungen, wichtige Erkenntnisse zu gewinnen, mit deren Hilfe man Hypothesen über die funktionelle Spezialisierung bestimmter Strukturen, wie z.B. des Hippocampus, aufstellen konnte [683].

In diesem Zusammenhang sollte man vielleicht noch die Spalthirnstudien (split–brain studies) erwähnen, da in diesen Fällen ziemlich genaue chirurgische Eingriffe notwendig sind, wobei es heutzutage möglich ist, signifikante Überreste von Corpus–callosum–Fasern mit Hilfe der MRI–Technik ausfindig zu machen. Die an Spalthirnpatienten entdeckten Auswirkungen der Trennung [681] veranschaulichten die Aufsplitterung von Erfahrung und Bewußtsein. Darüberhinaus bestätigten sie bei einigen Patienten die Lateralisierung bestimmter Funktionen. Dies ist besonders bei der Sprachgenerierung und bei Aufgaben der Fall, die eine räumliche Orientierung erfordern. Aber selbst bei diesen Studien kommt es zu Interpretationsschwierigkeiten, da alle betroffenen Personen Epileptiker waren und da es sowohl hinsichtlich der Operationstechnik als auch bezüglich der Vollständigkeit der Kommisurenschnitte beträchtliche Unterschiede gab. Nichtsdestoweniger können die Studien an Spalthirnpatienten bedeutende Informationen über die globale Organisation des Verarbeitungsprozesses bei Wahrnehmungsphänomenen oder bei kognitiven Phänomenen (z.B. bei der Farbenkonstanz [424] und bei Bildern, die nur in der Vorstellung gesehen werden [632]) liefern.

Tiermodelle

Da die experimentellen Läsionen und Aufzeichnungen nicht am Menschen durchführbar sind, können viele Fragen bezüglich des menschlichen Gehirns nur indirekt mit Hilfe von Tiermodellen angegangen werden. So war z.B. die Entdeckung, daß Läsionen im Hippocampus und in damit verwandten Strukturen beim Menschen zu einer anterograden Amnesie führen, von der jedoch selektiv das Erlernen bestimmter Fertigkeiten und das Priming (Erklärung siehe Glossar) ausgenommen sind, der Anlaß dafür, daß man nach einem Tiermodell suchte, das in etwa das gleiche Profil aufwies [638]. Die Studien an Affen [789] hatten große Ähnlichkeit mit den menschlichen Fällen. In Verbindung mit anatomischen, pharmakologischen und physiologischen Forschungsarbeiten, die am Hippocampus und an damit verwandten Strukturen verschiedener Tiere (Schildkröten, Ratten, Kaninchen) durchgeführt wurden, machten es diese Affenstudien möglich, daß man sich bezüglich der Grundlagen des deklarativen Langzeitgedächtnisses auf ein gemeinsames Modell verständigen konnte. In diesem Zusammenhang entstanden auch neue Hypothesen über das menschliche Gedächtnis, die dann am Verhalten geprüft werden können. (Tierstudien waren auch bei der Erforschung der neurobiologischen Grundlage des Schlafens und Träumens von entscheidender Bedeutung; [330]).

Im Grunde haben wir alles, was wir über die Mikroorganisation von Nervensystemen wissen, den Arbeiten an Tiergehirnen zu verdanken. Wenn wir das menschliche Gehirn jemals verstehen wollen, können wir auf diese Art von Forschung auf keinen Fall verzichten. Natürlich hat diese Forschung ihre Grenzen, und zwar insofern, als sich die Gehirne verschiedener Spezies ganz erheblich voneinander unterscheiden und man demzufolge nicht einfach von Katzen- und Affengehirnen auf das menschliche Gehirn schließen kann. Sogar die Identifizierung homologer Strukturen kann in verschiedenen Spezies Probleme bereiten [105]. Nichtsdestotrotz ist es möglich, daß die Grundprinzipien mit Hilfe von Tiermodellen entdeckt werden, und diese sind der Schlüssel zur Beantwortung von Fragen, die diejenigen Aspekte des menschlichen Gehirns betreffen, auf denen dessen Einzigartigkeit beruht.

A.2 Reversible Läsionen und Mikroläsionen

Manche Schwachpunkte der Läsionstechnik können durch technische Neuerungen, die einen selektiveren Eingriff ermöglichen, ausgeglichen werden. "Kainic acid" und "ibotenic acid" sind beispielsweise neurotoxische Substanzen, die den Zellkörper der Neuronen zerstören, während sie die Leitungsfasern intakt lassen. Durch entsprechende Dosierung und geeignete Wahl des Injektionsortes können außerdem das Ausmaß und die Stelle der Läsion genau kontrolliert werden. Diese neue Läsionstechnik hat man benutzt, um bestimmte Ausfallerscheinungen bei der Bewegungsverarbeitung in MT, einem extrastriaten Sehfeld in der Hirnrinde, zu lokalisieren [742, 542, 673].

Aus den oben schon erwähnten Gründen ist die richtige Deutung permanter Läsionen meist schwierig. Zu vorübergehenden Läsionen kann es auch kommen, wenn man z.B. eine bestimmte Region des Gehirns lokal kühlt oder lokal wirkende Anästhetika wie Lidocain anwendet. Dann kann man die Verhaltensänderungen des Tieres untersuchen oder messen, ob und wie sich die Läsion auf die Antworten von Neuronen in anderen Bereichen des Gehirns ausgewirkt hat. So ist es möglich, kurzzeitige Veränderungen, die direkt auf die Läsion zurückzuführen sind, von allgemeinen oder langandauernden Änderungen zu unterscheiden.

Es gibt pharmakologisch wirksame Mittel, die selektiv auf bestimmte Neuronen oder Bahnen einwirken. Verabreicht man beispielsweise neugeborenen Ratten 6-Hydroxydopamin, so werden selektiv alle Neuronen im Gehirn zerstört, die Catecholamine (wie Dopamin oder Norepinephrin) als Neurotransmitter verwenden. Noch spezifischere Läsionen sind möglich, wenn man pharmakologische

Mittel verwendet, die ganz bestimmte Synapsen blockieren. Die Substanz 4–Aminophosphonobuttersäure (APB) blockiert an Synapsen in der Retina von Wirbeltieren selektiv eine Klasse von Glutamat–Rezeptoren, die sich zwischen den Photorezeptoren und den bipolaren EIN–Zentrum–Zellen befinden [639, 339]. Gelangt diese Substanz auf den Glaskörper des Auges, kommt es zur reversiblen Blockierung der gesamten, zum Sehzentrum führenden EIN–Zentrum–Bahn. Auf diese Weise ist es möglich, die Aus–Zentrum–Bahn isoliert zu untersuchen. Das ist sehr praktisch, denn so können wir z.B. im Zusammenhang mit der Entstehung der Orientierungsselektivität in Sehrindenzellen verschiedene Hypothesen testen, die sich mit der Wechselwirkung zwischen den EIN–Zentrum- und den AUS–Zentrum–Bahnen befassen. Ein weiteres pharmakologisch wirksames Mittel, das zur Untersuchung von funktionellen Eigenschaften verwendet wird, ist die Aminophosphonovaleriansäure (APV), die selektiv die NMDA–Rezeptoren (N–Methyl–D–Asparaginsäure) blockiert. Diese Rezeptoren sind an der Generierung der Langzeitpotenzierung im Hippocampus beteiligt, d.h. sie wirken an der Veränderung der Stärke bestimmter Synapsen mit, wenn diese stark stimuliert werden [498].

Einer der wichtigsten inhibitorisch wirkenden Neurotransmitter im Gehirn ist die γ–Aminobuttersäure (GABA). Von außen auf die Hirnrinde und auf andere Bereiche angewendet, führt sie zur Hyperpolarisation bestimmter Neuronen und verhindert dadurch die Generierung von Aktionspotentialen. Mit dieser Technik kann man die Zellen lokaler Netze auf effektive Weise schädigen, wobei die Läsionen reversibel sind. Diese Technik hat man verwendet, um zu zeigen, daß die in der Schicht 6 des striaten Cortex vorkommenden Neuronen an der "End–stop"–Hemmung beteiligt sind, die man in den oberen Schichten des Cortex beobachten kann [72]. Es ist auch möglich, GABA ständig zu verabreichen und dann die Langzeitwirkung der Neuronenaktivität auf die Wirksamkeit der Synapsen zu untersuchen. Normalerweise ist es so, daß bei einer jungen Katze, der man in der entscheidenden Entwicklungsphase ein Auge durch eine Naht verschlossen hat, die Afferenzen vom verschlossenen Auge schwächer werden, was dann zur Folge hat, daß später, wenn beide Augen offen sind, die corticalen Neuronen nur bei Reizung des vorher nicht verschlossenen Auges reagieren. Reiter und Stryker [617] haben dagegen berichtet, daß bei einer jungen Katze, deren Sehrinde durch ständige Gabe pharmakologisch wirksamer Substanzen gehemmt wurde, die Antworten vom geschlossenen Auge erhalten blieben, während die Antworten des offenen Auges ausblieben, d.h. es wurde genau das umgekehrte Ergebnis erzielt. Wie wir in Kapitel 5 erläutert haben, zeigen diese Experimente, daß die neuronale Aktivität bei der Entwicklung der normalen corticalen Organisation eine entscheidende Rolle spielt.

Je mehr wir über die Zusammensetzung des Gehirns auf der molekularen Ebene wissen, desto selektiver und wirksamer werden die Techniken, mit deren Hilfe wir die spezifischen neuronalen Schaltkreise ausfindig machen und deren funktionelle Bedeutung einschätzen können. Insbesondere die monoklonalen Antikörper, welche mit bestimmten Molekülen eine spezifische Bindung eingehen, die genetische Klonierung, mit deren Hilfe man bestimmte Gene identifizieren kann, und die Retroviren, die man dazu benutzt, um bestimmte Gene in Zellen einzuschleusen, werden es bald möglich machen, daß man ganz bestimmte Zellklassen und ganz spezifische Unterklassen von Synapsen erfassen kann [385]. Bisher konnte man durch Klonierung der Gene bereits einige Rezeptoren für Neurotransmitter identifizieren und die dazugehörigen Aminosäuresequenzen bestimmen. Natürlich liefern diese neuen Techniken an sich keine tieferen Einblicke in die Funktion des Gehirns, aber mit ihrer Hilfe können die Fragen detaillierter als bisher beantwortet werden. Dabei müssen die Fragen selbst jedoch immer spezifischer werden, damit man die Möglichkeiten, die diese neuen Techniken bieten, voll ausschöpfen kann.

A.3 Abbildungsverfahren (Imaging–Techniken)

Sherrington [671] machte sich seine eigenen Gedanken darüber, wie das Nervensystem aussehen könnte, wenn die elektrische Aktivität im Gehirn sichtbar wäre. Nach seiner Vorstellung würden "Millionen von blitzenden Weberschiffchen ein ineinandergreifendes, jedoch unbeständiges Muster" weben, d.h. die Teilmuster würden sich "harmonisch zueinander verschieben". Mit Aufkommen der Imaging–Techniken im Laufe der letzten zehn Jahre konnte diese Vision vom Nervensystem als eine Art "Zauberwebstuhl" tatsächlich sichtbar gemacht werden. Die dazu nötigen Techniken und die Ergebnisse würden Sherrington jedoch in Erstaunen versetzen. Um Bilder von der physiologischen Aktivität erzeugen zu können, müssen bei diesen Techniken Farb- und Markierungsstoffe (Tracer) eingeführt werden, die auf die physiologischen Variablen empfindlich reagieren. Außerdem wird ein Computer benötigt, denn die Anzahl der gesammelten Daten ist hier typischerweise um mehrere Größenordnungen höher als bei herkömmlichen Techniken, wie z.B. der Single–Unit–Technik (siehe unten). Manche Abbildungsverfahren sind nichtinvasiv und können deshalb bedenkenlos bei Routineuntersuchungen verwendet werden, die dem Zweck dienen, die normale Informationsverarbeitung im menschlichen Gehirn zu erforschen.

Die erste nichtinvasive Abbildung von Gehirnstrukturen wurde durch tomographische Techniken ermöglicht. Hierbei wird aus einer Reihe von Messungen mit Hilfe von 1–D Strahlen ein 2–D Querschnitt durch das Gehirn rekonstruiert. Um die Hauptstrukturen voneinander unterscheiden und anomales Nervengewebe erkennen zu können, macht sich die röntgenologische Computertomographie (CT) die Eigenschaft zunutze, daß das Gewebe für Röntgenstrahlen eine unterschiedliche Durchlässigkeit hat. Die CT hat in der Schnittebene eine räumliche Auflösung von ungefähr 1 mm. Diese Auflösung reicht aus, daß man verschiedene Gehirnregionen, wie z.B. Hippocampus und Amygdala, getrennt voneinander wahrnehmen

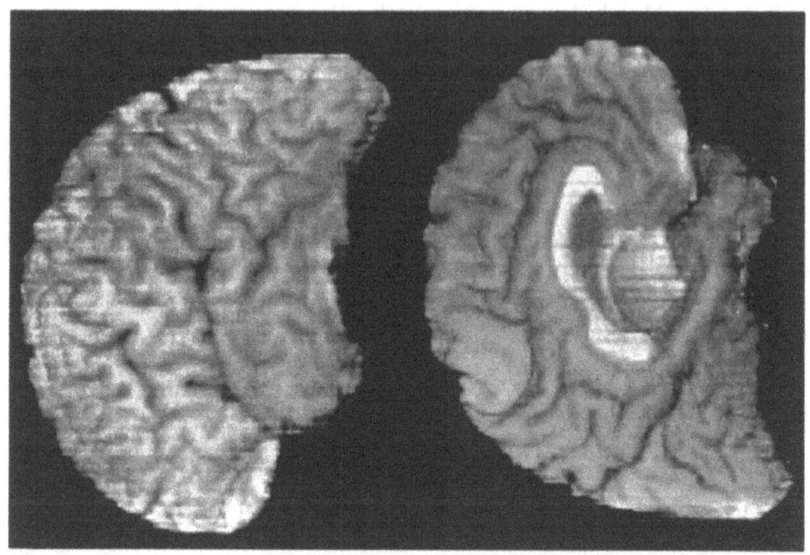

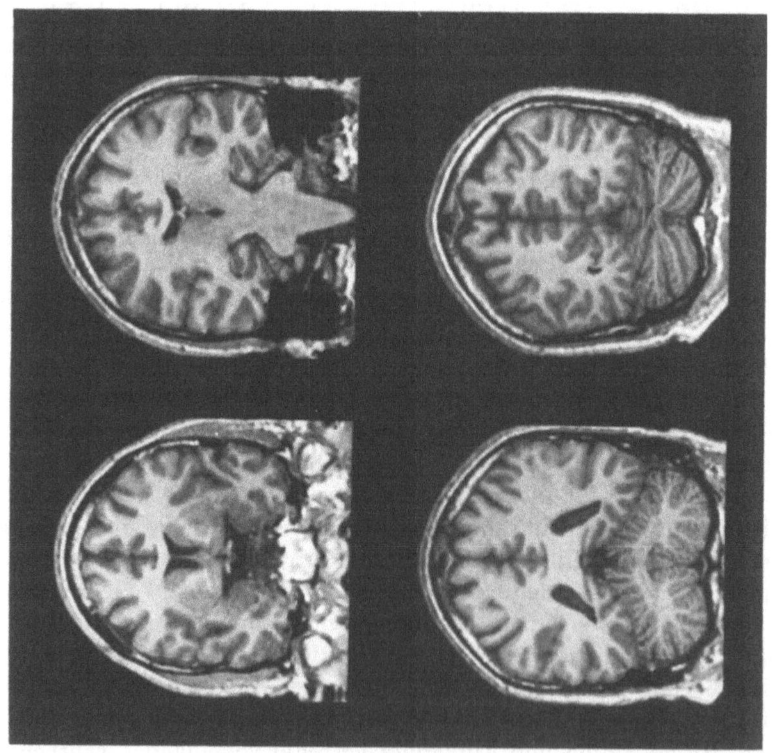

kann. Vor kurzem erst hat man die MRI–Technik (engl. *magnetic resonance ima-ging*) entwickelt, wobei meistens die Wasserstoffdichte abgebildet wird. Die mit Hilfe der MRI–Technik erhaltenen Bilder (Abbildung A.2) haben eine weit bessere räumliche Auflösung (von zirka 0,1 mm in der Schnittebene, was ausreicht, um den Gennari–Streifen in der 4. Schicht des striaten Cortex erkennen zu können) und einen günstigeren Rauschabstand. Außerdem sind sie für die Testperson nicht mit Risiken verbunden, wodurch es möglich wird, das normale Gehirn zu untersu-chen. Die MRI–Technik beruht auf folgendem Prinzip: Das Gewebe wird starken Magnetfeldern ausgesetzt, wodurch in den Atomkernen, aus denen sich das Ge-webe zusammensetzt, Veränderungen in der magnetischen Orientierung induziert werden, welche man dann messen kann. Die Patienten müssen dazu nur für zirka 15 Minuten ruhig in dem Magnetfeld liegen. Diese beiden Techniken sind sehr nützlich, wenn man Läsionen, Tumore oder entwicklungsbedingte Anomalitäten ausfindig machen will. Eine Funktionsbeeinträchtigung, bei der die Gehirnstruk-tur intakt bleibt, kann man damit jedoch nicht erkennen. Bis jetzt liefern sie nur statische Bilder der Gehirnanatomie und keine dynamische Information über die Aktivität des Gehirns. Es ist jedoch möglich, sie mit anderen Techniken, welche die dynamischen Veränderungen in der Gehirnaktivität messen, zu kombinieren. Solche Techniken werden unten aufgeführt.

Neben Wasserstoff können mit Hilfe der MRI–Technik auch noch andere che-mische Elemente im Gehirn abgebildet werden. Dabei handelt es sich vor allem um die Elemente Natrium und Phosphor, die entsprechend dem funktionellen Zustand des Gehirns in unterschiedlichen Konzentrationen vorkommen können. Natrium, Phosphor und die anderen chemischen Elemente kommen jedoch in lebendem Ge-webe in weit geringeren Konzentrationen vor, als dies bei Wasserstoff der Fall ist. Folglich sind Rauschabstand und Auflösung bei der Abbildung des chemischen Elements mit Hilfe der MRI–Technik wesentlich schlechter. Man ist jedoch gerade dabei, Strategien zu entwickeln, die die Empfindlichkeit der MRI–Technik verbes-sern. Dabei steht die funktionelle MRI–Spektroskopie, deren Auflösungsvermögen im Millimeterbereich liegt, im Mittelpunkt des Interesses.

Die 2-Desoxyglucose–Technik (2–DG–Technik; [679]) macht sich den Zusam-menhang zwischen der elektrischen Aktivität und dem Stoffwechsel zunutze. Ein

Abbildung A.2 (a) Vier koronare Sektionen des menschlichen Gehirns werden durch die MRI–Technik sichtbar gemacht. Graue Substanz (Großhirnrinde, Basalganglion, Thalamus) und weiße Substanz sind deutlich voneinander unterscheidbar (nach Hanna Damasio). (b) Dreidimensionale Rekonstruktion des Gehirns am lebenden Menschen. Für die Rekonstruktion werden die mit Hilfe der MRI–Technik gewonnenen Rohdaten unter Verwendung eines bestimmten Programms bearbeitet (BRAINVOX wurde von Hanna Damasio und Randall Frank an der University of Iowa entwickelt). Durch diese Technik werden die wichtigsten Sulci und Gyri, die Rotation der rekonstruierten Körper im Raum, Bilder des 3–D Körpers in jeder beliebigen Schnittebene und die Umwandlung von 2–D in 3–D Datenpunkte sichtbar (nach Hanna Damasio).

radioaktiv markierter, zum Zucker analoger Stoff wird ins Blut injiziert. Dort wird er selektiv von Neuronen mit erhöhter Stoffwechselaktivität aufgenommen. Bei Tieren kann man Gewebeschnitte vom Gehirn anfertigen und diese dann von einem Röntgenfilm belichten lassen. Auf diese Weise erhält man ein Bild des lokalen Glucosestoffwechsels, dessen Auflösung in etwa 0,1 mm beträgt. Die Abbildung A.3 zeigt, wie die Sehrinde eines Affen auf einen visuellen Reiz, der hier in Form eines flimmernden Bullaugenmusters präsentiert wurde, reagiert [598]. Dies ist das erste Bild, das die bemerkenswerte Übereinstimmung zwischen Merkmalen in der Welt und den Aktivitätsmustern in einem topographisch abgebildeten Bereich des Cortex widerspiegelt. Beim Menschen kann der 2-DG-Stoffwechsel mit Hilfe der Positronenemissionstomographie (PET) dargestellt werden, wobei die Auflösung ungefähr 10 mm beträgt [574].

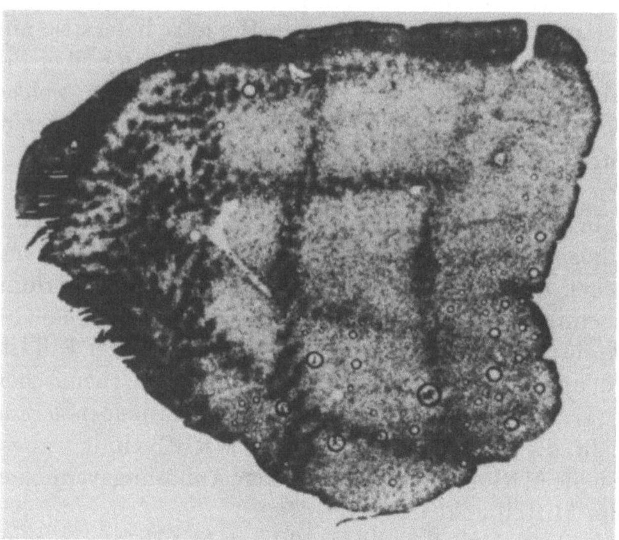

Abbildung A.3 Das Aktivitätsmuster in der Schicht 4 der primären Sehrinde eines Affen wurde mit Hilfe der 2-Desoxyglucose-Technik sichtbar gemacht. Auf diesem 2-D Bild ist in etwa die Hälfte des gesamten Oberflächenbereichs von V1 einer Hemisphäre zu sehen. Der visuelle Stimulus wurde nur einem Auge präsentiert. Bei dem Stimulus handelte es sich um eine flimmernde Scheibe im Zentrum der Fovea, welche aus acht radialen Linien und fünf konzentrischen Kreisen bestand, die auf einer logarithmischen Skala alle den gleichen Abstand voneinander hatten. Man ließ dieses Bullaugenmuster flimmern, weil die meisten Neuronen der Sehrinde bei Beginn und Beendigung des Reizes am besten reagieren. In diesem Autoradiogramm sind die Muster erhöhter Gehirnaktivität als dunkle Bereiche dargestellt. Die Streifen auf den dunklen Linien sind Störungen, die von den Augendominanzspalten des nicht stimulierten Auges herrühren [598].

Die 2–DG–Technik hat den Nachteil, daß die Aktivität über einen Zeitraum von 45 min gemittelt werden muß. Wenn wir bedenken, daß eine visuelle Wiedererkennungsaufgabe in weniger als 500 Millisekunden ausgeführt werden kann, ist dies eine sehr lange Zeit. Die Zeit, die benötigt wird, um das Gehirngewebe zu verarbeiten und es von einem Röntgenfilm belichten zu lassen, kann mehrere Monate betragen. Übermäßige Gehirnaktivität führt zur Sättigung der Antworten über weite Bereiche des Gehirns. Dadurch kann es passieren, daß man die tatsächlichen Unterschiede zwischen den einzelnen Bereichen des Gehirns nicht mehr erkennen kann. Ein weiterer Nachteil ist, daß man nicht die Möglichkeit hat, das Experiment mit einem am gleichen Tier durchgeführten Kontrolldurchlauf zu vergleichen, da das Tier getötet werden muß, damit man das Bild auf dem Film erzeugen kann. Was die Versuche an Menschen angeht, darf pro Untersuchung jeweils immer nur ein einziger PET–Scan vorgenommen werden. Da es individuelle Schwankungen gibt und da auch ein und derselbe Mensch in verschiedenen Untersuchungen nicht immer die gleichen Ergebnisse liefert, muß man viele Testpersonen haben, um einen aussagekräftigen Mittelwert zu erhalten. Weiterhin kommt noch erschwerend hinzu, daß man über den Zusammenhang zwischen dem Glucosestoffwechsel und der elektrischen Aktivität nicht genau Bescheid weiß. Man geht davon aus, daß die beiden im Neuropilem eng miteinander gekoppelt sind. Ob dies jedoch für alle Bereiche des Gehirns zutrifft, kann man nicht mit Sicherheit sagen. Nichtsdestotrotz kann man die 2–DG–Abbildungen mit den herkömmlichen elektrischen Aufzeichnungen vergleichen und erhält auf diese Weise sowohl ein umfassenderes Bild von der globalen Verarbeitung [188] als auch wichtige Daten über die topographische Organisation der neuronalen Eigenschaften innerhalb der verschiedenen Bereiche im Gehirn und über Projektionen zwischen den Bereichen.

Die aufgrund der elektrischen Aktivität entstandenen Stoffwechselschwankungen können mit Hilfe des regionalen Blutkreislaufs überwacht werden [354, 622, 603]. Der Blutfluß wird gemessen, indem man die Clearance von in die Halsschlagader injiziertem Xenon–133 durch einen externen Strahlungsdetektor verfolgt. Bei einer anderen Methode wird die Veränderung im Blutvolumen mit Hilfe der PET gemessen, nachdem vorher durch O^{15} markiertes Wasser ins Blut injiziert wurde. Der große Vorteil dieser Methoden liegt darin, daß es möglich ist, mehrere Bedingungen auf einmal zu messen, da die Clearance- und die Halbwertszeiten nur wenige Minuten betragen. Diese Techniken hat man verwendet, um die willkürliche motorische Aktivität [236] und die selektive Beantwortung somatosensorischer Reize [623] zu untersuchen. Im typischen Fall werden die Ergebnisse aus 10 verschiedenen Versuchen gemittelt. Augenblicklich kann man mit der PET eine räumliche Auflösung von zirka 10 mm erreichen. Die größtmögliche Auflösung wird auf 2–3 mm geschätzt, wobei der begrenzende Faktor die Reichweite der Positronen ist. Durch Berechnung des Durchschnitts aus mehreren Einzelwerten konnte man jedoch das Sehfeld der primären Sehrinde beim Menschen mit einer Auflösung von 1 mm abbilden [237]. Die anatomische Region, die mit dem Aktivierungsbereich übereinstimmt, wird dadurch ausfindig gemacht, daß man den PET–Scan

auf ein idealisiertes Gehirn abbildet. Leider gibt es jedoch bei den Orientierungs-
punkten im Gehirn beträchtliche individuelle Unterschiede, und selbst in ein und
demselben Individuum kommt es zwischen der linken und der rechten Hemisphäre
zu Asymmetrien, die im idealisierten Gehirn nicht berücksichtigt werden. In Anbetracht dieser individuellen Unterschiede kann der Fehler bei der Lokalisierung
bis zu 2 cm betragen. Da in Nervensystemen ansonsten alles im Mikrobereich
liegt, ist diese Differenz riesengroß. Einige Forscher (unter ihnen Damasio) sind
dabei, neue PET–Geräte zu bauen, bei denen der MRI–Scan eines Individuums
als anatomische Schablone dient, auf die der PET–Scan eben dieses Individuums
abgebildet wird. Dadurch wird die Lokalisierung vermutlich wesentlich genauer
werden.

Die PET–Technik bietet die Möglichkeit, den Sitz höherer Funktionen (dazu
zählt z.B. das Sprachvermögen bei Menschen) zu ermitteln. Kognitive Aufgaben wie das Lesen einzelner Wörter wurden mit Hilfe des Subtraktionsverfahrens
untersucht, um so die individuellen Denkprozesse zu lokalisieren ([571, 684]; Abbildung A.4). Es gibt jedoch eine Reihe verwirrender Faktoren, die erst sorgfältig
voneinander getrennt werden müssen. Dazu zählen u.a. die subvokale motorische Aktivität, die oft in Verbindung mit geistiger Aktivität auftritt, und die
Wahrscheinlichkeit, daß ein *Abnehmen* der Aktivität ebenso entscheidend wie die
Aktivitätzunahme sein könnte.

Die direkte Beobachtung verbunden mit einer optischen Aufzeichnung der im
Gehirn erfolgenden elektrischen und ionischen Veränderungen ist ein vielverspre-
chender Ansatz, der an Tieren ausprobiert wird. Man hat neue optische Farbstoffe
entwickelt, mit deren Hilfe eine nichtinvasive Überwachung der Veränderungen im
Membranpotential von Neuronen möglich ist [40, 290]. Diese Technik hat man benutzt, um die in der Sehrinde vorhandenen Augendominanz- und Orientierungsspalten sichtbar zu machen [70] (Abbildung A.5). Anscheinend können auch kleine Veränderungen bei der Absorption von Rotlicht in der Sehrinde aufgezeichnet
werden, und offensichtlich entsprechen diese Veränderungen auch in Abwesen-
heit eines Farbstoffs den elektrischen Antworten der Neuronen [290, 244, 723]. Es
wurden auch ionensensitive fluoreszierende Farbstoffe, wie beispielsweise das auf
Calcium ansprechende Fura–2, entwickelt, die der Überwachung der Veränderung
in der intrazellulären Ionenkonzentration dienen [722, 130, 8]. Diese optischen
Verfahren könnte man in Verbindung mit der konfokalen Mikroskopie dazu verwenden, dreidimensionale Bilder von der physiologischen Aktivität in vivo zu
erzeugen [75].

Damit wir uns durch die bemerkenswerten Leistungen dieser neuen Abbildungsverfahren nicht zu unkritischer Begeisterung hinreißen lassen, sollte betont
werden, daß diese Techniken sowohl potentielle Artefakte als auch viele neue Inter-
pretationsprobleme heraufbeschwören und daß wir möglicherweise noch einige Zeit
brauchen werden, bis wir diese Techniken routinemäßig verwenden und ihnen ver-
trauen können. Außerdem ist noch keines dieser Abbildungsverfahren annähernd
so flexibel und keines dieser Abbildungsverfahren hat bei in–vivo–Versuchen ei-

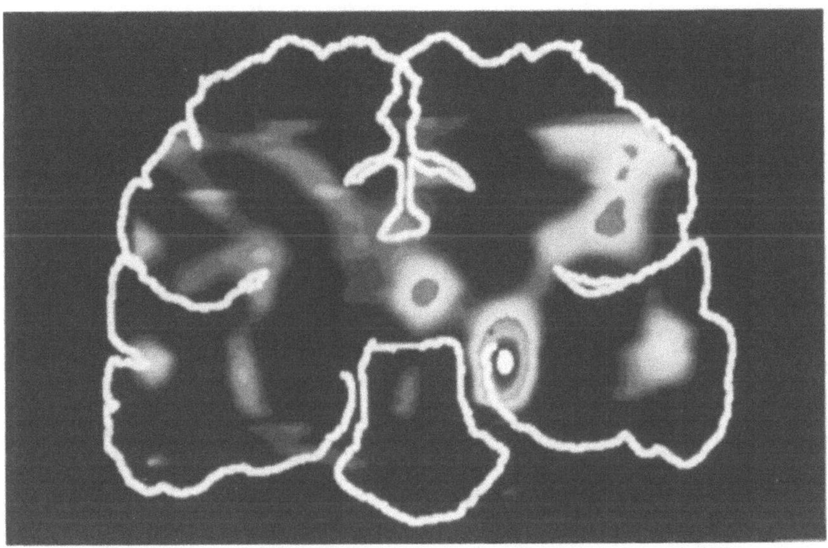

Abbildung A.4   Ein koronarer Schnitt von 2 mm Dicke. Mit Hilfe der Positronenemissionstomographie (PET) wird gezeigt, daß die Blutzirkulation während einer Gedächtnisaufgabe gegenüber der Ausgangsbasis zunimmt. Der Aktivierungsbereich liegt im rechten medialen Temporallappen, und zwar dort, wo sich der Hippocampus und der rechte Gyrus parahippocampalis befinden (siehe dazu Abbildung 5.1(A)). In diesem Bereich ist das "Bullauge" in Umrissen zu erkennen: Der Anstieg der Blutzirkulation ist im Zentrum relativ am größten (ungefähr 6%). Vom innersten bis zum äußersten Torus beträgt die relative Zunahme jeweils 5%, 4%, 3%, 2% bzw. 0. Man hat den Testpersonen eine Liste mit 10 Wörtern (MOTEL, ABSENT, INCOME etc.) präsentiert, die sie sich ansehen sollten. Nach ungefähr 3 Minuten begann man mit dem Scanning. Während der Untersuchung präsentierte man den Versuchspersonen die ersten drei Buchstaben eines Wortes und ersuchte sie, die Wörter zu vervollständigen. In Versuch A stimmten die Wortfragmente, die die Versuchspersonen vervollständigen sollten, mit den ersten drei Buchstaben eines Wortes der vorher gelesenen Liste überein (z.B. MOT, ABS), und die Versuchspersonen sollten das komplette Listenwort nennen. Dies nennt man dann eine Erinnerung mit Hilfestellung. In Versuch B hatten die Wortfragmente (z.B. DES, BOT) nichts mit den Wörtern auf der Liste zu tun, und die Kandidaten sollten mit Hilfe der Fragmente das erste Wort bilden, das ihnen in den Sinn kam. Hier handelt es sich also nicht um Erinnerung mit Hilfestellung, sondern um eine Generierungsaufgabe. Die im PET–Scan hervorgehobenen Bereiche stellen die unterschiedliche Blutzirkulation bei Lösung der Erinnerungsaufgabe bzw. der Generierungsaufgabe dar. Der Scan zeigt während des Versuchs A (Erinnerungsaufgabe) eine stärkere Blutzirkulation in den Hippocampusbereichen als in Versuch B (Generierungsaufgabe).

ne annähernd so gute räumliche und zeitliche Auflösung wie die Aufzeichnungen, die mit Hilfe von Mikroelektroden an einzelnen Neuronen vorgenommen werden.

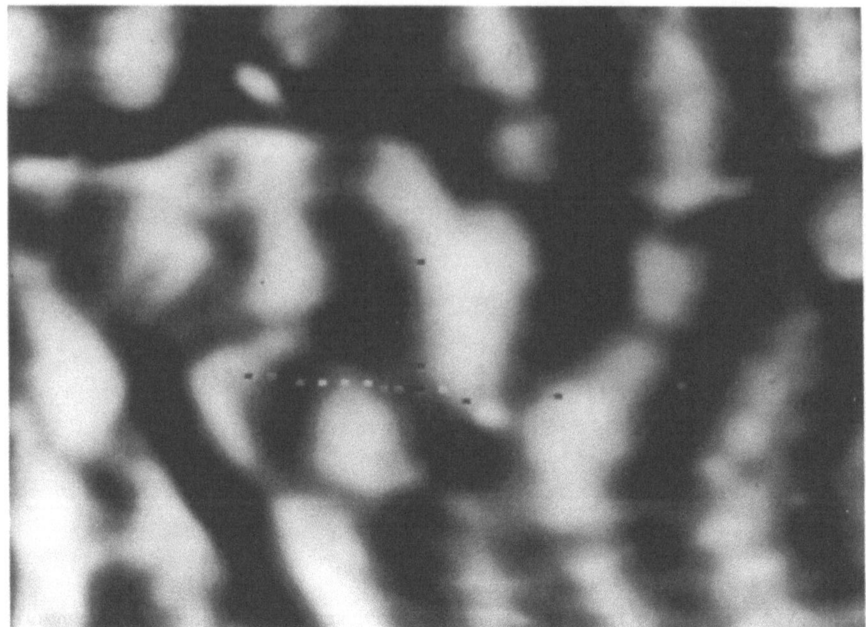

Abbildung A.5 Per Computer und mit Hilfe von optischen Aufzeichnungen sichtbar gemachte Augendominanzspalten im striaten Cortex des Affen. Für den Cortex wurde ein spannungssensitiver Farbstoff verwendet. Das eine Auge war geschlossen, während das andere Auge visuell stimuliert wurde. Die Augendominanzspalten zeigen sich in Form von alternierenden Bändern (in einer Breite von zirka 0,3 mm) mit erhöhter Aktivität der corticalen Neuronen. Die Elektroden wurden tangential zur Schicht 4 in den Cortex eingeführt. Gemessen wurden die Antworten einzelner Neuronen (Punkte). Die auf physiologischem Wege aufgezeichnete Augendominaz stimmte mit den optischen Aufzeichnungen überein [70].

Trotz dieser Schwierigkeiten haben wir noch immer die Hoffnung, daß wir eines Tages unter einigermaßen normalen Bedingungen globale Ansichten von der Verarbeitung in Nervensystemen erhalten werden.

A.4 Elektrische und magnetische Aufzeichnungsverfahren

Die ersten elektrischen Aufzeichnungen an der menschlichen Kopfhaut führte Hans Berger im Jahre 1929 durch. Dabei wurden die im Mikrovoltbereich liegenden Potentialänderungen mit einem Saitengalvanometer aufgezeichnet. Je nachdem, ob sich die Testperson im Wach-, im Tiefschlaf- oder im Traumzustand befand, konnten so signifikante Unterschiede in der elektrischen Aktivität erkannt werden [565] (Abbildung A.6). Mit Hilfe des Elektroenzephalogramms (EEG) gelang auch die Bestimmung der allgemeinen Gehirnregionen, die auf bestimmte Modalitäten spezialisiert sind. So konnte man beispielsweise die Hörrinde, den somatosensorischen Cortex etc. lokalisieren. Der Hauptvorteil dieser Methode liegt darin, daß sie nicht invasiv ist und bei normal reagierenden Menschen eingesetzt werden kann, ohne daß dazu deren Betäubung nötig wäre.

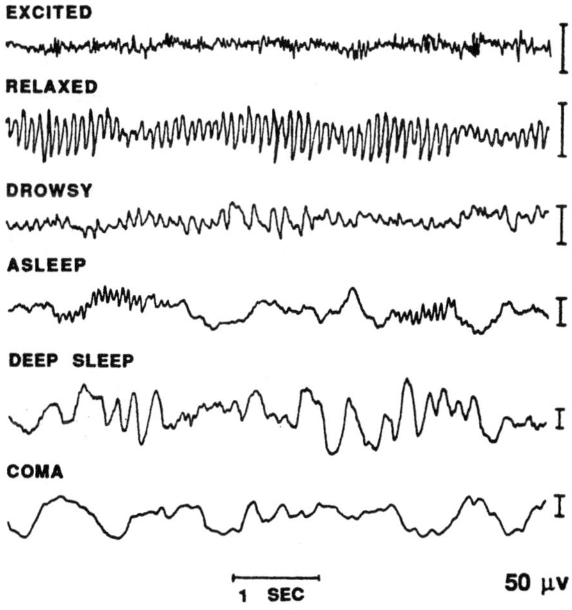

Abbildung A.6 Charakteristische EEG–Aufzeichnungen (Elektroenzephalogramm) während unterschiedlicher Bewußtseinsphasen [565].

Obwohl die Elektroenzephalographie sehr hilfreich beim Erkennen von Krankheiten des Gehirns ist, führte sie nicht zu den erhofften Erkenntnissen über die im Gehirn wirkenden Mechanismen. Will man einen Zusammenhang zwischen den Wellenformen und der zugrundeliegenden Neuronenaktivität bei der Verarbeitung herstellen, gibt es eine ernstzunehmende Schwierigkeit. Das Problem besteht darin, daß die EEG-Aufzeichnung ein zusammengesetztes Signal ist, das die Volumenleitung in vielen verschiedenen Teilen des Gehirns in sich vereinigt. Folglich sagt das Signal also nichts darüber aus, wie sich die einzelnen Neuronen in den relevanten Netzen verhalten. Bei Tieren kann man Tiefenelektroden einführen, um die besonders starken Quellen ausfindig zu machen. Beim Menschen dagegen ist dies nur dann möglich, wenn eine klinische Indikation vorliegt. Aber selbst unter den günstigsten Umständen ist die Lokalisierung der EEG–Quellen problematisch und schwierig.

Das ERP (engl. *event–related potential*) kann man aus EEG–Aufzeichnungen erhalten, indem man die Potentialsignale der Kopfhaut, die zeitgleich mit einem bestimmten sensomotorischen Reiz oder einem motorischen Ereignis auftreten, mittelt (Abbildung A.7; [325]). Man kann beispielsweise einer Versuchsperson einen visuellen Reiz 10mal präsentieren, von jedem der Versuche eine EEG–Aufzeichnung machen, und dann davon den Mittelwert bilden. Man hat schon bedeutende Fortschritte erzielt, und zwar insofern, als es heutzutage viel eher gelingt, einen Zusammenhang zwischen bestimmten Komponenten der ERP–Aufzeichnungen und verschiedenen Aspekten bei der Sinneswahrnehmung herzustellen. So kann man sich beispielsweise darauf verlassen, daß in den ersten 50 msek nach Präsentation des Reizes charakteristische Wellenmuster erzeugt werden, wobei Schwankungen damit zusammenhängen, ob der Reiz lang und intensiv genug war, um bewußt wahrgenommen zu werden. Andere Wellenformen, die später in Erscheinung treten, reflektieren anscheinend die Informationsverarbeitung auf höheren Ebenen. Erschien der Reiz für die Testperson überraschend und unerwartet, wurde ungefähr 300 msek nach Präsentation des Reizes ein großer positiver Ausschlag in Wellenform (P300) erzeugt [178]. Auch in Versuchen mit Affen konnte dieses Ergebnis bestätigt werden [382]. Wird der Versuchsperson ein Reiz präsentiert, der semantisch widersinnig ist [419], dann erscheint ein großer wellenförmiger Ausschlag in die negative Richtung (N400). Es ist also naheliegend, diese Technik für die Untersuchung bestimmter Aspekte bei der Sprachverarbeitung zu verwenden. Andere Merkmale der Wellenformen haben dazu beigetragen, daß Hypothesen zur Sprachverarbeitung erstellt und daß die zeitliche Reihenfolge der einzelnen Schritte bei der Sprachverarbeitung untersucht werden konnten [572]. Leider gibt es einige ERP–Komponenten, die nicht einheitlich sind, sondern vielmehr unter verschiedenen experimentellen Bedingungen auch unterschiedliche Quellen haben. So läßt sich z.B. P300 anscheinend sowohl auf corticale als auch auf subcorticale Quellen zurückführen.

Die Ströme in Neuronen lassen sowohl magnetische als auch elektrische Felder entstehen. Diese Magnetfelder werden durch die Volumenleitung nicht beeinflußt. Aus diesem Grunde kann man die Stromquellen leichter als die elektrischen Felder lokalisieren. Gemessen werden sie mit empfindlichen supraleitfähigen Magnetometern [772]. Eine Strategie besteht also darin, daß man versucht, Magnetfeldeigenschaften mit Erscheinungen bei der Informationsverarbeitung zu korrelieren. Allerdings gelingt es nicht, die inneren Stromquellen mit Hilfe des Magnetoenzephalogramms (MEG) zu rekonstruieren, ohne dabei zusätzliche Annahmen bezüglich der räumlichen Verteilung der Quellen zu machen. Trotzdem war es möglich, Teile der menschlichen Sehrinde abzubilden und zu zeigen, daß die primäre Hörrinde nach einer logarithmischen Frequenzskala tonotopisch abgebildet wird. Die MEG–Technik ist noch recht neu und so konnte das ganze Potential, das in ihr steckt, noch gar nicht voll erforscht werden. Demnächst werden uns eine Reihe von Ma-

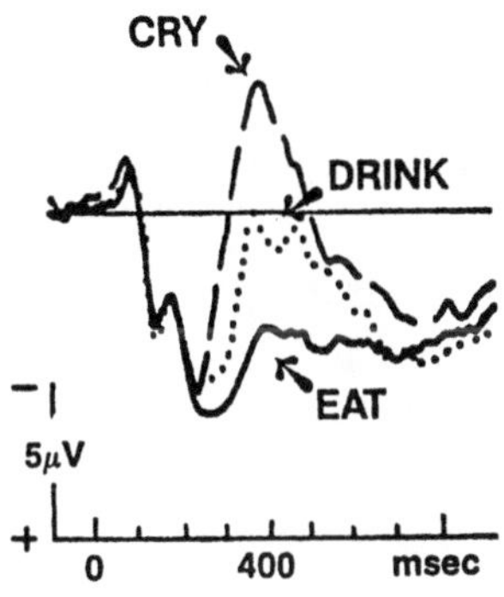

Abbildung A.7   Mit Hilfe der ERP–Technik (engl. *event–related potential*) gewonnene Ergebnisse von Experimenten zur Erforschung der Sprachverarbeitung beim Menschen. 10 Testpersonen bekamen 160 verschiedene Sätze zu sehen, die jeweils aus sieben Wörtern bestanden. Dabei wurde mittels eines Diaprojektors alle 700 msek ein Wort präsentiert. Bei allen Testpersonen waren die ersten sechs Wörter gleich (z.B. "The pizza was too hot to,"), während es sich bei dem letzten Wort in diesem Beispiel entweder um "cry", "drink" oder "eat" handelte. Die Aufzeichnungselektroden wurden auf der Kopfhaut in Nähe der Mittellinie des Scheitelbereichs angebracht. Die Abbildung zeigt die Gesamtdurchschnittswerte der ERP–Aufzeichnungen für den Fall, daß es sich bei dem letzten Wort um die am ehesten erwartete Satzvervollständigung ("eat"), für den Fall, daß es sich um anomale Ergänzungen ("cry") oder um solche anomale Ergänzungen handelte, die in Zusammenhang mit dem am meisten erwarteten Wort standen ("drink"). Den Gesamtdurchschnitt für das letzte Wort erhielt man durch Bildung des Mittelwertes der Wellenformen für die jeweiligen Sätze (80 erwartete, 40 anomale und 40 anormale, aber verwandte Satzergänzungen) und durch Bestimmung des durchschnittlichen Wertes der Wellenformen bei den verschiedenen Testpersonen. Die N400–Welle ist am größten, wenn das zuletzt präsentierte Wort von seiner Bedeutung her nicht zum Rest des Satzes paßt (unrelated anomaly), wie z.B. bei "The pizza was too hot to cry". Wenn es sich um das passende Wort handelt, wie bei "The pizza was too hot to eat", ist der Ausschlag am geringsten. (Nach Marta Kutas und Cyma Van Petten.)

gnetsensoren zur Verfügung stehen, mit deren Hilfe die magnetischen Karten des Gehirns dann viel schneller erzeugt werden können.

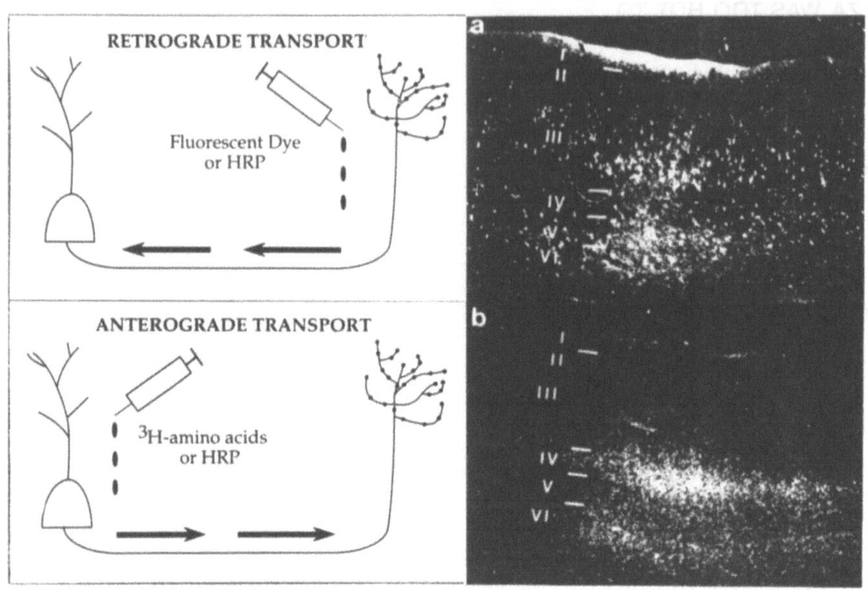

Abbildung A.8 Anatomische Methoden zum Verfolgen (engl. *tracing*) weitreichender Axonprojektionen in retrograder (rückwärtsgerichteter) und anterograder (vorwärtsgerichteter) Richtung. (a) Meerrettich–Peroxidase (HRP) wurde in die Großhirnrinde injiziert. Dort wurde sie von den Axonendigungen aufgenommen und retrograd zu den Zellkörpern transportiert. In den Schichten III und V kann man die markierten Neuronen erkennen. Dieses Muster ist typisch für rückwärtsgerichtete Projektionen (siehe Abbildung 2.3). (b) Radioaktiv markierte Aminosäuren wurden in einen corticalen Bereich injiziert. Dort wurden sie von den Zellen aufgenommen und in anterograder Richtung zu anderen corticalen Bereichen transportiert. Die Endverzweigungen der Axone können durch Autoradiographie sichtbar gemacht werden. Besonders dicht sind die Silberkörnchen in den Schichten IV und VI anzutreffen. Dies ist ein typisches Muster für vorwärtsgerichtete Projektionen (siehe Abbildung 2.3; aus [554]).

A.5 Single–Unit–Aufzeichnungen

Unser Wissen über die Antworteigenschaften einzelner Neuronen haben wir größtenteils dem Single–Unit– Aufzeichnungsverfahren zu verdanken. Bei dieser Technik wird eine sehr spitze Mikroelektrode in das Gehirn eingeführt, mit deren Hilfe dann die lokalen extrazellulären Potentiale aufzeichnet werden. Man kann auch intrazelluläre Potentiale ableiten, indem man äußerst feine Mikropipetten aus Glas verwendet. Im Gegensatz zu den mehrere Stunden anhaltenden extrazellulären Aufzeichnungen sind beständige intrazellulären Aufzeichnungen in vivo aber nur ein paar Minuten lang möglich. Ein großer Vorteil der an einzelnen Einheiten vorgenommenen Aufzeichnungen ist die hohe räumliche und zeitliche Auflösung. Viele der grundlegenden Erkenntnisse wurden mit dieser Technik erzielt. So haben wir beispielsweise im Anschluß an die von Hubel und Wiesel [344] geleistete Pionierarbeit viel über den Aufbau der Sehrinde bei Tieren erfahren. Die gesamten Erkenntnisse über die topographisch abgebildeten Bereiche im Cortex gehen auf Single–Unit–Aufzeichnungen zurück.

Seit kurzem hat man die Möglichkeit, in der Sehrinde von unbetäubten Tieren Veränderungen in den Single–Unit–Antworten zu untersuchen, wobei die visuelle Aufmerksamkeit der Tiere auf ein Ziel gerichtet ist [520] und die Variablen von der Aufgabe abhängig sind. Dies ist z.B. dann der Fall, wenn ein Tier nach einem bestimmten visuellen Muster sucht, welches zu einem präsentierten, erfühlbaren Muster paßt [488, 300]. Je weiter oben man jedoch in der visuellen Hierarchie sucht, desto schwieriger wird es, den adäquaten visuellen Reiz für ein Neuron zu finden. Dennoch wurde schon von Neuronen berichtet, die selektiv auf Hände und Gesichter reagieren [49, 150], und es gibt Berichte über Neuronen im Hippocampus, die selektiv für die räumliche Lokalisierung des Tieres zuständig sind [551]. In den höheren visuellen Bereichen und in der Assoziationsrinde kann man jedoch weder mit Sicherheit sagen, ob die gewählten Reize auch wirklich die richtigen Reize sind, noch weiß man, wie man die Antworten interpretieren soll. So kann es beispielsweise sein, daß diejenigen Zellen, von denen man gedacht hat, sie würden selektiv auf Gesichter reagieren, in Wirklichkeit auch auf abstraktere Reize, wie z.B. auf stark reduzierte Formen [475, 567, 517], antworten. Außerdem muß man ständig damit rechnen, daß eine wichtige Neuronenpopulation übersehen wurde, weil die Ausbeute zu gering war oder weil man die Proben zu gezielt ausgewählt hatte (siehe auch Kapitel 3 und 4).

Viele Antworteigenschaften einzelner Neuronen sind eng mit den Eigenschaften der Sinnesreize und mit Bewegungen verknüpft, aber bei nur relativ wenigen Zellen konnte man einen Zusammenhang zwischen den Antworten der Zelle finden und dem, was der Organismus wahrnimmt. So reagieren beispielsweise viele Neuronen im Sehsystem von Primaten auf die Wellenlänge des Lichts mit einer charakteristischen Antwort. Wie wir die Farben jedoch wahrnehmen, hängt zum großen Teil von den Reflexionseigenschaften der Oberflächen ab, was zur Folge hat, daß die Farbenwahrnehmung auch unter verschiedenen Beleuchtungsverhältnissen in etwa konstant bleibt. Nur ganz wenige Zellen der Sehrinde reagieren auf eine Art und Weise, die Ähnlichkeit damit hat, wie die Farbe wahrgenommen wird [784]. Wenn die meisten Neuronen in der Sehrinde auf die spektrale Zusammensetzung einer Szene reagieren, warum können wir diese Information dann nicht bewußt wahrnehmen? Was dies anbelangt, so haben die meisten Neuronen in V1 eine okulare Präferenz, und manche Zellen reagieren nur auf das eine Auge. Trifft jedoch ein Lichtfleck zufällig in eines der beiden Augen, kann der Beobachter nicht sagen, welches Auge stimuliert wurde, obwohl die ganze Information in den Single–Unit–Antworten enthalten ist. Je höher ein Neuron in der Hierarchie eines Sinnessystems steht, desto wahrscheinlicher ist es im allgemeinen, daß man dessen Antwort mit den wahrgenommenen Antworten des Tieres in Zusammenhang bringen kann. So gibt es z.B. in V2, nicht aber in V1, bestimmte Neuronen, die auf illusorische Konturen ansprechen, wie man sie bei den Kaniza–Formen sehen kann, [731]. Ein weiteres Problem ist, daß die Antworten, die mit dem Verhalten verknüpft sind, kausal betrachtet nicht unbedingt notwendig und ausreichend für dieses Verhalten sein müssen. So ändert sich beispielsweise bei Neuronen im Hippocampus von Kaninchen die Impulsrate während der Konditionierung der Blinzelreaktion ganz enorm. Wird jedoch der Hippocampus nach erfolgtem Training verletzt, so hat das keinen Einfluß auf die erlernte Antwort, und Kaninchen ohne Hippocampus zeigen ein normales Konditionierungsverhalten [65].

Die Eigenschaften von Neuronennetzen kann man nicht einfach aus den Eigenschaften einer kleinen Anzahl von Musterzellen ableiten. Dennoch ist es für das Verständnis der Wahrnehmungsmechanismen wahrscheinlich wichtig, daß man die Netzeigenschaften bestimmt. Will man also die Prinzipien der räumlich–zeitlichen Codierung in Neuronennetzen verstehen, muß noch sehr viel getan werden, bis man weiß, was in einer größeren Zellpopulation abläuft. Man ist schon dabei, Methoden zu entwickeln, mit deren Hilfe man simultane Multi–Unit–Aufzeichnungen vornehmen kann. Wenn wir das Verhalten einer größeren Population beobachten, ist es ganz klar, daß manche Netzeigenschaften (z.B. das Synchronfeuern), die wir mit Single–Unit–Methoden nicht gesehen hätten, plötzlich zugänglich werden [616, 263, 451, 280]. Auch wenn diese Methoden noch so sehr angestrebt werden, gibt es dennoch bei ihrer Entwicklung enorme technische Schwierigkeiten. Für die Untersuchung der Eigenschaften einer Population sind möglicherweise auch optische Techniken (siehe oben) von Nutzen, mit deren Hilfe man die zellulären Antworten aufzeichnet. Leider konnte man damit für corticale Strukturen in vivo noch keine so gute Auflösung erreichen wie mit der Single–Unit–Technik.

A.6 Anatomisches Tract–Tracing

Die erste Methode, mit der man den Ursprung der auf eine bestimmte Struktur projizierender Axone ausfindig machen wollte, bestand darin, daß man die Struktur zerstörte. Dadurch fielen die Axonenden und die projizierenden Zellkörper des gesamten Nervensystems der Chromatolyse zum Opfer. Die Chromatolyse ist eine Reaktion, die zum Verschwinden der Nissl–Körperchen führt. Wird das Gewebe mit einem Nissl–Farbstoff, wie z.B. Kresylviolett, angefärbt, erscheinen die Zellkörper hell, wobei sie jedoch einen dunkelblauen Rand beibehalten. Das Problem ist, daß bei dieser Methode auch die Leitungsbahnen zerstört werden. Diese retrograde Tracing–Technik wird heutzutage durch andere Techniken ersetzt, bei denen man Substanzen in die betreffenden Strukturen injiziert, die diese nicht zerstören. Eine der wichtigsten Techniken basiert auf dem retrograden Transport von Meerrettich–Peroxidase (abgekürzt HRP, nach *horseradish peroxidase*; Abbildung A.8). HRP wird von den lokalen Nervenendigungen absorbiert und

wandert mit einer Geschwindigkeit von 200 mm pro Tag das Axon entlang, bis
der Zellkörper erreicht ist. Nach der Perfusion und dem Zelltod wird das Gewebe einige Tage später in 50 μm dicke Schnitte zerteilt und mit einem Substrat,
wie z.B. Diaminobenzidin, zusammengebracht. HRP ist ein Enzym, das mit dem
Substrat reagiert und dabei eine große Menge eines Pigments erzeugt. Dieses Pigment kann dann in den Zellkörpern nachgewiesen werden, ist aber auch oft in den
Dendriten anzutreffen.

Man kann auch die anterograden Projektionen von Axonen auf ihre Endigungen verfolgen. Die ersten Techniken basierten auf Axotomie. Anschließend
wurden die zerkleinerten Axone und das umgebende Myelin selektiv angefärbt.
Diesen Vorgang nennt man Waller-Degeneration. Um die Axonbahnen in anterograder Richtung zu verfolgen, kann man auch den axoplasmatischen Transport
radioaktiv markierter Aminosäuren heranziehen. Aminosäuren, wie beispielsweise
Prolin, werden von den Zellkörpern absorbiert und in die Proteine eingebaut, welche dann in den Axonen transportiert werden. Nachdem man Schnitte angefertigt
und fixiert hat, wird das Gewebe mit einer Photoemulsion zusammengebracht, die
empfindlich auf den Zerfall des radioaktiven Markers (im typischen Fall wird Tri-
tium verwendet) reagiert. Monate später werden die Schnitte photographisch entwickelt, und die Silberkörnchen können unter Verwendung von Dunkelfeldbeleuch-
tung mit Hilfe der Lichtmikroskopie sichtbar gemacht werden (Abbildung A.8).
Manchmal werden die radioaktiv markierten Aminosäuren am Ende ihrer ersten
Reise an den Endigungen ausgeschieden, um von den dort befindlichen Neuronen, welche dann vielleicht auf andere Bereiche projizieren, erneut aufgenommen
zu werden. Auf diese Weise ist es möglich, die Bahnen transneuronal zu markie-
ren. Mit dieser Methode gelang die Markierung der Augendominanzspalten in der
primären Sehrinde, nachdem man vorher radioaktiv markiertes Prolin in ein Auge
injiziert hatte [347].

Heimer und RoBards [319] gehen ausführlicher auf diese Tract–Tracing-Tech-
niken und auf andere Methoden ein. Nauta und Freitag [536] geben eine Aufstellung der vielen Faserbahnen, die bisher mit Hilfe dieser Techniken untersucht
worden sind.

Glossar

Anmerkung: Die *schräggedruckten* Begriffe werden in diesem Glossar definiert.

A1   Siehe *primärer auditiver Cortex*.

Abschwächung   Von neuronalen Netzen durchgeführter Prozess zum Auffinden einer optimalen Lösung für ein Problem, das durch eine Menge von Bedingungen charakterisiert ist (Erfüllen von Lösungsbedingungen). Die Bedingungen sind in dem Netz in den Verküpfungs- und *Gewichts*mustern zwischen den Einheiten repräsentiert. Im Rahmen des Abschwächungsprozesses wird durch wiederholte, lokale Interaktionen ein globaler, stabiler Zustand gefunden.

Abstimmkurve   Beschreibt die Selektivität einer Einheit (eines Neurons) für ein bestimmtes Merkmal des Reizes (z.B. Orientierung). Viele Neuronen haben eine Orientierungspräferenz, auf die sie am stärksten reagieren, wenngleich sie auch bei anderen Orientierungen mit breiten Abstimmkurven antworten.

Acetylcholin   In Nervensystemen weitverbreitete chemische Substanz, die bei Bindung an Nikotin*rezeptoren* als *Neurotransmitter* und bei Bindung an Muskarinrezeptoren als *Neuromodulator* dient.

Änderungsregel   Regel, die den Folgezustand eines Netzes in Abhängigkeit vom momentanen Zustand der Einheiten und der momentanen Werte der internen Zustandsvariablen festlegt. Der neue Zustand einer Einheit wird üblicherweise durch eine *Funktion* (*Aktivierungsfunktion*) in Abhängigkeit des momentanen Zustands der Einheiten, die zu der betrachteten Einheit projizieren, und der mit den entsprechenden Verbindungen verknüpften *Gewichte* berechnet. Komplexere Änderungsregeln berücksichtigen auch zurückliegende Eingaben (dendritische Verarbeitung) und zuletzt produzierte Ausgaben (Impulsraten).

Äußeres Produkt   Verfahren zur Multiplikation zweier *Vektoren*, bei dem man eine Matrix erhält. Berechnet man das äußere Produkt zwischen einem Eingabevektor und dem Vektor, der die Aktivierung der Einheiten in einem *assoziativen Netz* repräsentiert, so erhält man eine *Gewichtsmatrix*.

Agnosie Unfähigkeit, visuell wahrgenommene Objekte wiederzuerkennen. Geht auf die Unfähigkeit zurück, die Komponenten eines visuellen Bildes zu einer kompletten Wahrnehmung zusammenzufügen. Steht in Zusammenhang mit einer Schädigung des *inferotemporalen Cortex*. Die Agnosie kann sehr spezifisch sein, wie beispielsweise im Fall der *Prosopagnosie*.

Agonist Chemische Substanz, die an den *Rezeptor* eines bestimmten *Neurotransmitters* bindet und dann den gleichen Effekt wie dieser Transmitter erzeugt. So ist *NMDA* für eine Klasse von Rezeptoren ein *Glutamat*agonist.

AHP *Nach–Hyperpolarisation*

Aktionspotential Spitzenpotential oder Impuls. Ausgabesignal eines aktivierten Neurons. Kurze, regenerative *Depolarisation*, die der Alles–oder–Nichts–Regel gehorcht und sich entlang der erregbaren Membran eines *Axons* oder einer Muskelfaser ausbreitet.

Aktivierungsfunktion Ein-/Ausgabefunktion einer konnektionistischen Verarbeitungseinheit. Sie ist typischerweise eine nichtlineare, sigmoide Funktion, kann aber in Abhängigkeit der vom Netz auszuführenden Berechnung auch eine Gaußsche oder eine andere geeignete Funktion sein.

Aktivierungsraum Ein n–dimensionaler *Zustandsraum*, wobei n die Anzahl der Einheiten in einem neuronalen Netz bezeichnet. Jeder Punkt im Zustandsraum ist ein Aktivierungsvektor. Die Folge der Zustände bzw. Aktivierungsvektoren, die ein Netz im Laufe der Zeit einnimmt, legt eine Trajektorie fest.

Algorithmus Systematisches Verfahren oder Anleitung zur Ausführung einer Berechnung, das eine berechenbare *Funktion* spezifiziert.

Alles–oder–Nichts In einer Gruppe von Einheiten verstärkt die Einheit ihre Aktivierung, die auf eine angelegte Eingabe am stärksten reagiert, während alle übrigen Einheiten ihre Aktivierung abschwächen. Auf diesem Prinzip beruht die *Vektorquantisierung*, und kombiniert mit einer Lernregel wird diese Regel beim Wettbewerbslernen eingesetzt.

Amakrine Zelle Retinales Interneuron, das seine Eingaben von *bipolaren Zellen* erhält und auf *retinale Ganglionzellen*, auf andere amakrine Zellen sowie auf die Axone bipolarer Zellen projiziert. Amakrine Zellen haben kein *Axon* im herkömmlichen Sinne und erzeugen keine *Aktionspotentiale*.

α-**Amino-3-hydroxy-5-methyl-4-isoxazolpropionsäure (AMPA)** *Agonist*, der sich an bestimmte *Glutamatrezeptoren* anheftet und so zu einer kurzen *Depolarisation*, auch *EPSP* genannt, führt. Diese Glutamatrezeptoren sind für Natrium- und Kalium-Ionen permeabel und werden auch als Kainat-Quisqualat-Rezeptoren bezeichnet.

2-Amino-3-phosphonopropionsäure (AP3) Ist bei bestimmten Glutamat-rezeptoren, die das innere Milieu eines Neurons beeinflussen, aber die Membran-ströme nicht direkt verändern, als *Antagonist* für Glutamat wirksam. Blockiert die homosynaptische *LTD*.

2-Amino-5-phosphonovaleriansäure (APV oder AP5) Selektiver *NMDA-Antagonist*. Infusionen mit APV blockieren die Induktion einer NMDA-abhängigen Form der *LTP*.

Amnesie Das *deklarative Gedächtnis*, d.h. das Erinnerungsvermögen an alles, was sich vor (retrograd) oder nach (anterograd) dem die Amnesie verursachenden Vorfall ereignet hat, geht verloren. Tritt auf bei Beschädigung des *Temporallappens* oder bei Läsion von Zwischenhirnstrukturen, wie z.B. der *Corpora mamillaria* oder des Nucleus dorsomedialis im *Thalamus*.

AMPA α-*Amino-3-hydroxy-5-methyl-4-isoxazolpropionsäure*.

Amygdala Ansammlung von Kernen im *Temporallappen*, die reziprok mit dem *Hypothalamus*, dem *Hippocampus* und dem *Thalamus* verbunden sind. Gehört zum *limbischen System*, das die Emotionen und damit zusammenhängende auto-nome Antworten kontrolliert.

Antagonist Chemische Substanz, die sich an den *Rezeptor* eines bestimmten *Neurotransmitters* anheftet und dadurch verhindert, daß der Neurotransmitter den Rezeptor aktiviert. *APV* ist ein *NMDA*-Antagonist; Atropin ist ein Antagonist für *Acetylcholinrezeptoren*.

Anti-Hebbsche Synapse *Synapse*, deren Wirksamkeit abnimmt, wenn die prä- und postsynaptischen Elemente gleichzeitig aktiv sind.

AP3 *2-Amino-3-phosphonopropionsäure*.

Aplysia Marine Molluskenart, die gerne herangezogen wird, um die dem Lernen zugrundeliegende synaptische Modifikation bei Wirbellosen zu untersuchen.

APV oder AP5 *2-Amino-5-phosphonovaleriansäure*.

Arbeitsgedächtnis Von Baddeley und Hitch eingeführter Ausdruck. Bezeichnung für einen Speicher, in dem Information während der Verarbeitungsphase zurückbehalten wird. Heutzutage versteht man darunter eine Ansammlung von Zwischenspeichern, die den verschiedenen Modalitäten zugeordnet sind.

Architektur Struktur eines neuronalen Netzes; damit werden üblicherweise die Anzahl und die Art der Verarbeitungseinheiten sowie ihre interne Organisation wie Ebenen und die Verbindungen zwischen den Ebenen festgelegt.

Armleuchterzellen Glatte, inhibitorische Neuronen im Cortex, die ausschließlich mit den *Axonhügeln* ihrer Zielzellen eine synaptische Verbindung eingehen. Sind strategisch so positioniert, daß sie im postsynaptischen Neuron das Timing von Impulsen beeinflussen können.

Assoziationsrinde Bereiche im Neocortex, die nicht an der Informationsverarbeitung von primärer sensorischer und motorischer Information beteiligt sind. Diese Bereiche vereinigen die sensorische Information verschiedener Sinnesmodalitäten und erstellen motorische Pläne. Früher nahm man an, daß die Assoziationsrinde bei Primaten den größten Teil des Neocortex einnehmen würde. Heute ist man jedoch der Meinung, daß sie nur einen relativ kleinen Teil davon ausmacht.

Assoziatives Netz Eines der einfachsten Typen eines neuronalen Netzes, mit Hilfe dessen zwei Vektoren miteinander assoziiert werden. Dabei wird der Eingabevektor komponentenweise mit einem *Gewichts*vektor multipliziert, und anschließend werden die so erhaltenen Produkte aufsummiert. Mit anderen Worten, das innere Produkt der beiden Vektoren wird gebildet.

Astrozyten (Sternzellen) Sternförmige *Gliazellen*, die Abfallstoffe entfernen, als Puffer für extrazelluläres Kalium fungieren und Aufnahmemechanismen für verschiedene *Neurotransmitter* enthalten. Könnten möglicherweise ein wichtiger Faktor bei der Gedächtnisfunktion von Neuronen sein.

Auflösung Mindestabstand, den zwei Reize in einem sensorischen Raum voneinander haben müssen, damit sie als zwei getrennte Reize wahrgenommen werden können. Nicht zu verwechseln mit *Genauigkeit*.

Augendominanzspalten Alternierende vertikale Zellreihen in V1, in deren Mitte befindliche Neuronen nur auf Reizung des linken bzw. des rechten Auges reagieren. Die Neuronen der Grenzbereiche sind binokular stimulierbar.

Autonomes (vegetatives) Nervensystem Teil des Nervensystems, der Eingeweide, Haut, glatte Muskulatur und Drüsen innerviert (nur Efferenzen). Wird aufgeteilt in sympathisches und parasympathisches System.

Autoradiogramm   Bild, das man erhält, wenn man radioaktives Material (z.B. Neuronen, die mit einem radioaktiven *Neurotransmitter* markiert wurden) mit einer Photoemulsion zusammenbringt.

Axon   Wichtigste Ausgaberegion eines Neurons. Oft verzweigt und manchmal *myelinhaltig*. Leitet *Aktionspotentiale* vom *Soma* zur präsynaptischen Endigung, wo das Aktionspotential in ein chemisches Signal umgewandelt wird. Kann Informationen über weite Strecken leiten.

Axonhügel   Anfangsteil des *Axons*; unmittelbar an das *Soma* anschließend. Enthält sehr viele Natrium–Kanäle und ist der Entstehungsort der *Aktionspotentiale*.

Basales Vorderhirn   Gruppe von Strukturen, zu denen das Septum, der Nucleus basalis und die Broca–Sprachregion gehören. Sie senden cholinerge und GABAerge Fasern zum Vorderhirn. Wahrscheinlich sind sie für Gedächtnis- und Erregungssysteme wichtig.

Basalganglia   Kerne des Vorderhirns, einschließlich Nucleus caudatus und Putamen (diese beiden bilden das Neostriatum), Globus pallidus, *Substantia nigra* und Nucleus subthalamicus. Daten aus Läsionsversuchen deuten darauf hin, daß dieses System bei der willkürlichen Bewegung eine Rolle spielt.

Bewegungsparallaxe   Monokularer Hinweis auf Tiefe. Ergibt sich aus der Tatsache, daß dann, wenn sich der Betrachter in Bewegung befindet, die Bilder naher Objekte schneller über die *Retina* laufen, als dies bei Bildern weiter entfernter Objekte der Fall ist.

Binäre Schwellenwerteinheit   Typ einer Verarbeitungseinheit, der zuerst von McCulloch und Pitts studiert wurde. Die Aktivität der Einheit ist 1, wenn die Summe der *gewicht*eten Eingaben an die Einheit einen bestimmten *Schwellenwert* übersteigt; ansonsten ist sie 0. Sie wird in verschiedenen Netzen verwendet, wie z.B. im *Perzeptron*, im *Hopfield–Netz* und bei der *Boltzmann–Maschine*.

Binokulare Rivalität   Wahrnehmungsphänomen, das auftritt, wenn den beiden Augen inkompatible visuelle Muster (z.B. vertikale und horizontale Streifen) präsentiert werden. Diese Muster werden dann abwechselnd ungefähr 1 Sekunde lang wahrgenommen.

Bipolare Zellen   Retinale Interneuronen, die den Photorezeptor mit der *retinalen Ganglionzelle* verbinden. Bei den bipolaren Zellen unterscheidet man zwischen EIN–Zentrum- und AUS–Zentrum–Zellen, je nachdem, ob sie durch die Lichtaktivierung der Photorezeptoren *depolarisiert* oder *hyperpolarisiert* werden.

Boltzmann–Maschine   Netz zur Optimierung von Lösungsbedingungen, das garantiert ein globales *Energieminimum* (optimale Lösung) findet. Mit Hilfe des *Simulated Annealing* kann das Netz aus lokalen Minima herausspringen. Es gibt einen Lernalgorithmus, der die Gewichte einer Boltzmann–Maschine adaptiert.

CA1   Siehe *Hippocampus*.

CA3   Siehe *Hippocampus*.

Calcium   Zweiwertiges Kation, das im Innern des Neurons und in den meisten Zellen in niedriger Konzentration vorkommt. Wird bei der intrazellulären Leitung von Signalen verwendet; spielt z.B. eine Rolle bei der Transmitterfreisetzung an den *präsynaptischen Endigungen* und bei der Induktion der *Langzeitpotenzierung*. Vielleicht das wichtigste Ion des Universums.

Calmodulin   Protein mit einem Molekulargewicht von 17 KD. Wenn es vier Calcium–Ionen an sich gebunden hat, kann es mit vielen Schlüsselenzymen (z.B. *Proteinkinasen*) eine reversible Bindung eingehen und auf diese Weise deren Funktion verändern. So kann Calcium, das durch die *Ionenkanäle* einströmt oder intern freigesetzt wird, viele Prozesse, die sich im Neuroneninnern abspielen, modulieren.

caudal   In Schwanzrichtung des Organismus.

Center–Surround   Bestimmte Art der Organisation eines *rezeptiven Feldes*; ist anzutreffen bei *retinalen Ganglionzellen* und bei *LGN–Zellen*. Besteht aus einem kreisförmigen Zentrum, dessen Antwort auf einen Lichtreiz entweder exzitatorisch (EIN–Zentrum) oder inhibitorisch (AUS–Zentrum) ist. Umgeben wird das Zentrum von einem ringförmigen Bereich, dessen Polarität der des Zentrums genau entgegengesetzt ist.

Cerebellum (Kleinhirn)   Hinter der Brücke (Pons) und dem *Hirnstamm* gelegene Struktur; besteht aus dem Cortex und aus Kernen. Ist wichtig für die auf höheren Ebenen stattfindende Kontrolle der motorischen Aktivität. Läsionen führen zu charakteristischen motorischen Ausfallerscheinungen.

Cerebrospinale Flüssigkeit   Klare Flüssigkeit, die bezüglich ihrer chemischen Zusammensetzung der extrazellulären Flüssigkeit gleicht. Befindet sich in den Ventrikeln und im subarachnoidalen Raum des Gehirns und bedeckt die gesamte Oberfläche des *ZNS*. Hat eine homöostatische Funktion als mechanischer und chemischer Puffer für das *ZNS*.

Chaotisches Verhalten Zufällig entstehende Aktivierungsmuster, die nicht vorhergesagt werden können und die stark von den initialen Bedingungen des Systems, das die Aktivierung erzeugt, abhängen. Manche Netze, die ihre Ausgaben an ihre Eingaben zurückpropagieren, zeigen ein solches Verhalten.

Claustrum Dünne vertikale Lamina aus grauer Substanz, die durch eine Außenkapsel vom Putamen getrennt sind. Steht mit der Großhirnrinde durch reziproke Verbindungen in Kontakt und ist am *end–stopping* der Sehrindenzellen beteiligt. Seine Gesamtfunktion bleibt rätselhaft; aufgrund seiner Position eignet es sich jedoch dazu, die über viele Sehbereiche verstreuten Neuronen zu synchronisieren.

CMOS *Complementary metal oxide semiconductor*

CNQX Antagonist für die AMPA–Unterart des Glutamat–Rezeptors.

Cochlea Hörorgan im *Innenohr*, das aus einer spiralig gewundenen Struktur besteht, welche drei mit Flüssigkeit gefüllte Räume enthält. Durch Schallwellen wird die Flüssigkeit in Schwingungen versetzt und verursacht so eine Bewegung der Stereocilien (Haare) auf den *Haarzellen*, welche die neuronalen Transduktoren des Gehörs sind. Die Frequenzantwort der Haarzellen wird auf der Cochlea räumlich codiert, wobei die Frequenzen an der Basis der Spirale repräsentiert sind.

Colliculus inferior Auditive Eingaben empfangender Nucleus im Mittelhirn; enthält eine tonotopische Karte und — im Fall der Schleiereule — auch eine Karte vom auditiven Raum. Projiziert dementsprechend mittels medialem Kniehöcker auf *A1* und auf den *Colliculus superior*.

Colliculus superior Struktur des Mittelhirns, die in Übereinstimmung mit Neuronen, welche die sakkadierten Augenbewegungen steuern, Projektionen vom visuellen, auditiven und somatosensorischen System empfängt. Ist verantwortlich dafür, daß sich die Testperson an den herausragenden Sinnesreizen orientiert. Ist homolog zum Tectum opticum der Vögel.

Complementary metal oxide semiconductor (CMOS) Schaltkreistyp, der beim *VLSI*–Entwurf benutzt wird und bei dem sowohl *p*– als auch *n*–Kanal Transistoren verwendet werden. Dadurch weisen CMOS–Schaltkreise geringe Energieverluste auf und sind wenig anfällig gegenüber Störungen. Sie können zum Bau nahezu perfekter Schalter verwendet werden. Möglicherweise basieren alle integrierten Schaltungen in Ihrem Computer auf CMOS.

Computer   Physikalisches System, das eine *Funktion* berechnet. Dabei repräsentieren die Ein- und Ausgaben die durch einen externen Beobachter wahrgenommen Zustände eines anderen Systems. Nach dieser Definition sind sowohl digitale elektronische Rechenmaschine als auch der Rechenschieber und die Tic–Tac–Toe-Maschine Computer.

Corpora mamillaria   Kerne im hinteren Teil des *Hypothalamus*, die via *Fornix* mit dem *Hippocampus* verbunden sind. Man vermutet, daß sie für das Gedächtnis von Bedeutung sind.

Corpus callosum (Gehirnbalken)   Größtes Faserbündel im Gehirn. Besteht aus cortico–corticalen Axonen, die die Mittellinie kreuzen und so die Funktionen der beiden Hirnhemisphären zu einem Ganzen zusammenfassen. Durch den Gehirnbalken wird es möglich, daß die Neuronen in den beiden Hemisphären ihre Aktivität synchronisieren.

Corpus geniculatum laterale   Abgekürzt *LGN* (nach lateral geniculate nucleus). Nucleus des *Thalamus*, der Eingaben von der *Retina* erhält und in erster Linie auf die Schicht 4 der *primären Sehrinde* projiziert. Funktion ist weitgehend unbekannt; spielt möglicherweise bei der visuellen Aufmerksamkeit eine gewisse Rolle oder ist vielleicht allgemein an der Regulation des Informationsflusses in die primäre Sehrinde beteiligt.

Deklaratives Gedächtnis   Erinnerungsvermögen an explizite Erfahrungen und Fakten, die direkt und bewußt abrufbar sind. Diese Art von Gedächtnis geht bei *Amnesie* verloren.

Dendrit   Fortsatz eines Neurons, der die Eingaben über *Synapsen* in Empfang nimmt. Besteht aus mehreren Verzweigungen, die sich vom *Soma* ausgehend ausbreiten und vorne spitz zulaufen. Meist geht man davon aus, daß die Stromleitung von der Synapse zum Soma passiv erfolgt, wenngleich bekannt ist, daß die Dendriten mancher Neuronen über *spannungsabhängige* Leitfähigkeiten verfügen.

Depolarisation   Vorgang, bei dem die Innenseite der neuronalen Membran gegenüber der Membranaußenseite positiv aufgeladen wird. Für gewöhnlich geschieht dies, indem positiv geladene Ionen (Natrium und Calcium) in die Zelle einströmen.

2–Desoxyglucose (2–DG)   Wird von den aktiven Zellen an Stelle der Glucose aufgenommen, kann aber nicht verwertet werden. Radioaktiv markierte 2–Desoxyglucose wird verwendet, um Bereiche ausfindig zu machen, in denen der Bedarf an Glucose hoch ist. (Gehirnbereiche mit hoher elektrischer Aktivität haben für gewöhnlich eine hohe Stoffwechselaktivität.)

2–DG 2–Desoxyglucose.

Dichromaten Menschen, bei denen eines der drei *Zapfen*systeme (meistens das rote oder das grüne System) fehlt. Dichromaten können beispielsweise rot und grün nicht unterscheiden. Monochromaten haben nur ein Zapfensystem und können folglich keine Farben sehen.

Disparation Erscheinung, daß die Bilder, die die beiden *Retinas* vom gleichen Objekt erzeugen, wegen der räumlichen Separation der Augen nicht genau übereinstimmen. In der Sehrinde gibt es Zellen, die in Relation zur Fixationsebene auf spezifische retinale Disparationen abgestimmt sind. Man glaubt, daß solche Zellen für die *Stereopsie* verantwortlich sind.

Dopamin Zur Stoffgruppe der Catecholamine gehörender *Neuromodulator*. Dopaminerge Neuronen sind im Mittelhirn anzutreffen. Die Parkinsonsche Krankheit und Schizophrenie führen zum Verlust bzw. zur Funktionsstörung der dopaminergen Neuronen.

Dornen Kleine, stachelartige Strukturen an den *Dendriten*. Dornen kommen in vielen Größen und Formen vor, diejenigen der *Pyramidenzellen* bestehen jedoch für gewöhnlich aus einem dünnen (0,1 μm dicken) Hals und einem Kopf (dessen Radius annähernd 1 μm beträgt). Haben im allgemeinen nur exzitatorische *Synapsen*, es gibt jedoch Ausnahmen, die sowohl über exzitatorische als auch inhibitorische Synapsen verfügen. Ihre Funktion ist nicht bekannt; wahrscheinlich dienen sie dazu, die synaptischen Eingaben zu isolieren oder es spielen sich biochemische Reaktionen in ihnen ab.

dorsal Den Rücken betreffend, nach dem Rücken zu gelegen.

Dorsales Wurzelganglion Ansammlung von Zellkörpern der primären somatosensorischen Afferenzen. Befinden sich zwischen den Wirbeln und grenzen an das *Rückenmark* an.

Drosophila Fruchtfliege. Da die Drosophila eine kurze Generationszeit hat, können Mutationen in einem einzelnen Gen leicht untersucht werden.

EEG Elektroenzephalogramm.

Efferenzkopie Signal, das von den Kollateralen der motorischen *Axone* zu einer früheren Stelle im Schaltkreis zurückgeleitet wird, mit dem Zweck, das motorische Verhalten zu kontrollieren. Gibt dem Netz Auskunft über dessen eigene Ausgabe.

Einfache Zelle   Klasse von Neuronen im corticalen Bereich V1 mit linearen Antworteigenschaften. Das *rezeptive Feld* wird weiter in exzitatorische und inhibitorische Felder unterteilt, die eine bestimmte Orientierungsachse aufweisen.

Eingabespezifität   Mit dieser Eigenschaft der *LTP* ist die Tatsache gemeint, daß die Potenzierung auf diejenige *Synapse* beschränkt bleibt, die während der *LTP*–induzierenden Reizung aktiv ist.

Einheit   Knoten in einem Netz, der Eingaben von anderen Einheiten erhält und eine Ausgabe produziert, die an andere Einheiten im Netz propagiert wird. Die Transformation innerhalb eines Knotens variiert von *binären Schwellenwerteinheiten* bis zu Einheiten *höherer Ordnung* und *radialen Basisfunktionen*.

Elektrische Fische   Fische, die mit Hilfe von elektrischen Organen (modifizierten Muskeln) elektrische Signale erzeugen, um damit ihre Beute zu betäuben. Manche Fische können die elektrischen Signale auch überprüfen. Veränderungen in den Mustern dieser Signale werden dann dazu verwendet, Objekte in ihrer Umgebung ausfindig zu machen. Dies ist bei Fischen, die in trübem Wasser leben, weit verbreitet.

Elektroenzephalogramm (EEG)   Aufzeichnung der gesamten elektrischen Aktivität mehrerer Neuronen mit Hilfe von Elektroden, die meist an der Kopfhaut angebracht werden. Besteht aus den aufsummierten synaptischen Potentialen und nicht aus den *Aktionspotentialen*.

Elektrotonische Leitung   Passiver Transfer von Ladungen (Ionen) entlang eines neuronalen Fortsatzes (Meist ist dies ein *Dendrit*.) Geschwindigkeit, zeitliche Struktur und Beibehaltung der übertragenen Ladung sind abhängig vom Membranwiderstand und von der Kapazität.

Endolymphe   Flüssigkeit, die den *Vestibularapparat* und den Ductus cochlearis füllt. In der chemischen Zusammensetzung der intrazellulären Flüssigkeit ähnlich (viel Kalium und wenig Natrium).

Endlicher Automat   Eine abstrakte Maschine, die Folgen von Eingabe*vektoren* akzeptiert und Folgen von Ausgabe*vektoren* generiert. Die Zustandsübergänge der Maschine sind in einem internen, endlichen Speicher abgelegt. Endliche Automaten können durch rekurrente Netz modelliert werden.

End–stopping Eine Eigenschaft, die bei hyperkomplexen Zellen und bei speziellen einfachen Zellen der Sehrinde vorkommt. Beschreibt die Tatsache, daß die Antwort auf einen richtig orientierten Balken abnimmt, sobald der Balken über den exzitatorischen Teil des *rezeptiven Feldes* hinausgeht und bis in eine inhibitorische Zone reicht. Diese Eigenschaft verleiht den hyperkomplexen Zellen die Fähigkeit, Krümmung zu repräsentieren.

Energielandschaft Der um eine zusätzliche Dimension erweiterte *Aktivierungs-* oder *Gewichtsraum*, der die Energie des Gesamtnetzes repräsentiert. Bei Netzen, die im Rahmen eines *Abschwächungsprozesses* ein *Optimierungsproblem* lösen, repräsentiert ein Zustand mit minimaler Energie (globales *Energieminimum*) eine optimale Lösung des Problems. Bei anderen Netzen entspricht die Energie häufig dem gemachten Fehler und ein Zustand mit minimaler Energie repräsentiert entsprechend einen Zustand, in dem das Netz den geringsten Fehler macht.

Energieminimum Zustand eines Systems, in dem jede Änderung der Aktivität einer beliebigen Einheit zu einem Zustand mit höherer Energie führt. Ein lokales Minimum ist ein Anziehungspunkt, da das Netz im Rahmen eines *Abschwächungsprozesses* von allen Nachbarzuständen aus zu dem lokalen Minimum übergeht. Ein globales Energieminimum ist ein Zustand mit minimaler Energie. Bei *Optimierungs*netzen wie dem *Hopfield–Netz* oder der *Boltzmann–Maschine* repräsentiert das globale Energieminimum eine optimale Lösung des durch das Netz dargestellten Optimierungsproblems.

Enkephalin Zu den endogenen Opiaten zählender *Neuromodulator*, dessen Peptidkette aus fünf Aminosäuren besteht. Man nimmt an, daß Enkephalin viele Funktionen hat (so soll es z.B. eine primäre Rolle bei der Analgesie spielen).

Entorhinaler Cortex Aus fünf Schichten bestehende Rinde, die ihre Eingaben von den Sinnes- und *Assoziationsbereichen* im Neocortex erhält und auf den *Hippocampus* und die *perforante Bahn* projiziert. Erhält auch vom Hippocampus Eingaben zurück und schickt rückgekoppelte Projektionen zurück zum Neocortex. Die Neuronen in diesem Bereich haben komplexe Antworteigenschaften und können polymodal sein.

Epilepsie Weit verbreitete neurologische Krankheit. Zu einem epileptischen Anfall kommt es, wenn sich viele Neuronen anomal synchron entladen. Nur in 50Zusammenhang mit spezifischen pathologischen Befunden herstellen. Geht oft von Temporalstrukturen, wie z.B. dem Hippocampus und dem unteren Temporalcortex aus.

Episodisches Gedächtnis Gehört zum *deklarativen Gedächtnis* und speichert Ereignisse aus der Vergangenheit einer Person. Dieses System ist zeitlich strukturiert – jedes Ereignis wird in Verbindung mit einer bestimmten Zeit gespeichert, wie dies bei einer Autobiographie der Fall ist.

EPSP Exzitatorisches postsynaptisches Potential.

EPSP–Spike–Potenzierung (E–S–Potenzierung) Extrasynaptische *LTP*. Neuronen, die einem *LTP*-induzierenden *tetanischen* Reiz ausgesetzt werden, feuern mit größerer Wahrscheinlichkeit *Aktionspotentiale*, und zwar unabhängig davon, ob das *EPSP* erhöht ist. Gründe dafür sind vielleicht Gleichgewichtsverschiebungen zwischen Erregung und Hemmung oder aber Leitfähigkeitsänderungen in den nichtsynaptischen, *spannungsabhängigen Ionenkanälen* auf den *Dendriten*.

Erlernte Geschmacksaversion *Klassische Konditionierung*, bei der ein neutrales Nahrungsmittel mit einer unangenehmen oder schädlichen Erfahrung gepaart wird. Als Folge des Lernvorgangs wird die neutrale Nahrung gemieden, da das Tier sie mit der schädlichen Erfahrung assoziiert. Diesen sogenannten Garcia-Effekt kann man auch bei Ratten beobachten, die sehr mißtrauisch gegenüber ausgelegten Ködern sind. Die zur Identifizierung der Nahrung verwendete Sinnesmodalität ist von Tierart zu Tierart verschieden.

ERP Event–related potential.

E–S–Potenzierung EPSP–Spike–Potenzierung.

Event–related Potential (ERP) Viele Neuronen reagieren auf einen Sinnesreiz mit einer Potentialänderung. Diese dauert im typischen Fall mehrere hundert Millisekunden und besteht aus einer Anzahl von positiven und negativen Wellen. Die Potentiale werden im allgemeinen auf der Kopfhaut aufgezeichnet, und es ist sehr schwierig, die inneren Quellen dieser Wellen ausfindig zu machen.

Exklusives Oder (XOR) Binäre, zweiwertige Funktion. Jede Eingabe kann die Werte 0 und 1 annehmen. Die Funktion liefert die Ausgabe 1, wenn eine Eingabe 1 und die andere Eingabe 0 ist, und liefert die Ausgabe 0, wenn beide Eingaben identisch sind.

Extrastriate Sehrinde Große, außerhalb der primären Sehrinde *V1* liegende Sehrindenregion. Ist in viele Untereinheiten (mehr als 24) aufgeteilt. Dazu zählen: *V2*, ein Bereich, der gürtelartig um *V1* angeordnet ist und seine Eingaben von *V1* erhält; *V3*, ein Bereich, der Eingaben von *V2* erhält und über getrennte Bahnen auf *V4* und *MT* projiziert; *V4*, ein Sehbereich, der sich dort befindet, wo der temporale, okzipitale und parietale Cortex zusammentreffen, und dessen Neuronen auf die Wellenlänge und die Orientierung des Reizes reagieren; *MT*, im medialen temporalen Bereich befindliche Region (auch V5 genannt), deren Neuronen über große *rezeptive Felder* verfügen und typischerweise selektiv auf Bewegung ansprechen, und *MST*, ein Sehbereich im medialen oberen Temporallappen, dessen Zellen vorzugsweise auf Rotation und Expansion bzw. Kontraktion von Bildern reagieren.

Exzitatorisches postsynaptisches Potential (EPSP) Transiente, stufenweise erfolgende *Depolarisation* einer postsynaptischen Zelle als Antwort auf die Freisetzung eines exzitatorisch wirkenden *Neurotransmitters* durch eine aktivierte präsynaptische Endigung.

Farbkonstanz Dieser Ausdruck beschreibt das Phänomen, daß Objekte auch bei Raumbeleuchtungen mit ganz unterschiedlicher spektraler Zusammensetzung in der gleichen Farbe erscheinen.

Feldpotential Extrazelluläre Ableitung der elektrischen Aktivität einer Zellpopulation. Die zelluläre Basis bilden hier im allgemeinen nicht die *Aktionspotentiale*, sondern synchronisierte *synaptische* Ströme.

Fest verdrahtet Der Ausdruck beschreibt eine neurale Verknüpfung, bei der alle Verbindungen durch die Gene festgelegt und somit praktisch unveränderlich sind.

Flocculäre Zielneuronen Abgekürzt FTN (nach: floccular target neurons). Neuronen in den *Vestibulariskernen*, die monosynaptische Eingaben von den *Purkinje-Zellen* im *Flocculus* erhalten. Diese *Neuronen* gelten als möglicher Ort für die beim *VOR* beobachtete Plastizität.

Flocculus Flockig-knotiger Lappen im *Cerebellum*. Erhält sowohl primäre und sekundäre vestibuläre Afferenzen als auch diverse visuelle Eingaben. Projiziert auf die *Vestibulariskerne*, die die Augenbewegung und das Gleichgewicht des gesamten Körpers kontrollieren.

Fornix Faserbündel, das den Hippocampusbereich mit anderen Bereichen, wie z.B. den Mamillarkörpern (*Corpora mamillaria*) und dem kontralateralen *Hippocampus*, verbindet.

Fortsatz (Processus) Anatomische Bezeichnung für lineare Auswüchse eines Neurons, wie z.B. *Dendriten* und *Axone*. Wird auch Neurit genannt.

Fovea Kleiner Bereich (Durchmesser beträgt $1° - 2°$) in der *Retina* mit der höchsten Zapfendichte und dem besten räumlichen *Auflösungs*vermögen. An den Seiten befinden sich dazwischenliegende Neuronenschichten.

Frontallappen (Stirnlappen) Bereich im *Neocortex*, der bei Planungen, Bewegung und Sprachgenerierung eine Rolle spielt.

FTN Floccular target neurons.

Funktion Abbildung zwischen den Elementen einer Menge (Definitionsbereich) und den Elementen einer anderen Menge (Bildbereich). Eine berechenbare Funktion kann durch einen *Algorithmus* (eine Regel) spezifiziert werden. Ist eine Funktion nicht berechenbar, so gibt es keine solche Regel. Letzteres gilt z.B. für zufällig assoziierte Paare.

GABA γ-Aminobuttersäure. Aminosäure, die weitverbreitet als inhibitorischer *Neurotransmitter* im Gehirn Verwendung findet. Bei Bindung an GABA–A–*Rezeptoren*, bewirkt es die Öffnung von *Ionenkanälen*, die für Chlorid durchlässig sind. Bei Bindung an GABA–B–Rezeptoren öffnen sich mit Hilfe eines *sekundären Botenstoffs* Kalium–durchlässige Ionenkanäle.

Ganglion Ansammlung von Nervenzellen; erscheint meist als knotenförmige Masse, die durch Gewebe zusammengehalten wird.

Genauigkeit Kleinster Abstand, der zwischen den Mittelpunkten zweier Reize, die in nichtüberlappenden Regionen eines sensorischen Raums präsentiert werden, wahrgenommen werden kann. Wird auch als Akuität oder *Hyperakuität* bezeichnet. Nicht zu verwechseln mit *Auflösung*.

Geschlossene Schleife Neuronaler Schaltkreis, in dem negative Rückkopplungen vorkommen. Er kommt in homöostatischen und motorischen Systemen vor, wie beispielsweise in dem System, das die Verfolgung mit den Augen steuert. Rückgekoppelte Systeme können einen stabilen Arbeitskreislauf aufrechterhalten.

Gestalt Globale Organisation, die aus einer Vielzahl von Interaktionen zwischen den einzelnen Merkmalen eines Bildes hervorgeht. Zentrales Konzept der Gestalttheorie in der Wahrnehmung.

Gewebekultur Kleines Stück neuronalen Gewebes, das von losgelösten Zellen abstammt und außerhalb des Nervensystems wächst. Gewebekulturen machen die biochemische Analyse und Sichtbarmachung von Neuronen sehr viel einfacher; es gilt jedoch zu bedenken, daß die Entwicklung der Neuronen *in vivo* nicht unbedingt genauso ablaufen muß.

Gewicht Stärke der zwischen zwei Einheiten eines künstlichen Netzes bestehenden Verbindung. Ist oft variabel; die Feineinstellung der Gewichte ist die am häufigsten verwendete Methode, ein Netz zu trainieren. Manche der Eigenschaften entsprechen denjenigen einer biologischen *Synapse*.

Gewichtsmatrix Eine Matrix definiert eine Vorschrift, mit der ein Vektor von einem *Zustandsraum* in einen anderen abgebildet wird. Eine Gewichtsmatrix ist ein Feld von Zahlen (*Gewichten*), das durch Multiplikation mit einem Eingabevektor einen Ausgabevektor erzeugt (Vektor–Matrix–Transformation).

Gewichtsraum *Zustandsraum*, bei dem jede Achse ein *Gewicht* eines Netzes repräsentiert. Fügt man dem Raum eine weitere Achse hinzu, die den vom Netz gemachten Fehler repräsentiert, dann kann darin dieser Fehler als Fehlerlandschaft dargestellt werden. Unter Lernen versteht man üblicherweise eine Abwärtsbewegung in einer solchen Fehlerlandschaft mit dem Ziel, den gemachten Fehler zu minimieren.

Gezähnte Körnerzellen Zellen, die in einer einzigen *Hippocampus*schicht angeordnet sind, die ihre Eingaben mittels der *perforanten Bahn* erhalten und auf das CA3–Feld via *Moosfasern* projizieren.

Gleichmäßige Verfolgung Ein sich bewegendes Objekt wird mit den Augen verfolgt, um das retinale Bild auf der *Fovea* zu stabilisieren.

Gliazellen Verschiedene kleine Zellen, von denen man annimmt, daß sie keine aktiven elektrischen Signale hervorbringen, wie das bei den Neuronen der Fall ist. Dienen als Puffer für die extrazelluläre Flüssigkeit, entfernen Abfallstoffe und liefern die physikalische Struktur und das *Myelin*, das die Axone umhüllt.

Glutamat Als exzitatorischer *Neurotransmitter* wirkende Aminosäure. Bewirkt die Öffnung von *Ionenkanälen*, welche für Natrium, Kalium und manchmal auch für Calcium permeabel sind. Wichtigster exzitatorischer Transmitter im Cortex.

Glyzin Aminosäure, die bei Chlorid–durchlässigen *Ionenkanälen* als inhibitorischer *Neurotransmitter* verwendet wird. Wahrscheinlich wichtiger inhibitorischer Transmitter im *Rückenmark*. Normale physiologische Glyzinkonzentrationen potenzieren die Antwort des *NMDA–Rezeptors* auf *Glutamat*.

Golgi–Färbung   Von Camillo Golgi im Jahre 1873 entwickelte Technik, mit deren Hilfe nach dem Zufallsprinzip wenige Neuronen einer Gewebeprobe mit einer Silberauflage versehen werden. Der Farbstoff breitet sich im gesamten Dendritenbaum aus und füllt Teile des *Axons*. In neonatalem Gewebe wird das Axon vollständiger angefärbt, da es weniger *myelinisiert* ist.

Gradientenabstieg   Verfahren zur Fehlerminimierung während der Lernphase eines Netzes. An einem Punkt werden zuerst die ersten Ableitungen der Fehlerfunktion bzgl. aller Parameter bestimmt und dann die Parameter so verändert, daß sich das Netz entlang des Gradienten zu einem Fehlerminimum hinbewegt.

Grenzzyklus   Zustand eines Systems, in dem es eine periodisch wiederkehrende Ausgabe (z.B. eine Oszillation) produziert, und den es auch nach einer erfolgten Auslenkung immer wieder einnimmt.

Grobcodierung   Dieser Ausdruck beschreibt die Selektivität von Einheiten für bestimmte Reize, die indirekt an der *verteilten Repräsentation* beteiligt sind. Grobcodierung bedeutet, daß sich die Antwortselektivitäten der Einheiten überlappen, da die Einheiten breite *Abstimmkurven* haben. Auf diese Weise wird beispielsweise die *Hyperakuität* ermöglicht.

Großmutterzelle   Extreme räumliche/lokale Codierung in einem neuronalen Netz. In einer entsprechenden Theorie soll eine einzelne Zelle, die an einer bestimmten Stelle liegt, spezifische Merkmale in einer visuellen Szene (z.B. die Großmutter) repräsentieren.

Gyrus parahippocampalis   Aus drei Schichten bestehende Rinde, die den *Hippocampus* umgibt. Es wurde ein Zusammenhang zwischen Panikattacken und Anomalitäten im rechten Gyrus parahippocampalis hergestellt.

Habituation   Abnahme der Verhaltensantwort auf einen wiederholt präsentierten Reiz. Bei *Aplysia* konnte man zeigen, daß dies auf eine verminderte Wirksamkeit der zwischen den sensorischen und *motorischen Neuronen* liegenden Synapsen zurückzuführen ist.

Haarzelle   Im *Vestibularapparat* und in der Cochlea befindliche Sinneszelle. Werden die von der Zelle ausgehenden Stereocilien (Haare) durch die Bewegung der umgebenden *Endolymphe* verdrängt, führt dies entsprechend der Verdrängungsrichtung zur *Depolarisation* oder zur *Hyperpolarisation*.

Hauptkomponentenanalyse Mathematische Analysemethode, die die Hauptkomponenten in der Varianz von gegebenen Daten bestimmt. Sie kann bei Netzen mit linearen *internen Einheiten* angewendet werden und berechnet dann die Menge der *Vektoren*, die die beste lineare Approximation der Menge der Eingabevektoren ist. Datenmengen, die höhere statistische Eigenschaften aufweisen, können durch Netze mit nichtlinearen internen Einheiten charakterisiert werden.

Hauptkrümmungen Richtungen mit maximaler und minimaler Krümmung entlang der Oberfläche eines gekrümmten Objekts. Diese Richtungen stehen stets im rechten Winkel zueinander und liefern — zusammen mit der Orientierung der Achsen — eine vollständige Beschreibung der lokalen Krümmung.

Hebb–Synapse Synapse, deren Wirksamkeit sich entsprechend der Hebbschen Regel verändert: Die Stärke der synaptischen Verbindung nimmt zu, wenn sowohl die prä- als auch die postsynaptischen Elemente aktiv sind. Ist dagegen nur die präsynaptische Seite aktiv (ohne gleichzeitige postsynaptische Aktivierung), kann die synaptische Verbindung an Stärke verlieren.

Hippocampus In einem Halbkreis um den *Thalamus* angeordnete Struktur des medialen *Temporallappens*. Erhält Eingaben von der *Assoziationsrinde* und projiziert auch auf diese zurück. Spielt eine Rolle beim episodischen Gedächtnis. Ort einer elektrisch induzierten lange andauernden Veränderung der neuronalen Aktivität im Laufe der *LPT*. Besteht aus einer Reihe unterschiedlicher Regionen: *CA3* enthält *Pyramidenzellen*, welche ihre Eingaben von den *gezähnten Körnerzellen* und gelegentlich auch von der *perforanten Bahn* erhalten. Die CA3–Pyramidenzellen entsenden sowohl *Axone*, die rechtwinklig zu den apikalen *Dendriten* anderer *CA3*–Pyramidenzellen verlaufen, als auch kollaterale Bahnen in die *CA1*–Region und zur *Fornix*. CA1-Pyramidenzellen erhalten mittels der *Schafferschen Kollateralen* Eingaben von *CA3-Pyramidenzellen* und projizieren außerhalb des Hippocampus auf das Subiculum und den *entorhinalen Cortex*.

Hirnstamm Basis des Gehirns, bestehend aus Medulla, *Pons* und Mittelhirn. Enthält viele motorische und sensorische Kerne (einschließlich derjenigen für Geschmack und Gehör), aber auch jede Menge Faserbahnen, die sowohl rostral in das übrige Gehirn als auch caudal ins *Rückenmark* führen.

Hopfield–Netz *Assoziatives Netz*, das die Lösung eines *Optimierungs*problems durch einen *Abschwächungsprozeß* findet. Es besteht aus einer Anzahl von *binären Schwellenwerteinheiten*, die mittels symmetrischer *Gewichte* miteinander verknüpft sind. Zufällig ausgewählte Einheiten verändern ihren Zustand, wenn sich dadurch die Gesamtenergie des Systems senkt. Dieser Prozeß wiederholt sich, bis ein lokales *Energieminimum* erreicht wird. Ein solches Netz kann einen *inhaltsadressierbaren Speicher* implementieren.

Horizontalzellen Retinale Interneuronen, die von den Photorezeptoren Eingaben erhalten und auch auf diese zurückprojizieren. Solche Zellen feuern keine *Aktionspotentiale*; ihre *Axone* lassen sich von den *Somata* isolieren. Manche Horizontalzellen sind über elektrische Synapsen miteinander gekoppelt.

Horopter Fläche, die das Sehfeld umgibt; wird definiert als die Menge aller Punkte, die auf korrespondierenden Netzhautstellen abgebildet und somit einfach gesehen werden (Reize außerhalb des Horopters werden doppelt gesehen). Im Bereich der Fovea befinden sich diese Punkte in der Fixationsebene.

HRP Abkürzung für "horseradish peroxidase", zu deutsch: *Meerrettich–Peroxidase*.

Hyperakuität Wahrnehmung von Intervallen, die kleiner sind als das Auflösungsvermögen jedes einzelnen Transduktors. Tritt bei der visuellen Wahrnehmung auf. Man unterscheidet zwischen räumlicher, *stereoskopischer* und chromatischer Hyperakuität.

Hyperpolarisation Vorgang, bei dem die Innenseite einer Neuronenmembran in Relation zur Außenseite negativ aufgeladen wird. Für gewöhnlich geschieht dies durch Ausströmen von positiv geladenen Ionen (Kalium).

Hypothalamus Unterhalb vom *Thalamus* gelegene Struktur, die die *autonome*, endokrine und viszerale Integration reguliert.

Ikonogedächtnis Sehr kurzes (weniger als 1 Sekunde anhaltendes) Erinnerungsvermögen an das vorhergehende Bild. Wird vom nachfolgenden Reiz leicht überdeckt. Ursache sind möglicherweise vorübergehende physikalische Veränderungen im sensorischen Transduktionssystem.

Indizierte Repräsentation Wahrnehmungsrepräsentation, bei der nicht alles aus dem Wahrnehmungsbereich kategorisiert wird; vielmehr werden hier nur solche Dinge charakterisiert, die für die Durchführung der gestellten Aufgabe relevant sind.

Inferotemporaler Cortex Bereich im vorderen *Temporallappen*, der für die visuelle Verarbeitung, insbesondere für die visuelle Wiedererkennung von Objekten, zuständig ist. Man weiß heute, daß die Neuronen in diesem Bereich speziell auf komplexe Objekte (z.B. auf Hände) reagieren.

Inhibitorisches postsynaptisches Potential (IPSP) Transiente, stufenweise erfolgende *Hyperpolarisation* einer postsynaptischen Zelle als Antwort auf die Freisetzung eines *Neurotransmitters* durch eine aktivierte präsynaptische Endigung. Die Hemmung muß nicht notwendigerweise die Wahrscheinlichkeit verringern, daß das Neuron den Schwellenwert erreicht.

Inhaltsaddressierbarer Speicher Repräsentationen, bei denen der Zugriff nicht über einen numerischen Schlüssel, sondern mittels einer partiellen oder verrauschten Form des gespeicherten Musters selbst erfolgt. Die Ausgabe ist dann die vervollständigte bzw. korrigierte Form der Eingabe (Muster- oder Vektorvervollständigung). Diese Aufgabe kann ein bestimmter Typ von *assoziativen Netzen* erfüllen, die genau so viele Ausgabe- wie Eingabeeinheiten haben.

Innenohr Strukturen des Schläfenbeins, einschließlich *Vestibularapparat* und Hörorgan (*Cochlea*).

Interaurale Verzögerung Bezieht sich auf die unterschiedlichen Ankunftszeiten, mit denen der Schall die beiden Ohren erreicht. Wie groß diese Verzögerung ist, hängt vom Ort der Schallquelle ab. Wird von vielen Lebewesen verwendet, um den Aufenthaltsort von Objekten in der horizontalen Ebene ausfindig zu machen.

Interne Einheiten Einheiten eines neuronalen Netzes, die in ihrer Bedeutung den biologischen *Interneuronen* gleichkommen, d.h. es handelt sich hier nicht um Eingabe- oder Ausgabeeinheiten.

Interneuron Neuron, das weder sensorische Information von der Peripherie übermittelt, noch motorische Signale an die Effektoren weiterleitet. Interneuronen projizieren nicht auf Bereiche, die außerhalb ihrer eigenen Gehirnregion liegen. Viele der Interneuronen wirken inhibitorisch.

Invarianz Beim Sehsystem auftretendes Phänomen, und zwar werden die Bilder eines Objekts auch trotz veränderter Größe, Rotation und Geschwindigkeit als ein und dasselbe Objekt erkannt. Ist auch unter den Bezeichnungen Größen-, Rotations- und Geschwindigkeitskonstanz bekannt. Durch die invariante Erkennung von Objekten verringert sich die für die Repräsentation der Objekte notwendige Speicherkapazität.

in vitro Im Reagenzglas. Am lebenden Gewebe werden Versuche außerhalb des Körpers, z.B. an *Gewebekulturen* oder *Schnittpräparaten* durchgeführt.

in vivo Im lebenden Körper. Experimentelle Versuche am intakten Tier.

Ionenkanal Mit Wasser gefüllte Pore in der Membran einer Zelle, die es ermöglicht, daß Ionen entsprechend der chemischen Konzentration und dem elektrischen Gradienten in die Zelle hinein- bzw. aus der Zelle hinausströmen (Ionenstrom). Der Ionenfluß wird über die Spannung oder die chemische Bindung an assoziierte Rezeptoren gesteuert. Die Ionenleitfähigkeit ist ein Maß für den Ionenstrom.

Ionenpumpe Mit Hilfe eines die Membran eingelagerten ATPase–Enzyms (Protein) können die Ionen — ihrem Ionengefälle entgegen — unter Energieverbrauch die Membran passieren. Auf diese Weise werden oft Ionen gegeneinander ausgetauscht, z.B. Kalium strömt in die Zelle hinein und Natrium aus der Zelle heraus.

IPSP Inhibitorisches postsynaptisches Potential.

JND *Just–noticeable difference*. Zu deutsch: gerade noch wahrnehmbarer Unterschied.

Just–noticeable difference (JND) Zu deutsch: gerade noch wahrnehmbarer Unterschied. Unterscheidungsschwelle. Kleinster noch wahrnehmbarer Unterschied zwischen zwei Reizen. Wächst proportional mit der Größe des Referenzreizes.

Klassische Konditionierung Lernen, das darin besteht, daß sich das Tier die Reaktionsbereitschaft auf einen ursprünglich wirkungslosen Reiz (konditionierter Reiz) aneignet, indem es ihn mit einem anderen Reiz (unkonditionierter Reiz) in Zusammenhang bringt, welcher eine offenkundige Antwort (unkonditionierte Antwort) auslöst.

Kletterfaser Afferente Faser des Kleinhirns, die in der tiefer gelegenen Olive ihren Ursprung hat. Die Kletterfaser erreicht eine einzelne *Purkinje–Zelle* und stellt dann viele synaptische Kontakte her. Die Entladung einer Kletterfaser führt in der Purkinje–Zelle zu einem großen, komplexen Spitzenpotential.

Kommissur Fasern, die Bereiche der beiden Gehirnhälften, welche sich in ihrer Funktion ähneln, über die Mittellinie hinweg miteinander verbinden. Die zentrale Kommissur wird *Corpus callosum* genannt. Hierbei handelt es sich um den größten Faserstrang des Gehirns.

Kompatibilitätsfunktion Der erste Schritt bei der Lösung des Korrespondenzproblems. Bei einem binären (schwarzweißen) Bild ist die Kompatibilität eines Bildpunktes 1, wenn die entsprechenden Punkte auf beiden *Retinas* den gleichen Wert haben, ansonsten ist der Wert 0.

Komplexe Zelle Sehrindenneuron mit nichtlinearen Antworteigenschaften. Die *rezeptiven Felder* sind groß und ausgerichtet, wobei jedoch die Position des Reizes innerhalb des rezeptiven Feldes nicht entscheidend ist. Viele der komplexen Zellen sprechen auf Bewegung an.

Konfokale Mikroskopie Eine Verbesserung in der Technik der Lichtmikroskopie, mit deren Hilfe es möglich wird, innerhalb einer dreidimensionalen Probe auf eine Bildebene zu fokussieren. Führt bei Gewebeproben, die mit einem fluoreszierenden Farbstoff markiert wurden, zu einer deutlich besseren Auflösung.

Konjugierter Gradientenabstieg Optimierungstechnik zum effizienten Abstieg innerhalb eines Tales einer Fehlerlandschaft. Sie verwendet die Information über den Gradienten, folgt diesem aber nicht wenn es einen schnelleren Weg zur Talsohle gibt.

Konnektionismus Ein von Jerome Feldman eingeführter Begriff für eine Art der Berechnung, bei der die zwischen neuronenartigen Einheiten bestehende Verknüpfungsstruktur im Vordergund steht. Die Einheiten haben meist semilineare *Aktivierungsfunktionen,* und mit den Verbindungen zwischen den Einheiten sind veränderliche *Gewichte* assoziiert. Die Einheiten können aber auch komplexer sein, wie z.B. Einheiten höherer Ordnung oder Einheiten mit einer radialen Basisfunktion als Aktivierungsfunktion.

Korbzellen Glatte, inhibitorische Interneuronen, die mit dem *Soma* und den proximalen *Dendriten* ihrer Zielzellen über mehrere Synapsen in Verbindung stehen. Können sowohl die zeitliche Abstimmung von Impulsen als auch die Impulsrate von postsynaptischen Neuronen beeinflussen.

Korrespondenzproblem Problem beim stereoskopischen Sehen (= *Stereopsie*). Das Problem bessteht darin, die Merkmale im Bild des einen Auges zu finden, welche mit Merkmalen im Bild des anderen Auges übereinstimmen. Das menschliche Sehsystem kann das Korrespondenzproblem sogar dann lösen, wenn es sich bei dem Reiz um identische, zufällig verteilte Punkte handelt.

Kreditzuordnungsproblem Ein bei großen und komplexen Systemen oft vorkommendes allgemeines Problem, das immer dann auftritt, wenn die internen Parameter als Folge einer sehr guten oder einer sehr schlechten Leistung entsprechend angepaßt werden müssen.

Kritische Periode　Entwicklungsphase, in der sich die Komponenten einer Gehirnregion organisieren. Diese Phase wird oft durch Sinneseindrücke beeinflußt (z.B. im Fall der *Augendominanzspalten*). Wird während dieser kritischen Phase die Ausbildung der Organisation beispielsweise durch sensorische Deprivation verhindert, kann dies im späteren Verlauf des Lebens nur schlecht, falls überhaupt, nachgeholt werden.

Kurvenanpassung　Das Anpassen eines Modells an eine gegebene Datenmenge. Das geschieht häufig, indem der quadratische Fehler zwischen dem Modell und den gegebenen Daten minimiert wird.

Kurzzeitgedächtnis　Dieses System sichert in einem bestimmten Zustand befindliche Information, während diese in den stabileren Langzeitspeicher überführt wird. Auf Information in dieser Form kann sofort und bewußt zugegriffen werden.

Langzeitdepression (LTD)　Verminderung in der Wirksamkeit einer *Synapse*. Kommt im *Cerebellum* vor, wenn die Eingabe der präsynaptischen Parallelfaser und eine Purkinje–Zelle gleichzeitig stimuliert werden. Im Hippocampus ist sie sowohl dann zu finden, wenn die präsynaptische Eingabe stimuliert und die postsynaptische Zelle *hyperpolarisiert* wird, als auch bei *Depolarisation* der postsynaptischen Zelle, wobei dann keine präsynaptische Aktivierung notwendig ist. Kommt auch im Neocortex vor.

Langzeitgedächtnis　Langandauernde, potentiell permanente Speicherung von Informationen über vergangene Erfahrungen. Man glaubt, daß physikalische, *plastische* Veränderungen in der Gehirnstruktur dafür verantwortlich sind.

Langzeitpotenzierung (LTP)　Nachhaltige Zunahme der synaptischen Stärke (hält stunden- bzw. tagelang an), die auf eine kurze, hochfrequente Reizung der synaptischen Eingaben folgt. Wurde zuerst im Hippocampus beschrieben, kommt aber in vielen Gehirnregionen vor. Dient möglicherweise der Speicherung des Langzeitgedächtnisses. Kann homosynaptisch (die Veränderung ist auf die stimulierte Synapse beschränkt) oder heterosynaptisch (andere Synapsen der postsynaptischen Zelle sind betroffen) erfolgen.

lateral　Seitlich von der Mittellinie. Dieser Ausdruck wird in Relation zu einem bestimmten Bezugspunkt verwendet. So hat jeder Nucleus einen lateralen Teil, wie z.B. der *Corpus geniculatum laterale* (zu deutsch: seitlicher Kniehöcker).

laterale Hemmung   Bei vielen Wahrnehmungssystemen vorkommendes Phänomen, welches durch Hemmung der umgebenden Einheiten dazu führt, daß die Signale (Aktivität) einer Einheit verstärkt werden. Dieser Mechanismus verringert die Bedeutung von konstanten Feldern und erhöht die Bedeutung von Grenzlinien und Punktquellen.

L–Dopa   Chemischer Vorläufer des *Neurotransmitters Dopamin*. Ermöglicht eine vorübergehende Symptomabschwächung bei der Parkinsonschen Krankheit.

Lehrer   Teil eines *überwachten Lernalgorithmus*, welcher den vom Netz gemachten Fehler berechnet, indem überlicherweise die Differenz zwischen tatsächlicher und gewünschter Ausgabe bestimmt wird. Das daraus abgeleitete Fehlersignal muß nicht wirklich von einem externen Lehrer generiert, sondern kann auch innerhalb des Gehirns durch einen Monitor erzeugt werden.

Leistungsspektrum   Repräsentation, welche den Energiebetrag eines Reizes für jede Frequenz wiedergibt. Diese Repräsentation kann man erhalten, indem man die Fourier–Transformation des Reizes berechnet.

LGN   Abkürzung von "lateral geniculate nucleus", auch *Corpus geniculatum laterale* oder seitlicher Kniehöcker genannt.

Lidocain   Lokalanästhetikum, das in Neuronen die Ausbildung von *Aktionspotentialen* verhindert, indem es die spannungssensitiven Na^+-Kanäle blockiert. Erzeugt reversible Läsionen: sobald es aufgebraucht ist, normalisiert sich die Antwort wieder.

Ligand   Substrat, das an einen *Rezeptor* gebunden wird, wie dies beispielsweise bei *Neurotransmittern* und *Neuromodulatoren* der Fall ist.

Limbisches System   Dieser Ausdruck steht für C–förmige Strukturen, die an den Gehirnbalken (*Corpus callosum*) angrenzen. Dazu zählen: Gyrus cinguli, orbitofrontaler Cortex, *Hippocampus* und *Amygdala*. Ist zuständig für Motivation, Emotion und Gedächtnis. Gemeinsam mit dem *Hypothalamus* kontrolliert es mittels dem *autonomen System* die Wechselwirkungen zwischen Emotion und viszeraler Funktion.

Lineare Funktion   *Funktion*, bei der die Abbildung zwischen Werte- und Bildbereich durch eine Gerade beschrieben werden kann.

Linear separierbare Funktion   *Funktion*, bei der der Wertebereich durch eine Gerade aufgeteilt werden kann. Das *XOR* ist keine linear separierbare Funktion, da die Menge der Werte, die auf die 1 abgebildet werden, nicht durch eine Gerade von der Menge der Werte, die auf die 0 abgebildet werden, getrennt werden kann. Netze benötigen *interne Einheiten*, um Funktionen berechnen zu können, die nicht linear separierbar sind. In höherdimensionalen Räumen wird der Wertebereich durch eine Hyperebene getrennt.

Locus coeruleus   Mit *Norepinephrin*haltigen Zellen ausgestatteter Nucleus im *Hirnstamm*, der fast auf das gesamte *ZNS* projiziert. Spielt eine entscheidende Rolle bei der Steuerung der Phasen zwischen Schlaf- und Wachzustand.

Lokaler Krümmungsreflex   Ist dafür verantwortlich, daß sich der Körper eines Blutegels von einem mechanischen Reiz weg krümmt.

LTD   Abkürzung für "long–term depression", siehe *Langzeitdepression.*

LTP   Abkürzung für "long–term potentiation", siehe *Langzeitpotenzierung.*

M1   Siehe *primäre motorische Rinde.*

Machsche Bänder   Vortäuschung von Helligkeit an kontrastreichen Kanten, wobei an der dunklen Kantenseite ein schmales, sehr dunkles Band, und an der hellen Kantenseite ein dünnes, sehr helles Band erscheint. Kann mit Hilfe der *lateralen Inhibition* erklärt werden.

Magnetoenzephalographie (MEG)   Dynamische Aufzeichnung des Magnetfeldes über einem relativ großen Gehirnbereich. Liefert Informationen, die durch ein *EEG* nicht erfaßt werden. Hat den Vorteil, daß magnetische Felder von der Schädeldecke nicht so stark gefiltert werden.

Magnozelluläre Schichten   Die Schichten 1 und 2 im *LGN* von Primaten enthalten große Zellen, die empfindlich auf die Bewegung und die Grobstruktur des Reizes reagieren.

Mean Field Approximation   Analysetechnik, bei der in einem physikalischen System das detaillierte und fluktuierende Verhalten der Einheiten durch einen Mittelwert ersetzt wird, um damit die Analyse zu vereinfachen.

Mechanorezeptor   Erfolgsorgan eines sensorischen Neurons, das mechanische Reize (Druckreize) in eine *Depolarisation* umwandelt, welche man als Generatorpotential bezeichnet.

medial Beschreibt eine Lage, die sich in Richtung der Kreuzungsebene befindet. Dieser Ausdruck wird in Relation zu einem Bezugspunkt verwendet. So hat jeder Nucleus auch einen medialen Teil, z.B. spricht man dann von einem medialen Kniehöcker.

MEG *Magnetoenzephalographie.*

Meerrettich–Peroxidase (abgekürzt HRP) Enzym, das durch intra- oder extrazelluläre Injektion in die Zelle gelangt, dort aufgenommen wird und eine chemische Reaktion katalysiert. Das entstehende Reaktionsprodukt färbt den gesamten Dendritenbaum und das *Axon* in seiner ganzen Länge an. Man verwendet diese Färbetechnik, wenn man morphologische Studien vornehmen und den Verlauf von Fasern verfolgen will.

Membranzeitkonstante Reziprokwert der Geschwindigkeit, mit der sich die Membran eines Neurons passiv auf- oder entlädt. Wird definiert als Produkt aus dem spezifischen Widerstand und der Kapazität der Membran.

Merkmalsdetektor Einheit in einem Netz, die auf ganz bestimmte Merkmale in der Eingabe, wie z.B. auf eine Kante (kontinuierliche Grenzlinie), reagiert. Unüberwachte Netze können sich im Rahmen eines Lernprozesses ohne externen Lehrer mittels *Gewichts*adaption so einstellen, daß sie diese Merkmale repräsentieren.

Mininetze Erweiterung der *Vektorquantisierung* von einzelnen Einheiten auf ganze Netze, so daß die Netze darum konkurrieren, welches auf eine bestimmte Menge von Eingabe*vektoren* reagieren soll. Jedes Mininetz entwickelt sich zu einem Experten für eine bestimmte Sorte von Eingaben, und ein separates Netz, das als eine Art "Schiedsrichter" fungiert, bestimmt, welches Mininetz die Ausgabe auf eine angelegte Eingabe generieren darf.

Mitochondrien Intrazelluläre Organellen, die durch Produktion von ATP die Energie für Neuronen und andere Zellen liefern. Befinden sich besonders zahlreich an Orten mit hohem Energieverbrauch, wie z.B. an *Somata* und *synaptischen* Endigungen.

Mittelohr Luftgefüllter Raum zwischen Außen- und *Innenohr*, in dem Knochen enthalten sind, welche Vibrationen des Trommelfells zur mit Flüssigkeit gefüllten *Cochlea* leiten.

Moboter Mobile Roboter mit wenigen Verhaltensreflexen. Reize der wirklichen Welt werden auf Prioritätsbasis und mit wenig Verarbeitungsaufwand beantwortet. Stellen eine Alternative zur sonst in der Robotik üblichen Strategie dar, die die Umgebung eines Roboters vereinfacht und ihn dann relativ komplexe Aufgaben ausführen läßt.

Monoamine Chemische Stoffklasse, zu der Catecholamine wie *Dopamin, Epinephrin* (Adrenalin) und *Norepinephrin* (Noradrenalin) sowie das zu den Indolen zählende *Serotonin* gehören. Spielen im *ZNS* eine Rolle als *Neurotransmitter* und haben darüberhinaus auch eine Funktion als *Neuromodulator*.

Moosfasern Axonale Projektionen von den *gezähnten Körnerzellen* auf *CA3*-Zellen im Hippocampus. Typisch ist die nicht–*NMDA*–abhängige *LTP*. Wird auch als Bezeichnung für Fasern verwendet, die in das *Cerebellum* reichen und Körnerzellen erregen, welche dann wiederum die *Purkinje–Zellen* aktivieren.

Motorisches Neuron (Motoneuron) Motorische Ausgabe des Nervensystems. Ein im Gehirn oder Rückenmark befindliches *Soma* entsendet ein *Axon* zur Muskelfaser, das an der *neuromuskulären Verbindung* des Muskels endet.

MRI–Technik Abkürzung steht für "magnetic resonance imaging". Mit dieser Technik kann die räumliche Verteilung von Atomkernen (z.B. Wasserstoff und Phosphor) abgebildet werden. Basiert auf der Präzision des Kernspins in einem starken Magnetfeld. Die Feinstruktur im Frequenzspektrum der Resonanzen kann dazu verwendet werden, um das chemische Umfeld dieser Atomarten zu untersuchen.

MST Siehe *extrastriate Sehrinde*.

MT Siehe *extrastriate Sehrinde*.

Multiplexverfahren Verfahren, bei dem in einem sensorischen Kanal oder in einer Population von Einheiten mehr als eine Dimension der Information repräsentiert wird. In Computern wird das durch die Vergabe von Zeitscheiben bzw. Zeitabschnitten realisiert, so daß jede Dimension zu einem bestimmten Zeitabschnitt den Kanal belegen darf.

Muskelspindel Streckrezeptor innerhalb eines Muskels, der sensorische Endigungen eines primären Neurons enthält, die sich um spezialisierte Muskelfasern (intrafusale Fasern) wickeln.

Myelinisierung Umhüllung der Axone mit Schichten aus den Lipidmembranen der Schwannschen Zellen zu dem Zweck, die Axone elektrisch zu isolieren. Die Folge ist, daß das *Aktionspotential* entlang des Axons nur in bestimmten Abständen (an den Ranvierschen Schnürringen) neugebildet werden muß, was zu einer schnelleren Erregungsleitung führt.

Nach–Hyperpolarisation Abgekürzt AHP ("after–hyperpolarization") Auf ein Aktionspotential oder auf eine Impulsserie folgt eine Hyperpolarisation der neuronalen Membran. Wird oft in Zusammenhang mit einem bestimmten Kalium–Strom (I_{AHP}) gebracht.

Nächster Nachbar Methode, mit deren Hilfe die Ähnlichkeit von Objekten in einer Kategorie repräsentiert wird. Objekte mit gemeinsamen Merkmalen werden innerhalb des Ähnlichkeitsraum in einem Cluster um einen zentralen *Prototypen* herum angeordnet. Der Abstand zwischen dem Prototypen und einem Objekt repräsentiert die Ähnlichkeit des Objektes zu dem Prototypen (Ähnlichkeitsmetrik). Es gibt neuronale Netze, die diese Repräsentationsart auf natürliche Art und Weise realisieren.

Necker–Würfel 2–D Zeichnung eines 3–D Würfels, in der man abwechselnd zwei verschiedene 3–D Zustände erkennen kann. Zwischen diesen Zuständen kann man bewußt hin- und herschalten, aber die beiden Zustände können nicht gleichzeitig wahrgenommen werden.

Nematode *Caenorhabditis elegans*, ein Nematode (Fadenwurm) mit einem einfachen Nervensystem, wird gerne für genetische Studien verwendet, da er eine kurze Generationszeit hat und ein sich selbstbefruchtender Zwitter ist, d.h. er kann in kurzer Zeit viele identische Kopien von sich selbst produzieren. Man hat Schnittserien angefertigt und die Abstammung jeder einzelnen Zelle bestimmt.

NETtalk Künstliches neuronales Netz, das mittels *Rückpropagierung* darauf trainiert wurde, Buchstaben auf Phoneme abzubilden.

Netz höherer Ordnung Neuronales Netz, in dem eine *Aktivierungsfunktion* verwendet wird, die die Ausgabe einer Einheit durch die Anwendung einer *nichtlinearen Funktion* auf das *gewichtete* Produkt der Eingaben bestimmt. Im Gegensatz dazu berechnen Netze erster Stufe die Ausgabe aus der gewichteten Summe der Eingaben.

Neocortex   Aus sechs miteinander verschlungenen Lagen bestehende Zellschicht, die die Außenfläche der Hirnhemisphären bildet. Besteht in erster Linie aus dornigen, exzitatorischen Pyramidenzellen und glatten, inhibitorischen Zellen. Hat sich im Laufe der Evolution erst mit Entwicklung der höheren Säugetiere ausgebildet. Gilt als Sitz von Kognition und komplexen sensomotorischen Verarbeitungsprozessen.

Neuromodulator   Chemischer Stoff, der von den präsynaptischen Endigungen freigesetzt wird und eine modulatorische Wirkung auf die postsynaptische Zelle hat, indem er z.B. die Antwort einer Zelle auf einen *Neurotransmitter* verändert oder dauerhafte Änderungen in der Dynamik der *spannungsabhängigen* Leitfähigkeit hervorruft. Peptide und *Monoamine* wirken oft als Neuromodulatoren. Im typischen Fall aktivieren sie intrazelluläre *sekundäre Botenstoffe*.

Neuromuskuläre Verbindung   Synapse zwischen der Axonendigung eines *motorischen Neurons* und der Muskelfasermembran.

Neuropilem   Geflecht aus neuronalen Fasern (*Axonen* und *Dendriten*) und den dazugehörigen synaptischen Kontakten. Bei Wirbellosen gibt es für gewöhnlich nur hier *Synapsen*.

Neurotransmitter   Chemischer Überträgerstoff, mit dessen Hilfe ein Signal an den *Synapsen* von einem Neuron an das andere weitergegeben wird. Bindet sich an *Rezeptoren*, die sich in der Membran der postsynaptischen Zelle befinden, und führt dadurch im allgemeinen zu einer Änderung in der Leitfähigkeit.

NMDA   *N–Methyl–D–Aspartat.*

N–Methyl–D–Aspartat (NMDA)   Künstlich synthetisierte Aminosäure, die als Analogon zu Glutamat ein effektiver Agonist um den *NMDA–Rezeptor* ist.

NMDA–Rezeptor   Wird normalerweise dann aktiviert, wenn er – bei gleichzeitiger postsynaptischer *Depolarisation* – präsynaptisch freigesetztes *Glutamat* bindet. Als Folge davon öffnen sich die dazugehörigen *Ionenkanäle*. Die *LTP* an den *Synapsen* der *Schafferschen Kollateralen* im Bereich CA1 des Hippocampus hängt von der Aktivierung des NMDA–Rezeptors ab.

Norepinephrin   In Zellen des Locus coeruleus anzutreffender, zu den Catecholaminen gehörender *Neuromodulator*. Bindet an eine Vielzahl postsynaptischer *Rezeptoren* und hat demzufolge mannigfältige Wirkungen auf Zellen; in erster Linie wirkt es auf Kaliumdurchlässige *Ionenkanäle*.

Normierung   Konstanthaltung der Gesamtaktivität in einem System (z.B.
durch vorwärtsgerichtete Hemmung) und der Summe der *Gewichte* in einem System. Verhindert in einem lernenden Netz, daß eine Einheit oder ein Gewicht auf
zu viele Eingabe*vektoren* antwortet.

Nozizeption   Schmerzempfindung.

Nucleus laminaris   Nucleus im Hirnstamm von Vögeln, der auditive Eingaben von beiden Ohren erhält und die *interaurale Verzögerungszeit* der von beiden
Ohren kommenden Signale berechnet. Dadurch kann die Schallquelle in der horizontalen Ebene lokalisiert werden. Entspricht dem medialen oberen Olivenkern
bei Säugetieren.

Nullpunkt   Punkt in einer Dimension, bei dem eine Funktion den Wert 0 annimmt.

Okzipitallappen   Bereich des *Neocortex* auf der Rückseite des Gehirns, der an
der visuellen Verarbeitung beteiligt ist.

Operante Konditionierung   Instrumentale Konditionierung. Lernen, bei dem
das für einen Organismus typische Verhalten mit einer Belohnung oder Bestrafung
assoziiert wird.

Optimierung   Finden der besten Lösung für ein Problem, das durch eine Reihe von Bedingungen festgelegt wird (z.B. das *Problem des Handlungsreisenden*).
Solche Lösungen können im Rahmen eines *Abschwächungsprozesses* durch ein geeignetes Netz, wie z.B. eine *Boltzmann–Maschine*, gefunden werden. Die Lösungen
entsprechen dabei den globalen *Energieminima*.

Orientierungsspalten   Vertikale Zellreihen in V1, die auf Reize in Form von
Balken, welche eine bestimmte Orientierung haben müssen, abgestimmt sind. Or-
ganisiert als Flecken mit kontinuierlich variierender Orientierung, die stellenweise
Unterbrechungen aufweisen.

Panumscher Fusionsbereich   10–20 Bogenminuten vor und hinter dem *Horopter* befindliche Region, in der leicht disparate Bilder vom Sehsystem verschmolzen werden. Auf diese Weise können einzelne Objekte wahrgenommen werden.

Parallele und verteilte Verarbeitung (PDP)   Theorie, die auf der Annahme
beruht, daß die Information durch exzitatorische und inhibitorische Interaktionen
innerhalb einer großen Gruppe von *Einheiten* verarbeitet wird. Hypothesen und
Konzepte werden dabei durch die verteilte Aktivität vieler Einheiten repräsentiert.

Parietallappen   Bereich im *Neocortex*, der für Sprache, somatische Wahrnehmung, optisch–räumliche Verarbeitung und für räumliche Repräsentation im allgemeinen zuständig ist.

Parvozelluläre Schichten   Die Schichten 3, 4, 5 und 6 im *LGN* von Primaten enthalten kleine Zellen, die auf die detaillierte räumliche Struktur und die Wellenlänge des Reizes reagieren.

Patch–clamp–Technik   Rauscharmes Verfahren, mit dem man Aufzeichnungen an einzelnen *Ionenkanälen* oder an einzelnen Zellen vornehmen kann. Dabei wird ein kleines Membranstück mit dem Ende einer Mikroelektrode angesaugt und bildet so einen hochohmigen Widerstand (Gigaohm).

PDP   *Parallele und verteilte Verarbeitung* (engl. "parallel distributed processing")

Perforante Bahn   Fasern, die vom *entorhinalen Cortex* auf den *Hippocampus* projizieren. Enden meist im Gyrus dentatus, führen aber auch zu *CA3* und *CA1*.

Perzeptron   Typ eines vorwärtsgerichteten Netzes *binärer Schwellenwerteinheiten*, das von Rosenblatt untersucht wurde. Es besteht aus einer Ebene von modifizierbarem Gewichten zwischen den Ein- und den Ausgabeebenen. Die Perzeptronlernregel kann dazu benutzt werden, die Gewichte zu adaptieren und damit die Performanz eines Perzeptrons zu verbessern.

PET   *Positronenemissionstomographie.*

Phasenverzögerung   Bestandteil einer Zyklusverschiebung zwischen zwei Systemen, die mit gleicher Frequenz schwingen. Wird in Grad oder Radian gemessen. Systeme ohne Phasenverschiebung nennt man phasengleich.

Piriformer Cortex   Größter olfaktorischer Bereich im Cortex, der aus drei Schichten besteht. Erhält seine Eingaben vom *Riechkolben* und projiziert auf andere Bereiche der Geruchsrinde, auf den *Neocortex* und auf viele subcorticale Strukturen.

Plastizität   Veränderungen im Nervensystem, die auf gemachte Erfahrungen oder auf Verletzung zurückzuführen sind. Plastizität kann als *synaptische* Modifikation, als Wachstum von *Axonen* bzw. *Dendriten* und als Veränderung in der Dichte und Kinetik von *Ionenkanälen* erfolgen.

Plateaupotential Verlängerte Depolarisation des Membranpotentials infolge von Aktivierung einer für Natrium- oder Calciumionen permeablen Leitfähigkeit.

Pons (Brücke) Ventraler Teil des Hirnstamms, unterhalb des Mittelhirns gelegen. Enthält sogenannte Brückenkerne, die die Information von den Hirnhemisphären an das Cerebellum weiterleiten.

Positronenemissionstomographie (PET) Abbildungsverfahren, das folgendermaßen funktioniert: Man läßt den Patienten radioaktive Isotope inhalieren und mißt anschließend die emittierte Strahlung. Stellen mit erhöhter elektrischer Aktivität sind besser durchblutet (enthalten mehr von dem Isotop), wodurch man sich ein dynamisches Bild von der neuronalen Verarbeitung machen kann. Die Auflösung ist auf wenige Minuten und wenige Millimeter beschränkt.

Post–tetanische Potenzierung (PTP) Kurzzeitige Erhöhung in der Wirksamkeit einer *Synapse*, die man vorher ständig mit hoher Frequenz stimuliert hat. Man glaubt, daß der Grund dafür darin liegt, daß sich in der präsynaptischen Zelle vermehrt Calcium angesammelt hat.

Präfrontaler Cortex *Assoziationsrinde*, die den größten Teil des rostralen *Frontallappens* einnimmt. Da sie weit entfernt von primären sensorischen oder motorischen Bereich liegt, weiß man nicht viel darüber. Ist an der Planung von willkürlicher Bewegung beteiligt. Von einigen Bereichen ist bekannt, daß sie bei der Steuerung von Augenbewegungen eine Rolle spielen.

Prämotorischer Cortex Bereich 6 im *Neocortex*. Ist eng mit den *präfrontalen* und *parietalen* Rinden verbunden und projiziert auf die *primäre motorische Rinde*. Ist beteiligt an der Identifizierung von Zielobjekten im Raum, an der Auswahl von Handlungen und an der Programmierung von Bewegungen.

Präsynaptische Nervenendigung Synaptisches Endknöpfchen, das auf die Freisetzung von *Transmittern* spezialisiert ist.

Primärer auditiver Cortex (A1) Primäre Hörrinde mit Sitz im Gyrus temporalis superior. Empfängt Eingaben vom medialen Kniehöcker. Enthält tonotopische Karten von der Frequenz und ist analog zum Bereich V1 in der primären Sehrinde spaltenartig organisiert.

Primäre motorische Rinde (M1) Bereich 4 des *Neocortex*, Gyrus praecentralis. Hauptausgabe des corticalen motorischen Systems. Topographische Organisation in Form einer Karte vom gesamten Körper. Enthält die Riesenpyramidenzellen der Schicht 5 (Betz–Zellen), die mittels Pyramidenbahn auf die Motoneuronen im *Rückenmark* projizieren.

Primäre Sehrinde (V1)   Striater Cortex (auch Bereich 17 genannt). Am Pol des *Okzipitallappens* befindliche Region im *Neocortex*, die ihre Eingaben vom *LGN* erhält. Enthält Zellen, die auf (orientierte) Lichtbalken oder Lichtpunkte verschiedener Wellenlänge reagieren.

Priming (Vorbereiten)   Kurzfristige Erleichterung bei der Durchführung einer Aufgabe durch vorherige Präsentation eines bestimmten Reizes (Wörter etc.). Kann im Unterbewußtsein stattfinden und wird von *Amnesie* nicht beeinträchtigt.

Problem des Handlungsreisenden   Schwieriges *Optimierungs*problem, bei dem die kürzeste Route zwischen verschiedenen Städten gefunden werden muß, ohne daß dabei eine Stadt mehrfach besucht werden darf.

Projektives Feld   Eine, dem *rezeptiven Feld* entsprechende Ausgabe. Bei dem projektiven Feld einer Einheit handelt es sich um die Gruppe höherer Einheiten, die durch die fragliche Einheit auf einen spezifischen Reiz hin aktiviert werden. Leider kann man bisher die dynamischen Messungen der projektiven Felder nur so vornehmen, indem man die *Feldpotentiale* in wirklichen neuronalen Netzen mit niedriger Auflösung aufzeichnet.

Prosopagnosie   Besondere Art von *Agnosie*, bei der der Patient vorher vertraute Gesichter nicht mehr erkennen kann. Kann sich auch auf die Wiedererkennung bestimmter Tiere (z.B. der eigenen Katze) oder auf das eigene Auto ausweiten. Steht in Zusammenhang mit der Verletzung eines spezifischen Bereichs in der *extrastriaten Rinde*, in dem es Zellen gibt, die ganz speziell auf Gesichter reagieren.

Proteinkinase   Kommt in Neuronen vor, die durch einen *sekundären Botenstoff* aktiviert wurden. Bei Aktivierung führt das Enzym Proteinkinase zur Phosphorylierung (Hinzufügung einer geladenen Phosphorylgruppe) anderer Zellproteine, wie z.B. von *Ionenkanälen*. Durch die Phosphorylierung bleibt der Ionenkanal vielleicht länger geöffnet oder wird schneller geschlossen. Der zeitliche Ablauf dieses Vorgangs dauert im allgemeinen viel länger als bei primären Ereignissen, wie beispielsweise bei einem *EPSP*.

Prototyp   Musterexemplar einer Kategorie, das alle wichtigen Merkmale der Kategorie aufweist. Ein Repräsentationssystem, das nur den Prototyp und nicht lauter Einzelbeispiele speichert, kann an Speicherkapazität sparen und die Wiedererkennung beschleunigen.

Pseudo–Hebb–Synapse   *Synapse*, deren Wirksamkeitsänderung einzig und allein von der *Depolarisation* der postsynaptischen Zelle abhängt, ohne daß dazu ein *Aktionspotential* in dieser Zelle erforderlich wäre.

Psychophysik Psychologische Forschungsrichtung, die ein Wahrnehmungssystem (z.B. das Sehsystem) als "Black Box" behandelt. Beobachtet wird die Reaktion des Systems (die Ausgabe erfolgt oft in Form einer verbalen Antwort) auf eine genau charakterisierte Eingabe. Mit Hilfe dieser Daten schließt man dann auf die Prinzipien, nach denen das System arbeitet.

PTP *Post-tetanische Potenzierung*.

Purkinje–Zelle Ausgabezelle der Kleinhirnrinde. Großes inhibitorisches Neuron, bei dem nur in einer Ebene stark verzweigte Dendriten vorkommen. Kann durch parallele, senkrecht zu den Verzweigungen verlaufende Fasern mehr als 100.000 Synapsen erhalten. Benannt nach J.E. von Purkinje, einem Physiologen des 19. Jahrhunderts.

Pyramidenzellen Dornige, exzitatorische Neuronen mit pyramidenförmigem Soma. Verfügen über einen charakteristischen apikalen *Dendriten* und über ein lokal verzweigtes axonales Kollateralensystem. Oft gehen ihre Projektionen über ihren eigenen lokalen Bereich hinaus.

P–Zelle Druckempfindlicher *Mechanorezeptor* des Blutegels, der auf *Interneuronen* projiziert, welche am *lokalen Krümmungsreflex* beteiligt sind.

Quantengröße Ausmaß der postsynaptischen Antwort (*EPSP*) als Reaktion auf die Freisetzung eines einzigen Quants eines *Neurotransmitters*. Ist sowohl abhängig von der Anzahl der in einem *Vesikel* vorhandenen Neurotransmittermoleküle als auch von der Dichte und den Eigenschaften der *Rezeptoren* in der postsynaptischen Membran.

Radiale Basisfunktion *Einheit*, die nur auf einen beschränkten Bereich der Eingabemuster sensitiv reagiert. Im dreidimensionalen Raum schneidet eine radiale Basisfunktion für jede interne Einheit eine Kugel aus dem Raum der Eingabemuster. Dadurch kann bei der Lösung des *Skalierungsproblems* ein Teil eines bereits trainierten Netzes adaptiert werden, ohne daß die Antworten auf andere Eingaben verändert werden.

Raphekerne Ziemlich dicht an der Mittellinie des *Hirnstamms* liegende Kerne, die Neuronen enthalten, welche *Serotonin* und verschiedene Peptide als Neurotransmitter verwenden. Projizieren auf einen Großteil des *ZNS* und sind verantwortlich für das Verhaltensarousal sowie für die geistige Aufmerksamkeit.

REM–Schlaf Abkürzung steht für "rapid eye movement" und bezeichnet eine Schlafphase, die mit einer profunden Abnahme des Muskeltonus, einem desynchronisierten *EEG* und mit einer umfassenden sympathischen Aktivierung einhergeht. Man geht davon aus, daß das Träumen während dieser REM–Schlafphase stattfindet.

Refraktärzeit Im Anschluß an ein *Aktionspotential* oder an eine Impulsserie auftretende Phase, in der der *Schwellenwert*, welcher überschritten werden muß, damit es zur Ausbildung von Aktionspotentialen kommt, deutlich erhöht ist bzw. gar nicht erreicht werden kann. Geht auf Inaktivierung depolarisierender Ströme (z.B. der Natrium–Strom) und Restaktivierung hyperpolarisierender Ströme (z.B. der Kalium–Strom) zurück.

Rekurrentes Netz Neuronales Netz mit rückgekoppelten Konnektionen, wodurch das Netz in die Lage versetzt wird, zeitliche Sequenzen von Eingabedaten verarbeiten zu können. Mittels der Rückkopplungen können diese Netze selbst auch zeitliche Sequenzen, wie z.B. Oszillationen oder *chaotisches Verhalten*, produzieren.

Retina Sensorischer Transduktor des Sehsystems. In jedem Auge befinden sich drei Neuronenschichten, die fünf verschiedene Zelltypen, einschließlich Photorezeptorzellen und *retinale Ganglionzellen*, enthalten.

Retinale Ganglionzelle Projektionszelle der *Retina*. Empfängt direkte Eingaben von den *Photorezeptoren* und projiziert auf viele, außerhalb der Retina gelegene Orte, einschließlich *LGN*, *Colliculus superior*, Kerne des optischen Hilfssytems und Hypothalamusstrukturen.

Retinale Verschiebung Bewegung des visuellen Bildes über die *Retina*. Dient bei der *gleichmäßigen Verfolgung* als Eingabe. Tritt aber auch auf, wenn die Änderung bestimmter Augenbewegungen (z.B. beim *VOR*) nicht korrekt ist. Liefert dann ein Fehlersignal, so daß das VOR–System eine Korrektur vornehmen kann.

Reverse Engineering Technik, bei der ein komplexes physikalisches System zerlegt wird, um herauszufinden, wie es funktioniert. Sie kann auf Computerchips aber auch auf Regionen im Gehirn angewendet werden.

Rezenzeffekt Bezeichnung für folgendes Phänomen: Eine Versuchsperson, der man eine Liste mit Wörtern präsentiert, kann sich an die zuletzt aufgeführten Wörter besser erinnern als an Wörter in der Mitte der Liste. Man schreibt dieses Phänomen der Tatsache zu, daß die zuletzt genannten Dinge im *Kurzzeitgedächtnis* gespeichert werden.

Rezeptives Feld Bereich im sensorischen Raum, in dem ein adäquater Reiz bei der fraglichen Zelle zu einer exzitatorischen Antwort führt. Wird oft von einer sensorischen Region, dem sogenannten nicht–klassischen Rezeptorfeld, umgeben, die die zentrale Antwort modulieren kann.

Rezeptor In die synaptische Membran integriertes Protein, das eine oder mehrere Bindungsstellen für *Neurotransmitter* aufweist. Die Bindung des Transmitters (Ligandenbindung) induziert eine Konformationsänderung im Rezeptor, die zu einer veränderten Leitfähigkeit eines assoziierten *Ionenkanals* oder zur Aktivierung eines *sekundären Botenstoffs* führen kann.

Riechkolben Ausstülpung des Vorderhirns, die alle Eingaben der Geruchsrezeptoren in Empfang nimmt und direkt auf die Geruchsrinde (den olfaktorischen Cortex) projiziert. Die neuronalen Repräsentationen der verschiedenen Gerüche sind räumlich voneinander getrennt.

rostral Zum vorderen Körperende hin gelegen.

RT Abkürzung für "reaction time", zu deutsch: Reaktionszeit. Gemeint ist die zwischen Reizpräsentation und Auslösung der Antwortreaktion liegende Zeit.

Rückenmark Caudales Ende des *ZNS*). Besteht aus weißer Substanz (*Axonle*, die einen aus grauer Substanz (Zellkörper und *Neuropilem*) bestehenden Kern umgibt; teilt sich in ventrale (sensorische) und dorsale (motorische) Hörner. Enthält Netze, die im Dienste einfacher und nicht so einfacher Reflexe stehen.

Rückpropagierung Lern*algorithmus* für die Adaption der *Gewichte* in einem neuronalen Netz. Der Fehler jeder Einheit (die Differenz zwischen gewünschter und tatsächlicher Ausgabe) wird an der Ausgabe des Netzes berechnet und dann rekursiv durch das Netz zurückpropagiert. Dadurch kann entschieden werden, wie die Gewichte innerhalb des Netzes verändert werden müssen, damit das gesamte Verhalten des Netzes verbessert wird (*Kreditzuordnungsproblem*)

Ruhepotential Potentialdifferenz, die sich über einer Zellmembran ausbildet, ohne daß dazu eine synaptische Eingabe nötig wäre. Wird bestimmt durch die Leitfähigkeit der im Ruhezustand befindlichen Membran für die einzelnen Ionen (hauptsächlich Kalium) in der intra- und extrazellulären Flüssigkeit.

S1 Primäre somatosensorische Rinde. Liegt im Gyrus postcentralis und empfängt Eingaben vom ventralen hinteren Nucleus des *Thalamus*. Enthält verzerrte somatotopische Repräsentationen der Körperoberfläche.

Sakkade   Sehr schnelle ballistische Augenbewegung, die dazu dient, die *Fovea* auf ein bestimmtes Ziel im Gesichtsfeld zu richten. Geschieht durchschnittlich dreimal in der Sekunde.

Schaffersche Kollateralen   Fasern, die ausgehend von den *CA3–Pyramidenzellen* auf *CA1–Zellen* projizieren. Die *Synapsen* an den Endigungen dieser *Axone* gehören zu den bestuntersuchten Orten der *LTP* im Gehirn.

Scheinbewegung   Phänomen, bei dem räumlich voneinander getrennte statische Reize, die sukzessiv unter Einhaltung eines geeigneten Zeitabstands aufleuchten, den Anschein erwecken, als würde eine Bewegung zwischen verschiedenen Reizorten stattfinden.

Schnittpräparat   Dünne (weniger als 0,5 mm dicke) Lage aus Gehirngewebe, die unter Verwendung von Sauerstoffanlagerung und durch Perfusion mit künstlicher spinaler Hirnflüssigkeit in einer Kammer am Leben erhalten wird. Die Zellen am Rand des Schnittpräparats sind beschädigt. Werden nicht weitere Schritte eingeleitet, mit deren Hilfe die Voraussetzungen für eine Langzeit*gewebekultur* geschaffen werden, sind auch die mittleren Zellen nur wenige Stunden lang lebensfähig.

Schwellenwert   Bestimmtes Ausmaß an *Depolarisation*, das nötig ist, um eine Leitfähigkeit oder ein *Aktionspotential* zu aktivieren. Im Falle eines Aktionspotentials ist mit Schwellenwert das Depolarisationsniveau gemeint, bei dem ein depolarisierender Ionenstrom (meist handelt es sich dabei um einen Natrium- oder einen Calcium–Strom) entsteht. Im Falle eines künstlichen Netzes ist damit die Eingabemenge gemeint, die eine Einheit erhalten muß, damit sie überhaupt eine Ausgabe erzeugt.

Segmentationsproblem   Die in einer Eingabe (z.B. in einem visuellen Bild) enthaltene Information wird in verschiedene Stapel unterteilt, die dann getrennt voneinander verarbeitet werden. Bei der Figur–Grund–Segmentation wird bei einem Bild ein kohärentes Objekt vom Hintergrund getrennt. Zur Lösung dieser Aufgabe ist eine globale Analyse des gesamten Bildes erforderlich. Bei der Bewegungssegmentation müssen alle Komponenten eines Objekts, die sich gemeinsam, aber nicht notwendigerweise mit der gleichen Geschwindigkeit bewegen, voneinander getrennt werden.

Sehnerv   Fasertrakt (Tractus opticus), der *Axone* der *retinalen Ganglionzellen* in viele Bereiche des Gehirns, einschließlich *LGN* und *Colliculus superior* führt. Im Zentrum des Sehnervs befindet sich eine Arterie, die zum Auge führt und dort die *Retina* versorgt.

Sekundäre Botenstoffe Moleküle, wie z.B. zyklisches AMP, deren intrazelluläre Konzentration durch Bindung eines *Neurotransmitters* oder *Neuromodulators* beeinflußt wird. Der sekundäre Botenstoff an sich löst eine Reihe verschiedener biochemischer Reaktionen aus, welche schließlich zur physiologischen Antwort führen.

Semantisches Gedächtnis Teil des *deklarativen Gedächtnisses*, in dem Kenntnisse von der Welt und organisierte Information, wie beispielsweise Fakten, Vokabular und Begriffe, gespeichert sind. Dieser Referenzspeicher weist keine zeitliche Strukturierung auf.

Serotonin 5-Hydroxytryptamin. Zur Gruppe der Indolamine gehörender *Neuromodulator*, der in den *Raphekernen* vorkommt. Man konnte mehrere postsynaptische *Rezeptoren* identifizieren, aber die Wirkungen des Serotonins sind immer noch unklar.

Sigmoide Funktion Stetige *Funktion*, die die Eingaben, welche eine Einheit enthält, jeweils auf eine Ausgabe abbildet. Durch sie zeigt die Einheit ein bestimmtes nichtlineares Verhalten.

Simuliertes Annealing Optimierungstechnik zum Auffinden eines globalen *Energieminimums*. Sie wird in Netzen, wie z.B. der *Boltzmann–Maschine*, eingesetzt, um *Lösungsbedingungen* zu erfüllen. Dabei ist es einem Netz in der Anfangsphase eines *Abschwächungs*prozesses erlaubt, auch Zustände höherer Energie anzunehmen, um damit lokalen *Energieminima* entfliehen und lokale Minima auffinden zu können. Im weiteren Verlauf des Abschwächungsprozesses wird dann die *Temperatur* nach und nach gesenkt, wodurch sich das System langsam dem globalen Minimum annähert.

Skalierungsproblem Generelles Komplexitätsproblem: Wie verhält sich die Zeit, die ein Verfahren benötigt, um ein bestimmtes Problem zu lösen, in bezug auf die Größe des Problems? Im Zusammenhang mit Netzen tritt dieses Problem beispielsweise beim Lernen auf. Wie lange muß ein Netz in Abhängigkeit der Anzahl seiner Gewichte und der vorhandenen Daten trainiert werden?

Soma Zellkörper eines Neurons. Enthält den Nucleus und einen Großteil des Stoffwechselapparats einer Zelle. Stelle, an der die dendritischen Eingaben integriert werden und das *Axon* seinen Ursprung hat.

Spannungsabhängigkeit Dieser Ausdruck wird meist im Zusammenhang mit *Ionenkanälen* verwendet und bedeutet, daß die Leitfähigkeit des Kanals eine Funktion der über der Membran liegenden Spannung ist.

Spannungssensitiver Farbstoff   Molekül, das an eine Membran gebunden wird und in Abhängigkeit von der Spannung, die über der Membran liegt, sein Absorptionsvermögen oder die Wellenlänge der Fluoreszenz ändert.

Spärliche Repräsentation   Repräsentationsform, bei der eine kleine Teilmenge der Einheiten (typischerweise $\log n$ bei n insgesamt vorhandenen Einheiten) zur Darstellung jedes Eingabe*vektors* verwendet wird. Dadurch überlappen sich verschiedene Eingaben weniger, und somit können *assoziative Netze* eine größere Anzahl von Daten speichern.

Spinglas   Substanz, die durch Partikel charakterisiert ist, welche sich entweder nach oben oder nach unten ausrichten und sich wechselseitig entweder anziehen oder abstoßen. Die Eigenschaften solcher Spingläser ähneln denen assoziativer *Hopfield-Netze*.

Spitze Wellen   Unregelmäßige *Feldpotentiale*, die mit einer Frequenz von 0,02–3 Hz erscheinen und eine hohe Amplitude aufweisen. Wurden im *Hippocampus* von Ratten nachgewiesen, wenn diese mit Fressen und Putzen beschäftigt waren, oder sich in der Ruhe- bzw. Tiefschlafphase befanden. Gelten als natürlicher Reiz für die Induktion der *LTP*.

Stäbchen   Bestimmte Photorezeptorzellen in der *Retina*, deren absoluter *Schwellenwert* für Licht sehr niedrig liegt. Bei normalem Tageslicht, also dann, wenn die Zapfen ihre höchste Empfindlichkeit aufweisen, erfolgt eine Adaptation der Reaktion. Maximale Empfindlichkeit für Licht einer Wellenlänge von ungefähr 510 nm; sind verantwortlich für das Sehen bei Dunkelheit (photopisches Sehen).

Stereogramm mit zufälliger Punkeverteilung   Bilderpaar bestehend aus einem zufällig entstandenen Muster von schwarzen und weißen Punkten. Bis auf einige Punkte, die in einem der Bilder etwas nach links oder nach rechts verschoben wurden, sind die beiden Bilder identisch. Werden die verschobenen Punkte durch beide Augen verschmolzen, hat man den Eindruck, als würden sie sich in einer anderen Tiefenebene als der Hintergrund befinden.

Stereopsie   Dieser Ausdruck bezieht sich auf das binokulare Tiefenwahrnehmungsvermögen, d.h. auf die Fähigkeit zur 3-D Wahrnehmung, deren Ursache in der *retinalen Disparation* der Bilder in beiden Augen liegt.

Stereoskop   Gerät, das den beiden Augen verschiedene Bilder präsentiert. Sind in einem der Bilder die Elemente einer Szene gegenüber dem anderen Bild ein wenig nach links oder nach rechts verschoben, sind die beiden Bilder aber ansonsten identisch, dann ermöglicht die so entstandene *retinale Disparation* eine *stereoskopische* Wahrnehmung der Szene.

Sternzellen Neuronen mit fast kugelförmigen *Somata* und radialen *dendritischen* Verzweigungen. Ihre *axonalen* Projektionen gehen meist nicht über den eigenen lokalen Bereich hinaus.

Stomatogastrisches Ganglion Mund- und Magenganglion. In der Languste vorkommendes Netz, das aus ungefähr 28 Neuronen besteht und die Muskeln steuert, welche für die rhythmischen Mahlbewegungen im Magen der Languste verantwortlich sind. Sehr beliebtes Untersuchungsobjekt, wenn es darum geht, einen *zentralen Mustergenerator* zu erforschen.

Substantia nigra Nucleus des *Basalganglions* im Mittelhirn. Man unterscheidet zwei Teile: Pars reticulata und Pars compacta. Die Zellen der Pars compacta entsenden dopaminerge Fasern zum Neostriatum. Die Parkinson–Krankheit führt in erster Linie zum Verlust dieser Zellen.

Sulcus centralis Furche in der Hirnrinde, die den *Frontallappen* und den caudal davon liegenden *Parietallappen* voneinander trennt.

Sulcus principalis Hauptfurche in der präfrontalen Rinde; wird für das Arbeitsgedächtnis, das beim strategischen Planen höherer kognitiver und motorischer Handlungen zum Einsatz kommt, benötigt.

Sylvian–Furche (Sulcus lateralis) Markante Spalte, die den *Temporallappen* von den benachbarten *Parietal–* und *Frontallappen* trennt.

Synapse Funktionelle Kontaktstelle zwischen zwei Zellen. Besteht aus einem präsynaptischen Endknöpfchen, das durch einen kleinen Spalt, den sogenannten synaptischen Spalt, von dem die *Rezeptoren* enthaltenden Bereich in der postsynaptischen Membran getrennt ist. Es gibt elektrische und chemische Synapsen. Die elektrischen Synapsen ermöglichen für gewöhnlich den Ionenfluß in beide Richtungen. Bei den chemischen Synapsen wird an der präsynaptischen Endigung ein *Neurotransmitter* freigesetzt, der ein Signal zu den *Rezeptoren* in der postsynaptischen Membran weiterleitet. Ebensogut kann es aber auch sein, daß der Neurotransmitter auf Autorezeptoren in der präsynaptischen Endigung trifft und, wenn der Neurotransmitter den synaptischen Spalt verläßt, kann er auch auf benachbarte *Gliazellen* und Neuronen einwirken.

Synaptische Spaltverbindung Physikalische Verbindung zwischen Zellen an einer elektrischen *Synapse*. Hexagonale Verbindung, bestehend aus Membranproteinen, die in beide Richtungen für Ionenströme durchlässig sind.

Tabelle Sehr einfaches Prinzip, nach dem alle Antworten auf ein Problem im voraus berechnet und so abgespeichert werden, daß man schnell darauf zugreifen kann.

Temperatur Ein beim *simulierten Annealing* verwendeter Parameter, der die Wahrscheinlichkeit bestimmt, mit der ein System einen Zustand höherer Energie annehmen kann. Während des Annealings wird die Temperatur nach und nach solange gesenkt, bis das System ein globales *Energieminimum* erreicht.

Temporallappen Bereich im Cortex, der für auditive Verarbeitung, visuelles Lernen, *deklaratives Gedächtnis* und Emotionen verantwortlich ist.

Tetanus Wiederholte, hochfrequente Reizung eines Neurons bzw. mehrerer Neuronen. Optimaler Reiz zur Induktion der *LTP* im Hippocampus.

Texturgradient Durch eine regelmäßige Oberflächenbeschaffenheit gebildetes Muster, das sich in die vom Betrachter entgegengesetzte Richtung erstreckt. Elemente des Texturgradienten, die sich in weiter Entfernung vom Betrachter befinden, erscheinen klein verglichen mit entsprechenden nahen Elementen.

Thalamus "Tor" zum *Neocortex*. Die gesamte für die Großhirnrinde bestimmte Sinnesinformation geht durch den Thalamus. Dieser spielt möglicherweise eine Rolle bei der bewußten Steuerung des Informationsflusses in den Cortex; Näheres ist nicht bekannt.

Thermoregulation Homöostatische Steuerung der Körpertemperatur. Erfolgt im *Hirnstamm* mittels Strukturen der Medulla.

Theta–Welle *Feldpotential*, das eine niedrige Amplitude aufweist und mit einer Frequenz von 4–8 Hz schwingt. Wird im *Hippocampus* von Säugetieren (z.B. Ratten) abgeleitet, wenn die Tiere dabei sind, ihre Umgebung zu erkunden, oder wenn sie sich in der *REM–Schlafphase* befinden.

Tiefschlaf Schlafphase, die je nach Tiefe des Schlafs (hohe Weckschwelle) durch ein charakteristisches *EEG* gekennzeichnet ist, bei dem die Frequenz zunehmend niedriger und die Amplitude immer größer wird. Die parasympathische Aktivität überwiegt.

Topographische Karte Für viele Sinnesmodalitäten verwendete Form der Repräsentation in Nervensystemen, d.h. die corticale Oberfläche (z.B. die primäre sensorische Rinde) enthält eine geordnete räumliche Karte der *rezeptiven Felder* (z.B. vom Sehfeld oder von der Körperoberfläche). Bereiche, die miteinander kommunizieren müssen, liegen dabei dicht beieinander. Wahrscheinlich sollen so die Verschaltungen und die Verzögerungszeiten reduziert werden.

TSP *Problem des Handlungsreisenden* (engl. "travelling salesman problem").

Überwachtes Lernen Charakteristisches Merkmal einiger Lern*algorithmen*, die eingesetzt werden, um die *Gewichte* in einem neuronalen Netz zu adaptieren. Dabei wird die Änderung der Gewichte durch ein Fehlersignal bewirkt, das extern aus einem Vergleich zwischen tatsächlichem und gewünschtem Verhalten abgeleitet wird. Im Gegensatz dazu können unüberwachte Netze ihr Verhalten durch interne Rückkopplungen selbst korrigieren.

Unbewußte Repräsentation Gespeichertes Wissen, gleichbedeutend mit *Langzeitgedächtnis*; Gegenteil von bewußter Repräsentation, was wiederum gleichbedeutend mit *Kurzzeitgedächtnis* ist.

Unterer Olivenkern Nucleus in der Medulla des *Hirnstamms*; entsendet *Kletterfasern* in das *Cerebellum*. Die Zellen feuern mit geringen, unregelmäßigen Geschwindigkeiten und spielen wahrscheinlich eine Rolle bei der motorischen Adaptation.

V1 Siehe *primäre Sehrinde*.

V2 Siehe *extrastriate Sehrinde*.

V3 Siehe *extrastriate Sehrinde*.

V4 Siehe *extrastriate Sehrinde*.

Vektor Geordnete Menge von Zahlen. *Funktionen*, die Vektoren auf Vektoren abbilden, können zur Modellierung der *Zustands*evolution eines Netzes benutzt werden. Im Gegensatz dazu besteht ein Skalar nur aus einem einzigen Wert.

Vektordurchschnittsbildung Reduzierung der Dimensionalität einer Repräsentation indem Komponenten eines *Vektors* aufsummiert und zu einem einzigen Wert zusammengefaßt werden. Dieser Wert legt oft eine Richtung im entsprechenden *Zustandsraum* fest.

Vektorquantifizierung Aufteilung des Eingaberaums in Gruppen einander ähnlicher *Vektoren*, die von unüberwachten Netzen erzeugt wird, wenn Einheiten darum konkurrieren, auf bestimmte Eingabevektoren maximal reagieren zu können. Auf diese Art und Weise werden aus den Einheiten *Merkmalsdetektoren*, die auf eine Menge von Vektoren, welche gemeinsame Merkmale aufweisen, reagieren.

ventral Zum Bauch gehörig oder auf der Vorder- bzw. Bauchseite gelegen.

Verfahrenstechnisches Gedächtnis Nicht–deklaratives Gedächtnis, das dann in Erscheinung tritt, wenn es zu Veränderungen in der Art und Weise bereits existierender kognitiver oder motorischer Abläufe kommt. Erfolgt unter Beteiligung vieler Gehirnregionen. Diese Art von Gedächtnis bleibt bei *Amnesie* erhalten.

Vergenz Disjunktive Augenbewegungen, die durchgeführt werden, um auf Objekte, welche sich in der Tiefe bewegen, zu fokussieren. Rückt das Zielobjekt näher, konvergieren die Augen; entfernt sich das Zielobjekt, werden die Augen divergieren.

Verteilte Repräsentation Die Information wird in Form von Aktivität, die auf viele Einheiten verteilt ist, repräsentiert. Dadurch werden Verallgemeinerungen möglich. Da sich die Aktivitätsmuster für miteinander in Zusammenhäng stehende Dinge überlappen, kann die Information auch Defekte überstehen. Ist auch unter dem Namen *Vektor*codierung bekannt.

Very large–scale integration (VLSI) Die Herstellung eines komplexen elektronischen Schaltkreises besteht darin, Millionen von Komponenten auf einem kleinen Chip aus Silikon zu integrieren. Dabei konnte in den letzten 20 Jahren aufgrund weiterentwickelter Techniken in der Lithographie und der Designmethodologie die Anzahl der Komponenten auf einem Chip exponentiell erhöht werden.

Verzögerte Zellen Neuronen im *LGN*, die erst nach langer Latenzzeit antworten. Besitzen *NMDA–Rezeptoren*; *AMPA*-Rezeptoren scheinen jedoch zu fehlen. Man nimmt an, daß die langsame Kinetik des Komplexes aus *NMDA–Rezeptor* und *Ionenkanal* für die lange Antwortlatenz verantwortlich ist.

Vesikel Membranöse Bläschen im Innern der präsynaptischen Endigung, von denen man glaubt, daß sie den *Neurotransmitter* enthalten. Verschmelzen mit der präsynaptischen Membran, sobald Calcium in die Endigung gelangt. Nachdem das Gewebe für die Elektronenmikroskopie fixiert wurde, findet man in exzitatorischen synaptischen Endigungen meist runde Vesikel, während die Vesikel in inhibitorischen Synapsen dann flach sind. Diese histologischen Artefakte sind sehr hilfreich.

Vestibulariskerne   Kerne im *Hirnstamm*, die ihre Eingaben vom *Vestibularapparat* empfangen. Da sie auf das *Rückenmark* projizieren, spielen sie eine Rolle bei der dynamischen Steuerung der Körperhaltung, und durch Projektionen auf den okulomotorischen Kern sind sie wichtig für die Kontrolle der Augenbewegungen.

Vestibularapparat   Gleichgewichtsorgan mit Sitz im *Innenohr*, das dem Erkennen von Beschleunigung dient. Dies geschieht mit Hilfe von *Haarzellen*, deren Stereocilien bei Bewegung der *endolymphatischen* Flüssigkeit ausgelenkt werden. Die Haarzellen befinden sich in drei halbkreisförmigen Kanälen, welche jeweils im rechten Winkel zueinander angeordet sind und auf diese Weise alle drei Dimensionen im Raum abdecken.

Vestibulo–Okular–Reflex (VOR)   Nach kurzer Latenzzeit in Gegenrichtung zur Kopfbewegung erfolgende Bewegung der Augen. Stabilisiert das Bild auf der *Retina*.

VLSI   Abkürzung für "very large–scale integration".

Wahrheitswertetabelle   *Tabelle*, in der für alle Eingaben an eine Funktion deren Ausgaben als wahr oder falsch (1 oder 0) eingetragen sind. Damit können Boolesche Funktionen wie das *XOR* vollständig charakterisiert werden.

XOR   *Exklusives Oder.*

Zapfen   Typ eines in der *Retina* vorkommenden Photorezeptors. Es gibt drei verschiedene Klassen von Zapfen, deren Absorptionsmaxima bei Wellenlängen von ungefähr 430, 530 bzw. 560 nm liegen. Man spricht dann vom Blausystem (kurze Wellenlänge), vom Grünsystem (mittlere Wellenlänge) und vom Rotsystem (lange Wellenlänge). Zapfen kommen besonders dicht in der *Fovea* vor und sind für das Farbensehen bei hohen Lichtstärken verantwortlich (skotopisches Sehen).

Zelltod   Natürlicher Vorgang, der im Laufe der Entwicklung eintritt, wobei bis zu 75einer Struktur sterben. Die überlebenden Zellen sind meistens auch die aktivsten Zellen, bzw. solche Zellen, die während der kritischen Phase viele Verbindungen eingegangen sind. Bei manchen Tieren, z.B. bei den *Nematoden*, ist der Tod der Neuronen genetisch vorprogrammiert.

Zentralnervensystem (ZNS)   Teil des Nervensystems, der Gehirn, Retina und *Rückenmark* enthält.

Zentraler Mustergenerator (ZMG)   Funktionelle Gruppe von Neuronen, die ein inneres, kohärentes Schwingungsmuster generieren. Kontrolliert Muskeln, die an der Durchführung von genau definiertem, rhythmischen Verhalten (z.B. Kauen oder Schwimmen) beteiligt sind.

Zirbeldrüse   Zwischen den beiden Hirnhemisphären liegende Struktur, die Eingaben vom sympathischen Teil des *autonomen Nervensystems* empfängt. Die Menge an freigesetztem Melatonin ist in der Nacht und im Winter höher als tagsüber und im Sommer. Wenngleich es Verbindungen zum zirkadianen Rhythmus und Zusammenhänge mit Stimmungsschwankungen gibt, ist die Funktion des Melatonins noch immer unbekannt, und die Zirbeldrüse bleibt ein Rätsel. Unwahrscheinlich jedoch ist, daß sie der Sitz der Seele ist, wie Descartes vermutete.

ZMG   Zentraler Mustergenerator

Zustandsraum   *Vektor*raum, der die Menge der möglichen Zustände eines Netzes beschreibt. Typischerweise werden die einzelnen Vektoren durch die Aktivierungszustände der Einheiten gebildet, aber sie können auch durch die Werte interner Zustandsvariablen, wie z.B. die Folge der bisherigen Eingaben, gebildet werden.

Zytoskelett   Im Innern eines Neurons befindliches Netz aus fibrillären Proteinelementen, das die Form der Neuronen festlegt und das die Verlagerung von Organellen aus einer Region des Neurons in eine andere ermöglicht. Behält seine Form bei, was eine Art von Langzeitgedächtnis voraussetzt.

Literaturverzeichnis

[1] M. F. Bear A. Kleinschmidt and W. Singer. Blockade of "NMDA" receptors disrupts experience-dependent plasticity of kitten striate cortex. *Science*, 238:355–358, 1987.

[2] C. Koch A. Zador and T. H. Brown. Biophysical model of a Hebbian synapse. In *Proceedings of the National Academy of Science*, volume 87, pages 6718–6722, 1990.

[3] M. Abeles. *Local Cortical Circuits*. Berlin: Springer-Verlag, 1982.

[4] M. Abeles. *Corticonics: Neural Circuits of the Cerebral Cortex*. Cambridge University Press, 1991.

[5] W. C. Abraham, M. C. Corballis, and K. G. White, editors. *Memory Mechanisms: A Tribute to G. V. Goddard*. Hillsdale, N.J.: Lawrence Erlbaum, 1991.

[6] Y. Abu-Mostafa. Complexity in neural systems. In Mead, editor, *Analog VSLI and Neural Systems*, chapter Appendix D. 1989.

[7] D. H. Ackley, G. E. Hinton, and T. J. Sejnowski. A learning algorithm for boltzmann machines. *Cognitive Science*, 9:147–169, 1985.

[8] S. R. Adams, A. T. Harootunain, Y. J. Buechler, S. S. Taylor, and R. Y. Tsien. Flourescence ration imaging of cyclic AMP in single cells. *Nature*, 349:694–697, 1991.

[9] P. E. Agre and D. Chapman. Pengi: an implementation of a theory of activity. In *Proceedings of the AAAI-87*, pages 268–272, 1987.

[10] J. Albus. A theory of cerebellar function. *Mathematical Biosciences*, 10:25–61, 1971.

[11] D. L. Alkon. Calcium–mediated reduction of ionic currents: a biophysical memory trace. *Science*, 226:1037–1045, 1984. Reprinted in Shaw et al. (1990), 502-510.

[12] J. Allman. Reconstructing the evolution of the brain in primates through the use of comparative neurophysiological and neuroanatomical data. In E. Armstrong and D. Falk, editors, *Primate Brain Evolution*, pages 13–28. New York: Plenum, 1982.

[13] J. Allman. The origin of the neocortex. *Seminars in the Neurosciences*, 2:257–262, 1990.

[14] J. Allman, F. Miezin, and E. McGuinnes. Stimulus-specific responses from beyond the classical receptive field: Neurophysiological mechanisms for local-global comparisons in visual neurons. *Annual Review of Neuroscience*, 8:407–430, 1985.

[15] A. Alonso, M. de Curtis, and R. R. Llinas. Postsynaptic Hebbian and non-Hebbian long-term potentiation of synaptic efficacy in the entorhinal cortex in slices and in the isolated adult guinea pig brain. In *Proceedings of the National Academy of Science 87*, pages 9280–9284, 1990.

[16] J. S. Altman and J. Kien. Functional organization of the suboesophageal ganglion in insects and other arthropods. In A. P. Gupta, editor, *Anthropod Brain: Its Evolution, Development, Structure, and Function*, pages 265–301. New York: Wiley, 1987.

[17] J. S. Altman and J. Kien. A model for decision making in the insect nervous system. In M. A. Ali, editor, *Nervous systems in Invertebrates*, pages 621–643. New York: Plenum, 1987.

[18] J. S. Altman and J. Kien. New models for motor control. *Neural Computation*, 1:173–183, 1989.

[19] D. G. Amaral. Memory: anatomical organization of candidate brain regions. In *Handbook of Physiology: The Nervous System V*, pages 211–294. 1987.

[20] D. G. Amaral, N. Ishizuka, and B. Claiborne. Neurons, numbers, and the hippocampal network. In J. Zimmer J. Storm-Mathisen and O. P. Otterson, editors, *Progress in Brain Research, Vol 83*, pages 1–11. Amsterdam: Elsevier, 1990.

[21] S. Amari. Characteristics of randomly connected threshold element networks and network systems. In *Proceedings of the IEEE 59*, pages 35–47, 1972.

[22] D. Amit. *Modeling Brain Function*. Cambridge: Cambridge University Press, 1989.

[23] T. J. Anastasio. Distributed processing in vestibulo–ocular and other oculomotor subsystems in monkey and cats. In M. A. Arbib and J.-P. Ewert, editors, *Visual Structures and Integrated Functions*, volume 3 of *Research notes in neural computing*. New York: Springer-Verlag, 1991.

[24] T. J. Anastasio. Neural network models of velocity storage in the horizontal vestibulo-ocular reflex. *Biological Cybernetics*, 64:187–196, 1991.

[25] T. J. Anastasio and D. A. Robinson. Distributed parallel processing in the vestibulo-oculomotor system. *Neural Computation*, 1:230–241, 1989.

[26] P. O. Andersen. Properties of hippocampal synapses of importance for integration and memory. pages 403–430. 1987. In [210].

[27] R. Andersen and V. B. Mountcastle. The influence of the angle of gaze upon the excitability of light-sensitive neurons of the posterior parietal cortex. *Journal of Neuroscience*, 3:532–548, 1983.

[28] J. A. Anderson and M. C. Mozer. Categorization and selective neurons. In G. Hinton. and J. Anderson, editors, *Parallel Models of Associative Memory*, pages 213–236. Hillsdale, NJ: Erlbaum, 1981.

[29] P. A. Anderson, J. Olavarria, and R. C. van Sluyters. The overall pattern of ocular domincance bands in cat visual cortex. *Journal of Neuroscience*, 8:2183–2200, 1988.

[30] M. Arbib. *Brains, Machines, and Mathematics Springer-Verlag, Berlin.* 1987.

[31] M. Arbib. *The Metaphorical Brain 2: Neural Networks and Beyond.* Springer, Berlin, 1989.

[32] M. A. Arbib. Cooperative computation in brains and computers. In M. A. Arbib and J. A. Robinson, editors, *Natural and Artificial Parallel Computation*, pages 123–154. Cambridge, MA: MIT Press, 1990.

[33] M. A. Arbib and J. A. Robinson. *Natural and Artificial Parallel Computation.* Cambridge, MA: MIT Press, 1990.

[34] A. Artola, S. Brocher, and W. Singer. Different voltage-dependent threshold for inducing long-term depression and long-term potentiation in slices of rat visual cortex. *Nature*, 347:69–72, 1990.

[35] H. Asanuma. Cerebral cortical control of movement. *Physiologist*, 16:143–166, 1973.

[36] J. Ashmore and H. Sabil. Sensory transduction. *Seminars in the Neurosciences*, 2, 1990.

[37] J. Ashmore and H. Saibil, editors. *Seminars in the Neurosciences Vol 2, no 1: Sensory Transduction*, 1990.

[38] J. Atkinson and O. J. Braddick. The developmental course of cortical processing streams in the human infant. In *[200]*, pages 247–253. 1990.

[39] R. M. Douglas B. L. McNaughton and G. V. Goddard. Synaptic enhancement in fascia dentata: Cooperativity among coactive afferants. *Brain Research*, 157:277–293, 1978.

[40] D. M. Senseman B. M. Salzberg, A. L. Obaid and H. Gainer. Optical recording of action potentials from vertebrate nerve terminals using potentiometric probes provides evidence for sodium and calcium components. *Nature*, 306:36–40, 1983.

[41] R. Badcock and C. Schor. Depth-increment detection function for individual spatial channels. *Journal of the Opthamology Society of America*, 2:1211–1216, 1985.

[42] A. D. Baddeley. Cognitive psychology and human memory. *Trends in Neurosciences*, 11:176–181, 1988.

[43] A. D. Baddeley and G. J. Hitch. Working memory. In G. H. Bower, editor, *Recent Advances in Learning and Motivation (Vol. 8)*, pages 47–90. New York: Academic Press, 1974.

[44] P. Baldi and R. Meir. Computing with arrays of coupled oscillators: an application to preattentive texture discrimination. *Neural Computation*, 2:458–471, 1990.

[45] D. H. Ballard. Animate vision. *Artificial Intelligence*, 48:57–86, 1991.

[46] D. H. Ballard, G. E. Hinton, and T. J. Sejnowski. Parallel visual computation. *Nature*, 306:21–26, 1983.

[47] H. Barlow, C. Blakemore, and J. Pettigrew. The neural mechanism of binocular depth discrimination. *Journal of Physiology (London)*, 193:327–342, 1967.

[48] H. B. Barlow. Single units and sensation: a neuron doctrine for perceptual psychology? *Perception*, 1:371–394, 1972.

[49] H. B. Barlow. The Twelfth Bartlett Memorial Lecture: The role of single neurons in the psychology of perception. *Quarterly Journal of Experimental Psychology*, 37A:121–145, 1985.

[50] G. Barna and P. Erdi. "normal" and "abnormal" dynamic behavior during synaptic transmission. In *[209]*, pages 293–302. 1988.

[51] C. C. Barr, L. W. Schulteis, and D. A. Robinson. Voluntary non-visual control of the human vestibulo-ocular reflex. *Acta Otolarygology*, 81:365–375, 1976.

[52] G. Barrionuevo, S. R. Kelso, D. Johnston, and T. H. Brown. *Journal of Neurophysiology*, 55:540–550, 1986.

[53] A. G. Barto, R. S. Sutton, and P. S. Brouwer. Associative search networks: a reinforcement learning associative memory. *Biological Cybernetics*, 40:201–211, 1981.

[54] A. G. Barto, R. S. Sutton, and C. Watkins. Sequential decision problems and neural networks. In *[203]*, pages 686–693. 1990.

[55] U. Bässler. On the definition of central pattern generator and its sensory control. *Biological Cybernetics*, 54:65–69, 1986.

[56] U. Bässler and U. Wegner. Motor output of the denervated thoracic ventral nerve cord in the stick insect carausius morosus. *Journal of Experimental Biology*, 105:127–145, 1983.

[57] Bates, E. M. Apfelbaum, and L. Allard. Statistical constraints on the use of single cases in neuropsychological research. *Brain and Language*, 40:295–329, 1991.

[58] R. Battiti. *First and second order methods for learning: between steepest descent and Newton's method Neural Computation*, volume 4. 1992.

[59] M. Baudri and J. L. Davis (eds.). *Long–Term Potentiation: A Debate of Current Issues*. MIT Press, Cambridge, MA, 1991.

[60] E. B. Baum. A proposal for more powerful learning algorithms. *Neural Computation*, 1:201–207, 1989.

[61] W. G. Baxt. Use of an artificial neural network for data analysis in clinical decision–making: the diagnosis of acute coronary occlusion. *Neural Computation*, 1:480–489, 1990.

[62] S. Becker and G. E. Hinton. Spatial coherence as an internal teacher for a neural network. Technical Report CRG-TR-89-7, University of Toronto, 1989.

[63] R. D. Beer. *Intelligence as Adaptive Behavior*. San Diego, CA: Academic Press, 1990.

[64] W. C. Benzing and L. R. Squire. Preserved learning and memory in amnesia: intact adaptation-level effects and learning of stereoscopic depth. *Behavioral Neuroscience*, 103:538–547, 1989.

[65] T. W. Berger and R. F. Thompson. Neuronal plasticity in the limbic system during classical conditioning of the rabit nictitating membrane response 1. *The hippocampus Brain Research*, 145:323–346, 1978.

[66] O. Bernander, R. J. Douglas, K. A. C. Martin, and C. Koch. Synaptic background activity influences spatiotemporal integration in single pyramidal cells. In *Proceedings of the National Academy of Science USA*, volume 88(24), pages 11569–73, 1991.

[67] E. Bienenstock, L. Cooper, and P. Munro. Theory for the development of neuron selectivity: orientation specificity and binocular interaction in visual cortex. *Journal of Neuroscience*, 2:32–48, 1982.

[68] J. F. Blake, M. W. Brown, and G. L. Collingridge. CNQX blocks acidic amino acid induced depolarizations and synaptic components mediated by non–NMDA receptors in rat hippocampal slices. *Neuroscience Letters*, 89:182–186, 1988.

[69] C. Blakemore. Maturation of mechanisms for efficient spatial vision. In [200].

[70] G. G. Blasdel and G. Salama. Voltage–sensitive dyes reveal a modular organization in monkey striate cortex. *Nature*, 321:579–585, 1986.

[71] T. V. Bliss and T. Lomo. Long–lasting potentiation of synaptic transmission in the dentate area of the anaesthetized rabbit following stimulation of the perforant path. *Journal of Physiology*, 232:331–356, 1973.

[72] J. Boltz and C. D. Gilbert. Generation of end–inhibition in the visual cortex via interlaminar connections. *Nature*, 320:362–365, 1986.

[73] T. Bonhoeffer, V. Staiger, and A. Aertsen. Synaptic plasticity in rat hippocampal cultures: local Hebbian conjunction of pre- and postsynaptic stimulation leads to distributed synaptic enhancement. In *Proceedings of the National Academy of Science*, volume 86, pages 8113–8117, 1989.

[74] J. J. Bouyer, M. F. Montaron, and A. Rougeul. Fast fronto–parietal rhythms during combined focused attentive behaviour and immobility in cat: cortical and thalamic localizations. *Electroencephalography and Clinical Neurophysiology*, 51:244–252, 1981.

[75] A. Boyde. Stereoscopic images in confocal (tandem scanning) microscopy. *Science*, 230:1270–1272, 1985.

[76] A. Bradley, B. Skottum, I. Ohzawa, G. Sclar, and R. Freeman. Visual orientation and spatial frequency discrimination: a comparison of single neurons and behavior. *Journal of Neurophysiology*, 57:755–772, 1987.

[77] V. Braitenberg. *Vehicles*. Cambridge, MA: MIT Press, 1984.

[78] S. L. Bressler. The gamma wave: a cortical information carrier? *Trends in Neurosciences*, 13:161–162, 1990.

[79] G. S. Brindley. The use made by the cerebellum of the information that it receives from sense organs. *IBRO Bulletin*, 3:80, 1964.

[80] L. Brodin, H. G. C. Traven, A. Lansner, P. Wallen, O. Ekeberg, and S. Grillner. Computer simulations of N-methyl-D-aspartate (NMDA) receptor induced membrane properties in a neuron model journal of neurophysiology. *Journal of Neurophysiology*, 66:473–484, 1991.

[81] R. A. Brooks. A robot that walks; emergent behaviors from a carefully evolved network. *Neural Computation*, 1:253–262, 1989.

[82] D. S. Broomhead and D. Lowe. Multivariable functional interpolation and adaptive networks. *Complex Systems*, 2:321–355, 1988.

[83] M. W. Brown. Why does the cortex have a hippocampus? In *[252]*, pages 233–282. 1990.

[84] T. G. Brown. The intrinsic factors in the act of progression in the mammal. In *Proceedings of the Royal Society*, volume 84, pages 308–319, 1911.

[85] T. H. Brown, A. H. Ganong, E. W. Kariss, and C. L. Keenan. Hebbian synapses: biophysical mechanisms and algorithms. *Annual Review of Neuroscience*, 13:475–511, 1990.

[86] T. H. Brown, A. H. Ganong, E. W. Kariss, C. L. Keenan, and S. R. Kelso. Long–term potentiation in two synaptic systems of the hippocampal brain slice. In *[100]*, pages 266–306. 1989.

[87] R. M. Brownstone, L. M. Jordan, D. J. Kriellaars, R. B. Noga, and S. J. Shefchyk. On the regulation of repetitive firing in the lumbar motorneuron during fictive locomotion in the cat. *Experimental Brain Research*, 90(3):441–55, 1992.

[88] V. Bruce and P. Green. *Visual Perception: Physiology, Psychology, and Ecology*. Hillsdale, NJ: Erlbaum, 2nd edition, 1990.

[89] A. Bryson and Y.-C. Ho. *Applied Optimal Control*. New York: Blaisdell, 1969.

[90] J. T. Buchanan. Simulations of lamprey locomotion: emergent network properties and phase coupling. *Society for Neuroscience Abstracts*, 16:184, 1990.

[91] T. H. Bullock, R. Orkand, and A. Grinnell. *Introduction to Nervous Systems*. San Francisco: Freeman, 1977.

[92] P. Bush and R. J. Douglas. Synchronization of bursting action potential discharge in a model network of neocortical neurons. *Neural Computation*, 3:19–30, 1991.

[93] P. Bush and T. J. Sejnowski. *Simulations of a reconstructed cerebellar Purkinje cell based on simplified channel kinetics Neural Computation*, volume 3. 1991.

[94] G. Buzsáki. Situational conditional reflexes: Physiological studies of the higher nervous activity of freely moving animals: P. S. Kupalov. *Pavlovian Journal of Biological Sciences*, 18:13–21, 1983.

[95] G. Buzsáki. Feed-forward inhibition in the hippocampal formation. *Progress in Neurobiology*, 22:131–153, 1984.

[96] G. Buzsáki. Hippocampal sharp waves: their origin and singificance. *Brain Research*, 398:242–252, 1986.

[97] G. Buzsáki. Two-stage model of memory trace formation: a role for "noisy" brain states. *Neuroscience*, 31:551–570, 1989.

[98] G. Buzsáki and F. H. Gage. Long–term potentiation: does it happen in the normal brain? when and how? In *[5]*, pages 79–104. 1991.

[99] G. Buzsáki, H. L. Haas, and E. G. Anderson. Long–term potentiation induced by physiologically relevant stimulus patterns. *Brain Research*, 435:331–333, 1987.

[100] J. H. Byrne and W. O. Berry (eds.), editors. *Neural Models of Plasticity*. New York: Academic Press, 1989.

[101] A. Cowey C. A. Heywood and F. Newcombe. Chromatic discrimination in a cortically colour blind observer. *European Journal of Neuroscience*, 3:802–812, 1991.

[102] K. H. Britten C. D. Salzman and W. T. Newsome. Cortical microstimulation influences perceptual judgements of motion direction. *Nature*, 346:174–177, 1990.

[103] R. J. Douglas C. Koch and U. Wehmeier. Visibility of synaptically induced conductance changes: theory and simulations of anatomically characterized cortical pyramidal cells. *Journal of Neuroscience*, 10:1728–1744, 1990.

[104] R. Rohrer C. W. Lee and D. L. Sparks. Population coding of saccadic eye movements by neurons in the superior colliculus. *Nature*, 332:357–360, 1988.

[105] C. B. G. Campbell and W. Hodos. The concept of homology and the evolution of the nervous system. *Brain, Behavior, and Evolution*, 3:353–367, 1970.

[106] A. A. Caramazza. Some aspects of language processing revealed through the analysis of acquired aphasia: The lexical system. *Annual Review of Neuroscience*, 11:395–421, 1988.

[107] A. A. Caramazza and A. E. Hillis. Where do semantic errors come from? *Cortex*, 26:95–122, 1990.

[108] A. A. Caramazza and A. E. Hillis. Lexical organization of nouns and verbs in the brain. *Nature*, 349:788–790, 1991.

[109] G. A. Carpenter and S. Grossberg. A massively parallel architecture for a self–organizing neural pattern recognition machine. *Computer Vision, Graphics, and Image Processing*, 37:54–115, 1987.

[110] C. E. Carr and M. Konishi. Axonal delay lines for time measurement in the owl's brainstem. In *Proceedings of the National Academy of Science 85*, pages 8311–8315, 1988.

[111] C. E. Carr and M. Konishi. A circuit for detection of interaural time differences in the brain stem of the barn owl. *Journal of Neuroscience*, 10:3227–3246, 1990.

[112] J. R. Cazalets, P. Grillner, I. Menard, J. Cremieux, and F. Clarac. Two types of motor rythm induced by NMDA and amines in an in vitro spinal cord preparation of neonatal rat. *Neuroscience Letters*, 111:116–121, 1990.

[113] J.-P. Changeux. *Neuronal Man*. Oxford: Oxford University Press, 1985.

[114] H. J. Chiel and R. D. Beer. A lesion study of a heterogeneous artificial neural network for hexapod locomotion. *IJCNN International Joint Conference on Neural Networks*, 1:407–414, 1989.

[115] N. Chomsky. Precis of: Rules and representations. *Behavioral and Brain Sciences*, 3:1–15, 1980.

[116] P. M. Churchland. Karl Popper's philosophy of science. *Canadian Journal of Philosophy*, 5:145–156, 1975.

[117] P. M. Churchland. Some reductive strategies in cognitive neurobiology. *Mind*, 95:279–309, 1986.

[118] P. M. Churchland. *Matter and Consciousness*. MIT Press, Cambridge, MA, rev. ed. edition, 1988.

[119] P. M. Churchland. *A Neurocomputational Perspective*. Cambridge, Mass: MIT Press, 1989.

[120] P. M. Churchland. A feed–forward network for fast stereo vision with a movable fusion plane. In K. Ford and C. Glymour, editors, *Android Epistemology: Proceedings of the 2nd Workshop on Human and Machine Cognition*, Cambridge, MA, 1992. AAAI Press / MIT Press.

[121] P. S. Churchland. *Neurophilosophy: Toward a Unified Science of the Mind-Brain*. Cambridge, MA: MIT Press, 1986.

[122] P. S. Churchland. Our brains, our selves: reflections on neuroethical questions. In D. Roy, B. E. Wynne, and R. W. Old, editors, *Bioscience and Society*, pages 77–96. West Sussex: Wiley & Sons, 1991.

[123] P. S. Churchland and T. J. Sejnowski. Perspectives in cognitive neuroscience. *Science*, 242:741–745, 1988.

[124] S. A. Clark, T. Allard, W. M. Jenkins, and M. M. Merzenich. Receptive fields in the body–surface map in adult cortex defined by temporally correlated inputs. *Nature*, 332:444–445, 1988.

[125] H. T. Cline. Activity–dependent plasticity in the visual systems of frogs and fish. *Trends in Neurosciences*, 14:104–111, 1991.

[126] E. E. Clothiaux, M. F. Bear, and L. N. Cooper. Synaptic plasticity in visual cortex: Comparison of theory with experiment. *Journal of Neurophysiology*, 66:1785–1798, 1991.

[127] M. Cohen and S. Grossberg. Absolute stability of global pattern formation and parallel memory storage by competitive neural networks. *IEEE Transactions on Systems, Man, and Cybernetics*, 13:815–826, 1983.

[128] G. L. Collingridge and T. V. P. Bliss. NMDA receptors — their role in long–term potentiation. *Trends in Neuroscience*, 10:288–93, 1987.

[129] G. L. Collingridge, S. J. Kehl, and H. McClennan. Excitatory amino acids in synaptic transmission in the schaffer collateral–commissural pathway of the rat hippocampus. *Journal of Physiology*, 334:33–46, 1983.

[130] J. A. Connor, H. S. Tseng, and P. E. Hockberger. Depolarization- and transmitter–induced changes in intracellular calcium of rat cerebellar granule cells in explant cultures. *Journal of Neuroscience*, 7:1384–1400, 1987.

[131] B. W. Connors and M. J. Gutnick. Intrinsic firing patterns of diverse neocortical neurons. *Trends in Neurosciences*, 13:98–99, 1990.

[132] M. Constantine-Paton and P. Ferrari-Eastman. Pre- and postsynaptic correlates of interocular competition and segregation in the frog. *Journal of Comparative Neurology*, 255:178–195, 1987.

[133] L. A. Cooper and R. Shepard. *Mental Images and Their Transformations*. Cambridge, MA: MIT Press, 1973.

[134] P. J. Cordo and M. Flanders. Sensory control of target acquisition. *Trends in Neurosciences*, 12:110–117, 1989.

[135] S. Coren and L. W. Ward. *Sensation and Perception.* San Diego, CA: Harcourt Brace Janovich, 1989.

[136] G. Cottrell, P. Munro, and D. Zipser. Learning internal representations from gray–scale images: An example of extensional programming. In *Ninth Annual Conference of the Cognitive Science Society*, pages 462–473. Hillsdale: Erlbaum, 1987.

[137] W. M. Cowan, J. W. Fawcett, D. D. M. O'Leary, and B. B. Steinfeld. Regressive events in neurogenesis. *Science*, 225:1258–1265, 1984.

[138] F. H. C. Crick. Thinking about the brain. *Scientific American*, 241:219–232, 1979.

[139] F. H. C. Crick and C. Asanuma. Certain aspects of the anatomy and physiology of the cerebral cortex. In *[149]*, pages 219–232. 1986.

[140] F. H. C. Crick and C. Koch. Towards a neurobiological theory of consciousness. *Seminars in the Neurosciences*, 2:263–275, 1990.

[141] J. Cronin. *Mathematical Aspects of Hodgin–Huxley Neural Theory.* Cambridge University Press, cambridge, ma edition, 1987.

[142] B. G. Cumming, E. B. Johnson, and A. J. Parker. Vertical disparities and perception of three–dimensional shape. *Nature*, 349:411–413, 1991.

[143] R. Cummins and G. Schwarz. Connectionism, computationalism, and cognition. In T. Horgan and J. Tienson, editors, *Connectionism and the Philosophy of Mind.* Dordrecht: Kluwer Academic Publishers, 1991.

[144] Y. Le Cun. Une procedure d'apprentissage pour reseau a seuil assymetrique. In *Cognitiva 85: A la Frontiere de l'Intelligence Artificielle des Sciences de la Connaissance des Neurosciences*, pages 599–604. Paris: CESTA, 1985.

[145] M. Cynader and C. Shaw. Mechanisms underlying developmental alterations of cortical ocular dominance. In *[393]*, pages 53–61. 1985.

[146] J. P. Gaska D. A. Pollen and L. D. Jacobson. Responses of simple and complex cells to compound sine–wave gratings. *Vision Research*, 28:25–39, 1988.

[147] J. R. Lee D. A. Pollen and J. H. Taylor. How does striate cortex begin reconstruction of the visual world? *Science*, 173:74–77, 1971.

[148] V. Hindorff D. A. Rosenbaum and E. M. Munro. Scheduling and programming of rapid finger sequences: tests and elaborations on the hierarchical editor model. *Journal of Experimental Psychology: Human Perception and Performance*, 13:193–203, 1987.

[149] J. McClelland D. E. Rumelhart and the PDP Research Group. *Parallel Distributed Processing: Explorations in the Microstructure of Cognition*, volume 1. Cambridge, MA: MIT Press, 1986.

[150] A. J. Mistlin D. I. Perrett and A. J. Chitty. Visual neurons responsive to faces. *Trends in Neurosciences*, 10:358–364, 1987.

[151] T. J. Sejnowski D. Touretzky, J. L. Elman and G. E. Hinton, editors. *Connectionist Models: Proceedings of the 1990 Summer School*. San Mateo, CA: Morgan Kaufman, 1991.

[152] E. DeYoe D. Van Essen, D. Felleman and J. Knierim. Probing the primate visual cortex: pathways and perspectives. In A. Valberg and B. B. Lee, editors, *Advances in Understanding Visual Processes*. New York: Plenum, 1991.

[153] C. D. Gilbert D. Y. Ts'o and T. N. Wiesel. Relationship between horizontal interactions and functional architecture in cat striate cortex as revealed by cross-correlation analysis. *Journal of Neuroscience*, 6:1160–1170, 1986.

[154] S. Daan and J. Aschoff. Circadian contributions to survival. In J. Aschoff, S. Daan, and G. A. Gross, editors, *Structure and Physiology of Vertebrate Circadian Rhythms*. New York: Springer, 1982.

[155] N. Dale. *The role of NMDA receptors in synaptic integration and the organization of complex neural patterns*. Oxford: IRL Press, 1989.

[156] A. Damasio. Disorders of complex visual processing: agnosias, achromotopsia, baliant's syndrome, and related difficulties of orientation and construction. In M. M. Mesulam, editor, *Principles of Behavioral Neurology*, pages 259–288. Philadelphia: F. A. Davis, 1985.

[157] A. Damasio. Time-locked multiregional retroactivation — a systems–level proposal for the neural substrates of recall and recognition. *Cognition*, 33:25–62, 1989.

[158] A. Damasio. Category–related recognition defects as a clue to the neural substrates of knowledge. *Trends in Neurosciences*, 13:95–98, 1990.

[159] A. Damasio, H. Damasio, D. Tranel, and J. Brandt. The neural regionalization of knowledge access. In C. Stevens E. Kandel, T. Sejnowski and J. Watson, editors, *Cold Spring Harbor Symposium on Quantitative Biology: The Brain Volume 55*. New York: Cold Spring Harbor Press, 1990.

[160] A. Damasio, D. Tranel, and H. Damasio. Face agnosia and the neural substrates of memory. *Annual Review of Neuroscience*, 13:89–110, 1990.

[161] H. Damasio and A. Damasio. *Lesion Analysis in Neuropsychology*. Oxford: Oxford University Press, 1989.

[162] H. Damasio and A. Damasio. The neural basis of memory, language and behavioral guidance: advances with the lesion method in humans. *Seminars in the Neurosciences*, 2:277–286, 1990.

[163] J. Darnell, H. Lodish, and D. Baltimore. *Molecular Cell Biology*. New York: Scientific American Books, 1986.

[164] R. Lorento de Nó. Studies on the structure of the cerebral cortex. II. Continuation of the activity of the ammonic system. *Journal of Psychology and Neurology*, 46:113–177, 1934.

[165] J. DeFelipe and E. G. Jones. *Cajal on the Cerebral Cortex*. Oxford: Oxford University Press, 1988.

[166] S. Dehaene and J-P. Changeux. A simple model of prefrontal cortex function in delayed–response tasks. *Journal of Cognitive Neuroscience*, 1:244–261, 1989.

[167] D. Dennett. *The Intentional Stance*. Cambridge, MA: MIT Press, 1987.

[168] R. Desimone. Face–selective cells in the temporal cortex of monkeys. *Journal of Cognitive Neuroscience*, 3:1–24, 1991.

[169] R. Desimone and L. G. Ungerleider. Neural mechanisms of visual processing in monkeys. In F. Boller and J. Grafman, editors, *Handbook of Neuropsychology*, volume 2, pages 267–299. Elsevier, Amsterdam, 1989.

[170] N. L. Desmond and W. B. Levy. Synaptic correlates of associative potentiation / depression: An ultrastructural study in the hippocampus. *Brain Research*, 265:21–30, 1983.

[171] R. L. DeValois and K. K. DeValois. *Spatial Vision*. Oxford: Oxford University Press, 1988.

[172] Dewdney. Computer recreations: a Tinkertoy computer that plays tic–tac–toc. *Scientific American*, 1989.

[173] E. A. DeYoe and D. C. Van Essen. Concurrent processing streams in monkey visual cortex. *Trends in Neurosciences*, 11:219–226, 1987.

[174] A. Dobbins, S. W. Zucker, and M. S. Cynader. Endstopped neurons in the visual cortex as a substrate for calculating curvature. *Nature*, 329:438–441, 1987.

[175] K. R. Dobkins and T. D. Albright. Color facilitates motion correspondence in visual area MT. *Society for Neuroscience Abstracts*, 16:1220, 1990.

[176] K. R. Dobkins and T. D. Albright. The use of color- and luminance–defined edges for motion correspondence. *Society for Neuroscience Abstracts*, 1991.

[177] K. R. Dobkins and T. D. Albright. What happens if it changes color when it moves? *Investigative Ophthomology and Visual Science*, page 823, 1991.

[178] E. Donchin, G. McCarthy, M. Kutas, and W. Ritter. Event-related potentials in the study of consciousness. In G. E. Schwartz and D. Shapiro, editors, *Consciousness and Self–Regulation*, pages 81–121. New York: Plenum, 1983.

[179] R. J. Douglas and K. A. C. Martin. Neocortex. pages 389–438. In [668].

[180] R. J. Douglas and K. A. C. Martin. A functional microcircuit for cat visual cortex. *Journal of Physiology*, 440:735–769, 1991.

[181] R. J. Douglas, K. A. C. Martin, and D. Whitteridge. A canonical microcircuit for neocortex. *Neural Computation*, 1:480–488, 1989.

[182] R. M. Douglas and G.V. Goddard. Long-term potentiation in the perforant path-granule cell synapse in the rat hippocampus. *Brain Research*, 86:205–215, 1975.

[183] J. E. Dowling. *The Retina: An Approachable Part of the Brain.* Cambridge, MA: Harvard University Press, 1987.

[184] Y. Dudai. *The Neurobiology of Memory: Concepts, Findings, and Trends.* New York: Oxford University Press, 1989.

[185] R. Durbin, C. Miall, and G. Mitchison. *The Computing Neuron.* Reading, MA: Addison-Wesley, 1989.

[186] R. Durbin and D. Willshaw. An analogue approach to the travelling salesman problem using an elastic net method. *Nature*, 326:689–691, 1987.

[187] H. M. Duvernoy. *The Human Hippocampus.* Bergman Verlag, 1991.

[188] S. L. Juliano E. G. Jones and B. L. Whitsel. A combined 2–deoxyglucose and neurophysiological study of primate somatosensory cortex. *Journal of Comparative Neurology*, 263:514–525, 1987.

[189] S. du Lac E. I. Knudsen and S. D. Esterly. Computational maps in the brain. *Annual Review of Neuroscience*, 10:41–65, 1987.

[190] S. Lund E. Jankowska, M. G. M. Jukes and A. Lundberg. The effects of DOPA on the spinal cord. 5. reciprocal organization of pathways transmitting excitatory action to alpha motoneurones of flexors and extensors. *Acta Physiologica Scandinavia*, 70:337–341, 1967.

[191] S. Lund E. Jankowska, M. G. M. Jukes and A. Lundberg. The effects of dopa on the spinal cord. 6. half–centre organization of interneurones transmitting effects from the flexor reflex afferents. *Acta Physiologica Scandinavia*, 70:389–402, 1967.

[192] S. L. Hooper E. Marder and J. S. Eisen. Multiple neurotransmitters provide a mechanism for the production of multiple outputs from a single neuronal circuit. In *[210]*, pages 305–327. 1987.

[193] J. C. Eccles. *Part II of [587]*. 1977.

[194] J. C. Eccles. The human brain and the human person. In J. C. Eccles, editor, *Mind and Brain*, pages 81–98. Paragon, Washington, DC, 1982.

[195] R. Eckhorn, R. Bauer, W. Jordan, M. Brosch, W. Kruse, M. Munk, and H. J. Reitboek. Coherent oscillations: a mechanism of feature linking in visual cortex? *Biological Cybernetics*, 60:121–130, 1988.

[196] R. Eckmiller. Neural control of pursuit eye movement. *Physiological Reviewa*, 67:797–857, 1987.

[197] R. Eckmiller. Generation of movement trajectories in primates and robots. In I. Aleksander, editor, *Neural Computing Architectures*, pages 305–326. MIT Press, Cambridge, MA, 1989.

[198] A. Diamond (ed.). *The Development and Neural Bases of Higher Cognitive Functions Annals of the New York Academy of Sciences*. New York: New York Academy of Sciences, 1990.

[199] A. P. Pentland (ed.). *From Pixels to Predicates: Recent Advances in Computational and Robotic Vision*. Norwood, N. J. : Ablex, 1986.

[200] C. Blakemore (ed.). *Vision: Coding and Efficiency*. Cambridge: Cambridge University Press, 1990.

[201] D. C. Rubin (ed.). *Autobiographical Memory*. Cambridge: Cambridge University Press, 1986.

[202] D. S. Touretzky (ed.). *Advances in Neural Information Processing Systems*, volume 1. : Morgan Kaufmann, San Mateo, CA, 1989.

[203] D. S. Touretzky (ed.). *Advances in Neural Information Processing Systems*, volume 2. : Morgan Kaufmann, San Mateo, CA, 1990.

[204] E. Schwartz (ed.). *Computational Neuroscience*. Cambridge, MA: MIT Press, 1990.

[205] J. G. Carbonell (ed.). *Artificial Intelligence*, volume 40. 1989.

[206] L. Vaina (ed.). *From Retina to the Neocortex: Selected Papers of David Marr.* Birkhauser, Bosten, MA, 1991.

[207] M. I. Posner (ed.). *Foundations of Cognitive Science.* Cambridge, MA: MIT Press, 1990.

[208] R. F. Schmidt (ed.). *Fundamentals of Neurophysiology.* Springer, Berlin, 1978.

[209] R. M. J. Cotterill (ed.). *Computer Simulation in Brain Science.* Cambridge: Cambridge University Press, 1988.

[210] G. M. Edelman, W. E. Gall, and W. M. Cowan, editors. *Synaptic Function.* New York: Wiley, 1987.

[211] J. Metcalfe Eich. Levels of processing, encoding specificity, elaboration, and CHARM. *Psychological Review*, 92:1–38, 1985.

[212] H. Eichenbaum, M. Kuperstein, A. Fagan, and J. Nagode. Cue–sampling and goal–approach correlates of hippocampal unit activity in rats performing an odor discrimination task. *Journal of Neuroscience*, 7:716–732, 1987.

[213] O. Ekeberg, P. Wallen, A. Lanser, H. Traven, L. Brodin, and S. Grillner. A computer based model for realistic simulations of neural networks. *Biological Cybernetics*, 65(2):81–90, 1991.

[214] J. Elman and D. Zipser. Learning the hidden structure of speech. *Journal of the Acoustical Society of America*, 83:1615–1626, 1988.

[215] J. L. Elman. Representation and structure in connectionist systems. Technical report, Center for Research in Language, UCSD, 1989.

[216] J. L. Elman. Finding structure in time. *Cognitive Science*, 14:179–211, 1990.

[217] C. W. Eriksen and J. D. St. James. Visual attention within and around the field of focal attention: a zoom lens model. *Perception and Psychophysics*, 40:225–240, 1986.

[218] D. Van Essen and C. H. Anderson. Information processing strategies and pathways in the primate retina and visual cortex. In *[629]*. 1990.

[219] D. Van Essen and J. H. R. Maunsell. Two–dimensional maps of the cerebral cortex. *Journal of Comparative Neurology*, 191:255–281, 1980.

[220] E. V. Evarts. Pyramidal tract activity associated with a conditioned hand movement in the monkey. *Journal of Neurophysiology*, 29:1011–1027, 1966.

[221] E. V. Evarts. Role of motor cortex in voluntary movements in primates. In V. B. Brooks, editor, *Handbook of Physiology, Section 1: The Nervous System. Vol II. Motor Control*, pages 1083–1120. Bethesda, MD: American Physiological Society, 1981.

[222] D. J. Braitman F. A. Miles and B. M. Dow. Long–term adaptive changes in primate vestibuloocular reflex. II. Electrophysiological observations on semicircular canal primary afferents. *Journal of Neurophysiology*, 43:1477–1493, 1980.

[223] D. J. Braitman F. A. Miles and B. M. Dow. Long–term adaptive changes in primate vestibuloocular reflex. IV. Electrophysiological observations in flocculus of adapted monkeys. *Journal of Neurophysiology*, 43:1477–1493, 1980.

[224] S. Kasparian F. Nottebohm and C. Pandazias. Brain space for a learned task. *Brain Research*, 213:99–109, 1981.

[225] F. Faggin and C. Mead. VLSI implementation of neural networks. In *[629]*, pages 275–292. 1990.

[226] G. Fant. *Speech Sounds and Features*. Cambridge, MA: MIT Press, 1973.

[227] J. Feldman and D. Ballard. Connectionist models and their properties. *Cognitive Science*, 6:205–254, 1982.

[228] J. Feldman, J. C. Smith, H. H. Ellenberger, C. A. Connelly, G. Liu, J. J. Greer, A. D. Lindsay, and M. R. Otto. Neurogenesis of respiratory rhythm and pattern: emerging concepts. *American Journal of Physiology*, 259:R879–R886, 1990.

[229] D. J. Felleman and D. C. Van Essen. Distributed hierarchical processing in the primate cerebral cortex. *Cerebral Cortex*, 1:1–47, 1991.

[230] D. Ferrier. *The Functions of the Brain*. London: Smith, Elden, 1876.

[231] D. Ferster and C. Koch. Neuronal connections underlying orientation selectivity in cat visual cortex. *Trends in Neurosciences*, 10:487–492, 1987.

[232] E. Fetz and P. Cheney. Postspike facilitation of forelimb muscle activity by primate corticomotoneuronal cells. *Journal of Neurophysiology*, 44:751–772, 1980.

[233] J. A. Fodor. *The Language of Thought*. New York: T. Crowell, 1974.

[234] J. A. Fodor. *The Modularity of Mind*. Cambridge, MA: MIT Press, 1983.

[235] K. Fox, H. Sato, and N. Daw. The location and function of NMDA receptors in cats and kitten visual cortex. *Journal of Neuroscience*, 9:2243–54, 1989.

[236] P. T. Fox, J. M. Fox, and M. E. Raichle. The role of the cerebral cortex in the generation of voluntary saccades: a positron emission tomographic study. *Journal of Neurophysiology*, 54:348–369, 1985.

[237] P. T. Fox, F. M. Miezin, J. A. Allman, D. C. Van Essen, and M. E. Raichle. Retinoptic organization of human visual cortex mapped with positron emission tomography. *Journal of Neuroscience*, 7:913–922, 1987.

[238] S. S. Fox. Evoked potential, coding and behavior. In F. O. Schmitt, editor, *The Neurosciences Second Study Program*, pages 243–259. New York: Rockefeller University Press, 1970.

[239] F. R. Freemon and R. D. Walter. Electrical activity of human limbic system during sleep. *Comparative Psychiatry*, 11:544–551, 1970.

[240] H. R. Friedman, J. D. Jana, and P. S. Goldman-Rakic. Enhancement of metabolic activity in the diencephalon of monkeys performing working memory tasks: a 2–deoxyglucose study in behaving rhesus monkeys. *Journal of Cognitive Neuroscience*, 2:18–31, 1990.

[241] W. O. Friesen. Neuronal control of leech swimming movements: interactions between cell 60 and previously described oscillator neurons. *Journal of Comparative Physiology*, 156:231–242, 1985.

[242] J. P. Frisby. *Seeing: Illusion, Brain, and Mind.* Oxford: Oxford University Press, 1980.

[243] D. O. Frost and C. Metin. Induction of functional retinal projections to the somatosensory cortex. *Nature*, 317:162–164, 1985.

[244] R. D. Frostig, E. E. Lieke, D. Y. Ts'o, and A. Grinvald. Cortical functional architecture and local coupling between neuronal activity and the microcirculation revealed by in vivo high–resolution optical imaging of intrinsic signals. In *Proceedings of the National Academy of Sciences USA*, volume 87, pages 6082–6086, 1990.

[245] A. F. Fuchs and J. Kimm. Unit activity in vestibular nucleus of the alert monkey during horizontal angular acceleration and eye movement. *Journal of Neurophysiology*, 38:1140–1161, 1975.

[246] K. Fukushima. Cognitron: A self-organizing multilayered neural network. *Biological Cybernetics*, 20:121–136, 1975.

[247] K. Fukushima. A hierarchical neural network model for selective attention. In R. Eckmiller and C. v. d. Malsburg, editors, *Neural Computers*, pages 80–100. Berlin: Springer, 1988.

[248] J. Fuster. Inferotemporal units in selective visual attention and short-term memory. *Journal of Neurophysiology*, 64:681–697, 1990.

[249] D. G. Amaral G. A. Press and L. R. Squire. Hippocampal abnormalities in amnesic patients revealed by high–resolution magnetic resonance imaging. *Nature*, 341:54–57, 1989.

[250] R. U. Muller G. J. Quirk and J. L. Kubie. The firing of hippocampal place cells in the dark depends on the rat's recent experience. *Journal of Neuroscience*, 10:2008–2017, 1990.

[251] J. L. McGaugh G. J. Shaw and S. P. R. Rose, editors. *Advanced Series in Neuroscience Vol 2: Neurobiology of Learning and Memory (Reprint Volume)*. Singapore: World Scientific, 1990.

[252] M. Gabriel and J. Moore (eds.), editors. *Learning and Computational Neuroscience: Foundations of Adaptive Networks*. Cambridge, MA: MIT Press, 1990.

[253] M. Gabriel and J. Moor. *Learning and Computational Neuroscience: Foundations of Adaptive Networks*. MIT Press, Cambridge, MA, 1990.

[254] C. R. Gallistel. *The Organization of Learning*. Cambridge, MA: MIT Press, 1990.

[255] J. Garcia and R. A. Koelling. Relation of cue to consequence in avoidance learning. *Psychonomic Science*, 4:123–124, 1966.

[256] G. P. Gasic and S. Heinemann. Receptors coupled to ionic channels: the glutamat receptor family. *Current Opinion in Neurobiology*, 1:20–26, 1991.

[257] M. S. Gazzaniga. *The Social Brain*. New York: Basic Books, 1985.

[258] A. Gelperin. Rapid food–aversion learning by a terrestrial mollusc. *Science*, 189:567–70, 1975.

[259] A. Gelperin, J.J. Hopfield, and D. W. Tank. The logic of limax learning. In A. Selverston, editor, *Model Neural Networks and Behavior*, pages 237–61. New York: Plenum, 1985.

[260] S. Geman and D. Geman. Stoachastic relaxation, Gibbs distributions, and the Bayesian restoration of images. *IEEE Transactions on Pattern Analysis and Machine Intelligence,*, 6:721–741, 1984.

[261] A. P. Georgopoulos, J. T. Lurito, M. Petrides, A. B. Schwartz, and J. T. Massey. Mental rotation of the neuronal population vector. *Science*, 243:234–236, 1989.

[262] M. D. Gershon, J. H. Schwartz, and E. R. Kandel. Morphology of chemical synapses and patterns of interconnections. In *[387]*, pages 132–147. 1985.

[263] G. L. Gerstein, M. J. Bloom, I. E. Espinosa, S. Evanczuk, and M. R. Turner. Design of a laboratory for multineuron studies. *IEEE Transactions on Systems, Man, and Cybernetics SMC-*, 13:668–676, 1983.

[264] P. A. Getting. Emerging principles governing the operation of neural networks. *Annual Review of Neuroscience*, 12:185–204, 1989.

[265] C. Ghez. Introduction to motor systems. In *[387]*, pages 429–442. 1985.

[266] C. D. Gilbert and T. N. Wiesel. Laminar specialization and intracortical connections in cat primary visual cortex. In F. O. Schmitt, F. G. Worden, and F. Dennis, editors, *Organization of the Cerebral Cortex*. MIT Press, Cambridge MA, 1981.

[267] C. D. Gilbert and T. N. Wiesel. Receptive field dynamics in adult primary visual cortex. *Nature*, 356(6365):150–2, 1992.

[268] C. L. Giles, G. Z. Sun, H. H. Chen, Y. C. Lee, and D. Chen. Higher order recurrent networks and grammatical inference. pages 380–387. In [203].

[269] M. A. Gluck and R. F. Thompson. Modeling the neural substrates of associative learning and memory: a computational approach. *Psychological Review*, 94:176–191, 1987.

[270] J. Gnadt and R. A. Andersen. Memory related motor planing activity in posterior parietal cortex of macaque. *Experimental Brain Research*, 70:216–220, 1988.

[271] P. S. Goldman-Rakic. Circuitry of the pre–frontal cortex and the regulation of behavior by representational memory. In F. Blum and V. Mountcastle, editors, *Higher Cortical Function: Handbook of Physiology*, pages 373–417. Washington, DC: American Physiological Society, 1987.

[272] P. S. Goldman-Rakic. Topography of cognition: parallel distributed networks in primate association cortex. *Annual Review of Neuroscience*, 11:137–56, 1988.

[273] R. P. Gorman and T. J. Sejnowski. Analysis of hidden units in a layered network trained to classify sonar targets. *Neural Networks*, 1:75–89, 1988.

[274] R. P. Gorman and T. J. Sejnowski. Learned classification of sonar targets using a massively parallel network. *IEEE Transactions on Acoustics, Speech, and Signal Processing*, 36:1135–1140, 1988.

[275] S. J. Gould and R. Lewontin. The spandrels of san marco and the panglossian paradigm: a critique of the adaptationaist programme. In *Proceedings of the Royal Society B 205*, pages 581–98, 1979.

[276] P. Gouras. Color vision. In *[387]*, pages 384–395. 1985.

[277] P. Gouras. Oculomotor syste,. In *[387]*, pages 571–583. 1985.

[278] R. Granger and G. Lynch. Rapid incremental learning of hierarchically organized stimuli by layer ii sensory (olfactory) cortex. In *[522]*, pages 309–328. 1989.

[279] B. Granzow, W. O. Friesen, and Jr. W. B. Kristan. Physiological and morphological analysis of synaptic transmission between leech motor neurons. *Journal of Neuroscience*, 5:2035–2050, 1985.

[280] C. M. Gray, P. Konig, A. K. Engel, and W. Singer. Oscillatory responses in cat visual cortex exhibit inter–columnar synchronization which reflects global stimulus properties. *Nature*, 338:334–337, 1989.

[281] J. Gray. *Animal Locomotion*. New York: Norton, 1968.

[282] A. N. Graybiel and Hickey. Chemospecificity of ontogenetic units in the striatum: demonstration by combining $[3^h]$thymidine neuronography and histochemical staining. In *Proceedings of the National Academy of Science 79*, pages 198–202, 1982.

[283] M. Green. Color correspondence in apparent motion. *Perception and Psychophysics*, 45:15–20, 1989.

[284] R. L. Gregory. *The Intelligent Eye*. New York: McGraw-Hill, 1970.

[285] R. L. Gregory and J. P. Harris. Illusory contours and stereo depth. *Perception & Psychophysics*, 15:411–416, 1974.

[286] S. Grillner. Control of locomotion in bipeds, tetrapods, and fish. In V. B. Brooks, editor, *Handbook of Physiology, Section 1: The Nervous System, Vol. II: Motor Control*, pages 1179–1236. : American Physiological Society, Bethesda, Md, 1981.

[287] S. Grillner, J. T. Buchanan, and A. Lansner. Simulation of the segmental burst generating network for locomotion in lamprey. *Neuroscience Letters*, 89:31–35, 1988.

[288] S. Grillner and M. Konishi (eds.), editors. *Neural Control: Current Opinion in Neurobiology*, volume 1, 1991.

[289] S. Grillner, P. Wallen, and L. Brodin. Neuronal network generating locomotor behavior in lamprey: circuitry, transmitters, membrane properties, and simulation. *Annual Review of Neuroscience*, 14:169–199, 1991.

[290] A. Grinvald, E. Lieke, R. D. Frostig, C. D. Gilbert, and T. N. Wiesel. Functional architecture of cortex revealed by optical imaging of intrinsic signals. *Nature*, 324:361–364, 1986.

[291] P. Grobstein. Strategies for analyzing complex organization in the nervous system: I. Lesions experiments. In *[204]*, pages 19–37. 1990.

[292] S. Grossberg. Adaptive pattern classification and universal recoding: I. parallel development and coding of neural feature detectors. *Biological Cybernetics*, 23:121–134, 1976.

[293] P. M. Groves and G. V. Rebec. *Introduction to Biological Psychology*. Brown Co Publishers, Dubuque, Iowa, 3rd edition, 1988.

[294] R. W. Guillery. Binocular competition in the control of geniculate cell growth. *Journal of Comparative Neurology*, 144:117–130, 1972.

[295] W. L. Gulick, G. A. Gescheider, and R. D. Frisina. *Hearing: Physiological Acoustics, Neural Coding, and Psychoacoustics*. Oxford: Oxford University Press, 1989.

[296] B. Gustafsson and H. Wigstrom. *Seminars in Neurosciences*, 2, October 1990.

[297] H. R. Guy and F. Conti. Pursuing the structure and function of voltage-gated channels. *Trends in Neurosciences*, 13:201–206, 1990.

[298] Z. W. Hall. *Molecular Neurobiology*. Sinauer, Sunderland, MA, 1991.

[299] P. J. B. Hancock, L. S. Smith, and W. A. Phillips. A biologically supported error–correcting learning rule. *Neural Computation*, 3:200–211, 1991.

[300] P. E. Hanny, J. H. Maunsell, and P. H. Schiller. State–dependent activity in monkey visual cortex: Ii. Visual and nonvisual factors in V4. *Experimental Brain Research*, 69:245–259, 1988.

[301] Stephen J. Hanson and eds.. Carl. R. Olson. *Connectionist Modeling and Brain Function: The Developing Interface*. Cambridge, MA: MIT Press, 1990.

[302] S. Harnad. Connecting object to symbol in modeling cognition. In A. Clark and R. Lutz, editors, *Connectionism in Context*. Berlin: Springer, 1992.

[303] H. R. Harries and D. I. Perrett. Visual processing of faces in the temporal cortex: physiological evidence for modular organization and possible anatomical correlates. *Journal of Cognitive Neuroscience*, 3:9–24, 1991.

[304] A. Harrington. Nineteenth–century ideas on hemisphere differences and duality of mind. *Behavioral and Brain Sciences*, 8:617–659, 1985.

[305] E. W. Harris and C. W. Cotman. Long–term potentiation of guinea–pig mossy fiber responses is not blocked by N–methyl–D–aspartate antagonists. *Neuroscience Letters*, 70:132–137, 1986.

[306] W. A. Harris. Neurogenesis and determination in the xenopus retina. In *[423]*, pages 95–105. 1991.

[307] W. A. Harris and C. Holt. Early events in the emrbyogenesis of the vertebrate visual system: cellular determination and pathfinding. *Annual Review of Neuroscience*, 13:155–170, 1990.

[308] R. M. Harris-Warrick and E. Marder. Modulation of neural networks for behavior. *Annual Review of Neuroscience*, 14:39–58, 1991.

[309] P. H. Harrison. Induction of locomotion in spinal tadpoles by excitatory amino acids and their antagonists. *Journal of Experimental Zoology*, 254:13–17, 1990.

[310] J. Haugeland. *Artificial Intelligence: The Very Idea*. Cambridge, MA: MIT Press, 1985.

[311] R. D. Hawkins and E. R. Kandel. Steps toward a cell–biological alphabet for elementary forms of learning. In J. L. McGaugh G. Lynch and N. M. Weinberger, editors, *Neurobiology of Learning and Memory*, pages 385–404. New York: Guilford, 1984.

[312] D. O. Hebb. *Organization of Behavior*. New York: Wiley, 1949.

[313] P. Heggelund and E. Hartveit. Neurotransmitter receptors mediating excitatory input to cells in the cat lateral geniculate nucleus. I. Lagged cells. *Journal of Neurophysiology*, 63:1347 – 1360, 1990.

[314] W. Heiligenberg. Jamming avoidance responses. In T. H. Bullock and W. Heiligenberg, editors, *Electroreception*, pages 613–649. New York: Wiley, 1986.

[315] W. Heiligenberg. Electrosensory system in fish. *Synapse*, 6:196–206, 1990.

[316] W. Heiligenberg. The neural basis of behavior: a neuroethological view. *Annual Review of Neuroscience*, 14:247–268, 1991.

[317] W. Heiligenberg. *Neural Nets in Electric Fish*. MIT Press, Cambridge, MA, 1991.

[318] W. Heiligenberg, C. Baker, and J. Matsubarar. The jamming avoidance response revisited: the structure of a neuronal democracy. *Journal of Comparatve Physiology*, 127:267–268, 1978.

[319] L. Heimer and M. J. Robards. *Neuroanatomical Tract–Tracing Methods*. New York: Plenum Press, 1981.

[320] S. Heineman, J. Boulter, E. Deneris, J. Conolly, R. Duvoisin, R. Papke, and J. Patrick. The brain nicotinic acetylcholine receptor gene family. *Progress in Brain Research*, 86:195–203, 1990.

[321] K. Hensler. Intersegmental interneurons involved in the control of head movements in crickets. *Journal of Comparative Physiology*, 162:111–126, 1988.

[322] J. Hilbert and S. Cohn-Vossen. *Geometry and the Imagination*. New York: Chelsea, 1952.

[323] B. Hille. *Ionic Channels in Excitable Membranes*. Sunderland, MA: Sinauer, 1984.

[324] B. Hille. Evolutionary origins of voltage-gated channels and synaptic transmission. In *[210]*, pages 163–176. 1987.

[325] S. Hillyard and T. W. Picton. Electrophysiology of cognition. In *Handbook of Physiology Section 1: Neurophysiology*, pages 519–584. New York: American Physiological Society, 1987.

[326] G. E. Hinton and S. Becker. An unsupervised learning procedure that discovers surfaces in random-dot stereograms. In L. A. Jeffress, editor, *Proceedings of the International Joint Conference on Neural Networks*, volume 1, pages 218–222. Hillsdale, NJ: Erlbaum, 1990.

[327] G. E. Hinton and S. J. Nowlan. The bootstrap Widrow–Hoff rule as a cluster–formation algorithm. *Neural Computation*, 2:355–362, 1990.

[328] G. E. Hinton and T. J. Sejnowski. Optimal perceptual inference. In *Proceedings of the IEEE Computer Science Conference on Computer Vision and Pattern Recognition*, pages 448–453, Silver Spring, Md, 1983. IEEE Computer Society Press.

[329] G. E. Hinton and T. Shallice. Lesioning an attractor network: Investigations of acquired dyslexia. *Psychological Review*, 98:74–95, 1991.

[330] J. A. Hobson. The neurobiology and pathophysiology of sleep and dreaming. *Discussions in Neuroscience*, 2:9–50, 1985.

[331] J. A. Hobson. *The Dreaming Brain*. New York: Basic Books, 1988.

[332] A. L. Hodgkin and A. F. Huxley. A quantitative description of membrane current and its application to conduction and excitation in nerve. *Journal of Physiology (London)*, 117:500–544, 1952.

[333] J. Hopfield. Olfactory computation and object perception. In *Proceedings of the National Academy of Sciences USA*, volume 88, pages 6462–6466.

[334] J. Hopfield. Neurons with graded response have collective computational properties like those of two-state neurons. *Proceeedings of the National Academy of Sciences*, 81:3088–3092, 1984.

[335] J. Hopfield and D. Tank. "neural" computation of decisions in optimization problems. *Biological Cybernetics*, 52:141–152, 1985.

[336] B. K. P. Horn and M. J. Brooks. *Shape from Shading*. Cambridge, MA: MIT Press, 1989.

[337] G. Horn. Imprinting, learning, and memory. *Behavioral Neuroscience*, 100:825–832, 1986.

[338] K. Hornik, M. Stinchcombe, and H. White. Multilayer feedforward networks are universal approximators. *Neural Networks*, 2:359–368, 1989.

[339] J. C. Horton and H. Sherk. Receptive field properties in the cat's lateral geniculate nucleus in the absence of on–center retinal input. *Journal of Neuroscience*, 4:374–380, 1984.

[340] Z. A. Horvath, J. Kamondi, J. Czopf, T.V.P. Bliss, and G. Buzsáki. NMDA receptors may be involved in generation of hippocampal rhythm. In H. L. Haas and G. Buzsáki, editors, *Synaptic Plasticity in the Hippocampus*. Berlin: Springer, 1988.

[341] J. Hounsgaard and J. Midtgaard. Intrinsic determinants of firing pattern in purkinje cells of the turtle cerebellum in vitro. *Journal of Physiology*, 402:731–749, 1988.

[342] D. H. Hubel. *Eye, Brain, and Vision*. New York: Freeman (Scientific American Library), 1988.

[343] D. H. Hubel and M. S. Livingstone. Segregation of form, color, and stereopsis in primate area 18. *Journal of Neuroscience*, 7:3378–3415, 1987.

[344] D. H. Hubel and T. N. Wiesel. Receptive fields, binocular interaction and functional architecture in the cat's visual cortex. *Journal of Physiology*, 160:106–154, 1962.

[345] D. H. Hubel and T. N. Wiesel. Shape and arrangement of columns in cat's striate cortex. *Journal of Physiology*, 165:559–568, 1963.

[346] D. H. Hubel and T. N. Wiesel. Ferrier lecture functional architecture of macaque monkey visual cortex. In *Proceedings of the Royal Society of London B 198*, pages 1–59, 1977.

[347] D. H. Hubel, T. N. Wiesel, and S. LeVay. Plasticity of ocular dominance columns in the monkey striate cortex. *Philosophical Transactions of the Royal Society (London)*, B 278:267–287, 1977.

[348] R. A. Hummel and S. W. Zucker. On the foundations of relaxation labeling processes. *IEEE Transactions on Pattern Analysis and Machine Intelligence*, 3:267–287, 1983.

[349] A. C. Hurlbert and T. A. Poggio. Synthesizing a color algorithm from examples. *Science*, 239:482–485, 1988.

[350] L. M. Hurvich. *Color Vision*. Sinauer, Sunderland, MA, 1981.

[351] P. R. Huttenlocher. Morphometric study of human cerebral cortex. *Neuropsychologia*, 28:517–527, 1990.

[352] J. W. Fleshman I. Segev and R. E. Burke. Compartmental models of complex neurons. In *[407]*, pages 63–98. 1989.

[353] Y. Manor I. Segev, M. Rapp and Y. Yarom. Analog and digital processing in singel nerve cells: dendritic integration and axonal propagation. In T. McKenna, J. Davis, and S. Zornetzer, editors, *Single Neuron Computation*. New York: Academic Press, 1992.

[354] D. H. Ingvar and M. S. Schwartz. Blood flow patterns induced in the dominant hemisphere by speech and reading. *Brain*, 97:273–288, 1974.

[355] M. Ito. Neural design of the cerebellar motor control system. *Brain Research*, 40:81–84, 1972.

[356] M. Ito. Neural events in the cerebellar flocculus associated with an adaptive modification of the vestibulo–ocular reflex of the rabbit. In R. Baker and A. Berthoz, editors, *Control of the Brain Stem Neurons, Developments in Neuroscience*, volume 1, pages 391–398. Elsevier, Amsterdam, 1977.

[357] J. M. Jester J. C. Wathey, W. W. Lytton and T. J. Sejnowski. Computer simulations of epsp-spike E-S potentiation in hippocampal CA1 pyramidal cells. *Neuroscience Letters*, 12(2):607–18, 1992.

[358] T. Nikara J. D. Pettigrew and P. O. Bishop. Binocular interaction on single units in cat striate cortex: simultaneous stimulation by single moving slit with receptive fields in correspondence. *Experimental Brain Research*, 6:391–410, 1968.

[359] T. A. Nealey J. H. R. Maunsell, G. Sclar and D. D. DePriest. Extraretinal representations in area V4 in the macaque monkey. *Visual Neuroscience*, 7:561–573, 1991.

[360] A. Krogh J. Hertz and R. G. Palmer. *Introduction to the Theory of Neural Computation.* Redwood City, CA: Addison-Wesely, 1991.

[361] D. Noble J. J. B. Jack and R. W. Tsien. *Electric Current Flow in Excitable Cells.* Oxford: Clarendon Press, 1975.

[362] j. Lazzaro and C. Mead. A silicon model of auditory localization (revised). pages 155–173. 1989. In [629].

[363] D. Rumelhart J. McClelland and the PDP Research Group. *Parallel Distributed Processing: Explorations in the Microstructure of Cognition*, volume 2. Cambridge, MA: MIT Press, 1986.

[364] D. Thomas J. Nathans and D. S. Hogness. Molecular genetics of human color vision: The genes encoding blue, green, and red pigments. *Science*, 212:193–202, 1986.

[365] A. Riehle J. Requin and J. Seal. Neuronal activity and information processing in motor control: from stages to continuous flow. *Biological Psychology*, 26:179–198, 1988.

[366] D. Jaffe and D. Johnson. Induction of long–term potentiation at hippocampal mossy–fiber synapses follows a Hebbian rule. *Journal of Neurophysiology*, 64:948–960, 1990.

[367] C. E. Jahr and C. F. Stevens. A quantitative description of NMDA receptor-channel kinetic behavior. *Journal of Neuroscience*, 10:1830–1837, 1990.

[368] C. E. Jahr and C. F. Stevens. Voltage dependence of NMDA–activated macroscopic conductances predicted by single–channel kinetics. *Journal of Neuroscience*, 10:3178–3182, 1990.

[369] M. Jeannerod. *The Brain Machine.* Cambridge: Harvard University Press, 1985.

[370] L. A. Jeffress. A place theory of sound localization. *Journal of Comparative and Physiological Psychology*, 41:35–39, 1948.

[371] P. J. Jennings and S. W. Keele. A computational model of attentional requirements in sequence learning. In *[151]*, pages 236–242. 1991.

[372] M. H. Johnson. Cortical maturation and the development of visual attention in early infancy. *Journal of Cognitive Neuroscience*, 2:81–95, 1990.

[373] P. Johnson-Laird. *The Computer and the Mind.* Cambridge, MA: Harvard University Press, 1988.

[374] M. I. Jordan. An introduction to linear algebra in parallel distributed processing. In D. Rumelhart J. McClelland and the PDP Research Group, editors, *Parallel Distributed Processing*, volume 1, pages 365–422. Cambridge, MA: MIT Press, 1986.

[375] M. I. Jordan. Serial order: a parallel distributed processing approach. In J. L. Elman and D. E. Rumelhart, editors, *Advances in Connectionist Theory.* Hillsdale, N.J.: Lawrence Erlbaum, 1989.

[376] M. I. Jordan and D. E. Rumelhart. Forward models: Supervised learning with a distal teacher. Technical report, 1990.

[377] H. T. Engelhardt Jr. The disease of masturbation: values and the concept of disease. *Bulletin of the History of Medicine*, 48:234–248, 1974.

[378] J. B. Angevine Jr. and C. W. Cotman. *Principles of Neuroanatomy.* Oxford: Oxford University Press, 1981.

[379] W. B. Kristan Jr. Sensory and motor neurons responsible for local bending responses in leeches. *Journal of Experimental Biology*, 96:161–180, 1982.

[380] J. S. Judd. On complexity of loading shallow neural networks. *Journal of Complexity*, 4:177–192, 1988.

[381] B. Julesz. *Foundations of Cyclopean Perception.* Chicago: University of Chicago Press, 1971.

[382] L. R. Squire K. A. Paller, S. Zola-Morgan and S. A. Hillyard. P-3 like brain waves in normal monkeys and monkeys with medial temporal lesions. *Behavioral Neuroscience*, 102:714–725, 1989.

[383] J. H. Kaas, R. J. Nelson, M. Sur, C.-S. Lin, and M. M. Merzenich. Multiple representations of the body within the primary somatosensory cortex of primates. *Science*, 204:521–523, 1979.

[384] D. Kammen and A. Yuille. Spontaneous symmetry–breaking energy functions and the emergence of orientation selective cortical cells. *Biological Cybernetics*, 59:23–31, 1988.

[385] E. Kandel. Neurobiology and molecular biology: the second encounter. In *Cold Spring Harbor Symposia on Quantitative Biology*, pages 891–908. Cold Spring Harbor: Cold Spring Harbor Laboratory, 1983.

[386] E. Kandel. Processing of form and movement in the visual system. In *In [387]*, pages 366–383. 1985.

[387] E. Kandel and J. Schwartz, editors. *Principles of Neural Science*. New York: Elsevier, 1985.

[388] E. R. Kandel, M Klein, B. Hochner, M. Shuster, S. A. Siegelbaum, R. D. Hawkins, D. L. Glanzman, V. F. Castellucci, and T. W. Abrams. Synaptic modulation and learning: new insights into synaptic transmission from the study of behavior. In *[210]*, pages 471–518. 1987.

[389] E. R. Kandel, J. Schwartz, and T. M. Jessell. *Principles of Neural Science*. Elsevier, New York, 3rd edition, 1991.

[390] P. Kanerva. *Sparse distributed memory*. Cambridge MA: MIT Press, 1988.

[391] P. S. Katz and R. M. Harris-Warrick. Actions of identified neuromodulatory neruons in a simple motor system. *Trends in Neurosciences*, 13:367–373, 1990.

[392] J. R. Keith and J. W. Rudy. Why NMDA–receptor–dependent long–term potentiation may not be a mechanism of learning and memory: reappraisal of the NMDA–blockade strategy. *Psychobiology*, 18:251–257, 1990.

[393] E. L. Keller and D. S. Zee, editors. *Adaptive Processes in Visual and Oculomotor Systems*. Oxford: Pergamon, 1985.

[394] J. P. Kelly. Vestibular system. pages 584–596. 1985. In [387].

[395] K. Kelner and D.E. Koshland. *Molecules to Models: Advances in Neuroscience*. American Association for the Advancement of Science, Washington, DC, 1989.

[396] M. B. Kennedy. Regulation of neuronal function by calcium. *Trends in Neurosciences*, 12:417–420, 1989.

[397] B. B. Kimia, A. Tannenbaum, and S. W. Zucker. Towards a computational theory of shape: an overview. Technical report, Computer Vision and Robotics Laboratory, McGill University, 1989.

[398] A. J. King and D. R. Moore. Plasticity of auditory maps in the brain. *Trends in the Neurosciences*, 14:31–37, 1991.

[399] W. Kintsch. *The Representation of Meaning in Memory*. Hillsdale, NJ: Erlbaum, 1974.

[400] S. Kirkpatrick, C. D. Gelatt Jr., and M. P. Vecchi. Optimization by simulated annealing. *Science*, 220:671–680, 1983.

[401] D. Kleinfeld and H. Sompolinsky. Associative network models for central pattern generators. pages 195–246. 1989. In [407].

[402] A. H. Klopf. *The Hedonistic Neuron: A Theory of Memory, Learning, and Intelligence.* New York: Hemisphere, 1982.

[403] A. H. Klopf. A neuronal model of classical conditioning. Technical Report AFWAL-TR-87-1139, Air Force Wright Aeronautical Laboratories, 1987.

[404] E. L. Knudsen and M. Konishi. A neural map of auditory space in the owl. *Science*, 200:795–797, 1978.

[405] C. Koch. Seeing chips: analog VLSI circuits for computer vision. *Neural Computation*, 1:184–200, 1989.

[406] C. Koch and T. Poggio. Biophysics of computation: neurons, synapses, and membranes. In *[210]*, pages 637–697. 1987.

[407] C. Koch and I. Segev. *Methods in Neuronal Modeling.* Cambridge, MA: MIT Press, 1989.

[408] J. J. Koenderink. *Solid Shape.* Cambridge, MA: MIT Press, 1990.

[409] T. Kohonen. *Self-organization and Associative Memory.* Berlin: Springer-Verlag, 1984.

[410] T. Kohonen. *Content-Adressable Memories.* Berlin: Spinger, 2nd edition, 1987.

[411] M. Konishi. Centrally synthesized maps of sensory spac. *Trends in Neurosciences*, 9:163–168, 1986.

[412] M. Konishi. Deciphering the brain's codes. *Neural Computation*, 3:1–18, 1991.

[413] M. Konishi, T. T. Takahashi, H. Wagner, W. E. Sullivan, and C. E. Carr. Neurophysiological and anatomical substrates of sound localization in the owl. In W. E. Gall G. M. Edelman and W. M. Cowan, editors, *Auditory Function*, pages 721–745. New York: Wiley, 1988.

[414] J. Konorski. *Conditioned Reflexes and Neuron Organization.* London: Cambridge University Press, 1948.

[415] N. Kopell and G. B. Ermentrout. Coupled oscillators and the design of central pattern generators. *Mathematical Bioscience*, 89:14–23, 1989.

[416] J. R. Krebs and A. Kacelnik. Time horizons of foraging animals. In J. Gibbon and L. Allan, editors, *Timing and Time Perception*, pages 278–291. 1984.

[417] S. W. Kuffler. Discharge patterns and functional organization of mammalian retina. *Journal of Neurophysiology*, 16:37–68, 1953.

[418] S. W. Kuffler. Slow synaptic responses in autonomic ganglia and the pursuit of a peptidergic transmitter. *Journal of Experimental Biology*, 89:257–286, 1980.

[419] M. Kutas and C. Van Petten. Event–related brain potential studies of language. In J. R. Jennings P. Ackles and M. Coles, editors, *Advances in Psychophysiology*. Greenwich, CT: JAI Press, 1988.

[420] Y. H. Kwon, M. Esguerra, and M. Sur. NMDA and non–NMDA receptors mediate visual responses of neurons in the cat's lateral geniculate nucleus. *Journal of Neuroscience*, 66:414–428, 1991.

[421] P. Culicover L. Nadel, L. A. Cooper and R. H. Harnish. *Neural Connections and Mental Computations*. Cambridge, MA: MIT Press, 1988.

[422] G. Lakoff. *Women, Fire, and Dangerous Things: What Categories Reveal About the Mind*. Chicago: University of Chicago Press, 1987.

[423] D. M-K. Lam and C. J. Shatz, editors. *Development of the Visual System*. Cambridge, MA: MIT Press, 1991.

[424] E. H. Land, D. H. Hubel, M. S. Livingstone, S. H. Perry, and M. M. Burns. Colour–generating interactions across the corpus callosum. *Nature*, 303:616–618, 1983.

[425] Larimer. The command hypothesis: a new view using an old example. *Trends in Neurosciences*, 11:506–510, 1988.

[426] J. Larson, D. Wong, and G. Lynch. Patterned stimulation at the theta frequency is optimal for induction of hippocampal long–term potentiation. *Brain Research*, 368:347–350, 1986.

[427] J. Lazzaro and C. Mead. A silicon model of auditory localization. *Neural Computation*, 1:47–57, 1989.

[428] J. E. LeDoux. Information flow from sensation to emotion: Plasticity in the neural computation of stimulus value. In *[252]*, pages 3–52. 1990.

[429] T. K. Leen. Dynamics of learning in recurrent feature–discovery networks. In J. E. Moody R. P. Lippmann and D. S. Touretzky, editors, *Advances in Neural Information Processing Systems 3*, pages 70–76. Morgan Kaufman, San Mateo, CA, 1991.

[430] S. R. Lehky and T. J. Sejnowski. Network model of shape–from–shading: neural function arises from both receptive and projective fields. *Nature*, 333:452–454, 1988.

[431] S. R. Lehky and T. J. Sejnowski. Neural model of stereoacuity and depth interpolation based on a distributed representation of stereo disparity. *Journal of Neuroscience*, 10:2281–2299, 1990.

[432] S. R. Lehky and T. J. Sejnowski. Neural network model of visual cortex for determining surface curvature from images of shaded surfaces. In *Proceedings of the Royal Society of London*, volume B 240, pages 251–278, 1990.

[433] G. W. Leibniz. The monadology. In R. Ariew and D. Garber (1989), editors, *W. Leibniz: Philosophical Essays*. Indianapolis: Hackett, 1714.

[434] P. R. Lennard and J. W. Hermanson. Central reflex modulation during locomotion. *Trends in Neurosciences*, 8:483–486, 1985.

[435] S. LeVay and S. B. Nelson. *Columnar organization of the visual cortex In: The Neural Basis of Visual Function*. London: Macmillan Press, 1991.

[436] S. LeVay and M. P. Stryker. The development of ocular dominance columns in the cat. In J. A. Ferrendelli, editor, *Aspects of Developmental Neurobiology*, pages 83–98. Society for Neuroscience, Bethesda, MD, 1979.

[437] S. LeVay, M. P. Stryker, and C. J. Shatz. Ocular dominance columns and their development in laye rIV of the cat's visual cortex. *Journal of Comparative Neurology*, 179:223–244, 1978.

[438] S. LeVay and T. Voigt. Ocular dominance and disparity coding in cat visual cortex. *Visual Neuroscience*, 1:395–414, 1988.

[439] I. B. Levitan and L. K. Kaczmarek. *The Neuron: Cell and Molecular Biology*. Oxford: Oxford University Press, 1991.

[440] R. Linsker. From basic network principles to neural architecture (series). In *Proceedings of the National Academy of Sciences (USA)*, pages 7508–7512, 8390–8394, 8779–8783, 1986.

[441] R. Linsker. Self–organization in a perceptual network. *Computer*, 21:105–117, 1988.

[442] R. Linsker. Self–organization in a perceptual system: how network models and information theory may shed light on neural organization. In S. J. Hanson and C. R. Olson, editors, *Connectionist Modeling and Brain Function: the Developing Interface*, pages 255–350. Cambridge, MA: MIT Press, 1990.

[443] R. Lippmann. Review of neural networks for speech recognition. *Neural Computation*, 1:1–38, 1989.

[444] S. G. Lisberger. The neural basis for learning if simple motor skills. *Science*, 242:728–735, 1988.

[445] S. G. Lisberger. The neural basis for motor learning in the vestibulo–ocular reflex in monkeys. *Trends in Neurosciences*, 11:147–152, 1988.

[446] S. G. Lisberger and F. A. Miles. Role of primate medial vestibular nucleus in long–term adaptive plasticity of vestibuloocular reflex. *Journal of Neurophysiology*, 43:1725–45, 1980.

[447] S. G. Lisberger and T. A. Pavelko. Brain stem neurons in modified pathways for motor learning in the primate vestibulo–ocular reflex. *Science*, 242:771–773, 1988.

[448] S. G. Lisberger and T. J. Sejnowski. Computational analysis predicts the site of motor learning in the vestibulo–ocular reflex. Technical Report INC-92.1, UCSD, 1992.

[449] M. S. Livingstone and D. H. Hubel. Psychophysical evidence for separate channels for the perception of form, color, movement, and depth. *Journal of Neuroscience*, 7:3416–3468, 1987.

[450] R. Llinás and M. Sugimori. *Journal of Physiology*, 305:171, 1980.

[451] R. R. Llinás. Electronic transmission in the mammalian central nervous system. In M. E. Bennett and D. C. Spray, editors, *Gap Junctions*, pages 337–353. Cold Spring Harbor: Cold Spring Harbor Laboratory, 1985.

[452] R. R. Llinás. The intrinsic electrophysiological properties of mammalian neurons: insights into central nervous system function. *Science*, 242:1654–1664, 1988.

[453] R. R. Llinás and A. A. Grace. Intrinsic 40 Hz oscillatory properties of layer IV neurons in guinea pig cerebral cortex in vitro. *Society for Neuroscience Abstracts*, 15:660, 1989.

[454] R. R. Llinás and R. Hess. Tetrodotoxin–resistant dendritic spikes in avian purkinje cells. *Society for Neuroscience Abstracts*, 2:112, 1976.

[455] R. R. Llinás and H. Jahnsen. Electrophysiology of mammalian thalamic neurons in vitro. *Nature*, 297:406–408, 1982.

[456] S. R. Lockery, Y. Fang, and T. J. Sejnowski. A dynamical neural network model of sensorimotor transformation in the leech. *Neural Computation*, 2:274–282, 1990.

[457] S. R. Lockery, W. B. Kristan Jr. G. Wittenberg, and G. Cottrell. Function of identified interneurons in the leech elucidated using neural networks trained by back–propagation. *Nature*, 340:468–471, 1989.

[458] S. R. Lockery and W. B. Kristan Jr. Distributed processing of sensory information in the leech. I. Input–output relations of the local bending reflex. *Journal of Neuroscience*, 10:1811–1815, 1990.

[459] S. R. Lockery and W. B. Kristan Jr. Distributed processing of sensory information in the leech. II. Identification of interneurons contributing to the local bending reflex. *Journal of Neuroscience*, 10:1816–1829, 1990.

[460] N. Logothetis and J. D. Schall. Neural correlates of subjective visual perception. *Science*, 245:753–761, 1989.

[461] J. Lund. Local circuit neurons of macaque monkey striate cortex. I. neurons of laminae 4C and 5A. *The Journal of Comparative Neurology*, 257:60–92, 1987.

[462] A. Lundberg. Half-centres revisited. In J. Szentagothai, M. Palkovits, and J. Hamori, editors, *Advances In Physiological Sciences. Vol. 1. Regulatory Function of the CNS*, pages 155–167. Budapest: Pergamon Press, 1980.

[463] G. Lynch, R. Granger, M. Baudry, and J. Larson. Cortical encoding of memory: hypotheses derived from analysis and simulation of physiological learning rules in anatomical structures. In *[421]*, pages 180–224. 1989a.

[464] G. Lynch, R. Granger, and J. Larson. Some possible functions of simple cortical networks suggested by computer modeling. In *[100]*, pages 329–362. 1989b.

[465] W. W. Lytton and T. J. Sejnowski. *Simulations of cortical pyramidal neurons synchronized by inhibitory interneurons*, volume 66. 1991.

[466] W. M. Jenkins M. Merzenich, G. H. Recanzone and R. J. Nudo. How the brain functionally rewires itself. In M. A. Arbib and J. A. Robinson, editors, *Natural and Artificial Parallel Computation*, pages 177–210. Cambridge, Mass: MIT Press, 1990.

[467] L. G. Ungerleider M. Mishkin and K. A. Macko. Object vision and spatial vision: two cortical pathways. *Trends in Neurosciences*, 6:414–417, 1983.

[468] L. Domich M. Steriade and G. Oakson. Reticularis thalami neurons revisited: activity changes during shifts in states of vigilance. *Journal of Neuroscience*, 6:68–81, 1986.

[469] S. L. Pallas M. Sur and A. W. Roe. Cross–modal plasticity in cortical development: differentiation and specification of sensory neocortex. *Trends in Neurosciences*, 13:227–233, 1990.

[470] M. G. MacAvoy, J. P. Gottlieb, and C. J. Bruce. Smooth–pursuit eye movement representation in the primate frontal eye field. *Cerebral Cortex*, 1:95–102, 1991.

[471] N. J. Macintosh. *Conditioning and Associative Learning.* Oxford: Oxford University Press, 1983.

[472] K. Magleby. Short–term changes in synaptic efficacy. In *[210]*, pages 21–56. 1987.

[473] J. G. Malpeli. Activity of cells in area 17 of the cat in absence of input from layer A of lateral geniculate nucleus. *Journal of Neurophysiology*, 49:595–610, 1983.

[474] J. G. Malpeli, C. Lee, H. D. Schwark, and T. G. Weyand. Cat area 17. I. Pattern of thalamic control of cortical layers. *Journal of Neurophysiology*, 56:1062–1073, 1986.

[475] B. Mandelbrot. *The Fractal Geometry of Nature.* San Francisco: Freeman, 1983.

[476] E. Marder. *Seminars in Neurosciences*, volume 1. 1989.

[477] D. Marr. A theory of cerebellar cortex. *Journal of Physiology (London)*, 202:437–470, 1969.

[478] D. Marr. A theory for cerebral neocortex. In *Proceedings of the Royal Society of London B 176*, pages 161–234, 1970.

[479] D. Marr. Simple memory: A theory for archicortex. *Philosophical Transactions of the Royal Society of London*, 262:23–81, 1971. reprinted in [206], 59-117.

[480] D. Marr. *Vision.* New York: W. H. Freeman, 1982.

[481] D. Marr and T. Poggio. Co–operative computation of stereo disparity. *Science*, 194:283–287, 1976.

[482] D. Marr and T. Poggio. From understanding computation to understanding neural circuitry. *Neuroscience Research Program Bulletin*, 15:470–488, 1977.

[483] K. A. C. Martin. Neuronal circuits in cal striate cortex. In E. G. Jones and A. Peters, editors, *Cerebral Cortex: Functional Properties of Cortical Cells*, volume 2, pages 241–284. Plenum, New York, 1984.

[484] K. A. C. Martin. From single cells to simple circuits in the cerebral cortex. *Quarterly Journal of Experimental Physiology*, 73:637–702, 1988.

[485] R. J. Mason and S. P. R. Rose. Lasting changes in spontaneous multi–unit activity in the chick brain following passive avoidance training. *Neuroscience*, 21:931–941, 1987.

[486] J. H. R. Maunsell and D. Van Essen. The connections of the middle temporal visual area (mt) and their relationship to a cortical hierarchy in the macaque monkey. *Journal of Neuroscience*, 3:2563–2586, 1983.

[487] J. H. R. Maunsell and D. Van Essen. The topographic organization of the middle temporal visual area in the macaque monkey: representational biases and relationship to callosal connections and myeloarchitectonic boundaries. *Journal of Comparative Neurology*, 266:535–555, 1987.

[488] J. H. R. Maunsell and W. T. Newsome. Visual processing in monkey extrastriate cortex. *Annual Review of Neuroscience*, 10:363–401, 1987.

[489] J. E. W. Mayhew and H. C. Longeut-Higgins. A computational model of binocular depth perception. *Nature*, 297:376–379, 1982.

[490] R. A. McCarthy and E. K. Warrington. Evidence for modality–specific meaning systems in the brain. *Nature*, 334:428–430, 1988.

[491] R. A. McCarthy and E. K. Warrington. *Cognitive Neuropsychology*. San Diego, CA: Academic Press, 1990.

[492] D. McCormick. Cholinergic and noradrenergic modulation of thalamacortical processing. *Trends in Neurosciences*, 12:215–221, 1989.

[493] W. S. McCulloch and W. H. Pitts. A logical calculus of ideas immanent in nervous activity. *Bulletin of Mathematical Biophysics*, 5:115–133, 1943.

[494] J. T. McIlwain. Distributed spatial coding in the superior colliculus: a review. *Visual Neuroscience*, 6:3–13, 1991.

[495] T. McKenna, J. Davis, and S. Zornetzer. *Single Neuron Computation*. Academic Pres, Cambridge, MA, 1992.

[496] B. L. McNaughton. Neural mechanisms for spatial computation and information storage. In *[421]*, pages 285–350. 1988.

[497] B. L. McNaughton. Commentary on "Simple memory:a theory for archicortex" by d. marr. In *[206]*, pages 118–120. 1991.

[498] B. L. McNaughton and R. G. M. Morris. Hippocampal synaptic enhancement and information storage within a distributed memory system. *Trends in Neurosciences*, 10:408–415, 1987.

[499] C. Mead. Silicon models of neural computation. In M. Cuvdill and C. Butler, editors, *IEEE First International Conference on Neural Networks*, volume I, pages 93–106.

[500] C. Mead. *Analog VLSI and Neural Systems*. Reading, MA: Addison-Wesley, 1989.

[501] R. Menzel. Neurobiology of learning and memory: the honeybee as a model system. *Naturwissenschaften*, 70:504–511, 1983. Reprinted in [251], 494-501.

[502] M. Merzenich and J. F. Brugge. Representation of the cochlear partition on the superior temporal plane in the macaque monkey. *Brain Research*, 50:275–296, 1973.

[503] M. M. Mesulam. Attention, confusional states and neglect. In M. M. Mesulam, editor, *Principles of Behavioral Neurology*, pages 125–168. Philadelphia: F. A. Davis, 1985.

[504] M. Mignard and J. G.Malpeli. Paths of information flow through visual cortex. *Science*, 251:1249–1251, 1991.

[505] F. A. Miles and S. G. Lisberger. Plasticity in the vestibulo–ocular reflex: a new hypothesis. *Annual Review of Neuroscience*, 4:273–299, 1981.

[506] J. B. Keller Miller, K. D. and M. P. Stryker. Ocular dominance column development: analysis and simulation. *Science*, 245:605–615, 1989.

[507] K. D. Miller. *Seminars in Neurosciences*, 4(1), 1992.

[508] K. D. Miller, B. Chapman, and M. P. Stryker. Responses of cells in cat visual cortex depend on NMDA receptors. In *Proceedings of the National Academy of Science USA*, volume 86, pages 5183–5187.

[509] K. D. Miller and M. P. Stryker. Ocular dominance column formation: mechanisms and models. In S. J. Hanson and C. R. Olson, editors, *Connectionist Modeling and Brain Function: the Developing Interface*, pages 255–350. Cambridge, MA: MIT Press, 1990.

[510] R. G. Millikan. *Language, Thought, and Other Biological Categories*. Cambridge, MA: MIT Press, 1984.

[511] B. Milner. Amnesia following operations on the temporal lobes. In C. W. M. Whitty and O. Zangwill, editors, *Amnesia*, pages 109–133. London: Butterworth, 1966.

[512] B. Milner. Hemispheric specialization: scope and limits. In F. O. Schmitt and F. G. Worden, editors, *The Neurosciences: Third Study Program*, pages 75–89. Boston: MIT Press, 1973.

[513] M. Minsky. *The Society of Mind*. New York: Simon and Schuster, 1985.

[514] M. Minsky and S. Papert. *Perceptrons*. Cambridge, MA: MIT Press, 1969.

[515] M. Mishkin. A memory system in the monkey. *Philosophical Transactions of the Royal Society of London*, 298:85–95, 1982.

[516] S. D. Mitchell. The causal background of functional explanation. *International Studies in the Philosophy of Science*, 3:213–229, 1989.

[517] Y. Miyashita and H. S. Chang. Neuronal correlate of pictorial short–term memory in the primate temporal cortex. *Nature*, 331:68–70, 1988.

[518] P. R. Montague, J. A. Gally, and G. M. Edelmann. Spinal signaling in the development and function of neural connections. *Cerebral Cortex*, 1(199-220), 1991.

[519] J. Moody. Fast–learning in multi–resolution hierarchies. In *[202]*, pages 29–39. 1989.

[520] J. Moran and R. Desimone. Selective attention gates visual processing in the extrastriate cortex. *Science*, 229:782–784, 1985.

[521] K. Moriyoshi, M. Masu, T. Ishii, R. Shigemoto, N. Mizuno, and S. Nakanishi. Molecular cloning and characterization of the rat NMDA receptor. *Nature*, 354:31–37, 1991.

[522] R. G. M. Morris. *Parallel Distributed Processing: Implications for Psychology and Neuroscience*. Oxford: Oxford Univesity Press, 1989.

[523] F. W. Mott and C. S. Sherrington. Experiments upon the influence of sensory nerves upon movement and nutrition of the limbs: Preliminary communication. *Proceedings of the Royal Society of London*, 57:481–488, 1895.

[524] V. B. Mountcastle. Modality and topographic properties of single neurons of cat somatic sensory cortex. *Journal of Neurophysiology*, 20:408–434, 1957.

[525] V. B. Mountcastle. *The Mindful Brain: Part I*. MIT Press, Cambridge, MA, 1978.

[526] W. Müller and J. A. Connor. Dendritic spines as individual neuronal compartments for synaptic ca^{2+} responses. *Nature*, 354:73–75, 1991.

[527] D. Mumford, S. M. Kosslyn, L. A. Hillger, and R. J. Herrnstein. Discriminating figure from ground: the role of edge detection and region frowing. In *Proceedings of the National Academy of Science (USA)*, volume 20, pages 7354–7358, 1987.

[528] A. H. Munsell. *A Color Notation*. Boston: Ellis, 1905.

[529] D. Murchison and J. L. Larimer. Dual motor output interneurons in the abdominal ganglia of the crayfish Procambrus clarkii: synaptic activation of motor outputs in both the swimmeret and abdominal positioning systems by single interneurons. *Journal of Experimental Biology*, 150:269–293, 1990.

[530] E. R. Charles N. Logothetis, P. H. Schiller and A. C. Hurlbert. Perceptual deficits and the activity of the color–opponent and broad–band pathways at isoluminance. *Science*, 247:214–217, 1990.

[531] W. Gall N. Suga, G. Edelman and W. Cowan. The extent to which biosonar information is represented in the bat auditory cortex. In W. E. Gall G. M. Edelman and W. M. Cowan, editors, *Dynamic Aspects of Neocortical Function*, pages 315–373. New York: Wiley, 1984.

[532] J. Matsubara N. Swindale and M. Cynader. Surface organization of orientation and direction selectivity in cat area 18. *Journal of Neuroscience*, 7:1414–1427, 1987.

[533] T. Nagel. What is it like to be a bat? *Philosophical Review*, 83:435–450, 1974.

[534] J. Nathans. Molecular biology of visual pigments. *Annual Review of Neuroscience*, 10:163–194, 1987.

[535] J. Nathans. The genes for color vision. *Scientific American*, 260:42–49, 1989.

[536] W. J. H. Nauta and M. Feirtag. *Fundamental Neuroanatomy*. New York: W. H. Freeman, 1986.

[537] J. I. Nelson and B. J. Frost. Orientation–selective inhibition from beyond the classic visual receptive field. *Brain Research*, 139:359–365, 1978.

[538] J. I. Nelson and B. J. Frost. Intracortical facilitation among co–oriented, co–axially aligned simple cells in cat striate cortex. *Experimental Brain Research*, 61:54–61, 1985.

[539] H. J. Neville. Intermodal competition and compensation in development: evidence from studies of the visual system in congenitally deaf adults. In A. Diamond, editor, *The Development and Neural Bases of Higher Cognitive Function*, pages 71–91. New York: New York Academy of Sciences Press, 1990.

[540] H. J. Neville and D. Lawson. Attention to central and peripheral visual space in a movement detection task: I. Normal hearing adults. *Brain Research*, 405:253–267, 1987.

[541] H. J. Neville and D. Lawson. Attention to central and peripheral visual space in a movement detection task: II. Congenitally deaf adults. *Brain Research*, 405:268–283, 1987b.

[542] W. T. Newsome and E. B. Pare. MT lesions impair visual discrimination of direction in a stochastic motion display. In *Society of Neuroscience Abstracts*, volume 12, page 1183. 1986.

[543] J. G. Nicholls and D. A. Baylor. Specific modalities and receptive fields of sensory neurons in the CNS of the leech. *Journal of Neurophysiology*, 31:740–756, 1968.

[544] N. J. Nilsson. *The Mathematical Foundations of Learning Machines*. Morgan Kaufmann Publishers, San Mateo, CA, 1990.

[545] R. G. Northcutt. Evolution of the telencephalon in nonmammals. *Annual Review of Neuroscience*, 4:301–350, 1981.

[546] S. J. Nowlan. Competing experts: An experimental investigation of associative mixture models. Technical Report CRG-TR-90-5, University of Toronto, 1990.

[547] E. Oja. A simplified neuron model as a principal component analyzer. *Journal of Mathematical Biology*, 15:267–273, 1982.

[548] G. A. Ojemann. Effect of cortical and subcortical stimulation on human language and verbal memory. In F. Plum, editor, *Language, Communication, and the Brain*, pages 101–115. New York: Raven Press, 1988.

[549] G. A. Ojemann. Organization of language cortex derived from investigations during neurosurgery. *Seminars in the Neurosciences*, 2:297–306, 1990.

[550] J. O'Keefe. Place units in the hippocampus of the freely moving rat. *Experimental Neurology*, 51:78–109, 1976.

[551] J. O'Keefe and L. Nadel. *The Hippocampus as a Cognitive Map*. Oxford: Clarendon Press, 1978.

[552] R. W. Oppenheim. Naturally occurring cell death during neural development. *Trends in Neurosciences*, 8:487–493, 1985.

[553] C. A. Ort, W. B. Kristan Jr., and G. S. Stent. Neuronal control of swimming in the medicinal leech. II. Identification and connections of motor neurones. *Journal of Comparative Physiology*, 94:121–154, 1974.

[554] S. Goldman-Rakic P. Parallel systems in the cerebral cortex: the topography of cognition. In M. A. Arbib and J. A. Robinson, editors, *Natural and Artificial Parallel Computation*, pages 155–176. Cambridge, Mass: MIT Press, 1990.

[555] N. K. Logothetis P. H. Schiller and E. R. Charles. Functions of the color-opponent and broad–band channels of the visual system. *Nature*, 343:68–71, 1990.

[556] G. E. Hinton P. K. Kienker, T. J. Sejnowski and L. E. Schumacher. Separating figure from ground with a parallel network. *Perception*, 15:197–216, 1986.

[557] S. Chattarji P. K. Stanton and T. J. Sejnowski. *2-Amino-3-Phosphonopropionic acid, an inhibitor of glutamate-stimulated phosphonositide turnover, blocks induction of homosynaptic long-term depression, but not potentiation, in rat hippocampus*, volume 127. 1991.

[558] D. Parker. Learning logic. Technical Report TR-47, Center for Computational Research in Economics and Management Science, Massachusetts Institute of Technology, Cambridge, MA, 1985.

[559] T. Pasternak and L. Leinen. Pattern and motion vision in cats with selective loss of cortical directional selectivity. *Journal of Neuroscience*, 6:938–945, 1986.

[560] M. G. Paulin, M. E. Nelson, and J. M. Bower. Neural control of sensory acquisition: the vestibulo–ocular reflex. pages 410–418. 1989. In [202].

[561] K. G. Pearson. The control of walking. *Scientific American*, 235:72–86, 1976.

[562] K. G. Pearson. Central pattern generation: a concept under scrutiny. In H. McLennan et al., editor, *Advances in Physiological Research*, pages 167–185. New York: Plenum, 1987.

[563] K. G. Pearson and H. Wolf. Comparision of motor patterns in the intact and deafferented flight system of the locust. 1. Electromyographic analysis. *Journal of Comparative Physiology*, 160:259–268, 1986.

[564] A. Pellionisz. Tensorial aspects of the multidimensional approach to the vestibulo–oculomotor reflex and gaze. In A. Berthoz and G. M. Jones, editors, *Adaptive Mechanisms in Gaze Control*, pages 231–296. Amsterdam: Elsevier, 1985.

[565] W. Penfield and H. Jasper. *Epilepsy and the Functional Anatomy of the Human Brain*. Boston: Little, Brown, 1954.

[566] R. Penrose. *The Emperor's New Mind: On Computers, Minds, and the Laws of Physics*. New York: Oxford University Press, 1989.

[567] A. P. Pentland. Local shading analysis. *IEEE Transactions on Pattern Analysis and Machine Intelligence PAMI*, 6:170–187, 1984.

[568] A. P. Pentland. Shape information from shading: a theory about human perception. *Spatial Vision*, 4:165–182, 1989.

[569] D. H. Perkel and B. Mulloney. Electrotonic properties of neurons: steady-state compartmental model. *Journal of Neurophysiology*, 41:627–639, 1978.

[570] C. Peterson. Parallel distributed approaches to combinatorial optimization: benchmark studies on traveling salesman problem. *Neural Computation*, 2:261–269, 1990.

[571] S. E. Peterson, P. T. Fox, M. I. Posner, M. A. Mintun, and M. E. Raichle. Positron emission tomographic studues of the cortical anatomy of single word processing. *Nature*, 331:585–589, 1988.

[572] C. Van Petten and M. Kutas. Ambiguous words in context: An event-related potential analysis of the time course of meaning activation. *Journal of Memory and Language*, 26:188–208, 1987.

[573] J. D. Pettigrew. Is there a single, most–efficient algorithm for stereopsis? In *[200]*, pages 283–290. 1990.

[574] M. E. Phelps and J. C. Mazziotta. Positron emission tomographic studies of the cortical anatomy of single–word processing. *Nature*, 331:585–589, 1985.

[575] F. J. Pineda. Generalization of backpropagation to recurrent neural networks. *Physical Review Letters*, pages 2229–2232, 18.

[576] F. J. Pineda. Generalization of backpropagation to recurrent and higher order neural networks. In D. Z. Anderson, editor, *Proceedings of the IEEE Conference on Neural Information Processing Systems*, pages 602–611, 1987.

[577] G. F. Poggio. Processing of stereoscopic information in primate visual cortex. In W. E. Gall G. M. Edelman and W. M. Cowan, editors, *Dynamic Aspects of Neocortical Function*, pages 613–635. New York: Wiley, 1984.

[578] G. F. Poggio and B. Fischer. Binocular interaction and depth sensitivity in striate and prestriate cortex of behaving rhesus monkey. *Journal of Neurophysiology*, 40:1392–1405, 1977.

[579] G. F. Poggio and W. Talbot. Mechanisms of statis and dynamic stereopsis in foveal cortex of the rhesus monkeys. *Journal of Physiology (London)*, 315:469–492, 1981.

[580] G. F. Poggio and L. J. Viernstein. Time series analysis of impulse sequences of thalamic somatic sensory neurons. *Journal of Neurophysiology*, 27:517–545, 1964.

[581] T. Poggio. A theory of how the brain works. In C. Stevens E. Kandel, T. Sejnowski and J. Watson, editors, *Cold Spring Harbor Symposium on Quantitative Biology: The Brain*, volume 55. New York: Cold Spring Harbor Press, 1990.

[582] T. Poggio and F. Girosi. Regularization algorithms for learning that are equivalent to multilayer networks. *Science*, 247:978–982, 1990.

[583] D. A. Pomerleau. Efficient training of artificial neural networks for autonomous navigation. *Neural Computation*, 3:88–97, 1991.

[584] T. P. Pons, P. E. Garraghty, A. K. Ommaya, J. H. Kaas, E. Taub, and M. Mishkin. Massive cortical reorganization after sensory deafferentation in adult macaques. *Science*, 252:1857–1860, 1991.

[585] E. Poppel. Taxonomy of the subjective: An evolutionary perspective. In J. W. Brown, editor, *Neuropsychology of Visual Perception*, pages 219–232. Hillsdale, N.J.: L. Erlbaum, 1989.

[586] K. Popper. *The Logic of Scientific Discovery*. New York: Harper and Row, 1959.

[587] K. Popper and J. Eccles. *The Self and Its Brain*. Berlin: Springer, 1977.

[588] M. I. Posner. *Chronometric Explorations of Mind*. Hillsdale, N.J.: Erlbaum, 1978.

[589] M. I. Posner and S. E. Petersen. The attention system of the human brain. *Annual Review of Neuroscience*, 13:25–42, 1990.

[590] A. Pouget and T. J. Sejnowski. Neural models of binocular depth perception. *Cold Spring Harbor Symposia on Quantitative Biology*, 55:765–777, 1990.

[591] A. Pouget and S. J. Thorpe. Connectionist model of object identification. *Connection Science*, 3:127–142, 1991.

[592] D. Purves. *Body and Brain: A Trophic Theory of Neural Connections*. Cambridge, MA: Harvard University Press, 1988.

[593] D. Purves and J. T. Voyvodic. Imaging mammalian nerve cells and their connections over time in living animals. *Trends in Neurosciences*, 10:398–404, 1987.

[594] Z. Pylyshyn. *Computation and Cognition*. Cambridge, MA: MIT Press, 1984.

[595] N. Qian and T. Sejnowski. Predicting the secondary structure of globular proteins using neural network models. *Journal of Molecular Biology*, 202:865–884, 1988.

[596] N. Qian and T. Sejnowski. Learning to solve random–dot stereograms of dense transparent surfaces with recurrent backpropagation. In *[202]*, pages 435–443. 1989.

[597] S. J. Nowlan R. A. Jacobs, M. I. Jordan and G. E. Hinton. Adaptive mixtures of local experts. *Neural Computation*, 3:79–87, 1991.

[598] E. Switkes R. B. H. Tootell, M. S. Silverman and R. L. De Valois. Deoxyglucose analysis of retinotopic organization in primate striate cortex. *Science*, 218:902–904, 1982.

[599] D. J. Perkel R. C. Malenka, J. A. Kauer and R. A. Nicoll. The impact of post–synaptic calcium on synaptic transmission — its role in long–term potentiation. *Trends in Neurosciences*, 12:444–450, 1989.

[600] R. Miles R. D. Traub, R. K. S. Wong and H. Michelson. A model of a CA3 hippocampal pyramidal neuron incorporating voltage–clamp data on intrinsic conductances. *Journal of Neurophysiology*, 66(2):635–50, 1991.

[601] S. Davis R. G. M. Morris and S. P. Butcher. Hippocampal synaptic plasticity and NMDA receptors: a role in information storage? *Philosophical Transactions of the Royal Society of London*, 329:187–204, 1990.

[602] J. E. Moody R. Lippmann and D. S. Touretzky. *Advances in Neural Information Processing Systems 3*. San Mateo, CA: Morgan Kaufmann, 1991.

[603] M. E. Raichle. Neuroimaging. *Trends in Neuroscience*, 9:525–529, 1986.

[604] P. Rakic. Developmental events leading to laminar and areal organization of the neocortex. In F. O. Schmitt, F. G. Worden, G. Adelman, and S. G. Dennis, editors, *The Organization of the Cerebral Cortex*, pages 7–28. Cambridge, Mass: MIT Press, 1981.

[605] P. Rakic. Mechanisms of ocular dominance segregation in the lateral geniculate nucleus: competitive elimination hypothesis. *Trends in Neuroscience*, 9:11–15, 1986.

[606] W. Rall. Theoretical significance of dendritic tree for input–output relation. In R. F. Reiss, editor, *Neural Theory and Modeling*, pages 73–97. Stanford: Stanford University press, 1964.

[607] W. Rall. Core conductor theory and cable properties of neurons. In E. R. Kandel, J. M. Brookhardt, and V. B. Mountcastle, editors, *Handbook of Physiology: The Nervous System*, volume 1, pages 39–98. Baltimore: Williams and Wilkins, Co, 1977.

[608] W. Rall. Cable theory for dendritic neurons. In *[407]*, pages 9–62. 1989.

[609] V. S. Ramachandran. Capture of stereopsis and apparent motion by illusory contours. *Perception and Psychophysics*, 39:361–373, 1986.

[610] V. S. Ramachandran. Perceiving shape–from–shading. *Scientific American*, 259:76–83, 1988.

[611] V. S. Ramachandran. Interactions between motion, depth, color and form: the utilitarian theory of perception. In *[200]*, pages 346–360. 1990a.

[612] V. S. Ramachandran. Visual perception in people and machines. In A. Blake and T. Troscianko, editors, *AI and the Eye*, pages 21–77. New York: Wiley, 1990b.

[613] W. G. Regehr and D. W. Tank. Postsynaptic NMDA receptor–mediated calcium accumulation in hippocampal CA1 pyramidal cell dendrites. *Nature*, 345:807–810, 1990.

[614] T. A. Reh. Determination of cell fate during retinal histogenesis: intrinsic and extrinsic mechanisms. In *[423]*, pages 79–94. 1991.

[615] W. Reichardt and T. Poggio. Visual control of orientation behavior in the fly. Part I. A quantitative analysis. *Quarterly eeview of Biophysics*, 9:311–375, 1976.

[616] H. J. P. Reitboeck. A 19–channel matrix drive with individually controllable fiber microelectrodes for neurophysiological applications. *IEEE Transactions on Systems, Man, and Cybernetics SMC*, 13:676–683, 1983.

[617] H. O. Reiter and M. P. Stryker. Neural plasticity without postsynaptic action potentials: less–active inputs become dominant when visual cortical cells are pharmacologically inhibited. In *Proceedings of the National Academy of Sciences USA*, volume 85, pages 3623–3627, 1988.

[618] A. Riehle and J. Requin. Monkey primary motor and premotor cortex: single–cell activity related to prior information about direction and extent of an intended movement. *Journal of Neurophysiology*, 61:534–548, 1989.

[619] D. A. Robinson. The use of control systems analysis in the neurobiology of eye movements. *In Annual Review of Neuroscience*, 4:463–504, 1981.

[620] I. Rock. *The Logic of Perception*. Cambridge, MA: MIT Press, 1983.

[621] K. S. Rockland and D. N. Pandya. Laminar origins and terminations of cortical connection of the occipital lobe in the rhesus monkey. *Brain Research*, 179:3–20, 1979.

[622] P. E. Roland. Organization of motor control by the normal human brain. *Human Neurobiology*, 2:205–216, 1984a.

[623] P. E. Roland. Somatotopic tuning of postcentral gyrus during focal attention in man. *Journal of Neurophysiology*, 46:744–754, 1984b.

[624] E. T. Rolls. Parallel distributed processing in the brain: implications of the functional architecture of neuronal networks in the hippocampus. In *[522]*, pages 286–308. 1989.

[625] F. Rosenblatt. *Principles of Neurodynamics: Perceptrons and the Theory of Brain Mechanisms*. Washington: Spartan Books, 1961.

[626] J.-P. Roy and R. H. Wurtz. The role of disparity–sensitive cortical neurons in signalling the direction of self–motion. *Nature*, 348:160–162, 1990.

[627] J. Rubner and P. Tavan. A self–organizing network for principal–component analysis. *Europhysics Letters*, 10:693–698, 1989.

[628] D. E. Rumelhart and D. Zipser. Feature discovery by competitive learning. *Cognitive Science*, 9:75–112, 1985.

[629] J. L. Davis S. F. Zornetzer and C. Lau, editors. *An Introduction to Neural and Electronic Networks*. San Diego, CA: Academic Press, 1990.

[630] E. J. Morris S. G. Lisberger and L. Tychesen. Visual motion processing and sensory–motor integration for smooth pursuit eye movements. *Annual Review of Neuroscience*, 10:97–130, 1987.

[631] S. Luck S. Hillyard, G. Mangun and H. Heinze. Electrophysiology of visual attention. In E. R. John, editor, *Machinery of Mind*. Boston: Birkhausen, in press.

[632] M. S. Gazzaniga S. M. Kosslyn, J. D. Holtzman and M. J. Farrah. A computational analysis of mental imagery generation: evidence for functional dissociation in split brain patients. *Journal of Experimental Psychology: General*, 114:311–341, 1985.

[633] A. H. Ganong S. R. Kelso and T. H. Brown. Hebbian synapses in the hippocampus. In *Proceedings of the National Academy of Science 83*, pages 5326–30, 1986.

[634] J. G. Nicolls S. W. Kuffler and A. R. Martin. *From Neuron to Brain: A Cellular Approach to the Function of the Nervous System*, volume 2nd. Sunderland, MA: Sinauer, 1984.

[635] D. G. Amaral S. Zola-Morgan, L. R. Squire and W. Suzuki. Lesions of perirhinal and parahippocampal cortex that spare the amygdala and hippocampal formation produce severe memory impairment. *Journal of Neuroscience*, 9:4355–4370, 1989.

[636] L. R. Squire S. Zola-Morgan and D. G. Amaral. Human amnesia and the temporal lobe region: enduring memory impairment following a bilateral lesion limited to field CA1 of the hippocamus. *Journal of Neuroscience*, 6:2950–2967, 1986.

[637] T. Sanger. Optimal unsupervised learning in a single–layer linear feedforward neural network. *Neural Networks,*, 2:459–473, 1989.

[638] D. L. Schacter. Memory. In *[207]*, pages 683–726. 1989.

[639] P. H. Schiller. The central connections of the retinal on and off pathways. *Nature*, 297:580–583, 1982.

[640] P. H. Schiller. The superior colliculus and visual function. In I. Darian-Smith, editor, *Handbook of Physiology, Section I: The Nervous System*, volume 3, pages 457–504. American Physiological Society, Bethesda, Md, 1984.

[641] P. H. Schiller and N. K. Logothetis. Role of the color–opponent and broad-band channels in vision. *Visual Neuroscience*, 5:321–346, 1990.

[642] N. N. Schraudolph and T. J. Sejnowski. Competitive anti–Hebbian learning of invariants. In J. E. Moody, S. J. Hanson, and R. P. Lippmann, editors, *Advances in Neural Information Processing*, volume 4, pages 1017–1024. Morgan Kaufmann, San Mateo, CA, 1992.

[643] R. A. Schumer and B. Julesz. Binocular disparity modulation sensitivity to disparities offset from the plane of fixation. *Vision Research*, 24:533–42, 1984.

[644] H. D. Schwark, J. G. Malpeli, T. G. Weyand, and C. Lee. Cat area 17. II. Response properties of infragranular layer neurons in the absence of supra-granular layer activity. *Journal of Neurophysiology*, 56:1074–1087, 1986.

[645] E. L. Schwartz. Anatomical and physiological correlates if visual computa-tion from striate to infero–temporal cortex. *IEEE Transactions on Systems, Man, and Cybernetics*, 14:257–271, 1984.

[646] W. B. Scoville and B. Milner. Loss of recent memory after bilateral hippo-campal lesions. *Journal of Neurology, Neurosurgery, and Psychiatry*, 20:11–21, 1957.

[647] J. Searle. Minds, brains, and programs. *Behavioral and Brain Sciences*, 3:417–57, 1980.

[648] J. Searle. Is the brain's mind in a computer program? *Scientific American*, 262:26–31, 1990.

[649] T. J. Sejnowski. Storing covariance with nonlinearly interacting neurons. *Journal of Mathematical Biology*, 4:303–321, 1977.

[650] T. J. Sejnowski. Open questions about computation in cerebral cortex. In *[363]*, pages 372–389. 1986.

[651] T. J. Sejnowski. Computational models and the development of topographic projections. *Trends in Neurosciences*, 8:304–305, 1987.

[652] T. J. Sejnowski and P. S. Churchland. Brain and cognition. In *In [207]*. 1989.

[653] T. J. Sejnowski and C. R. Rosenberg. Parallel networks that learn to pronounce english text. *Complex Systems*, 1:145–168, 1987.

[654] L. D. Selemon and P. S. Goldman-Rakic. Common cortical and subcortical target areas of the dorsolateral prefrontal and posterior parietal cortices in the rhesus monkey: a double label study of distributed neural networks. *Journal of Neuroscience*, 8:4049–4068, 1988.

[655] A. I. Selverston. A consideration of invertebrate central pattern generators as computational data bases. *Neural Networks*, 1:109–117, 1988.

[656] A. I. Selverston and M. Moulins. *The Crustacean Stomato-gastric System: A Model for the Study of Central Nervous Systems*. Berlin: Springer, 1987.

[657] C. Semenza and M. Zettin. Evidence from aphasia for the tole of proper names as pure referring expressions. *Nature*, 342:678–679, 1989.

[658] M. Sereno. The visual system. In I. W. Seelen, U. M. Leinhos, and G. Shaw, editors, *Organization of Neural Networks*, pages 167–184. Weinheim: VCH Verlagsgesellschaft, 1988.

[659] T. Shallice and E. K. Warrington. Independent functioning of the verbal memory stores: A neuropsychological study. *Quarterly Journal of Experimental Psychology*, 22:261–273, 1970.

[660] R. A. Sharp. *Making the Human Mind*. London: Routledge, 1990.

[661] L. Shastri and J. A. Feldman. Neural nets, routines, and semantic networks. In @@@ N. Sharkey, editor, *Advances in Cognitive Science*. Chichester: Ellis Horwood, 1986.

[662] C. J. Shatz. Impulse activity and the patterning of connections during CNS development (review). *Neuron*, 5:745–756, 1990.

[663] C. J. Shatz, A. Ghosh, S. K. McConnell, K. L. Allendoerfer, E. Friauf, and A. Antonini. Subplate neurons and the development of neocortical connections. In *[423]*, pages 175–196. 1991.

[664] Shefchyk and Jordan. Excitatory and inhibitory postsynaptic potential in a–motoneurons produced during fictive locomotion by stimulation of the mesencephalic locomotor region. *Journal of Neurophysiology*, 53:1345–1355, 1985.

[665] D. P. Shelton. Membrane resistivity estimated for the Purkinje neuron by means of a passive computer model. *Neuroscience*, 14:111–131, 1985.

[666] G. M. Shepherd. *The Synaptic Organization of the Brain*. Oxford University Press, Oxford, 2nd edition, 1979.

[667] G. M. Shepherd. *Neurobiology*. Oxford: Oxford University Press, 2nd edition, 1987.

[668] G. M. Shepherd. *Synaptic Organization of the Brain*. Oxford University Press, Oxford, 3rd edition, 1990.

[669] G. M. Shepherd, R. K. Brayton, J. P. Millerand I. Segev, J. Rinzel, and W. Rall. Signal enhancement in distal cortical dendrites by means of interactions between active dendritic spines. In *Proceedings of the National Academy of Sciences USA*, volume 82, pages 2192–2195, 1985.

[670] C. S. Sherrington. *The Integrative Action of the Nervous System*. New Haven: Yale University Press, 1906.

[671] C. S. Sherrington. *Man and His Nature*. Cambridge: Cambridge University Press, 1940.

[672] M. I. Shik, F. V. Severin, and G. N. Orlovskii. Control of walking and running by means of electrical stimulation of the mid–brain. *Biofizika*, 11:659–666, 1966.

[673] R. M. Siegel and R. A. Andersen. Perceptual deficits following ibotenic acid lesions of the middle temporal area (MT) in the behaving rhesus monkey. *Society for Neuroscience Abstracts*, 12:1183, 1986.

[674] S. A. Siegelbaum and E. R. Kandel. Learning–related synaptic plasticity: LTP and LTD. *Current Opinion in Neurobiology*, 1:113–120, 1991.

[675] K. A. Sigvardt and T. L. Williams. Models of central pattern generators as oscillators: mathematical analysis and simulations of the lamprey locomotor CPG. *Seminars in Neurosciences*, 4:37–42, 1992.

[676] K. T. Sillar. Synaptic modulation of cutaneous pathways in the vertebrate spinal cord. *Seminars in Neurosciences*, 1:45–54, 1989.

[677] W. Singer. Search for coherence: a basic principle of cortical self-organization. *Concepts in Neuroscience*, 1:1–26, 1990.

[678] S. H. Snyder. The molecular basis of communication between cells. *Scientific American*, 257:91–194, 1985.

[679] L. Sokoloff. *Metabolic Probes of Central Nervous System Activity in Experimental Animals and Man*. Sunderland, MA: Sinauer Associates, 1984.

[680] P. Somogyi, J. D. B. Roberts, A. Gulyas, J. G. Richards, and A. L. De Blas. GABA and the synaptic or non synaptic localization of benzodiazepine/GABA receptor/Cl–channel complex in visual cortex of cat. *Society for Neuroscience Abstracts*, 15:1397, 1989.

[681] R. W. Sperry and M. Gazzaniga. Language following surgical disconnection of the hemispheres. In C. Millikan and F. Darley, editors, *Brain Mechanisms Underlying Speech and Language*, pages 108–115. New York: Grune and Stratton, 1967.

[682] L. R. Squire. *Memory and Brain*. Oxford: Oxford University Press, 1987.

[683] L. R. Squire. On the course of forgetting in very long–term memory. *Journal of Experimental Psychology: Learning, Memory and Cognition*, 15:241–245, 1989.

[684] L. R. Squire, J. G. Ojemann, F. M. Miezin, S. E. Petersen, T. O. Videen, and M. E. Raichle. Activation of the hippocampus in normal humans: a functional anatomical study of memory. In *Proceedings of the National Academy of Sciences USA*, volume 89(5), pages 1837–41, 1992.

[685] L. R. Squire and S. Zola-Morgan. Memory: brain systems and behavior. *Trends in Neurosciences*, 11:170–175, 1988.

[686] L. R. Squire and S. Zola-Morgan. The medial temporal lobe memory system. *Science*, 253:1380–1386, 1991.

[687] D. W. Sretavan and C. J. Shatz. Prental development of retinal ganglion cell axons: segregation into eye–specific layers. *Journal of Neuroscience*, 6:234–251, 1986.

[688] P. K. Stanton and T. J. Sejnowski. Associative long–term depression in the hippocampus induced by Hebbian covariance. *Nature*, 339:215–218, 1989.

[689] K. Steinbuch. Die lernmatrix. *Kybernetik*, 1:36–45, 1961.

[690] G. Stent. Strength and weakness of the genetic approach to the development of the nervous system. *Annual Review of Neuroscience*, 4:163–194, 1981.

[691] P. Sterling, W. M. Cowan, E. M. Shooter, C. F. Stevens, and R. F. Thompson. Microcircuitry of the cat retina. *Annual Review of Neuroscience*, 6:149–185, 1983.

[692] C. F. Stevens. How cortical interconnectedness varies with network size. *Neural Computation*, 1:473–479, 1989.

[693] M. Stewart and S. E. Fox. Do septal neurons pace the hippocampal theta rhythm? *Trends in Neurosciences*, 13:163–169, 1990.

[694] M. P. Stryker and W. Harris. Binocular impulse blockade prevents the formation of ocular domincance columns in cat visual cortex. *Journal of Comparative Neurology*, 6:2117–2133, 1986.

[695] M. P. Stryker and S. L. Strickland. Physiological segregation of ocular dominance columns depends on the pattern of afferent electrical activity. *Investigative Ophthalmology and Visual Science (Suppl.)*, 25:278, 1984.

[696] H. S. Stuttman. *The Illustrated Science and Invention Encyclopedia*. Westport, CT, 1983.

[697] M. Sur. Sensory inputs and the specification of neocortex during development. In *[423]*, pages 217–228. 1991.

[698] S. Sutherland. *The International Dictionary of Psychology*. New York: Continuum, 1989.

[699] R. S. Sutton. Integrated architectures for learning, planning, and reacting based on approximating dynamic programming. In *Proceedings of the Seventh International Conference on Machine Learning*, pages 216–224. San Mateo, CA: Morgan Kaufman, 1990.

[700] R. S. Sutton and A. G. Barto. Toward a modern theory of adaptive networks: Expectation and prediction. *Psychological Review*, 88:135–170, 1981.

[701] R. S. Sutton and A. G. Barto. Time–derivative models of pavlovian reinforcement. In *[252]*, pages 497–537. 1990.

[702] R. Swinburne. *The Evolution of the Soul*. Oxford University Press, Oxford, 1986.

[703] N. Swindale. Is the cerebral cortex modular? *Trends in Neurosciences*, 13:487–492, 1990.

[704] J. Szentagothai. The "module" concept in cerebral cortex architecture. *Brain Research*, 95:475–496, 1975.

[705] C. Koch T. J. Sejnowski and P. S. Churchland. Computational neuroscience. *Science*, 241:1299–1306, 1988.

[706] S. Chattarji T. J. Sejnowski and P. K. Stanton. Homosynaptic long–term depression in hippocampus and neocortex. *Seminars in the Neurosciences*, 2:355–363, 1990.

[707] E. B. Gamble T. Poggio and J. J. Little. Parallel integration of vision modules. *Science*, 242:436–440, 1988.

[708] D. W. Tank. What details of neural circuits matter? *Seminars in the Neurosciences*, 1:67–79, 1989.

[709] D. W. Tank and J. Hopfield. Neural computation by time compression. In *Proceedings of the National Academy of Sciences USA*, volume 84, pages 1896–1900, 1987.

[710] J. S. Taube and P. A. Schwartzkroin. Mechanisms of long–term potentiation: EPSP/spike dissociation, intradendritic recordings, and glutamate sensitivity. *Journal of Neuroscience*, 8:1632–1644, 1988.

[711] C. Taylor. *Human Agency and Language: Philosophical Papers, 1.* Cambridge: Cambridge University Press, 1985.

[712] G. Tesauro. Simple neural models of classical conditioning. *Biological Cybernetics*, 55:187–200, 1986.

[713] G. Tesauro and B. Janssens. Scaling relationships in back–propagation learning. *Complex Systems*, 2:39–44, 1988.

[714] G. Tesauro and T. J. Sejnowski. A parallel network that learns to play backgammon. *Artificial Intelligence Journal*, 39:357–390, 1989.

[715] S. J. Thorpe and A. Pouget. Coding of orientation in the visual cortex: neural network modeling. In R. Pfeifer, Z. Schreler, and F. Fogelman-Soulie, editors, *Connectionism in Perspective*. Amsterdam: Elsevier, 1989.

[716] R. D. Traub and R. Dingledine. Model of synchronized epileptiform bursts induced by high potassium in CA3 region of rat hippocampal slice: Role of spontaneous EPSPs in initiation. *Journal of Neurophysiology*, 64:1009–1018, 1990.

[717] R. D. Traub and R. Miles. *Neuronal Networks of the Hippocampus*. Cambridge University Press, Cambridge, UK, 1991.

[718] R. D. Traub, R. Miles, and R. K. S. Wong. Models of synchronized hippocampal bursts in the presence of inhibition. I. Single population events. *Journal of Neurophysiology*, 58:739–751, 1987.

[719] R. D. Traub, R. Miles, R. K. S. Wong, L. S. Schulman, and J. H. Schneiderman. Models of synchronized hippocampal bursts in the presence of inhibition. II. Ongoing spontaneous population events. *Journal of Neurophysiology*, 58:752–764, 1987.

[720] R. D. Traub and R. K. S. Wong. Cellular mechanism of neuronal synchronization in epilepsy. *Science*, 216:745–747, 1982.

[721] A. Treisman. Features and objects: The Fourteenth Bartlett Memorial Lecture. *Quarterly Journal of Experimental Psychology*, 40A::201–237, 1988.

[722] R. Y. Tsien and M. Poenie. Fluorescence ratio imaging: a new window into intracellular ionic signaling. *Trends in Biochemical Sciences*, 11:450–455, 1986.

[723] D. Y. Ts'o, R. D. Frostig, E. E. Lieke, and A. Grinvald. Functional organization of primate visual cortex revealed by high resolution optical imaging. *Science*, 249:417–420, 1990.

[724] E. Tulving. *Elements of Episodic Memory*. Oxford: Clarendon Press, 1983.

[725] A. M. Turing. On computable numbers, with an application to the entscheidungsproblem. In *Proceedings of the London Mathematical Society*, volume 42, pages 230–265, 1937.

[726] A. M. Turing. Computing machinery and intelligence. *Mind*, 59:433–460, 1950.

[727] L. G. Ungerleider and M. Mishkin. Two cortical visual systems. In M. A. Goodale D. J. Ingle and R. J. W. Mansfield, editors, *Analysis of Visual Behavior*, pages 249–268. Cambridge, MA: MIT Press, 1982.

[728] J. J. Üxküll. *Umwelt und Innenwelt der Tiere*. Berlin: Springer-Verlag, 1921.

[729] D. C. van Essen. Visual areas of the mammalian cerebral cortex. *Annual Review of Neuroscience*, 2:227–263, 1979.

[730] Z. Vendler. *The Matter of Minds*. Oxford: Clarendon Press, 1984.

[731] R. von der Heydt, E. Peterhans, and G. Baumgartner. Illusory contours and cortical neuron responses. *Science*, 224:1260–1262, 1984.

[732] C. von der Malsburg. Self–organization of orientation sensitive cells in the striate cortex. *Kybernetik*, 14:85–100, 1973.

[733] C. von der Malsburg. Nervous structures with dynamical links. *Physical Chemistry*, 89:703–710, 1985.

[734] C. von der Malsburg and D. Willshaw. Co-operativity and brain organization. *Trends in Neurosciences*, 4:80–83, 1981.

[735] H. von Helmholtz. *Handbuch der physiologischen Optik*. New York: Dover Publications, 1867. Translated from the 3rd German edition as: Southall, J. P. S., Treatise on Physiological Optics, Vol. III.

[736] J. von Neumann. The general and logical theory of automata. In L. A. Jeffress, editor, *Cerebral Mechanisms in Behavior: The Hixon Symposium*, pages 1–31. New York: Wiley, 1951. Reprinted in: John von Neumann: Collected Works, Vol. 5, ed. A. H. Taub (1963), 288-318. New York: Pergamon.

[737] J. von Neumann. *Lectures on Probabilistic Logics and the Synthesis of Reliable Organisms From Unreliable Components*. Pasadena, CA: California Institute of Technology, 1952.

[738] J. A. Connor W. G. Regehr and D. W. Tank. Optical imaging of calcium accumulation in hippocampal pyramidal cells during synaptic activation. *Nature*, 341:533–536, 1989.

[739] C. Koch W. M. Yamada and P. R. Adams. Multiple channels and calcium dynamics. In *[407]*, pages 97–134. 1989.

[740] J. Kauer W. Stewart and G. Sheperd. Functional organization of rat olfactory bulb analyzed by the 2–deoxyglucose method. *Journal of Comparative Neurology*, 185:715–734, 1979.

[741] K. H. Britten W. T. Newsome and J. A. Movshon. Neuronal correlates of a perceptual decision. *Nature*, 341:52–54, 1989.

[742] M. R. Durtsteler W. T. Newsome, R. H. Wurtz and A. Mikami. Deficits in visual motion processing following ibotenic acid lesions of the middle temporal visual area of the macaque monkey. *Journal of Neuroscience*, 5:825–840, 1985.

[743] A. Waibel, T. Hanazawa, G. Hinton, K. Shikano, and K. Lang. Phoneme recognition using time-delay neural networks. *IEEE Transactions on Acoustics, Speech, and Signal Processing*, 37:328–339, 1989.

[744] P. Wallen and S. Grillner. N–methyl–D=-aspartate receptor–induced, inherent oscillatory activity in neurons active during fictive locomotion in the lamprey. *Journal of Neuroscience*, 7:2745–2755, 1987.

[745] D. Waltz. Understanding of line drawings of scenes with shadows. In P. Winston, editor, *The Psychology of Computer Vision*. New York: McGraw-Hill, 1975.

[746] C. Ward. *Sensation and Perception*. Harcourt Brace Jovanovich, Inc., 3rd edition, 1989.

[747] E. K. Warrington and R. A. McCarthy. Category specific access dysphasia. *Brain*, 106:859–878, 1983.

[748] E. K. Warrington and R. A. McCarthy. Categories of knowledge: further fractionations and an attempted integration. *Brain*, 110:1273–1296, 1987.

[749] E. K. Warrington and L. Weiskrantz. A new method for testing long–term retention with special reference to amnesic patients. *Nature*, 217:972–974, 1968.

[750] E. K. Warrington and L. Weiskrantz. The effect of prior learning on subsequent retention in amnesic patients. *Neuropsychologia*, 12:419–428, 1974.

[751] E. K. Warrington and L. Weiskrantz. Further analysis of the prior learning effect in in amnesic patients. *Neuropsychologia*, 12:169–177, 1978.

[752] P. D. Wasserman and R. M. Oetzel. *NeuralSource: The Bibliographic Guide to Artificial Neural Networks.* New York: Van Nostrand Reinhold, 1990.

[753] J. C. Watkins and G. L. Collingridge. *The NMDA Receptor.* Oxford University Press, Oxford, 1989.

[754] P. Werbos. *Beyond regression: new tools for prediction and analysis in the behavioral sciences.* PhD thesis, 1974.

[755] J. Wershall and D. Bagger-Sjoback. Morphology of the vestibular sense organ. In H. H. Kornhuber, editor, *Handbook of Sensory Physiology*, volume 6, chapter Vestibular System, Part 1: Basic Mechanisms. Springer, New-York, 1974.

[756] G. Westheimer. Spatial sense of the eye. *Investigative Opthamology and Visual Science*, 18:893–912, 1979.

[757] G. Westheimer. The grain of visual space. In E. Kandel, T. Sejnowski, C. Stevens, and J. Watson, editors, *Cold Spring Harbor Symposium on Quantitative Biology: The Brain*, volume 55, pages 759–764. Cold Spring Harbor Press, 1991.

[758] G. Westheimer and S. P. McKee. High acuity with moving images. *ournal of the Optical Society of America*, 65:847, 1975.

[759] T. G. Weyand, J. G. Malpeli, C. Lee, and H. D. Schwark. Cat area 17. III. Response properties and orientation anisotropies of corticotectal cells. *Journal of Neurophysiology*, 56:1088–1101, 1986.

[760] E. L. White. *Cortical Circuits.* Boston: Birkhauser, 1989.

[761] H. White. Learning in artificial networks: a statistical perspective. *Neural Computation*, 1:425–464, 1989.

[762] J. G. White, E. Southgate, J. N. Thomson, and S. Brenner. The structure of the nervous system of the nematode Caenorhabditis elegans. *Philosophical Transactions of the Royal Society of London*, 314:1–340, 1986.

[763] S. D. Whitehead and D. Ballard. Connectionist designs on planning. In *[151]*, pages 357–370. 1991.

[764] B. W. A. Whittlesea. Selective attention, variable processing and distributed representation: preserving particular experiences of general structures. In *[522]*, pages 76–101. 1989.

[765] B. Widrow and M. Hoff. Adaptive switching circuits. In *1960 IRE WESCON Convention Record*, volume 4, pages 96–104. New York: IRE, 1960.

[766] B. Widrow and S. D. Stearns. *Adaptive Signal Processing*. Englewood Cliffs, NJ: Prentice-Hall, 1985.

[767] T. N. Wiesel and D. H. Hubel. Comparison of the effects of unilateral and bilateral eye closure on cortical unit responses in kittens. *Journal of Neurophysiology*, 28:1029–1040, 1965.

[768] H. Wigstrom and B. Gustafsson. Presynaptic and postsynaptic interactions in the control of hippocampal long–term potentiation. In P. W. Landfield and S. A. Deadwyler, editors, *Long–Term Potentiation: From Biophysics to Behavior*, pages 73–107. New York: Alan R. Liss, 1988.

[769] R. J. Williams and D. Zipser. A learning algorithms for continually running fully recurrent neural networks. *Neural Computation*, 1:270–280, 1989.

[770] T. L. Williams and K. A. Sigvardt. Modeling neural systems: interactions between mathematical analysis, simulation, and experimentation in the lamprey. In F. Eeckmann, editor, *Analysis and Modeling of Neural Systems*. Boston: Kluwer Academic Publishers, 1992.

[771] T. L. Williams, K. A. Sigvardt, N. Kopell, G. B. Ermentrout, and M. P. Remler. Forcing of coupled non–linear oscillators: studies of intersegmental coordination in the lamprey locomotor central pattern generator. *Journal of Neurophysiology*, 64:862–871, 1990.

[772] S. J. Williamson and L. Kaufman. Analysis of neuromagnetic signals. In A. Gevins and A. Remond, editors, *Handbook of Electroencephalography and Clinical Neurophysiology*. Amsterdam: Elsevier, 1987.

[773] D. J. Willshaw. Commentary on "Simple memory: a theory of archicortex" by David Marr. pages 118–121. In [206].

[774] D. J. Willshaw. Holography, associative memory, and inductive generalization. In G. E. Hinton and J. A. Anderson, editors, *Parallel Models of Associative Memory*, pages 83–104. Hillsdale, NJ: Erlbaum, 1981.

[775] D. J. Willshaw. Holography, associative memory, and inductive generalization. In G. Hinton and J. Anderson, editors, *Parallel Models of Associative Memory (updated edition)*, pages 103–124. Hillsdale, NJ: Lawrence Erlbaum, 1989.

[776] D. J. Willshaw and J. T. Buckingham. An assessment of Marr's theory of the hippocampus as a temporal memory store. *Philisophical Transactions of the Royal Society*, 329:205–215, 1990.

[777] D. J. Willshaw and P. Dayan. Optimal plasticity from matrix memories: what goes up must come down (letter). *Neural Computation*, 2:85–93, 1990.

[778] M. A. Wilson and J. M. Bower. *A computer simulation of oscillatory behavior in primary visual cortex*, volume 3. 1991.

[779] J.R. Wolpaw, J.T. Schmidt, and T.M. Vaughan. Activity-driven cns changes in learning and development. *Annals of the New York Academy of Sciences*, 627, 1991.

[780] E. Wong and J. Kemp. Sites for antagonism on the N–methyl–D–asparate receptor channel complex. *Annual Review of Pharmacology and Toxicology*, 31:401–425, 1991.

[781] T. A. Woolsey and H. Van der Loos. The structural organization of layer IV in somatosensory region (SI) of mouse cerebral cortex. *Brain Research*, 17:205–242, 1970.

[782] L. Y. Jan Y. N. Jan and S. W. Kuffler. A peptide as a possible transmitter in sympathetic ganglia of the frog. *Proceeding of the National Academy of Sciences USA*, 76:1501–1505, 1978.

[783] R. A. Zalutsky and R. A. Nicoll. Comparison of two forms of long–term potentiation in single hippocampal neurons. *Science*, 248:1619–1624, 1990.

[784] S. Zeki. Colour coding in the cerebral cortex: the reaction of cells in monkey visual cortex to wavelengths and colours. *Neuroscience*, 9:741–765, 1983.

[785] L. Zhang. Effects of 5–hydroxytryptamine on cat spinal motorneurons. *Canadian Journal of Physiology and Pharamacology*, 60:154–163, 1991.

[786] D. Zipser. Recurrent network model of the neural mechanism of short–term active memory. *Neural Computation*, 3:178–192, 1991.

[787] D. Zipser and R. A. Andersen. A back–propagation programmed network that simulates response patterns of a subset of posterior parietal neurons. *Nature*, 331:679–84, 1988.

[788] D. Zipser and D. E. Rumelhart. The neurobiological significance of the new learning models. In (1990), editor, *E. Schwartz*, pages 192–200. 1990.

[789] S. Zola-Morgan and L. R. Squire. Preserved learning in monkeys with medial–temporal lesions: sparing of motor and cognitive skills. *Journal of Neuroscience*, 4:1072–1085, 1984.

[790] S. Zola-Morgan and L. R. Squire. Medial–temporal lesions in monkeys impair memory on a variety of tasks sensitive to human amnesia. *Behavioral Neuroscience*, 9:22–34, 1985.

[791] S. Zola-Morgan and L. R. Squire. Memory impairment in monkeys following lesions limited to the hippocampus. *Behavioral Neuroscience*, 10:155–160, 1986.

[792] S. Zola-Morgan and L. R. Squire. The primate hippocampal formation: evidence for a time–limited role in memory storage. *Science*, 250:288–289, 1990.

[793] S. Zola-Morgan and L. R. Squire. The primate hippocampal formation: evidence for a time–limited role in memory storage. *Science*, 250:288–289, 1991.

[794] R. S. Zucker. Short–term synaptic plasticity. *Annual Review of Neuroscience*, 12:13–31, 1989.

Index

 MIX
Papier aus verantwortungsvollen Quellen
Paper from responsible sources
FSC® C105338

If you have any concerns about our products,
you can contact us on
ProductSafety@springernature.com

In case Publisher is established outside the EU,
the EU authorized representative is:
Springer Nature Customer Service Center GmbH
Europaplatz 3, 69115 Heidelberg, Germany

Printed by Libri Plureos GmbH
in Hamburg, Germany